KUHMINSA

한 발 앞서나가는 출판사, 구민사
독자분들도 구민사와 함께 한 발 앞서나가길 바랍니다.

구민사 출간도서 中 수험서 분야

- 용접
- 자동차
- 조경/산림
- 품질경영
- 산업안전
- 전기
- 건축토목
- 실내건축

- 기술사
- 기계
- 금속
- 환경
- 보일러
- 가스
- 공조냉동
- 위험물

전문가를 위한 첫걸음, 구민사는 그 이상을 봅니다!

전국 도서판매처

- 일산남부서점 • 안산대동서적 • 대전계룡서점 • 대구북앤북스 • 대구하나도서
- 포항학원사 • 울산처용서림 • 창원그랜드문고 • 순천중앙서점 • 광주조은서림

www.kuhminsa.co.kr

자격증 시험 접수부터 자격증 수령까지!

전문가를 위한 첫걸음, 주민사는 그 이상을 봅니다!

상시시험 12종목
굴삭기운전기능사, 지게차운전기능사, 미용사(일반), 미용사(피부), 미용사(네일)
미용사(메이크업), 조리기능사(양식, 일식, 중식, 한식), 제과·제빵기능사

3. 필기 합격 확인
큐넷(www.q-net.or.kr) 사이트에서 확인

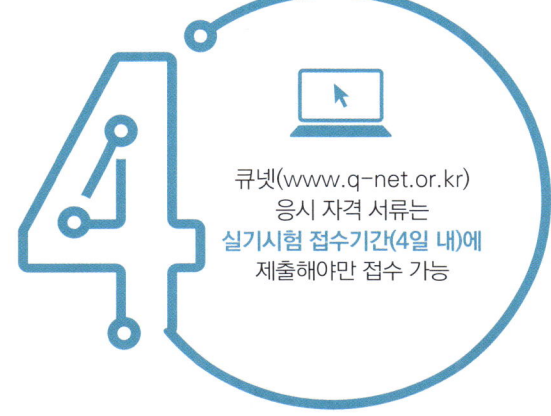

4. 실기 원서 접수
큐넷(www.q-net.or.kr) 응시 자격 서류는 **실기시험 접수기간(4일 내)에** 제출해야만 접수 가능

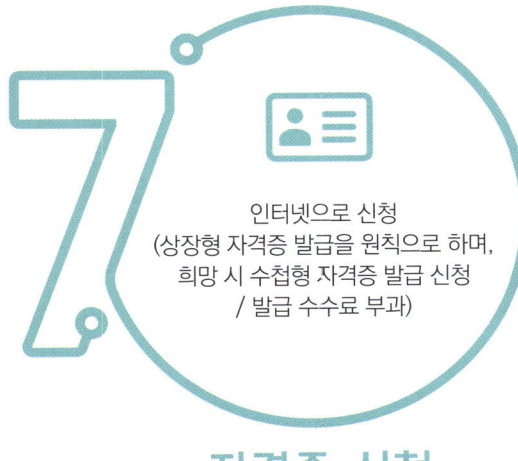

7. 자격증 신청
인터넷으로 신청
(상장형 자격증 발급을 원칙으로 하며, 희망 시 수첩형 자격증 발급 신청 / 발급 수수료 부과)

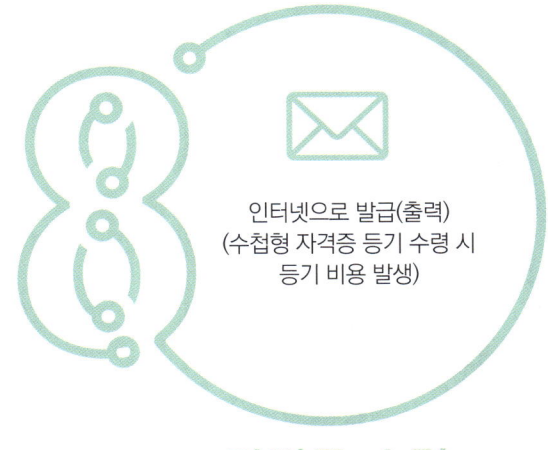

8. 자격증 수령
인터넷으로 발급(출력)
(수첩형 자격증 등기 수령 시 등기 비용 발생)

철은 이렇게 만들어집니다.

제선공정

철광석 → 소결공장
원료탄 → Coke공장
→ 고로 → 용선 → 혼선차(토페도카)

제강공정

전로 → [용강] → Ladle → 노외정련 → 연속주조

제강

압연공정

Slab → 열간압연, 후판압연
Coil → 냉간압연, 전기강판압연
Bloom Billet → 선재압연

철이 있어 세상은 더 즐겁고 아름다워집니다.

금속재료 기능장

목차

제1편
금속재료 ... 1

- 제1장 금속재료의 총론 ... 3
- 제2장 철강재료 ... 15
- 제3장 비철금속재료 ... 33
- 제4장 신소재 및 그 밖의 합금 ... 41
  - ※ 제1장 금속재료의 총론 기출 및 예상문제 ... 48
  - ※ 제2장 철강재료 기출 및 예상문제 ... 74
  - ※ 제3장 비철금속재료 기출 및 예상문제 ... 145
  - ※ 제4장 신소재 및 그 밖의 합금 기출 및 예상문제 ... 176

제2편
금속열처리 ... 183

- 제1장 열처리의 개요 ... 185
- 제2장 열처리의 응용 ... 192
- 제3장 열처리 설비 ... 212
- 제4장 결함의 원인과 대책 ... 217
  - ※ 제1장 열처리의 개요 기출 및 예상문제 ... 222
  - ※ 제2장 일반 열처리 및 표면 경화 열처리 기출 및 예상문제 ... 230
  - ※ 제3장 열처리 설비 및 열처리 결함과 대책 기출 및 예상문제 ... 296

제3편 금속재료시험 ... 335

- 제1장 기계적 시험법 ... 337
- 제2장 금속조직 시험법 ... 353
- 제3장 안전관리 ... 361
  - ※ 제1장 기계적 시험법 기출 및 예상문제 ... 374
  - ※ 제2장 금속조직 시험법 기출 및 예상문제 ... 422

제4편 비파괴시험법 ... 445

- 제1장 비파괴시험법의 개요 ... 447
- 제2장 비파괴시험법 ... 448
  - ※ 제4편 비파괴시험법 기출 및 예상문제 ... 458

제5편 자동생산시스템 ... 511

- 제1장 자동제어 ... 513
- 제2장 CAD/CAM ... 517
- 제3장 유압장치 ... 521
  - ※ 제5편 자동생산시스템 기출 및 예상문제 ... 526

제6편 공업경영 ... 537

- 제1장 품질관리 ... 539
- 제3장 생산관리 ... 542
- 제4장 작업관리 ... 548
  - ※ 제6편 공업경영 기출 및 예상문제 ... 552

제7편 부 록 ... 575

부록 1. 원소기호표 ... 577
부록 2. 금속재료기능장 2차 실기 필답형 예상문제 ... 581
부록 3. 금속재료기능장 1차 필기 시행문제 ... 655
  2007년도 금속재료기능장 시행문제 (2007. 3. 25) ... 657
  2007년도 금속재료기능장 시행문제 (2007. 7. 15) ... 664
  2008년도 금속재료기능장 시행문제 (2008. 3. 30) ... 671
  2008년도 금속재료기능장 시행문제 (2008. 7. 13) ... 679
  2009년도 금속재료기능장 시행문제 (2009. 3. 29) ... 687
  2009년도 금속재료기능장 시행문제 (2009. 7. 12) ... 695
  2010년도 금속재료기능장 시행문제 (2010. 3. 28) ... 703
  2010년도 금속재료기능장 시행문제 (2010. 7. 11) ... 711
  2011년도 금속재료기능장 시행문제 (2011. 4. 17) ... 719
  2011년도 금속재료기능장 시행문제 (2011. 7. 31) ... 727
  2012년도 금속재료기능장 시행문제 (2012. 4. 8) ... 735
  2012년도 금속재료기능장 시행문제 (2012. 7. 22) ... 743
  2013년도 금속재료기능장 시행문제 (2013. 4. 14) ... 751
  2013년도 금속재료기능장 시행문제 (2013. 7. 16) ... 759
  2014년도 금속재료기능장 시행문제 (2014. 4. 6) ... 767
  2014년도 금속재료기능장 시행문제 (2014. 7. 20) ... 776
  2015년도 금속재료기능장 시행문제 (2015. 4. 4) ... 784
  2015년도 금속재료기능장 시행문제 (2015. 7. 19) ... 792
  2016년도 금속재료기능장 시행문제 (2016. 7. 10) ... 800
  2017년도 금속재료기능장 시행문제 (2017. 3. 5) ... 808
  2018년도 금속재료기능장 시행문제 (2018. 3. 31) ... 817
  금속재료기능장 CBT 시험 문제 ... 826

머리말

금속재료는 기계, 항공기, 자동차, 건축, 전기전자 등 모든 산업분야의 기초가 되는 중요한 분야로서 금속재료의 기술이 산업기술을 발전시키는 데 큰 역할을 하여 왔다.

특히 산업기술의 발전에 따라 새로운 특성 및 경제성이 있는 금속재료기술의 개발로 그 이용 범위가 다양하게 확대되고 있다. 이 분야에 종사하는 현장기술자나 공학도들의 재능으로 이것을 꼭 해결하여야 한다는 점을 필자는 인식하고 다년간 공학도를 지도·양성한 경험을 살려 이 분야를 전공하는 공학도 및 현장실무자들에게 길잡이가 될 수 있는 지침서를 만들고자 노력하였다.

이 책은 국가기술자격검정을 준비 중인 수험생들에게 필요한 준비서로 널리 활용할 수 있도록 금속재료기능장의 출제기준을 기초로 하여 이론과 실기를 구분하여 편집하였다. 1차 필기시험에 대비하여 제1편 금속재료, 제2편 금속열처리, 제3편 금속재료시험, 제4편 자동생산시스템, 제5편 공업경영으로 핵심 요점과 예상문제와 기출문제를 함께 편집하였고, 2차 실기필답시험에 대비하여 제6편에 부록으로 실기필답 예상문제를 편성하였으며, 과목별·단원별로 기초 이론과 현장실무에 필요한 이론적 지식 등 주요 항목별로 요점정리를 강화하여 각 문제마다 심도 있는 해설을 하는데 역점을 두어 기본적으로 알아야 할 문제부터 고급수준의 문제들을 고루 다루었기 때문에 이 책의 내용을 충실히 이해한다면 금속재료기능장의 시험에 많은 도움이 있으리라 사료된다.

이 책이 금속재료를 공부하는 공학도들과 현장실무자들이 활용하는 데 많은 도움이 되고 국가기술자격 검정시험을 대비하는 수험생들에게 수험대비용 참고서로서의 지침서가 되기를 바란다.

아무쪼록 금속재료분야에서 최고의 기술인이 되었으면 하는 것이 저자로서의 욕심이다. 원고 정리를 끝내고 보니 부족한 부분에 대해서 아쉬움이 많지만 신기술 부분을 비롯해 부족한 부분을 수정, 보완할 것을 약속드리며, 여러분들의 많은 관심과 성원을 기대하는 바이다.

끝으로 이 책을 펴내기까지 많은 도움과 자료를 제공해 주신 선·후배 동료 여러분과 출판에 수고하신 도서출판 구민사 임직원께 깊은 감사를 드린다.

저자 씀

출제기준 필기

직무분야	재료	중직무분야	금속·재료	자격종목	금속재료기능장	적용기간	2023.1.1.~2026.12.31.
직무내용	금속재료에 관한 최상급 숙련기능을 가지고 금속열처리, 금속재료의 시험 및 안전관리 등을 담당. 또한 산업현장에서 소속 기능자의 작업관리 및 지도·감독, 그리고 경영층과 생산계층을 유기적으로 결합시켜 주는 현장의 중간관리 등의 업무를 수행하는 직무이다.						
필기검정방법	객관식	문제수	60		시험시간	1시간	

필기과목명	문제수	주요항목	세부항목
금속열처리, 금속재료시험, 비파괴시험, 금속재료 및 안전관리, 자동생산시스템, 공업 경영에 관한 사항	60	1. 금속열처리	1. 금속열처리 기초
			2. 열처리로와 설비
			3. 금속열처리의 분류
			4. 열처리 결함과 대책
		2. 재료시험	1. 기계적 시험법
			2. 조직 및 정량검사
			3. 비파괴 시험법
		3. 금속재료	1. 철강재료
			2. 비철금속재료
			3. 신소재 및 그 밖의 합금
		4. 안전관리	1. 안전에 관한 전반적 사항
			2. 환경관리
		5. 자동생산시스템	1. 자동제어
		6. 공업경영	1. 품질관리
			2. 생산관리
			3. 작업관리
			4. 기타 공업경영에 관한사항

금속재료 기능장

출제기준 실기

직무분야	재료	중직무분야	금속·재료	자격종목	금속재료기능장	적용기간	2023.1.1.~2026.12.31.
직무내용	금속재료에 관한 최상급 숙련기능을 가지고 금속열처리, 금속재료의 시험 및 안전관리 등을 담당. 또한 산업현장에서 소속 기능자의 작업관리 및 지도·감독, 그리고 경영층과 생산계층을 유기적으로 결합시켜 주는 현장의 중간관리 등의 업무를 수행하는 직무이다.							
수행준거	1. 고객이 요구하는 금속재료의 구비조건을 파악하고 그 적합성을 검토하고 알맞은 재료를 선정할 수 있다. 2. 요구되는 재료에 알맞도록 생산공정을 활용하여 금속제품을 생산하고 불량 여부를 판단할 수 있다. 3. 제품의 사양서에 따라 필요한 재료시험을 실시할 수 있다. 4. 불량품의 발생률, 제품상의 하자 등 비정상적인 제품의 원인이 어떠한 생산 공정에 기인하였는가를 파악하여 이를 수정할 수 있다. 5. 분석된 금속재료시험 데이터를 근거로 확정된 개선안을 도출할 수 있다. 6. 일반열처리의 방법을 이해하고, 이를 시행할 수 있다. 7. 비파괴검사를 통해 재료의 결함을 판별할 수 있다.							
실기검정방법	필답형				시험시간		2시간	

실기과목명	주요항목
금속재료 실무	1. 일반열처리
	2. 표면경화열처리
	3. 특수열처리
	4. 재료시험 및 조직시험
	5. 방사선 비파괴 검사
	6. 초음파 비파괴 검사
	7. 와전류 비파괴 검사
	8. 누설 비파괴 검사
	9. 자기 비파괴 검사
	10. 침투 비파괴 검사
	11. 주사전자현미경 조직분석
	12. 작업계획 및 장비 관리

제 **1** 편

금속재료

제1장 금속재료의 총론
제2장 철강재료
제3장 비철금속재료
제4장 신소재 및 그 밖의 합금
✱ 기출 및 예상문제

 금속재료기능장

금속재료의 총론

01 금속 및 합금의 개요

1 금속의 일반적인 특성

① 상온에서 고체이며 결정체이다(단, Hg는 제외).
② 열과 전기의 양도체이다.
③ 비중이 크고 금속적 광택을 갖고 있다.
④ 소성 변형이 있어 가공하기가 쉽다.
⑤ 이온화하면 양(+)이온이 된다.

2 합금의 제조

① 금속과 금속 또는 비금속을 용융상태에서 융합시키는 방법
② 금속과 금속 또는 비금속을 압축 소결하여 만드는 방법
③ 침탄 처리와 같이 고체 상태에서 확산을 이용하여 합금을 부분적으로 만드는 방법

3 순금속과 합금의 성질 비교

성질	비중	융점	전도율	가주성	가단성	연·전성	강·경도	열처리	내식성	내마모성
순금속	크다	높다	좋다	떨어짐	좋다	좋다	작다	떨어짐	떨어짐	작다
합금	작다	낮다	떨어짐	좋다	떨어짐	떨어짐	크다	쉽다	좋다	크다

02 금속 재료의 성질

1 금속 재료의 공업에 필요한 성질

① 기계적 성질 : 인장강도, 경도, 피로, 연신율, 충격
② 물리적 성질 : 비열, 비중, 융점, 선팽창 계수, 열(전기)전도율, 자성, 융해 잠열
③ 화학적 성질 : 내식성, 내열성
④ 제작상 성질 : 주조성, 단조성, 용접성, 절삭성

2 물리적 성질

(1) 비중(Specific gravity)

① 물(4℃)과 똑같은 부피를 갖는 물체 혹은 제품과의 무게의 비를 말한다.
② 비중 = $\dfrac{\text{제품의 무게}}{\text{제품과 같은 체적의 물(4℃)의 무게}}$
③ 실용 금속상 가장 가벼운 금속 : Mg(1.74)
④ 비중이 가장 큰 금속은 Ir(22.4)이고 가장 작은 금속은 Li(0.53)이다.
⑤ 순금속은 합금보다 비중이 크며, 금속의 순도, 온도, 가열 방법에 따라 다르다.

(2) 용융점(melting point)

① 금속을 가열하면 어떤 온도에 이르러 고체에서 액체로 되는데 이 온도점을 말한다.
② 융점이 가장 높은 금속은 W(3,410±20℃)이며, 가장 낮은 금속은 Hg(-38℃)이다.

(3) 융해 잠열(melting latent heat, 융해 숨은열)

① 어떤 물질 1gr을 용해시키는 데 필요한 열량을 말한다.

(4) 비열(Specific heat)

① 어떤 물질 1g을 온도 1℃만큼 올리는 데 필요한 열량(cal/gr℃)을 말한다.
② 주요 금속의 비열순서 : Mg 〉 Al 〉 Mn 〉 Cr 〉 Fe 〉 Ni 〉 Cu 〉 Zn 〉 Ag 〉 Sn 〉 Sb 〉 W

(5) 전기전도율

① 어느 길이의 물체가 1℃ 온도차가 있을 때 1cm²의 단면적을 지나 1초간에 이동되는 전기의 양을 말하며 단위는 cal/cm·℃로 표시한다.

② 주요 금속의 전기 전도율 순서 : Ag 〉Cu 〉Au 〉Al 〉Mg 〉Zn 〉Ni 〉Fe 〉Pb 〉Sb

(6) 자성

① 자기 변태점(Curie point) : 포화된 자장 강도가 급속히 감소되는 온도점

금 속 명	Fe	Ni	Co	Fe₃C
자기 변태점	768℃	360℃	1,160℃	210℃

(7) 주요 금속의 탈색 순서

Sn 〉Ni 〉Al 〉Mg 〉Fe 〉Cu 〉Zn 〉Pt 〉Ag 〉Au

① 주요 금속의 색깔

색	은백색	청백색	적황색	회백색	자 색	붉은색
금속	Al, Cr, Ni, Sn	Zn	Cu	Fe, W, Mg, Mn	Cu₂Sb, Au₂Al	AgZn

(8) 이온화 경향이 큰 순서

① K 〉Ba 〉Ca 〉Na 〉Mg 〉Al 〉Zn 〉Cr 〉Fe 〉Co 〉Ni 〉Mo 〉Sn 〉Pb 〉H 〉Cu 〉Hg 〉Ag 〉Pt 〉Au

② 금속의 산화는 이온화 계열 상위에 있을수록 쉽게 일어난다.

③ Al보다 상위에 있는 금속은 공기 중에서도 산화물을 만들며 탄다.

3 기계적 성질

(1) 강도(strength)

① 재료에 외력이 작용하였을 때 이 외력에 대해 재료 단면에 작용하는 최대 저항력을 말한다.

② 종류 : 인장강도, 압축 강도, 굴곡 강도, 전단 강도, 비틀림 강도 등이 있다.

(2) 경도(hardness)
① 한 물체에 다른 물체를 눌렀을 때 그 물체의 변형에 대한 저항력의 크기로 측정한다.
② 경도 시험기에는 HB, HR, HV, HS, 긁힘 경도기, 미소 경도기 등이 있다.

(3) 인성(toughness)
충격에 대한 저항력, 질긴 성질을 말한다.

(4) 취성(여림성, 메짐성, shortness)
인성에 반대되는 성질로 잘 깨어지는 성질을 말한다.

(5) 피로(fatigue)
정적인 하중으로 파괴를 일으키는 응력보다 훨씬 작은 응력이라도 장시간에 걸쳐 연속적으로 반복하여 작용하면 재료가 결국 깨어지는 성질을 말한다.

(6) 크리프(creep)
금속 재료를 고온에서 장시간 외력을 주면 시간의 경과에 따라 그 변형이 서서히 증가하는 현상

(7) 연성(ductility)
① 재료의 장력을 소성 변형을 일으켜 선상으로 늘릴 수 있는 성질을 말한다.
② 연성이 큰 금속의 순서 : Au 〉 Ag 〉 Cu 〉 Pt 〉 Zn 〉 Fe 〉 Ni

(8) 전성(malleability)
① 압연 등에 의해서 재료에 금이 가지 않고 얇은 판으로 넓게 퍼지는 성질을 말한다.
② 전성이 큰 금속의 순서 : Au 〉 Ag 〉 Pt 〉 Fe 〉 Ni 〉 Cu

(9) 연신율(elongation percentage)
재료에 하중을 가하여 늘어난 길이와 원래의 길이와의 비를 말한다.

03 금속의 변태

1 동소 변태

① 고체 내에서의 원자 배열의 변화로 생긴다(결정 격자 모양이 바뀐다).
② 성질이 일정한 온도에서 급속히 비연속적으로 변화가 생긴다.
  ㉠ α-Fe : 910℃ 이하에서 체심 입방 격자이다.
  ㉡ γ-Fe : 910~1400℃에서 면심 입방 격자이다.
  ㉢ δ-Fe : 1400℃ 이상에서 체심 입방 격자이다.
③ 동소 변태를 일으키기 쉬운 금속 : Fe, Co, Ti, Sn

2 자기 변태(Curie Point)

① 원자 배열에 변화가 생기지 않고 원자 내부에 어떤 변화를 일으키는 것이다.
② 점진적이고 연속적으로 변화가 생긴다.
③ 주요 금속의 자기변태점

원소 또는 물질	Fe	Fe_3C	Fe_3P	Fe_3O_4	Fe_3Si_2	Fe_4N
자기 변태점(℃)	768	210	420	580	90	480
원소 또는 물질	Ni	Co	Cr_5O_9	Mn_5P_2	Mn_5N_2	$CuO-Fe_2O_3$
자기 변태점(℃)	360	1160	150	24	500	270

3 동소 변태와 자기 변태의 비교

항목	동소 변태	자기 변태
정의	어느 온도에 있어서 상의 변화를 일으키는 변태	어느 온도에서 자기 성질의 변화를 일으키는 변태
원자의 변화	원자배열(결정격자)의 변화	원자 내부의 변화
성질의 변화	같은 물질이 다른 상으로 변화	강자성이 상자성 또는 비자성으로 변화
변화상태	일정온도에서 급격히 비연속적으로 발생	일정온도 범위 내에서 점진적, 연속적으로 변화가 생긴다.
순철의 변태점	910℃에서는 체심입방격자에서 면심입방격자로 1400℃에서는 면심입방격자에서 체심입방격자로 변한다.	768℃에서 자성 변화, 강자성에서 상자성으로 변한다.

4 변태점 측정

① 동소 변태는 열변화, 열팽창, 전기 저항, 자기 반응을 이용하여 측정한다.
② 물리적 성질 변화를 측정하는 측정법의 종류
　　㉠ 열분석법(熱分析法)
　　㉡ 시차 열분석법(示差 熱分析法)
　　㉢ 비열법(比熱法)
　　㉣ 전기 저항법(電氣 抵抗法)
　　㉤ 열 팽창법(熱 膨脹法)
　　㉥ 자기 분석법(磁氣 分析法)
　　㉦ X선 분석법(X-線 分析法)
③ 대표적인 열전대의 종류와 사용 온도

종류	성분(%)		기호	사용온도(℃)	
				연속	과열
백금-백금로듐	• Pt(100)	• Pt(88)+PR(12)	PR	1,400	1,600
크로멜-알루멜	• Ni(90)+Cr(10)	• Ni(94)+Al(2)+Mn(3)+Si(1)	CA	1,000	1,200
철-콘스탄탄	• Fe(100)	• Ni(90)+Cr(10)	IC	600	900
구리-콘스탄탄	• Cu(100)	• Cu(60)+Ni(40)	CC	300	600

04 금속의 응고와 결정 구조

1 금속의 응고

(1) 순금속의 냉각곡선

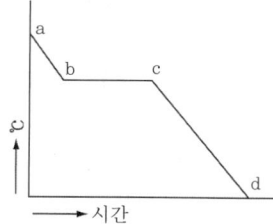

ab : 액체 상태에서의 냉각 곡선
bc : 응고 시작부터 끝날 때까지의 일정 온도 구간(용융점)
cd : 고체 상태에서의 냉각 곡선

(2) 응고 과정

결정핵 발생 → 결정핵이 생성되어 규칙적으로 배열된다.
↓
결정핵 성장 → 발생한 핵이 성장하는 과정(수지상 결정 형성)
↓
결정 경계 형성 → 성장된 핵이 경계를 형성한다.
↓
결정 입자 구성 → 입자를 구성하여 금속을 이룬다.

   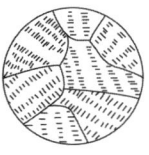 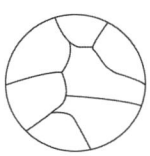

(a) 결정핵 발생　　(b) 결정의 성장　　(c) 결정 경계 형성

[결정립이 성장하여 발달하는 과정]

(3) 응고 속도

① 용융 금속을 주형에 주입하면 주형에 접한 부분이 먼저 빠른 속도로 냉각되어 응고하고 차차 내부로 들어가면서 서서히 응고하게 된다.
② 용융점이 내부로 전달되는 속도를 V, 결정 입자의 성장 속도를 G라고 하면
　㉠ 주상 결정 입자 : G≧V
　㉡ 입상 결정 입자 : G<V

(4) 결정립의 대소

① 용융 금속의 단위 체적 중에 생성된 결정핵의 수, 즉 핵발생 속도를 N, 결정성장 속도를 G로 나타내어 결정립의 크기 S와의 관계를 보면 $S = f\dfrac{G}{N}$ 으로 나타낸다.
② 결정립의 대소는 성장 속도에 비례하고 핵발생 속도에 반비례한다.
③ 핵발생 속도(N)와 성장 속도(G)와의 관계
　㉠ G가 N보다 빨리 증대할 때는 소수의 핵이 성장하여 응고가 끝나기 때문에 결정립이 크다.
　㉡ N의 증대가 G보다 핵수가 현저히 많을 때에는 핵수가 많기 때문에 미세한 결정이 된다.
　㉢ G와 N이 교차하는 경우 조대한 결정립과 미세한 결정립의 2가지 구역으로 나타난다.

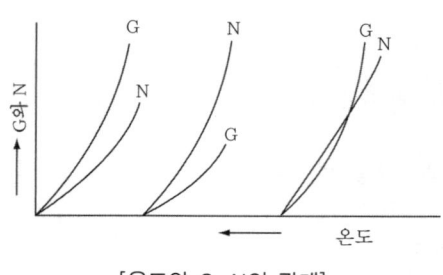

[온도와 G, N의 관계]   [과랭도에 따른 G와 N의 관계]

(5) 과랭

① 융체 또는 고용체가 응고 온도선 또는 용해 온도선 이하로 냉각하여도 액체 또는 고용체로 계속되는 현상을 말하며 일반적으로 과랭은 응고점보다 0.1℃ 또는 0.3℃ 이하에서 생긴다.
② 과랭도가 큰 금속은 Sb, Sn이고, 작은 금속은 Al, Cu 등이다.

(6) 수지상 결정

서랭 시 결정 격자가 나뭇가지 모양을 이룬 것을 말하며 표면 장력이 작은 Sb 등에서 잘 나타난다.

(7) 라운딩

편석 등을 막기 위하여 모서리 부분을 둥글게 하는 것을 말한다.

(8) 주상 결정

금속 결정이 금속 주형의 중심 방향으로 각 결정이 성장하여 중심부로 방사된 것이다.

(9) 결정 형성에 영향을 주는 요인

① 결정핵 수와 결정 속도
② 금속의 표면 장력
③ 결정 경계 위에 작용하는 각종 힘
④ 점성과 유동성

(10) 금속의 결정

① 결정 격자 : 단위포(공간 격자를 구성하고 있는 단위 부분)로 구성되어 있다.
② 격자 상수 : 단위포 한 모서리의 길이를 말한다(10^{-8}cm=1Å, 보통 3~5Å).
③ 결정 입자의 크기
  ㉠ 냉각 속도가 빠르면 결정핵수가 많고 결정 입자는 미세해진다.
  ㉡ 냉각 속도가 느리면 결정핵수는 적어지고 결정 입자는 조대해진다.
④ 금속의 결정 구조
  ㉠ 체심 입방 격자 : 입방체의 8개 구석에 각 1개씩의 원자와 입방체 중심에 1개의 원자가 있는 것을 단위포로 한 결정 격자로 Ba, Cr, Mo, W, V, Li, Fe 등이 이에 속한다.
  ㉡ 면심 입방 격자 : 입방체의 8개 꼭짓점과 6개면의 중심에 원자가 있어 14개의 원자로 구성되어 있으며 Al, Ag, Au, Cu, Pt, Ni, Ca, Sr 등이 이에 속한다.
  ㉢ 조밀 육방 격자 : 정육각형을 삼각형으로 나누면 그 삼각주의 6개의 꼭짓점에 원자가 있고 또 하나 건너 삼각기둥 중심에 1개의 원자가 있으며 2개의 정삼각주를 합한 것이 단위포가 된다. Mo, Zr, Be, Cd, Ti, La, Ce, Co 등이 있다.

05 금속의 탄성과 소성

1 응력-변형률 선도

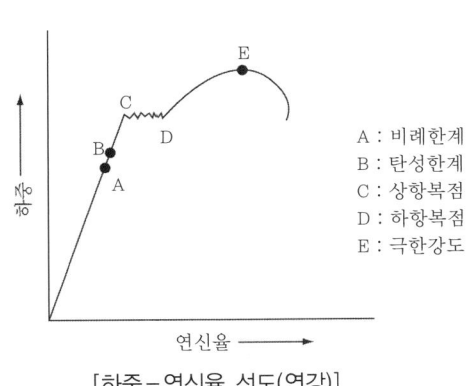

[하중-연신율 선도(연강)]

A : 비례한계
B : 탄성한계
C : 상항복점
D : 하항복점
E : 극한강도

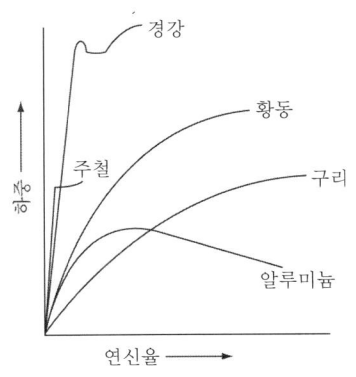

[각종 금속의 하중-연신율 선도]

2 소성 변형(plastic deformation)

(1) 소성 가공의 목적
① 재료를 변형시켜 필요한 모양으로 제조하며 가공 조직 파괴 후 풀림하여 성질을 향상시킨다.
② 가공으로 인한 내부 응력을 적당히 남게 하여 기계적 성질을 향상시킨다.

(2) 미끄럼(slip)
① 재료에 외력을 작용하면 결정층이 연속적으로 미끄러지는 현상을 말한다.
② 원자 밀도가 제일 큰 격자면은 미끄럼이 일어나기 쉬운 격자면이다.
③ 원자 밀도가 가장 높은 격자 직선의 방향이 미끄럼이 일어나기 쉽다.

(3) 쌍정(twin)
1개의 결정 입자를 직선으로 자를 때의 대칭 부분을 말한다.

(4) 전위(dislocation)
① 금속의 결정 격자가 불완전하거나 결함이 있을 때 외력을 작용하면 이곳부터 이동이 생기는 현상
② 전위의 원인
결정의 자유 표면, 결정 입계, 불안전한 결함의 쌍정 경계, 석출물, 전위망, 프랭크-래드원, 슬립위의 조그, 마딘-헤링턴

3 소성 가공에 의한 영향

(1) 열간 가공과 냉간 가공

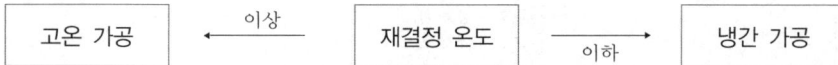

(2) 냉간 가공(cold working)의 특징

① 정밀한 치수 가공이나 성질의 균일성을 필요로 할 때 사용한다.
② 결정 입자 미세, 표면 미려(美麗), 제품 치수 정확, 기계적 성질이 양호하다.
③ 인장강도, 경도, 항복점, 피로 강도, 전기 저항 등이 증가하고 재료 표면에 산화가 안 된다.
④ 연신율, 단면 수축률 등이 감소한다.

(3) 열간 가공(hot working)의 특징

① 방향성 있는 주조 조직을 제거하고 가공도가 크며, 강괴의 미세 균열, 기공 압착이 가능하며, 표면 산화가 된다.
② 가공이 쉽고 다량 생산 및 대형 가공이 용이하다.
③ 탄소강의 열간 가공 온도는 1050~1230℃이다.
④ 경도, 강도는 낮으나 연신율은 증가된다.

(4) 재결정

① 회복 : 가공 경화에 의해 발생된 잔류 응력이 있는 재료를 가열하면 이 응력이 소멸되어 원래의 상태로 되돌아오는 것을 회복 단계라 한다.
② 가공 경화된 재료를 고온 가열하면 : 내부 응력 제거 → 연화 → 재결정 → 결정 입자 성장
③ 재결정된 재료의 결정 입자 크기
　㉠ 가공도가 작을수록 크다.
　㉡ 가열 시간이 길수록 크다.
　㉢ 가열 온도가 높을수록 크다.
　㉣ 가공 전 결정 입자가 크면
　　ⓐ 재결정 후 결정 입자가 크다.
　　ⓑ 가공도가 작을수록 크다.
④ 주요 금속의 재결정 온도

금속	재결정 온도(℃)	금속	재결정 온도(℃)	금속	재결정 온도(℃)
W	~1,200	Cu	200~250	Zn	15~50
Mo	~900	Al	150~240	Cd	~50
Ni	530~660	Au	~200	Pb	~0
Fe	350~450	Ag	~200	Sn	~0
Pt	~450	Mg	~150		

(5) 소성 가공의 응용

① **압연 가공** : 재료를 열간, 냉간 가공하기 위해 회전하는 롤러 사이에 재료를 통과시켜 성형하는 방법으로 판재, 봉, 관, 형재, 레일 등을 만든다.
② **압출 가공** : 상온 또는 가열된 금속을 실린더 모양을 한 콘테이너에 넣고 한 쪽에 있는 ram에 압력을 가해 밀어내는 작업이다. 이것은 다이를 통해 소재가 소성 가공되어 봉, 관, 형 등을 제작한다.
③ **인발 가공** : 다이의 구멍을 통해서 재료를 축방향으로 잡아 당겨 외경을 감소시키면서 일정한 단면을 가진 소재로 가공하는 방법이다.
④ **단조 가공** : 소재를 고온에서 단조 기계로 소성 가공하여 조직을 미세화하고 균일하게 성형하는 방법
⑤ **전조 가공** : 전조 공구를 이용하여 나사, 기어 등을 성형하는 가공방법이다.

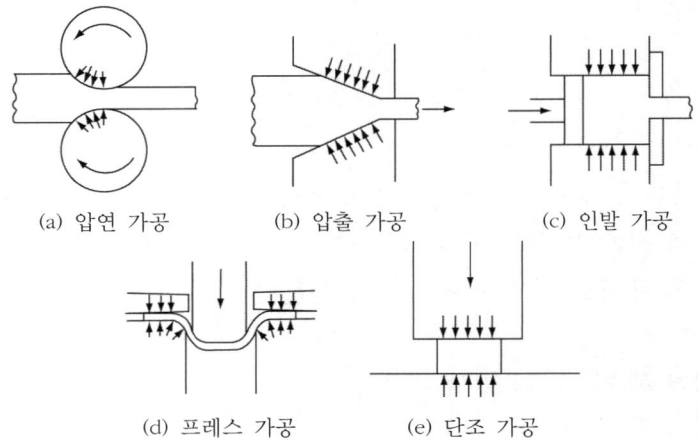

(a) 압연 가공   (b) 압출 가공   (c) 인발 가공

(d) 프레스 가공   (e) 단조 가공

 금속재료기능장

철강재료

01 철강의 제조법

1 제선(製銑)의 원료

(1) 철광석의 종류

Fe 40% 이상, P나 S가 0.1%를 초과하지 않는 것을 사용한다.

종류	자철광	적철광	갈철광	능철광
조성	Fe_3O_4	Fe_2C_3	$2Fe_2O_3 \cdot 3H_2O$	$FeCO_3$
Fe(%)	72.4	70	52~60	48

(2) 연료

제련용 연료로는 coke가 많이 사용한다.
① 코크스는 회분, S분이 적고 강도가 큰 것을 사용한다.
② 크기 : 2.5~7mm, 회분은 0.9~9%.

(3) 용제(flux)

용광로 내에서 열원 및 환원제 역할을 하는 것이며 종류에는 석회석, 백운석, 형석 등이 있다.

2 선철의 제조

용광로 내에서 85~90%가 간접 환원 반응에 의해 제조된다.

(1) 간접 환원 반응식

① $3Fe_2O_3 + CO \rightarrow 2Fe_3O_4 + CO_2 \uparrow$

$Fe_3O_4 + CO + 3FeO + CO_2 \uparrow$

$FeO + CO \rightarrow Fe + CO_2 \uparrow$

3 제강법

(1) 평로 제강법

축열실 반사로를 사용하여 장입물을 용해 정련하는 방법으로 선철과 고철의 혼합물을 용해하여 탄소 및 기타의 불순물을 연소시켜 강을 제조한다.

(2) 전로 제강법

원료 중에 공기(또는 산소)를 넣어 그곳에 함유된 불순물을 짧은 시간에 신속하게 산화시켜 강재나 가스로서 제거하는 동시에 이때 발생하는 산화열을 이용하여 외부로부터 열을 공급하지 않고 정련하는 방법이다.

(3) 전기로 제강법

전기 에너지를 열원으로 사용하여 양질의 강을 제조하는 데 사용한다.

4 강괴의 종류

(1) 림드강(Rimmed steel)

Fe-Mn으로 가볍게 탈산시킨 강괴로 용강이 비등 작용이 일어나고 강괴 내부에 기포, 편석이 생긴다.

※ 비등 작용(Rimming action)
① 림드강 제조 시 O_2와 C가 반응하여 CO를 생성하는데 이 가스가 대기중으로 빠져 나온 현상으로 끓는 것처럼 보이며, 탈산, 가스 처리가 불충분한 강(림드강)을 주입 후에서도 가스, 침탄층이 계속해 다량의 가스를 발생하므로 용강이 비등한다.

(2) 킬드강(Killed steel, 진정강)

Fe-Si, Al로 완전 탈산시킨 강괴이며 기포, 편석이 없고 양질의 강괴이다.

(3) 세미킬드강(Semi killed steel)

킬드강과 림드강의 중간 성질의 강괴를 말한다.

(4) 캡드강(Capped steel)

용강을 주입 후 뚜껑을 씌워 비등을 억제시킨 강괴이다.

(5) 탈산제

① 강탈산제 : Fe-Si, Al
② 약탈산제 : Fe-Mn

5 철강의 분류

(1) 순철

탄소가 0.025% 이하인 것을 순철이라 한다.

(2) 강

① 아공석강 : 0.025~0.85%C의 강
② 공석강 : 0.85%C의 강
③ 과공석강 : 0.85~2.0%C의 강

(3) 주철

① 아공정주철 : 2.0~4.3%C의 주철
② 공정주철 : 4.3%C의 주철
③ 과공정주철 : 4.3~6.68%C의 주철

02 순철

1 순철의 변태

① A_2변태 : 자기 변태(768℃), 강자성체 → 상자성체
② A_3변태 : 동소 변태(910℃), α-Fe(체심 입방 격자) ↔ γ-Fe(면심 입방 격자)
③ A_4변태 : 동소 변태(1400℃), γ-Fe(면심 입방 격자) ↔ δ-Fe(체심 입방 격자)

2 순철의 동소체

① α-Fe : 910℃ 이하에서 체심 입방 격자
② γ-Fe : 910~1400℃에서 면심 입방 격자
③ δ-Fe : 1400℃ 이상에서 체심 입방 격자

3 순철의 성질

(1) 순철의 기계적 성질

① 순철은 상온에서 전성 및 연성이 풍부하고 단접성, 용접성이 좋다.

경도 (HB)	인장강도 (kg_f/mm^2)	연신율(%) (l = 10d)	단면 수축률 (%)	탄성 한도 (kg_f/mm^2)	탄성 계수 (kg_f/mm^2)
60~70	18~30	40~50	70~80	10~14	21600

(2) 순철의 물리적 성질

① FCC는 BCC보다 원자 밀도가 크고 비체적이 적기 때문에 수축이 일어난다.
② 순철의 순도를 높이면 항자력이 적어지고 도자율이 현저히 높아지며 이력 손실이 적다.

비중	융점 (℃)	용해 숨은열 (cal/g)	선팽창률 (20℃)	비열(20℃) (cal/g)	열전도율(20℃) (cal/cm·sec·℃)	비저항 (Ω/cm)
7.876	1538	65.0	11.7×10^{-6}	0.11	0.8	10×10^{-6}

(3) 순철의 종류

종류	전해철	해면철	아암코철	카아보닐철
탄소량(%)	0.013	0.03	0.01	<0.0007

(4) 순철의 용도

① 투자율이 높기 때문에 박판으로 변압기, 전동기 등에 사용하고, 소결 자석용 철분으로 사용한다.

② 강과 주철의 원료로 사용하고, 단접성 용이, 용접성이 양호하므로 이 분야에 많이 사용한다.

③ 카아보닐철은 소결재로 만들어 고주파용 압분(壓紛) 철심에 많이 사용한다.

④ **순철의 제조** : 전기 분해법으로 한다.

03 Fe-C 평형 상태도

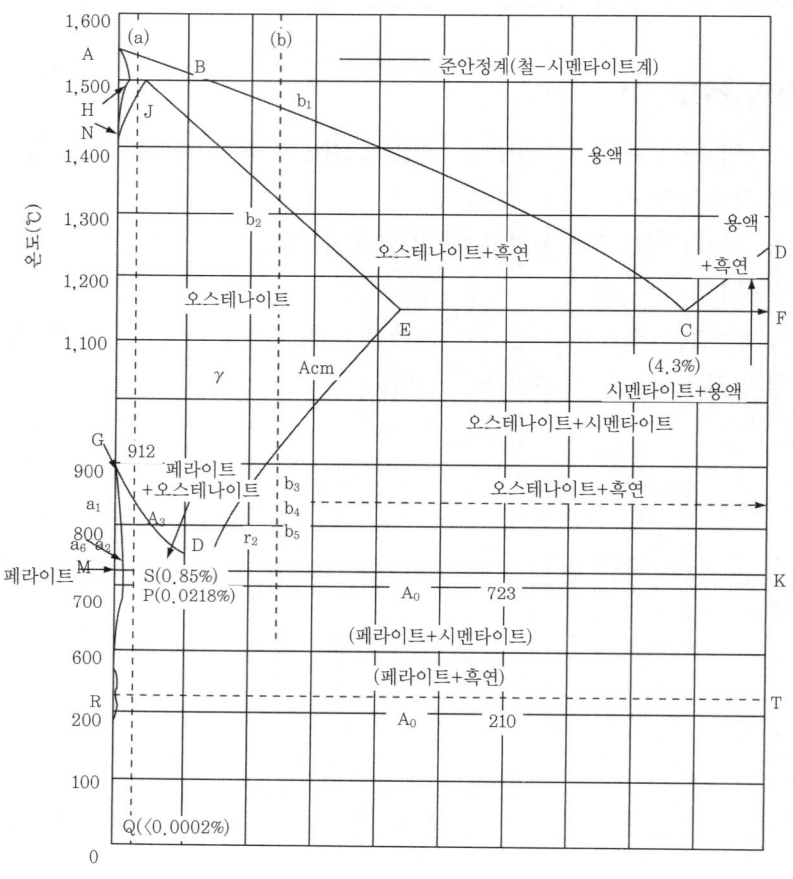

탄소함유량(%)

A : 순철의 용융점(1538±3℃)
N : 순철의 A_4변태점(1400℃) δ-Fe ↔ γ-Fe
AB : δ고용체(δ-Fe이 탄소를 고용한 고용체)에 대한 액상선
AH : δ고용체에 대한 고상선(H점 : 0.01%C)
HN : δ고용체가 γ고용체로 변하기 시작한 온도선(강의 A_4변태가 시작되는 온도선)
JN : δ고용체가 γ고용체로의 변화가 끝나는 온도선(강의 A_4변태가 끝나는 온도선)
HJB : 포정선(1495℃, J점 : 0.18%C, B점 : 0.53%C)
　　※ 이 온도에서 δ고용체(H)+용액(B) ↔ γ고용체(J)의 반응이 일어난다.
BC : γ고용체(γ-Fe이 탄소를 고용한 고용체)에 대한 액상선
JE : γ고용체에 대한 고상선
CD : 시멘타이트(Fe_3C)에 대한 액상선(Fe_3C가 정출하기 시작하는 선)
C : 공정점(1145℃, 4.3%C, E점에서 γ고용체와 F점의 Fe_3C가 동시에 정출하는 점)
　　※ 이 조성의 합금에서 공정조직(레데뷰라이트)이 된다.(반응식 : 용액 ↔ γ고용체+Fe_3C)

E : γ고용체에 탄소가 최대로 용해되는 점(1145℃, 2.11%C)
ECF : 공정선
　　※ 이 온도에서 용액(C) ↔ γ고용체(E)+Fe$_3$C(F)의 반응에 의해 용액에서 γ고용체와 Fe$_3$C가 동시에 정출한다.
ES : Acm선, γ고용체에 대한 Fe$_3$C의 용해도 곡선, γ고용체에서 Fe$_3$C가 석출하기 시작한 온도선
G : 순철의 A$_3$변태점(910℃, γ ↔ α)
GS : A$_3$선, γ고용체에서 α 고용체를 석출하기 시작하는 온도선
S : 공석점(723℃, 0.84%C). γ고용체에서 α 고용체와 Fe$_3$C가 동시에 석출하는 점이다.
PSK : 공석선(A$_1$변태선), 펄얼라이트 조직이 나타난다.
　　※ 이 온도에서 γ고용체(S) ↔ α고용체(P)+Fe$_3$C(K)의 반응이며, K점은 6.68%C이다.
GP : P점은 0.025%C, 이 온도 이하의 γ고용체에서 α고용체의 석출이 끝나는 온도, 즉 A$_3$변태가 끝나는 온도다.
P : α-Fe 중에 탄소의 최대 고용 한도를 나타내는 점(0.025%C)
PQ : α고용체에 대한 Fe$_3$C의 용해 한도곡선. 상온에 있어서 탄소의 용해도는 0.0002% 이하이다.
M : 순철의 A$_2$변태점(768℃, 철의 자기 변태점)

04 탄소강의 조직

1 오스테나이트(Austenite)

① γ-Fe에 최대 2.0%까지 탄소를 고용한 고용체이다.
② A$_1$점(723℃) 이상에서 안정된 조직을 갖는다.
③ 비자성체이며 전기 저항이 크고 경도는 낮으나 인장강도에 비해 연신율이 크며, HB는 약 155이다.

2 페라이트(Ferrite)

① α-철에 탄소를 0.025% 이하를 고용한 고용체이다.
② 강자성체이며, 연하고 전성이 크고 순철에 가깝다.
③ 탈산이 심하게 일어난 곳의 조직, HB는 약 90 정도이다.

3 펄라이트(Pearlite)

① 0.85%C의 γ-고용체가 723℃에서 분열되어 생긴다.
② 페라이트와 시멘타이트의 공석정이며 경도가 크고 어느 정도의 연성이 있다.
③ 0.8%C강을 800℃로 가열한 후 서랭하는 조직이며, 항장력, 내마모성이 강한 조직이고, HB는 225이다.

4 시멘타이트(Cementite)

① Fe_3C이며 6.68%C와 Fe과의 화합물로서 매우 단단하다.
② 비중 : 7.82, HB : 820, A_0변태(210℃)에서 자기 변태를 갖는다.
③ 1154℃로 가열하면 빠른 속도로 흑연을 분리시키며, 백색 침상 조직, 불안정한 금속 간 화합물이다.

05 탄소강의 성질

1 성분 및 표준 조직

① 성분 : 0.025~2.0%C의 Fe과 C의 합금으로 Si, Mn, P, S가 함유되어 있다.
② 표준 조직 : 표준 상태에서 Ferrite와 Cementite의 혼합 조직이다.

2 물리적 성질

비중	융점 (℃)	비열 (50~100℃)	전기저항(20℃) ($\mu \Omega cm$)	열전도율 (cal/cm·sec·℃)	보자력 (Oe)
7.8	1538~1425	0.115~0.117	13.0~19.6	0.146~0.108	0.7~7.0

3 기계적 성질

① 아공석강 : 탄소량에 따라 직선적으로 변한다.(강도 증가, 경도 증가, 연신율 감소, 충격치 감소)
② 공석강 : 공석점 부근에서 강도는 최대가 된다.
③ 과공석강 : 탄소량에 따라 경도는 증가하나 강도는 급감하고 연율, 충격치는 계속 저하한다.

06 강에 함유된 원소의 영향

1 인(P)

① 결정 입자를 거칠게 하고 강도, 경도를 증가시키며 연신율, 충격치는 감소시킨다.
② 적당량은 용선의 유동성을 향상시키고 기포나 편석이 없는 주물을 얻을 수 있다.
③ 가공 시 균열을 일으키며 상온 취성의 원인이 된다.

2 황(S)

① 강의 유동성을 해치고 기포가 발생하며 Mn과 화합하여 절삭성을 개선한다.
② 강도, 연신율, 충격치 등을 감소시키고 단조, 압연 등의 작업에서 고온 취성을 일으킨다.

3 망간(Mn)

① 경화능을 증가시키며 강의 경도, 강도, 점성 등이 증가한다.
② 탈산 작용을 하여 강의 유동성을 좋게 하고 유황의 해를 막는다.
③ 고온에서 결정의 성장을 제거시켜 조직을 치밀하게 한다.
④ 1% 이상이면 주물에 수축이 생긴다.

4 규소(Si)

① 강의 유동성을 개선하고 연신율, 충격치를 감소시킨다.
② 탄성 한도, 강도, 경도 등을 증가시키고 결정립의 크기를 증가시키고, 소성을 감소시킨다.

07 특수강

1 특수강의 분류

구조용강	강인강	Ni강, Cr강, Ni-Cr강, Ni-Cr-Mo강, Cr-Mo강, Mn강, Cr-Mn-Si강, Cr-Mo강
	침탄강	Ni-Cr강, Ni-Cr-Mo강, Ni-Mo강
	질화강	Al-Cr강, Cr-Mo강
공 구 강	절삭용 강	고속도강, W강, Cr-W강
	다이스 강	Cr강, Cr-W강, Cr-W-V강
	게이지 강	Mn강, Cr강, Mn-Cr-Ni강, Mn-Cr-W강
내 식 강	스테인리스강	Cr강, Cr-Ni강, Cr-Ni-Mo강
내 열 강	내열강	Cr강, Cr-Ni강, Cr-Mo강, Ni-Cr-Mo강
전기용강	비자성 강	Ni강, Cr-Ni강, Cr-Mn강
	규소강	규소강판
자 석 강		Cr강, W강, Cr-W-Co강, Ni-Al-Co강

2 합금원소의 영향

(1) Ni의 영향

① 조직 : Ni은 Ferrite 중에 고용되어 변태점이 내려가서 어느 양의 탄소와 니켈을 고용한 것은 공랭해도 담금질과 같은 조직이 된다.
② 성질 : 인장강도와 항복점을 증가시키고 연율, 질량 효과가 감소된다.
③ Cementite를 불안정하게 하므로 흑연화를 촉진하며, Austenite 구역을 확대한다.

(2) Cr의 영향

① 조직 : 일부는 Ferrite 중에 고용되고 대부분 Cementite에 고용되어 안정화된다.
② 성질 : 강도, 경도 증가, 탄소와 결합하여 탄화물을 만들어 내마모성, 내식성, 내열성을 향상시킨다.
③ 효과 : 담금질성 향상, 결정 입자 크기 방지, 뜨임 취성(550~650℃)이 일어난다.

(3) Mn의 영향

① 조직 : 일부는 Ferrite 중에 고용하고 대부분 Cementite 중에 치환하여 고용되고 Cementite를 안정화한다.
② 성질 : 담금질성 향상, 내마모성 증가, 적열 취성을 막아 준다.

(4) W의 영향

① 경도, 내열성 향상, 인성이 있으며 담금질 조직을 안정화한다.
② 잔류 자기, 보자력이 크다.

(5) V의 영향

① γ 구역을 축소하며 내마모성, 고온 경도가 증가되며, 인장강도, 탄성 한도는 높이나 인성은 감소한다.

(6) Mo의 영향

① 고온에서 크리프 강도를 높이고 열처리 효과를 깊게 하며 뜨임 취성을 감소시킨다.
② 인성이 크고 단조, 압연이 용이하며, 용접, 절삭이 용이하다.

(7) Si의 영향

① 탈산제(0.4% 이내)이며 Ferrite를 강화한다.
② 탄성 한도 상승으로 스프링재에 사용되며, 히스테리시스 현상, 맴돌이 전류에 대한 손실이 적다.

(8) Ti의 영향

① 제강 시 산소, 질소 등의 제거와 편석 방지 및 입도가 조성되며 담금질성이 증가된다.

3 구조용 특수강

(1) Ni-Cr(SNC)

구조용강 중에서 가장 중요한 강이다.

① 조성 : C(0.27~0.4%), Ni(1.0~2.5%), Cr(0.5~1.0%)가 많이 사용된다.
② 인성 증가, 담금질성 개량, 경화능이 좋으나 뜨임 취성이 있다.
③ 담금질 후 뜨임한 것은 Sorbite 조직으노 내마모성, 내식성, 내열성이 좋다.
④ 550~650℃에서 뜨임한다.(탄화물 결정입계 석출 방지를 위해)

(2) Ni-Cr-Mo강

① Ni-Cr강에 0.3%의 Mo를 첨가함으로써 강인성 증가, 뜨임 저항을 방지한다.
② 고급 내연기관의 크랭크축 등에 사용한다.

(3) Mn강

① 저망간강(듀콜강)
  ㉠ Mn을 0.9~1.2% 함유하며 820~850℃에서 유랭하고 조직은 Pearlite이다.
  ㉡ 성질 : 인장강도는 45~88kg$_f$/mm^{2}이고, 연율은 13~34%이다.
  ㉢ 용도 : 제지용 롤러, 건축, 교량용
② 고망간강(하드필그강, 오스테나이트 망간강)
  ㉠ Mn을 10~14% 함유하며 조직은 Austenite이고, 인성이 높고 내마모성이 우수하다.
  ㉡ 고온 취성이 생기므로 1000~1100℃에서 수인법으로 담금질한다.
  ㉢ 용도 : 분쇄기 롤러 등에 사용한다.

4 공구강

(1) 합금 공구강

① 절삭용 : 탄소 함유량이 많고 Cr, W, V 등의 첨가강이 많이 사용된다.
② 내충격용 : 절삭용에 비해 C%가 적고 Cr, W, V 등이 첨가된다.
③ 내마모 불변형 : 게이지, 정밀 측정용으로 경도, 강도가 크며, 열처리 변형과 갱년 변형이 적은 것이 사용된다.
④ 열간 가공용 : 탄소량을 적게 한 Cr, W, Mo, V계가 사용된다.

(2) 고속도강(SKH)

① 고속도강의 대표 : W(18%)-Cr(4%)-V(1%)
② 특징 : 강인성, 자경성이 있고, 600℃ 정도에서도 연화되지 않으며, 열전도율이 좋지 않다.
③ 담금질은 1250~1300℃에서 하고 뜨임은 550~630℃에서 행한다.

(3) 주조 경질 합금

① 대표 : 스텔라이트(Co-Cr-W-C계 합금)
② 단련이 불가능하므로 금형 주조에 의해 소요 형상을 만들어 연마하여 사용한다.
③ 고속도강보다 1.5~2배의 절삭 능력을 가지나 취약하다.

(4) 소결 합금

① 초경 합금 : WC, TiC, TaC 등의 금속 탄화물을 Co를 결합제로 사용하여 1400~1500℃의 수소기류 중에서 소결한 합금이다.
② 세라믹 : Al_2O_3를 주성분으로 하여 거의 결합제를 사용하지 않고 1600℃ 이상에서 소결하여 만든다.
  ㉠ 고온 경도가 크고 내마모성, 내열성이 우수하며 도자기적 성질을 가지며 금속과 친화력이 없어 구성인선이 생기지 않는다.
  ㉡ 인성이 적고 충격에 약하나, 고온, 고속 절삭용으로 사용되며 산화하지 않는다.

5 특수용도용 특수강

(1) 쾌삭강

① 황쾌삭강 : C(0.79~0.8%)-Mn(0.28%)-S(0.016~0.162%)-Si(0.61~0.79%)의 조성이 사용된다.
② 납쾌삭강 : Pb를 0.1~0.3% 정도 첨가한 강이 사용된다.
③ 흑연쾌삭강 : 1.5%C 정도가 함유된 고탄소강이 사용된다.

(2) 스프링강

① 열간 가공용 : 0.5~1.0%C의 탄소강, Mn강, Si-Mn강, Si-Cr강, Cr-V강이 사용된다.
② Si-Mn강이 많이 사용되며 Cr-V강은 소형 스프링재에 많이 사용된다.
③ 냉간 가공용의 스프링재는 보통강으로 강철선, 피아노선, 띠강이 사용된다.

(3) 베어링강

① 고탄소(0.95~1.10%C), 저크롬(0.1~1.3%Cr)강이 사용된다.
② 고급용은 V(〈0.4%), 및 Mo(〈0.5%)의 첨가용이 사용된다.

(4) 스테인리스강

① 종류 : Martensite계(Cr12~14%), Ferrite계(Cr 13%), Austenite계(Cr 18-Ni8%)
② Austenite계 스테인리스강
  ㉠ Ferrite계를 비자성화 및 산에 대한 약한 성질을 개선한 강이다.
  ㉡ 조직 : 상온에서 Austenite이며, 비자성체, 내식성이 좋고, 가공성이 우수하다.
  ㉢ 용도 : 화학 공업용 기계 및 식품 공업용, 약품 공업용 등에 사용한다.
  ㉣ Austenite계 스테인리스강의 열처리
    ⓐ 용체화 처리 : 1050℃가 적당하며 유지 시간은 25mm/h이다.
    ⓑ 안정화 처리 : 입계 부식 방지 목적으로 850~950℃로 2~4시간 유지한다.
    ⓒ 응력 제거 처리 : 800~900℃에서 2~4시간 유지 후 공(爐)한다.

(5) 전자기용 특수강

① 규소강 : C(0.08% 이하)-Si(0.4~4.3%)-Mn(0.35%)의 0.2~0.5mm 두께의 판형 또는 띠강이 사용된다.
② 규소 함유량에 따른 용도
  ㉠ 0.5~1.5% : 발전기 또는 전동기의 철심
  ㉡ 1.5~2.5% : 발전기의 발전자, 유도 전동기의 회전자
  ㉢ 2.5~3.5% : 유도 전동기의 고정자용 철심, 변압기 및 발전기의 철심
  ㉣ 3.4~4.5% : 변압기 철심, 전화기
③ 센더스트 : Si-Al강으로 고투자율 합금이며 경하고 취약하고 박판 형태로 가공이 안 된다.
④ 퍼멀로이 : Fe-Ni계 합금으로 약한 자장으로 큰 투자율을 얻는다.

(6) 불변강

① 인바(Invar) : Ni을 36% 함유한 Fe-Ni계 합금으로 상온에서 탄성 계수가 매우 적고 내식성이 우수하다.
② 엘린버(Elinver) : Fe-Ni-Cr계 합금으로 상온에서 실용상 탄성 계수가 거의 변하지 않는다.
③ 플래티나이트(Platinite) : Ni 42~46%의 Fe-Ni계 합금으로 열팽창 계수가 유리나 백금과 거의 동일하다.

08 주철

1 주철의 장점

① 주조성이 우수하며, 크고 복잡한 주물도 제작이 용이하다.
② 주물의 표면이 굳고 녹슬지 않고 칠(chill)이 잘되며, 마찰 저항이 우수하다.
③ 인장강도, 휨 강도, 충격값은 적으나 압축 강도가 크며, 금속 재료 중 값이 가장 싸다.

2 주철의 성질

(1) 물리적 성질

① 비중 : 회주철(7.1~7.3), 백주철(7.5~7.7)이다.
② 융점 : 일반적으로 낮으나 1150~1350℃이다.
③ 열팽창 계수(25~100℃) : 0.000084, 비열 : 0.13cal/g·℃이다.

(2) 기계적 성질

① 경도 : Cementite양에 비례하며, Si양이 많으면 낮아지고, P, S, Mn은 경도를 증가시킨다.
② 인장강도 : 흑연이 적고 미세하며 균일하게 분포되면 증가한다.
③ 압축 강도 : 인장강도의 3~4배 정도가 된다.
④ 충격값 : 저탄소, 저규소로 흑연량이 적고 유리 Cementite가 없을수록 크다.

⑤ 내마멸성 : 흑연이 윤활제 역할을 하므로 마멸 저항이 크다.

(3) 유동성

① 주입 온도가 높을수록 좋다.
② 응고 온도가 낮을수록 좋다.
③ C, Si, P, Mn이 많을수록 좋다.
④ S는 해친다.

3 주철에 함유된 원소의 영향

① Si : 주조성 증가, 경도, 강도 향상, 흑연의 성장, 연성, 전성 향상.
② Mn : 탄소의 흑연화 방해, 경도, 강도 증가, 수축률을 크게 하고, 유황의 해를 중화시킨다.
③ P : 융점이 낮고, 유동성을 좋게 하며, 수축률 감소, 1% 이상이면 거친 Fe_3C 발생
④ S : 유동성을 해치고, 주조 곤란, 수축률을 크게 하며, 흑연 생성 방해, 균열의 원인이 된다.

4 주철의 성장

(1) 주철의 성장 요인

① 불균일한 가열에 의한 팽창과 Cementite의 흑연화에 의한 팽창
② Ar_1변태에 의해 체적 변화가 일어날 때 미세한 균열이 형성되어 생기는 팽창
③ 흡수된 가스에 의한 팽창과 고용 원소인 Si의 산화에 의한 팽창
④ 흑연과 Ferrite 기지의 열팽창 계수의 차이에 의거 그 경계에 생기는 틈새

(2) 주철의 성장 방지책

① 조직을 치밀하게 하고 산화하기 쉬운 Si 대신에 내산화성인 Ni로 치환한다.
② Cr 등을 첨가하여 Cementite의 흑연화를 방지한다.
③ 편상을 구상으로 하고 탄소량을 저하한다.

5 주철의 조직도

① 마우러 조직도 : C와 Si의 양 및 냉각 속도에 따른 조직 변화를 표시하는 선도
② 기계 구조용으로 가장 좋은 성질은 Pearlite 주철(C : 2.7~3.2%, Si : 1.0~1.8%)이다.

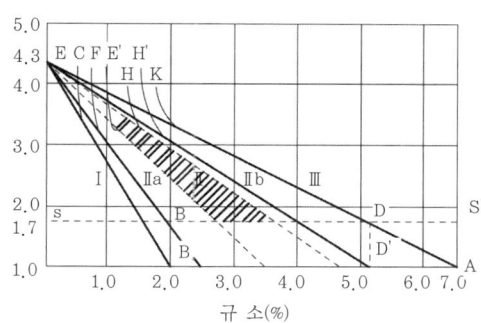

[마우러의 주철 조직]

- E점 : 공정점
- B점 : 1%C에서의 백, 흑주철의 경계로 Si 2%의 점
- E, B점 : 백주철과 흑연을 함유한 주철의 경계선
- A점 : 1%C, 7%Si (Pearlite 유무가 나타남)
- E, A점 : Pearlite 주철과 Ferrite, 흑연주철의 경계
※ 3%C 이상에서는 E점에 모이지 않고 위쪽으로 휘어진다.

구역	종류	조직
Ⅰ	백주철	Pearlite + Cementite
Ⅱa	반주철	Pearlite + Cementite + 흑연
Ⅱ	Pearlite 주철	Pearlite + 흑연
Ⅱb	회주철	Pearlite + Ferrite + 흑연
Ⅲ	Ferrite 주철	Ferrite + 흑연

㉠ 점E : 공정점(4.3%C)
㉡ 점B : 1.0%C와 2.0%Si에서 백주철과 반주철의 경계
㉢ 선EB : 백주철과 흑연을 함유하는 주철의 경계선
㉣ 점A : 1.0%C와 7.0%Si에 해당하는 점
㉤ 선EA : Pearlite를 함유하는 주철과 함유하지 않는 주철의 경계선
㉥ 기계구조용 주물로서 가장 우수한 성질을 갖는 주철 : Pearlite 주철
  [Pearlite 주철에서 2.7 ~ 3.2%C와 1.0 ~ 1.8%Si를 함유할 때 가장 우수한 성질을 나타낸다.]

6 주철의 종류

(1) 보통 주철

① 조성 : C(2.8~3.8%), Si(1.2~1.5%), Mn(0.4~1.0%), P(0.15~0.5%), S(0.06~0.13%)
② 성질 : 인장강도(15~25kg$_f$/mm^2), HB(200)
③ 조직 : 편상 흑연과 Ferrite로 되어 있으며 다소 Pearlite를 함유한 주철이다.

(2) 고급 주철

① 조성 : C(2.5~3.2%), Si(1.0~2.0%)
② 성질 : 인장강도는 25kgf/mm² 이상이며 강력하고 내마모성이 좋은 주철이다.
③ 조직 : 흑연이 가늘고 균일하게 분포된 국화 무늬 조직이며 바탕은 Pearlite이다.

(3) 미하나이트 주철

① 접종(접종제 : Fe-Si, Ca-Si)에 의해 만들어진 주철이다.
② 성질 : 인장강도 26~35kgf/mm²이며 HB는 126~321이다.
③ 조직 : 바탕는 Pearlite 조직이며 흑연은 미세하게 분포되어 있다.

(4) 가단 주철

① 백심 가단 주철 : 백선 주물을 산화철과 함께 밀폐하여 900~1000℃ 정도에서 장시간 풀림해 탈탄한 주철이다.
② 흑심 가단 주철 : 저탄소, 저규소의 백주철을 풀림하여 Fe₃C를 분해시켜 흑연을 입상으로 석출시킨 주철을 말한다.
③ Pearlite 가단 주철 : 흑심 가단 주철을 제1단계 흑연화만 하는 주철

(5) 구상 흑연 주철

① 조성 : C(3.3~3.9%), Si(2.0~3.0%), Mn(0.2~0.7%)
② 흑연을 구상화시켜 균열 발생을 어렵게 하고 강도 및 연성을 크게 한 주철이다.
③ 종류 : Cementite형, Pearlite형, Ferrite형

(6) 칠드 주철

① 표면을 급랭시켜 Cementite 조직, 내부는 서랭시켜 Pearlite 조직으로 만든 주철이다.

비철금속재료

01 구리와 그 합금

1 구리의 성질

① 전기 및 열의 양도체이며, 전성과 연성이 풍부하다.
② 상온 가공에서 인장강도를 증가시키고 연신율을 감소시킨다.
③ 구리의 물리적 성질

융점 (℃)	비중 (20℃)	비등점 (℃)	비열(20℃) (cal/g·℃)	선팽창계수 (×10⁻⁶/℃)	열전도율(℃) (cal/cm·sec·℃)
1083	8.96	2595	0.092	16.5	0.94

2 구리 합금

(1) 황동 : Cu-Zn의 합금

① 황동의 성질
  ㉠ 주조성, 가공성, 내식성, 기계적 성질이 좋고 압연, 단조 등이 가능하다.
  ㉡ 인장강도는 40%Zn일 때 최대를 나타낸다.
② 황동의 종류
  ㉠ 7 : 3황동 : 68~72%Cu-Zn의 황동으로 연성이 풍부하고 압연, 압출 작업이 용이하며 판, 봉, 선에 사용한다.
  ㉡ 6 : 4황동 : 58~62%Cu-Zn 합금으로 7 : 3황동보다 굳고, 내식성이 작다. 강도를 요하는 부분에 사용한다.

[6 : 4황동과 7 : 3황동의 비교]

종류\성질	고용체	인장강도 (kgf/mm²)	연신율 (%)	HB	가공	성 질
6 : 4황동	$\alpha+\beta$	40~44	45~55	70	열간	탈아연 부식
7 : 3황동	α	30~34	60~70	40~50	냉간	가공용 황동의 대표

　　ⓒ 톰백(Tombac) : 5~20%Zn을 함유한 황동으로 연성이 크며 금 대용으로 사용한다.

　　② 철황동(delta metal) : 6 : 4황동에 Fe을 1~2% 첨가한 황동으로 강도, 내식성이 좋다.

　　⑩ 주석황동 : 황동에 내식성을 개량하기 위하여 1%Sn을 첨가한 황동이다.

　　　ⓐ 네이벌 : 6 : 4황동에 1%Sn을 첨가한 황동으로 판, 봉, 용접봉, 파이프, 선박용 기계 등에 사용한다.

　　　ⓑ 애드미럴티 황동 : 7 : 3황동에 1%Sn을 첨가한 황동으로 전연성이 좋으며 관, 판으로 증발기, 열교환기 등에 사용한다.

　　ⓗ 연황동(쾌삭황동) : 황동에 Pb를 1.5~2.0% 첨가하여 절삭성을 좋게 한 황동이다.

　　ⓘ 양은 : Cu-Ni-Zn 합금으로 탄성, 내식성, 내열성이 좋고, 전기 저항이 높으며, 장식용에 많이 사용한다.

(2) 청동 : Cu-Sn의 합금

　① 청동의 성질
　　㉠ 내식성이 크고 인장강도, 연신율이 크며, 내마모성이 있다.
　　㉡ 해수 부식에 대한 저항력이 크며 황동보다 주조성이 좋다.

　② 청동의 종류
　　㉠ 포금 : Cu-Sn(8~12%)-Zn(1~2%)의 합금으로 포신용, 기계 부품의 재료에 사용된다.
　　㉡ 인청동 : 청동에 탈산제인 P(0.5%)를 첨가한 합금으로 유동성, 강도, 경도, 내마모성, 탄성이 좋다.
　　㉢ Al청동 : 청동에 Al(8~12%)을 첨가한 합금으로 경도, 강도, 인성, 내마모성, 내열성, 내식성이 좋다.

02 알루미늄과 그 합금

1 알루미늄의 성질

① 비중이 작고(2.7) 백색의 금속으로 전기(열) 전도율이 좋다.
② 용융점이 낮고 전연성이 좋으며 용접성이 우수하다.
③ 탄산염, Cr산연염, 초산염, 황산염 등의 중성 수용액에서 내식성이 좋다.
④ 상온에서 압연 시 강도, 경도 증가, 연신율이 감소된다.
⑤ 온도 증가에 따라 강도 감소, 연신율(400~500℃에서 최대)이 증대된다.
⑥ 알루미늄의 기계적 성질

종류	상태	인 장 시 험			HB
		인장강도 (kg_f/mm^2)	항복점 (kg_f/mm^2)	연신율 (%)	
99.9%	풀 림 재	4.8	1.25	48.8	17
	75%상온가공	11.5	11.0	5.5	27

(2) 알루미늄의 방식법

종류	전해액	전류	특징
alumite(수산법)	수산	직류	황금색의 경질 피막 형성
alumilite(황산법)	황산	교류	무색의 연질 피막 형성

2 알루미늄 합금

(1) Al-Cu계 합금

담금질과 시효 경화에 의해 강도가 증가하고 내열성, 연신율, 절삭성이 좋으나 고온 취성이 크며 수축에 의한 균열이 있고 실용으로는 4%Cu는 강도를 요하는 부품에, 8%Cu는 주물의 대표로 자동차 공업, 12%Cu는 고온에 견디므로 자동차, 기화기, 방열기 등에 사용한다.

(2) Al-Si계 합금

실루민이 대표적(개질 처리한 Al합금), 경도가 낮고 인성이 크며 절삭성이 나쁘다.

※ 개질 처리에 효과를 얻는 방법
① 불화물을 쓰는 방법
② 나트륨을 쓰는 방법(금속 Na를 쓰는 방법(많이 사용), 수산화 Na를 쓰는 방법)
③ 가성소다를 쓰는 방법
④ 개질 처리의 최대 효과 : Si 14%
⑤ 개질 처리한 조직 : 미세화, 강력화

(3) Al-Cu-Si계 합금

라우탈이 대표이며 실루민 결점인 가공면의 거칢을 보완했다.

(4) Al-Si-Mg계 합금

γ-실루민(Si9%, Mg0.5%)이 대표이다.

(5) Y-합금

Al-Cu(4%)-Mg(1.5%)-Ni(2%)의 조성으로 내열용 Al합금의 대표이다.

(6) 내식용 Al합금

① Al-Mn계 : 알민
② Al-Mg-Si계 : 알드레이
③ Al-Mg계 : 하이드로날륨(내식용 Al합금의 대표)

(7) 고강도 Al합금(강력 합금)

① 두랄루민 : Al-Cu-Mg-Mn의 조성이며 시효경화 처리한 대표 합금이다.

(8) 알루미늄의 열처리

① 고용체화 처리 : 완전한 고용체가 되는 온도까지 가열하였다가 급랭해 과포화 고용체로 만든 방법

② 인공 시효 처리 : 과포화 고용체를 120~200℃로 가열 과포화 성분을 석출시키는 방법
③ 풀림 : 과포화처리 온도와 인공 시효 온도의 중간까지 가열하여 석출된 미립자를 석출시키고 잔유 응력을 제거하여 재질을 연화시키는 방법

03 기타 비철 합금

1 니켈과 그 합금

(1) Ni-Cu계 합금

① 특징 : 전기 저항이 크며, 내열성, 내식성, 고온에서 강도 및 경도의 저하가 적다.
② 백동(10~30%) : 가공성, 내식성이 좋고, 열간 가공이 용이하며, 전연성이 크고 화폐, 열교환기에 사용된다.
③ 콘스탄탄(40~50%Ni) : 전기 저항이 크고, 온도 계수가 낮으며, 통신기, 전열선 열전쌍에 사용된다.
④ 모넬 메탈(60~70%Ni) : 고온에서 강도가 저하되지 않고, 산화성이 적고, 화학 공업에 사용한다.
⑤ 망가닌 : Cu(50~80%)-Ni(2~16%)-Mn(12~30%)의 합금으로 전기 저항용에 사용한다.

(2) Ni-Fe계 합금

① 인코넬 : Ni(36%)-C(0.2%)-Mn(0.4%)의 Fe-Ni 합금으노 내식성이 우수함, 줄자, 바이메탈용
② 엘린바 : Fe-Ni-Cr계 합금으로 상온에서 탄성계수가 거의 변하지 않음, 정밀계기에 사용
③ Platinite : Ni(42~48%)의 Fe-Ni계 합금으로 열팽창 계수가 유리나 백금과 비슷하며 전구 도입선에 사용한다.
④ Permally : Ni(70~90%)-Fe(10~30%)의 Fe-Ni계 합금으로 투자율이 높고 약한 자장으로 큰 투자율을 갖는다.

(3) Ni-Cr계 합금

① 합금의 특성 : 전기 저항이 크고 내식성이 크며 산화도가 적고, 내열성이 크다.
② 니크롬선 : Ni(50~90%), Cr(15~20%), Fe(0~25%)의 합금으로 전열선에 사용한다.
③ 인코넬 : Ni에 Cr(2~13%), Fe(6.8%)의 내식성 합금이다.
④ 하이스텔로이 : Ni-Cr-Fe-Mo계 합금으노 내식성 합금이다.
⑤ 콘스탄탄 : Ni을 40~45% 함유한 열전쌍용이다.
⑥ 어드밴스 : Ni(44%)-Fe(54%)-Mn(1%)로 전기 저항체용이다.
⑦ 모넬 메탈 : Ni(65~70%)-Fe(1~3%)-Cu(나머지)계 합금으로 화학 공업용이다.
⑧ 크로멜-알루멜 : Al(3%)의 Ni-Al계 합금이 알루멜, Cr(10%)의 Ni-Cr계 합금이 크로멜이다.

2 마그네슘과 그 합금

(1) 주조용 Mg합금

① Mg-Al계 합금(다우메탈) : 전연성이 좋고, 열전도도가 좋으며, 기계적 성질은 우수하나 내식성이 적다.
② Mg-Al-Zn 합금(엘렉트론) : Mg가 90% 이상이고 Al+Zn이 10% 이하로, 내연기관의 피스톤에 사용한다.

(2) 가공용 Mg합금

구분	종류	Al (%)	Zn (%)	Mg (%)	인장강도 (kg_f/mm^2)	연신율 (%)
판재	1종	2.4~3.6	0.5~1.5	나머지	22~28	12 이상
봉재	2종	5.8~7.2	0.4~1.5	나머지	25 이상	7 이상

3 아연과 그 합금

① 다이 캐스팅용 합금 : Zn-Al-Cu-Mg계, Zn-Al계, Zn-Al-Cu계, Zn-Cu계 등이 있다.
② 가공용 합금 : Zn-Cu계, Zn-Cu-Mg계, Zn-Cu-Ti계, Zn-Al계, Zn-Al-Cu계 등이 있다.
③ 금형용 합금 : KM, kirbsite, ZAS 등이다.

4 주석과 그 합금

(1) 주석의 특성

① 은백색의 저용융 합금이다.
② 18℃에서 α-Sn ↔ β-Sn의 동소 변태를 가진다.
③ α-Sn은 회주석이고, β-Sn은 백주석이다.
④ 전연성, 내식성이 좋고, 땜납용으로 많이 사용된다.
　㉠ 고온용 땜납 : 고온용 주석 합금, Cd계, Zn계가 사용된다.
　㉡ 저온용 땜납 : Sn-Sb계가 사용된다.
⑤ Sb(4~7%)-Cu(1~3%)의 백납은 장식용이다.
⑥ Cu(0.4%)-Sn의 경석으로 의약품, 물감 튜브에 사용한다.

5 납과 그합금

① Pb-As계 합금은 케이블 피복제에 사용한다.
② 경연(Pb-Sb(4~8%))은 판, 관에 사용한다.
③ 활자 금속은 Pb-Sb-Sn계이다.
④ 경납은 황동, Ag, Au, Cu, Pb 등 융점이 높은 것이 사용한다.
⑤ 연납은 일반적인 땜납, Sn25~90%로 사용한다.

6 저용융 합금

명칭	융점(℃)	Bi(%)	Cd(%)	Pb(%)	Sn(%)
우드 메탈	68	50	12.5	25	12.5
리포위츠 합금	68	50.1	10	26.6	13.3
뉴턴 합금	94	50	-	31	18.2
로즈 합금	100	50	-	28	32
비스무트 땜납	113	50	-	40	20

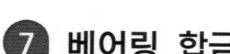

7 베어링 합금

(1) 주석계 화이트 메탈
① Sn-Pb-Sb-Zn-Cu의 백색 합금으로 융점이 낮고 약하며, 배빗 메탈이 대표이다.
② 고급 베어링 합금이나 하중의 변동이 커서 베어링의 자동 조절을 요하는 곳에 사용한다.
③ 고속도의 발전기, 내연 기관의 발전기 등 축용 베어링에 사용한다.
④ 배빗 메탈 : 납계통보다 마찰 계수가 작고 고온 고압 정도가 강하며 내식성이 좋다.

(2) 납계 화이트 메탈
① Pb-Sb-Sn계 : 하중이 작고 속도가 큰 베어링에 적합하며 강도는 주석계보다 낮다.
② Pb-Ca-Ba-Na계

(3) 구리계 베어링 합금
① 켈밋이 대표적이며 주석 황동, 인 청동, 합연 청동 등이 사용된다.
② Cu-Pb(30~40%)으로 자체는 약하나 지금을 소결 또는 용착시킨다.

(4) 함유 베어링
① Cu-Sn-흑연 합금이 사용된다.
② 소결 합금으로 급유가 곤란한 곳 및 큰 하중을 요하지 않는 부분에 사용하며 저속, 저하중의 베어링과 작은 전동기, 선풍기, 전기 세탁기 등에 사용한다.

# 신소재 및 그 밖의 합금

01 비정질합금

1 비정질합금의 제조법

(1) 기체 급랭법

① 진공증착법
  ㉠ 진공 용기 속에서 금속을 가열하여 기체 상태의 원자로 만들어 용기 속의 세라믹기판의 표면에 그 증기를 부착시켜 박막을 만든다.
  ㉡ Ge 및 Si의 비정질막을 비교적 간단하게 얻을 수 있으며 Fe, Ni도 쉽게 비정질화가 가능하다.

② sputter법
  ㉠ 불활성가스 이온을 모합금에 충돌시켜 튀어 나온 원자를 기판위에서 석출시키는 방법으로 희토류 금속을 포함하는 비정질 시료의 제조에 많이 응용된다.

(2) 금속액체의 급랭법

① 단롤법
  ㉠ 모합금을 도가니에 넣어 용해하며, 도가니의 압력을 높여 용탕을 고속회전하는 롤 표면에 분출시켜 냉각하는 방법이다.
  ㉡ 이 방법으로 얻어진 비정질합금은 보통 2~3mm 폭의 띠모양의 리본 형태이다.

② 쌍롤법
  ㉠ 회전하는 롤 사이에 용탕을 공급하여 리본을 만드는 방법이다.
  ㉡ 자기 헤드 철심 재료와 같은 정밀부품의 제조에 적합하다.

③ 원심 급랭법
  ㉠ 회전 냉각체의 회전수가 높을수록 용탕과의 밀착이 증대하여 비정질화하기 쉽다.
  ㉡ 회전하는 상태에서 비정질재료를 끄집어 내는 것이 매우 곤란하다.

④ 분무법
  ㉠ 고속으로 분출하는 물의 흐름 중에 적당한 용융금속을 떨어뜨려 미분화하여 급랭, 응고 시키는 방법으로 분말상의 비정질을 얻으며 대량생산에 적합하다.

2 비정질합금의 특성

① 전기저항이 크고 그 값의 온도 의존성은 적고 용접은 결정화 때문에 불가능하다.
② 열에 약하고 고온에서 결정화하여 완전히 다른 재료가 되며 얇은 재료에만 가능하다.
③ 경도가 높고 연성이 양호하며 가공경화 현상이 나타나지 않고, 고주파 특성이 좋다.

02 반도체

1 반도체의 특성 및 반도체용 금속재료

(1) 반도체의 특성

① 자유 전자의 수가 적은 재료로서 전기저항은 온도가 상승함에 따라 감소한다.
② 전압-전류 특성 곡선에 비직선적이다.

(2) 반도체용 금속재료

① **집적회로의 배선재료** : 집적재료 회로용 금속재료에는 전극 및 배선 재료인 Al, Si, Ti, Mo, Ta, W, Au 등이 있다.
② **전극재료** : 전극재료에는 W, Mo, Ta, Ti 등이 있다.
③ **리드 프레임(lead frame)** : 집적회로의 조립공정에서 필요한 대표적인 금속재료로 IC용, DIP용, LSI 등이 있다.
④ **땜용재료** : Sb, Ag, Cu 등을 함유한 합금, In-Pb-Sn계, In-Sn계 등의 합금이 이용된다.

2 반도체 재료의 정제법

(1) Ge, Si의 정제법
① 광석의 가루를 염소화하여 $GeCl_4$를 만들어 이를 증류하여 순도를 높게 하고 다시 가스 분해한 후 GeO_2를 만들며 고순도 산화 Ge은 고순도의 H 중에서 550℃로 1시간 정도 유지한 후 700℃로 2시간 정도 환원시킨 Ge의 정제법이 있다.
② 실리콘 정제는 프로팅 존법을 주로 이용한다.

(2) 물리적 정제법
① 대역 정제법 : 편석법을 보완한 방법으로 Ge 등 많은 반도체와 금속의 정제에 이용된다.
② 플로팅 존법 : 도가니나 보트와 같은 용기를 사용하지 않는 정제법으로 다결정 Si 막대의 상하를 척으로 지지하여 수직으로 고정시키고 고주파가열 코일에 의해 부분적으로 응용한다.

03 초소성 재료

1 초소성 변태의 구조

(1) 미세 결정입자 초소성의 조건
① 재료의 결정입자가 10μm 이하인 것을 일정한 온도하에서 적당한 변형속도를 가하면 나타난다.
② 변형 온도는 그 재료 용융점의 1/2 이상이어야 한다.
③ 최적의 변형속도가 존재하여야 한다.

(2) 미세 결정입자의 초소성 변형 기구
① 초소성 변형에서는 각 결정입자가 경계를 미끄러지거나 회전하여 변형한다.
② 합금의 보통 소성에 알려진 슬립선의 운동으로 결정입자 자체가 변형되고 재료전체가 소성변형된다.

2 초소성 재료의 응용

(1) 초소성 재료의 특징

① 초소성은 일정한 온도 영역과 변형 속도의 영역에서만 나타난다.
② 초소성 영역에서 강도가 낮고 연성은 매우 크다.
③ 재질은 결정입자가 극히 미세하며 외력을 받을 때 슬립변형이 쉽게 일어난다.
④ 결정입자는 10μm 이하의 크기로서 등방성이다.

(2) 초소성 재료의 성형법

① blow 성형법 : 판상의 Al계 및 Ti계 초소성 재료를 15~300psi의 가스 압력으로 어느 형상에 양각 또는 음각하거나 금형이 필요 없이 자유 성형하는 방법이다.
② gatorizing 단조법 : Ni계 초소성 합금으로 터빈 디스크를 제조하기 위하여 개발된 방법이다.
③ SPF/DB법 : 초소성 성형법과 고체상태에서 용접하는 확산접합법이 합쳐진 기술로서 고체상태의 확산에 의해서 초소성 온도에서 용접이 가능하기 때문에 초소성 재료를 사용할 때만 가능하다.

04 복합재료

❶ 금속계 복합재료의 분류 및 특성

(1) 섬유강화금속 복합재료(FRM)
① 금속모재 중에 대단히 강한 섬유상의 물질을 분산시켜 요구되는 특성을 가지도록 만든 것을 섬유강화금속 복합재료(FRM)라 한다.
② 최고 사용 온도가 377~527℃이며 모재와 섬유에 따라 제조법이 한정된다.
③ 복합과정이 일반적으로 고온이므로 복합화가 어렵다.
④ 섬유강화 금속의 분류
　㉠ 저용융계 섬유강화 금속 : 최고 사용온도가 377~527℃로 비강성, 비강도가 큰 것을 목적으로 한다.
　㉡ 고용융계 섬유강화 금속 : 927℃ 이상의 고온에서 강도나 크리프 특성을 개선시키는 목적이다.

(2) 분산강화 복합재료(PSM)
① 서멧의 일종으로 기지 금속 중에 0.01~0.1㎛ 정도의 산화물 등의 미세입자를 균일하게 분포시킨 재료가 분산강화 복합재료이다.
② 초미립자의 제조 및 소성가공이 어렵고 값이 비싸다.
③ 분산된 미립자는 기지 중에서 화학적으로 안정하고 용융점이 높다.

(3) 입자강화 복합재료
① 1㎛ 이상의 비금속 성분의 입자가 20~80%의 넓은 범위에 걸쳐 금속, 합금 기지 중에 분산된 복합재료이다.
② 내열성, 내마모성, 내식성이 우수하고 경도가 높고 압축강도가 크다.

(4) 클래프 재료
① 2종 이상의 금속 또는 합금을 서로 합하여 각각 소재가 가진 특성을 복합적으로 얻는 복합재료로서 표면 피복효과, 상호 보완효과, 경제효과가 있다.
② 공업적으로 대형치수인 것을 연속적으로 생산이 가능하다.

(5) 다공질 재료

① 소결체의 다공성을 이용한 함유 베어링이나 다공질 금속 필터가 있다.
② 단열성, 내화성, 가공성, 차음성이 우수하다.
③ 가정용 기기, 자동차부품, 토목기계 부품 등에 사용한다.

05 형상기억합금

1 형상기억합금

(1) 형상기억합금의 특징

① Martensite 변태는 작은 구동력으로 생긴 열탄성변태이다.
② 고온상은 대부분의 경우 규칙구조를 가고 저온상은 저대층의 결정구조를 갖는다.

(2) 형상기억 효과

① **일방향형상 기억** : 고온상의 형상 하나만 기억하는 경우로 Austenite상의 형상만 기억하는 경우이다.
② **가역형상 기억** : 일방향형상 기억합금을 다시 냉각 시 변형시켰던 형상으로 되돌아 가는 경우이다.
③ **전방향 형상 기억** : 변형을 준 상태에서 시효시킨 Ni, 과잉 Ti-Ni계 합금에서 나타나는 현상이다.
④ **변형 의탄성** : 변태 작용 시의 Martensite변태 온도가 역변대 종료온도보다 높은 경우에 생기는 현상으로 응력유기 Martensite가 외부 응력 제거시 Austenite로 변태가 일어난다.

2 형상기억합금의 종류

(1) Ti-Ni계 합금

① 연성이 우수하고 내식성, 나마모성, 반복 피로성이 가장 우수하다.
② 센서와 액추에이터를 겸비한 기능성 재료로서 기계, 전기 관련 분야에 사용한다.

(2) Cu계 합금

① 소성가공이 좋아서 반복 사용하지 않는 이음쇠 등의 용도로 사용한다.
② 결정입자의 미세화를 위해 Ti 등의 첨가에 의한 성능 개선을 한다.

06 제진 재료

1 제진의 원리

(1) 진동 및 소음의 방지 대책

① 진동원의 진동을 감소시키는 방법
② 발생한 진동이나 소리를 흡수하는 방법
③ 진동이나 소리를 차단하는 방법

(2) 진동이나 소음 대책에 이용 가능한 재료

기 능	대 상	
	음	진동
에너지의 흡수(열에너지로 변환)	흡음(吸音) 재료	제진 재료(흡진)
에너지 전파의 차단(에너지의 반사)	차음(遮音) 재료	방진(防振) 재료

2 제진합금의 특징

① 고무, 플라스틱은 감쇠능이 높아 60% 정도의 SDC값을 나타낸다.
② 고감쇠능 구조용 재료는 SDC가 10% 이상이 요구된다.
③ 강도가 높고 제진계수가 큰 것이 사용된다.
④ 제진계수가 클수록 감쇠속도가 증가된다.

제1장 금속재료의 총론 기출 및 예상문제

001 금속의 공통적 특성에 대한 설명 중 틀린 것은?

㉮ 금속의 결정 내에는 원자들이 규칙적으로 바르게 배열되어 있다.
㉯ 자유 전자가 있기 때문에 전기가 양도체이다.
㉰ 결정면 내에서 이 slip에 의해 소성 변형이 가능하다.
㉱ 온도와 관계없이 격자 상수는 항상 불변이다.

해설
금속의 공통적인 성질
① 상온에서 고체이며 결정체이다(단, Hg는 제외).
② 열과 전기의 양도체이다.
③ 비중이 크고 금속 특유의 광택을 가지고 있다.
④ 소성 변형이 있어 가공하기 쉽다.
⑤ 이온화하면 양(+)이온이 된다.

002 다음 중 합금의 성질에 대한 설명으로 틀린 것은?

㉮ 순금속보다 강도 및 경도가 증가한다.
㉯ 순금속보다 열 및 전기전도도가 저하된다.
㉰ 특수한 성질을 가진다.
㉱ 순금속보다 융점이 높아진다.

003 다음은 순금속과 합금의 비교 설명이다. 틀린 것은?

㉮ 융점은 합금이 순금속보다 낮다.
㉯ 비중은 순금속이 합금보다 크다.
㉰ 전도율은 순금속이 합금보다 떨어진다.
㉱ 강도는 합금이 순금속보다 크다.

해설
순금속과 합금의 성질 비교
① 합금이 순금속보다 좋은 성질은 가주성, 강도, 경도, 내마모성. 주조성 등이다.
② 합금이 순금속보다 나쁜 성질은 전도율, 가단성, 연성, 전성 등이다.
③ 순금속과 합금의 성질 비교

성 질	순금속	합 금
비 중	크 다	작 다
융 점	높 다	낮 다
전도율	좋 다	떨어짐
가주성	떨어짐	좋 다
연성전성	좋 다	떨어짐
강도, 경도	작 다	크 다
열처리	떨어짐	좋 다
내식성	떨어짐	좋 다
내마모성	작 다	크 다
가단성	좋 다	떨어짐

정답 001. ㉱ 002. ㉱ 003. ㉰

004 순금속과 합금을 비교할 때 합금의 전기 저항은 일반적으로 어떻게 변하는가?

㉮ 감소된다.
㉯ 증가한다.
㉰ 같다.
㉱ 증가되었다 감소된다.

합금의 특성(순금속과 비교)

성 질	특 성
광 택	배합 비율에 따라 다름
주 조 성	양호하다.
전 연 성	나쁘다.
가 단 성	저하한다.
내 열 성	증가한다.
열(전기)전도율	감소한다.
강도, 경도	증가한다.
내식, 내마모성	증가한다.
용융점	낮아진다.
열처리	양호하다.

005 다음 금속 중 열전도도가 가장 큰 것은 어느 것인가?

㉮ Ag   ㉯ Sb
㉰ Au   ㉱ Fe

전기(열) 전도율
① 길이 1cm에 대하여 1℃ 온도차가 있을 때 cm^2의 단면적을 지나 1초간에 이동하는 전기(열)량을 말한다. 단위는 cal/cm·sec·℃로 표시한다.
② 순금속일수록 전도율이 좋고, 고유 저항이 작을수록 도전율이 좋다.
③ 공업용으로 많이 사용되는 금속 : Cu, Al
④ 주요 금속의 전기전도율 순서 : Ag 〉Cu 〉Au 〉Al 〉Mg 〉Zn 〉Fe 〉Pb 〉Sb

006 재료를 측정하기에 가장 알맞은 온도는 몇 ℃인가?

㉮ 10   ㉯ 20
㉰ 30   ㉱ 40

상온(常溫)
재료를 측정하기에 가장 알맞은 온도는 실내 온도 20℃이다. 이것을 상온(常溫)이라 한다.

007 어떤 금속 1gr을 용해시키는데 필요한 열량을 무엇이라 하는가?

㉮ 비열   ㉯ 자성
㉰ 선팽창 계수   ㉱ 융해 잠열

융해 잠열 (용해 숨은열, melting latent heat)
① 어떤 금속 1gr을 용해시키는 데 필요한 열량을 융해 잠열이라 한다.
② 융해 숨은열 : 금속이 용해할 때에는 시간이 지나도 온도가 올라가지 않는다. 즉 금속 전부가 용해되어야만 온도가 올라간다. 이 현상에 필요한 열량을 말한다.
③ 주요 금속의 융해잠열

금 속	융해잠열 (cal/gr)	금 속	융해잠열 (cal/gr)
Al	95.60	Ni	74.00
Zn	24.09	Mg	89.00
주 철	23.00	Mn	64.00
Ag	25.00	Sn	44.50
Co	58.40	Sb	38.30
Pt	27.00	전해철	65.00
Au	16.10	Bi	13.00
Cd	13.20	Pb	6.30
Cu	50.60		

정답 004. ㉯ 005. ㉮ 006. ㉯ 007. ㉱

금속재료기능장

008 어떤 금속 1gr을 1℃ 올리는 데 필요한 열량을 무엇이라 하는가?
- ㉮ 비열
- ㉯ 융해 잠열
- ㉰ 항복점
- ㉱ 경도

해설
비열
① 어떤 금속 1gr을 1℃ 올리는 데 필요한 열량이 비열이다.
② 비열이 크면 재료를 가열할 때 많은 열이 필요하다.
③ 주요 금속의 비열 순서 : Mg > Al > Mn > Cr > Fe > Ni > Cu > Zn > Ag > Sn > Sb > W

009 어느 길이의 물체가 1℃ 상승할 때 그 길이의 증가와 처음 길이와의 비를 무엇이라 하는가?
- ㉮ 비열
- ㉯ 자성
- ㉰ 선팽창 계수
- ㉱ 융해 잠열

해설
선팽창 계수
① 어느 길이의 물체가 1℃ 상승할 때 그 길이의 증가와 처음 길이와의 비를 말한다.
② 선팽창 계수 = $\dfrac{변형\ 길이 - 처음길이}{처음\ 길이(변형온도 - 처음온도)}$
  = $\dfrac{l' - l}{l(t' - t)}$
③ 선팽창 계수가 큰 것 : Pb, Mg, Sn
④ 선팽창 계수가 작은 것 : Ir, Mo, W
⑤ 압연 등과 같이 비중이 증가하는 가공을 하였을 때 그 금속의 팽창률은 증가한다.

010 다음 금속 중 용해 숨은열이 가장 큰 금속은 어느 것인가?
- ㉮ Al
- ㉯ Co
- ㉰ Cu
- ㉱ Pb

011 다음 금속 중 용융점이 가장 높은 금속은 어느 것인가?
- ㉮ Cu
- ㉯ Ni
- ㉰ Mo
- ㉱ Mg

해설
주요 금속의 융점

금속	융점 (℃)	금속	융점 (℃)
Fe	1539	Ni	1453
Co	1596	Mo	2610
Cd	320.9	Cu	1083
Al	660	W	3400
Mg	650	Hg	-38.8

012 저용점 합금이란 어느 금속의 용융점을 기준으로 하는가?
- ㉮ Zn
- ㉯ Mg
- ㉰ Sn
- ㉱ Al

해설
저용점 합금은 용융점이 231.9℃ 이하인 금속을 총칭한다(Sn의 융점 : 231.9℃).

013 다음 금속 중 중금속으로만 묶인 것은 어느 것인가?
- ㉮ Mg, Li, Ti
- ㉯ Al, Si, Be
- ㉰ Na, Al, Li
- ㉱ Cd, Mn, Pb

해설
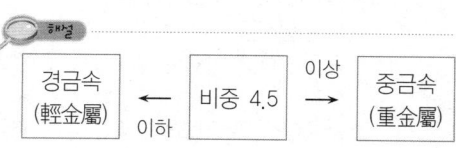

정답 008. ㉮ 009. ㉰ 010. ㉮ 011. ㉰ 012. ㉰ 013. ㉱

014 고융점 금속이란 용융점이 몇 ℃ 이상의 온도를 말하는가?
㉮ 500 이상   ㉯ 1000 이상
㉰ 1500 이상   ㉱ 2000 이상

015 다음 가공법 중 동일한 성분의 금속을 가공할 때 비중이 가장 작아지는 것은?
㉮ 단조   ㉯ 주조
㉰ 압연   ㉱ 인발

비중
① 실용 금속상 가장 가벼운 금속은 Mg로서 비중이 1.74이다.
② 금속 중 비중이 가장 큰 금속은 Ir로서 비중이 22.40이다.
③ 금속 중 비중이 가장 작은 금속은 Li로서 비중이 0.530이다.
④ 단조, 압연, 드로잉 등의 가공된 금속은 주조 상태의 비중보다 크다.
⑤ 순금속은 합금보다 비중이 크며, 금속의 순도, 온도, 가열 방법에 따라 다르다.

016 다음 중 비중에 대한 설명 중 맞는 것은?
㉮ 비중이 가장 큰 금속은 Al이고, 작은 금속은 Li이다.
㉯ 비중이 가장 큰 금속은 W이고, 작은 금속은 Hg이다.
㉰ 비중이 가장 큰 금속은 Ir이고, 작은 금속은 Li이다.
㉱ 비중이 가장 큰 금속은 Ni이고, 작은 금속은 Pb이다.

017 다음 금속 중 중금속이 아닌 것은?
㉮ Fe   ㉯ W
㉰ Pb   ㉱ Ti

• 중금속 : 비중 4.5 이상의 무거운 금속 원소를 총칭한다.
• 주요 금속의 비중

금속	비중	금속	비중
Mg	1.74	Pt	21.4
V	5.6	Al	2.7
Cr	7.0	Sb	6.67
Fe	7.86	Zn	7.1
Ni, Co	8.8	Mn	7.3
Cu	8.96	Cd	8.64
Mo	10.2	Ag	10.5
Pb	11.34	Au	19.3
W	19.1		

018 금속재료의 기계적 성질은 일반적으로 상온에서 한다. 그러나 고온에서의 기계적 성질을 시험하기 위하여 고온 상태에서도 실시하게 되는데 특히 중요한 성질은 다음 중 어느 것인가?
㉮ 고온 강도   ㉯ 단면수축률
㉰ 인장강도   ㉱ 취성

금속재료의 공업에 필요한 성질
① 기계적 성질 : 인장강도, 경도, 피로, 연신율, 충격
② 물리적 성질 : 비열, 비중, 융점, 선팽창 계수, 열·전기 전도율, 자성, 융해 잠열
③ 화학적 성질 : 내식성, 내열성
④ 제작상 성질 : 주조성, 단조성, 용접성, 절삭성

정답 014. ㉱   015. ㉯   016. ㉰   017. ㉱   018. ㉮

019. 다음 중 인장 시험으로 알 수 없는 성질은 어느 것인가?
㉮ 단면 수축률 ㉯ 연신율
㉰ 항복점 ㉱ 인성

해설
① 인장 시험기로 측정할 수 있는 성질 : 인장강도, 연신율, 단면 수축률, 항복점 등
② 인성과 취성을 알기 위한 시험은 충격시험이다.

020. 다음 중 금속 재료의 기계적 성질에 해당되지 않는 것은?
㉮ 강도 ㉯ 연신율
㉰ 경도 ㉱ 자성

021. 다음 중 기계적 성질에 해당하는 것은?
㉮ 자성 ㉯ 주조성
㉰ 비열 ㉱ 연신율

022. 다음은 인장 시험에서 재료의 특성을 알기 위하여 가장 많이 쓰이는 일반적인 측정 방법이다. 틀린 것은 어느 것인가?
㉮ 최대 하중 ㉯ 항복 강도
㉰ 연신율 ㉱ 취성

해설
인장 시험에 많이 쓰이는 측정
① 최대 하중, 인장강도, 항복 강도, 내력, 연신율, 단면 수축률 등이다.
② 정밀 측정 : 비례 한도, 탄성 한도, 탄성 계수 등이다.

023. 다음 금속 중 인장강도가 가장 큰 것으로 맞는 것은 어느 것인가?
㉮ Ni ㉯ Cu
㉰ Al ㉱ Fe

해설

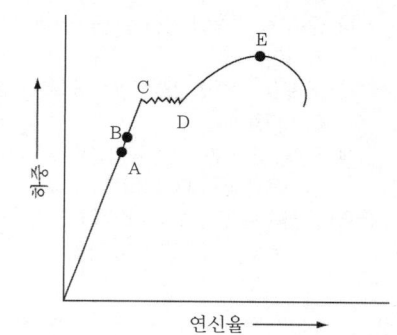

금속	인장강도(kg_f/mm^2)
Fe	25~26
Cu	22~25
Al	7.0~8.2
Ni	42~56

024. 다음 그림은 연강의 응력-변형선도이다. 탄성한도를 표시한 점으로 맞는 것은?

㉮ A ㉯ B
㉰ C ㉱ D

해설

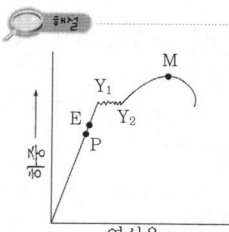

P : 비례한계
E : 탄성한계
Y_1 : 상항복점
Y_2 : 하항복점
M : 극한강도

정답 019. ㉱ 020. ㉱ 021. ㉱ 022. ㉱ 023. ㉮ 024. ㉯

025 시편을 시험기에 걸어 축방향으로 잡아 당겨 파단될 때까지의 변형과 힘을 측정하여 재료의 변형에 대한 저항 크기를 알기 위한 시험은 다음 중 어느 것인가?

㉮ 인장 시험 ㉯ 경도 시험
㉰ 충격 시험 ㉱ 비파괴 시험

026 다음은 여러 가지 금속 재료의 응력-변형도이다. 이 중에서 주철에 해당하는 것은?

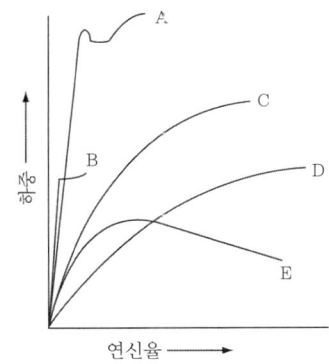

㉮ A ㉯ B
㉰ C ㉱ D

해설

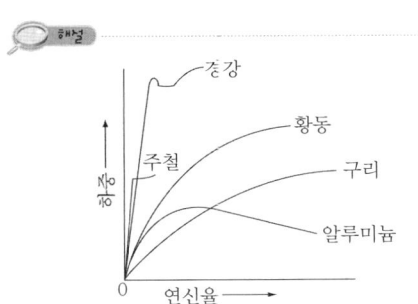

027 다음 중 탄성률을 나타내는 식은 어느 것인가? (단, ϵ : 변율, δ : 응력)

㉮ $E = \delta/\epsilon$ ㉯ $E = \delta \cdot \epsilon$
㉰ $E = \epsilon/\delta$ ㉱ $E = \delta + \epsilon$

028 영구 변형이 일어나지 않는 한도 내에서 응력에 대한 변형률의 비를 무엇이라 하는가?

㉮ 영률 ㉯ 탄성 한계
㉰ 포아송비 ㉱ 비례 한계

해설

탄성 한도 (elastic limit)
① 재료에 외력을 가했을 때 이것이 영구 변형을 일으키게 하는 최소의 응력
② 영구 변형은 측정 방법의 정밀도에 따라 다르기 때문에 통상 탄성 한계를 정할 영구 변형의 값에 대한 규약을 만들어 어느 값에서 영구 변형을 일으킬 때의 응력을 말한다.
③ 이와 같은 경우 영구 변형은 0.003% 또는 정밀한 경우에는 0.005%가 적당하다.
④ 영구 변형이 생기지 않는 응력의 최댓값
⑤ 탄성 한도점의 하중을 원단면적으로 나눈 값

029 다음은 탄성 계수가 높은 재료의 특징에 대한 설명이다. 틀린 것은 어느 항인가?

㉮ 전기 저항도가 크다.
㉯ 융점이 높다.
㉰ 원자 결함 에너지가 크다.
㉱ 강성이 크다.

030 다음 중 후크의 법칙이 적용되는 한계로 맞는 것은?

㉮ 비례 한도 ㉯ 탄성 한도
㉰ 항복점 ㉱ 파단점

해설

Hook's low (후크의 법칙)
① 변형이 크지 않는 탄성의 어느 한계 내에서 변형의 크기는 작용하는 외력에 비례한다(정수=응력/변형).
② 탄성 한도는 후크의 법칙이 적용되는 한계이다.

031 탄성 구역에서의 변형에서 세로 방향에 연신이 생기면 가로 방향에 수축이 생기는데 이때 길이의 증가율과 단면의 감소율의 비를 무엇이라 하는가?

㉮ 영률
㉯ 탄성률
㉰ 탄성비
㉱ 포아송비

① 영률(Young's modulus)
  ㉠ 인장 또는 압축에서의 탄성 계수, 영계수, 종탄성 계수라고도 한다.
  ㉡ 인장강도와 연신율과의 관계일 때 정수를 말한다.
② 탄성률(modulus of elasticity)
  ㉠ 일반적으로 재료는 하중이 적은 동안은 탄성적으로 변형하며 응력과 전변형량이 비례한다.
  ㉡ 후크의 법칙을 따른다.
    ⓐ Hook's low : 변형이 크지 않는 탄성의 어느 한계 내에서 변형의 크기는 외력에 비례한다.
      즉 정수 = 응력/변형($E = \delta / \varepsilon$)
      ※ 이와 같은 상수를 탄성 계수라 한다.
    ⓑ 철강에서 E 값은 $(1.9\sim2.1)\times10^6 (kg_f/cm^2)$이다.
    ⓒ 보통 하중 $p(kg_f)$의 단면적 $A_0(cm^2)$에 작용하여 원표점 거리 $\ell(cm)$에 대하여 $\Delta\ell(cm)$의 변형을 주었다면 후크의 법칙에 따라 공칭응력 σ_0는
      $\sigma_0 = \dfrac{P}{A_0}(kg_f/mm^2)$이다.
    ⓓ 실응력 σ_a는 $\sigma_0 = \dfrac{P}{A_0}(kg_f/mm^2)$이다.
  ㉢ 일반적으로 사용되는 탄성 계수
    ⓐ 종탄성 계수, 영률과 횡탄성 계수, 강성률과 체적 탄성 계수의 3종류가 있다.
    ⓑ 종탄성 계수(E) : 인장강도와 압축 강도의 경우에 있어 탄성 계수이며, 통상 E는 $10^3 \sim 10^4 (kg_f/mm^2)$ 급의 값이다.
    ⓒ 횡탄성 계수(G) : 횡탄성 계수는 전단의 경우에 있어서의 탄성 계수이다.
    ⓓ 체적탄성 계수(K) : 정육면체의 모든 면이 일정한 인장력 또는 압축력을 받을 때의 체적 변형과 응력과의 비(응력/체적 변형)를 말한다.
    ⓔ 강성률(rigidity, 전탄성 계수)
      ㉮ 물체에 가해지는 접선 응력(p)과 이 응력에 의해 생기는 변형각(θ)과의 비(p/θ)
      ㉯ 외력에 의해서 모양이 변하나 부피(체적)는 변하지 않는 경우에 모양이 변하는 비율을 나타낸다.
      ㉰ 물체의 모양이 외력에 의해서 변하는 난이도를 나타낸 것이다. 물질에 따라 고유의 값을 가지며 이 값이 작을수록 같은 힘에 의해서도 큰 변형을 보인다.
      ㉱ 금속의 강성률값(일반적으로 금속은 이 값이 크다.)

금속	강	구리	Al, Au	탄성고무
강성률 (dyn/cm^2)	8×10^{11}	4×10^{11}	2.7×10^{11}	1×10^{11}

③ 포아송비(Poisson's ratio)
  ㉠ 탄성 한계 내에서 가로 변형과 세로 변형과의 비는 그 재료에 의해서 항상 일정하다.
  ㉡ 포아송비 $= \dfrac{\text{가로 변형}}{\text{세로 변형}} = \dfrac{l}{m}$
  ㉢ 금속의 경우 포아송비 : 보통 0.2~0.4

032 금속 재료에서 강성률(E), 탄성률(G), 프와손비(V) 사이의 관계가 맞게 표시된 것은?

㉮ $G = \dfrac{E}{1+V}$
㉯ $G = \dfrac{E}{2(1+V)}$
㉰ $G = \dfrac{2}{(1+E)}$
㉱ $G = \dfrac{V}{2(1+E)}$

정답 031. ㉱ 032. ㉯

033 다음은 인장 시험에서 얻어지는 응력과 변형으로부터 탄성률(young's modulus, 영률 계수) 또는 종탄성 계수를 구하는 식이다. 바르게 표현된 것은?

㉮ 정수(E) = $\dfrac{(하중 / 단면적)}{(표점거리 / 연신율)}$

㉯ 정수(E) = $\dfrac{(하중 / 단면적)}{(연신율 / 표점거리)}$

㉰ 정수(E) = $\dfrac{(단면적 / 하중)}{(연신율 / 표점거리)}$

㉱ 정수(E) = $\dfrac{(단면적 / 하중)}{(표점거리 / 연신율)}$

탄성률 young's modulus, 영률 계수

$$E = \dfrac{\sigma}{\epsilon} = \dfrac{\dfrac{p}{A_0}}{\dfrac{\Delta \ell}{\ell}} = \dfrac{p\ell}{A_0 \Delta \ell}$$

※ σ : 응력, ϵ : 변형량, ℓ : 표점거리, $\Delta \ell$: 변형률, p : 하중, A_0 : 단면적

034 동일 방향에서의 소성 변형에 대하여 전에 받던 방향과 정반대의 변형을 부여하면 탄성 한도가 낮아지는 현상을 무엇이라 하는가?

㉮ 분위기 효과   ㉯ 바우싱거 효과
㉰ 히스테리시스 효과   ㉱ 비례 효과

바우싱거 효과(Bauschibger effect)
① 재료에 탄성 한계 이상의 하중을 한쪽에 가한 다음에 반대 방향에 하중을 가할 때보다도 비례 한계의 항복점은 현저하게 저하된다.
② 영구 변형에 의한 금속의 경화는 하중의 방향에 따라 다르다. 이 현상을 말한다.
③ 이것은 다결정 금속뿐만 아니라 단결정에서도 존재한다.

035 다결정체의 항복 강도는 $\delta_y = \delta_0 + Kyd^{-1/2}$의 Hall petch식으로 나타낸다. δ_0을 옳게 설명한 것은?

㉮ 평균 전단 응력을 나타낸다.
㉯ 결정립 내 전위의 마찰 저항을 나타낸다.
㉰ 최고 인장강도를 나타낸다.
㉱ Ferrite의 결정 입경을 나타낸다.

036 다음 중 연성 천이 온도를 올바르게 설명한 것은?

㉮ 합금 원소와는 관계가 없다.
㉯ 결정립이 작을수록 연성 천이 온도는 낮아진다.
㉰ C, P, Ni은 연성 천이 온도를 내린다.
㉱ Mn은 연성 천이 온도를 높이고 용접성을 좋게 한다.

천이 온도(transition temperature)
① 성질이 급변하는 온도를 천이 온도(遷移溫度)라 한다.
② 일반적으로 충격치가 급변하는 온도, 즉 저온 취성을 나타내는 온도를 말할 때가 많다.
③ 충격치의 천이 온도
  ㉠ 최대 충격치의 $\dfrac{1}{2}$점
  ㉡ 충격치가 15ft-lb(2.6kg₁-m/cm²)가 되는 온도를 취하는 것이 보통이다.
④ 천이점(transition point)
  ㉠ 물질에서는 액체, 기체, 고체의 3가지 형태가 있으나 이들 형태 변위 온도를 말한다.
  ㉡ 이 같은 변화는 각 물질에 있어서의 일정한 온도, 일정한 압력 상태에서 나타난다.
⑤ 천이는 체심 입방계 금속에서 나타난다.

정답 033. ㉯ 034. ㉯ 035. ㉯ 036. ㉯

037. 다음 금속재료의 격자결함 중 점결함에 속하지 않는 것은?
㉮ 적층결함(stacking fault)
㉯ 원자공공(vacancy)
㉰ 격자간 원자(interstitial atom)
㉱ 치환형 원자(substitutional atom)

038. 다음은 변태에 대한 설명이다. 틀린 것은 어느 것인가?
㉮ 고체 상태에서 서로 다른 공간 격자 구조를 갖는 경우를 동소 변태라 한다.
㉯ α-Fe은 910℃ 이하에서 체심 입방 격자이며 동소 변태를 갖는다.
㉰ 자기 변태는 원자 배열의 변화, 격자 배열의 변화는 없다.
㉱ 철의 자기 변태점은 1400℃로 A_4변태점이다.

변태
① 변태 : 1개의 동소체에서 다른 동체로 변하는 것을 말한다(같은 물질이지만 다른 상으로 변한 것).
② 변태의 종류

종류 항목	동소 변태	자기 변태
정의	어느 온도에서 상의 변화를 일으키는 변태	어느 온도에서 자기 성질을 일으키는 변태
원자의 변화	원자배열(결정격자)의 변화	원자 내부의 변화
성질의 변화	같은 물질이 다른 상으로 변화	강자성→상자성 또는 비자성으로 변화
변화 상태	일정 온도에서 불연속적이고 급진적으로 변함	일정 온도 범위 내에서 점진적이고 연속적인 변화가 생긴다
Fe의 변태점	910℃에서 BCC→FCC로 변한다. 1400℃에서 FCC→BCC로 변한다.	768℃에서 강자성→상자성으로 변한다.

039. 다음 원소 중 충격값의 천이 온도를 낮게 함으로써 저온용 강재의 합금 원소로 이용되는 것은?
㉮ Cr   ㉯ Mo
㉰ Ni   ㉱ Ti

040. 다음 금속 중 산화가 가장 크게 일어나는 금속은 어느 것인가?
㉮ Mg   ㉯ Cu
㉰ Fe   ㉱ Al

고온에서의 산화
① 금속을 고온으로 가열하면 그 표면에 산하물이 생긴다.
② 금속의 산화는 이온화 계열의 상위에 있을수록 쉽게 일어난다.
③ 이온화 계열이 알루미늄보다 상위에 있는 금속은 공기 중에서도 산화물을 만들며 탄다(Al보다 이온화 계열이 상위인 금속 : K〉Ba〉Ca〉Na〉Mg〉Al).
④ 금속의 고온 중 산화는 그 표면에 생기는 산화물의 성질에도 영향을 받는다.

041. 다음은 동소 변태에 대한 설명이다. 틀린 것은 어느 것인가?
㉮ 원자 배열이 바뀐다.
㉯ 격자 배열의 변화가 생긴다.
㉰ 자성의 변화를 발생시킨다.
㉱ 일정 온도에서 불연속적인 성질 변화를 일으킨다.

자성이 변하는 것을 자기 변태라 한다.

042 금속의 이온화 경향 순서를 바르게 나열한 것은?
㉮ K > Na > Ca > Mg
㉯ Ca > Co > Mn > Cd
㉰ Na > Al > Zn > Fe
㉱ Pt > H > Ni > Ag

금속의 이온화 경향 순서
① 금속의 이온화 : 금속이 용해 중에 들어가면 양이온으로 되려고 하는 경향이 있다. 이러한 대소를 금속의 이온화 경향이라 한다. 이것이 클수록 이온화되어 용해에 잘 견딘다.
② 이온화 경향이 큰 것은 화합물이 생기기 쉽고, 또 그 화합물이 안정하다.
③ 이온화 경향이 작은 것은 화합되기 힘들고, 또 화합되어도 분해되기 쉽다.
④ 수소보다 이온화 경향이 큰 금속을 산에 넣으면 수소를 발생하면서 용해한다.
⑤ 수소보다 이온화 경향이 작은 것은 산에 작용하기 힘들다.
⑥ 질산이나 황산 같은 산화성 산과 처리하면 우선 산화되고 이 산화물이 산에 녹는다.
⑦ 이온화경향이 큰 금속순서 : K > Ba > Ca > Na > Mg > Al > Zn > Cr > Fe > Cd > Co > Ni > Mo > Sn > Pb > H > Sb > Bi > Cu > Ag > Au

043 다음 중 온도에 따라 동소 변태와 자기 변태를 모두 갖는 금속은 어느 것인가?
㉮ Ni   ㉯ Co
㉰ Sn   ㉱ Al

① 동소 변태를 일으키기 쉬운 금속
 : Fe, Co, Ti, Sn
② 자기 변태를 갖는 금속 : Fe, Ni, Co

044 다음 금속 중 응고 시 팽창하는 금속은 어떤 것인가?
㉮ Bi   ㉯ Pb
㉰ Sn   ㉱ Al

045 다음 중 금속의 색깔을 탈색하는 힘이 가장 큰 것은?
㉮ 알루미늄   ㉯ 철
㉰ 구리   ㉱ 금

주요 금속의 탈색 순서
① Sn > Ni > Al > Fe > Cu > Zn > Pt > Ag > Au
② 주요 금속의 색깔

색	금 속
은백색	Al, Cr, Ni, Sn
청백색	Zn
적황색	Cu
회백색	Fe, W, Mg, Mn
자 색	Cu_2Sb, Au_2Al
붉은색	AgZn

046 다음 동소 변태를 일으키는 금속이 아닌 것은 어느 것인가?
㉮ Fe   ㉯ Co
㉰ Ca   ㉱ Ni

① 동소 변태 금속 : Fe, Co, Ca, Sn, Ti
② 자기 변태 금속 : Fe, Co, Ni

042. ㉰ 043. ㉯ 044. ㉮ 045. ㉮ 046. ㉱

047. 다음 중 자성체의 자화 강도가 급격히 감소되는 온도를 무엇이라 하는가?
㉮ 퀴리점 ㉯ 변태점
㉰ 항복점 ㉱ 자성점

자기 변태점(Curie point)
① 자기 변태점을 퀴리점이라 한다.
② 강자성 ↔ 상사성체의 변화, 자기 변태를 일으키는 온도를 퀴리점이라 한다.
③ 원자 배열의 변화가 생기지 않고 원자 내부에 어떤 변화를 일으킨 것이다.
④ 점진적이고 연속적으로 변화가 생긴다.

048. 온도의 변화에 따라 자기 중의 세기가 급속히 변화를 일으키는 것을 무엇이라 하는가?
㉮ 동소 변태 ㉯ 격자 변태
㉰ 열 변태   ㉱ 자기 변태

049. 다음 금속 중 자기 변태를 일으키는 원소가 아닌 것은?
㉮ Fe ㉯ Ti
㉰ Co ㉱ Ni

자기 변태점

금속	변태점 (℃)	금속	변태점 (℃)
Fe	768	Ni	360
Fe_3C	210	Co	1160
Fe_3P	420	Cr_5O_9	150
Fe_3O_4	580	Mn_5P_2	24
Fe_3Si_2	90	Mn_5N_2	500
Fe_4N	480	$CuO-Fe_2O_3$	270

050. 다음 중 Fe의 자기 변태로 맞는 것은?
㉮ A_0변태 ㉯ A_1변태
㉰ A_2변태 ㉱ A_3변태

051. 다음 중 강자성체인 금속은 어느 것인가?
㉮ 금   ㉯ 백금
㉰ 은   ㉱ 구리

① 강자성체 : Fe(768℃), Ni(360℃), Co(1160℃)
② 상자성체 : Pt, Sn, Al, Mn
③ 비자성체 : Cu 등

052. 다음의 그림과 같은 상태를 갖는 합금으로 열분석 시험을 하여 시간에 따른 온도 변화의 곡선을 도시하였다. 맞는 것은 어느 것인가?

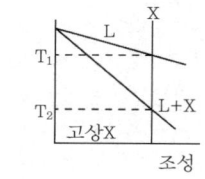

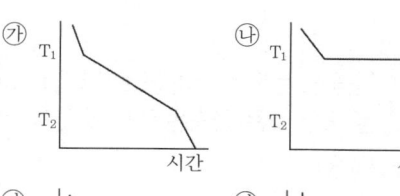

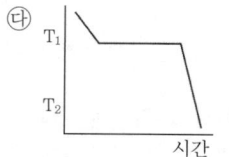
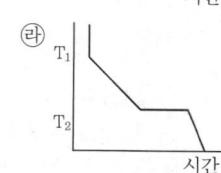

정답 047. ㉮ 048. ㉱ 049. ㉯ 050. ㉰ 051. ㉮ 052. ㉮

053 상온에서 강자성체이나 360℃ 이상에서는 자성을 잃으며 구리와는 균일한 고용체를 만드는 금속은 어느 것인가?
㉮ 니켈(Ni) ㉯ 주석(Sn)
㉰ 아연(Zn) ㉱ 알루미늄(Al)

054 다음 중 상자성체에 속하는 금속은 어느 것인가?
㉮ Sn ㉯ Co
㉰ Fe ㉱ Cu

상자성체 : Pt, Sn, Al, Mn

055 변태점 측정과 관련이 먼 것은?
㉮ 열팽창법 ㉯ 열분석법
㉰ 침열법 ㉱ 시차 열분석법

변태점 측정법
① 동소 변태는 열변화, 열팽창, 전기 저항, 자기 반응을 이용하여 측정한다.
② 동소 변태, 자기 변태의 판별법 : X선법을 이용한다.
※ X선에 의한 결정 구조의 결정법

회절법	투과법	반사법
원자격자 구조결정 ※ X선에 의한 분말법으로 측정	주물, 용접물의 결함 탐지	결정 크기, 가공변형 형상 측정

③ 물리적 성질 변화 측정법의 종류
열분석법, 시차 열분석법, 비열법, 전기 저항법, 열팽창법, 자기 분석법, X선 분석법

056 다음 중 금속 변태점 측정 방법이 아닌 것은?
㉮ 자기 분석법 ㉯ 매크로 시험법
㉰ 열팽창법 ㉱ 비열법

매크로 시험법(macro test)
① 매크로 조직 : 육안 또는 확대경으로 관찰하는 조직
　㉠ 결정에 대해서는 지름 0.1mm 이상인 크기의 것을 분포 상태와 형상 크기 등에 대하여 관찰한 것이다.
　㉡ 화학 조성, 조직의 균일도, 유선, 수지상정, 기포, 균열 등을 검출하는 데 많이 사용한다.
② 육안 또는 10배 이하의 저배율 확대경을 사용하여 검사한다.
③ 금속 조직의 커다란 흐름이나 분산 상황을 검사하기에 편리하며 주조, 단조 조직 등은 편석이나 섬유방향을 알 수 있다.
④ 매크로 조직 시험법은 재료 내에 거시적인 불균일성, 균열 등을 살리기 위한 육안 조직 시험이다.
⑤ macro test의 특징
　㉠ 균열, 기공, 편석 등의 결함 검사 및 압연, 단조 등의 기계 가공에 의한 재료 상태 검사
　㉡ 결정 입자 크기, 형태 검사 및 수지상 결정의 발달 방향과 크기 검사

057 다음 중 고스트 라인의 원인이 되는 원소는 어느 것인가?
㉮ Mn ㉯ S
㉰ C ㉱ Si

고스트 라인
P, S 등이 편석되어 있는 강괴를 압연하여 판, 봉, 관 등으로 만들 때 편석 부분이 늘어나 긴 띠모양을 이룬 것을 말한다.

058. 다음 설명은 고스트 라인에 대한 설명이다. 관계가 없는 것은?
㉮ 강재의 파괴 원인이 된다.
㉯ Fe_3P로서 결정 입자 주위에 편석된다.
㉰ 수축의 원인이 된다.
㉱ Fe_3P나 개재물의 띠모양으로 편석하는 상태를 말한다.

059. 금속 재료의 감별법 중 접촉열 기전력의 원리는 다음 중 어느 것인가?
㉮ 외력의 저항 원리 ㉯ 열전쌍의 원리
㉰ 재결정의 원리   ㉱ 확산의 원리

접촉열 기전력법
① 열전대의 원리에 따라 열전대 회로의 열기전력을 측정한다.
② 판정 : 강, 약 및 +, −로부터 재질을 판정한다.

060. 합금의 상변화에 사용되는 현미경은 다음 중 어느 것인가?
㉮ 보통 현미경   ㉯ 전자 현미경
㉰ 고온 금속 현미경 ㉱ 편광 현미경

061. 마모 시험에서 주로 측정하는 사항이 아닌 것은 어느 것인가?
㉮ 온도   ㉯ 마찰 계수
㉰ 마멸량   ㉱ 경도

062. 금속 현미경 조직 시험법에서 시편의 준비 시기로 옳은 것은?
㉮ 시편의 연삭 작업
㉯ 시편의 부식
㉰ 시편의 폴리싱
㉱ 시편의 채취 위치 및 방향 선정

조직 검사의 순서

(1) 시료채취	• 크기 : $\phi 10mm$ • 조직 시험용 : 중앙부와 끝부분 • 단조품 : 가공 방향 종횡 • 결함 검사용 : 결함 발생한 곳에서 가까운 부분 • 냉간 압연품 : 가공 방향면
(2) 연마	• 거친 연마 : 사포 • 중간 연마 : 유리면에 사포시트 이용 • 광택 연마 : 액체연마제 이용 • 연마제 : 철강재(Fe_2O_3, Cr_2O_3, Al_2O_3 분말), 비철합금(MgO, Al_2O_3 분말)
(3) 부식	• 초경 합금(다이아몬드, 페이스트) • 물로 잘 닦은 알코올에 씻고 건조시킨 뒤 부식액에 부식시키고 다시 알코올에 씻어 건조시킨다.
(4) 관찰	

063. Cementite를 Ferrite와 구분하기 위하여 피크르산 나트륨 수용액에서 약 7분간, 70~80°C의 온도로 부식시켰을 때 Cementite는 어떻게 나타나는가?
㉮ 희게 나타난다.
㉯ 청색 혹은 적색으로 나타난다.
㉰ 분홍색으로 나타난다.
㉱ 갈색 또는 흑색으로 나타난다.

정답 058. ㉰ 059. ㉯ 060. ㉰ 061. ㉮ 062. ㉱ 063. ㉱

064 금속 현미경 검사에 의해 알 수 없는 사항은?

㉮ 금속 및 합금의 압연, 단조, 열처리 등의 적부
㉯ 결정립의 대소
㉰ 비금속 개재물의 분포와 종류
㉱ 금속 및 합금의 기계적 성질

해설

현미경 검사법의 특징
① 현미경 배율은 최대 4,600배이다.
② 금속이나 합금은 화학조성, 금속 조직의 구분
③ 결정 입도 크기, 모양, 배열 상태, 열처리 등의 기공 등을 검사한다.
④ 비금속 개재물의 종류, 형상, 크기, 분포 등을 검사한다.
⑤ 시험편의 크기는 ∅10mm, □10mm이다.
⑥ 고온 금속 현미경
  ㉠ 고온에서의 상변화 관찰
  ㉡ 고온에서의 결정 입자 성장 관찰
  ㉢ 고온에서의 소성 변형 및 파단 형상
  ㉣ 금속의 용해와 응고 변화와 이것에 따르는 과랭도와 수지상 조직의 형상 관찰
  ㉤ 고온 현미경의 장치는 금속 현미경, 시료 가열로, 진공 장치로 이루어졌다.

065 온도 측정용 열전쌍(Thermocouple)에 사용되는 것은?

㉮ Ni과 Ag이 쌍을 만든 것
㉯ 콘스탄탄과 철이 쌍을 만든 것
㉰ 크로멜과 티탄이 쌍을 만든 것
㉱ Cu와 Ag이 합금이 된 것

066 다음은 산세 방법에 대한 설명이다. 잘못 설명된 것은?

㉮ 황산, 염산 등의 수용액에서 한다.
㉯ 부식 억제제를 넣기도 한다.
㉰ 산세 후 알칼리 용액에 중화시킨다.
㉱ 물은 사용하지 않는다.

해설

산세법 (picking)
① 비교적 간단하게 큰 결함을 검출할 수 있는 방법으로 염산, 황산이 사용된다.
② 염산 : 화학적 용해 작용이 크며, 산세력이 크다.
③ 황산 : 물리적 박리(剝離)작용이 크다.
④ 산세의 목적은 스케일 제거이다.
⑤ 지금(地金)도 용해 침적되고 H_2가 발생하므로 억제재를 사용해 산세 메짐과 산세 기포가 생긴다.
  ※ 산세 메짐 : 산세할 때 철강에 H를 흡수하여 취하는 현상으로 염산보다 황산이 심하다.
  방지법은 산세 후 자연 방치 또는 100~200℃로 5~10시간 가열한다.

067 공석강의 현미경 조직 시험에 사용되는 부식제는 다음 중 어느 것인가?

㉮ 염화 제2철 용액
㉯ 질산 용액
㉰ 수산화 나트륨
㉱ 질산 알코올 용액

068 다음 중 Cu 합금의 현미경 조직을 알아보기 위한 부식제는 어느 것인가?

㉮ 초산 용액   ㉯ 염화 제2철
㉰ 왕수   ㉱ 질산 용액

정답 064. ㉱ 065. ㉯ 066. ㉱ 067. ㉱ 068. ㉯

069. 현미경 조직을 나타내기 위한 다음 부식제 중의 철강의 부식에 쓰이는 것은?
㉮ 질산 1~5% + 알코올 용액
㉯ 질산 20% + 알코올 용액
㉰ 질산 50% + 알코올 용액
㉱ 질산 100%

현미경 조직 시험의 부식제

재료	부식제
철강	질산 알코올 용액 → 진한 질산 (5cc), 알코올(100cc)
	피크린산 알코올 용액 → 피크린산 (5gr), 알코올(100cc)
구리, 황동, 청동	염화 제2철 → 염화 제이철(5gr), 진한 염산(50cc), 물(100cc)
니켈과 그 합금	질산 초산 용액 → 질산(70%), (50cc), 초산(50%), (50cc)
Sn 합금	질산 용액 및 나이탈 → 질산(2cc), 알코올(100cc)
Pb 합금	질산 용액 → 질산(5cc), 물(100cc)
Zn 합금	염산 용액 → 염산(5cc), 물(100cc)
Al 및 그 합금	수산화 나트륨 → 수산화 나트륨 (20gr), 물(100cc)
	불화 수소산 → 10% 수용액
Au, Pt 등 귀금속	왕수 → 진한 질산(1cc), 진한 염산 (5cc), 물(6cc)

070. 구리와 함께 열전대로 쓰이며 선팽창 계수가 적은 합금의 명칭은?
㉮ 콘스탄탄 ㉯ 알루멜
㉰ 크로멜 ㉱ 퍼말로이

열전쌍	PR	CA	IC	CC	W-Mo
사용온도 (℃)	1600	1200	900	600	1800

071. 다음 부식제 중 아연 합금의 부식제로 적당한 것은?
㉮ 염산 용액 ㉯ 왕수
㉰ 피크랄 용액 ㉱ 수산화 칼륨

부식제

재료	부식제
철강	피크린산알코올 용액
동합금	염화제이철
Ni 합금	질산초산용액
Sn	질산용액나이탈
Pb	질산용액
Zn	염산용액
Al	수산화Na불화수소
Au, 귀금속	왕수

072. 다음 중 구리-콘스탄탄으로 구성된 열전쌍의 기호는 어느 것인가?
㉮ PR ㉯ CA
㉰ IC ㉱ CC

073. 열기전력과 전기 저항이 크며 저항의 온도 계수가 적어 열전대선과 저항선으로 많이 사용되는 것이 아닌 것은?
㉮ Constantan ㉯ Hastalloy
㉰ Chromel-Alumel ㉱ Pt-Pt.Rh

하이스텔로이 (Hastalloy)
Ni-Cr-Fe-Mo계 합금으노 내식용 합금이다.

074 고온체의 적색 방사선을 계기 내에 있는 표준 필라멘트와 그 밝기를 비교하여 온도를 측정하는 것은?
㉮ 저항식 온도계   ㉯ 광 온도계
㉰ 열전쌍식 온도계 ㉱ 압력식 온도계

① 열전쌍식 온도계 : 열기전력을 이용

열전쌍	사용온도(℃)	사용로
백금-백금로듐 (PR)	1600	고온 열처리로
크로멜-알루멜 (CA)	1200	일반 열처리로
철-콘스탄탄 (IC)	900	마아퀜칭로
구리-콘스탄탄 (CC)	600	–
W-Mo	1800	–

② 저항식 온도계 : 온도 저항이 변하는 것을 이용
③ 광 온도계 : 고온체의 적색 방사선을 이용
④ 방사 온도계 : 물체에 발생하는 방사에너지를 이용
⑤ 압력 온도계 : 수은, 액체로 가열, 팽창 압력을 이용

075 순금속의 냉각 곡선에서 정대 구간(halting line)에서의 자유도는 얼마인가?
㉮ 0   ㉯ 1
㉰ 2   ㉱ 3

① F = n+1-p에서 정대 구간에서의 상은 1성분계에서 L+S의 2상이다.
② F = 1+1-2 = 0이다.

076 다음 중 열전대용 합금이 아닌 것은?
㉮ 알루멜   ㉯ 철-콘스탄탄
㉰ 백금-백금로듐 ㉱ 두랄루민

077 다음 열전대(thermocouple) 중에서 가장 높은 온도를 측정할 수 있는 것은?
㉮ 백금-백금로듐   ㉯ 철-콘스탄탄
㉰ 크로멜-알루멜   ㉱ 구리-콘스탄탄

078 크로멜-알루멜의 사용온도(℃)는 얼마인가?
㉮ 1600   ㉯ 1200
㉰ 900   ㉱ 600

079 금속의 파단면을 현미경으로 보면 작은 알맹이의 모임으로 보인다. 이 알맹이를 무엇이라 하는가?
㉮ 결정 격자   ㉯ 단위포
㉰ 결정립   ㉱ 결정 원자

결정 격자 (공간 격자, crystal lattice)
① 결정에 있어서의 원자의 배열 상태를 보여 주는 모형으로 단위포로 구성되어 있다.
② 금속의 종류에 따라서 또는 같은 종류의 금속이라도 동소체가 있는 경우는 동소체끼리의 사이에서 이 배열 방식이 달라진다.
③ 결정체 : 어떤 물질을 구성하고 있는 원자가 규칙적으로 배열되어 있는 것
④ 단위포(unit cell) : 공간 격자를 구성하고 있는 단위 부분이다.
 • 결정격자 중 금속 특유의 형태를 결정짓는 원자 모임(기본 격자 형태)

정답 074. ㉯ 075. ㉮ 076. ㉱ 077. ㉮ 078. ㉯ 079. ㉰

080 결정의 형성 과정의 순서가 옳은 것은?
㉮ 결정핵 발생 → 결정핵 성장 → 결정 경계 형성
㉯ 결정핵 성장 → 결정 경계 형성 → 결정핵 발생
㉰ 결정 경계 형성 → 결정핵 발생 → 결정핵 성장
㉱ 결정핵 발생 → 결정 경계 형성 → 결정핵 성장

해설

① 금속의 응고과정

결정핵 발생	(결정핵이 생성되어 규칙적으로 배열됨)
결정핵 성장	(발생된 핵이 성장하는 과정)
결정 경계 형성	(성장된 핵이 경계를 형성함)
결정 입자 구성	(입자 구성으로 금속을 이룬다.)

② 순금속의 냉각곡선

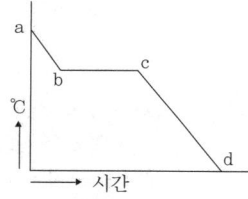

- ab : 액체 상태에서의 냉각 곡선
- bc : 응고 시작부터 끝날 때까지의 일정 온도(융점 = 액체 + 고체)
- cd : 고체 상태에서의 냉각 곡선
※ 응고 잠열 : 냉각 곡선에서 액체와 고체(bc 구간)가 동시에 존재할 것

③ 응고속도
- G≥V : 주상 결정 입자
- G<V : 입상 결정 입자
※ G : 결정 입자의 성장 속도
  V : 용융점이 내부로 전달되는 속도

081 결정 성장 속도를 제어함으로써 결정립의 크기를 조절할 수 있다. 핵발생수(N)와 결정 성장 속도(G)로 표시한 경우 결정립의 크기(S)는 S = f(G/N)로 나타낼 수 있다. 다음 그림 중 결정 입자가 미세하게 되는 것은?

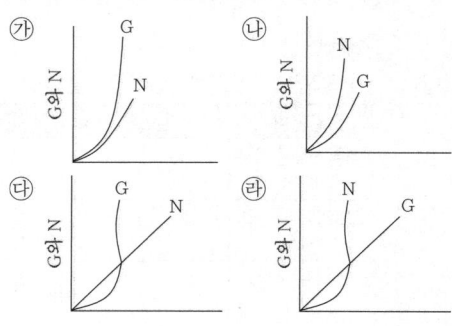

해설

결정립의 대소
① 결정립의 대소는 성장 속도 G에 비례하고 핵 발생 속도 N에 반비례한다.
  ※ 단, 이 관계는 과랭 정도에 따라 변화하는데 많은 금속을 급랭하면 결정립이 미세화하고 서랭하면 조대화되는 것이 보통이다.
② G와 N은 다 같이 용융점에서는 0이 되지만 과랭에 따라 G와 N은 달라진다.
  ㉠ G가 N보다 빨리 증대할 때는 소수의 핵이 성장하여 응고가 끝나기 때문에 결정립이 큰 것을 얻게 된다.
  ㉡ N의 증대가 G보다 현저할 때는 핵수가 많기 때문에 미세한 결정으로 된다.
  ㉢ G와 N이 교차하는 경우 조대한 결정립과 미세한 결정립의 2가지 구역으로 나타난다.
③ 성장 속도보다 생성 속도가 크면 입자는 작아진다.

정답 080. ㉮ 081. ㉯

082. 금속의 냉각 속도를 빠르게 하면 결정 입자의 크기는 다음 중 어떻게 변하는가?
㉮ 커진다.
㉯ 작아진다.
㉰ 커질 때도 있고 작아질 때도 있다.
㉱ 변화 없다.

결정 입자의 크기
① 금속의 종류와 불순물의 많고 적음에 따라 다르다.
② 냉각 속도가 빠르면 결정핵수가 많아지고 결정 입자는 미세하여진다.
③ 냉각 속도가 느리면 결정핵수가 적어지고 결정 입자는 조대해진다.
④ 크기는 보통 고체 상태에서 0.01~0.1mm 정도이다.

083. 결정 입자(Grain size)를 미세하게 하면 인장강도는 어떻게 변하는가?
㉮ 증가한다.   ㉯ 감소한다.
㉰ 변화한다.   ㉱ 감소한다.

결정 입자의 미세 정도
① 결정핵 생성 속도와 성장 속도에 의해 결정된다.
② 성장 속도보다 생성 속도가 크면 입자는 작아진다.
③ 입상 결정 속도가 생기는 조건은 G < Vm이다.
  ※ G : 결정 입자 성장 속도, Vm : 냉각 속도

084. 일정한 온도에서 하나의 고용체로부터 두 종류의 고체가 일정한 비율로 동시에 석출되어 생긴 혼합물을 무엇이라고 하는가?
㉮ 공석점   ㉯ 고용체
㉰ 공정   ㉱ 포정

085. 다음 중 격자 상수를 바르게 설명한 것은?
㉮ 격자의 단위 체적당의 수
㉯ 격자를 이루고 있는 원자의 수
㉰ 단위 세포의 한 모서리 길이
㉱ 단위 세포의 모서리와 모서리가 이루는 각

격자 상수 (lattice constants)
① 단위세포 : 결정 구조의 단위가 되는 것을 단위세포라 한다.
② 그 세 모서리의 길이와 그 사이의 각은 각 공간격자 특유의 상수로서 격자 상수라 한다.
③ 일반적으로 a, b, c로서 세 모서리 길이의 비를 표시하며 이것이 α, β, γ를 축각이라 한다.
④ 격자상수 : 10^{-8}cm = 1Å (보통 3~5Å이다.)
⑤ 순금속의 결정 구조는 대부분이 입방정계이다 (비금속에 가까운 Ir, Sn, Te, Ti, Bi 등은 제외).
⑥ 단위포 한 모서리의 길이를 격자 상수라 한다.
⑦ 20℃에서 격자 상수가 가장 적은 것 : Fe

086. 금속을 액체 상태에서 서랭할 때 나뭇가지 모양으로 이루어진 결정 조직은?
㉮ 수지상 결정   ㉯ 주상 결정
㉰ 편상 결정   ㉱ 구상 결정

수지상 결정
① 수지상 결정은 서랭시 결정격자가 나뭇가지 모양으로 이룬 것을 말하며 용융 금속이 냉각되어 응고점 이하노 내려가 용융 금속 중의 수소 원자가 규칙적인 배열을 하며 매우 작은 결정핵을 만들고 성장하여 나뭇가지 모양으로 발달한다.
② 표면 장력이 적은 Sb 등에서 잘 나타난다.

정답 082. ㉯ 083. ㉮ 084. ㉰ 085. ㉰ 086. ㉮

087 고용체로부터 고체가 나오는 것을 무엇이라고 하는가?
㉮ 공석　　㉯ 공정
㉰ 정출　　㉱ 석출

해설
① 정출(晶出, crystallization) : 융체로부터 고체가 나오는 것
　㉠ 융체에서 성분 금속이 응고되어 출현하는 것
　㉡ 초정(初晶, primary crystal) : 최초에 정출되는 결정을 말한다.
　㉢ 공정(共晶, eutectic) : 두 성분이 동시에 정출되는 것
② 석출(析出, precipitation) : 고용체로부터 고체가 나오는 것
　㉠ 고용체로부터 조직 성분이 분리 출현하는 것(고용체에서 조직 성분이 나타난다.)
　㉡ 초석정(初析晶) : 최초에 석출하는 조직 성분을 말한다.
　㉢ 공석(共析, eutectoid) : 두 성분이 동시에 석출되는 것

088 용융 금속을 냉각 시킬 때 결정으로 다음 중 어떠한 결정으로 응고하는가?
㉮ 수지상 결정　　㉯ 편상 결정
㉰ 구상 결정　　㉱ 주상 결정

089 1개의 결정핵이 발달하여 나뭇가지 모양을 이룬 결정을 무엇이라 하는가?
㉮ 수지상 결정　　㉯ 편상 결정
㉰ 구상 결정　　㉱ 주상 결정

090 다음 설명 중 금속의 과랭 현상을 완화시키는 방법으로 틀린 것은?
㉮ 응고 진동을 준다.
㉯ 냉각 속도를 빠르게 한다.
㉰ 접종 처리한다.
㉱ 소량의 고체 금속편을 첨가한다.

해설
과랭 (super cooling)
① 융체나 고용체가 응고 온도 또는 용해도선 이하로 냉각하여도 타성(惰性) 때문에 액체 또는 고용체 상태로 계속될 때를 말한다.
② 과랭의 정도가 어느 한도에 이르면 응고 또는 석출을 일으킨다.
③ 융체일 때에는 결정핵에 의해 생긴 진동을 주면 과랭이 저지되어 즉시 응고한다.
④ 과랭을 일으키는 고용체를 과포화 고용체(super-saturated solid solution)라 한다.
⑤ 일반적으로 과랭은 응고점보다 0.1 또는 0.3 ℃ 이하에서 생긴다.
⑥ 과랭도가 큰 금속 : Al, Cu
⑦ 과랭 방지로 소량의 고체 금속을 첨가하고, 접종하면 용액 진동, 결정립을 발생한다.

091 금속을 소성 가공할 때 냉간 가공과 열간 가공을 구별하려면 다음 중 어떤 온도를 기준으로 하는가?
㉮ 소성 가공 온도　　㉯ 열처리 온도
㉰ 변태 온도　　㉱ 재결정 온도

해설
열간 가공과 냉간 가공의 한계

| 냉간 가공 | ← 이하 | 재결정 온도 | 이상 → | 열간 가공 |

정답 087. ㉱　088. ㉮　089. ㉮　090. ㉯　091. ㉱

092. 다음 중 재료의 강도를 높여 주는 요인이 아닌 것은?
㉮ 냉간 가공   ㉯ 열간 가공
㉰ 결정립의 미세화   ㉱ 특수 원소 첨가

해설

냉간 가공과 열간 가공의 성질 비교

성질	경도	강도	항복점	피로강도	전기저항	연신율	단면수축률	가공성
열간 가공	냉간 가공보다 작다.					냉간 가공보다 크다.	냉간 가공보다 쉽다.	
냉간 가공	열간 가공보다 크다.					열간 가공보다 작다.	열간 가공보다 어렵다.	

093. 금속 재료를 냉간 가공하면 어떻게 되는가?
㉮ 경도, 강도, 연신율 등이 대폭 감소한다.
㉯ 경도, 강도가 증가하고 연신율은 감소하여 재결정 온도는 낮아진다.
㉰ 경도, 강도는 증가하고 연신율은 감소하여 재결정 온도는 높아진다.
㉱ 경도, 강도가 낮아지고 재결정 온도도 낮아진다.

해설

열간 가공과 냉간 가공의 성질 비교

성질	경도	강도	항복점	피로강도	전기저항	연신율	단면수축률
열간 가공	小	小	小	小	小	大	大
냉간 가공	大	大	大	大	大	小	小

094. 다음은 열간 가공에 대하여 설명한 것이다. 설명이 잘못된 것은?
㉮ 고온 가열된 재료는 연하고, 소성이 크므로 가공하는 데 동력이 적게 든다.
㉯ 가공도를 크게 할 수 있다.
㉰ 열간 가공한 재료는 대체로 충격이나 피로에 강하다.
㉱ 열간 가공으로 불순물이나 합금 원소의 편석을 완전히 균일화시킬 수 있다.

해설

열간 가공(hot working)의 특징
① 재료의 가소성이 크고 가공도가 쉬운 것을 이용하여 가공 속도와 변형량이 매우 크고 경제적이다.
② 소성 가공 과정에 필요한 동력 소모가 감소되고 가공 작업이 길게 되어 풀림 처리에 드는 비용이 감소된다.
③ 결정립자의 미세화
④ 방향성이 있는 주조 조직의 제거
⑤ 합금 원소의 확산으로 인한 재질의 균일화(강 중의 Fe₃C 조직 등)
⑥ 강괴 내부의 미세 균열 및 기공의 압착
⑦ 연신율, 단면 수축률, 충격치 등 기계적 성질 개선
⑧ 섬유 조직 및 방향성과 같은 가공 성질이 나타난다.
⑨ 가공도가 크고 가공이 쉽고 대량 생산 및 대형 가공이 가능하며, 표면 산화가 된다.

095. 금속 재료를 냉간 가공할 때 감소하는 성질은 어느 것인가?
㉮ 경도   ㉯ 비중
㉰ 강도   ㉱ 도전율

정답 092. ㉯ 093. ㉯ 094. ㉰ 095. ㉱

096. 냉간 가공한 금속의 연신율은 어느 때 최대가 되는가?
㉮ 회복 단계 ㉯ 재결정 단계
㉰ 편석 단계 ㉱ 결정립 성장 단계

097. 금속 재료의 냉간 가공에 따른 성질 변화 중 맞는 것은?
㉮ 경도 감소 ㉯ 연율 증가
㉰ 강도 감소 ㉱ 단면 수축률 감소

098. 금속 재료를 냉간 가공할 때 경도 및 강도가 증가되는 원인으로 틀린 것은 어느 것인가?
㉮ 전위 ㉯ 쌍정
㉰ 내부 응력 ㉱ 마찰열

099. 일반적으로 금속을 가공하면 경도가 커지는 특징이 있다. 이것은 어느 정도 변형이 진행되면 결정 내에 변함이 생기는 등의 원인 때문에 미끄럼 변형이 생기기 어렵기 때문이다. 이런 현상을 무엇이라고 하는가?
㉮ 탄성 변형 ㉯ 가공 경화
㉰ 소성 변형 ㉱ 적열 메짐성

 해설

가공 경화(work hardening)
① 금속을 가공하여 변형시키면 경화되는데 그 굳기는 변형의 정도에 따라 커지며, 이는 가공도 이상에서는 일정하다. 이것을 가공 경화라 한다.
② 가공 정도가 증가함에 따라 전위가 특정 부분에 모여 그 이상의 변형을 방해하므로 단단해지는 것이다.
※ 금속 결정의 변형은 전위라고 하는 원자면의 가지런하지 않은 부분이 결정 속을 지나감으로써 일어난다.

100. 금속의 가공 경화를 바르게 설명한 것은?
㉮ 경도 및 인장강도가 증가하고 연신율, 단면 수축률은 감소한다.
㉯ 경도 및 인장강도가 감소하고 연신율, 단면 수축률은 증가한다.
㉰ 탄성 및 인성은 저하하고 연신율은 증가한다.
㉱ 점성이 크면 기계 가공성이 양호하다.

101. 가공 경화에 의해 발생된 내부 응력의 원자 배열 상태가 변하지 않고 현 상태로 존재하는 것을 무엇이라 하는가?
㉮ 성장 ㉯ 회복
㉰ 시효 ㉱ 재결정

102. 가공 경화에 미치는 불순물의 영향으로 틀린 것은?
㉮ 불순물이 많을수록 경화의 정도가 크다.
㉯ 불순물이 많을수록 강도, 경도가 증가한다.
㉰ 불순물이 많을수록 연신율이 감소한다.
㉱ 불순물이 고용체 합금으로 존재하면 영향이 작다.

103. 다음 금속 중 상온에서 재결정이 일어나기 쉬운 금속은 어느 것인가?
㉮ Cu ㉯ Fe
㉰ Zn ㉱ Ni

정답 096. ㉮ 097. ㉱ 098. ㉱ 099. ㉯ 100. ㉮ 101. ㉯ 102. ㉱ 103. ㉰

104 다음은 금속의 재결정에 영향을 주는 요인을 설명한 것이다. 틀린 것은 어느 것인가?
- ㉮ 상온 가공도가 심하면 심할수록 재결정 온도는 저하한다.
- ㉯ 가용성 불순물은 재결정 온도를 저하시킨다.
- ㉰ 가용성 불순물은 재결정 온도를 높인다.
- ㉱ 풀림 온도를 낮게 하면 일정한 결정 형성을 위하여 풀림 시간이 연장되어간다.

재결정 온도
① 금속의 순도가 높을수록, 가공도가 클수록, 가공전의 결정 입자가 미세할수록, 가공 시간이 길수록 재결정 온도는 낮아진다.
② 풀림 온도가 너무 높고 가열 시간이 길면 소수의 결정립이 다른 결정립과 합해져서 대단히 크게 성장하는 2차 재결정이 일어난다.
③ 재결정의 결정 입자 크기는 가공도가 낮을수록 조대한 결정 입자가 된다.

105 금속 재료의 재결정 온도를 낮게 하는 요인이 아닌 것은?
- ㉮ 결정립이 미세할수록
- ㉯ 변형량이 많을수록
- ㉰ 가공 온도가 높을수록
- ㉱ 가공도를 크게 할수록

재결정 온도를 낮게 하는 요인
① 금속의 순도가 높을 때
② 가공도가 클수록
③ 가공 전의 결정 입도가 미세할수록
④ 가공 시간이 길수록

106 풀림 과정은 회복, 재결정, 결정립 성장의 3단계로 이루어진다. 다음 중 재결정의 특징은?
- ㉮ 전기 전도도가 증가한다.
- ㉯ 격자의 변형이 상당히 감소한다.
- ㉰ 경도, 강도가 감소하고 연성이 증가하며 가공 경화 효과가 없어진다.
- ㉱ 입계 면적의 감소에 의한 자유에너지 감소가 구동력이 된다.

재결정의 특징
① 냉간 가공성이 낮을수록 높은 온도에서 일어난다.
② 가열 온도가 동일하면 풀림 시간이 길수록 낮은 온도에서 일어난다.
③ 가열 온도가 동일하면 가공도가 낮을수록 장시간을 요한다.
④ 가공도가 낮을수록 큰 결정이 된다.
⑤ 가공도가 클수록, 가공전 결정립이 미세할수록, 가열 시간이 길수록 재결정 온도는 낮다.

107 다음 중 재결정 온도가 가장 낮은 금속은?
- ㉮ Al
- ㉯ Cu
- ㉰ Zn
- ㉱ Fe

주요 금속의 재결정 온도

금속	재결정 온도(℃)	금속	재결정 온도(℃)
W	~1200	Au	~200
Mo	~900	Ag	~200
Ni	530~660	Mg	~150
Fe	350~500	Zn	15~50
Pt	~450	Cd	~50
Cu	200~300	Pb	~0
Al	150~240	Sn	~0

정답 104. ㉰ 105. ㉯ 106. ㉰ 107. ㉰

108. 다음은 재결정에 대한 설명이다. 잘못 설명한 것은 어느 것인가?
㉮ 결정립계에서부터 시작한다.
㉯ 내부 응력이 제거된다.
㉰ 새로운 결정핵이 발생한다.
㉱ 변태점 이상에서만 일어난다.

109. 다음은 재결정된 금속의 결정 입자 크기에 대한 설명이다. 틀린 것은 어느 것인가?
㉮ 가열 시간이 작을수록 크다.
㉯ 가공도가 작을수록 크다.
㉰ 가열 온도가 높을수록 크다.
㉱ 가공 전 결정 입도가 크면 재결정 후 결정 입도가 크다.

재결정된 금속의 결정 입자 크기
① 가공도가 작을수록 크다.
② 가열 시간이 길수록 크다.
③ 가열 온도가 높을수록 크다.
④ 가공전 결정 입자가 크면 재결정 후 결정 입도가 크다.

110. 금속을 가공할 때 가공도가 크면 그의 성질은 어떻게 변하는가?
㉮ 경도 증가   ㉯ 연신율 증가
㉰ 충격값 감소   ㉱ 내부 응력 감소

가공도와 기계적 성질
① 가공도 증가에 따른 성질 변화 : 경도 증가, 강도 증가, 연율 감소
② 가공도 감소에 따른 성질 변화 : 강도 감소, 경도 감소, 연율 증가

111. 제2차 재결정이 일어나는 원인 중 틀린 것은?
㉮ 1차 재결정이 끝난 상태에서 일부 소수의 활성화된 결정립이 존재한다.
㉯ 불순물 등으로 이동이 방해된 결정 입자가 고온에서 쉽게 이동한다.
㉰ 1차 재결정 후 강한 집합 조직이 존재할 때
㉱ 풀림 온도가 너무 낮고 가열 시간이 짧을 때 일어난다.

2차 재결정(secondary recrystalization)
① 풀림 온도가 너무 높고 가열 시간이 길면 소수의 결정립이 다른 결정립과 합해서 대단히 크게 성장하는 2차 재결정이 일어난다.
② 2차 재결정이 일어나는 원인
  ㉠ 1차 재결정이 끝난 상태에서 일부 소수의 활성화된 결정립이 존재한다.
  ㉡ 불순물 등으로 이동이 방해된 결정 입자가 고온에서 쉽게 이동한다.
  ㉢ 1차 재결정 후 강한 집합 조직이 존재할 때

112. 소성 가공을 받는 금속을 재가열하는 경우 일어나는 성질 및 조직 변화의 순서로 올바르게 설명된 것은?
㉮ 내부 응력 제거 → 결정 입자 성장 → 연화 → 재결정
㉯ 재결정 → 내부 응력 제거 → 연화 → 결정 입자 성장
㉰ 결정 입자 성장 → 연화 → 재결정 → 내부 응력 제거
㉱ 내부 응력 제거 → 연화 → 재결정 → 결정 입자 성장

가공된 금속을 재가열할 때 성질 및 조직 변화의 순서
내부 응력 제거 → 연화 → 재결정 → 결정 입자의 성장

정답 ▶ 108. ㉱ 109. ㉮ 110. ㉮ 111. ㉱ 112. ㉱

113 다음은 냉간 가공재를 풀림(annealing)시 내부 조직의 변화를 설명한 것이다. 그 순서가 가장 적합한 것은?
㉮ 재결정 - 회복 - 결정립 성장
㉯ 회복 - 재결정 - 결정립 성장
㉰ 핵생성 - 결정립 성장 - 응력 제거
㉱ 응력 제거 - 결정립 성장 - 핵생성

114 가공으로 내부변형을 일으킨 결정립이 그 형태대로 내부 변형을 해방하여 가는 과정을 무엇이라 하는가?
㉮ 재결정 ㉯ 회복
㉰ 결정핵 성장 ㉱ 시효 완료

 회복 (recovery)의 2가지 변화 과정
① 상온 가공에 의해서 내부 응력(변형)을 일으킨 결정 입자가 가열에 의해 그 모양은 바뀌지 않고 내부 응력이 감소되어 가는 과정
• 이 회복 과정은 온도가 상승함에 따라 최후까지 가기 전에 ㉯의 과정에서 중단된다.
② 내부 응력이 있는 결정 입자 가운데 내부 응력이 없는 새로운 결정이 생긴 다음 그 핵이 차례로 성장하여 헌 내부 응력의 결정립자가 차차 이들의 새로운 결정 입자로 치환되어 가는 재결정 또는 조질의 과정

115 조성이 같고 조건이 같은 강재를 담금질하여도 그 재료의 굵기, 두께 등이 다르면 냉각 속도가 다르게 되므로 담금질 결과가 달라진다. 이러한 것을 무엇이라 하는가?
㉮ 경화능 ㉯ 시효 경화
㉰ 냉각능 ㉱ 질량 효과

116 재료에 외력을 작용하면 경화되는 성질을 무엇이라 하는가?
㉮ 시효 경화 ㉯ 표면 경화
㉰ 가공 경화 ㉱ 질량 경화

117 금속을 냉간 가공하면 결정 입자가 미세화되어 재료가 단단해진다. 이 현상을 무엇이라 하는가?
㉮ 가공 경화 ㉯ 가공 저항
㉰ 조직의 강화 ㉱ 메짐

 가공 경화 (work hardening)
일반적으로 금속을 가공하여 변형시키면 단단해지는데 그 굳기는 변형의 정도에 따라 커지며 어느 가공도 이상에서는 일정해진다. 이것을 가공 경화라 한다.

118 다음 금속 중 실온에서 가공 경화가 잘 일어나지 않는 것은?
㉮ Fe ㉯ Pb
㉰ Cu ㉱ Al

119 강을 담금질한 후 시간이 경과함에 따라 경도가 높아지는 현상을 무엇이라 하는가?
㉮ 시효 경화 ㉯ 표면 경화
㉰ 가공 경화 ㉱ 질량 경화

 시효 경화 (age hardening)
① 재료가 시간이 지남에 따라 경화되는 성질을 시효 경화라 한다.
② 시효의 종류 : 자연 시효, 인공 시효(100~200℃에서 실시), 석출 경화, 계단 시효, 순조 시효, 급랭 시효, 변형 시효, 과시효 등

정답 113. ㉯ 114. ㉯ 115. ㉱ 116. ㉰ 117. ㉮ 118. ㉯ 119. ㉮

120. 재료의 크기에 따라 내외부의 냉각 속도의 차이로 경도의 차이가 생기는데, 이것을 무엇이라고 하는가?
㉮ 질량 효과
㉯ 경화능
㉰ 담금질 균열
㉱ 시효 균열

질량 효과(mass effect, section sensitivity)
① 강재의 질량의 대소에 따라서 열처리 효과가 달라지는 비율을 말한다.
② 주물의 두께에 차이가 있으면 급랭부와 서랭부가 생겨서 부분적으로 재질이 변한다. 이런 변화의 정도를 질량 효과라 한다.
③ 질량 효과가 크다는 것은 강재의 크기에 따라 열처리 효과가 크게 달라진다는 것을 뜻한다. 즉 질량 효과가 큰 것일수록 열처리 효과가 적다.
④ 질량 효과가 적다는 것은 적은 것은 물론 큰 것도 담금질이 잘된다.
⑤ 일반적으로 탄소강은 질량 효과가 크며, 자경성(自硬性)이 강한 Ni-Cr강, 고Mn강 등이 적다.
⑥ 질량 효과가 적은 강의 선택
  ㉠ 열전도가 높은 것
  ㉡ 확산이 적은 것
  ㉢ 상태도적으로 A_3 및 A_1변태의 온도를 내리게 하는 것 등을 선택한다.

121. 다음은 금속의 슬립에 대한 설명이다. 가장 적합한 것은 어느 것인가?
㉮ 금속의 모든 방향으로 똑같이 쉽게 일어난다.
㉯ 원자 밀도가 조밀한 경계면에서 더 쉽게 일어난다.
㉰ 언제나 일정한 방향으로만 일어난다.
㉱ 가로 방향보다 세로 방향이 더 쉽게 일어난다.

122. 냉간 가공을 한 황동관, 봉 등의 잔류 응력에 의하여 일어나는 응력 부식 균열(stress corrosion cracking)은 다음 중 어느 것인가?
㉮ 자연 균열(season cracking)
㉯ 탈아연 부식(dezincif cation)
㉰ 고온 탈아연(dezincing)
㉱ 경년 변화(secular change)

자연 균열(season cracking, 시기 균열, 시효 균열)
① 상온 가공을 한 황동, 양은 등은 시일의 경과에 따라 자연이 균열이 생기는 경우가 있다. 이 같은 형태의 파괴를 말한다.
② 상온 방치 중에 생기는 균열이며 일반적으로 담금질하여 방치한 제품에 생기는 현상이며 내부 응력과 조직 변화에 의한 균열이므로 시효 균열을 방지하기 위해서는 뜨임한다.
③ 시기 균열은 대개 두 결정의 경계에서 발생하는 것이며 그 원인은 분명치 않다.
④ 수은, 암모니아, 산 종류 또는 알칼리 등에 접촉되면 이것이 금속 속에 침입되어 결정 경계에 화학 작용을 일으켜 시기 균열을 촉진한다.
⑤ 황동 제품에 대해서는 시기 균열을 일으키는가를 검사하기 위해 수은을 사용한다.

123. 다음 중 금속의 소성 변형 원리와 가장 거리가 먼 것은?
㉮ 재결정
㉯ 트윈
㉰ 전위
㉱ 슬립

소성 변형의 원리
미끄럼(slip), 쌍정(twin), 전위(dislocation)

120. ㉮ 121. ㉯ 122. ㉮ 123. ㉮

124 다음 중 소성 가공이 아닌 것은?
㉮ 주조   ㉯ 인발
㉰ 단조   ㉱ 전조

소성 변형
① 재료에 외력을 가했다가 외력을 제거하여도 원상태로 되돌아오지 않고 영구적으로 변형을 일으키는 성질을 소성이라 한다.
② 소성 변형의 가공 목적
  ㉠ 변형시켜 재료의 모양을 필요한 모양으로 제조하며, 가공 조직 파괴 후 풀림하여 성질을 향상시킨다.
  ㉡ 가공으로 생긴 내부 응력을 적당히 남게 하여 기계적 성질을 향상시킨다.
  ㉢ 금속재료는 소성 변형을 받으면 그 성질이 변하나 가열하면 원상태로 되돌아온다.
③ 소성 변형의 종류 : 단조, 압연, 인발, 프레스, 전조 등

125 다음 중 쌍정이 일어나기 쉬운 금속이 아닌 것은?
㉮ Sn   ㉯ Bi
㉰ Sb   ㉱ Fe

쌍정이 일어나기 쉬운 금속
① Sn, Bi, Sb(Zn, Cu, Mg, Ag 등)
② 쌍정면과 쌍정 방향

결정	쌍정면	쌍정방향
체심입방정	[112]	[111]
면심입방정	[111]	[112]
조밀육방정	[101$\bar{2}$]	[101$\bar{2}$]

126 프레스 가공을 할 때 가장 중요한 성질은 다음 중 어느 것인가?
㉮ 취성   ㉯ 인성
㉰ 연성   ㉱ 소성

정답 124. ㉮   125. ㉱   126. ㉱

제1편 금속재료
제2장 철강재료 기출 및 예상문제

001 다음 중 강괴의 종류가 아닌 것은?
㉮ 림드강 ㉯ 킬드강
㉰ 세미킬드강 ㉱ 세미림드강

해설
강괴의 종류
킬드강(완전 탈산), 림드강(불완전 탈산), 세미킬드강(중간 탈산), 캡드강

002 평로 또는 전로에서 용해한 강을 Fe-Mn으로서 가볍게 탈산시킨 상태에서 주형에 주입한 강괴로서 많은 기포 발생으로 수축이 작은 강괴는 어느 것인가?
㉮ 캡드강(capped steel)
㉯ 림드강(rimmed steel)
㉰ 킬드강(killed steel)
㉱ 세미킬드강(semi-killed steel)

해설
림드강(rimmed steel)
① 탈산 및 가스 처리가 불충분한 상태의 강괴로 Fe-Mn으로 가볍게 탈산시킨 강괴
② 용강이 비등 작용(rimming action)이 일어난다.
③ 주상정에 테두리에 생기고 강괴 내부에 기포, 편석이 생겨 강질이 균일치 못하다.
④ 판, 봉, 파이프 등에 사용된다.
⑤ 림드강에 사용되는 규소량은 0.1% 이하이다.

003 림드강에서 사용되는 적당한 규소량(%)으로 맞는 것은?
㉮ 0.1 이하 ㉯ 0.1~0.2
㉰ 0.3~0.4 ㉱ 0.4 이상

004 림드강(rimmed steel)에서의 리밍 액션(rimming action)과 관계가 있는 가스는 어느 것인가?
㉮ H_2 ㉯ CO
㉰ SO_2 ㉱ N_2

해설
비등 작용(rimming action)
① 림드강 제조 시 O_2와 C가 반응하여 CO가 생성되는데 이 가스가 대기 중으로 빠져나온 현상으로 끓는 것처럼 보인다.
② 탈산, 가스 처리가 불충분한 강(림드강)을 주입한 후에도 가스, 침탄층이 계속해서 다량의 가스가 발생하므로 용강이 비등한다.
③ 비등 현상에 관한 가스는 CO가스이다(O_2와 C가 반응하여 CO가 생성된다).

005 킬드강에서 주로 생기는 결함은?
㉮ 내부에 수축공
㉯ 중앙 상부에 수축공
㉰ 내부에 기포
㉱ 외부의 기포

정답 001. ㉱ 002. ㉯ 003. ㉮ 004. ㉯ 005. ㉯

006. 다음은 킬드강(Killed steel)에 대한 설명이다. 맞는 것은 어느 것인가?
㉮ 탈산하지 않은 강
㉯ 완전 탈산한 강
㉰ 캡(cap)을 씌워 만든 강
㉱ 반 정도 탈산한 강(불완전 탈산)

킬드강 (Killed steel, 진정강)
① Fe-Si, Al 등의 강탈산제를 사용하여 완전 탈산시킨 강괴이다.
② 림드강보다 기포가 없고 편석이 적다.
③ 중앙 상부에 큰 수축관이 생겨 불순물이 집적(集積)된다(10~20% 잘라냄).
④ 재질의 균질, 기계적 성질의 양호, 방향성이 좋다.
⑤ 수축관은 산화되더 단조, 압연 시 압착이 안 된다.
⑥ 적용 범위 : 균질을 요하는 합금강, 단조용강, C% = 0.3% 이상

007. 정련된 용강을 레들 중에서 Fe-Mn, Fe-Si, Al 등으로 완전 탈산시킨 강괴는 어느 강인가?
㉮ 킬드강   ㉯ 림드강
㉰ 세미킬드강   ㉱ 캡드강

탈산제
① 강탈산제 : Fe-Si, Al
② 약탈산제 : Fe-Mn

008. 표면에 헤어크랙이 생기고 중앙 상부에 수축관이 생기는 강괴는 어느 것인가?
㉮ 림드강   ㉯ 킬드강
㉰ 세미림드강   ㉱ 세미킬드강

009. 세미킬드강의 제강에 쓰일 수 있는 탈산제로 가장 좋은 것은?
㉮ Fe   ㉯ Mn
㉰ Al   ㉱ Ca

세미킬드강 (semi-killed steel)
① 킬드강과 림드강의 중간 성질의 강이며, 킬드강보다 탈산 정도가 적고, 저탄소강, 중탄소강에 Si, Al로 탈산을 가볍게 한 강이다.
② 소형의 수축공과 수소의 기포만 존재한다.
③ 적용 범위 : 구조용강(0.15~0.3%C 범위), 강판, 원강 재료에 사용한다.

010. 0.3%C 이하의 보통 강으로 판, 봉, 파이프 등에 널리 쓰이는 강은?
㉮ 킬드강   ㉯ 림드강
㉰ 세미킬드강   ㉱ 공석강

011. 림드강을 변형시킨 것으로써 용강을 주입 후 뚜껑을 씌워 용강의 비등을 억제시켜 림드 부분을 얇게 하므로 내부의 편석을 적게 한 강괴는 어느 것인가?
㉮ 킬드강괴   ㉯ 림드강괴
㉰ 세미킬드강괴   ㉱ 캡드강괴

캡드강 (Capped steel)
① 용강을 주입한 후 뚜껑을 씌워 용강의 비등을 억제시켜 림드 부분을 얇게 하므로 내부 편석을 적게 한 강이다.
② 림드강을 변형시킨 강이며, 내부 결함은 적으나 표면 결함이 많고 박판, 스트립, 주석 철판, 형강 등의 원재료에 사용된다.

02. 다음의 철광석 중 Fe_2O_3를 주성분으로 한 철광석은 어느 것인가?

㉮ 자철광 ㉯ 적철광
㉰ 갈철광 ㉱ 능철광

철광석

종류	조성	Fe(%)
자철광	Fe_3O_4	72.4
적철광	Fe_2O_3	70
갈철광	$Fe_2O_3 \cdot 3H_2O$	52~60
능철광	Fe_2CO_3	48

03. 다음 중 용광로의 크기를 나타내는 것은?

㉮ 1회에 산출된 선철의 무게(ton)
㉯ 1시간 동안에 산출된 선철의 무게(ton)
㉰ 1일 동안에 산출된 선철의 무게(ton)
㉱ 1회에 산출된 구리의 무게(ton)

노의 크기 표시

노	크 기
평 로	강 1회 용해능력(ton)
전 로	
전 기 로	
도가니로	구리 1회 용해능력(kgf)
용 선 로	주철 1시간 용해능력(ton)
용 광 로	선철 1일 용해능력(ton)

04. 다음 중 용해로의 용량 표시법으로 맞지 않는 것은?

㉮ 용선로 : 무게/시간
㉯ 용광로 : 무게/24시간
㉰ 도가니로 : Cu의 무게/시간
㉱ 전로 : 무게/1회

05. 다음 중 산화철의 환원 과정에 대한 설명으로 옳은 것은?

㉮ $Fe_2O_3 \rightarrow Fe_3O_4 \rightarrow FeO \rightarrow Fe$
㉯ $Fe_3O_4 \rightarrow Fe_2O_3 \rightarrow FeO \rightarrow Fe$
㉰ $FeO \rightarrow Fe_3O_4 \rightarrow Fe_2O_3 \rightarrow Fe$
㉱ $Fe_3O_4 \rightarrow FeO \rightarrow Fe_2O_3 \rightarrow Fe$

환원과정

$3Fe_2O_3 + C \rightarrow 2Fe_3O_4 + CO$
$Fe_3O_4 + C \rightarrow 3FeO + CO$
$FeO + C \rightarrow Fe + CO$

※ 간접 환원 원인 가스 : CO
※ 간접 환원으로 85~90% 만듦

06. 다음은 산성 평로 제강법(Open Hearth Steel Making Process)에 대한 설명이다. 적합하지 않은 것은?

㉮ 극연강 제조에 널리 쓰인다.
㉯ 규석과 같은 내화물을 사용한다.
㉰ 원료는 인(P)의 함량이 적은 Bessemer 선철을 사용한다.
㉱ 품질이 우수한 제품을 얻을 수 있다.

산성 평로 제강법

① 규석과 같은 산성 내화 재료를 사용하며 P, S분이 적은 재료를 선택한다.
② 값이 비싸며, 병기, 일반재와 같은 양질의 강 제조에 사용된다.
③ P, S의 제거가 곤란하다.

017 다음 중 알칼리성 평로에서 제조하는 것은 어느 것인가?

㉮ 구조용강, 특히 극연강
㉯ 공구강 및 특수강
㉰ 특수강 및 고급강
㉱ 병기, 선재 등의 제조

해설

염기성 평로
① 내화재 : 백운석(dolomite), 마그네시아(MgO)를 사용하며 알칼리성 내화 재료가 사용된다.
② 구조용 특히 극연강 제조에 사용하며, 제강로 중에서 가장 많이 사용한다.
③ 설비비, 연료비가 많이 들고 산성법보다 정련이 쉽고 불순 원료로 양질의 강을 제조한다.

018 다음 중 탈인이 잘되는 조건이 아닌 것은?

㉮ 산화력이 클 때
㉯ 강재 중의 염기도가 많을 때
㉰ 강욕의 온도가 높을 때
㉱ 강재의 유동성이 좋을 때

해설

탈인 진행이 잘되는 조건
① 강재 중에 CaO가 많을 때, 즉 강재의 염기도가 높을 때
② 강재 중에 FeO가 많을 때, 즉 산화력이 클 때
③ 강욕의 온도가 낮을 때
④ 강재 중에 P_2O_5분이 낮을 때, 즉 $(P_2O_5)/[P]$의 값이 작으면 [P]는 강재로 확산하여 탈인이 잘된다.
⑤ 강재의 유동성이 좋을 때, 즉 형석을 넣은 등 유동성이 좋아지면 탈인 작용이 촉진된다.
⑥ 탈인 평형은 슬랙 중의 (CaO), (FeO) 또는 슬랙 온도의 영향이 크다.

019 강철을 만드는 법 중 베세머법에 해당하는 것은?

㉮ 전로 제강법 ㉯ 평로 제강법
㉰ 도가니로 제강법 ㉱ 고주파로 제강법

해설

① 산성 전로 제강법(Acid Bessemer process) : 규소 내화물이 사용되며 인, 황의 제거가 곤란하다.
② 염기성 전로 제강법(Basic Bessmer process) : 돌로마이트 내화물을 사용함으로써 인과 황을 제거한다.

020 다음 중 탈탄 반응이 일어나기 쉬운 시기의 구분이 아닌 것은?

㉮ 제1기 ㉯ 제2기
㉰ 제3기 ㉱ 제4기

해설

탈탄 반응
① 제1기 : 탈탄 속도가 시간과 더불어 증대되는 시기
※ Si가 아직 높고 또는 강욕 온도가 낮아서 탈탄 반응이 억제되어 천천히 탈탄 속도가 상승해가는 시기이다.
② 제2기 : 강욕 온도가 상승하여 화점에서 C의 도달 속도가 충분히 커서 공급되는 산소가 거의 100% 탈탄에 소모되고 공급 산소량에 따라서 최고 탈탄 속도가 계속되는 시기
※ 이 시기는 강욕 중의 O가 가장 낮아진다.
③ 제3기 : 탈탄이 진행하여 C농도가 낮아져서 C의 화점의 도달 속도가 반응의 율속(rate control)이 되어 탈탄 속도가 저하된다.
※ 이 시기의 탈탄 반응을 촉진하려면 강욕의 강한 교반이 필요하다.

정답 017. ㉮ 018. ㉰ 019. ㉮ 020. ㉱

021 다음 중 평로의 용량 표시방법 중 맞는 것?

㉮ 1시간에 용해할 수 있는 최대량
㉯ 1일 총 생산량
㉰ 1일에 용해할 수 있는 최대량
㉱ 1회에 용해할 수 있는 최대량

평로의 용량
① 1회에 용해할 수 있는 능력(25~400t)으로 표시한다.
② 정련 시간 : 염기성 평로(6~8시간), 산성 평로(7~15시간)

022 다음 제강 과정 중 탈황의 조건이 아닌 것은?

㉮ 환원 상태일 것
㉯ 고석회 슬래그로 유동성이 좋을 것
㉰ 온도가 높을 것
㉱ 슬래그양이 적을 것

탈황을 촉진하는 방법
① 고염기도의 강재를 형성한다.
② 석회의 재화를 촉진하기 위해서 Soft blow하여 Fe를 증가시킨다.
③ 강재의 유동성을 높여서 탈황 속도를 촉진하기 위하여 형석을 증량시킨다.
④ 황의 흡수 능력을 높이기 위하여 강재량을 증가시킨다.

023 다음 중 순철의 종류가 아닌 것은?

㉮ 암코철   ㉯ 카아보닐철
㉰ 전해철   ㉱ 선철

순철의 종류

종류\불순물(%)	C	Si	Mn	P	S	H₂	O₂
전해철	0.013	0.03	–	0.02	0.001	0.083	–
해면철원료용해철	0.03	0.005	0.005	0.002	0.037	–	–
암코철	0.01	0.005	0.03	0.001	0.015	–	0.012
카보닐철	(0.0007)	–	–	–	–	–	<0.01

024 다음 중 순철의 기계적 성질이 잘못된 항은?

㉮ 인장강도 : $25~26 kg_f/mm^2$
㉯ 연신율 : 50~40%
㉰ 브리넬 경도 : 60~65
㉱ 항복점 : $2.1 \times 10^4 kg_f/mm^2$

순철의 기계적 성질

경도(HB)	인장강도(kg_f/mm^2)	연신율(%)(l=10d)	단면수축률(%)	탄성한도(kg_f/mm^2)	탄성계수(kg_f/mm^2)
60~70	18~30	50~40	80~70	10~14	21600

025 브리넬 경도가 65인 순철의 인장강도(kg_f/mm^2)는 얼마인가?

㉮ 약 20   ㉯ 약 30
㉰ 약 50   ㉱ 약 65

① $HB = 2.8 \times \sigma_B$에서
② $65 = 2.8 \times \sigma_B$, $\sigma_B = \dfrac{65}{2.8} = 23.2 kg_f/mm^2$

정답 021. ㉱   022. ㉱   023. ㉱   024. ㉱   025. ㉮

026 순철의 조직은 다음 중 어느 것인가?

㉮ 시멘타이트 ㉯ 펄라이트
㉰ 페라이트   ㉱ 오스테나이트

해설

페라이트(Ferrite)
① α-Fe에 탄소를 0.025% 이하를 고용한 고용체로서 지철(地鐵)이라고도 한다.
② 강자성체이며, 연하고 전성이 크다. 탈산이 심하게 일어나는 조직이다.
③ HB는 약 90 정도이다.

027 α철 중에 상온에서 탄소를 0.005%를 고용한 조직은 다음 중 어느 것인가?

㉮ 펄라이트   ㉯ 페라이트
㉰ 시멘타이트 ㉱ 오스테나이트

해설

페라이트는 상온에서 0.005%C 이하를 고용한 α-Fe이다.

028 용해된 순철을 천천히 냉각시킬 때 원자 배열의 변화 순서로 옳은 것은?

㉮ $\alpha \to \gamma \to \delta$ ㉯ $\gamma \to \delta \to \alpha$
㉰ $\delta \to \alpha \to \gamma$ ㉱ $\delta \to \gamma \to \alpha$

해설

순철의 냉각 시 원자 배열 변화 순서
① 순철의 동소체는 α, γ, δ의 3개가 있다.
② α는 910℃ 이하에서, γ는 910~1400℃에서, δ는 1400℃ 이상에서 존재한다.
③ 냉각 시 원자 배열 순서는 $\delta \to \gamma \to \alpha$이다.

029 다음은 순철의 변태에 대한 설명이다. 잘못 설명한 것은?

㉮ A_3변태는 γ-Fe가 α-Fe로 변화하는 것이다.
㉯ A_4변태는 1400℃에서 일어나며 BCC에서 FCC로 변화하는 것이다.
㉰ A_2변태는 768℃에서 일어나며, 원자 배열 변화는 없고 다만 자기의 강도가 변화한다.
㉱ 동소 변태는 가열 시에는 그 온도보다 낮은 온도에서 일어나며 냉각 시에는 그 반대로 높은 온도에서 일어난다.

해설

순철의 변태
① 순철의 변태에는 A_2, A_3, A_4변태의 3개의 변태가 있다.
② 동소 변태는 A_3, A_4변태이고, 자기 변태는 A_2변태이다.
③ 동소 변태는 원자 배열의 변화가 생기므로 상당한 시간이 필요하다.
  ※ 가열 시에는 높고 냉각 시에는 다소 낮은 온도에서 생긴다.
④ 자기 변태는 원자 배열의 변화가 없으므로 가열·냉각 시 온도 변화가 없다.
⑤ 순철의 동소 변태
  ㉠ A_4변태 : γ-Fe(FCC) $\underset{}{\overset{1400℃}{\rightleftarrows}}$ δ-Fe(BCC)
  ㉡ A_3변태 : α-Fe(BCC) $\underset{}{\overset{900℃}{\rightleftarrows}}$ γ-Fe(FCC)
⑥ 순철의 자기 변태
  A_2변태 : α-Fe(강자성체) $\underset{}{\overset{768℃}{\rightleftarrows}}$ α-Fe(상자성체)

030 다음 중 순철의 변태는?

㉮ A_1, A_2, A_3, A_4 ㉯ A_0, A_1, A_2, A_3, A_4
㉰ A_2, A_3, A_4 ㉱ A_0, A_2, A_3, A_4

해설

순철의 변태
① 동소 변태 : A_3변태, A_4변태
② 자기 변태 : A_2변태

031 다음은 동소 변태에 대한 설명이다. 틀린 것은?

㉮ 결정 격자가 변화된다.
㉯ 동소 변태는 3가 또는 4가의 천이 금속에 많다.
㉰ 원자 배열은 변화하지 않는다.
㉱ 순철은 동소 변태를 한다.

🔍해설
① 천이 금속(transition temperature)
  ㉠ 원자 번호 21(Sc)~28(Ni)이나 39(Y)~46(Pb)의 금속은 고체이며 강자성 또는 강한 상자성(常磁性)을 띤다. 비교적 낮은 전기 전도율을 가지며, 녹는점이 높고 가스를 흡수하기 쉬운 성질이 있다. 이와 같은 금속을 말한다.
  ㉡ 이것은 핵외 전자의 불안전 정도와 기타에 의한 것이라고 한다.
② 천이 온도(transition temperature)
  ㉠ 일반적으로 성질이 급변하는 온도를 천이 온도(遷移 溫度)라 한다.
  ㉡ 일반적으로 충격치가 급변하는 온도, 즉 저온 취성을 나타내는 온도를 말할 때가 많다.
  ㉢ 충격치의 천이 온도로서는 최대 충격치의 1/2의 점 또는 충격치가 15ft-lb(2.6kg$_f$·m/cm^2)가 되는 온도를 취하는 것이 보통이다.

032 순철의 동소 변태로 1,400℃에서 γ-Fe ↔ δ-Fe의 변태는 다음 중 어느 것인가?

㉮ A$_1$ ㉯ A$_2$
㉰ A$_3$ ㉱ A$_4$

🔍해설
순철의 동소 변태
① A$_3$변태(910℃) : γ-Fe ↔ α-Fe의 변태
② A$_4$변태(1400℃) : γ-Fe ↔ δ-Fe의 변태

033 다음은 순철의 동소 변태를 나타낸 것이다. ( ) 속에 들어갈 내용을 보기에서 고르시오. (단, ㉠은 온도, ㉡는 결정 격자를 나타낸다.)

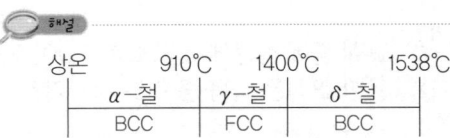

㉮ ㉠ 723℃, ㉡ 체심 입방 격자
㉯ ㉠ 723℃, ㉡ 면심 입방 격자
㉰ ㉠ 910℃, ㉡ 체심 입방 격자
㉱ ㉠ 910℃, ㉡ 면심 입방 격자

🔍해설

상온	910℃	1400℃	1538℃
α-철	γ-철	δ-철	
BCC	FCC	BCC	

034 순수한 철은 상온에서 체심 입방 격자이다. 912~1400℃에서는 어떤 격자로 이루어졌는가?

㉮ 면심 입방 격자 ㉯ 체심 입방 격자
㉰ 조밀 육방 격자 ㉱ 불규칙 격자

035 순철의 자기 변태점의 온도는 몇 도(℃)인가?

㉮ 910 ㉯ 768
㉰ 1440 ㉱ 721

🔍해설
순철의 자기 변태 : A$_2$변태이며, 변태점의 온도는 768℃이다.

변태	자기 변태	동소 변태	
	A$_2$변태	A$_3$변태	A$_4$변태
온도(℃)	768	910	1400

036. 상온에서 순철의 결정 격자는 어떤 결정 격자인가?
㉮ 체심 입방 격자 ㉯ 면심 입방 격자
㉰ 체심 정방 격자 ㉱ 조밀 육방 격자

037. 다음은 순철의 가열에 의한 비열의 변화에 대한 그림이다. 자기 변태점은 어느 곳인가?

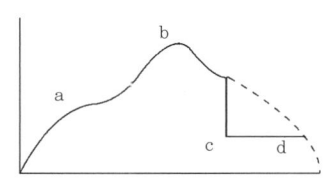

㉮ a ㉯ b
㉰ c ㉱ d

038. 다음 중 순철의 동소체가 아닌 것은?
㉮ α-철 ㉯ β-철
㉰ γ-철 ㉱ δ-철

🔍 해설
순철의 동소체
① α-철 : 910℃ 이하에서 체심 입방 격자
② γ-철 : 910~1400℃에서 면심 입방 격자
③ δ-철 : 1400℃ 이상에서 체심 입방 격자

039. 순철에는 몇 개의 동소체가 있는가?
㉮ 1개 ㉯ 2개
㉰ 3개 ㉱ 4개

🔍 해설
순철의 동소체는 α-Fe, γ-Fe, δ-Fe의 3개의 동소체가 있다.

040. 순철의 동소체 중 탄소를 가장 잘 고용하는 동소체는 다음 중 어느 것인가?
㉮ α-철 ㉯ β-철
㉰ γ-철 ㉱ δ-철

🔍 해설
순철의 동소체의 탄소 고용량

동소체	α	γ	δ
탄소량 (%)	0.025	2.0	0.1

041. Fe-C 평형 상태도에서 α 고용체가 탄소를 최대로 고용할 수 있는 온도와 탄소량은 얼마인가?
㉮ 768℃와 0.02% ㉯ 723℃와 0.02%
㉰ 910℃와 0.85% ㉱ 1400℃와 0.1%

🔍 해설
동소체의 탄소의 최대 고용 한계와 온도

동소체	α	γ	δ
최대 탄소(%)	0.025	2.0	0.1
C% 최대점의 온도(℃)	723	1145	1495

042. 다음 Fe-C 평형 상태도에서 HJB는 무엇을 나타내는가?

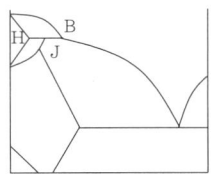

㉮ 포정선 ㉯ 공정선
㉰ 공석선 ㉱ 포석선

043 Fe-C 평형 상태도에서 강과 주철을 탄소 함유량으로 구분할 때 탄소의 함유량은 얼마를 기준으로 하는가?

㉮ 0.025% ㉯ 0.85%
㉰ 2.0%   ㉱ 4.3%

 해설
0 ← 순철 → 0.025%C ← 강 → 2.0%C ← 주철 → 6.68%C

044 탄소 함유량이 0.025~2.0%인 철을 무엇이라 하는가?

㉮ 순철   ㉯ 선철
㉰ 강철   ㉱ 주철

 해설
철강의 분류
① 순철 : 0.025%C 이하
② 강(0.025~2.0%C)
  ㉠ 아공석강 : 0.025~0.85%C
  ㉡ 공석강 : 0.85%C
  ㉢ 과공석강 : 0.85~2.0%C
③ 주철(2.0~6.68%C)
  ㉠ 아공정주철 : 2.0~4.3%C
  ㉡ 공정주철 : 4.3%C
  ㉢ 과공정주철 : 4.3~6.68%C

045 다음 상태도는 어떤 상태도인가?

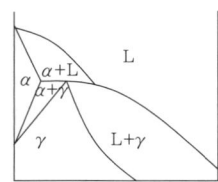

㉮ 편정형이다.   ㉯ 공정형이다.
㉰ 포정형이다.   ㉱ 고용체형이다.

046 다음은 철-탄소 평형 상태도이다. ECF선을 무슨 선이라 하는가?

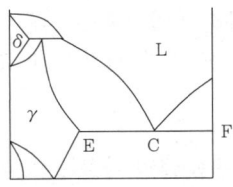

㉮ 포정선   ㉯ 공정선
㉰ 공석선   ㉱ 용해한도곡선

047 다음 상태도 중 온도 t℃에서 일어나는 dbe선을 무슨 선이라 하는가?

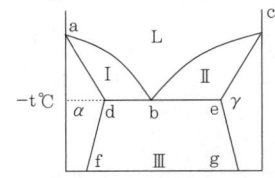

㉮ 포정선   ㉯ 공정선
㉰ 포석선   ㉱ 공석선

 해설
상태도 설명
① ab, bc : 액상선, ad, ce : 고상선, dbe : 공정선, df, eg : 용해 한도 곡선
② Ⅰ구역 : 액체+α, Ⅱ구역 : 액체+γ, Ⅲ구역 : α+γ

048 Fe-C 평형 상태도에서 공석 변태가 일어나는 온도는 몇 도(℃)인가?

㉮ 1500   ㉯ 1145
㉰ 910   ㉱ 723

 해설
공석 변태가 일어나는 온도 : 723℃(A_1변태점)

정답 043. ㉰ 044. ㉰ 045. ㉰ 046. ㉯ 047. ㉯ 048. ㉱

049 다음 그림은 Fe-C 평형 상태도의 일부분이다. GS선과 SE선이 뜻하는 것은?

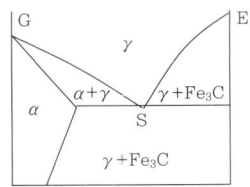

㉮ GS선 : $\gamma \to \alpha$, SE : $\alpha \to \gamma$
㉯ GS선 : $\gamma \to \alpha$, SE : $\gamma \to Fe_3C$
㉰ GS선 : $\gamma \to Fe_3C$, SE : $\gamma \to \alpha$
㉱ GS선 : $Fe_3C \to \gamma$, SE : $\alpha \to \gamma$

050 다음 중 포정 반응을 바르게 설명한 것은?
㉮ $L \leftrightarrow \alpha + \beta$
㉯ $L + \alpha \leftrightarrow \beta$
㉰ $\gamma \leftrightarrow \alpha + \beta$
㉱ $\gamma + \alpha + \beta$

포정 반응(peritectic reaction)
① 어떤 합금의 용액과 다른 성분 합금의 고상이 작용하여 새로운 별종의 고상을 이루는 고용체이다.
② 하나의 고체에서 다른 액체가 작용하여 다른 고체로 형성한다.
③ 반응식 : 용액 + $\alpha \leftrightarrow \beta$
④ 포정 반응의 합금 : Ag-Cd, Ag-Pt, Fe-Au, Fe-C, Ag-Sn, Al-Cu

051 Fe-C 평형 상태도에서 가장 온도가 낮은 점은 다음 중 어느 것인가?
㉮ 포정점   ㉯ 공정점
㉰ 용융점   ㉱ 공석점

각 점의 온도

점	공석점	공정점	포정점	용융점
온도(℃)	723	1145	1495	1530

052 다음 γ(고상) $\leftrightarrow$ α(고상) + β(고상)의 반응은 무슨 반응인가?
㉮ 공정 반응   ㉯ 공석 반응
㉰ 포정 반응   ㉱ 변태 반응

공석 반응(eutectoid)
① 2원계에서 냉각에 의해서 새로운 두 고상을 형성하는 고체 내의 항온 가역 반응이다.
② 하나의 고용체로부터 2종의 고체(성분금속)가 일정한 비율로 동시에 석출하여 생긴 혼합물로서 공석정의 조직은 층상 조직이다.
③ 반응식 : γ 고용체 $\leftrightarrow$ α 고용체 + Fe_3C

053 탄소강의 조직으로서 0.85%C를 함유한 전 펄라이트 조직을 한 강은 다음 중 어느 것인가?
㉮ 아공석강   ㉯ 과공석강
㉰ 공석강   ㉱ 극연강

강의 조직
① 아공석강 : 페라이트 + 펄라이트
② 공석강 : 펄라이트(페라이트 + 시멘타이트)
③ 과공석강 : 펄라이트 + 시멘타이트

054 다음 중 A_0변태를 바르게 설명한 것은?
㉮ α 고용체가 자기 변태로 변하는 것
㉯ γ 고용체가 탄소를 그대로 고용하는 점
㉰ Austenite에서 Pearlite가 생기는 변태
㉱ Cementite의 자기 변태로서 탄소량에 관계없이 210℃에서 일어나는 점

정답 049. ㉯ 050. ㉯ 051. ㉱ 052. ㉯ 053. ㉰ 054. ㉱

055. 다음의 철-탄소계 평형 상태도에서 S점의 설명으로 맞는 것은?

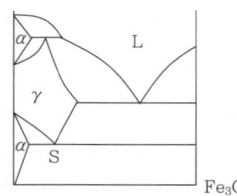

㉮ 공정점으로 $\gamma+Fe_3C$가 정출하는 점이다.
㉯ 공정점으로 $\delta+Fe_3C$가 정출하는 점이다.
㉰ 공석점으로 $\alpha+Fe_3C$가 석출하는 점이다.
㉱ 공석점으로 $\gamma+\delta$가 석출하는 점이다.

056. 다음의 변태 중 Cementite에서 일어나는 자기 변태는 어느 것인가?
㉮ A_4변태　　㉯ A_3변태
㉰ A_2변태　　㉱ A_0변태

해설

철강의 변태

변태 구분	온도(℃)	변태
A_0변태	210	Fe_3C의 자기 변태
A_1변태	723	공석 변태
A_2변태	768	Fe의 자기 변태
A_3변태	910	Fe의 동소 변태
A_4변태	1400	Fe의 동소 변태

057. 순수한 Cementite(Fe_3C)의 자기 변태점은 몇 도(℃)인가?
㉮ 870　　㉯ 770
㉰ 410　　㉱ 210

058. 순수한 Cementite는 210℃ 이상에서는 상자성체이고, 이 온도 이하에서는 강자성체이다. 이 변태의 기호는?
㉮ A_0　　㉯ A_1
㉰ A_2　　㉱ A_3

059. 공석강을 Austenite 상태로부터 천천히 냉각하면 725℃에서 $\gamma-Fe \leftrightarrow \alpha-Fe$로 동시에 고용체 탄소 ↔ 유리$Fe_3C$로 2단 연속 변화를 하는데 이를 총칭하여 무슨 변태라 하는가?
㉮ A_1변태　　㉯ A_2변태
㉰ A_3변태　　㉱ A_4변태

해설

A_1변태
① 철강의 공석 변태로서 변태 온도는 723℃이다.
② Austenite → Pearlite

060. 다음 중 Ac_3점에 대한 설명 중 맞는 것은?
㉮ 가열할 때 페라이트가 오스테나이트로의 변태를 끝내는 온도
㉯ 가열할 때 시멘타이트가 오스테나이트의 변태를 끝내는 온도
㉰ 냉각할 때 페라이트가 펄라이트로 변태를 끝내는 온도
㉱ 냉각할 때 펄라이트가 오스테나이트로 변태를 끝내는 온도

해설

Ac_3변태
① 가열 시의 A_3변태를 말한다.
② 가열 시 페라이트가 오스테나이트로 변하는 고용 종지
③ Ar_3변태(냉각 시의 A_3변태) : 냉각 시 오스테나이트에서 페라이트의 석출 개시이다.

정답 055. ㉰　056. ㉱　057. ㉱　058. ㉮　059. ㉮　060. ㉮

061 다음 중 A_1변태의 조직 변화가 맞는 것은 어느 것인가?

㉮ 마르텐자이트 → 소르바이트
㉯ 오스테나이트 → 펄라이트
㉰ 페라이트 → 오스테나이트
㉱ 펄라이트 → 시멘타이트

062 다음의 설명 중 A_2변태로 맞는 것은 어느 것인가?

㉮ γ-δ 의 변태점
㉯ 순철의 자기 변태점
㉰ L - Fe = β - Fe
㉱ γ고용체의 자기 변태점

🔍 **해설**

순철의 자기 변태점
순철은 A_2변태(768℃)에서 자기 변태점을 갖는다.

063 다음은 A_3변태에 대한 설명이다. 맞는 것은?

㉮ 탄소량이 많을수록 변태점은 낮다.
㉯ 급랭하면 변태점은 올라간다.
㉰ 급랭하여도 변태점은 불변이다.
㉱ 자기 변태이다.

🔍 **해설**

A_3변태
① 순철의 동소 변태로서 변태점의 온도는 910℃이다.
② γ(면심 입방 격자) $\underset{냉각}{\overset{가열}{\rightleftarrows}}$ α(체심 입방 격자)의 변화를 말한다.
③ 철에 탄소가 들어가면 그 양에 따라서 A_3변태점은 910℃보다 떨어져 0.85%C(공석강)에서 723℃이며 A_1변태점과 일치한다.
④ A_3변태점 강하 원소 : C, N, Cu
⑤ A_3변태점 상승 원소 : Cr, W, Mo, V, Ti, Zr, P, As

064 순철의 응고 시 동소 변태인 A_4변태에 대한 결정 격자 구조 변화를 표시한 것 중 옳은 것은?

㉮ 면심 입방 격자 → 체심 입방 격자
㉯ 체심 입방 격자 → 면심 입방 격자
㉰ 면심 사방 격자 → 체심 사방 격자
㉱ 체심 사방 격자 → 면심 사방 격자

🔍 **해설**

A_4변태점
① 철의 동소 변태의 하나이다.
② δ(체심입방격자) $\underset{냉각}{\overset{가열}{\rightleftarrows}}$ γ(면심입방격자)의 변화를 말한다.
③ 탄소가 들어감으로써 A_4변태점 상승하고 0.18%C에서 1487℃(A_4변태포정선)가 된다.
④ Ac_4변태에서는 팽창하고 Ar_4변태에서 수축한다.

065 철-탄소계의 평형 상태도에서 공정점의 탄소함유량(%C)은 얼마인가?

㉮ 0.85   ㉯ 2.0
㉰ 4.3   ㉱ 6.68

🔍 **해설**

공정 (共晶, Eutectic)
① 하나의 액체에서 두 종류의 고체(성분 금속)가 일정한 비율로 정출되어 생기는 혼합물
② 공정이 생기는 변화를 공정 반응이라 한다. 용체 ⇌ 상(A)+상(B)이다.
③ 공정 조직
   ㉠ 층상 공정(層狀共晶) : 현미경이 아니면 검출이 어려운 미세한 박편(薄片)이 서로 층 모양으로 되어 있는 것
   ㉡ 입상 공정(粒狀共晶) : 한쪽 성분 금속이 점 또는 입상(粒狀)이 되어 산재하고 있는 것
④ 혼합물이지만 기계적 혼합물이 아니고 두 결정 입자 상호 간에는 결합력이 작용하고 있다.
⑤ 철과 탄소의 합금에서는 그 공정을 ledeburite 라 하고 1140℃에서 생기며, 탄소함유량은 4.3%C이다.

066 A_cm선에 대한 설명으로 바른 것은 어느 것인가?

㉮ r고용체로부터 시멘타이트의 석출이 개시하는 선이다.
㉯ 탄소량은 0.77% 이하의 범위에 있다.
㉰ 탄소함량이 많을수록 변태 온도는 내려온다.
㉱ 가열 시에는 변태 온도가 내려간다.

A_cm 변태
① γ-고용체에 대한 Fe₃C의 용해도 곡선
② γ-고용체에서 Fe₃C가 석출하기 시작하는 온도선
③ A_cm 변태 : 과공석강에서만 존재하는 변태로 변태점은 C%의 증가에 따라 상승한다.
④ A_cm 변태점 : 0.85%C는 726℃, 2.1%C에서는 1145℃이다.
⑤ A_ccm 변태(가열 시 cm변태) : 가열 시에 시멘타이트가 오스테나이트로 고용 종지
⑥ A_rcm 변태(냉각 시 cm변태) : 냉각 시에 오스테나이트에서 시멘타이트의 석출 개시
⑦ cm은 cementite의 약자이다.

067 r고용체에 대한 Fe₃C의 용해 한도 곡선이며, r고용체에서 Fe₃C가 석출하기 시작하는 온도선을 무엇이라 하는가?

㉮ A_cm선   ㉯ A₃선
㉰ 공정선   ㉱ 포정선

A_cm변태
① 과공석강에서만 존재하는 변태로 변태점은 탄소량의 증가에 따라 상승한다.
② A_cm선=Fe₃C의 초석선

068 공정이 있는 합금계에서 공정 성분이 가까울수록 성질이 변한다. 다음 중 틀리게 설명된 것은?

㉮ 용융점이 점차 올라간다.
㉯ 인장강도, 경도가 커진다.
㉰ 연신율, 단면 수축률이 감소한다.
㉱ 전기 및 열전도율이 적어진다.

공정점에 가까울수록 용융점은 점차 내려가서 공정점에서 최저점을 이룬다.

069 다음 중 강의 표준조직이 아닌 것은?

㉮ 트루스타이트   ㉯ 페라이트
㉰ 시멘타이트   ㉱ 펄라이트

강의 표준조직 및 열처리조직

표준조직	열처리조직
Ferrite	Austenite
Pearlite	Martensite
Cementite	Troostite
	Sorbite
	Bainite

070 Fe-C계 평형 상태도에서 α-Fe에 최대 0.025%까지 탄소가 고용된 고용체로 연성이 크고 강자성체인 조직은 다음 중 어느 것인가?

㉮ 페라이트   ㉯ 펄라이트
㉰ 오스테나이트   ㉱ 시멘타이트

정답 066. ㉮ 067. ㉮ 068. ㉮ 069. ㉮ 070. ㉮

071 현미경 조직으로 돌축대를 쌓아 놓은 것 같은 흰 결정으로서 강자성체를 나타내고, 브리넬 경도가 약 90인 조직은 다음 중 어느 것인가?

㉮ 마르텐자이트 ㉯ 페라이트
㉰ 펄라이트 ㉱ 오스테나이트

 표준 조직의 기계적 성질

성질\조직	인장강도 (kg$_f$/mm^2)	연율 (%)	경도 (HB)
Ferrite(α)	35	40	90
Pearlite (α+Fe$_3$C)	80	10	225
Cementite (Fe$_3$C)	3.5 이하	0	820

072 탄소강의 조직 중 경도가 가장 낮은 조직은?

㉮ 페라이트 ㉯ 펄라이트
㉰ 오스테나이트 ㉱ 시멘타이트

 조직의 경도 순서
시멘타이트 > 마르텐자이트 > 트루스타이트 > 베이나이트 > 소르바이트 > 펄라이트 > 오스테나이트 > 페라이트

조 직	HB
시멘타이트	820
마르텐자이트	720
트루스타이트	400
베이나이트	340
소르바이트	270
펄라이트	225
오스테나이트	155
페라이트	90

073 상온에서 강자성체이며 전기 전도도가 높고 담금질에 의해서 경화하지 않는 연성이 큰 조직은 다음 중 어느 것인가?

㉮ 페라이트 ㉯ 펄라이트
㉰ 오스테나이트 ㉱ 시멘타이트

 표준 조직의 탄소 최대 고용량

조직	탄소량(%)
페라이트	0.025
펄라이트	0.85
오스테나이트	2.0
시멘타이트	6.68

074 다음 그림은 철-탄소계 평형 상태도이다. 0.2%C의 723℃ 선상에서의 초석 α의 양의 비는?

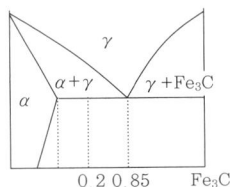

㉮ 8 : 2 ㉯ 6 : 4
㉰ 5 : 5 ㉱ 3 : 7

 0.2%C강의 723℃ 선상에서 초석α와 오스테나이트의 양

① 초석 α의 양 : $\frac{0.8-0.2}{0.8-0.025} \times 100 ≒ 80\%$

② 오스테나이트의 양(또는 공석) : $100-80=20\%$

정답 071. ㉯ 072. ㉮ 073. ㉮ 074. ㉮

075. 강의 표면이 탈탄되면 강 표면에 연한 층이 생성되는데 이 조직은 다음 중 어느 것인가?
- ㉮ 페라이트
- ㉯ 펄라이트
- ㉰ 오스테나이트
- ㉱ 시멘타이트

076. 다음 강의 조직 중 연신율이 가장 큰 조직은 어느 것인가?
- ㉮ 페라이트
- ㉯ 펄라이트
- ㉰ 오스테나이트
- ㉱ 시멘타이트

077. 탄소함유량이 0.6%인 아공석강의 A_1변태점 직상에서 초석 Ferrite의 양(%)은 얼마인가? (단, 공석점의 탄소량은 0.8%로 한다.)
- ㉮ 75
- ㉯ 65
- ㉰ 35
- ㉱ 25

초석 페라이트양

① 공석 : $\dfrac{0.8 - C\%}{0.8 - 0.025} \times 100$에서

② 초석 페라이트양 = $\dfrac{0.8 - 0.6}{0.8 - 0.025} \times 100 ≒ 25\%$

078. 펄라이트 조직을 수백배 정도의 고배율 현미경으로 관찰하면 어떻게 보이겠는가?
- ㉮ 검게만 보인다.
- ㉯ 명암의 층상으로 보인다.
- ㉰ 침상으로 보인다.
- ㉱ 다각형으로 보인다.

079. 다음 펄라이트에 대한 설명 중 옳은 것은 어느 것인가?
- ㉮ 페라이트와 시멘타이트의 공석점이다.
- ㉯ 낮은 배율의 현미경에서는 백색 색깔이 난다.
- ㉰ 탄소 4.3%의 δ 고용체이다.
- ㉱ HB=약 820으로 강도는 작고 연성이 거의 없다.

펄라이트(Pearlite)
① 페라이트와 시멘타이트의 공석점으로서 층상 조직이다.
② 오스테나이트의 강을 서서히 냉각(풀림)하였을 때 생기는 조직이며 풀림 상태의 것이다.
③ 펄라이트 조직을 가열하면 A_1변태(723℃)에서 전부 오스테나이트로 변한다.
④ 펄라이트 속의 탄소 농도는 항상 일정하며 약 0.85%이다.
⑤ 펄라이트는 경도가 작고 자력성이 있으며 비중은 오스테나이트와 마르텐자이트의 중간 정도이며 강의 조직 중에서 가장 안정되어 있다.
⑥ 종류
　㉠ 보통 펄라이트 : 배율을 100배로 하면 층상을 볼 수 있는 펄라이트
　㉡ 중 펄라이트 : 층 간격이 3/10000～3.5/10000mm의 것이다.
　　ⓐ 1000배의 배율로는 볼 수 없고 2000배로써 볼 수 있을 정도의 펄라이트
　　ⓑ 담금질 소르바이트가 이에 속한다.
　㉢ 미세 펄라이트 : 층 간격이 2.5/10000mm 이하의 것이다.
　　ⓐ 배율 2000배에서는 층상을 볼 수 없다.
　　ⓑ 결정상 트루스타이트가 미세 펄라이트에 속한다.

080 0.77%C의 γ고용체가 726℃에서 분열하여 생긴 페라이트와 시멘타이트와의 공석점은?

㉮ 소르바이트 ㉯ 트루스타이트
㉰ 펄라이트   ㉱ 베이나이트

펄라이트(Pearlite)
① 0.85%C의 γ-고용체가 723℃에서 분열되어 생긴다.
② α-Fe(페라이트)과 Fe₃C(시멘타이트)의 공석점으로 층상 조직이다.
③ α-철에 비해 강하며 경도가 높고 담금질에 의해 경화된다.
④ 기계적 성질

인장강도(kgf/mm²)	연신율(%)	경도(HB)
80	10	225

⑤ 항자력, 내마모성이 강한 조직이다.
⑥ 0.8%C강을 800℃로 가열 후 서랭하는 조직이다.

081 다음 중 탄소강에서 펄라이트의 혼합 조직은?

㉮ 오스테나이트+시멘타이트
㉯ 오스테나이트+페라이트
㉰ 페라이트+시멘타이트
㉱ 페라이트+레데뷰라이트

Pearlite=Ferrite(α고용체)+Cementite(Fe₃C)

082 다음 중 펄라이트와 관계가 없는 것은?

㉮ γ-Fe와 Fe₃C의 혼합물
㉯ α-Fe와 Fe₃C의 층상혼합물
㉰ 자성이 강하다.
㉱ 인장강도가 크다.

083 다음은 공석점에 대한 설명이다. 이 중 틀린 것은?

㉮ 주로 층상의 조직을 이룬다.
㉯ 727℃에서 α 고용체로부터 γ 고용체와 Fe₃C가 동시 석출된 것이다.
㉰ 일정 온도에서 하나의 고용체로부터 두 종류 고체가 일정 비율로 석출한 것이다.
㉱ 강에서 펄라이트 조직이다.

723℃에서 γ고용체(Austenite)로부터 α고용체(Ferrite)와 Fe₃C(Cementite)가 동시 석출된 것이다.

084 다음 중 강의 공석점의 조직은 어느 것인가?

㉮ 시멘타이트   ㉯ 펄라이트
㉰ 레데뷰라이트 ㉱ 오스테나이트

각 점의 조직
① 공석점 : Pearlite
② 공정점 : Ledeburite

085 Fe-C계 평형 상태도에서 공석 변태가 일어나는 온도(℃)는?

㉮ 1490   ㉯ 1130
㉰ 723   ㉱ 210

공석 변태가 일어나는 온도는 723℃(A₁변태점)이다.

정답 080. ㉰ 081. ㉰ 082. ㉮ 083. ㉯ 084. ㉯ 085. ㉰

086 강에는 표준 조직과 열처리 조직이 있다. 다음 표준 조직(α와 Fe_3C의 공석점)으로 맞는 것은?
㉮ 펄라이트 ㉯ 트루스타이트
㉰ 마르텐자이트 ㉱ 소르바이트

087 강에서 오스테나이트 조직을 서랭하였을 때 나오는 조직으로 맞는 것은?
㉮ 마르텐자이트 ㉯ 트루스타이트
㉰ 소르바이트 ㉱ 펄라이트

088 0.5%C의 탄소강의 표준 상태에서 페라이트양이 20%였고, 펄라이트양이 80%로 현미경조직에서 관찰되었다면 이때의 인장강도는 어느 정도인가?
(단, 단위는 kg_f/mm^2)
㉮ 32 ㉯ 56
㉰ 71 ㉱ 94

해설

표준 상태에서의 기계적 성질
① 인장강도 $= \dfrac{(35 \times F)+(80 \times P)}{100}$
② 연신율 $= \dfrac{(40 \times F)+(10 \times P)}{100}$
③ $HB = \dfrac{(80 \times F)+(200 \times P)}{100}$
④ 펄라이트양 $= \dfrac{C\%}{0.8} \times 100$
⑤ 페라이트양 $= \dfrac{0.8\% \times C\%}{0.8} \times 100$
* F : Ferrite %, P : Pearlite %, F+P = 100%

089 펄라이트 생성 메카니즘(mechanism)에 어긋나는 것은 다음 중 어느 것인가?
㉮ γ의 입자 경계에 Fe_3C의 핵이 생성
㉯ Fe_3C핵 성장
㉰ Fe_3C 주위에 α가 생성
㉱ α입계에 탄소가 석출

해설

층상 펄라이트의 형성 과정
① γ의 입자 경계에 Fe_3C 핵이 생성한다.
② Fe_3C의 핵이 성장한다.
③ Fe_3C 주위에 α가 생성한다.
④ α가 생성된 입자에 Fe_3C가 생성한다.

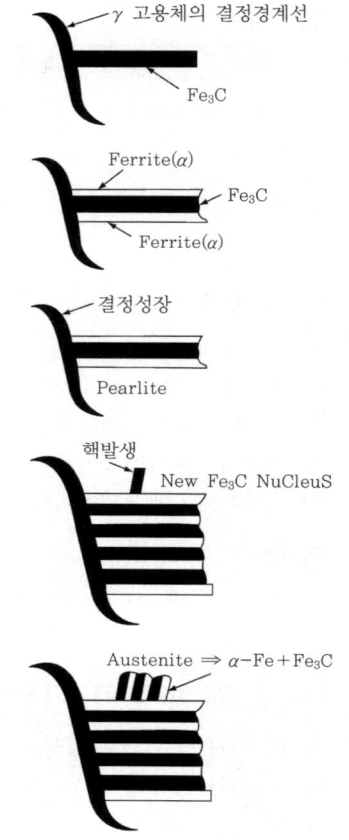

정답 086. ㉮ 087. ㉱ 088. ㉰ 089. ㉱

090 0.2%C를 함유한 강의 723℃ 선상에서(공석선 : 0.8%C) α의 양(%)은 얼마인가?

㉮ 약 18 ㉯ 약 20
㉰ 약 70 ㉱ 약 80

① 0.2%C강의 723℃ 선상에서 초석 α와 오스테나이트의 양

㉠ 초석 α의 양 : $\dfrac{0.8-0.2}{0.8-0.025} \times 100 ≒ 80\%$

㉡ 오스테나이트(또는 공석)양 : 100−80=20%

② 공석선상에 도달하였을 때 남은 20%의 오스테나이트는 A_1변태라 한다.

 ※ 이 20%의 오스테나이트가 완전히 펄라이트로 변한 후의 펄라이트 중의 페라이트와 시멘타이트의 양

 ㉠ 페라이트의 양 : $\dfrac{6.67-0.8}{6.67-0.025} = 17.5\%(a)$

 ㉡ 시멘타이트의 양 : 20−17.5=2.5%(Fe_3C)

 ∴ 초석 α의 양
  (페라이트+시멘타이트의 양)=20%
  오스테나이트의 양 100−20=80

091 어떤 탄소강의 상온 조직을 관찰하였더니 그 결과 페라이트가 70%, 펄라이트가 30%로 나타났다. 이 강의 탄소 함유량은? (단, 공석강의 C%는 0.8임)

㉮ 0.12 ㉯ 0.24
㉰ 0.34 ㉱ 0.48

표준 상태에서의 페라이트양과 펄라이트양의 계산 방법

① 페라이트 $= \dfrac{0.8\% \times C\%}{0.8} \times 100$

② 펄라이트 $= \dfrac{C\%}{0.8} \times 100$

③ $30 = \dfrac{C\%}{0.8} \times 100$, $30 = \dfrac{100C}{0.8}$, $C=0.24\%C$

092 0.2%C의 탄소강의 표준 상태에서는 페라이트가 76%, 펄라이트가 24%일 때, 이때의 인장강도(kg_f/mm^2) 얼마인가? (단, 페라이트 $\sigma_b = 35 kg_f/mm^2$, $\sigma = 80 kg_f/mm^2$)

㉮ 45.8 ㉯ 20
㉰ 60   ㉱ 80

인장강도 $= \dfrac{(35 \times F)+(80 \times P)}{100}$

$= \dfrac{(35 \times 76)+(80 \times 24)}{100} = 45.8$

093 결정 구조는 면심 입방계이고, 강을 A_1변태점 이상으로 가열하였을 때 얻어지는 조직으로 비자성체인 이 조직은?

㉮ 오스테나이트 ㉯ 페라이트
㉰ 펄라이트   ㉱ 시멘타이트

오스테나이트(Austenite)
① γ−Fe에 최대 2.0%까지의 탄소를 고용한 고용체로서 A_1점(723℃) 이상에서 안정된 조직을 갖는다.
② 비자성체이며 전기 저항이 크고 경도는 낮으나 인장강도에 비해 연율이 크다.
③ 면심입방격자이며 HB는 약 155 정도이다.

094 γ−철에 탄소가 고용된 상태의 고온 조직으로 특수강에서는 급랭하며 상온에서 볼 수 있는 조직은 다음 중 어느 것인가?

㉮ 페라이트   ㉯ 펄라이트
㉰ 베이나이트 ㉱ 오스테나이트

정답 090. ㉱ 091. ㉯ 092. ㉮ 093. ㉮ 094. ㉱

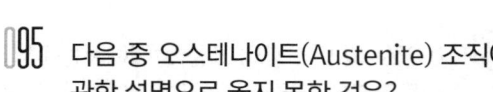

095 다음 중 오스테나이트(Austenite) 조직에 관한 설명으로 옳지 못한 것은?

㉮ 결정 구조는 면심 입방 정계(FCC)에 속한다.
㉯ 탄소량이 많은 오스테나이트일수록 경도가 크다.
㉰ 오스테나이트는 비자성체이며 전기 저항은 크다.
㉱ 강을 A_3변태점 이상으로 가열했을 때 생기는 조직이다.

오스테나이트(Austenite)
① 탄소를 고용하고 있는 γ-철, 즉 γ고용체(침입형)를 말하며 담금질 조직의 일종이다.
② 결정 구조는 면심 입방 격자이며 강을 A_1변태점(723℃) 이상 가열 시 이루어지는 조직이다.
③ 탄소의 용해도는 1145℃에서 2.1%이며, 탄소량에 따라 기계적, 물리적 성질이 다름
④ 오스테나이트는 비자성체며, 전기 저항이 크다.
⑤ 경도는 탄소량이 증가하면 커지고, 마르텐자이트보다 적지만 인장강도와 비교하면 연신이 크다.
⑥ 상온에서 불안정한 조직으로서 상온 가공을 하면 마르텐자이트로 변화한다.
⑦ 현미경으로 보면 다각형의 조직을 나타낸다.
⑧ 탄소강에서는 어떤 방법이든 급랭시켜도 오스테나이트 조직만을 얻을 수 없으나 Mo 또는 Ni을 첨가하면 쉽게 오스테나이트 조직이 생긴다.
⑨ 담금질한 강에서 잔류 오스테나이트 조직의 양은 고탄소강일수록, 담금질 온도가 높을수록 많으며 그 최대량은 50~60%에 달한다.
⑩ 기름 담금질이 물 담금질보다 잔류 오스테나이트가 많다.

096 현미경 조직 관찰에서 페라이트 조직과 비슷하고 비자성이며 HB = 150~200 정도인 조직은?

㉮ 오스테나이트   ㉯ 페라이트
㉰ 시멘타이트   ㉱ 펄라이트

표준 조직의 경도

조직	HB
오스테나이트	155
페라이트	90
펄라이트	255
시멘타이트	820

097 시멘타이트란 어느 것을 말하는가?

㉮ Fe와 C와의 화합물
㉯ Fe와 S와의 화합물
㉰ Fe와 P와의 화합물
㉱ Fe와 O와의 화합물

시멘타이트
$Fe_3C \leftrightarrow 3Fe+C$로 금속 간 화합물이다.

098 망상 시멘타이트를 구상화하기 위한 구상화 풀림 처리를 한 재료는 어느 것인가?

㉮ 아공석강   ㉯ 과공석강
㉰ 공석강   ㉱ 오스테나이트강

망상 시멘타이트 조직은 과공석강(0.85~2.0%C)에 나타난다.

정답 095. ㉱ 096. ㉮ 097. ㉮ 098. ㉯

099. 탄소강의 표준 조직에서 과공석강의 시멘타이트 형상을 바르게 설명한 것은?

㉮ 다각형이다. ㉯ 구상이다.
㉰ 층상이다. ㉱ 망상이다.

해설

Cementite
① 탄화철(Fe_3C, 6.68%C)을 야금학적으로 시멘타이트라 한다.
② 시멘타이트는 금속적 광택이 있으며 매우 단단하고 취성이 있고 자성이 있다.
③ 경도는 담금질한 강보다 더욱 크며(HB 약 820), 비중은 7.82이다.
④ 자성은 순철의 약 $\frac{1}{2}$이며, 210℃(A_0점)에서 자성을 상실하고 비자성이 된다.
⑤ 현미경 조직
  ㉠ 층모양 : 층상 시멘타이트로 층상 펄라이트 속에 존재한다.
  ㉡ 구상 : 구상 시멘타이트
  ㉢ 망상 : 망상 시멘타이트로 과공석강(0.85~2.0%C)에 나타난다.
  ㉣ 유리장(遊離狀) : 유리 시멘타이트
⑥ 부식액 : 피크린산 알코올 용액으로 부식시키면 백색 조직으로 나타나며 페라이트와 구분하기가 어려운 경우가 있으나 피크린산 소다의 알칼리 용액으로 자비(煮沸)하면 흑색이 되므로 쉽게 구분된다.
⑦ 시멘타이트는 불안정한 화합물이며 900℃로 장시간 가열 시키면 분해되어 흑색으로 변한다. 이것을 시멘타이트의 흑연화(graphitizing)라 한다.
⑧ $Fe_3C \leftrightarrow 3Fe + C$

100. 시멘타이트 조직을 구상화시키면 강의 성질은 어떻게 되는가?

㉮ 경도 감소 ㉯ 강인성 증가
㉰ 강도 감소 ㉱ 가공성 불량

해설

시멘타이트 조직을 구상화하기 위한 풀림의 목적
① 담금질 효과 균일화
② 경도, 강인성 증가
③ 담금질 변형 감소
④ 기계 가공성 증대

101. 아공석강의 표준 조직을 현미경으로 관찰할 때 백색의 입상으로 된 부분은?

㉮ 시멘타이트 ㉯ 오스테나이트
㉰ 펄라이트 ㉱ 마르텐자이트

102. 표준 조직이 된 강 중의 탄소량이 0.6~0.7% 정도에서는 Cementite와 Ferrite가 모두 망상이므로 착색 실험을 하여 이들을 구별한다. 이때 (피크린산+가성소다+물) 용액 속에 착색시키면 어떤 색이 나타나는가?

㉮ Cementite는 백색, Ferrite는 백색
㉯ Cementite는 백색, Ferrite는 흑색
㉰ Cementite는 흑색, Ferrite는 흑색
㉱ Cementite는 흑색, Ferrite는 백색

해설

(피크린산+가성소다+물) 용액 속에 착색시키면 시멘타이트는 검은색으로, 페라이트는 흰색으로 나타난다.

정답 099. ㉱ 100. ㉯ 101. ㉮ 102. ㉱

103. 다음 조직 중 탄소가 가장 많이 함유되어 있는 조직은 어느 것인가?
㉮ 페라이트 ㉯ 펄라이트
㉰ 오스테나이트 ㉱ 시멘타이트

표준 조직의 탄소 최대 함유량
① 페라이트 : 723℃에서 0.025%C를 함유한다.
② 펄라이트 : 723℃에서 0.85%C를 함유한다.
③ 오스테나이트 : 1145℃에서 2.0%C를 함유한다.
④ 시멘타이트 : 6.68%C

104. 다음 중 오스테나이트의 결정입계나 그 벽의 개면(開面)에 침상으로 나타나며 피크린산 나트륨 용액으로 부식되면 암갈색으로 착색이 되며 비중은 7.82인 탄소강의 조직은?
㉮ 펄라이트(pearlite)
㉯ 시멘타이트(cementite)
㉰ 마르텐자이트(martensite)
㉱ γ- 고용체(γ- solid solution)

105. 순수한 시멘타이트는 210℃ 이상에서는 상자성체이고 이하에서는 강자성체이다. 이 변태는 어떻게 나타내는가?
㉮ A_0 ㉯ A_1
㉰ A_2 ㉱ A_3

시멘타이트의 자기 변태
A_0변태 : Fe_3C의 자기 변태로서 210℃에서 자기 변태점을 갖는다.

106. 금속 간 화합물인 Fe_3C에서 Fe의 원자비(%)와 탄소의 원자비(%)는 얼마인가?
㉮ Fe : 60, C : 40 ㉯ Fe : 75, C : 25
㉰ Fe : 50, C : 50 ㉱ Fe : 35, C : 65

Fe_3C의 원자비
① Fe의 원자비 : $\dfrac{3}{3+1} \times 100 = 75\%$
② C의 원자비 : $\dfrac{1}{3+1} \times 100 = 25\%$

107. Fe-C계 평형 상태도에서 온도 1148℃에서 γ-Fe+Fe_3C의 공정 조직명은 어느 것인가?
㉮ 펄라이트 ㉯ 레데뷰라이트
㉰ 시멘타이트 ㉱ 페라이트

레데뷰라이트(Ledeburite)
① 2.0%C의 γ-고용체(오스테나이트)와 6.68%C의 Fe_3C(시멘타이트)와의 공정 조직으로 주철에 나타나며, 4.3%C의 공정점 조직이다.
② 레데뷰라이트의 탄소량은 4.3%이고, 그의 생성 온도는 1145℃이다.

108. 다음 탄소강 중의 5원소를 바르게 나열한 것은?
㉮ 탄소, 규소, 망간, 인, 유황
㉯ 탄소, 규소, 망간, 인, 구리
㉰ 규소, 망간, 인, 유황, 구리
㉱ 탄소, 망간, 규소, 유황, 구리

탄소강의 5대 원소
C, Si, Mn, P, S으로 5대 불순물이라 한다.

정답 103. ㉱ 104. ㉯ 105. ㉮ 106. ㉯ 107. ㉯ 108. ㉮

109. 다음 중 레데뷰라이트를 바르게 설명한 것은?
⑦ 시멘타이트의 용해 및 응고점
⑥ δ-고용체가 석출을 끝내는 고상선
⑨ γ-고용체로부터 α-고용체가 동시에 석출하는 선
㉯ 포화되고 있는 2.0%C의 γ 고용체와 6.67%C의 Fe₃C와의 공정

110. 다음 중 레데뷰라이트 조직은 어디서 정출하는 공정인가?
⑦ α 고용체
⑥ γ 고용체
⑨ δ 고용체
㉯ 용체

공정 반응식 : 액체(L) ⇌ γ고용체+Fe₃C

111. 다음 중 강의 1차 조직에 대한 설명이다. 맞는 것은?
⑦ 응고되어 Fe₃C가 생기는 것을 말한다.
⑥ α, γ 고용체가 응고된 후 수지상 조직을 나타내는 것을 말한다.
⑨ α고용체+γ고용체의 혼합물을 말한다.
㉯ α 고용체에서 다각형 조직을 나타내는 것을 말한다.

112. 탄소강에서 일반적으로 탄소량이 증가하면 용해 온도는 어떻게 되는가?
⑦ 낮아진다.
⑥ 높아진다.
⑨ 불변한다.
㉯ 같아진다.

탄소강에서 C%가 증가하면 용융점은 점차 낮아진다.

113. 탄소강에 대한 설명 중 잘못된 것은?
⑦ 철에 탄소 0.03%~2.0% 함유된 것을 탄소강이라 한다.
⑥ 탄소의 함유량이 많을수록 용해온도는 낮다.
⑨ 탄소 함유량이 많아질수록 연성이 커진다.
㉯ 탄소 함유량이 0.86%~1.7%인 것을 과공석강이라 한다.

114. 탄소강의 성질에 가장 큰 영향을 미치는 원소는 다음 중 어느 것인가?
⑦ C
⑥ Si
⑨ P
㉯ Mn

115. 탄소강의 Si 함유량 증가에 따른 영향이 아닌 것은?
⑦ 경도, 인장강도를 높인다.
⑥ 가공성을 감소시킨다.
⑨ 연신율과 충격값을 감소시킨다.
㉯ 결정 입자의 크기를 감소시킨다.

Si의 영향
① 0.2~0.6% 함유하며 유동성, 주조성이 양호하다.
② 단접성, 냉간 가공성을 해치고, 충격 저항과 연신율이 감소된다.
③ 탄성 한도, 경도, 강도, 결정립 크기가 증가, 소성감소, 용접성, 결합성이 감소한다.
④ Si가 Fe에 고용할 수 있는 양은 15%이다.

116 다음은 탄소강에 함유된 성분에 대한 성질 및 영향에 대한 설명이다. 틀린 것은?

㉮ 망간은 담금질을 나쁘게 한다.
㉯ 탄소의 함유량이 많으면 많을수록 담금질이 잘된다.
㉰ 황은 강의 유동성을 해친다.
㉱ 규소는 단접성, 냉간 가공성을 해친다.

해설

강 중에 함유된 원소의 영향
① 망간(Mn)
  ㉠ 선철 제강 시 탈산, 탈황제로 첨가되며 강 중에 0.2~1.0% 정도 함유한다.
  ㉡ 유황의 해를 막아주며 절삭성을 개선하나 1% 이상 첨가 시 주물이 수축한다.
  ㉢ 경화능, 강도, 경도, 점성, 유동성 증가, 고온에서 결정 성장을 억제한다.
  ㉣ 공구강에서 담금질 과열을 초래하므로 0.2~0.4% 정도로 억제한다.
  ㉤ 페라이트 중에 고용하면
     ⓐ 강의 변태점을 낮추고 담금질의 냉각 속도를 느리게 하므로 담금질 효과가 증가된다.
     ⓑ 고온에서 결정의 성장이 감소된다.
     ⓒ 강도, 경도, 점성이 증가하고 연성이 감소된다.
     ⓓ 고온 가공이 용이하며, 절삭성이 개선된다.
② 규소(Si)
  ㉠ 0.2~0.6%를 함유하며 유동성, 주조성이 양호하다.
  ㉡ 단접성, 냉간 가공성을 해치고, 충격 저항과 연신율이 감소된다.
  ㉢ 탄성 한도, 경도, 강도, 결정립 크기가 증가, 소성 감소, 용접성, 결합성이 감소한다.
  ㉣ 규소가 Fe에 고용할 수 있는 양은 15%이다.
③ 인(P)
  ㉠ 0.25% 이하를 함유하여 편석, 상온 취성을 일으키며 Fe_3P의 화합물을 만든다.
  ㉡ 연율, 충격값이 감소하며, 강도, 경도 증가, 유동성 개선, 기포 없는 주물을 만든다.

④ 유황(S)
  ㉠ 0.017% 이하 함유(보통강에서는 0.03% 이하를 요구한다.)
  ㉡ 강의 유동성을 해치고 적열 취성의 원인이 되어 고온 가공성을 해친다.
  ㉢ 강도, 연율, 충격값이 감소되며 FeS는 융점(1193℃)이 낮으며 고온에서 약하고 가공 시 파괴 원인이 된다.
  ㉣ 강 중에 유황이 FeS나 MnS로 존재하고 Mn과 화합하여 절삭성이 개선된다.

117 탄소 함유량이 대략 0.4%인 탄소강의 상온 조직은 어떻게 나타나는가?

㉮ 펄라이트가 많고, 시멘타이트, 페라이트 순으로 나타난다.
㉯ 펄라이트보다 시멘타이트가 많다.
㉰ 페라이트보다 오스테나이트가 많다.
㉱ 펄라이트와 페라이트는 거의 같은 비율로 분포된다.

해설

0.4%C강의 조직
① 페라이트양 : $\dfrac{0.8-C\%}{0.8-0.025}\times 100$에서,
   $\dfrac{0.8-0.4}{0.8-0.025}\times 100 ≒ 50\%$
② 펄라이트양 : 100−50=50
③ 탄소함유량이 0.025~0.85%까지는 아공석강이다.
④ 아공석강의 조직은 페라이트+펄라이트이다.

118 강 중에 탈산제로 첨가되어 신율을 감소시키지 않고 강도를 증가시키며 S의 해를 감소시키는 원소는?

㉮ 망간 ㉯ 규소
㉰ 인   ㉱ 탄소

119. 탄소강 중에 보통 0.2%~0.5% 함유되고, 용융 금속의 유동성을 좋게 하므로 주조하기 쉬우나, 단접성 및 냉간 가공성을 해치며, 충격 저항을 감소시키므로 저탄소강에 0.2%로 제한하는 원소는 다음 중 어느 것인가?
㉮ S ㉯ P
㉰ Mn ㉱ Si

120. 망간이 탄소강에 미치는 영향과 거리가 먼 것은?
㉮ S의 해를 없애고 절삭성이 개선된다.
㉯ 담금질이 잘 된다.
㉰ 고온에서 결정의 성장을 돕는다.
㉱ 강도, 경도, 인성을 감소시키고 연신율을 증가시킨다.

Mn의 영향
① 선철 제조 시 탈탄, 탈황제로 첨가하며, 강 중에 0.2~1.0% 정도 함유한다.
② S의 해를 막아주며, 절삭성을 개선하나 1.0% 이상 첨가시 주물이 수축한다.
③ 경화능, 경도, 강도, 인성, 유동성을 증가시키고 고온에서 결정 성장을 억제한다.
④ 고온 가공성은 향상시키나 냉간 가공성은 해친다.

121. 탄소강 중 Mn이 0.2~0.8% 정도 존재할 때 기계적 성질에 미치는 Mn의 영향이 아닌 것은?
㉮ 강의 점성을 증가시킨다.
㉯ 열간 가공성에 나쁜 영향을 준다.
㉰ 높은 온도에서 결정의 성장을 감소시킨다.
㉱ 강인성은 증가되며 연성은 약간 감소한다.

122. 탄소강에서 적열 메짐을 방지하기 위하여 어떠한 원소를 첨가하는가?
㉮ Si ㉯ S
㉰ Mn ㉱ P

Mn을 첨가하면 MnS로 제거되어 S의 고온 메짐을 방지한다.

123. 탄소강 중에 함유된 P(인)의 영향에 대한 설명으로 틀린 것은?
㉮ 입계의 조대화 촉진
㉯ Fe_3C의 화합물을 생성하여 편석
㉰ 신율 감소, 상온 충격치 저하
㉱ C의 함량이 증가할수록 P의 해는 감소

P의 영향
① 0.25% 이하를 함유하며 편석, 상온 취성 원인이 되고, Fe_3C의 화합물을 만든다.
② 연율, 충격값이 감소하며, 강도, 경도 증가, 유동성 개선, 기포 없는 주물을 만든다.
③ 결정립을 조대화한다.
④ 실온에서 충격치를 저하시킨다.
⑤ 공구강 : 0.03% 이하, 연강 : 0.05% 이하로 제한한다.

124. 가공 방향으로 Ferrite가 층상으로 나열되는 무늬 조직 또는 Ferrite band라는 조직을 생성시키는 강 중의 원소는?
㉮ O_2 ㉯ P
㉰ S ㉱ Cu

125. 탄소강 중에서 상온 취성 원인이 되는 원소는?

㉮ Si ㉯ Mn
㉰ S ㉱ P

126. 탄소강 중에 함유된 원소 중에서 담금 균열의 원인이 되는 원소는?

㉮ Ni ㉯ Si
㉰ S ㉱ P

해설
유황의 영향
① 0.017% 이하 함유(보통강에서는 0.03% 이하를 요구한다.)
② 강의 유동성을 해치고 적열 취성의 원인이 되어 고온 가공성을 해친다.
③ 강도, 연율, 충격값이 감소되고 FeS는 융점(1193℃)이 낮다. 고온에서 약하고 가공 시 파괴 원인이 된다.
④ 강 중에 유황이 FeS나 MnS로 존재하고 Mn과 화합하여 절삭성이 개선된다.

127. 다음은 탄소강에 함유되는 어떤 원소의 영향을 나타낸 것이다. 보기의 내용과 일치하는 원소는?

[보기]
- Fe와 화합하여 생성된 화합물로 인하여 적열 취성의 원인이 된다.
- 0.02% 이하일지라도 강도, 신율, 충격치가 저하된다.

㉮ Mn ㉯ Si
㉰ P ㉱ S

128. 탄소강 중에 함유된 성분 원소로 압연, 단조성을 불량하게 하고 적열 취성의 원인이 되는 원소는?

㉮ Mn ㉯ P
㉰ S ㉱ Si

해설
취성 (brittleness, 여림성, 메짐성)
① 항력이 크며 변형능이 적은 성질
② 취성은 통상 충격 시험에 있어서 충격치의 대소에 의해서 비교된다.
③ 취성의 종류

취성	재료	온도	특성
저온 취성 (냉취성, 노치 취성)	철강	상온 이하	저온과 공존하여 강의 취성 파괴를 일으키기 쉬운 성질
상온 취성	P가 많은 강	상온	상온에서 충격치가 현저하게 낮고 취성이 있는 성질. P를 함유한 재료에 나타나는 특수한 성질이며, P는 Fe₃P로 결정입자를 조대화시키고 경도, 강도를 증가시키나 연율은 감소시킨다. 특히 상온에서 충격값이 감소되며 냉간 가공 시 균열을 일으킨다.
적열 취성 (고온 취성)	S가 많은 강	적열 상태	S는 FeS로 존재, 가열하면 용해되어 강의 결정 사이의 응집력을 파괴하고 고온에서 단조, 압연 시 균열을 일으킨다.
뜨임 취성	Ni-Cr강 Cr강, Mn강	500~600℃	소입 후 뜨임하면 충격값이 감소한다. 0.2%의 Mo를 첨가하거나 V, W를 첨가하면 방지된다.
청열 취성	강철	200~300℃	상온보다 연율이 저하하고 강도가 높아진다. 시효 경화에 의한다.

129. 주물 용강의 성질 중 가장 강한 탈산력을 가진 원소는?

㉮ 탄소 ㉯ 규소
㉰ 망간 ㉱ 알루미늄

정답 125. ㉱ 126. ㉰ 127. ㉱ 128. ㉰ 129. ㉱

130. 탄소강은 상온에서보다 200~300℃에서 경도가 높고 여린 성질을 갖게 된다. 이러한 성질을 무엇이라고 하는가?
㉮ 저온 메짐 ㉯ 청열 메짐
㉰ 상온 메짐 ㉱ 적열 메짐

청열 취성(blue shortness)
① 철과 강은 200~300℃에서는 상온에서보다 도리어 전연성이 떨어지고 경도가 높아지며 여리게 된다.
② 이 온도 범위에서는 철강재가 산화하여 청색을 띠게 되므로 이를 청열 취성이라 한다.

131. 재료 내부의 Hair crack의 원인이 되는 원소는 어느 것인가?
㉮ 산소 ㉯ 질소
㉰ 수소 ㉱ 황

백점(Hair crack)
① 강재의 다듬질면에 있는 미세한 균열로 크기는 모발 정도이다.
② H_2에 의해 생기며 강을 여리게 하고 산과 알칼리에 약하다.
③ 헤어 크랙을 검출하려면 보통 매크로 에칭을 응용한다.
④ Hair crack을 일으키기 쉬운 금속 → Ni-Cr강, Ni-Cr-Mo강, Cr-Mo강
⑤ 백점은 H_2의 압력이나 열응력, 변태 응력에 의해 생긴다.

132. 탄소강에서 인장강도에 가장 큰 영향을 주는 원소는?
㉮ C   ㉯ Si
㉰ Mn ㉱ P

133. 탄소강에서 헤어 크랙(Hair-Crack)의 원인이 되는 원소는?
㉮ O_2 ㉯ N_2
㉰ H_2 ㉱ C

① H_2
㉠ 강재의 다듬질면에서 미세한 균열이 생기며 모발 정도의 크기로 검출 방법은 매크로 에칭으로 한다.
㉡ 헤어 크랙(Hair Crack)이 생기고 강을 여리게 하며 산과 알칼리에 약하다.
㉢ Hair Crack을 일으키기 쉬운 금속 : Ni-Cr강, Ni-Cr-Mo강, Cr-Mo강
㉣ 백점 : H_2의 압력이나 열응력, 변태 응력에 의해 생긴다.
② O_2
적열 취성의 원인으로 0.1% 이하로 첨가한다. 강도, 충격값, 경도가 증가된다.
③ N_2
경도, 강도가 증가되며 냉간 취성의 원인으로 저탄소강에서 석출 경화로 시효 경화된다.

원소	유해작용	함유한도(%)
P	냉간 취성, 편석	< 0.04
S	적열 취성, 편석	< 0.04
Cu	적열 취성, 열간 균열	< 0.30
Sn	메짐성	< 0.06
H	수소 메짐성, 백점	< 0.0004

134. 탄소강에서 탄소 함유량이 증가함에 따라 감소되는 기계적 성질은 다음 중 어느 것인가?
㉮ 인장강도 ㉯ 연신율
㉰ 경도   ㉱ 항복점

정답 ▶ 130. ㉯ 131. ㉰ 132. ㉮ 133. ㉰ 134. ㉯

135 일반적으로 탄소강은 온도의 저하와 함께 강도가 증가하고 연신율, 단면수축률 등이 감소하지만 특히 충격치의 저하가 심하다. 이와 같이 강이 저온에서 여리게 되는 현상을 무엇이라 하는가?

㉮ 청열 취성 ㉯ 적열 취성
㉰ 저온 취성 ㉱ 고온 취성

해설
저온 취성(low temperature brittleness)
강재 또는 용접부에 노치가 있으며 저온과 공존하여 강의 취성 파괴를 일으키기 쉬운 성질. 냉취성, 노치 취성이라고도 한다.

136 다음 중 탄소강에 슬랙 개재물로 존재하는 것이 아닌 것은?

㉮ Fe_3C ㉯ MnO
㉰ FeO ㉱ SiO_2

해설
비금속 개재물의 영향
① 강 중의 슬랙 개재물 : Fe_2O_3, FeO, MnS, MnO, Al_2O_3, SiO_2
② 강 내부에 점재하여 강의 인성을 감소시켜 취성의 원인이 된다.
③ 개재물로부터 강의 열처리 시 균열의 원인이 된다.
④ FeO, Al_2O_3, 철규산염 등은 단조나 압연 가공 시 균열을 일으키기 쉬우며 강의 적열 취성의 원인이 된다.

137 다음 중 기계구조용 탄소강의 재료 표시는 어느 것인가?

㉮ STS ㉯ PW
㉰ SHP ㉱ Sm20C

138 다음은 탄소강의 기계적 성질을 설명한 것이다. 잘못 설명한 것은?

㉮ 표준 상태에서는 탄소가 많을수록 강도나 경도가 증가한다.
㉯ 인장강도와 경도는 공석강 부근에서 최대가 된다.
㉰ 탄소량이 많을수록 가공 변형이 쉬워진다.
㉱ 황이 많은 강은 고온에서 메짐이 나타난다.

해설
탄소강의 성질
① 기계적 성질
  ㉠ 아공석강에서 탄소 함유량의 증가와 더불어 강도, 경도, 항복점이 증가한다.
  ㉡ 과공석강에서는 시멘타이트가 망상으로 나타나므로 강도가 감소하고, 경도는 증가된다.
  ㉢ 공석강에서 강도는 최대가 되고 연율, 단면 수축률은 감소한다.
  ㉣ 전로강은 평로강보다 강도가 크다.
  ㉤ 탄성 계수, 항복점은 온도 상승에 따라 감소된다.
  ㉥ 인장강도는 200~300℃까지 상승하여 최대가 되고 충격값은 최소가 된다.
  ㉦ 실온보다 저하되면 강도, 경도, 항복점, 탄성 계수, 피로 한도가 증가하고 연율, 단면 수축률, 충격값은 감소된다.
② 물리적 성질·화학적 성질
  ㉠ 탄소량의 증가에 따라 감소하는 성질 : 비중, 열전도율, 열팽창 계수
  ㉡ 탄소량의 증가에 따라 증가하는 성질 : 전기 저항, 비열, 항자력
  ㉢ 탄소강의 내식성은 탄소가 증가할수록 감소한다.
  ㉣ 알칼리에는 강하나 산에 약하다.
  ㉤ Fe_3C는 α-고용체보다 부식되지 않으나 페라이트와 공존하면 페라이트 부식을 촉진한다.
  ㉥ 담금질한 강은 풀림, 불림한 강보다 내식성이 크다.

정답 135. ㉰ 136. ㉮ 137. ㉱ 138. ㉰

139 탄소강은 다량 생산 및 변형이 쉽고, 또 기계적 성질이 우수하다. 다음 중 탄소강에 대한 설명이 잘못된 것은?

㉮ 탄소량이 적은 것은 여러 가지 구조용으로 쓰인다.
㉯ 연강은 단접은 잘되나 물, 기름에서 열처리성이 나쁘다.
㉰ 경강은 단접도 잘되며 열처리 효과가 대단히 높다.
㉱ 열처리 효과가 매우 높아 물에 담금질하면 인장강도가 3배 증가한다.

140 탄소강에서 탄소량이 증가할 때 인장강도 변화에 대한 설명 중 가장 적합한 표현은 어느 것인가?

㉮ 탄소량이 약 1.0%까지는 증가한다.
㉯ 변화가 없다.
㉰ 탄소량이 약 4.2%까지는 증가한다.
㉱ 감소한다.

탄소 함유량에 따른 인장강도의 영향
① 아공석강에서는 탄소량의 증가에 따라 인장강도는 점차 증가된다.
② 공석(펄라이트 부근) 부근에서는 인장강도가 최대가 된다.
③ 과공석강에서는 급감한다.

141 경도(HB)가 65인 순철의 인장강도(kg_f/mm^2)는 얼마인가?

㉮ 약 20 ㉯ 약 95
㉰ 약 50 ㉱ 약 70

① $HB = 2.8 \times \sigma_B$에서
② $65 = 2.8 \times \sigma_B$, $\sigma_B = \dfrac{65}{2.8} = 23.2 kg_f/mm^2$

142 아공석강에서 탄소 함유량에 따라 인장강도는 변한다. 이 관계를 추정하는 관계식은? (단, σ_B : 인장강도[kg_f/mm^2])

㉮ $\sigma_B = 10 + 50 \times C\%$
㉯ $\sigma_B = 20 + 100 \times C\%$
㉰ $\sigma_B = 30 + 150 \times C\%$
㉱ $\sigma_B = 40 + 200 \times C\%$

0.40~0.86%C의 압연된 강의 평균 강도
① $\sigma_B = 20 + 100 \times C\%(kg_f/mm^2)$ ※ C : 탄소량
② 인장강도와 HB와의 관계 : $HB = 2.8 \times \sigma_B$

143 다음은 탄소강의 온도에 따른 성질 변화에 대한 설명이다. 틀린 것은?

㉮ 상온 이하에서 강도는 증가된다.
㉯ 200~300℃에서 경도, 강도가 최대가 된다.
㉰ 300℃ 이상에서는 충격치가 감소된다.
㉱ 300℃ 이상에서는 연신율이 증가한다.

탄소강의 고온 성질
① 상온 이하 : 강도, 경도 증가, 연율 감소, 충격치 급감
② 100℃ 부근 : 강도, 경도는 상온보다 감소, 연율, 충격치 감소
③ 200~300℃ : 강도, 경도 최대, 연율, 충격치 감소
④ 300℃ 이상 : 강도, 경도 급감, 연율, 충격치 증가

144 KS재료 기호 SF40에서 F는 무엇을 뜻하는가?

㉮ 강   ㉯ 주철
㉰ 주조품 ㉱ 단조품

정답 139. ㉱ 140. ㉮ 141. ㉮ 142. ㉯ 143. ㉰ 144. ㉱

145. 탄소강 중에 탄소량이 많아지면 연신율은 어떻게 하는가?
㉮ 낮아진다.
㉯ 변하지 않는다.
㉰ 높아진다.
㉱ 탄소량에 따라 높아 지거나 낮아질 수도 있다.

탄소가 기계적 성질에 미치는 영향

성 질	C%가 많을 경우	C%가 적을 경우
파면입자	조 밀	조 대
인장강도	大	小
경 도	大	小
연 성	小	大
소입성	양 호	불 량
단접성	곤 란	쉽 다
인 성	小	大
융 점	낮 다	높 다

146. 다음 중 연강의 탄소 함유량(%C)으로 맞는 것은 어느 것인가?
㉮ 0.03~0.2   ㉯ 0.5~0.8
㉰ 1.0~1.2   ㉱ 1.3~1.7

강의 탄소함유량

종류	탄소량 (%)	인장강도 (kg_f/mm²)	연신율 (%)	경도 (HB)
특별극연강	<0.08	32~36	80~40	95~100
극연강	0.08~0.12	36~42	30~40	80~120
연 강	0.12~0.2	38~48	24~36	100~130
반연강	0.2~0.3	44~55	22~32	120~145
반경강	0.3~0.4	50~60	17~30	140~170
경 강	0.4~0.5	58~70	14~26	160~200
최경강	0.5~0.9	56~100	11~20	186~235

147. 탄소강의 용도는 탄소 함유량에 따라 분류할 수 있다. 다음 중 잘못된 것은?
㉮ 0.05%~0.3%C : 가공성만을 요구하는 경우
㉯ 0.3%~0.45%C : 가공성과 강인성을 동시에 요구하는 경우
㉰ 0.45%~0.65%C : 강인성과 내마모성을 동시에 요구하는 경우
㉱ 0.65%~1.2%C : 강인성과 경도를 동시에 요구하는 경우

탄소강의 용도

강의 C%	용 도
C=0.05~0.30%	가공성을 요구하는 경우
C=0.30~0.45%	가공성과 동시에 강인성을 요구하는 경우
C=0.45~0.60%	강인성과 동시에 내마모성을 요구하는 경우
C=0.65~1.20%	내마모성과 동시에 경도를 요구하는 경우

148. 다음 금속재료 기호 중 탄소강 단조품의 KS 기호는?
㉮ SF   ㉯ FC
㉰ SC   ㉱ HBS

149. KS 재료기호 STS22의 뜻으로 가장 적합한 것은?
㉮ 기계 구조 탄소강 22종
㉯ 합금 공구강 최저 인장강도 $22kg_f/mm^2$
㉰ 합금 공구강 22종
㉱ 기계 구조용 탄소강 탄소함유량 0.22%

정답 145. ㉮ 146. ㉮ 147. ㉱ 148. ㉮ 149. ㉯

150 탄소강에 대한 설명으로 틀린 것은?

㉮ 탄소량이 적은 것은 구조용에 사용한다.
㉯ 연강은 단접은 잘되나 물, 기름에서 열처리성이 나쁘다.
㉰ 경강은 단접은 잘되며 열처리 효과가 크다.
㉱ 탄소량이 많은 것은 공구용에 사용한다.

해설
탄소강의 특성
① 탄소강은 다량 생산 및 변형이 쉽고 또 기계적 성질이 우수하다.
② 탄소량이 적은 것 : 건축, 기계, 선박, 차량, 교량 등의 구조물이 사용된다.
③ 탄소량이 많은 것 : 스프링재, 공구강에 사용한다.
④ 극연강, 반연강, 연강 : 단접은 잘되나 열처리 효과가 나쁘다.
⑤ 반경강, 경강, 초경강 : 단접은 잘 안 되나 열처리 효과가 좋다.

151 다음 중 재료기호 중에서 용접 구조용 압연 강재의 KS 기호는?

㉮ PWS   ㉯ SWS
㉰ SBB 50   ㉱ SBC 55

152 SM35C를 설명한 것으로 옳지 않은 것은?

㉮ SM은 기계구조용 탄소강을 뜻한다.
㉯ 35는 인장강도를 뜻한다.
㉰ C는 탄소를 뜻한다.
㉱ S는 강을 뜻한다.

해설
SM35C
기계구조용 탄소강으로서 0.33~0.38C를 함유한 강

153 강의 단조 및 압연재의 섬유상 편석을 제거하기 위해 확산 풀림을 하는데 적합한 온도(℃) 범위는?

㉮ 350~450   ㉯ 500~600
㉰ 650~800   ㉱ 900~1200

해설
확산 풀림 (diffusion Annealing, 안정화 풀림, 균질화 풀림)
① 황화물의 편석을 없애고 Ni강에서 망상으로 석출한 황화물은 적열 취성의 원인이 되는데 이것을 방지하기 위하여 1100~1150℃에서 풀림한다.
② Ni강의 적열 취성 방지 : 1100~1150℃, 특수강의 주물 : 1100~1200℃
③ 단조품에 생긴 응고 편석을 확산 소실시켜 이것을 균질화하기 위해 하는 풀림
④ 확산 풀림은 결정 내부의 확산을 도와줄 뿐만 아니라 결정 입계에 존재하는 편석대(偏析帶)도 확산시키는 작용을 한다.
⑤ P나 S의 편석, 즉 황화물의 분포 상태를 개선하는 데 효과적이다.
⑥ 주강이나 S%가 높은 쾌삭강 등의 균질화에 응용되고 있다.

154 다음 중 강력 볼트 및 너트용으로 가장 적합한 강의 KS 재료 기호는?

㉮ SKS2   ㉯ SKS5
㉰ SNC1   ㉱ SNC3

155 기계 재료의 표시기호 중 SS41의 명칭은?

㉮ 일반 구조용 압연강재
㉯ 기계 구조용 탄소 강재
㉰ 일반 배관용 탄소강재
㉱ 흑심 가단 주철용

정답: 150. ㉰ 151. ㉯ 152. ㉯ 153. ㉱ 154. ㉰ 155. ㉮

156. 재료 기호 SM40C에서 40이란 숫자가 나타내는 뜻은?
㉮ 인장강도의 평균치
㉯ 탄소량의 평균치
㉰ 가공도의 평균치
㉱ 경도의 평균치

SM40C에서 40
기계구조용 탄소강으로 탄소함유량의 평균치를 뜻한다.

157. 파텐팅을 실시하는 재료로 적합한 것은 다음 중 어느 것인가?
㉮ 경강   ㉯ 황동
㉰ 연강   ㉱ 청동

파텐팅 (Patenting)
① 열욕 담금질법의 일종이며, 강선 제조 시에 사용되는 열처리 방법이다.
② 강선을 수증기 또는 용융 금속으로 냉각하여 담금질만 하여 강인한 소르바이트 조직(미세한 펄라이트 조직)으로 변화시키는 방법이다.
③ 파텐팅법에 의하면 소르바이트 조직은 미세한 펄라이트 조직이나 베이나이트 조직이 되며 담금질, 뜨임으로 한 것보다 인성이 있으며 연신이 크기 때문에 신선 작업에 좋은 결과를 주게 된다.
④ 납 담금질로 하는 파텐팅은 납 파텐팅, 공기 담금질로 하는 것을 공기 파텐팅이라 한다.

158. 구조용강의 조직을 소르바이트로 바꾸어 강인한 재질로 만들기 위한 가장 적합한 방법은?
㉮ 150℃의 저온 뜨임을 한다.
㉯ A_3점 이상으로 재가열한다.
㉰ 300℃에서 급랭시킨다.
㉱ 550℃의 고온에서 뜨임한다.

159. 박판의 기준은 어느 정도의 두께를 말하는가?
㉮ 3mm 이상   ㉯ 3mm 이하
㉰ 6mm 미만   ㉱ 6mm 이상

박판 ←이하— 3mm —이상→ 후판

160. 다음 탄소 공구강의 구비 조건을 열거한 것 중 틀린 것은?
㉮ 상온 및 고온 강도가 클 것
㉯ 내마멸성이 적을 것
㉰ 강인성이 우수할 것
㉱ 열처리성이 양호할 것

탄소 공구강의 구비 조건
① 0.6~1.5%C의 강(실용 : 0.5%C)이 많이 사용된다.
② 전기로강, 도가니로강이 많이 사용된다.
③ 용도 : 줄강, 톱강, 다이스강 등
④ 탄소공구강의 구비 조건
  ㉠ 경도가 크고 고온까지 경도를 유지할 것
  ㉡ 내마모성 및 강인성이 클 것
  ㉢ 가공 및 열처리가 쉬울 것
  ㉣ 내충격성이 우수할 것
  ㉤ 가격이 저렴할 것

161. KS 규격에 정해진 탄소 공구강에서 주로 바이트, 줄, 펀치, 드릴, 면도날 등에 사용되는 것은 다음 중 어느 것인가?
㉮ 1~2종   ㉯ 3~4종
㉰ 5~6종   ㉱ 7종

정답 156. ㉯ 157. ㉰ 158. ㉱ 159. ㉯ 160. ㉯ 161. ㉮

162 다음 중 보통줄의 저질로 사용하는 것은?

㉮ 고속도강 ㉯ 초경질 합금강
㉰ 주강   ㉱ 탄소 공구강

공구용 탄소강(carbon tool steel)
① 일반적으로 전기로에서 용해하고 S, P, 비금속 개재물이 적고, 열처리가 쉬우며, 값이 싸다. 충분한 단련을 거쳐서 사용한다.
② 탄소는 0.6~1.5%이며 절삭공구, 펀치, 줄, 다이스, 톱, 쇠망치, 게이지, 드릴, 도끼, 칼 등에 널리 쓰인다.
③ 종류

종류	기호	탄소량(%)
1종	SK1	1.3~1.5
2종	SK2	1.1~1.3
3종	SK3	1.0~1.1
4종	SK4	0.9~1.0
5종	SK5	0.8~0.9
6종	SK6	0.7~0.8
7종	SK7	0.6~0.7

163 금형용 재료에 많이 사용되는 STS에 관한 설명이다. 적절하지 않은 것은?

㉮ STS는 탄소 공구강이다.
㉯ 인(P), 황(S)가 비금속 개재물이 많다.
㉰ 주로 킬드 강괴로 만들어진다.
㉱ 탄소의 함유량이 0.6~1.5% 정도이다.

164 탄소 공구강 STC2를 풀림 후 780℃에서 1시간 가열 후 서랭했다. 이때 생기는 조직은?

㉮ 구상 펄라이트 ㉯ 구상 시멘타이트
㉰ 마르텐자이트   ㉱ 소르바이트

165 다음 중 규소강의 용도로 맞는 것은?

㉮ 버니어 캘리퍼스 ㉯ 줄, 해머
㉰ 선반용 바트   ㉱ 변압기 철심

규소강
① 조성 : C(0.08% 이하), Si(0.4~4.3%), Mn(0.35%)을 0.2~0.5mm 두께의 판형 또는 띠강으로 사용한다.
  ※ Si가 Fe에 고용할 수 있는 최대 능력은 16%이다.
② 규소 함유량에 의한 용도
  ㉠ 0.5~1.5% : 발전기 또는 전동기의 철심
  ㉡ 1.5~2.5% : 발전기의 발전자, 유도 전동기의 회전자
  ㉢ 2.5~3.5% : 유도 전동기의 고정자용 철심, 변압기 및 발전기 철심
  ㉣ 3.5~4.5% : 변압기 철심, 전화기
③ 센더스트(cendust)
  ㉠ Si+Al강(Si : 5~11%, Al : 3~8%)
  ㉡ 고투자율 합금으로 풀림 상태에서 우수한 자성을 나타낸다.
  ㉢ 매우 단단하고 취약하여 박판 형태로 가공이 안 된다.

166 다음 중 게이지강에 함유된 탄소량(%)은 얼마 정도인가?

㉮ 0.3 내외 ㉯ 0.7 내외
㉰ 0.8 내외 ㉱ 1.5 내외

① 게이지강에 함유된 탄소량 : 0.85~1.2%가 실용화된다.
② 실용화 게이지강 조성 : C(0.85~1.2%)+W(0.5~30%)+Cr(0.5~3.6%)+Mn(0.9~1.45)

정답 162. ㉱ 163. ㉯ 164. ㉱ 165. ㉱ 166. ㉰

167 스프링강으로 사용되는 탄소강의 탄소 함유량(%)은 얼마인가?

㉮ 0.2~0.3   ㉯ 0.4~0.7
㉰ 0.5~0.7   ㉱ 0.6~1.5

스프링강
① 0.6~1.5%C의 탄소강이 많이 사용된다.
② 작은 스프링은 탄소 함유량이 비교적 적은 강을 사용하고, 큰 스프링은 공석강에 가까운 강을 사용한다.
③ 열처리에는 유랭(830~860℃), 뜨임(450~540℃), 조직은 소르바이트 조직이다.
④ 스프링강의 탄소 함유량과 용도

탄소량(%)	용도
0.75~0.90	주로 판스프링
0.90~1.10	주로 코일스프링
0.55~0.65(약 1.7%Si)	주로 겹판스프링
0.55~0.65(약 2.0Si)	코일스프링
0.50~0.60(0.65~0.97%Cr)	주로 겹판스프링, 코일스프링
0.45~0.55(0.8~1.10%Cr, 0.15~0.25V)	주로 코일스프링

168 다음 합금철(Ferro-alloy)에 대한 설명 중 틀린 것은?

㉮ 제철 과정에서 탈산 또는 성질 개선을 위해 첨가하는 철과 각종 원소의 합금을 말한다.
㉯ 강의 탈산제로 사용되는 주요 합금철로는 Fe-Mn, Fe-Si이 있다.
㉰ 합금철은 각종 해당 원소의 산화물(예: SiO_2, TeO_4, $FeTiO_3$) 등의 환원에 의해서 제조된다.
㉱ 주철 또는 합금강에 특수한 성질을 부여하기 위해서도 사용한다.

169 쾌삭강은 S가 많이 함유되어 있다. 탄소강에 무엇을 첨가한 것인가?

㉮ 규소   ㉯ 망간
㉰ 크롬   ㉱ 바나듐

쾌삭강은 절삭을 향상시킨 강이며, S가 많은 강에는 망간을 첨가하여 강에서 유황의 결함인 적열 취성을 막아준다.

170 특수강을 사용하는 목적으로 적절하지 않은 것은?

㉮ 내마모성을 증대시키기 위하여
㉯ 내식성을 증대시키기 위하여
㉰ 취성을 증대시키기 위하여
㉱ 경도를 증대시키기 위하여

특수강의 특징

구분	특징
장점	① 인장강도, 경도, 강인성, 피로 한도 등 기계적 성질을 증대한다. ② 내머멸성, 내식성의 증대와 기계적 성질의 저하를 방지한다. ③ 담금질 효과의 증대와 담금질 경도의 저하를 방지한다. ④ 열처리 후의 공작성의 저하를 방지하고, 단접 및 용접성을 증가한다. ⑤ 열팽창을 작게, 보자력을 크게 하며 전기 저항을 증대한다. ⑥ 결정 입도의 성장을 방지한다.
단점	※ 탄소강에 비해서 가공하기 힘들며 그 원인은 다음과 같다. ① 특수 원소가 만드는 탄화물로 고온에서도 단단하다. ② 결정 조직이 복잡하여 단조, 압연할 때 결정 파괴가 곤란하다. ③ 열전도율이 낮아 가열하였을 때 온도가 고르지 못하다. ④ 표면에 생긴 산화막이 잘 벗어지지 않는다.

171 특수강 중 금속이 미치는 영향을 열거하였다. 틀리게 열거한 것은?

㉮ Si : 전자기적 성질을 개선한다.
㉯ Cr : 내마멸성을 증가시킨다.
㉰ Mo : 뜨임 메짐을 방지한다.
㉱ Ni : 탄화물을 만든다.

 특수 합금 원소의 일반적인 특성

원소	특성
Ni	인성 증가, 저온 충격 저항 증가
Cr	내식, 내마모성 증가
Mo	뜨임 취성 방지
Mo, W	고온강도, 인장강도 증가
Cd	내산화성 증가
Si	전자기적 특성, 내열성 우수
V, Ri, Zr	결정 입자 조절
P, Si, Mo, Ni, Cr, W	Ferrite 강화성
V, Mo, Mn, Cr, Ni, W, Cu, Si	담금질성 효과
Al, V, Ti, Zr, Mo, Cr, Si, Mn	오스테나이트 결정 입자 성장 방지
V, Mo, W, Cr, Si, Ni, Mn	뜨임 저항성 향상
Ti, V, Cr, Mo, W	탄화물 생산성 향상

172 합금강에서 오스테나이트 확대 원소가 아닌 것은?

㉮ Ni   ㉯ Mn
㉰ Co   ㉱ Mo

 오스테나이트 구역 확대형
① 탄소강에 Mn, Ni, Co 등의 합금원소를 첨가하면 A_3점은 강하하고 A_4점은 상승한다.
② 오스테나이트 구역 축소 원소 : Cr, W, Mo, V, Ti, Al, Be, Zr, P, As

173 특수강의 상태도에서 오스테나이트 구역 확대형 원소 중 공석 변태형의 원소는?

㉮ Mn   ㉯ Ni
㉰ C   ㉱ Cr

 γ 구역 확대형 중 공석 변태형
강에 C, N, Cu 등을 많이 함유하면 A_3점은 강하하나 공석되면 A_4점은 상승하며 오스테나이트 생성형과 다른 공석을 형성하는 점이다.

174 특수강이 압연을 위하여 가열할 때 850~900℃까지 서서히 예열한 뒤에 소정의 온도까지 가열한다. 서서히 가열해야 하는 가장 큰 이유는?

㉮ 특수 원소의 열전도도가 나쁘기 때문
㉯ 표면의 산화의 탈탄을 피하기 위하여
㉰ 편석을 확산시켜 조절하기 위하여
㉱ 환원성 분위기를 유지하기 위하여

175 탄소강에 첨가되는 원소 중 함유량의 증가에 따라 내식성, 내열성이 커지며 자경성 이외에 탄화물을 만들기 쉽고 내마멸성이 커지는 원소는?

㉮ Cr   ㉯ Cu
㉰ Co   ㉱ S

 크롬의 영향
① 탄소와 결합하여 탄화물을 만들어 내마모성, 내식성, 내열성을 향상시킨다.
② 임계 냉각 속도가 작고 담금질성이 향상된다.
③ 경정 입자 크기를 방지하며, 뜨임 취성을 일으킨다.
④ 크롬양이 많으면 500~600℃에서 뜨임해도 경도는 증가된다.
⑤ 마르텐자이트의 뜨임에 의한 연화를 느리게 한다.
⑥ 자경성(自硬性)이 있다.

176 다음 중 강에 자경성을 주는 원소는 어느 것인가?

㉮ Co ㉯ Mn
㉰ P   ㉱ C

자경성(自硬性, self hardening property, self-hardening)
① 담금질 온도에서 대기 속에 방랭하는 것만으로도 마르텐자이트 조직이 생성되어 단단해지는 성질
② 자경성이 큰 금속 : Ni, Cr, Mn 등이 함유된 특수강
③ 자경성이 작은 금속 : W, Mo
④ 특수강은 자경성이 있으므로 급랭하지 않아도 경화되며 담금균열이나 변형의 결함을 일으키지 않으나 풀림에 의해 연화되기 어려운 단점이 있다.

177 특수강의 열처리에서 변태 온도를 낮추고 변태 속도를 느리게 하는 원소는?

㉮ Ni ㉯ Cr
㉰ W   ㉱ Mo

특수강의 열처리에서 변태 온도와 변태 속도의 영향
① 변태 온도를 낮추고 변태 속도를 느리게 하는 원소 : Ni
② 변태 온도를 높이고 변태 속도를 느리게 하는 원소 : Cr, W, Mo
③ 변태 온도를 높이고 변태 속도를 빠르게 하거나 영향이 없는 원소 : Si, Ti, V, Al, Co
④ 변태 온도 및 변태 속도에 영향이 없는 원소 : Cu, S

178 합금강 등에서 냉각 도중에 소성 가공하는 가공열처리(TMT)는 어떠한 조직 상태에서 소성 가공시켜야 하는가?

㉮ 오스테나이트 ㉯ 마르텐자이트
㉰ 펄라이트   ㉱ 베이나이트

가공열처리(thermo mechanical treatment)
① 금속재료의 강인성은 합금 원소 첨가, 열처리, 가공의 3요소로서 개선되는데 가공과 열처리를 합쳐서 강인성을 향상시키기 위한 처리 기술의 총칭을 말한다.
② 이 처리는 가공을 하는 시기에 따라 변태 전, 변태 도중, 변태 후의 3가지로 구분한다.
③ 변태의 종류에 따라 확산 변태와 마르텐자이트 변태로 크게 나눈다.
④ TMT(가공열처리)
   ㉠ 담금질 냉각 도중 과랭 오스테나이트에 외력을 가해서 소성 가공을 하는 열처리
   ㉡ 가열과 냉각에만 의존하는 열처리에 비해 여기에 소성 변형용 외력을 가미한 것이 TMT이다. 소성가공을 수반하는 열처리이므로 가공열처리라고 한다.
   ㉢ 일반적으로 TMT는 과랭 오스테나이트에 소성 가공을 하는 것이므로 S곡선의 만(灣)이 깊고 넓어야 한다.
   ㉣ 구조용 합금강이나 공구용 합금강이 대상 강재가 된다.
   ㉤ 소성 가공의 종류에는 인장, 굽힘, 단조, 피이닝, 압연, 신선 등이며 그 가공률은 80~90%가 효과적이라고 한다.

179 W강의 균열 방지를 위하여 첨가하는 원소는 다음 중 어느 것인가?

㉮ Mn ㉯ Cr
㉰ Mo ㉱ Si

정답 176. ㉯ 177. ㉮ 178. ㉮ 179. ㉯

180 강 중에 함유한 특수 원소의 역할 중 관련이 가장 적은 것은?

㉮ 오스테나이트 입자를 조정한다.
㉯ 질량 효과를 적게 하고 경화능을 크게 한다.
㉰ 소성 가공성을 저하시킨다.
㉱ 강 중의 유황의 해를 감소시킨다.

181 특수강에서 Cr(크롬)의 작용 중 맞지 않는 것은?

㉮ 탄화물을 만든다.
㉯ 메짐을 촉진시킨다.
㉰ 내열성을 증가시킨다.
㉱ 내식성을 증가시킨다.

182 탄소강에 니켈을 첨가했을 때의 영향 중 틀린 것은?

㉮ 소지 조직(Fe)에 고용된다.
㉯ 흑연화를 쉽게 한다.
㉰ 시멘타이트를 안정시킨다.
㉱ 강의 변태점이 강하한다.

해설
니켈의 영향
① 철에 고용되어 담금질성이 향상되고 인성이 증가하며 오스테나이트 구역의 확대형이다.
② 시멘타이트를 불안정하게 하므로 흑연화를 촉진시킨다.
③ 인장강도, 내식성, 내산성이 증가하고 연율, 질량 효과가 감소한다.
④ 용접성, 단접성의 악화로 페라이트 특유의 저온 취성이 감소되고 구조용은 0.5~5%를 첨가한다.

183 선철 중 규소의 함량이 적을 때 나타나는 탄소의 형태는 다음 중 어느 것인가?

㉮ 탄화철   ㉯ 흑연
㉰ 유리 탄소   ㉱ 고용체

184 강에 적당한 원소를 넣어 주면 기계적 성질을 개선할 수 있는데 특히 내식성과 내산성이 좋고 강의 3중 도금에 사용되는 원소는?

㉮ C   ㉯ Ni
㉰ P   ㉱ S

185 탄소강에 첨가할 경우 결정립을 미세화시키는 원소가 아닌 것은?

㉮ V   ㉯ Mg
㉰ Ti   ㉱ Nb

186 합금강의 소려 취성 방지에 효과적인 원소는?

㉮ Mo   ㉯ Mg
㉰ Cr   ㉱ Ni

해설
Mo의 영향
① 고온에서 Creep 강도를 높이는 효과
② 열처리 효과를 깊게 하고 뜨임 메짐을 감소한다.
③ 인성이 크고 단조, 압연, 용접, 절삭이 용이하다.
④ Ni+Cr강에 0.3%의 Mo를 첨가하므로 강인성을 증가시키고, 담금질 경우 질량 효과가 감소하고 뜨임 저항을 방지한다.

정답 ▶ 180. ㉰   181. ㉯   182. ㉰   183. ㉰   184. ㉯   185. ㉯   186. ㉮

187 특수강 중에 첨가된 Mo와 W의 영향으로 맞는 것은?

㉮ 고온에서 결정 입도 조성
㉯ 산화성 방지
㉰ 인성 증가 및 저온충격 저항 증가
㉱ 고온에서 인장강도와 경도 증가

W의 영향
① 경도, 내열성 증가한다.
② 인성이 있고 담금질 조직이 안정화된다.
③ 잔류자기, 보자력이 크다.

188 다음 중 구조용 특수강이 아닌 것은?

㉮ 강인강   ㉯ 스프링강
㉰ 스테인리스강 ㉱ 다이스강

189 구조용 특수강의 필요한 성질과 가장 관계가 없는 것은?

㉮ 충격치가 우수해야 한다.
㉯ 전기 저항이 우수해야 한다.
㉰ 단조성이 좋아야 한다.
㉱ 절삭성이 좋아야 한다.

190 구조용 특수강 중 강인강에 해당되지 않는 것은?

㉮ Ni-Cr강   ㉯ Ni-Cr-Mo강
㉰ Cr-Mo강   ㉱ Cr-V강

구조용강의 종류
Ni+Cr강(SNC), Ni+Cr+Mo강, Cr+Mo강, Mn+Cr강, Mn강(저Mn강[듀콜강], 고Mn강[하드필드강]) Ni강, Cr강, 저합금강

191 구조용강의 조직을 소르바이트 조직으로 바꾸어 강인한 재질로 만들기 위한 가장 적절한 방법은?

㉮ 150℃의 저온뜨임을 한다.
㉯ 300℃에서 급랭한다.
㉰ 550℃에서 뜨임한다.
㉱ 910℃로 재가열한다.

소르바이트
α 철과 미립 시멘타이트와의 기계적 혼합물로 마텐자이트를 500~600℃로 뜨임하거나 담금질할 때, A₁ 변태를 600~650℃에서 일어나게 했을 때 생기는 조직을 말한다.

192 다음 Ni-Cr강의 단점 중 개선하여야 할 성질은 어느 것인가?

㉮ 뜨임 메짐을 개선할 것
㉯ 경도를 증가시킬 것
㉰ 인성을 증가시킬 것
㉱ 자경성을 개선할 것

Ni-Cr강 (SNC)
① 구조용강 중에 가장 중요한 강종이며 C(0.27~0.4%), Ni(1.0~2.5%), Cr(0.5~1.0%)가 많이 사용된다.
② 인성 증가와 담금질성을 개량하며 경화능이 좋으나 뜨임 메짐이 있다.
③ 가열 도중 공랭하여도 담금질 효과를 가장 크게 나타내는 강이다.
④ 담금질 후 뜨임한 것은 Sorbite 조직으노 내마모성, 내식성, 내열성이 우수하며 고온, 장시간 가열해도 결정립의 조대 경향이 없다.
⑤ 주조 또는 가공 시 수지상 결정, 백점이 생기고 열처리 시 뜨임 취성이 생긴다.
⑥ 단조 850~1050℃, 820~880℃에서 유랭 후 550~650℃에서 뜨임한다.
⑦ 탄화물 결정 입계 석출 방지법은 550~650℃에서 뜨임한다.

정답 187. ㉱ 188. ㉰ 189. ㉱ 190. ㉱ 191. ㉰ 192. ㉮

193 다음 중 니켈-크롬강에 나타나는 뜨임 메짐을 방지하기 위한 대표적인 첨가 원소는?

㉮ Ni   ㉯ Cr
㉰ Mo   ㉱ Mg

해설
Ni-Cr강에 0.3%의 Mo를 첨가함으로 강인성을 증가시키고 담금질할 경우 질량 효과가 감소되고 뜨임 저항을 방지한다.

194 Ni-Cr강의 뜨임 메짐이 일어나는 온도는?

㉮ 200~300℃   ㉯ 350~450℃
㉰ 500~600℃   ㉱ 700~800℃

195 인성이 크고 항복점, 내열성이 좋아 축, 고급 스프링 재료 등에 사용하는 강은?

㉮ Ni강   ㉯ Ni-Cr강
㉰ Cr-V강   ㉱ Cr-Mn강

196 다음 중 내마모성을 주목적으로 하는 특수강은 어느 것인가?

㉮ 크롬강   ㉯ 고망간강
㉰ 니켈-크롬강   ㉱ 크롬-몰리브덴강

해설
① 크롬강 : 인장강도, 경도, 내마모성 증가
② 니켈-크롬강 : 내마모, 내식성, 내열성이 우수하다.
③ 크롬-몰리브덴강 : 인장강도, 충격 저항 증가
④ 고망간강 : 인성이 높고 내마모성이 우수하다.

197 다음 중 크랭크축 기어 축 등에 가장 적합한 KS재료의 기호는?

㉮ SNC   ㉯ SPS
㉰ STD   ㉱ STS

198 듀콜강이란 다음 중 어느 강을 말하는가?

㉮ 저망간강   ㉯ 저규소강
㉰ 고망간강   ㉱ 고텅스텐강

해설
듀콜강 (저Mn강)
① Mn을 0.9~1.2% 함유하며, 820~850℃에서 유랭하고, 조직은 pearlite이다.
② 인장 강도는 45~88kg$_f$/mm^{2}이며 연신율은 13~34%이다.
③ 용도 : 제지용 롤러, 건축교량용에 쓰인다.

199 다음 중 저망간강의 용도로 맞는 것은 어느 것인가?

㉮ 정밀기계용   ㉯ 공구용
㉰ 자동차용   ㉱ 구조용

200 내마멸성이 우수하고 강도가 크므로 각종 광산 기계, 기차 레일의 교차점 냉간 인발용, 드로잉, 다이스 등으로 사용되며 오스테나이트 망간강이라고 하는 것은?

㉮ 듀콜강(ducol steel)
㉯ 하드필드강(hadfied steel)
㉰ 플래티나이트(platinite)
㉱ 퍼말로이(permlloy)

201 하드필드 망간강의 표준 성분으로 옳은 것은?

㉮ C 13%, Mn 4.2%, Si < 0.3%
㉯ Mn 10%, C 3.2%, Si < 0.2%
㉰ C 10%, Mn 13%, Si < 0.4%
㉱ Mn 13%, C 1.2%, Si < 0.1%

고 Mn강 (하드필드강, Austenite Mn강)
① Mn을 10~14% 함유하며, 조직은 Austenite이다. 인성이 높고 내마모성이 우수하다.
② 고온 취성이 생기므로 1000~1100℃에서 수인법으로 담금질한다.
   ※ 수인법(water toughening) : 고 Mn강이나 18-8스테인리스강 등과 같이 첨가 원소량이 많은 것은 변태 온도가 더욱 저하되어 있으므로 Austenite 조직이 된다. 이러한 것을 1000~1200℃에서 수중에 급랭시켜 완전히 오스테나이트로 만든 방법을 말하며 오히려 연하고 인성이 증가된다. 기름에 행하면 유인법이 된다.
③ 용도 : 광산 기계, 분쇄기 롤러 등

202 다음 중 수인법과 관계가 깊은 강은 어느 강인가?

㉮ 듀콜강   ㉯ 하드필드강
㉰ 침탄강   ㉱ 고속도강

203 표면 경화용 강재로서 적당한 탄소 함량(%)은 얼마인가?

㉮ 0.75~0.83   ㉯ 0.25~0.35
㉰ 0.55~0.65   ㉱ 0.68~0.72

204 다음 강 중 질화강에 해당하는 것은?

㉮ Cr-Mn-Si강   ㉯ Cr-Mn-Mo강
㉰ Al-Cr-Mo강   ㉱ Ni-Cr-Mo강

질화용 표면 경화강
① 질화강은 Al, Cr, Mo, V, Ti 등의 원소 중 2종 이상 원소를 함유한 것을 사용한다.
② Al(1~2%)-Cr(1.5~1.8%)-Mo(0.3~0.5%)계와 Al-V계가 사용된다.
③ 질화강 중의 Mn은 0.4~0.7%, Si는 0.2~0.3%가 표준이다.
④ 경화층의 경도는 HV650~1150을 나타낸다.

205 질화강(B종)의 표준 성분으로 맞는 것은?

㉮ C-Mn-V-Si   ㉯ C-Mg-Si-Cr
㉰ C-Cr-Al-Mo   ㉱ C-Co-Mo-Si

206 다음 중 침탄용 표면 경화강의 종류가 아닌 것은?

㉮ 저탄소 Ni강   ㉯ Ni - Cr - Mo강
㉰ Ni-Cr강   ㉱ W강

침탄용 표면 경화강
① 종류 : 저탄소 Ni강, Cr강, Ni-Cr강 21~22종, Ni-Cr-Mo강 21~24종
② 구비 조건
   ㉠ 0.25%C 이하의 탄소강일 것
   ㉡ 장시간 가열해도 결정립이 성장하지 않고 여리게 되지 않을 것
   ㉢ 경화층은 내마모성, 강인성을 가지며 경도가 높을 것
   ㉣ 기공, 흠집, 석출물 등이 경화층에 없을 것
   ㉤ 담금질 응력이 적고, 200℃ 이하의 저온에서 뜨임할 것

정답 201. ㉱ 202. ㉯ 203. ㉯ 204. ㉰ 205. ㉰ 206. ㉱

207 질화강에 가장 필요한 첨가 원소는 다음 중 어느 것인가?
㉮ Al과 Cl ㉯ Ti과 Si
㉰ Mo과 Ni ㉱ Mn과 Si

질화강 중 Mn은 0.4~0.7%, Si는 0.2~0.3%가 표준이다.

208 다음에 열거된 특수강 중 Cr-Mn-Si 조성으로 이루어진 것은?
㉮ 듀콜강(Ducol steel)
㉯ 크로만실(Chromansil)
㉰ 고속도 공구강(High speed tool steel)
㉱ 하드필드강(Hadfield steel)

크로만실(Chromansil)
① 구조용 저합금강의 일종으로 Cr-Mn-Si-(Cr-Mn-Si = 2.5%)강을 말한다.
② 주로 보일러용판이나 관재용으로 사용한다.

조 성(%)			
C	Cr	Mn	Si
0.1~0.22	0.4~0.6	0.9~1.2	0.6~0.9

성 질				
항복점 (kg_f/mm^2)	인장강도 (kg_f/mm^2)	연신율 (%)	단면 수축률 (%)	아이조드 충격값
37~40	61~65	16~20	55	3~5

209 다음 특수강 중 공구강이 아닌 것은?
㉮ 스테인리스강 ㉯ 고속도강
㉰ 주조 경질 합금 ㉱ 다이스강

210 다음 중 공구강의 종류에 속하지 않는 것은?
㉮ SMC ㉯ STS
㉰ STC ㉱ STD

SMC는 일반 구조용 강재이다.

211 합금 공구강의 종류가 아닌 것은?
㉮ 절삭용 ㉯ 내충격용
㉰ 내마모 불변형 ㉱ 내식용

합금 공구강의 분류
① 절삭용 합금 공구강 : 탄소량이 많고 여기에 Cr, W, V 등이 첨가된 Cr강, V강, W강, Co강, W-Cr강, Si-Mn강 등이 사용된다.
② 내충격용 합금 공구강 : 절삭용에 비해 탄소량이 낮고 Cr, W, V 등이 첨가된다.
③ 내마모 불변형 : 게이지, 정밀 측정용 공구로서 내마모성이 커야 하고 열처리 변형과 갱년 변형이 적은 것이 사용된다.
④ 열강 가공용 : 탄소량을 적게한 Cr, W, Mo, V계가 사용된다.

212 W, Cr, V를 주원소로 하며 절삭성이 좋은 절삭공구 재료는?
㉮ 고속도강 ㉯ 합금 공구강
㉰ 텅스텐계 ㉱ 소결 경질 합금

고속도강은 절삭공구의 대표 재료이다.

213 다음 재료 기호 중에서 합금 공구강으로 주로 톱날 등에 사용하는 KS재료 기호는?

㉮ STS ㉯ STF
㉰ STD ㉱ SKH

해설

합금 공구강의 용도

종류	용도
STS (합금 공구강)	바이트, 커터, 탭, 드릴, 게이지, 다이, 끌, 펀치, 스냅냅, 톱날, 신선용
STD (다이스강)	냉간 신선용, 열간 신선용.
SKH (고속도강)	일반 절삭용, 고속 절삭용, 각종 절삭용 ※ 절삭공구의 대표

214 다음 STD11의 탄소 함유량(%C)은 얼마가 되는가?

㉮ 0.1~0.5 ㉯ 0.5~0.6
㉰ 0.8~0.9 ㉱ 1.5~1.6

해설

절삭용 공구강의 탄소량

종류	STD11	STS2	STS51	STS7
탄소량(%)	1.40~1.60	1.00~1.10	0.75~0.85	1.10~1.20

215 다음 중 고속도강의 표시 기호는 어느 것인가?

㉮ SKD ㉯ SKS
㉰ SSC ㉱ SKH

216 합금 공구강(SKD 11종)을 담금질할 때 가장 적당한 온도(℃)는?

㉮ 800~850 ㉯ 850~900
㉰ 950~1000 ㉱ 1000~1050

해설

SKD 11종의 열처리 온도

열처리 방법	열처리 온도(℃)
담금질	1000~1050 공랭 1020~1050 공랭
뜨임	150~200 공랭 500~530 공랭
풀림	830~880 서랭

217 다음은 고속도강의 특징에 대한 설명이다. 옳지 못한 것은?

㉮ 열처리에 의해 현저하게 경화한다.
㉯ 마멸성이 크다.
㉰ 마르텐자이트는 안정되어 900℃까지도 고속 절삭이 가능하다.
㉱ 고속도강은 주조상태로서는 메짐이 크다.

해설

고속도강의 특징
① 담금질 후 뜨임하면 HRC가 약 65가 된다.
② 단속 절삭에 견디는 강인성을 갖고 자경성이 있다.
③ 고속 절삭 시 온도 상승에 상당하는 600℃ 정도는 연화하지 않는다.
④ 열전도율이 좋지 않고 주조 상태에선 메짐이 크다.

218 백열전구의 철심, 합금 공구강으로서 고속도강에 사용되는 합금 원소는?

㉮ W ㉯ Mn
㉰ Ti ㉱ B

정답 213. ㉮ 214. ㉱ 215. ㉱ 216. ㉱ 217. ㉯ 218. ㉮

219. 고속도강의 대표적인 표준 성분을 바르게 나열한 것은?

㉮ W(8%) - Co(4%) - V(1%)
㉯ W(18%) - Cr(4%) - V(1%)
㉰ W(18%) - Cr(4%) - Mo(1%)
㉱ Cr(18%) - W(4%) - Mo(1%)

고속도강의 대표
18(W)-4(Cr)-1(V)이 고속도강의 대표이다.

220. 텅스텐 고속도강 [18-4-1형]의 뜨임 온도 (℃) 및 담금질 온도(℃)로 맞는 것은?

㉮ 뜨임 : 150~200, 담금질 : 768~820
㉯ 뜨임 : 550~580, 담금질 : 1250~1300
㉰ 뜨임 : 420~480, 담금질 : 820~860
㉱ 뜨임 : 150~200, 담금질 : 850~900

18-4-1형 고속도강의 열처리 온도

종류	담금질	뜨임	풀림
온도(℃)	1250~1300	550~600	880~900

221. 다음 중 고속도강의 제조에 사용되지 않는 원소는?

㉮ W ㉯ V
㉰ Ni ㉱ Cr

고속도강의 제조 시 사용되는 원소
W, V, Cr, C, Mo, Co

222. 고속도 공구강에서 크롬의 영향에 대한 설명으로 올바른 것은?

㉮ 담금질성의 향상 및 산화 스케일링에 대한 저항성을 준다.
㉯ 탄소 일부와 결합하여 복탄화물을 형성하고 내마모성을 증대시킨다.
㉰ 탄소와 결합하여 MC형 탄화물을 만들며 연삭성을 해친다.
㉱ Mn, Cr, V과 복탄화물을 형성하며 고속도강의 성질에 민감한 영향을 준다.

Cr의 영향
① 4%의 크롬이 가장 좋으며, 담금질성 향상, 열처리 시 산화 스케일에 대한 저항이 크다.
② 자경성이 있고, 탄화물 형성으로 연화되기 어렵고, 점성이 증가한다.

223. 다음 중 스텔라이트의 합금 조성은 어느 것인가?

㉮ WC-Co 합금   ㉯ Co-Cr-W 합금
㉰ W-C-Co 합금   ㉱ Co-MC-W 합금

스텔라이트(Stellite)
① Co를 주성분으로 한 Co-Cr-W-C계 합금으로 주조 경질 합금의 대표이다.
② 단련이 불가능하므로 금형 주조에 의해 만들고, 고온 경도, 내식성, 고온 저항이 우수하다.
③ 상온에서는 고속강보다 다소 연하나 600℃ 이상에서는 고속도강의 1.5~2배의 절삭능이 있으나 충격에 약하다. 절삭 공구, 내마모, 내식, 내열용 등에 사용된다.
④ 고온 경도, 내식성, 고온 저항, 내마모성이 우수하다. HB550~700 정도고, 600℃까지 경도 감소는 적다.

정답 219. ㉯ 220. ㉯ 221. ㉰ 222. ㉯ 223. ㉯

224 다음 고속도강에서 W의 영향에 대한 설명 중 맞는 것은?

㉮ W양이 많으면 복탄화물량과 내마모성이 증가하고 인성이 감소한다.
㉯ 열처리 시 산화, 스케일에 대한 저항이 크다.
㉰ 다량 함유 시 탄화물 입자가 조대화되고 절삭 내구성을 준다.
㉱ 고속도강 가열 시 표면 탈탄을 적게 한다.

해설
고속도강에 함유된 W, Mo, V, C의 영향
① W의 영향
  ㉠ 고속도강에서 가장 중요한 원소이며, W양이 많으면 복탄화물량과 내마모성이 증가하고 인성이 감소한다.
  ㉡ 절삭 능력은 W양이 많으면 향상되고, 12% 이상은 큰 변동은 없고 23% 이상에서는 저하된다.
② Mo의 영향
  ㉠ 복탄화물을 만들며 W와 같은 작용을 하며, 1% 이하가 좋다.
  ㉡ 다량 함유 시 조직을 크게 하고 메짐을 가지며 단조, 담금질이 곤란하다.
③ V의 영향
  ㉠ 탄화물 형성이 강하고, 고속도강 가열 시 표면 탈탄을 적게 하며, 담금질 후 강에 충분한 인성을 부여한다.
  ㉡ 18-4-1형에서는 V 1.0~1.5% 함유가 가장 우수한 내구력을 주고 W양이 그것보다 작은 강이나 W-Mo계에서는 내마모성이 증가한다.
④ C의 영향
  ㉠ 탄소가 적으면 2차 경화가 낮고, 많으면 융점이 낮아 담금질 온도가 내려가지 않아 공정점이 생겨 취약하다.
  ㉡ 탄화물 입자가 조대화하고 절삭 내구성을 준다.

225 다음 중 고속도강의 종류가 아닌 것은 어느 것인가?

㉮ W계 고속도강
㉯ Mo계 고속도강
㉰ Co계 고속도강
㉱ Cr계 고속도강

해설
고속도강의 종류
① W계 고속도강
  ㉠ 18%(W)-4%(Cr)-1%(V)이 대표이다.
  ㉡ 풀림하면 경도는 낮으나 공구 제작이 용이하며, 적당한 담금질 후 뜨임하면 고온 경도, 내마모성이 증대된다.
  ㉢ 담금질 온도 : 1250~1300℃ 유랭(500~600℃의 염욕에 담금질함이 좋다.), 뜨임 온도 : 550~600℃
② Mo계 고속도강
  ㉠ Mo를 4~10% 첨가한 고속도강이며, W량을 5~6% 감소시켜 W-Mo형을 만들어 많이 사용한다.
  ㉡ 열처리는 탈탄이나 Mo의 휘발을 막기 위해 염욕 가열한다.
③ Co계 고속도강
  ㉠ 융점이 높기 때문에 담금질 온도를 높이는 특징이 있다.
  ㉡ 뜨임 경도가 증가하고, 고온 경도가 크며, 단조가 곤란하고 균열 발생이 쉽다.
  ㉢ 담금질 온도를 높여 성능을 향상시킨다 (담금질 온도 : 1350℃).

226 다음의 절삭용 공구강 중 탄소 함유량이 가장 낮은 것은?

㉮ STD11
㉯ STS2
㉰ STS51
㉱ STS7

해설
절삭용 공구강의 탄소량

종류	STD11	STS2	STS51	STS7
탄소량(%)	1.40~1.60	1.00~1.10	0.75~0.85	1.10~1.20

정답 224. ㉮ 225. ㉱ 226. ㉰

227 Co 40~55%, Cr 15~33%, W 10~20%, C 2~5%로 된 주조 경질 합금은 무엇이라 하는가?
㉮ 고속도강   ㉯ 스텔라이트
㉰ 합금 공구강   ㉱ 다이스강

스텔라이트의 조성
C(2~5%), Cr(15~33%), W(10~20%), Co(40~55%), Fe(<5%)이다.

228 WC분말에 TiC, TaC 등을 Co분말의 결합제와 함께 혼합 후 진공 또는 수소 기류 중에서 소결한 재료로 절삭 공구류 및 내마모재로 사용되는 특수강은 어느 것인가?
㉮ 초경 합금   ㉯ 세라믹
㉰ 고속도강   ㉱ 시효 경화 합금

초경 합금
① WC, TiC, TaC 등의 금속 탄화물을 Co를 결합제로 사용하여 1,400~1,500℃의 수소 기류 중에서 소결하는 합금의 총칭이다.
② 소결 방법
  ㉠ 1차 예열(예비 소결) : 900℃(조합형)
  ㉡ 2차 소결 : 1,400~1,500℃(H기류 중에서 소결함, 본 소결)
③ 종류
  ㉠ 상품명에 따른 분류 : 비디아(독일), 미디아(영국), 카볼로이(미국), 당갈로이(일본)
  ㉡ 용도에 따른 분류

강종	조성	용도
S종	W-Ti-Co-C	강절삭용
G종	W-Co-C	주철, 비철, 비금속용
D종	W-Co-C	다이스, 인발, 내마모용
E종	WC-Co	광산공구

④ 용도 : 고Mn강, 칠드주철, 경질유리 등의 절삭용

229 금속의 표면에 스텔라이트(Co-Cr-W합금), 경합금 등의 특수 금속을 용착시켜 표면 경화층을 만드는 방법으로 맞는 것은?
㉮ 하드페이싱   ㉯ 숏 피닝
㉰ 금속침투법   ㉱ 파텐팅

하드 페이싱 (hard facing)
① 금속 부품의 마모되기 쉬운 부분 표면에 내마모성 경질 금속을 용착시키는 처리
② 용착 방법 : 가스 용접, 전기 용접, 금속 용사법이 있다.
③ 용착 금속 : Cr, Mn, Si, W, Mo, Ni 등을 20% 이하 또는 20~50% 함유하는 철합금과, 스텔라이트 등이 사용된다.

230 비디아는 다음 중 어느 공구강에 속하는가?
㉮ 초경 합금   ㉯ 탄소 공구강
㉰ 합금 공구강   ㉱ 주조 경질 합금

231 텅스텐을 주체로 한 소결 합금으노 내마모성이 우수하고, 대량 생산용 금형 재료로 사용되며, 다이아몬드 및 방전 가공 등 특수 가공에 의하여 가공되는 재료는?
㉮ 합금 공구강   ㉯ 고속도강
㉰ 초경 합금   ㉱ 탄소 공구강

232 다음 중 초경 탄화물이 아닌 것은 어느 것인가?
㉮ WC   ㉯ GC
㉰ TiC   ㉱ TaC

GC는 흑연 탄소이다. 주철의 기호다.

정답 227. ㉯ 228. ㉮ 229. ㉮ 230. ㉮ 231. ㉰ 232. ㉯

233 금속 탄화물의 분말형 금속 원소를 프레스로 성형한 다음 이것을 소결하여 만든 합금으로 절삭 공구는 물론 다이 및 내열, 내마모성이 요구되는 부품에 많이 사용되는 것은?

㉮ 초경 합금 ㉯ 주조 경질 합금
㉰ 합금 공구강 ㉱ 시래믹

234 다음 중 초경 합금의 특징으로 맞지 않는 것은?

㉮ 내마모성과 압축 강도가 높다.
㉯ 충격치와 인성이 좋아서 절삭 속도를 증가시킬 수 있다.
㉰ 고온 강도 및 강도가 양호하다.
㉱ 주성분은 WC와 Co이다.

초경 합금의 특징
① WC-Co계는 인성이 적으므로 충격을 받는 부분에는 부적당하나 주철, 강철, 황동, 경합금용의 공구로 사용되며 고속도강보다 2배 이상의 고속도로 절삭한다.
② 고온에서 내구력이 크므로 에보나이트, 석재, 도자기, 유리 절삭용에 사용한다.
③ WC-Co계에 TiC, TaC를 첨가한 것은 고탄소강, Ni-Cr강, Mo강 등의 절삭에 사용한다.
④ TiC는 내마모성과 고온 경도가 크므로 공구 수명이 증가한다.

235 초경 합금 제조는 주성분인 WC분말에 어떤 분말을 첨가하여 성형하는가?

㉮ Fe ㉯ Co
㉰ Ni ㉱ Al

Co는 결합제로 사용한다.

236 알루미나(Al_2O_3)를 주성분으로 하여 거의 결합제 없이 소결한 공구강으로 내열성이 우수하고 고속도 및 고온 절삭에 사용되는 강은?

㉮ 시래믹 ㉯ 초경 합금
㉰ 고속도강 ㉱ 다이아몬드

시래믹 공구
① Al_2O_3를 주성분으로 하고 거의 결합제를 사용하지 않고 1,600℃ 이상에서 소결하여 만든다.
② 고온 경도가 크고 내마모, 내열성이 우수하며 금속과 친화력이 없으므로 구성인선이 생기지 않는다.
③ 인성이 작고 충격에 약하며 도자기적 성질을 가지고 있다.
④ 고온·고속 절삭용으로, 강력 정밀 기계에 적합하다.
⑤ 산화하지 않고 열을 흡수하지 않으며 비중은 3.7~4.1이고 HRC는 86~94이다.

237 다음 중 시래믹 공구의 주성분으로 알맞은 것은?

㉮ WR ㉯ Al_2O_3
㉰ TiC ㉱ WC

238 고온에서도 경도가 높고 내마멸성이 좋으며, 초경 합금보다 더욱 높은 속도로 절삭할 수 있으나, 취약한 것이 결점이며 다듬질 가공에는 적합하나 중절삭에는 적합하지 않은 절삭 공구 재료는?

㉮ 고속도강 ㉯ 스텔라이트
㉰ 다이아몬드 ㉱ 시래믹

239 산화 알루미늄 분말에 규소 및 마그네슘의 산화물 또는 다른 산화물의 첨가물을 넣고 소결한 공구 재료이며 흰색, 분홍색, 회색, 검은색 등이 있다. 다듬질 가공에는 적합하나, 중절삭에는 적합하지 못한 공구 재료는?

㉮ 합금 공구강   ㉯ 고속도강
㉰ 초경합금   ㉱ 시래믹

240 쾌삭강에서 피절삭성을 양호하게 하기 위해서 첨가하는 합금 원소가 아닌 것은?

㉮ Pb   ㉯ S
㉰ Cr   ㉱ Si

해설
쾌삭강
① 황쾌삭강 : 강에 S를 0.16% 정도 포함시킨다.
② 납쾌삭강 : 강에 Pb를 0.1~0.3%정도 포함시킨다.
③ 흑연쾌삭강 : 1.5%C 정도의 함유한 고탄소강에 사용된다.
• Si는 흑연촉진원소로 수% 첨가하며 강중의 탄화물을 흑연화시키는 방법이다.

241 강도 및 경도와 내구성을 필요로 하고 C 1.0%, Cr 1.2%의 고탄소 크롬강이 쓰이며, 담금질 후 반드시 뜨임해야 하는 강은?

㉮ 영구 자석강   ㉯ 게이지강
㉰ 베어링강   ㉱ 규소강

242 다음 원소 중 스프링의 탄성 한계를 높이기 위해 첨가하는 원소는?

㉮ P   ㉯ Si
㉰ Mn   ㉱ Mo

243 서멧 공구를 옳게 설명한 것은?

㉮ 텅스텐 탄화물을 Co로 소결한 것
㉯ 소결 초경 공구에 TaC를 가한 3원 초경 합금
㉰ 순 알루미나로 만든 합금
㉱ 금속(Mn, Cr, Fe, Ni)과 Al_2O_3를 복합한 것

해설
서멧 (Cermet)
① 요업(窯業) 재료와 금속과의 소결 복합체를 말한다.
② 2,000~3,000℃ 고용융점 산화물(TiC, Al_2O_3, BeO, ZrO_3 등)이나 탄화물, 붕화물, 규화물 등과 Co, Ni, Cr, Fe 등 금속 분말과의 소결 복합체이다.
  ㉠ 탄화물 : TaC, NbC, Ta_2C, TiC, ZrC, SiC, WC, B_4C_9, Cr_3C_2
  ㉡ 붕화물 : ZrB_2, TaB_2, TiB_2, CrB
  ㉢ 산화물 : ThO_2, MgO, ZrO_2, BeO, Al_2O_3
  ㉣ 규화물 : $TaSi_2$, $MoSi_2$
  ㉤ 질화물 : BN, ZrN, TiN, VN
③ 서멧의 구비 성질
  ㉠ 고융점, 고내산화성, 내식성, 고온 강도, 크리프 판단 강도, 열전도율이 높을 것
  ㉡ 열팽창률이 적고 급열, 급랭에 안정하며, 금속과의 부착성이 양호하고 비중이 작을 것
④ 서멧 공구
  ㉠ 날끝(忍部)의 재료로 WC를 함유하지 않는 TiC-Ni-Mo계 초경 합금을 사용한 공구
  ㉡ TiC계 초경 합금은 WC계 합금에 비해 가볍고 고온 강도가 크며, 내산화성이 뛰어나고 마찰 계수가 작다.
  ㉢ 강의 절삭 속도는 WC계의 50~150m/min에 비해 100~400m/min으로 빠르고, 다듬질면이 깨끗하다.

정답   239. ㉱   240. ㉰   241. ㉯   242. ㉮   243. ㉯

244. 0.06%C 이하의 탄소강에 Mn, Cr, W, Ni 등을 첨가한 저합금강으로 치수의 표준이 되는 특수강의 명칭은?

㉮ 세라믹강 ㉯ 게이지강
㉰ 고속도강 ㉱ 스텔라이트강

게이지강(Gauge steel)
① 조성 : C(0.85~1.2%), W(0.3~0.5%), Cr(0.5~0.36%), Mn(0.9~1.45%)
② 담금질 후 100~150℃로 장시간 뜨임(반복 뜨임) 또는 영하 처리한다.
③ 게이지강의 필요조건
  ㉠ 내마모성, 경도가 커야 하며 담금질에 의한 변형, 균열이 적고 내식성이 우수할 것
  ㉡ 장시간 사용해도 치수 변화가 작을 것

245. 다음은 스프링 재료의 일반적인 성질이다. 틀린 것은?

㉮ 탄성 한도와 비례 한도가 커야 한다.
㉯ 부식이 잘되지 않아야 한다.
㉰ 전성과 인성이 풍부해야 한다.
㉱ 담금질에 의해서 강도와 탄성 한도가 증가하여야 한다.

스프링용 특수강
① 냉간 가공한 재료는 철사 스프링이나 얇은 판 스프링에 사용한다.
  ※ 냉간 가공의 스프링재는 보통강으로 강철선, 피아노선, 띠강에 사용한다.
② 열간 가공한 재료는 판 스프링과 코일 스프링에 사용한다.
  ※ 열간 가공용 스프링은 0.5~1.0%C의 탄소강 외에 Mn강, Si-Mn강, Si-Cr강, Ce-V강 등이 사용된다.
③ Si-Mn강은 스프링재로 많이 사용된다.
④ Cr-V강은 소형 스프링재에 많이 사용된다.

246. 스프링강은 탄성 한계, 항복점 등이 높아야 한다. Si가 많은 재료의 결정으로는 표면이 탈탄층에 의하여 피로 파괴의 원인이 되므로 이 결점을 완화하기 위하여 첨가되는 원소는?

㉮ Ni ㉯ W
㉰ Mo ㉱ Mn

247. 스프링강은 탄소 0.45~1.10% 범위의 강을 830~860℃에서 유랭시키고 450~540℃에서 뜨임하여 목적하는 조직을 얻는데 그 조직명은 무엇인가?

㉮ 마르텐자이트 ㉯ 오스테나이트
㉰ 소르바이트   ㉱ 페라이트

248. 스프링의 피로 한도를 높이기 위한 작업은?

㉮ 니켈 도금 ㉯ 샌드블라스트
㉰ 침탄 작업 ㉱ 숏 피닝

숏 피닝(shot peening)
① 쇼트(鋼粒)를 강재의 표면에 분사하여 표면층에 잔류 압축 응력을 발생하고 또 가공 경화에 의해서 이를 강화하는 일종의 표면 가공 경화법이다.
② 숏 피닝한 것은 피로 한도가 증가하므로 스프링, 샤프트, 판 등의 표면 가공에 널리 사용된다.
③ 쇼트의 종류 : 칠 숏(주철제), 강립 숏, 커트 와이어 숏, 마텐 숏

정답 244. ㉯ 245. ㉰ 246. ㉱ 247. ㉰ 248. ㉱

249 인성이 크고, 항복점, 내열성이 좋아 축, 고급 스프링재에 사용되는 강은 다음 중 어느 것인가?

㉮ Ni강　　　　㉯ Ni-S강
㉰ Cr-V강　　　㉱ Cr-Mn강

고급 스프링용은 Cr-V강이 많이 사용된다.

250 다음 중 코일 스프링용 강재(6종 SPS8)에 대한 설명으로 맞는 것은? (단, HB400을 얻기 위한 것임)

㉮ 담금질 온도는 1000℃ 정도로 한다.
㉯ 뜨임 온도는 800℃ 정도로 한다.
㉰ 담금질 온도는 840℃ 정도로 한다.
㉱ 뜨임 온도는 300℃ 정도로 한다.

스프링강의 열처리 조건과 기계적 성질

강종	열 처리(℃)		기계적 성질				
	담금질(℃)	뜨임(℃)	내력 (kg/mm²)	인장강도 (kgf/mm²)	연신율(%) (4, 7호 시편)	단면 수축율(%) (4호 시편)	HB
SPS1	830~860, 유랭	450~500	85 이상	110 이상	8 이상	-	363~429
SPS2	"	480~530	110 이상	125 이상	9 이상	20 이상	
SPS3	"	490~540	"	"	"	"	
SPS4	"	460~510	"	"	"	"	
SPS5	"	460~520	"	"	"	"	
SPS6	840~870, 유랭	470~540	"	"	10 이상	30 이상	
SPS7	830~860, 유랭	560~520	"	"	9 이상	20 이상	
SPS8	"	510~570	"	"	"	"	
SPS9	"	510~570	"	"	10 이상	30 이상	

251 전류 자속 밀도가 작아서 발전기, 변압기, 전동기의 철심 재료로 사용되는 것은?

㉮ Mn강　　　　㉯ Ni강
㉰ Si강　　　　㉱ Cr강

규소강
① 조성 : C(0.08% 이하), Si(0.4~4.3%), Mn(0.35%)의 0.2~0.5mm 두께의 판형 또는 띠강이 사용된다.
② Si 0.5~1.5% : 발전기 또는 전동기의 철심
③ Si 1.5~2.5% : 발전기의 발전자, 유도 전동기의 회전자
④ Si 2.5~3.5% : 유도 전동기의 고정자용 철심, 변압기 및 발전기 철심
⑤ Si 3.5~4.5% : 변압기 철심, 전화기

252 다음 중 소결 금속 자석으로 사용되는 것은 어느 것인가?

㉮ 플래티나이트(Platinite)
㉯ 알니코(Alunico)
㉰ 퍼말로이(permalloy)
㉱ 탕갈로이(tungalloy)

자석강의 종류
① KS자석강 : Fe - Co - Cr - W계(Co : 다량, Cr : 소량)
② MK자석강(알니코형) : Fe - Ni - Al - 적량(Co, Cr, W)계
③ OP자석강 : Fe_3O_2와 $CoFe_2O_4$의 분말소결 후 자화시킨 것(FeC, FeO_3, CO_2 분말을 1,000℃에서 소결함)
④ 쾌스터자석강 : Fe - Co - Mn계
⑤ 큐니프(Cunife) : Fe - Ni - Co계
⑥ Alunico : Fe - Al - Co계
⑦ 비칼로이 : Fe - Co - V계

253. 다음 중 영구 자석강이 아닌 것은?

㉮ 고Mn강 ㉯ W강
㉰ MT강   ㉱ Co강

영구 자석강
① 담금질형 : 탄소강, W강, Cr강, Co강, KS강, MT강
② 석출형 : NKS, MK
③ 탄화물 자석 : 삼산화물에 탄산바륨 또는 산화Co를 혼합 소결하고, 보자력이 크며 잔류자기가 적고 메짐을 가진다.

254. 다음 중 영구 자석강의 구비 조건으로 틀린 것은?

㉮ 결정 입자가 많고 미세한 조직을 가질 것
㉯ 잔류 자속 밀도가 크고 안정성이 있을 것
㉰ 보자력이 작고 조직이 안정될 것
㉱ 시효 변형이 적을 것

영구 자석강의 구비 조건
① 결정 입자가 많고 미세한 조직을 가지며 잔류 자속 밀도가 크고 안정성이 높을 것
② 보자력이 크고, 조직이 안정되고, 시효 변형이 적고 페라이트 조직일 것
③ 온도 상승 및 충격 진동에 의한 자기 감소가 없을 것

255. 오스테나이트형 스테인리스강의 설명 중 옳은 것은?

㉮ 니켈이 많은 것은 오스테나이트 조직이 아주 불안정하다.
㉯ 내식성이 좋고 비자성이다.
㉰ 내충격성은 적으나 전도도는 아주 좋다.
㉱ 선팽창 계수가 보통강보다 적다.

256. 자성이 좋고 투자율이 높아 전자기용 강으로 쓰이는 특수강은?

㉮ 엘린바   ㉯ 플래티나이트
㉰ 스텔라이트 ㉱ 센더스트

센더스트(sendust)
① Si-Al강(Si : 5~11%, Al : 3~8%)
② 고투자율 합금으로 풀림 상태에서 우수한 자성을 나타낸다.
③ 매우 경하고 취약하며 박판 형태로 가공이 안 된다.

257. 내식성과 내충격성, 기계 가공성이 우수한 18-8 스테인리스강의 화학 성분으로 올바른 것은?

㉮ 18%Cr, 8%Ni ㉯ 18%Ni, 8%Cr
㉰ 18%W, 8%Mo ㉱ 18%Mo, 8%W

18-8스테인리스강의 조성
① Austenite계 스테인리스강으로서 조직은 Austenite이며 비자성체이다.
② 페라이트계의 비산화성 및 산에 대한 약한 성질을 개선하기 위해 Ni, Mo, Cr 등을 합금시킨 강이다.
③ 조성 : C(<0.2%), Cr(17~20%), Ni(7~10%)를 함유하고 Ni-Cr강으로 표준 조성은 Cr(18%)-Ni(8%)형이 대표적이다.
④ 담금질에 의한 경화는 안 되며 STS5~16종에 해당한다.
⑤ 1,000~1,100℃로 가열 후 급랭하면 더욱 연화하고 가공성, 내식성이 증가한다.
⑥ 상온 가공하면 소량의 Martensite화에 의해 경화되고 다소 자성을 잃는다.

정답 253. ㉮ 254. ㉰ 255. ㉯ 256. ㉱ 257. ㉮

258. 다음은 스테인리스강의 종류를 나열한 것이다. 관계가 먼 것은?

㉮ 마르텐자이트계 스테인리스강
㉯ 페라이트계 스테인리스강
㉰ 펄라이트계 스테인리스강
㉱ 오스테나이트계 스테인리스강

해설
스테인리스강의 분류
① 성분에 의한 분류 : Cr계, Cr-Ni계
② 조직학상에 의한 분류 : Martensite계, Austenite계, Ferrite계
③ 특수 스테인리스강 : 석출경화강, 저Ni의 Cr-Mn강

259. 다음 중 오스테나이트계 스테인리스강의 특징이 아닌 것은?

㉮ 내산, 내식성이 13%Cr계보다 우수하다.
㉯ 비자성체이며, 인성도 풍부하다.
㉰ 가공이 용이하나 용접성은 나쁘다.
㉱ 염산, 염소 가스, 황산 등에 의해 입계 부식이 생기기 쉽다.

해설
18-8 스테인리스강의 특징
① 내산, 내식성이 13%Cr강보다 우수하며, 비자성, 인성 양호, 가공성이 우수하다.
② 산과 알칼리에 강하고 용접성이 양호하다.
③ 염산, 황산염, 묽은 황산, 염소 가스에 대한 저항이 적다.
④ 탄화물이 결정 입계에 석출하기 쉽다. 500℃ 부근에서 탄화물이 결정 입계에 석출되기 때문에 뜨임 메짐의 원인이 된다.
  ※ 방지법 : C%가 적게 하거나 1,000℃ 부근부터 급랭하든지, 안정화된 탄화물이 되게 하는 원소(Ti, V, Zr)를 소량 첨가한다.
⑤ 인장강도 : 55~70kg$_f$/mm^2, 담금질 온도 : 1100℃, 급랭

260. 18-8 스테인리스강과 13%Cr강을 가장 쉽게 감정할 수 있는 방법은?

㉮ 파괴 상태 여부로 구분한다.
㉯ 화학 약품에 의한 부식 정도로 판정한다.
㉰ 자성의 부착 여부로 판별한다.
㉱ 색깔과 과열 상태로 구분한다.

해설
18-8 스테인리스강과 13Cr강의 비교
① 13% 스테인리스강은 Ferrite계이므로 강자성체이다.
② 18-8 스테인리스강은 Austenite계이므로 비자성체이다.

261. 18-8 스테인리스강의 조직은 어느 것인가?

㉮ 오스테나이트   ㉯ 페라이트
㉰ 펄라이트   ㉱ 마르텐자이트

262. 내식성이 좋고 오스테나이트 조직을 얻을 수 있는 스테인리스강은 어느 것인가?

㉮ 3%Cr% 스테인리스강
㉯ 35%Cr 스테인리스강
㉰ 18%Cr-8%Ni 스테인리스강
㉱ 석출 경화형 스테인리스강

263. 스테인리스강의 예민화 극복 방법이 아닌 것은?

㉮ Cr탄화물을 오스테나이트 중에 용체화한다.
㉯ Cr탄화물 석출이 일어나지 않도록 저탄소로 한다.
㉰ Ti, Cb 등을 합금시켜 안정화시킨다.
㉱ Ni 등이 탄화물을 만들므로 고탄소의 원료선을 사용한다.

정답 258. ㉰ 259. ㉰ 260. ㉰ 261. ㉮ 262. ㉰ 263. ㉱

264 18-8 스테인리스강에서 나타나는 특유의 현상이 아닌 것은 어느 것인가?

㉮ Pitting Corrosion
㉯ Intergranular Corrosion
㉰ Preferential Corrosion
㉱ Stress Corrosion

18-8 스테인리스강에서 나타나는 특유의 현상
① 공식(孔蝕, Pitting Corrosion)
  금속이나 합금의 표면에 구멍이나 웅덩이가 생기는 부식으로 일반적으로 스테인리스강, Al합금이나 티탄 등과 같이 부동태화(passivation)시켜서 사용하는 금속
② 입계 부식(Intergranular Corrosion)
  ㉠ 결정립 간을 관통하거나 결정립 내부를 지나서 부식이 진행되며 외관적 부식과 같이 육안으로 판정이 어려운 것도 재료적으로 파괴 구역에 달한 것을 말한다.
  ㉡ 전기 화학적 부식으로 결정립 간 구역이 결정의 중심 구역보다 양극성의 물질을 많이 함유하고 있을 때 일어나기 쉽고, 수분이 있는 것은 큰 요소가 된다.
  ㉢ 18-8스테인리스강의 입간 부식, Al합금의 응력 부식, 황동의 시기 균열, 아연 합금의 선택 부식 등이 있다.
  ㉣ 결정립계 부근의 Cr양 감소노 내식성이 감소되어 부식된 현상을 입계 부식이라 한다.
③ 응력 부식 균열(Stress Corrosion Crack)
  ㉠ 금속 재료의 환경 열화 균열의 대표이다.
  ㉡ 오스테나이트 스테인리스강의 염이온, 원자력 플랜트에서 문제로 되는 고온, 고압수에 의한 균열, 탄소강의 가열 균열이나 질산염 균열 등 재료와 환경의 조합에 따라 정해진다.
  ㉢ 응력에 의해서 부식이 없을 때보다 쉽게 진행하는 것이며 부식 생성분이 육안으로 볼 수 없는데도 불구하고 갑작스럽게 균열이 발생하는 것을 말한다.

265 용접한 오스테나이트계 스테인리스강의 제품을 사용하였더니 얼마 후 용접부의 주위에 녹이 생겼다. 그 방지책으로 적당하지 않은 것은?

㉮ 끓는 물에 넣어서 시효 처리한다.
㉯ 용체화 열처리한다.
㉰ 탄소가 낮은 재료를 선택한다.
㉱ Ti, Nb 등이 첨가된 재료를 선택한다.

① 용체화 처리
  ㉠ 고용체까지 가열 후 급랭시켜 고용체 상태로 상온까지 유지하는 처리
  ㉡ 18-8 스테인리스강의 기본 열처리로 가열 1,050℃, 25mm/h 유지, 냉간 가공, 용접에 대한 잔류 응력 제거(유지 시간이 길면 표면 평활도 감소, 결정립 조대화됨)
  ㉢ 열간 가공, 용접에 의해 석출된 Cr탄화물을 고용하며 가공 조직을 재결정시켜 연화, 회복, 내식성을 증가시킨다.
  ㉣ 가열 온도가 높을수록 탄화물을 고용, 확산 또는 충분히 연화되나 산화 피막 형성이 현저해 표면이 나쁘다.
② 안정화 처리
  ㉠ Ti, Nb를 첨가한 스테인리스강의 안정한 탄화물을 석출시킴으로 입계 부식을 방지한다.
  ㉡ 내식성의 회복은 850~900℃, 2~4시간 유지 후 공랭한다.
③ 응력 제거 열처리
  ㉠ 800~900℃, 2~4시간 공랭한다.
  ㉡ 잔류 응력이 남아있는 경우 염화물을 함유한 고온 수용액에서 사용하면 부식에 의한 균열을 방지할 목적으로 사용한다.
  ㉢ 가열 온도가 적당치 않을 경우 크롬 탄화물 등이 석출하여 취약하게 되거나 내식성이 나빠진다.

정답 264. ㉰ 265. ㉮

266. 다음 설명 중 용체화 처리에 대한 가장 올바른 설명은?
㉮ 고온 조직인 γ를 급랭시켜 상온에서 균일한 γ조직으로 얻는 처리
㉯ 고온 조직인 α를 급랭시켜 상온에서 균일한 α조직으로 얻는 처리
㉰ 오스테나이트를 Ms점 이상의 온도에서 시효시키는 처리
㉱ 마르텐자이트를 Acm선 이상의 온도에서 시효시키는 처리

267. 다음 중 Ferrite계 스테인리스강의 특징이 아닌 것은?
㉮ 표면을 잘 연마하면 공기 중에 녹슬지 않는다.
㉯ 내산성이 오스테나이트보다 크다.
㉰ 유기산, 질산에 침식이 안 된다.
㉱ 담금질 상태의 것은 내식성이 좋다.

페라이트계 스테인리스강의 특징
① 13%Cr의 강이 대표적이다.
② 표면을 잘 연마하면 공기 중 또는 수중에서 녹슬지 않는다.
③ 담금질한 것은 내식성이 좋으나 풀림한 것은 잘 연마하지 않으면 녹이 발생한다.
④ Fe_3C와 Cr_4C의 복탄화물이 생겨 내식성, 가공성이 불량하다.
⑤ 유기산, 질산에는 침식이 안 되나 다른 산에는 침식된다.
⑥ 내산성은 오스테나이트보다 작다.

268. *다음 중 석출 경화형 스테인리스강이 아닌 것은?
㉮ 17-4 PH ㉯ 19-9 DL
㉰ V_2B ㉱ PH55

석출 경화형 스테인리스강의 종류
① 스테인리스 W : 1050℃에서 용체화 처리하여 오스테나이트 단상으로 한 후 공랭시켜 120℃ 이하에서 마르텐자이트로 변태시키고 500∼550℃에서 30분간 시효 처리한 강이다.
② 17-7 PH : 경화제로 Al을 사용하며 마르텐자이트가 나타나지 않는 강으로 δ 페라이트를 소량 함유한 오스테나이트 조직을 한 강으로 1030∼1050℃로 가열 후 수랭(공랭)하는 용체화 처리를 하고 500℃에서 시효 처리한다.
③ 17-4 PH : Cu를 강화제로 첨가하여 내식성, 강도가 높으므로 단조재, 주조재로 사용한다.
④ V_2B : 1090℃에서 수랭하는 용체화 처리로 오스테나이트와 45%의 페라이트 조직으로 이루어진 강이다.
⑤ PH 15-7 Mo : 고온 강도, 내식성, 성형성이 좋고, 17-7 PH와 같은 용체화 처리, 냉간 가공에 의해 마르텐자이트화 및 석출 경화하여 높은 경화를 얻는 강이다.
⑥ 17-10 P : 내식성과 강도 이외에 투자율이 낮은 용도에 적합한 강이다.
⑦ PH 55 : 1120℃에서 용체화 처리하여 오스테나이트와 페라이트의 2상조직으로 되고 480℃에서 8시간 가열하여 페라이트 중에 δ상을 석출시켜 경화한 강이며 마모를 수반하는 부식과 진동에 강하다.
⑧ 마르에이징(Maraging)강 : 고Ni의 초고장력강이고 경화법은 PH형과 같고 용체화 처리로 마르텐자이트 중에 합금 원소를 고용시키며 400∼500℃에서 시효 경화한다.

269 Cr12~14%, Co15~0.3%가 대표인 스테인리스강은 다음 중 어느 것인가?

㉮ 페라이트계　㉯ 펄라이트계
㉰ 오스테나이트계　㉱ 마르텐자이트계

Martensite계 스테인리스강
① Cr12~14%, Co15~0.3%가 대표이다.
② 내식성은 탄소가 적고 Cr이 많을수록 좋으며 탄화물의 영향을 받아 담금질성은 좋으나 용접성이 나쁘며 풀림 처리해도 냉간 가공성이 좋지 않다.

270 다음 중 버너의 노즐이나 내연기관의 밸브에 사용되는 강으로 가장 적당한 것은?

㉮ 고속도강　㉯ 내열강
㉰ 불변강　㉱ 탄소 공구강

271 다음 중 불변강의 종류에 해당되지 않는 것은??

㉮ 인바　㉯ 엘린바
㉰ 플래티나이트　㉱ 슈퍼말로이

불변강의 종류
① 인바(Invar) : Fe-Ni(36%)계 합금
② 슈퍼 인바(Super Invar) : Fe-Ni-Co계 합금
③ 엘린바(Elinvar) : Fe-Ni-Cr계 합금
④ 플래티나이트(Platinite) : Fe-Ni(42~46%)계 합금

272 다음 중 Ni-Fe계의 합금이 아닌 것은?

㉮ 인바　㉯ 엘린바
㉰ 플래티나이트　㉱ 콘스탄탄

273 다음 인바(invar)에 대한 설명 중 옳은 것은?

㉮ 강도가 크므로 롤러에 적합하다.
㉯ 열팽창계수가 0.9×10^6 정도로 대단히 작다.
㉰ 내식성은 좋으나 시계추, 바이메탈 사용이 어렵다.
㉱ Cu-Ni-Sn이 주성분이며 탄성 계수가 높다.

인바 (invar)
① Ni를 36% 함유한 Fe-Ni계 합금(C 0.2% 이하, Ni 35~36%, Mn 0.4%)
② 상온에서 탄성 계수가 대단히 적고 내식성이 우수하다.
③ 용도 : 줄자, 바이메탈, 시계 태엽 등에 사용한다.

274 상온에서 실용상 탄성계수가 거의 변하지 않으며, 지진계, 시계의 유사 등에 사용하는 불변강은 다음 중 어느 것인가? (단, Fe-Ni-Cr합금)

㉮ 인바　㉯ 플래티나이트
㉰ 엘린바　㉱ 알리코

엘린바(Elinvar)
① Fe – Ni – Cr계 합금(Fe : 52%, Ni : 36%, Cr : 12%)이다.
② 상온에서 실용상 탄성 계수가 거의 변하지 않는다.
③ 20℃에서 온도 계수가 1.2×10^{-6}, 탄성계수 $17600 kg_f/mm^2$, 열팽창계수 8×10^{-8} 정도다.
④ 용도 : 고급 시계 및 정밀 저울의 스프링용, 기타 정밀 기계 재료, 지진계

정답 269. ㉱　270. ㉯　271. ㉱　272. ㉱　273. ㉯　274. ㉰

275. Ni 35~36%, Co 0.1~0.3%, Mn 0.4%와 Fe합금으로 표준척, 시계추, 바이메탈 등에 사용되는 불변강은 다음 중 어느 것인가?
㉮ 퍼말로이(Permalloy)
㉯ 콘스탄탄(Constantan)
㉰ 플래티나이트(Platinite)
㉱ 인바(Invar)

바이메탈(bimetal)
① 팽창 계수가 다른 2종의 금속편을 첨부하여 온도 조절이나 접점 개폐용으로 사용한다.
② 온도가 올라가면 팽창 계수가 높은 금속 쪽이 많이 늘어나서 낮은 쪽의 금속 쪽으로 굽어지는 성질을 이용한다.
③ 금속편의 상호 조합
  ㉠ 100℃ 이하에서 사용하는 것 : 황동 – Ni강
  ㉡ 150℃ 이하에서 사용하는 것 : 황동 – 인바
  ㉢ 250℃ 부근에서 사용하는 것 : 모넬메탈 – Ni강
  ㉣ 400℃ 부근에서 사용하는 것 : 함유량이 다른 니켈강을 상호 조합하여 만든다.

276. Ni 42~46%의 Fe-Ni계 합금으로 열팽창 계수가 유리나 백금과 거의 동일한 불변강은?
㉮ 인바   ㉯ 플래티나이트
㉰ 엘린바   ㉱ 알리코

Platinite
① Ni 42~46%의 Fe-Ni계 합금
② 열팽창 계수가 유리나 백금과 거의 동일하므로 전구의 도입선에 사용한다.

277. 적당한 열처리를 하면 비교적 약한 자장에서 높은 투자율이 얻어지므로 고투자율 자심 재료로 사용되는 Ni 합금은?
㉮ 엘린바   ㉯ 퍼말로이
㉰ 인코넬   ㉱ 모넬메탈

278. 내한강에 대한 설명 중 틀린 것은 어느 것인가?
㉮ 빙점(0℃) 이하에서 잘 견디는 강이다.
㉯ Austenite 조직이 내한성이 강하다.
㉰ 18-8형 스테인리스강이 많이 사용된다.
㉱ 18-4-1형 고속도강이 많이 사용된다.

내한강
① 빙점(0℃) 이하에서 잘 견디는 강이다.
② 18-8 스테인리스강이 많이 사용된다.

279. 다음의 주철에 대한 설명 중 틀린 것은?
㉮ 강에 비해 인장강도가 작다.
㉯ 절삭 가공이 가능하나 용접성이 불량하다.
㉰ 강에 비해 연신율이 작고, 메짐성이 있어서 충격에 약하다.
㉱ 상온에서는 소성 변형이 불가능하나 고온에서는 가능하다.

주철의 장·단점
① 융점이 낮고 유동성이 양호하다.
② 마찰 저항이 좋고 값이 싸며 절삭성이 우수하다.
③ 압축 강도가 크고(인장강도의 3~4배), 충격값이 작고 소성 가공이 안된다.
④ 메짐이 크고 단련, 담금질, 뜨임이 불가능하다.

280 다음 회주철의 성질 중 강과 비교하였을 때 가장 뛰어난 성질은?

㉮ 인장강도 ㉯ 연신율
㉰ 용접성   ㉱ 진동 흡수율

281 주철 주물의 주조 응력을 제거하기 위한 풀림 온도와 시간은 각각 얼마인가?

㉮ 200~300℃, 2~3시간
㉯ 300~400℃, 11~14시간
㉰ 400~500℃, 4~5시간
㉱ 500~600℃, 6~10시간

🔍 해설
① 풀림 온도 : 500~600℃
② 풀림 시간 : 6~10시간

282 Fe-Fe₃C계 준안정 평형 상태도에서 [γ]↔[α]+[Fe₃C]의 반응을 갖는 범위(%C)는?

㉮ 0.025~0.1   ㉯ 0.025~2.0
㉰ 0.025~4.3   ㉱ 0.025~6.67

283 다음 가장 적합한 주철의 조성에서 전탄소는 얼마(%) 정도인가?

㉮ 0.8~1.0   ㉯ 2.0~1.5
㉰ 3.0~3.8   ㉱ 4.3~6.68

🔍 해설
전탄소
① 전탄소 = 흑연+화합 탄소
② 주철 주물의 경우 전탄소는 3.8%C의 것을 말한다.
③ 가장 적합한 주철의 조성
  ㉠ 전탄소 : 3.0~3.5%
  ㉡ Si : 2.0~1.5%
  ㉢ 화합 탄소 : 0.8~1.0%

284 재질이 회주철이고 최저 인장강도가 20 kgf/mm²인 재료의 기호는?

㉮ SS20   ㉯ SM20
㉰ GC20   ㉱ SC20

🔍 해설
주철의 인장강도

종류	1종	2종		3종	
	보통 주철				
기호	GC10	GC15		GC20	
주철품 두께(mm)	4~50	4~8	30~50	4~8	30~50
인장강도(kgf/mm²)	>10	>19	>13	>24	>17

종류	4종		5종		6종	
	고급 주철					
기호	GC25		GC30		GC35	
주철품 두께(mm)	4~8	30~50	8~15	30~50	15~30	30~50
인장강도(kgf/mm²)	>28	>22	>31	>27	>35	>32

285 보통 주철의 인장강도는 몇 kgf/mm²인가?

㉮ 5~10   ㉯ 10~20
㉰ 20~30   ㉱ 30~40

🔍 해설
주철의 기계적 성질
① HB는 100~200(시멘타이트에 의해 달라짐)이고 기계 구조용으로는 250 정도이다.
② 인장강도는 흑연 모양, 함유량, 분포 상태에 좌우된다.
  ※ 흑연이 적고, 미세하고, 균일 분포 시 강도는 증가한다.
③ Si가 많을수록 경도는 감소하고, P가 많으면 경도는 증가한다(P, S, Mn은 경도 증가).
④ 인장강도, 경도, 탄성계수는 약 400℃ 이상이면 급속히 저하한다.
⑤ 신장(伸長)은 약 400℃ 이상에서 증가하고 800℃에서 최대가 된다.

정답 280. ㉱ 281. ㉱ 282. ㉱ 283. ㉰ 284. ㉰ 285. ㉯

286. 주철의 강도를 뒷받침하여 주는 조직으로 맞는 것은?

㉮ 그라파이트   ㉯ 시멘타이트
㉰ 펄라이트   ㉱ 레데뷰라이트

① 강도를 뒷받침하는 조직 : Pearlite
② 경도를 뒷받침하는 조직 : Cementite이다.

287. 다음 주철의 기계적 성질에 대한 설명 중 틀린 것은?

㉮ 경도는 시멘타이트양이 많으면 증가한다.
㉯ 인장강도는 흑연량과 형상이 지배 요인이 된다.
㉰ 압축 강도는 인장강도의 약 4배이다.
㉱ 주철의 충격치는 강하다.

주철의 기계적 성질

종류	성 질
경도	시멘타이트가 많으면 증가, Si량이 많으면 저하, Mn증가시 증가
인장강도	흑연량과 형상이 지배 요소, 페라이트, 흑연량이 많을수록 강해진다.
압출 강도	인장강도의 약 4배
충격치	약하다.
내마모성	흑연 윤활 역할이 커진다.

288. 일반적으로 강철에 비하여 주철의 성질 중 가장 부족한 것은?

㉮ 수축성   ㉯ 인장강도
㉰ 유동성   ㉱ 주조성

289. 다음 중 경도가 가장 큰 주철은 어느 것인가?

㉮ 페라이트 주철   ㉯ 펄라이트 주철
㉰ 합금 주철   ㉱ 백주철

각종 주철의 HB

종류	인장강도(kg$_f$/mm^2)
회주철	10~25
구상흑연주철	50~70
페라이트 주철	160~180
펄라이트 주철	70~220
합금주철	230~250
백주철	420

290. GC20로 도면에 표시된 금속 재료에 대한 설명이다. 다음 중 틀린 것은?

㉮ G는 회색의 금속재료를 표시한다.
㉯ C는 주조품을 말한다.
㉰ 20은 최고 인장강도 20kg$_f$/mm^{2}의 의미이다.
㉱ KS주철 재료 기호의 일종이다.

20은 최저 인장강도 20kg$_f$/mm^{2}의 의미이다.

291. 다음 중 안내용 베드의 재질에 적합하지 않은 것은?

㉮ 미하나이트(Meehanite)
㉯ 구상 흑연 주철
㉰ 합금 주철
㉱ 주강

292. 다음 주철 물리적 성질 중 틀린 것은?
㉮ 20~100℃에서 선팽창 계수(cm/℃)는 10×10^{-2}이다.
㉯ 20~100℃에서 비열(cal/g℃)은 0.13이다.
㉰ 비중은 6.95~7.35이다.
㉱ 20~100℃에서 열전도율(cal/cm℃)은 약 0.125이다.

🔍 해설
주철의 물리적 성질
① 비중은 흑연이 많을수록(Si, C가 많을수록) 적어지고, 전기 전도율은 흑연량이 많을수록 저하된다.
② 비열은 융점까지는 온도 상승과 함께 증가하고 용융후는 무관하다.
③ 흑연편이 클수록 자기 감응도가 나쁘다.
④ Si, Ni양이 증가하면 전기 비저항이 높아진다.
⑤ P의 함유량이 많을수록 응고 온도는 저온 쪽으로 처진다.

종 류	회주철	백주철
색 상	흑회색	은백색
비 중	7.1~7.3	7.5~7.7
융 점(℃)	1150~1350	
용해숨은열 (cal/kg)	32~34	23
열팽창계수 (25~100℃)	0.0000084	
열전도율	0.045~0.08	0.12~0.13
비 열	0.131	
전기비저항 (Ω/cm)	74.6×10^{-6}	98.0×10^{-6}

293. 내식성이 있으며 비교적 값이 싸므로 상수도 배수관, 가스 등 매몰판과 지상 배관용으로 사용되며 미분탄재 등을 포함하는 유채, 해수용관 등으로 사용되는 것은?
㉮ 강관　　㉯ 구리관
㉰ 주철관　㉱ 연관

294. 주조품에 발생하는 기포의 방지 대책으로 맞는 것은?
㉮ 주물사에 수분을 첨가시킨다.
㉯ 통기성을 감소시킨다.
㉰ 가스 빼기의 수를 줄인다.
㉱ 용탕의 가스량을 줄인다.

295. 주철의 탄소 당량 계산법으로 맞는 것은 어느 것인가?
㉮ $CE = T \cdot C + \dfrac{1}{3}(Si + P)$
㉯ $CE = T \cdot C + \dfrac{1}{3}(Si + S)$
㉰ $CE = T \cdot C + \dfrac{1}{3}(Si \times P)$
㉱ $CE = T \cdot C + \dfrac{1}{3}(Si \times S)$

🔍 해설
탄소 당량(C.E, Carbon Equivalent)
① 탄소 이외의 원소의 영향을 탄소 당량으로 환산한다.
② 회주철 속의 전탄소와 인(P)의 각 원소의 영향을 탄소량으로 환산하여 주철의 성장을 논할 때의 환산량을 탄소 당량이라 한다.
③ $C.E = C\% + 0.3(Si\% + P\%)$ 또는 $C\% + \dfrac{1}{3}Si$ 또는 $C\% + \dfrac{1}{3}(Si\% + P\%)$
④ 탄소 당량이
　㉠ 4.3일 때(공정) → 흑연과 오스테나이트가 동시에 나타난다.
　㉡ 4.3 이상일 때(과공정) → 초정 흑연이 정출한다.
　㉢ 4.3 이하일 때(아공정) → 초정 오스테나이트 정출, 흑연 감소

정답　292. ㉮　293. ㉰　294. ㉱　295. ㉮

296 주철에 함유된 여러 가지 원소에 대한 설명 중 옳지 못한 것은?

㉮ Si는 주철 중의 유리 탄소(Free carbon)를 화합시킨다.
㉯ Mn은 탈황제로 작용하고 증가함에 따라 펄라이트는 미세해지고 페라이트는 감소한다.
㉰ S는 시멘타이트를 안정화시키고 규소에 의한 흑연화 작용을 방해한다.
㉱ P가 주철 속에 들어가면 용융점이 저하되고 유동성이 좋아지나 탄소의 용해도가 저하한다.

주철에 함유된 원소의 영향
① 탄소의 영향
  ㉠ 시멘타이트와 흑연 상태로 존재하며, 시멘타이트양이 0.9% 이상이면 여리다.
  ㉡ 냉각 속도가 느릴 때나 Mn양이 적을수록, Si양이 많을수록 흑연량이 많아진다.
  ㉢ 화합 탄소가 많으면 유동성이 나쁘고 냉각 시 수축이 크다.
  ㉣ 흑연 탄소가 많으면 유동성은 좋고 냉각 시 수축이 작다.
② 규소의 영향
  ㉠ Fe과 고용체를 만들고 흑연 생성을 촉진하며 질을 연하게 하고 냉각 시 수축이 감소된다.
  ㉡ 규소를 첨가한 주철은 응고 후 수축이 적어지고 주조가 쉽다.
  ㉢ 주철 중의 화합 탄소를 분리하여 흑연을 유지시킨 성질이 있다.
  ㉣ Si나 P를 함유한 주철은 공정점을 저탄소 쪽으로 이동한다.
  ㉤ 주조성 증가, 경도, 강도 증가, 연성, 전성 및 수축률 감소, 흑연 발생을 촉진한다.
③ 망간의 영향
  ㉠ Mn과 Fe은 완전히 고용하며(탈황제로 사용) 흑연화 방지제이다.
  ㉡ S의 해를 막아주고 화합 탄소량을 증가시킨다.
  ㉢ 1% 이상은 주철의 질과 경도 증가로 절삭성을 해치고 수축률은 크다.
  ㉣ 망간의 증가에 따라 펄라이트는 미세화되고 페라이트는 감소한다.
  ㉤ 시멘타이트를 안정화한다.
④ P의 영향
  ㉠ 일부는 페라이트 중에 고용되나 대개 스테다이트로 존재한다.
  ㉡ 융점은 낮아지고 유동성은 좋아진다.
  ㉢ 얇은 두께의 주물이나 깨끗한 면을 요하는 주물에서 P양을 많게 한다.
  ㉣ 1% 이상 첨가시 거친 시멘타이트를 형성한다.
⑤ S의 영향
  ㉠ 유동성을 해치고 주조 작업이 곤란하며 정밀주조가 어렵다.
  ㉡ 주 조시 수축이 크고 주조 응력을 크게 하고 균열을 일으킨다.
  ㉢ 흑연 생성을 방해하고 백선화 촉진 원소로 시멘타이트가 안정화된다.

297 탄소가 0.36%, 규소가 0.15% 함유된 주철의 탄소 당량(%)은 얼마인가? (단, P는 무시함)

㉮ 0.41
㉯ 0.43
㉰ 0.51
㉱ 0.66

탄소 당량
① $C.E = C\% + \dfrac{1}{3}Si$에서
② $C.E = 0.36 + \dfrac{1}{3} \times 0.15 = 0.36 + \dfrac{0.15}{3}$
   $= 0.41\%$

정답 296. ㉮ 297. ㉮

298. 탄소량 4.2%, Si양 1.6%일 때 탄소 포화도는 얼마인가?

㉮ 0 또는 1.0 ㉯ 1.1 또는 1.19
㉰ 1.2 또는 1.5 ㉱ 1.5 또는 2.0

해설

탄소 포화도
① C%와 Si%와 P의 함유량에서 수정된 공정 성분값의 비

② 탄소 포화도 $= \dfrac{\text{전체탄소량}}{4.3 - \dfrac{Si}{3.2}}$

$= \dfrac{\text{전체탄소량}}{4.3 - \dfrac{Si}{3.2} - 0.275P}$

③ 제3원소가 있을 경우

$\to SC = \dfrac{C\%}{4.26 - \dfrac{(Si+P)}{3.2}(\%)}$

④ 제3원소가 없을 경우 $\to SC = \dfrac{C\%}{4.26}$

∴ 4.26 = 공정 탄소 농도

⑤ 포화도
1인 경우 → 공정
1 이하 → 아공정
1 이상 → 과공정

⑥ 인장강도와 탄소 포화도와의 관계 :
$\delta t = d - e.SC = 102 - 82.5 \times SC(kg_f/mm^2)$

299. 3%C 주철의 냉각 과정 중 A_1 변태선상에서 오스테나이트의 양(%)은?

㉮ 24.5 ㉯ 44.5
㉰ 52.5 ㉱ 78.6

해설

오스테나이트양 $= \dfrac{6.68 - 3.0}{6.68 - 2.0} \times 100 \fallingdotseq 78.6\%$

300. 주철에서 탈황제로 가장 효과적인 원소는 다음 중 어느 것인가?

㉮ 탄소 ㉯ 망간
㉰ 규소 ㉱ 인

해설

주철 중의 Mn의 영향
① Mn과 Fe는 완전히 고용되며(탈황제로 사용) Mn은 흑연화의 방지 원소이다.
② Mn은 S와 친화력이 크므로 FeS+Mn ↔ MnS+Fe로 되어 S의 해를 막는다.
③ 용선 중의 산소와 화합하여 탈산 작용을 한다.
④ 1% Mn 이상은 주철의 질과 경도 증가로 절삭성을 해치고 수축률은 크다.
⑤ 시멘타이트의 안정화 및 탄소의 흑연화가 방해되며 강도, 경도, 수축률은 증가된다.
⑥ 펄라이트를 미세화하고 페라이트 석출이 억제된다.

301. 주철에 함유된 여러 가지 원소의 영향에 대한 설명 중 가장 옳은 것은?

㉮ 황은 시멘타이트를 안정화시킨다.
㉯ 망간은 주철 중의 화합탄소를 분리하여 흑연을 유리시킨다.
㉰ 규소는 주철 속에 들어가면 용융점이 저하되고 유동성이 좋아진다.
㉱ 인은 탈황제로 작용된다.

해설

S의 영향
① FeS로 되어 주로 결정립계에 미립자로 균일하게 분포한다.
② 유동성을 해치고 주조 작업이 곤란하며 정밀 주조 제조가 어렵다.
③ 주조 시 수축을 크게 하므로 기공을 만들고 주조 응력을 크게 하고 균열을 일으킨다.
④ 흑연 생성을 방해, 고온 취성의 원인이 되며 백선화 촉진 원소로 시멘타이트가 안정화된다.

정답 298. ㉯ 299. ㉱ 300. ㉯ 301. ㉮

302 보통 주철에서 흑연화를 억제하고 망간이 적을 때 균열의 원인이 되는 원소는?

㉮ C ㉯ Si
㉰ S ㉱ P

해설
① 흑연화 조장 원소 : C, P, Co, Ni, Ti, Si, Al
② 흑연화 방해 원소 : W, Mn, Mo, Cr, Sn, V, S

303 다음은 주철 중에 함유된 P(인)의 영향에 대한 설명이다. 옳은 것은?

㉮ 탄소의 용해도가 증가된다.
㉯ 시멘타이트가 적어진다.
㉰ 용융점이 높아진다.
㉱ 유동성이 증가한다.

해설
P의 영향
① P는 일부분이 페라이트 중에 고용되나 대개 스테다이트(α철-Fe_3C-Fe_3P의 공정)로 존재한다.
② 융점은 낮아지고 유동성은 좋아진다.
③ 얇은 두께의 주물이나 깨끗한 면을 필요로 하는 주물에는 P 함량을 많게 한다.
④ 수축률은 감소하고 1% 이상 첨가 시 거친 시멘타이트를 형성한다.
⑤ 인을 4.8% 함유한 주철은 HB 418 정도이다.

304 주철 중 인(P)에 관하여 설명한 것 중 옳지 않은 것은?

㉮ 삼원 공정 스테다이트(Fe_3P)로 존재한다.
㉯ 유동성이 좋아진다.
㉰ 주철 중에 들어가면 용융점이 상승한다.
㉱ 탄소의 용해도가 저하된다.

305 회주철에서 인(P)이 Fe_3P를 만들어 Fe_3C + Ferrite + Fe_3P와의 3원 공정을 형성한 것을 무엇이라고 하는가?

㉮ 구상 흑연(spheroidal graphite)
㉯ 불즈아이 조직(bull's eye structure)
㉰ 스테다이트(steadite)
㉱ 초정 흑연(kish graphite)

해설
스테다이트 (Steadite)
① P는 일부분이 페라이트 중에 고용되나 대개 스테다이트(α철-Fe_3C-Fe_3P의 공정)로 존재한다.
② 스테다이트 중의 시멘타이트는 분해되기 어렵고 단단하고 여리다.
③ 스테다이트가 함유된 주철은 내마모성이 강하나 다량일 경우 오히려 취약하다.

306 주철 중에 인(P)이 들어가면 내마모성을 향상시키는 이유는?

㉮ 위트먼스테텐(Widmanstatten) 조직 때문이다.
㉯ 덴드라이트(Dendrite) 조직 때문이다.
㉰ 스테다이트(Steadite) 조직 때문이다.
㉱ 베이나이트(bainite) 조직 때문이다.

307 마우러 조직도(Maurer's diagram)는 무엇을 나타내는 것인가?

㉮ C와 Si의 양에 따른 주철 조직 관계
㉯ C와 S의 양에 따른 주철 조직 관계
㉰ C와 P의 양에 따른 주철 조직 관계
㉱ C와 Mn의 양에 따른 주철 조직 관계

정답 302. ㉰ 303. ㉱ 304. ㉰ 305. ㉰ 306. ㉰ 307. ㉮

308 주철의 용탕에 첨가하면 구상 흑연 조직이 얻어지는 것은?

㉮ 흑연   ㉯ 마그네슘
㉰ 몰리브덴   ㉱ 알루미늄

309 주물의 두꺼운 부분의 조직을 크게 하는 것을 방지하는 동시에 얇은 부분의 칠(Chill)이 발생하는 것도 방지하는 주철 내의 원소로 흑연화도 촉진시켜 두께가 고르지 못한 주물을 튼튼히 하는 원소는?

㉮ Cr   ㉯ Ni
㉰ Ti   ㉱ V

Ni의 영향
① 흑연화 촉진제(0.1~1.0% 첨가)로 흑연화 능력은 Si의 $\frac{1}{2} \sim \frac{1}{3}$ 정도이다.
② 조직의 조대화를 방지하고 chill 발생을 방지한다.
③ 두께가 고르지 않은 주물을 튼튼하게 하고 비열, 내산화성, 내알칼리성을 갖게 하며 Austenite 주철을 만들 경우 14~38%의 Ni을 첨가한다.
④ 두꺼운 부분의 조직을 억제하게 하는 것을 방지하고 얇은 부분의 chill 발생을 방지한다.

310 다음 중 주철의 성장 원인이 아닌 것은?

㉮ 탄화철의 흑연화에 의한 팽창
㉯ 불균일한 가열로 생기는 균열로 인한 팽창
㉰ 흑연이 미세하여 조직이 치밀하므로 생기는 팽창
㉱ 고용원소인 규소의 산화에 의한 팽창

311 다음은 주철에 있는 마우러의 조직도이다. 페라이트 주철에 속하는 구역은?

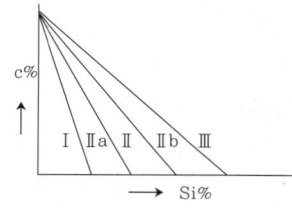

㉮ Ⅰ   ㉯ Ⅱ
㉰ Ⅱa   ㉱ Ⅲ

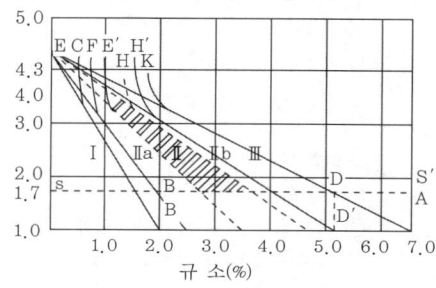

마우러 조직도(Maurer's diagram)

- B점 : 1%C에서의 백, 흑주철의 경계로 Si 2%의 점
- E점 : 공정점
- E.B점 : 백주철과 흑연을 함유한 주철의 경계선
- Ⅰ : 백선
- Ⅱa : 반선
- Ⅱ : 펄라이트 주철
- Ⅱb : 페라이트 + 펄라이트
- Ⅲ : 페라이트 주철
※ 기계구조용 주물로서 가장 좋은 조직 : 펄라이트 조직(2.7~3.2%C, 1.0~1.8%Si)

312 주철에서 마우러 조직도는 어떤 원소의 함량을 기준으로 만든 것인가?

㉮ C-Si   ㉯ C-Mn
㉰ Mn-Si   ㉱ Si-P

정답 308. ㉯ 309. ㉯ 310. ㉰ 311. ㉱ 312. ㉮

313 주철은 고온에서 가열과 냉각을 반복하면 부피가 커져서 변형이나 균열이 발생하고 강도와 수명이 감소된다. 이런 현상을 무엇이라 하는가?

㉮ 주철의 성장
㉯ 주철의 청열 메짐성
㉰ 주철의 적열 메짐성
㉱ 주철의 자연 시효

해설

주철의 성장 (growth of cast Iron)
① A_1점 상하의 고온으로 가열과 냉각을 반복하면 주철이 성장하여 부피가 크게 되고 변형, 균열 발생 및 수명이 단축되는 현상을 말한다.
② 주철의 성장 원인
 ㉠ 불균일한 가열에 의한 팽창과 시멘타이트의 흑연화에 의한 팽창
 ㉡ Ar_1 변태에 의해 체적 변화가 일어날 때 미세한 균열이 형성되어 생기는 팽창
 ㉢ 흡수된 가스에 의한 팽창과 고용원소인 Si의 산화에 의한 팽창
 ㉣ 흑연과 페라이트 기지의 열팽창 계수의 차이에 의해 그 경계에 생기는 틈새
③ 주철의 성장 방지책
 ㉠ 조직은 치밀하게(흑연화 미세화) 하고 산화하기 쉬운 Si 대신에 내산화성인 Ni로 치환할 것
 ㉡ Cr을 첨가하여 Fe_3C의 흑연화를 방지할 것(Cr, V, W, Mo 등의 원소 첨가)
 ㉢ 편상을 구상으로 하고 탄소량을 저하시킨다.

314 고급 주철의 인장강도는 얼마 이상인가?
(단, 단위는 kg_f/mm^2이다)

㉮ 15   ㉯ 40
㉰ 35   ㉱ 25

315 다음 중 주철의 성장을 방지시키는 방법으로 부적당한 것은?

㉮ 흑연을 미세화하기 위해서 조직을 치밀하게 한다.
㉯ C, Si양을 저하시킨다.
㉰ 탄화물 안정 원소인 Cr, Mn, Mo 등을 첨가하여 pearlite의 분해를 방지시킨다.
㉱ pearlite 중의 Fe_3C를 분해시켜 흑연화한다.

316 고급 주철의 제조방법 중 옳지 않은 것은?

㉮ 란쯔(Lanz)법
㉯ 엠멜(Emmel)법
㉰ 노듈러(Nodular)법
㉱ 미하나이트(Meehanite)법

해설

고급 주철의 제조법
란쯔(Lanz)법, 에멜(Emmel)법, 미이한(Meehan)법, 코살리(Corsalli)법, 피보바르스키(Piwowarsky)법

317 고급 주철의 특성을 바르게 설명한 것은 어느 것인가?

㉮ 충격에 대한 저항이 작다.
㉯ 항절력이 작다.
㉰ 조직이 치밀하다.
㉱ 인장강도가 20(kg_f/mm^2) 이하이다.

해설

고급 주철이 가져야 할 특성
① 인장강도, 항자력이 크며 비교적 강인성이 클 것
② 충격에 대한 저항력이 크며 경도, 내마모성이 클 것
③ 기계 가공이 쉽고 조직이 치밀하고, 내열, 내식성이 높을 것

정답 313. ㉮ 314. ㉰ 315. ㉱ 316. ㉰ 317. ㉰

318 회주철 중에서 인장강도가 25kgf/mm² 이상인 주철이며, 보통 펄라이트 주철이라고 부르는 것은 다음 중 어느 것인가?

㉮ 보통 주철 ㉯ 고급 주철
㉰ 합금 주철 ㉱ 칠드 주철

고급 주철
① 인장강도가 25kgf/mm² 이상인 주철로서 KS 규격에 GC25, GC30, GC35가 해당된다.
② 고급 주철의 조성 C(2.5~3.2%), Si(1.0~2.0%)
③ C, Si량의 범위 : $\dfrac{C+Si}{1.5} = 4.2 \sim 4.4\%$
 (단, 1 < Si < 3)
④ 조직 : 펄라이트와 미세한 흑연(흑연모양 : 와상, 국화상)

319 고급 주철 제조 시 steel scrap을 다량 함유하였을 경우의 특징이 아닌 것은?

㉮ 동일 조성의 주철은 steel scrap을 많이 사용하면 고강도 주철이 된다.
㉯ 고온 용해가 필요하다.
㉰ 탈탄되며 Cavity 등이 적어지고 질량 효과가 크다.
㉱ 저Si의 용탕을 얻기 쉽다.

고급 주철 제조 시 steel scrap을 다량 함유하면
① 동일 조성의 주철은 steel scrap을 많이 사용하면 고강도 주철이 된다.
② 고온 용해의 필요, 탈탄이 되며 Cavity 등이 적어지고 질량 효과가 적다.
 ※ Cavity(간극) : 용융금속이 응고할 때에 용탕의 공급 부족 때문에 최후에 응고한 부분에 발생하는 결정으로 수축간극이라 한다.
③ 저Si의 용탕을 얻기 쉽고, 값이 싸다.
④ 보통 scrap은 40% 이상일 것

320 과랭도가 큰 금속의 경우 융체에 진동을 주든지 또는 작은 금속편을 첨가함으로서 응고를 촉진시키는 방법은?

㉮ 시효 ㉯ 접종
㉰ 확산 ㉱ 회복

접종 (Inoculation)
① 흑연의 핵을 미세하고, 균일하게 분포하도록 하기 위해서 Si나 Ca-Si분말을 첨가하여 흑연의 핵 생성을 촉진하는 방법이다.
② 용융되어 있는 물질이 냉각되어서 결정을 형성할 때 그 중심 핵을 인공적으로 부여하는 물질을 접종제라 한다.
③ 접종제의 종류 : C, Si, Ca, Al(Ba, Zr, Mn, Ti, 희토류)
④ Ca-Si를 접종하면 흑연핵 미세화, 기지 조직 치밀화, 기계적 성질 향상, 시멘타이트의 감소로 chill화의 방지 효과를 얻는다.

321 담금질할 수 있으며 내마멸성이 요구되는 공작 기계의 안내면과 강도를 요하는 기관의 실린더에 쓰이는 주철은?

㉮ 구상 흑연 주철 ㉯ 미하나이트 주철
㉰ 칠드 주철 ㉱ 흑심 가단 주철

미하나이트 주철의 용도
① 내마모성이 요구되는 공작 기계의 안내면 및 강도를 요하는 기관의 실린더로 쓰인다.
② 강력 구조용으노 내열 및 내마모용으로 사용한다.
③ 실린더 라이너, 피스톤, 자동차 부품 등에 쓰인다.

정답 318. ㉯ 319. ㉰ 320. ㉯ 321. ㉯

322. 다음 중 접종에 영향을 미치는 요인이 아닌 것은?

㉮ 유황 함유량이 낮을수록 접종처리가 어렵다.
㉯ 모든 접종제는 소멸 현상이 있다.
㉰ 용탕온도는 접종제의 종류에 영향을 준다.
㉱ 고온에서 접종 처리하면 어렵게 소멸된다.

해설
접종에 영향을 주는 요인
① 유황 함유량이 낮을수록 접종 처리가 어렵다.
② 접종 소멸 현상(fading) : 모든 접종제는 fading 현상이 있다.
③ 용융 비율은 접종 후 즉시 주입한 경우 접종제가 빨리 용융되거나 fading 현상이 있는가 하는 것이 중요하다.
④ 용탕온도 : 접종 효과와 접종 소멸, 접종제의 종류에 영향을 주며 고온에서 접종 처리하면 쉽게 소멸된다.
⑤ 접종제의 사용목적
  ㉠ 기계 가공이 향상되고 주조 조직이 균일화되며 치밀한 조직 증대의 효과가 있다.
  ㉡ 기계적 특성이 향상되고 흑연과 기지 조직이 향상되며 정교한 공구 파손을 방지한다.
  ㉢ 얇은 단면의 chill 방지(과랭 저지)

323. 다음 중 접종의 금속학적 효과가 아닌 것은?

㉮ 칠의 감소
㉯ 좋은 흑연 조직 증대
㉰ 조직의 균일성 증대
㉱ 과랭 증대

해설
접종의 금속학적 효과
chill의 감소와 좋은 흑연 조직의 증대와 조직의 균일성이 증대된다.

324. 백주철 또는 반주철이 될 용금에 백선을 방지하기 위하여 칼슘 – 규소(Ca–Si)를 첨가시킨 주철을 무엇이라고 하는가?

㉮ 에멀식 펄라이트 주철
㉯ 렌즈의 펄라이트 주철
㉰ 미하나이트 주철
㉱ 코살리 펄라이트 주철

해설
미하나이트 주철(Meehanite Cast Iron)
① 접종에 의해 만들어진 고급 주철이다.
② 바탕 : pearlite로 흑연은 미세하게 분포되어 있으며 용선로, 전기로, 평로에서 용해한다.
③ 강철을 60~80% 배합하여 (C+Si)%가 적은 백주철, 반주철이 될 용융 쇳물에 백선화 방지를 위해 Ca-Si를 첨가하여 미세한 흑연을 석출하며 바탕은 펄라이트다.
④ 접종을 이용하여 과랭하기 쉬운 저탄소, 저규소의 용탕의 과랭을 저지하고 흑연을 적당히 발달시켜 균일, 미세화한 주철이다.
⑤ 미하나이트 주철의 성분과 기계적 성질

	원소	함유량(%)
성분(%)	전탄소	2.03~2.13
	화합탄소	0.72~0.99
	Si	1.35~1.39
	Mn	0.87~1.05
	P	0.15~0.16
	S	0.04
기계적 성질	인장강도	26~35kgf/mm^2
	HB	126~321

325. 흑연이 미세하게 분포되어 있고 인장강도가 35~45gr/mm^{2}에 달하면 담금질할 수 있어 내마멸성이 요구되는 공작 기계의 안내면과 강도를 요하는 기관의 실린더에 사용하는 주철은?

㉮ 합금 주철
㉯ 미하나이트 주철
㉰ 구상 흑연 주철
㉱ 칠드 주철

 322. ㉱ 323. ㉱ 324. ㉰ 325. ㉯

326. 고철을 다량으로 배합, 평형 송풍의 큐폴라에서 고온 용해한 용탕에 Ca-Si로 접종해서 제조한 주철은?
㉮ 구상 흑연 주철 ㉯ 미하나이트 주철
㉰ 가단 주철 ㉱ 백주철

327. 내열 내식용으로 사용되며 기지 조직이 페라이트 조직인 주철은 다음 중 어느 것인가?
㉮ 바나듐 주철 ㉯ 붕소 주철
㉰ 고규소 주철 ㉱ 망간 주철

> **고규소 주철(내산 주철)**
> ① Si 14% 정도 첨가한 고규소 주철노 내열 주철로는 Si 4~6%, 내산 주철로는 3~16%이다.
> ② 종류 : 듀리런(Si 14~14.5%), 크로지론(Si 13~14%)
> ③ 절삭이 불가능하며 취약하고 내산 주철이 대표적이다.

328. Mo 주철의 대표적인 것으로 기지가 페라이트 조직인 주철은 다음 중 어느 것인가?
㉮ ni-hard 주철 ㉯ acicular 주철
㉰ ni-resist 주철 ㉱ nomag 주철

> **침상 주철(아시쿨러 주철)**
> ① 주철+Ni+Cr+(Mo, Cu) 등을 배합하여 A_1점을 저지하여 흑연과 베이나이트 조직을 만든 것으노 내마모성 주철이다.
> ② Ni, Mo, Cu를 가하면 260~370°C에서 뜨임하여 침상 베이나이트 조직을 만든다.
> ③ 흑연이 편상일 때 인장강도는 25~30ton/in², 충격치는 펄라이트 주철의 약 2배이다.

329. Acicular 주철의 우모상 조직은 다음 중 어느 것인가?
㉮ 페라이트 ㉯ 소르바이트
㉰ 펄라이트 ㉱ 베이나이트

> Acicular 주철의 조직은 우모상의 베이나이트 조직이다.

330. 흑연의 구상화 처리 중 용융 주철에 첨가하는 첨가제의 첨가 방식이 아닌 것은?
㉮ 표면 첨가법 ㉯ 압력 첨가법
㉰ 저면 첨가법 ㉱ 고온 첨가법

> **흑연의 구상화 처리**
> ① Mg은 13.5% 정도 첨가하며, 산소와 유황의 친화력이 강하여 탄소, 탈황 작용이 크다.
> ② 첨가제는 1300°C 이상에서 처리되며, Mg는 폭발적인 반응을 하므로 첨가 방식을 이용하여 용융 주철에 첨가한다.
>   ※ 첨가 방식 : 표면 첨가법, 플런저(plunger) 첨가법, 용탕 주입시 첨가법, 압력 첨가법
> ③ 용탕 중에 Mg나 Ca를 1% 정도 첨가하면 Mg는 80°C, Ca는 약 65°C의 온도를 강하시키므로 용탕의 온도를 1400°C 이상으로 해야 한다.
> ④ Ca 첨가 시
>   ㉠ 첨가 후 잘 교반할 것
>   ㉡ Ca-Si 첨가 표면에 고융점의 산화물, 유화물이 생겨서 Ca의 반응을 방해하므로 염화물의 용제를 혼합할 것
>   ㉢ 비중을 크게 하기 위해서 Fe를 함유시키며 Ce의 병용 첨가도 좋다.

정답 326. ㉯ 327. ㉰ 328. ㉯ 329. ㉱ 330. ㉱

331 용융 금속에 마그네슘, 칼슘 등을 첨가하여 흑연핵을 형성시켜 제조하는 주철은?

㉮ 강력 주철 ㉯ 가단 주철
㉰ 구상 흑연 주철 ㉱ 펄라이트 주철

구상 흑연 주철 (ductile, 노듈러 주철, 연성 주철)
① 흑연을 구상화(CE 0.02%, Mg 0.04%)시켜 균열 발생을 어렵게 하고 강도 및 연성을 크게 한 주철이다.
② 구상 흑연 주철의 규격

종류	기 호	인장강도 (kg_f/mm^2)	내력 (kg_f/mm^2)	연신율 (%)
1종	DC 40	40 이상	28 이상	12 이상
2종	DC 45	45 이상	30 이상	5 이상
3종	DC 55	55 이상	38 이상	2 이상
4종	DC 70	70 이상	48 이상	1 이상

③ 제조법
  ㉠ 원재료 : 선철, 파쇠, 회수한 쇠로 적당한 비율로 배합(S, O가 없을 것)
  ㉡ 용해 : 산성, 염기성 용선로, 저주파 전기로, 엘로우식 전기로에서 용해한다.
  ㉢ 탈황법 : 유황은 흑연 구상 원소가 첨가되기 전에 약 0.02% 이하로 할 것
  ㉣ 접종, 주탕 : 50%, 75% Fe-Si, Si-Ca 등 약 0.3%가 첨가된다.
  ㉤ 열처리 : Cementite 분해와 Ferrite화된다.
④ 구상 흑연 주철의 특징
  ㉠ 구상화 처리할 때 두께가 얇으면 백선화 경향이 크고 구상 흑연 석출이 쉽다.
  ㉡ 두께가 두껍고 냉각속도가 늦으면 편상 흑연 조직이 되기 쉽다.
  ㉢ 구상화 처리 후 용융 상태로 방치하면 흑연 구상화 효과가 상실된다.
  ㉣ Fe_3C가 적은 페라이트형은 주철의 성장이 적다.

332 특수 합금 주철의 구상 흑연 주철을 만들기 위해 용융 상태에서 어느 원소를 첨가해야 하는가?

㉮ Mg ㉯ Al
㉰ Ni ㉱ Cu

구상화제
Ce, Mg, Fe-Si, Ca-Si, Ni-Mg, Mg-Si-Fe

333 주철의 용탕에 무엇을 첨가하면 구상 흑연 조직이 얻어지는가?

㉮ 흑연 ㉯ 마그네슘
㉰ 몰리브덴 ㉱ 알루미늄

334 구상 흑연 주철에서 구상화 처리 시 페이딩 (Fading) 현상이란?

㉮ 구상화 처리 시 두께가 얇아 백선화되는 것
㉯ 구상 흑연 주철의 펄라이트가 550℃ 부근에서 흑연화하는 것
㉰ 과포화 오스테나이트 또는 카바이트를 통해 2차적으로 흑연이 생성되는 것
㉱ 구상화 처리 후 용탕 상태로 방치하면 흑연의 구상화가 소실되는 것

페이딩 (Fading)
① 주철 용탕에 흑연 구상화제나 접종제를 첨가하였을 경우에 시간이 경과함에 따라 그 효과가 희미해져 가는 현상이다.
② 20분 정도로 효과가 없어지므로 그 전에 주탕을 행할 필요가 있다.
③ 구상화 처리 후 용융 상태로 방치하면 흑연 구상화 효과가 없어지는 현상, 즉 편상 흑연 주철로 복귀하는 현상을 Fading이라 한다.

정답 331. ㉰ 332. ㉮ 333. ㉯ 334. ㉱

335. 절삭성과 내식성은 보통 주철과 별 차이가 없고 내마멸성이 우수하며, 특수 기계 부품, 화학 기계 부품, 수도관, 잉곳 주형 등에 많이 쓰이는 것은?
㉮ 탄소 공구강   ㉯ 고속도강
㉰ 구상 흑연 주철   ㉱ 미하나이트 주철

336. 구상 흑연 주철의 불스아이(Bulls eye) 조직의 흑연 주위의 조직은?
㉮ Pearlite   ㉯ Cementite
㉰ Ledeburite   ㉱ Ferrite

불스아이(Bulls eye 조직)
① 구상 흑연 주철, 가단 주철의 현미경 조직에 있어서 구상 혹은 괴상의 흑연 둘레가 Ferrite가 되어 있고, 바탕이 펄라이트로 되어서 황소눈처럼 보이는 조직이다.
② 바탕은 Ferrite와 Pearlite이며 구상 흑연 주위의 둥글고 흰 부분이 Ferrite이다. 이것은 펄라이트 중의 Fe₃C가 분해되고 흑연이 집합하여 구상으로 되기 때문에 그 둘레가 연한 Ferrite로 둘러싼 조직을 말하며 경도, 내마모성, 압축 강도가 크다.

337. 구상 흑연 주철과 가단 주철의 공통점은 무엇인가?
㉮ 보통 주철에 비해 인성, 연성이 크다.
㉯ 보통 주철에 비해 메짐성이 크다.
㉰ 보통 주철에 비해 경도가 크다.
㉱ 모두 접종을 해야 한다.

338. 일반적으로 구상 흑연 주철을 풀림 처리한 것은 그 인장강도(kg_f/mm^2)가 얼마 정도나 되겠는가?
㉮ 45~55   ㉯ 55~80
㉰ 20~25   ㉱ 10~15

339. 구상 흑연 주철은 조직에 따라 시멘타이트형, 펄라이트형, 페라이트형으로 분류한다. 다음 설명 중 시멘타이트형의 발생 원인으로 부적절한 것은?
㉮ 마그네슘 첨가량이 많은 때
㉯ 탄소, 규소가 적을 때
㉰ 냉각 속도가 빠를 때
㉱ 풀림 처리를 하였을 때

구상 흑연 주철의 분류

종 류	발생 원인	성 질
시멘타이트형 (Cementite가 석출한 것)	㉠ Mg의 첨가량이 많을 때 ㉡ C, Si 특히 Si가 적을 때 ㉢ 냉각속도가 빠를 때	㉠ HB220 이상이 된다. ㉡ 연성이 없다.
펄라이트형 (기지가 Pearlite)	㉠ 시멘타이트형과 페라이트형의 중간 발생 원인	㉠ 인장강도 : 60~70 kg_f/mm^2 ㉡ 연신율 : 2% 정도 ㉢ HB : 150~240
페라이트형 (Ferrite가 석출한 것)	㉠ Mg의 첨가량이 적당할 때 ㉡ C, Si 특히 Si가 많을 때 ㉢ 냉각속도가 느리고 풀림했을 때	㉠ 연신율 : 6~20% ㉡ HB : 150~200 ㉢ Si가 3% 이상 되면 취약해진다.

정답 335. ㉰ 336. ㉱ 337. ㉮ 338. ㉮ 339. ㉱

340 칠드(chilled) 주물이란 무엇인가?
㉮ 가단 주철을 기름에 담금질한 것
㉯ 급랭해 표면을 시멘타이트로 한 것
㉰ 전체를 마르텐자이트 조직으로 한 것
㉱ 표면을 펄라이트 조직으로 한 것

냉경 주철(chilled casting)
① 금형에 닿은 부분만 급랭하여 단단하게 하고 내부는 서랭하여 연하고 강인성을 갖게 한 주철이다.
② 재료는 규소가 적은 것(Si가 적은 용선에 Mn 첨가)이며 성질로는 내마모성, 내열성, 경도가 크다.
③ chill부 조직은 Cementite이고, 내부 조직은 Pearlite이다.
④ 용도 : 내마모성을 위주로 하는 롤러, 차륜, 칠드 롤러 등이다.

341 주조 시 주형에 냉금을 삽입하여 주물 표면을 급랭시킴으로써 백선화하고 경도를 증가시킨 내마모성 주철은 다음 중 어느 것인가?
㉮ 가단 주철   ㉯ 칠드 주철
㉰ 구상 흑연 주철 ㉱ 고급 주철

금형에 닿은 부분만 급랭하여 단단하게 하고 내부는 서랭하여 연하고 강인성을 갖게 한 주철을 칠드 주철이라 한다.

342 금속 주형에 주조해서 주물의 표면을 백선으로 하고 내부를 보통 주철 조직으로 만드는 주철은 다음 중 어느 것인가?
㉮ 구상 흑연 주철 ㉯ 가단 주철
㉰ 칠드 주철   ㉱ 미하나이트 주철

343 다음 중 백선화 촉진 요인인 어느 것인가?
㉮ 모래 주형에 주입한다.
㉯ Al, Cu 등의 금속을 첨가한다.
㉰ 칠(chill) 정도를 크게 한다.
㉱ 냉각 정도를 천천히 한다.

칠드층의 지배요인
① 주입온도, chill부분 두께, 금형온도와 두께, 금형에 접촉하는 시간
② Si의 양이 적어지면 칠두께가 두꺼워진다.
③ 백선화 순서 : W > Mo > Mn > Sn > S > Cr > V

344 칠드 주철에서 칠드층의 깊이는 냉각 속도에 관계되므로 보통 몇 mm로 하는 것이 가장 좋은가?
㉮ 5~10   ㉯ 10~30
㉰ 30~40   ㉱ 40~50

칠드층(깊이)을 지배하는 요인
① 주입 온도 및 chill 부분의 두께
② 금형 온도와 두께(주물두께의 $\frac{1}{3} \sim \frac{1}{2}$ 정도), 금형에 접촉한 시간
③ Si양이 적어지면 칠 두께가 두꺼워진다.
④ 칠의 깊이는 냉각 속도에 관계되므로 보통 10~25mm로 한다.

345 주형에서 쓰이는 칠메탈의 가장 중요한 역할은 무엇인가?
㉮ 주형 강도를 높인다.
㉯ 응고를 촉진하여 수축을 방지한다.
㉰ 슬랙이나 협잡물을 제거시킨다.
㉱ 공기나 가스를 신속히 배출시킨다.

정답 340. ㉯ 341. ㉯ 342. ㉰ 343. ㉰ 344. ㉯ 345. ㉯

346 칠드 주물에서 칠층을 깊게 하는 원소는 다음 중 어느 것인가?

㉮ 탄소　　㉯ 규소
㉰ 인　　㉱ 망간

① 칠드부를 깊게 하는 원소 : W, Mn, Mo, Cr, Sn, V, S
② 칠드부를 얇게 하는 원소 : C, P, Co, Ni, Ti, Si, Al

347 회주철은 주조성이 좋으나 취약하여 거의 연신율이 없다. 이와 같은 결점을 보충하기 위해서 백주철의 주물을 만든 다음 장시간 열처리에서 탈탄과 시멘타이트의 흑연화에 의하여 연성을 가지게 한 주철은?

㉮ 칠드 주철　　㉯ 가단 주철
㉰ 구상 흑연 주철　　㉱ 미하나이트 주철

348 다음 중 가단 주철에 해당되지 않는 것은?

㉮ 흑심 가단 주철
㉯ 펄라이트 가단 주철
㉰ 백심 가단 주철
㉱ 미하나이트 주철

가단 주철의 분류

종류	인장강도 (kg_f/mm²)	목적
백심가단주철 (WMC)	30~36	탈탄 목적
흑심가단주철 (BMC)	28~35	흑연화 목적
펄라이트가단주철 (PMC)	45~70	흑연화, 일부 C를 Fe₃C형으로 잔류

349 다음 가단 주철의 설명 중 맞는 것은?

㉮ 흑심 가단 주철은 백주철을 산화철과 함께 풀림로에 넣고 800~900℃에서 30~50시간 유지시켜 표면을 탈탄한다.
㉯ 흑심 가단 주철은 백주철을 풀림하여 시멘타이트를 분해시켜 흑연을 편상으로 석출한다.
㉰ 흑심 가단 주철은 백주철을 풀림처리하여 시멘타이트를 분해시켜 흑연을 망상으로 석출한다.
㉱ 펄라이트 가단 주철은 흑심 가단 주철의 흑연화를 완전히 하지 않고 제1단계 흑연화가 끝난 후 800℃ 정도에서 일정시간 유지 후 급랭시킨다.

가단 주철
① 백주철의 연신율을 보완하고 주강의 주조성을 보완하여 백주철과 주강의 중간 성질을 가진 주철이다.
② 가단 주철의 탈산제 : 철광석, 밀 스케일, 해머스케일 등의 산화철에 이용된다.
③ 가단 주철의 종류
　㉠ 백심 가단 주철 : 백주철을 밀 스케일(압연된 작업에서 나온 산화 표피)과 함께 풀림처리 상자에 넣고 약 950~1000℃로 가열하면 산화철의 산소가 작용하여 백주철의 표면이 탈탄된다.
　㉡ 흑심 가단 주철 : 저탄소, 저규소의 백주철을 풀림하여 Fe₃C를 분해시켜 흑연을 입상으로 석출시킨 것을 말한다.
　㉢ 펄라이트 가단 주철 : 흑심가단주철의 흑연화를 완전히 하지 않고 제1단계 흑연화가 끝난 후 800℃ 정도에서 일정시간 유지 후 급랭시킨다.

정답　346. ㉱　347. ㉯　348. ㉱　349. ㉱

350 다음 중 가단 주철을 제조할 때 사용되는 원료선인 것은?
㉮ 회주철 ㉯ 반주철
㉰ 구상 흑연 주철 ㉱ 백주철

351 백주철을 미분상의 산화철로 둘러싸서 고온으로 장시간 탈탄시킨 주철을 무슨 주철이라 하는가?
㉮ 펄라이트 주철 ㉯ 백심 가단 주철
㉰ 흑심 가단 주철 ㉱ 노듈러 주철

백심 가단 주철
① 백주철을 철광석, 밀 스케일(mill scale : 압연 작업에서 나온 산화 표피)과 함께 풀림처리에 사용된 상자에 다져 넣어 약 950~1,000℃로 가열하면 산화철의 산소가 작용하여 백주철의 표면이 탈탄된다.
② 백심 가단 주철 제조 시 뜨임 탄소(Temper-carbon)가 발생한다.
③ 백심 가단 주철의 열처리 : 충진물에 의한 법과 가스 탈진법이 있다.
④ 용도 : 자동차, 방직기의 부품에 쓰인다.

352 다음 중 흑심 가단 주철의 재질 기호는?
㉮ WMC ㉯ PMC
㉰ BMC ㉱ DC

종류	기호
백심 가단 주철	WMC
흑심 가단 주철	BMC
펄라이트 가단 주철	PMC
구상 흑연 주철	DC

353 다음 식과 같이 탈탄 반응에 의하여 제조된 주철은 무슨 주철이라 하는가?

$$\text{탈탄 반응} \begin{cases} O_2 + C \rightarrow CO_2 \\ Fe_3C + CO_2 \rightarrow 3Fe + 2CO \end{cases}$$

㉮ 구상 흑연 주철 ㉯ 백심 가단 주철
㉰ 흑심 가단 주철 ㉱ 합금 주철

백심 가단 주철의 탈산 반응식
① 탈탄 반응
  $O_2 + C \rightarrow CO_2$
  $Fe_3O + CO_2 \rightarrow 3Fe + 2CO$
  또는 $C + CO_2 \rightarrow 2CO$
② 탈탄에 필요한 이산화탄소 공급
  $Fe_2O_3 + CO \rightarrow 2FeO + CO_2$
  $Fe_3O_4 + CO \rightarrow 3FeO + CO_2$
  $FeO + CO \rightarrow Fe + CO_2$

354 다음 가단 주철 중 인장강도가 가장 큰 것은?
㉮ 백심 가단 주철
㉯ 흑심 가단 주철
㉰ 펄라이트 가단 주철
㉱ CV 주철

가단 주철의 인장강도

종류	인장강도(kg_f/mm^2)
WMC	30~36
BMC	28~35
PMC	45~70

정답 350. ㉱ 351. ㉯ 352. ㉰ 353. ㉯ 354. ㉰

355. 백주철을 제1단 흑연화시키고 제2단 흑연화를 일으키지 않도록 저지시켜 점성 강도를 부여한 주철은 다음 중 어느 것인가?

㉮ 흑심 가단 주철
㉯ 백심 가단 주철
㉰ 펄라이트 가단 주철
㉱ 구상 흑연 주철

펄라이트 가단 주철
흑심 가단 주철의 흑연화를 완전히 하지 않고 제2단의 흑연화를 막기 위하여 제1단의 흑연화가 끝난 후에 약 800℃에서 일정시간 유지하고 급랭한다.

356. 구상과 편상 흑연의 중간 형태의 흑연으로 형성된 조직으로 주조성이 구상 흑연 주철과 회주철의 중간인 주철을 어떤 주철이라 하는가?

㉮ 가단 주철   ㉯ 고급 주철
㉰ 칠드 주철   ㉱ CV 주철

펄라이트 가단 주철
① 흑심 가단 주철의 흑연화를 완전히 하지 않고 제2단의 흑연화를 막기 위하여 제1단의 흑연화가 끝난 후에 약 800℃에서 일정시간 유지하고 급랭한다.
② 또는 제2단 흑연화 도중에서 중지하고 급랭하면 그 정도에 따라 펄라이트를 적당히 남게 하여 인장강도(45~70kg$_f$/mm^2)는 크고 연율(3% 정도)은 다소 감소된 펄라이트 가단 주철이 된다.
③ 제2단 흑연화 도중에 중지하여 냉각 시켜 펄라이트를 적당히 잔류시킨 주철이다.

정답 355. ㉰   356. ㉱

제3장 비철금속재료 기출 및 예상문제

001 다음 구리에 대한 설명 중 적당하지 않은 것은?

㉮ 내식성이 있어 선박용으로 사용된다.
㉯ 열과 전기의 전도율이 높다.
㉰ 용해하기가 다른 금속에 비해 용이하다.
㉱ 결정 구조는 면심 입방 격자이다.

002 다음 중 동광석의 종류가 아닌 것은?

㉮ 황동광 ㉯ 휘동광
㉰ 적동광 ㉱ 보크사이트

동광석
① 종류 : 적동광(Cu_2O), 황동광($CuFeS_2$), 휘동광(Cu_2S), 반동광 등이 있다.
② 동광석의 품위 : Cu 2~4%(조동 : 98~99.5% Cu, 전기 동 : 99.96% Cu)
※ 보크사이트는 알루미늄 광석이다.

003 다음 중 구리의 성질을 철과 비교하였을 경우 틀린 것은?

㉮ 전연성이 높다.
㉯ 경도가 높다.
㉰ 열전도율이 높다.
㉱ 전기 전도율이 크다.

004 산소나 탈산제를 품지 않으며 유리에 대한 봉착성이 좋고 수소 취성이 없는 시판용 동은?

㉮ 전기동
㉯ 정련동
㉰ OFHC
㉱ 조동(blister copper)

무산소동(OFHC, Oxygen-Free High Conductivity copper)
① 산소나 P, Zn, Si, K 등의 탈산제를 품지 않는 것이다.
② 전기동을 진공 중 또는 무산화 분위기에서 정련 주조한 것이며, 산소 함유량은 0.001~0.002% 정도이다.
③ 성질
  ㉠ 정련동과 탈산동의 장점을 갖춘 것이다.
  ㉡ 특히 전기 전도도가 극히 좋고 가공성이 우수하다.
  ㉢ 유리에 대한 봉착성 및 전연성이 좋으므로 진공관용 또는 기타 전자기용으로 사용한다.

005 전기동을 용융 정제할 때 용동(熔銅) 중에 생소나무 등을 투입하는 이유는?

㉮ 탈수소 ㉯ 탈산
㉰ 탈황   ㉱ 탈인

정답 001. ㉰ 002. ㉱ 003. ㉯ 004. ㉰ 005. ㉯

006 다음은 구리의 성질에 대하여 설명한 것이다. 틀린 것은 어느 것인가?

㉮ 전기 및 열의 전도성이 우수하다.
㉯ 전연성이 좋아 가공하기가 쉽다.
㉰ 화학 저항력이 커서 부식되지 않는다.
㉱ Zn, Sn, Ni, Ag 등과는 합금이 잘 안 된다.

구리의 성질
① 전기 및 열의 전도성이 우수하며 전연성이 좋아 가공이 용이하다.
② 화학적 저항력이 커서 부식되지 않는다.
③ 아름다운 광택과 귀금속적 성질이 우수하다.
④ Zn, Sn, Ni, Ag 등과 용이하게 합금을 만든다.

007 다음 구리의 물리적 성질 중 틀린 것은?

㉮ 강자성체이다.
㉯ 전기 전도율은 Ag 다음으로 크다.
㉰ 비중 8.96, 용융점 1083℃이다.
㉱ 불순물들은 전기 전도율을 저하시킨다.

동의 물리적 성질

융점(℃)	1083
비중(20℃)	8.96
비등점(℃)	2595
비열(20℃)(Cal/gr·℃)	0.092
융해잠열(Cal/gr·℃)	50.6
선팽창계수(20℃)(×10^{-6}/℃)	16.5
열전도율(20℃)(Cal/cm·sec℃)	0.94
비저항(20℃)($\mu\Omega$cm)	1.673
주조수축률(%)	1.42

008 다음 구리의 기계적 성질에 대한 설명 중 틀린 것은?

㉮ 인장강도는 가공도가 증가하면 증가한다.
㉯ 연신율, 단면 수축률은 가공도가 증가하면 감소한다.
㉰ 질이 연하고 가공성이 풍부하다.
㉱ 주물 상태의 것은 인장강도가 34~36kg$_f$/mm²이다.

구리의 기계적 성질
① 질이 연하고 가공성이 풍부하며 냉간 가공에 의해 적당한 강도를 갖는다.
② 인장강도는 가공도에 따라 증가하고 가공도 70~80% 부근에서 최댓값이 되며 상온 가공 후 풀림 작업이 중요하다.
③ 기계적 성질

성질\구분	주물	압연	풀림
인장강도(kg$_f$/mm²)	14~20	34~36	22~26
연신율(%)	25~50	5	50~60

009 구리의 완전 풀림 온도(℃)는 얼마인가?

㉮ 100~200 ㉯ 150~200
㉰ 600~650 ㉱ 750~850

① 구리의 완전 풀림 온도 : 600~650℃
② 구리의 열간 가공 온도 : 750~850℃

010 구리의 결정격자 형태는 다음 중 어느 것인가?

㉮ FCC ㉯ BCC
㉰ HCP ㉱ CHP

구리의 결정격자는 면심 입방격자(FCC)이며 비자성체고 변태점이 없다.

정답 006. ㉱ 007. ㉮ 008. ㉱ 009. ㉰ 010. ㉮

01. 구리 및 구리 합금용 부식액으로 적당한 것은?
    ㉮ 염화 제이철 용액 ㉯ 질산 용액
    ㉰ 염산 용액 ㉱ 암모니아수

    해설
    구리, 황동, 청동의 부식제
    염화 제이철 용액 : 염화 제이철(5gr), 진한 염산(50cc), 물(100cc)

02. 다음은 구리(Cu)의 화학적 성질에 관한 설명이다. 옳지 못한 것은?
    ㉮ CO_2가 있는 곳에서는 녹청인 $Cu_2(OH)_2CO_3$가 생긴다.
    ㉯ 구리가 Cu_2O상을 품었을 때 H_2가스 중에서 가열하면 인성과 강도가 증가한다.
    ㉰ 구리는 질산이나 고온의 진한 황산에는 침식된다.
    ㉱ 구리는 철강보다 내식성이 우수하고 암모늄염에는 침식당한다.

    해설
    구리의 화학적 성질
    ① CO_2 또는 습기 중에서 염기성 황산동(Cu_2SO_4, $Cu(H)_2$), 염기성 탄산동($CuCO_3$, $Cu(OH)_2$)으로 즉 녹이 발생한다.
    ② 염수에 부식(0.05mm/년)되고 또 암모늄에 침식된다.
    ③ 산화력이 큰 질산이나 고온의 진한 황산에 침식된다.

03. 동주물을 만들 때 탈산제로 사용되는 것은?
    ㉮ 유황 ㉯ 망간
    ㉰ 알루미늄 ㉱ 인동

04. 구리의 전기 전도율을 가장 많이 해치는 원소로 구성된 것은 어느 것인가?
    ㉮ Se, Te, S, Ag ㉯ Pb, Bi
    ㉰ Fe, P, Si, As, Ti ㉱ Au, Zn, Pb, Pd

    해설
    동(銅) 중에 함유된 불순물의 영향
    ① 전기 전도율을 해치는 불순물 : Fe, P, Si, As, Ti
    ② As : 0.5%까지는 소성을 해치지 않으나 전기 전도율이 감소된다.
    ③ Sb : 소량은 경도를 증대시키고 소성을 해치며 5%는 전기 전도율을 해친다.
    ④ Bi(0.02%), Pb(0.05%) 이상이면 고온취성을 일으킨다.
    ⑤ Fe : 3~4% 고용하며 1%를 초과하면 굳고 여리게 한다.
    ⑥ S : Cu_2S로서 Cu와 공정을 만들며 0.25% 정도에서 냉간 가공이 안 된다.

05. 구리의 전도율에 미치는 영향 중 가장 해로운 원소는?
    ㉮ Ti ㉯ Fe
    ㉰ Mn ㉱ Ni

    해설
    전기 전도율을 해치는 불순물
    ① Ti, P, Fe, Si, As
    ② 함유량 증가시 전기 전도율 감소 : Al, Sn, Mn, Ni

06. 다음 중 황동의 합금 조성으로 맞는 것은?
    ㉮ Cu+Zn ㉯ Cu+Sn
    ㉰ Fe+Sn ㉱ Ni+Zn

017. 구리를 환원성 분위기($Cu_2O + H_2 \rightarrow 2Cu + H_2O$)에서 가열할 때 미세 기포나 작은 균열이 발생하는 현상은?

㉮ 고온 취성 ㉯ 풀림 취성
㉰ 수소 취성 ㉱ 상온 취성

수소병(수소화, 수소 메짐성, 환원 메짐성)
① H를 함유한 환원성 분위기 중에서 Cu를 가열하면 $Cu_2O + H_2 \rightarrow 2Cu + H_2O$로 반응하여 Cu와 수증기로 되어 이 수증기가 팽창하여 갈라지는 현상을 말하며 산소를 품은 정련동에서 가끔 볼 수 있다.
② 미소 기포를 생성하여 파괴의 원인이 되며 수소 메짐 온도는 650~850℃이다.
③ 입계 부식에 백점이 생긴다.

018. 황동의 평형 상태도 상에서 6개의 상(相)이 있다. 다음 중 α결정형은 어느 것인가?

㉮ 면심 입방 격자 ㉯ 체심 입방 격자
㉰ 조밀 육방 격자 ㉱ 정방 격자

황동의 상(相)
① 동소체 : α, β, γ의 고용체를 갖으며 실용에는 α고용체와 α + β′의 2개의 상이 있다.
② α상(相) : Cu에 Zn이 고용된 상이며 Zn 함량에 따라 연하고 인성이 크고 주조품에서 풀림 쌍정이 일어난다(Zn 32.5%를 함유한다).
③ β상(相) : 인장강도나 경도가 α상보다 크며 인성과 내식성이 떨어진다.
  ※ Zn 32.5~38%의 중성에서 903℃에서 포정 반응을 일으킨다.
④ γ상(相) : Cu_2Zn_3의 화합물을 모체로 하는 고용체로 매우 여리고 공업적으로 가치가 없다.
⑤ 상(相) : α, β, γ, δ, ε, η의 상이 존재한다.

019. 다음은 황동을 설명한 것이다. 바르게 설명한 것은 어느 것인가?

㉮ 구리와 아연의 합금으로 주조성과 가공성이 좋고, 기계적 성질 및 내식성이 좋다.
㉯ 구리와 주석의 합금으로 주조성과 가공성이 좋고, 기계적 성질 및 내식성 좋다.
㉰ 구리와 아연의 합금으로 주조성과 가공성은 좋으나, 기계적 성질과 내식이 나쁘다.
㉱ 구리와 주석의 합금으로 주조성과 가공성은 좋으나, 기계적 성질과 내식이 나쁘다.

020. 황동의 성질을 잘못 설명한 것은?

㉮ 황동은 자성이 있으므로 각종 계기 재료에 사용된다.
㉯ 바닷물에서 탈아연 현상이 일어난다.
㉰ 관, 봉 등에 자연 균열이 가끔 일어난다.
㉱ 6 : 4황동은 1,000℃를 넘으면 아연이 비등하는 경우가 있다.

황동의 물리적 성질
① 비중 : Zn 4%에서 8.39(Zn 함유량에 따라 직선적으로 변한다.)
② 전기(열전도율) : Zn 40%까지만 나타난다(α상이 되면 상승한다).
③ Zn이 많으면 냉간 가공이 저하된다.
④ 비등점 : 7:3 황동(1150℃), 6:4 황동(1000℃ 이상)
⑤ 자성 : 순수 황동에는 없다.
⑥ 열팽창계수 : Zn 30~40%이면 250~300℃에서 19.9×10^{-6} 또는 20.8×10^{-6}이다.
⑦ 색

Zn 함유량	Zn 10%	Zn 15%	Zn 20%
색상 변화	등적색→황금색	담등색	녹색을 띤 황색

021. 황동에 대한 설명 중 옳지 않은 것은?

㉮ 인장강도는 Zn 40% 부근에서 최대가 된다.
㉯ 연신율은 Zn 30% 부근에서 최대가 된다.
㉰ Zn 30~40%의 황동을 톰백이라 한다.
㉱ 70 : 30 황동은 상온 가공이 가능하다.

황동의 기계적 성질
① 연율 : Zn 30% 부근에서 최댓값을 갖는다.
② 인장강도 : Zn 45%에서 최대가 된다.
③ 6 : 4황동 : 고온 가공에 적합하다.
④ 7 : 3황동 : 냉간 가공에 적합하다.

022. 황동의 평형 상태도에서 β상은 어떤 결합인가?

㉮ 면심 입방 격자 ㉯ 체심 입방 격자
㉰ 조밀 육방 격자 ㉱ 정방 격자

α , β , γ 相
① α상은 Cu에 Zn이 고용된 상태로서 그 결정은 FCC이며 전연성이 좋다.
② β상은 BCC(체심입방격자)의 결정을 가지며 454~468℃에서 β(불규칙 격자) ↔ β' (규칙 격자)의 연속적인 변화를 일으키는 데 이 규칙 변태는 대단히 빠른 속도로 일어나기 때문에 급랭시켜도 저지하기 어렵다.
③ γ상은 취약하고 가공성이 나빠 실용이 곤란하다.
④ γ상은 Cu_2Zn_3의 화합물을 모체로 하는 고용체로서 파면이 백색이다.

023. Cu-Zn계 평형 상태도에서 β상은 어느 반응의 결과로 생기는가?

㉮ 편정 반응 ㉯ 포정 반응
㉰ 공정 반응 ㉱ 공석 반응

024. 상온 가공성이 가장 좋은 황동은 다음 중 어느 것인가?

㉮ α 황동 ㉯ β 황동
㉰ γ 황동 ㉱ δ 황동

① α 황동(7 : 3황동) : 부드럽고 연성이 풍부하며 냉간 가공성이 좋다. 상온 가공성이 양호하다.
② $\alpha + \beta'$ 황동(6 : 4황동) : 강도, 경도가 크고 연신율이 낮으며 고온 가공성이 좋다. 상온 가공성이 어렵다.

025. 구리-아연계 평형 상태도에서 아연 32.5 gr의 합금을 900℃에서 담금질하면 α상이 되지만, 900℃에서 염빙수 중에 담금질하면 확산을 수반하지 않는 변태를 하여 이루어지는 조직은?

㉮ 마르텐자이트 ㉯ 펄라이트
㉰ 소르바이트   ㉱ 베이나이트

아연 32.5[%]의 합금을 900℃에서 담금질하면 α상(相)이 되지만, 900℃에서 염빙수 중에 담금질하면 확산을 수반하지 않는 변태를 하여 Martensite조직이 된다.

026. Zn은 몇 %까지 구리선을 뽑을 수 있는가?

㉮ 15 ㉯ 20
㉰ 25 ㉱ 30

① Zn 30%까지 구리선을 뽑을 수 있다.
② $\alpha + \beta$ 황동은 상당한 전연성이 있어 상온, 고온에서 압연이 가능하다.

정답 021. ㉰ 022. ㉯ 023. ㉱ 024. ㉮ 025. ㉮ 026. ㉱

027 구리 65%, 아연 30%의 황동에 주석 5%를 첨가했을 때 겉보기 아연량(%)은 얼마인가? (단, 주석의 아연 당량은 2.0이다)
㉮ 30.3 ㉯ 33.3
㉰ 38.1 ㉱ 40.1

아연 당량
① 3원소를 가한 것이 황동의 아연량을 증감한 것과 같은 효과를 가지며 합금원소 1량이 아연의 x량에 해당될 때 이 x를 그 합금의 아연 당량이라 한다.
② 아연 당량 계산식 : $B' = \dfrac{B + t \cdot q}{A + B + t \cdot q} \times 100$
  ※ A : Cu%, t : 아연 당량, B : Zn%, q : 첨가 원소(Cu, Zn 이외)
③ $\dfrac{30 + (2 \times 5)}{65 + 30 + (2 \times 5)} \times 100 = \dfrac{4000}{105} ≒ 38.1$

028 단동, 황동, 6 : 4 황동을 제외한 특수 황동에서 합금 원소 1%를 첨가한 것이 Zn x를 증감한 것과 같은 효과를 가질 때 이 x를 합금 원소의 아연 당량이라 한다. 다음 중 그 값이 가장 큰 것은?
㉮ Si ㉯ Al
㉰ Sn ㉱ Ni

주요 금속의 아연 당량

원소명	아연당량	원소명	아연당량
Sn	2.0	Mn	0.5
Al	6.0	Ni	-1.3
Si	10.0	Mg	2.0
Fe	0.9	Pb	1.0

029 황동계의 스프링 재료가 시간의 경과와 더불어 스프링 특성이 저하되어 불량하게 되는 현상을 무엇이라 하는가?
㉮ 경년 변화 ㉯ 자연 균일
㉰ 탈아연 현상 ㉱ 시효경화

경년 변화(secular change)
① 황동 가공재를 상온에서 방치하거나 저온 풀림 경화로 얻은 스프링재가 사용 중 시간의 경과에 따라 경도 등 성질이 악화되는 현상이 일어난다.
② 원인 : 가공에 의한 불균일 변형이 균일화하는 데 기인하며 이 변형의 불균일성은 가공도가 낮을수록 심하고 경년 변화도 심하다.

030 냉간 가공한 황동은 사용 도중 또는 저장 중에 시기 균열(Season crack)이 나타난다. 이 균열의 방지법이 아닌 것은?
㉮ 표면에 도료를 칠한다.
㉯ 암모니아가스 분위기 속에 저장해 둔다.
㉰ 표면에 아연 도금을 한다.
㉱ 185~200℃로 응력 제거 풀림을 한다.

자연 균열(시기 균열, Season crack)
① 황동에 공기 중의 암모니아, 기타의 염류에 의해 입간 부식을 일으켜 상온 가공에 의한 내부 응력 때문에 생긴다.
② 방지법 : 도금, 도료 또는 180~260℃로 20~ 30분 동안에 저온 풀림한다.
③ 자연 균열을 일으키기 쉬운 분위기 : 암모니아, 산소, 탄산가스, 습기, 수은 및 그 화합물

정답 027. ㉰ 028. ㉮ 029. ㉮ 030. ㉯

031 다음은 황동의 자연 균열이 일어나는 원인을 설명한 것이다. 닿는 것은?
㉮ 공기 중의 암모니아, 염류 등에 의한 내부응력
㉯ 200~300℃에서 저온 풀림을 하였기 때문에
㉰ 표면에 도료를 칠하였기 때문에
㉱ 열간 가공하여 재료에 깨짐 현상이 생기기 때문에

자연 균열
일종의 응력 부식 균열로 잔류 응력에 기인되는 현상이다.

032 다음 중 탈아연 현상이 많이 나타나는 황동은 어느 것인가?
㉮ 7 : 3 황동   ㉯ 6 : 4 황동
㉰ 고력황동   ㉱ 네이벌황동

탈아연 부식(dezincification)
① 불순물 또는 부식성 물질이 녹아있는 수용액의 작용에 의해 황동의 표면 또는 깊은 곳까지 탈아연 되는 현상을 말한다.
② 염소(Cl)를 함유한 물을 쓰는 수도관에서 많이 볼 수 있다.
③ 6 : 4 황동에서 많이 나타난다.
④ 방지책 :
 ㉠ Zn 30% 이하의 α 황동을 사용
 ㉡ 0.1~0.5%의 As 또는 Sb 첨가
 ㉢ 1% 정도의 Sn을 첨가하면 좋다.

033 다음 중 황동의 종류가 아닌 것은?
㉮ Tombac   ㉯ Hastelloy A
㉰ Muntz Metal   ㉱ gilding Metal

034 황동에 함유한 불순물 중 결정 입자를 미세화하고 인장강도 및 경도를 증가시키는 원소는 다음 중 어느 것인가?
㉮ As   ㉯ Fe
㉰ Pb   ㉱ Sn

황동에 함유한 불순물의 영향
① Pb : α황동에서 열간 가공을 해친다.
② As : 탈산 작용에 의해 유동성이 증가된다.
③ Sb : 황동의 입자를 조대화시켜 부스러지기 쉽다.
④ Fe : 결정 입자의 미세화, 인장강도 및 경도 증가
⑤ Sn : 전연성 저하, 내식성 증가
⑥ Ni : 결정 입자 미세화

035 순구리와 같이 연하고 코이닝하기 쉬우므로 동전, 메달 등의 재료로 사용되는 구리 합금은?
㉮ Red brass
㉯ Gilding metal
㉰ Low brass
㉱ Commercial bronze

길딩 메탈(Gilding metal, Chrysochalk)
① Cu(95~97%)–Zn(3~5%)의 합금으로 된 값싼 가짜 금을 만드는 황동
② 순동과 같이 연하고 압연가공이 쉬우므로 화폐, 메달용으로 사용한다.
③ 코이닝(엠보스, embossing) : 금속 소재를 상하의 형 사이에서 가압하여 형의 모양과 같은 형상을 표면에 찍어내는 가공법

정답 031. ㉮ 032. ㉯ 033. ㉯ 034. ㉯ 035. ㉯

036 다음 중 6 : 4 황동의 조직으로 맞는 것은?
㉮ α 황동   ㉯ β 황동
㉰ α+β 황동   ㉱ α+ε 황동

해설
① 7 : 3황동 → α 황동
② 6 : 4황동 → α+β황동

037 다음은 7 : 3황동(Cu 70%-Zn 30%)을 설명한 것이다. 옳지 않은 것은?
㉮ α 고용체이다.
㉯ 연신율이 최대인 황동이다.
㉰ 상온 가공이 양호하다.
㉱ 인장강도가 최대인 황동이다.

해설
7 : 3 황동
① 가공용 황동의 대표이며 α-황동으로 부드럽고 연성이 크며 냉간 가공이 가능하다.
② 용도 : 판, 봉, 관, 선으로 사용되며, 자동차용 방열기 부품과 소켓, 각종 일용품, 탄피, 장식용에 사용한다.
③ 7 : 3 황동과 6 : 4 황동과의 성질 비교

성질\종류	6 : 4 황동	7 : 3 황동
조성	Cu(60)+Zn(40) (Zn 39~45%)	Cu(70)+Zn(30) (Zn 30~39%)
고용체	α+β	α
인장강도	40~44	30~34
연신율	45~55	60~70
HB	70	40~50
가공	열 간	냉 간
성질	탈아연 부식	가공용 황동 대표

038 600℃에서 6 : 4황동(muntz metal)의 평형 상태도 조직은 다음 중 어느 것인가?
㉮ α+β   ㉯ β+r'
㉰ β   ㉱ α

해설
먼츠 메탈(muntz metal)
① Zn 40% 내외의 6 : 4황동으로 α+β 로서 상온에서 전연성은 낮으나 강도는 크다.
② 고온 가공하여 판, 봉, 기계 부품, 복사기 용품, 열간 단조품, 볼트, 너트, 대포 탄피용으로 쓰이며 탈아연 부식을 일으켜 납땜, 상온 가공이 어렵다.

039 황동에 1% 내외의 주석을 첨가했을 때 나타나는 현상으로 가장 적합한 사항은?
㉮ 탈산 작용에 의하여 부스러기가 쉽게 되며 주조성을 증가시킨다.
㉯ 탈아연 부식이 억제되며 내해수성이 좋아진다.
㉰ 전연성을 증가시키며 결정 입자를 조대화시킨다.
㉱ 강도와 경도가 감소하여 절삭성이 좋아진다.

해설
주석 황동(tin brass)
① 황동에 소량의 Sn을 첨가하면 경도, 인장강도, 내식성이 증가하고 연율이 감소한다.
② 황동의 내식성을 개량하기 위해 1%의 Sn을 첨가하며 1%의 Sn을 첨가하면 탈아연 부식의 억제, 내식성 증가, 경도, 강도가 증가된다.
③ 종류 : 네이벌(6 : 4 황동에 Sn 1% 첨가), 애드미럴티(7 : 3 황동에 Sn 1% 첨가)

040 다음 중 특수 황동의 종류가 아닌 것은?
- ㉮ 연입 황동
- ㉯ 델타 메탈
- ㉰ 주석 황동
- ㉱ 크롬 황동

특수 황동의 종류
주석 황동, 연황동, Al 황동, 철황동, Si 황동, 고강도 황동 등

041 황동에 아연을 8~20% 첨가한 합금으로 α고용체만으로 구성되어 있으며 냉간 가공이 쉽게 되어 단추, 금박, 금 모조품 등으로 사용되는 재료는?
- ㉮ 톰백(Tombac)
- ㉯ 델타 메탈(Delta metal)
- ㉰ 니켈 메탈(Nickel metal)
- ㉱ 문쯔메탈(Muintz metal)

042 스프링용 및 선박 기계용에 사용되는 네이벌(Naval brass)의 주성분으로 맞는 것은?
- ㉮ 6 : 4 황동 - 아연 1% 정도
- ㉯ 7 : 3 황동 - 니켈 1% 정도
- ㉰ 6 : 4 황동 - 주석 1% 정도
- ㉱ 7 : 3 황동 - 망간 1% 정도

네이벌(Naval brass)
① 내식성을 개량하기 위하여 6 : 4 황동에 Sn을 1% 첨가한 황동이다.
② 조성 : Cu(60%)+Zn(39.25%)+Sn(0.75%)
③ 용도 : 판, 봉으로 용접봉, 파이프, 선박용 기계로 사용한다.

043 7 : 3 황동은 다음 중 어느 것인가?
- ㉮ 구리 30%, 아연 70%
- ㉯ 구리 70%, 아연 30%
- ㉰ 구리 30%, 주석 70%
- ㉱ 구리 70%, 주석 30%

044 다음 중 보통 황동에 타 원소를 첨가하여 기계적 성질을 향상시킨 특수 황동의 조성비가 잘못된 것은?
- ㉮ 델타 메탈(delta metal) 6 : 4 황동에 Fe 1~2% 첨가
- ㉯ 애드미럴티 황동(addmiralty brass) 7 : 3 황동에 Sn 1% 첨가
- ㉰ 두라나 메탈(durana metal) 7 : 3 황동에 Fe 2%, 소량의 Sn, Al 첨가
- ㉱ 네이벌황동(naval brass) 6 : 4 황동에 Zn 1% 첨가

네이벌은 내식성을 개량하기 위하여 6 : 4 황동에 Sn을 1% 첨가한 황동이다.

045 다음 중 델타메탈을 설명한 것으로 틀린 것은?
- ㉮ Cu 54~58%, Zn 40~43%, Fe 1% 내외의 합금이다.
- ㉯ 주물 또는 압연물에 적합하고 열간 가공성이 좋다.
- ㉰ 결정 입자가 조대하여 연신율이 떨어진다.
- ㉱ 내식성이 우수하므로 청동 대용품으로 사용한다.

046 황동(Brass)에 1% 내외의 아연(Zn)을 주석(Sn)으로 대치하여 내해수성을 향상시켜 선박의 복수 기관에 사용하는 특수 황동은 무엇인가?
㉮ 델타메탈(Delta metal)
㉯ 망간 황동(Manganese brass)
㉰ 니켈 황동(Nickel brass)
㉱ 애드미럴티 황동(Admiralty brass)

애드미럴티 황동 (Admiralty brass)
① 황동의 내식성을 개량하기 위해서 7:3 황동에 Sn 1%를 첨가한 것이다.
② 조성 : Cu(71%) + Zn(28%) + Sn(1%)
③ 용도 : 전연성이 좋으므로 관, 판으로서 증발기, 열교환기에 사용한다.

047 애드미럴티 건메탈(admiralty gun metal)은 Cu, Zn, Sn의 합금이다. 이 중 Sn 함유량(%)은 얼마인가?
㉮ 1   ㉯ 10
㉰ 25   ㉱ 40

048 황동의 내식성을 개량하기 위하여 7:3 황동에 1% 정도의 주석을 넣은 것은?
㉮ 톰백(Tombac)
㉯ 네이벌 황동(Naval brass)
㉰ 애드미널티 황동(Admiralty brass)
㉱ 델타 메탈(Delta metal)

049 문쯔 메탈(muntz metal)에서 Fe 1% 내외를 첨가하여 고온에서의 압연 및 단조성과 내식성을 향상시킨 황동은?
㉮ Durana metal   ㉯ Naval blass
㉰ Albrac   ㉱ Delta metal

철황동 (Delta metal)
① 6:4 황동에 Fe를 1~2% 첨가하여 강도가 크고 내식성을 좋게 한다.
② 결정 입자의 미세화, 연율의 감소가 적고 강도가 높다.
③ 주조, 압연이 적당하고 열간 가공이 용이하다.
④ 용도 : 광산 기계, 선박, 화학 기계용으로 사용한다.

050 황동에 0.5~4% 정도의 Pb를 첨가하면 강도와 연신율이 감소하는 반면에 절삭성이 양호해지는 것은 다음 중 어느 황동인가?
㉮ 쾌삭 황동   ㉯ 7:3 황동
㉰ 6:4 황동   ㉱ 강력 황동

쾌삭 황동 (연황동, free cutting brass)
① 황동에 Pb를 1.5~3.0% 첨가하여 절삭성을 개선한 황동이다.
② 조직 : 침상 α 정의 발달이 억제당하여 입상화되어 균일 조직이 되기 쉽다.
③ 황동에 납을 넣으면 결정 입계에 석출하여 강도와 연신율은 감소하나 절삭성이 향상된다.
④ 용도 : 대량 생산용 부품, 시계 기어용과 같은 정밀 가공을 요하는 부품에 사용한다.

정답 046. ㉱ 047. ㉮ 048. ㉰ 049. ㉱ 050. ㉮

051. 황동에 Al을 1.5~2.0% 첨가로 결정 입자를 미세화하는 합금은?

㉮ 네이벌 황동 ㉯ 델타 메탈
㉰ 알브락 ㉱ 양은

알브락 (Albrac, Al황동)
① 황동에 Al을 1.5~2.0% 첨가로 결정 입자를 미세화, 내식성을 증가시킨다.
② 조성은 Zn 22%, Al 1.5~2.0%이고 고온 가공으로 관을 만들어 열교환기, 증류기관 등에 사용한다.

052. Sn, Zn, Pb를 각각 5%씩 함유한 구리합금을 무엇이라 하는가?

㉮ 주석 청동 ㉯ 납청동
㉰ 켈멧 ㉱ 레드브라스

Red Brass
Cu-Zn-Sn-Pb계 합금이다.

053. 60 : 40 황동에 Al, Fe, Mn 등을 첨가해서 강도를 더욱 크게 한 것으로 주로 선박용 프로펠러에 사용되고 있는 것은?

㉮ 네이벌 황동 ㉯ 애드미럴티 메탈
㉰ 알브락 ㉱ 고력 황동

고강도 황동
60 : 40 황동에 Al, Fe, Mn, Ni 등을 첨가해서 여리지 않고 더욱 강하며 내식성, 내해수성을 증가시킨 황동이다.

054. 양백(Nickel Silver, 양은)의 주성분으로 맞는 것은?

㉮ Cu-Ni-Fe ㉯ Cu-Zn-Ni
㉰ Cu-Zn-Cr ㉱ Cu-Ni-Co

055. 다음 중 양백(nickel silver)의 특성에 속하는 것은 어느 것인가?

㉮ 내식성이 없고 해수에는 순Al의 $\frac{1}{3}$ 정도밖에 내식성이 나타나지 않는다.
㉯ Ag와 흡사한 광택과 촉감이 있는 반면 부식당하지 않고 특히 전기 저항용으로 쓰인다.
㉰ 용융점 이상에서 산소에 대한 친화력이 대단히 강하므로 공기 중에서 가열하면 발화한다.
㉱ Fe보다는 내식성이 크나 바닷물에는 약하다.

양백 (nickel silver, 양은, 백동)
① Ni를 함유한 황동으로 장식, 식기, 악기용으로 사용하며, 탄성, 내식성이 좋으므로 탄성 재료, 화학 기계용에 사용된다.
② 조성 : Ni(10~20%)-Zn(15~30%)이 많이 사용되며, 황동에 Ni를 첨가하면 결정립이 미세화한다.
③ 7 : 3 황동에 10~20% Ni를 첨가한 양백은 전기 저항체, 밸브, 코크, 광학 기계 부품 등에 사용되며 금 대용으로도 쓰인다.
④ 내수압 주물용으로는 Ni(20%)-Zn(5~10%)-Pb(4~6%)-Sn(2~4%)의 합금이 좋으며 Sn을 넣으면 강도가 증가한다.
⑤ Zn30% 이상이면 $\alpha+\beta$ 조직이 되어 점성이 낮아지며 냉간 가공성이 저하되고 열간 가공성이 좋아진다.
⑥ Pb를 품은 합금은 응고 시 나타나는 연한(鉛汗, lead sweat)을 억제하는 효과가 있다.

정답 051. ㉰ 052. ㉱ 053. ㉱ 054. ㉯ 055. ㉯

056. 강력 황동(high strength brass)에 대한 설명으로 틀린 것은 다음 중 어느 것인가?
㉮ 상온 조직은 (α+β)조직이 대부분이다.
㉯ 내식성이나 내해수성은 풍부하나 취약한 점이 결점이다.
㉰ 6 : 4 황동에 Mn, Al 등을 넣은 합금이다.
㉱ 주물과 단조제로 사용할 수 있으며 선박용 추진기로 많이 사용된다.

057. 다음은 청동에 대한 설명이다. 맞는 것은 어느 것인가?
㉮ Cu와 Zn의 합금으노 내식성과 내마모성이 우수하다.
㉯ Cu와 Zn의 합금으노 내식성은 우수하나 내마모성이 나쁘다.
㉰ Cu와 Sn의 합금으노 내식성과 내마모성이 우수하다.
㉱ Cu와 Sn의 합금으노 내식성은 우수하나 내마모성이 나쁘다.

청동
Cu-Sn의 합금으로 황동보다 내식성이 좋고 내마모성과 주조성이 우수하여 무기, 불상, 기계부품, 선박용, 미술 공예품에 사용한다.

058. 황동에 비하여 청동이 우수한 점을 올바르게 설명한 것은?
㉮ 값이 아주 싸다.
㉯ 내식성이 좋다.
㉰ 아연의 첨가로 강도가 높다.
㉱ 기계적 성질은 나쁘나 주조성이 좋다.

059. Cu-Sn 평형 상태도에서 γ상이 520[℃]에서 α+δ 조직으로 되는 변태는?
㉮ 편정 ㉯ 포정
㉰ 공석 ㉱ 공정

청동의 조직
① Cu에 Sn이 첨가되면 응고점은 내려간다.
② α고용체의 Sn의 최대량은 500~580℃에서 약 15.8%이다.
③ 주조 상태는 수지상 조직이며 부드럽고 전성이 좋다.
④ β 고용체는 고온에서 존재하는데 α 고용체보다 강도가 크고 전연성이 떨어진다.
※ β 고용체는 BCC를 이루며, 586℃에서 공석변태(β ↔ α + γ)를 일으킨다.
⑤ γ 고용체는 고온에서 강도가 β보다 더욱 크다.
※ γ 고용체는 530℃에서 γ ↔ α+ε의 공석으로 분해된다.
⑥ Cu-Sn의 실용 조직은 α 초정, α+δ의 공석이다.
⑦ Cu 측의 고용체 : α, β, γ
⑧ 금속 간 화합물 : δ(Cu 31%, Sn 8%), ε(Cu₃Sn)
⑨ 고용체와 그 화합물

상	성 질
α-고용체	등적색 또는 등황색, 연하고 전연성이 크다.
β-고용체	등황색, 강도는 α 보다 크나 전성은 떨어진다.
γ-고용체	고온에서 β 상보다 강도가 크다.
δ, Cu₄Sn, Cu₃Sn	흰색, 메짐이 크다.
ε-고용체	회백색, δ 상보다 메짐이 크지 않다.

060. Sn 10%의 포금을 만들 때 주조성을 개선하기 위하여 첨가하는 탈산제로 적당한 것은?
㉮ Si ㉯ Co
㉰ W   ㉱ Zn

정답 056. ㉯ 057. ㉰ 058. ㉯ 059. ㉰ 060. ㉱

061 다음은 청동의 기계적 성질에 대한 설명이다. 틀린 것은?

㉮ 강도가 크다.
㉯ 내마멸성이 좋다.
㉰ 주조성이 우수하다.
㉱ 연신율은 주석의 함유량이 많을수록 크다.

청동의 기계적 성질
① 인장강도 최댓값은 Sn 17~20%에서 최대(이상 감소)가 된다.
② 연율은 Sn 4%에서 최대가 된다(Sn 25% 이상에서 메짐이 생김).
③ 내력(0.5%歪曲)은 12% Sn까지 직선으로 증가한다.
④ 풀림 시 경도는 Sn의 증가에 따라 감소한다.
  ※ 200~300℃에서 재결정이 일어나며 400~600℃가 적당한 풀림 온도이다.
⑤ 경도는 Sn 30%에서 최대이고 주조성은 좋다.
  ※ 유동성이 좋고 수축률이 적다.

062 다음 중 청동에 함유한 불순물 중 탈산 효과, 주조성을 개선하는 원소는 어느 것인가?

㉮ Zn   ㉯ Al
㉰ Fe   ㉱ P

청동에 함유된 불순물의 영향
① Zn : 탈산 효과, 주조성을 개선한다.
② Al : 메짐성을 일으킨다.
③ Pb : 2%까지는 기계 가공성을 개선한다.
④ Fe : 입자 미세화, 경도, 강도 증가
⑤ Mn : 탈산제 작용, 조직 미세화, 기계적 성질을 개선한다.
⑥ P : 강탈산제

063 Sn이 증가하면 전기 전도율은 어떻게 되는가?

㉮ 증가한다.
㉯ 감소한다.
㉰ 관계없다.
㉱ 영향을 받지 않는다.

청동의 물리적 성질
Sn의 증가에 따라 전기 전도는 약화되며, 비중은 감소된다.

064 포금(gun metal)이란 무엇인가?

㉮ Fe에 8~12% Sn와 소량의 Pb를 넣은 것
㉯ Al에 8~12% Zn과 소량의 Sn을 넣은 것
㉰ Pb에 10~15% Zn과 1% Al을 넣은 것
㉱ Cu에 8~12% Sn과 1~2% Zn을 넣은 것

포금 (gun metal)
① 8~12%의 Sn에 1~2%의 Zn을 첨가한 청동을 말한다.
② 주조성, 내식성이 좋고 기계적 성질이 우수하며 수압, 증기압에 잘 견딘다.
③ Sn 10%의 포금 제조 시 기계적 성질 개선을 위한 탈산제 : Mn, Cu
④ 주석황동에서 소량의 Zn이 탈산제 작용을 한다.
⑤ 인장강도 : 23~32kg$_f$/mm^2, 연율 : 5~30%, 비중 : 8.7, HB : 65~74

065 청동에 0.05~0.5% 첨가함으로써 탈산 작용과 더불어 용탕의 유동성 개선 및 강도, 내마모성, 탄성을 향상시키는 원소로 옳은 것은?

㉮ Al   ㉯ Si
㉰ P   ㉱ Pb

정답 061. ㉱ 062. ㉮ 063. ㉯ 064. ㉱ 065. ㉰

066 다음에서 인청동의 특징이 아닌 것은 어느 것인가?
㉮ 탄성이 낮다.
㉯ 내마멸성이 크다.
㉰ 내식성이 크다.
㉱ 탄성 피로가 적다.

해설
인청동 (PBS)
① 청동에 탈산제인 P을 첨가한 합금(Sn : 90%, P : 0.35%[P : 0.5%일 때 강도 최대])이다.
② Cu_3P의 석출 경화가 일어나며, 탄성, 내마모성, 내식성, 강인성, 용접성이 양호하다.
③ Spring용은 Sn(7~9%), P(0.003~0.05%)을 사용하며 인장강도는 70~75kg$_f$/mm^2(벤딩 가공이 안됨), 60~65kg$_f$/mm^2(벤딩 가공이 잘됨)이다.
④ 용도 : 밸브, 피스톤링, 기어, 베어링, 선박용품, 고급 스프링재에 사용한다.

067 다음 청동 중 탄성률이 높아 스프링 재료로 가장 적합한 것은?
㉮ Al청동   ㉯ Mn청동
㉰ Ni청동   ㉱ P청동

068 청동에 탈산제로 미량의 인(P)을 첨가한 합금으로 기계적 성질이 좋고, 내마멸성을 가지며, 기어, 베어링, 밸브 시트 등 기계부품에 많이 사용되는 청동은?
㉮ 켈멧   ㉯ 알루미늄 청동
㉰ 베릴륨 청동   ㉱ 인청동

069 8~12%의 알루미늄을 함유한 구리 합금으로서 황동 및 청동에 비하여 강도, 경도, 인성 및 내마모성 등이 우수하여 화학 공업용 기기, 선박, 차량 등의 부품으로 이용되는 재료는?
㉮ 알루미늄 황동   ㉯ 알루미늄 청동
㉰ 톰백   ㉱ 켈멧

해설
Al청동
① Al 8~12% 첨가한 동합금으로 주조성, 가공성, 용접성이 나쁘며 융합 손실이 크다.
② 강도, 경도, 인성, 내마모성, 내피로성, 내식성이 황동이나 청동보다 좋다.
③ 용도 : 화학 공업 용기, 선박, 항공기, 자동차 부품용

070 Al청동에서 서랭 취성이 일어나는 것은 어떤 변태가 일어나는 까닭인가?
㉮ 공석 변태   ㉯ 공정 변태
㉰ 포석 변태   ㉱ 편정 변태

해설
서랭 취성
① Cu-Al상태도에서 6.3%의 Al까지는 α 고용체를 만드나 그 이상이 되면 565℃에서 β → α+δ의 공석 변태를 하여 서랭 취성을 일으킨다.
② δ 조직은 Cu_2Al 화합물로 취약하며 특히 8~12% Al청동에서 서랭 취성이 심하다.
③ 서랭 취성을 방지하는 원소 : Mn

071 다음 동합금 중 서랭 취성이 심한 합금은 어느 것인가?
㉮ 문쯔메탈   ㉯ Al청동
㉰ Pb청동   ㉱ 인청동

정답 066. ㉮ 067. ㉱ 068. ㉱ 069. ㉯ 070. ㉮ 071. ㉯

072 강력 Al청동으로 인장강도가 60~80kgf/mm²인 청동은 다음 중 어느 것인가?
㉮ 인청동 ㉯ 아암즈 청동
㉰ 에버듈 ㉱ 콜슨

아암즈 청동 (Arm's Bronze)
① 조성 : Al(80~12%)-Ni(0.5~2.0%)-Fe(2~5%)-Mn(0.5~2.0%)
② 강력 Al청동으로 인장강도는 60~80kgf/mm²이다.

073 Cu-Ni합금에 Si를 첨가한 석출 경화성 합금으로 강력 도전재료에 이용되는 것은 어느 것인가?
㉮ 콜슨(Corson) 합금
㉯ 델타 메탈(delta metal) 합금
㉰ 문쯔 메탈(muntz metal) 합금
㉱ 브리타니아(britania) 합금

콜슨 (Corson, C합금)
① Ni청동의 대표적이며, 조성은 Cu-Ni-Si계이다.
② 인장강도 : 88~105kgf/mm², 연율 : 0.5~1.0%, 전선 및 스프링재에 사용한다.
③ 담금질 시효 경화가 큰 합금이며, 강도가 크고 도전율이 양호하다.
④ 조성

조성	Ni	Si	Cu
%	3~4	0.8~1.0	나머지

⑤ 성질

비중	8.84
전기전도율(m/Ω mm²)	25~35
열팽창계수(×10⁻⁶)	17
소입온도(℃)	800~950
뜨임온도(℃)	500
항복점(kgf/mm²)	60~85
인장강도(kgf/mm²)	70~100
연신율(%)	6~0.5
HB	200~300

074 다음 중 역편석(inverse segregation) 현상이 나타나는 합금은?
㉮ 델타메탈(delta metal)
㉯ 주석 청동
㉰ 실루민(silumin)
㉱ 인코넬(inconel)

역편석 (inverse segregation liquation)
① 청동 또는 황동에서 많이 볼 수 있는 현상으로 편석과 반대이다.
② 잉곳(ingot)의 표면에 공정이나 불순물 등의 저온 용융물이 응집(凝集)하는 것
③ 녹는점이 낮은 성분이 최초로 응고하는 부분에 편석된 것이다.
④ 역편석을 일으키는 데는 합금의 응고 범위가 넓은 것과 급랭이 필요조건이다.

075 인장강도 133kgf/mm²노 내식, 내열, 내피로성이 우수한 청동은 다음 중 어느 것인가?
㉮ Be 청동 ㉯ 쿠니알브론스
㉰ 콜슨 합금 ㉱ 켈멧

Be청동 (beryllium bronze)
① Cu에 2~3% Be를 첨가한 시효경화성 합금이며 Cu합금 중 최고 강도(133kgf/mm²)를 가지고 있다.
② 피로한도, 내열성, 내식성이 우수하나 산화하기 쉽고 가격이 비싸다.
③ 용도 : 베어링, 고급 스프링 등으로 이용한다.

정답 072. ㉯ 073. ㉮ 074. ㉯ 075. ㉮

076 Cu 84%, Mn 12%, Ni 4%, Fe 1% 정도로서 전기 저항의 온도 계수가 0°C에 가까우므로 전기 저항선으로 많이 사용하는 합금은?
㉮ 레지스틴 ㉯ 망가닌
㉰ 쿠니얼 브론즈 ㉱ 콜슨 합금

망가닌 (manganin)
① 전기 저항선용 합금의 일종으로 Mn청동이다.
② 온도에 따른 저항이 불변한다(온도계수가 거의 0이다).
③ 조성 : Cu(83%)-Mn(12%)-Ni(2%)
④ 용도 : 현미경 사진기의 아크등용 저항선, 표준 저항선으로 많이 사용한다.

077 큰 인장강도와 전기 전도도를 가지므로 송전선이나 안테나선의 재료로 사용되는 합금은?
㉮ Cu-Cd합금 ㉯ Cu-Al합금
㉰ Cu-Si합금 ㉱ Cu-Mn합금

Cu-Cd계 합금
Cd 1% 함유한 합금으로 큰 인장강도와 좋은 전도율로 송전선, 안테나용으로 쓰인다.

078 다음 중 Si청동은 어느 것인가?
㉮ 콜슨 ㉯ 에버듈
㉰ 켈멧 ㉱ 쿠니알

에버듈 (Everdur)
① 조성 : Si(3~4%), Mn(1.0~1.2%)이며 Cu에 탈산 목적으로 규소가 소량 첨가된다.
② Si는 4.7%까지 상온에서 Cu 중에 고용해서 인장강도, 내식성, 내열성이 향상된다.

079 비중이 가벼워 주로 항공기 부품으로 많이 쓰이는 합금은 무엇인가?
㉮ Mg합금 ㉯ Al합금
㉰ Ni합금 ㉱ Cu합금

Al의 비중 : 비중이 약 2.7로서 대단히 가벼우며 Mg를 제외하고는 보통 다른 금속의 $\frac{1}{3}$ 정도의 무게를 가지는 금속이며, 합금을 만들었을 때 높은 경도를 유지한다.

080 Al 제품을 2% 수산용액에 넣고 직류, 교류를 통하면 표면은 굳고 다공성이 없으며 방식성이 우수한 산화 피막을 얻는 방식법은 다음 중 어느 것인가?
㉮ 전류법 ㉯ 수산법
㉰ 황산법 ㉱ 크롬산법

Al 방식법
① Al 표면을 적당한 전해액 중에서 양극 산화 처리하여 산화물계의 피막을 형성시킨 방법이며 종류로는 수산법, 황산법, 크롬산법이 있다.
② 수산법 : Al제품을 2% 수산용액에 넣고 직류, 교류를 통하면 표면은 굳고 다공성이 없고 방식성이 우수한 산화 피막을 얻는 방식법
③ 황산법 : 15~20% 황산액을 사용하며 농도가 낮은 것을 사용할수록 피막이 단단하며 흡착성이 좋은 피막을 얻으려면 액온을 20°C로 올린다.
④ 양극 산화 피막법의 특징

종류	Alumite(수산법)	Alumilie(황산법)
전해액	수산	황산
전류	직류	교류
특성	황금색의 경질피막 형성	무색의 연질피막 형성

081 다음 중 알루미늄의 특성이 아닌 것은?

㉮ 산과 알칼리에 강하다.
㉯ 비중이 작은 경금속이다.
㉰ 전기와 열의 양도체이다.
㉱ 산화 피막이 형성되어 내식성이 강하다.

Al의 성질
① 물리적 성질
  ㉠ Al은 백색의 가벼운(비중 : 약 2.7) 금속이다.
  ㉡ 도전율과 열전도율은 Ag, Cu, Au 다음으로 양호하며 송전선, 액체 공기 제조품에 사용된다.
  ㉢ 대기 중에서 표면에 산화 알루미늄(Al_2O_3)의 얇은 피막이 생겨 내식성이 우수하고, 가공성이 좋아 건축용, 차량용, 선박용 및 가정 기구 등에 널리 쓰인다.
  ㉣ 융점이 낮아 용해가 용이하고 전연성이 우수하며 색이 아름답고 용접성이 우수함
  ㉤ 면심입방격자, 재결정 온도(150~240℃), 융점(660℃)
② 기계적 성질
  ㉠ 상온 압연 시 강도, 경도 증가, 연율이 감소된다.
  ㉡ 상온 가공으로 경화된 재료를 가열하면 재결정하여 150℃에서 연화되지 않고 시작하여 300~350℃에서 완전히 연하게 된다.
  ㉢ 온도 증가에 따라 강도는 감소, 연율은 증대(400~500℃에서 극대)된다.
  ㉣ 열간 가공 온도는 280~500℃이고, 가공도에 따라 강도, 경도는 증가, 연율 감소된다.
  ㉤ 수축률이 크고 풀림 온도는 250~300℃이며 순수 Al은 주조가 안 된다.
③ 화학적 성질
  ㉠ Al 표면에 생기는 피막(Al_2O_3)의 보호노 내식성이 우수하다.
  ㉡ 탄산염, Cr산염, 초산염, 황산염 등 중성 수용액에는 내식성이 좋다.
  ㉢ 산이나 알칼리에는 크게 약하다.
  ㉣ 부식은 공기 중의 습도와 염분, 염분 함량, 불순물량, 질에 관계된다.

㉤ Cu 0.1% 이하에서 해롭고, Fe, Ni, Ag 등도 내식성을 해치고 Mg는 내식성이 향상된다.
㉥ 고온 가공 시 다공성을 없애려면 질산염을 첨가한다.

082 알루미늄 합금의 용체화 처리는 몇 도(℃)에서 하는가?

㉮ 약 500   ㉯ 약 600
㉰ 약 400   ㉱ 약 200

① 500℃에서 용체화 처리하여 급랭한 후 시효 경화시킨다.
② 고용체화 처리는 완전한 고용체가 되는 온도까지 가열하였다가 급랭하여 과포화 고용체로 만드는 방법

083 다음 중 시효 경화를 일으키는 합금이 아닌 것은?

㉮ Al-Ag계   ㉯ Al-Ni계
㉰ Al-Cu-Mg계   ㉱ Al-Zn계

Al합금의 시효경화
① 두랄루민(Al-Cu-Mg-Mn)이 대표적이다.
② 500℃에서 용체화 처리하여 급랭한 후 상온에 방치하면 시간이 경과함에 따라서 경화되며 150~170℃로 가열하면 경화 현상을 촉진한다.

084 Al-Cu계 합금의 인공 시효(artificial aging)는 몇 ℃정도에서 일어나는가?

㉮ 100~160   ㉯ 170~230
㉰ 240~290   ㉱ 300~350

인공 시효 처리
과포화 고용체를 120~200℃로 가열, 과포화 성분을 석출시키는 방법이다.

정답 081. ㉮ 082. ㉮ 083. ㉮ 084. ㉮

085. 변태가 없으므로 고용체 처리에 의하여 시효 경화시켜도 경도를 증가시키는 합금은?
㉮ Cu-P ㉯ Cu-Pb
㉰ Al-Si ㉱ Al-Cu

086. Cu를 4% 함유한 Al합금을 고용체로 만든 후 약 130℃로 유지시켰더니 시간의 경과와 함께 경도가 증가하였다. 이것과 관계가 있는 것은?
㉮ 자성 경화 ㉯ 가공 경화
㉰ 석출 경화 ㉱ 소성 경화

석출 경화(precipitation hardening)
① 급랭에 의해서 과포화로 고용된 탄화물, 복탄화물 또는 화합물이 그 뒤의 시효에 의해 미립 석출되어 경화하는 현상을 말한다.
② 용체화 처리에 의하여 과포화하게 함유된 금속이 시효에 의해서 석출할 때에 일어나는 경화 현상을 말한다(석출물이 굳기 때문에 일어나는 경화 현상).
③ 시효 경화 처리는 용체화 처리하여 급랭한 후 상온에서 방치하면 시간의 경과에 따라 경화되며 120~200℃로 가열하면 경화 현상을 촉진한다.
④ 석출 경화를 일으키는 화합물 : $CuAl_2$, Mg_2Si

087. 다음 중 Al합금의 탈가스 처리를 잘못 설명한 것은?
㉮ 용해되지 않은 연소가스를 용융 금속에 불어 넣는다.
㉯ 쇳물에 한번 급랭 응고 시킨 다음 다시 서서히 용해한다.
㉰ 염화 아연을 쇳물 무게에 대하여 0.2% 정도 첨가한다.
㉱ 플루오르화 나트륨 등의 탈가스제를 첨가한다.

088. Al-Cu합금에서 Al의(100)면에 형성된 G.P zone은?
㉮ SiO_2 ㉯ Cu_2O
㉰ Al_2O_3 ㉱ $CuAl_2$

G.P 집합체(Guinier Preston Zone)
① G.P zone Q는 $CuAl_2$의 집합체이다.
② 과포화 고용체 $α'$(정상적인 고용체는 $α$)를 장시간 방치해 두면 $α' = α + CuAl_2(θ)$와 같이 정상 상태로 되려고 한다. 이 과정은 우선 $α'$ 중에 고용된 Cu 원자가 Al의 (100)면에 집합하여 극히 미세한 2차원적 결정이 형성되어 이것이 경화의 원인이 되는 것을 G.P 집합체라 한다.
③ G.P Zone의 2가지
  ㉠ 처음 : 부분적으로 규칙적 배열을 하는 어그리게이트(aggregate) I이 있고
  ㉡ 다음 : 규칙적 배열을 갖는 aggregate II가 있다.

089. AA(Aluminum and Aluminum alloy) 알루미늄 식별 부호 중 99%의 순수한 Al을 표시한 것은?
㉮ 1XXX ㉯ 2XXX
㉰ 3XXX ㉱ 4XXX

미국 Al협회에서 결정한 합금 원소(AAnumber)

1000번대	99.00% 이상의 Al
2000번대	Al-Cu계 합금
3000번대	Al-Mn계 합금
4000번대	Al-Si계 합금
5000번대	Al-Mg계 합금
6000번대	Al-Mg-Si계 합금
7000번대	Al-Zn계 합금
8000번대	기타
9000번대	예비

정답 085. ㉱ 086. ㉰ 087. ㉱ 088. ㉱ 089. ㉮

090. 다음 합금 중에서 G.P zone에 의해서 시효 경화가 일어나는 대표적인 합금은?
㉮ Al-Cu
㉯ Cu-Zn
㉰ Cu-Sn
㉱ Ni-Cr

091. Al합금은 열처리를 단독으로 또는 2가지 이상 병행하여 실시한다. 다음 질별 기호에 대한 설명 중 잘못된 것은 어느 것인가?
㉮ O : 가공재의 풀림 처리한 것
㉯ W : 담금질한 후 시효 경화가 진행 중인 것
㉰ H : 가공 경화한 경질 상태
㉱ T : O, H, W 이외의 열처리한 것

Al의 열처리 기호
① F : 주조한 상태 그대로의 것
② O : 가공재의 풀림한 것
③ H : 가공화한 경질상태
   ㉠ H_{1n} : 가공 경화한 것
   ㉡ H_{2n} : 가공 경화 후 풀림한 것
   ㉢ H_{3n} : 가공 경화 후 안정화 처리한 것
   ※ 단, n=2는 1/4 경질, n=4는 1/2 경질, n=6은 3/4 경질, n=8은 경질, n=9는 초경질이다.
④ W : 담금질 후 시효 경화 진행 중인 것(W30-담금질 후 30일 경과한 것)
⑤ T : F, O, H 이외의 열처리한 것
   ㉠ T_2 : 풀림한 것(주물에만 사용)
   ㉡ T_3 : 담금질 후 냉간 가공한 것
   ㉢ T_4 : 담금질 후 상온 시효가 끝난 것
   ㉣ T_5 : 제조 후 바로 인공 시효만한 것
   ㉤ T_6 : 담금질 후 인공 시효시킨 것
   ㉥ T_7 : 담금질 후 안정화 열처리한 것
   ㉦ T_8 : 담금질 후 냉간 가공하여 인공 시효시킨 것
   ㉧ T_9 : 담금질 후 인공 시효하여 냉간 가공한 것
   ㉨ T_{10} : 인공 시효만한 후 상온 가공한 것

092. Mg-10%의 Al합금을 420℃에서 50시간 용체화 처리 후 뜨임하여 얻은 불균일 석출 조직은?
㉮ Ferrite 조직
㉯ Pearlite 조직
㉰ Martensite 조직
㉱ Widmanstatten 조직

093. 다음 주조용 Al합금의 설명 중 옳은 것은?
㉮ 다이캐스팅은 소형 주물에 아주 적합하다.
㉯ 철강 주물에 비하여 가볍다.
㉰ 셸몰드 주조법에 적합하지 않다.
㉱ 자동차 부품에 사용되나 광학 또는 조명 기구에 적합하지 않다.

Al합금 주물에 사용하는 주조법은 사형법, 금형법, 가스법, 다이캐스팅법이 있다.

094. 다음 중 주조용 Al합금이 아닌 것은?
㉮ Al-Cu 합금
㉯ Rautal
㉰ Alpax
㉱ Aldrey

주조용 Al합금
① Al-Cu
② Al-Cu-Si(라우탈)
③ Al-Si(실루민, 알팩스)
④ Al-Si-Mg(γ-실루민)
⑤ Al-Mg
⑥ Al-Cu-Si

095. 다음 가공용 Al합금 중 고강도용이 아닌 것은?

㉮ Al-Cu   ㉯ Al-Cu-Mg
㉰ Al-Zn-Mg   ㉱ Al-Cu-Ni

가공용 Al합금의 분류
① 내식용 : Al-Mn계, Al-Mn-Mg계, Al-Mg계, Al-Mg-Si계
② 고강도용 : Al-Cu계, Al-Cu-Mg계, Al-Zn-Mg
③ 내열용 : Al-Cu-Ni계, Al-Ni-Si계

096. Al-Si계 합금에 대한 설명 중 옳은 것은 어느 것인가?

㉮ 단일 공정계에 속한다.
㉯ Al-Cu계 합금보다 기계 가공성이 매우 양호하다.
㉰ Si에 대한 Al의 용해도는 3% 이상이어야 한다.
㉱ 실루민은 유동성이 좋지 않아 얇은 주물에는 적합하지 않다.

Al-Si계 합금
① 단순히 공정형으로 공정점 부근의 성분은 실루민(또는 알팩스)이라 하고 공정점 부근의 조직은 기계적 성질이 매우 우수하다.
② 이 합금의 주조조직에 나타나는 Si는 육각판 상의 거친 결정이므로 실용할 수 없다.
③ 개질 처리한 Al합금의 대표이며, 공정점은 577°C(Si : 11.6%)이다.
④ 경도가 낮고 인성이 크며 절삭성이 나쁘다(절삭성 향상을 위해 Mg 첨가).
⑤ Si 13%의 Al-Si계 합금에 0.1%Na를 넣고 주조하면 파단면이 치밀하여 인장강도가 크다.

097. 다음은 Al-Cu계 합금의 평형 상태도이다. 용체화 처리 온도 구역은?

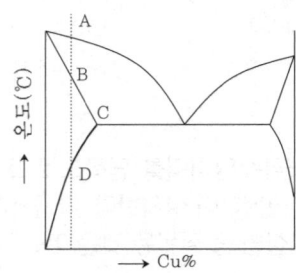

㉮ A   ㉯ B
㉰ C   ㉱ D

098. 주물의 대표이며 자동차 부품, 다이캐스팅용에 사용되는 Al-Cu계 합금으로 많이 사용되는 Cu의 함유량(%)은?

㉮ 4   ㉯ 8
㉰ 12   ㉱ 16

Al-Cu계 합금
① 담금질과 시효 경화에 의해 강도가 증가되고 내열성, 연율, 절삭성이 좋으나 고온 취성이 크며 수축에 의한 균열이 있다.
② 실용 : 4% Cu, 8% Cu, 12% Cu
③ 4% Cu : 이것에 0.2~1.0% Mg첨가로 열처리 효과가 크고 강도를 요하는 부품에 사용한다.
④ 8% Cu : 주물의 대표로서 자동차 부품, 다이캐스팅용에 사용한다.
⑤ 12% Cu : 고온에서 잘 견디며 자동차, 피스톤, 기화기, 방열기, 실린더용에 사용한다.
⑥ 고용체에 의해 시효 경화를 이용하며 경도는 증대한 합금의 대표이다.

정답 095. ㉱ 096. ㉮ 097. ㉰ 098. ㉯

099. Al-Si계 합금에서 무조건 용량에 금속 Na, NaOH를 첨가하여 규소 결정을 미세하게 하는 처리방법은 무엇인가?
㉮ 안정화 처리 ㉯ 개량화 처리
㉰ 용체화 처리 ㉱ 시효 처리

개량 처리 (개질 처리, modification)
① Al과 Si의 공정점은 Si 11.6%에서 577℃이나 여기에 소량의 Na(0.01%)나 불화물 알칼리, 금속 나트륨, 가성 소다, 알칼리염 등을 첨가하면 조직이 미세화되어 강력하게 되며 공정점은 Si 14%, 750~800℃로 이동한다. 이를 개질 처리라 한다.
② 금속 나트륨, 불화 알칼리, 가성 소다, 알칼리 염류 등을 접종시켜 조직을 미세화시키고 강도를 개선한다. 이러한 처리를 말한다.
③ 개질 처리의 최대 효과 : Si 14%
④ 개질 처리한 조직 : 미세화, 강력화

100. 실루민은 규소 13%와 Al-Si계 합금에 무엇을 넣어서 개량 처리한 것인가?
㉮ Zn ㉯ Na
㉰ P   ㉱ Sn

101. Al합금의 성질을 개선하기 위한 방법 중 개질 처리 방법이 아닌 것은?
㉮ 불화물을 사용하는 법
㉯ 금속 나트륨(Na)을 사용하는 방법
㉰ 가성 소다를 사용하는 방법
㉱ Ca, 실리사이드(Ca-Si)를 사용하는 법

개질 처리에 효과를 얻는 방법
① 불화물(플루오르)을 쓰는 법
② 나트륨을 쓰는 법 : 금속 나트륨을 쓰는 법(많이 사용), 수산화나트륨을 쓰는 법
③ 가성소다를 쓰는 법

102. Al합금을 공정점 부근의 용체에 특수 원소를 첨가하여 조직을 미세화시키고 기계적 성질을 개선하는 처리는?
㉮ 자연 시효 ㉯ 개질 처리
㉰ 고용체 처리 ㉱ 안정화 처리

103. 실루민(silumin) 합금의 주성분으로 맞는 것은 어느 것인가?
㉮ Pd-Sn ㉯ Mg-Zn
㉰ Al-Si   ㉱ Cu-Pb

실루민의 용도
① 실루민은 Al-Si합금이다.
② 실루민의 용도

Si 5% 모래형	건축 재료, 자동차, 선박기구, 계기의 하우징, 화학공업용 기구
Si 5% 금형	취사용 기구, 용기 및 기계부품
Si 10% 모래형	옥외에서 사용되는 주물, 기계용 주물
Si 13% 정제	증발기, 선박, 차량용 기구

104. Al-Cu-Si계 합금의 대표는 다음 중 어느 것인가?
㉮ 실루민 ㉯ 하이드로날륨
㉰ 라우탈 ㉱ 알드레이

라우탈 (lautal)
① Al-Cu-Si계 합금이다.
② 실루민 결정인 가공면의 거칢을 없앤 것으로 Cu(3~4.5%)-Si(5~6%)가 사용된다.

정답 099. ㉯ 100. ㉯ 101. ㉱ 102. ㉯ 103. ㉰ 104. ㉰

105. 다음의 Al합금 중에서 개량 처리로 조직을 미세화시키고 강도를 개선하는 것은?
㉮ 알민 ㉯ Y합금
㉰ 하이드로날륨 ㉱ 실루민

106. 다음은 로우-엑스(Lo-Ex)에 대한 설명이다. 틀린 것은?
㉮ Al합금으로 피스톤용에 적합하다.
㉯ 이것을 단조 가공하여 제조한다.
㉰ Al-Si-Cu-Mg-Ni합금
㉱ 내열성이 우수하고 열팽창이 적다.

Lo-Ex합금
① 조성 : Ni(2.0~2.5%)-Cu(1.0%)-Mg(1.0%)-Si(12~14%)를 첨가한 Na 처리한 합금
② 내열성이 우수하고 열팽창 계수, 비중이 작고 내마모성이 좋고 고온 강도가 크며 피스톤용에 사용한다.

107. 다음 중 Y합금의 압연 온도(℃)로 적당한 것은?
㉮ 150~250 ㉯ 300~450
㉰ 460~480 ㉱ 640~910

108. 고온 강도가 크므로 내연 기관의 실린더, 피스톤, 실린더 헤드 등에 사용되는 주조용 Al합금은?
㉮ 하이드로날륨 ㉯ No.12 합금
㉰ 다이캐스팅 합금 ㉱ Y합금

109. Al-Cu-Ni-Mg합금으로 내열성이 좋아 공랭 실린더 헤드, 피스톤 등에 주로 사용되는 합금은?
㉮ 두랄루민 ㉯ Y합금
㉰ 실루민 ㉱ 마그날륨

Y합금
① 조성 : Al-Cu(4%)-Ni(2%)-Mg(1.5%)합금
② α 고용체 중에 3원 화합물인 Al$_5$Cu$_2$Mg$_2$에 의해 석출 경화된다.
③ 열처리 : 510~530℃의 온수 중에 냉각한 후에 약 4일간 상온에서 시효한다.
④ 인공 시효는 100~150℃에서 처리하며, Y합금은 대표적인 내열용 Al합금이다.
⑤ 열처리 후 인장강도 : 30kg$_f$/mm^2 이상, 주조한 것 그대로 열처리 : 22kg$_f$/mm^2 이상
⑥ 용도 : 내연기관의 실린더, 피스톤, 실린더 헤드에 사용된다.

110. 다음 중 Y합금의 설명이 잘못된 것은?
㉮ Al에 Cu 4%, Ni 2%, Mg 1.5%의 합금이다.
㉯ Al에 Si를 넣어 주조성을 개선하고 Cu를 넣어 절삭성을 향상시킨 것이다.
㉰ 시효 경화성이 있어서 모래형 및 금형 주물로 사용된다.
㉱ 공랭 실린더 헤드 및 피스톤 등에 많이 이용된다.

111. 고순도 알루미늄은 내식성이 풍부하지만 강도는 떨어진다. 이러한 내식용 Al합금의 내식성을 해치지 않고 강도를 개선할 수 있는 원소가 아닌 것은?
㉮ Mn ㉯ Mg
㉰ Ni ㉱ Si

112 다음 중 내식성 Al합금이 아닌 것은?

㉮ 하이드로날륨   ㉯ 알민
㉰ 알드레이   ㉱ 두랄루민

내식용 Al합금
① Al-Mg계(하이드로날륨, Mg[6%], 내식용 Al 합금의 대표)
② Al-Mg-Si계(알드레이)
③ Al-Mg-Mn계(Al-Mn[1.2%]-Mg[1.0%])
④ Al-Mn계(알민, 2% Mn 이하)

113 다이캐스팅용 Al합금으로 많이 사용하지 않는 것은?

㉮ 알코아 No12   ㉯ 라우탈
㉰ 실루민   ㉱ 하이드로날륨

다이캐스팅용 Al합금으로 많이 사용하는 것
① 알코아 No12, 라우탈, 실루민, Y합금
② 다이캐스팅용 Al합금의 요구조건
　㉠ 유동성이 좋을 것
　㉡ 적열 취성이 적을 것
　㉢ 금형에 점착(粘着)하지 않을 것
　㉣ 응고 수축에 대한 용탕 보급성이 좋을 것

114 다음은 두랄루민의 조성이다. 맞는 것은?

㉮ Al-Cu-Mg-Mn   ㉯ Ni-Cu-Mg-Mn
㉰ Mn-Zn-Cu-Mg   ㉱ Ca-Si-Mg-Mn

두랄루민의 조성
Al-Cu(4%)-Mg(0.5%)-Mn(0.5)이며 시효 경화 처리한 대표적인 합금이다.

115 고강도 Al합금 중 Cu 4%, Mg 0.5%, Mn 0.5%를 함유한 2017합금을 무엇이라고 하는가?

㉮ 하이드로날륨   ㉯ Y합금
㉰ 초두랄루민   ㉱ 두랄루민

두랄루민 (17S)
① Al-Cu(4%)-Mg(0.5%)-Mn(0.5%)합금(2017합금)으로 500~510℃Cp서 용체화 처리 후 상온 시효하여 기계적 성질을 개선시킨 합금이다.
② 풀림한 상태에서 인장강도는 18~25kg$_f$/mm^2, 연율 10~14%, HB 40~60이나 용체화 처리 후 2~4일간 상온 시효시키면 인장강도는 30~45kg$_f$/mm^2, 연율 20~25%, HB 90~120로 되어 0.2%C강의 기계적 성질과 비슷한 재료가 된다.
③ 비중이 약 2.79이므로 비강도가 연강의 약 3배나 된다.
④ 두랄루민에 함유된 Cu는 CuAl$_2$ 그리고 Mg와 Si는 Mg$_2$Si의 화합물로 되어 시효 경화의 원인이 된다.
⑤ 두랄루민계 합금의 열처리는 T$_4$, T$_6$ 처리하여 기계적 성질을 개선시킨 것이다.
⑥ 고강도 Al합금의 성분과 기계적 성질

합금명		17S (두랄루민)	24S (초두랄루민)	75S (초초두랄루민)
표준 성분 (%)	Cu	4.0	4.5	1.5
	Mn	0.5	0.6	0.2
	Mg	0.5	1.5	2.5
	Zn	–	–	5.6
	Cr	–	–	0.3
	Al	나머지	〃	〃
열처리 온도 (℃)	풀림	415		
	소입	505	495	465
	뜨임	–	190 (8~10 시간)	120 (22~26 시간)

정답 112. ㉱ 113. ㉱ 114. ㉮ 115. ㉱

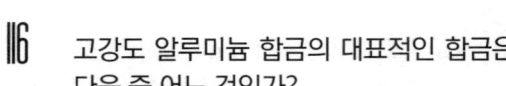

116 고강도 알루미늄 합금의 대표적인 합금은 다음 중 어느 것인가?
㉮ Y합금 ㉯ 두랄루민
㉰ 엘렉트론 ㉱ 로우 엑스

117 두랄루민을 용체화 처리하여 경화시키고자 한다. 냉각 방법으로서 가장 적당한 것은?
㉮ 공랭 ㉯ 노냉
㉰ 수랭 ㉱ 염욕냉

🔍 해설
두랄루민의 경화 방법
500~510℃에서 용체화 처리하여 급랭(수랭) 후 상온까지 방치하면 시효 경화를 일으켜 150~170℃로 가열하면 경화 현상을 촉진한다.

118 다음은 초두랄루민에 대한 설명이다. 틀린 것은?
㉮ Mg 함유량이 0.5~1.5%이다.
㉯ 인장강도가 최고 $48kg_f/mm^2$ 정도이다.
㉰ 리벳, 항공기의 구조제, 기구류 등에 쓰인다.
㉱ 단조 가공성이 두랄루민보다 좋다.

🔍 해설
초두랄루민 (SD, Super Duralumin, 2024합금)
① 조성 : Al-Cu(4.5%)-Mg(1.5%)-Mn(0.6%)의 조성을 가지며 항공기 재료에 사용한다.
② 인장강도 $50kg_f/mm^2$ 이상의 두랄루민을 말하고 T_4 처리하면 약 $48kg_f/mm^2$의 강도를 가지나 T_6 처리하면 강도는 T_4 처리한 것과 같고 특히 내력이 상승하고 연신율은 감소한다.

119 Al-Cu(4%)-Mg(1.5%)-Mn(0.5%)의 조성을 가진 합금의 명칭은? (2024합금)
㉮ 실루민 ㉯ 초두랄루민
㉰ Y합금 ㉱ 하이드로날륨

120 다음 중 ESD(extra super duralumin)합금은 어느 것인가?
㉮ Al-Zn-Mg계 합금 ㉯ Al-Si계 합금
㉰ Al-Mn계 합금 ㉱ Al-Cu-Si계 합금

🔍 해설
초초두랄루민 (ESD, extra super duralumin)
① 조성 : Al(1.5~2.5%)-Cu(7~9%)-Zn(1.2~1.8%)-Mg(0.3~0.5%)-Mn(0.1~0.4%)
② 알코아 75S 등이 여기에 속하고, 인장강도는 $54kg_f/mm^2$ 이상의 두랄루민을 말한다.
③ ESD합금은 Al-Zn-Mg계 합금이다.

121 다음 니켈에 함유된 불순물 중 0.005% 이상일 때 냉간 취성, 열간 취성을 일으키는 원소는?
㉮ Co ㉯ Mn
㉰ S ㉱ Mo

🔍 해설
Ni에 함유된 불순물의 영향
① Co, Cu : 강도를 증가한다.
② Mn : S의 해를 제거한다.
③ S : 0.005% 이상이면 냉간 취성, 열간 취성이 생긴다.
④ C : 0.17%까지 고용하며, 이상이면 강도와 연성을 해친다.
⑤ O_2 : 가공성이 나쁘다.
⑥ Mo, Mg : 탈탄을 방지한다.

정답 116. ㉯ 117. ㉰ 118. ㉱ 119. ㉯ 120. ㉮ 121. ㉰

122 60~70%의 니켈 합금으로 내식성, 내마모성이 우수하므로 판, 봉, 선, 관, 주물 등으로서 증기 밸브, 화학 용기 등으로 사용되는 합금은?

㉮ 큐프로 니켈(cupro nickel)
㉯ 콘스탄탄(constantan)
㉰ 모넬 메탈(monel metal)
㉱ 페로니켈(ferro nickel)

모넬 메탈(monel metal)
① 60~70%의 니켈 합금으로 내식성, 내마모성이 우수하므로 판, 봉, 선, 관, 주물 등으로서 증기 밸브, 화학 용기 등으로 사용되는 합금이다.
② R-Monel : 소량의 S(0.035%)를 넣어 쾌삭성을 개선하는 합금
③ K-Monel : 2.75% Al로 용체화된 것을 뜨임하여 석출 경화성에 의해 경도를 증가시킨 합금
④ KH-Monel : K-Monel에 C를 높게 하여 쾌삭성을 개선한 합금
⑤ H-Monel : Si 3%를 넣어 강도를 증가시키고 석출 경화시킨 합금
⑥ 모넬 메탈은 고온에서 강도가 저하되지 않고 산화성이 적다.

123 다음 중 내식성 니켈 합금으로 Ni-Cr-Mo-Cu가 주성분인 것은?

㉮ Invar   ㉯ Lilium
㉰ Permalloy   ㉱ Elinbar

124 Ni-Cu계 합금의 전기 저항은 Ni가 몇 %에서 최대가 되는가?

㉮ 45% Ni   ㉯ 55% Ni
㉰ 65% Ni   ㉱ 85% Ni

Ni가 55%일 때 전기 저항이 최대가 된다.

125 니켈-구리 합금 중에서 Ni를 약 20% 정도 함유한 것으로 전연성이 커서 도중에 열처리없이 끝까지 냉간 가공이 가능하며 내식성이 우수한 것은?

㉮ 양백(nickel silver)
㉯ 큐프로 니켈(cupro-nickel)
㉰ 콘스탄탄(constantan)
㉱ 모넬메탈(monel metal)

큐프로 니켈(cupro-nickel)
① Ni 20%의 합금으로 복수 기관용에 쓰이며 비철금속 중 전연성이 크고 냉간 가공이 가능하며 내식성이 우수하다.
② Ni-Cu계 합금 중 Ni의 일부를 Zn으로 바꾼 것이며, Ni 20%, Zn 20~35% 나머지 Cu인 단일 고용체

126 소결 금속 자석으로 MK강이라고도 불리는 알니코(Alnico) 자석강의 주성분은?

㉮ Co, Cr, W   ㉯ Mo, Cr, W
㉰ Ni, Al, Co   ㉱ Mn, Al, Ti

알니코(Alnico, MK강)
① 소결 제품으로 Ni(10~20%), Al(7~10%), Co(20~40%), Cu(3~5%), Ti(1%)와 Fe의 합금으로 MK강이라고도 한다.
② 균일한 자속 분포와 기계적 강도가 크다.

127 다음 중 영구 자석으로 널리 사용되는 합금은?

㉮ 알니코 합금   ㉯ 규소강
㉰ 구리-베릴륨 합금   ㉱ 철-망간 합금

128 다음 니켈-크롬 합금 중 고온 측정용 합금은 어느 것인가?

㉮ 우드메탈(wood's metal)
㉯ 망가닌(manganin)
㉰ 알루멜-크로멜(alumel-chromel)
㉱ 배빗 메탈(babbit metal)

해설
Ni-Cr계 합금의 특성
① 합금의 특성
  ㉠ 전기 저항이 대단히 크고 내식성이 크며 산화도가 적고 내열성이 크다.
  ㉡ 고온에서 경도, 강도의 저하가 적고 Fe, Cu에 대한 열전(熱戰)효과가 크다.
② 니크롬선
  ㉠ Ni(50~90%), Cr(15~20%), Fe(0~25%)의 합금으로 전열선에 사용한다.
  ㉡ Ni-Cr선은 1100℃까지, Fe를 첨가한 Ni-Cr-Fe선은 1000℃ 이하에서 사용한다.
③ Inconel : Ni에 Cr(2~13%), Fe(6.8%)의 내식성 합금이다.
④ 하이스텔로이 : Ni-Cr-Fe-Mo계 합금으로 내식용 합금이다.
⑤ 콘스탄탄 : Ni 40~45% 함유한 열전쌍용이다.
⑥ 어드밴스 : Ni(44%)-Cu(54%)-Mn(1%)합금으로 전기 저항체용이다.
⑦ 모넬메탈 : Ni(65~70%)-Fe(1~3%)-Cu(나머지)계 합금으로 화학 공업용이다.
⑧ Bimetal : 열팽창 계수가 적은 Fe-Ni계의 인바와 황동의 두 종류의 금속을 합판으로 만들어 항온기의 온도 조절용의 변화계부에 사용한다.

129 산, 알칼리 등에 우수한 내식성을 가지고 있으며 사진 필름 공업의 처리 장치에 사용되는 Ni-Cr 합금은?

㉮ lautal
㉯ hastelly
㉰ prrinvar
㉱ inconel

130 Ni-Fe 합금은 주로 전자기 재료에 사용되고 있다. 다음 중 Ni-Fe계 실용 합금이 아닌 것은?

㉮ 인바   ㉯ 엘린바
㉰ 플래티나이트   ㉱ 두랄루민

해설
Ni-Fe계 합금
① Invar : Ni(36%)-C(0.2%)-Mn(0.4%)의 Ni-Fe 합금으로 열팽창 계수가 0.97×10^{-8}이고, 내식성이 우수하며 줄자, 시계추, 바이메탈에 사용한다.
② Elinvar : Fe(52%)-Ni(36%)-Cr(12%)계 합금으로 상온에서 탄성 계수가 거의 변하지 않으며, 정밀 기계, 시계 태엽 등에 사용한다.
③ Platinite : Fe-Ni(42~48%)계 합금이며 열팽창 계수가 9×10^{-6}으로 유리나 백금과 비슷하며 전구 도 입선에 사용한다.
④ Nickalloy : Fe(50%)-Ni(50%)의 합금으로 해저 전선에 감아 자기 유도 계수를 증가시킨다.
⑤ Permalloy : Ni(70~90%)-Fe(10~30%)의 합금으로 투자율이 높고 약한 자장으로 큰 투자율을 갖는다.
⑥ Super Invar : Fe-Ni(30~32%)-Co(4~6%)의 합금으로 20℃의 팽창 계수가 0에 가깝다.
⑦ Permincer : Ni(20~75%)-Co(5~40%)-Fe계 합금으로 자장강도의 범위내에서 일정한 투자율을 갖고, 고주파용 철심에 사용된다.

131 Zn-Cu-Ti합금으로 분산 경화용 합금이며 고온 Creep 특성이 개선된 것으로 판, 선, 봉 등으로 가공되며, 심한 가공과 용접, 납땜을 할 수 있어 건축용, 탱크용, 전기 기기 부품 등 넓은 용도가 있는 합금의 이름은?

㉮ ZAMAK3(자마크3)
㉯ Elektron(엘렉트론 합금)
㉰ Hydro-T-Metal(하이드로-티-메탈)
㉱ ZAMAK7(자마크7)

정답 128. ㉰ 129. ㉱ 130. ㉱ 131. ㉰

132 아연 합금의 부식제로 적당한 것은 다음 중 어느 것인가?

㉮ 염산 용액 ㉯ 피크랄 용액
㉰ 왕수 ㉱ 수산화 칼륨

133 아연 합금의 입간 부식을 촉진시키는 원소가 아닌 것은?

㉮ 납 ㉯ 주석
㉰ 카드늄 ㉱ 마그네슘

입간 부식(intergranular corrosion)
① 결정립 간을 관통하여 또는 결정립 내부를 지나서 부식이 진행되어 외관적 부식과 같이 육안으로 판정이 어려운 것도 재료적으로는 파괴 구역에 달한 것을 말한다.
② 전기 화학적 부식이며 결정립 간 구역이 결정의 중심 구역보다 양극성의 물질을 많이 함유하고 있는 때 일어나기 쉽고 수분이 있는 것은 큰 요소가 된다.
③ 18-8강의 입간 부식, 고력Al합금의 응력 부식, 황동의 시기 균열, 아연 합금의 선택 부식 등이 있다.
④ 아연 합금에서 산, 알칼리, Cu, Fe, Sb는 부식을 촉진한다.
⑤ 황동의 시기 균열의 원인 : 암모니아, 산소, 탄산 가스, 습기, 수은 및 그 화합물

134 배빗 메탈(babbit metal)이라고 불리는 베어링합금은?

㉮ Pb계 화이트 메탈
㉯ Sn계 화이트 메탈
㉰ Cu계 화이트 메탈
㉱ Cd계 화이트 메탈

135 다음 니켈에 대한 설명 중 옳은 것은?

㉮ 내산성이 약하다.
㉯ 재결정은 250℃ 부근에서 시작한다.
㉰ 비중은 8.9이다.
㉱ 용융점은 약 1080℃이다.

니켈의 특성
① 니켈의 성질

융점(℃)	1455℃
비중(20℃)	8.9
재결정온도(℃)	530~660
열간가공온도(℃)	1000~1200
인장강도(kgf/mm²)	42~56
HRC	50~70
연율(%)	45~35
결정격자	면심입방

② 은백색의 금속이며 내산성이 강하고 전연성이 있으며 아황산 가스를 품는 공기 중에 심하게 부식된다.
③ 열간, 냉간 가공이 용이하고 증류수, 염수, 알칼리성 염류 수용액에서 0.127mm/년 부식된다.
④ 공기 중에서 500℃ 이상에서 서서히 산화되나 750℃ 이상에서는 속도가 커진다.

136 베어링 합금으로 사용되는 배빗 메탈의 주성분이 아닌 것은?

㉮ Sn ㉯ Sb
㉰ Cu ㉱ Zn

배빗 메탈(Babbit metal)
① Pb계통보다 마찰 계수가 적고 고온, 고압 경도가 강하다.
② 내식성이 풍부하고 주조가 용이하며 고속 베어링용이다.
③ Sn, Sb 및 Cu를 주성분으로 한 화이트 메탈을 말한다.

정답 132. ㉮ 133. ㉱ 134. ㉯ 135. ㉰ 136. ㉱

137. 다음 중 주석계 화이트 메탈의 특징에 해당 되지 않는 것은?
㉮ Sb 및 Cu의 함량이 각각 8.3% 정도이면 인장강도와 항복점이 최대가 된다.
㉯ Fe, Zn, Al 등을 많이 첨가할수록 양질의 베어링 재료가 된다.
㉰ 충격과 진동에 잘 견디며, 내마모성의 기계용 베어링 재료로 적합하다.
㉱ 유동성과 주조성이 우수하고 열전도도가 높다.

138. 카드뮴계 화이트 메탈의 특징 중 옳은 것은?
㉮ 다른 화이트 메탈보다 실용 온도에서 경도가 낮다.
㉯ 내압력이 비교적 낮다.
㉰ 큰 하중에는 적합하지 않다.
㉱ 고온도에서 경도와 강도가 저하되지 않는다.

Cd계 화이트 메탈의 특징
① Cd에 Ni, Ag, Cu 등을 넣어 경화된 합금이며 우수하다.
② 과열되어 산화물이 생겨도 그 경도가 낮으므로 축은 상하지 않는다.
③ 다른 화이트 메탈보다 실용 온도에서 경도가 높고 고온에서 경도, 강도가 저하하지 않고 내압력이 크다.

139. 서브시브의 분말(Subsieve powder)이란?
㉮ 37mm 이하의 분말
㉯ 47mm 이하의 분말
㉰ 57mm 이하의 분말
㉱ 67mm 이하의 분말

140. 주석계 화이트 메탈과 납계 화이트 메탈의 비교 설명 중 틀린 것은?
㉮ 주석계 화이트 메탈은 고속 회전용 베어링으로 사용한다.
㉯ 주석계 화이트 메탈은 충격과 진동에 잘 견딘다.
㉰ 납계 화이트 메탈은 내마멸성과 경도가 크다.
㉱ 납계 화이트 메탈은 고온에 약하고 마찰이 적다.

141. 베어링으로 사용되는 것으로 Sn계, Pb계 화이트 메탈, Cu계 베어링 합금 등 여러 종류가 있는데 그중 구리계 베어링 합금의 명칭은 어느 것인가?
㉮ Kelmet   ㉯ Babbit metal
㉰ Oilite   ㉱ Silumin

켈밋 (Kelmet)
① 연강제의 지금(地金)에 약 1mm 두께로 고연청동을 용착한 베어링으로 Pb(20~45%)를 함유하고 있다.
② 화이트 메탈 베어링보다 바탕과의 결합이 강력하므로 박리가 어렵고 열전도율이나 용융 온도가 높아서 눌어붙음이 생기지 않으므로 고하중, 고속도의 운전에 견딘다.
③ 원심 주조법으로 하며 마찰 계수가 반드시 지금을 소결 또는 용착시킨다.
④ 고온, 고압에서 강도가 떨어지지 않고 수명이 길다.
⑤ 납의 함유량이 많을수록 피로 강도는 낮으나 마모 효과가 크다.
⑥ Cu-Pb계는 내소착성이 좋고 화이트 메탈보다 내하중이 크다.
⑦ 조성 : Cu-Pb(30~40%)
⑧ 용도 : 고속, 고하중용으로 적합하며, 항공기, 자동차 등의 디젤 엔진 등의 주 베어링용, 발전기, 전동기, 철도 차량용 베어링에 사용한다.

정답 137. ㉱ 138. ㉱ 139. ㉮ 140. ㉱ 141. ㉮

142 Cu, Sn, 흑연 분말을 적정 혼합하여 소결에 의해 제조한 분말 야금용 합금으로 급유가 곤란한 부분의 베어링으로 사용되는 재료는?

㉮ 베빗트 메탈   ㉯ 켈밋
㉰ 자마크   ㉱ 오일레스 베어링

오일리스 베어링
① Cu계 합금으로 Cu-Sn-흑연 합금이 많이 사용된다.
② 제조방법 : 5~100μ의 Cu 가루와 Sn, 흑연가루를 혼합하여 윤활제 또는 휘발성을 가한 후 가압 성형하여 환원성 기류 중에서 400℃로 예비소결 후 800℃로 본소결하여 만든다.
③ 10~40%(부피)의 기름을 품고 있으며 급유 곤란 및 큰 하중을 요하는 부분에 사용하며 저속, 저하중의 베어링용과 작은 전동기, 선풍기, 전기세탁기에 사용한다.

143 오일리스 베어링에 대한 설명 중 맞는 것은?

㉮ 용융에 의하여 제조된다.
㉯ 구리 분말에 주석 분말을 8~12%, 흑연을 4~5% 혼합 형성한다.
㉰ 구리 분말에 아연 분말을 8~12%, 알루미늄을 4~5% 혼합 형성한다.
㉱ 구리 분말에 아연 분말을 8~12%, 흑연을 4~5% 혼합 성형한다.

오일레스 베어링 (oilite, oilless bearing)
① 조성 : Cu분(90%), Sn분(10%), 흑연분말(1~4%)의 비율의 흔합물을 소요의 형틀에 수용하여 가압 성형한 후 용융한 청산가리 속에서 가열 소결하여 다음의 기계유에 침지하므로 충분히 흡수시킨 일종의 베어링 메탈이다.
② 베어링에 함유되는 오일의 양은 용적으로 15~20%에 이른다.
③ 항압력은 53kg/mm²에 이르며, 인장강도는 대단히 작다.

144 다음 중 Ti합금의 설명과 관계가 없는 것은?

㉮ 내식성이 우수하다.
㉯ 고온 강도가 크다.
㉰ 항공기 재료에 적당하다.
㉱ $\dfrac{강도}{중량비}$ 의 값이 작다.

티타늄의 특성
① 내식성이 우수하다.
② 비중은 약 4.5이고 용융점은 1670℃이다.
③ 응력, 피로 강도가 크며 N_2, O_2는 해로운 원소이다.

145 Ti 합금에 첨가하면 α β상 전율 가용 고용체를 형성하는 원소는 다음 중 어느 것인가?

㉮ Sn   ㉯ Cr
㉰ Nb   ㉱ Zr

146 24K 금반지보다 18K 금반지의 경도 및 강도가 크다. 이와 관계 깊은 것은?

㉮ 고용 경화   ㉯ 가공 경화
㉰ 시효 경화   ㉱ 분산 경화

147 18금(18K)은 순금의 함유율이 몇 %인가?

㉮ 60   ㉯ 75
㉰ 85   ㉱ 95

24K : 100% = 18K : x%
∴ $x = \dfrac{18 \times 100}{24} = 75\%$

148. 스털링 실버(Sterling silver)란 무엇인가?
㉮ Ag-Ag-Sn합금　㉯ Ag-Pt합금
㉰ Ag-Si-Zn합금　㉱ Ag-Cu합금

표준 은(화폐 은, 스털링 실버, Sterling Silver)
① 불순물이 아주 작은 은(Ag)이다.
② Ag은 연하므로 순Ag만으로 공업상의 용도로 사용하지 않으며 Cu, 기타의 경화 원소를 가한 것으로 1000분 중 925 이상의 Ag분의 것을 표준 Ag라 한다.
③ Ag 925부, Cu 75부의 합금이다. 미국, 영국의 은제품으로 화폐의 표준 조성이다.

149. 다음 중 활자 금속의 주된 원소는?
㉮ Pb-Cu　㉯ Pb-Zn
㉰ Pb-Sb-Sn　㉱ Pb-Al

활자 금속
조성 : Pb-Sb-Sn이며, 용융점이 저온이며 응고 시 체적 변화가 적다.

150. 대전류 또는 고전압 회로의 사용에 가장 알맞은 합금은?
㉮ 납퓨즈　㉯ 주석퓨즈
㉰ 은퓨즈　㉱ 텅스텐퓨즈

151. 저융점 합금은 몇 ℃ 이하의 낮은 융점의 총칭인가?
㉮ 210　㉯ 232
㉰ 450　㉱ 660

232℃ 이하의 융점을 갖는 합금의 총칭이다. 비정질 합금이다.

152. 모넬 메탈, 양백 등의 납땜에 가장 많이 사용되는 것은?
㉮ 금납　㉯ 은납
㉰ 황동납　㉱ 철납

납땜의 종류와 용도

종류	용융점(℃)	용도
은납	635~870℃	구리합금, 니켈합금, 철합금
인동납	700~830℃	구리 및 구리합금에 적합
양은납	840~900℃	구리합금, 니켈합금, 강, 주철합금
황동납	840~900℃	구리합금, 니켈합금, 강, 주철합금
고Zn 황동납 및 청동납	870~900℃	V형, 모서리땜납, 구리합금, 니켈합금, 강, 주철합금

153. 다음 중 반도체 재료로만 구성되어 있는 것은?
㉮ Fe, Cu, Co　㉯ U, Al, Pb
㉰ Mo, Pt, Zn　㉱ Si, Ge, Se

신금속의 용도별 종류
① 항공 및 우주용 재료 : Ti, Be, Mo 등
② 전자용 재료 : Ge, Si, W, Mo, Se, Cs, Mn, Bi, Te 등
③ 원자로용 재료 : U, Th, Pu, Zr, Be, Hf, Cd, Bi, Na 등
④ 내식용 재료 : Ti, Zr, Ta, Mo, Hf 등

정답　148. ㉱　149. ㉰　150. ㉯　151. ㉯　152. ㉯　153. ㉱

154. 반도체 재료의 분류 중 원소 반도체 중의 대표가 아닌 것은?

㉮ Ge ㉯ Si
㉰ Fe ㉱ Te

해설

반도체의 분류
① 무기 재료 반도체와 유기 재료 반도체로 대별한다.
② 무기 재료 반도체는 원소 반도체와 화합물 반도체로 구분한다.
③ 원소 반도체 중에서 대표 : Ge, Si, Se, Te 등
④ 응용면에서의 분류 : 능동 소자 재료, 광전 변환 재료, 열전 변환 재료, 자전 전환 재료, 압전 변환 재료 등

155. 고순도의 규소 반도체를 얻는 물리적 정제법은?

㉮ 플로팅 존법 ㉯ 존 레벨링법
㉰ 브리지 맨법 ㉱ 인상법

해설

플로팅 존 정제(floating zone refining)
① zone 정제(精製)에 의해 초고순도의 정제를 할 때 용융대가 용기의 벽에 접촉되어 오염되는 것을 막기 위해서 시료를 수직으로 지지하여 용융대가 표면 장력으로 지지되도록 띠의 넓이를 조절한다. 용융대(熔融帶)가 전혀 용기에 접촉되지 않은 상태에서 정제하는 방법이다.
② ㉯, ㉰, ㉱는 벌크 단결정 제작법이다.
• 존 레벨링법(zone leveling) : 반도체의 단결정을 만들거나 불순물을 균일하게 분산시키는 방법

정답 154. ㉰ 155. ㉮

제4장 신소재 및 그 밖의 합금 기출 및 예상문제

001 다음 중 기능성 특성재료가 아닌 것은 어느 것인가?
㉮ 형상기억합금 ㉯ 초소성합금
㉰ 제진합금 ㉱ 초경합금

해설 초경합금은 소결합금으로 공구용으로 많이 사용한다.

002 다음은 FRM용 섬유강화금속에 사용되는 섬유의 종류를 나타낸 것이다. 이에 해당되지 않는 것은?
㉮ B ㉯ SiC
㉰ Cr_2O_3 ㉱ Al_2O_3

해설 섬유강화금속 복합재료에 사용되는 섬유의 종류
B, W, C, SiC, Al_2O_3

003 다음 중 섬유강화 금속의 종류가 아닌 것은?
㉮ LNG ㉯ FRS
㉰ MMC ㉱ FRM

해설 섬유강화금속 : FRM, MMC
섬유강화초합금 : FRS

004 다음 중 섬유강화한 플라스틱의 기호로 맞는 것은?
㉮ FRM ㉯ FRP
㉰ FRS ㉱ MMC

해설 FRP : 섬유강화한 플라스틱의 기호

005 927℃ 이상의 고온에서 강도나 그리프 특성을 개선시키기 위해 Fe, Ni합금을 기지로 한 고융점계 섬유강화 합금으로 맞는 것은?
㉮ FdE ㉯ FRS
㉰ FCP ㉱ HCP

해설 FRS : 927℃ 이상의 고온에서 강도나 그리프 특성을 개선시킨다.

006 강화섬유는 모재 금속과의 상온확산, 용해반응 등을 억제하기 위해 산화물, 탄화물, 질화물 등으로 피복한다. 다음 중 피복방법이 아닌 것은?
㉮ CVD법 ㉯ 이온 플레이팅법
㉰ 활성화반응증착법 ㉱ 공침법

해설 섬유강화 합금의 피복법 : CVD법, 이온 플레이팅법, 활성화반응증착법

정답 001. ㉱ 002. ㉰ 003. ㉮ 004. ㉯ 005. ㉯ 006. ㉱

007 다음 중 물리적 증착법(PVD) 중 이온을 이용하지 않는 방법은?
㉮ 진공 증착(evaporation)
㉯ 스퍼터링(sputtering)
㉰ 이온 빔 믹싱(ion beam mixing)
㉱ 이온 플레이팅(ion plating)

진공 증착법
진공 중에서 금속 또는 비금속을 용해 증발시켜서 이를 피착물에 접착시키는 방법

008 화학적으로 정제된 실리콘을 불순물 농도가 높아 다시 물리적인 정제법으로 고순도 반도체를 얻는 방법은?
㉮ 대역 정제법   ㉯ 플로팅 존법
㉰ 존 레벨링법   ㉱ 인상법

009 다음 중 고순도의 규소 반도체를 얻는 물리적 정제법은 어느 것인가?
㉮ 플로팅 존법   ㉯ 존 레벨링법
㉰ 브리지맨법   ㉱ 인상법

고순도의 규소 반도체를 얻는 벨크 단결정법의 제조법 종류
인상법, 존 레벨링법, 브리지맨법, 기상법, 애피택시얼 성장법

010 극저온용 구조재료로 사용되는 페라이트계 철합금에 첨가되는 원소로 인성이 큰 동시에 저온취성을 방지할 수 있는 것은?
㉮ Ni   ㉯ Co
㉰ W   ㉱ Mn

극저온용 구조재의 페라이트계 철합금의 대표적 Ni강

011 다음 중 고기능 박막제조 방법이 아닌 것은?
㉮ PVD법   ㉯ CVD법
㉰ 스파터링법   ㉱ 질화법

질화법은 표면경화열처리법이다.

012 입자분산강화 금속(PSM)의 제조방법이 아닌 것은?
㉮ 질화법   ㉯ 표면산화법
㉰ 용융체포화법 ㉱ 산화환원법

입자분산강화 금속(PSM)의 제조방법
표면산화법, 용융체포화법, 산화환원법, 기계적 혼합법, 용융금속의 atomization법, 열분해법, 분사분산법, 내부산화법, 공침법

013 다음 중 고강도형 리드프레임(lead frame) 재료는 어느 것인가?
㉮ TEC-3   ㉯ KFC
㉰ KLF-1   ㉱ CDA-725

lead frame의 고강도형 재질 : CDA-725, 6%P 청동

014 금속재료가 특정온도 구간에서 10배 이상의 연신율을 나타내며 잘 늘어나는 특수현상을 무엇이라 하는가?

㉮ 탄성 ㉯ 소성
㉰ 초소성 ㉱ 취성

> 해설
> 초소성이란 금속재료가 유리질처럼 늘어나는 특수한 현상을 말하며 1.6%C 탄소강이 650℃에서 인장시험 시 10배 이상 늘어난 결과로 알 수 있다.

015 다음 초소성(SPF) 재료의 설명으로 옳지 않은 것은?

㉮ 금속재료가 유리질처럼 늘어나며 300~500% 이상의 연성을 갖는다.
㉯ 초소성은 일정한 온도 영역에서만 일어난다.
㉰ 초소성의 재질은 결정입자 크기가 클 때 잘 일어난다.
㉱ 니켈계 초합금의 항공기부품 제조 시 초소성의 성질을 이용하면 우수한 제품을 만들 수 있다.

> 해설
> 초소성 재질은 결정입자가 극히 미세하여 외력을 받을 때 슬립변형이 쉽게 일어난다.

016 철강계 초소성 재료 중 C 0.8%를 함유하는 공석강의 경우 연신량이 가장 높게 나타나는 온도구간으로 적합한 범위(℃)는?

㉮ 300~320 ㉯ 700~720
㉰ 900~920 ㉱ 1400~1420

> 해설
> Fe 0.8%C의 공석강 초소성 재료는 온도 704℃에서 최대연신율이 100%이다.

017 초소성 재료의 특징을 열거한 것 중 틀린 것은?

㉮ 초소성은 일정한 온도 영역과 변형속도의 영역에서만 나타난다.
㉯ 300~500% 이상의 연성을 가질 수 없다.
㉰ 결정입자가 극히 미세하여 외력을 받았을 때 슬립변형이 쉽게 일어난다.
㉱ 결정입자는 10μ 이하의 크기로서 등방성이다.

> 해설
> 초소성은 일정한 온도 영역과 변형속도의 영역에서만 나타나며 300~500% 이상의 연성을 가진다.

018 초소성 재료는 일정온도 영역과 변형속도에서 유리질처럼 300~500% 이상의 연성을 가지게 된다. 이러한 초소성을 얻기 위한 조직의 조건 중 잘못된 것은?

㉮ 약 10-4sec-1의 변형속도로 초소성을 기대한다면 결정립의 크기는 수 ㎛이어야 한다.
㉯ 초소성 온도에서 변형 중의 미세조직을 유지하려면 모상의 결정성장을 억제하기 위해 제2상이 수%~50% 존재하는 것이 좋다.
㉰ 제2상의 강도는 원칙적으로 모상보다 높아야 한다.
㉱ 제2상이 단단하면 모상입계에서 공공이 생기기 쉽고 입계슬립이나 전위밀도는 원자의 확산이동이 저지된다.

> 해설
> 제2상의 강도는 원칙적으로 모상과 같은 정도인 것이 좋다.

019 금속재료가 유리질처럼 늘어나는 특수한 현상을 갖는 재료를 무엇이라 하는가?
㉮ 초소성 재료   ㉯ 초탄성 재료
㉰ 형상기억합금   ㉱ 수소저장합금

초소성 재료 : 금속 재료가 유리질처럼 늘어나는 특수한 현상을 갖는 재료

020 다음 초소성 재료 중 알루미늄계 합금이 아닌 것은?
㉮ INCO 718   ㉯ Supral 100
㉰ PM 64   ㉱ Supral 7475

Al계 초소성의 대표 : superal 100, supral 220, Supral 7475, PM 64

021 금속 중에 0.01~0.1㎛ 정도의 미립자를 수% 정도 분산시켜 입자 자체가 아니고 모체의 변형저항을 높여서 고온에서의 탄성률, 강도 및 크리프 특성을 개선시키기 위하여 개발한 재료를 무엇이라 하는가?
㉮ 극저온용 구조재료   ㉯ 섬유강화금속
㉰ 입자분산강화 금속   ㉱ 파인세라믹스

입자분산강화 금속(ᄀSM)에 대한 설명이다.

022 Al-Cu-Mg합금으로 항공기용 신소재는?
㉮ FRM   ㉯ ESD
㉰ CUB   ㉱ ESP

ESD : 초초두랄루민

023 미세한 입자를 제조된 유리, 시멘트 도자기 등의 요업재료와 자동차용 엔진 재료로 가볍고 내마모성, 내열성 및 내화학성이 우수한 성질의 재료는?
㉮ 파인세라믹스   ㉯ HSLA합금
㉰ DP강   ㉱ 두랄루민

파인세라믹스 (fine ceramics)
① 가볍고 내마모성, 내열성 및 내화학성이 우수하여 연료효율성 향상, 생산성 증대, 희귀자원의 대체에 크게 기여할 수 있다.
② 절삭공구 터보차저의 회전자, 기계의 실부품, 자동차 밸브 등에 사용된다.
③ 미세한 입자를 제조된 유리, 시멘트, 도자기 등의 요업재료에 사용한다.

024 다음 중 항공기용 신소재로서 가장 적당한 것은 어느 것인가?
㉮ 초두랄루민(E.S.D)
㉯ 입자분산강화금속(P.S.U)
㉰ 섬유강화 금속(F.R.U)
㉱ 복합조직 강(DP강)

항공기용 신소재는 두랄루민의 2014, 2017합금 및 초두랄루민(SD) 2024합금, 초초두랄루민(ESD) 7075합금이 고강도 Al합금으로 개발되어 대표적인 항공기 재료로 사용되고 있다.

025 다음 반도체 재료 중 열전변환 재료의 성분으로 맞는 것은?
㉮ Si   ㉯ Al
㉰ SiC   ㉱ PS

SiC는 열전환 재료 중 발열재료이다.

정답 019. ㉮ 020. ㉮ 021. ㉰ 022. ㉯ 023. ㉮ 024. ㉮ 025. ㉰

026 다음 중 비정질합금에 대한 설명이 틀린 것은?
㉮ 강도와 인성이 적은 재료이다.
㉯ 높은 내식성 및 전기저항성이 크다.
㉰ 고투자율성, 초전도성이 있다.
㉱ 브레이징 접합성도 좋다.

비정질합금의 특성
① 고강도와 인성을 겸비한 기계적 특성이 우수하다.
② 높은 내식성 및 전기저항성과 고투자율성, 초전도성이 있다.
③ 브레이징 접합성이 좋은 재료이다.
④ 결정 결함이 존재하지 않으며 단순한 원자구조를 갖는다.

027 다음 설명 중 수소 저장합금의 특징이 아닌 것은?
㉮ 수소가 방출되면 금속수소화합물은 원래의 수소저장 합금으로 되돌아간다.
㉯ 1cm² 중에 1022개의 수소원자를 포함하여 기체수소의 약 1000배의 용적률을 가지며 1000기압의 고압수소가스의 밀도와 같다.
㉰ 수소 저장합금에 흡수 저장되어 있는 수소는 H⁺이고 합금 표면에서는 원자상태이므로 이것을 화학반응에 이용한다.
㉱ 수소가 방출되면 금속수소화합물은 원래의 수소저장 합금으로 돌아가지 않는다.

수소가 방출되면 금속수소화합물은 원래의 수소저장 합금으로 되돌아간다.

028 형상기억합금은 변형응력을 가할 때는 일반금속과 같이 소성변형이 발생한다. 이들 변형은 일정온도 이상의 범위로 가열하면 변형 전의 상태로 돌아가는 특성을 가지고 있다. 이 재료에서는 어떤 변태가 발생하는가?
㉮ 동소 변태
㉯ 자기 변태
㉰ 펄라이트 변태
㉱ 마르텐자이트 변태

형상기억합금은 Martensite 변태가 발생한다.

029 다음 중 비정질합금의 제조방법이 아닌 것은 어느 것인가?
㉮ 기체상태에서 직접 고체상태로 초급랭시키는 방법
㉯ 화학적으로 기체상태를 고체상태로 침적시키는 방법
㉰ 레이저를 이용한 급랭방법
㉱ 활성화반응증착법

비정질합금의 제조방법
① 기체상태에서 직접 고체상태로 초급랭시키는 방법
② 화학적으로 기체상태를 고체상태로 침적시키는 방법
③ 레이저를 이용한 급랭방법
④ 기체로부터 제조하는 진공증착법
⑤ 액체 중에 석출시키는 도금법

정답 026. ㉮ 027. ㉱ 028. ㉱ 029. ㉱

030. 처음에 주어진 특정 모양의 것을 인장하거나 소성 변형된 것이 가열에 의하여 원래의 모양으로 되돌아가는 합금은 다음 중 어느 것인가?

㉮ 초탄성합금 ㉯ 형상기억합금
㉰ 초소성합금 ㉱ 비정질합금

형상기억합금 : 재료가 소성변형된 것을 가열하에 의하여 원상태로 되돌아가는 합금

031. 다음 합금 중 실용되고 있는 형상기억합금계가 아닌 것은?

㉮ Cu-Fe ㉯ Cu-Al-Ni
㉰ Ti-Ni ㉱ Au-Cd,

형상기억합금의 종류
Ti-Ni, Au-Cd, Cu-Al-Ni, In-Ti, Cu-Zn, Fe-Pt, Ag-Cd 등

032. 2종 이상의 무기계, 금속계 및 고분자계를 조합하여 각 소재가 가지는 특성치를 합한 값 이상의 상승효과를 얻기 위해 설계된 재료를 총칭하는 명칭은?

㉮ 구조용 복합재료
㉯ 특수강
㉰ 자성재료
㉱ 특성재료

구조용 복합재료
무기계, 금속계, 고분자계를 2종 이상 조합하여 각 소재의 상승효과를 얻기 위하여 설계된 재료다.

033. 형상기억합금은 금속의 어떤 성질을 이용한 것인가?

㉮ 솔바이트 변태
㉯ 트루스타이트 변태
㉰ 오스테나이트 변태
㉱ 마르텐자이트 변태

형상기억합금은 Martensite 변태의 성질을 이용한다.

034. 형상기억합금을 일정온도 이상으로 가열했을 때 변형 전의 상태로 되돌아가는 변태온도의 기준으로 맞는 것은?

㉮ Ar' ㉯ Ar''
㉰ A1 ㉱ A2

변형 전의 상태로 되돌아가는 온도 범위 : Ar''

035. 저온절삭 깊이, 적은 이송량, 저절삭속에 고성능을 발휘하며 자동선반, 밀링 등으로 사용되는 초경합금은?

㉮ 피복 초경합금 ㉯ 초미립 초경합금
㉰ 비자성 초경합금 ㉱ 일반 초경합금

036. 다음 원소 중 원자로용 합금은?

㉮ Ge 및 Si ㉯ W 및 Mo
㉰ Zr 및 Ta ㉱ U 및 Th

전자공업용재료(Ge, Si, W, Mo), 내식용 재료(Zr, Ta), 원자로용 재료(U, Th)

정답 030. ㉯ 031. ㉮ 032. ㉮ 033. ㉱ 034. ㉯ 035. ㉯ 036. ㉱

037 초경합금으로서 초미립 탄화텅스텐과 비교적 많은 양의 코발트를 배합하여 만든 새로운 합금으로 적합한 것은?
㉮ 피복 초경합금   ㉯ 초미립 초경합금
㉰ 비자성 초경합금 ㉱ 일반 초경합금

038 어떤 온도에서 가소성을 가진 성질을 나타내는 플라스틱은 무엇인가?
㉮ 탄화규소   ㉯ 초탄성재료
㉰ 합성수지   ㉱ 알런덤합금

플라스틱은 합성수지이다.

039 다음 중 열전변환 재료의 성분은?
㉮ Si   ㉯ SiC
㉰ ZnS   ㉱ InSb

① Si : 능동소자 재료(다이오드)
② SiC : 열전변환 재료
③ ZnS : 광전변환 재료(형광재료)
④ InSb : 자전 재료

040 피검면의 상황을 셀룰로이드 피막에 옮겨서 현미경으로 검사하는 방법으로 맞는 것은?
㉮ EDT법   ㉯ INPULES법
㉰ U-NDT법   ㉱ SUMP법

SUMP법 : 피검면의 상황을 셀룰로이드 피막에 옮겨서 현미경으로 검사하는 방법

정답 037. ㉯ 038. ㉰ 039. ㉯ 040. ㉱

제 2 편

금속열처리

제1장 열처리의 개요
제2장 열처리의 응용
제3장 열처리 설비
제4장 결함의 원인과 대책

※ 기출 및 예상문제

 금속재료기능장

열처리의 개요

1 열처리

가열온도, 유지 시간, 냉각속도를 변화시켜 필요한 기계적 성질을 얻기 위한 조작

2 금속의 특징

① 고체상태에서 결정을 이룬다.
② 전기 및 열의 양도체
③ 금속 특유의 광택
④ 이온화하였을 때 양이온
⑤ 가공 변형이 용이

3 강의 분류

① 저탄소강 : 탄소 0.3% 이하
② 중탄소강 : 탄소 0.3~0.6%
③ 고탄소강 : 탄소 0.6% 이상

4 원자충전율

① 체심입방격자(BCC) = 68%
② 면심입방격자(FCC) = 74%

5 고용체

2개 이상의 원소로 된 단상의 합금에서 하나의 성분 원소가 다른 원소에 고용된 것

- 페라이트 : α 철에 탄소가 함유된 고용체
  (탄소 고용 한계 상온에서 0.008%, 723℃에서 0.02%)
- 오스테나이트 : γ 철에 탄소가 함유된 고용체
  (탄소 고용 한계 723℃에서 0.8%, 1147℃에서 2.0%)

6 강의 5가지 변태

① A_0 : 시멘타이트가 자성을 잃는 변태(215℃)
② A_1 : $\gamma \rightarrow \alpha + Fe_3C$(723℃)
③ A_2 : 순철이 자성을 잃는 변태(768℃)
④ A_3 : α 철 $\leftrightarrow$ γ 철(순철 : 910℃)
⑤ A_4 : γ 철 $\leftrightarrow$ δ 철(순철 : 1390℃)

7 Fe-Fe₃C 상태도와 조직변화

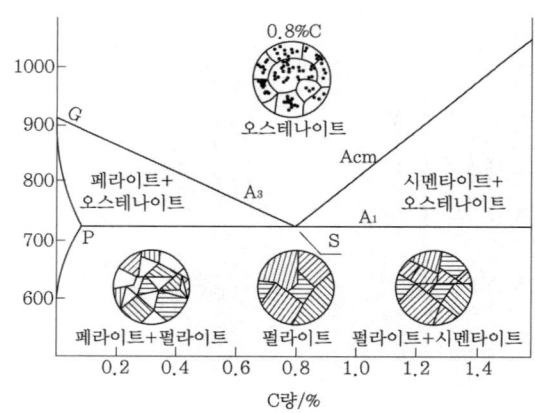

0.8% 탄소강(S점)을 냉각 시 오스테나이트가 페라이트와 시멘타이트로 분해되는 공석 반응을 일으키므로 공석강이라 한다.

A_1 : 오스테나이트 → 페라이트 + 시멘타이트

A₃(GS선) : 아공석강(0.8%C 이하)이 γ (오스테나이트) 단상으로 변태하는 온도
Acm : 과공석(0.3% 이상)강이 단상의 오스테나이트로 변태하는 온도

8 냉각방법의 3가지 형태

냉각방법	열처리의 종류
연속냉각	보통풀림, 보통뜨임, 보통담금질
2단냉각	2단풀림, 2단뜨임, 인상담금질
항온냉각	항온풀림, 항온뜨임, 오스템퍼링, 마템퍼링, 마퀜칭

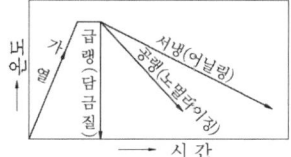
[연속 냉각에 의한 열처리]

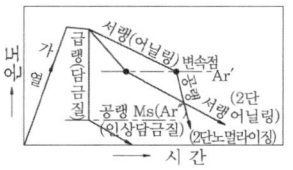
[2단 냉각에 의한 열처리]

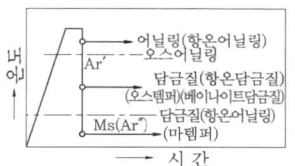
[항온 냉각에 의한 열처리]

9 탄소강의 조직과 열처리와의 관계도

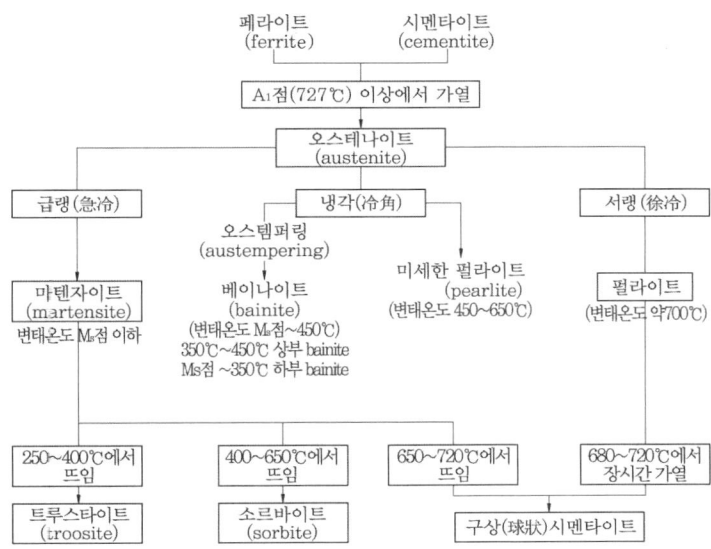

10 강의 냉각 가열 곡선

① 노 중 냉각 : 펄라이트 조직
② 공기 중 냉각 : 소르바이트 조직
③ 기름 중 냉각 : 트루스타이트 + 마텐자이트 혼합조직
④ 수랭 : 마텐자이트 조직

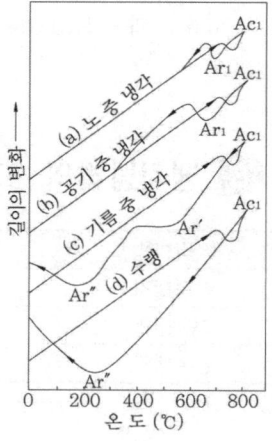

11 강의 냉각에 따른 조직변화

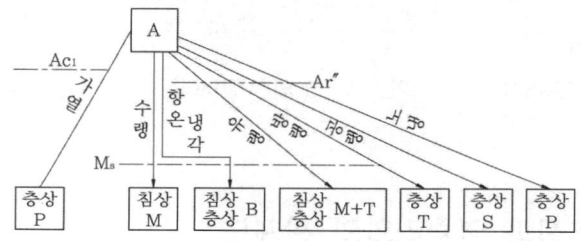

12 S곡선을 구하는 방법

① 조직학적 방법
② 열팽창 측정법
③ 열분석법
④ 자기 분석법

13 S곡선에 영향을 주는 요소

① 최고 가열온도
② 첨가원소
③ 편석
④ 응력의 영향

14 강의 냉각 방법

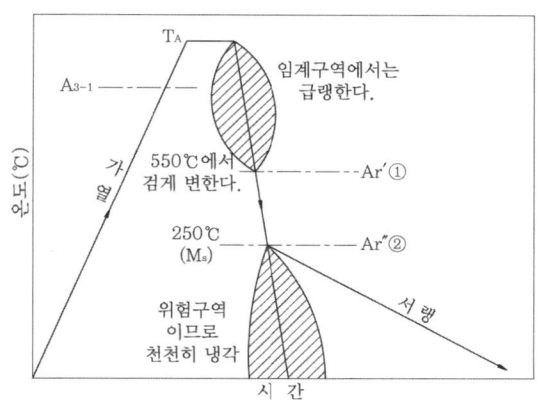

- 임계구역 : 강이 적열되어 화색손실온도(Ar′ 또는 코온도)까지
- 위험구역 : M_s 온도(Ar″) 이하

15 탄소강의 임계냉각 속도

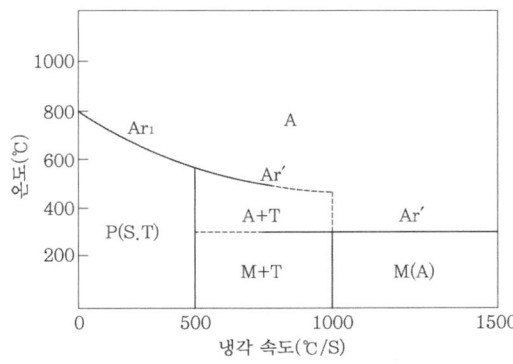

16 강의 담금질 냉각곡선

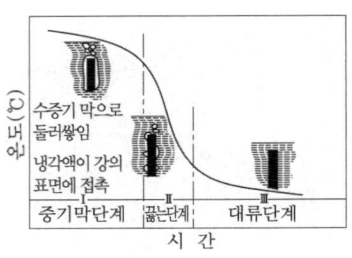

17 시효

과포화 고용체로부터 다른 상이 석출하는 현상을 이용해서 금속재료의 강도 및 그 밖의 성질을 변화시키는 처리

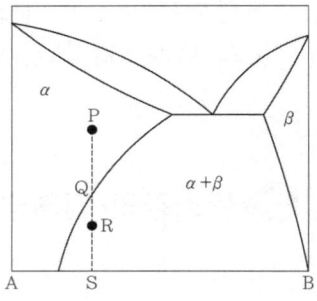

18 공석강의 열적 변태

① 곡선1(100℃ 물에 냉각)
　: 펄라이트 조직
② 곡선2(80℃ 물에 냉각)
　: 마텐자이트 + 트루스타이트 조직
③ 곡선3(20℃ 물에 냉각)
　: 마텐자이트 조직
④ Ar′ 변태
　: 오스테나이트 → 트루스타이트 변태
⑤ Ar″ 변태 : 오스테나이트 → 마텐자이트 변태

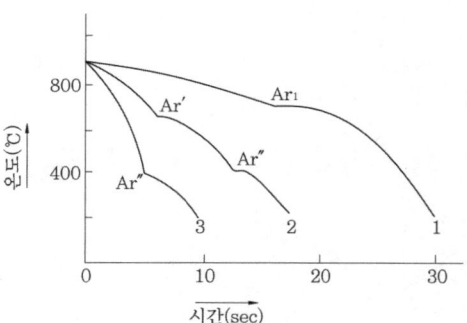

19 연화의 과정

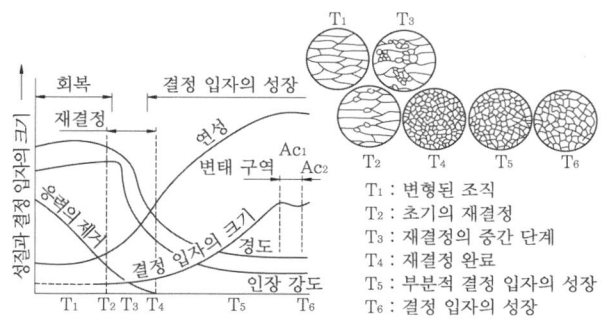

T_1 : 변형된 조직
T_2 : 초기의 재결정
T_3 : 재결정의 중간 단계
T_4 : 재결정 완료
T_5 : 부분적 결정 입자의 성장
T_6 : 결정 입자의 성장

• 회복 → 재결정 → 입자 성장

20 기계구조용 탄소강

인 0.03% 이하, 황 0.035% 이하의 킬드강

21 강재의 가열방법

노내의 온도상승과 함께 강재의 외부와 내부의 표면온도가 거의 비례적으로 상승하는 경우

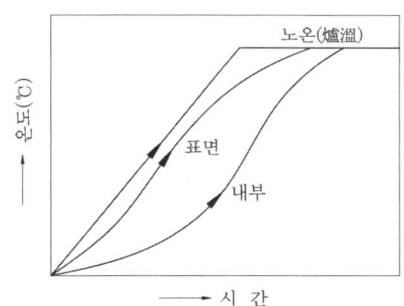

22 강의 질량효과

강을 급랭시키면 냉각액과 접촉되는 강의 표면조직은 마텐자이트로 되고 강의 내부는 냉각속도가 늦어져 펄라이트, 트루스타이트가 된다. 따라서 강재가 크거나 두꺼울수록 강의 내부로 들어갈수록 냉각속도가 늦어져 경도가 저하된다. 이와 같이 강의 질량이 담금질에 미치는 영향을 질량효과라 한다.

제2장 열처리의 응용

금속재료기능장

01 강의 표면경화법

1 침탄 방지

침탄을 하지 않는 부분은 내화점토에 산화철 10%, 붕사 1%를 혼합하여 규산소다와 함께 강재의 표면에 1~2mm 두께로 발라주거나 청화동 도금을 하기도 한다.

2 침탄재료를 경화시키는 과정

저온풀림 → 침탄처리 → 1, 2차 담금질 → 뜨임

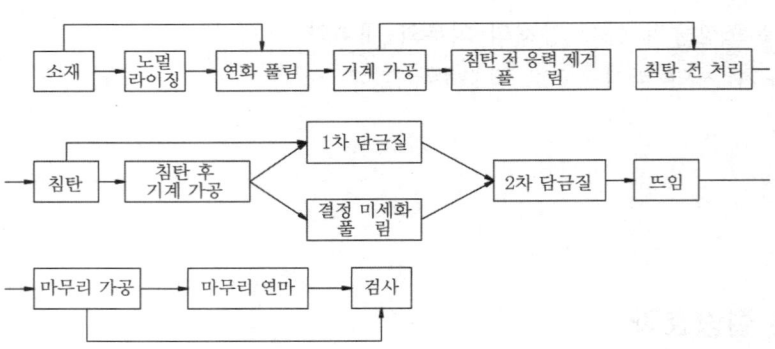

3 침탄후의 열처리

① ab : 침탄 후의 공랭
② bc : 중심부의 조직을 오스테나이트화 하기 위한 가열
③ cd : 1차 담금질(목적 : 중심부 조직을 미세화)
④ ef : 2차 담금질(목적 : 침탄층을 경화)

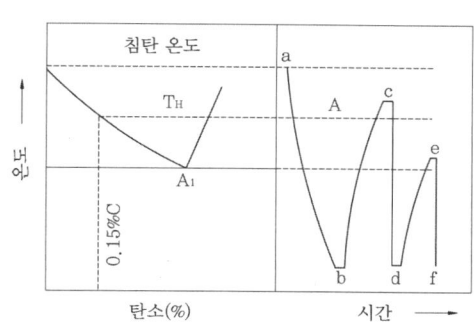

4 고체 침탄제

① 목탄, $BaCO_3$ 15~20%, Na_2CO_3 10%
② 코크스 10~20%

5 침탄 완화제

석회, 알루미나, 인산석회, 규산염

6 고체침탄 반응식

$3Fe + 2CO \rightarrow Fe_3C + CO_2$

7 액체 침탄제

① 주성분 : NaCN
② 첨가제 : $BaCl_2$, Na_2CO_3, NaCl, $MgCl_2$

8 질화강에 함유되는 Al, Cr의 효과

① Al : 표면강도 증가
② Cr : 질화층을 두껍게

9 질화강의 열처리

저온의 페라이트 영역에서 실시

10 금속 침투법

① 세라다이징 : 강철 표면에 철-아연 합금층을 형성시켜 방청성을 향상시키기 위하여 증기압이 높은 아연 가루 속에서 처리하는 것
② 칼로라이징 : 알루미늄 가루 속에 철강재를 매몰하여 알루미늄을 침투시켜 내열성을 향상시키는 것
③ 크로마이징 : 내식성 향상을 위해 저탄소강에 크롬을 침투시켜 경도가 높은 강을 만드는 것
④ 보로나이징 : 내마멸성을 향상시키기 위해 철에 붕소를 침투

11 고주파 전류 발생장치의 종류

종 류	특 징
전동발전식 (M-G식)	전동기에 의하여 발전기를 작동시켜 고주파 전류를 얻는 장치
진공관식 (전자관식)	공업용의 대형 진공관, 콘덴서, 코일에 의하여 발진회로를 형성하는 방식
디리스터·인버터	디리스터를 사용하여 저주파전원으로부터 고주파를 얻는 변환장치

12 침탄층의 경도분포

① **유효경화층** : 강재를 침탄처리 하였을 때 침탄층이 담금질한 상태 또는 200℃ 부근에서 뜨임하였을 때의 경화층으로서 HRC 50(HV=513)까지의 깊이를 말한다.

② **전경화층** : 강재의 표면으로부터 침탄경화층과 강재의 중심 부분의 화학적 또는 물리적 성질의 차이가 구별되지 않는 지점까지의 거리

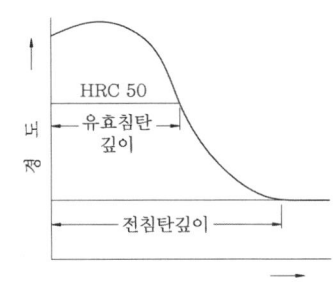

13 침탄경화층의 깊이 표시법

경화층 깊이	경도 시험 방법		매크로조직시험방법
	시험하중 (1kgf)	시험하중 (300gr)	
유효경화층 깊이	CD-H-E	CD-h-E	CD-M-E
전경화층 깊이	CD-H-T	CD-h-T	CD-M-T

① CD-H-E 2.5

　경도시험법에서 시험하중 1kgf으로 측정하여 유효 경화층의 깊이가 2.5mm인 경우

② CD-h-T 1.1

　경도시험방법에서 시험하중 300gr으로 측정하여 전체 경화층의 깊이가 1.1mm인 경우

③ CD-M-E 2.2

　매크로 조직시험 방법으로 측정하여 유효 경화층의 깊이가 2.2mm인 경우

• **침탄층과 시간과의 관계**

$x = \beta \sqrt{Dt}$

x : 표면으로부터의 거리
β : 탄소 농도에 따른 상수
D : 확산 계수
t : 확산 시간(초)

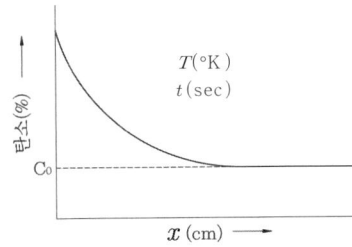

02 강의 분위기 열처리

1 분위기 가스의 종류

구 분	종 류
불활성가스	Ar, He
중성가스	N_2, H_2, NH_3
산화성가스	O_2, H_2O, CO_2, 연소가스
환원성가스	H_2, CO, CH_4, C_3H_8, C_4H_{10}
질화성가스	암모니아 가스
침탄성가스	CO, CH_4, C_3H_8, C_4H_{10}, AGA302가스

2 변성가스

프로판, 부탄 등에 적당한 비율의 공기를 첨가하여 열분해 또는 산화 분해시킨 가스

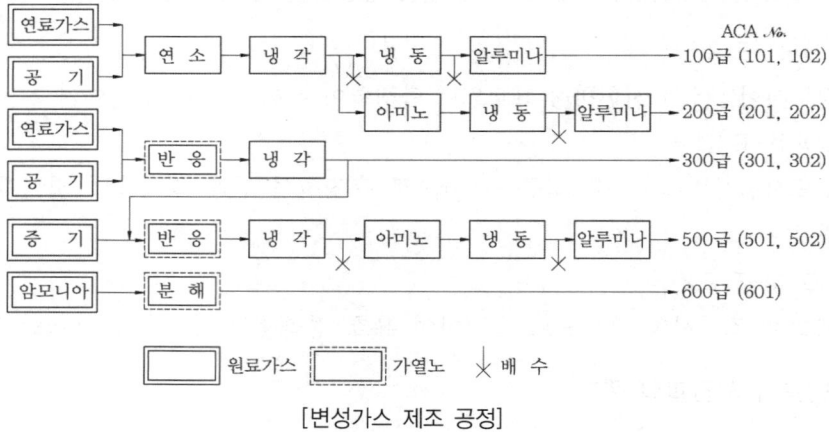

[변성가스 제조 공정]

3 발열형가스 변성 약도

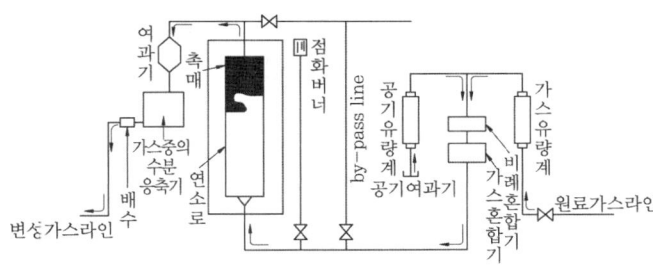

4 흡열형가스 변성 약도

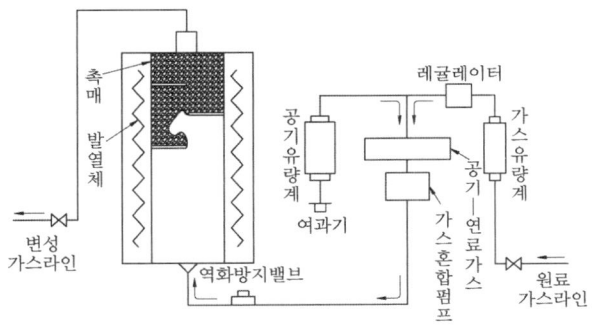

5 노점계

- **노점** : 수분을 함유하고 있는 분위기 가스를 냉각하면 어떤 온도에서 수분이 응축되어 이슬이 생기게 된다. 이때의 온도가 노점이다.

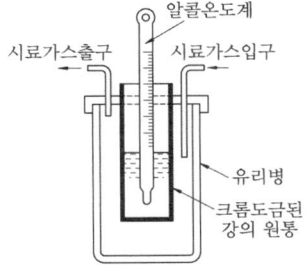

6 스팅(sting)

변성로나 침탄로 등의 침탄성 분위기 가스로부터 유리된 탄소가 노내의 분위기 속에 부유하여 가공재료, 촉매, 노의 내벽 등에 부착되는 현상

[제2장] **열처리의 응용**

7 번 아웃(burn out)

스팅(sting)으로 말미암아 변성로나 침탄로에 축적된 유리탄소는 변성로나 침탄로의 기능을 저하시키므로 필요에 따라서 또는 정기적으로 적당한 양의 공기를 송입하여 연소 제거하는 조작

03 강의 열처리

1 풀림(Annealing)

(1) 목적

① 강을 연화
② 결정조직을 균질화
③ 내부응력을 제거
④ 기계적, 물리적 성질 변화

(2) 가열온도 : $A_3 - A_1$ 또는 A_3 변태선 위의 30~50℃ 범위

(3) 냉각방법 : 노냉 또는 2단냉각(서랭)

(4) 풀림의 종류

① 완전풀림
 일반적인 풀림, 강을 Ac_3 또는 Ac_1점 이상의 온도에서 적당시간 가열 후 노중 냉각하다 550℃에서 공랭
② 항온풀림
 S곡선의 코 또는 이것보다 약간 높은 온도 부근에서 항온 유지시켜 변태를 완료하는 방법(공구강 또는 자경성이 강한 특수강을 연화풀림 하는 데 적합)

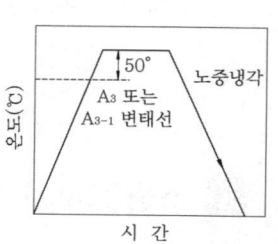

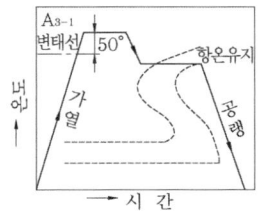
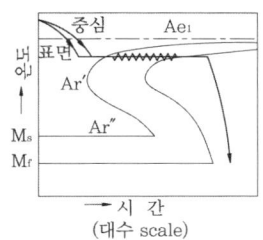

③ 응력제거 풀림

냉간가공 부품, 용접부품, 주조상태의 강, 단조한 강, 담금질한 강의 잔류응력을 제거하기 위하여 보통 500~600℃ 정도에서 가열한 후 서랭하는 조작

④ 확산풀림

강내부의 C, P, S, Mn 등의 미소편석을 제거시키는 작업으로 Ac_3 또는 Acm 이상(1050~1300℃)의 고온에서 하는 풀림

⑤ 중간풀림

냉간가공에 의하여 경화된 강재를 가공하는 도중 연화시켜 가공을 쉽게 하기 위해서 Ac_1점 직하의 온도에서 강을 2~5시간 유지 후 공랭하는 방법

⑥ 구상화 풀림

목적 : 가공성 향상, 절삭성 향상, 인성을 증가, 담금질 균열 방지

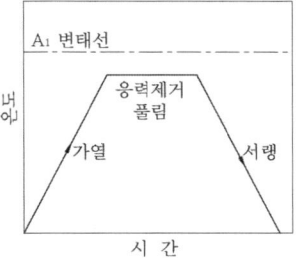
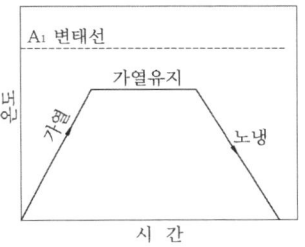
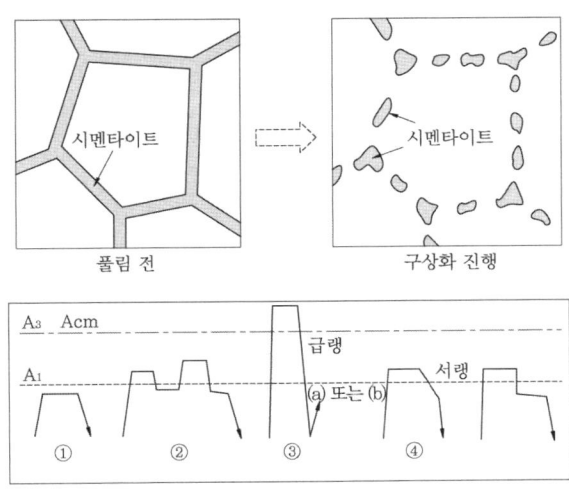

[제2장] 열처리의 응용 199

2 열처리 조직과 절삭성과의 관계

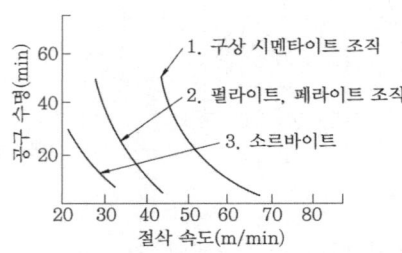

3 불림(Normalizing)

(1) 목적

① 불균일한 조직을 균질화
② 결정립을 미세화
③ 기계적 성질 향상
④ 표준조직

(2) 가열온도

A_3, Acm 변태선 + 30~50℃ 범위

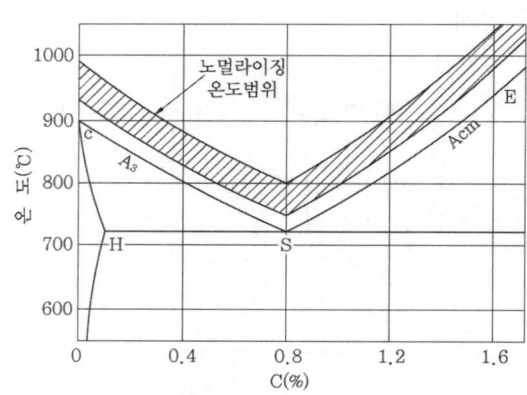

(3) 냉각방법 : 공랭

(4) 불림의 종류

① 보통불림

필요한 불림온도까지 상승시킨 후 일정하게 노내에서 유지시킨 후 대기 중에서 방랭

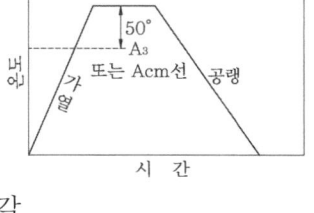

② 2단불림

불림의 온도로부터 화색이 없어지는 온도(약 550℃)까지 공랭한 후 불림상자에서 서랭하여 상온까지 냉각
- 구조용강 - 연신율 및 강인성이 향상
- 고탄소강 - 백점이나 내부균열 방지

③ 항온불림

항온변태 곡선의 코의 온도와 비슷한 550℃부근에서 항온변태를 시킨 후 상온까지 공랭
- 저탄소 합금강 - 절삭성이 향상

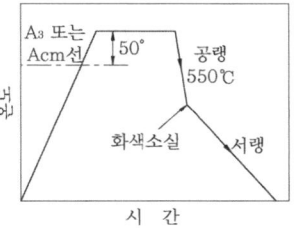

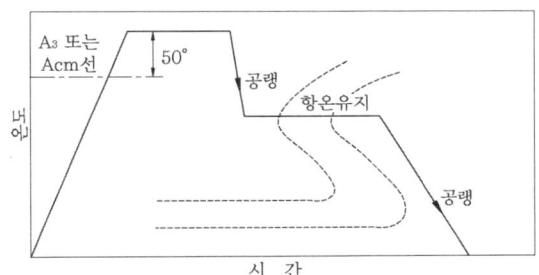

④ 이중불림

㉠ 1회열처리 : 고온불림(930℃까지 유지 후 공랭)
　(조직의 개선 및 편석성분이 균질화)

㉡ 2회열처리 : 저온불림(820℃ 또는 A_3 부근의 온도에서 공랭)
　(펄라이트 조직의 미세화)

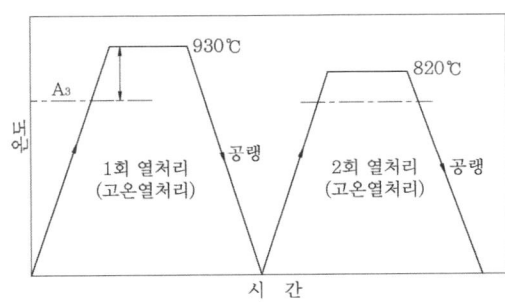

4 담금질(Quenching)

(1) 목적 : 강을 강하고 경하게 하기 위하여

(2) 가열온도 : A_{3-1} 변태선 + 30~50℃

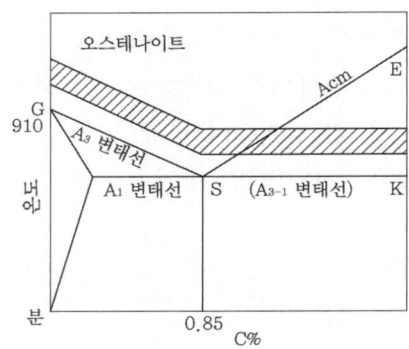

(3) 유지 시간 : 두께 25mm당 30분

(4) 종류

① 시간담금질(인상담금질)
   냉각속도의 변화를 냉각 시간으로 조절하여 주는 것

② 분사 담금질
   담금질하여 경화되는 부분에 담금질액을 분사시켜 급랭하는 방법
   (부분적인 냉각을 필요로 하는 것에 적당)

③ 프레스 담금질
   담금질에 의한 처리품의 변형을 방지하기 위해 담금질 시 처리품을 금형으로 누른 상태에서 담금질

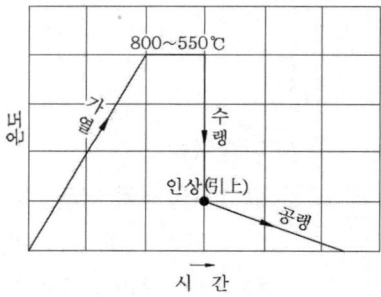

5 심랭처리

상온으로 담금질된 강을 다시 0℃ 이하의 온도로 냉각하는 작업
- 목적 : 잔류 오스테나이트를 마텐자이트로 변태
- 효과 : 경도 향상, 치수변화 방지

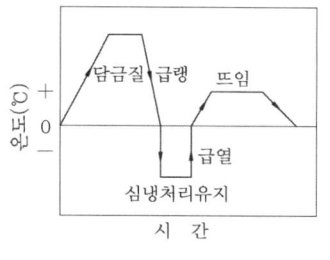

6 잔류 오스테나이트의 생성 원인

① 고탄소강
② 담금질온도가 높을 때
③ 유랭시
④ 합금원소의 양이 많을 때

7 블루잉

강을 250~370℃의 온도에서 가열하면 강의 표면에 청색의 산화피막이 생기는 것

8 뜨임

(1) **목적** : 담금질에 의해 경해진 강에 인성을 부여

(2) 뜨임에 의한 조직 변화

단계	온도	변화	부피
1단계	~200℃	α 마텐자이트 → β 마텐자이트	수축
2단계	200~300℃	잔류 오스테나이트 → 마텐자이트	팽창
3단계	250~400℃	마텐자이트 → 트루스타이트	수축
4단계	400~600℃	트루스타이트 → 소르바이트	수축

9 뜨임취성

① 저온 뜨임취성(300℃ 취성)
   250~300℃ 온도에서 뜨임하면 충격치가 최대로 감소하는 현상
② 1차뜨임취성
   450~525℃의 온도에서 뜨임하면 뜨임시간이 길어져 충격치가 감소하는 현상
   • 예방 : 소량의 Mo 첨가
③ 2차뜨임취성(고온 뜨임취성)
   525~600℃의 온도에서 뜨임후 서랭 시 충격치가 감소하는 현상
   • 예방 : 급랭, Mo 또는 W 첨가

10 스냅뜨임

담금질을 행한 재료에 100~200℃의 온도에서 저온뜨임
• 목적 : 점성과 내마모성 부여

11 기계구조용 탄소강의 뜨임취성 방지

뜨임온도보다 낮은 온도로 뜨임

12 페텐팅 처리

중탄소강 또는 고탄소강을 Ac_3점 또는 Acm점 직상의 온도에서 가열하여 균일한 오스테나이트 상태로 만든 후 400~520℃의 용융염욕 또는 Pb욕 중에 침적한 후 공랭시키고 적당한 시간을 유지시켜 상온까지 냉각시키는 방법
• 조직 : 베이나이트 또는 소르바이트

13 용체화 처리

고Mn강(하드필드 강) 또는 오스테나이트강, 초합금강을 A_3 변태점 이상의 온도로 가열하여 탄화물 및 기타의 화합물을 오스테나이트 중에 고용시킨 후 그 온도로부터 기름 또는 물 중에 급랭시켜 과포화된 오스테나이트를 상온까지 가져오는 처리

14 강의 항온 열처리

① 오스템퍼링
  오스테나이트 상태로부터 강을 S곡선의 코와 M_s점 사이의 항온 염욕에 급랭하여 항온 유지하는 처리
  • 조직 : 베이나이트

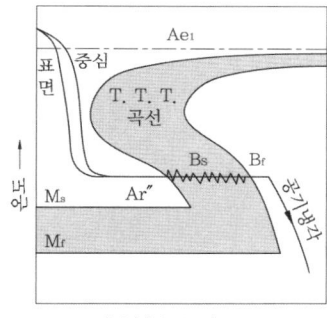

② 마템퍼링
  오스테나이트로부터 M_s점 이상의 온도로 담금질하여 강 전체의 온도가 균일해질 때까지 냉각제에서 유지하게 한 후 공랭하여 Ar″ 변태를 천천히 진행한 후 뜨임처리 하는 조작
  • 조직 : 마텐자이트
  • 특징 : 담금질에 의한 변형 및 균열이 없다.

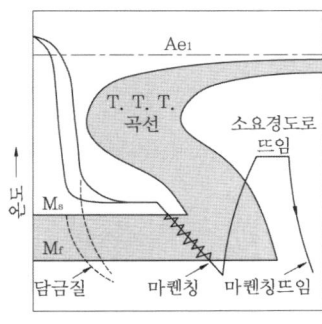

③ 마템퍼링

M_s~M_f 사이의 온도의 염욕에 급랭하고, 변태가 완료할 때까지 항온 유지시키는 열처리

- 조직 : 마텐자이트 + 베이나이트

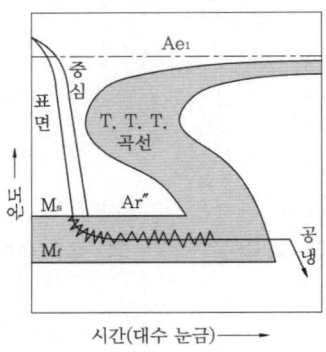

15 고속도강의 표준형

텅스텐(18%)-크롬(4%)-바나듐(1%)

16 고속도강의 담금질 온도

- 1단계 : 500~600℃(서서히)
- 2단계 : 900~950℃(균일가열)
- 3단계 : 1250~1290℃(급속가열)

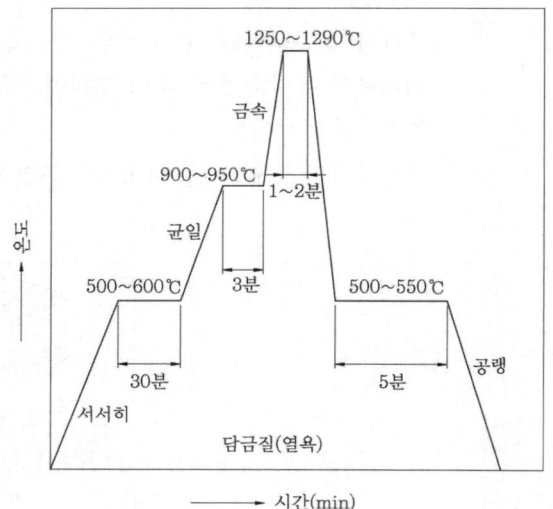

17 고속도강의 2차경화(뜨임경화) 현상

① 담금질 처리된 고속도강을 500~600℃로 가열하여 뜨임하면 현저하게 경화되는 현상
② 원인 : 1차뜨임 시 잔류 오스테나이트의 마텐자이트로 변태

18 고속도강의 뜨임

① 1차뜨임 : 잔류 오스테나이트를 마텐자이트로 변태
② 2차뜨임 : 1차뜨임에서 변태된 마텐자이트를 뜨임

19 합금공구강의 구상화 풀림

조직의 균질화, 기계가공성 향상, 열처리 후의 기계적 성질 향상 등을 위하여 탄화물을 구상화하기 위한 **구상화 풀림** 처리를 담금질 전에 실시

20 질화강의 열처리

① 온도 및 조직
　저온의 페라이트 영역
② 함유원소의 영향
　Al : 표면 강도를 증가
　Cr : 질화층을 두껍게 하는 역할

21 스테인리스강의 3가지 조직

① 페라이트
② 오스테나이트
③ 마텐자이트

22 마텐자이트계 스테인리스강

대표 : 13크롬강

23 오스테나이트계 스테인리스강

① 대표 : 18-8스테인리스강(18Cr-8Ni)
② 용체화 처리
18-8 스테인리스강의 기본적인 열처리로써 냉간가공 또는 용접 등에 의해서 생긴 내부 응력 제거를 위한 열처리
- 조직 : 오스테나이트의 기지 위에 풀림쌍정이 나타남.

24 스프링강의 열처리

목적 : 높은 탄성, 높은 내피로성과 적당한 강인성

25 스프링강의 담금질 변형 방지 대책

담금질할 때 강재를 압축해 주는 가압담금질

26 Fe-Ni-Cr(Co)계 열처리

용체화 열처리 후 석출경화 열처리
- 가열유지 온도 : 1000~1300℃에서 가열 유지 후 급랭
- 석출경화 온도 : 700~800℃

04 주철 및 비철합금의 열처리

1 흑연화 현상

흑심가단주철의 열처리에서 930℃에서 오래 유지하면 분해되어 뜨임탄소가 되는 현상

$$Fe_3C \rightarrow 3Fe + C$$

2 흑심가단주철의 열처리

흑심가단주철을 제조하기 위해서는 백선주철을 900~950℃에서 20~30시간 가열하는 제1단계 흑연화와 펄라이트를 700~720℃에서 25~40시간 유지하는 2단계 흑연화로 이루어진다.

3 칠드주철

높은 내마멸성을 요하는 부품에 사용되는 주철로서 표면 부위를 금형에 의하여 급랭함으로써 백선화 시키고, 내부는 비교적 강인한 회주철로 만든 것이다. 따라서 표면만을 경화시켜 내마멸성을 부여하고, 전체적으로 인성을 갖게 한 주철

4 비철금속재료의 열처리

풀림 및 용체화처리, 시효처리

5 석출경화

합금에 고용된 용질원자의 용해도가 온도의 저하에 따라 감소하는 것을 이용하여 고용되지 않는 용질 원자를 석출시켜 기계적 성질을 향상시키는 것

6 알루미늄 합금의 열처리 기호

① F : 제조 그대로의 재질
② O : 완전 풀림 상태의 재질
③ H : 가공경화만으로 소정의 경도에 도달한 재질
④ W : 용체화 후 자연 시효 경화가 진행 중인 상태의 재질
⑤ T : F, O, H 이외의 열처리를 받은 재질
⑥ T3 : 용체화 후 가공경화를 받는 상태의 재질
⑦ T4 : 용체화 후 상온 시효가 완료한 상태의 재질
⑧ T5 : 용체화 처리 없이 인공시효 처리한 상태의 재질
⑨ T6 : 용체화 처리 후 인공시효한 상태의 재질

7 황 흑화법

소결철의 표면에 내산화성 검은색 피막을 얻는 방법으로서 공기 중에서 600℃로 가열하여 유랭한다.

8 침유 처리

진한 암모니아수에 황화수소 가스를 통하여 만든 혼합가스를 400~700℃로 가열하여 소결재 표면에 황화철 피막을 형성시켜 주는 처리

9 용접품의 열처리

(1) 응력제거 풀림

용접품의 잔류 응력 제거법으로 가장 널리 사용하는 방법이다. 용접물 전체 또는 일부를 노 안에서 가열하여 잔류 응력을 제거하고자 600~650℃(탄소강)의 온도에서 유지한 다음 서랭한다.

(2) 저온 응력 완화법

그림과 같이 용접선의 양쪽을 일정한 속도로 이동하는 가스 화염에 의해 약 150mm 나비에 걸쳐서 150~200℃로 가열한 다음 바로 수랭함으로써 주로 용접선의 인장 응력을 완화하는 방법

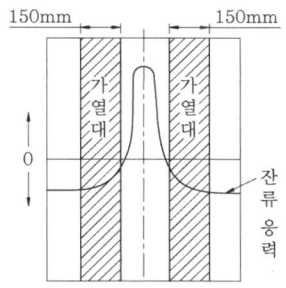

제3장 열처리 설비

금속재료기능장

01 열처리용 온도계

1 발열체

① 금속발열체 : 니크롬선, 철-크롬선, 몰리브덴선, 텅스텐선, 백금선
② 비금속 발열체 : 탄화규소 발열체, 규화 몰리브덴질 발열체, 흑연질 발열체

2 온도계

(1) 열전쌍식 온도계

서로 다른 두 종류의 금속 양끝을 접속시켜 온도차를 주면 양쪽 접점 사이에 열기전력이 발생하는 원리를 이용

[여러 가지 열전쌍]

기호	재료	상용온도	가열온도
PR	백금, 백금-로듐	1400	1600
CA	크로멜-알루멜	1000	1200
IC	철-콘스탄탄	600	800
CC	구리-콘스탄탄	300	350

― 열전쌍선 A
---- 열전쌍선 B
===== 보상 도선
―・― 보통 도선

(2) 저항온도계

가는 백금 또는 니켈의 금속선을 내열 전열물에 감아 붙여서 여기에 일정한 전압을 흘릴 때 금속선에 흐르는 전류의 세기를 재어 온도를 측정하는 장치

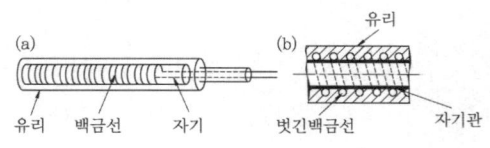

(3) 방사 온도계

측정하고자 하는 물체가 방출하는 온도 방사를 이용한 온도계

(4) 광고온계

고온의 물체온도를 눈으로 측정하는 대신 물체의 휘도와 표준휘도를 가진 백열전구의 필라멘트의 휘도를 수동으로 일치시켜 그때 전구에 흐르는 전류의 측정치를 읽어 온도를 측정하는 방법

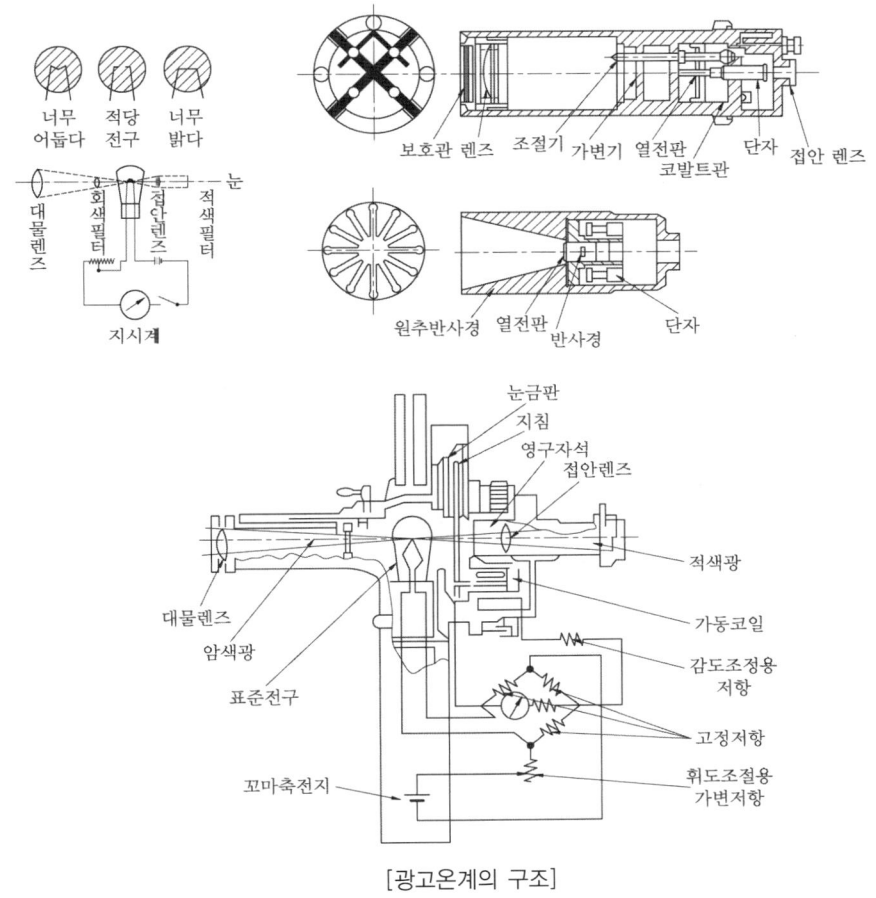

[광고온계의 구조]

02 열처리용 제어장치 및 공구

1 온도제어 장치

(1) 자동 온도 제어장치의 순서

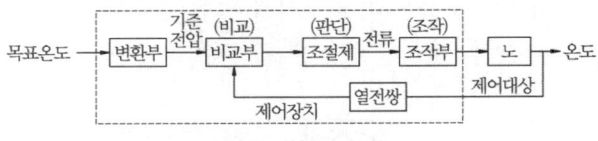

[노의 자동온도제어의 예]

(2) 자동 제어 장치의 종류

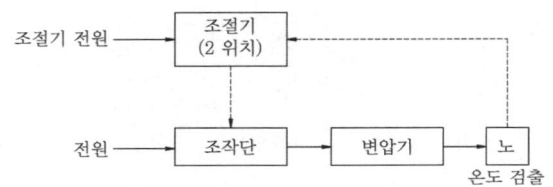

[온-오프식 제어장치]

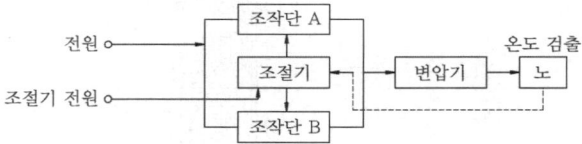

[비례 제어식 제어 장치]

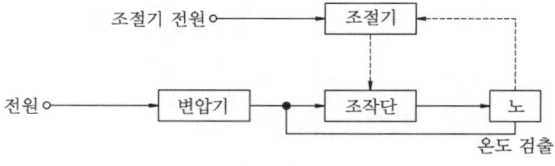

[정치 제어식]

2 열처리로

(1) 고체침탄 가열로

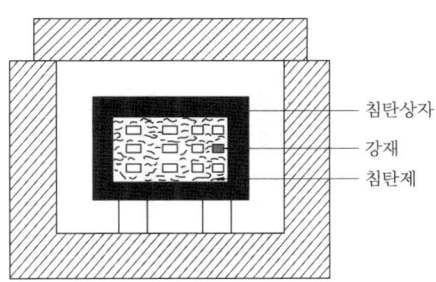

(2) 적하식 침탄로

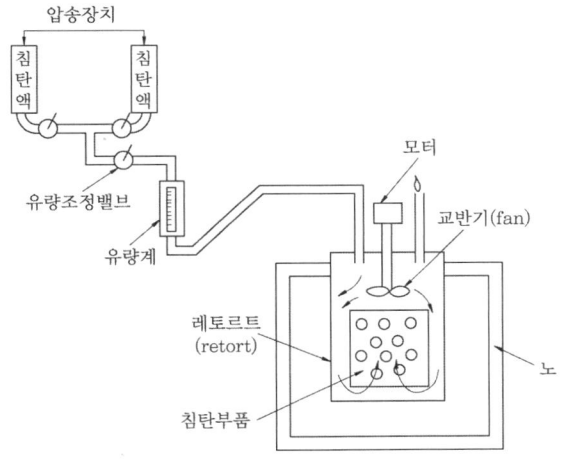

(3) 염욕 연질화로

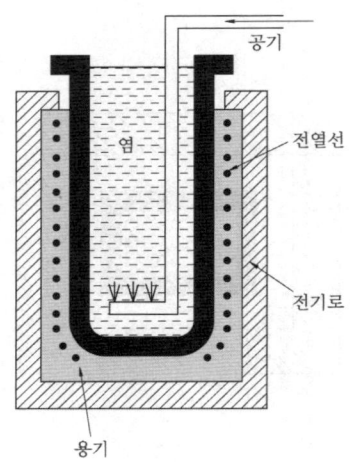

(4) 전기식 염욕로

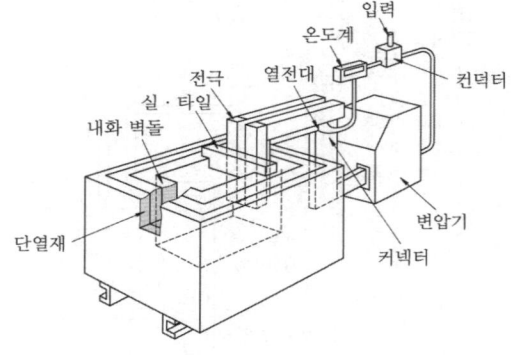

(5) 가스 침탄로

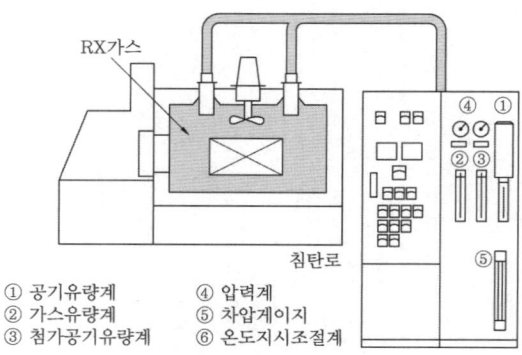

① 공기유량계　　④ 압력계
② 가스유량계　　⑤ 차압게이지
③ 첨가공기유량계　⑥ 온도지시조절계

 금속재료기능장

결함의 원인과 대책

1 탈탄 방지 대책

① 탈탄 방지제의 도포
② 가열분위기 조성
③ 가열 시간, 온도의 과도함을 제한
④ 강재 탈탄층의 기계적 제거

2 비트만슈테텐 조직

강재를 1100℃ 이상으로 가열하면 파면은 입자가 조대화되어 메짐이 크고 인성이 약한 조직
• 흰색 : 페라이트   • 검은색 : 펄라이트

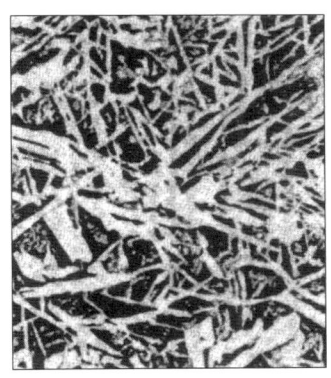

3 비백점(white spot)

용강 중의 수소가스로 인하여 강의 파단면에 원형 또는 타원형의 은백색의 빛나는 부분

4 비침탄강의 담금질 경도 부족 원인

① 침탄량이 부족할 때
② 담금질 온도가 너무 낮을 때
③ 탈탄이 되었을 때
④ 담금질 냉각속도가 느릴 때
⑤ 잔류 오스테나이트가 많을 때

5 비백점의 원인인 응력이 발생하는 원인

① 잔류응력 ② 온도차
③ 변태응력 ④ 수소가스
⑤ 비금속 개재물 ⑥ 기포 및 편석

6 비담금질 방법

물체를 수직 또는 회전 방식으로 급랭

7 비고탄소강의 담금질 시 균열의 원인

① 강부품의 내외 온도차로 인한 열적인응력
② 변태로 인하여 생기는 마텐자이트와 오스테나이트의 체적차이로 인한 변태응력

8 비강재의 가열 시 과열 및 연소의 원인

① 가열온도 높음
② 장시간 가열

9 비강재의 가열 시 과열 및 연소를 일으키는 원소

규소, 알루미늄, 크롬이 첨가된 강

10 비침탄 시 발생하는 입계산화의 원인

침탄용 RX가스에 함유되어 있는 소량의 산소가 강 중의 크롬이나 망간과 결합하여 오스테나이트 결정립계에 산화물을 형성시키는 것

11 비담금질 경도 부족 원인

① 가열온도가 낮을 때
② 탈탄 또는 스케일 부착 → 냉각속도가 맞지 않음.
③ 잔류 오스테나이트의 생성
④ 담금질 시간이 짧다.

12 비담금질 균열 방지 대책

① 모양이 복잡하지 않고
② 살 두께가 갑자기 변하지 않고
③ 균일한 냉각
④ 모서리를 없앤다.
⑤ 담금질 후 빨리 뜨임

13 비과잉 침탄에 대한 대책

① 침탄 완화제를 사용
② 침탄 후 산화 처리
③ 1, 2차 담금질

14 비침탄강의 담금질 변형 방지

① 1차 담금질의 생략
② 프레스 담금질
③ 마퀜칭
④ 심랭처리

15 비고주파 담금질의 경도 부족 및 경도 얼룩 원인

① 재료가 부적당(0.3%C 이하가 적당)
② 냉각이 부적당
③ 가열온도 부족

16 비고주파 담금질의 균열 원인

① 재료불량
② 담금질 가열 온도의 과대
③ 냉각 방법의 부적당
④ 자연균열
⑤ 연삭균열
⑥ 고주파 담금질로 인한 변형

17 비고주파 담금질의 자연균열 대책

담금질한 후 즉시 저온뜨임

18 비풀림 시 연화 부족 원인

① 풀림온도가 너무 낮다.
② 풀림시간 부족
③ 풀림 온도로부터 냉각이 부적당
④ 구상화 풀림이 부적당

19 비뜨임균열의 원인

① 뜨임의 급속 가열
② 뜨임온도로부터의 급랭
③ 탈탄층이 있는 경우
④ 담금질이 끝나지 않은 상태의 것을 뜨임한 경우

20 비박리가 생기는 원인

① 과잉침탄시 국부적으로 탄소함량이 너무 많을 때
② 원재료가 너무 연할 때
③ 반복침탄 시

21 비열처리 제품의 시험 검사

(1) 불꽃 시험법

강재를 그라인더로 연마하여 불꽃을 발생시키며 그때 발생하는 불꽃의 분열 상태나 색상 등에 의하여 강의 종류를 식별하는 방법

(2) 접촉 열기전력법

N, S에 의하여 형성되는 열전쌍 회로의 열기전력을 측정하고 그 강약과 양, 음으로부터 재질을 판정하는 방법

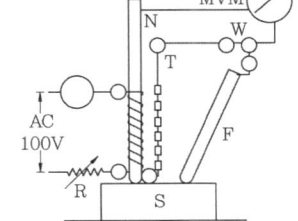

(3) 시약 반응법

① 산 부식법
   산을 떨어뜨렸을 때의 반응에 의하여 판정하는 법
② 점적 반응법
   점적 반응에 의하여 나타나는 색깔에 의하여 재료 중의 특수 미량 성분을 검출하는 법

제2편 금속열처리
제1장 열처리의 개요 기출 및 예상문제

001 열처리에 대한 설명으로 틀린 것은?
㉮ 강의 재결정을 이용하여 조직의 조정 및 내부 변형 제거
㉯ 원자의 확산을 이용하여 조직의 조정 및 내부 변형 제거
㉰ 상의 변태를 이용하여 조직의 조정 및 내부 변형 제거
㉱ 소성 변형을 이용하여 조직의 조정 및 내부 변형 제거

002 다음 설명은 열처리 작업 시 지켜야 할 일반 사항이다. 틀린 것은?
㉮ 유해 가스 흡인 방지에 힘쓸 것
㉯ 전기에 의한 감전 등의 방지에 힘쓸 것
㉰ 더울 때는 될수록 신체의 노출을 꾀할 것
㉱ 치구를 사용할 때에는 치구의 균열, 변형 등의 점검을 확실히 할 것

003 일반적으로 열처리 효과가 가장 적게 나타나는 것은?
㉮ 공석강 ㉯ 경강
㉰ 특수강 ㉱ 극연강

004 다음 중 열처리를 하는 목적으로 맞지 않는 것은?
㉮ 조직을 안정화시키기 위하여
㉯ 재료의 경도 및 인성을 부여하기 위하여
㉰ 내식성을 개선하기 위하여
㉱ 조직을 조대화하고 방향성을 크게 하기 위하여

해설

열처리 목적
① 경도, 인장력을 증가시키기 위한 목적 : 담금질 후 취약해지는 것을 막기 위해 뜨임함
② 조직 연화 및 기계 가공에 적당한 상태로 하기 위한 목적 : 풀림, 탄화물의 구상화
③ 조직을 미세화하고 방향성과 편석을 적게, 균일한 상태로 만들기 위한 목적 : 불림
④ 냉간 가공의 영향을 제거할 목적 : 중간 풀림, 변태점 이하에서 연화처리
⑤ 마크로 적응력 제거, 비틀림 발생, 사용 중 파손 방지 목적 : 응력 제거 풀림
⑥ 강 중에서 확산하여 용해된 수소를 제거해 수소에 의한 취화를 적게 할 목적 : 150~300℃로 가열
⑦ 조직을 안정화시킬 목적 : 풀림, 뜨임, 심랭 처리와 뜨임과의 혼용
⑧ 내식성을 개선할 목적 : 스테인리스강의 담금질
⑨ 자성을 향상시키기 위한 목적 : 규소강판의 풀림
⑩ 표면을 경화시키기 위한 목적 : 고주파 담금질, 화염 담금질
⑪ 강에 점성과 인성을 부여하기 위한 목적 : 고Mn강의 담금질, 뜨임

정답 001. ㉱ 002. ㉰ 003. ㉱ 004. ㉱

005. 열처리 냉각법에는 3가지 형태가 있다. 다음 중 냉각 방법이 아닌 것은?

㉮ 급속 냉각 ㉯ 연속 냉각
㉰ 2단 냉각 ㉱ 항온 냉각

열처리 냉각법의 3형태

냉각 방법	열처리의 종류
연속 냉각	보통 풀림, 보통 뜨임, 보통 담금질
계단 냉각	2단 풀림, 2단 뜨임, 인상 담금질
항온 냉각	항온 풀림, 항온 뜨임, 오스템퍼링, 마템퍼링, 마퀜칭

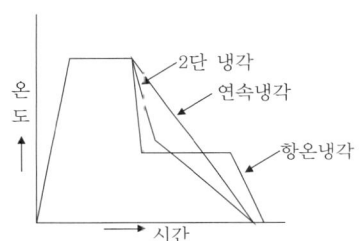

006. 오른편 그림은 정수(Still Water)에서의 냉각 곡선이다. 물의 온도가 상승하면 연장되는 구간은?

㉮ A-B
㉯ B-C
㉰ C-D
㉱ A-D(전구간)

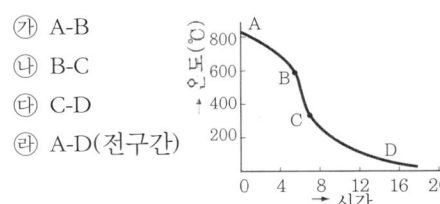

① 제1단계(A-B)구간 : 물의 온도가 상승하면 증기막이 안정되기 때문에 연장되고 냉각 속도는 현저히 지연된다.
② 제2단계(B-C)구간 : 냉각 속도는 증발열과 점성이 가장 큰 영향을 받는다.
③ 제3단계(C-D)구간 : 냉각능은 액의 열전도도에 의해 가장 크게 좌우된다.

007. 열처리 냉각 방법 중 2단 냉각에 해당되는 것은?

㉮ 보통 풀림 ㉯ 인상 담금질
㉰ 확산 풀림 ㉱ 완전 풀림

008. 아래 도면에서 연속 냉각 처리 시 공기 중에서 행하는 것은?

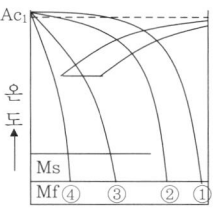

㉮ ① ㉯ ②
㉰ ③ ㉱ ④

009. 열처리할 때 냉각에 필요한 조건 중 틀린 것은?

㉮ 냉각 후 재질이 균일할 것
㉯ 냉각 왜곡이 적을 것
㉰ 냉각 조작이 용이할 것
㉱ 냉각 응력이 클 것

010. 금속의 냉각 속도가 빠르면 조직은 어떻게 변화하는가?

㉮ 금속의 조직이 치밀해진다.
㉯ 불순물이 적어진다.
㉰ 금속의 조직이 조대해진다.
㉱ 냉각 속도와 금속의 조직과는 관계가 없다.

금속의 열처리 시 냉각속도가 빠르면 조직이 치밀해져 단단해진다.

01
아래 시편을 냉각하고자 한다. 시편의 냉각 장소에 따라 냉각 속도가 달리 나타난다. 다음 평면의 냉각 속도를 1이라 할 때 (x)의 장소는 냉각 속도가 얼마인가?

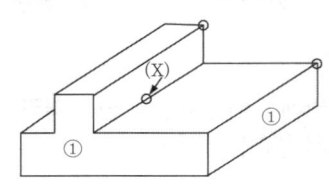

㉮ 3
㉯ $\frac{1}{3}$
㉰ 7
㉱ 1

해설

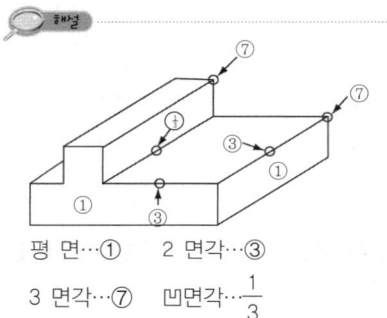

평 면…① 　 2 면각…③
3 면각…⑦ 　 凹면각…$\frac{1}{3}$

02
열처리 작업을 할 때 가늘고 긴 제품의 가열 방법으로 맞는 것은?

㉮ 수평으로 가열한다.
㉯ 노의 한쪽 모퉁이에 밀착시켜 가열한다.
㉰ 중심부를 매달아 가열한다.
㉱ 염욕 속에 수직으로 세워 가열한다.

03
열처리 시편의 두께(T)가 25mm이다. 이 때 유지 시간(holding time)은 대략 얼마인가?

㉮ 5분
㉯ 10분
㉰ 20분
㉱ 30분

04
열처리 부품을 냉각제에 투입할 때의 원칙 중 틀린 것은?

㉮ 가늘고 긴 것은 수직으로 투입한다.
㉯ 살 두께 차이가 있는 것은 살이 두꺼운 부분부터 먼저 냉각 시킨다.
㉰ 오목면이 있는 물체는 오목면을 아래로 향해서 투입한다.
㉱ 살이 얇고 평평한 것은 가장자리를 세워서 투입한다.

해설

냉각의 5대 원칙
① 긴일감은 장축을 액면에 수직으로 담그고, 얇은 판상은 세워서 담금질할 것
② 두께가 고르지 않은 경우는 두꺼운 부분을 먼저 할 것
③ 구멍이 막힌 곳, 오목한 것은 이곳을 위로 향하게 할 것
④ 냉각 속도 = 球 : 환봉 : 판재 = 4 : 3 : 2
⑤ 냉각액 속에서 넣은 방향으로 교반할 것

05
다음은 냉각제에 대한 설명이다. 이 중 맞는 것은?

㉮ 기름에서는 온도가 올라가면 점도는 커진다.
㉯ 강의 온도가 내려가면 기포 생성이 활발해진다.
㉰ 수증기가 강의 표면을 둘러싸면 냉각이 아주 빠르다
㉱ 기화열이 클수록 냉각 효과가 작다.

해설

냉각 효과를 지배하는 인자
① 열전도도가 높은 것이 좋다.
② 비열 : 큰 것이 좋다.
③ 기화열 : 클수록 좋다.
④ 점성 : 작은 것이 좋다.
⑤ 온도 : 낮은 것이 좋다.
⑥ 비등점 : 높은 것이 좋다.

정답 　 011. ㉯ 　 012. ㉱ 　 013. ㉱ 　 014. ㉰ 　 015. ㉯

016. 동일 조건의 강을 다음 방법으로 냉각했다. 가장 연성이 큰 것은?

㉮ 수랭   ㉯ 유랭
㉰ 노랭   ㉱ 급랭

① 냉각이 빠르면 연성은 적어진다.
② 냉각 방법에 따른 냉각속도 : 염욕냉 〉 수랭 〉 유랭 〉 공랭 〉 노랭

017. 일반적으로 점도가 낮은 광물유는 열처리 작업에 어떤 영향이 있는가? (냉각제로서 유랭의 경우임)

㉮ 담금성이 나쁘다.
㉯ 냉각 능력이 좋다.
㉰ 온도 및 습도 조절이 어렵다.
㉱ 경화 얼룩이 생긴다.

광물유는 점성이 즈어도 저온에서 분해되어 나온 성분이 많기 때문에 증기막이 안정되므로 동식물유에 비해 냉각의 이동 온도가 낮다.

018. 열처리 부품을 담금질할 때 담금질액을 교반하는 가장 큰 이유는?

㉮ 열처리 시간 단축
㉯ 급속 냉각
㉰ 재료의 인성 부여
㉱ 공기층 산화 방지

담금질액을 교반하는 이유
① 담금질액을 교반하면 냉각 효과가 증가된다.
② 물을 교반하면 정지된 물보다 2배 정도 냉각 능력이 증가한다.
③ 물을 교반하면 정지된 물보다 8~10배 냉각 능력이 증가한다.

019. 액과 피가열물 간의 물리적 성질에 따라 냉각액의 담금 효과가 달라진다. 18℃ 물을 1로 했을 때 냉각 능력이 가장 큰 것은?

㉮ 10% NaOH 수용액
㉯ 10% H_2SO_4 수용액
㉰ 0℃의 물
㉱ 80~90℃ 기름

냉각제의 냉각 방법과 급랭도
① 물보다 냉각 능력이 큰 것 : 소금물, NaOH 수용액, 황산
② 물보다 냉각 능력이 작은 것 : 기름, 비눗물
③ 냉각제의 냉각 방법과 급랭도

냉각제	급랭도
분수	8~10
식염수(100%)	2
교반수	2
정지수	1
분유	4
교반유	0.4
정지유	0.3

④ 냉각능

종류	온도(℃)	비
분수	5~30	9
염수(10% 식염수)	10~30	2
가성소다(5%)	10~30	2
물		1
유(油)	30~60	0.3
soluble 액(30%)	10~30	0.3

020. 200℃에서 냉각능이 가장 큰 것은?

㉮ 10% H_2SO_4 ㉯ 물 50℃
㉰ 공기   ㉱ 10% NaCl

정답 016. ㉰ 017. ㉮ 018. ㉯ 019. ㉮ 020. ㉮

021. 다음 중 냉각능이 제일 큰 것은?
㉮ 정지 상태의 소금물에 강재가 정지 상태로 있을 때
㉯ 정지 상태의 물 속에서 강재를 흔들 때
㉰ 강재에 물을 분사시킬 때
㉱ 정지된 기름 속에서 강재를 흔들 때

물을 분사하면 정지물보다 8~10배의 냉각 능력이 증가한다.

022. 열처리 과정에서 균일하게 냉각하기 위하여 물품을 분사, 교반하기도 하는데 다음 중 냉각 속도가 가장 빠른 것은?
㉮ 물을 교반할 때
㉯ 기름을 분사했을 때
㉰ 소금물을 교반했을 때
㉱ 소금물을 분사했을 때

023. 냉각제로 기름을 사용하는데 냉각 속도(degC/sec)는 얼마로 하는가?
(단, 20℃에서)
㉮ 20~80 ㉯ 100~150
㉰ 150~200 ㉱ 200~250

기름 담금질
① 합금강에 주로 사용한다.
② 20℃의 기름인 경우 냉각 속도는 20~80 degC/sec 정도이다.
③ 실제 작업에서 유온은 60~70℃를 사용한다.
④ 사용한 기름량은 담금질하는 제품 중량의 6~10배가 적당하다.
⑤ 담금질 기름에 물이 섞이지 않도록 하나 수분량이 0.5~1% 정도면 기름에 악영향은 없다.
⑥ 작업 중에 기름이 105~110℃로 가열하면 대개 증발한다.

024. 다음 냉각액 중 상온에서 냉각 능력이 가장 큰 것은?
㉮ 보통물
㉯ 비눗물
㉰ 10% 소금물
㉱ 머신유(machine oil)

냉각 능력이 큰 순서 : 염욕 〉물 〉기름(비눗물)

025. 기름은 몇 ℃ 정도에서 냉각 속도가 가장 우수한가?
㉮ 0 ㉯ 20~30
㉰ 40~50 ㉱ 60~80

① 기름은 식물성이 가장 좋고 120℃까지 상승하여도 열처리 효과의 변화가 적다.
② 60~80℃가 가장 우수하다.

026. 다음 냉각제의 관리 중 잘못된 것은?
㉮ 수랭용의 물의 온도는 10~30℃가 좋다.
㉯ 물은 가능한 신선한 물 또는 가스가 흡수된 것이 좋다.
㉰ 유랭용의 기름 온도는 60~80℃가 좋다.
㉱ 기름은 정기적으로 냉각능 및 노화도를 시험하는 것이 좋다.

정답 021. ㉰ 022. ㉱ 023. ㉮ 024. ㉰ 025. ㉱ 026. ㉯

027 다음은 임계 냉각 속도에 관한 설명이다. 옳지 못한 것은?

㉮ 강재를 담금질 경화시키는데 필요한 최소의 냉각 속도이다.
㉯ 100% 마르텐자이트가 생기는 데 필요한 최소의 냉각 속도는 하부 임계 냉각 속도라 한다.
㉰ 처음으로 마르텐자이트가 나타나기 시작하는 냉각 속도를 하부 임계 냉각 속도이다.
㉱ 하부 임계 냉각 속도에서는 Ar'와 Ar" 변태가 생긴다.

해설

임계 냉각 속도
① 임계 구역 : 오스테나이트화 온도로부터 화색이 없어지는 온도(약 550℃)까지의 범위
② 임계 구역은 급랭하고 위험 구역(dangerous zone) 서랭시킨다.
③ 강재를 담금질하여 경화시키는 데 필요한 최소 냉각 속도
④ 상부 임계 냉각 속도 : 100% 마르텐자이트가 생기는 데 요하는 최소 냉각 속도
  ※ Ar" 변태만을 일으키는 데 필요한 최소한의 냉각 속도
⑤ 하부 임계 냉각 속도 : 처음으로 마르텐자이트가 나타나기 시작하는 냉각 속도
  ※ 하부 임계 냉각 속도에 따라서는 Ar'과 Ar" 변태(결정상 트루스타이트와 마르텐자이트와의 공존이 된다.)가 생긴다.
⑥ 강재의 임계 냉각 속도 : 800℃로부터 500℃까지 냉각되는 데 요하는 평균 속도(℃/sec)
⑦ 임계 냉각 속도가 작은 강일수록 서랭하여도 담금질이 잘된다.

028 임계 냉각 속도가 느릴수록 마르텐자이트가 생기기 쉽다. 탄소강에서 탄소 몇 %일 때 임계 냉각 속도가 가장 느린가?

㉮ 0.9%C   ㉯ 1.2%C
㉰ 0.6%C   ㉱ 0.02%C

해설

임계 냉각 속도
① 임계 구역(Critical range)
  담금질 온도로부터 Ar" 변태점까지의 온도 범위 또는 Bainite점까지의 온도 범위를 말한다.
② 상부 임계 냉각 속도
  ㉠ 펄라이트와 베이나이트가 나오지 않는 최대 냉각 속도
  ㉡ 100% 마르텐자이트가 나타나는 최소 냉각 속도
  ㉢ Ar'를 억제하는 최소 냉각 속도(Ar" 일으킴을 요하는 최소 냉각 속도)
② 탄소 함유량에 따른 임계 냉각 속도

C%	하부 임계 냉각 속도	상부 임계 냉각 속도
0.30	700℃/sec	2500℃/sec
0.63	450℃/sec	1000℃/sec
0.89	300℃/sec	4500℃/sec
1.20	600℃/sec	1000℃/sec

③ 탄소강의 임계 냉각 속도와 온도와의 관계

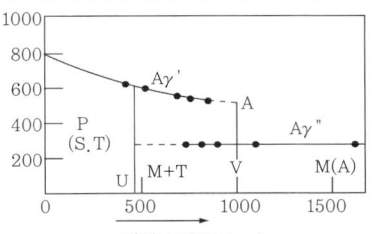

A : 오스테나이트   P : 펄라이트
S : 소르바이트   M : 마르텐자이트
T : 트루스타이트
U : 하부 임계 냉각 속도
V : 상부 임계 냉각 속도

029 다음 탄소강 중에서 임계 냉각 속도가 가장 느린 강은?
㉮ 0.2%C강 ㉯ 0.45%C강
㉰ 0.8%C강 ㉱ 1.2%C강

탄소강의 임계 냉각 속도

C%	상부 임계 냉각 속도 (℃/sec)	하부 임계 냉각 속도 (℃/sec)
0.30	2500	700
0.63	1000	450
0.80	4500	300
1.20	1000	600

030 다음 중 상부 임계 냉각 속도를 바르게 설명한 것은?
㉮ Ar' 변태만을 일으키는 데 필요한 최소한의 냉각 속도
㉯ Ar" 변태만을 일으키는 데 필요한 최소한의 냉각 속도
㉰ Ar' 변태만 일으키고 Ar" 변태를 저지하는 데 필요한 최소한의 냉각 속도
㉱ Ar'와 Ar" 변태를 모두 저지하는 데 필요한 최대한의 냉각 속도

상부 임계 냉각 속도
① 펄라이트와 베이나이트가 나오지 않는 최대 냉각 속도
② 100% 마르텐자이트가 나타나는 최소 냉각 속도
③ Ar" 일으킴을 요하는 최소 냉각 속도(Ar'을 억제하는 최소 냉각 속도)

031 다음은 강의 경화 열처리에 대한 설명이다. 옳지 못한 것은?
㉮ 소입 시 잔류 오스테나이트는 탄소량이 많을수록 많아진다.
㉯ 임계 냉각 속도가 느린 강은 질량 효과가 크다.
㉰ 심랭 처리는 담금질 후 하는 것이 좋다.
㉱ 경화능이 큰 재료는 임계 냉각 속도가 느리다.

임계 냉각 속도(critical cooling rate)
① 임계 구역 : 오스테나이트화 온도로부터 화색이 없어지는 온도(약 550℃)를 말한다.
② 임계 냉각 속도 : 강재를 담금질하여 경화시키는 최소의 냉각 속도
③ 임계 냉각 속도가 작은 강일수록 늦게 냉각시켜도 담금질이 쉽다.
④ 임계 냉각 속도가 증대되면 담금질성이 나빠진다.
⑤ 임계 냉각 속도가 느릴수록 마르텐자이트가 생기기 쉽고 경화가 잘된다.

032 구조용 합금강인 Ni-Cr강의 상부 임계 냉각 속도는?
㉮ 150(℃/sec) ㉯ 250(℃/sec)
㉰ 700(℃/sec) ㉱ 2500(℃/sec)

각종 강의 임계 냉각 속도

강종	임계 냉각 속도(℃/sec)
탄소강	2500
Ni강	700
Cr강	551
Ni-Cr강	250
Ni-Cr-No강	150

033 다음은 공석강의 열적 변태를 나타낸 그림이다. 일반적으로 임계 냉각 속도를 나타내는 것은?

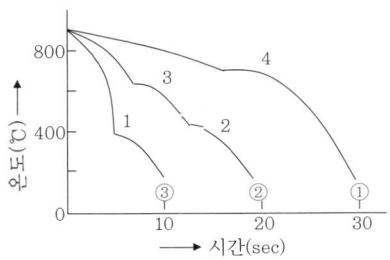

㉮ 1　　㉯ 2
㉰ 3　　㉱ 4

임계 냉각 속도
① 강재를 담금질하여 경화시키는 데 필요한 최소 냉각 속도
② 상부 임계 냉각 속도 : 100% 마르텐자이트가 생기는 데 요하는 최소의 냉각 속도
③ 하부 임계 냉각 속도 : 처음으로 마르텐자이트가 나타나기 시작하는 냉각 속도
④ 냉각 속도 : 강재가 800℃로부터 500℃까지 냉각되는 데 요하는 평균 속도(℃/sec)
⑤ 임계 냉각 속도가 작을수록 늦게 냉각 시켜도 담금질이 쉽다.
⑥ 임계 냉각 속도를 표시하는 실험식
 : $R(℃/sec) = \dfrac{Ae - TN}{1.51N}$

※ R : 임계 냉각 속도, Ae : 평형 변태점(℉),
 IN : N점 시간(sec), TN : N점의 온도(℉),
 N : S곡선의 변태 개시선의 코
⑦ 그림에서

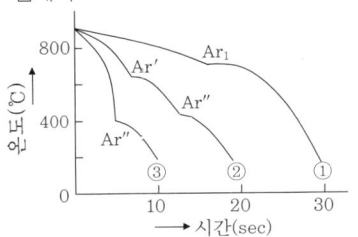

㉠ 곡선① : 공석강의 시편을 100℃의 물 속에 넣을 때 비교적 냉각 속도가 늦고 Ar1 변태가 나타나며 펄라이트 조직이 된다.
㉡ 곡선② : 80℃의 물 속에 더욱 급랭시켜 Ar1변태가 내려가서 Ar'와 Ar"가 나타나며 조직은 마르텐자이트와 펄라이트 혼합 조직으로 나타난다.
㉢ 곡선③ : 20℃의 물 속에 급랭하면 Ar'점은 완전히 소멸되어도, Ar"점만 나타나서 마르텐자이트 조직을 생성한다.

034 0.4%C강에서 임계 담금질 경도는 얼마인가? (계산식에 의해 답하시오.)

㉮ HRC20　　㉯ HRC30
㉰ HRC40　　㉱ HRC50

담금질 경도
① 공구강 이외의 강의 담금질 경도 계산식 : 담금질 경도(HRC) = 30 + 50×C%
② 임계 담금질 경도(담금질 경화의 임계치를 나타내는 경도) : 임계 담금질 경도(HRC) = 24 + 40×C%
③ 임계 담금질 경도(HRC) = 24 + 40×0.4 = 40

035 다음 원소 중 임계 냉각 속도를 빠르게 하는 것은?

㉮ W　　㉯ V
㉰ Mn　　㉱ Co

임계 냉각 속도(상부)에 미친 합금 원소의 영향

첨가 원소의 영향	첨가 원소
함유량이 증가하면 냉각 속도를 적게 하고 담금질을 쉽게 한다.	Be, Cr, Al, Si, Ni, B, P, Sn, Sb, Zn
함유량을 증가시키면 처음에는 임계 냉각 속도를 적게 하나 일정량 초과 시 냉각효과를 크게 하여 담금질효과가 적어진다.	Ti, Zr, U, V, Mo, Cu, W, Ce
함유량이 많아지면 처음보다 임계 냉각 속도를 크게 한다.	Co, S, Se

제2장 일반 열처리 및 표면 경화 열처리 기출 및 예상문제

001 다음 각 열처리 목적에 대한 설명이다. 관련이 먼 것은?
㉮ 불림 → 표준화
㉯ 풀림 → 내부 응력 제거
㉰ 담금질 → 연화
㉱ 뜨임 → 인성화

002 탄소강의 열처리에서 담금질하는 목적은?
㉮ 조직을 표준화하기 위하여
㉯ 표면을 연하게 하기 위하여
㉰ 전체를 경하게 하기 위하여
㉱ 표면만을 경하게 하기 위하여

담금질의 목적
탄소강의 경도 증대

003 드릴과 같이 길이가 긴 재료를 수중에 담금질할 때 가장 좋은 냉각방법은?
㉮ 재료를 수평으로 뉘어서 담금질한다.
㉯ 재료를 수면과 약 45° 정도 경사시켜 담금질한다.
㉰ 제품을 세워서 수직 방향으로 담금질한다.
㉱ 어느 방법도 가능하나 물을 강력히 교반해 주어야 한다.

004 가열된 부품을 담금액에 투입할 때의 원칙 중 틀린 것은?
㉮ 두꺼운 부분보다 얇은 부분을 먼저 투입하여 냉각 시킨다.
㉯ 스프링, 리머, 드릴, 탭 등 가늘고 긴 것은 수직으로 투입하여 냉각 시켜야 방지할 수 있다.
㉰ 링모양의 것은 그 축을 액면에 수직으로 하여 투입시킨다.
㉱ 오목면이 있는 것은 오목면을 아래로 향해 투입하면 좋지 않다.

005 강철을 변태점 이상의 온도에서 급랭함으로써 얻어지는 담금질 조직이 아닌 것은?
㉮ 오스테나이트 ㉯ 트루스타이트
㉰ 펄라이트 ㉱ 소르바이트

펄라이트(pearlite)는 열처리 조직이 아닌 표준조직이다.

006 합금강 등에서 냉각 도중에 소성 가공하는 가공열처리(TMT)는 어떠한 조직 상태에서 소성 가공시켜야 하는가?
㉮ austenite ㉯ martensite
㉰ pearlite ㉱ bainite

정답 001. ㉰ 002. ㉰ 003. ㉰ 004. ㉮ 005. ㉰ 006. ㉮

007 다음은 담금질할 때의 온도를 설명한 것이다. 옳은 것은?

㉮ A_3선, A_{cm}선 이상 40~50℃의 높은 온도에서 실시한다.
㉯ AC_3, AC_1 이상 20~30℃의 높은 온도에서 실시한다.
㉰ A_4~A_3 내의 온도에서 실시한다.
㉱ A_1 온도 이하에서 실시한다.

해설
담금질 온도

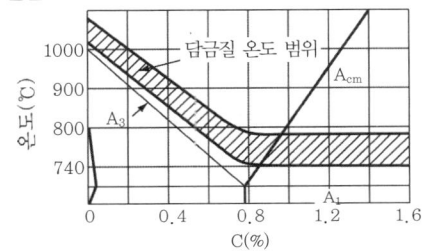

① 아공석강, 공석강 : $A_{3,2,1}$ 변태점보다 30~50℃ 높은 온도에서 급랭한다.
② 과공석강 : A_1 변태점보다 30~50℃ 높은 온도에서 급랭한다.
③ 과공석강에서 A_{cm}선 이상에서 담금질하면 담금질 균열을 일으키므로 A_{cm}선과 A_1점 중간 온도에서 초석 Fe_3C가 혼합된 조직으로 담금질하는 것이 좋다.

008 강을 담금질할 때 마르텐자이트 조직을 안정시키기 위하여 첨가하는 원소가 아닌 것은?

㉮ C ㉯ Mn
㉰ Mo ㉱ V

009 탄소강에서의 질량 효과는 주로 강의 담금성에 영향을 받는다. 다음 중 강의 담금성을 개선시켜주는 원소가 아닌 것은?

㉮ Al ㉯ B
㉰ Mo ㉱ Mn

해설
담금질성에 영향을 미치는 특수 원소

담금질성 증가 원소	C, Mn, P, Si, Ni, Cr, Mo, B, Cu, Zr, Sn, U, As, Sb, Ba, H_2, N_2
담금질성에 영향이 없는 것	(Al), Ge, (O_2)
담금성을 나쁘게 하는 것	S, V, (Ti), Co, Cd, Ta, W, Pb, Te

010 강의 열처리에서 담금질 효과를 향상시키고 오스테나이트 조직을 안정시키는 원소는?

㉮ Mn ㉯ P
㉰ Si ㉱ S

011 다음 중 강의 경화능을 감소시키는 원소는?

㉮ Mn ㉯ Cr
㉰ Si ㉱ Co

해설
담금질성을 나쁘게 하는 원소 : S, V, (Ti), Co, Cd, Ta, W, Pb, Te.

012 담금질이 잘되며 내마모성을 주는 원소는?

㉮ Si ㉯ Cr
㉰ Ti ㉱ Co

정답 007. ㉯ 008. ㉱ 009. ㉮ 010. ㉮ 011. ㉱ 012. ㉯

013. 담금질성을 결정하는 요인과 관계가 가장 먼 것은?
㉮ 강의 화학성분 및 결정 입도
㉯ 가열 온도
㉰ 담금질제의 종류 및 상태
㉱ 가공 상태

014. 담금질성(hardenability)의 난이성과 관계가 먼 것은?
㉮ 강의 화학 성분 ㉯ 강의 입도
㉰ 강의 질량 효과 ㉱ 강의 용융 온도

015. 강을 담금질하여 실제로 경화(硬化)되는 온도로 맞는 것은?
㉮ 250℃ 이하의 온도
㉯ 550℃ 이하의 온도
㉰ 250℃ 이상의 온도
㉱ 550℃ 이상의 온도

016. 강의 담금질성(Hardnability) 측에 이용하는 일반적인 시험법은?
㉮ 샤르피 충격 시험기
㉯ 만능 시험기
㉰ 조미니 시험기
㉱ 에릭센 시험기

017. 강을 담금질할 때 가장 유의해야 할 점은 다음 중 어느 것인가?
㉮ Ar′ 변태 구역은 급랭시키고, Ar″ 변태 구역은 서랭한다.
㉯ Ar′ 변태 구역은 서랭시키고, Ar″ 변태 구역은 급랭한다.
㉰ Ar′ 및 Ar″ 변태 구역 모두 서랭시킨다.
㉱ Ar′ 및 Ar″ 면태 구역 모두 급랭시킨다.

해설
이상적인 냉각제는 Ar″ 구역 크고, Ar′ 구역은 냉각 속도가 작아야 한다.

018. 0.6%C 이하의 탄소강은 탄소 함유량에 의해서 경도를 추정할 수 있다. 0.5%C강을 담금질했을 때 담금질 경도(HRC)와 임계 담금질 경도(HRC)는 각각 얼마인가?
㉮ 45, 36 ㉯ 50, 40
㉰ 55, 44 ㉱ 60, 48

해설
담금질 경도
① 강의 담금질 경도는 강 중의 C%에 의해 변하며 0.6%C까지는 경도가 증가하나 그 이상에서는 일정한 경도를 나타낸다.
② 공구강 이외의 담금질 경도식
 : HRC = 30 + 50 × C%
③ 임계 담금질 경도 : HRC = 24 + 40 × C%
※ 담금질 경화의 임계치를 나타내는 경도
④ 0.5%C 강에서
 ㉠ 최고 담금질 경도
  : HRC = 30 + 50 × 0.5 = 55
 ㉡ 임계 담금질 경도
  : HRC = 24 + 40 × 0.5 = 44

정답 013. ㉱ 014. ㉱ 015. ㉮ 016. ㉰ 017. ㉮ 018. ㉰

019 담금질 경화의 임계치를 나타내는 경도(임계 담금질 경도)의 계산식은?

㉮ HRC = 30 + 50 × C%
㉯ HRC = 24 + 40 × C%
㉰ HRC = 20 + 40 × C%
㉱ HRC = 15 + 20 × C%

임계 담금질 경도
① HRC = 24 + 40 × C%
② 임계 담금질 경도(최소 담금질 경도)는 50% 마르텐자이트에 해당한다.

020 다음 강 중 조미니 시험용 강종의 기호로 맞는 것은?

㉮ SMn 3H
㉯ SCM₃
㉰ SM50C
㉱ STC₃

021 오스테나이트에서 냉각을 시작하여 평형 상태도의 임계 구역을 통과할 때 느린 속도로 냉각하면 펄라이트가 생성된다. 이때 반응으로 맞는 것은?

㉮ 격자 변태, 확산 변태
㉯ 격자 변태, 무확산 변태
㉰ 확산 변태, 무확산 변태
㉱ 공석 변태, 연속 변태

오스테나이트 입계에서 펄라이트를 생성할 때 두 가지 반응
① γ-Fe로부터 α-Fe로 변화하는 반응 → 격자 변태(格子變態)
② 공석 조성의 오스테나이트로부터 Fe_3C가 분리하는 반응 → 확산 변태

022 조미니 시험은 무엇을 알아보기 위한 것인가?

㉮ 연화
㉯ 경화
㉰ 피로
㉱ 균열

조미니 시험법
① 담금질유의 냉각능을 비교한 시험법이다(경화능 시험법).
② 시편 : 지름 1″, 길이 4″로 만든다.
③ 시험 첫 경도 측정 위치 : 수랭단(경화된 끝)으로부터 $\frac{1}{16}″$의 위치
④ 냉각능 : $\frac{5초\ 담금질에\ 의한\ 액온\ 상승}{유중(油中)\ 온냉에\ 의한\ 액온\ 상승} \times 100$
⑤ 조미니 곡선 : 직경 25mm, 길이 100mm의 환봉 시험편을 오스테나이트화한 후에 일단에서 분수 냉각 시키고 담금질을 끝낸 후 시편 양측을 0.4mm 정도 연마 후 경도를 측정한다. 이때 수랭단으로부터 변화하는 거리의 곡선

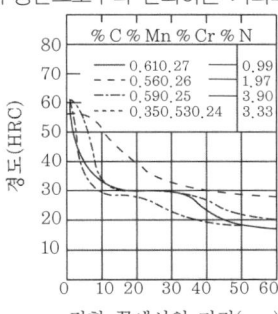
[조미니 곡선의 변화]

023 담금질제의 종류와 관계없는 값으로 이상적으로 급랭시켰을 경우의 이상 임계 지름을 계산하여 담금질성을 나타내는 방법은?

㉮ 석출 경화법
㉯ 조미니 시험법
㉰ 용체화 처리
㉱ 심랭 처리

024 과공석강은 담금질 온도가 A_1 변태점과 A_{cm}선 사이에 있기 때문에 담금질 후에 미용해 탄화물이 남게 된다. 미용해(未溶解)되었던 탄화물은 현미경으로 관찰했을 때 어떻게 보이는가?

㉮ 침상으로 보인다.
㉯ 둥글게 보인다.
㉰ 층상으로 보인다.
㉱ 다각형으로 보인다.

025 담금질에 따르는 용적 변화에서 팽창의 순서가 맞는 것은?

㉮ Fine Pearlite 〉 Austenite 〉 Martensite
㉯ Medium Pearlite 〉 Austenite 〉 Fine Pearlite
㉰ Austenite 〉 rough Pearlite 〉 Martensite
㉱ Martensite 〉 Fine Pearlite 〉 Austenite

조직에 의한 팽창 순서
Martensite 〉 Fine Pearlite 〉 Medium Pearlite 〉 Rough Pearlite 〉 Austenite

026 다음 담금질 조직 중 응집 상태가 가장 미세한 조직은?

㉮ 마르텐자이트   ㉯ 트루스타이트
㉰ 소르바이트   ㉱ 오스테나이트

응집 상태
Troostite가 가장 미세하고 다음이 Sorbite이며 Pearlite가 가장 조대하다.

027 열처리 조건에 따른 조직의 피로한도(皮勞限度) 순서로 맞는 것은?

㉮ 베이나이트 〉 소르바이트 〉 펄라이트 〉 마르텐자이트 〉 트루스타이트
㉯ 마르텐자이트 〉 베이나이트 〉 소르바이트 〉 펄라이트 〉 트루스타이트
㉰ 마르텐자이트 〉 트루스타이트 〉 베이나이트 〉 소르바이트 〉 펄라이트
㉱ 베이나이트 〉 트루스타이트 〉 소르바이트 〉 펄라이트 〉 마르텐자이트

028 탄소강에서 변화 시작 온도가 400℃이고, 변화 급진 온도가 500~600℃이며, 부피가 수축할 때의 변화 내용으로 맞는 것은?

㉮ 트루스타이트 → 소르바이트
㉯ α 마르텐자이트 → β 마르텐자이트
㉰ 잔류 오스테나이트 → 마르텐자이트
㉱ 마르텐자이트 → 트루스타이트

029 담금질 조직이 아닌 것은?

㉮ 트루스타이트   ㉯ 레데뷰라이트
㉰ 소르바이트   ㉱ 베이나이트

030 다음 조직에서 속도가 가장 빠를 때 나타나는 조직은?

㉮ 마르텐자이트   ㉯ 트루스타이트
㉰ 소르바이트   ㉱ 펄라이트

조직의 냉각 속도 순서
Martensite 〉 Troostite 〉 Sorbite 〉 Pearlite

정답 024. ㉯ 025. ㉱ 026. ㉯ 027. ㉱ 028. ㉮ 029. ㉯ 030. ㉮

031 담금질 시 잔류 오스테나이트가 생기는 가장 큰 원인은?

㉮ Ms점이 낮다.
㉯ 마르텐자이트 변태는 확산 변태가 아니고 연속 냉각 변태이다.
㉰ 냉각 속도가 느리다.
㉱ 오스테나이트의 결정 입도가 작다.

잔류 오스테나이트(retained austenite) 원인
① 완전 담금질을 하였을 때 격자 변태점(Ar", Ms점)이 너무 낮기 때문에 나타난다.
② 불완전 담금질 때문에 존재하는 것으로 국부적으로 석출 변태가 일어나기 때문에 본래의 오스테나이트보다 탄소 백분율이 많아진 오스테나이트가 그 후에 온도가 내려가도 미쳐 마르텐자이트가 되지 못한 상태이다.

032 담금질에 의하여 나타나는 조직 중 경도가 가장 큰 것은?

㉮ 마르텐자이트   ㉯ 소르바이트
㉰ 트루스타이트   ㉱ 오스테나이트

담금질 조직의 경도

조직	Marter site	Troostite	Sorbite
HB	600~800	420	270

033 Martensite 변태에 대한 설명이 틀린 항은?

㉮ 무확산 변태다.
㉯ 가역적이다.
㉰ 온도에 의존성이 없다.
㉱ 응력에 의존성이 있다.

034 다음은 마르텐자이트 변태의 특징을 설명한 것이다. 옳지 못한 것은?

㉮ 무확산 변태(無擴散變態)이다.
㉯ 마르텐자이트는 본래의 오스테나이트와 원자의 배열을 같도록 한다.
㉰ 마르텐자이트의 변태는 냉각과 함께 진행한다.
㉱ 냉간 가공으로 Ms점은 상승한다.

Martensite 조직
① α-Fe에 탄소가 과포화 상태로 되어 있는 α-고용체이다.
② 강을 Ac_1점 이상 온도에서 수중 담금질하면 나타나는 조직이다.
③ 침상 조직으로 부식 저항이 크고 경도와 인장 강도가 대단히 크며 취약하다.
④ 강자성체며 비중은 Austenite보다 작고 HB는 600~700이다.
⑤ 열처리 조직 중 가장 경하고 취성이 있어 뜨임 처리하여 사용한다.
⑥ C% 증가에 따라 마르텐자이트수는 C%에 따라 비례적으로 변한다.
⑦ 마르텐자이트의 결정이 생기는 시간(1개 발생)은 10^{-7}sec이다.
⑧ 마르텐자이트의 특징
  ㉠ 급랭해도 마르텐자이트의 생성과 생성 개시 온도를 강하시킬 수 없다.
  ㉡ Ms와 Mf점은 강의 조성 및 Austenite 입도에서만 결정된다.
  ㉢ 마르텐자이트 변태는 응력의 영향을 받기 쉽다.
  ㉣ 마르텐자이트의 격자 상수 및 축비는 C%에 따라 비례적으로 변한다.
  ㉤ C%가 증가하면 마르텐자이트의 경도가 증가한다.

정답 031. ㉮ 032. ㉮ 033. ㉰ 034. ㉯

035. 공석 변태가 저지될 때 생성되는 급랭 조직은?
㉮ 베이나이트 ㉯ 마르텐자이트
㉰ 트루스타이트 ㉱ 소르바이트

036. 다음 중 martensite의 조직은?
㉮ γ-Fe+Fe_3C의 고용체
㉯ α-Fe+Fe_3C의 고용체
㉰ α-Fe+Fe_3C의 혼합물
㉱ γ-Fe+Fe_3C의 혼합물

 해설

각 조직의 성질

조직명	내용	성질
Ferrite	α-Fe(0.025%C)	연하고 강자성체
Pearlite	α-Fe+Fe_3C (0.85%C)	강인함
Martensite	α-Fe(C과포화)	경하고 여림, 강자성체
Sorbite	α-Fe+Fe_3C (입상)	강함, 점성 있음
Cementite	Fe_3C(6.68%C)	경하고 메짐, 강자성체
Austenite	γ-Fe(2.0%C)	강함, 점성 큼, 비자성체
Troostite	α-Fe+Fe_3C (입상)	강하고 점성유
Bainite	α-Fe+Fe_3C	강하고 점성유

037. 마르텐자이트의 현미경 조직은 어떻게 나타나는가?
㉮ 층상 조직 ㉯ 망상 조직
㉰ 입상 조직 ㉱ 침상 조직

 해설

Martensite의 현미경 조직
침상 조직이다.

038. 다음 조직 중 흑색 침상 조직이며 체심 입방 정계인 것은?
㉮ α-마르텐자이트 ㉯ β-마르텐자이트
㉰ 상부 베이나이트 ㉱ 시멘타이트

 해설

α-Martensite와 β-Martensite의 비교
① α-Martensite : C를 과포화하게 고용된 준안정 상태의 체심 입방 격자로 가장 경(硬)하고 C%가 많아지면 취약하며 강자성체이다. 오스테나이트보다 밀도가 작기 때문에 마르텐자이트로 변하면서 팽창한다.
② β-Martensite : 체심 입방 격자이며 강을 유랭시 α-Martensite를 뜨임 처리하였을 때 나타난다.
③ α-Martensite와 β-Martensite의 성질 비교

성질 조직	안정도	경도	비용적	자성	전기 저항
α-Martensite	小	大	大	약	大
β-Martensite	大	小	小	강	小

039. 담금질하여 마르텐자이트 변태를 시키면 부피는?
㉮ 변화없다.
㉯ 팽창한다.
㉰ 수축한다.
㉱ 팽창하거나 수축한다.

해설

① 오스테나이트 변태에서 마르텐자이트 변태로 변할 때 부피는 팽창한다.
② 마르텐자이트 변태로 말미암은 체적 팽창

C%	체적변화(%)	C%	체적변화(%)
0.10	+0.113	1.00	+1.557
0.30	+0.404	1.30	+2.376
0.60	+0.923	1.70	+3.781
0.85	+1.227		

정답 035. ㉯ 036. ㉯ 037. ㉱ 038. ㉯ 039. ㉯

040 마르텐자이트 조직의 경도가 큰 이유에 대한 설명으로 맞는 것은?
㉮ 결정립의 미세화
㉯ 서랭으로 인한 내부 응력
㉰ S 원자에 의한 Fe 격자의 강화
㉱ 탄소강의 표준화 처리

해설
마르텐자이트 조직이 경도가 큰 이유
① 결정립의 미세화
② 급랭으로 인한 내부 응력
③ 탄소 원자에 의한 Fe 격자의 강화
④ 마르텐자이트의 경화 원인

0.77%C강의 담금질 경도	HB
공석강 본래의 경도	225
결정의 미세화에 의한 경도	120
내부 응력에 의한 경도	80
Fe 격자의 강화에 의한 경도	225
마르텐자이트의 경도	650

041 α-중에 탄소를 과포화로 고용한 체심정방정의 고용체로 현미경 조직이 침상으로 나타나는 것으로 강을 수중 담금질할 때 얻어지는 조직은?
㉮ 베이나이트 ㉯ 마르텐자이트
㉰ 트루스타이트 ㉱ 소르바이트

042 마르텐자이트 조직보다 냉각 속도를 조금 적게 하였을 때 나타나며, 마르텐자이트 조직을 400℃에서 뜨임하였을 때 나타나는 조직은?
㉮ 소르바이트 ㉯ 트루스타이트
㉰ 베이나이트 ㉱ 펄라이트

043 트루스타이트에 대한 설명으로 맞는 것은?
㉮ 페라이트와 미세한 시멘타이트의 기계적 혼합물
㉯ 펄라이트와 미세한 시멘타이트의 기계적 혼합물
㉰ 소르바이트와 미세한 마르텐자이트의 기계적 혼합물
㉱ 오스테나이트와 미세한 마르텐자이트의 기계적 혼합물

트루스타이트 (Troostite)
① Martensite 조직보다 냉각 속도를 조금 작게 하였을 때 나타나는 조직이다.
② 유랭, 온랭 때에 나타나며 강을 유랭시 500℃에서 생기는 결정상 조직이다.
③ 경도, 강도는 마르텐자이트보다 작으나 인성과 연성이 다소 있어 큰 경도와 약간의 충격을 요하는 부분에 사용된다.
④ 마르텐자이트 조직을 300~400℃에서 뜨임할 때 나타나는 조직이다.
⑤ Ferrite와 극히 미세한 Cementite와의 기계적 혼합물이다. HB는 420이다.
⑥ 강을 오스테나이트상에서 임계 구역을 서랭했을 때 석출된 조직이다.
⑦ 부식되기 쉽고 절삭력을 가진 절삭 공구용이다.
⑧ Troostite = α-Fe + Fe$_3$C(입상) : 강하고 점성이 있으며 저온 뜨임 시 나타난다.

044 다음 중 강도와 탄성을 동시에 필요로 하는 구조용 강재에 가장 많이 사용되는 담금질 조직은?
㉮ 마르텐자이트 ㉯ 소르바이트
㉰ 오스테나이트 ㉱ 트루스타이트

정답 040. ㉮ 041. ㉯ 042. ㉯ 043. ㉮ 044. ㉯

045 sorbite 조직에 관한 일반적인 성질로 타당하지 않은 것은?

㉮ α-Fe와 미립 시멘타이트의 기계적 혼합물로서 마르텐자이트를 500~600℃로 뜨임할 때 나타난다.
㉯ 트루스타이트보다 경(硬)하고 취약하다.
㉰ 마르텐자이트보다 취약하지도 단단하지도 않고 강인하며 충격 저항이 크다.
㉱ 스프링강 등에 이 조직이 되도록 열처리한다.

소르바이트 (Sorbite)
① Troostite보다 냉각 속도를 작게 하였을 때 나타나는 조직이다.
② 큰 강재는 유랭시, 작은 강재는 공랭시 나타나는 조직이다.
③ Martensite 조직을 600℃에서 뜨임했을 때 나타난다.
④ 경도, 강도는 Troostite보다 작으나 인성과 탄성을 동시에 요구하는 곳에 사용한다.
⑤ HB는 270이며, 미세한 입상 탄화물의 조직이고 가공 경화가 가장 작은 조직이다.
⑥ 조직을 얻기 위해서는 파텐팅, 오스템퍼링, 조질 처리가 있다.

046 큰 강재를 유랭했을 때, 작은 강재를 공랭했을 때 나타나며 또는 마르텐자이트를 600℃ 정도로 뜨임했을 때 나타나는 조직으로 현미경 조직은 미세한 입상 탄화물이 밀집된 것 같이 보이는 조직은 어떤 조직인가?

㉮ 펄라이트   ㉯ 트루스타이트
㉰ 소르바이트   ㉱ 베이나이트

소르바이트(sorbite) 조직을 얻기 위한 냉각액
① 큰 강재 : 유랭한다.
② 작은 강재 : 공랭한다.

047 마르텐자이트를 가열하면 600℃정도에서 탄화물이 구상화되는 데 이때 조직은?

㉮ 소르바이트   ㉯ 펄라이트
㉰ 트루스타이트 ㉱ 오스테나이트

048 강인한 소르바이트(sorbite) 조직을 얻기 위한 냉각액으로 가장 타당한 것은?

㉮ 기름(oil)   ㉯ 소금물
㉰ 물(water)   ㉱ 암모니아수

049 담금질 냉각제로써 냉각효과를 크게 하는 요소가 아닌 것은?

㉮ 열전도가 클수록 크다.
㉯ 비등점이 높을수록 크다.
㉰ 비열이 클수록 작다.
㉱ 기화열이 클수록 크다.

냉각제
① 냉각 효과

냉각제	효과
액온도	낮은 것이 좋다.
비열	큰 것이 좋다.
증발잠열	
점도	작은 것이 좋다.
열전도도	높은 것이 좋다.
비등점	
증기비열	

※ 냉각 효과 증가 요인 : 기화열(大), 점성(小), 비등점(高), 비열(大), 열전도도(大), 온도(低), 휘발성(小)
② 담금질액의 효과를 지배하는 인자
  ㉠ 열전도도, 비열, 기화열, 점성, 온도, 비등점(물 : 기화열, 油 : 점성)
  ㉡ 기화열이 클수록 냉각능이 크다.

정답 045. ㉰ 046. ㉰ 047. ㉮ 048. ㉮ 049. ㉰

050 담금질액의 냉각 효과를 지배하는 인자와 관계가 먼 것은?
- ㉮ 열전도도
- ㉯ 비열
- ㉰ 온도
- ㉱ 무게

051 담금질 냉각제로 10% 정도의 식염수를 사용할 경우의 냉각 속도는 어느 정도인가? (액온 20℃인 경우)
- ㉮ 60~80deg C/sec
- ㉯ 80~120deg C/sec
- ㉰ 120~160deg C/sec
- ㉱ 160~200deg C/sec

	물				10% 식염수
액온	20℃	40℃	60℃	80℃	20℃
냉각속도 (deg C/sec)	120~ 160	80~ 140	60~ 80	20~ 30	160~ 200

052 냉각 방법 중 임계 구역은 빠르게, 위험 구역은 느리게 냉각하는 열처리는 무엇인가?
- ㉮ 불림
- ㉯ 풀림
- ㉰ 담금질
- ㉱ 뜨임

담금질 작업할 때 주의점
① 임계 구역, 즉 Ar′ 변태 구역은 급랭시키고 균열이 생길 위험이 있는 Ar″ 변태 구역에서는 서랭한다.
② 임계 구역 : 담금질 온도로부터 Ar′까지의 온도 범위 혹은 베이나이트점까지의 온도 범위를 말한다.
③ 임계 냉각 속도 : 강재를 담금질하여 경화시키는 데 필요한 최소 냉각 속도
④ 위험 구역 : Ar″ 이하로서 마르텐자이트가 일어나는 온도 범위로 M_S에서 M_f까지를 말한다.

053 냉각액의 담금 효과는 액과 피가열물 간의 물리적 성질에 따라 달라진다. 18℃의 물을 1로 했을 때 냉각 능력이 가장 큰 것은?
- ㉮ 수은
- ㉯ 비눗물
- ㉰ 18℃의 물
- ㉱ 10%의 유화유

054 강철의 담금질에 있어서 잔류 오스테나이트를 소멸시키기 위해 0℃ 이하의 냉각제 중에서 처리하는 담금질 작업을 무엇이라 하는가?
- ㉮ 연욕 처리
- ㉯ 오스템퍼링
- ㉰ 심랭 처리
- ㉱ 염욕 처리

심랭 처리 (영하 처리, Sub Zero Treatment)
① 담금질한 강의 경도를 증대시키고 시효 변형을 방지하기 위하여 0℃ 이하의 저온에서 처리한 것을 말하며 담금질 직후 −80℃ 정도에서 실시하고 심랭 처리가 끝나면 곧이어 뜨임 작업을 한다.
② 심랭 처리의 목적
  ㉠ 주목적은 강을 강인하게 만들기 위함이다.
  ㉡ 공구강의 경도 증가, 성능 향상, 절삭성 향상, 정밀 부품의 조직을 안정화시킨다.
  ㉢ 시효에 의한 형상 및 치수 변형 방지, 침탄층의 경화 목적 달성을 위한 것이다.
  ㉣ 스테인리스강의 기계적 성질 개선과 담금질한 강의 조직 안정화를 위한 것이다.
  ㉤ 게이지강의 자연 시효 및 경도를 증대시키기 위함이다.
③ 심랭 처리용 냉각제

냉각제	℃
소금(24.8%) + 얼음(75.2%)	−21.3
에테르 + 드라이아이스	−78
암모니아(NH_3)	0~−50
액체산소	−183
액체질소	−196
액체헬륨	7−268.8

정답 050. ㉱ 051. ㉱ 052. ㉰ 053. ㉮ 054. ㉰

055. 다음 중 서브제로 처리에 적합한 재료는?
㉮ 베어링강
㉯ 18-8강
㉰ 고Mn강(하드필드강)
㉱ 저탄소강

해설
심랭 처리의 목적
① 잔류 오스테나이트의 안정화(잔류 오스테나이트를 마르텐자이트화)
② 공구강의 경도 증가 및 성능 향상
③ 게이지와 베어링 등 정밀 기계 부품의 조직을 안정화시키고 시효에 의한 형상과 치수 변화를 방지할 수 있다.
④ 특수 침탄용강의 침탄 부분을 완전히 마르텐자이트로 변화시켜 표면을 경화시킨다.
⑤ 스테인리스강에는 우수한 기계적 성질을 부여한다.

056. 영점 처리(Sub-zero treatment)의 가장 큰 목적은 무엇인가?
㉮ 취성의 증가에 있다.
㉯ 잔류 오스테나이트의 분해에 있다.
㉰ 인성의 증가에 있다.
㉱ 저온 강도의 증가에 목적이 있다.

057. 심랭 처리(Sub-zero treatment)의 효과가 되지 않는 것은?
㉮ 잔류 오스테나이트를 마르텐자이트로 변태시킨다.
㉯ 시효 변화가 적고, 치수 형상이 안정된다.
㉰ 내식성 및 내열성이 향상된다.
㉱ 경도 및 내마모성이 향상된다.

058. 담금질한 강에 존재하는 잔류 오스테나이트를 마르텐자이트로 변태시키는 것을 목적으로 상온 이하의 온도에서 하는 처리는 어느 것인가?
㉮ 불림 처리   ㉯ 풀림 처리
㉰ 뜨임 처리   ㉱ 서브제로 처리

059. 다음 중 인상 담금질의 설명으로 맞지 않는 것은?
㉮ 물건의 두께 3mm당 1초간 수랭 후 공랭한다.
㉯ 물소리가 정지한 순간에 인상하여 공랭한다.
㉰ 기름의 기포가 정지할 때 인상하여 공랭한다.
㉱ 유랭시에 두께 1mm당 8초간 유랭 후 공랭한다.

해설
인상 담금질(2단 담금질, 시간 담금질, Time Quenching)
① 냉각 속도 변환을 냉각 시간으로 조절하는 담금질을 시간 담금질이라 한다.
② 처음에는 급랭하고 적정 시간이 지나면 인상(引上)하여 유랭 혹은 공랭한다.
③ 인상 담금질 확인 방법
  ㉠ 가열물의 직경 또는 두께 3mm당 1초 동안 물 속에 넣은 후 유랭 혹은 공랭한다.
  ㉡ 화색(火色)이 나타나지 않을 때까지 2배의 시간만큼 물 속에 담근 후 꺼내어 공랭한다.
  ㉢ 기름의 기포 발생이 정지되었을 때 꺼내어 공랭한다.
  ㉣ 진동과 물소리가 정지한 순간 꺼내어 인상(引上) 유랭 또는 공랭한다.
  ㉤ 가열물의 직경 및 두께 1mm에 대하여 1초 동안 기름 속에 담근 후에 공랭한다.

정답 055. ㉮ 056. ㉯ 057. ㉰ 058. ㉱ 059. ㉱

060. 다음 냉각 가스 중 냉각 효과가 가장 좋은 것은?
㉮ 질소
㉯ 아르곤
㉰ 헬륨
㉱ 수소

061. 기어나 스프링재 등의 담금질 변형이 우려되는 경우에 행하는 담금질 방법은?
㉮ 인상 담금질
㉯ 분사 담금질
㉰ 프레스 담금질
㉱ 슬랙 담금질

프레스 담금질(press quenching)
① 기어나 스프링재 등의 담금질 변형이 우려되는 경우에 금형으로 프레스하여 유중 담금질하는 조작이다.
② 톱날, 면도칼 같은 얇은 물건에 적용된다.

062. 슬랙(Slack) 담금질의 설명 중 옳은 것은?
㉮ 프레스한 상태로 담금질하는 것
㉯ 담금질 또는 뜨임을 한 가지 방법으로 열처리하는 것
㉰ 열욕에서 뜨임 처리를 하는 것
㉱ 경화부분에 담금질액을 분사하여 경화하는 것

불완전 담금질(Slack quenching)
① 강재 심부까지 마르텐자이트 담금질(완전 담금질)이 되지 않고 페라이트, 베이나이트, 펄라이트 등의 조직이 혼합되는 담금질을 말한다.
② 냉각 속도가 늦거나 질량이 크기 때문에 불완전한 담금질이 되는 경우가 많다.
③ 오스테나이트의 온도로 가열 및 유지 후 절삭유, 연삭유 등의 수용액에 담금질하여 미세 펄라이트(fine pearlite) 조직을 얻은 조작으로 200℃ 이하의 저온 구역에서 꺼내어 공랭한다.

063. 내부 응력을 제거하거나 또는 인성을 개선하기 위하여 재가열하는 조직을 무엇이라고 하는가?
㉮ 담금질(Quenching)
㉯ 뜨임(Tempering)
㉰ 풀림(Annealing)
㉱ 불림(Normalizing)

뜨임(Tempering)
① 담금질한 강의 경도를 약간 낮추고 인성을 증가시키기 위해서 적당한 온도(A_1점 이하)로 재가열하여 서랭하는 열조작이다.
② 뜨임하면 담금질할 때의 내부 응력이 감소 제거하고 불안정한 조직이 온도에 따라 비교적 균일하게 안정된 조직이 된다.
③ 뜨임 온도가 높을수록 강도, 경도는 감소되고 연율, 단면 수축률은 증가한다.
④ 뜨임 시 주의해야 할 온도 : 300℃
⑤ 강인성 요구 온도 : 400~500℃에서 뜨임한다.
⑥ 구조용강 뜨임 온도 : 500~600℃로 고온 뜨임하여 조직을 소르바이트화하여 탄성과 인성을 부여한다.
⑦ 고탄소강의 뜨임 온도 : 200℃ 내외의 저온 뜨임하여 소입 경화로 생기며 변태 응력을 제거한다.

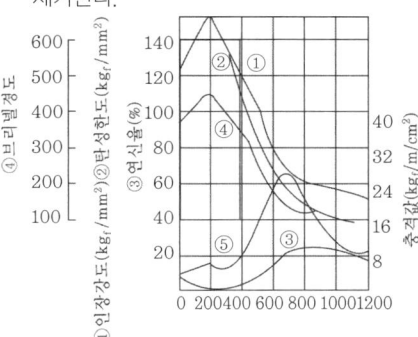

[뜨임한 반경강의 기계적 성질]

064 살 두께가 얇은 경우 어떻게 담금질하는 것이 가장 좋은가?
㉮ 경사 교반 담금질한다.
㉯ 회전 담금질한다.
㉰ 다이퀜칭한다.
㉱ 수직 회전 담금질한다.

065 급랭시에 생긴 내부 응력을 제거하거나 강인성을 주기 위하여 강을 A_1 변태점 이하의 온도로 가열하는 작업은?
㉮ 풀림 ㉯ 파텐팅
㉰ 뜨임 ㉱ 시효경화

뜨임의 온도

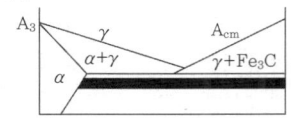

[뜨임 온도]
① A_1 변태점 이하의 처리 방법 : 템퍼링, 시효경화
② A_1 변태점 이상의 처리 방법 : 어닐링, 노멀라이징 담금질

066 실린더 라이너를 850℃ 이상으로 가열했다가 기름 중에 담금질하고 다시 430~530℃로 뜨임하는 이유로 맞는 것은?
㉮ 강도를 주기 위해서
㉯ 인성을 주기 위해서
㉰ 연성을 주기 위해서
㉱ 내마멸성을 주기 위해서

뜨임의 목적
① 담금질한 강의 인성을 부여하기 위함
② 고온 뜨임 : 인성 증가
③ 저온 뜨임 : 내부 응력 제거

067 급랭시에 생긴 내부 응력을 제거하거나 강인성을 주기 위하여 강을 A_1 변태점 이하의 온도로 가열하는 작업은?
㉮ 풀림 ㉯ 파텐팅
㉰ 뜨임 ㉱ 시효 경화

뜨임의 목적
① 담금질한 강의 강인성을 부여한다(저온 뜨임 : 내부 응력 제거, 고온 뜨임 : 인성 증가).
② 저온 뜨임(150~200℃)
  내부 응력과 담금질 응력을 제거하며 경년 변화 방지, 연마 균열 방지, 내마모성 향상
③ 고온 뜨임(550~650℃)
  Troostite ⇒ Sorbite를 얻기 위함(강인성 필요시)

068 담금질한 강을 저온 템퍼링했을 때 장점으로 틀린 것은?
㉮ 담금질 응력 제거
㉯ 치수의 경년 변화 방지
㉰ 내마모성 향상
㉱ 인장강도 및 인성 증가

069 잔류 오스테나이트를 100~200℃(230~350℃) 뜨임 처리하면 어떤 조직이 되는가?
㉮ 마르텐자이트 ㉯ 소르바이트
㉰ 펄라이트 ㉱ 베이나이트

뜨임한 조직의 변화

조 직 명	온도범위(℃)
Austenite → Martensite	100~300
Martensite → Troostite	200~400
Troostite → Sorbite	400~600
Sorbite → Pearlite	600~700

정답 064. ㉰ 065. ㉰ 066. ㉯ 067. ㉰ 068. ㉱ 069. ㉮

070 큰 강재를 유랭하거나, 작은 강재를 공랭했을 때 또는 마르텐자이트를 600℃ 정도로 뜨임했을 때 나타나는 조직이며 현미경으로 미세한 입상 탄화물이 밀집된 것 같이 보이는 조직은?

㉮ 펄라이트 ㉯ 트루스타이트
㉰ 소르바이트 ㉱ 베이나이트

071 뜨임을 하여 그 조직이 다음과 같이 변화했을 때 부피가 팽창되는 경우는 어떤 것인가?

㉮ α마르텐자이트 - β마르텐자이트 (125~170℃)
㉯ 잔류 오스테나이트-마르텐자이트 (230~350℃)
㉰ 마르텐자이트-트루스타이트 (300~400℃)
㉱ 트루스타이트-소르바이트(500~600℃)

온도에 따른 조직 변화

변화시간 온도	변화급진 온도	부피 변화	변화내용
60℃	125~170℃	수축	α 마르텐자이트→β 마르텐자이트
150℃	230~350℃	팽창	잔류 오스테나이트 → 마르텐자이트
200℃	300~400℃	수축	마르텐자이트 → 트루스타이트
400℃	500~600℃	수축	트루스타이트 → 소르바이트
600℃	700℃	수축	소르바이트 → 펄라이트

072 보통강을 수중에서 담금질한 후 뜨임하면 온도의 상승에 따라 조직 및 부피가 변화한다. 뜨임에 의한 조직과 부피의 변화 중 팽창 부피 변화를 하는 것은?

㉮ 트루스타이트 → 소르바이트
㉯ 마르텐자이트 → 트루스타이트
㉰ 잔류 오스테나이트 → 마르텐자이트
㉱ α 마르텐자이트 → β 마르텐자이트

뜨임에 의한 조직 변화
① 오스테나이트 ⇒ 마르텐자이트 = 팽창
  ※ 팽창의 변화 시작 온도 : 230~350℃
② 마르텐자이트 ⇒ 펄라이트 = 수축

073 다음에서 열처리할 때 제품의 길이 변화량 산출 공식으로 맞는 것은?

㉮ 길이 $= \dfrac{1}{3} \times$ 용적변화

㉯ 길이 $= \dfrac{1}{4} \times$ 용적변화

㉰ 길이 $= \dfrac{1}{5} \times$ 용적변화

㉱ 길이 $= \dfrac{1}{6} \times$ 용적변화

템퍼링에 의한 치수 변화
① 제1단계 : 마르텐자이트 → ε 탄화물 석출에 의한 수축
② 제2단계 : 잔류 오스테나이트 → 저탄소 마르텐자이트에 의한 팽창
③ 제3단계 : 저탄소 마르텐자이트 → Fe_3C 석출에 의한 수축
④ 체적 변화율 : $\dfrac{V-Vi}{Vi} = \dfrac{\Delta V}{Vi} \approx 3 \cdot \dfrac{\Delta \ell}{\ell}$
  ※ Vi : 변형 전의 체적, V : 열처리 후의 체적,
  $\dfrac{\Delta \ell}{\ell}$: 길이의 변화율이다.

074 담금질한 강을 재가열했을 때의 조직 변화 순서는?
㉮ 소르바이트 → 펄라이트 → 마르텐자이트 → 트루스타이트
㉯ 마르텐자이트 → 트루스타이트 → 소르바이트 → 펄라이트
㉰ 펄라이트 → 소르바이트 → 마르텐자이트 → 트루스타이트
㉱ 트루스타이트 → 펄라이트 → 소르바이트 → 마르텐자이트

담금질한 강을 재가열 시 조직 변화
마르텐자이트 → 트루스타이트 → 소르바이트 → 펄라이트

075 페라이트와 시멘타이트가 매우 미세하게 혼합된 트루스타이트 조직을 얻기 위한 열처리방법은 다음 중 어느 것인가?
㉮ 불림   ㉯ 풀림
㉰ 뜨임   ㉱ 담금질

트루스타이트 조직
① 마르텐자이트 조직보다 냉각 속도(유랭, 온통냉)를 조금 적게 했을 때 나타난다.
② 마르텐자이트 조직을 300~400℃에서 뜨임 했을 때 나타난다.

076 강을 담금질한 후 뜨임하여 발생한 β-마르텐자이트의 결정격자는?
㉮ 면심 입방 격자   ㉯ 면심 정방 격자
㉰ 체심 정방 격자   ㉱ 체심 입방 격자

077 잔류 오스테나이트를 230~350℃ 뜨임 처리하면 어떤 조직이 되겠는가?
㉮ 마르텐자이트   ㉯ 소르바이트
㉰ 펄라이트   ㉱ 베이나이트

보통강을 담금질한 후 뜨임하면 뜨임 온도 상승에 따른 변화 과정
① 100~200℃에서의 저온 뜨임을 하면
  ㉠ 담금질하여 생긴 체심 입방인 α-Martensite가 분해되어 체심 입방인 β-Martensite가 된다.
  ㉡ Ferrite 중의 과포화 탄소와 탄화물이 석출한다.
  ㉢ 240℃에서 뜨임하면 Martensite 중의 탄소가 전부 석출되나 잔류 Austenite는 그대로 남는다.
  ㉣ 내부 응력 제거, 강표면 장력 및 Martensite의 여림성이 제거된다.
② 240℃ 이상에서 뜨임하면
  ㉠ 잔류 Austenite가 파괴되어 Martensite로 변하고 강 중에 고용된 탄화물이 대부분 석출한다.
  ㉡ 250℃ 부근에서 석출한 탄화물이 응집하여 Troostite로 변하기 시작하여 350℃ 부근에서 끝난다.
  ㉢ β-Martensite는 300℃ 부근에서부터 Troostite로 변하기 시작하여 400℃ 부근에서 변태를 끝낸다.
③ 400℃ 이상에서 뜨임하면
  ㉠ Troostite로부터 미세한 조직의 Sorbite가 나타나고 600℃ 부근에서 변태를 끝낸다.
  ㉡ 600℃ 이상이 되면 강 중의 탄화물이 절단 후 구상화된다.

078 뜨임색(temper color, 산화막의 색깔) 중 가장 높은 온도에서 나타나는 색깔은?
㉮ 황색   ㉯ 자색
㉰ 청색   ㉱ 회색

정답 074. ㉯ 075. ㉰ 076. ㉱ 077. ㉮ 078. ㉱

079 다음 강(STC3)의 드임 온도 범위(℃)로서 가장 적당한 것은?
㉮ 150~200 ㉯ 200~300
㉰ 350~400 ㉱ 450~600

주요 강의 담금질 및 뜨임 조건

재질명	담금질		뜨임		경도 HRC
	온도(℃)	방법	온도(℃)	방법	
STD11	1000~1050	공(유)랭	150~250	공랭	56 이상
STD61		공랭	550~650		52 이상
STS3	800~850	유(수)랭	150~200		58 이상
STC3	760~820	수(유)랭	150~250		60 이상
SKH9	1200~1250	유랭	560~580		62 이상
SM45C	810~870	수랭	550~650	수랭	24~30
SCM4	830~880	유(수)랭	580~680		27~30

080 산화성 분위기 중에서 뜨임한 뜨임색이 회색으로 나타나는 뜨임 온도는 대략 얼마 정도인가?
㉮ 50℃   ㉯ 150℃
㉰ 400℃ ㉱ 900℃

온도에 따른 뜨임색

색	℃	색	℃
담황색	200	청색	300
황색	220	담회청색	320
갈색	240	회청색	350
자색	260	회색	440
보랏빛	280		

081 뜨임 효과는 뜨임 온도뿐만 아니라 뜨임 시간에 따라서도 변화하는데 뜨임 온도와 시간과의 관계를 옳게 표시한 것은? (단 C : 상수, t : 뜨임 시간, T : 절대 온도)
㉮ $T = (C+gt) \times 10^{-2}$
㉯ $T = (C+gt) \times 10^{-3}$
㉰ $T = (C-\log t) \times 10^{-3}$
㉱ $T = (C-\log t) \times 10^{-4}$

뜨임 온도와 시간
① $T = (C + \log t)$
   ※ T : 절대 온도로 표시된 뜨임 온도 (°K = ℃+273),
   C : 재료의 정수(일반적으로 C = 20),
   t : 뜨임 시간(hr)
② 상수(C)의 값은 T_1의 온도로 t_1시간 뜨임한 후의 경도와 T_2의 온도로 t_2시간 뜨임한 것의 경도와 같다고 하였을 때 :
   $T_1(C+\log t_1) = T_2(C+\log t_2)$
   $\therefore C = \left(\dfrac{T_1 \log t_1 - T_2 \log t_2}{T_1 \times T_2}\right)$ 이다.
③ 실험 결과에 의한 탄소강, 구조용강의 C값
   ㉠ C = 1.77−5.8×(탄소량%)······(sec단위)
   ㉡ C = 21.3−5.8×(탄소량%)······(h단위)

082 금속의 화색 소실 온도는 대략 몇 ℃인가?
㉮ 약 700 ㉯ 약 400
㉰ 약 200 ㉱ 약 550

083 주강의 주조 조직을 개선하고 재질을 균일화시키기 위해 어떤 열처리를 하는가?
㉮ 풀림 처리 ㉯ 불림 처리
㉰ 뜨임 처리 ㉱ 항온 처리

084. 강의 열처리에 있어서 뜨임 취성에는 3가지가 있는데 이에 속하지 않는 것은?

㉮ 고온 뜨임 취성 ㉯ 저온 뜨임 취성
㉰ 뜨임 시효 취성 ㉱ 뜨임 서랭 취성

뜨임 취성의 종류
① 저온 뜨임 취성(250~300℃)
  ㉠ 250~300℃에서 뜨임하면 충격값이 최소가 된다.
  ㉡ 0.2~0.05%C의 구조용강에서 많이 나타난다.
② 뜨임 시효 취성(제1차 뜨임 취성, 450~525℃)
  ㉠ 500℃부근에서 뜨임하면 뜨임 시간이 길어짐에 따라 충격값이 저하된다.
  ㉡ 입계 경계에 탄화물, 인화물, 질화물이 석출하기 때문에 생긴다.
  ㉢ 구조용강은 피하고 Mo를 첨가하여 방지한다.
③ 고온 뜨임 취성(제2차 뜨임 취성, 525~600℃)
  ㉠ 525~600℃에서 가열 후 공랭시키면 취약해진다.
  ㉡ 서랭에 의한 탄화물의 석출 때문에 생기며 Mo를 첨가하여 방지한다.

085. KS 가공 방법 기호에서 열처리의 풀림의 기호는?

㉮ AN   ㉯ HA
㉰ WA   ㉱ EN

086. 어닐링 처리한 탄소강을 금속 현미경으로 관찰하였다. 페라이트와 펄라이트의 면적이 거의 동일할 때, 탄소량은 약 몇 %인가?

㉮ 0.6%   ㉯ 0.8%
㉰ 0.2%   ㉱ 0.4%

087. Tempering 작업 시 유의사항과 관계가 먼 것은?

㉮ Quenching 후 반드시 Tempering 작업을 한다.
㉯ 200~300℃의 뜨임이 좋다.
㉰ 시편의 급격한 온도 변화를 피해준다.
㉱ 물을 냉각제로 사용한다.

뜨임시 유의 사항
① 경화하면 꼭 뜨임한다(담금질 후 바로 뜨임한다).
② 갑자기 인상 뜨임을 하면 균열이 간다.
③ 제품의 온도가 내려가서 손으로 만질 정도가 되면 즉시 뜨임한다.
④ 최소한 100℃의 온수 안에서라도 뜨임을 해준다.
⑤ 300℃의 취성에 주의한다.

088. 단조한 제품이 경도가 너무 높아 가공이 어려울 경우 어떤 열처리를 하면 좋은가?

㉮ 담금질   ㉯ 뜨임
㉰ 불림   ㉱ 풀림

풀림 (燒鈍, Annearling)
① 단조, 주조, 기계 가공에서 생긴 내부 응력 제거, 열처리에 의해 경화된 재료 및 가공 경화된 재료의 연화 목적으로 풀림한다.
② $A_{3,2,1}$ 변태점보다 30~50℃ 높게 가열 후 일정 시간 유지 후 노냉하는 열조작을 말한다.
③ 풀림 시간은 25mm각에서 30분 정도가 적당하나 보통강은 500℃ 정도일 때 노(爐)밖에서 공랭하여도 무방하다.

정답 084. ㉱ 085. ㉯ 086. ㉱ 087. ㉯ 088. ㉱

089. 다음 중 풀림의 목적으로 관계가 먼 것은?
㉮ 결정 조직을 균일화시킨다.
㉯ 강을 연화시킨다.
㉰ 내부 응력을 제거한다.
㉱ 표준 조직으로 만들어 준다.

풀림의 목적
① 기계적 성질, 피절삭선이 개선되며 강도와 경도가 낮고 연화되고 조직의 균일 및 미세화, 표준화된다.
② 연성의 향상(상온 가공에 있어서), 재료의 불균일 제거, 내부 응력 제거(편석 제거)
③ 조직 개선, 담금질 효과 향상이 된다.

090. 풀림(Annealing)의 주목적은?
㉮ 연화   ㉯ 내마모성
㉰ 경화   ㉱ 인성

풀림의 목적
① 합금의 성질을 개선시킨다. 일반적으로 강의 경도가 낮아져서 연화된다.
② 일정 조직의 금속이 형성된다. 즉 조직이 균질화, 미세화, 표준화된다.
③ 가스 및 불순물의 방출과 확산을 일으키고 내부 응력을 저하시킨다.
④ 가공 경화된 재료를 연화하고 기계적 성질, 피절삭성이 개선된다.
⑤ 연성향상, 재료의 불균일 제거, 내부 응력 제거, 담금질 효과 향상

091. 고탄소강의 풀림(소둔, Annearling) 시 탈탄이 일어났다. 이 부분의 조직은?
㉮ 오스테나이트   ㉯ 마르텐자이트
㉰ 페라이트   ㉱ 펄라이트

풀림 시의 탈탄
① 고탄소강의 풀림 시 탈탄이 일어난 부분의 조직 : 페라이트
② 풀림 시 탈탄 반응을 할 때 수분은 1% 이하여야 한다.
③ 풀림 시 내부 응력이 급격히 감소되는 단계 : 회복단계

092. 다음 중 응력 제거를 위한 열처리 방법이 틀린 것은?
㉮ 주철 : 인공 시효
㉯ 구조용강 : 응력 제거 풀림
㉰ 스테인리스강 : 고용화 처리
㉱ 합금강 : 담금질

응력 제거를 위한 열처리 방법
① 주철
  ㉠ 인공 시효(고온 시효) : 500~600℃로 3~6시간 가열 후 노냉한다.
  ㉡ 자연 시효(건조) : 장시간 방랭한다.
② 구조용강
  응력 제거 풀림 : 625±25℃(보통 → 전체 가열, 대형 부품 → 국부 가열)로 유지 시간은 25mm당 1시간 가열 후 노냉한다.
③ 오스테나이트 스테인리스강
  ㉠ 고용화처리 : 1000~1120℃, 25mm당 1시간 가열 후 급랭한다.
  ㉡ 응력 부식 균열 방지 : 800~900℃, 25mm당 2시간 가열 후 공랭한다.

정답 089. ㉱ 090. ㉮ 091. ㉰ 092. ㉱

093 응력 제거 풀림 처리에 대한 설명으로 맞는 것은?
㉮ 단조, 주조, 용접 등으로 생긴 잔류 응력의 제거를 위해 A_1점 이하의 적당한 온도에서 가열한다.
㉯ 과열 급랭에 의해 탈탄이 된 강의 결함 제거 열처리이다.
㉰ 노 내 서랭 후 응집된 입자를 풀어주어 탄화물을 형성한다.
㉱ 담금질에 의해 내부와 외부의 경도 차이를 평준화시켜 주는 열처리이다.

풀림의 종류
① 완전 풀림(Full Annearling)
  ㉠ 아공석강은 $A_{3,2,1}$ 변태점보다 30~50℃ 높게, 공석강과 과공석강은 A_1 변태점보다 30~50℃ 높게 가열 후 충분히 유지 후 서랭하는 열조작이다.
  ㉡ 생성 조직은 페라이트, 펄라이트이다.
  ㉢ 소재 길이가 길면 휨현상, 탈탄이 일어나므로 주의해야 한다.
② 확산 풀림(Diffusion Annearling, 안정화 풀림, 균질화 풀림)
  ㉠ 황화물의 편석을 없애고 Ni강에서 망상으로 석출한 황화물은 적열 취성의 원인이 되는데 이것을 방지하기 위해 1100~1150℃에서 풀림한다.
  ㉡ 니켈강의 적열 메짐 방지 : 1100~1150℃, 특수강 주물 : 1100~1200℃
③ 응력 제거 풀림(Stress-relief Annearling)
  ㉠ 재료의 잔유 응력을 제거하기 위해 500~600℃(1~2h/25mm²)로 가열 후 적당 시간 유지 후 서랭한다.
  ㉡ A_1점을 넘으면 변태 때문에 응력이 생기며 응력 제거가 생기기 시작하는 온도는 450℃부터이므로 500~600℃라 할 수 있다.
④ 중간 풀림(Process Annearling)
  압연 또는 신선(伸線)작업에서 냉간 가공 도중에 경화된 재료를 연화할 목적으로 행함.
⑤ 재결정 풀림(recrystallization Annearling)
  냉간 가공한 재료를 가열하면 600℃ 부근에서 먼저 응력이 감소되고 재결정이 일어난다.

094 강 중의 수소를 제거하기 위한 열처리로 적합한 것은?
㉮ 연화 풀림   ㉯ 확산 풀림
㉰ 완전 풀림   ㉱ 저온 풀림

풀림의 종류
① 저온 풀림(A_1점 이하에서 실시) : 중간 풀림, 응력 제거 풀림, 재결정 풀림
② 고온 풀림(A_2점 이상에서 실시) : 완전 풀림, 확산 풀림, 항온 풀림
③ 구상화 풀림 : 변태점 이상 또는 이하에서 실시한다.

095 상온 가공 등에 의한 내부 응력을 제거하여 연화시키든가 담금질 효과의 감소를 적게 하기 위한 연화 풀림은 어느 것인가?
㉮ 완전 소둔   ㉯ 구상화 소둔
㉰ 응력 제거 소둔   ㉱ 등온 소둔

응력 제거 풀림
① 금속 재료를 일정한 온도에서 일정 시간 유지 후 냉각하는 조작이다.
② 주조, 단조, 기계 가공, 냉간 가공 및 용접 후의 잔류 응력을 제거하기 위함이다.
③ 보통 500~700℃로 가열 일정 시간 유지 후 서랭한다.

093. ㉮ 094. ㉱ 095. ㉰

096. 다음 중 응력 제거 풀림 처리에 대한 설명으로 맞는 것은?

㉮ 단조, 주조, 용접 등으로 생긴 잔류 응력의 제거를 위해 A₁점 이하의 적당한 온도에서 가열한다.
㉯ 과열 급랭에 의해 탈탄이 된 강의 결함 제거 열처리이다.
㉰ 노 내 서랭 후 응집된 입자를 풀어 주어 탄화물을 형성한다.
㉱ 담금질에 의해 내부와 외부의 경도 차이를 평준화시켜 주는 열처리이다.

097. 다음 중 2단 풀림 열처리 방법으로 맞는 것은?

㉮ 800~900℃에서 서랭, 550℃에서 급랭
㉯ 800~820℃에서 유랭, 500℃에서 수랭
㉰ 800~950℃에서 공랭, 700℃에서 급랭
㉱ 800~860℃에서 수랭, 200℃에서 공랭

2단 풀림
① 풀림 온도에서 화색이 없어지는 온도(약 550℃, 임계 구역)까지 서랭시키는 풀림
② 완급 2단의 냉각 방법으로 하는 풀림이다.
③ 800~900℃에서 서랭, 550℃부터 급랭하는 방법이다.
④ 550℃가 되면 수랭하여도 무방하며, 서랭 시 시간을 단축한다.

098. 냉간 가공 중 하나의 공정에서 다른 공정으로 옮길 때 필요에 따라 행하는 풀림 방법을 무엇이라 하는가?

㉮ 구상화 풀림   ㉯ 중간 풀림
㉰ 확산 풀림   ㉱ 연화 풀림

099. 다음 중 연화 풀림의 방법에 속하는 것은?

㉮ 850℃로 가열 유지 후 수중에 급랭한다.
㉯ 약 650℃로 가열한 후 수중에 급랭시킨다.
㉰ A₁점 이상 A_cm 이하의 온도로 가열한 후 A_r1점 이하까지 서랭한다.
㉱ 800~900℃로 가열 후 600℃로 급랭한 후 일정시간 유지 후 공랭한다.

연화 풀림
① 가공 경화된 재료를 균일하게 하고 소성 가공 또는 절삭 가공을 쉽게 하기 위하여 A₁점 부근의 온도에서 가열하는 풀림.
② 냉간 가공, 절삭 등에 의해 강 내부에 생긴 변형 제거는 600~650℃에서 실시한다.
③ 탄소 공구강 및 2종 이하의 합금 원소를 함유한 저합금 공구강의 연화에는 700~750℃ 부근의 온도로 일정 시간 유지 후 판상 Fe₃C를 구상화한다.

100. 주철의 연화 풀림 목적이 아닌 것은?

㉮ 절삭성 향상   ㉯ 백선 부분 제거
㉰ 연성 향상   ㉱ 경도 향상

주철의 연화 풀림 목적
① 절삭성 향상, 백선 부분 제거, 연성 향상
② 흑심 가단 주철의 연화 풀림
  ㉠ 제1단계 흑연화(공정 Fe₃C, 유리 Fe₃C) : 900℃ 이상 장시간 유지한다.
  ㉡ 제2단계 흑연화(펄라이트 중의 Fe₃C 흑연화) : 700~760℃ 부근에서 열처리한다.
③ 일반 주철의 연화 풀림
  ㉠ 제1단계 흑연화 : 800~900℃에서 실시한다.
  ㉡ 제2단계 흑연화 : 700~760℃에서 실시한다.

정답 096. ㉮ 097. ㉮ 098. ㉯ 099. ㉰ 100. ㉱

101 저온 가공한 황동 제품은 시기 균열(Season crack)을 방지하기 위하여 행하는 열처리는?

㉮ 담금질   ㉯ 저온 풀림
㉰ 재결정 풀림   ㉱ 시효 경화

저온 풀림 경화
① α-황동을 냉간 가공하여 재결정 온도 이하의 저온에서 풀림하면 가공 상태보다 경화한다.
② 자연 균열 방지법
  도금, 도료 또는 180~260℃로 20~30분 동안에서 저온 풀림한다.

102 엷은판 또는 강선과 같이 냉간 가공에 의해서 경화된 재료를 연화시키는 열처리로 A_1점 이하에서 행하는 것은?

㉮ process annealing
㉯ spheroiding
㉰ Marquenching
㉱ water tempering

중간 풀림 (공정 풀림, process annealing, 도중 풀림)
① 강 재료를 제품화하는 도중, 공정과 최종 열처리 전의 공정에서 한 번 또는 여러번 실시하는 풀림이다.
② 강의 A_{C1}점에 가깝거나 그 이하의 온도로 가열하여 적당한 냉각 속도로 냉각 시켜 전처리 또는 전가공 (상온 가공)에 의한 내부 응력을 조정하여 연화시킨 다음 가공을 용이하게 하는 조작이다.
③ 온도는 보통 550~650℃이다.

103 압연 강판을 가공하는 공정에서 냉간 단조 후 구멍 뚫기 작업을 하였더니 가공 경화의 영향으로 구멍 뚫기가 힘들었다. 이러한 경우 단조 후 행하는 풀림을 무엇이라 하는가?

㉮ 저온 풀림   ㉯ 완전 풀림
㉰ 중간 풀림   ㉱ 구상화 풀림

104 노(爐)를 순환적으로 이용할 수 있어 순환 풀림이라고도 부르며, 공구 및 다른 자경성이 강한 특수강을 연화 풀림하는 데 가장 적합한 풀림 방법은?

㉮ 완전 풀림   ㉯ 항온 풀림
㉰ 구상화 풀림   ㉱ 확산 풀림

항온 풀림 (순환 풀림)
① 항온 변태 처리에 의한 풀림을 말한다.
② 풀림 온도로 가열한 강을 S곡선의 코 부근의 온도(600~650℃)에서 항온 변태를 시킨 후 공랭 또는 수랭한다.
③ 항온 풀림을 하면 짧은 시간에 작업을 끝낼 수 있고 노(爐)를 순환적으로 이용할 수 있다.
④ 공구강 및 자경성이 강한 특수강 연화 풀림에 적합하다.

105 오스테나이트화한 강을 Ar_1 이하의 펄라이트 변태를 가장 빠른 온도까지 급랭시키는 조작은?

㉮ 연화 풀림   ㉯ 항온 풀림
㉰ 구상화 풀림   ㉱ 확산 풀림

정답 101. ㉯   102. ㉮   103. ㉰   104. ㉯   105. ㉯

106 강의 단조 및 압연재의 섬유상 편석을 제거하기 위한 확산 풀림의 적합한 온도 범위(℃)는?

㉮ 350~450 ㉯ 500~600
㉰ 650~800 ㉱ 900~1200

해설

확산 풀림(diffusior Annearling, 안정화 풀림, 균질화 풀림)
① 황화물의 편석을 없애고 Ni강에서 망상으로 석출한 황화물은 적열 취성의 원인이 되는데 이것을 방지하기 위하여 1100~1150℃에서 풀림한다.
② Ni강의 적열 취성 방지 : 1100~1150℃, 특수강의 주물 : 1100~1200℃.
③ 단조품에 생긴 응고 편석을 확산 소실시켜 이것을 균질화하기 위해 하는 풀림
④ 확산 풀림은 결정 내부의 확산을 도와줄 뿐만 아니라 결정 입계에 존재하는 편석대(偏析帶)도 확산시키는 작용을 한다.
⑤ P나 S의 편석, 즉 황화물의 분포 상태를 개선하는데 효과적0 다.
⑥ 주강이나 S%가 높은 쾌삭강 등의 균질화에 응용되고 있다.

107 다음은 확산 풀림(diffusion annealing)에 대한 설명이다. 틀린 것은?

㉮ 니켈강이나 쾌삭강에서는 망상으로 석출한 유화물(硫化物) 때문에 적열 취성을 나타낸다.
㉯ 확산 풀림의 열처리 온도는 1,100~1,150℃이며 서랭시킨다.
㉰ 편석과 수지상 조직을 없애주며 특히 연신율이 향상된다.
㉱ 공구강에서 확산 풀림을 할 때는 잔유응력이 제거된다.

108 탄소강 600~650℃에서 5~6시간 동안 유지 후 수(공)냉하는 것은?

㉮ 항온 풀림 ㉯ 고주파 풀림
㉰ 확산 풀림 ㉱ 완전 풀림

109 다음 설명 중 구상화 풀림을 하는 방법으로 틀린 것은?

㉮ A_{cm}선 또는 A_{c3}선 이상으로 가열하여 시멘타이트를 완전 고용 후 서랭하는 방법
㉯ A_{c1}점의 상하 20~30℃ 사이에서 여러번 반복 가열 냉각 시키는 방법
㉰ A_{c1}점 바로 아래(650~700℃)에서 일정 시간을 유지한 후 냉각하는 방법
㉱ A_{c1}점 이상 A_{cm}점 이하의 온도에서 가열한 후 A_{r1}점 이하까지 서랭한다.

110 구상화 풀림 방법 중 그림과 같은 열처리 선도를 갖는 경우가 있다. 이때 A_1 변태점 이상으로 가열하는 이유는 무엇인가?

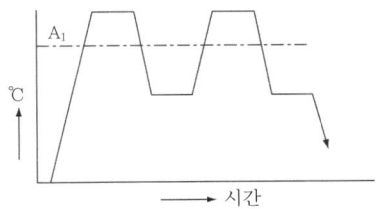

㉮ Fe_3C의 구상화
㉯ Fe_3C의 오스테나이트 중 고용
㉰ 층상 Fe_3C의 석출
㉱ 펄라이트의 생성 및 구상화

111 망상 시멘타이트를 구상화하기 위한 구상화 풀림은 어떤 강에서 처리하는가?
㉮ 아공석강   ㉯ 과공석강
㉰ 공석강   ㉱ 오스테나이트강

해설
구상화 방법
① 공구강, 베어링강 등의 고탄소강은 담금질 전에 탄화물을 구상화하여야 한다.
② Ac_1 직하(650~700℃)에서 가열 후 냉각한다.
③ A_1 변태점을 경계로 가열 냉각을 반복한다(A_1점 이상으로 가열하여 망상 Fe_3C를 없애고 직하 온도로 유지하여 구상화한다).
④ Ac_3 변태점 및 A_{cm} 온도 이상으로 가열하여 Fe_3C를 고용시킨 후 급랭하여 망상 Fe_3C를 석출하지 않도록 한 후 구상화한다.
⑤ Ac_1 변태점 이상 A_{cm} 이하의 온도로 가열한 후 Ar_1 변태점까지 서랭한다.

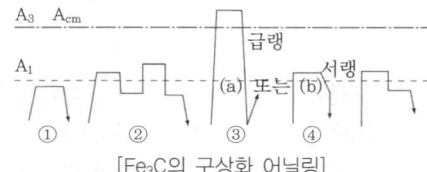
[Fe_3C의 구상화 어닐링]

112 공구강을 구상화 풀림하는 목적이 아닌 것은?
㉮ 기계 가공성을 향상시키기 위하여
㉯ 담금질 균열을 적게 하기 위하여
㉰ 담금질 효과를 균일하게 하기 위하여
㉱ 주조 조직을 조대화하기 위하여

해설
구상화 풀림의 목적
① 담금질 효과 균일화
② 강인성 증가
③ 담금질 변형 감소
④ 기계 가공성 증대
⑤ 구상화 풀림의 조직 변화 : 시멘타이트 → 펄라이트

113 다음의 내용은 무엇을 목적으로 하는가?

• 담금질 효과를 균일하게 하기 위해서
• 담금질 변형을 적게 하기 위해서
• 담금질 경도를 높이기 위해서
• 기계 가공성을 좋게 하기 위해서

㉮ 완전 풀림   ㉯ 연화 풀림
㉰ 저온 풀림   ㉱ 구상화 풀림

114 열처리된 재료를 오스테나이트까지 가열하여 조대해진 표면의 조직을 균일하게 하고 내부 응력을 제거하기 위하여 대기 중에서 서서히 냉각 시키는 열처리 방법은?
㉮ 소준   ㉯ 소둔
㉰ 소려   ㉱ 소입

해설
불림 (Normalizing)
① 목적 : 강을 표준화하기 위한 열처리 조작이며 가공으로 인한 조직의 불균일을 제거하고 결정립을 미세화시켜 기계적 성질을 향상시킨다.
② 조작
  ㉠ 가열 : A_3 또는 A_{cm}보다 30~50℃ 높은 온도(보유 시간 : 두께 25mm당 1~2시간)에서 가열 조작에 의해 섬유상 조직은 소실되고 과열 조직과 주조 조직이 개선된다.
  ㉡ 냉각 : 대기 중에 방랭하면 결정립이 미세해져 강인한 미세 펄라이트 조직이 된다.

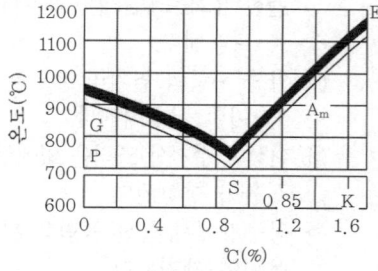
[불림 온도]

③ 종류 : 보통 불림, 2단 불림, 등온 불림, 2중 불림

정답 111. ㉯ 112. ㉱ 113. ㉱ 114. ㉮

115. 고탄소강을 구상화 풀림 시 어느 조직을 구상화시키는가?
㉮ 펄라이트   ㉯ 시멘타이트
㉰ 페라이트   ㉱ 오스테나이트

구상화 풀림의 조직 변화
① Cementite → Pearlite
② 시멘타이트가 구상화되면 신장은 커지고, 탄성 한계와 강도는 작아지고, 강인성은 증가하며 담금질 균열이 방지된다.

116. 강을 보통 Ac₃점 또는 Acm점보다 40~60°C높은 온도로 가열한 오스테나이트 상태로부터 공기 중에서 냉각 시키는 열처리 조작은?
㉮ 풀림   ㉯ 담금질
㉰ 뜨임   ㉱ 노멀라이징

117. 다음 열처리 방법 중 가열 온도가 가장 높은 것은?
㉮ 풀림   ㉯ 담금질
㉰ 불림   ㉱ 뜨임

일반 열처리의 온도
① A₁ 변태점 온도 이하에서 열처리 : 뜨임
② A₃~₁ 변태점보다 30~50°C 이상의 온도에서 열처리 : 담금질, 풀림
③ A₃~₁ 변태점 또는 Acm선보다 30~50°C 이상의 온도에서 열처리 : 불림

118. 다음은 가공한 금속을 풀림 처리했을 때 나타나는 현상이다. 틀린 것은?
㉮ 내부 응력 제거 → 연화 → 재결정 → 결정 입자의 성장
㉯ 연화는 가공도가 높은 것일수록 고온에서 일어나기 시작하여 저온에서 끝난다.
㉰ 재결정 핵이 발생하는 장소는 결정 입계 미끄럼면과 같은 큰 장소에서 발생한다.
㉱ 결정 입자 성장 속도는 가공 전의 결정 입자가 미세하면 가열 온도가 높고, 가열 시간이 길수록 작아진다.

결정 입자의 성장 속도
① 가공도가 적당하고 가공 전 입자가 미세하면 가열 온도가 높고 가열 시간이 길수록 커진다.
② 가공도가 낮을수록 결정 입자는 조대해진다.
③ 가공도가 작고 가열 온도가 높을수록 결정 입자의 성장 비율이 커진다.

119. 열처리 방법에서 불림을 설명한 것이다. 틀린 것은?
㉮ 주조 또는 단조한 제품에 조대화한 조직을 미세하게 한다.
㉯ 저탄소강의 기계 가공성을 증가하여 가공면을 깨끗이 한다.
㉰ 조대한 페라이트 조직을 얻는다.
㉱ 내부 응력을 해소하여 균일한 상태로 한다.

120. 다음 중 불림의 목적이 아닌 것은?
㉮ 이상 조직을 해소시킨다.
㉯ 조직을 미세화한다.
㉰ 기계적 성질을 표준화한다.
㉱ 시멘타이트를 구상화시킨다.

121 강을 노(爐) 속이나 공기 중에서 방냉하여 표준 조직으로 만드는 작업은?

㉮ 침탄 ㉯ 뜨임
㉰ 담금질 ㉱ 불림

불림의 목적
① 주조, 가열 조직의 미세화, 내부 응력 제거, 피삭성을 개선한다.
② 결정 조직, 물리적, 기계적 성질이 표준화된다.

122 강을 불림할 때 특히 유의할 사항이 아닌 것은?

㉮ 서서히 가열함으로서 국부 가열을 피할 것
㉯ 필요 이상으로 고온도를 피할 것
㉰ 강재의 크기에 따라서 적당한 시간을 유지할 것
㉱ 가능한 한 장시간 가열할 것

123 다음 중 1.2%C강을 불림하였을 때 얻어지는 조직으로 맞는 것은?

㉮ Ferrite + Pearlite
㉯ Ledeburite + Pearlite
㉰ Cementite + Pearlite
㉱ Austenite + Pearlite

124 강을 오스테나이트 상태로부터 A_1 변태점 이하의 항온 중에 담금질한 그대로 유지했을 때 나타나는 변태를 무엇이라 하는가?

㉮ 격자 변태 ㉯ 항온 변태
㉰ 확산 변태 ㉱ 분열 변태

항온 변태
열처리 후 항온 중에서 유지했을 때 나타나는 변태를 항온 변태라 한다.

125 다음 중 불림과 관계없는 사항은?

㉮ 가열 속도가 빠를수록 Austenite핵이 성장한다.
㉯ 대기 중에서 냉각 시킨다.
㉰ A_{cm} 직상에서 조직 전체가 균일한 Austenite로 차지하고 있다.
㉱ 변태점 이상 40~60℃의 온도로 하는 이유는 가열 속도를 늦추기 위함이다.

불림에 의한 결정립의 미세화
① 강의 온도가 A_1 변태점을 넘으면 펄라이트 중에 오스테나이트 핵이 발생한다.
② A_{c3} 또는 A_{cm} 직상에서는 조직 전체가 미세한 오스테나이트의 결정립을 이루고 있다.
③ 핵의 발생은 변태 구간을 통과할 때의 가열 속도에 영향을 받아 속도가 빠를수록 수가 많고 결정 입도가 미세하게 된다.
④ 냉각 변태에 의해 생기는 페라이트 결정립의 크기는 오스테나이트 입도에 지배되므로 페라이트 입도에도 영향을 미치게 되는데 가열 속도가 작은 범위에서 강하게 나타난다.
⑤ 결정립의 미세화 후의 페라이트 입도에 미치는 가열 속도의 영향
  • 미세한 것보다 조립한 것이 가열 속도가 높다.

126 다음 중 항온변태에서 S곡선을 우(右)로 옮기는 원소가 아닌 것은?

㉮ C ㉯ Ni
㉰ Co ㉱ Mn

각종 합금 원소의 영향
① Co, C_2를 제외한 원소는 S곡선을 오른쪽으로 옮긴다.
② C, Ni, N_2, Mn 등은 S곡선을 오른쪽으로 옮긴다.
③ V, Ti, Ta, W 등 오스테나이트 용해가 어려운 탄화물을 포함한 강은 온도 상승과 함께 S곡선을 오른쪽으로 옮긴다.

127
다음은 불림 처리한 강의 성질에 대한 설명이다. 틀린 것은?

㉮ 결정립이 조대화된다.
㉯ 섬유 조직이 없어지고 담금질성이 향상된다.
㉰ 경도, 강도가 증가한다.
㉱ 주조 과열 조직이 개선된다.

불림 처리한 강의 성질
① 결정립 및 조직이 미세화되며 섬유 조직이 없어지고 담금질성이 향상된다.
② 강도, 경도, 연율, 인성이 증가하고 주조 과열 조직이 개선된다
③ 두꺼운 재료일수록 불림 조직과 표준 조직은 비슷하나 얇은 자료나 특수강은 매우 다르다.
④ 불림 후 Ac₁점 바로 위로부터 공랭, 유랭시 강인성이 양호하다.

128
항온 열처리에 항온 변태 곡선을 TTT곡선 또는 S곡선 등으로 나타낸다. 다음 중 이 항온 변태 곡선에 관계되는 것으로 잘못된 것은?

㉮ 온도   ㉯ 시간
㉰ 변태   ㉱ 압력

등온 변태 곡선(TTT곡선, isothermal cooling transformation diagram)
① 오스테나이트 상태에서 A₁변태점 이하의 등온까지 급랭하여 이 온도에서 등온 지속을 하였을 때 생기는 변태나 조직의 변화를 나타내는 그림을 갈한다.
② 세로축에는 온도, 가로축에는 시간(대수눈금)을 나타내는 곡선으로 S곡선이라 한다.
③ TTT는 Time-Temperature Transformation 의 머리글자이다.

129
노안에서 가열, 냉각 시켜 변형이 적고 인성이 커서 기계적 성질이 우수한 열처리 방법은?

㉮ 계단 열처리   ㉯ 항온 열처리
㉰ 서브제로 처리 ㉱ 구상화 처리

130
S곡선에서 가열 온도가 높아지면 어떻게 되는가?

㉮ 오스테나이트의 결정립이 조대화하고 S곡선의 코(nose)는 오른쪽으로 이동한다.
㉯ 오스테나이트의 결정립이 미세하여지고 S곡선의 코(nose)는 변화가 없다.
㉰ 오스테나이트의 결정립은 변화가 없고 S곡선의 코(nose)의 온도는 낮아진다.
㉱ 현미경 조직이 미세하여지고 오스테나이트의 결정립의 석출 속도가 늦어진다.

항온 변태에 미치는 인자
① 오스테나이트 결정 입도나 가열 온도에 따라 변태의 생성 속도가 달라진다.
② 최고 가열 온도는 결정 입도에 영향을 미치므로 S곡선에 영향을 미치고 탄화물, 질화물 등의 용해 속도에도 영향을 미친다.
③ 가열 온도 : 고온의 결정립의 조대로 nose부의 변태 개시 온도가 늦어지며 늦으면 탄화물 고용이 완전해지고 변태 속도가 늦어 담금질성이 향상된다.
④ 합금 원소 : Ni, Si, Cr, Mo, Mn 순으로 담금질 능력 향상
⑤ 외력 및 압력 : 응력을 가하면 담금질 임계 냉각 속도는 응력 크기의 수배로 증대하여 TTT곡선을 좌측으로 이동한다.
⑥ 가열 속도에도 영향을 받는다.

131. 항온 변태를 결정하는 방법이 아닌 것은?
㉮ 변태에 의한 팽창 측정 방법
㉯ 경도 변태 측정 방법
㉰ 전기 저항 변화에 의한 측정방법
㉱ -선에 의한 방법

> **항온 변태의 결정**
> ① 변태에 의한 팽창 측정 방법
> ② 경도 변태 측정 방법
> ③ 전기 저항 변화에 의한 측정 방법
> ④ 자기적 측정 방법(γ-Fe에서 α-Fe로서의 변태 이용)
> ⑤ X선에 의한 방법

132. 아래 도면과 같은 열처리 방법으로 열처리 시 생기는 조직은?

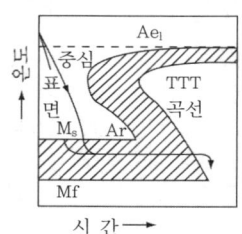

㉮ 마르텐자이트
㉯ 베이나이트
㉰ 마르텐자이트 + 베이나이트
㉱ 베이나이트 + 트루스타이트

133. Bain에 의해 급랭된 상태의 마르텐자이트는 어떠한 격자 구조를 갖고 있는가?
㉮ 체심 정방 격자   ㉯ 면심 입방 격자
㉰ 혼합 구조   ㉱ 체심 입방 격자

134. 항온 변태 곡선(S곡선)에서 가장 빨리 변태 개시선에 도달하는 구역 잠복기는?

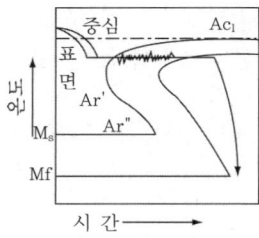

㉮ 펄라이트 변태구역
㉯ Ms직상의 구역
㉰ 노즈 구역
㉱ Mf 구역

135. 1.2%C강을 TTT곡선을 사용하여 열처리 하였다가 단계가 끝난 후 현미경 조직으로 맞는 것은?
㉮ 927℃로 가열하여 1시간 유지 → 오스테나이트
㉯ 656℃에 담금질하여 300초 유지 → 오스테나이트 + 페라이트
㉰ 260℃에 담금질하여 300초 유지 → 마르텐자이트 + 침상 베이나이트
㉱ 상온에서 담금질 → 마르텐자이트

136. 베이나이트(bainite)의 조직을 현미경적 특징으로 볼 때 어떤 조직인가?
㉮ 섬유상 조직   ㉯ 구상 조직
㉰ 침상 조직   ㉱ 국화 무늬상 조직

> 마르텐자이트와 트루스타이트의 중간 조직으로 침상 조직이다.

정답 131. ㉱ 132. ㉰ 133. ㉮ 134. ㉰ 135. ㉮ 136. ㉰

137. 탄소강에 있어서 S곡선의 코(nose)의 온도는?

㉮ 약 550℃ ㉯ 약 850℃
㉰ 약 900℃ ㉱ 약 250℃

S곡선의 코 (nose부)
① 약 550℃ 부근에서는 짧은 시간에 변태가 시작되어 급속히 변태가 완료되므로 변태 속도가 최대가 된다. 이 부분을 S곡선의 코라 한다.
② 항온 변태가 가장 빠른 곳을 nose라 하며 변태 속도가 가장 빠르며 베이나이트 조직을 얻는다.
③ 과랭 오스테나이트의 안정된 곡선을 S곡선이라 한다.
④ S곡선은 담금질 또는 항온 열처리 작업에 활용된다.

138. S곡선에서 가열 온도가 높아지면 어떻게 되는가?

㉮ 오스테나이트의 결정립이 조대화하고 S곡선의 코(nose)는 오른쪽으로 이동한다.
㉯ 오스테나이트의 결정립이 미세하여지고 S곡선의 코(nose)는 변화가 없다.
㉰ 오스테나이트의 결정립은 변화가 없고 S곡선의 코(nose)의 온도는 낮아진다.
㉱ 현미경 조직이 미세하여지고 오스테나이트의 결정립의 석출 속도가 늦어진다.

S곡선의 형태
① 가열 온도, 가열 속도, 합금 조성, 오스테나이트 결정 입도 등에 따라 다르다.
② 가열 온도의 영향이 가장 큰 것은 고탄소 합금강이다.
③ 가열 온도가 고온은 결정립의 조대(粗大)로 nose부의 변태 개시 온도가 늦어지며, 늦으면 탄화물 고용이 완전해지고 변태 속도가 늦어 담금질성을 향상시킨다.
④ S곡선의 판단은 고속도강 풀림, 고합금강의 담금질성, 기타 열처리의 특성을 판단한다.

139. 0.8%C 탄소강으로 행한 항온 담금질 처리에서 500℃ 급랭시킨 후 장시간 유지하면 조직은 어떻게 되는가?

㉮ 트루스타이트 ㉯ 마르텐자이트
㉰ 베이나이트   ㉱ 소르바이트

베이나이트 (Bainite)
① 탄소강 또는 합금강을 담금질 온도에서 550~150℃(Ar'와 Ar'변태점 중간 온도) 열욕으로 담금질하여 등온 변태(isothermal transformation)를 일으켰을 때 생기는 조직이다(유종 또는 수중 담금질해서는 이루기 힘든 조직이다).
② 현미경으로 보면 흑색으로 된 침상 조직이며 마르텐자이트보다는 부식되기 쉽고 또한 경도가 적다.
③ 털깃 모양인 고베이나이트는 비교적 높은 등온 변태에서 생긴다.
④ 침상으로 나타나는 저베이나이트는 낮은 온도에서 생긴다.
⑤ 페라이트의 바탕에서 분산하여 미세한 시멘타이트로 구성된다.
⑥ Martensite와 Troostite의 중간 조직이며 열처리에 따른 변형이 적고 경도가 높고 인성이 크며, 트루스타이트보다 편하고 질기며 소르바이트보다 점성이 강하다.

140. 다음은 베이나이트 조직에 관한 일반적인 설명이다. 타당하지 않은 것은?

㉮ 베이나이트 조직은 소입 온도로부터 Ar'과 Ar"의 중간 온도 범위의 염욕에 담금질해서 얻는다.
㉯ 마르텐자이트보다 부식되기 어렵고 경도가 낮다.
㉰ 베이나이트는 페라이트바탕 속에 분산된 미세한 시멘타이트로 구성되어 있다.
㉱ 마르텐자이트보다 부식되기 쉽고 경도가 낮다.

141. 다음은 Bainite 조직의 특징에 대한 설명이다. 틀린 것은?
㉮ 페라이트와 오스테나이트가 교대로 배열된 층상 조직
㉯ 페라이트와 탄화물의 혼합 조직
㉰ 판상으로 성장
㉱ 격자 전단 변형이 Bainite 형성 시 발생

베이나이트 (Bainite)
① 마르텐자이트와 트루스타이트의 중간 조직으로 침상 조직이다.
② S곡선의 코와 Ms점 사이에의 온도 구간에 항온 냉각 시 나타난다.
③ 열처리에 따른 변형이 적고 강도가 높으며 인성이 크다.
④ 소르바이트보다 점성이 강하고 마르텐자이트에 비해 시약에 잘 부식된다.
⑤ Troostite 조직보다 경하고 질기다.

142. 강의 항온 변태 곡선에서 Ar'점에 가까운 코의 부분 약 550℃에서 Ar"점 약 250℃까지는 주로 어떤 조직이 생성되는가?
㉮ 소르바이트   ㉯ 마르텐자이트
㉰ 레데뷰라이트 ㉱ 베이나이트

S곡선의 코와 Ms점(마르텐자이트 시작점) 사이의 온도 구간에 항온 냉각 시 나타난다.

143. 0.8%C 탄소강으로 행한 항온 담금질 처리에서 500℃ 급랭시킨 후 장시간 유지하면 조직은 어떻게 되는가?
㉮ 트루스타이트 ㉯ 마르텐자이트
㉰ 베이나이트   ㉱ 소르바이트

144. 강의 항온 변태 조직으로 강도, 경도, 인성이 풍부하며, HB340 정도의 조직은?
㉮ 트루스타이트 ㉯ 소르바이트
㉰ 베이나이트   ㉱ 마르텐자이트

145. 다음 열처리 방법으로 베이나이트 조직의 강철을 얻고자 한다. 어떠한 처리가 좋은가?
㉮ 불림   ㉯ 뜨임
㉰ 오스템퍼링   ㉱ 마르퀜칭

146. 탄소강의 항온 변태 곡선에서 Ar'점의 온도는 얼마인가?

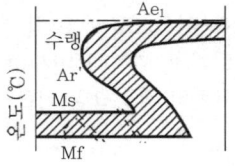

㉮ 250℃   ㉯ 350℃
㉰ 450℃   ㉱ 550℃

Ar' 변태
① 강을 담금질할 때 급랭시킴으로써 나타나는 A_3변태의 지체 변태(遲滯變態)이다.
② 오스테나이트로부터 직접 결정상 트루스타이트(또는 fine pearlite)가 생기는 변태
③ Ar' 변태(550℃) : Austenite → Troostite

정답 141. ㉮ 142. ㉱ 143. ㉰ 144. ㉰ 145. ㉰ 146. ㉱

147 Ar'과 Ar" 변태가 동시에 일어나는 냉각 속도로 냉각하면 약간의 구상 트루스타이트를 포함한 깃털 모양(익모상)의 조직이 된다. 이 조직은 어떤 조직인가?

㉮ 상부 베이나이트
㉯ 마르텐자이트
㉰ 침상 트루스타이트
㉱ 하부 베이나이트

상부 베이나이트
① Ar" 변태점 근처의 오스템퍼에 의해서 생기는 베이나이트를 고베이나이트라 한다.
② 흑색의 새털 모양 조직이다.
③ 하부 베이나이트는 Ar" 점 부근에서 오스템퍼에 의해 생기는 베이나이트
④ 하부 베이나이트 조직의 특징은 흑색 침상이며 뜨임 마르텐자이트와 같은 형태로 나타나고 경도가 비교적 높다.
⑤ 상부 베이나이트 온도 : 550~350℃
⑥ 하부 베이나이트 온도 : 350~250℃

148 다음 중 Ar" 변태를 바르게 설명한 것은?

㉮ 오스테나이트 → 마르텐자이트 변태
㉯ 오스테나이트 → 펄라이트 변태
㉰ 오스테나이트 → 트루스타이트 변태
㉱ 오스테나이트 → 소르바이트 변태

Ar"변태
① 강을 담금질할 때에 오스테나이트가 마르텐자이트로 변하는 변태를 말한다.
② 강의 담금질에서는 Ar" 변태만을 일으켰을 때 최고의 경도가 된다.
③ 강의 탄소량을 증가시키면 강하고 그 온도는 냉각 속도를 증가시켜도 변화되지 않고 일정하다.(단, 임계 냉각 속도 이상으로 냉각 시켰을 경우)
④ Ar" 변태(250℃) : Austenite → Martensite

149 다음 그림의 ⓐ의 냉각 속도로 연속 냉각 시켰을 때 최종으로 나타나는 현미경 조직은?

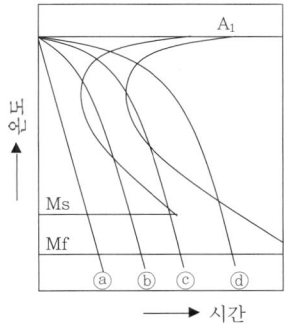

㉮ 펄라이트
㉯ 오스테나이트
㉰ 베이나이트
㉱ 마르텐자이트

150 열욕 담금질법의 일종을 patenting이라 하는데 다음 어느 처리와 가장 관계가 깊은가?

㉮ 등온 뜨임
㉯ Ausforming
㉰ Austempering
㉱ 등온 풀림

patenting
① 열욕 담금질의 일종이며 강선제조용 열처리에 사용한다.
② Austenite 온도(A_3점)로 가열하여 550~500℃ 열욕에서 담금질해서 항온 변태 완료 후 공랭한다.
③ 강선을 수증기, 용융 금속에 의해 냉각하여 담금질한 조작만으로 강인한 Sorbite 조직으로 변한다.

151 다음 중 강의 항온 변태를 이용한 것은?

㉮ 파텐팅
㉯ 포트풀림
㉰ 숏 피닝
㉱ 세라다이징

152 다음 항온 변태의 이용 방법 중 염욕에서 행하지 않는 것은?

㉮ 마르퀜칭   ㉯ 오스템퍼링
㉰ 타임퀜칭   ㉱ Ms퀜칭

시간 담금질은 담금질 균열, 담금질 변형을 방지하고 담금질 효과를 발휘한다.

153 오스테나이트 상태의 강을 S곡선의 코와 Ms점 사이의 온도의 항온 염욕에 급냉하고 변태를 완료시킨 다음 끄집어내어 공냉시키는 조직은?

㉮ 오스템퍼링   ㉯ 마템퍼링
㉰ 보통 경화법   ㉱ 마퀜칭

오스템퍼링 (Austempering)
① Ar'와 Ar"(Ms) 변태점 사이의 염욕에 담금질하여 과랭 오스테나이트가 변태 완료할 때까지 항온 유지 후 공랭하는 담금질이다.
② 베이나이트 조직을 얻고 담금질성이 풍부하며 담금질 균열 및 변형이 적다.
③ 살이 얇고 적은 것이 적당하다(HRC 35~50 정도).
④ 담금질, 뜨임한 동일 경우의 재질보다 강도, 연성이 우수, 강인성을 얻음
⑤ 오스템퍼한 것은 대체로 뜨임할 필요가 없다.

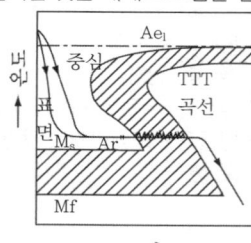

154 다음 중 항온 열처리 방법에 속하는 것은?

㉮ 담금질   ㉯ 마퀜칭
㉰ 화염 경화법   ㉱ 노멀라이징

항온 열처리의 종류
① 항온 풀림
② 항온 담금질 : Austempering, Martempering, MS quenching 등
③ 항온 뜨임
④ 항온 불림

155 다음 중 오스템퍼링(austempering)에 대한 설명으로 맞는 것은?

㉮ S곡선의 nose 부근에서 항온 처리하는 연화법이다.
㉯ Ms와 Mf 사이의 Ar" 구역내에서 항온 열처리로 Ms점 이하에 염욕에 소입 후 공랭한다.
㉰ Ar'과 Ar"간의 염욕에 소입하여 오스테나이트가 변태 완료할 때까지 항온 유지하는 소입방법으로 bainite가 얻어진다.
㉱ 강을 Austenite 온도까지 가열하고 S곡선의 bay까지 급랭하여 소성 변형시키고 상온으로 급랭하는 방법이다.

오스템퍼에 사용하는 염욕제

종류	배합비율(%)	용융온도(℃)	사용온도(℃)
Salt	질산칼륨(56) 아질산소다(44)	145	150~400
	질산소다(50) 아질산소다(50)	221	230~500
금속	창연(48), 납(26), Sn(13), Cd(13)	70	80~750
	창연(50), 납(28), Sn(22)	100	110~800
	창연(56.5), 납(43.5)	125	140~800

정답 152. ㉰ 153. ㉮ 154. ㉯ 155. ㉰

156. 다음 조직 중 오스템퍼링과 관계 깊은 조직은?
   ㉮ 오스테나이트   ㉯ 마르텐자이트
   ㉰ 펄라이트   ㉱ 베이나이트

157. 담금질 도중에 과랭 오스테나이트에 소성변형(80%)을 주는 가공열처리(T.M.T)는?
   ㉮ 오스몬다이트(Osmondite)
   ㉯ 오스에이징(Ausaging)
   ㉰ 오스텐 풀림(Austen amealing)
   ㉱ 오스포밍(Ausfcrming)

   해설
   오스포밍 (Ausforming)
   ① 오스테나이트의 강을 재결정 온도 이하, Ms점 이상의 온도 범위에서 소성 가공을 한 후 담금질하는 조작이다.
   ② Ausforming한 금속의 조직
      ㉠ Martensite의 핵 생성이 일어나는 곳이 증가한다.
      ㉡ Austenite 결정 입자가 가공에 의해 변형되므로 Martensite면이 크게 성장하지 못한다.
      ㉢ 많은 수의 Slip선 발생으로 Martensite면의 성장이 방해된다.
      ㉣ 압연 방향으로 Austnite 입자가 길게 되어 압연 방향과 직각 방향으로 짧게 된다.
      ㉤ 저합금 구조용강, Martensite계 스테인리스강에 응용된다.

158. Austenite 범위까지 가열된 강재를 Ms점 직상의 염욕에 소입하고 강재의 내외 온도가 같도록 항온을 유지한 후 꺼내어 공랭함으로써 Ar" 변태를 진행시킨 열처리는?
   ㉮ 마템퍼링(martempering)
   ㉯ 타임퀜칭(Time quenching)
   ㉰ 마퀜칭(marquenching)
   ㉱ 오스포밍(Ausforming)

   해설
   마퀜칭 (marquenching, 중간 담금질)
   ① Ar"(Ms) 변태점보다 다소 높은 온도의 열욕에 담금질한 후 항온 유지하고 과랭 오스테나이트가 항온 변태를 일으키기 전에 공랭하여 Ar" 변태가 서서히 일어나도록 처리한 방법이다.
   ② 수중 담금질한 것보다 다소 경도는 낮으나 내외부가 거의 동시에 마르텐자이트 조직으로 변한다.
   ③ 담금 균열, 변형이 생기지 않고 뜨임처리 후 사용한다.
   ④ Ar" 변태점 직상에서 가열된 염욕에 담금질한다.

159. 다음은 마퀜칭(marquenching)의 일반적인 조작법과 특징에 관한 설명이다. 옳지 못한 것은?
   ㉮ 강을 Ms점 직상의 항온 염욕 중에서 담금질한다.
   ㉯ Ar" 변태를 급속히 진행시켜서 마르텐자이트화하고 뜨임 처리한다.
   ㉰ Ar" 변태를 천천히 진행시켜서 마르텐자이트화하고 뜨임 처리한다.
   ㉱ 특징은 담금질에 의한 변형 및 균열이 생기지 않는 데 있다.

정답 156. ㉱ 157. ㉱ 158. ㉰ 159. ㉯

160 다음 중 마퀜칭의 작업 방법 및 특징의 설명으로 옳지 못한 것은?

㉮ Ms점(Ar"점) 직상의 가열된 염욕에 담금질한다.
㉯ 마퀜칭을 하면 담금질 균열이 전혀 없어지는 장점이 있다.
㉰ 마퀜칭한 것은 잔류 오스테나이트가 적기 때문에 장시간 경과 후라도 치수 변화가 없다.
㉱ 마퀜칭 직후에 바로 소정의 온도로 뜨임하거나 영하 처리하는 것이 좋다.

마퀜칭의 시행 과정
① Ms점(Ar") 직상에서 가열된 염욕에 담금질한다(thermoquenching).
② 담금질한 재료의 내외부가 동일 온도에 도달할 때까지 항온 유지한다.
③ 꺼낸 후 공랭하여 Ar" 변태를 진행시킨다.
④ 얻어진 조직은 마르텐자이트이다.
⑤ 마퀜칭 후에는 뜨임하여 사용하는 것이 좋다.

161 Ms 담금질을 하기 위한 주목적은 무엇인가?

㉮ 담금질 균형이나 균열을 제거하기 위한 것이다.
㉯ 잔류 오스테나이트를 적게 한다.
㉰ 마르텐자이트와 베이나이트의 혼합물을 만들기 위한 것이다.
㉱ 강도와 점성을 요구하는 성질을 구비하기 위한 것이다.

162 마퀜칭시 주의 사항에 대한 설명 중 틀린 것은?

㉮ 열욕 온도는 200℃까지는 광물유로 하는 것이 좋다.
㉯ 열욕 시간이 길어지면 항온 변태가 일어난다.
㉰ 담금질에 의한 내부 응력이 제거된다.
㉱ 잔류 오스테나이트가 많기 때문에 마퀜칭 후 소정의 온도로 뜨임 처리한다.

마퀜칭시 주의사항
① 열욕 온도 : 200℃까지는 광물유, 그 이상의 온도에서는 염욕(금속욕)이 좋다.
  ※ 교반 장치가 붙은 염욕이 쓰이며 열욕이 충분하고 Ms점의 온도를 유지할 것
② 열욕 유지시간 : 소재의 내·외부가 동일할 것
  ※ 시간이 약간 길어지면 항온 변태가 일어나지 않는다.
③ 마퀜칭한 제품은 유중 냉각한 것과 동일한 담금질 경도가 얻어진다.
  ※ Ms점 이하에서 서랭하기 때문에 오스테나이트가 안정되어 잔류 오스테나이트가 많아진다.
④ 담금질 균열이 생기지 않기 때문에 담금질에 의한 내부 응력이 제거된다(치수 변형이 적다).
  ※ 형상이 복잡하고 치수의 오차를 피해야 할 부품에 적당하다.
⑤ 잔류 오스테나이트가 많기 때문에 마퀜칭 후 소정의 온도로 뜨임 및 심랭 처리한다.
⑥ 화학 조성 : 소재의 크기가 일정하면 특수 원소와 탄소 함유량이 많은 것이 좋다.

163 일반적으로 마템퍼링을 실시하는 근본적인 목적은 무엇인가?

㉮ 템퍼링을 해야 할 필요를 없애기 위함이다.
㉯ 퀜칭 매짐의 소비를 줄이기 위함이다.
㉰ 재료의 변형을 줄이기 위함이다.
㉱ 경도치를 증가시키기 위함이다.

정답 160. ㉰ 161. ㉮ 162. ㉯ 163. ㉰

164. 다음 그림과 같은 담금질 작업 명칭과 설명으로 적당한 것은?

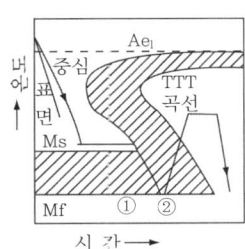

㉮ Time quenching : ① 보통 담금질 ② 인상 담금질
㉯ Martempering : ① 마르텐자이트 생성 ② 베이나이트 생성
㉰ Marquenching : ① 마르텐자이트조직 생성 ② 뜨임 처리
㉱ Austempering : ① 오스테나이트를 생성시킨 후 ② 마르텐자이트로 만든다.

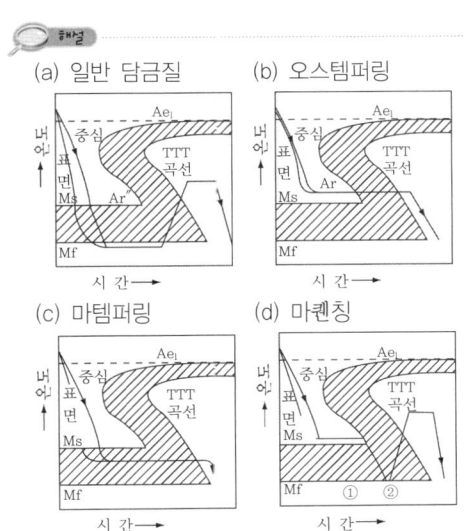

(a) 일반 담금질 (b) 오스템퍼링
(c) 마템퍼링 (d) 마퀜칭

165. 강을 변태점 이상으로 가열한 후 Ms점 직하로 급랭하고 일정시간 유지한 후 급랭시켜주는 열처리는?

㉮ 마퀜칭 ㉯ Ms퀜칭
㉰ 마템퍼링 ㉱ 타임퀜칭

Ms퀜칭
① Ms점보다 약간 낮은 온도의 염욕에 담금질하여 강의 내외부가 동일 온도로 될 때까지 항온 유지(∅25 둥근 막대 약 5분간)한 후 수랭(유랭)하는 방법이다.
② Ms점 직하에서 급랭하기 때문에 잔류 오스테나이트가 적어지고 저장 시에 일어나는 변화를 방지할 수 있다.
③ 담금질 균열이 생기지 않는다.
④ 강의 Ms점 계산식
  ㉠ Ms(℃) = 550−350−40Mn−35V−20Cr−17Ni−10Mo+15Co+30Al−5W
  ※ C, Mn, V 등은 원소의 무게비(%)를 나타낸다.
  ㉡ Ms(℉) = 930−570×℃−6×Mn%−50×Cr%−30×Ni%−20×Si%−20×Mo%−20×W%
  ※ 성분 %는 중량 %이다.

166. 마르텐자이트와 베이나이트를 얻을 수 있는 항온 열처리는?

㉮ 오스테나이트 ㉯ 오스템퍼
㉰ 마템퍼 ㉱ 마퀜칭

167. 다음 조직 중 피로 한도가 가장 높은 조직은?

㉮ 마르텐자이트 ㉯ 소르바이트
㉰ 베이나이트 ㉱ 펄라이트

정답 164. ㉰ 165. ㉯ 166. ㉰ 167. ㉰

168 Ms점 이하의 항온 염욕(Salt bath) 중에 담금질하여 항온 변태 완료 후에 상온까지 냉각하면 마르텐자이트와 베이나이트 혼합 조직이 된다. 이 열처리 방법은?

㉮ Austemper ㉯ Martemper
㉰ Marquenching ㉱ Annealing

마템퍼 (Martemper)
① Ar″ 변태구역(Ms와 Mf 사이, 마르텐자이트 구역)의 항온 열처리로서 Ms점 이하의 열욕(100~200℃)에 담금질하여 과랭 오스테나이트의 변태가 거의 완료될 때까지 항온 유지 후 공랭하는 방법이다.
② Martensite와 Bainite의 조직이며 뜨임, 담금질한 것보다 강인성이 크다.
③ 마르텐자이트의 자기 뜨임(Self Tempering), 담금질 응력 제거, 잔유 오스테나이트의 하부 베이나이트화에 의해서 경도를 저하시키지 않고 충격값을 높인다.
④ 항온 변태 시간이 길어서 거의 사용하지 않는다.
⑤ 경도가 높고 인성 증가, 충격값 증가, 담금질 균열을 방지한다.

169 항온 뜨임은 무엇을 얻기 위함인가?

㉮ 오스테나이트 ㉯ 펄라이트
㉰ 베이나이트 ㉱ 페라이트

항온 뜨임 (Isothermal Tempering)
뜨임에 의하여 2차 경화되는 고속도강이나 다이스강 등의 뜨임에 이용되는 방법이다.

170 다음 열처리 기호 중 고주파 담금질의 기호는?

㉮ HQW ㉯ HQM
㉰ HT ㉱ HQI

171 다음 표면 경화법 중 물리적인 방법은?

㉮ 화염 경화법 ㉯ 침탄법
㉰ 질화법 ㉱ 금속침투법

표면 경화법의 분류
① 물리적 방법 : 화염 경화법, 고주파 경화법, 쇼트피닝, 하드 페이싱
  ※ 강재의 화학 성분은 변화시키지 않고 표면만 경화한다.
② 화학적 방법 : 침탄법, 질화법, 청화법, 금속침투법
  ※ 강재의 표면에 여러 가지 원소의 확산에 의해 변화시켜 경화층을 얻는다.

172 고주파 담금질은 무엇에 의하여 결정되는가?

㉮ 고주파 코일
㉯ 냉각 방법
㉰ 발진기의 용량 주파수
㉱ 뜨임 방법

고주파 경화법 (Tocco process)
① 10초~5분간 정도(10초에 100℃ 올림) 짧은 시간에 담금질 온도가 가열된다.
② 표피 산화, 탈탄, 결정 입자의 조대화 등이 일어나지 않는다.
③ 전체 변형은 작으나 급열, 급랭으로 인한 재료 변형이 일어난다.
④ 마르텐자이트의 생성에 의한 체적 변화노 내부 응력이 발생한다.
⑤ 경화층 이탈, 담금 균열이 발생되며, 다량 생산에는 적합하다.
⑥ 탄화물이 미세 분포되어 오스테나이트화가 빠르고 균열이 방지되므로 비금속 개재물과 P, S 등이 적고 균일 분포된 재료에 적당하다.

정답 168. ㉯ 169. ㉰ 170. ㉱ 171. ㉮ 172. ㉰

173. 표면 경화법은 물리적인 방법과 화학적인 방법으로 분류되며 단순히 담금질에 의해 표면만을 경화시키는 방법을 물리적 표면 경화법이라 한다. 이에 속하는 것은?
㉮ 침탄법 ㉯ 금속 침투법
㉰ 질화법 ㉱ 고주파 경화법

174. 고주파 담금질에서 물체의 표면만 발열되는 원인은?
㉮ 표피 효과와 주파수
㉯ 근접 효과와 주파수
㉰ 표피 효과와 근접 효과
㉱ 표피 효과와 전류 효과

① 표피 효과 : 코일과 피가열물에 흐르는 전류는 주파수가 높아짐에 따라 각각의 표면에 집중되는 성질을 skin effect라 한다.
② 근접 효과 : 표피효과 때문에 코일과 피가열물은 서로 전류가 흐르게 되며 그 방향이 서로 반대 방향으로 주파수가 높아지면 반대 방향의 전류가 점점 근접하여 흐르므로 전기 저항이 적어진다. 이것을 proximity effect라 한다.
③ 피가열물체의 표면이 발열되는 것은 이와 같은 이유 때문이다.
④ 전류가 흐르는 전류의 침투깊이
$$\triangle = 50.3 \sqrt{\frac{\rho}{\mu_s \cdot f}}$$
※ μ_s : 비투자율, ρ : 고유 저항($\mu\Omega$cm), f : 주파수(Hz/sec)

175. 다음 중 고주파 열처리의 특징이 잘못 설명된 것은?
㉮ 국부적인 열집중으로 급속 가열이 가능하다.
㉯ 가열 시간이 많이 걸린다.
㉰ 피가열체가 자기 발열하므로 열효율이 높다.
㉱ 균일 가열 및 온도 제어가 가능하다.

고주파 열처리의 특징
① 급열, 급랭으로 작업 시간이 짧고 부분 가열이므로 타부분에 영향이 없으며 국부 또는 전체 처리가 가능하다.
② 직접 가열로 열효율이 좋고, 표면은 최고의 경도가 되고 내마모성이 향상된다.
③ 양산의 작업화가 용이하고, 균일 담금질이 가능하고 단시간 가열로 scale 등의 유해 작용이 없다.
④ 내마모성, 내피로 강도 향상, 입자 미세, 탈탄이 적다.
⑤ 내부의 열영향을 받지 않으며, 열영향에 의한 변형이 적고, 공해가 없다.
⑥ 주파수가 높을수록 가열 깊이(경화 깊이)가 얕아진다.

176. 다음 중 확산 현상을 이용한 표면경화법이 아닌 것은?
㉮ 질화법(Nitriding)
㉯ 침탄법(Carburizing)
㉰ 시멘테이션(Camentation)법
㉱ 고주파 경화법

고주파 경화법은 고주파 유도 전류에 의해서 소요 깊이까지 급가열하여 급랭 경화하는 고주파 경화법이다.

177 고주파 경화에 적당한 재료는?

㉮ 오스테나이트화가 빠른 재료
㉯ 페라이트화가 빠른 재료
㉰ 시멘타이트화가 빠른 재료
㉱ 마르텐자이트화가 빠른 재료

고주파 경화에 적당한 재료
① 오스테나이트화가 빠른 재료
② 저온 담금질이 가능한 재료

178 고주파 담금질의 유효 경화층에 대응하는 경도로 맞는 것은?

㉮ 50% 마르텐자이트 조직에 해당한다.
㉯ 50% 오스테나이트 조직에 해당한다.
㉰ 70% 마르텐자이트 조직에 해당한다.
㉱ 70% 오스테나이트 조직에 해당한다.

고주파 담금질의 유효 경화층에 대응하는 경도
① 50% 마르텐자이트 조직에 해당한다.
② 임계 경도(H_{RC}) : 24+100×C%

179 연화 밴드(이발소 마크)는 어떤 표면 경화 열처리 시에 나타나기 쉬운 결함인가?

㉮ 질화법 ㉯ 침탄법
㉰ 전해법 ㉱ 고주파법

연화 밴드(Barber's mark)
고주파 열처리에 나타나기 쉬운 결함이다.

180 다음 중 화염 경화처리의 특징이 아닌 것은?

㉮ 부품의 크기나 형상에 제한이 없다.
㉯ 국부적인 담금질이 어렵다.
㉰ 가열 온도의 조절이 어렵다.
㉱ 담금질 변형이 적다.

화염 경화법의 특징
① 화염 경화 처리는 국부적인 담금질이 용이하다.
② 담금질 온도 조절은 강재의 색깔 또는 시차 온도계에 의할 뿐 온도 조절이 어렵다.
③ 부품의 크기나 형상에 제한이 없으며, 담금질 변형이 적다.
④ 설비비가 저렴하다.
⑤ 담금질 깊이를 크게 하고자 할 때는 예열 버너를 사용하는 것이 좋다.

181 SM35C의 화염 담금질 경도(HRC)값은?

㉮ 35   ㉯ 50
㉰ 60   ㉱ 70

화염 경화 경도
① 화염 경화법에는 고정법, 전진법, 회전법, 조합법이 있으며 냉각액은 물이 사용된다.
② 담금질 후 150~200℃에서 저온 뜨임한다.
③ 화염 담금질한 강의 경도는 대략 탄소 함유량에 의해 결정된다.
  ㉠ 화염 담금질 경도(HRC) : C%×100+15
  ㉡ SM35C의 담금질 경도
    = 0.35×100+15 = 50
④ 담금질 깊이를 크게 하고자 할 경우에는 예열 버너를 사용한다.

182 다음 중 화염 담금질의 장점이 아닌 것은?

㉮ 온도 및 불꽃 조절이 용이하다.
㉯ 기계 가공을 생략할 수 있다.
㉰ 노(爐)에 장입할 수 없는 대형 부품의 부분 담금질도 가능하다.
㉱ 부분 담금질, 담금질 깊이 조절도 가능하다.

해설
화염 경화법의 장·단점
① 부품의 크기와 형상은 무관하며 국부 담금질이 가능하고 설비가 저렴하다.
② 담금질 변형이 적고, 가열 온도 조절이 어렵다.

183 SM45C의 화염 담금질 경도(HRC)값은 얼마인가?

㉮ 50   ㉯ 60
㉰ 70   ㉱ 80

해설
화염 담금질된 강의 경도 계산식
① 화염 담금질된 강의 경도는 C%에 의해 결정된다.
② 화염 담금질 경도(HRC) = C%×100+15
③ SM45C의 화염 담금질 경도(HRC)
 = 0.45×100+15 = 60

184 기어의 잇면, 크랭크축, 캠, 스핀들, 펌프, 축, 동력 전달용 체인 등의 표면 경화법으로 가장 적합한 것은?

㉮ 질화법   ㉯ 가스 침탄법
㉰ 화염법   ㉱ 청화법

해설
화염 경화법의 용도
대형 치차, 기어의 잇몸, 크랭크축, 캠, 스핀들, 펌프, 동력 전달용 체인 등의 표면 경화용

185 침탄 경화법의 설명 중 틀린 것은?

㉮ 침탄된 부분은 경하나 중심부는 강인하다.
㉯ 침탄하지 않을 부분은 진흙을 덮으면 방지된다.
㉰ 고탄소강에서 많이 행해지고 있다.
㉱ 침탄처리 후 담금질 처리해야 한다.

해설
침탄 경화법
① 저탄소강의 표면에 탄소를 침투 확산시켜 고탄소강을 만들어 담금질하는 경화법
② 침탄 시 강재의 적당한 탄소 함유량은 0.2% 이하이다.
③ 침탄층의 탄소 함유량은 고체 0.84~0.9%, 액체 0.7~1.0%이다.
④ 강의 침탄 시 침탄 방지할 곳은 구리 도금한다.
⑤ 침탄용강의 구비조건
 ㉠ 저탄소강(0.2%C 이하)일 것
 ㉡ 고온, 장시간 가열 시 결정립 성장이 안 될 것
 ㉢ 강재 주조 시 완전을 기하고 표면 결함이 없을 것
⑥ 침탄 속도
 ㉠ 침탄량은 침탄제와 강의 종류, 가열 온도에 따라 다르다.
 ㉡ 탄소량과 내부 침탄제 확산 속도에 지배하며 내외부의 탄소량의 농도차에 비례한다.
 ㉢ 동일 강재가 내부에 확산되는 속도는 온도에 의한다.
 ㉣ 내부 확산, 가열 온도, 시간에 의존하며 CO의 증가에 따라 빨라진다.

186 다음 중 침탄 경화 처리를 할 때 고려하지 않아도 될 사항은?

㉮ 침탄층의 깊이   ㉯ 과잉 침탄
㉰ 입계 부식   ㉱ 침탄 방지제 선정

정답 182. ㉮ 183. ㉯ 184. ㉰ 185. ㉰ 186. ㉰

187 다음은 침탄용강으로 구비조건이다. 틀린 것은?

㉮ 강재는 저탄소강이어야 한다.
㉯ 고온에서 장시간 가열 시 결정 입자가 성장하지 않아야 한다.
㉰ 기포 또는 균열 결함이 없어야 한다.
㉱ 경화층 경도는 낮고 피로성이 우수해야 한다.

경화층 경도는 높고 내마모성, 내피로성이 우수해야 한다.

188 표면 경화 열처리에서 1, 2차 담금질과 마지막 뜨임 처리의 주목적은?

㉮ 침탄층의 경화 → 중심부 조직의 미세화 → 경화층의 표준화
㉯ 내부 조직의 미세화 → 표면부의 미세화 → 경화층의 인성화
㉰ 표면부의 침탄화 → 침탄층의 미세화 → 경화층의 강성화
㉱ 중심부 조직의 미세화 → 침탄층 경화 → 경화층 조직의 안정화

침탄 경화 과정
① 침탄 처리 → 저온 처리 → 1차 담금질 → 2차 담금질 → 뜨임 처리
② 침탄 처리 : 고체 침탄, 액체 침탄, 가스 침탄
③ 저온 풀림 : 시멘타이트의 구상화 처리
④ 1차 담금질 : 조대한 결정 입자의 미세화, 시멘타이트의 구상화 처리
⑤ 2차 담금질 : 표면 경화
⑥ 뜨임 처리(150~200℃) : 기계적 성질 개선, 조직의 안정화

189 강을 침탄시켰을 때 침탄 조직은 표면에서부터 어떤 순서의 조직으로 분포되어 있는가?

㉮ 아공정 – 공석강 – 과공석강
㉯ 공석강 – 과공석강 – 아공석강
㉰ 과공석강 – 공석강 – 아공석강
㉱ 공석강 – 아공석강 – 과공석강

190 다음 중 침탄 처리 이후 결정 입자의 미세화를 위한 처리는?

㉮ 1차 담금질   ㉯ 저온 풀림
㉰ 2차 담금질   ㉱ 뜨임 처리

침탄 경화 과정
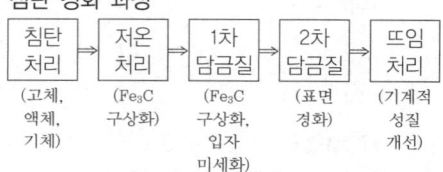

191 침탄층에서 유효 경화층의 깊이는 다음 어느 경도까지의 깊이인가?

㉮ HV 513   ㉯ HB 550
㉰ HV 550   ㉱ HB 513

유효 경화 층의 깊이
담금질한 그대로 또는 200℃를 초과하지 않는 온도에서 뜨임한 경화층의 표면으로부터 HV 경도 550의 위치까지의 거리이다.

192 침탄 경화층 깊이 표시 방법을 바르게 설명한 것은?

㉮ CD-H 0.3-T 1.1 : 시험 하중을 0.3kg$_f$으로 측정하여 유효 경화층이 1.1mm인 경우
㉯ CD-H 1.0-E 2.5 : 시험 하중을 1kg$_f$으로 측정하여 전경화층이 2.5mm인 경우
㉰ CD-M-T 1.1 : 다르텐자이트 조직을 한 전경화층이 1.1mm인 경우
㉱ CD-M-E 2.5 : 마이크로 조직 시험 방법에 의한 측정 방법으로 유효 경화층의 깊이가 2.5mm인 경우

🔍 **해설**

침탄 경화층 깊이 표시 방법
① CD-H 0.3-T 1.1 : 경도 시험에 의한 측정 방법으로 시험 하중 0.3kg$_f$으로 측정하여 전경화층 깊이 1.1mm의 경우이다.
② CD-H 1.0-E 2.5 : 경도 시험에 의한 측정 방법으로 시험 하중 1kg$_f$으로 측정하여 유효 경화층 깊이가 2.5mm인 경우이다.
③ CD-M-T 1.1 : 마크로 조직 시험 방법에 의한 측정 방법으로 전경화층 깊이 1.1mm의 경우
④ CD-M-E 2.5 : 마크로 조직 시험 방법에 의한 측정 방법으로 유효 경화층 깊이 2.5mm의 경우
 ※ CD(case depth) : 경화층의 깊이
  H(hardness) : 경도 시험 방법, 시험 하중 1kg$_f$
  M(macrostructure) : 매크로 조직 시험법
  E(effective) : 유효 경화층의 깊이
  T(total) : 전경화층의 깊이
⑤ 경화층 깊이의 표시 기호

측정방법\경화층 깊이	유효 경화층 깊이	전경화층 깊이
경도 시험편에 의한 측정 방법	CD-H-E	CD-H-T
매크로 조직 시험에 의한 측정방법	–	CD-M-T

측정방법\경화층 깊이	유효 경화층 깊이	전경화층 깊이
비고		1. 에는 시험하중을 kg$_f$ 단위로 기입 2. 시험하중이 0.3kg$_f$일 때 △의 기입 생략

193 침탄 처리로 만들어진 침탄층의 깊이와 무관한 것은 어느 것인가?

㉮ 강의 종류 ㉯ 침탄제의 종류
㉰ 온도 ㉱ 침탄 방법

🔍 **해설**

침탄층의 깊이(두께)에 미치는 영향
강의 종류, 침탄제의 종류, 온도, 시간에 따라 다르다.

194 침탄 처리로 만들어지는 침탄층의 깊이는 온도, 시간에 따라 다르다. 다음 중 침탄 온도가 899℃로 4시간 침탄할 때 생성되는 침탄층의 깊이(mm)는? (단, 온도에 따른 확산정수의 값은 0.533이다.)

㉮ 0.76 ㉯ 1.06
㉰ 2.10 ㉱ 3.06

🔍 **해설**

F.E.Harris의 침탄 깊이에 따른 침탄 시간과 온도와의 함수식
① C.D(case depth = Ktemp$\sqrt{Tcme(hr)}$: F.E. Harris식에 의하여 C.D = $0.523\sqrt{4}$ = 1.06
② C.D = $k\sqrt{t}$
 ※ k(927℃) : $0.635\sqrt{t}$, k(899℃) : $0.533\sqrt{t}$, k(871℃) : $0.457\sqrt{t}$

정답 192. ㉱ 193. ㉱ 194. ㉯

195 금속 침투에서 침투층의 성장 속도에 대한 올바른 식은? (단, X : 확산층의 두께, k : 확산 계수, t : 시간)

㉮ $X = k\sqrt{t}$ ㉯ $X = \dfrac{k}{t}$

㉰ $X^2 = kt$ ㉱ $X = \dfrac{t}{k}$

F.E.Harris의 침탄 깊이에 따른 침탄 시간과 온도와의 함수식
① $C.D = k\sqrt{t}$
※ k(927℃) : $0.635\sqrt{t}$, k(899℃) : $0.533\sqrt{t}$, k(871℃) : $0.457\sqrt{t}$
② F.E.Harris에 의한 침탄 시간과 침탄 깊이

시간 t(h)	침탄깊이D(mm)		
	871℃	899℃	927℃
2	0.65	0.76	0.86
4	0.90	1.06	1.27
8	1.20	1.54	1.80
12	1.55	1.83	2.20
16	1.80	2.10	2.54
20	2.00	2.38	2.79
24	2.20	2.61	3.05
30	2.55	2.80	3.31
36	2.94	3.06	3.81

196 침탄 온도 927℃로 4시간 침탄할 때 생성되는 침탄층의 깊이(mm)는? (단, 온도에 따른 확산 정수의 값은 926℃ = 0.635이다.)

㉮ 1.27   ㉯ 2.27
㉰ 3.27   ㉱ 4.27

197 침탄층과 시간과의 관계식이 옳은 것은?
(단, x : 침탄층, β : 탄소 농도에 따른 상수, D : 확산 계수, T : 시간(sec))

㉮ $x = \beta\sqrt{D\,t}$ ㉯ $x = D\sqrt{\beta\,t}$

㉰ $x = \beta\dfrac{D}{t}$ ㉱ $x = \beta \cdot D \cdot t$

F.E Harris의 침탄 깊이를 침탄 시간과 온도의 함수 함수식

① $C.D(case\ depth) = 3.16 \dfrac{3.16\sqrt{t}}{10\left(\dfrac{6700}{T_R}\right)}$ (inches)

② $C.D(case\ depth) = \dfrac{802.64\sqrt{t}}{10\left(\dfrac{3722.2}{T_K}\right)}$ (mm)

※ t : 전가열 시간 = 침탄 시간 + 확산 시간, T_R : Rankin의 절대 온도(℉ + 460), T_K : Kelbin의 절대 온도(℃ + 273), $T_K = 1.8T_R$, 1inch = 24.4mm
③ $C.D(mm) = K\ trmp\sqrt{Time(hr)}$,
※ K trmp : 온도에 따른 확산 정수의 값

198 다음 침탄 처리 중 경화 불량의 요인이 아닌 것은?

㉮ 침탄의 부족
㉯ 담금질 시 탈탄
㉰ 냉각 속도가 빠르다.
㉱ 가열 시간 부족

침탄 처리 중 경화 불량의 원인
① 침탄의 불량
② 담금질 시 탈탄
③ 담금질 온도가 낮다.
④ 냉각 속도가 느리다.
⑤ 가열 시간이 부족하다.

정답 195. ㉮ 196. ㉮ 197. ㉮ 198. ㉰

199 다음 조건일 때 침탄 소요 시간은 얼마인가? (조건 : 침탄 시간 + 확산 시간 = 8시간, 목표 표면 탄소 농도 = 0.8%, 침탄시 탄소 농도 = 1.15%, 소재 자체의 탄소 농도 = 0.25%)

㉮ 약 2시간 ㉯ 약 3시간
㉰ 약 4시간 ㉱ 약 5시간

해설

Harris의 방정식에 의한 침탄 시간과 확산 시간의 계산식

① $Tc = Tt \left(\dfrac{C - Ci}{Co - Ci} \right)^2$

 ※ Tt : 침탄 시간 + 확산
  Tc : 침탄 소요 시간
  C : 목표 표면 농도(%)
  Co : 침탄시 탄소 농도(%)
  Ci : 소재 자체의 탄소 농도(%)

② $Tc = 8 \left(\dfrac{0.8 - 0.25}{1.15 - 0.25} \right)^2 \therefore Tc = $ 약 3시간

 ※ Tt = 8시간, C = 0.8%, Co = 1.15%, Ci = 0.25

200 고체 침탄제의 필요 조건이 아닌 것은?

㉮ 침탄 온도에서 가열 중 용적 감소가 커야 한다.
㉯ 침탄력이 강해야 한다.
㉰ 구입하기 쉽고 값이 저렴해야 한다.
㉱ 장시간 반복 사용과 고온에서 견딜 수 있는 내구력을 가져야 한다.

해설

침탄제의 필요 조건
① 침탄력이 강해야 한다.
② 장시간 반복 사용과 고온에서 견딜 수 있는 내구력을 가져야 한다.
③ 침탄 성분 중 P나 S가 적어야 하며 강 표면에 고착물이 융착되지 않아야 한다.
④ 구입이 쉽고 값이 저렴할 것
⑤ 침탄 온도에서 가열 중 용적 감소가 적어야 한다.

201 다음 중 침탄성 염욕의 구비 조건이 아닌 것은?

㉮ 침탄성이 강해야 한다.
㉯ 염욕의 점성이 가급적 적어야 한다.
㉰ 흡습성이 적어야 한다.
㉱ 취성이 커야 한다.

해설

침탄성 염욕의 구비 조건
① 침탄성이 강해야 한다.
② 염욕의 점성이 가급적 적어야 한다.
③ 흡습성이 될 수 있는 한 적어야 한다.

202 다음은 고체 침탄 방법을 설명한 것이다. 틀린 것은?

㉮ 침탄 온도는 약 900~950℃이다.
㉯ 고체 침탄은 연강 또는 저탄소강에 열처리를 한다.
㉰ 고체 침탄제는 주로 목탄과 촉진제로는 질산나트륨이다.
㉱ 침탄 시간은 약 4시간 가열하면 약 1.05 mm 정도의 침탄층을 얻을 수 있다.

해설

고체 침탄법
① 침탄제 : 목탄, 입상 코크스, 골탄 등
② 침탄 촉진제 : $BaCO_3$, $NaCO_3$ 등
③ 가열 온도, 시간 : 900~950℃로 4~6시간
④ 침탄층의 C% : 0.85~0.9%가 적당하다.

정답 199. ㉯ 200. ㉮ 201. ㉱ 202. ㉰

203. 다음 중 가장 좋은 침탄제는?

㉮ 60%목탄, 30%BaCO₃, 10%NaCO₃
㉯ 60%목탄, 30%Na₂CO₃, 10%CaCO₃
㉰ 60%목탄, 40%CrCO₃
㉱ 60%목탄, 40%Ca₂CO₃

해설
침탄제의 필요 조건
① 침탄력이 강해야 하며 침탄 온도에서 가열 중 용적 감소가 적어야 한다.
② 장시간 반복 사용과 고온에서 견딜 수 있는 내구력을 가질 것
③ 침탄 성분 중 P나 S가 적어야 하며, 강 표면에 고착물이 융착되지 않아야 한다.
④ 구입이 쉽고 값이 저렴할 것

204. 고체 침탄제가 침탄력이 강한 것은 다음 중 어떤 물질의 작용 때문인가?

㉮ Ni   ㉯ CO
㉰ OH₄   ㉱ H₂

해설
① CO%의 증가에 따라 탄소 함유량은 증가한다.
② CO가 일정하면 온도가 상승함에 따라 탄소 함유량은 감소한다.
③ 고온에서는 확산 속도가 크므로 침탄층은 두껍고 저온에서는 침탄층이 얇다.

205. 표면은 경도가 높아 마모에 견디며 심부는 질기면서 충격에 잘 견뎌야 할 제품의 처리 방법은?

㉮ 조질 처리   ㉯ 불림 처리
㉰ 항온 처리   ㉱ 침탄 질화

206. 다음 중 고체 침탄법에서 촉진제로 사용하는 것은?

㉮ Na₂CO₃   ㉯ KCO₃
㉰ BaCO₃   ㉱ NaCN

해설
고체 침탄법의 침탄제와 촉진제
① 침탄제 : 목탄, 입상 코크스, 골탄 등
② 침탄 촉진제 : BaCO₃(저탄소 침탄강에 적합함), NaCO₃, K₂CO₃, Li₂CO₃, SrCO₃ 등
③ 고체 침탄법의 침탄 반응 : $3Fe + 2CO \Leftrightarrow Fe_3C + CO_2$, $O_2 + C \Leftrightarrow 2CO$

207. 표면 경화법 중 액체 침탄법의 장점을 설명한 것이다. 틀린 것은?

㉮ 제품의 변형을 방지할 수 있다.
㉯ 온도 조절이 용이하다.
㉰ 산화가 방지되고 시간이 절약된다.
㉱ 침탄층이 깊고 유해 가스가 발생하지 않는다.

해설
액체 침탄법(청화법, 침탄 질화법)의 장·단점
① 가열 균일, 제품 변형 방지
② 온도 조절이 용이하고 산화 방지로 가공 시간이 절약된다.
③ 침탄제 값이 비싸고 침탄층이 얇으며 발생 가스가 유해하다.

208. 침탄 질화용 중성 염욕이 갖추어야 할 성질은?

㉮ 흡습성이 커야 한다.
㉯ 소요의 열처리 온도에서 점성이 커야 한다.
㉰ 유해 불순물이 포함되지 않고 염욕의 순도가 낮아야 한다.
㉱ 용해가 쉬워야 한다.

정답 203. ㉮ 204. ㉯ 205. ㉱ 206. ㉰ 207. ㉱ 208. ㉱

209 다음 중 C와 N이 동시에 재료에 침입되어 표면경화 되는 것은?

㉮ 화염 경화법 ㉯ 질화법
㉰ 침탄 질화법 ㉱ 고체 침탄법

액체 침탄법
① NaCN을 주성분으로 한 용융 염욕 중에서 강재를 침지시키면 NaCN이 분해하여 탄소와 질소가 동시에 침입 확산되는 방법이다.
② 실제 이용되는 억체 침탄제의 NaCN의 농도에 다른 구분
  ㉠ 고농도(60~98%) : 침탄 경화층의 깊이를 적게 하려는 얇은 부품에 적당하고 사용 온도는 750~850℃에서 행한다.
   ※ 점성이 즈고 융점이 낮아 용해가 쉽고 수세에 의한 세정성이 양호하다.
  ㉡ 중농도(30~60%) : 광범위하게 이용되며, 안정욕으로 사용되는 온도는 800~900℃이며, 침탄 깊이는 0.8~0.3mm 정도의 경화층을 얻는 데 적합하다.
  ㉢ 저농도(8~30%) : 강력한 침탄염욕으로 두꺼운 침탄층을 얻는 데 사용되고, 사용 온도는 850~950℃이며, 침탄층의 깊이는 1~3mm 정도이다.

210 다음 중 NaCN의 용융점은 약 몇 ℃인가?

㉮ 250 ㉯ 350
㉰ 550 ㉱ 910

NaCN의 침탄제
① NaCN을 단독으로 사용하면 대기 중에서 쉽게 산화되고 증발, 휘산이 많다.
② NaCN은 대기 중에서 쉽게 변질되어 침탄 능력이 감소된다.
③ NaCN의 융점은 약 550℃이며, 조해성(潮解性)이 심하고 NaCN·2H₂O 상태로 존재한다.

211 액체 침탄제에 주성분으로 첨가되는 것은?

㉮ NaCN ㉯ CaCO₃
㉰ NH₄OH ㉱ CO

액체 침탄제
① 침탄제 : 시안화칼륨(KCN), 시안화나트륨(NaCN), 페로시안화칼륨($K_4Fe(N)_6$ 3H₂O), 페로시안화나트륨($Na_4Fe(N)_6$ 3H₂O)
② 촉진제 : 탄산칼륨(K_2CO_2), 탄산나트륨(Na_2CO_3), 염화칼륨(KCl), 염화나트륨(NaCl)
③ 많이 사용되는 침탄제 : NaCN(54%), NaCO₃(44%), 기타(2%)

212 액체 침탄법에서 염욕에 침탄 처리한 강재는 침탄과 동시에 질화 반응도 일어나게 되는데 처리 온도에 따라 어느 반응이 지배적으로 되느냐가 중요하다. 다음 중 질화가 주(主)인 온도범위는 몇 ℃인가?

㉮ 700℃ 이하 ㉯ 700℃ 이상
㉰ 800℃ 이하 ㉱ 800℃ 이상

액체 침탄법의 화학 반응
① $2NaCN + O_2 \rightarrow 2Na(CN)O$
② $4Na(CN)O \rightarrow 2NaCN + Na_2CO + CO + N_2 \uparrow$ (질화)
③ $2CO + 3Fe \rightarrow CO_2 + FeC_3$ (침탄)
④ 저온 처리(700℃ 이하)는 질화가 일어나고, 고온 처리(800℃ 이상)에서는 침탄이 일어난다.

213 다음 중 가스 침탄의 장점이 아닌 것은?

㉮ 대량 생산에 적합하다.
㉯ 침탄 농도의 조절이 쉽다.
㉰ 침탄이 균일하다.
㉱ 침탄 가열 온도가 낮다.

정답 209. ㉰ 210. ㉰ 211. ㉮ 212. ㉮ 213. ㉱

214 액체 침탄법에서 800~900℃로 20~30분간 침탄하였을 경우 침탄 깊이(mm)는 얼마 정도인가?

㉮ 0.1~0.5　　㉯ 0.5~0.8
㉰ 0.8~1.0　　㉱ 1.0~1.3

침탄 깊이 : 800~900℃로 20~30분 → 0.1~0.5mm

215 다음 가스 침탄법에 대한 설명 중 틀린 것은?

㉮ 침탄 깊이는 하중의 조건과 같다.
㉯ 침탄 온도가 높을수록 침탄 깊이는 얇어진다.
㉰ 침탄 시간이 길어지면 깊이는 깊어진다.
㉱ 침탄과 확산시간을 결정하는 것은 침탄 시 탄소 농도이다.

가스 침탄법의 침탄 깊이와 침탄 온도, 침탄 시간과의 관계
① 침탄 깊이 : 하중의 조건에 따라 다르다.
　※ 유효 침탄 깊이에 따른 구분

구분	초강력용	강력용	중력용	경력용
침탄 깊이	1.5mm 이상	1~1.3mm	0.5~1.0mm	0.1~0.5mm

② 침탄 온도 : 온도가 높을수록 반응 속도는 증가하며 A_{cm}선을 따라 탄소의 고용 한계가 높아질 수 있고, 침탄 깊이도 깊어질 수 있다.
③ 침탄 시간 : 침탄 깊이를 증가시키는 요인으로 시간이 길어지면 깊이는 깊어지고 표면 농도는 증가하며 침탄 시간이 4시간까지는 표면 탄소 농도가 직선적으로 증가한다. 그 이상에서는 표면 탄소 농도는 둔화되고 거의 포화 상태가 된다.

216 침탄층의 깊이에 영향을 주는 요인이 아닌 것은?

㉮ 침탄 처리 온도가 높을수록 경도는 증가된다.
㉯ 강재에 함유된 합금 원소에 영향을 받는다.
㉰ 침탄제의 혼합 비율과 성분에 영향을 받는다.
㉱ 침탄 온도에 영향을 받는다.

침탄층의 깊이에 영향을 주는 요인
① 침탄 처리 온도(온도가 높을수록 경도 저하)
② 강재에 함유된 합금 원소
③ 침탄제의 혼합 성분 및 비율
④ 침탄 능력

217 다음 가스 침탄법에 관한 사항 중 틀린 것은?

㉮ 원료 가스로는 메탄, 프로판, 부탄 등을 사용한다.
㉯ 침탄성 가스는 분해되어 미세 탄소를 석출하여 침탄된다.
㉰ 고체 침탄보다 침탄 시간이 짧다.
㉱ 그을음(sooting)을 방지하려면 침탄 가스 농도를 높여야 한다.

가스 침탄법
① 주로 작은 강제품에 이용되며 천연 가스, 프로판 가스, 부탄, 메탄 가스 등을 변성로에 넣어 N을 촉매로 하여 침탄 가스로 변성시킨 후 가열로 중에 다시 불어 넣어 침탄시킨다.
② CO나 CH_4(메탄)이 주 침탄제 역할을 한다.
③ 침탄 시간과 깊이 : 100~1200℃에서 3~4시간으로 1mm 정도이다.
④ 가스 침탄의 화학 반응 : $CH_4 + 3Fe \leftrightarrow Fe_3C + 2H_2\uparrow$, $2CO + 3Fe \leftrightarrow Fe_3C + CO_2\uparrow$

218 다음 중 가스 침탄의 최적 침탄 조건이 아닌 것은?
㉮ 시간과 C%와의 관계
㉯ 확산 시간과 탄소량과의 관계
㉰ 시간과 침탄 깊이와의 관계
㉱ 강에 함유된 불순물의 영향

최적 침탄 조건
① 시간과 C%와의 관계
② 확산 시간과 탄소량의 관계
③ 시간과 침탄 깊이의 관계
④ 표면으로부터의 침탄 깊이와 탄소 함유량의 관계

219 다음 중 980~1,100℃에서 행하는 고온 가스 침탄법의 장점이 아닌 것은?
㉮ 결정 입자의 성장이 크다.
㉯ 침탄 시간이 단축된다.
㉰ 확산 구배가 완만하다.
㉱ 깊은 침탄층을 얻을 수 있다.

고온 가스 침탄법의 특징
① 침탄 시간이 짧으며, 탄소 농도 구배가 완만하다.
② 높은 온도에서 처리되므로 결정립 성장을 일으키기 쉽다.
③ 노의 내화물, 라디안트 튜브(radiant tube), 트레이(tray) 등의 열화를 촉진한다.
  ※ radiant tube : 열처리로의 열원인 복사 발열관으로 튜브 속에서 가스를 연소시켜 발열체로 사용한다.
④ 950℃보다 높은 온도에서 행하는 침탄 처리를 말한다.

220 가스 침탄법의 일종인 적하 침탄법의 특징이 아닌 것은?
㉮ 변성로가 필요하다.
㉯ 설비비가 소규모이다.
㉰ 경제적이다.
㉱ 관리가 용이하다.

적하 침탄법(적주 침탄법)의 특징
① 유기 액체를 노 중의 피처리품에 적하시켜 생성된 분해가스로 고온에서 침탄하는 방법이다.
② 변성과 침탄을 동일 노에서 행하는 방법이다.
③ 변성로가 필요 없으며 액체의 종류를 적당히 선택함으로써 침탄, 질화, 광휘 처리 등이 가능하다.
④ 설비가 소규모이며 유지비 등이 적어 경제적이고 관리가 용이하다.

221 다음 중 침탄층의 경도 측정 방법이 아닌 것은?
㉮ 경사 측정법   ㉯ 직각 측정법
㉰ 계단 측정법   ㉱ 강력 측정법

침탄 경도 측정 방법
침탄층의 경도 측정 방법에는 경사 측정법, 직각 측정법, 테이퍼 연삭 측정법, 계단 측정법 등이 있으며 주로 직각 측정법이 많이 사용된다.

222 Ni-Mo강의 표면 경화 열처리 중 침탄 온도로 적당한 것은?
㉮ 920℃ → 유랭   ㉯ 1120℃ → 급랭
㉰ 550℃ → 공랭   ㉱ 400℃ → 서랭

정답 218. ㉱ 219. ㉰ 220. ㉮ 221. ㉱ 222. ㉮

223 다음은 가스 침탄에서 카본 포텐셜을 설명한 것이다. 틀린 것은?

㉮ 카본 포텐셜이 0.6%라면 1% 탄소강은 탈탄하여 표준의 탄소가 0.6%까지 감소한다.
㉯ 카본 포텐셜이 1.2%라면 탄소 농도가 1.2%까지 침탄할 수 있는 것을 의미한다.
㉰ 평형 탄소 농도를 말하며 노 분위기의 침탄력, 즉 침탄 농도를 의미한다.
㉱ 카본 포텐셜이 높을수록 그을음이 발생치 않으며 온도에 따라 감소하게 된다.

카본 포텐셜(carbon potential, C.P)
① 분위기 가스의 침탄 활력을 나타내는 척도로서 CO가스의 농도를 대신하여 H_2O 함량을 나타내는 노 점(Dew point)이다.
② 가스 침탄 작업에서 침탄용 가스의 침탄 능력
③ 카봄(carbohm) : 카본 포텐셜을 간단히 측정하는 장치

224 침탄용 강재에서 침탄량을 증가시키는 원소는?

㉮ C, Mo ㉯ Cr, Ni
㉰ V, W   ㉱ Ni, Si

① 경화층 깊이 증가 원소 : Cu, Mn, Ni, Cr, Mo
② 경화층 깊이 감소 원소 : Si, Al, Na, Ti

225 침탄 방지를 위한 도금에 사용되는 것은?

㉮ Cr ㉯ Cu
㉰ Ni ㉱ Sn

침탄 방지에 사용되는 가장 효과적인 도금은 Cu 도금이다.

226 제품의 일부분만 침탄시키고 어느 한 부분은 침탄시키지 않기 위한 방법을 설명한 것 중 틀린 것은?

㉮ 탄산 바륨을 증가하여 사용한다.
㉯ 시안화 구리액을 사용하여 도금한다.
㉰ 진흙으로 덮는다.
㉱ 유지분을 완전히 제거한다.

227 표면에 침탄한 후 열처리함으로써 얻어지는 효과가 아닌 것은?

㉮ 표면층에 압축 응력을 부여한다.
㉯ 오스테나이트 조직으로 하여 강인성을 부여한다.
㉰ 내피로성을 향상시킨다.
㉱ 표면층에 높은 표면 경도를 준다.

228 다음 탄소 함유량 중 침탄강재로 적합한 것은?

㉮ 1.5%C   ㉯ 0.17%C
㉰ 2.0%C   ㉱ 2.5%C

침탄용 강재
① 강재는 저탄소강을 사용하며 침탄 시 적당한 탄소 함유량은 0.15% 이하인 것이 좋다.
② 침탄용강으로 많이 사용되는 강종의 탄소량 : 0.1%, 0.15%, 0.20%의 3단계로 구분한다.
③ 탄소량이 높은 강종은 기계적 강도는 증가하나 인성은 저하된다.
④ Cr, Ni, Mo 등의 합금 성분은 심부의 강도 및 인성을 높이는 원소이다.
⑤ 탄소 침탄강은 질량 효과가 크고 균열 발생 염려가 없으므로 작은 물건, 간단한 형상, 얇은 물건, 강도를 그다지 요구하지 않는 것이 이용된다.

223. ㉱ 224. ㉯ 225. ㉯ 226. ㉱ 227. ㉯ 228. ㉯

229 다음 설명 중 틀린 것은?
㉮ 크롬강은 탄소강에 비하여 침탄부의 경도가 높다.
㉯ Cr-Mo 침탄강은 크롬강에 비해 강인하고 질량 효과가 작다.
㉰ Ni-Cr-Mo 침탄강은 질량 효과가 작고 자경성을 가지고 있다.
㉱ 탄소 침탄강은 균열을 발생할 염려가 많다.

① Cr 침탄강 : 탄소강에 비해 침탄부의 경도가 높고 강인하지만 과잉 침탄이 되기 쉽다.
② Cr-Mo 침탄강 : 크롬강에 비해 기계적 성질이 향상되고 질량 효과가 적기 때문에 약간의 대형의 부품이 적합하나 과잉 침탄이 되기 쉽다.
③ Ni-Cr 침탄강 : 강인하고 질량 효과가 적어서 담금질되기 어렵고 변형이나 균열 발생이 적다.
④ Ni-Cr-Mo 침탄강 : 강인용으로 이용 가치가 높으며 질량 효과가 적고 자경성을 가지고 있으므로 변형이나 균열 발생이 적고, 경화부의 경도는 낮으나 인성이 우수하다.

230 다음 중 질화 처리의 목적이 아닌 것은?
㉮ 내마모성이 커진다.
㉯ 높은 표면 경도를 얻을 수 있다.
㉰ 내식성이 우수하다.
㉱ 고온에서 처리되는 관계로 변형이 적다.

질화 처리의 특징
① 높은 경도(HV800~1200)를 얻고 고온 강도, 내열성이 높다.
② 내마모성 증가, 피로 한도 향상, 내식성 우수 및 저온 처리로 변형이 적다.
③ 침탄강보다 시간이 많이 걸리고, 비용이 많이 든다.
④ 질화 상자에 사용되는 재료 : 13%Cr강, 21%Cr강, 18-8스테인리스강

231 처리 능력은 소량 또는 중량이고, 건설비가 싸며 승온 속도가 늦고 품질 관리가 가장 어려운 침탄법은 다음 중 어느 것인가?
㉮ 고체 침탄   ㉯ 가스 침탄
㉰ 액체 침탄   ㉱ 청화법

각종 침탄법의 비교

항목		고체 침탄	액체 침탄	가스 침탄
처리능력		소량 또는 중량	소량	소량
설비	건설비	싸다.	싸다.	비싸다.
	공구의 비용	1. 침탄상자에 대한 비용이 많이 든다. 2. 다른 공구의 비용은 적게 든다.	적게 든다.	비교적 많이 든다.
	노의 보수비	가장 싸다.	비교적 싸다.	비싸다.
품질	품질의 정확성 요구	일정치 않다.	어느 정도 일정하다.	일정하다.
	품질의 산포	많다.	1. 로트(d)에 관한 산포는 작다. 2. 로트(d)간의 산포는 비교적 않다.	비교적 적다.
	품질의 관리	가장 어렵다.	비교적 어렵다.	가장 쉽다.
	승온 속도	가장 늦다.	가장 빠르다.	보통이다(고체침탄보다 빠르고 액체침탄보다 늦다).

232 다음 원소 중 표준 질화강과 관계가 먼 원소는?
㉮ Al   ㉯ Cr
㉰ V   ㉱ W

표준 질화강의 조성
C(0.4~0.5%), Si(0.15~0.5%), Mn(0.6%), P(0.03%이하), S(0.03% 이하), Cr(1.3~1.7%), Mo(0.15~0.35%), Al(0.7~1.7%)

정답 229. ㉱ 230. ㉱ 231. ㉮ 232. ㉱

233 암모니아 가스에 의한 표면 경화법은?
㉮ 액체 침탄법 ㉯ 고체 침탄법
㉰ 질화법 ㉱ 고주파로법

질화 처리
① 강을 암모니아(NH_3) 가스 중에서 450~570℃로 12~48시간 가열하면 표면층 가까이의 합금 성분 Cr, Al, Mo 등이 질화물을 형성하여 경한 경화층이 얻어지고 그 깊이는 시간이 경과함에 따라 깊어진다(강의 표면에 N을 침투 확산시킨 법이다).
② 질화 처리 목적
  ㉠ 높은 경도를 얻을 수 있다(Hv 800~1,200).
  ㉡ 내마모성이 증가하고, 피로 한도가 향상되며, 내식성이 우수하다.
  ㉢ 고온 강도, 내열성이 높다(500℃ 부근까지 경화층의 경도를 유지할 수 있다).
  ㉣ 저온에서 처리되므로 변형이 적다.

234 다음 중 질화법에 사용하는 질화제는?
㉮ 탄산소다 ㉯ 암모니아 가스
㉰ 염화칼륨 ㉱ 소금

① 암모니아 가스가 사용된다($NH_3 \leftrightarrow N+3H\uparrow$).
② NH_3가 분해되는 온도는 약 700℃이다.
③ 암모니아의 해리도

온도(℃)	해리도	잔류 NH_3(%)
200	84.70	15.30
300	97.82	2.18
400	99.52	0.48
500	99.71	0.29
600	99.95	0.048
700	99.98	0.022
800	99.99	0.012
900	99.99	0.009

235 질화강의 질화층 경도를 높여 주는 원소로서 맞는 것은?
㉮ Cu ㉯ Co
㉰ Al ㉱ Ni

① 질화층 생성 금속(안정화 원소) : Al, Cr, Ti, Mo, V(Ti : 질화가 쉽게 일어나는 강)
② 질화 방해 금속(질화되어도 경화하지 않음) : 주철, 탄소강, Ni, Co

236 강을 질화처리 할 때 질화물 안정화 원소가 아닌 것은?
㉮ Cr ㉯ Al
㉰ Co ㉱ Mo

237 질화강에서 질화층을 두껍게 하는 데 가장 효과적인 원소는?
㉮ Mg ㉯ Co
㉰ Cr ㉱ Cu

238 질화 처리는 철강 속에 함유되어 있는 첨가 원소의 영향을 받는다. 다음 중 질화시켜도 경화되지 않는 원소는?
㉮ Si ㉯ Mn
㉰ Cr ㉱ Co

239 질화법에 의한 강의 경화 시 가열은 어느 영역에서 하는가?
㉮ 고온의 시멘타이트
㉯ 고온의 오스테나이트
㉰ 저온의 페라이트
㉱ 저온의 펄라이트

정답 233. ㉰ 234. ㉯ 235. ㉰ 236. ㉰ 237. ㉰ 238. ㉱ 239. ㉰

240 소재에서 질화 처리까지의 표준 가공 공정에 대한 설명이 아닌 것은?

㉮ 부품 용동에 알맞은 강종을 선택한다.
㉯ 연화 풀림 처리를 한다.
㉰ 기계 가공을 한다.
㉱ 처리 후 연마 사상은 생략한다.

질화 처리의 전·공정
① 부품 용도에 알맞은 강종을 선택한다.
② 연화 풀림을 한다(이때 필요시 불림을 행한 후 연화 풀림하는 경우도 있다).
③ 기계 가공을 한다(황삭 가공 3~5mm 여유).
④ 강의 중심부가 필요로 하는 기계적 성질을 얻기 위해 담금질 템퍼링을 통한 조질 처리를 한다(일반 적으로 조질 소르바이트 조직으로 한다).
⑤ 중간 다듬질을 한다(0.3~0.5mm 공차 여유).
⑥ 응력 제거 풀림을 한다.
⑦ 규정 치수까지 마무리 가공한다.
⑧ 질화 처리 전처리를 한다(탈지, 방질화 처리, 유해 물질 제거, 표면 조도 유지).
⑨ 질화 처리를 한다(전처리전 반드시 350~450℃에서 예열을 실시).
⑩ 처리 후 연마 사상 또는 래핑, 버핑 처리를 한다(0.025~0.05mm).
⑪ 필요에 따라 도금 등을 할 수 있다.

241 다음 중 금속 침투법의 목적이 아닌 것은?

㉮ 내식성 향상   ㉯ 방청성 향상
㉰ 경도 증가   ㉱ 연성 증가

금속 침투법의 목적
내식성, 방청성, 내고온 산화성 등의 화학적 성질을 향상시키는 동시에 경도가 증가되는 효과를 얻는다.

242 다음은 질화법과 침탄법의 비교 설명이다. 틀린 것은?

㉮ 경도는 질화법이 낮다.
㉯ 질화 후에는 수정이 불가능하다.
㉰ 침탄법은 경화로 인한 변형이 생긴다.
㉱ 침탄법은 강종의 제한을 받는다.

침탄법과 질화법과의 비교

침 탄 법	질 화 법
1. 경도는 질화법보다 낮다.	1. 경도는 침탄층보다 높다.
2. 침탄 후 열처리가 필요하다.	2. 질화 후 열처리는 필요 없다.
3. 침탄 후에도 수정이 가능하다.	3. 질화 후에는 수정이 불가능하다.
4. 같은 깊이에서는 침탄처리 시간이 짧다.	4. 질화층을 깊게 하려면 장시간을 요한다.
5. 경화로 인한 변형이 생긴다.	5. 경화로 인한 변형이 적다.
6. 고온이 되면 뜨임이 되어 경도가 저하된다.	6. 고온이라도 경도가 저하되지 않는다.
7. 침탄층이 질화층보다 여리지 않다.	7. 질화층이 여리다.
8. 담금질한 강은 질화강처럼 강종의 제한이 적다.	8. 강종에 제한을 받는다.

243 Al의 표면층면을 만드는 방법으로 주로 철강 제품으로 이용되는 금속 침투법은?

㉮ Sheradizing   ㉯ Calorizing
㉰ Chromizing   ㉱ Siliconizing

금속 침투법(Metallic Cementition)

종류	침투 금속	성질
크로마이징	Cr 침투법	내식성, 경질
보로나이징	B 침투법	내식성, 경질
세라다이징	Zn 침투법	내식성
칼로라이징	Al 침투법	고온산화 방지, 내열성
실리코나이징	Si 침투법	내식(질산, 염산)성, 내열성

정답 240. ㉱ 241. ㉱ 242. ㉱ 243. ㉯

244 전해 담금질의 설명으로 옳지 않은 것은?

㉮ 전류 밀도는 4A$_{mp}$/cm^2 이상이 요구된다.
㉯ 양극판으로 스테인리스강을 사용한다.
㉰ 전해액으로 10~20%의 KCl 등 알칼리 금속 염류가 사용된다.
㉱ 전해액의 온도는 60℃ 이상이 요구된다.

  전해 경화법의 요점
① 전원 : 직류로서 200V까지 필요하다.
② 전류 밀도 : 4A/cm^2 이상이 필요하고 작은 부품용 장치에는 100A 정도 용량이 필요하다.
③ 전해액 : 알칼리 금속 염류가 적당하다(KCl, K$_2$CO$_3$, Na$_2$CO$_3$, Na$_2$SO$_4$).
④ 전해액 농도 : 10~20%가 적당하다.
⑤ 전해액의 온도 : 40℃ 이하이어야 한다.
⑥ 전해조 : 전해조를 양극으로 사용하는 것이 좋다.(양극판은 부식 및 침식이 되지 않아야 하기 때문에 스테인리스 강판이 양호하다.)

245 다음 중 금속의 표면경화 방법이 아닌 것은?

㉮ 마르에이징   ㉯ 칼로라이징
㉰ 숏 피닝   ㉱ 하드 페이싱

246 다음 중 금속 침투법 Cr를 침투시키는 것은?

㉮ 칼로라이징   ㉯ 세라다이징
㉰ 크로마이징   ㉱ 실리코나이징

247 다음 중 내마멸성을 위해 철에 붕소(B)를 침투 확산시키는 방법은?

㉮ Chromizing   ㉯ Boronizing
㉰ Calorizing   ㉱ Sheradizing

248 금속 침투에 의한 표면 경화법에서 Si를 침투시킨 것은 어느 것인가?

㉮ 세라다이징   ㉯ 칼로라이징
㉰ 크로마이징   ㉱ 실리코나이징

249 탄소강에서 탄소량의 증가에 따라 Ms점과 Mf점은 어떻게 되는가?

㉮ Ms점 증가, Mf점 감소
㉯ Ms점 증가, Mf점 증가
㉰ Ms점 감소, Mf점 증가
㉱ Ms점 감소, Mf점 감소

  탄소량의 증가에 따라 Ms, Mf점 모두 감소(강하)한다.

250 강의 Ms점은 첨가 원소에 의하여 영향을 받는다. C 1%, Mn 0.5%, Cr 0.5%일 때 Ms점은 몇 도(℉)인가?

㉮ 250   ㉯ 280
㉰ 310   ㉱ 340

  강의 Ms점 계산식
Ms(℉) = 930−570×C%−60×Mn%−50×Cr%−30×Ni%−20×Si%−20×Mo%−20×W%

251 탄소강의 담금질에 가장 좋은 냉각 효과를 나타내는 냉각제는?

㉮ 염수   ㉯ 공랭
㉰ 기름   ㉱ 물

  탄소강은 경화능이 낮으므로 물담금질(20~30℃)이 좋다.

정답 244. ㉱ 245. ㉮ 246. ㉰ 247. ㉯ 248. ㉱ 249. ㉱ 250. ㉰ 251. ㉱

252 강의 Ms점과 합금의 첨가에 의한 변화 중 틀린 것은?

㉮ Mn, Cr, Ni은 Ms점을 낮춘다.
㉯ 탄소의 증가는 Ms을 낮춘다.
㉰ Co, Al은 Ms점을 낮춘다.
㉱ 모든 합금 원소는 Ms점을 낮춘다고 할 수 없다.

각종 합금 원소의 영향
① Co, C_2를 제외한 원소는 S곡선을 우(右)로 옮긴다(C, Ni, N_2, Mn 등).
② Co, Ti, Ta, W 등과 같이 오스테나이트를 불안정하게 하고 탄소와 친화력이 강한 원소는 변태 작용을 한다(Al, Si 포함).
③ Ni, Si, Cr, Mo, Mn순으로 담금질 능력을 향상시킨다.

253 다음에서 강의 냉각 시 일어나는 확산 변태는?

㉮ 오스테나이트 → 마르텐자이트
㉯ γ-Fe → α-Fe
㉰ FCC → BCC
㉱ 오스테나이트 → Fe_3C 분리

펄라이트가 생성할 때 2가지 반응
① 격자 변태 : γ-Fe(FCC)로부터 α-Fe(BCC)로 변하는 반응
② 확산 변태 : 공석 조성의 오스테나이트로부터 시멘타이트(Fe_3C)가 분리하는 반응

254 침탄용강에 침탄할 때 표층의 탄소량의 허용 함유량(%)은?

㉮ 0.15~0.18　　㉯ 0.02~0.25
㉰ 0.025~2.0　　㉱ 0.8~0.9

255 탄소강에서 질량 효과에 가장 큰 영향을 미치는 것은?

㉮ 재료의 균열
㉯ 공기 냉각
㉰ 강재의 담금질성
㉱ 가열로의 크기

① 질량 효과는 담금질성에 영향을 미친다.
② 질량 효과가 크면 열처리에 의한 경화차가 심하다.
③ 질량 효과가 작으면 처리물의 크기에 관계없이 담금질 효과가 크다.
④ 일반적으로 탄소강은 질량 효과가 크며, 특수강은 작다(특수강은 일반적으로 열처리가 쉽다).

256 주강품을 열처리하는 이유로서 타당하지 않은 것은?

㉮ 주방 상태의 조직이 조립이며 대단한 과열 조직으로 되어 있으므로
㉯ 열처리 하지 않으면 경하여 피절삭성이 나쁘게 되므로
㉰ 응고과정을 통해서 내부 응력이 발생되기 때문에
㉱ 주방 상태의 조직이 조립이어서 충격치가 크기 때문에

257 기계 구조용 탄소강의 담금질 온도가 너무 높았을 때 나타나는 현상은?

㉮ 경화가 잘된다.
㉯ 결정립이 미세화된다.
㉰ 뜨임 후 인성이 향상된다.
㉱ 결정립 미세화에 따른 균열이 없다.

정답 252. ㉰　253. ㉱　254. ㉱　255. ㉰　256. ㉱　257. ㉰

258 표면 경화강의 열처리에서 Ni-Cr강(SAE3310)의 침탄 온도와 냉각제 및 뜨임 온도로 적합한 것은?

㉮ 1020℃ → 물 → 850℃
㉯ 910℃ → 기름 → 150℃
㉰ 700℃ → 염욕 → 320℃
㉱ 500℃ → 공기 → 450℃

침탄강의 종류

종류	기호	담금질 1차	담금질 2차	뜨임	용도
탄소강 21종	SM 09 CK	900℃ 油	780℃ 水	180℃ 空	스치롤러
크롬강 21종	SCr 415	880℃ 油	830℃ 油	170℃ 空	기어
Cr-Mo강 21종	SCM 415	880℃ 油	830℃ 油		스치롤러
Ni-Cr강 21종	SNC 415	870℃ 油	780℃ 水	180℃ 空	스치롤러, 기어 캠축
Ni-Cr-Mo강 21종	SNCM 220	880℃ 油	830℃ 油		기어, 샤프트류

259 단조용 탄소강(SFB55)의 표준 풀림 온도(℃) 범위로 맞는 것은?

㉮ 200~300   ㉯ 550~600
㉰ 810~840   ㉱ 1000~1040

단조용 탄소강의 풀림 가열 온도

기호	가열온도(℃)
SF34	870~900
SF40	850~880
SF45	830~860
SF50	820~850
SF55	810~840
SF60	800~830

260 침탄강의 제1차 담금질 처리를 하는 목적은?

㉮ 조대화 입자를 미세화하기 위해서이다.
㉯ 경도를 증가시키기 위해서이다.
㉰ 취성을 방지하기 위해서이다.
㉱ 연율을 향상시키기 위해서이다.

① 1차 담금질 목적(900~1100℃) : 조직의 미세화, 중심부 조직 미세화
② 2차 담금질 목적(Ac_1점 이상 수랭) : 표면 경화

261 공구강의 열처리에서 풀림의 주목적이 아닌 것은?

㉮ 경화   ㉯ 연화
㉰ 결정립 조정   ㉱ 내부 응력 제거

공구강 풀림의 주목적
① 연화(가공성의 조장)
② 결정립, 탄화물의 조정(담금질의 전처리)
③ 내부 응력 제거(기계 가공, 용접 등에 의한 잔류 응력의 제거)

262 공구강의 열처리 종류 중 변태점 상·하의 적당한 온도로 가열한 후 서서히 냉각함으로써 내부 응력의 제거 및 결정립, 탄화물의 조정과 가공성을 연화시키는 열처리방법은?

㉮ 어닐링   ㉯ 노멀라이징
㉰ 퀜칭   ㉱ 템퍼링

공구강에 있어 기계 가공, 용접 등에 의한 잔류 응력을 제거하고 가공성을 조장하기 위하여 주로 어닐링한다.

263 다음 공구류의 열처리 방법 중 가장 옳은 것은? (↓ 담금질 진행방향)

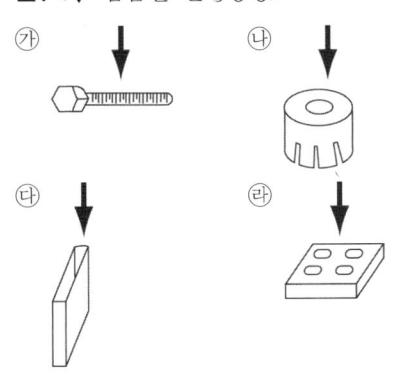

해설

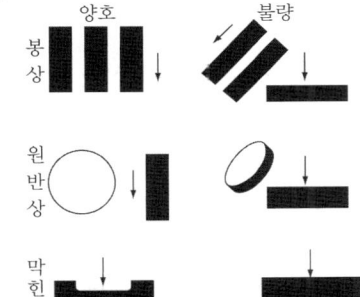
[담금질액에 넣는 방향]

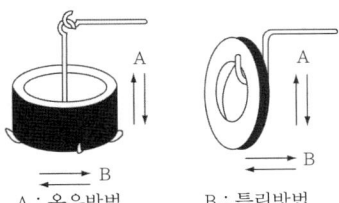
A : 옳은방법   B : 틀린방법
[담금질 냉각 물체의 움직이는 방향]

264 탄소 공구강 STS-2를 풀림 후 780℃에서 1시간 가열한 후 서랭했다. 이때 생기는 조직은?

㉮ 펄라이트   ㉯ 구상 시멘타이트
㉰ 마르텐자이트   ㉱ 소르바이트

해설

탄소 공구강을 풀림하면 구상화된 풀림 조직이 나타난다.

265 다음 중 STC3의 풀림에 대한 설명으로 맞는 것은?

㉮ 720~740℃에서 20℃/hr의 냉각 속도로 냉각하면 HB는 150~190 정도가 된다.
㉯ 750~780℃에서 20℃/hr의 냉각 속도로 냉각하면 HB는 187~212 정도가 된다.
㉰ 780~800℃에서 20℃/hr의 냉각 속도로 냉각하면 HB는 210~230 정도가 된다.
㉱ 800~810℃에서 20℃/hr의 냉각 속도로 냉각하면 HB는 150~190 정도가 된다.

해설

탄소 공구강의 풀림 온도 및 경도(KS D 3751)

구분 강종	온도(℃)	냉각속도 (℃/hr)	HB
STC 1	750~780		217~192
STC 2	750~780		212~187
STC 3	750~780		212~187
STC 4	740~760	20 이하	207~183
STC 5	740~760		207~183
STC 6	740~760		201~179
STC 7	750~780		201~179

정답 263. ㉰   264. ㉯   265. ㉯

266 다음 중 냉간 금형강인 STD 11의 담금질 온도 및 냉각 방법은?

㉮ 760~820℃ 가열 후 수랭
㉯ 800~850℃ 가열 후 유랭
㉰ 1000~1250℃ 가열 후 공랭
㉱ 1200~1250℃ 가열 후 수랭

STD의 열처리 온도 및 경도

강종	열처리(℃)			경도			탄소량
	풀림	담금질	뜨임	풀림 HB	담금질 HRC	뜨임 HRC	
STD 1		900~1000(공), 930~980(유)		⟨269	62~65	⟩61	1.8~2.4
STD 11	850~900	1000~1050(공) 970~1020(유)	150~200(공)	⟨255			1.4~1.6
STD 12		930~980(공) 920~9809(유)			63~65		0.95~1.05
STD 2		970~1020(공) 930~980(유)		⟨321	62~65		
STD 4	800~850	1050~1100(공) 1000~1050(유)	600~650(공)	⟨235	42~55	⟨45	0.25~0.35
STD 5		1050~1100(공) 1000~1050(유)					
STD 6 STD 61	820~870	1000~1050(공)	530~600(공)	229	50~55	⟨51	0.32~0.42

267 합금강의 냉각제(quending media)는 기름을 사용한다. 이때 유량은 담금질 물질의 중량의 몇 배가 적당한가?

㉮ 1~2배   ㉯ 2~4배
㉰ 4~6배   ㉱ 6~10배

① 유랭조는 유온에 따라 냉유 담금질 탱크(유온 60~80)와 열유 담금질 탱크(유온 120~150℃)로 분류한다.
② 일반적으로 유조에 필요한 유량(중량)은 1회 담금질되는 열처리품의 10~15배를 최소로 한다.

268 해드필드강을 급랭하여 상온에서 오스테나이트 조직을 얻고 탄소강을 급랭하여 마르텐자이트 조직을 얻을 수 있는 조직은?

㉮ 담금질   ㉯ 풀림
㉰ 뜨임   ㉱ 용체화 처리

269 다음 중 수인법과 관계가 깊은 강은?

㉮ 듀콜강   ㉯ 해드필드강
㉰ 스테인리스강 ㉱ 고속도강

수인법
① 오스테나이트강의 결정 조직의 조정과 인성을 증가시키기 위해 고온도에서 수랭하는 조작
② 주로 고망간강(10~14%Mn, 0.9~1.3%C)에 적용되는 열처리이다.
③ 950~1050℃로 가열한 후 수중 급랭하여 완전한 오스테나이트 조직으로 변화시키면 강은 강인하고 내마모성이 우수하다.

270 다음 재료 중 담금질(소입, 燒入)에 필요한 오스테나이트화 온도가 가장 높은 것은?

㉮ 탄소 공구강   ㉯ 베어링강
㉰ 고속도 공구강 ㉱ 금형 공구강

강종	담금질온도(℃)	뜨임온도(℃)
STC3	760~820(수[유]냉)	150~250(공랭)
SKH9	1200~1250(유랭)	560~580(공랭)
STD11	1000~1050(공랭) 970~1020(유랭)	150~250(공랭)
STB	790(유랭) 810~840(수랭)	150~180

271 다음 중 고속도강의 담금질 조직으로 맞는 것은?

㉮ 트루스타이트 ㉯ 소르바이트
㉰ 마르텐자이트 ㉱ 시멘타이트

고속도강의 담금질
① 고속도강의 가열은 노 중에서 하고 냉각은 유랭시킨다.
② 고속도강을 담금질 온도까지 가열하는 데 적당한 로는 진공르(또는 염욕로)이다.
③ 고속도강의 담금질 조직 : Martensite이다.
　※ 구상화 풀림을 하는 조직은 시멘타이트 조직이다(고속도강의 Mf점 : 200℃).
④ 고속도강은 열전도율이 낮으므로 담금질 온도에서 일정시간 유지 후 급열하면 균열이 생길 염려가 있으므로 900℃까지 예열하고 담금질 온도까지 가열하는 2단계 열처리 방법이 좋다.
⑤ 고속도강의 예열 방법

가열 방법	온도 (℃)	시간 (min)	가열로	비 고
제1예열	400~500	30~60	전기로	・소형은 제1예열을 생략한다. ・복잡한 형상, 대형은 제3예열을 한다.
제2예열	850~900	15~30	염욕로	
제3예열	1,100~1,200	2.0~5.0	염욕로	
본 열	1,250~1,350	1.5~2.0	염욕로	

272 고속도 공구강의 담금질 온도 상승에 따른 성질 변화 중 틀린 것은?

㉮ 잔류 오스테나이트량의 증가
㉯ 충격치, 항절력 등의 인성 증가
㉰ 오스테나이트 결정립의 조대화
㉱ 탄화물의 고용량이 증대하여 기지 중의 합금 원소 증가

273 고속도강 및 다이스용강의 뜨임 경화 온도는?

㉮ 350~400℃ ㉯ 550~600℃
㉰ 750~800℃ ㉱ 85~900℃

고속도강의 종류와 열처리 온도

종 류	열처리 온도(℃)			담금질 뜨임경도 (HRC)
	담금질 (유랭)	뜨임 (공랭)	풀림 (서랭)	
SKH 2	1250~1290		820~880	63 이상
SKH 3	1260~1300	550~580	840~900	64 이상
SKH 4	1260~1300		850~910	64 이상
SKH 10	1210~1250		820~900	64 이상
SKH 51	1200~1240	540~570		63 이상
SKH 52	1200~1240	540~570		63 이상
SKH 53	1200~1240	540~570		64 이상
SKH 54	1190~1230	540~570		64 이상
SKH 55	1200~1240	540~580	800~880	64 이상
SKH 56	1200~1240	540~580		64 이상
SKH 57	1210~1250	550~580		65 이상
SKH 58	1800~1220	540~570		64 이상
SKH 59	1170~1210	520~580		65 이상

274 다음 18-8 스테인리스강을 설명한 것 중 옳지 않은 것은?

㉮ 가공성, 용접성이 좋다.
㉯ 크롬 18%, 니켈 8%의 합금이다.
㉰ 내산성, 내식성이 우수하다.
㉱ 조직이 페라이트이다.

18-8 스테인리스강은 비자성체이며 오스테나이트 조직이다.

정답 271. ㉰ 272. ㉯ 273. ㉯ 274. ㉱

275 고속도 공구강의 열처리에 적합한 열처리로서 맞는 것은?
㉮ 염욕 열처리   ㉯ 고주파 열처리
㉰ 화염 열처리   ㉱ 침탄 열처리

염욕로의 장점
① 표면층의 산화, 탈탄을 피해야 하는 공구강, 정밀 기계 부품, 고속도강의 가열로로 많이 이용되고 있다.
② 염욕은 열전도성, 균일성, 분위기 조절의 용이성 등이 좋다.
③ 타 열처리에 비해 설비비가 저렴하고 조작 방법이 간단한 편이다.
④ 균일한 온도 분포를 유지할 수 있으며 국부적인 가열이 가능하다.
⑤ 소량 다종 부품의 열처리에 적합하고 냉각 속도가 빨라 급속한 처리를 할 수 있다.
⑥ 표면 산화를 막아 열처리 후 표면이 비교적 깨끗하다.
⑦ 가열 속도가 대기 중의 가열에 비해 4배 정도 빠르며 특히 담금질 온도가 높아 결정립 성장에 민감 한 고속도강의 열처리에 적합하다.

276 오스테나이트계 스테인리스강의 용체화 처리 온도(℃)는 어느 범위로 하는가?
㉮ 390~500   ㉯ 600~710
㉰ 1010~1120 ㉱ 1220~1430

18-8 스테인리스강의 열처리
① 용체화 처리 : 18-8의 기본 열처리이며 1050℃가 적당하며, 유지 시간은 25mm/h이다.
② 안정화 처리 : 입계 부식 방지 목적이며 850~950℃로 2~4시간 유지한다.
③ 응력 제거 처리 : 800~900℃에서 2~4시간 유지후 공(노)냉한다.

277 마르텐자이트 스테인리스강의 용접 후 열처리 방법으로 맞는 것은?
㉮ 변태점 아래 700~790℃까지 가열한 후 540℃까지 서랭하고 이어서 보통 냉각한다.
㉯ 790~840℃까지 가열한 후 공기 냉각한다.
㉰ 450~780℃ 부근에서 서랭한다.
㉱ 300℃에서 공기 냉각한다.

① 마르텐자이트 조직은 딱딱하고 취약하다. 따라서 이것을 연화해서 연성을 회복시키기 위해서 변태점 아래 700~790℃까지 가열한 후 540℃까지 서랭하고 이어서 보통 냉각 방법으로 열처리한다.
② 뜨임은 100~350℃와 540~750℃의 2가지로 분류하며 100~350℃ 범위는 경도나 강도는 별로 저하되지 않고 인성이 약간 회복된다.

278 페라이트 스테인리스강(STS430)의 표준 풀림 온도(℃)와 경도(HRC)로 맞는 것은?
㉮ 550~640℃, HRC 88~92
㉯ 780~850℃, HRC 77~85
㉰ 900~980℃, HRC 60~66
㉱ 1000~980℃, HRC 68~75

페라이트계 스테인리스강의 열처리(KS D 3698)

종류	풀림 온도(℃)
STS 405	780~830 급랭(서랭)
STS 410 L	700~820 급랭(서랭)
STS 429	780~850 급랭(서랭)
STS 430	780~850 급랭(서랭)
STS 430 LX	780~950 급랭(서랭)
STS 434	780~850 급랭(서랭)
STS 436 L	800~1,000 급랭
STS 444	800~1,050 급랭
STS 447 J1	900~1,050 급랭
STSXM 27	900~1,050 급랭

정답 275. ㉮ 276. ㉰ 277. ㉮ 278. ㉯

279 다음 고속도 공구강의 풀림에 대한 설명 중 잘못된 것은?

㉮ 고속도강은 열간 가공 후 내부 응력 제거, 조직의 균일화, 연화 목적으로 행한다.
㉯ 고속도강은 탄소 공구강에 비해 열전도율이 상당히 낮으므로 승온에 주의해야 한다.
㉰ 고속도강의 냉각은 재료 두께의 25mm당 60분 정도로 유지한다.
㉱ 고속도강의 냉각 방법은 가장 중요한 인자이다.

해설

고속도강의 풀림
① 고속도강은 열간 가공 후 내부 응력 제거, 조직의 균일화, 연화 목적으로 행하는데 결정 입도와 탄화물의 크기, 분포가 공구의 절삭성에 큰 영향을 미친다.
② 고속도강은 각종 합금 원소를 함유하므로 열전도율이 탄소 공구강 등에 비해 낮으므로 승온에 주의해야 한다.
  ※ 급격한 승온을 피하기 위해 보통 50~100℃/hr 정도 승온한다.
③ 풀림 온도는 A_1점보다 20~50℃ 높은 온도에서 재료의 두께 25mm당 1시간 30분 정도 유지가 필요함
④ 풀림의 3가지 냉각방법 : 보통 풀림은 소형 부품에, 계단 풀림은 두께가 큰 것에 쓰인다.

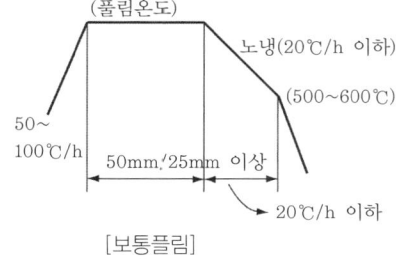
[보통플림]

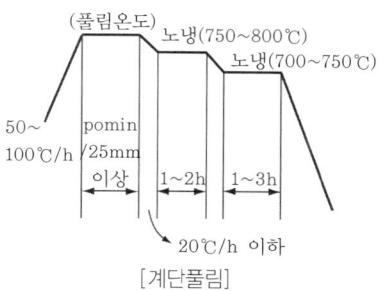
[계단풀림]

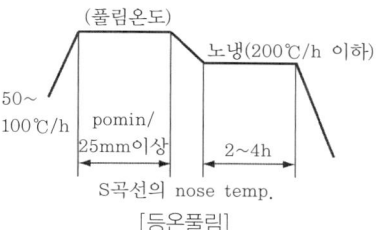
[등온풀림]

280 다음 중 스프링이나 와이어 로프 등에서 사용되는 열처리 조직은?

㉮ 마르텐자이트 ㉯ 오스테나이트
㉰ 소르바이트   ㉱ 트루스타이트

281 상온으로 가공한 스프링강 또는 피아노선 등을 250~370℃로 가열하여 탄성 한도나 피로 한도를 높이는 처리는?

㉮ 용체화   ㉯ 구상화
㉰ 서브제로 ㉱ 블루잉

해설

블루잉(Bluing)
① 피아노선 등의 탄성 한계를 높이기 위해 250~370℃로 가열하는 조작
② 탄성 한계를 높이기 위해 200~250℃, 피로 한도를 높이기 위해 250~370℃의 저온 뜨임이 적당하다.

정답 ➡ 279. ㉰ 280. ㉰ 281. ㉱

282 일반적으로 스테인리스강(불수강) 계통의 열처리 염욕은?
㉮ 저온용 염욕
㉯ 중온용 염욕
㉰ 고온용 염욕
㉱ 표면경화 처리용 염욕

고온용 염욕제의 용도
고속도강의 담금질, 18-8 스테인리스강의 수인 처리, 다이스강의 담금질 가열에 사용한다.

283 주철의 열처리 시 급속 가열할 때 장점이라고 볼 수 없는 것은?
㉮ 탈탄이 적게 일어난다.
㉯ 결정 성장이 크게 일어난다.
㉰ 산화가 적게 일어난다.
㉱ 연료를 절감할 수 있다.

결정립 성장은 그다지 크지 않다.

284 주철의 일반적 열처리 방법 중 절삭성을 양호하게 하고 백선 부분 제거 및 연성을 향상시키기 위해서 행하는 열처리 종류는?
㉮ 응력 제거 풀림 ㉯ 연화 풀림
㉰ 고주파 담금질 ㉱ 질화 처리법

주철의 연화 풀림
① 목적 : 절삭성 향상, 백선 부분 제거, 연성 향상
② 유리 시멘타이트를 함유하지 않는 펄라이트 주철에서 절삭성의 향상만의 목적으로 할 때 제2단계 흑연화 온도(700~760℃)를 선택한다.
③ 연화 풀림을 하면 강도는 저하되나 구상화 흑연 주철에서는 연신율이 증가된다.
④ 일반 주철의 흑연화는 제1단계 흑연화(800~900℃)가 좋다.

285 주철에서 연화 풀림 열처리의 목적이 아닌 것은?
㉮ 연성 향상 ㉯ 백선 부분 제거
㉰ 응력 제거 ㉱ 절삭성 개선

286 다음 중 주물의 특성을 잘못 설명한 것은?
㉮ 담금질 ㉯ 풀림
㉰ 뜨임 ㉱ 불림

287 ( )에 들어갈 온도는 몇 ℃인가?

잔류 응력을 제거하기 위하여 ( )℃에서 단면의 크기에 따라 5~30시간 가열 후 노냉한다.

㉮ 350~450 ㉯ 430~600
㉰ 700~750 ㉱ 800~900

주철의 응력 제거 풀림
주철에서 잔류 응력을 제거하기 위하여 430~600℃에서 단면의 크기에 따라 5~30시간 가열 후 노냉한다.

288 완전 풀림한 경우 보통 주철의 경도(HB)는 얼마인가?
㉮ 10~20 ㉯ 90~120
㉰ 120~130 ㉱ 130~180

완전 풀림한 경우 주철의 경도(HB)
① 보통 주철 : 120~130
② 합금 주철 : 130~180

정답 282. ㉰ 283. ㉯ 284. ㉯ 285. ㉰ 286. ㉯ 287. ㉯ 288. ㉰

289 구상 흑연 주철의 열처리 설명 중 맞는 것은?

㉮ 연성을 얻기 위하여 제2단 흑연화 풀림을 한다.
㉯ 구상 흑연 주철은 가단 주철에 비해 규소가 적다
㉰ 제1단 흑연화는 반드시 뜨임을 한다.
㉱ 제1단 흑연화 처리를 하면 충격값이 저하한다.

구상 흑연 주철의 열처리
① 제1단계 흑연화 시멘타이트의 분해
② 제2단계 흑연화(페라이트화 풀림) : 펄라이트를 분해하여 페라이트화한다.
③ 균일한 페라이트를 얻기 위해서는 800℃ 이상의 온도에서 제1단 처리하여 합금 원소를 오스테나이트 중에 균일하게 확산시키고 제2단 처리로 페라이트화한다.

290 다음 중 구상 흑연 주철의 열처리에 대한 설명으로 맞는 것은?

㉮ 850~930℃에서 1단계 흑연화, 700~750℃에서 2단계 흑연화를 하여 페라이트 조직화하여 연성과 내충격성을 향상시킨다.
㉯ 800~900℃에서 유중에 급랭시킨 후 250~700℃에서 수랭 처리한다.
㉰ 내부 응력 제거 풀림은 530~750℃에서 4~6시간 유지 후 서랭한다.
㉱ 불림 처리는 700℃부근에서 수시간 가열한 후 공랭한다.

291 다음 열처리 사이클은 무엇을 목적으로 한 것인가? (단, 이때 사용된 재료는 구상 흑연 주철재이다.)

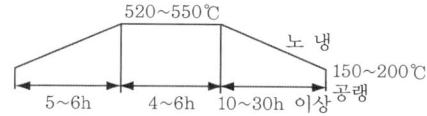

㉮ 응력 제거
㉯ 유리 Cementite의 분해
㉰ 흑연 조직의 균일화
㉱ 경도의 향상

구상 흑연 주철의 응력 제거 풀림
구상 흑연 주철은 일반적으로 C, Si가 높으므로 펄라이트 바탕의 것은 가열 온도를 600℃ 이상으로 높이면 제2단 흑연화가 생기므로 주의해야 한다.

292 구상 흑연 조직을 가진 강인 주철의 응력 제거 풀림 가열 온도(℃)로 적당한 것은?

㉮ 100   ㉯ 300
㉰ 550   ㉱ 780

구상 흑연 주철의 응력 제거 풀림 온도 : 520~550℃

293 흑심 가단 주철의 제1단계 흑연화란?

㉮ 900℃에서 유리 Cementite의 흑연화
㉯ 700℃에서 유리 Cementite의 흑연화
㉰ 900℃에서 Pearlite의 흑연화
㉱ 700℃에서 Pearlite의 흑연화

유리 시멘타이트를 850~950℃에서 30~70시간 가열한다.

294 다음 중 가단 주철의 열처리에 대한 설명으로 틀린 것은?
㉮ 펄라이트 가단 주철은 제1흑연화 열처리만 한 것이다.
㉯ 백심 가단 주철은 탈탄에 의한 열처리이다.
㉰ 흑심 가단 주철은 탈탄과 흑연화 열처리를 병행하여 실시한다.
㉱ 제2단 흑연화 열처리는 펄라이트 중의 시멘타이트를 흑연화시킨다.

흑심 가단 주철은 흑연화에 의해 가단성을 부여한다.

295 가단 주철의 펄라이트 중의 시멘타이트의 흑연화(제2단계 흑연화) 온도(℃)는?
㉮ 400~550 ㉯ 550~600
㉰ 700~750 ㉱ 750~800

제2단계 흑연화 온도
① 700~730℃에서 25~40시간 유지하지 않으면 완전히 흑연으로 분해되지 않는다. 이때의 흑연을 말한다.
② 펄라이트를 680~700℃에서 30~40시간 흑연화시킨다.

296 일반적으로 비철 재료의 강도를 향상시키는 중요한 방법이 아닌 것은?
㉮ 석출 경화   ㉯ 시효 경화
㉰ 템퍼링 시효 ㉱ 스트레인 시효

비철 재료의 강도 향상
석출 경화, 시효 경화, 템퍼링 시효 등이 있다.

297 펄라이트 가단 주철의 열처리 방법 중 대량 생산에 널리 쓰이는 방법으로 기름 담금질 또는 강제 공랭하고 650~700℃로 짧은 시간 템퍼링하여 목적하는 조직이나 경도를 얻는 방법은?
㉮ 합금 첨가에 의한 방법
㉯ 열처리 곡선의 변화에 의한 방법
㉰ 흑심 가단 주철의 재열처리에 의한 방법
㉱ 백선의 유리 시멘타이트의 흑연화 방법

펄라이트 가단 주철의 열처리 방법
① 열처리 곡선의 변화에 의한 방법
  ㉠ 흑심 가단 주철의 화학 조성과 동일한 백선을 단지 열처리 곡선을 변화시켜 펄라이트 처리를 하는 방법으로 가장 널리 쓰인다.
  ㉡ 제1단계 흑연화가 종료된 직후 강제 공랭 또는 유랭하여 650~700℃로 짧은 시간 뜨임하여 펄라이트 조직이나 경도를 얻는 방법이다.
② 흑심 가단 주철의 재열처리에 의한 방법
  ㉠ 소량 생산형이다.
  ㉡ 페라이트 바탕의 흑심 가단 주철로 한 것을 재가열하여 820~900℃의 적당한 온도에서 강제 공랭, 기름 담금질 한 후 650~730℃로 단시간 구상화 처리한 것이다.
③ 합금 첨가에 의한 방법
  제1단 풀림 후 대차를 끌어내어 방랭 또는 공랭하여 500℃까지 온도를 내린 후 다시 가열하여 700℃ 부근에서 20~30시간 항온 유지하여 구상화 처리를 한다.

298 알루미늄 합금의 열처리에서 150℃ 전후의 온도로 가열하여 실시하는 시효 처리는?
㉮ 연화 시효   ㉯ 안정화 시효
㉰ 석출 시효   ㉱ 인공 시효

299 백선을 산화철과 같이 풀림 상자에 넣고 900~1000(℃)로 가열해서 만든 주철은?

㉮ 백심 가단 주철 ㉯ 흑심 가단 주철
㉰ 구상 흑연 주철 ㉱ 미하나이트 주철

백심 가단 주철
백주철을 철광석, 밀 스케일(압연 작업에서 나온 산화 표피)과 함께 풀림 처리에 사용된 상자에 다져 넣어 약 950~1,000℃로 가열하면 산화철의 산소가 작용하여 백주철의 표면이 탈탄된다.

300 구리의 재결정 온도는 270℃이다. 그러나 이 온도로는 속도가 느려 보다 높은 온도에서 행하여야 한다. 다음 중 실용적으로 사용되는 구리의 재결정 어닐링 온도(℃)는?

㉮ 350~450 ㉯ 500~700
㉰ 700~850 ㉱ 850~950

500~700℃에서 실용적으로 활용되며, 700℃ 이상이 되면 산화가 현저해진다.

301 탄성 재료로 사용되는 구리 합금 중 중간 풀림 온도가 제일 높은 것은?

㉮ 인청동 ㉯ 양은
㉰ 스프링용 합금 ㉱ 알루미늄 청동

동합금의 탄성 재료

성질\종류	인청동	양은	스프링 황동
중간 풀림 온도	약 550℃	약 600℃	약 450℃
저온 풀림 온도	약 250℃	300~350℃	약 225℃

302 다음 중 황동의 열처리에 대한 설명으로 맞는 것은?

㉮ α-황동은 700~730℃로 완전 풀림만 한다.
㉯ α+β 의 2상 황동에는 재결정 풀림과 담금질 열처리가 행하여진다.
㉰ 상온 가공한 황동은 시기 균열을 방지하기 위하여 고온 풀림을 한다.
㉱ α-황동은 700~730℃에서 담금질한 후 300℃ 정도로 뜨임한다.

황동의 열처리
① α 황동은 700~730℃로 재결정 풀림한다.
② α+β 의 2상황동은 재결정 풀림과 담금질이 행해진다.
  ※ α+β 황동은 상변태가 있기 때문에 풀림이나 담금질이 가능하다.
③ 상온 가공한 황동 제품은 시기 균열을 방지하기 위하여 저온 풀림한다.
④ 내부 응력을 제거하고 시기 균열을 방지하기 위하여 300℃에서 1시간 풀림한다.

303 7 : 3 황동의 시기 균열(season cracking) 방지를 위한 열처리 방법 중 옳은 것은?

㉮ 200~300℃에서 뜨임 처리
㉯ 180~200℃에서 불림 처리
㉰ 200~300℃에서 풀림 처리
㉱ 180~200℃에서 뜨임 처리

304 철강은 강도의 증가를 위해 담금질 및 뜨임을 한다. 비철 합금은 어떤 열처리를 하는가?

㉮ 용체화 처리, 시효 처리
㉯ 불림, 뜨임
㉰ 불림, 풀림
㉱ 풀림, 뜨임

정답 299. ㉮ 300. ㉯ 301. ㉯ 302. ㉯ 303. ㉰ 304. ㉮

305 Cu-Be 합금의 용체화 처리 온도와 시효 처리 온도가 가장 적합한 것은?

㉮ 용체화 온도 : 750℃~920℃,
시효 온도 : 300℃~480℃
㉯ 용체화 온도 : 300℃~480℃,
시효 온도 : 750℃~920℃
㉰ 용체화 온도 : 500℃~750℃,
시효 온도 : 450℃~500℃
㉱ 용체화 온도 : 450℃~500℃,
시효 온도 : 500℃~750℃

Be 청동의 열처리
① 용체화 및 시효 처리는 재료의 산화를 막기 위해 건조한 산화성 분위기의 노를 사용하는 것이 좋다.
② 용체화 처리 온도 및 시간은 결정 성장과 충분한 고용화를 고려해야 한다.
③ 용체화 처리 후 수랭을 거쳐 그대로 또는 가공 후에 하는 시효 경화 처리
  ㉠ 고력 재료의 경우 : 315~340℃, 1~3시간
  ㉡ 고전도도 재료의 경우 : 450~480℃, 1~3시간
④ 고력 재료의 고온 단시간 처리는 350~380℃로 15분~1.5시간 정도이며 강도는 약간 떨어지나 도전율은 개선된다.
⑤ 베릴륨 청동→석출 경화성이 있으며 동합금 중에서 가장 높은 강도와 경도를 얻을 수 있다.
⑥ Be 청동의 열처리는 760~780℃로부터 물담금질하고 310~330℃로 2~2.5시간 뜨임(보통은 시효 또는 조질 처리함)하는 조작이다.

306 변태가 없이 고용체 처리에 의한 시효 경화를 이용하여 경도를 증가시키는 합금은?

㉮ Zn-Pb ㉯ Cu-Pb
㉰ Al-Cu ㉱ Al-Si

307 알루미늄 합금 주물의 열처리 효과 중 틀린 것은?

㉮ 치수 안정화
㉯ 기계적 성질 개선
㉰ 잔유 응력 제거
㉱ 다이캐스팅 제품에 주로 실시

알루미늄 합금의 열처리
① 사형(砂型), 주형 주물에 실시한다.
② 다이캐스팅 제품에는 가스 홀 때문에 부풀어오름(blister)이 생기기 쉽고 치수의 정밀도도 상실될 우려가 있으므로 열처리하지 않는다.

308 두랄루민을 열처리하고자 한다. 실제 사용하는 열처리 방법은?

㉮ quenching   ㉯ annealing
㉰ normalizing ㉱ calorizing

두랄루민의 열처리
① 두랄루민에 대한 열처리는 담금질뿐이다.
② 두랄루민의 종류와 담금질 온도

종류	초두랄루민	초초두랄루민	연질 초두랄루민
담금질 온도(℃)	505~510	495~505	490~500

309 두랄루민의 시효 처리는 대체로 몇 도(℃)인가?

㉮ 500 ㉯ 800
㉰ 700 ㉱ 300

두랄루민의 시효 처리
두랄루민은 500℃에서 용체화 처리하여 급랭 후 상온까지 방치하면 시효 경화를 일으켜 150~170℃로 가열하면 경화 현상이 촉진된다.

310. 다음 두랄루민에 대한 설명 중 맞지 않는 것은?
㉮ 담금질 후 상온으로 방치하면 시효를 일으킨다.
㉯ 두랄루민에 대한 열처리는 담금질뿐이다.
㉰ 인공 시효한 것이 상온 시효한 것보다 내식성이 더 크다.
㉱ 시효 효과로 인장강도, 항복점, 경도가 증가된다.

311. 다음은 시효에 의한 변형에 관한 설명이다. 잘못된 것은?
㉮ 시효 변형은 뜨임 온도가 높을수록 크다.
㉯ 저온에서 장시간 뜨임하는 것이 고온에서 단시간 뜨임하는 것보다 시효 변형이 작다.
㉰ 시효 변형을 작게 하도록 하면 경도는 작게 된다.
㉱ 시효 변형은 뜨임 온도가 높을수록 작다.

312. 시효 처리에 대한 설명 중 틀린 것은?
㉮ 과포화 고용체를 이용한 2상의 석출 과정이다.
㉯ 석출 과정은 과포화 고용체-G.P대-중간상-안정상의 과정을 나타낸다.
㉰ 복원이나 과시효의 현상이 일어날 수도 있다.
㉱ 시효 처리는 온도의 증가에 따른 경도의 증대를 목표로 한다.

313. 다음 시효성 비철 합금의 시효 열처리 순서로 맞는 것은?
㉮ 급랭 → 용체화 처리 → 시효 처리
㉯ 용체화 처리 → 급랭 → 시효 처리
㉰ 시효 처리 → 용체화 처리 → 급랭
㉱ 시효 처리 → 급랭 → 용체화 처리

시효 처리 순서 : 용체화 처리→급랭→시효 처리의 순서이다.

314. 시효 경화 현상은 어떤 처리에 속하는가?
㉮ 변태 처리   ㉯ 석출 처리
㉰ 고용 처리   ㉱ 안정화 처리

석출 경화
① 용체화 처리에 의해서 과포화된 금속이 시효에 의해서 석출할 때에 일어나는 경화 현상
② 석출물이 굳기 때문에 일어나는 경화 현상이다.

315. 구리(Cu)를 4% 함유한 알루미늄 합금을 용체화 처리 후 130℃로 유지하였더니 시간의 경과에 따라 경도가 증가하였다. 이것과 관계 있는 것은?
㉮ 고용 경화
㉯ 가공 경화
㉰ 석출 경화
㉱ 마르텐자이트 경화

316. 용체화 처리후 급랭하여 상온 시효 경화한 것으로 인장강도가 큰 것은?
㉮ 순철-Al   ㉯ Al-Si
㉰ Al-Mn   ㉱ Al-Cu-Mg

317 알루미늄 합금의 용체화 처리는 몇 도에서 하는가?

㉮ 약 500℃ ㉯ 약 600℃
㉰ 약 400℃ ㉱ 약 200℃

> **해설**
> **Al합금의 시효 경화**
> 두랄루민이 대표 합금이며 500℃에서 용체화 처리하여 급랭한 후 상온에 방치하면 시간이 경과함에 따라서 경화되며 150~170℃로 가열하면 경화 현상을 촉진한다.

318 알루미늄 합금의 압연 온도에서 용체화 처리를 하는 가장 큰 이유는?

㉮ 내부 편석을 확산 제거한다.
㉯ 내부 균열을 밀착 방지한다.
㉰ 내부 중심까지 고루 가열된다.
㉱ 일부 산화 스케일이 박리 제거된다.

319 Al합금에서 완전히 고용체가 되는 온도까지 가열했다가 급랭하여 그 조직을 과포화 고용체로 만드는 것은?

㉮ 안정화 처리
㉯ 고용체화 처리
㉰ 인공 시효 처리
㉱ 스트레인 시효 처리

320 강을 오스테나이트 범위에서 가열 탄화물 및 기타 화합물을 오스테나이트 중에 고용시킨 후 그 온도로부터 물 또는 기름에 급랭과 포화된 오스테나이트를 상온까지 가져오는 처리를 무엇이라 하는가?

㉮ 용체화 처리 ㉯ 블루잉 처리
㉰ 시효 처리   ㉱ 파텐팅

321 철강을 고용체 범위까지 가열 후 급랭하여 고용체인 상태로 상온에까지 가져오는 처리로서 그 뒤에 시효에 의하여 경화시키는 것이 보통인 처리를 무엇이라 하는가?

㉮ 시효 처리   ㉯ 석출 경화
㉰ 침탄 처리   ㉱ 용체화 처리

322 고온 조직인 [γ]고용체를 급랭에 의하여 상온에서도 균일한 [γ]고용체의 조직을 얻는 처리를 무엇이라 하는가?

㉮ T_6 처리   ㉯ T_4 처리
㉰ 용체화 처리 ㉱ 시효 처리

323 다음 중 마그네슘 합금 주물의 담금질 온도(℃)로 적당한 것은?

㉮ 20   ㉯ 100
㉰ 400   ㉱ 800

> **해설**
> Mg합금의 열처리
>
> | 방법
종류 | 담금질 | | | 인공시효
또는 풀림 | |
> |---|---|---|---|---|---|
> | | 온도(℃) | 유지시간(h) | 냉각 | 온도(℃) | 유지시간(h) |
> | 단조용 합금 | 410~420 | 4~12 | 열탕 | 350~380 | 3~6 |
> | 주조용 합금 | | 12~16 | 공랭 | 170~180 | 3~5 |

324 도전성이 우수하여 용접용 전극 재료로 사용되는 크롬-구리 합금의 용체화 처리 온도(℃)는? (단, 크롬 0.6% 함유)

㉮ 450~500   ㉯ 750~800
㉰ 1000~1050 ㉱ 1200~1300

정답 317. ㉮ 318. ㉮ 319. ㉯ 320. ㉮ 321. ㉱ 322. ㉰ 323. ㉰ 324. ㉮

325
주조용 알루미늄 합금의 열처리 방법으로 Y 합금, 보한라이트 등 알루미늄 합금에서 가장 널리 적용되는 처리로서 인장강도, 항복점, 경도 등이 최고에 이르는 처리 방법은?

㉮ T_2 ㉯ T_4
㉰ T_5 ㉱ T_6

Al 열처리의 기호
① F : 제품 그대로
② O : 풀림한 재질
③ H : 가공한 재질
④ W : 담금질 후 경화가 진행 중인 재료
⑤ T : F, O, H 이외의 열처리를 받는 재질
⑥ T_2 : 풀림한 재질
⑦ T_3 : 담금질 처리 후 상온 가공 경화를 받는 재질
⑧ T_4 : 담금질 처리 후 상온 시효가 완료된 재질
⑨ T_5 : 담금질 처리를 생략하고 뜨임 처리만을 받는 재질
⑩ T_6 : 담금질 처리 후 뜨임한 재질
⑪ T_7 : 담금질 처리 후 안정화 처리를 받는 재질
⑫ T_8 : 담금질 처리 후 상온 가공 경화, 다음에 뜨임한 재질
⑬ T_9 : 담금질 처리 후 뜨임 처리, 그 다음에 상온 가공 경화를 받는 재질
⑭ T_{10} : 담금질 처리를 생략하고 뜨임 후 상온 가공 경화를 받는 재료

326
다음 중 Mg합금의 열처리에 대한 설명 중 틀린 것은?

㉮ 종류에는 풀림, 담금질, 담금질 후 인공 시효 등이 있다.
㉯ 단조용 Mg합금은 재결정 풀림을 해서 연성을 증가한다.
㉰ 주조용 Mg합금은 주조에 의한 내부 응력을 제거하기 위하여 풀림한다.
㉱ Mg합금의 담금질 가열은 중유로, 보통로를 사용한다.

Mg합금의 열처리
① 열처리 종류에는 풀림, 담금질, 담금질 후 인공 시효 등이 있다.
② 단조용 Mg합금은 재결정 풀림을 하면 연성이 증가한다.
③ 주조용 Mg합금은 주조에 의한 내부 응력을 제거하기 위하여 풀림한다.
④ Mg합금의 담금질 가열은 진공로, 보호 가스 분위기 배치로, 중크롬산 칼리와 중크롬산 소다 등으로 행한다.
  ※ 보호 가스의 공기에 0.7~1.0%(용적비)의 아황산가스(SO_2)를 혼합한 것을 사용한다.
⑤ 마그네슘 합금의 열처리 방법

열처리 기호	합금의 종류	담금질			인공시효 또는 풀림		최저 기계적 성질		
		온도(℃)	유지 시간(시간)	냉각	온도(℃)	유지 시간(시간)	인장 강도 (kg/mm²)	연율 (%)	HB
T_2	단조용 Mg합금(A)	–	–	–	350~380	3~6	25	9	50
T_2	주조용 Mg합금(B)	–	–	–	170~250	3~5	15	2	50
T_4	주조용 Mg합금(A)	410~420	4~12	열탕	–	–	27	6	55
T_4	주조용 Mg합금(B)	410~420	12~16	공기	–	–	22	5	50
T_6	주조용 Mg합금(A)	410~420	4	열탕	170~180	16~24	30	5	60
T_6	주조용 Mg합금(B)	410~420	12~16	공기	170~180	16	23	2	65

정답 325. ㉰ 326. ㉱

제3장 열처리 설비 및 열처리 결함과 대책 기출 및 예상문제

001 스테인리스강, 공구강 담금질, 광휘 열처리 등에 주로 쓰이는 열처리로는?
㉮ 진공로   ㉯ 중유로
㉰ 전기로   ㉱ 분위기로

해설
분위기로 (atmosphere heattreatment)
① 분위기로는 산화, 탈탄을 방지하고 광택, 산화막(템퍼 칼라)을 남게 하며, 처리 전과 같은 표면 상태를 얻는 데 사용하는 광휘 열처리이다.
② 특징 : 무산화 분위기로 산화, 탈탄 방지가 용이하며 가스를 합리적으로 조성한다.
③ 침탄강이나 담금질, 뜨임 등의 열처리를 특수 성분의 가스 분위기 속에서 하는 것을 분위기 열처리라 한다.
④ 용도 : 스테인리스강, 공구강 담금질, 광휘 열처리, 공구강 열처리용으로 사용한다.
⑤ 분위기 열처리에 사용되는 가스 : CO(일산화탄소), CO_2(이산화탄소), H_2, H_2O(수증기), CH_4(메탄), N_2(질소) 등의 혼합 가스를 사용한다.

002 다음 중 분위기 열처리로로 볼 수 없는 것은?
㉮ 일반 전기로   ㉯ 진공로
㉰ 질소 가스로   ㉱ 불활성 가스로

003 철강의 분위기 열처리용의 분위기 가스가 아닌 것은?
㉮ 일산화탄소   ㉯ 수소
㉰ 질소   ㉱ 염소

해설
분위기 가스의 종류

가스의 성질	종 류
중성 가스	질소(N_2), 아르곤(Ar), 헬륨(He), 건조수소(H_2)
산화성 가스	산소(O_2), 수증기(H_2O), 탄산가스(CO_2), 공기
환원성 가스	수소(H_2), 암모니아(NH_3), 암모니아 분해 가스($3H_2+N_2$), 침탄성 가스
침탄성 가스	일산화탄소(CO), 천연가스(CH_4), 메탄(CH_4), 프로판(C_3H_8), 부탄(C_4H_{10}), 도시가스, 메탄올(CH_3OH), 에탄올(C_2H_5OH), 에타르($C_4H_{10}O$), 흡열형가스
탈탄성 가스	산화성 가스, DX가스, wet H_2
질화성 가스	암모니아

004 노(Furnace) 내부의 가스가 중성인 것은?
㉮ 질소   ㉯ 수소
㉰ 산소   ㉱ 이산화탄소

해설
중성 가스
질소(N_2), 아르곤(Ar), 헬륨(He), 건조수소(H_2), 크립톤(Kr), 네온(Ne), 크세논(Xe), 라돈(Re)

정답 001. ㉱   002. ㉮   003. ㉱   004. ㉮

005 분위기 열처리로에서 장시간 정지 후 가동할 때 내화벽돌이 흡수한 수분을 제거하기 위하여 노(爐) 온도를 올려 장시간 가열하여 노내가스의 안정을 꾀하는 방법은?

㉮ 수팅   ㉯ 번 아웃
㉰ 트래킹   ㉱ 사이즈닝

그을음과 번 아웃
① 그을음(sooting) 변성로나 침탄로 등의 침탄성 분위기 가스로부터 유리된 탄소가 노 내의 분위기 속이 분화하여 열처리 가공 재료, 촉매, 노의 연화 등에 부착하는 현상
② 번 아웃(burn out) : 그을음으로 변성로나 침탄로 등에 축적된 유리 탄소는 로의 기능을 저하시키므로 필요에 따라 적당량의 공기를 송입하여 연소 저거한다. 이 조작을 말한다.

006 다음 그림은 분위기 열처리 시 노점을 측정하는 기구의 단면이다. 어느 방식인가?

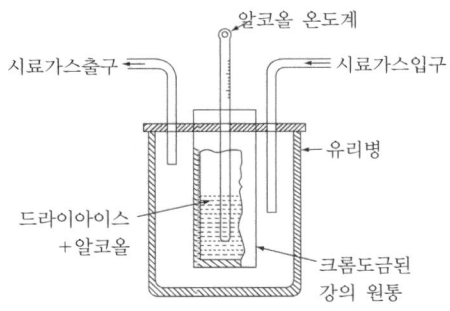

㉮ ducup식   ㉯ 입화비움식
㉰ diltmira식   ㉱ pogchamber식

007 분위기 열처리에 사용되는 질화성 가스는?

㉮ 암모니아 가스   ㉯ 탄산 가스
㉰ 수소 가스   ㉱ 아르곤 가스

008 분위기 가스 열처리에서 분위기를 관리하기 위하여 노 내 가스 성분을 측정하여 관찰한다. 이 방법 중 틀린 것은?

㉮ 알르노 측정기(노점측정)
㉯ CO_2 가스 분석기
㉰ O_2 센서
㉱ 플로우메터(Flow meter)

009 다음 분위기 가스 중에서 산화성인 것은?

㉮ N_2 가스   ㉯ CO_2 가스
㉰ CH_4 가스   ㉱ CO 가스

분위기 가스의 종류

가스의 성질	가스의 종류
중성가스	Ar, Ne, He, Kr, Xe, Rn, N_2, 건조H_2
산화성가스	O_2, H_2O, CO_2, 공기
환원성가스	CO, CH_4, C_2H_6, C_4H_{10}

010 철강을 열처리할 때 분위기 가스로에서 사용되는 환원성 가스는?

㉮ H   ㉯ 질소
㉰ 헬륨   ㉱ 수증기

환원성 가스
① CO, 메탄(CH_4), 에탄(C_2H_6), 프로판(C_3H_8), 부탄(C_4H_{10}) 같은 단체 가스와 H_2, CO, CO_2, N_2 같은 것을 조합하여 혼합가스로 사용한다.
② NH_3, $3H_2 + N_2$(암모니아 분해가스), 침탄성 가스

01. 노 내 분위기를 불활성으로 만들려고 한다. 필요한 가스는?
㉮ CO
㉯ H_2
㉰ O_2, CO_2
㉱ Ar

불활성 가스의 종류
① 아르곤(Ar), 네온(Ne), 헬륨(He), 크립톤(Kr), 크세논(Xe), 라돈(Rn)
② 불활성 가스는 철강과 반응하지 않으므로 광휘 열처리의 분위기 가스로 이상적이다.

02. 분위기 가스를 사용하여 열처리 작업 중 갑작스러운 정전으로 안전 대책을 세우고자 한다. 불활성 가스로 노 내를 환기시킬 경우 노 내 온도가 760℃ 이하에서 가연성 가스(CO + H_2)의 잔재 안전 한계는?
㉮ (CO+H_2)≥4%
㉯ (CO+H_2)≤4%
㉰ (CO+H_2)≥5%
㉱ (CO+H_2)≤5%

03. 철강을 산화시키지 않고 가열하는 방법에 대한 설명이다. 틀린 것은?
㉮ 산화나 탈탄 방지제를 도포하여 가열하는 방법
㉯ 보호 분위기 가스 속에서 가열하는 방법
㉰ 중성 염욕이나 연욕 중에서 가열하는 방법
㉱ 산성 중에서 가열하는 방법

철강을 산화시키지 않고 가열하는 방법
① 산화나 탈탄 방지제를 도포하여 가열하는 방법
② 보호 분위기 가스 속에서 가열하는 방법
③ 중성 염욕이나 연욕 중에서 가열하는 방법
④ 숯이나 주철 칩 또는 침탄제 등에 묻어 가열하는 방법
⑤ 진공 중에서 가열하는 방법

04. 다음 설명 중 틀린 것은?
㉮ 금속의 산화성은 금속이 산화물이 되는 생성열과 산화물이 분해해서 나타나는 해리압에 관계된다.
㉯ 생성열은 산화물과 금속과의 산소로 해리하는 열량과 절대값은 같고 부호는 반대이다.
㉰ 생성열이 발열 반응인 것은 산화하기 쉽다.
㉱ 해리압이 큰 산화물은 분해하기 어렵다.

해리압(解離壓)의 특징
① 금속의 산화성은 금속이 산화물이 되는 생성열과 산화물이 분해해서 나타나는 해리압에 관계된다.
② 생성열은 산화물과 금속과의 산소로 해리하는 열량과 절대값은 같고 부호는 반대이다.
※ 생성열이 발열반응의 것은 산화하기 쉽고, 흡열 반응의 것은 산화하기 힘들다.
③ 해리압이 큰 산화물은 분해하기 쉽고 작은 산화물은 미량의 산소가 존재해도 분해하기 힘들다.
④ 산화물의 해리압이 높은 금속과 합금은 광휘 열처리가 비교적 용이하고 분위기 가스로서 혼합 가스를 이용한다.

05. 광휘 열처리로의 가스 분위기에서 사용되지 않는 것은?
㉮ O_2
㉯ H_2
㉰ N_2
㉱ CO

① 불활성 가스 : N_2, Ar, Ne, He, Kr(크립톤), Xe(크레논), Rn(라돈)
② 환원성 가스 : CO, H_2

정답 011. ㉱ 012. ㉯ 013. ㉱ 014. ㉱ 015. ㉮

016. 열처리용 광휘 열처리로의 설명 중 틀린 것은?
㉮ 강재의 표면을 산화 또는 탈탄을 시키지 않는다.
㉯ 환원성 가스는 효과적이나 불활성 가스는 사용이 곤란하다.
㉰ 표면 상태 그대로 유지하는 장점이 있다.
㉱ 표면 광택을 향상시킬 수 있다.

해설
광휘 열처리
① 산화 탈탄 방지 및 강 표면 광휘 상태를 유지하기 위해 분위기나 진공 중에서 열처리 한 것
② 불활성 가스는 철강과 반응하지 않으므로 광휘 열처리의 분위기 가스로 이상적이다.
③ CO, H_2 등 환원성 가스 또는 N_2, Ar 등 불활성 분위기에서 가열, 냉각을 실시하여 표면을 원상태로 유지한다.
④ 산화물의 해리압이 큰 금속은 광휘 열처리가 용이하다.
⑤ Pt, Au, Ag, Ni, Cu, Co 등은 산소와 결합하는 힘이 적어 열처리가 가능하다.

017. 저탄소강의 광휘 소둔(bright annealing)을 하기 위하여 가장 널리 사용되는 보호성 분위기는 무엇인가?
㉮ 암모니아   ㉯ 증기
㉰ 이산화탄소   ㉱ 질소

018. 가스로의 주된 특징이 아닌 것은?
㉮ 로의 구조가 간단하다.
㉯ 노 내 온도의 조절이 용이하다.
㉰ 각 부의 온도를 균일하게 유지하기 쉽다.
㉱ 점화할 때 공기를 노 내에 송풍하기 전에 행하므로 안전하다.

019. 가스분위기 열처리로의 장입구 및 출구에 플레임 커튼(Flame curtain)을 설치하는 가장 큰 이유는?
㉮ 예열   ㉯ 배기 가스 연소
㉰ 외기 차단   ㉱ 기름 제거

해설
화염 커튼 (Flame curtain)
① 분위기로에 열처리 재료를 장입 또는 꺼낼 때 노 내부로 공기가 들어가 노의 분위기 가스의 교란이나 폭발을 방지하기 위해 장입구 또는 출구에 가연성 가스를 연소시켜 불꽃의 막을 만드는 것을 플레임 커튼인(Flame curtain)이라 한다.
  ※ 가연성 가스 : 도시가스, 메탄, 프로판, 부탄 등에 공기를 불어 넣어 완전 연소되는 비율로 혼합하여 사용한다.
② 화염 커튼 취급시 주의 사항
  ㉠ 분위기로의 입구, 출구의 문을 열거나 닫을 경우 즉시 파일럿(pilot) 버너 등에 의해 점화한다.
  ㉡ 화염 커튼 입구, 출구의 문을 완전히 덮도록 연소 방향이나 불꽃의 높이 등을 조절한다.

020. 분위기 가스로 적외선을 이용하여 분석할 수 있는 가스는?
㉮ CO_2 ㉯ CH
㉰ H_2 ㉱ O_2

해설
① CO_2 가스가 적외선을 흡수하는 성질이 있다.
② CO_2 가스가 농도의 높고 낮음에 따라 적외선을 흡수하는 에너지량이 다르다.

021. 분위기 열처리에 사용하는 가연성 가스가 공기와 일정 비율로 혼합하면 폭발한다. 다음 중 폭발 한계 범위가 가장 큰 가스는?

㉮ 프로판 ㉯ 수소
㉰ 일산화탄소 ㉱ 메탄

각종 연료 가스의 성질

연료가스	실온에서의 연소(폭발) 한계(공기 중의 %)			발화 온도 (℃)
	하한	상한	범위	
메탄	5.50	14.00	8.50	630
에탄	3.20	12.50	9.30	470
프로필렌	2.00	11.10	9.10	460
프로판	2.50	9.50	7.00	480
부칠렌	1.60	9.30	7.70	445
부탄	1.70	8.50	6.80	440
일산화탄소	12.50	74.00	61.50	610
수소	4.00	74.00	70.00	575

022. 무산화 열처리용으로 사용되는 흡열용 가스의 주성분은?

㉮ CO ㉯ C_3H_8
㉰ O_2 ㉱ CH_4

흡열형 가스 (endothermic gas)
① 흡열형 변성 가스에는 AGA NO, 300급, 500급, 600급 가스 등이 있다.
② 변성에는 일반적으로 Ni 촉매를 통해 원료 가스에 공기를 적당량 가하여 열분해나 산화 분해로 변성한다. 이 변성 가스는 CO, H_2 및 N_2 가스이다.
※ 원료 가스+공기 →변성 변성 노기 Cm Hn + 2(O_2+4N_2)→mCO+n/2H_2+2mN_2

023. 변성 가스 제조 시 공기비가 적으면 그을음이 발생한다. 이때 일어나는 반응식은?

㉮ $CO+H_2 \rightarrow H_2O+C$
㉯ $CO_2+H_2 \rightarrow CO+H_2O$
㉰ $CO_2 \rightarrow C+O_2$
㉱ $CH_4+H_2O \rightarrow CO+3H_2$

① 공기비가 적으면 레토르트 속에 그을음이 발생, Ni 촉매의 능력이 현저하게 약화된다.
② 번 아웃(burn out) : ①의 경우 조작을 중지하고 공기를 보내 그을음을 연소 제거하는 조작을 말한다.
③ 변성 가스는 변성로에서 나오자마자 급랭하며 서랭시 변성 가스 중의 CO가 H_2와 반응하여 그을음을 생성한다. $CO+H_2 \rightarrow H_2O+C$

024. 가스로의 특징이다. 틀린 것은?

㉮ 노 내 온도 조절이 용이하다.
㉯ 각 부분의 온도를 균일하게 지속하기 쉽다.
㉰ 노의 구조가 간단하고 안전상 노즐은 한 개만 사용한다.
㉱ 점화가 간단하고 복사열이 작용하므로 효과적이다.

가스로
① 연소 방법 : 발생로 가스, 석탄 가스, 천연 가스를 열원으로 한다.
② 특징
  ㉠ 온도 조절이 용이하다.
  ㉡ 균일한 온도 지속
  ㉢ 점화가 간단하다.
  ㉣ 복사열 작용을 한다.
  ㉤ 작업이 편리하다.
  ㉥ 제품이 미려(美麗)하다.
③ 형태 : 소형이고 정밀 열처리에 이용된다.
④ 용도 : 연속 열처리

021. ㉯ 022. ㉮ 023. ㉮ 024. ㉰

025 가스 분위기 열처리로의 장입구 및 출구에 플레임 커튼(Flame curtain)을 설치하는 가장 큰 이유는?
㉮ 예열 ㉯ 배기 가스 연소
㉰ 외기 차단 ㉱ 기름 제거

026 다음 중 침탄강 염욕의 구비 조건과 관계 없는 것은?
㉮ 침탄성이 강해야 한다.
㉯ 염욕의 점성이 작아야 한다.
㉰ 흡습성 염욕이 적어야 한다.
㉱ 대기 중 습기의 흡수력이 커야 한다.

027 다음 염욕제 중 인체에 가장 해롭고 취급에 주의해야 할 성분은?
㉮ NaOH ㉯ $NaNO_3$
㉰ $CaCl_2$ ㉱ NaCN

028 중온용 염욕(salt bath)으로 열처리하는데 가장 적합한 재료는?
㉮ 고속도강 ㉯ 스테인리스강
㉰ 다이스강 ㉱ 탄소공구강

해설
중온용 염욕의 용도
보통 강재의 담금질, 고속도강의 마퀜칭, 예열, 템퍼링, 오스템퍼링, 시효 처리, 착색 처리

029 다음 중 열처리에서 염욕로를 사용하는 이유가 아닌 것은?
㉮ 산화 방지 ㉯ 탈탄 방지
㉰ 환원 방지 ㉱ 균열 방지

해설
염욕 열처리로의 장점
① 표면층의 탈탄, 산화를 피해야 하는 제품의 가열로에 적합하다.
② 열전도성, 균일성, 분위기 조절의 용이성이 좋아 금형 및 공구강 열처리에 많이 사용된다.
③ 설비비가 저렴하고 조작 방법이 간편하다.
④ 균일한 온도 분포를 유지할 수 있고, 소량 다종 부품의 열처리에 적당하다.
⑤ 처리품을 대기 중에 꺼냈을 때 그 표면에 염욕제가 부착제와 피막을 형성, 대기와의 차단을 돕고 표면 산화를 막아 열처리 후 비교적 깨끗하다.
⑥ 열전달이 전도에 의하므로 가열 속도가 대기 중의 가열에 비해 4배 정도 빠르며 특히 담금질 온도가 높아 결정립 성장에 민감한 고속도강의 열처리에 적당하다.
⑦ 냉각 속도가 빨라 급속 처리를 할 수 있고 국부적인 가열도 가능하다.
⑧ 단점
  ㉠ 염욕 관리가 어렵고, 염욕의 증발 손실이 크며 제진 장치가 필요하다.
  ㉡ 표면에서 방사 열손실이 크고 가열 용량을 비교적 크게 할 필요가 있어 에너지 절약면에서 불리하다.
  ㉢ 폐가스와 노화 염욕의 폐기로 인한 오염이 있다.
  ㉣ 열처리 후 제품 표면에 붙어 있는 염욕 제거가 곤란하며, 균일한 열처리품을 얻기 어렵다.

정답 025. ㉰ 026. ㉱ 027. ㉱ 028. ㉱ 029. ㉰

030. 염욕은 열전도성, 균열성 등이 뛰어나 각종 금형 및 공구 열처리에 널리 이용된다. 다음 중 염욕 열처리의 장점이 아닌 것은?

㉮ 소량 다종 부품의 열처리에 적합하다.
㉯ 피막이 형성되어 표면 산화를 막아 열처리 후 표면이 깨끗하다.
㉰ 균일한 제품을 얻기가 쉽고, 에너지 절약면에서 유리하다.
㉱ 냉각 속도가 빨라 급속한 처리를 할 수 있다.

염욕 열처리의 장점
① 다른 열처리와 비교하여 설비비가 저렴하고 조작 방법이 간단하다.
② 균일한 온도 분포를 유지할 수 있으며 소량 다품 열처리, 즉 공구 열처리에 적합하다.
③ 표면 산화를 막아 열처리 후 표면이 깨끗하며 국부적인 가열이 가능하다.
④ 가열 속도가 대기 중의 4배 정도 빠르고 담금질 온도가 높아 결정립 성장에 민감한 고속도강에 적합하고 냉각 속도가 빨라 급속한 처리를 할 수 있다.

031. 염욕 열처리 중 염(salt)의 일반적인 구비 조건 중 잘못된 것은?

㉮ 염욕 중의 불순물은 적고 순도는 높아야 한다.
㉯ 흡습성 또는 조해성이 없어야 한다.
㉰ 증발 및 휘발성이 적어야 한다.
㉱ 점성이 커야 한다.

일반적인 염욕이 갖추어야 할 조건
① 염욕의 순도가 높고 유해 불순물을 포함하지 않는 것이 좋다.
② 가급적 흡습성 또는 조해성이 좋아야 한다.
※ 흡습 작용은 염욕을 분해 변질시켜 성능을 떨어뜨린다.
③ 열처리 온도에서 염욕의 점성이 적고 증발 휘산량이 적어야 한다.
※ 증발 휘산량이 너무 많을 때는 염욕의 손실뿐만 아니라 휘산된 증기는 부근의 기계 기구를 부식 또는 침식시킨다.
④ 열처리 후 제품의 표면에 점착한 염의 세정성이 좋아야 한다.
⑤ 용해가 쉽고 유해 가스 발생이 적어야 한다.
⑥ 구입이 용이하고 경제적이어야 한다.

032. 다음 중 염욕을 이용한 열처리 방법이 아닌 것은?

㉮ 전해질화   ㉯ 연질화
㉰ TD프로세스   ㉱ 유동층로

염욕을 이용한 열처리 방법
① CN기가 없는 무공해 액체 침탄, 전해 질화, 연질화, 침붕 처리 및 TD프로세스 등도 중성 염욕 가열과는 다르나 모두 염욕을 이용한 열처리이다.
② 유동층로(fluidized bed process)
　㉠ 분말을 유체 중에서 부유 현탁시켜 반응하는 유동의 층을 이용하여 분말 철광석에 의해서 직접 환원시켜 해면철을 만드는 방법
　㉡ 환원 가스로는 H_2 가스를 사용하여 저온에서 환원하는 H-iron법과 천연 가스를 사용하는 E-Little법, Nu-iron법 등이 있다.
　㉢ 염욕로와 분위기로의 장점만을 취한 것으로 알루미나(Al_2O_3), 탄소 분말 등을 부유시켜 가열 매체가 되어 가열 속도가 염욕에서와 비슷하다. 적당한 보호 가스를 첨가하여 분위기를 자유로이 조절할 수 있으며 열손실이 적다.

033. 염욕(salt bath)을 사용하여 열처리를 할 때의 장점과 관계가 없는 것은?

㉮ 염욕의 온도를 임의로 조절할 수 있다.
㉯ 피열처리 강재의 가열 속도는 크다.
㉰ 철강 표면의 각종 산화, 탈탄 작용을 방지할 수 있다.
㉱ 철강 표면의 피막은 각종 산화물이 고착되어 나쁘다.

염욕 열처리의 장점
① 염욕은 열전도성, 균열성, 분위기 조절의 용이성이 뛰어나다.
② 다른 열처리에 비해 설비비가 저렴하고 조작 방법이 간단하다.
③ 균일한 온도 분포를 유지할 수 있다.
④ 소량 다종 부품의 열처리, 즉 금형 및 공구류의 열처리에 적합하다.
⑤ 처리품을 대기 증에 꺼냈을 때 그 표면에 염욕제가 부착하여 피막을 형성, 대기와의 차단을 돕고 표면 산화를 막아 열처리 후 표면이 깨끗하다.
⑥ 열전도성이 좋으므로 가열 속도가 대기 중의 가열에 비해 4배 정도 빠르다.
 ※ 담금질 온도가 높아 결정립 성장에 민감한 고속도강의 열처리에 적합하다.
⑦ 냉각 속도가 빨라 급속 처리를 할 수 있다.
⑧ 국부적인 가열이 가능하다.

034. 다음 염욕제의 사용 온도(℃)가 맞는 것은?

㉮ $BaCl_2$: 748℃
㉯ $NaNO_3$: 311℃
㉰ $KN7O_3$: 550℃
㉱ $CaCl_2$: 250℃

035. 다음 중 염욕제로 적합하지 않은 것은?

㉮ 불순물이 적고 용해가 용이한 것
㉯ 흡수성이 많은 것
㉰ 유동성이 좋고 점성이 적을 것
㉱ 염류 피막이 열처리 후 쉽게 떨어지는 것

염욕제가 갖출 조건
① 순도가 높고 유해 불순물을 포함하지 않아야 한다.
② 흡습성 또는 조해성이 적을 것(흡습 작용은 염욕을 분해 변질시켜 성능을 떨어뜨림)
③ 열처리 온도에서 염욕의 점성이 적고 증발 휘산량이 적어야 한다(증발 휘발량이 너무 많을 경우 염욕의 손실 또는 휘산된 증기 부근의 기계를 부식 또는 침식시킨다).
④ 열처리 후 제품의 표면에 점착된 염의 세정성이 좋아야 한다.
⑤ 용해가 쉽고 유해 가스 발생이 적어야 하며, 구입이 용이하고 경제적일 것

036. 다음은 염욕 종류 중 온도를 나타낸 것이다. 틀린 것은?

㉮ 저온용 염욕은 150~350℃
㉯ 중온용 염욕은 550~1,000℃
㉰ 고온용 염욕은 1,100~1,350℃
㉱ 표면 경화용 염욕은 400~500℃

염욕제의 온도
① 저온용 염욕 : 150~350℃
② 중온용 염욕 : 550~950℃
③ 고온용 염욕 : 1,100~1,350℃

정답 033. ㉱ 034. ㉯ 035. ㉯ 036. ㉱

037 염욕제 중에서 용융점이 가장 낮은 것은 다음 중 어느 것인가?
㉮ KNO
㉯ NaCO₃
㉰ KNO₃ + NaCO₃
㉱ NaCO₂

염욕제의 온도

NaNO₃	아질산소다	280℃	저온 염욕제
KNO₂	아질산가	290℃	
NaNO₃	질산소다	310℃	
KNO₃	질산가리	336℃	
BaCl₂	염화바륨	910℃	중온 염욕제
NaCl	염화소다	803℃	
CaCl₂	염화칼슘	777℃	
KCl₂	염화카리	775	
NaCO₃	황산소다	856℃	
Na₃B₂O₇	붕사	748℃	
BaCl₂ + 타염류	염화바륨을 주성분함	1100~1350℃	고온 염욕제

038 중성 염욕에 흡습성이 많으면 어떤 현상이 가장 많이 발생되는가?
㉮ 냉각능의 균일
㉯ 재료 점착량의 감소
㉰ 염욕의 분해 및 변질
㉱ 점성이 적고 용해 신속

① 중성 염욕에 흡습성이 많으면 염욕의 분해 및 변질 등의 현상의 나타낸다.
② 중성 염욕은 미량의 불순물만 포함해도 강재를 침식하며 침식 정도는 열처리 온도가 고온일수록 현저하다.

039 염욕 열처리에서 염욕의 침탄성 시험에 연강박을 사용한다. 이때 염욕의 온도와 침지 시간과의 관계가 가장 옳게 된 것은?
㉮ 800℃, 10분
㉯ 900℃, 20분
㉰ 1000℃, 30분
㉱ 1200℃, 40분

강박 시험 (steel foil test)
① 강박은 1.0%C, 두께 0.05mm, 폭 30mm, 길이 100mm 정도로 만들어진 철사로 꼭 매달아 염욕 중에 침지할 때 올려뜨지 않도록 한 후 염욕 중에 주어진 온도에서 일정 시간 유지한 후 빨리 꺼내어 수랭한다.
② 부착된 염을 잘 씻어 내고 건조한다.
③ 강박을 손으로 구부려 미세하게 깨어지면 이 염욕은 탈탄 작용을 하지 않으며 구부려 휘어지면 탈탄 작용을 한다.
④ 강박 시험을 하였을 때 강박판의 상태에 따른 염욕의 탄소 잔유량(%, 추정치)

강박판을 구부렸을 때의 상태	추정 잔류 탄소량(%)
구부려도 깨어지지 않음	0.1 이하
구부리면 약간 깨어짐	0.3
구부리면 곧 깨어짐	0.5
구부리면 미세하게 깨어짐	0.7 이상

⑤ 염욕 온도와 침적 시간

염욕 온도(℃)	800	900	1000	1100	1300
침적 시간(분)	30	20	15	10	5

040 다음 중 염욕의 유해 불순물 중 황산염의 불순물이 아닌 것은?
㉮ Na₂SO₄
㉯ CaSO₄
㉰ MgSO₄
㉱ CaCO₃

염욕의 유해 불순물
① 황산염 : Na₂SO₄, CaSO₄, MgSO₄
② 탄산염 : Na₂CO₃, CaCO₃
③ 염화물 : MgCl₂, CaCl₂

정답 037. ㉰ 038. ㉰ 039. ㉯ 040. ㉱

041 염욕이 열화하는 이유가 아닌 것은?

㉮ 중성 염욕에 포함되어 있는 불순물에 의한 열화
㉯ 고온 용융 염욕이 대기 중의 산소와 반응하여 염기성으로 변질
㉰ 고온 용융 염욕이 대기 중의 산소를 흡수하여 강재를 산화, 탈탄
㉱ 흡습성 산화물의 가스 분해에 의해 열화

해설

염욕이 열화하는 이유
① 중성 염욕에 포함되어 있는 불순물(황산염, 탄산염)에 의한 결화
  ㉠ 황산염 :
    $Fe + Na_2SO_4 \rightarrow FeO + SO_2 + Na_2O$
    (피처리 강재)   (산화)
  ㉡ 탄산염 : $Na_2CO_3 = Na_2O + CO_2 \uparrow$
    $Fe + CO_2 \rightarrow FeO \rightarrow CO$
    (피처리 강재)   (산화)
② 고온 용융 염욕이 대기 중의 산소와 반응 염성으로 변질 : $2NaCl + \frac{1}{2}O_2 \rightarrow Na_2O + Cl_2$
  $BaCl_2 + \frac{1}{2}O_2 \rightarrow BaO + Cl_2$
③ 고온 용융 염욕이 대기 중의 산소를 흡해 수 강재를 산화, 탈탄 :
  $Fe + \frac{1}{2}O_2 \rightarrow Fe,C + \frac{1}{2}O_2 \rightarrow CO$
  (피처리 강재)(산화) (피처리 강재중의 C) (탈탄)
④ 흡습성 염화물의 가스 분해에 의한 열화 :
  $MgCl_2 + H_2O = Mg(OH)Cl + HCl$
  $Mg(OH)Cl + H_2C = Mg(OH)_2 + HCl$
  $Mg(OH)_2 = MgO + H_2O$
⑤ 열화된 염욕을 물에 녹여 PH(수소 이온 농도)를 검사하면 PH 11 정도의 강염기성을 나타낸다.

042 중온도용(900~1000°C)에 적합한 염욕제는?

㉮ $BaCl_2$　　㉯ $NaNO_2$
㉰ KNO_3　　㉱ MgF_2

해설

중온용 염욕제
① 종류 : 염화바륨($BaCl_2$, 910°C), 염화칼슘($CaCl_2$, 770°C), 염화소다(NaCl, 803°C), 염화카리(KCl_2, 775°C), 황산소다($NaCO_3$, 856°C), 붕사($Na_3B_2O_7$, 748°C)
② 염화바륨이 많을수록 염욕은 안정되어 휘산 손실이 적고 오래 사용할 수 있으나 융점이 높고 제품에 점착력이 많아 세정이 곤란하므로 NaCl, KCl를 첨가해 이런 성질을 개선한다.

043 주석 용융염에 담금질한 강재가 신화 탈탄 작용을 일으키는 원인이 아닌 것은?

㉮ 중성염에 포함되어 있는 유해불순물 때문에
㉯ 고온에서 용융한 염욕이 대기 중의 산소와 반응하기 때문에
㉰ 강재 자체가 함유하고 있는 Si의 산화 때문에
㉱ 중성염 자체의 흡습성 때문에

해설

① 중온 염욕로에서는 탈탄 방지제로 금속 규소 분말을 첨가한다(첨가량 : 중량비로 2~3% 정도).
② 고온 염욕로에서는 탈탄 방지제로 규산칼륨($CaSi_2$)을 첨가하는 것이 좋다.

정답 041. ㉱ 042. ㉮ 043. ㉰

044 다음 염욕제 중 고온용(1100~1350℃) 염욕제로 사용되는 것은?

㉮ KNO₃ ㉯ BaCl₂
㉰ NaNO₃ ㉱ NaCl

해설

고온용 염욕제
① 보통 1100~1350℃에서 사용한다.
② 고속도강의 담금질, 오스테나이트계 스테인리스강의 수인 처리, 다이스강의 담금질 가열에 사용한다.
③ 염욕으로는 염화바륨(BaCl₂) 단염이 많이 사용된다.
④ 고온용 염욕은 1300℃ 전후의 고온에서 사용하기 때문에 증발, 휘산된 양이 많고, 변질, 열화되기 쉽다.
⑤ 고온 염욕로에서 탈탄 방지제 : 규산칼륨 (CaSi₂)

045 1100~1350℃ 열처리 온도에서 사용하는 염(salt)의 성질이 아닌 것은?

㉮ BaCl₂ ㉯ KF
㉰ NaF ㉱ NaCl

해설

불화물 계통의 용융 온도(고온용 염욕에 사용시)

불화물 종류	KF	MgF₂	BaF₂	NaF	CaF₂
용융온도(℃)	867	908	1280	922~988	1300~1378

046 다음 중 가장 높은 온도에 사용되는 염욕제는?

㉮ 염화바륨 ㉯ 질산소다
㉰ 질산가리 ㉱ 아질산가리

047 침황(浸黃) 염욕의 성질로 옳은 것은?

㉮ 혼합염의 융점이 침황의 처리 온도보다 고온이어야 한다.
㉯ 동일 침황활성을 가진 염욕이라면 점성이 높은 것일수록 침황성 촉진된다.
㉰ 안정하게 유지된 NaCH을 첨가한다.
㉱ 염욕의 산화성으로 유지하여야 한다.

해설

염욕을 이용한 침황 처리 방법
① 중성염 또는 환원성 염에 황화물을 첨가하고 여기에 강재를 침지시킨 방법이다.
② 침황층 : 가열처리 온도 250℃의 낮은 상태에서 철강 표면에 황화철(FeS)의 피막이 형성되고 중온 또는 고온에서는 황화철 피막 아래에 황이 확산 침투하여 생긴 황화층의 석출층을 말한다(0.2~0.3mm 두께 형성함).
③ 중성 염욕은 400~600℃ 사이에서 처리되며 염욕 조성은 다원계(多元界)로 이루어졌으며 염욕 조성 의 변동이 심하다.
⑤ 황화물 : Na₂S, Na₂SO₄, Na₂SO₃, Na₂S₂O₃ 등이 사용된다.
⑥ 환원성염 : NaCN, KCN 등이 사용된다.
⑦ 염욕 중의 반응 : SO₄ → SO₃ → S₂O₃ → [S]

048 다음에서 고진공을 나타내는 압력 범위는?

㉮ 760~1torr
㉯ 1~10⁻³torr
㉰ 10⁻³~10⁻⁸torr
㉱ 10⁻⁸~10⁻¹⁰torr

해설

압력 범위의 구분

구 분	압력(torr, mmHg, Pa)	범 위
저진공	760~1	100kPa~100Pa
중진공	1~10⁻³	100Pa~0.1Pa
고진공	10⁻³~10⁻⁸	0.1Pa~10μPa
초고진공	10⁻⁸~10⁻¹⁰	10μPa 이하
극고진공	10⁻¹⁰~	

049 진공 열처리의 장점이 아닌 것은?

㉮ 정확한 온도 및 가열 분위기에 의해 고품질의 열처리가 가능하다.
㉯ 노의 수면이 길고, 관리 유지비가 저렴하다.
㉰ 노벽으로부터 방열 열량이 많으며 에너지 절감 효과가 크다.
㉱ 무공해로 작업 환경이 양호하다.

진공 열처리의 장점
① 정확한 온도 및 가열 분위기에 의해 고품질의 열처리가 가능하다.
② 노벽으로부터의 방열, 노벽에 의한 손실 열량이 적기 때문에 에너지 절감 효과가 크다.
③ 노의 수명이 길고, 관리 유지비가 저렴하다.
④ 무공해로 작업 환경이 양호하다.

050 다음 중 진공 발열체 중 비금속 발열체는 어느 것인가?

㉮ 니크롬선   ㉯ 칸탈선
㉰ 백금선   ㉱ SiC

진공용 발열체의 종류
① 금속 발열체
　㉠ 귀(貴)금속 발열체 : Pt, Ir, Re, Rh
　㉡ 비(卑)금속 발열체 : 니크롬선, 칸탈선(Fe-Cr-Al), Mo, W, Ta
② 비금속 발열체
　㉠ 흑연 발열체(섬유상, 봉상)
　㉡ 화합물 발열체(SiC, $MoSi_2$)

051 진공 가열 중에 강 표면에 일어나는 기대 효과가 아닌 것은?

㉮ 산화를 방지한다.
㉯ 깨끗한 표면 상태를 유지한다.
㉰ 표면의 탈가스 작용을 한다.
㉱ 가스, 원소의 침입이 잘된다.

진공 가열 중 강 표면에 일어나는 제현상
① 산화를 방지하여 열처리 전과 같은 깨끗한 표면 상태를 유지한다(탈 스케일 작용).
② 표면에 부착된 절삭유, 방청유 등의 탈지 작용을 한다.
③ 표면의 탈가스 작용을 한다(탈가스 작용은 헨리(Henry)의 법칙에 의한다).
④ 가스, 원소의 침입을 방지한다.

052 진공로의 단열재에 대한 설명이다. 틀린 것은?

㉮ 열량이 많아야 한다.
㉯ 단열 효과가 커야 한다.
㉰ 흡습성이 없어야 한다.
㉱ 열적 충격에 강해야 한다.

단열재의 고려 사항
① 노내의 가열 효과를 올리기 위해 방사열을 완전히 반사시키는 재료일 것
② 열용량이 적어야 하며, 단열 효과가 커야 한다.
③ 흡습성이 없어야 하며, 열적 충격에 강하여야 한다.
④ 교체에 드는 비용이 경제적이어야 한다.

정답 049. ㉰ 050. ㉱ 051. ㉱ 052. ㉮

053. 다음 중 진공 열처리로의 응용이 아닌 것은?
㉮ 공구 및 합금강의 무산화 담금질 및 풀림
㉯ 뜨임 및 용체화 처리
㉰ 진공 침탄 및 진공 소결
㉱ 진공 마멸 및 진공 질화

진공 열처리로의 응용
① 공구 및 합금강의 무산화 담금질 및 풀림 처리
② 내열강 및 스테인리스강의 용체화 처리 및 석출 경화 처리
③ 뜨임, 진공 침탄, 진공 소결, 진공 브레이징(brazing), 진공 탈가스 처리

054. 다음 노(爐) 중에서 연속로에 속하지 않는 것은?
㉮ 푸셔로(pusher type)
㉯ 노상 진동형로(shaker hearth type)
㉰ 피트로(pit type)
㉱ 콘베이어로(conveyor type)

① 배치로(batch type, 간헐식로)의 종류 : 피트로(원통로), 횡형로(케이스형로)
② 연속로의 종류 : 푸셔로(pusher type), 콘베이어로(conveyor type), 노상 진동형로(셰이커 하스, shaker hearth type)

055. 열처리로의 액체 연소 장치의 특징으로 거리가 먼 것은?
㉮ 발열량이 크고 완전 연소도 비교적 용이하다.
㉯ 고온도를 얻게 되어 연소율이 높다.
㉰ 운반 저장이 용이하다.
㉱ 자동화가 어렵고 역화 폭발 안전장치가 필요하다.

056. NaCN을 주로 사용하는 침탄성 염욕을 $\frac{1}{10}$ mol의 표준 질산은을 사용하여 적정할 때 어느 빛깔이 종점인가?
㉮ 황금색   ㉯ 청색
㉰ 흑색   ㉱ 갈색

057. 다음 중 연속 열처리로의 특성 중 틀린 것은?
㉮ 대량 생산에 적합하다.
㉯ 열처리 부품 특성의 변화에 대하여 융통성이 많다.
㉰ 작업 능률이 좋고 품질 관리가 쉽다.
㉱ 가열, 냉각의 정도가 좋고 열효율이 높다.

연속로의 특징
① 노의 일단으로부터 항상 일정량의 열처리품을 장입하고 탄으로부터 장입량과 같은 양의 열처리 완료품을 연속적으로 취출할 수 있는 터널 형식의 노이다.
② 다량 생산 방식에 적합하며 다품종 소량 생산에는 적용이 불가능하다.

058. 균일한 온도와 가열 속도를 유지할 수 있는 열처리로(爐)의 필요조건과 관계가 먼 것은?
㉮ 과잉의 공기 및 열손실 등을 방지하기 위해서 로의 문을 닫아야 한다.
㉯ 버너에는 적당한 공기의 양과 압력 측정기가 구비되어야 한다.
㉰ 노의 크기와 버너의 수량 및 위치를 알맞게 선정하여야 한다.
㉱ 산화 및 환원을 할 수 있는 자동 설비가 구비되어야 한다.

정답 053. ㉱ 054. ㉰ 055. ㉱ 056. ㉮ 057. ㉯ 058. ㉱

059 다음은 중유로 담금질 작업의 설명이다. 틀린 것은?
㉮ 장입 및 추출 시 수대를 사용할 것
㉯ 불완전 연소가 없도록 할 것
㉰ 솔트(salt)에 습기가 있을 때는 보안경을 착용할 것
㉱ 호이스트를 사용할 때에는 완전한 치구를 사용할 것

중유로
① 연소방법 : 중유에 공기압을 가해 분무상으로 공기와 혼합 연소한다.
② 장·단점 : 취급이 간단하고 경제적이며 노 내 온도가 불균일하다.
③ 용도 : 대형 제품용, 단조용 가열로, 연속로에 사용된다.

060 노 내 분위기의 조절을 위하여 노점을 측정하는 방법 중에서 드라이아이스를 사용하는 방법은?
㉮ 노점컵법
㉯ 아르나 노점계
㉰ 디젤 노점계
㉱ 적외선 분석계

안개 상자(fog chamber)
① 아르나(Alnor) 노점계가 대표이며 냉각제를 필요로 하지 않는다.
② 운반이 용이하고 외부 냉각이나 기계적 냉동이 필요 없다.
③ 광범위한 노점을 정확히 재현성 있게 측정할 수 있다.

061 벨트를 사용하며 연속, 대량품을 처리하는 데 적합하도록 설계된 열처리로로 맞는 것은?
㉮ 터널형
㉯ 피트형
㉰ 콘베이어형
㉱ 푸셔형

콘베이어 (conveyor type)
① 소모품의 무산화 열처리용으로 사용한다.
② 콘베이어형 노에는 워킹 빔식(working beam type), 벨트형(belt type), 로커 암식(rocker arm type) 등이 있다.
③ 완전 자동화 조업도 가능하다.

062 전기로에 쓰이는 발열체가 아닌 것은?
㉮ 니크롬선
㉯ 칸탈선
㉰ 석면
㉱ 백금선

발열체 (heating element)
① 전기로의 저항 발열체의 총칭으로 니크롬선, 탄화규소봉(기리트, 그로바)'등이 대표적이다.
② 칸탈선(kanthal) : Fe–Cr–Al계의 전기 저항 발열체(전열 저항 합금에서 가장 고온도에 견딤)

063 다음 내화물 중 염기성 내화물은?
㉮ 크롬질
㉯ 탄소질
㉰ 규석질
㉱ 마그네시아질

내화재
① 산성 : 원자가 4가인 산화물을 주성분으로 하는 내화재로 규산(SiO_2)을 다량 함유한 것
② 염기성 : 원자가 2가인 금속 산화물을 주성분으로 하는 내화재로 마그네시아(MgO)와 산화 크롬(Cr_2O_3)의 양자를 주성분으로 하는 내화재이다.
③ 중성 : 원자가 3가인 금속 산화물을 주성분으로 하는 내화재이며 알루미나(Al_2O_3)를 주성분으로 하는 것들이다.

정답 059. ㉮ 060. ㉯ 061. ㉰ 062. ㉰ 063. ㉱

064. 가열로에 사용되는 중성 내화재의 성분은?
㉮ SiO₂ ㉯ MgO
㉰ Al₂O₃ ㉱ CaO

065. 다음 열처리로의 구성 재료 중 내화 재료가 아닌 것은?
㉮ 샤모트사 ㉯ 고알루미나질
㉰ 카보런덤질 ㉱ 규조토

주요 내화재의 종류
① 샤모트 벽돌(점토질 내화 벽돌)
② 규석 벽돌(산성)
③ 고알루미나질 벽돌(중성)

066. 다음은 열처리로에 쓰이는 내화재의 보온재이다. 가장 높은 온도에서 견딜 수 있는 것은?
㉮ 암면 ㉯ 그라스면
㉰ 석면 ㉱ 규조토

보온재
① 내화 단열 벽돌 : 내화재를 사용하여 열전도율이 적도록 만든 것
② 단열 벽돌 : 규조토 벽돌
※ 규조토 벽돌은 단세포 식물의 유해가 광물화된 퇴적물인 규조토를 벽돌로 소성한 것으로 보온성은 좋으나 내화도는 적다.
③ 단열재 : 석면, 암면, 그라스울 등

067. 냉각제에 따른 냉각 장치의 종류가 아닌 것은?
㉮ 수랭 장치 ㉯ 공랭 장치
㉰ 염욕 냉각 장치 ㉱ 분무 냉각 장치

냉각 장치의 분류

냉각제에 따른 분류	공랭장치, 수랭장치, 유랭장치, 염욕(연욕)장치
기구상으로부터의 분류	프로펠러 교반냉각장치, 분무냉각장치, 강제환류장치, 프리스 담금질 장치

068. 다음 장치 중 가장 신속한 냉각을 할 수 있는 장치는?
㉮ 물을 분사시키는 분사 냉각 장치
㉯ 밑에서 물을 계속 보내는 순화 냉각 장치
㉰ 수랭로에 휀을 회전시키는 냉각 장치
㉱ 흐르는 물의 유수식 냉각 장치

069. 열처리 작업에서 측정계기를 가장 옳게 짝지어진 것은?
㉮ 전기 계통 : 온도계
㉯ 액체 연료 계통 : 타이머
㉰ 냉각수 계통 : 압력계
㉱ 가스 연료 계통 : 집진계

070. 열기전력을 사용한 온도계로 맞는 것은?
㉮ 전기 저항 온도계 ㉯ 복사 온도계
㉰ 열전대 온도계 ㉱ 광전 온도계

071 전기 저항 온도계에 사용하는 측온 저항체가 아닌 것은?
㉮ Pt   ㉯ Ni
㉰ Cu   ㉱ Bi

전기 저항 온도계(resistance thermometer)
① 금속의 전기 저항은 온도가 1℃ 상승하면 0.3~0.6% 증가한다. 이것을 이용해서 금속의 전기 저항을 측정하고 온도를 나타내는 온도계이다.
② 이때 측온(測溫) 저항체라 하며 Pt, Ni, Cu 등이 있다.
③ 전기 저항 온도계는 700℃ 이하의 저온을 정확히 측정하는 데 이용한다(고온 측정 곤란).

072 측온하고자 하는 물체가 방출하는 적외선의 방사 에너지를 이용한 온도계는 다음 중 어느 것인가?
㉮ 열전쌍 온도계   ㉯ 복사 온도계
㉰ 광고온계   ㉱ 광전 온도계

073 고온체의 적색 방사선을 계기 내에 있는 표준 필라멘트와 그 밝기를 비교 측정하는 온도계는?
㉮ 열전쌍식 온도계   ㉯ 저항식 온도계
㉰ 광 고온계   ㉱ 방사선 온도계

광 고온계(optical pyrometer)
① 복사 에너지 대신 광선의 강도 또는 색을 측정하여 간접적으로 온도를 측정하는 기계이다.
② 표준이 되는 광도의 lamp와 열원에서 오는 광선의 강도를 비교하여 온도를 측정한다.
③ 일반적으로 $\mu = 0.65$인 적색광을 사용한다.

074 다음 복사 온도계의 설명으로 틀린 것은?
㉮ 물체의 복사능에 따라 보정하여 실제 온도를 측정한다.
㉯ 온도계와 물체와의 거리가 일정해야 한다.
㉰ 온도계와 물체 사이에 수증기나 연기 등을 채워준다.
㉱ 렌즈나 반사경등이 희미하지 않도록 한다.

복사 온도계(방사 온도계)
① 측온하는 물체가 방출하는 적외선의 방사 에너지를 이용한 온도계이다.
② 방사선이 통과하는 도중에 연기나 렌즈의 흐림에 주의해야 한다.
③ 측온 물체와 접촉하지 않고 온도를 측정할 수 있으므로 움직이고 있는 물체의 온도 계측에 적합하다.
④ 복사 온도계와 실제적인 온도와의 관계식
$$T = \frac{S}{\sqrt[4]{\varepsilon}}$$
※ T : 물체의 실제 온도, S : 복사 온도계의 측정 온도, ε : 물체의 전복사능
⑤ 복사(방사) 고온계의 원리

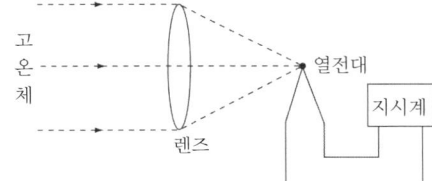

075 임의의 방사색을 흑체의 색과 비교하여 $E\lambda_1 / E\lambda_2$를 측정하는 온도계는?
㉮ 광 고온계   ㉯ 방사 온도계
㉰ 색조 고온계   ㉱ 복사 온도계

색조 고온계(colour pyrometer)
물체는 온도의 상승과 더불어 적색-황색-백색으로 색이 변색되어 간다. 이것을 측정하여 온도를 알아내는 계기를 말한다.

정답 071. ㉱ 072. ㉯ 073. ㉰ 074. ㉰ 075. ㉰

076 렌즈를 통해 물체로부터의 복사를 모아서 광전관으로 받아 자동적으로 온도 측정이 가능한 온도계는?
㉮ 열전쌍 온도계 ㉯ 복사 온도계
㉰ 광고온계 ㉱ 광전 온도계

광전 온도계
① 렌즈를 통해 물체로부터의 복사를 모아서 광전관으로 받아 자동적으로 온도 측정이 가능하도록 한 것이다.
② 특징 : 자동적으로 측정할 수 있으며 응답이 빠르므로 급격히 변화하는 온도의 측정에 편리하다.
③ 장치가 너무 고가(高價)이고 정교해서 현장적이지 못하다.

077 두 종류의 금속선 두 끝을 접합하고 두 접합점에 온도차를 주면 기전력이 발생한다. 이 기전력을 열기전력이라 한다. 이 원리를 이용하여 만든 온도계는?
㉮ 전기 저항 온도계 ㉯ 열전대 온도계
㉰ 복사 온도계 ㉱ 광전 온도계

열전대 온도계
① 2가지 금속이 결합된 것을 열전대(thermo couple)라 하며 이것을 사용한 온도계를 말한다.
② 열기전력을 이용하는 온도계를 열전대 온도계라 한다.
③ 열전대에 사용되는 재료의 조건
  ㉠ 내열, 내식성이 뛰어나고 고온에서도 기계적 강도가 커야 한다.
  ㉡ 열기전력이 크고 안정성이 있으며 히스테리시스 차가 없어야 한다.
  ㉢ 제작이 쉽고 호환성(互換性)이 있으며 가격이 안정되어야 한다.

078 가시 광선을 이용한 온도계는?
㉮ 봉상 온도계
㉯ 복사 온도계
㉰ 광 고온계
㉱ 바이메탈식 온도계

팽창 온도계
① 봉상 온도계
  ㉠ 수은 온도계(상온~400℃) : 뜨임 온도 측정용
  ㉡ 알코올 온도계(상온~-80℃) : 심랭 처리 측정용
② 용솟음관식 팽창 온도계(부르동관식 온도계) 용솟음관에 액체나 가스를 봉입하여 승온에 의해 관이 곧게 뻗은 특성을 이용하여 측정한 온도 장치이다.
③ 바이메탈식 온도계
  ㉠ 팽창 계수가 다른 2종의 얇은 금속판을 서로 맞붙인 것으로 온도가 올라가면 한 쪽으로 휘게 된다. 이 휘는 양에 따라 측온하는 계기이다.
  ㉡ 직접 ON-OFF 전기 스위치가 되므로 손쉬운 자동 제어 장치에 이용할 수 있다.

079 다음 중 노의 온도를 측정하기 위하여 사용되는 열전대선이 아닌 것은?
㉮ 백금-백금로듐선 ㉯ 크로멜-알루멜선
㉰ 철-콘스탄탄 ㉱ 백금-알루멜선

080 열전대선으로서 가장 높은 온도를 측정하려고 할 때 사용되는 것은?
㉮ Pt-Rt.Rh ㉯ Cu-constantan
㉰ Chromel-Alumel ㉱ Fe-Constantan

정답 076. ㉱ 077. ㉯ 078. ㉰ 079. ㉱ 080. ㉮

081 다음 열전대(thermo couple) 중에서 가장 높은 온도를 측정할 수 있는 것은?

㉮ 백금-백금로듐 ㉯ 철-콘스탄탄
㉰ 크로멜-알루멜 ㉱ 구리-콘스탄탄

열 전 대	사용온도(℃)
백금-백금로듐(PR)	1,600
크로멜-알루멜(CA)	1,200
철-콘스탄탄(IC)	900
구리-콘스탄탄(CC)	600
W-Mo	1,800

082 Pt-Pt.Rn(Rh 10%) 열전대를 사용하여 열처리노 내의 온도를 측정한 결과 볼트미터의 지시온도가 900℃였다. 노 내 실제 온도(℃)는 얼마인가?

㉮ 908 ㉯ 906
㉰ 892 ㉱ 880

083 고온 담금질(燒入, Quenching)용으로 사용되는 열전대는?

㉮ PR(백금-로듐)
㉯ CA(크로멜-알루멜)
㉰ IC(철-콘스탄탄)
㉱ CC(구리-콘스탄탄)

084 PR용 열전쌍의 보상 도선의 (+)극의 조성은?

㉮ 순수한 구리
㉯ 순수한 백금
㉰ Ni 0.5~1%, Cu 나머지
㉱ Pt 90%, Rh 10%

085 열전대는 2종의 금속을 접합하여 사용한다. 다음 중 열전대 기호와 가열 한계 온도가 바르게 짝지워진 것은?

㉮ PR → 350℃ ㉯ CA → 1,200℃
㉰ IC → 800℃ ㉱ CC → 1,600℃

086 일반적인 열처리로에 사용하는 열전대 중 0~1000℃의 노의 온도를 측정하는 데 가장 적합한 것은?

㉮ CC ㉯ IC
㉰ CA ㉱ PR

087 철-콘스탄탄의 열전대는 몇 ℃에서 사용되는 온도계인가?

㉮ 300℃ 정도 ㉯ 600℃ 정도
㉰ 900℃ 정도 ㉱ 1200℃ 정도

088 열처리로의 자동 온도 제어 장치 중 ON-Off식은?

㉮ 제어는 단일 제어계이다. 전원의 단속에 있어서 조작 신호가 최대 또는 최소가 된다. 공급되고 있는 전력의 전부를 단속시킨다.
㉯ 전기로의 공급 전력은 조정기의 신호가 ON일 때에 100%로 하고 Off일 때는 60~80%로 낮춘다.
㉰ 전기 회로를 2회로 분할하여 그 한쪽을 단속시켜서 제어시킨다.
㉱ 열처리 작업에 의한 온도-시간 곡선에 상당하는 캠을 만들고 캠축에 고정한 캠의 주위를 따라 프로그램 용기를 작동시킨다.

정답 081. ㉮ 082. ㉮ 083. ㉮ 084. ㉱ 085. ㉯ 086. ㉰ 087. ㉰ 088. ㉮

089 다음 그림과 같은 구성을 갖는 온도 제어 장치를 무엇이라 하는가?

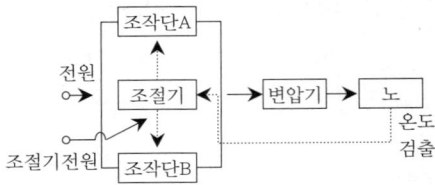

㉮ ON-OFF식 온도 제어 장치
㉯ 프로그램 제어식 온도 제어 장치
㉰ 정치 제어식 온도 제어 장치
㉱ 비례 제어식 온도 제어 장치

온도 제어 장치
① ON-OFF식 온도 제어 장치
  ㉠ ON-OFF 제어는 전원의 단속(斷續)으로 ON-OFF를 제어한다.
  ㉡ 전자 접촉기, 전자 수은 릴레이 등을 결합시켜 전기로에 공급되고 있는 전력의 전부를 단속시키는 방법으로 전자 접촉기가 많이 사용된다.
  ㉢ 소음, 안전, 보수 등의 점에서는 전자 수은 릴레이가 유리하다.
  ㉣ 이런 종류의 제어계는 ±15℃ 정도까지 제어가 가능하다.
  ㉤ 온도 조절이 간단하여 가장 일반적으로 쓰인다.
② 비례 제어식 온도 제어 장치
  ㉠ ON·OFF의 시간비를 편차에 비례하도록 한 것이다.
  ㉡ 전기로에서의 공급 전력을 조절기의 신호가 ON일 때에 100%로 하여 OFF일 때 60~80%로 낮추는 방법이다.
  ㉢ 가열량은 조절기의 설정 지시에 접근됨에 따라서 비례적으로 줄기 시작하여 설정치에 지시가 도달하면 한쪽은 OFF로 된다.
  ㉣ 정밀 온도 조정이 가능하다.
③ 정치 제어(2차 제어)식 온도 제어 장치
  ㉠ 전기로의 전기 회로를 2회로 분할하여 한쪽을 단속시켜서 전력을 제어하는 방법

  ㉡ 비례 동작에 의해 목표치의 편차 내에서 온도가 유지되고 가장 널리 이용되는 자동 온도 제어 방식이다.
④ 프로그램 제어식 온도 제어 장치
  ㉠ 예정된 승온, 유지, 강온(降溫) 등을 자동적으로 행하는 것이 프로그램 제어이다.
  ㉡ 열처리 작업에 의한 온도-시간 곡선에 상당하는 cam을 만들고 캠축에 고정한 캠의 주위를 따라서 프로그램용 지시를 작동시키는 것이다.
  ㉢ 생산성을 높이고 집중 관리, 완전 자동화를 위한 방법이다.

090 저온 뜨임용으로 300℃ 이하에서 사용하는 열전고온계로 적당한 것은?
㉮ 구리-콘스탄탄 ㉯ 크로멜-알루멜
㉰ 철-콘스탄탄   ㉱ 백금-백금로듐

091 열처리 온도 자동 제어기기에 쓰이는 방법 중 연속 동작 조절기에 쓰인 것이 아닌 것은?
㉮ 비례 동작 ㉯ 미분 동작
㉰ 적분 동작 ㉱ ON-OFF 동작

092 다음 중 자동 온도 제어 장치의 순서가 옳은 것은?
㉮ 가열 - 비교 - 조작 - 검출
㉯ 검출 - 비교 - 판단 - 조작
㉰ 냉각 - 판단 - 검출 - 비교
㉱ 측정 - 조작 - 검출 - 판단

정답 089. ㉱ 090. ㉮ 091. ㉱ 092. ㉯

093 전기로의 전력 공급을 조절기의 신호가 ON일 때 100%로 하고 OFF일 때는 60~80% 정도로 낮추는 자동 온도 제어 장치는?

㉮ ON-OFF식 ㉯ 비례 제어식
㉰ 정지 제어식 ㉱ 속도 제어식

비례 제어식 온도 제어 장치
① ON-OFF의 기간비(比)를 편차에 비례하도록 한 것이다.
② 전기로에서의 공급 전력을 조절기의 신호가 ON일 때에 100%로 하여 OFF일 때 60~80%로 낮추는 방법이다.
③ 이 때문에 공급 전력이 완전히 차단되는 일이 없으며 가열량은 조절기의 설정 지시에 접근됨에 따라서 비례적으로 줄기 시작하여 설정치에 지시가 도달하면 한쪽은 OFF로 된다.
④ 정밀 온도 조정이 가능하다.

094 표면 냉간 가공의 일종으로 금속 재료의 표면에 강이나 주철의 작은 입자들을 고속으로 분사시켜 표면층을 가공 경화에 의하여 경도를 높이는 방법은?

㉮ Hard Facing
㉯ Metallic Cementation
㉰ Shot Peening
㉱ Time Quenching

숏 피닝 (Shot Peening)
① 쇼트(∅0.7~0.9mm의 강철 또는 주철의 입자)를 고속으로 공작물 표면에 쏘아 때리는 가공법이다.
② 공작물의 표면을 연마 또는 표면에 붙어 있는 녹을 제거하기 위함이다.

095 다음 중 열처리로의 자동 온도 제어 장치가 아닌 것은?

㉮ 프로그램 제어식 ㉯ ON-OFF식
㉰ 정치 제어식 ㉱ 열전대 제어식

온도 제어 장치의 종류
① ON-OFF식 ② 비례 제어식
③ 정치 제어식 ④ 프로그램 제어식

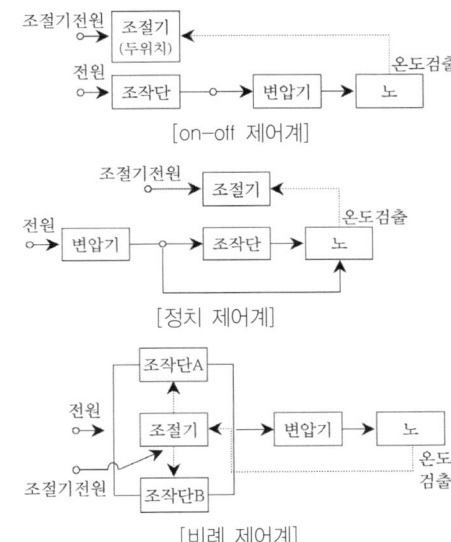

096 철강제 숏 피닝이나 질화 처리 등에 의해 개선되는 성질 중 가장 적합한 것은?

㉮ 피로 한도 상승 ㉯ 인장강도 상승
㉰ 내식성 상승 ㉱ 굽힘 강도 상승

① 피로 강도가 증가되므로 스프링, 샤프트, 핀 등의 표면 가공에 널리 사용된다.
② 표면 청소의 목적으로 사용한다.

정답 093. ㉯ 094. ㉰ 095. ㉱ 096. ㉮

097 열처리 전·후처리에 사용되는 설비 중 6각 또는 8각형의 용기에 다량의 공작물, 연마제, 콤 파운트를 넣고 회전시켜 공작물의 표면을 연마 시키는 방법은?

㉮ 숏 피닝(short peening)
㉯ 샌드 블라스트(sand blast)
㉰ 배럴 다듬질(barrel finishing)
㉱ 버프 연마(buffing)

해설

기계적 처리

① 버프 연마(buffing)
  천 따위로 만든 가요성(유연성)이 큰 버프류의 둘레에 연마제를 부착시켜 고속으로 회전시키면서 공작물을 연마제의 부착면에 접촉하여 표면을 연마하고 광택을 내는 가공법이다.
② 액체 호닝
  ㉠ 압축 공기 3~7kg/cm²을 써서 연마제와 가공액(물)의 혼합물을 노즐로부터 고속으로 분사시켜 공작물을 다듬질하는 가공법이다.
  ㉡ 연마제 : 탄화규소, 산화알루미늄, 규사 등이 쓰인다.
  ㉢ 연마제의 입도 : 60~100번 정도
  ㉣ 먼지가 비산되지 않고 복잡한 면, 곡면 등의 가공에 알맞고 공작물의 표면이 완전히 청정된다.
  ㉤ 열처리 후 산화 피막 제거에도 효과가 있다.
③ 숏 피닝
  ㉠ 쇼트(ø0.7~0.9mm의 강의 작은 입자)를 고속으로 공작물의 표면에 쏘아 가공하는 법
  ㉡ 공작물의 표면을 연마 또는 표면의 녹을 제거한다.
  ㉢ 방법 : 원심력(많이 이용)과 공기식이 있다.
④ 샌드 블라스트
  ㉠ 쇼트 대신에 모래를 사용한다.
  ㉡ 분진 발생이 많고 표면이 쇼트만큼 깨끗하지 못하다.
⑤ 배럴 다듬질
  ㉠ 6각 또는 8각형의 용기에 다량의 공작물, 연마제, 콤파운트를 넣고 배럴을 회전시

켜 공작물과 연마제가 상대 운동을 함으로써 공작물의 표면을 연마 시키는 방법이다.
  ㉡ 대량 생산이 가능하고 다듬질이 균일하며 불량품이 적다.
  ㉢ 표면을 청정하게 한다.

 098 온도, 시간 곡선에 해당하는 캠(cam)을 사용하는 온도 제어 방식으로 최근 열처리 자동화의 일환으로 주목되고 있는 제어 방식은?

㉮ ON-OFF식   ㉯ 비례 제어식
㉰ 정치 제어식   ㉱ 프로그램 제어식

해설

프로그램 제어식 온도 제어 장치

① 예정된 승온, 유지, 강온 등을 자동적으로 행할 수 있다.
② 열처리 작업에 의한 온도-시간 곡선에 상당하는 캠을 만들고 캠축에 고정한 캠의 주위를 따라서 프로그램용 지시를 작동시킨다.
③ 열처리 공정의 자동화 일환으로 주목되며 생산성을 높이고 집중 관리, 완전 자동화를 위한 방법이다.

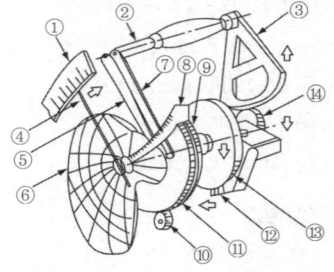

① 눈금판   ② 용수철
③ 세그먼트·기어   ④ 지침 (흑색)
⑤ 프로그램 지침(적색) ⑥ 프로그램·캠
⑦ 암(선단 볼·베어링)
⑧ 프로그램 눈금판
⑨ 슬라이드 저항기
⑩ 전동기 축의 피니언
⑪ 주축 기어
⑫ 접점
⑬ 발진 볼륨
⑭ 기어는 회전 방향을 지시

[프로그램 발신기]

정답 097. ㉰ 098. ㉱

099. 열처리하는 제품의 전·후 처리중 기계적 처리에 해당되지 않는 것은?

㉮ 전해 연마(electrolytic polishing)
㉯ 버프 연마(buffing)
㉰ 숏 피닝(shot peening)
㉱ 액체 호닝(liquid honing)

해설

화학적 처리 및 전해 처리
① 산(酸) 세척
  ㉠ 공작물의 산화물이나 녹 등의 제거에 쓰인다.
  ㉡ 산 세척은 황산, 염산 등의 수용액 중에 공작물을 담근 후 물로 씻는다.
  ㉢ 공작물이 산에 부식되므로 산에 억제제를 넣어 부식을 적게 한다.
  ㉣ 다시 산 세척 후에는 알칼리 용액 중에 담가서 중화시키는 작업을 한다.
② 탈지(脫脂)
  ㉠ 공작물의 표면에 부착된 유지(油脂)를 제거하는 처리이다.
  ㉡ 탈지에는 알칼리 탈지와 용제 탈지가 있다.
③ 트로클로로 에틸렌
  분위기 열처리 전·후에 많이 사용되는 방법이다.
④ 전해 세정
  ㉠ 탈지할 물건을 음극으로 하여 전해액 가운데에 매달아 전해하는 방법이다.
  ㉡ 탈지할 물건을 양극으로 하여 음극에는 다른 금속을 사용하는 양극 전해 세정법도 있다.
  ㉢ 일반적으로 음극 세정을 한 다음 양극 세정을 한다.
  ㉣ 탈지할 물건을 물세척하고 황산 또는 염산 용액 중에서 담가서 중화시켜야 한다.
⑤ 전해 연마(electrolytic polishing)
  ㉠ 전기 화학을 응용한 연마 작업이며 전기 도금의 역조작이 된다.
  ㉡ 공작물과 음극의 금속을 특수한 전해액 중에 넣고 공작물은 양극, 다른 쪽은 음극으로 하여 여기에 전류를 통하게 하여 전

해 작용을 행하게 함으로써 공작물의 표면을 매끄럽게 하고 광택을 부여하는 방법을 전해 연마라 한다.
  ㉢ 공작물 표면의 유지를 충분히 제거한 후에 전해 연마하며 연마 후 물세척을 한다.
  ㉣ 전해액 : 염기성 금속인 경우는 과염소산, 인산, 황산 등이 기본이며 전극 중 음극으로는 Pb, Cu, Al, 탄소봉이 쓰인다.

100. 열처리 전·후 처리에 사용되는 설비 중 강 또는 철의 작은 입자(ø 0.7~0.9)를 고속으로 금속 표면에 쏘아 때려 깨끗하게 하는 것은 어느 설비인가?

㉮ 버프 연마   ㉯ 숏 피닝
㉰ 배럴 다듬질   ㉱ 샌드 블라스트

101. 재료 표면에 강철이나 주철의 작은 입자들을 고속으로 분사시켜 표면층을 가공 경화 하기 위해 경도를 높이는 표면 냉간 가공법은?

㉮ 하이드 페이싱   ㉯ 크로마이징
㉰ 숏 피닝   ㉱ 보로나이징

102. 직경 1mm 정도의 작은 강구를 열처리 제품이나 금속 가공면에 부딪치게 하여 표면의 스케일을 제거하는 장치 중에서 강구 대신 규사를 사용하는 것은?

㉮ 샌드 블라스트
㉯ 숏 블라스트
㉰ 숏 피닝
㉱ 앤드레스 밸트형 숏 블라스트

정답 099. ㉮ 100. ㉯ 101. ㉰ 102. ㉮

103 다음 중 원심력이나 압축력에 의해 연마하는 연마기는?
㉮ 버프 ㉯ 배럴
㉰ 벨트 ㉱ 분사

배럴 연마(barrel finishing)
용기에 다량의 공작물, 연마제, 콤파운드를 넣어서 배럴을 회전시켜 공작물과 연마제가 서로 상대 운동을 하게 함으로써 공작물의 표면을 다듬질하는 연마법이다.

104 전기 화학을 응용한 연마 작업이며 전기 도금의 역조작이 되는 것은?
㉮ 전해 세정 ㉯ 전해 연마
㉰ 산 세척 ㉱ 연삭

전해 연마(electrolytic polishing)
① 공작물과 음극의 금속을 특수한 전해액 중에 넣고 공작물은 양극, 다른 쪽은 음극으로 하여 전류를 통하여 전해 작용을 행하게 함으로써 공작물의 표면을 매끄럽게 하고 광택을 부여하는 방법을 말한다.
② 전해액 : 염기성 금속인 경우는 과염소산, 인산, 황산 등이 기본적인 전해액이다.
③ 전극 중 음극으로는 Pb, Al, Cu, 탄소봉 등이 사용된다.

105 다음 열처리 후의 후처리 공정에 필요 없는 것은?
㉮ 스케일 제거 ㉯ 세정과 탈지
㉰ 변형 교정 ㉱ 열처리 방안 작성

열처리 후처리
① 스케일 및 산하 피막의 제거, 표면의 연마, 담금질 변형의 수정 등
② 처리법 : 기계적

106 열처리 전에 경제적으로 우수한 품질을 유지하기 위한 강제 관리 시험과 관련이 가장 적은 것은?
㉮ 화학 성분 ㉯ 경화층 깊이
㉰ 비중 ㉱ 결정 입도

열처리 전처리
① 제품의 흠집, 녹, 유지(油脂) 등을 제거하고 충분한 열처리 효과를 얻는다.
② 표면을 잘 연마하고 청정(淸淨)을 기하여야 한다.
③ 화학적 처리, 전해 처리 등이 있다.

107 다음 설명 중 틀린 것은?
㉮ 전극 세정으로는 음극 전해 세정과 양극 전해 세정으로 구분한다.
㉯ 양극전해 세정은 탈지할 물체를 음극에 매달고 세정한다.
㉰ 보통 음극 전해 세정 후 양극전해 세정한다.
㉱ 탈지한 물체는 물 세척하고 황산 또는 염산 속에서 중화시킨다.

전해 세정
① 탈지할 물건을 음극으로 하여 전해액 가운데에 매달아 전해하는 방법이다.
② 양극 전해 세정법 : 탈지할 물건을 양극(+)으로 하여 음극(-)에는 다른 금속을 사용하는 법
③ 일반적으로 음극 전해 세정을 한 다음 양극 전해 세정을 하는 수가 많다.
④ 다시 탈지할 물건은 물 세척하고 황산 또는 염산 용액 중에 담가서 중화시킨다.

정답 103. ㉱ 104. ㉯ 105. ㉱ 106. ㉯ 107. ㉯

108. 동식물유가 붙은 유지를 제거하기 가장 좋은 것은?
㉮ 전해 세정 ㉯ 가솔린
㉰ 알코올 ㉱ 걸레

109. 열처리에 의하여 생긴 스케일이나 장시간 방치로 생긴 많은 녹을 제거하는 데 가장 좋은 방법은?
㉮ 산세 ㉯ 산담금
㉰ 에칭 ㉱ 탈지

산(酸) 세척
① 공작물의 산화물이나 녹 등의 제거에 쓰인다.
② 산 세척은 황산, 염산 등의 수용액 중에 물건을 담근 후 물로 씻는 방법이다.
③ 물건이 산에 부식되므로 산에 억제제를 넣어 부식을 적게 한다.
④ 다시 산세척 후에는 알칼리 용액 중에 담가서 중화시킨다.

110. 다음 산세 처리의 설명으로 맞지 않는 것은?
㉮ 강표면의 스케일 및 녹을 제거한다.
㉯ 산세액의 농도는 염산의 경우 60~80% 정도가 좋다.
㉰ 산세 억제제는 산화비소(As_2O_3), 산화안티몬(Sb_2O_3)을 쓴다.
㉱ 산세 장치는 염화비닐노 내장하는 것이 좋다.

111. 가장 정교한 세척을 요하는 부품에 적합한 세척 방법으로 맞는 것은?
㉮ 솔벤트 세척 ㉯ 알칼리 세척
㉰ 산 세척 ㉱ 초음파 세척

112. 알칼리 탈지에서 구리 및 구리합금의 PH 범위는?
㉮ 1~2 ㉯ 3~4
㉰ 7~8 ㉱ 10~12

113. 다음 중 후천적 열처리 문제의 원인이 아닌 것은?
㉮ 설계 불량
㉯ 사용 불량
㉰ 열처리 기술 불량
㉱ 후가공 기술 불량

114. 금속 표면에 스텔라이트(Co-Cr-W) 경합금 등의 특수 금속을 용착시켜 표면 경화층을 만드는 방법은?
㉮ 하드 페이싱(Hard facing)
㉯ 숏 피싱(shot peening)
㉰ 금속 침투법(metallic cemenation)
㉱ 파텐팅(patenting)

① 파텐팅(patenting) : 오스테나이트화 한 후, 미리 Ar_1점 이하의 적당한 온도(주로 약 500℃)로 유지한 용융염 또는 용융염 중에서 급랭하고 다시 상온까지 공랭하는 조작
② 하드 페이싱(Hard facing) : 금속 부품의 마모되기 쉬운 표면에 내마모성 경질 금속을 용착시키는 처리를 말한다.

115. 다음 중 표면 장력이 가장 큰 것은?
㉮ 물 ㉯ 석유
㉰ 수은 ㉱ 에틸알코올

표면 장력순 : 수은 〉물 〉석유 〉에틸알코올

정답 108. ㉮ 109. ㉮ 110. ㉯ 111. ㉱ 112. ㉱ 113. ㉮ 114. ㉮ 115. ㉰

116. 다음 그림의 코일 형태는 강재의 어느 면을 가열 시키기 위한 코일인가?

㉮ 내면 가열용 코일
㉯ 외면 가열용 코일
㉰ 평면 가열용 코일
㉱ 치차지면, 담금질 코일

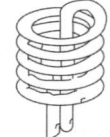

유도가열 시 사용되는 코일의 형태

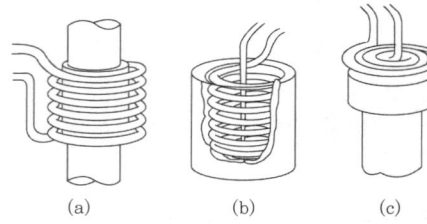

117. 열처리 제품을 방전 가공할 때 전극 재료가 갖추어야 할 성질은?

㉮ 기화 잠열이 커야 한다.
㉯ 전기 비저항이 커야 한다.
㉰ 비열이 작아야 한다.
㉱ 비중이 작아야 한다.

118. 탄소강 중의 열처리 조직, 탄화물의 분포 상태 등을 금속 현미경으로 관찰할 때에 사용 배율은?

㉮ 50 배율
㉯ 100~200배율
㉰ 300~500배율
㉱ 600배율 이상

① 일반적인 강의 불림, 풀림 소재는 100~200 배의 배율로 본다.
② 담금질, 조질 처리의 상태, 탄화물 분포 등은 400배로 본다.

119. 염욕 관리 중 박막 시험편을 구부리면 곧 깨어질 때의 탄소 함유량은?

㉮ 0.1%   ㉯ 0.3%
㉰ 0.5%   ㉱ 0.7% 이상

강박 시험 (steel foil test)
① 강박은 1%C, 두께 0.05mm, 폭 30mm, 길이 100mm 정도로 만들어진 철사로 꼭 매달아 염욕 중에 침지할 때 올려 뜨지 않도록 한 후 염욕 중에 주어진 온도에서 일정 시간 동안 유지한 후 재빨리 꺼내어 수랭한다. 그 다음 부착된 염을 잘 씻어 내고 건조한다.
② 강박을 구부렸을 때 미세하게 깨어지면 이 염욕은 탈탄 작용을 하지 않았다.
③ 염욕중의 추정 탄소량

강박판을 구부렸을 때 상태	추정 잔류 탄소량(%)
구부려도 깨지지 않음	0.1 이하
구부리면 약간 깨어짐	0.3
구부리면 곧 깨어짐	0.5
구부리면 미세하게 깨어짐	0.7 이상

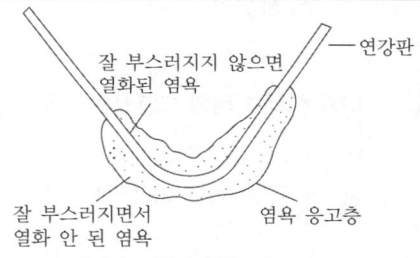
[강박 시험에 의한 점도 시험]

120. 금속 원자로 치환할 수 있는 수소 원자를 함유한 화합물은?

㉮ 염기   ㉯ 염
㉰ 산   ㉱ 중화

수소 원자를 함유한 화합물을 산이라 한다.

정답 → 116. ㉮ 117. ㉮ 118. ㉰ 119. ㉰ 120. ㉰

121 강의 비금속 개재물의 현미경 시험법에서 현미경의 배율은?

㉮ 원칙적으로 400배로 한다.
㉯ 원칙적으로 10배 이하로 한다.
㉰ 원칙적으로 1000배 이상으로 한다.
㉱ 원칙적으로 1500배 이상으로 한다.

122 다음 중 금속의 산화에 대한 설명 중 틀린 것은?

㉮ 금속의 산화는 온도가 높을수록 빨리 진행된다.
㉯ 금속의 산화는 산소가 금속 내부로 확산하는 속도가 클수록 빨리 진행된다.
㉰ 금속의 고온 중 산화는 그 표면에 생기는 산화물의 성질에도 영향을 받는다.
㉱ 금속의 산화는 이온화 계열의 하위에 있을수록 쉽게 일어난다.

금속의 산화는 이온화 계열 상위에 있을수록 쉽게 일어나며 Al보다 상위에 있는 금속은 공기 중에서도 산화물을 만들어 탄다.

123 염욕을 열화하여 효율이 떨어진다. 이를 방지하기 위하여 100℃ 이하의 염욕 처리에 첨가하는 첨가제는?

㉮ Mg-Al   ㉯ CaSi
㉰ Na_2SO_4 ㉱ NaCl

산화, 탈탄 방지
① 100℃ 이상의 처리 온도를 이용하는 중성 염욕에는 $CaSi_2$를 소량 첨가해서 열처리한다.
② 100℃ 이하의 처리 온도를 이용하는 염욕은 Al : Mg(1 : 1)의 합금 분말을 소량 첨가한다.

124 열처리 결함 중 탈탄의 방지 대책으로 적당하지 않은 것은?

㉮ 염욕 및 금속욕에서 가열한다.
㉯ 고온, 장시간 가열한다.
㉰ 중성 분말제 속에서 가열한다.
㉱ 분위기 가스에서 가열한다.

탈탄의 원인과 방지대책
① 탈탄의 원인이 되어 생기는 결함
  ㉠ 담금질 경도 부족으로 표면 탈탄부의 C% 부족 때문이다.
  ㉡ 담금질 왜곡, 균열, 탈탄층 Ms점이 내부 비탈탄부의 MS점보다 높고 또 변태 생성물이 적기 때문에, 표면에 인장 응력이 발생하여 변형, 균열의 원인이 된다.
  ㉢ 기계적 강도 특히 내피로 강도를 현저히 저하시킨다.
  ㉣ 열피로(heat check)가 생기기 쉬워진다.
② 탈탄의 방지책
  ㉠ 염욕 및 금속욕에 가열하며, 분위기 가스 속에서의 가열, 진공 가열한다.
  ㉡ 중성 분말제 속에서 가열한다. 단 조절을 그르치면 거꾸로 침탄을 일으키고, 가벼운 침탄은 문제가 없으나 심해지면 공구강, 고합금강은 취화, 잔류 오스테나이트로 인해 이상 연화, 연삭 균열이 생긴다.
  ㉢ 탈탄 방지제로 도포한다. 표면에 금속 도금 또는 피복한다.
  ㉣ 고온, 장시간 가열을 피한다. 특히 분위기 중에 있어서의 수분의 존재는 탈탄을 현저히 촉진하므로 주의한다. 염욕 중에서도 수분을 흡수한 염을 사용하면 탈탄한다.

125 강의 표면이 탈탄되면 강 표면에 연한층이 형성된다. 다음 중 어느 것인가?

㉮ 오스테나이트   ㉯ 페라이트
㉰ 베이나이트   ㉱ 소르바이트

정답 121. ㉮ 122. ㉱ 123. ㉮ 124. ㉯ 125. ㉯

126. 다음은 열처리 시 균열 발생 감소를 위한 설계 방법이다. 이 중 옳은 것은?

㉮ 돌기물을 일체로 한다.
㉯ 두꺼운 단면과 얇은 단면을 분리시킨다.
㉰ 구멍은 살이 얇은 부분에 집중한다.
㉱ 응력 집중부의 동일 장소에 모은다.

해설
① 돌기물 : 끼워넣기로 한다.
② 구멍 : 위치 설계는 균등히 한다.
③ 응력 집중부는 위치를 건너서 힘이 균등하게 한다.
④ 열처리로 말미암은 균열 발생 감소를 위한 설계상의 주의

돌기물		내면의 유각	
가 만일 날카로운 각이 필요하면 끼워 넣기로 한다.	불가 돌기물을 일체로 한 것	가 우각에 R을 준다.	불가 날카로운 우각의 것

두꺼운 단면과 얇은 단면		기계부품	
가 두꺼운 단면과 얇은 단면을 분리시킨다.	불가 두꺼운 단면과 얇은 단면을 일체로 한 것	가 R을 준다.	불가 날카로운 우각의 것

위치의 설계		내부 또는 외부 스플라인 또는 키·슬로트	
가 균등한 단면을 유지한다.	불가 살이 얇은 부분에 구멍이 집중된 것	가 R을 준다.	불가 날카로운 우각을 붙인 것

발형의 밸런스		부각 다이스	
가 여분의 구멍을 만들어 단면의 밸런스를 잡은 것	불가 언밸런스된 단면	가 우각과 모서리에 R를 준다.	불가 우각과 모서리가 날카로운 것

노치(notch)의 영향		파넹은 나사 또는 볼트 구멍	
가 내려진 위치를 건너서 힘이 균등하게 되어 있다.	불가 응력 집중부를 동일 장소에 모은 것	가 R을 준다.	불가 날카로운 우각의 것

127. 다음 중 담금질 균열이 생기는 시기로서 틀린 것은?

㉮ 급속 가열 또는 불균일 가열로 고온부가 소성열(500℃ 이상)에 들었을 때
㉯ 담금질액에서 꺼낸 후
㉰ 가열 유지 중
㉱ 변태(Ms변태)를 일으켰을 때

해설
담금질할 때 생기는 균열시기
① 200℃ 이하로 냉각할 때
② 냉각액 속으로부터 끝을 올렸을 때
③ 담금질 후 시간 경과시
④ 담금질 상온까지 냉각 시켰을 때
⑤ 담금질 직후 뜨임하지 않을 때
⑥ 담금질 온도가 높을 때
⑦ 소재 표면이 거칠 때
⑧ 단조 후 풀림하지 않고 담금질하였을 때
⑨ 담금질 후 2~3분 후에

128. 다음 중 담금질할 때 생기는 결함이 아닌 것은?

㉮ 얼룩 ㉯ 강도(경도) 부족
㉰ 변형 ㉱ 뜨임 균열

해설
담금질 결함의 종류
담금질 균열, 경도 불균일, 담금질 경도 부족, 담금질 변형, 시효 변형

정답 126. ㉯ 127. ㉰ 128. ㉱

129 다음 중에서 담금질 변형 방지법이 아닌 것은?

㉮ 담금질 온도를 높게 한다.
㉯ 미리 변형을 예측하여 그 반대 방향으로 변형시킨다.
㉰ 숏 피닝(shot peening)을 행한다.
㉱ 프레스(press) 담금질을 한다.

담금질에 의한 변형

① 열응력, 변태 응력 또는 경화 상태가 불균일하기 때문에 생기는 변형
   ※ 방지법 : 대형 부품의 변형으로써 나타나며, 열, 냉각 방법, 형상 등의 개선
② 오스테나이트로부터 마르텐자이트의 조직 변화에 따른 치수 변화(일그러짐)
   ※ 공구, 중·소형 정밀 부품에서 문제가 되며 피하기가 어렵다.
③ 변형에 미치는 각종 영향
   ㉠ 냉각 방법
      ⓐ 물 담금질 → 기름 담금질 → 공기 담금질의 순으로 변형이 적어진다.
      ⓑ 균일한 냉각을 위해서는 긴 일감은 수직으로 호전시키면서 냉각하고 분무 담금질도 균일한 냉각 방법이다.
      ⓒ 물(油) 속에 침지하는 방법에 의해서도 변형량이 달라진다.
      ⓓ 오스템퍼링, 마템퍼링을 행한다.
   ㉡ 담금질 깊이
      ⓐ 담금질 깊이가 얕아지고 펄라이트의 중심부가 나타나면 치수 변화는 적어진다.
      ⓑ 담금질 깊이가 커지면 형상 변화는 커지며 변터에 의한 현상이 열에 의한 현상으로 이루어진다.
   ㉢ 담금질 온도
      담금질 온도가 높으면 강 부품의 치수 및 형상의 변화가 커지므로 될수록 낮은 것이 좋다. 단, 잔류 오스테나이트가 증가하면 형상 및 치수의 변형이 적어진다.
   ㉣ 형상
      ⓐ 원주 및 원판은 열적인 영향을 크게 받으며 반복하여 담금질하였을 때는 점점 구형에 가까운 방향으로 변형이 된다.
      ⓑ 보통 크기의 원주라도 열적인 영향을 받으면 길이가 감소되고 원주의 두께는 증가하지만 원주 내면의 냉각은 적기 때문에 주저앉아 장고 같은 형태가 된다.
④ 담금질 변형 방지법
   ㉠ 미리 변형을 예측하고 반대 방향으로 변형시켜 놓는다.
   ㉡ 프레스 담금질, 롤러 담금질을 행한다.
   ㉢ 프레스 템퍼링, 숏 피닝을 행한다.

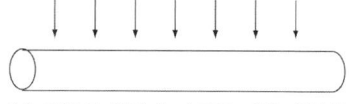

(a) 전체를 빨갛게 가열한 것을 윗부분만 수랭하면

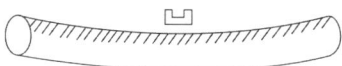

(b) 처음에는 위쪽으로 휘어지고 아래쪽은 아직 빨간 상태

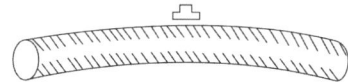

(c) 전체가 냉각되면 빨리 냉각된 쪽이 凸로 된다.

[담금질 굽음이 나타나는 방법]

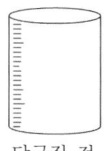

담금질 전   200회 담금질 후

800회 담금질 후

[극연강원주(약 90mm ∅ × 120mm)를 반복하여 수중 담금질했을 때의 형상 변화]

정답 129. ㉮

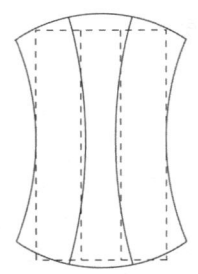

[0.91%C강의 중공원주(中空円柱)
(47.5 mmø×16mmø×76mm)를 870℃에서
담금질했을 때의 뒤틀림 상태]

130 담금질 균열을 방지하기 위한 시간 담금질 방법으로 옳은 것은?

㉮ 물속에 시간 담금질할 때는 두께 1mm 당 3초간 수랭 후 유랭 또는 공랭
㉯ 기름속에 시간 담금질할 때는 두께 1mm 당 5초간 유랭 후 꺼내고 공랭
㉰ 수랭할 때는 진동 또는 물소리가 정지한 순간에 꺼낸다.
㉱ 수랭할 때는 기름의 기포가 올라오자마자 꺼낸 후 유랭 또는 공랭

해설
인상 담금질의 인상 시기 확인 방법
① 가열물의 직경 또는 두께 3mm당에 1초 동안 물 속에 넣은 후 유랭 혹은 공랭한다.
② 진동과 물소리가 정지된 순간 꺼내어(引上) 유랭 혹은 공랭한다.
③ 화색(火色)이 나타나지 않을 때까지 2배의 시간만큼 물 속에 담근 후 꺼내어 공랭한다.
④ 기름의 기포 발생이 정지되었을 때 꺼내어 공랭한다.
⑤ 가열물의 직경 및 두께 1mm에 대하여 1초 동안 기름 속에 담근 후 공랭한다.

131 탄소강에서 담금질 균열이 일어나지 않는 탄소의 한계 함유량은 얼마인가?

㉮ 0.85%   ㉯ 0.4%
㉰ 2.0%   ㉱ 4.2%

해설
① 탄소(C)〉0.4%일 때, Ms〈330℃일 때 담금질 균열이 생기기 쉽다.
② 비금속 개재물이나 탄화물의 편석은 담금질 균열 감소성을 크게 한다.

132 열처리 결함 중 담금질 시 발생하는 균열과 결함이 가장 많다. 다음 중 담금질 균열 방지 대책으로 잘못된 것은?

㉮ 냉각 시 온도의 불균일을 적게 하고 될 수록 변태도 동시에 일어나게 한다.
㉯ 담금질로 생성되는 마르텐자이트의 인성을 높인다.
㉰ 담금질 온도가 너무 높지 않게 하고, 결정립의 조대화, 탈탄 등을 피한다.
㉱ 완전히 식은 다음 담금질액으로부터 꺼내어 2~3시간 경과 후 템퍼링한다.

해설
담금질 균열 방지책
① 완전히 식기 전에 담금질액으로부터 꺼내어 즉시(30분 이내) 뜨임한다.
② 급랭을 피하고 무리 없이 일정한 속도를 유지할 것(Ar″점에서 서랭할 것)
③ 가능한한 수랭은 피하고 유랭할 것(특수 원소 첨가로 유랭으로 수랭 효과를 얻을 것)
④ 부분적 온도차를 적게 하고 부분 단면을 일정하게 할 것
⑤ 재료의 흑피를 완전 제거하여 담금액에 충분히 접촉할 것
⑥ 직각 부분을 적게 하고 담금질 직후 뜨임할 것
⑦ 결정 입자 성장 및 열응력 증대를 시키지 말 것
⑧ 길고, 얇은 재료는 가열, 냉각 시 변형을 막기 위해 packing할 것

정답 130. ㉰ 131. ㉯ 132. ㉱

133 열처리 시 발생하는 균열을 감소시키기 위한 설계에서 적당한 것은?

㉮ 내면의 우각은 R을 준다.
㉯ 살이 얇은 부분에 구멍을 집중시킨다.
㉰ 돌기물은 일체로 한다.
㉱ 두꺼운 단면과 얇은 단면은 일체로 한다.

해설

담금질 균열의 방지책
① 냉각 시 온도의 불균일을 적게 하고 될수록 변태를 동시에 일어나게 한다.
  ㉠ 살 두께 차이 급변을 가급적 줄인다.
  ㉡ 구멍을 뚫어 부품의 각부가 균일하게 냉각되도록 한다.
  ㉢ 날카로운 모서리를 이루지 않게 한다.
  ㉣ 축물(軸物)에는 면취(面取)를 한다.
    ⓐ 담금질 조건이 완만한 것 : R > 3
    ⓑ 가장 엄격한 것 : R > 10
  ㉤ 구멍에는 찰흙, 석면을 채운다.
  ㉥ Ms~Mf 범위에서 될수록 서랭한다.
  ㉦ 시간 담금질을 채용한다.
② 담금질로 생성되는 마르텐자이트의 인성을 높인다.
  ㉠ 강재로서 될수록 저C%를 택한다.
  ㉡ 담금질 온도가 너무 높아지지 않게 하고, 결정립의 조대화, 탈탄 등을 피한다.
  ㉢ 완전히 식기 전에 담금질액으로부터 꺼내어 즉시 뜨임한다(30분 이내).
  ㉣ 사용하는 강재의 비금속 개재물이 적어야 한다.
③ 변태 응력을 줄인다.
  ㉠ 중심까지 완전히 담금질되는 강종은 피한다(담금질 경화층은 필요 최소한으로 한다).
  ㉡ 마퀜칭을 한다.
  ㉢ 탈탄층은 표면의 Ms점을 높이고, 변태 시간의 편차를 조장하여 제거한다.
  ㉣ 침탄 담금질, 고주파 담금질은 거꾸로 표면에 압축 잔류 응력이 생기므로 유효하다.
  ㉤ 성분 편석이 적어야 한다(편석이 많으면 변태 시간에 편차가 생긴다).

134 담금질 부품의 경도 불균일의 원인이 아닌 것은?

㉮ 표면에 탈탄층이 있으면 탈탄부는 경화되지 않는다.
㉯ 냉각이 불균일할 경우
㉰ 화학 성분의 편석으로 경화 경도 불균일
㉱ 담금질성의 향상에 의한 경우

해설

경도 불균일
① 표면에 탈탄층이 있으면 탈탄부는 경화되지 않는다.
② 담금질 온도가 불균일하여 일부에 불완전 오스테나이트(페라이트가 공존)가 있으면 그 부분은 경화되지 않는다.
③ 냉각이 불균일한 경우
④ 화학 성분의 편석, C%를 비롯하여 담금질을 높이는 원소의 편석으로 경화 경도 불균일이 생긴다.
⑤ 담금질 경화능 부족이나 담금질성 부족으로 냉각이 임계 냉각 속도에 임박했을 때, 경도 불균일이 생기기 쉽다.

135 담금질 부품의 경도 불균일 검출 방법이 아닌 것은?

㉮ 연삭을 하면 연한 부분은 경화부에 비해 빛깔이 흐리게 보인다.
㉯ 부식되면 흐림이 나온다.
㉰ 경도를 측정한다.
㉱ 줄 시험을 할 경우 경한 부분은 줄이 걸린다.

해설

경도 불균일의 검출 방법
① 연삭을 하면 연한 부분은 경화부에 비해 빛깔이 흐리게 보인다.
② 부식(50% 염산 수용액)되면 흐림이 나온다.
③ 경도를 측정한다(간편한 방법은 줄 시험이 있고, 부드러운 부분은 줄이 걸린다).

정답 133. ㉮ 134. ㉱ 135. ㉱

[제3장] 열처리 설비 및 열처리 결함과 대책 기출 및 예상문제

136. 경도 불균일의 방지 대책이 아닌 것은?
㉮ 탈탄을 방지한다.
㉯ 탈탄부를 기계적으로 제거 후 담금질한다.
㉰ 적당한 담금질 온도를 유지한다.
㉱ 냉각을 균일하게 하고 될수록 서랭을 한다.

해설
경도 불균일의 방지 대책
① 탈탄 방지 또는 탈탄부를 기계적으로 제거한 후 담금질한다.
② 적당한 담금질 온도를 유지한다(노 내의 온도 분포, 부품을 놓는 방식 등에 주의).
③ 냉각을 균일하게 또한 될수록 빨리한다.
 ※ 피열처리재에 황토를 칠하거나 냉각 시 교반을 충분히 하고, 10% 염수 담금질, 분수 담금질 등을 한다.
④ 담금질성과 냉각능을 감안하여 어느 정도 여유를 가진 화학 성분계의 재료를 고른다.

137. 다음 중 뜨임 균열의 대책으로 적당한 것은?
㉮ 가열 속도를 빠르게 하여 준다.
㉯ 응력이 한 부분에 집중되도록 설계한다.
㉰ 잔류 응력을 집중한다.
㉱ Ms, Mf점이 낮은 고합금강은 2번 뜨임을 한다.

해설
뜨임 균열의 대책
① 서열을 하고, 잔류 응력을 제거한다.
② 응력 집중 부분은 열처리상 알맞게 설계한다.
③ 결정립계 취성을 나타내는 화학 성분을 감소시킨다(Cr, Mo, V 등은 취성 방지 원소).
④ 고속 같은 경우는 뜨임 전에 탈탄층을 제거하고 뜨임 후 서랭 또는 유랭한다.
⑤ Ms점, Mf점이 낮은 고합금강은 균열을 방지하기 위해 2번 뜨임한다.

138. 다음 중 담금질 경도 부족의 경우가 아닌 것은?
㉮ 담금질 가열 온도가 너무 낮아서 오스테나이트, 페라이트 2상 구역에서 담금질한 경우
㉯ 담금질했을 때 냉각 속도가 임계 냉각 속도보다 빨라서 페라이트가 석출한 경우
㉰ 담금질 개시 온도가 너무 낮아진 경우
㉱ 표면 스케일 부착에 의한 냉각 속도 부족

해설
담금질 경도 부족 원인
① 담금질 가열 온도가 너무 낮아서 오스테나이트, 페라이트 2상 구역에서 담금질한 경우
② 담금질했을 때 냉각 속도가 임계 냉각 속도보다 느려서 페라이트가 석출한 경우
③ 담금질 개시 온도가 너무 낮아진 경우
④ 표면 스케일 부착에 의한 냉각 속도 부족
⑤ 탈탄층은 담금질 경도 부족
⑥ 화학 성분의 편석에 의해서, 정편석부에서는 강도 초과, 부편석부에서는 강도 부족이 된다.
⑦ 이재(異材) 혼입
⑧ 잔류 오스테나이트로 인한 경도 부족

139. 합금강의 열처리에서 질량 효과를 현저히 개선하고 니켈-크롬강의 결점인 뜨임 취성을 완화하는 원소는?
㉮ 몰리브덴 ㉯ 구리
㉰ 망간   ㉱ 규소

해설
Ni-Cr강에 0.3%의 Mo를 첨가함으로서 강인성을 증가시키고 담금질한 경우 질량 효과가 감소되어 뜨임 취성을 방지한다.

정답 136. ㉱ 137. ㉱ 138. ㉯ 139. ㉮

140 잔류 오스테나이트에 의해 담금질 경도 부족 현상이 나타난다. 다음 중 잔류 오스테나이트에 관한 설명 중 틀린 것은?

㉮ C가 약 0.6% 이상의 강은 담금질하여 상온까지 냉각하는 것만으로 오스테나이트가 잔류한다.
㉯ 잔류 오스테나이트의 양은 고탄소가 될수록 많다.
㉰ 잔류 오스테나이트가 많아지면 경년 변형, 균열 등의 원인이 된다.
㉱ 잔류 오스테나이트를 방지하는 법은 수랭을 피하고 노냉을 한다.

해설

잔류 오스테나이트
① C가 약 0.6% 이상의 강은 담금질하여 상온까지 냉각하는 것만으로 오스테나이트가 잔류한다.
② 잔류 오스테나이트의 양은 고탄소가 될수록 많고, 담금질 온도가 높을수록, 냉각 속도가 느릴수록 많아진다.
③ 잔류 오스테나이트가 많아지면 경도 부족, 경년 변화, 균열, 뜨임 균열, 연삭 균열 등의 원인이 된다.
④ 방지책으로는 유랭보다는 수랭을 하고 담금질 후 즉시 심랭 처리한다.

141 다음 원소 중 뜨임 취성을 방지하는 데 큰 효과가 있는 원소는?

㉮ P   ㉯ Cr
㉰ Mn ㉱ Mo

해설

뜨임 취성을 방지하는 원소 : Mo

142 담금질 및 뜨임 시 균열의 원인 중 틀린 것은?

㉮ 탈탄이 심할 때
㉯ 재질 및 질량에 대하여 냉각 속도가 빠를 때
㉰ 변태 응력이 집중되지 않을 때
㉱ 담금질 후 뜨임하지 않고 장시간 방치하였을 때

해설

담금질 및 뜨임 시 균열의 원인
① 담금질 균열의 원인
  ㉠ 열응력에 의한 균열 : 급랭으로 재료 내외부의 온도차가 생겨 열응력이 발생하는 것
  ㉡ 조직의 불균일에 의한 균열 : 변태점 이하의 온도에서 변태로 생긴 새로운 조직과 前 조직과의 체적 차에 의한 변태 응력의 집중에 의한 것
② 뜨임 균열의 원인
  ㉠ 템퍼링의 급속 가열 : 노내온도 불균일로 열응력이 결정 입계에 나타나는 취성과 함께 응력이 집중된 부분의 균열 발생.
  ㉡ 뜨임 온도로부터의 급랭 : 뜨임으로 인하여 2차 경화되는 고속도강은 뜨임 온도에서 급랭하면 열응력이 생겨 형상이 좋지 않으며 균열 발생
  ㉢ 탈탄층이 있는 경우 : 강의 내부에서 잔류 오스테나이트가 마르텐자이트 조직으로 팽창되고 탄화물이 석출하여 수축이 생겨 외부의 탈탄층과는 조직이 크게 다르기 때문에 균열이 생긴다.
  ㉣ 담금질이 끝나지 않는 상태의 것을 뜨임한 경우

정답 140. ㉱ 141. ㉱ 142. ㉰

143 뜨임 취성에 있어서 제1취성의 발생원인 중 가장 적합한 것은?

㉮ 뜨임 온도에서 냉각 속도가 느리기 때문
㉯ 뜨임 온도까지 급속 가열 때문
㉰ 뜨임 온도에서 지속 시간이 길기 때문
㉱ 뜨임 온도에서 급랭시켰기 때문

뜨임 취성의 종류
① 저온 뜨임 취성
  ㉠ 250~400℃의 뜨임에서 발생한 취성으로 P, N을 함유한 강에서 나타난다.
  ㉡ 뜨임과 더불어 석출되는 미세한 시멘타이트의 취화 원인이다.
  ㉢ 대책 : 이 온도 범위를 피할 것(Al, Ti, B를 함유한 강은 취성이 적게 발생)
② 고온 취성
  ㉠ 제1차 뜨임 취성 : Mn, Ni, Cr 등을 함유한 구조용 강을 500~550℃에서 뜨임하면 뜨임 후에는 냉각 속도에 관계없이 뚜렷하게 나타난다.
  ㉡ 제2차 뜨임 취성 : 550℃ 이상에서 뜨임하면 급랭된 상태에서는 인성이 높지만 서랭한 상태에서는 취화된다.
  ㉢ 이 두 가지 취성은 500~550℃에서 석출되는 석출물에 의해 취화된다.
  ㉣ 방지법 : 600℃ 이상에서 뜨임한다. Mo 0.15~0.5% 정도의 강을 선택한다.

144 Ni-Cr강의 뜨임 메짐은 몇 도에서 일어나는가?

㉮ 200~300℃   ㉯ 350~450℃
㉰ 500~600℃   ㉱ 700~800℃

Ni-Cr강의 뜨임 온도는 550~650℃에서 뜨임한다.

145 다음 담금질 결함과 대책에 관한 설명이다. 결함의 종류는?

> 원인은 수증기의 부착, 냉각법의 불균일 등에 의하며, 대책은 염수 담금질 또는 분수, 분무 담금질을 하는 것이다.

㉮ 담금질 균열   ㉯ 담금질 휨
㉰ 연화점   ㉱ 변형

결함	원인	대책
담금질 균열	형태가 나쁨 저온까지 급랭	형태를 바꾼다. 2단 냉각마퀜칭
담금질 휨	휨 냉각 불균일	노내 적재법에 주의, 균일냉각 프레스템퍼링
연화점 (soft spot)	수증기의 부착 냉각법의 불균일	염수 담금질 분수, 분무 담금질

146 열처리작업 중 연점(soft spot)이 발생하는 원인은?

㉮ 소금물을 사용할 때
㉯ 수조 위에 기름이 뜰 때
㉰ 냉각액의 양이 많은 때
㉱ 자경성의 소형물을 사용할 때

연점(soft spot, 담금질 얼룩)
① 담금질 면이 고르지 못한 것을 연점(軟點)이라 한다.
② 수증기가 강의 표면에 부착되면 그 부분의 냉각은 현저하게 늦게 되어 경화하지 않고 연점이 되어 남는다.
③ 수조 위에 기름이 뜰 때 연점이 발생하는 원인이 된다.

정답 143. ㉰   144. ㉰   145. ㉰   146. ㉯

147 풀림 시 연화 부족의 원인에 대한 설명 중 틀린 것은?

㉮ 풀림 온도가 너무 낮다.
㉯ 풀림 시간이 너무 길다.
㉰ 구상화 풀림이 부적당하다.
㉱ 풀림 온도로부터 냉각이 부적당하다.

연화부족의 원인
① 풀림 온도가 너무 낮다.
② 풀림 시간이 충분하지 못하다.
③ 구상화 풀림이 부적당하다.
④ 풀림 온도로부터 냉각이 부적당하다.
⑤ 고탄소강은 망목상 조직으로 되고 연화가 불충분하다.
⑥ 방지법 : A_{cm}선 또는 Ac_3점 이상의 온도에서 가열하고 탄화물을 오스테나이트 속에 고용시킨 후 급랭하고 구상화 풀림을 한다.

148 부적당한 구상화 풀림이 되었을 때 생기는 현상이 아닌 것은?

㉮ 층상이 생긴다.
㉯ 망목상이 생긴다.
㉰ 조대한 탄화물이 생긴다.
㉱ 미세한 탄화물이 생긴다.

부적당한 구상화 풀림의 방지 대책
① 부적당한 구상화 풀림으로 층상, 망목상 및 조대한 탄화물이 생긴다.
② 강괴의 편석에 의한 것이 많고 열처리만으로는 회복이 어려우므로 강괴의 단조를 충분히 한다.
③ 구상화 풀림하기 전에 A_{cm}선 또는 Ac_3점 이상의 온도에서 가열한 후 급랭한다.
④ 충분한 단조와 전처리의 풀림이 정상으로 되어 있으면 구상화 처리는 비교적 쉽다.

149 침탄 담금질 작업 시 담금질 경도가 부족하게 된 원인이 아닌 것은?

㉮ 담금질 온도가 너무 낮을 때
㉯ 담금질 시 냉각 속도가 느릴 때
㉰ 잔류 Austenite양이 적을 때
㉱ 탈탄이 일어났을 때

침탄 담금질의 경도 부족 원인
① 침탄량이 부족할 때
② 담금질 온도가 너무 낮을 때
③ 탈탄이 되었을 때
④ 담금질의 냉각 속도가 느릴 때
⑤ 잔류 오스테나이트가 많을 때(담금질 온도가 너무 높다.)

150 다음 중 침탄 담금질에서 박리가 생기는 원인 및 대책이 아닌 것은?

㉮ 과잉 침탄이 생겨서 탄소 함유량이 너무 많을 때
㉯ 원 재료가 너무 경할 때
㉰ 반복 침탄을 하지 않았을 때
㉱ 침탄 완화제를 사용하고 침탄을 한 후 확산처리를 함

박리가 생기는 원인과 대책
① 박리가 생기는 원인
  ㉠ 과잉 침탄이 생겨서 탄소 함유량이 너무 많을 때
  ㉡ 원 재료가 너무 연할 때
  ㉢ 반복 침탄을 했을 때
② 대책
  ㉠ 과잉 침탄에 대해서는 침탄 완화제를 사용하고 침탄을 한 후 확산처리한다.
  ㉡ 원재료를 강도가 높은 것을 사용한다.
③ 박리(剝離, spalling, flaking) : 금속의 표면에서 박편이 박탈되는 것으로서 침탄강이나 경질강 등이 하중을 받을 때 생기는 현상이다.

정답 147. ㉯ 148. ㉱ 149. ㉰ 150. ㉯

151. 침탄 담금질에 의한 변형 방지 대책으로서 가장 적합하지 않은 것은?

㉮ 1, 2차 담금질을 행한다.
㉯ 프레스 담금질을 행한다.
㉰ 마템퍼링을 행한다.
㉱ 심랭 처리를 한다.

침탄 담금질 변형 방지법
① 1차 담금질의 생략한다(고온으로부터의 1차 담금질은 변형이 크므로).
② 프레스 담금질을 한다.
③ 마템퍼링을 행하며, 심랭 처리를 한다.

152. 과잉 침탄 시 나타나는 현상이 아닌 것은?

㉮ 담금질 균열
㉯ 탄화물 생성
㉰ 박리 현상
㉱ 망상 시멘타이트 석출

과잉 침탄(super carburization)
① 과공석 조직이 생기는 침탄을 말한다.
② 온도가 높을수록 심하다.
  ㉠ 가스 침탄을 하거나 침탄 온도를 약간 낮춘다.
  ㉡ 완화 침탄(mold carburization)을 한다.
    ※ 완화 침탄은 오래된 침탄제를 사용하거나 완화제로 석탄이나 Al 등을 가한다.
③ 과잉 침탄 조직으로 된 것은 유리 시멘타이트를 구상화하거나 확산 풀림한다.
④ 과잉 침탄 조직은 침탄 능력과 내부로 탄소가 확산해 들어가는 상호 작용에 의해 생기며, 내부로 향하는 확산 속도보다 침탄 능력이 클 때만 나타난다.

153. 다음은 과잉 침탄과 침탄의 부족에 대한 설명이다. 틀린 것은?

㉮ 노 내 및 침탄 상자 내의 온도가 불균일할 경우 침탄 부족의 원인이 된다.
㉯ 급속한 가열에 의한 침탄 상자 내의 온도 상승의 지연 및 온도 부족으로 침탄이 부족하다.
㉰ 침탄 분위기 상태에서 오는 탄소량 과다로 과잉 침탄의 원인이 된다.
㉱ 완화 침탄제를 이용함으로써 과잉 침탄의 원인이 된다.

침탄 부족과 과잉 침탄의 원인
① 침탄 부족 원인
  ㉠ 노 내 및 침탄 상자 내의 온도 불균일
  ㉡ 급속한 가열에 의한 침탄 상자 내의 온도 상승의 지연 및 온도 부족
  ㉢ 침탄 온도에서의 유지 시간
② 과잉 침탄의 원인
  ㉠ 침탄 분위기 상태에서 오는 탄소량의 과대
  ㉡ Cr, Mn 등 탄화물의 생성 원소를 많이 함유하는 침탄강은 침탄 속도는 빠르지만 탄소의 확산 속도가 느리기 때문에 강 표면의 탄소 함유량이 너무 높아진다.
③ 대책
  ㉠ 완화 침탄제를 이용한다.
  ㉡ 침탄 후 확산 처리를 한다.
  ㉢ 1차(과잉 침탄에 의해 생긴 유리 시멘타이트가 망목상 조직을 파괴하고 균일하게 분산함), 2차 담금질을 행한다.

154. 과잉 침탄은 어떤 원소가 재료 중에 많이 포함되어 있을 때 생기는가?

㉮ Ni ㉯ Cr
㉰ Cu ㉱ N

정답 151. ㉮ 152. ㉯ 153. ㉱ 154. ㉯

155 다음은 담금 갈림이 생기는 장소이다. 부적당한 것은?

㉮ 단면이 급변하는 곳에 생긴다.
㉯ 구멍이 있는 곳에 생긴다.
㉰ 예리한 부분에 생긴다.
㉱ 단면의 변화가 없는 곳에 생긴다.

담금질 처리에 영향을 주는 부품의 형상
① 두께의 급변화
② 예리한 모서리
③ 계단 부분
④ 막힘 구멍

156 다음 원소 중에서 적열 취성, 백점, 담금질성 증가에 해당되는 원소로 나열된 것은?

㉮ Cr, H₂, S   ㉯ S, H₂, C
㉰ S, C, Mn   ㉱ S, H₂, Mn

원소	유해작용	함유한도(%)
P	냉간취성, 편석	<0.04
S	적열취성, 편석	<0.04
Cu	적열취성	<0.3
Sn	메짐성	<0.06
H	수소메짐성, 백점	<0.0004

157 연화 밴드(이발소 마크)는 어떤 표면 경화 처리 시에 나타나기 쉬운 결함인가?

㉮ 질화   ㉯ 침탄
㉰ 전해   ㉱ 고주파

연화 밴드(Barber's mark)는 고주파 경화 처리 시에 나타나기 쉬운 결함이다.

158 고주파 담금질에서 균열이 생기는 것과 관계가 없는 것은?

㉮ 담금 균열   ㉯ 뜨임 균열
㉰ 왜곡 균열   ㉱ 연마 균열

고주파 담금질의 균열
① 재료 불량
  ㉠ 탄소를 0.4% 이상 함유하면 균열이 되기 쉽다.
  ㉡ 망목상의 시멘타이트, 큰 입자, 이상편석 등의 조직 결함, 비금속 개재물 등이 균열을 증가시킨다.
  ㉢ 합금강은 수랭하는 대신 유랭 또는 합성수지계 수용액을 사용한다.
② 담금질 가열 온도의 과대
  담금질 경도 깊이가 깊어질수록 균열이 일어나기 쉽다.
③ 냉각 방법의 부적당
  ㉠ 유랭보다 느린 냉각은 균열의 걱정은 없지만 경도 부족의 원인이 된다.
  ㉡ 수랭시 냉각 얼룩을 일으키고 균열의 원인이 된다.
④ 자연 균열

159 풀림에서 일반적으로 탈탄 반응은 수분의 작용이 중요하다. 수분의 함량이 어느 정도 이하이어야 하는가?

㉮ 0.05% H₂O   ㉯ 0.1% H₂O
㉰ 0.5% H₂O   ㉱ 1% H₂O

160 고탄소강의 풀림 시 탈탄이 일어났다. 이 부분의 조직은?

㉮ 오스테나이트   ㉯ 마르텐자이트
㉰ 페라이트   ㉱ 펄라이트

정답 155. ㉱ 156. ㉯ 157. ㉱ 158. ㉯ 159. ㉱ 160. ㉰

161 고주파 담금질의 경도 부족 및 경도 얼룩의 원인이 아닌 것은?

㉮ 재료가 부적당하다.
㉯ 냉각이 부적당하다.
㉰ 고주파 발진기의 power 부족에 의한 가열 온도가 부족하다.
㉱ 탄소 함유량이 0.5% 이상에서는 부적당하다.

고주파 담금질의 경도 부족, 경도 얼룩의 원인
① 재료가 부적당하다.
  탄소 함유량이 0.3% 이하이어야 한다.
② 냉각이 부적당하다.
③ 고주파 발진기의 power 부족에 의한 가열 온도가 부족하다.

162 구상 흑연 주철의 뜨임 취성 방지 효과로 적당하지 않은 것은?

㉮ 소량의 Mo를 첨가한다.
㉯ 인(P)을 0.03% 이하로 한다.
㉰ 규소를 2% 이하로 첨가한다.
㉱ 뜨임 온도를 450~550℃로 유지한다.

구상 흑연 주철의 뜨임 취성
① 뜨임 온도에서 급랭하면 취화(脆化)하고 서랭하면 취화하지 않는다.
② 연성을 목적으로 한 페라이트형 주물에 있다 (담금질 처리는 공석 온도 이하로 한다).
③ P나 Si가 많을수록 뜨임 취성에 대한 감수성이 크다.
④ 방지법 : P는 0.03% 이하, Si는 2% 이하로 하고, 또 Mo를 소량 첨가, 서랭한다.
⑤ 취성이 생기는 위험 온도 : 450~550℃
⑥ 650℃로 담금질 후 450℃까지의 온도로 뜨임하면 충격치의 향상, 항장력, 항복점이 높아진다.

163 자연 균열을 방지하려면 어떻게 하여야 하는가?

㉮ 200~250℃에서 풀림하여 내부 응력을 제거한다.
㉯ 600~1000℃에서 담금질 후 풀림한다.
㉰ 탈아연을 방지시키면 된다.
㉱ 아연의 함유량을 증가시킨다.

자연 균열(season cracking, 시기 균열)
① 상온 가공한 황동, 양은 등은 시간의 경과에 다라 자연히 균열이 생기는 경우가 있다. 이 같은 파괴를 시기 균열이라 한다.
② 시기 균열은 두 개의 결정의 경계에서 발생한다.
③ 방비법 : 도금, 도료 또는 200~250℃에서 풀림하여 내부 응력을 제거한다.
④ 자연 균열을 일으키기 쉬운 분위기 : 암모니아, 산소, 탄산가스, 습기, 수은 및 그 화합물

164 심랭 처리시 강의 표면에 탈탄 부분이 있으면 균열이 생기기 쉬운데 그 대책으로 적합하지 않은 것은?

㉮ 담금질 전에 탈탄층을 제거한다.
㉯ 심랭 처리전 100~300℃에서 템퍼링한다.
㉰ 심랭 처리 온도로부터의 승온을 수중에서 행한다.
㉱ 심랭 처리시 서서히 가열하여 표면의 팽창을 억제한다.

심랭 처리를 할 때 급속한 가열로 표면을 팽창시켜 인장 응력을 감소시키면 효과가 증가한다.

165 다음 중 경도 불균일의 원인은?

㉮ 편석 ㉯ 질량 효과
㉰ 냉각 속도 부족 ㉱ 가열 온도 부족

166 다음 결함 중에서 열처리 기술의 잘못으로 인한 것은?

㉮ 편석(segregation)
㉯ 백점(white spot)
㉰ 피시 스케일(fish scale)
㉱ 비금속 개재물

해설
① 편석, 백점, 비금속 개재물은 소재 결함에 속하고 피시 스케일은 열처리 결함에 속한다.
② 피시 스케일(fish scale, marble fracture)
　㉠ 담금질한 고속도강 파면에 나타나는 비닐 모양의 파면이다.
　㉡ 담금질 전의 열처리 또는 기계 가공으로 입계 변형을 받는 고속도강이 그 후 담금질 때문에 일어나는 결정립 성장(grain growth)이다.
　㉢ 제6종과 같은 낮은 W의 고속도강에 생기기 쉬운 현상이다.
　㉣ 원인 : 단조해서 즉시 담금질하거나 단조 다듬질 온도가 부적당한 경우에 담금질하지 않고 담금질을 3~5회 조작했을 때 생긴다.
　㉤ 방지법 : 담금질 전에 풀림을 충분히 한다.
　㉥ 피시 스케일이 생긴 고속도강은 경도에 변화는 없으나 일반적으로 여리므로 결함이 생기지 않게 열처리할 필요가 있다.

167 열처리된 재료 내부에 잔류 응력이 남았을 때 가장 많이 발생하는 것은?

㉮ 강재 표면이 탈탄된다.
㉯ 결정 입자가 조대화된다.
㉰ 제품 모양이 변형한다.
㉱ 담금질하여도 연하다.

168 다음 중 금속적으로 연속적 결함이 아닌 것은?

㉮ 편석　　　㉯ 열처리 불량
㉰ 잔류 응력　㉱ 백점

169 표면에 피팅이나 에칭이 발생하는 결함의 원인이 아닌 것은?

㉮ 아노다이징 전에 보관 시 알루미늄의 부식
㉯ 이미 입힘 피막을 제거하지 않고 다시 아노다이징 처리를 한 경우
㉰ 처리액에 염소기의 존재
㉱ 제품과 지그 사이의 접촉 불량

해설
㉱항은 아크에 의해서 작은 피트(pit)나 균열의 결함의 원인이 된다.

170 열처리용 냉각제 관리 사항 중 일일(一日) 점검 사항이 아닌 것은?

㉮ 담금질통의 기름면
㉯ 기름의 온도
㉰ 기름의 필터에 가하는 압력
㉱ 기름의 냉각능

171 품질 관리에서 특성 요인을 나타내는 데이터가 아닌 것은?

㉮ 설비　　　㉯ 환경 조건
㉰ Cost　　　㉱ 측정 방법

정답　166. ㉰　167. ㉰　168. ㉱　169. ㉱　170. ㉱　171. ㉮

172. 작업 중 상해를 당하였을 때 가장 적절한 응급조치는?

㉮ 의식 불명일 때에는 물 또는 다른 음료수를 주어 탈수 현상을 막도록 한다.
㉯ 머리의 부상이 심하지 않을 때에는 머리를 낮게 하고 다리를 높여 주어야 한다.
㉰ 혈액 순환을 위하여 부상자를 움직이도록 하여야 한다.
㉱ 감전으로 인하여 호흡, 심장이 정지되었으면 인공호흡을 중단시킨다.

173. 안전 사고 방지의 기본 원리 중 제3 단계에 해당되는 것은 다음 중 어느 것인가?

㉮ 안전 관리 조직   ㉯ 사실의 발견
㉰ 시정 방법의 선정 ㉱ 분석 평가

174. 다음 중 공정 능력을 향상하는 기본적 요소가 아닌 것은?

㉮ 측정(measurement)
㉯ 사람(man)
㉰ 설비(machine)
㉱ 원재료(material)

175. 고열물 작업의 유의사항 중 관련이 가장 먼 것은?

㉮ 신체의 노출 부분이 될수록 적게 할 것
㉯ 될수록 안전화를 신을 것
㉰ 노에 재료를 출입할 때에는 신속히 할 것
㉱ 노 내의 탕이나 재료가 튀지 않게 주의할 것

정답 172. ㉮ 173. ㉱ 174. ㉮ 175. ㉯

제3편

금속재료시험

제1장 기계적 시험법
제2장 금속조직 시험법
제3장 안전관리

✱ 기출 및 예상문제

기계적 시험법

01 인장 시험(tension test)

시험편을 시험기에 걸어 축방향으로 인장하여 파단될 때까지의 변형과 힘을 측정하여 재료의 변형에 대한 저항력의 크기를 알기 위한 시험이다.

1 시험기의 종류

① 앰슬러형, 발드윈형, 올센형, 인스트론형, 모블 페더하프형, 시즈마형
② 산업용 : armsler형(능력 : 30~50ton)이 많이 사용된다.
③ 연구 목적용(정밀시험) : instron형이 많이 사용된다.
④ 만능시험기가 갖출 조건
      ㉠ 정밀도 및 감도가 우수할 것
      ㉡ 시험기의 안정성 및 내구성이 클 것
      ㉢ 조작이 간편하고 정밀측정이 가능하며 취급이 편리할 것

2 인장 시험편 규격의 규정

(1) 인장 시험편의 규정

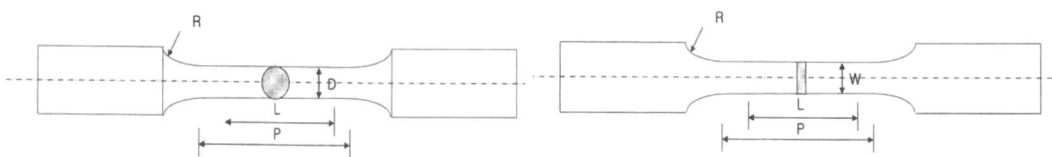

표점 거리 L=50mm, 지름 D=14mm
평형부 길이 P=60mm, 모서리 반지름 R=15mm 이상

표점 거리 L=50mm, 지름 W=25mm
평형부 길이 P=60mm, 모서리 반지름 R=15mm 이상

[인장시험편 규격]

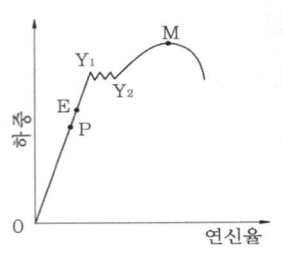

P : 비례한계
E : 탄성한계
Y_1 : 상항복점
Y_2 : 하항복점
M : 극한강도

[하중-연신율 선도(연강)]

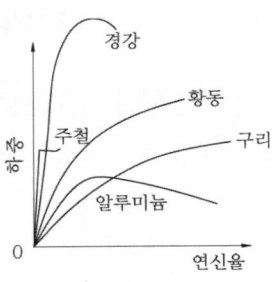

[각종 금속의 하중-연신율 선도]

[인장 시험편의 규정]

국 명	미 국	영 국	독 일	일 본	한 국
규 정	ASTM E8~50 ASTM E8~52	BSI8	DIN50123 DIN50146 DIN50146	JISB 7701	KS B 0801

(2) 비례 한계(Proportional limit)

① OP점 사이의 늘어난 길이가 하중에 비례한 구간으로 응력이 증가하면 변형도 증가한다.
② P점의 하중을 원단면적으로 나눈 값으로 응력과 변형량이 정비례 관계를 유지한 한계

(3) 탄성 한계(elastic limit)

① OE점 사이의 변형으로 하중이 증가하면 늘어난 길이도 증가하되 비례하지 않는다.
② 탄성 변형은 하중을 제거하면 변형은 원상태로 되돌아온다.
③ **탄성 한도** : 탄성 한도점의 하중을 원단면적으로 나눈 값(영구변형이 생기지 않는 응력의 최댓값)
④ 탄성 한도와 비례 한도는 그 값이 비슷하며, 하중이 적은 동안은 하중과 연신율은 비례한다.
⑤ **후크의 법칙(Hook's law)** : 변형이 크지 않는 탄성 한계 내에서 변형의 크기는 작용하는 외력에 비례한다.
⑥ **바우징 효과(Bauschinger effect)** : 동일 방향에의 소성 변형에 대하여 전에 받던 방향과 정반대 방향을 부여하면 탄성 한도가 낮아지는 현상. 비틀림 변형의 경우에 가장 명백하다.

⑦ Poisson's ratio : 탄성 한계 내에서 가로 변형과 세로 변형은 그 재료에 대하여 항상 일정하다.

※ 포아송 비 : 가로 변형/세로 변형, 금속의 경우 포아송 비 : 보통 0.2~0.4

⑧ 강성률

$G = \dfrac{E}{2(1+V)}$ ※ G : 강성률, V : 포아송 비, E : 탄성률

(4) 항복점(yield point)

① E점을 지나 하중을 더 가하면 하중-연율 곡선은 비례하지 않고 Y_1점에서 급격히 하중이 감소되어 Y_2점의 하중과 같아지고 하중은 일정한데 시험편은 잘 늘어난다.
② 하중을 제거한 후에 명백히 영구 변형이 인정되기 시작하는 점
  ㉠ 상항복점 : Y_1점 하중을 원단면적으로 나눈 값(통상 항복점이라고 한다.)
  ㉡ 하항복점 : Y_2점 하중을 원단면적으로 나눈 값

(5) 인장강도(tensile strength)

① 시험편에 하중을 가하여 시험편이 절단되었을 때의 하중을 시험편 원단면적으로 나눈 값

※ 인장강도 = $\dfrac{최대하중}{원단면적} = \dfrac{P_{max}}{A_0}$ (kg$_f$/mm^2)

② 재료의 강도는 단위 면적에 대한 최대 저항력으로 표시한다.

(6) 연신율(Elongation)

① 시험편이 절단되기 직전의 표점 사이와 원표점 길이의 차의 원표점 길이에 대한 백분율

$\delta = \dfrac{변형\ 후\ 길이 - 변형\ 전\ 길이}{변형\ 전\ 길이} \times 100(\%) = \dfrac{l_1 - l_0}{l_0} \times 100(\%)$

(7) 단면 수축률(reduction of area)

① 시험편의 원단면적과 절단 후의 단면적과의 차를 원단면적으로 나눈 값의 백분율

$\varnothing = \dfrac{원단면적 - 변형\ 후의\ 단면적}{원단면적} \times 100(\%) = \dfrac{A_0 - A_1}{A_0} \times 100(\%)$

(8) 내력(耐力, yield strength)

① 인장 시험을 할 경우 규정된 영구 변형을 일으킬 때의 하중을 평형부의 원단면적으로 나눈 값
② 항복점이 생기지 않는 고탄소강, 비철금속재료에서는 항복점 대신에 내력을 둔다.
③ 0.2%의 영구 변형의 하중을 시험편의 원단면적으로 나눈 값
④ 내력을 구하는 방법

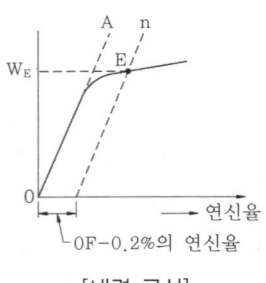

[내력 곡선]

※ 규정된 연신율 OF(0.2%)의 F점에서 하중-연율 곡선의 직선 부분에 평형선을 긋고 곡선과의 교점 E에서의 하중(W_E)을 원단면적(A_0)으로 나눈 값이다.

$$\delta_k = \frac{W_E}{A_0} \ (kg_f/mm^2)$$

02 경도 시험(hardness test)

1 경도를 측정하는 방법

① 정지 상태에서 압입자로 다른 물체를 눌렀을 때에 생기는 변형 : HB, HR, HV, 마이어
② 충격적으로 한 물체에 다른 물체를 낙하시켰을 때에 반발되어 튀어 오른 높이 : HS
③ 한 물체에 다른 물체를 긁었을 때에 긁히는 정도 : 모오스, 마르텐스 긁힘 경도
④ 진자 장치를 이용하는 방법 : 하버트 진자 경도
⑤ 기타 방법 : 초음파 경도
  ※ 소성 변형에 대한 저항 : [(1), (2)], 탄성 변형에 대한 저항 : [(3)]
⑥ 주요 금속의 경도순서 : Fe 〉 Cu 〉 Al 〉 Ag 〉 Zn 〉 Au 〉 Sn 〉 Pb

2 브리넬 경도(HB, Brinell hardness test)

① 일정한 지름(D)의 강철 볼을 일정한 하중(P)으로 시험편 표면에 압입한 다음 하중을 제거한 후에 볼 자국의 표면적으로 하중을 나눈 값으로 측정한다.

② 경도를 나타내는 식

$$HB = \frac{P}{W} = \frac{2P}{\pi D(D - \sqrt{D^2-d^2})} = \frac{P}{\pi Dt}$$

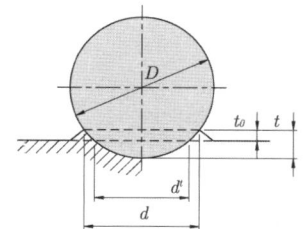
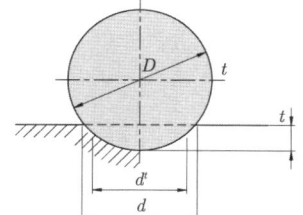

③ 압흔의 깊이(t)

$$\frac{P}{\pi \cdot D \; HB}$$

  ┌ P : 하중(kg$_f$)
  │ D : 강구의 지름(mm)
  │ d : 들어간 지름(mm)
  └ t : 들어간 최대 깊이(mm)

④ 이 경도계는 시험편이 작은 것, 얇은 재료, 침탄강, 질화강 등에는 부적합하다.
⑤ 시험편(test piece)
  ㉠ 시험편의 양면은 평행하게 하고 윗부분의 면은 잘 연마할 것
  ㉡ 시험편의 두께 : 들어간 깊이의 10배 이상
  ㉢ 시험편의 나비 : 들어간 깊이의 4배 이상
  ㉣ 같은 시험편을 반복 시험할 때는 들어간 자국이 지름의 4배 이상 떨어져야 한다.
  ※ 가장자리에서는 2.5배 이상 떨어져야 한다.

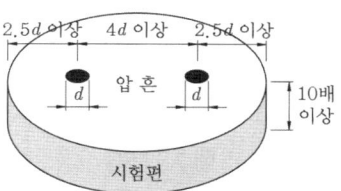

[압흔 사이의 거리]

⑥ 하중 및 시간
  ㉠ 압입자의 지름과 하중

강구 지름 D(mm)	하 중 W(kg$_f$)	용 도
10	3000	철강재
10	1000	구리 합금, Al
10	500	연질 합금
5	750	굳은 재료의 박판

  ㉡ 가압 시간 : 30초가 가장 좋다.
⑦ HB와 인장강도와의 관계식(0.04~0.86%C의 탄소강의 경우)
  HB = 2.8×δ_3(인장강도)

[제1장] 기계적 시험법

3 비커즈 경도(HV, Vicker's hardness tset, 누프(knoop))

① 정사각추의 다이아몬드 압입자를 시험편에 놓고 하중을 가하여 시험편에 생긴 피라미드형 자국의 표면적으로 하중을 나눈 값으로 측정한다.

② 경도를 나타내는 식

$$HV = \frac{2W \sin \cdot \frac{a}{2}}{d^2} = 1.8544 \frac{W}{d^2}$$

- W : 하중(kgf)
- d : 압입 자국의 대각선 길이(mm)
- α : 대면각(1360)

③ 비커즈 경도계의 특징
  ㉠ 하중(1~150kgf)을 임의로 변경시킬 수 있어 경한 재료나 연한 재료, 얇은 재료, 질화층, 침탄층의 경도를 정확히 측정 가능하다.
  ㉡ 압입 흔적이 작으며 경도 시험 후 압흔의 평균 대각선 길이를 1/1000mm까지 측정하여 환산표를 참조하여 경도값을 환산할 수 있다.
  ㉢ 하중 유지시간은 30초가 원칙이고, 단단한 강일 경우 15초로 한다.

4 로크웰 경도 시험(HR, Rockwell Hardness tset)

① 강구 또는 다이아몬드 원뿔형을 시험편에 압입할 때 생기는 압입된 자리의 깊이에 의해 경도를 측정한다.
② 시험편에 기준 하중 10kgf을 건 다음 시험 하중(강구 : 100kgf 다이아몬드 : 150kgf)을 가한다.
  ※ 예비 하중(10kgf), 일정 하중(60, 100, 150kgf)
③ C 스케일은 1~100까지의 눈금, B 스케일은 30~130까지의 눈금이 있다.
  ※ 한 눈금은 1/500mm의 길이에 해당하고, 눈금판의 흑색은 HRC이고, 적색은 HRB이다.
④ HRC와 HRB의 비교

스케일	누르개	기준하중 (kgf)[N]	시험하중 (kgf)[N]	경도를 구하는 식 (h의 단위 : μm)	적용 경도
HRB	강구 또는 초경합금 지름 1.588mm	10 [98.07]	100 [980.7]	HRB=130-500h	0~100
HRC	앞끝곡률 반지름 0.2mm 원추각 120°의 다이아몬드	10 [98.07]	150 [1471.0]	HRC=100-500h	0~70

⑤ 로크웰 경도 측정 원리

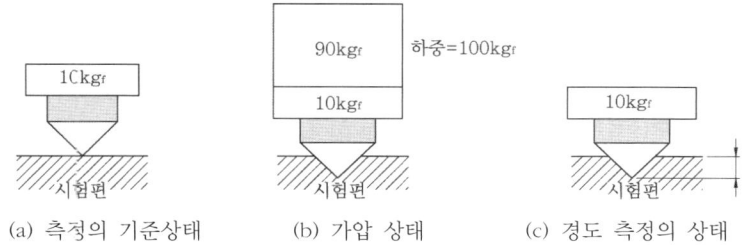

(a) 측정의 기준상태　　(b) 가압 상태　　(c) 경도 측정의 상태

5 쇼어 경도 시험(HS, Shore hardness test)

① 하중을 충격적으로 가했을 때 반발하여 튀어 오른 높이로 경도를 측정한다.
② 경도를 나타내는 식

$$HS = \frac{10,000}{65} \times \frac{h}{h_o}$$

$\begin{bmatrix} h : \text{반발 높이} \\ h_o : \text{시험편 높이} \end{bmatrix}$

③ 쇼어 경도의 특징
   ㉠ 물체의 탄성 여부를 알 수 있다.
   ㉡ 소형으로 휴대가 간편하며 제품에 흔적이 없으므로 완성품에 직접 시험이 가능하다.
   ㉢ 시험편이 작거나 얇아도 가능하며 간단히 시험할 수 있다.

6 기타 경도계

(1) 긁힘 경도계(scratch hardness test)

① 120°의 정각(頂角)을 갖는 원뿔형의 다이아몬드로서 시험편 표면을 일정한 하중을 가하면서 긁어서 그 자국의 나비로 경도를 측정한다.
② 얇은 층의 경도, 도금층의 경도, 도장면의 경도가 취약하여 타 시험으로 경도 측정이 곤란한 재료, 매우 연한 재료 등에 사용된다.
③ 긁힘 나비 : 0.01mm 정도이다.

(2) 미소경도계

① HV의 다이아몬드 압입자를 사용해 하중을 아주 작게(1kgf 이하)하여 측정한다.

② HV에서 측정이 곤란한 재료, 아주 작은 재료, 얇은 판, 엷은 층, 가는 선, 보석, 금속 조직 등의 경도 측정에 사용된다.

(3) 자기적 경도계

① 보자력의 차에 의해 경도를 측정하는 것이다.
② 간접적으로 경도 측정에 응용되며 재료의 변형을 주지 않고 측정할 수 있다.
③ 강의 담금질, 뜨임에 의한 경도 변화를 측정하는 데 좋은 방법이며 강자성체 이외에는 부적합하다.

03 충격시험(impact test)

1 충격 시험의 개요

① 충격력에 대한 재료의 충격 저항, 점성 강도를 측정하는 것으로 재료를 파괴할 때 재료의 인성(질김성)과 취성(여림성, 메짐성)을 시험한다.
② 특징 : 동적 시험이며, 노치 효과가 크고, 하중 속도에 영향을 받는다.
③ 충격 시험편

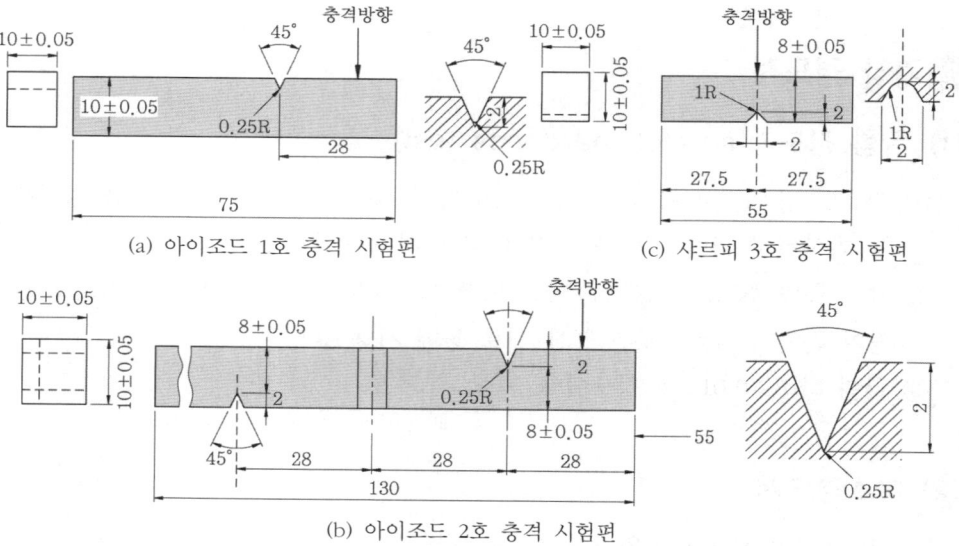

(a) 아이조드 1호 충격 시험편
(c) 샤르피 3호 충격 시험편
(b) 아이조드 2호 충격 시험편

2 충격시험의 원리

① 시험편이 파단될 때 충격 흡수 에너지가 회전체에 대한 마찰 저항과 해머의 공기 저항을 무시할 경우 충격 에너지 및 충격치를 계산하는 방법

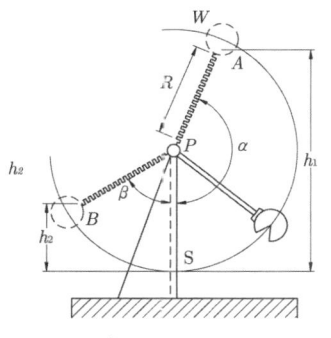

- A_0 : 시험편 노치부의 단면적(mm²)
- W : 해머의 무게(kg_f)
- R : 해머의 아암 길이(m)
- α : 파단 전의 h_1에 대한 각도
- β : 파단 후의 h_2에 대한 각도
- h_1 : 파단 전의 해머 높이
- h_2 : 파단 후의 해머 높이

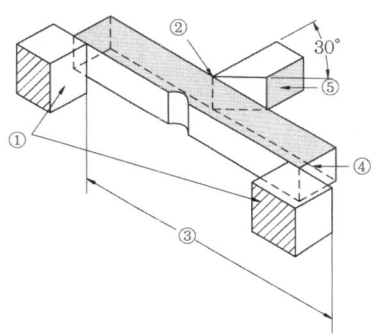

① 시험편 받침대
② 끝 반지름 1mm
③ 표점 거리 40mm
④ 끝 반지름 1mm
⑤ 펜듈럼 해머

㉠ 충격 에너지값 : $E = WR(\cos\beta - \cos\alpha)\ [kg_f \cdot m]$

㉡ 충격값

$$U = \frac{E}{A}\ [kg_f \cdot m/cm^2]$$

- E : 충격 에너지값
- A : 절단부의 단면적

3 충격시험기의 종류

종류	시험편 고정 방법	원리 및 특성
샤르피 (Charpy)		시험편을 자유롭게 수평으로 지지하고 시험편이 전단하는 데 필요한 에너지 $E(kg_f\text{-}m)$를 노치부의 원단면적 $A(cm^2)$으로 나눈 값을 충격값이라 한다. ※ $I = E/A\ (kg_f\text{-}m/cm^2)$

종류	시험편 고정 방법	원리 및 특성
아이조드 (Izod)		시험편의 한 끝을 수직으로 고정하여 시험하고 충격값은 시험편이 전단되기까지 흡수한 에너지로 표시한다. ※ $I = E(kg_f \cdot m)$

04 피로 시험(Fatigue test)

① 정적인 하중으로 파괴를 일으키는 응력보다 훨씬 낮은 응력으로도 반복하여 하중을 가하면 결국 재료가 파괴된다. 이 현상을 **피로**라 한다.

② 피로 한도를 구하는 시험을 피로 시험이라 한다.

③ 피로 한도(Fatigue limit)

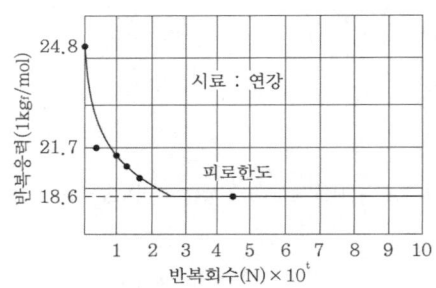

㉠ 영구적으로 재료가 파괴되지 않는 응력 중에서 최대의 하중값이다.

㉡ S-N곡선(피로 한도를 구하는 곡선)

ⓐ 반복 횟수(N)와 응력(S)과의 관계를 만든 곡선

ⓑ 강철의 응력, 반복 횟수 : $10^{6\sim7}$

ⓒ 비철금속의 응력, 반복 횟수 : 10^8

ⓓ 가하는 응력이 크면 반복 횟수가 작아도 파괴된다.

ⓔ 응력이 작아지면 반복 횟수는 늘어난다.

④ 피로 시험 결과에 영향을 미치는 요인

시편 향상, 표면 다듬질 정도, 가공 방법, 열처리 상태

⑤ 탄소강의 경우 회전 굽힘 피로 한도 산출 공식

$\sigma_f = 0.25 \times (항복점 + 인장강도) + 5(kg_f/mm^2)$

05 Creep 시험

① 고온에서 시간의 경과에 따라서 외력에 비례한 만큼 이상의 변형이 일어나는 현상을 말한다.
② **크리프 한도** : 크리프가 정지하는 일정 시간에서 크리프율이 0이 되며 크리프율이 0이 되는 응력의 한도를 크리프 한도라 한다.
③ **크리프 곡선**
  ㉠ 초기 변형 : 하중을 받는 순간에 생긴 변형
  ㉡ 1차 creep(초기 크리프, 천이 크리프) : 변형 속도가 시간에 따라 감소되는 과정
  ㉢ 2차 creep(정상 크리프) : 변형 속도가 일정한 과정
  ㉣ 3차 creep(가속 크리프) : 변형 속도가 점차 빨라지는 과정
    ※ 미세 균열 발생

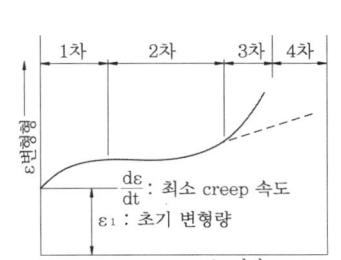

06 에릭센 시험(Erichsen test, 커핑)

① 재료의 연성을 알기 위한 시험이다.
② 강구로 시험편을 눌렀을 때 모자 모양으로 졸리어 균열이 갈 때의 변형된 깊이로 표시한다.
③ **시험 범위** : 얇은 금속판, 두께 0.1~2.0mm, 나비 70mm 이상의 띠 또는 판에 한한다.

07 압축 시험(compression test)

① **압축 강도** : 시험편을 압축해서 균열이 갈 때의 하중을 시험편의 원단면적으로 나눈 값

※ 압축 강도 = $\dfrac{\text{시험편이 파괴될 때까지의 최대 하중}}{\text{원단면적}}$ (kg_f/mm^2)

② 금속 재료에서 압축강도는 인장강도에 비해 상당히 크다.
③ 시험편의 길이 l과 직경 d 또는 폭 b와의 관계
  ㉠ 봉재 : l = (1.5~2.0)d, 각재 : l = (1.5~2.0)b
④ **압축 시험의 목적** : 압축력에 대한 재료의 항압력을 시험하는 것으로 압축 강도, 비례 한도, 항복점, 탄성 계수 등을 결정한다.
⑤ 압축 시험의 실질적인 길이와 직경의 비(L/D)가 1~3 정도의 것이 사용된다.
⑥ **압축에 대한 응력-압률 선도**
  ㉠ 지수 법칙에 의한 응력(σ)과 압률(ε) 사이의 관계
    $\varepsilon = \alpha\sigma^m$ ∴ $\alpha = 1/E$
    ※ m : 재료에 따른 상수(가공 경화 지수)
  ㉡ 지수함수의 3가지 표현
    ⓐ m = 1일 때 : 후크법칙 성립(완전 탄성체에만 적용)
    ⓑ m < 1일 때 : 가장 많이 사용(주철, 강, 콘크리트)
      ※ 응력이 크지 않은 범위 : m ≒ 1/1이 된다.
    ⓒ m > 1일 때 : 금속에는 없음(피혁, 고무 등)

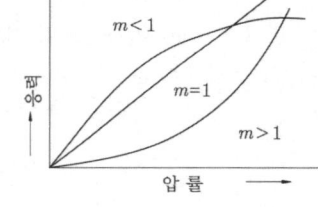

08 굽힘 시험(bending test)

① **굽힘 저항 시험** : 재료의 굽힘에 대한 저항력을 조사한다.
  ㉠ 굽힘 시험은 시험편의 중앙부 만곡을 측정하여 하중 - 만곡 곡선을 결정한다.
  ㉡ 파단 하중, 최대 만곡량을 측정할 수 있다.

② 굴곡 시험(항절 시험) : 전성, 연성, 균열의 유무를 시험한다.
③ 주철의 굽힘 시험에서의 응력은 파단 계수로서 크기를 정한다.
   ※ 파단 계수 : 단면과 최대 굽힘 모멘트의 비
④ 굽힘 시험의 방법의 종류 : 눌러 구부리는 방법, 감아 구부리는 방법, V 블록으로 구하는 방법
⑤ 굽힘 시험의 특징 : 시험편에 힘이 가해지는 쪽에서 시험편에 생기는 응력은 압축 응력이나 반대쪽에는 인장력이 중간에 0이 되는 중립면이 존재한다.

09 특수 재료 시험

1 크리프 시험

재료에 일정한 하중을 가하고 일정한 온도에서 긴 시간 동안 유지하면 시간이 경과함에 따라 변형량이 증가한다.

이 현상을 크리프(creep)라고 하며, 시험편에 일정한 하중을 가하였을 때 시간의 경과와 더불어 증대하는 변형량을 측정하여 각종 재료의 역학적 양을 결정하는 시험을 크리프시험(creep test)이라고 한다.

기계 구조물, 고량, 건축물 등 긴 시간에 걸쳐 하중을 받는 것 등에 크리프 현상이 나타나며, 특히 저융점 금속, Pb, Cu, 연한 경금속 등은 상온에서도 크리프 현상이 나타난다. 철강 및 단단한 합금 등은 250℃ 이하에서는 거의 변화가 없다.

크리프 곡선의 현상은 3단계로 구분할 수 있다.

① 제1단계 : 초기 크리프에서 변율이 점차 감소되는 단계(초기 크리프)
② 제2단계 : 크리프 속도가 대략 일정하게 진행되는 단계(정상 크리프)
③ 제3단계 : 크리프 속도가 점차 증가되어 파단에 이르는 단계(가속 크리프)

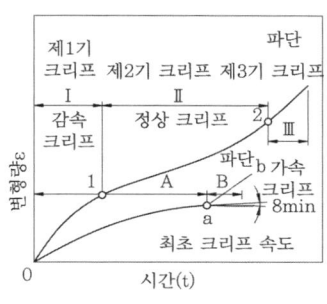

[크리프의 3단계]

2 마모시험

2개 이상의 물체가 접촉하면서 상대운동을 할 때 그 면이 감소되는 마모 또는 마멸량을 시험하는 것을 말한다.

① 슬라이딩 마모 : 시험편의 마찰하는 상대가 금속이 아닌 광물질일 때를 말한다.
  (토목용 기계, 농업용 기계 등)
② 슬라이딩 마모 : 시험편의 마찰하는 상대가 금속일 때를 말한다.(베어링, 브레이크 등)
③ 회전마모 : 회전마찰이 생기는 경우를 말한다.(롤러 베어링, 기어, 바퀴, 레일)
④ 왕복 슬라이딩 마모 : 왕복 운동에 의한 마찰의 모든 경우를 말한다.
  (실린더, 피스톤, 펌프)

3 에릭센 시험

에릭센 시험(Erchsen test)은 재료의 연성을 알기 위한 시험으로 구리판, 알루미늄판 및 기타 연성판재를 가압 성형하여 변형 능력을 시험하는 것이며, 커핑시험(cupping test)라고도 한다.

4 스프링 시험

판 스프링, 코일 스프링, 시트 스프링, 벌류트 스프링 등이 있다. 스프링 시험 중에서의 하중시험에는 2가지가 있다.
① 스프링에 지정된 하중을 가하고 하중 제거 후 스프링의 원상 복귀 여부에 대한 시험이다(재질의 양부, 열처리의 적정 여부, 스프링 강도 조사 등).
② 스프링에 지정된 하중을 가하여 이에 따른 지정 변형이 생기는 것인지의 여부를 검사하는 시험이다(치수에 따라 결정되는 스프링의 강성을 나타낸다).

10 재료의 특성 시험

1 응력 측정 시험

응력 측정 시험에는 기계적인 변형량 측정법, 전기적인 변형량 측정법, 광탄성 시험, 스프레스 코팅, X선에 의한 응력 측정법 등이 있다.

2 X선 회절 시험

X선 회절 시험의 하나로 X선 회절에 의한 결정격자 측정법이 있다. 이 시험의 목적은 임의의 원소에 대한 격자 간 거리와 구조를 결정하기 위한 것이며, 또한 여러 원소들의 알려진 결정 구조와 비교함으로써 그것을 확인하기 위한 것이다.

3 불꽃 시험

철강 재료를 간단한 방법으로 판별할 수 있는 것이 불꽃 시험(spark test)이다.

(1) 불꽃의 구조

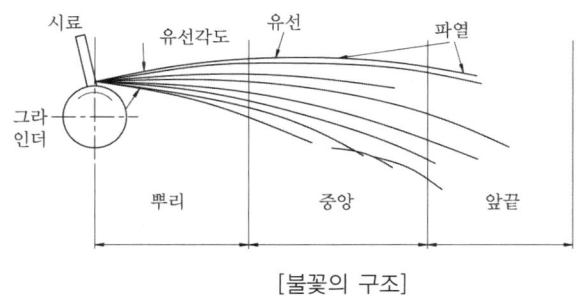

[불꽃의 구조]

(2) 불꽃 시험의 이용 범위

강질의 판정, 이종강재의 선별, 스크랩의 선별, 탈탄·침탄·질화 정도의 판정, 고온도에 있어서 강재의 내산화성 검사, 가단화의 정도 판정, 림드강의 판정, 담금질 여부의 판정에 이용한다.

4 담금질성 시험

같은 크기, 같은 형태의 강을 똑같은 조건하에서 담금질해도 경화되는 깊이는 강의 종류에 따라 다르다. 강이 담금질되기 쉬운 정도를 담금질성(hardenability)이라고 한다.

① 임계지름
② Di 계산방법에 의한 담금질성
③ 조미니(jominy) 시험

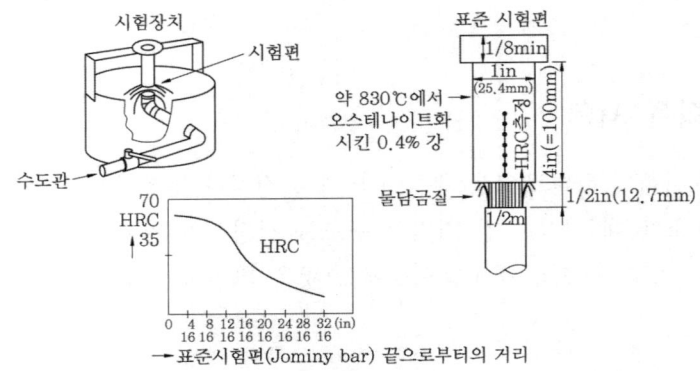

[조미니 시험장치 및 시험편]

④ P-F 시험(penetration-fracture test)
　경화된 깊이가 얇은 강의 경화능 측정법이다.
⑤ S-A-C 시험
　이 시험은 경도 관통 시험이라고 부르며, 지름 2.54cm의 봉을 표준화된 조건하에서 담금질하고 그 결과 생긴 경도분포를 대칭적인 U곡선으로 나타낸다.
⑥ 세퍼드(shepherd) P-V 시험
　얇게 경화된 강에 대해 시험한다.
⑦ 공랭 시험
　합금원소로 인하여 임계 냉각속도가 매우 느린 강들이 있다. 공랭하여도 전체적으로 경화되곤 한다. 이런 강들의 경화능 시험방법으로 공랭시험이 있다.

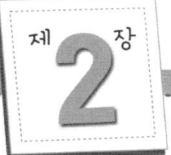

금속조직 시험법

01 육안 조직 검사법

1 파면 검사

매크로 검사법은 육안으로 관찰하든가 또는 배율 10배 이하의 확대경으로 검사하는 것을 말한다.

파면 검사는 강재를 파단시켜 그 파면의 양상에 의해 재질 및 품위를 판정하는 방법으로 감사 기준은 파면의 조밀 여부, 색깔 등에 기준을 둔다. 육안 조직 검사는 결정 입경이 0.1mm 이상인 것에서 조직의 분포 상태, 모양, 크기 또는 편석의 유무노 내부 결함을 판정한다.

2 설퍼프린트법

설퍼프린트법(sulfur print)은 철강 재료에 존재하는 황(S)의 분포 상태와 편석을 검사하는 방법이다.

① 1~5% 수용액에 브로마이드 인화지를 5분간 담근 후 수분을 제거 하여 피검체의 시험편에 1~3분간 밀착시킨다.
② 밀착 상태에서 철강 중의 황화물(MnS, FeS)과 황산이 반응하여 황화수소(H_2S)가 발생한다.
③ 이것이 브로마이드 인화지에 붙어 있는 취화은($AgBr_2$)과 반응하여 황화은(AgS)을 생성시켜 황이 있는 부분을 흑색 또는 흑갈색으로 착색시킨다.
④ 밀착된 인화지를 떼어 내어 물로 씻은 후 사진용 티오황산나트륨 결정의 15~40% 수용액에 상온에서 5~10분간 담그고 정착시킨다.
⑤ 30분간 흐르는 물에 수세하여 건조시킨 다음 황(S)의 분포 상태를 관찰한다.

[설퍼프린트에 의한 황편석 분류]

분류	기호	비고
정편석	S_N	일반 강에서 보통 볼 수 있는 편석으로 황이 강의 외주부로부터 중심부로 향하여 증가하여 분포되고, 외주부보다 방향에 짙은 농도로 착색되어 나타나는 것을 말한다. 림드강의 림드 부분은 특히 착색도가 낮다.
역편석	S_I	황이 강의 외주부로부터 중심부로 향하여 감소하여 분포되고, 외주부보다 중심부의 방향으로 착색도가 낮게 된 것을 말한다.
중심부편석	S_C	황이 강의 중심부에 집중되어 분포되며, 특히 농도가 짙은 착색부가 나타난 것을 말한다.
점상편석	S_D	황의 편석부가 짙은 농도로 착색된 점상으로 나타난 것을 말한다.
선상편석	S_L	황의 편석부가 짙은 농도로 선상으로 나타난 것을 말한다.
주상편석	SC_O	형강 등에서 볼 수 있는 편석으로 중심부 편석이 주상으로 나타난 것을 말한다.

02 비금속 개재물 검사

1 황화물계 개재물(A형)

S가 Fe와 공존하며 FeS를 만드나, 일반적으로 철강 중에는 Mn이 공존하므로 MnS를 만든다. FeS와 MnS는 광범위한 고용체를 만들며 Fe-FeS 2원계에서 FeS 1,000℃ 부근에서 공정을 이루고 결정 경계에 정출한다. 이것이 단조 가공 시 적열취성을 일으키는 원인이 된다.

2 알루미늄 산화물계 개재물(B형)

용강 중에서 Al 산화물계 개재물의 생성기구는 단순하지 않다. 용강 중에 SiO_2나 Fe-Mn 규산염이 존재할 때 Al이 첨가되면 이들의 산화물이나 규산염이 환원되고 Al 산화물계 개재물이 생성되는 것으로 알려져 있다.

Al 산화물계 개재물은 보통 흰색으로 나타나고, 압연 등에 의해 개개의 개재물은 변형을 받지 않으며 20% 불화 수소 용액에 의하여도 부식되지 않는다. 이 개재물은 마치 쥐똥처럼 가공 방향으로 배열되어 나타난다.

3 각종 비금속 개재물(C형)

규산염 개재물의 조성은 일정하지 않으며 실용강에서는 Mn, Si의 양에 의하여 탈산생성물 성분이 변화하고, 이것에 C, 기타의 합금 원소 영향도 부가되나 일반적으로 Mn 규산염 또는 Fe-Mn 규산염계의 비금속 개재물이 생성된다.

03 현미경 조직 검사

금속 내부의 조직을 연구하는 데는 금속현미경이 가장 많이 이용되며, 금속이나 합금의 화학조성, 금속조직의 구분, 결정입도의 크기, 모양, 배열상태, 열처리 등의 가공상태, 비금속 개재물의 종류와 형상, 크기, 분포상태, 편석 등을 관찰할 수 있다.

① 광학 금속현미경 조직시험
② 섬프(sump) 시험편에 의한 현미경 조직 시험
③ 전자 현미경 조직시험

1 금속현미경의 구조

일반적으로 반사식 현미경으로 만들어져 있으며, 배율은 접안렌즈의 배율 × 대물렌즈의 배율로 나타낸다.

2 시험편의 제작

(1) 횡단면 채취

결정입도 측정, 탈탄층, 침탄 질화층, 도금층, 담금질 경화층, 편석, 백점, 기포, 압연 홈 등의 관찰을 한다.

(2) 종단면 채취

비금속 개재물, 섬유상의 가공 조직, 열처리 경화층의 분포 상태 등의 관찰을 한다.

(3) 양면 방향 채취

압연, 단조 상태의 관찰을 한다.
시험편의 크기는 시험 면적 1~2cm^2, 두께 0.5~1cm가 적당하며 HRC42 이하의 것은 기계톱으로 절단하고 경한 재질은 저석톱으로, 초경합금 등의 경한 공구재는 방전 절단 가공을 해야 한다.

3 시험편의 마운팅

합성수지를 이용한 마운팅(mounting) 방법은 주입 성형에 의한 수지 마운팅과 가열 프레스에 의한 방법이 있다.

4 시험편의 연마

연마지(emery paper) 위에 시험편을 놓고 #220~#1,200 순서로 단계적으로 연마하는 방법이다.
이렇게 연마한 후 산화 크롬 분말 수용액, 알루미나 분말 수용액, 산화 마그네슘, 다이아몬드의 유용 페스트 등의 연마제를 사용하여 기계적으로 연마한다. 또한 연한 재질이나 연마 속도가 느린 재료는 전해 연마를 한다.

5 시험편의 부식

적당한 부식액으로 관찰할 연마면을 부식시키면 부식의 정도가 서로 작으므로 결정 경계, 상 경계, 상의 종류, 결정 방향 등 금속 내부의 조직이 나타나 관찰할 수 있다.

6 검경에 의한 조직 관찰

금속현미경에 의한 검경 요령은 처음에는 저배율로 시작하여 점차 고배율로 확대하여 관찰하는 것이 좋다. 조직의 형태, 분포 상태, 조직량 및 색을 관찰하여 기지 조직을 스케치하고, 탄소강에서는 페라이트 밴드, 비금속 개재물 등에 대해 관찰한다.

현미경 조직 검사는 시험편의 채취 → 시험편의 제작 → 시험편의 연마 → 시험편의 부식 → 검경의 순서로 이루어진다.

[금속재료의 부식액]

재 료	부 식 제	
철강	질산 알코올 용액	진한 질산 5cc, 알코올 100cc
	피크린산 알코올 용액	피크린산 5gr, 알코올 100cc
구리, 황동, 청동	염화제이철 용액	염화제이철 5gr, 진한 염산 50cc, 물 100cc
Ni 및 그 합금	질산 초산 용액	질산(70%) 50cc, 초산(50%) 50cc
Sn 합금	질산 용액 및 나이탈 용액	질산 5cc, 물 100cc
Pb 합금	질산 용액	질산 5cc, 물 100cc
Zn 합금	염산 용액	염산 5cc, 물 100cc
Al 및 그 합금	수산화 나트륨액	수산화나트륨 20gr, 물 100cc
Au, Pt 등 귀금속	불화 수소	10% 수용액
	왕수	진한 질산 1cc, 진한 염산 5cc, 물 6cc

04 정량조직 검사

1 결정입도 측정법

결정입도란 결정립의 평균 지름을 뜻하며, 때로는 평균 면적의 제곱근으로 나타내기도 한다. 이것은 결정립이 균일하지 않고 일정한 모양으로 되어 있지 않기 때문이다.

(1) ASTM 결정립 측정법

결정립 측정은 규칙적인 육각형 크기를 8가지로 구분한 접안렌즈를 사용하여 비교 측정하는 방법으로 100배의 현미경 배율로 시험면 내의 결정립과 비슷할 때까지 표준 접안렌즈를 바꾸어 가며 관찰한다.

$$n_a = 2 \cdot N^{-1}$$

여기서 n_a는 100배 배율로 1제곱인치 내의 결정립수, N은 ASTM 입도 번호이다.

[ASTM 결정입도표]

ASTM 결정입도 번호	100배하에서 1제곱인치의 면적 내에 있는 결정립의 수	
	평균값	범 위
1	1	0.75~1.5
2	2	1.5~3.0
3	4	3.0~6
4	8	6~12
5	16	12~24
6	32	24~48
7	64	48~96
8	128	96~192

(2) 제프리스(Jefferies)법

단위 면적당 결정입도의 수를 측정하는 방법이다.

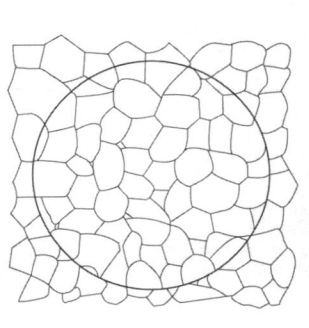

[제프리스법]

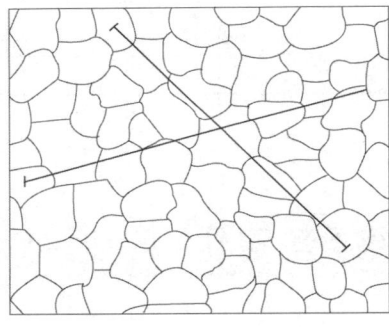

[헤인법]

(3) 헤인(Heyn)법

단위 면적당 결정립 수로 표시하는 대신 시험면의 적당한 배율로 확대된 사진 위에 일정한 길이의 직선을 임의의 방향으로 긋고, 그은 직선과 결정립이 만나는 점의 수(결정립계와 직선의 교차점수)를 측정하여 직선 단위당 교차점의 수 P_L로 표시하는 방법이다.

P_L값의 계산은 조직 사진의 배율을 m이라고 할 때 다음 관계식으로 계산할 수 있다.

$$P_L = \frac{\text{측정된 교차점의 수}}{\text{사진 위에서의 직선길이} \div m}$$

이때 사진 배율을 정확하게 알아야 한다.

(4) 열처리 입도 시험 방법

종 류		적용 강종
침단 입도 시험 방법		주로 침탄하여 사용하는 강종
열처리 입도 시험 방법	서랭법	주로 탄소함유량이 중간 이상의 아공석강. 다만, 과공석강의 경우는 A(cm)점 이상의 온도에서 입도를 측정하는 경우에 한한다.
	2회 담금질법	주로 탄소함유량이 중간 이상의 아공석강 및 공석강
	담금질 팀퍼링법	주로 기계 구조용 탄소강 및 구조용 합금강
	한쪽 끝 담금질법	주로 경화능이 작은 강종으로, 탄소함유량이 중간 이상의 아공석강 및 공석강
	산화법	주로 기계 구조용 탄소강 및 구조용 합금강
	고용화 열처리법	주로 오스테나이트계 스테인리스강 및 오스테나이트계 내열강
	담금질법	주로 고속도 공구강 및 합금 공구강

2 조직량 측정법

(1) 면적의 측정법

연마된 면에 나타난 특정상의 면적을 일일이 측정하는 방법이다. 플래니미터(planimeter)와 천칭을 이용한다. 즉, 플래니미터로 조직 사진 위에서 면적을 측정하거나 유산지에 원하는 상의 모양을 연필로 복사한 후 이것을 가위로 오려내어 천칭으로 그 질량을 정량하는 방법이다.

(2) 직선의 측정법

이 측정 사진은 면적 분율로 표시하는 대신 직선 분율로 나타내는 측정법이다. 즉 조직 사진 위에 무작위하게 그은 직선이 측정하고자 하는 상과 교차하는 길이를 측정한 값의 직선의 전체 길이로 나눈 값으로 표시한다.

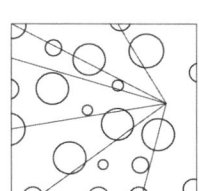

[직선의 측정법]

(3) 점의 측정법

매우 미세한 망이 인쇄된 투명한 종이를 조직 사진 위에 겹쳐 놓고 측정하고자 하는 상의 점유하는 면적 내에 있는 교차점을 측정한 총수를 망의 전체 교차점의 수로 나눈 값으로 표시한다.

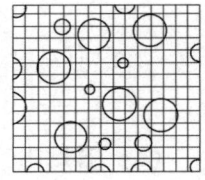

[점의 측정법]

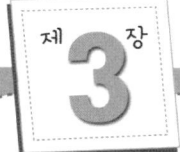

제3장 안전관리

01 일반적인 안전 사항

1 작업 복장

(1) 작업복

① 작업복은 신체에 맞고 가벼운 것으로 때에 따라서는 상의의 끝이나 바지 자락이 말려 들어가지 않도록 잡아매는 것이 좋다.
② 실밥이 풀리거나 터진 것은 즉시 꿰맨다.
③ 항상 깨끗이 하고 특히 기름이 묻은 작업복은 불이 붙기 쉬우므로 위험하다.
④ 여름철이나 고온 작업 시에도 작업복을 벗지 않으며, 벗으면 재해의 위험성이 있다.
⑤ 착용자의 연령, 직종 등을 고려하여 적절한 스타일을 선정한다.

(2) 작업모

① 기계의 주위에서 작업을 하는 경우에는 반드시 작업모를 착용한다.
② 여자 및 장발자의 경우에는 모자나 수건으로 머리카락을 완전히 감싸도록 한다.
③ 앞머리를 내놓고 모자 착용을 금지한다.

(3) 신발

① 신발은 작업 내용에 잘맞은 것으로 선정한다.
② 샌들 등은 걸음걸이가 불안정해 넘어질 위험이 있다.
③ 맨발은 부상당하기 쉽고, 고열의 물체에 닿을 때도 위험하므로 절대 금지한다.
④ 신발은 안전화로 착용한다.

(4) 보호구

① 작업에 필요한 적절한 보호구를 선정하고 올바른 사용을 익힌다.
② 필요한 수량의 비치, 정비, 점검 등 보호구의 관리를 철저히 한다.
③ 필요한 보호구는 반드시 착용한다.
④ 보안경 : 철분, 모래 등이 눈에 들어가지 않도록 착용한다.
⑤ 차광 보호 안경 : 불티나 유행광선이 나오는 작업 시 사용한다.
⑥ 방진 마스크 : 먼지가 많은 장소나 해로운 가스가 발생되는 작업에 사용한다.
⑦ 산소 마스크 : 산소가 16% 이하로 결핍되었을 때 사용한다.
⑧ 장갑 : 기계작업 시에는 착용을 금하고, 고온 작업 시에는 내열장갑을 착용한다.
⑨ 귀마개 : 소음이 발생하는 작업 시 착용한다.
⑩ 안전모 : 물건이 떨어지거나, 충돌로부터 머리를 보호하는 역할을 하며 상부와 머리 상부 사이의 간격을 25mm 이상 유지해야 한다.

2 안전수칙과 점검사항

(1) 통행 시 안전수칙

① 통행로 위의 높이 2m 이하에는 장애물이 없을 것
② 기계와 다른 시설물 사이의 통행로 폭은 80cm 이상으로 할 것
③ 뛰지 말 것
④ 한눈을 팔거나 주머니에 손을 넣고 걷지 말 것
⑤ 통로가 아닌 곳을 걷지 말 것
⑥ 좌측 통행규칙을 지킬 것
⑦ 높은 작업장 밑을 통과할 때 조심할 것
⑧ 작업자나 운반자에게 통행을 양보할 것

(2) 운반 시 안전수칙

① 운반차량은 규정 속도를 지킬 것
② 운반 시 시야를 가리지 않게 쌓을 것
③ 승용석이 없는 운반차에는 승차하지 말 것
④ 빙판 또는 물기 있는 곳에서의 운행 시 미끄럼에 주의할 것
⑤ 긴 물건에는 끝에 표시를 달고 운반할 것
⑥ 통행로, 운반차, 기타 시설물에는 안전표지 색을 이용한 안전표지를 할 것

(3) 작업장에서 작업 전 점검 사항
① 공정 라인에 있는 기계 공구의 기능이 정상인가?
② 가스 사용 시 누설과 폭발의 위험은 없는가?
③ 전기 장치에 이상은 없는가?
④ 작업장 조명이 정상인가?
⑤ 정리 정돈이 잘되어 있는가?
⑥ 주변에 위험물이 없는가?

(4) 계단 설치 시 고려할 사항
① 견고한 구즈로 할 것
② 경사는 심하지 않게 할 것
③ 각 계단의 간격과 너비는 동일하게 할 것
④ 높이 5m를 초과할 때에는 높이 5m 이내마다 계단실을 설치할 것
⑤ 적어도 한쪽에는 손잡이를 설치할 것

(5) 공구류 취급 시 안전수칙
① 손이나 공구에 묻은 기름, 물 등을 닦아낼 것
② 주위를 정리정돈할 것
③ 수공구는 그 목적 이외로 사용하지 말 것
④ 좋은 공구를 사용할 것
⑤ 사용법에 알맞게 사용할 것

3 재료시험의 안전관리 사항

(1) 방사선투과장치를 이용한 비파괴검사
① X선 검사 시 Pb로 밀폐된 상자에서 촬영
② X선 촬영 시 위험지구를 벗어난 위치에 방사선 표지판 설치
③ 관 전압 상승속도에 유의하여 탐상기 작용
④ X선 발생장치에서 정전기 유도작용 등에 의한 전위상승을 고려하여 특별고압의 전기가 충전되는 부분에 접지되어야 함

(2) 강의 불꽃시험용 연삭기 사용

① 시험을 할 때에는 보안경을 착용한다.
② 연마 도중에는 시험편을 놓치지 않도록 한다.
③ 회전하는 연삭기는 손으로 정지시키지 않는다.
④ 정전이 되면 곧 스위치를 끈다.

(3) 금속재료의 조직을 관찰하기 위한 시험편 제작

① 시험편은 평활하게 유지되도록 연마한다.
② 시험편 절단 및 연마 작업 시 열 영향을 받지 않도록 한다.
③ 시험편 제작 시 시험편을 견고히 고정하여 튀지 않도록 한다.
④ 부식액이 피부에 묻지 않도록 주의하고, 묻었을 경우 곧바로 씻는다.

(4) 피로 시험

① 시험편은 정확하게 고정한다.
② 시험편이 회전하지 않은상태에서 하중을 가하지 않는다.
③ 시험편은 부식 부분에 응력 집중이 생겨 부식 피로현상이 생기므로 부식되지 않도록 보관한다.

(5) 취성재료의 압축 시험

시험재료의 파괴 비산을 주의한다.

02 산업 재해

1 산업 재해의 원인

(1) 인적 원인

① 심리적 원인 : 무리, 과실, 숙련도 부족, 난폭, 흥분, 소홀, 고의 등
② 생리적 원인 : 체력의 부작용, 신체 결함, 질병, 음주, 수면 부족, 피로 등
③ 기타 : 복장, 공동작업 등

(2) 물적 원인

① 건물(환경) : 환기 불량, 조명 불량, 좁은 작업장, 통로 불량 등
② 설비 : 안전장치 결함, 고장난 기계, 불량한 공구, 부적당한 설비 등

(3) 사고의 간접 원인

① 기술적 원인
  ㉠ 건물, 기계 장치 설계 불량
  ㉡ 구조, 재료의 부적합
  ㉢ 생산 공정의 부적당
  ㉣ 점검, 정비 보존 불량
② 교육적 원인
  ㉠ 안전 의식의 부족
  ㉡ 안전 수칙의 오해
  ㉢ 경험, 훈련의 미숙
  ㉣ 작업방법의 교육 불충분
  ㉤ 유해 위험 작업의 교육 불충분
③ 작업 관리적 원인
  ㉠ 안전 관리 조직 결함
  ㉡ 안전 수칙 미제정
  ㉢ 작업 준비 불충분
  ㉣ 인원 배치 부적당
  ㉤ 작업 지시 부적절

(4) 재해 원인과 상호관계

① 불안전 행동
  ㉠ 인간의 작업행동의 결함(전체 재해의 54%)
  ㉡ 무리한 행동(16%)
  ㉢ 필요 이상의 급한 행동(15%)
  ㉣ 위험한 자세, 위치, 동작(8%)
  ㉤ 작업상태 미확인(6%)

② 불안전 상태
  ㉠ 기계 설비의 결함(전체 재해의 46%)
  ㉡ 보전 불비(17%)
  ㉢ 안전을 고려하지 않은 구조(15%)
  ㉣ 안전커버가 없는 상태(6%)
  ㉤ 통로, 작업장 협소(7%)

(5) 재해의 경향

① 재해가 가장 많은 계절 : 여름(7~8월)
② 재해가 가장 많은 요일 : 토요일
③ 재해가 가장 많은 작업 : 운반 작업
④ 재해가 가장 많은 전동장치 : 벨트

(6) 재해와 연령

① 50세 이상 : 6.1%
② 30~40세 : 49.5%(연 2.5%)
③ 20~29세 : 33.3%(연 3.3%)
④ 18~19세 : 7.7%

2 산업 재해율

(1) 재해율

① 재해 발생의 빈도 및 손실의 정도를 나타내는 비율

② 재해 발생의 빈도 : 연천인율, 도수율
③ 재해 발생에 의한 손실 정도 : 강도율

(2) 재해 지표

① 연천인율 = $\dfrac{재해건수}{평균 근로자수(재적인원)} \times 1,000$

② 도수율 = $\dfrac{재해건수}{연 근로 시간수} \times 10^6$

③ 연천인율과 도수율과의 관계 = 연천인율 = 도수율 × 2.4

$$도수율 = \dfrac{연천인율}{2.4}$$

④ 강도율 = $\dfrac{근로 손실일수}{연 근로시간수} \times 1,000$

3 재해 이론

(1) 하인리히 도미노 이론

단계	명 칭	특 징
1	유전적 요소 및 사회적 환경	사고를 일으킬 수 있는 바람직하지 않은 유전적 특성 및 인간 성격을 바람직하지 못하게 할 수도 있는 사회적 환경
2	개인적 결함	개인적 기질에 의한 결함(과격한 기질, 신경질적인 기질, 무모함 등)
3	불안전한 행동 또는 불안전한 상태	• 불안전한 행동(인적 요인) : 장치의 기능을 제거, 잘못 사용, 조작 미숙, 자세 및 동작의 불안전, 취급 부주의 등 • 불안전한 상태(물적 요인) : 기계, 방호장치, 보호구, 작업환경, 생산공정이나 배치의 결함 등
4	사고	생산 활동에 지장을 초래하는 모든 사건
5	재해	사고의 최종 결과, 인명의 상해나 재산상의 손실

(2) 수정 도미노 이론(버즈)

단계	명 칭	특 징
1	통제의 부족(관리)	안전에 관한 전문적인 제도, 조직, 지도, 관리의 소홀
2	기본 원리(기원)	사고의 배후, 근원적 원인(개인의 지식 부족, 틀린 사용법 등)
3	직접 원인(징후)	불안전한 행동, 불안전 상태와 같은 징후
4	사고(접촉)	안전 한계를 넘는 에너지원과의 접촉, 신체에 유해한 물질과의 접촉 등
5	상해 및 손상(손실)	근로자의 상해와 재산의 손실

4 기계 설비의 안전

(1) 기계 설비의 안전 조건

안전 조건	안전화 방안
외관의 안전화	밖으로 돌출되어 있는 위험한 부위를 안으로 넣거나 제거하는 것
작업의 안전화	돌발적인 사고 발생을 방지하는 안전장치를 설치하는 것
기능의 안전화	장치들을 안전하게 배치
구조의 안전화	장치의 구조를 안전하게 설계, 제작, 시공

(2) 기계 설비의 안전 수칙

① 방호 장치의 사용 : 위치 제한형, 접근 거부형, 접근 반응형, 포집형, 감지형
② 보호구의 사용 : 안전모, 안전대, 보안경, 안전 장갑, 안전화, 방진 마스크 등
③ 공구의 안전한 사용 : 드라이버, 망치, 전기 드릴 등을 안전하게 사용

(3) 기계 설비의 안전 작업

① 시동 전에 점검 및 안전한 상태 확인
② 작업복을 단정히 하고 안전모를 착용할 것
③ 작업물이나 공구가 회전하는 경우는 장갑 착용을 금지할 것
④ 공구나 가공물의 탈부착 시에는 기계를 정지시켜야 한다.
⑤ 운전 중에 주유를 하거나 가공물 측정 금지

(4) 전기 사고의 특징과 원인

① 특징
 ㉠ 전기는 보이지 않고 냄새와 소리도 없다.
 ㉡ 전류가 흐르는 전선을 접촉하면 감전된다.
 ㉢ 전선이나 전기 기기에 이상이 생기면 화재가 발생한다.
 ㉣ 사고가 나면 대피할 시간을 판단하여 대응할 시간적 여유가 거의 없다.
② 원인
 ㉠ 과열 : 과전류에 의한 전선 및 전기 기구에 많은 열 발생
 ㉡ 단락 : 절연 불량으로 두 전선이 접촉하면 큰 전류가 흘러 아크 발생
 ㉢ 누전 : 절연 불량으로 건물, 구조물에 큰 전류가 흐르면 큰 저항열이 생겨 화재 발생

(5) 위험 물질

종 류	특 성
폭발성 물질	산소(산화제)가 없어도 열, 충격, 마찰, 접촉으로 폭발, 격렬 반응하는 액체나 고체 물질
발화성 물질	낮은 온도에서도 발화하는 물질 물과 접촉하여 가연성 가스를 발생시키는 물질
산화성 물질	가열, 마찰, 충격, 다른 물질과의 접촉 등으로 빠르게 분해하거나 반응하는 물질
인화성 물질	대기압에서 인화점이 65℃ 이하인 가연성 물질
가연성 가스	폭발 한계 농도의 하한값이 10% 이하이거나 상한값과 하한값의 차이가 20%인 가스
부식성 물질	금속 등을 부식시키고 인체와 접촉하면 심한 상해를 입히는 물질

5 재해 예방

(1) 사고 예방

① 대책의 기본 원리

안전 조직 관리 → 사실의 발견(위험의 발견) → 분석 평가(원인 규명) → 시정 방법의 선정 → 시정책의 적용(목표 달성)

② 예방 효과 : 근로자의 사기 진작, 생산성 향상, 비용 절감, 기업의 이윤 증대

(2) 재해 예방의 원칙

원 칙	내 용
손실 우연의 원칙	재해에 의한 손실은 사고가 발생하는 대상의 조건에 따라 달라진다. 즉 우연이다.
원인 계기의 원칙	사고와 손실의 관계는 우연이지만 원인은 반드시 있다.
예방 가능의 원칙	사고의 원인을 제거하면 예방이 가능하다.
대책 선정의 원칙	재해를 예방하려면 대책이 있어야 한다. • 기술적 대책(안전 기준 선정, 안전 설계, 정비 점검 등) • 교육적 대책(안전 교육 및 훈련 실시) • 규제적 대책(신상필벌 : 상벌 규정 엄격히 적용)

03 산업 안전과 대책

1 안전 표지와 색체

(1) 녹십자 표지
① 1964년 고용노동부 예규 제6호로 제정
② 각종 산업 재해로부터 근로자의 생명권 보장
③ 국가 산업 발전에 기여

(2) 안전표지와 색채 사용도
① 적색 : 방화 금지, 방향 표시, 규제, 고도의 위험 등에 사용
② 오렌지색(주황색) : 위험, 일반위험 등에 사용
③ 황색 : 주의 표시(충돌, 장애물 등)
④ 녹색 : 안전지도, 위생 표시, 대피소, 구호소 위치, 진행 등에 사용
⑤ 청색 : 주의, 수리 중, 송전 중 표시
⑥ 진한 보라색(자주색) : 방사능 위험 표시
⑦ 백색 : 글씨 및 보조색, 통로, 정리정돈
⑧ 흑색 : 방향 표시, 글씨
⑨ 파란색 : 출입금지

(3) 가스 관련 색채
① 산소 : 녹색
② 액화 이산화탄소 : 파란색
③ 액화 암모니아 : 흰색
④ 액화 염소 : 갈색
⑤ 아세틸렌 : 노란색
⑥ LPG, 기타 : 쥐색

(4) 작업 환경
① 채광 및 조명 : 자연 광선인 태양광선(4,500룩스)을 충분히 받아 조명

공장		사무실	
장소	조명도	장소	조명도
초정밀작업	700~1,500	정밀사무	700~1,500
정밀작업	300~700	일반사무	300~700
거친작업	70~150	응접실, 서재	150~300

② 환기 통풍

　㉠ 온도 : 여름 25~27℃, 겨울 15~23℃

　㉡ 상대습도 : 50~60%

　㉢ 기류 : 1m/sec

③ 재해와 온도, 습도의 관계

　㉠ 감각온도(ET) : 지적작업 60~65ET, 경작업 55~65ET, 근육작업 50~62ET

　㉡ 불쾌지수 : 기온과 습도의 상승작용에 의하여 인체가 느끼는 감각 정도를 측정하는 척도

$$EMR = \frac{\text{작업 소비 에너지} - \text{안정한 때의 소비 에너지}}{\text{기초 대사}}$$

2 화재 및 폭발 재해

(1) 화재의 분류

구분	명칭	내용
A급	일반 화재	• 연소 후 재가 남는 화재(일반 가연물) • 목재, 섬유류, 플라스틱 등
B급	유류 화재	• 연소 후 재가 없는 화재(유류 및 가스) • 가연성 액체(가솔린, 석유 등) 및 기체(프로판 등)
C급	전기 화재	• 전기 기구 및 기계에 의한 화재 • 변압기, 개폐기, 전기 다리미 등
D급	금속 화재	• 금속(마그네슘, 알루미늄 등)에 의한 화재 • 금속이 물과 접촉하면 열을 내며 분해되어 폭발하며, 소화 시에는 모래나 질석 또는 팽창 질석을 사용

(2) 화재의 원인

① 유류에 의한 착화 : 유류의 증기, 유류 기구의 과열, 유류 누출 등

② 유류에 의한 발화 : 연소 기구의 전도 또는 가연물의 낙하

③ 전기에 의한 발화 : 단락, 누전, 과전류 등

(3) 화재 예방

① 화재의 3요소 : 연료, 산소, 점화원(점화 에너지)
② 화제 예방 : 3요소 중 하나를 제거
  ㉠ 연료를 제거하거나 연소 범위 밖의 농도 유지
  ㉡ 공기(산소 또는 산화제)를 최소 농도 이하로 유지
  ㉢ 점화원을 제거
    • 기계적 에너지 제거 : 충격이나 마찰 방지
    • 전기 에너지 제거 : 전기 스파크나 정전기 제거
    • 전기 불꽃 : 전기 및 가스 용접
③ 소화
  ㉠ 제거 소화(가연물) : 가연물 제거 및 연료 산소 농도 이하로 유지
  ㉡ 질식 소화(산소) : 최저 산소 농도(15%) 이하로 유지(공기 중 산소 농도 21%)
  ㉢ 냉각 소화(열원) : 연료의 발화점 이하로 냉각

(4) 폭발

① 폭발의 종류

폭발의 종류	원 인
가연성 가스나 증기의 폭발	아세틸렌, 수소 등
분해성 가스의 폭발	아세틸렌, 산화에틸렌 등
가연성 미스트의 폭발	분출한 작동유, 디젤유 등
가연성 분진의 폭발	곡물 분진, 석탄 분진, 금속 분말 등
고체 및 액체의 분해 폭발	화약류 및 유기 과산화물 등
수증기의 폭발	용융 금속, 보일러의 물 등의 급격한 팽창

② 폭발의 조건 : 가연성 가스, 증기 또는 분진의 농도가 폭발 한계에 있어야 하며, 밀폐된 공간이나 점화원이 주어져야 폭발
③ 폭발의 방지 대책
  ㉠ 화학적 폭발 방지 : 가연물(누출 및 방출 방지, 폭발 농도 이하 유지), 공기(산소), 점화원(충격, 전기에너지, 열, 광선 등)을 봉쇄
  ㉡ 폭발 방호 대책 : 불연재나 난연재 사용, 가연물 확산 방지, 안전거리 확보, 압력용기 및 안전장치 설치 등

ⓒ 피해 최소화 대책 : 사고확산 방지설비 설치(방류둑, 방폭벽, 방화문 설치 등), 소화설비 설치, 워터커튼 설치 등
ⓔ 폭발 재해의 비상 대책 : 긴급 차단 시스템, 피난 계획, 구명, 응급 조치, 긴급 복구 등

제1장 기계적 시험법 기출 및 예상문제

001 재료 시험기가 구비하여야 할 조건이 아닌 것은?

㉮ 안정성이 있어야 한다.
㉯ 연질이어야 한다.
㉰ 내구성이 있어야 한다.
㉱ 정밀도와 감도가 우수해야 한다.

재료 시험기의 구비 조건
① 안정성이 있어야 한다.
② 내구성이 있어야 한다.
③ 정밀도와 감도가 우수해야 한다.
④ 간단하고 정밀한 검사가 가능해야 한다.
⑤ 취급이 간편해야 한다.

002 만능시험기(U.T.M)에 대한 설명이 아닌 것은?

㉮ 수직형의 구조만 있다.
㉯ 전단 시험도 할 수 있다.
㉰ 정적 시험(static test)이다.
㉱ 취급이 간편해야 한다.

003 다음 중 인장 시험편에 관한 규격을 정해 놓은 것은 어느 것인가?

㉮ KSB 0801
㉯ KSD 0001
㉰ KSB 001
㉱ KSD 001

004 만능 시험기의 시험 방법 중 무하중 상태에서 용량이 $\frac{1}{1,000}$ 에 해당하는 하중을 가하는 시험 방법은?

㉮ 파단 시험
㉯ 강도 시험
㉰ 하중 시험
㉱ 마찰 시험

만능 시험기의 시험 항목과 성능 기준

시험 항목	시험 방법	점검 사항에 대한 허용오차
파단 시험	최대용량의 80% 이상의 하중으로 시험편의 파단시험을 3~5한다.	각 부분의 이상유무 점검, 0점의 변화는 용량의 1/2000 이하
하중 유지 시험	유압식인 경우 최대 용량으로 하중을 가한 다음 밸브를 닫고 기름의 유출속도를 측정	1분 후 최대 용량의 20% 이내로 유지
강도 시험	무하중 상태에서 용량의 1/1000에 해당하는 하중을 가함	지침의 변화를 읽을 수 있을 정도로 확실
하중 시험	각 용량을 5등분하여 각 하중을 시험	±1% 이내
마찰 시험	각 용량 내의 임의의 하중에 대하여 미소 하중을 감했을 때의 차를 측정	±1% 이내

정답 001. ㉯ 002. ㉮ 003. ㉮ 004. ㉯

005 다음 중 인장 시험기로서 측정할 수 없는 것은?

㉮ 내력 ㉯ 연신율
㉰ 탄성 한계 ㉱ 경화능

인장 시험기
① 인장 시험에서 재료의 특성을 알기 위해 많이 사용되는 측정
  ㉠ 일반 측정 : 최대 하중, 인장강도, 항복강도, 내력, 연신율, 단면 수축률을 측정한다.
  ㉡ 정밀 측정 : 비례 한도, 탄성 한도, 탄성 계수 등을 측정한다.
② 현재 많이 사용되는 시험기 : 암슬러(armsler)형(가장 많이 사용), 발드윈(baldwin)형, 모블 페더 하프(mobr federhaft)형, 올센(olsen)형, 시마즈(shimazu)형, 인스트론(instron)형(연구 목적용 정밀 시험)
③ 만능 시험기가 갖추어야 할 조건
  ㉠ 정밀도 및 감도가 우수할 것
  ㉡ 시험기의 안정성이 있을 것
  ㉢ 조작이 간편하고 정밀 측정이 가능할 것
  ㉣ 시험기의 내구성이 클 것
  ㉤ 취급이 간단할 것
④ 인장 시험의 조건(인장강도를 측정할 때)
  ㉠ 인장강도의 규정치에 상응하는 하중의 $\frac{1}{2}$까지는 적당한 속도로 하중을 가해도 좋다.
  ㉡ 강 하중의 $\frac{1}{2}$ 이상에서는 시험편 평행부의 연신 증가율이 20~80%/min 되는 속도로 인장 시험한다.
  ㉢ 상·하부 항복점 또는 내력의 측정이 끝난 후부터 계속 인장강도를 구할 때 위의 규정에 따른다.

006 KS B 0801에서는 금속 재료 인장 시험편에 대해 규정하고 있다. 회주철을 인장 시험하고자 할 때 가장 적합한 시험편은?

㉮ 4호 ㉯ 5호
㉰ 8호 ㉱ 9호

재료의 인장 시험편
① KS규격은 KS B 0801에 의해 시험편을 채취하고 이것을 일정한 규격의 형상과 치수로 가공한다. (KS B 0801 : 금속 재료 인장 시험편, KS B 0802 : 인장 시험 방법)
② 인장 시험기는 KS B 5521DP 의해 적합 여부를 확인한 후 사용하는 것이 좋다.
③ 4호 → 봉재, 5호 → 판재, 9호 → 선재용으로 표시한다.
④ 인장 시험에 사용되는 척은 시험편의 형상에 따라 봉재용, 평판재형, 선재용, 관재용, 체인용 등이 있으며 사용 목적에 따라 선정한다.
⑤ KS 4호, KS 5호 인장 시험편

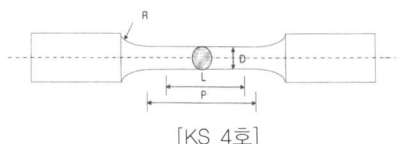

[KS 4호]

- 표점 거리(L) : 50mm
- 직경(D) : 14mm
- 평행부의 길이(P) : 약 60mm
- 모서리 반경(R) : 15mm 이상

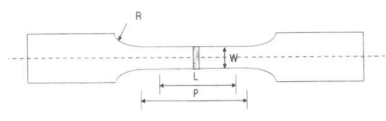

[KS 5호]

- 표점 거리(L) : 50mm
- 폭(W) : 25mm
- 평행부의 길이(P) : 약 60mm
- 모서리 반경(R) : 15mm 이상

정답 005. ㉱ 006. ㉰

007 표점 거리 50mm, 평행부 길이 60mm, 지름 14mm, 어깨 반지름 15mm 이상의 압연 강재의 규격은?
㉮ KSD-0801-3호 ㉯ KSD-0803-3호
㉰ KSB-0801-4호 ㉱ KSB-0804-2호

008 만능 시험기로 측정할 수 없는 시험은?
㉮ 인장 시험 ㉯ 강도 시험
㉰ 굴곡 시험 ㉱ 비틀림 시험

만능 시험기로 측정할 수 있는 것
인장 시험, 압축 시험, 전단 시험, 굽힘 시험

009 다음 중 인장강도 시험에서 시험 항목이 아닌 것은?
㉮ 항복점 ㉯ 내력
㉰ 압흔 깊이 ㉱ 탄성 한도

압흔 깊이는 경도 시험으로 알 수 있다.

010 항복점, 인장강도, 연신율 등을 알 수 있는 시험은?
㉮ 피로 시험 ㉯ 충격 시험
㉰ 경도 시험 ㉱ 인장 시험

011 인장 시험편 1호의 1A에 해당되는 규격은?
㉮ KSB 0801 ㉯ KSC 0802
㉰ KSA 0803 ㉱ KSD 0804

① 1A : 나비 40(38도 좋다.), 1B : 나비 25

012 다음 중 인장 시험편에 대한 설명으로 틀린 것은?
㉮ 시험편은 일반적으로 봉상 또는 판상의 형상으로 되어 있다.
㉯ 단면적의 오차는 1% 이내이어야 한다.
㉰ 표점거리는 50mm에 대하여 0.05mm의 정밀도가 요구된다.
㉱ 시험편의 단면적은 0.05mm² 까지 측정하여야 한다.

① 시험편의 단면적 : 0.005mm² 까지 측정하여야 한다.
② 인장강도 및 항복응력 0.1kg/mm² 까지 구한다.
③ 인장 속도는 최고 300mm/min, 최소 0.5 mm/min이며 항복점까지는 저속으로 해야 한다.

013 다음 중 KS규격에서 봉(bar)의 인장 시험에 적합한 것은?
㉮ 1호 시험편 ㉯ 4호 시험편
㉰ 5호 시험편 ㉱ 7호 시험편

① 1호 시험편 : 강판, 평강, 형강
② 4호 시험편 : 주강품, 단강품 압연 강재, 가단 주철품, 구상 흑연 주철품
③ 5호 시험편 : 파이프류 강판, 비철금속
④ 7호 시험편 : 인장강도가 큰 평강, 강판 및 각 강

014 금속 재료의 단면 수축률을 산출하기 위한 시험기는 무엇인가?
㉮ Charpy ㉯ Shore
㉰ Armsler ㉱ Martens

정답 007. ㉰ 008. ㉱ 009. ㉰ 010. ㉱ 011. ㉮ 012. ㉱ 013. ㉯ 014. ㉰

015 다음 중 단면이 원형이 아닌 시험편과 관계가 있는 것은? (단, L = 표점 거리, A = 단면적)

㉮ L / A = 4
㉯ A / L = 4
㉰ L / $\sqrt{A}$ = 4
㉱ $\sqrt{A}$ / L = 4

① 단면이 원형이 아닌 시험편에 대해서는 표점 거리(L)와 단면적의 평방근($\sqrt{A}$)의 비가 일정하면 동일한 재질에서 연신율(ε)은 대략 일정하다.

※ K = $\dfrac{L}{\sqrt{A}}$ = $\dfrac{\text{표점거리}}{\sqrt{\text{시험편의 단면적}}}$ = 상수(constant)

② 각국의 표점 거리 기준

국명	형상관계	표준치수
미국	L = 4.47$\sqrt{A}$ = 4d	L = 2(inch) d = 0.5(inch)
영국	L = 4$\sqrt{A}$ = 3.54d	—
독일	L = 11.3$\sqrt{A}$ = 10d L = 5.65$\sqrt{A}$ = 5d	L = (20cm) d = (2cm)
프랑스	L = 8.16$\sqrt{A}$ = 7.2d	—
일본	L = 4.04$\sqrt{A}$ = 3.57d L = 4$\sqrt{A}$	L = (5cm) d = (2cm)

016 다음에서 재료의 연신율을 측정하는 것은?

㉮ 암슬러식
㉯ 로크웰식
㉰ 샤르피식
㉱ 쇼어식

017 부르동 유압식 만능 시험기에서 부르동관 유압계의 부속 기기가 아닌 것은?

㉮ 공기 노즐, 래크
㉯ 롤러, 풍구
㉰ 스프링, 피니언
㉱ 영점 조절 기구, 공기 파이프

018 인장 시험편에서 물림부는 무엇을 뜻하는가?

㉮ 시험편의 중앙에서 동일 단면의 부분
㉯ 평행부에 응력을 균일하게 분산시키는 부분
㉰ 평행부에 찍어 놓은 기준점
㉱ 시험기의 물림 장치에 물려지는 부분

① 물림부 : 시험기의 물림 장치에 물려지는 부분
② 평행부 거리 : 시험편의 중앙에서 동일 단면의 부분
③ 어깨반지름 : 평행부에 응력을 균일하게 분산시키는 부분
④ 표점거리 : 평행부에 찍어 놓은 기준점

019 인장 시험편 물림 장치의 물림부 구비 조건이 아닌 것은?

㉮ 시험 중 시험편은 시험기 작동 중심선에 있어야 한다.
㉯ 인장 하중 이외에 편심 하중이 가해져야 한다.
㉰ 취급이 편리해야 한다.
㉱ 시험편에 심한 변형을 주어서는 안 된다.

시험편의 물림 장치에 대한 규정
① 시험 중 시험편은 중심선상에 있어야 하며 인장 이외의 힘이 가해지면 안 된다.
② 시험편에 물림 장치가 있어야 한다.
③ 시험편이 척 내에서 파괴되어서는 안 된다.
④ 물림부에서의 물림힘이 같아야 한다.

※정답 015. ㉰ 016. ㉮ 017. ㉯ 018. ㉱ 019. ㉯

020. 응력 측정법과 그 특성을 짝지워 놓은 것으로 옳은 것은?

㉮ 디퍼렌셜 트랜스포머 방법 → 등경사선이 나타남
㉯ 광탄성 시험 → 평면 응력뿐만 아니라 3차원 응력까지 해결 가능함
㉰ 스트레스 코팅 → 비파괴 측정법임
㉱ X-ray에 의한 측정법 → 금속 내부의 응력을 측정할 수 있음

021. 다음 그림은 인장 시험용으로 사용할 시험편이다. 표점 거리로서 적당한 것은 어느 치수인가?

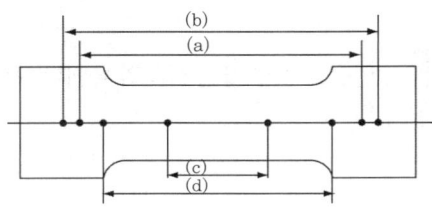

㉮ (a) ㉯ (b)
㉰ (c) ㉱ (d)

022. 다음 중 공칭 응력이란? (단, F : 하중, A_0 : 시편의 처음 단면적)

㉮ $\sigma = F \cdot A_0$ ㉯ $\sigma = \dfrac{A_0}{F}$
㉰ $\sigma = \dfrac{F}{A_0}$ ㉱ $\sigma = \sigma(1+F)$

해설
ε_t(진스트레인) $= \ln(1+\varepsilon_0)$, σ_t(진응력) $= \sigma_0(1+\varepsilon_0)$

023. 시편의 지름 14mm, 최대 하중 4600kg$_f$일 때 인장강도는 얼마인가? (단, 단위 : kg$_f$/mm^2)

㉮ 29.9   ㉯ 31.5
㉰ 42.3   ㉱ 51.4

해설
인장강도

① $\delta_B = \dfrac{\text{최대 하중}}{\text{원단면적}} = \dfrac{W_{max}}{A_0}$(kg$_f$/mm^2)에서

② $\delta_B = \dfrac{4600}{\dfrac{\pi D^2}{4}} = \dfrac{4600}{\dfrac{3.14 \times 14^2}{4}} = \dfrac{4600}{3.14 \times 7^2}$

$= \dfrac{4600}{153.86} ≒ 29.9$(kg$_f$/mm^2)

024. 다음 중 인장강도 시험의 단위는?

㉮ gr/cm^2 ㉯ kg$_f$/mm^2
㉰ ton/cm^2 ㉱ m/mm^2

해설

① 인장강도(σ_{max}) $= \dfrac{\text{최대 하중}}{\text{원단면적}}$

$= \dfrac{P_{max}}{A_0}$ kg$_f$/mm^2

② 항복 강도(σ_y) $= \dfrac{\text{상부 항복 하중}}{\text{원단면적}}$

$= \dfrac{P_y}{A_0}$ kg$_f$/mm^2

③ 연신율(ε) $= \dfrac{\text{연신된 길이}}{\text{표점거리}} \times 100$

$= \dfrac{l_1 - l_0}{l_0} \times 100 = \dfrac{\Delta l}{l_0} \times 100(\%)$

④ 단면 수축률(ϕ) $= \dfrac{\text{원단면적-파단부 단면적}}{\text{원단면적}} \times 100$

$= \dfrac{A_0 - A}{A_0} \times 100$

정답 020. ㉯ 021. ㉰ 022. ㉰ 023. ㉮ 024. ㉯

025. 연강의 인장 시험에서 응력-변형 곡선을 얻었다. 인장강도를 바르게 설명한 것은?

㉮ 파괴 때의 하중을 파괴 때의 단면적으로 나눈 값
㉯ 최대 하중을 파괴 때의 단면적으로 나눈 값
㉰ 파괴 때의 연신을 처음 단면적으로 나눈 값
㉱ 최대 하중을 처음 단면적으로 나눈 값

인장강도 = $\dfrac{\text{최대 하중}}{\text{원단면적}}$ = $\dfrac{P_{max}}{A_o}$

026. 다음 주철의 종류 중 인장강도가 가장 큰 주철은?

㉮ 니켈-크롬-규소주철
㉯ 란쯔(lanz) 주철
㉰ 엠멜(emmel) 주철
㉱ 미하나이트(meehanite) 주철

주철의 인장강도

주철의 종류	인장강도(kg$_f$/mm^2)
Ni-Cr-Si 주철	31
란쯔 주철	30
엠멜 주철	35
미하나이트	35~45

027. 연강의 인장 시험편의 지름이 10mm이고 최대 하중이 3,750kg$_f$이었다면 인장강도는 얼마인가? (단, π = 3, 단위는 kg$_f$/mm^{2}임)

㉮ 35   ㉯ 50
㉰ 55   ㉱ 60

028. 탄소 함유량이 0.2% 탄소강의 표준 상태에서는 페라이트 76%, 펄라이트 24%일 때 인장강도(kg$_f$/mm^2)는 대략 얼마인가? (단, 페라이트 σ_b = 35kg$_f$/mm^2, σ = 80kg$_f$/mm^2)

㉮ 45.8   ㉯ 20
㉰ 60   ㉱ 80

인장강도 = $\dfrac{(35 \times F)+(80 \times P)}{100}$

= $\dfrac{(35 \times 76)+(80 \times 24)}{100}$ = 45.8

029. 표점 거리 60mm, 직경 10mm인 봉재 시편을 인장 시험한 결과 최대 하중 3925kg$_f$에서 절단되었고 절단 후 표점 거리가 66mm였다면 이때의 인장강도는? (단, 단위는 kg$_f$/mm^2)

㉮ 50   ㉯ 55
㉰ 60   ㉱ 65

인장강도 = $\dfrac{P}{A}$ = $\dfrac{3925}{\dfrac{\pi \times D^2}{4}}$ = $\dfrac{3925}{\dfrac{3.14 \times 100}{4}}$

= $\dfrac{3925}{78.5}$ = 50

030. 다음 중 연신율을 측정할 때의 기준이 되는 것은?

㉮ 시험편의 폭   ㉯ 표점 거리
㉰ 시험편의 지름   ㉱ 턱의 반지름

정답 025. ㉱ 026. ㉱ 027. ㉯ 028. ㉮ 029. ㉮ 030. ㉯

031 표점 거리 100mm, 직경 14mm, 최대 하중 6000kg$_f$, 시험후 표점 거리 120mm, 직경 9mm이다. 이때의 인장강도는 약 얼마인가? (단위 : kg$_f$/mm^2)

㉮ 41.6 ㉯ 39.0
㉰ 31.5 ㉱ 61.4

인장강도 $= \dfrac{P}{A}$ 에서

$\dfrac{6,000}{3.14 \times 7^2} = \dfrac{6,000}{153.86} = 38.996$

032 다음은 황동판의 기계적 성질을 나타낸 것으로 ①은 인장강도이다. ②, ③은 각각 무엇을 나타낸 것인가?

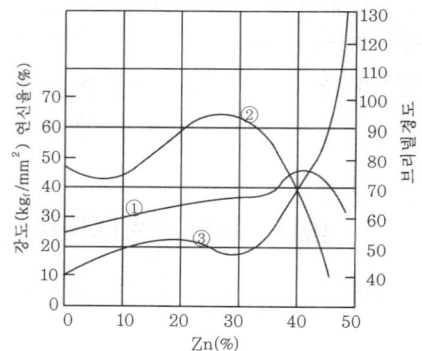

㉮ ② 경도, ③ 연신율
㉯ ② 연신율, ③ 경도
㉰ ② 강도, ③ 충격
㉱ ② 내력, ③ 경도

① 인장강도, ② 연신율, ③ 브리넬 경도

033 시험편의 지름 14mm, 평행부 길이 60mm, 표점 거리 50mm, 최대 하중 9930 kg$_f$일 때의 인장강도는? (kg$_f$/mm^2)

㉮ 64.5 ㉯ 53.9
㉰ 65.4 ㉱ 35.9

$\sigma = \dfrac{P}{A_o} = \dfrac{9930}{\dfrac{3.14 \times 14^2}{4}} = 64.539$

034 인장 시험을 할 때의 표점 거리 50mm, 두께 2mm, 평행부 나비 25mm, 최대 하중 1500kg$_f$이고, 시험 후의 표점 거리가 60mm가 되었다. 재료의 인장강도 및 연신율은 얼마인가?

㉮ 인장강도 30kg$_f$/mm^2, 연신율 20%
㉯ 인장강도 60kg$_f$/mm^2, 연신율 2%
㉰ 인장강도 15kg$_f$/mm^2, 연신율 20%
㉱ 인장강도 25kg$_f$/mm^2, 연신율 30%

① 인장강도 $= \dfrac{P}{A} = \dfrac{1500}{2 \times 25} = \dfrac{1500}{50}$
$= 30$kg$_f$/mm^2

② 연신율 $= \dfrac{(L_1 - L_o)}{L_o} = \dfrac{60-50}{50} \times 100$
$= \dfrac{10}{50} \times 100 = 20\%$

정답 031. ㉯ 032. ㉯ 033. ㉮ 034. ㉮

035 KS 4호를 이용하여 SM45C를 인장 시험하였더니 시험 후의 변형 길이가 표점 거리보다 4mm 더 늘어났다. 이 재료의 연신율은 얼마인가?

㉮ 4% ㉯ 8%
㉰ 12% ㉱ 30%

 해설

연신율 : $\dfrac{L_1 - L_0}{L_0} \times 100 = \dfrac{54-50}{50} \times 100 = 8\%$

※ KS 4호의 표점 거리는 50이다.

036 그림과 같이 5등분한 (a)시험편을 인장하여 (b)와 같이 변형하였다고 할 때 AF사이의 연신율(%)은 약 얼마인가?

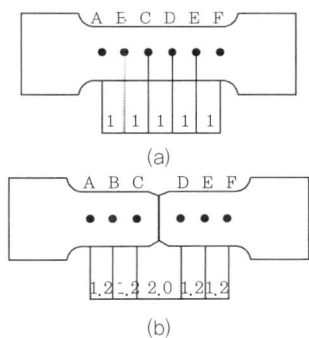

㉮ 26 ㉯ 36
㉰ 47 ㉱ 100

037 인장 시편이 표점 거리 50mm, 지름 14mm, 최대 하중 5500kgf에서 파단되었을 때 52mm가 되었다. 이때 연신율(%)은 얼마인가?

㉮ 2 ㉯ 4
㉰ 8 ㉱ 10

 해설

$\dfrac{l_1 - l_0}{l_0} \times 100 = \dfrac{52-50}{50} \times 100 = 4\%$

038 기계 재료 시험에서 표점 거리가 50mm의 재료를 인장 시험하여 전단 후 표점 거리가 60mm가 된 재료의 연신율은 몇 %인가?

㉮ 16.5 ㉯ 20
㉰ 83 ㉱ 120

 해설

연신율 = $\dfrac{(L-L_0)}{L_0} \times 100 = \dfrac{60-50}{50} \times 100$

$= \dfrac{10 \times 100}{50} = 20\%$

039 표점 거리 100mm, 직경 14mm인 시험편을 최대 하중 6400kgf을 걸어 인장 시험 후 측정하였더니 표점 거리 120mm, 직경 9mm가 되었다. 이때의 연신율(%)은?

㉮ 17 ㉯ 20
㉰ 25 ㉱ 35

 해설

연신율 = $\dfrac{(L_1 - L_0)}{L_0} \times 100$이므로

$\delta = \dfrac{120 - 100}{100} \times 100 = 20(\%)$

040 어떤 재료를 인장 시험하였더니 늘어난 길이가 60mm이고, 연신율이 20%였다. 이 재료의 원래 길이(mm)는 얼마인가?

㉮ 20 ㉯ 30
㉰ 40 ㉱ 50

해설

$\delta = \dfrac{60 - L_0}{L_0} \times 100 = 20$에서, $\dfrac{(60-L_0) \times 100}{L_0} = 20$,

$L_0 = \dfrac{6000}{120} = 50mm$

정답 035. ㉯ 036. ㉯ 037. ㉯ 038. ㉯ 039. ㉯ 040. ㉱

041. 연강에 대하여 인장 시험을 한 결과 다음과 같은 결과를 얻었다. 이 연강의 연율(%)은 얼마인가? (단, 표점 거리 : 50mm, 파단점의 표점 거리 : 70mm)

㉮ 10 ㉯ 20
㉰ 30 ㉱ 40

연신율 $= \dfrac{(L_1-L_0)}{L_0} \times 100$ 이므로

$\delta = \dfrac{70-50}{50} \times 100 = 40\%$

042. 인장 시험에서 시험 전 표점 거리 112mm의 시험편을 시험 후 절단된 표점 거리를 측정하였더니 132mm로 늘어났다. 이 재료의 연신율(%)은 얼마인가?

㉮ 약 17.85 ㉯ 약 18.5
㉰ 약 19   ㉱ 약 20

연신율

시험편이 절단되기 직전의 표점 거리를 측정하고 그 값의 표점 거리와의 차를 원표점 거리로 나눈 값의 백분율을 말한다.

$\delta = \dfrac{\text{변형 후 길이} - \text{처음 길이}}{\text{처음 길이}} \times 100$

$= \dfrac{L_1-L_0}{L_0} \times 100$

$\therefore \delta = \dfrac{132-112}{112} \times 100 = \dfrac{20}{112} \times 100 = 17.85$

043. 어떤 재료를 시험하였더니 단면적이 A_2에서 A_1로 되었다. 단면 수축률을 구하는 식은?

㉮ $\dfrac{A_2-A_1}{A_1} \times 100(\%)$ ㉯ $\dfrac{A_2-A_1}{A_2} \times 100(\%)$

㉰ $\dfrac{A_1-A_2}{A_1} \times 100(\%)$ ㉱ $\dfrac{A_1-A_2}{A_2} \times 100(\%)$

단면 수축률 내는 공식

$\phi = \dfrac{\text{처음 단면적} - \text{변형후의 단면적}}{\text{처음 단면적}} \times 100$

$= \dfrac{A_2-A_1}{A_2} \times 100$

044. 시험편이 파괴되기 직전의 최소 단면적이 $25mm^2$, 원단면적은 $28mm^2$일 때 단면 수축률(%)은 얼마인가?

㉮ 약 11 ㉯ 약 22
㉰ 약 30 ㉱ 약 42

$\phi = \dfrac{28-25}{28} \times 100 = \dfrac{3}{28} \times 100 = 10.714$

045. 영구 변형이 생기지 않는 응력의 최댓값으로 하중을 제거한 후 원상태로 돌아오는 한계를 무엇이라 하는가?

㉮ 항복점   ㉯ 극한 강도
㉰ 비례 한계 ㉱ 탄성 한계

하중을 제거하면 소성 변형이 되지 않고 원상태로 복귀하는 현상을 탄성 한계라 한다.

정답 041. ㉱ 042. ㉮ 043. ㉯ 044. ㉮ 045. ㉱

046 그림과 같은 연강의 인장 시험에서 얻은 응력-연율 곡선에서 인장강도는?
(단, A_0 : 시편의 원단면적, A : 시편의 파괴 단면적, P_M : M점의 하중, P_B : 파괴점의 하중)

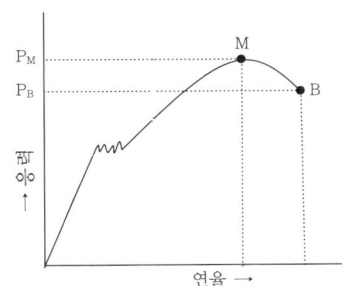

㉮ $\delta_t = \dfrac{PM}{A}$ ㉯ $\delta_t = \dfrac{P_B}{A_0}$

㉰ $\delta_t = \dfrac{P_B}{A}$ ㉱ $\delta_t = \dfrac{P_M}{A_0}$

047 다음 응력-변형 곡선 중 Z점에서 계산할 수 있는 강도는?

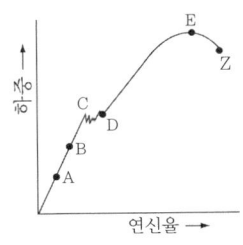

㉮ 인장강도   ㉯ 항복 강도
㉰ 안전 강도   ㉱ 파괴 강도

파괴 강도 : 재료시험을 하였을 때 시험편이 파괴되기까지 나타나는 공칭응력의 최댓값

048 다음 그림은 인장 시험편의 변형과 이에 대응하는 하중을 조사하여 변형을 가로축, 하중을 세로축에 잡고 그린 하중-변형선도이다. 연강의 하중-변형 곡선에 해당하는 것은?

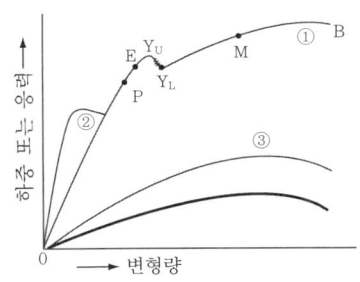

㉮ ①   ㉯ ②
㉰ ③   ㉱ 없음

① : 연강, ② : 주철, ③ : 구리

049 다음 그림에서 ①과 ②의 설명 중 맞는 것은?

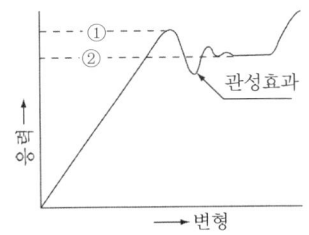

㉮ ① 상부 항복점, ② 하부 항복점
㉯ ① 비례 한계, ② 상부 항복점
㉰ ① 탄성 한계, ② 비례 한계
㉱ ① 극한 강도, ② 탄성 한계

① 상부 항복점 ② 하부 항복점

050 다음 응력-변형 곡선 중 영구 변형이 생기지 않은 응력의 최댓값이 되는 점은?

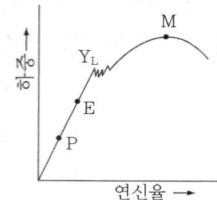

㉮ P점 ㉯ E점
㉰ YL점 ㉱ M점

051 0.2%의 영구 변형을 일으킨 때의 하중을 평행부의 원단면적으로 나눈 값을 무엇이라 하는가?

㉮ 인장강도 ㉯ 항복 강도
㉰ 전단 응력 ㉱ 파단 강도

 항복 강도
① 응력-변형 선도에서 응력이 증가 없이 많은 연신율이 생기는 점의 응력 또는 그때의 최대 하중을 원 단면적으로 나눈 값을 항복점 또는 항복 강도라 한다.
② 항복 강도 = 항복 하중(0.2% 옵셋법 이용) / 단면적

052 인장 시험에서 응력을 완전히 제거하였을 때 재료에 영구 변형을 남기지 않는 최대 응력은?

㉮ 파단 응력 ㉯ 탄성 한계
㉰ 비례 한계 ㉱ 항복점

 탄성 한계
재료에 하중을 증가하면 늘어난 길이도 증가하되 비례하지 않으며 하중을 제거하면 원상태로 되돌아온다.

053 탄성 한계에서 응력은 변형률에 비례한다. 이것을 무슨 법칙이라 하는가?

㉮ 탄성의 법칙
㉯ 후크의 법칙
㉰ 세로 탄성 계수 법칙
㉱ 가로 탄성 계수 법칙

 후크의 법칙(Hook's law)
① 변형이 크지 않는 탄성의 어느 한계 내에서 변형의 크기는 작용하는 외력에 비례한다.
② 응력/변형 = 정수 : 이와 같은 정수를 탄성 계수라 한다.
③ 수직 응력을 종변형으로 나눈 값(F = kx k1. ※ k : 탄성 계수, x : 변형의 크기)

054 다음 그림에서 후크의 법칙이 적용되는 구간은?

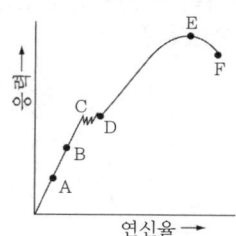

㉮ A 이내 ㉯ B 이내
㉰ C 이내 ㉱ E 이내

 후크의 법칙은 탄성 한계 내에서 적용된다.

정답 050. ㉱ 051. ㉯ 052. ㉯ 053. ㉯ 054. ㉯

055 물질의 영구 변형이 일어나지 않는 한도 내에서 응력에 대한 변형률의 비를 무엇이라 하는가?

㉮ 물질의 영률
㉯ 물질의 탄성 한계
㉰ 물질의 탄성 매체
㉱ 물질의 포아송의 비

영률 (Young's modulus)
인장 또는 압축에서의 탄성 계수, 영계수, 종탄성 계수라고도 한다.

056 재료 시험 결과를 구하는 공식과 재료 시험의 명칭이 일치하지 않는 것은?

㉮ 탄성 계수(E) = $\dfrac{A_o \cdot \triangle l}{P \cdot l}$ (kgf/cm²)

㉯ 비커즈 경도(Hv) = $\dfrac{2P \sin \dfrac{\alpha}{2}}{d^2}$

㉰ 인장강도(σ_B) = $\dfrac{P_{max}}{A_o}$ (kgf/mm²)

㉱ 충격값(U) = $\dfrac{WR(\cos\beta - \cos\alpha)}{A_o}$ (kgf·m/cm²)

탄성 계수, 영률, E

① $E = \dfrac{\sigma}{\varepsilon} = \dfrac{\dfrac{P}{A_o}}{\dfrac{\triangle L}{L}} = \dfrac{PL}{A_o \triangle L}$

057 금속의 변형 시 가로 변형률에 대한 세로 변형률을 포아송 비(Poisson ratio)라고 한다. 그러면 철강 소재의 탄성 포아송 비는 얼마인가?

㉮ 0.28 ㉯ 0.5
㉰ 0.2   ㉱ 0.37

058 보통 탄소강에서 탄성 계수로 맞는 것은?

㉮ (1.7~1.8)×10⁶ kgf/mm²
㉯ (2.0~2.1)×10⁶ kgf/mm²
㉰ (2.2~2.5)×10⁶ kgf/mm²
㉱ (3.0~3.2)×10⁶ kgf/mm²

① 철강에서 탄성 계수(E)값
= (1.9~2.1)×10⁶ kgf/mm²

059 다음 중 영률을 나타내는 것은 어느 것인가?

㉮ $\dfrac{최대하중}{원단면적}$ ㉯ $\dfrac{응력}{변형률}$

㉰ $\dfrac{상부\ 항복\ 하중}{원단면적}$ ㉱ $\dfrac{신연된\ 길이}{표점거리}$

영률 공식

$\dfrac{하중}{연신율}$ = 정수 또는 하중 = 정수×연신율

㉮항 : 인장강도, ㉰항 : 항복 강도,
㉱항 : 연신율

060 동 합금을 인장 시험할 때 응력-변형 선도가 처음부터 곡선으로 이루어질 때 영구 연신의 몇 % 해당하는 점을 항복점이라 하는가?

㉮ 0.1   ㉯ 0.3
㉰ 0.4   ㉱ 0.5

규정된 영구 변형량으로는 보통 0.2%를 표시하나 0.5%를 표시하는 경우도 있다.

정답 055. ㉮ 056. ㉮ 057. ㉮ 058. ㉯ 059. ㉯ 060. ㉱

061 다음의 금속 재료 중 포아송의 비가 가장 큰 것은?

㉮ 콘크리트　　㉯ 연강
㉰ 주철　　　　㉱ 납

포아송 비(poisson's ratio)
① 탄성 한계 내에서 가로 변형과 세로 변형비는 그 재료에 대하여 항상 일정하다.
② 포아송 비 = $\dfrac{\text{가로변형}}{\text{세로변형}} = \dfrac{1}{m}$
③ 금속의 경우 포아송 비 : 보통 0.2~0.4
④ 주요 금속의 포아송 비

금속	포아송 비
Al	0.33
Cu	0.36
Ni	0.30
Pb	0.40
Fe	0.28
W	0.27
Ti	0.31
콘크리트	0.08~0.18
연강	0.27~0.30
주철	0.23~0.27

062 항복점이 일어나지 않는 재료는 항복점 대신에 무엇을 쓰는가?

㉮ 비례 한도　　㉯ 내력
㉰ 탄성 한도　　㉱ 인장강도

내력(yield strength)
① 0.2%의 영구 변형을 일으키는 하중을 시험편의 원단면적으로 나눈 값
② 0.2%의 연신에 상응하는 응력
③ 항복점이 생기지 않는 고탄소강, 비철금속에서는 항복점 대신 내력을 둔다.
④ 0.2%의 영구 변형이 생기는 응력을 항복점 또는 내력이라 한다.

063 그림과 같은 응력-변형 곡선을 갖는 비철재료(KS 규격)에서 항복 강도를 잡아줄 때 m값은 보통 몇 % 변형량으로 하는가?

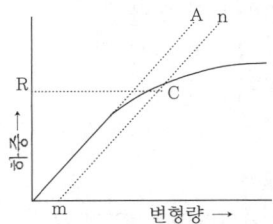

㉮ 0.01　　㉯ 0.2
㉰ 0.5　　　㉱ 10

064 다음 중 바우싱거(Bauschinger)효과에 대한 설명 중 맞는 것은?

㉮ 압축했다가 하중을 제거한 후 인장을 가했을 때 파단점이 감소하는 현상
㉯ 압축했다가 하중을 제거한 후 다시 압축하면 파단점이 감소하는 현상
㉰ 인장을 했다가 하중을 제거한 후 압축을 했을 때 항복점이 감소하는 현상
㉱ 인장을 했다가 하중을 제거한 후 다시 인장을 가했을 때 항복점이 감소하는 현상

바우싱거 효과(Bauschinger effect)
① 한 번 어느 방향으로 소성 변형을 가한 재료에 역방향의 하중을 가하면 전과 같은 방향으로 하중을 가한 경우보다도 소성 변형에 대한 저항이 감소한다. 즉 가공 경화가 적어진다.
② 재료에 탄성 한계 이상의 하중을 한쪽에 가한 다음에 반대 방향에 하중을 가할 때는 처음부터 그 방향으로 하중을 가했을 때보다도 비례 한계 또는 항복점은 현저하게 저하한다. 즉 영구 변형에 의한 금속의 경화는 하중의 방향에 따라 다르다는 것을 뜻한다. 이 현상을 바우싱거 효과라 한다.
③ 이것은 다결정뿐만 아니라 단결정에도 존재한다.

정답   061. ㉱   062. ㉯   063. ㉯   064. ㉰

065. 실제로 재질이 일정하면 기하학적으로 비슷한 시험편은 동일한 연신율을 가져야 한다는 법칙은?

㉮ 탄성 법칙
㉯ 후크의 법칙
㉰ 상사 법칙
㉱ 가로 탄성 계수 법칙

상사(相似)의 법칙(law of similarity)
① 서로 같은 균일한 재료에 의해서 되는 비슷한 시험편에 같은 종류의 외력을 작용시키면 각 시험편의 변형률은 서로 같다.
② 실제로 재질이 일정하면 기하학적으로 비슷한 시험편은 동일한 연신율을 가져야 한다는 상사 법칙에 준한다.
③ 시험편의 길이를 지름으로 나눈 값이 서로 같은 결과가 된다. ($\frac{길이(L)}{지름(d)} = K$)
④ 인장 시험에서는 통용되나 충격 시험에서는 통용되지 않는다.
※ 표점 거리가 크면 연신율은 감소되고 단면 수축률에는 큰 차가 없다.

066. 주철재의 압축 시편의 크기가 d = 1cm, h = 2cm일 때 압축 하중 5500kgf을 가하면 압축 강도(kgf/cm²)는 얼마인가?

㉮ 40.06   ㉯ 50.06
㉰ 60.06   ㉱ 70.06

압축 강도 : $\sigma = \frac{P}{A} = \frac{5{,}500}{\frac{3.14 \times 1^2}{4}} = 70.06$

067. 다음 그림은 압축에 대한 응력-압률 선도이다. 가공 경화 지수(m : 재료에 따른 상수)가 m〉1일 때 어느 금속에서 볼 수 있는가?

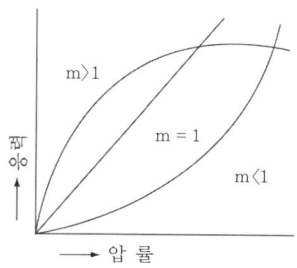

㉮ 완성 탄성체   ㉯ 주철
㉰ 피혁   ㉱ 고무

압축에 대한 응력-압률 선도
① m = 1일 때 : 후크의 법칙이 성립되고 완성 탄성체에만 적용할 수 있다.
② m〉1일 때 : 가장 많은 경우로 곡선의 상부에 원호를 그린다.
※ 주철, 강, 콘크리트 등이 여기에 속하며 특히 응력이 크지 않은 범위에서는 m≒1.1이 된다.
③ m〈1일 때 : 곡선의 하부에 원호를 가지며 금속에는 없고 피혁, 고무 등 비금속 재료 중 일부에 적용된다.

068. 압축 시험에서 처음 길이가 5mm, 압축률이 10%일 때 시험 후의 길이는 몇 mm인가?

㉮ 2.5   ㉯ 3.5
㉰ 4.5   ㉱ 5.5

압축률

압축률 = $\frac{h_1 - h}{h_1} \times 100\%$

= $\frac{5 - h}{5} \times 100 = 10$, $(5-h) \times 20 = 10$

$100 - 20h = 10$, $20h = 100 - 10$, $h = \frac{90}{20} = 4.5$

정답 065. ㉰   066. ㉱   067. ㉯   068. ㉰

069. 취성 재료의 비례 한도, 항복점, 탄성 계수 등의 기계적 성질을 알기 위한 적당한 시험 방법은?

㉮ 압축 시험 ㉯ 충격 시험
㉰ 항절 시험 ㉱ 비틀림 시험

압축 시험 (compression test)
① 압축 시험의 목적 : 압축력에 대한 재료의 항압력을 시험하는 것이다.
② 압축 강도, 비례 한도, 항복점, 탄성 계수 등을 결정한다.
③ 압축 강도는 취성 재료를 시험할 때는 잘 나타나나 연성 재료에서는 파괴를 일으키지 않으므로 시편의 균열이 발생하는 응력으로 압축 강도를 결정한다.
④ 주노 내압에 사용되는 재료, 즉 주철, 베어링 합금, 벽돌, 콘크리트, 목재, 타일, 플라스틱, 경질 고무 등에 적용된다.

070. 고력 황동 합금을 $\phi 10mm$, 높이 $20mm$로 가공하여 압축 시험한 결과 $3140 kg_f$에서 파괴되었다. 이때의 압축 강도(kg_f/mm^2)는 얼마인가?

㉮ 10 ㉯ 20
㉰ 30 ㉱ 40

압축 강도 계산식

압축 강도 $= \dfrac{P}{A_0} kg_f/mm^2$에서

$\therefore \delta t = \dfrac{3,140}{\dfrac{3.14 \times 10^2}{4}} = 40 kg_f/mm^2$

071. 그림과 같은 장방형 시험편의 굽힘 정도를 측정하고자 할 때 굽힘 하중이 $1,000 kg_f$, 지점 간 거리(L)가 $100mm$이었다. 이때의 굽힘 강도(kg_f/mm^2)는 얼마인가?

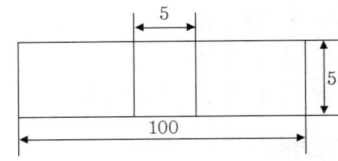

㉮ 10 ㉯ 40
㉰ 1200 ㉱ 600

① 최대 응력(σ) $= \dfrac{PL}{4Z}$

② 단면이 장방형일 때 : $Z = \dfrac{bt^2}{6}$

③ 단면이 원형일 때 : $\dfrac{\pi d^3}{32}$

※ 여기서, P : 굽힘 하중, l : 지점간의 거리, Z : 단면 계수, b : 시편의 폭, t : 시편의 두께, d : 시편의 직경

이 문제에서는 장방형일 때이므로, 최대응력

$= \dfrac{1,000 \times 100}{\dfrac{4 \times 5^2}{6}} = 1,200$

072. 주철을 압축 시험했을 때 시험편의 파괴는 어느 방향으로 이루어지는가?

㉮ 직각 방향 ㉯ 수직 방향
㉰ 대각선 방향 ㉱ 방향성이 없다.

073. 다음 중 압축 강도 시험을 실시하기에 가장 용이한 재료는?

㉮ 주철 ㉯ 순철
㉰ 탄소강 ㉱ 순 Al

정답 069. ㉮ 070. ㉱ 071. ㉰ 072. ㉰ 073. ㉮

074. 다음 중 압축 시험편의 지름과 길이의 관계는 어느 범위가 가장 널리 사용되는가? (단, L : 길이, D : 지름)

㉮ L = (3~10)D ············ 봉재
㉯ L = (4~5.5)D ··········· 봉재
㉰ L = (1.5~2.0)D ········ 봉재
㉱ L = (2.5~3.0)D ········ 봉재

압축 시험면의 지름과 길이의 관계
① 압축 시편의 실용적인 길이는 길이와 지름의 비(L/D)가 1~3 정도의 것이 사용된다.
② 압축 시험에 관한 사항은 KS B 5533에 규정되어 있다.
③ 압축 시험편의 지름(d)과 길이(ℓ) 또는 폭(b)의 관계는 다음 범위가 가장 널리 사용된다.
　㉠ ℓ = (1.5~2.C)d ········ 봉재
　㉡ ℓ = (1.5~2.C)b ········ 각재

075. 다음 중 비틀림 시험에서 측정할 수 없는 것은?

㉮ 강성 계수　　㉯ 비틀림 강도
㉰ 비례 한도　　㉱ 포아송 비

비틀림 시험 (torsion test)
① 주목적 : 재료에 대한 강성 계수 G의 측정과 비틀림 강도를 측정하는데 있다.
② 측정 대상 : 강성 계수, 비틀림 비례 한도, 비틀림 상부 항복점(연강), 비틀림 하부 항복점(연강), 비틀림 강도(취성 재료, 연성 재료), 최대 비틀림 탄성 에너지, 비틀림 변형 에너지
③ 시험기의 종류 : 비틀림 모멘트를 측정하는 방법에는 펜듈럼식, 탄성식, 레버식 레버와 스프링 장치를 한 것 등이 있으며 펜듈럼형, 암슬러형, 아베리형, 미시간형과 선재 비틀림 시험기가 있다.

076. 전단 응력의 발생 원인에 대한 설명으로 맞는 것은 어느 것인가?

㉮ 전단하려는 면에 관계가 없다.
㉯ 전단하려는 면에 반대 방향으로 작용하는 힘에 의한다.
㉰ 전단하려는 면에 수직으로 작용하는 힘에 의한다.
㉱ 전단하려는 면에 평형으로 작용하는 힘에 의한다.

전단 응력 (shearing stress)
① 시험편의 축에 직각으로 하중을 부여하여 시편이 전단되었을 때의 하중을 시험편의 단면적으로 나눈 값
② 전단 응력 실례

재료	치수		하중 p (kg₁)	전단응력 τ (kg₁/cm²)
	지름 d (cm)	단면적 f (cm²)		
연강	1.995	3.12	29080	4660
연동	1.995	3.12	18310	2940
황동	1.995	3.12	17750	2810
청동	1.995	3.12	13150	2110
주철	1.995	3.12	13240	2120

077. 리벳의 전단 시험에 사용되는 전단 장치는 어떤 것인가?

㉮ 인장형 전단 장치
㉯ 압축형 전단 장치
㉰ 비틀림 전단 장치
㉱ 굽힘 전단 장치

074. ㉰ 075. ㉱ 076. ㉱ 077. ㉮

078 다음 그림에서 p = 8950kgf, d = 30mm, t = 2.7mm이면 전단 응력(τ)은 얼마(kgf/cm²)인가?

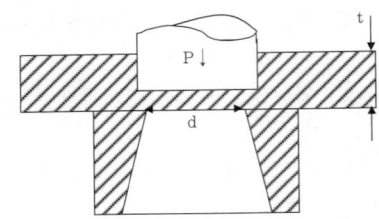

㉮ 3042 ㉯ 3200
㉰ 3519 ㉱ 3800

전단 응력
① $P = L \cdot t \cdot \tau$
   ※ 지름 d(mm)인 원관은 $p = \pi dt\tau$ 이다.
② $\tau = \dfrac{p}{lt}$ 또는 $\tau = \dfrac{p}{\pi dt}$ 이다.
※ p : 전단에 필요한 힘(kgf),
   L : 전단 길이(mm),
   t : 판의 두께(mm),
   τ : 전단 저항(kgf/mm²)
④ $\tau = \dfrac{8,950}{3.14 \times 3 \times 0.27} = 3,518.91$
※ p : 8950, t : 3cm, t : 0.27cm

079 목재의 전단 시험에서 사용되는 전단 장치는?

㉮ 인장형 전단 장치
㉯ 압축형 전단 장치
㉰ 비틀림 전단 장치
㉱ 굽힘 전단 장치

080 다음은 비틀림 시험(torsion test)에 대한 설명이다. 잘못된 것은?

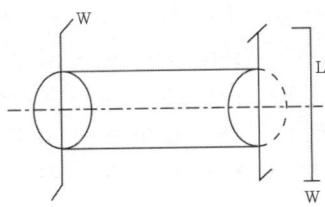

㉮ 재료에 비틀림 모멘트를 가하면서 이에 해당하는 비틀림각을 측정해 한다.
㉯ 이때 그래프는 세로축에 비틀림 모멘트, 가로축에 비틀림각을 잡는 것이 보통이다.
㉰ 비틀림 모멘트로서는 재료의 강도, 비틀림각으로서는 재료의 연성을 예측할 수 있다.
㉱ 비틀림 모멘트는 T = W/L로 표시한다.

081 다음 중 비틀림 시험에 대한 설명이 아닌 것은?

㉮ 비틀림 모우멘트를 가했을 때의 범위는 비틀림각으로 나타낸다.
㉯ 비틀림 변형, 비틀림 강도, 비틀림 파괴 계수 등을 구할 수 있다.
㉰ 비틀림 각의 지시 바늘과 비틀림 모우멘트의 지시 바늘은 항상 1로 해주어야 한다.
㉱ 강도(ZD) = $16Tn/\pi d^3$ 이다.

① 지시 바늘은 0으로 한다.
② ㉱항은 취성 재료의 비틀림 강도를 나타낸다.
③ 연성 재료의 비틀림 강도는 $\dfrac{12Tn}{\pi d^3}$ 이다.

082. 비틀림 시험에서 토크(torque)의 비틀림 각도가 갑자기 증가하는 점은?
㉮ 항복점 ㉯ 파단점
㉰ 최대 하중점 ㉱ 비례 한계점

해설
토크와 비틀림각(θ)의 관계
① 초기에는 토크와 비틀림 각도의 증가가 대력 비례하나 항복점을 지나면 비틀림 각도의 증가가 급격히 커진다.
② 여러 번 반복 회전한 후 파괴되지만 비례 한계를 지난 후 토크의 증가는 그다지 크지 않다.

083. 다음 중 강성률을 나타내는 공식은?
(단, T : 비틀림 모멘트, L : 표점 거리, T_B : 항복 비틀림 모멘트, T_B : 최대 비틀림 모멘트, θ : 비틀림각, D : 시험편의 지름)

㉮ $G = \dfrac{16T_S}{\pi D^3}$ ㉯ $G = \dfrac{16T_B}{\pi D^3 \theta}$

㉰ $G = \dfrac{32\ell T}{\pi D^4 \theta}$ ㉱ $G = \dfrac{16T}{\pi D^4}$

해설
강성률 (rigidity)
① 강성 : 재료가 탄성 변형을 할 때 재료는 그 변형에 저항하는 성질이 있는데 이 변형에 저항하는 정도를 나타낸 것
② 물체에 가해지는 접선 응력(P)과 이 응력에 의해 생기는 변형각(θ)과의 비(比)인 $\dfrac{P}{\theta}$, 전 탄성 계수(shearing modulus)라고도 한다.
③ 주요 금속의 강성률

금속의 종류	강성률(dyn/cm²)
강	8×10^{11}
Al, Au	2.7×10^{11}
Cu	4×10^{11}
탄성고무	1×10^{11}

084. 다음 중 강성 계수 G를 측정하는 시험법은?
㉮ 비틀림 시험 ㉯ 피로 시험
㉰ 에릭센 시험 ㉱ 크리프 시험

085. 다음 중 굽힘 저항 시험(bending resistance test)과 관계가 먼 것은?
㉮ 재료의 저항력 ㉯ 탄성 계수
㉰ 탄성 에너지 ㉱ 전성 및 연성

해설
굽힘 시험 (bending test)
① 굽힘 저항 시험 : 재료의 굽힘에 대한 저항력을 조사하는 시험
② 굴곡 시험(항절 시험) : 전성, 연성, 균열의 유무를 시험
③ 주철의 굽힘 시험에서의 응력은 보통 파단 계수로써 그 크기를 정한다.
   ※ 파단 계수는 단면 계수와 최대 굽힘 모멘트의 비를 말한다.
④ 파단 계수는 최대 응력이다.
⑤ 주철의 굽힘 강도는 인장강도의 3배 이상이 된다.
⑥ 주철에서 인장강도와 굽힘 강도의 관계식

$Nb = \mu_0 \sqrt{\dfrac{e}{Z_0}} \, \sigma_t$

※ σ_b : 굽힘 강도, σ_t : 인장강도
   e : 중심축에서 끝부분까지의 거리
   z_0 : 단면의 인장 축에서 중심축까지의 거리
   μ_0 : 단면의 상하가 직선으로 되었을 때의 상수

086 굽힘 강도 시험은 다음 어떤 성질을 알기 위한 시험인가?
㉮ 주조성　　　㉯ 소성 가공성
㉰ 경도　　　　㉱ 유동성

해설
굽힘 시험(bending test)
① 굽힘 시험은 재료의 소성 가공성을 알기 위한 시험
② 굽힘 저항 시험 : 재료의 굽힘에 대한 저항력을 조사하는 시험
③ 굴곡 시험(항절 시험) : 전성, 연성, 균열의 유무를 시험
④ 특징 : 시편에 생기는 응력은 압축력, 반대쪽에는 인장력이 작용한다.

087 다음 그림과 같이 굴곡 시험을 할 때 L은 얼마(mm)로 하여야 하는가? (단, r = 10mm, t = 3mm, 받침의 반지름 10mm 이상임)

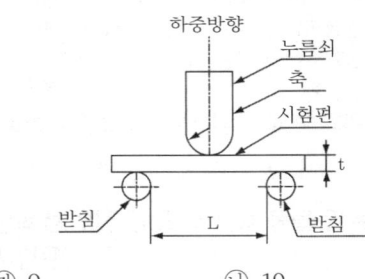

㉮ 9　　　　　㉯ 19
㉰ 29　　　　 ㉱ 39

해설
L = 2r + 3t = (2×10) + (3×3) = 20 + 9 = 29

088 굽힘 시험을 수행하고 시험편을 굽힘 장치로부터 떼어낸 후 어느 부분의 터짐 및 기타 결점의 유무를 판정하는가?

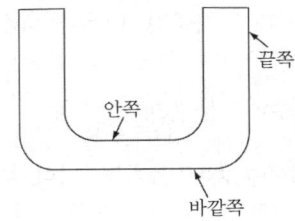

㉮ 굽힘부의 바깥쪽　㉯ 굽힘부의 안쪽
㉰ 시험편 끝부분　　㉱ 모든 부분

089 KS B 0804에 규정된 굽힘 시험 방법에서 밀착을 올바르게 설명한 것은?
㉮ 안쪽 반지름이 5 이하이고 굽힘 각도가 90°인 때를 말한다.
㉯ 안쪽 반지름이 0이고 굽힘 각도가 180°인 때를 말한다.
㉰ 안쪽 반지름이 5 이하이고 굽힘 각도가 120°인 때를 말한다.
㉱ 안쪽 반지름이 0이고 굽힘 각도가 45°인 때를 말한다.

090 굽힘 시험은 재료의 어떤 성질을 측정하기 위한 시험인가?
㉮ 재료의 굽힘 피로 시험
㉯ 재료의 굽힘 경도 시험
㉰ 재료의 굽힘 압축 시험
㉱ 재료의 굽힘 저항 시험과 균열 시험

해설
① 굽힘 저항 시험 : 재료의 굽힘에 대한 저항력을 조사하는 시험
② 굴곡 시험(항절 시험) : 전성, 연성, 균열의 유무를 시험

정답 086. ㉯　087. ㉰　088. ㉮　089. ㉯　090. ㉱

091 두께가 5mm인 시험편을 갖고 그림과 같은 굴곡 시험을 하였더니 두 개의 받침부 사이의 거리가 39mm였다. 이때의 안쪽 반지름은 얼마(mm)가 되겠는가?

㉮ 6 ㉯ 12
㉰ 24 ㉱ 48

① $L = 2r + 3t$에서 $2r = L - 3t$ ∴ $r = \frac{L-3t}{2}$
  ※ L : 두 개의 받침대 사이의 거리, t : 두께, r : 안쪽 지름
② $r = \frac{L-3t}{2}$에서 $\frac{39-3\times 5}{2} = \frac{39-15}{2} = \frac{24}{2} = 12$

092 굽힘 시험의 내용과 가장 관련이 적은 것은?

㉮ 소성 가공성
㉯ 항절 시험
㉰ 가공의 적성 여부
㉱ 압축성 형성

093 항절 시험은 다음 중 어떠한 시험에 속하는가?

㉮ 인장 시험 ㉯ 충격 시험
㉰ 전단 시험 ㉱ 굽힘 시험

094 굽힘 시험 중 굽힘 저항 시험(Bending resistance test)은 어떤 성질을 알기 위한 시험인가?

㉮ 비중 ㉯ 저항력
㉰ 피로 한도 ㉱ 충격값

저항력 = 강도 = 탄성 계수 = 탄성 에너지

095 다음은 금속 재료의 굽힘 시험에서 항절력(抗折力)을 구하는 식이다. 옳게 나타낸 것은? (단, M : 단면에 작용하는 굽힘 모멘트, Z : 단면 계수, σ : 항절력)

㉮ $M = \frac{Z}{\sigma} \times 100$ ㉯ $Z = M + \sigma$
㉰ $\sigma = M + Z$ ㉱ $\sigma = \frac{M}{Z}$

096 굽힘 가공에서 판재를 구부릴 때 하중을 제거하면 탄성에 의해 다시 처음 상태로 되는 현상을 무엇이라 하는가?

㉮ 브로칭(broaching)
㉯ 블랭킹(blanking)
㉰ 펀칭(punching)
㉱ 스프링 백(spring back)

스프링 백 (spring back)
철사를 권(卷)지름 d로 감았다가 풀었을 때의 지름이 D가 되었을 때 D-d가 탄성 회복의 비율을 나타낸다. 이와 같이 원상으로 되돌아가는 것을 말한다.

097 외력에 대한 단위 면적 당 저항력으로 표시되는 기계적 성질은?

㉮ 강도 ㉯ 경도
㉰ 충격값 ㉱ 마모율

경도 (hardness)
어느 물체의 경도란 그 물체를 다른 물체로 눌렀을 때 그 물체의 변형에 대한 저항력의 크기로 규정한다.

정답 091. ㉯ 092. ㉱ 093. ㉱ 094. ㉯ 095. ㉱ 096. ㉱ 097. ㉯

098 한 물체에 다른 물체를 눌렀을 때에 그 물체의 변형에 대한 저항력의 크기로 측정하는 것은?

㉮ 인장 시험　　㉯ 압축 시험
㉰ 경도 시험　　㉱ 피로 시험

099 다음 중 압입 경도 시험에 속하지 않는 것은 어느 것인가?

㉮ 브리넬 경도 시험
㉯ 비커즈 경도 시험
㉰ 쇼어 경도 시험
㉱ 로크웰 경도 시험

해설
경도 시험기의 분류
① 압입에 의한 방법 : HB, HR, HV, 마이어
② 긁힘 정도에 의한 방법 : 모스, 마르텐스
③ 반발 높이에 의한 방법 : HS
　※ ①, ② : 소성 변형에 대한 저항,
　　 ③ : 탄성 변형에 대한 저항

100 경도 시험에서 표시법이 잘못된 것은?

㉮ 비커즈 → HV　　㉯ 쇼어 → HS
㉰ 브리넬 → HB　　㉱ 마르텐스 → HR

해설
마르텐스 (HM)
① $HM = \dfrac{1}{a}$　※ a : 긋기 흠집의 폭(mm)
② 사용 압력 : 0~50g, 폭(a) : 0.001(mm)까지 측정한다.

101 경도 측정 시 주의하여야 할 사항으로 바르지 못한 것은?

㉮ 브리넬 경도 측정 시 시편의 두께는 오목부 깊이의 5배 이상으로 하여야 한다.
㉯ 로크웰 경도 시험의 기준 하중은 10kgf이다.
㉰ 비커즈 시험에서 검사 하중의 허용 오차는 ±1.0%이다.
㉱ 누프 경도계는 다이아몬드 압입체를 사용한다.

해설
HB의 시험편
① 양면 평행(뒷면 연마가 잘 된 것)
② 두께 : 들어간 깊이 10배 이상(두께)10mm)
③ 나비 : 들어간 깊이 4배 이상
④ 가압 시간 30초, 지름 또는 한변의 길이〉25mm
⑤ HB450 이하의 재료에 적합하다.

102 브리넬 경도 시험을 할 때 지켜야 할 사항으로 틀린 것은?

㉮ 나비는 들어간 지름의 약 4배 이상되어야 한다.
㉯ 시험편의 양면은 평행하게 하고 특히 시험편은 잘 연마되어야 한다.
㉰ 시험편의 두께는 들어간 깊이의 5배 이상되어야 한다.
㉱ 가압 시간은 30초가 가장 좋다.

103 브리넬 경도기의 확대경은 최소 몇 mm까지 읽을 수 있는가?

㉮ 0.01　　㉯ 0.07
㉰ 0.1　　㉱ 0.5

정답 098. ㉰　099. ㉰　100. ㉱　101. ㉮　102. ㉰　103. ㉮

104 브리넬 경도를 측정할 때 시험편의 나비는 얼마인가? (단, d : 시험 흔적부의 지름)

㉮ 0.2~0.6d   ㉯ 2.5d 이상
㉰ 4d 이상   ㉱ d와는 상관없다.

브리넬 경도의 측정 방법
① HB의 압흔 깊이는 0.2~0.5D(직경)가 되도록 하중과 압입자를 선정한다.
② 경도 측정 위치는 압흔 직경(d)의 2.5배 안쪽으로 한다.
③ 측정 간격은 4d 이상으로 한다.

105 브리넬 경도 시험 시 압입 자국의 지름 측정에 사용되는 확대 현미경의 배율은 얼마인가?

㉮ 10배   ㉯ 20배
㉰ 50배   ㉱ 100배

106 강(steel)의 경도를 측정하기 위하여 사용되는 브리넬 경도의 하중(kgf)은 얼마인가? (단, 누르개의 지름은 10mm임)

㉮ 3000   ㉯ 700
㉰ 500   ㉱ 200

브리넬 경도기의 강구 지름과 하중

강구지름 D(mm)	하중 W(kgf)	기 호	용 도
10	3,000	HB(10/3000)	철강재
10	1,000	HB(10/1000)	Cu합금, Al
10	500	HB(10/ 500)	경합금, 연질합금
5	750	HB(5/ 750)	경한 재료, 박판

107 브리넬 경도를 측정할 강구의 지름이 10mm이다. 이때 각 재료에 따라 가하는 하중은 다르다. 다음 중 잘못 짝지어진 것은? (단, 단위 : kgf)

㉮ 철강-3,000   ㉯ 동합금-750
㉰ 연질합금-500 ㉱ Al-1,000

108 회주철의 경도 측정을 브리넬 경도 시험법으로 측정하고자 할 때 하중 및 강구의 지름으로 맞는 것은?

㉮ 하중 : 1500kgf, 지름 : 5mm
㉯ 하중 : 3000kgf, 지름 : 10mm
㉰ 하중 : 3000kgf, 지름 : 20mm
㉱ 하중 : 1500kgf, 지름 : 8mm

109 하중을 3,000 kgf 이하에서 강구의 지름에 따라 변화할 수 있는 시험기는?

㉮ 브리넬 경도기   ㉯ 비커즈 경도기
㉰ 로크웰 경도기   ㉱ 누프 경도기

110 다음 공식 중 브리넬 경도계의 공식은 어느 것인가?

㉮ $\dfrac{2P}{\pi D\,(D\,-\,\sqrt{D^2-d^2}\,)}$ ㉯ $1.8544 \times P/d^2$

㉰ $\dfrac{10,000}{65} \times \dfrac{h}{h_o}$ ㉱ $WR(\cos\beta - \cos\alpha)$

$HB = \dfrac{2P}{\pi D\,(D\,-\,\sqrt{D^2-d^2}\,)} = \dfrac{P}{\pi Dt}$ (kgf/mm²)

※ p = 하중(kgf), D = 강구의 지름(mm), d = 압흔의 지름(mm)

정답 104. ㉰ 105. ㉯ 106. ㉮ 107. ㉯ 108. ㉯ 109. ㉮ 110. ㉮

111 P(하중) = 3000kg_f, D(강구의 지름) = 10mm, t(홈의 최대깊이) = 8mm일 때 브리넬 경도값은?

㉮ 11.94 ㉯ 25.12
㉰ 83.73 ㉱ 8.37

해설

$$\frac{P}{\pi Dt} = \frac{2P}{\pi D(D - \sqrt{D^2-d^2})}$$
$$= \frac{3,000}{3.14 \times 10 \times 8} = \frac{3,000}{251.2} = 11.94$$

112 브리넬 경도 시험을 하려고 한다. 시험편에 하중을 가하여 압입 홈을 만든 경도값을 구하는데 필수적으로 필요한 기구가 아닌 것은?

㉮ 확대경
㉯ 계산자
㉰ 환산율
㉱ 다이아몬드 압입자

해설

필수적 필요 기구
① 확대경 ② 계산자 ③ 환산율

113 아공석강(0.4%C)인 시험편을 인장 시험 하였더니 인장강도가 55kg_f/mm²이다. 시편의 브리넬 경도는 얼마인가?

㉮ HB = 120 ㉯ HB = 154
㉰ HB = 184 ㉱ HB = 220

해설

0.4~0.86%C인 탄소강의 HB와 인장강도와의 관계
HB = 2.8×δ_B(인장강도)
   = 2.8× 55 = 154

114 다음은 로크웰 경도 시험법에 관한 설명이다. 틀린 것은?

㉮ 압입자의 꼭지각은 120°이다.
㉯ HRB는 눈금판은 적색이다.
㉰ 압흔 깊이는 0.002mm가 경도값 단위에서 1에 해당한다.
㉱ 시험의 경사도는 6°이하가 요구된다.

해설

로크웰 경도
① HRB : 재료의 시험면을 1.588mm의 강구로서 먼저 10kg_f 하중으로 누르고 다음에 100kg_f의 하중으로 눌렀다가 다시 10kg_f 하중으로 되돌아 왔을 때 파인 깊이(1/500mm를 단위로 해서)를 130에서 감한 수(數)이다.
② HRC : 재료의 시험면을 꼭지각 120°, 선반 반지름 0.2kg_f인 다이아몬드 원뿔체를 사용하여 먼저 10kg_f의 하중으로 누르고 다음에 150kg_f의 하중을 가하였다가 다시 10kg_f의 하중으로 되돌아왔을 때의 파인 깊이(1/500mm를 단위로 해서)를 100에서 감한 수(數)이다.
③ 로크웰 경도 시편 두께 : 〉2mm
④ HRB의 눈금판은 적색이고 HRC의 눈금판은 흑색이다.
⑤ 로크웰 경도는 압흔 깊이 2/1000mm가 경도값 단위에서 1에 해당한다.
⑥ 경도 측정 위치 : 압흔 직경(d)의 2배 이상, 안쪽의 측정 간격은 4d 이상으로 하며 시험편의 두께 10배 이상이 요구된다.

115 로크웰 경도 시험에서 다이아몬드 압입자를 사용할 때 시험 하중(kg_f)은 얼마로 해야 하는가?

㉮ 50 ㉯ 100
㉰ 120 ㉱ 150

정답 111. ㉮ 112. ㉱ 113. ㉯ 114. ㉱ 115. ㉱

116. 로크웰 시험 방법에 관한 설명으로 틀린 것은?
㉮ 로크웰 C경도의 시험 하중은 150kgf이다.
㉯ 로크웰 B, C 경도의 기준 하중은 10kgf이다.
㉰ B경도는 꼭지각이 120°인 다이아몬드 누리개를 사용해야 한다.
㉱ 규정 하중 유지 시간은 30초이다.

해설
로크웰 경도기(HR, Rockwell Hardness)
① 강구 또는 다이아몬드 원뿔형을 시험편에 압입할 때 생기는 자리의 깊이에 의해 경도를 측정한다.
② 시험편에 기준 하중을 10kgf을 건 다음 시험하중(강구 : 100kgf, 다이아몬드 : 150kgf)을 가한다.
③ HRC와 HRB의 비교

스케일	B	C
누르개	강구 또는 초경합금구의 지름 1.588mm	앞끝 곡률 반경 0.2mm 원추각 120°의 다이아몬드
기준하중 (kgf(N))	10 [98.07]	10 [98.07]
시험하중 (kgf(N))	100 [98.07]	150 [1471]
경도 구하는 식 (h의 단위 μm)	HRB = 130−500h	HRC = 100−500h
적용경도	0~100	0~70

117. 압입체가 꼭지각 120°인 다이아몬드콘을 사용한 로크웰 경도 시험에서 초하중(kgf)은?
㉮ 10 ㉯ 50
㉰ 100 ㉱ 150

118. 로크웰 경도 시험에서 초하중(예비 하중)은?
㉮ 3kgf ㉯ 5kgf
㉰ 8kgf ㉱ 10kgf

해설
① 시험편에 기준 하중 10kgf을 건 다음 시험 하중(강구 : 100kgf, 다이아몬드 : 150kgf)을 가함
② 예비 하중(초하중) : 10kgf
③ 일정 하중 : 60, 100, 150kgf

119. 로크웰 경도 시험에서 B스케일의 압입 재료 및 하중으로 사용하는 것은?
㉮ 1/16″ 강구, 100kgf
㉯ 다이아몬드 원뿔, 100kgf
㉰ 1/8″ 강구, 60kgf
㉱ 다이아몬드 원뿔, 60kgf

해설
로크웰 경도의 각종 스케일

스케일	압입자	하중(kgf)	적용 재료
H	1/8″ 강구	60	대단히 연한 재료
E		100	대단히 연한 재료
K		150	연한 재료
F	1/16″ 강구	60	백색 합금 등의 연한 재료
B		100	강 등의 비교적 단단한 재료
G		150	강 등의 비교적 단단한 재료
A	다이아몬드	60	초경합금 등의 단단한 재료
D		100	초경합금 등의 단단한 재료
C		150	극히 단단한 재료

120. 원뿔 압입자가 쓰이는 경도기는?
㉮ 브리넬 경도기 ㉯ 로크웰 경도기
㉰ 비커즈 경도기 ㉱ 쇼어 경도기

정답 116. ㉰ 117. ㉱ 118. ㉱ 119. ㉮ 120. ㉯

121 로크웰 경도 시험에서 원뿔 압입자 꼭지각은 몇 도로 나타내는가?

㉮ 180°   ㉯ 136°
㉰ 120°   ㉱ 100°

HRC과 HRB의 압입자

종류	압입자	크기	용도
HRB	강구	1/16′ (1.588mm)	연한 재료
HRC	다이아몬드	120°	경한 재료

122 로크웰 경도 시험에서 압입 자국의 깊이 몇 mm가 경도치 단위에 해당되는가?

㉮ 0.001   ㉯ 0.002
㉰ 0.003   ㉱ 0.004

로크웰 경도치
① 로크웰 경도치는 HR로 표시하고 로크웰 경도는 압흔 깊이 2/1000mm가 경도값 단위 1에 해당한다.
② C스케일은 0~100(흑색)까지의 눈금이 있고, B스케일은 30~130(적색)까지의 눈금이 있다.
③ 각 한 눈금은 1/500mm의 길이에 상당한다.

123 로크웰 B스케일로 경도 시험을 하고 시험 흔적의 깊이(h)를 측정해보니 0.1mm이었다면 이때의 경도치는 얼마나 되겠는가?

㉮ 50   ㉯ 80
㉰ 100   ㉱ 150

HRB = 130−500h
　　 = 100−500×0.1
　　 = 130−50 = 80

124 다음은 로크웰 경도 시험을 하는 작업 순서이다. 틀린 것은?

㉮ 로크웰 경도계를 점검한다.
㉯ 재질에 따라 누르개를 선정하여 시험 하중을 정한다.
㉰ 기준 하중(30kg_f)으로 시험편을 누른다.
㉱ 시험 하중(100kg_f, 150kg_f)으로 시험편을 누른다.

로크웰 경도 시험기의 조작에 의한 시험 순서
① 시험면이 받침대와 평행하도록 놓는다(경사도 4° 이내).
② 핸들을 돌려 압입자와 시험면을 살며시 접촉시킨 후 초하중 10kg_f을 가한다.
③ 초하중을 정점 ± 이내에 있도록 하고 다이얼을 돌려 0점을 맞춘다.
④ 시험 조건에 맞는 시험 하중을 가한다.
⑤ 시험 하중을 가해 장침의 정지 때부터 15초, 비철금속은 30초의 유지시간을 준다.
⑥ 시험 하중 레버를 앞으로 당겨 하중을 신속히 제거하고 다이얼 게이지에 나타난 경도값을 정확히 기록한다.
⑦ 위의 동작을 반복하여 3회 이상 경도를 측정한 후 평균값을 산출한다.

125 다음 중 비커즈 경도 시험 방법이 규정되어 있는 관련 규격으로 맞는 것은?

㉮ KS B 5525   ㉯ KS B 0811
㉰ KS B 0021   ㉱ KS B 0011

관련 규격
① KS B 5525 : 비커즈 경도 시험 시
② KS B 0811 : 비커즈 경도 시험 방법
③ KS B 0021 : 수치의 맺음표

정답 121. ㉰   122. ㉯   123. ㉯   124. ㉰   125. ㉯

126. 비커즈 경도계에 관한 설명으로 잘못된 것은?
㉮ 강구와 같이 변형되지 않고, 하중이 차이가 있어도 조절할 수 있다.
㉯ 다이아몬드 사각뿔형을 가진 피라미드형 압입자를 사용하므로 오차가 작아진다.
㉰ 사용하는 피라미드각은 136°이며, 사용 하중은 200kg_f 정도이다.
㉱ 압입부 흔적이 작으므로 연마 담금질된 재료의 경도 측정에 사용된다.

해설
비커즈 경도(HV, vikers hardness, 누프, knoop)
① 정사각추의 다이아몬드 압입자(대면각 : 136°)를 시험편에 놓고 하중을 가하여 시험편에 생긴 피라미드형 자국의 표면적으로 하중을 나눈 값으로 표시한다.
② $HV = \dfrac{2\sin\cdot\dfrac{\alpha}{2}}{d^2} = 1.8544\dfrac{W}{d^2}$ (kg_f/mm²)
  ※ W : 하중(kg_f) d : 압입 자국의 대각선 길이(mm), α : 대면각(136°)
③ 사용 하중 : 1~120kg_f(5~50kg_f을 많이 사용)
④ 경질, 연질 얇은 재료, 침탄, 질화층의 경도를 정확히 측정할 수 있다.
⑤ 압입 흔적이 작다.
⑥ 하중에 따른 경도값의 변동이 없다.

127. 다음 비커즈 경도 시험에 관한 설명 중 틀린 것은?
㉮ 대각선의 길이는 부착되어 있는 현미경으로 측정한다.
㉯ 하중의 대소가 있더라도 그 값이 변하지 않기 때문에 정확한 결과를 얻는다.
㉰ 재료의 경도 정도에 따라 1~120kg_f의 하중으로 시험할 수 있다.
㉱ 얇은 물건, 표면 경화 재료, 용접 부분의 경도 측정에는 불편하다.

128. 다음 중 ( )안에 들어갈 값은?

HV는 HB와 일치시키기 위하여 자국의 지름과 ball의 지름의 비 ($\dfrac{d}{D}$)의 평균치가 ( )에 해당하는 자국의 접선 사이의 각 136°를 diamond pyramid의 면각으로 한다.

㉮ 0.0123 ㉯ 0.235
㉰ 0.375   ㉱ 0.657

해설
HV를 HB와 일치시키기 위하여 자국의 지름과 ball의 지름의 비($\dfrac{d}{D}$) 평균치가 0.375($\dfrac{d}{D}$가 0.25~0.5)에 해당하는 자국의 접선 사이의 각 136°을 diamond pyramid의 대면각으로 하였다.

129. 비커즈 경도 시험기의 압입자로 맞는 것은?
㉮ 강구로 되어 있다.
㉯ 136°의 꼭지각으로 된 다이아몬드의 사각추이다.
㉰ 꼭지각 120°, 선단에 반지름 0.2의 다이아몬드제 원추이다.
㉱ 선단에 다이아몬드를 붙인 일정한 하중의 추이다.

해설
비커즈 경도기의 압입자
정사각추의 다이아몬드 압입자로서 대면각이 136°이다.

130. 비커즈 경도 시험에서 동일 호칭 하중에 사용되는 부가 중추 및 조합한 부가 중추의 상호 간 중량차(%)는 얼마인가?
㉮ 0.1 이내 ㉯ 0.3 이내
㉰ 0.6 이내 ㉱ 0.9 이내

정답 126. ㉰ 127. ㉱ 128. ㉰ 129. ㉯ 130. ㉮

131 비커즈 경도 시험 시 계측 현미경으로 대각선의 길이는 어느 정도(mm)까지 측정하는가?

㉮ 0.0025   ㉯ 0.005
㉰ 0.001   ㉱ 0.005

> 해설
> 경도 시험 후 압흔의 평균 대각선 길이를 $\frac{1}{1,000}$ 까지 측정하여 환산표를 참조해 경도값을 환산한다.

132 침탄층의 유효 경화층은 비커즈 경도값 얼마를 기준으로 하는가?

㉮ 104   ㉯ 204
㉰ 304   ㉱ 404

133 제품의 경도, 얇은 물건 또는 표면 경화 및 용접 부분의 경도를 측정하는 데 알맞은 경도기는?

㉮ 브리넬 경도기   ㉯ 쇼어 경도기
㉰ 로크웰 경도기   ㉱ 비커즈 경도기

134 다음 중 비커즈 경도치를 나타내는 공식은?

㉮ $HV = \dfrac{P}{\pi Dt}$

㉯ $HV = 1.8544 \dfrac{P}{d^2}$

㉰ $HV = \dfrac{10,000}{65} \times \dfrac{h}{h_o}$

㉱ $HV = 100 - 500\triangle t$

135 도금층이나 표면 경화층 등의 경도 측정에 적합한 시험기는?

㉮ 비커즈 경도기   ㉯ 쇼어 경도기
㉰ 로크웰 경도기   ㉱ 모스 경도기

136 합금 공구강을 풀림 처리 후 비커즈 경도를 측정하였다. 30kg$_f$의 시험 하중에서 측정 부위의 오목부의 대각선의 길이가 0.472 mm일 때 비커즈 경도를 산출하면 몇 kg$_f$/mm²인가?

㉮ 약 150   ㉯ 약 250
㉰ 약 350   ㉱ 약 450

> 해설
> ① $HV = \dfrac{1.8544P}{d^2}$에서
> ② $HV = \dfrac{1.8544 \times 30}{0.472^2} \fallingdotseq 250 kg_f/mm^2$

137 비커즈 경도 시험에서 시험 하중에 대한 설명으로 틀린 것은?

㉮ 시험편의 시험면의 크기에 따라 압입 자국의 크기가 제한된다.
㉯ 압입 자국이 클수록 대각선의 길이 측정의 상대적인 정밀도가 작아진다.
㉰ 계측 현미경은 렌즈 시야의 70% 이내의 범위에서 사용하는 것이 좋다.
㉱ 부하 속도, 하중 유지 시간 등이 경도값에 영향을 준다.

> 해설
> 비커즈 경도의 시험 하중
> ① 시험편의 시험면의 크기에 따라 압입 자국의 크기가 제한된다.
> ② 압입 자국이 클수록 대각선의 길이 측정의 상대적인 정밀도가 커진다.
> ③ 계측 현미경은 렌즈 시야의 70% 이내의 범위에서 사용하는 것이 좋다.

정답 131. ㉰ 132. ㉯ 133. ㉱ 134. ㉯ 135. ㉮ 136. ㉯ 137. ㉯

138 압입 자국의 중심 간 거리가 압입 자국의 대각선 길이의 몇 배 이상 되는 곳에서 비커즈 경도 시험을 해야 하는가?

㉮ 2배 ㉯ 3배
㉰ 4배 ㉱ 5배

해설

HV 시험편의 크기와 위치
① 압입 자국의 중심간 거리가 압입 자국의 대각선 길이의 4배 이상
  ※ 두 개의 압입 자국이 너무 근접해 있으면 경도값이 높게 측정된다.
② 시험편 모서리로부터 압입 자국 대각선 길이 2.5배 이상 안쪽
  ※ 시험편의 모서리 부분에 너무 가까우면 경도값이 낮게 측정된다.
③ 시험편의 두께는 최소한 압입 자국 대각선 길이의 1.5배 이상
④ 시험 하중 5kg$_f$인 경우 경도값에 대한 시험편의 최소 두께

시험편의 경도(HV)	900	700	500	300	100
최소 두께(μ m)	145	164	194	251	434

139 KS B 0811의 비커즈 경도 시험 방법에서 HV 700의 30kg$_f$ 시험 하중으로 시험하는 경우 부하 시간은 얼마로 규정하는가?

㉮ 5~10초 ㉯ 10~15초
㉰ 5~10분 ㉱ 10~15분

해설

HV 700의 30kg$_f$ 시험 하중으로 시험하는 경우
① 부하 시간 : 5~10초
② 하중 유지 시간 : 10~15초

140 비커즈 경도 시험에서 최소 몇 mm까지 읽을 수 있는가?

㉮ 0.001 ㉯ 0.01
㉰ 0.1 ㉱ 1.0

해설

HV가 HB보다 우수한 점
① 압입자가 다이아몬드이므로 경한 재료도 측정할 수 있다.
② 하중을 광범위하게 변경하여도 경도 치수의 영향이 거의 없다.
③ 브리넬 경도에서는 압입 자국을 0.01mm까지 읽을 수 있으나 비커즈 경도 시험에서는 0.001mm까지 읽을 수 있다.
④ 자국이 작으므로 직선 제품에도 측정할 수 있다.
⑤ 다이아몬드 피라미드 선단의 둥글기가 $\frac{1}{1,000}$ 이하이므로 다른 치수가 정확히 다듬질되어 있으면 선단의 영향은 고려할 필요가 없다.
⑥ 비커즈 경도에서 하중은 보통의 경우에는 30~50kg$_f$
  ㉠ 주철, 비철 금속의 주물에는 100kg$_f$이 채용된다.
  ㉡ 박판의 경우에는 그 두께가 자국의 크기의 1.5배 이하가 되지 않도록 하중을 가감한다.

141 일정한 높이에서 추를 낙하시켜 반발하여 올라간 높이에 의하여 경도값을 구하는 경도 측정 방법으로 맞는 것은?

㉮ 브리넬 경도 ㉯ 로크웰 경도
㉰ 비커즈 경도 ㉱ 쇼어 경도

해설

쇼어 경도는 반발 높이로 경도 측정한다.

정답 138. ㉰ 139. ㉮ 140. ㉮ 141. ㉱

142 하중을 충격적으로 가했을 때 반발하여 튀어 오른 높이로 경도를 측정하는 경도기는?

㉮ 로크웰 시험기(Rockwell Tester)
㉯ 브리넬 시험기(Brinell Tester)
㉰ 비커즈 시험기(Vickers Tester)
㉱ 쇼어 시험기(Shore Tester)

해설

쇼어 경도계(Shore hardness, Shore Tester)
① 하중은 충격적으로 가했을 때 반발하여 튀어 오른 높이로 경도 측정
② 물체의 탄성 여부를 알 수 있다.
③ 2.36gr의 작은 다이아몬드 끝이 있는 추를 일정 높이(h_0 : 254mm)에서 낙하시켜 반발 높이로 경도를 측정한다.
④ $HS = \dfrac{10,000}{65} \times \dfrac{h}{h_0}$

※ h : 반발 높이, h_0 : 시험편의 높이
⑤ 소형으로 휴대가 간편하며 제품에 흔적이 없고 시험편이 작거나 얇아도 가능하다.
⑥ 시험을 간단히 할 수 있다.
⑦ HS의 형식

형식\구분	C형 목축형 (目測型)	SS형 목축형 (目測型)	D형 지시형 (指示型)
h_0	10″(254mm)	225mm	3/4″(19mm)
경도 단위당(h_0)	1.651mm	1.658mm	0.1238mm
중추의 중량	2.36gr (1/12온스)	2.5gr	36.2g r(1.27온스)
타격 에너지	559gr-mm	638gr-mm	688gr-mm
타격 속도	2.23m/sec	2.21m/sec	0.61m/sec
특 징	h_0에서 낙하시킨 해머의 반발 높이가 6.5인치 되는 때의 경도를 100으로 한 소입한 고탄소강 경도에 해당	원통유리 대신에 평면유리 와 V형 재를 조합한 통을 쓰고 지시값은 C형과 일치하도록 조정하고 있다.	h_0 = 3/4인치이고, 지시값은 C형과 일치하도록 조정되어 있다.

143 쇼어 경도계 중 해머의 낙하 높이가 가장 낮으면서 해머의 중량은 제일 무거운 형식은?

㉮ B형   ㉯ C형
㉰ D형   ㉱ SS형

해설

쇼어 경도기의 종류

형식\구분	C형	SS형	D형
낙하의 높이	245mm	225mm	19mm
중추의 무게	2.36gr	2.5gr	36.2gr
타격 에너지	559 gr-mm	638 gr-mm	6.88 kg-mm
타격 속도	2.23m/sec	2.21m/sec	0.61m/sec
경도 단위당의 반발 높이	1.651mm	1.658mm	0.1238mm
눈금 읽기	목측	목측	다이얼 게이지

144 충격적으로 한 물체에 다른 물체를 낙하시켰을 때 반발되어 튀어 오르는 높이로 경도를 측정하는 시험은?

㉮ 브리넬 경도   ㉯ 로크웰 경도
㉰ 비커즈 경도   ㉱ 쇼어 경도

145 다음 경도 시험 중 하중 작용 시간을 고려하지 않아도 되는 경도계는?

㉮ 브리넬 경도계   ㉯ 쇼어 경도계
㉰ 로크웰 경도계   ㉱ 비커즈 경도계

146 경도 시험 중 시험편에 압입할 때 생기는 압흔에 의해서 경도를 판정하는 것이 아닌 것은?

㉮ 브리넬 경도   ㉯ 비커즈 경도
㉰ 누프 경도   ㉱ 쇼어 경도

쇼어 경도 (Shore Hardness)
① 쇼어 경도는 시험편에 일정한 높이 h_0(h_0 = 254mm)에서 낙하시킨 해머의 반발 높이 h에 비례한 값이다.
② 물체의 탄성 여부를 알 수 있다.
③ 쇼어 경도값의 산출 공식:
$$HS = \frac{10,000}{65} \times \frac{h}{h_0}$$
④ 시편이 작거나 얇아도 가능하며 수형으로 휴대하기가 간편하다.
⑤ 완성품에 직접 시험이 가능하며 시험이 간단하다.

147 쇼어 경도 시험의 특징이라 볼 수 없는 것은?

㉮ 조작이 간편해서 신속히 경도를 측정할 수 있다.
㉯ 압흔이 극히 적어 제품에 직접 검사할 수 있다.
㉰ 개인 오차나 측정 오차가 나오기 쉽다.
㉱ 시험 하중을 바꾸어도 측정치에는 변화가 없다.

148 시험편을 별도로 준비하지 않고 직접 제품에 시험할 수 있는 경도 시험은 어느 것인가?

㉮ 쇼어 경도 시험   ㉯ 브리넬 경도 시험
㉰ 비커즈 경도 시험   ㉱ 로크웰 경도 시험

149 다음 경도계 중 현장에서 대물의 경도 측정 시 제품에 거의 흔적을 남기지 않는 가장 편리한 경도계는?

㉮ 브리넬 경도계   ㉯ 로크웰 경도계
㉰ 쇼어 경도계   ㉱ 비커즈 경도계

150 다음 경도 시험 중 압입자를 사용하지 않는 경도시험은?

㉮ 브리넬 경도 시험   ㉯ 마이어 경도 시험
㉰ 쇼어 경도 시험   ㉱ 미소 경도 시험

151 다음 경도 시험기 중 압입된 자국의 면적을 이용한 경도값이 아닌 것은?

㉮ 브리넬 경도계의 경도값
㉯ 비커즈 경도계의 경도값
㉰ 마이어 경도계의 경도값
㉱ 쇼어 경도계의 경도값

152 고무판의 경도를 측정하면 최고 경도가 나타나는 모순점을 가진 경도계는?

㉮ 로크웰 경도계   ㉯ 브리넬 경도계
㉰ 쇼어 경도계   ㉱ 비커즈 경도계

153 다음 중 충격 경도 시험이라 할 수 있는 시험기는?

㉮ 쇼어 경도 시험   ㉯ 브리넬 경도 시험
㉰ 로크웰 경도 시험   ㉱ 비커즈 경도 시험

146. ㉱ 147. ㉱ 148. ㉮ 149. ㉰ 150. ㉰ 151. ㉱ 152. ㉰ 153. ㉮

154. 쇼어 경도의 단위 1은 해머가 반발하는 높이 몇 인치에 해당되는가?
㉮ 0.020″
㉯ 0.035″
㉰ 0.050″
㉱ 0.065″

해설
HS = 1
① C형 경도기에서는 h₀ = 254mm로 했을 때 담금질한 고탄소강을 시편으로 하여 시험하면 h = 165.1mm를 100등분한 것을 쇼어 경도의 눈금으로 정한다.
② HS = 1은 해머의 반발로 튀어 오른 높이가 1.651mm(0.065″)에 해당한다. 이때 사용하는 해머의 중량은 2.36gr(1/12온스)이다.
③ 시험편의 크기 : 두께 10mm(소입된 강 : 0.2mm, 풀림된 것 : 0.3mm, 청동 : 0.4mm 이상)
④ 측정 위치 : 시편 끝에서 4d 이상 안쪽으로, 측정 간격 : 2d 이상으로 한다.

155. 다음 중 쇼어 경도 시험의 공식으로 맞는 것은?
㉮ $HS = \dfrac{1.8867}{65} \times \dfrac{h}{h_0}$
㉯ $HS = \dfrac{1.8544P}{d^2} \times 100$
㉰ $HS = \dfrac{P}{\pi Dt} \times 100$
㉱ $HS = \dfrac{10,000}{65} \times \dfrac{h}{h_0}$

156. 금속 재료에는 별로 이용되지 않으나 광물, 암석 계통에 정성적인 대략 경도 측정으로 사용되는 경도 시험은?
㉮ 브리넬 경도
㉯ 마이어 경도
㉰ 비커즈 경도
㉱ 모스 경도

157. 낙하체를 높이 100mm에서 시험편 위에 낙하시켰더니 반발하여 올라간 높이가 65mm이었다. 쇼어 경도는 얼마인가?
㉮ 50
㉯ 100
㉰ 150
㉱ 200

해설
$\dfrac{10,000}{65} \times \dfrac{h}{h_0} = \dfrac{10,000}{65} \times \dfrac{65}{100} = 100$

158. 쇼어 경도 시험에서 경도치가 낮게 나오는 이유 중 틀린 것은?
㉮ 경통 내벽에 먼지 등으로 해머의 자유를 해칠 때
㉯ 시험면과 기축이 수직으로 되지 않을 때
㉰ 해머가 낙하축에 완전히 장착되지 않을 때
㉱ 해머 끝의 다이아몬드 선단이 마모되었을 때

해설
① 경도치가 낮게 나오는 이유
  ㉠ 경통 내벽에 먼지 등으로 해머의 자유를 해칠 때
  ㉡ 시험면과 기축이 수직으로 되지 않을 때
  ㉢ 해머가 낙하축에 완전히 장착되지 않을 때
  ㉣ 시험기 받침대가 충분한 강성이 없을 때
② 경도치가 높게 나오는 이유
  ㉠ 해머 끝의 다이아몬드 선단이 마모되었을 때
  ㉡ D형 경도시험기의 경우 조작 핸들을 빠르게 돌렸을 때

159. 도장층이나 도금층의 경도를 측정하는데 이용되는 경도기는?
㉮ 로크웰 경도기
㉯ 브리넬 경도기
㉰ 마르텐스 경도기
㉱ 쇼어 경도기

정답 154. ㉱ 155. ㉱ 156. ㉱ 157. ㉯ 158. ㉱ 159. ㉰

160 긁힘 경도 시험에 사용되는 다이아몬드 압입체의 각도는?

㉮ 75° ㉯ 90°
㉰ 120° ㉱ 136°

🔍 해설
긁힘 경도기
① 120°의 정각(頂角)을 갖는 원뿔형의 다이아몬드로서 시험편을 일정한 하중을 가하면서 긁어서 그 자국의 나비로 경도를 측정한다.
② 긁힘 나비 : 0.01mm
③ 종류 : 모스, 마르텐스 등이 있다.
④ 용도 : 얇은 침탄층, 도금층, 도장면의 경도가 취약하여 타 경도기로 곤란한 재료

161 긁힘 경도계를 사용하여 경도를 측정할 때 적당하지 않은 재료는?

㉮ 도금층의 경도
㉯ 금속 조직의 경도
㉰ 도장면의 경도
㉱ 재료 표면의 얇은 침탄층의 경도

162 긁힘 경도 시험에서 모스의 경도치가 가장 단단한 것은?

㉮ 강옥석 ㉯ 정장석
㉰ 인회석 ㉱ 활석

 해설
모스 경도(mohs hardness)치

경도수	물질	경도수	물질
1	활석	6	정장석
2	석고	7	석영
3	방해석	8	황옥석
4	형석	9	강옥석
5	인회석	10	금강석

163 모스 경도는 주로 광물의 경도를 측정할 때 사용하는 단위이다. 이 경도의 기준은 무엇으로 결정하는가?

㉮ 스텔라이트의 경도 10
㉯ 다이아몬드의 경도 10
㉰ 알루미나의 경도 10
㉱ 코발트의 경도 10

164 다이아몬드의 하중을 긋기 흔적의 폭으로 나눈 값으로 경도를 표시하는 방법은?

㉮ pendulum scratch
㉯ rebound scratch
㉰ martens scratch
㉱ shore scratch

 해설
마르텐스 경도기
① A.Martens는 90°의 다이아몬드 콘으로 긋는 방법을 고안하여 0.01mm의 폭으로 긋도록 하는 하중(kg_f)을 경도로 정하였다.
② G.Richter은 대면각을 120°로 해서 폭 0.003mm의 긋기 흠집을 만드는 데 요하는 하중을 0.01gr 단위로 표시한 값을 경도로 하여 도금층의 경도를 측정하는 데 사용하였다.
③ 샤일은 하중 20kg$_f$하에서 흠집의 폭(a mm)의 역수, $\dfrac{1}{a}$를 마르텐스 경도로 하였다. 단 a는 0.01mm의 단위로 계측 현미경으로 측정한다.

165 다음 중 옵티컬 레버를 이용한 광학식 변형량 게이지는?

㉮ 베리형 ㉯ 마르텐스형
㉰ 후겐베르거형 ㉱ 톰슨형

166. 다음 중 미소 경도 시험에 관한 내용이 아닌 것은?

㉮ 136° 다이아몬드 피라미드형 비커즈 압입자를 이용한다.
㉯ 시험편이 작고 경도가 높은 부분의 측정에 사용한다.
㉰ 스크래치를 이용한 시험법이다.
㉱ $HV = \dfrac{1.8544 \times P}{d^2}$

해설

미소 경도 시험
① 1kg$_f$ 이하의 하중으로 136° 다이아몬드 피라미드형 비커즈 압입자 또는 누프 다이아몬드 압입자를 이용한 경도 시험이다.
② 미소 경도 시험 범위
  ㉠ 시편이 작고 경도가 높은 부분 측정
  ㉡ 표면의 경도 측정(도금층 등)
  ㉢ 박판 또는 가는 선재의 경도 측정
  ㉣ 금속 재료의 조직 경도 측정
  ㉤ 절삭 공구의 날부위 경도 및 치과용 공구의 경도 측정
③ 경도 측정 원리
  ㉠ 압입자 구조의 누프 경도값은 적용 하중을 압흔 면적으로 나눈 값이다.
  ㉡ 누프 경도의 계산식(KHN)
  $= \dfrac{P}{A} = 14.22 \times \dfrac{P}{L^2}$
  ※ P : 하중(kg$_f$), L : 긴 대각선의 길이(mm), A : 압입 자국의 투영 면적(mm)
  ㉢ 비커즈 경도의 계산식(DPH)
  $= 1.8544 \times \dfrac{P}{d^2} = \dfrac{2P \sin \dfrac{Q}{2}}{d^2}$
  ※ d : 평균 대각선의 길이(mm),
  P : 하중(kg$_f$),
  Q : 다이아몬드 압입자의 면각(136°)

167. 비커즈 다이아몬드 압입자를 사용하고 하중을 매우 적게 하여 측정하는 경도계로서 아주 작은 부품이나 얇은 판, 가는 선, 보석 등의 경도를 측정하는 것은?

㉮ 쇼어 경도계   ㉯ 마르텐스 경도계
㉰ 미소 경도계   ㉱ 자기식 경도계

해설

마이크로 경도기의 용도
① 박판, 시계 부품, 바늘, 면도칼 앞부분 및 가는 선 등과 같은 작은 부품 또는 얇은 부품의 경도 측정에 사용
② 도금층, 표면 침탄층, 표면 탈탄층, 질화층 등의 표층층의 경도 측정에 이용
③ 유리, 보석 등과 같이 큰 힘을 가하면 흠이 생기는 재료의 경도 측정에 이용
④ 금속 조직의 특정 석출물 또는 상의 경도 측정 및 결정격자 등의 연구에 이용

168. 다음은 미소 경도 시험을 설명한 것이다. 틀린 것은?

㉮ 시험편이 크고 경도가 낮은 부분 측정
㉯ 표면의 경도 측정
㉰ 금속 재료의 조직 경도 측정
㉱ 치과용 공구의 경도 측정

해설

① 미소 비커즈 경도 시험기는 작용하중이 1000 kg$_f$ 이하이다.
② $HV = \dfrac{P}{A} = \dfrac{작용\ 하중}{압입된\ 자국의\ 표면적}$
$= \dfrac{1.8544P}{d^2}$(kg$_f$/mm^2)
$= \dfrac{1854.4P}{d^2}$(gr/mm$_2$)
※ HV : 미소 비커즈 경도값, P : 작용 하중(gr), d : 압입 자국의 대각선의 평균 길이(μm)

169 다음은 누프(Knoop) 경도에 대한 설명이다. 틀린 것은?

㉮ Knoop 경도는 HK = $14.22\dfrac{P}{a^2}$이다.
㉯ 하중은 보통 25~3600gr이다.
㉰ 능형의 대각선 길이비는 7.11 : 1이다.
㉱ 압입자는 강구를 사용한다.

해설
누프(Knoop) 경도
① Knoop 압입자는 가름모꼴 각뿔 다이아몬드 로서
  ㉠ 정면 꼭지각 : 172° 30′
  ㉡ 세로와 가로의 비(긴 대각선과 짧은 대각선의 비) : 7.11 : 1
  ㉢ 측면 꼭지각 : 130°
  ※ 압입 깊이는 길이의 약 $\dfrac{1}{2}$ 정도이다.
② 생긴 흔적으로 경도를 구한다.
③ 경도치는 긴쪽 대각선의 길이 $L^2 \times 0.07028$로 하중을 제한 값으로 표시한다.
④ 취약한 재료나 얇은층의 측정, 경화층, 피복층, 침탄층 등에 적당하다.
⑤ HK = $\dfrac{14.229P(kg_f)}{a^2(mm^2)} = \dfrac{14229P(gr)}{a^2(\mu m)}$
  ※ HK : 누프 경도값, P : 작용 하중(gr)
    d : 압입 자국의 긴 대각선의 길이(μm)

170 누프(Knoop) 경도 측정에 사용하는 다이아몬드 압입자의 더면각은?

㉮ 120°   ㉯ 136°
㉰ 142.5°   ㉱ 172.5°

171 누프(Knoop) 경도를 측정하기 위한 것으로 틀린 것은?

㉮ 경화층   ㉯ 피복층
㉰ 침탄층   ㉱ 연질층

172 CD – H – E 2.5에서 경화층 깊이를 나타내는 방법은?

㉮ CD   ㉯ H
㉰ E   ㉱ 2.5

 해설
① CD : 경화층 깊이
② H : 경도 시험 방법 시험 하중 1kg₁
③ h : 경도 시험 방법 시험 하중 300gr
④ E : 유효 깊이
⑤ 2.5 : 유효 경화층 깊이가 2.5mm인 경우

173 경화층, 질화층의 경도 시험용 로크웰 슈퍼피셜 경도 30N 스케일의 시험 하중(kg₁)은?

㉮ 15   ㉯ 30
㉰ 45   ㉱ 100

해설
슈퍼피셜 경도기 → 15 – N, 30 – N, 45 – N(초하중 : 3kg₁, 시험 하중 : 15, 30, 45kg₁)

174 충격 시험에 대한 설명으로 틀린 것은?

㉮ 하중을 가하는 방법에 따라 인장, 압축, 비틀림, 굽힘 등의 시험법이 있다.
㉯ 충격 하중에 대한 재료의 저항력을 측정한 것으로 정적 시험이다.
㉰ 특히 강과 같은 재료의 연성-취성 천이 온도 조사에 이용된다.
㉱ 널리 이용되는 충격 시험법으로 Charpy test가 있다.

 해설
충격 시험은 동적(動的)시험이다.

정답 169. ㉱ 170. ㉰ 171. ㉱ 172. ㉮ 173. ㉯ 174. ㉯

175. 다음 중 금속 재료의 충격 시험을 가장 옳게 설명한 것은?

㉮ 1호 시험편은 U홈으로서 샤르피 시험기에 적합하다.
㉯ 4호 시험편은 V홈으로서 샤르피 시험기에 적합하다.
㉰ 5호 시험편은 V홈으로서 아이조드 시험기에 적합하다.
㉱ 3호 시험편은 V홈으로서 아이조드 시험기에 접합하다.

충격 시험편의 규격
① 아이조드 시험편 : 1호, 2호로서 V홈이다.
② 샤르피 시험편 : 3호, 5호는 U홈이고, 4호는 V홈이다.
③ 충격 시험편의 규격
　㉠ 1호 시험편(단위 : mm)

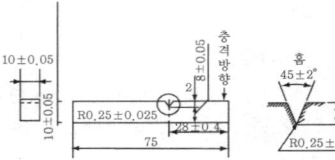

이 시험편은 아이조드 충격 시험기에 사용한다.
　㉡ 2호 시험편(단위 : mm)

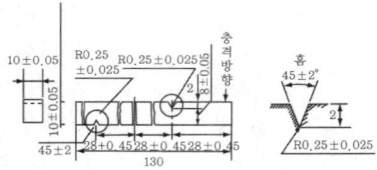

이 시험편은 아이조드 충격 시험기에 사용한다.
　㉢ 3호 시험편(단위 : mm)

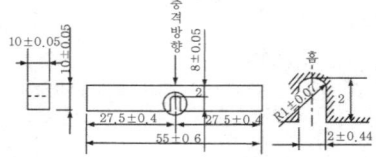

이 시험편은 샤르피 충격 시험기에 사용한다.
　㉣ 4호 시험편(단위 : mm)

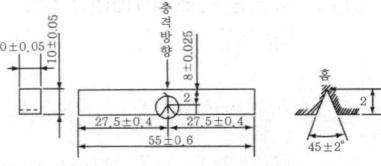

이 시험편은 샤르피 충격 시험기에 사용한다.
　㉤ 5호 시험편(단위 : mm)

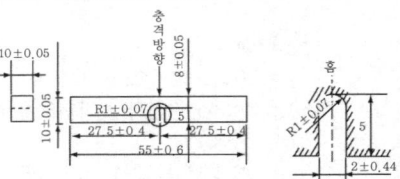

이 시험편은 샤르피 충격 시험기에 사용한다.

176. 다음 중 충격 시험의 목적은 어느 것인가?

㉮ 경도와 강도를 알기 위해서
㉯ 강도와 인성을 알기 위해서
㉰ 충격과 피로를 알기 위해서
㉱ 인성과 취성을 알기 위해서

충격 시험의 목적
인성(질김성)과 취성(메짐성, 여림성)을 알기 위해서 충격 시험을 한다.

177. 충격 시험과 관계가 없는 것은?

㉮ 흡수 에너지　　㉯ 취성 파면율
㉰ 옵셋법　　　　㉱ 천이 온도

옵셋법은 인장 시험에서 항복 강도를 구하기 위한 것이다.

정답　175. ㉯　176. ㉱　177. ㉰

178. 경도와 자성이 비례하는 점을 이용하여 강자성체의 경도를 측정하여 담금질한 강의 경도 측정에 사용되는 경도 시험은 무엇인가?

㉮ 자기적 경도 ㉯ 브리넬 경도
㉰ 마모스 경도 ㉱ 쇼어 경도

자기적 경도(magnetic hardness)
① 강을 담금질하면 경도가 증가되고 보자력이 증가한다. 이 두 가지의 관계는 서로 상관성 있게 증감하기 때문에 보자력을 측정하면 그의 경도를 비교할 수 있다. 이와 같은 경우에 이 보자력을 자기적 경도라 한다.
② 자기적 경도는 HB, HS와 같이 강의 표면 경도가 아니고 강판 전체의 평균값을 나타낸 것이다.
③ HSS(고속도강, SKH)의 담금질한 공구의 경도 측정에 사용한다.

179. 다음 중 충격 시험에 관한 설명이다. 틀린 것은?

㉮ 인성 및 항압력을 측정하는 시험이다.
㉯ 시험법으로는 아이조드와 샤르피가 있다.
㉰ 충격값은 절단하는 데 필요한 에너지를 노치부의 원단면적으로 나눈 값이다.
㉱ 아이조드 충격 시험기의 충격 거리는 22mm이다.

① 항압력은 압축시험이다.
② 충격 시험은 인성과 취성을 알기 위한 시험이다.

180. 노치부의 단면적 A(cm²)인 시험편을 절단하는 데 필요한 에너지를 E(kg$_f$−m)라 할 때 샤르피 충격값은 어떻게 표시하는가?

㉮ EA   ㉯ E/A
㉰ A/E ㉱ E

충격치
① 단위 면적당의 충격 흡수 에너지로 표시한다.
② $U = \dfrac{E}{A_0} = \dfrac{WR(\cos\beta - \cos\alpha)}{A_0}$ (kg$_f$·m/cm²)
※ A_0 : 노치부의 단면적
  R : 해머의 아암길이(mm)

181. 충격 시험에서 노치(Notch) 반지름의 영향을 설명한 것 중 옳은 것은?

㉮ 노치 반지름이 클수록 응력이 집중된다.
㉯ 노치 반지름이 클수록 빨리 절단된다.
㉰ 노치 에너지가 적을수록 흡수 에너지가 적게 된다.
㉱ 파단될 때 변형이 생기지 않은 재료에서는 노치 반지름의 영향이 적다.

노치(Notch) 반지름의 영향
① 시험편은 노치부의 방향을 해머의 진행 방향과 동일하게 앤빌 위에 고정시킨다.
② 노치의 형상에 따라 아이조드식, 샤르피식, 매스너거식, 프레몬식이 있다.
③ 노치의 형상에 따라 파괴 형상이 달라진다.
④ 노치 반지름이 작을수록 응력 집중이 크므로 노치 깊이가 동일하여도 작은 것이 충격 흡수 에너지가 적게 된다.
⑤ 노치의 형상과 반지름이 동일하여도 노치 깊이가 클수록 충격 흡수 에너지는 감소한다.

182. 충격 시험에서 파괴하는 데 필요한 에너지 단위는?
㉮ kg_f · m
㉯ kg_f · m/cm²
㉰ kg_f/m
㉱ kg_f/m

183. Ni – Cr강의 템퍼링 취성과 같은 성질은 어떤 시험으로 그 내용을 쉽게 알 수 있는가?
㉮ 인장 시험
㉯ 충격 시험
㉰ 전단 시험
㉱ 굽힘 시험

니켈-크롬강의 템퍼링 취성과 같은 성질은 인장 시험에서는 알 수 없으나 충격 시험에서는 그 내용을 쉽게 알 수 있다.

184. 다음 중 충격 시험기의 종류로 맞는 것은?
㉮ 샤르피 시험기
㉯ 피로 시험기
㉰ 만능 시험기
㉱ 비틀림 시험기

185. 다음 중 내다지보(외팔보)의 원리를 이용한 시험기는?
㉮ 샤르피
㉯ 암슬러
㉰ 쇼어
㉱ 아이조드

충격 시험의 종류와 원리

종류	시편 고정 방법	원리 및 특징
샤르피 (Charpy)	단순보의 원리 이용	충격에너지값(E), $E = R(\cos\beta - \cos\alpha)$
아이조드 (Izod)	내다지보의 원리 이용	충격값(U) : $U = \dfrac{E}{A}$

186. 아이조드 충격 시험편을 고정시킬 때 충격 거리는 노치부에서 얼마(mm)가 가장 적당한가?
㉮ 2
㉯ 7
㉰ 22
㉱ 47

187. 다음 그림에서 화살표 방향(절삭 깊이부)인 아이조드 충격 시험기용 시험편의 노치(notch)부 홈의 각도는 얼마인가?

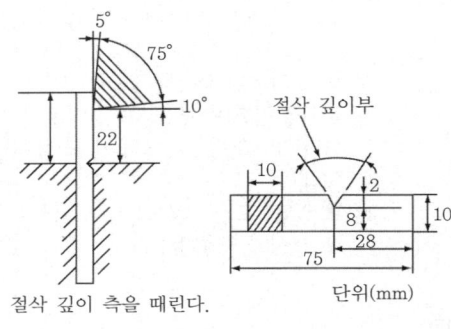

㉮ 30±2°
㉯ 45±2°
㉰ 60±2°
㉱ 75±2°

188. KS B 0809(금속 재료 충격 시험편)에 3호 또는 4호 시험편을 샤르피(charpy) 충격 시험기에 사용하는데 V 또는 U 노치부의 깊이(mm)는 얼마인가?
㉮ 1
㉯ 2
㉰ 3
㉱ 4

10×10mm 정방형 중심부에 2mm의 깊이로 홈을 판다.

189 샤르피(Charpy's) 충격 시험에 대한 사항 중 틀린 것은?

㉮ 시험편을 수평으로 지지한다.
㉯ 시험편의 노치(Noeth)부분이 필요하지 않다.
㉰ 인성 및 취성을 측정한다.
㉱ 동적 작용에 의해 측정한다.

샤르피 충격 시험기
① 재료의 노치 취성 시험법의 하나로 시험편을 순간적으로 금속에 변형될 여유를 주지 않고 파단하여 파괴가 연성 파괴인지 취성 파괴인지를 판정하는 시험이다.
② 2mm V노치 표준 샤르피 시험이 많이 사용된다.
③ 파단될 때까지의 흡수 에너지가 클수록 재료의 인성이 크다.
④ 흡수 에너지(E) = Wh = WL(cosβ−cos α)
※ W : 해머의 무게(kg₁), L : 추의 회전 중심에서 질량 중심까지의 거리(mm), α : 파단 전의 각도, β : 파단 후의 각도, h : 해머를 들어 올린 각과 반발각의 차이

190 다음 시험편이 사용된 시험기의 명칭은?

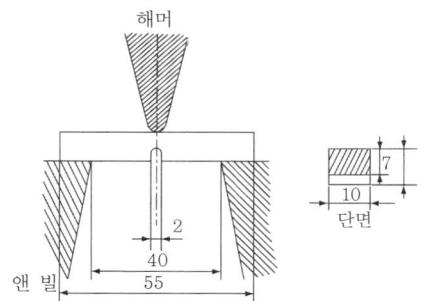

㉮ 샤르피 충격 시험기
㉯ 아이조드 충격 시험기
㉰ 브리넬 충격 시험기
㉱ 쇼어 충격 시험기

191 다음은 Charpy 충격 시험에서의 충격 방향과 시편의 위치를 나타낸 것이다. 옳은 것은?

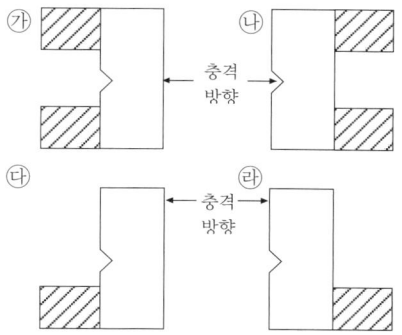

192 다음 그림은 샤르피(Charpy) 충격 시험을 나타낸 그림이다. 시험편을 파단시키는 데 소요된 에너지(E) 값을 구하는 식으로 맞는 것은? (단, W : 해머의 중량, R : 회전의 중심에서 해머의 중심까지 거리, α : 해머가 올려진 각, β : 파단 후 해머 올라간 각)

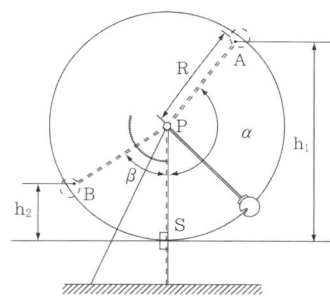

㉮ $E = WR(\cos\beta - \cos\alpha)$
㉯ $E = \dfrac{\cos\alpha - \cos\beta}{W \cdot R}$
㉰ $E = \dfrac{\cos\beta - \cos\alpha}{W \cdot R}$
㉱ $E = W \cdot R(\cos\beta - \cos\alpha)$

정답 189. ㉯ 190. ㉮ 191. ㉮ 192. ㉮

193. 다음 샤르피 충격 시험에서 시험편의 고정 방법으로 맞는 것은?
   ㉮ 양끝을 수평으로 고정한다.
   ㉯ 양끝을 수직으로 고정한다.
   ㉰ 한끝을 수평으로 고정한다.
   ㉱ 한끝을 수직으로 고정한다.

   샤르피 충격 시험기의 고정
   샤르피 충격 시험은 양끝을 수평으로 고정한다.

194. 충격-굽힘 시험에서 단일 충격 시험기와 관련이 가장 적은 것은?
   ㉮ Izod   ㉯ Charpy
   ㉰ Matzumura   ㉱ Guillery

   충격 시험기의 종류
   ① 하중 작용 방식에 따라 충격 인장, 충격 굽힘, 충격 비틀림 등으로 구분한다.
   ② 일반적으로 충격 시험이라 함은 충격 굽힘 시험을 말하며 아이조드(Izod) 충격 시험기와 샤르피(Sharpy) 충격 시험기가 있다.
   ③ 단일 충격 시험기의 분류
      ㉠ 샤르피(Charpy type) 충격 시험기
      ㉡ 아이조드(Izod type) 충격 시험기
      ㉢ 길레이(Guillery type) 충격 시험기
      ㉣ 올센(Olsen type) 충격 시험기
   ④ 반복 충격 시험기는 마쯔무라(Matzumura type) 반복 충격 시험기가 있다.

195. 작은 응력을 반복해서 작용시켰을 때 시간과 더불어 점차적으로 파괴되는 것을 무엇이라 하는가?
   ㉮ 충격 파괴   ㉯ 피로 파괴
   ㉰ 응력 파괴   ㉱ 인장 파괴

196. S-N 곡선을 설명한 것 중 옳은 것은?
   ㉮ 피로 시험에서 피로 응력과 반복 횟수를 나타내는 곡선
   ㉯ 굽힘 시험에서 하중의 분포 곡선
   ㉰ 항온 변태 곡선
   ㉱ 경도 시험에서 압축력과 표면 자국을 나타내는 곡선

   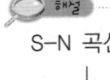
   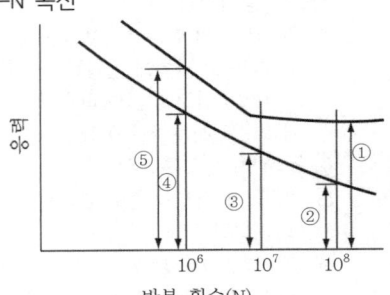
   ① 피로 한도를 구하는 곡선으로 종축에 응력(S), 횡축에 반복 횟수(N)와의 관계를 만드는 곡선이다.
   ② 강철의 경우 응력, 반복 횟수 : $10^{6\sim 7}$, 비철의 경우 : 10^8
   ③ 가하는 힘이 크면 반복 횟수가 작아도 파괴된다.
   ④ 응력이 작아짐에 따라 반복 횟수가 늘어난다.
   ⑤ S-N곡선
      ㉠ ①은 피로 한도(피로 강도)
      ㉡ ②, ③, ④, ⑤는 어떤 회전수에 견디는 반복 응력으로서 각 반복 횟수에 대한 시간 강도이다.

197. 피로 한도는 어느 조직일 때 가장 커지는가?
   ㉮ 마르텐자이트
   ㉯ 트루스타이트
   ㉰ 마르텐자이트와 트루스타이트 혼합 조직
   ㉱ 페라이트

정답 193. ㉮ 194. ㉰ 195. ㉯ 196. ㉮ 197. ㉰

198 피로 시험에 있어서 S – N 곡선에 관한 설명 중 옳은 것은?

㉮ 응력과 파괴된 사이클 함수 곡선으로 응력이 작을수록 파괴되는 사이클 수도 감소한다.
㉯ 응력과 파괴된 사이클 함수 곡선으로 응력이 클수록 파괴되는 사이클 수도 감소한다.
㉰ 연신량과 사이클 함수 곡선으로 연신량이 클수록 파괴되는 사이클 수는 감소한다.
㉱ 인장강도와 파괴된 사이클 함수 곡선으로 응력이 높으면 파괴되는 사이클 수도 증가한다.

해설
① 응력이 작아짐에 따라 반복 횟수는 늘어난다.
② 가하는 응력이 크면 반복 횟수가 작아도 파괴된다.

199 반복 작용하는 응력에 파괴되지 않고 견딜 수 있는 최대 한도를 나타낸 것은?

㉮ 탄성 한도   ㉯ 크리프
㉰ 충격 강도   ㉱ 피로 한도

해설
피로 한도 (fatigue limit)
① 영구적으로 재료가 파괴되지 않는 응력 중에서 최대의 하중값으로 나타낸다.
② 피로 강도(내구 한도) : 파단되지 않는 경우의 최대 시험 하중의 응력값을 말한다.

200 피로 시험 시 강철의 경우 시험 반복 횟수는 얼마인가?

㉮ $10^2 \sim 10^3$ ㉯ $10^4 \sim 10^5$
㉰ $10^6 \sim 10^7$ ㉱ $10^{10} \sim 10^{12}$

201 피로 시험에서의 응력 변화 사이클 중 반복 응력 사이클을 나타낸 그림은?

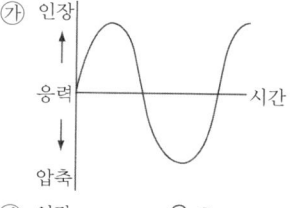
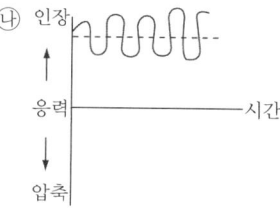
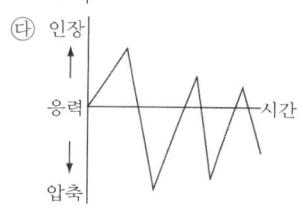
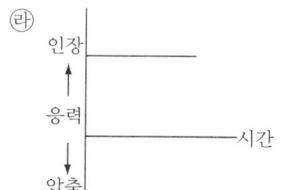

해설

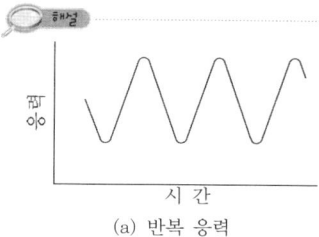
(a) 반복 응력

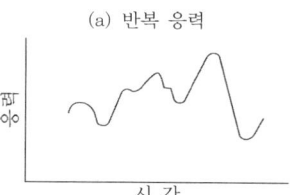
(b) 변동 응력

정답 198. ㉯ 199. ㉱ 200. ㉰ 201. ㉮

202 다음 그림은 금속 재료의 피로 시험 결과를 표시한 S-N 곡선이다. 피로 한도를 표시하는 눈금은 어느 것인가?

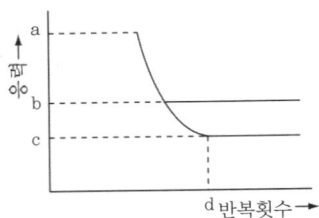

㉮ a
㉯ b
㉰ c
㉱ d

203 피로 시험에서 말하는 노치 계수(notch constant)란?

㉮ $\dfrac{\text{노치가 있는 봉재의 피로한도}}{\text{노치가 없는 봉재의 피로한도}}$

㉯ $\dfrac{\text{노치가 없는 봉재의 피로한도}}{\text{노치가 있는 봉재의 피로한도}}$

㉰ $\dfrac{\text{노치가 있는 봉재의 피로한도}}{\text{노치가 없는 봉재의 피로한도}} \times 100$

㉱ $\dfrac{\text{노치가 없는 봉재의 피로한도}}{\text{노치가 있는 봉재의 피로한도}} \times 100$

노치 계수(fatigue notch factor, notch constant)
① 노치가 없는 평활한 재료의 피로 한도를 노치가 있는 재료의 피로 한도로 나눈 값
② 평활한 재료에 비하여 응력 집중도가 어느 정도인가를 수치로 나타낸 것이다.

204 자동차축, 크랭크축에 쓰이는 시험기는 다음 중 어느 것인가?

㉮ 경도 시험
㉯ 압축 시험
㉰ 충격 시험
㉱ 피로 시험

205 금속 재료의 피로 시험에 영향을 주는 인자들에 대한 설명으로 맞는 것은?

㉮ 금속 표면에 노치부가 있으면 피로 한도가 증가한다.
㉯ 침탄이나 질화 처리한 강재는 피로 한도가 증가한다.
㉰ 시험편이 클수록 피로 한도는 증가한다.
㉱ 부식성 분위기에서 피로 시험을 실시하면 피로 한도는 증가한다.

206 피로 시험에 영향을 미치는 요인이 아닌 것은?

㉮ 시험편 형상
㉯ 표면 다듬질 정도
㉰ 가공법, 열처리 상태
㉱ 시험편의 재질

피로 시험 결과에 영향을 주는 요인
① 시편 형상
② 표면 다듬질 정도
③ 가공 방법
④ 열처리 상태

207 SM20C의 항복점이 25kg_f/mm², 인장강도가 55kg_f/mm²일 때 회전 굽힘 피로 한도는?

㉮ 20
㉯ 25
㉰ 30
㉱ 35

탄소강의 경우 회전 굽힘 피로 한도 산출 공식
피로 한도 = 0.25×(항복점+인장강도)+5 (kg_f/mm²)
= 0.25×(25+55)+5 = 25

208. 다음 중 회전 굽힘 피로 시험기가 아닌 것은?
㉮ 뵈에러 피로 시험기
㉯ 포스터 피로 시험기
㉰ 로젠하우젠식 피로 시험기
㉱ 센크펜드럼식 피로 시험기

피로 시험기의 분류(피로 하중 방법에 따른 분류)
① 거듭 굽히기식 피로 시험기 : ONO식, 센크식, 전자진공식
② 거듭 비틀기식 피로 시험기 : 로젠하우젠식, KURAISI식, HISANO식
③ 반복 인장, 압축식 피로 시험기 : Hey식, Well식, 로젠하우젠식
④ 반복 충격식 피로 시험기 : MATHUMRA식

209. 다음 중 시편의 축방향에 인장 또는 압축력이 교대로 작용하는 피로 시험은?
㉮ 반복 인장 압축 시험
㉯ 왕복 반복 굽힘 시험
㉰ 회전 반복 굽힘 시험
㉱ 복합 응력 피로 시험

피로 시험의 종류
① 반복 인장 압축 시험 : 시편의 축방향에 인장 및 압축이 교대로 작용할 때
② 반복 굽힘 시험
  ㉠ 왕복 굽힘 시험 : 시편에 왕복 반복력이 작용하여 반복 굽힘이 되어 시편의 한쪽 단면에는 인장력과 압축력이 교대로 생긴다.
  ㉡ 회전 반복 굽힘 시험 : 굽힘 하중을 걸고 시편을 회전시키는 반복 시험이다.
③ 반복 비틀림 시험 : 반대 방향으로 반복 비틀림이 생기는 피로 시험으로 전단 응력이 가해진다.
④ 복합 응력 피로 시험 : 몇 개의 응력이 복합하여 작용하는 피로 시험이다.

210. Creep의 설명 중 가장 옳은 것은?
㉮ 온도가 낮을수록 크리프는 잘 일어난다.
㉯ 용융점이 낮은 금속은 상온에서 발생하지 않는다.
㉰ 변형이 일정한 값에서 계속 변형되는 것을 크리프 한도라 한다.
㉱ 강철은 300℃ 이하에서는 크리프가 잘 일어나지 않는다.

Creep 시험
① 고온에서 시간의 경과에 따라서 외력에 비례한 만큼 이상의 변형이 일어나는 현상을 크리프 현상이라 한다.
② Creep 한도 : 크리프가 정지하는 것은 크리프율이 0이 되며 0이 되는 한도를 말함
③ 크리프 현상은 강철은 300℃에서 시작하여 400℃ 이상에서 활발하다.
④ 융점이 낮은 금속은 크리프 현상이 많이 생기며 크리프는 고온일수록 심하다.
⑤ 일정한 응력을 가했을 때의 시간에 대한 변형의 상태를 나타낸다.
⑥ 크리프 강도 : 파단되는 순간의 최대 하중을 말한다.
⑦ 크리프 곡선 : 변형과 시간의 관계를 크리프 곡선이라 한다.

211. 제1단계 크리프의 설명 중 틀린 것은?
㉮ 변곡점이 일어나며 연화 작용이 크다.
㉯ 변형 경화가 연화 작용보다 크다.
㉰ 변형 속도가 감소된다.
㉱ 초기 크리프에서 변률이 점차 감소되는 단계이다.

정답 208. ㉰ 209. ㉮ 210. ㉱ 211. ㉮

212 제1단계 크리프의 설명 중 틀린 것은?

㉮ 변곡점이 일어나며 연화 작용이 크다.
㉯ 변형 경화가 연화 작용보다 크다.
㉰ 변형 속도가 감소된다.
㉱ 초기 크리프에서 변률이 점차 감소되는 단계이다.

크리프 시험 (creep test)

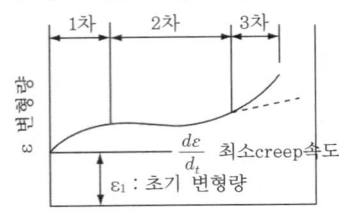

[Creep 곡선]

① 재료에 일정한 하중을 가하고 일정한 온도에서 긴 시간 동안 유지하면 시간이 경과함에 따라 변형량(strain)이 증가되는 현상을 크리프라 한다.
② 저융점 금속, Pb, Cu, 연한 경금속 등은 상온에서 크리프 현상이 나타난다.
③ 철강 및 단단한 합금 등은 250℃ 이하에서는 거의 변화가 없다.
④ 일정한 화학 성분과 조직을 갖는 재료에 크리프가 생기는 요인 : 온도와 하중(응력)
⑤ 크리프 시험 방법
 ㉠ 첫 번째 시험편은 정온·정하중 상태에서 시간이 경과함에 따라 변형량을 조사한다.
 ㉡ 둘째 번, 셋째 번 시험편은 같은 온도에서 하중을 변화시켜 시험한다.
 ㉢ 각종 하중의 시험을 하고 다음에는 온도를 변화시켜 각각 다른 온도에서 또 다시 하중을 변화시켜 시험한다.
⑥ 크리프 현상의 3단계
 ㉠ 제1단계(초기 creep)
  ⓐ 초기 크리프에서 변율이 점차 감소되는 단계
  ⓑ 변형 경화가 항상 연화 작용보다 크게 되고 변형 속도는 감소된다.
 ㉡ 제2단계(정상 creep)
  ⓐ creep 속도가 대략 일정하게 진행되는 단계
  ⓑ 변형이 증가하면서 경화 작용이 진행된다.
  ⓒ 이때 처음에는 변형량이 크므로 급격히 변화되나 점점 감소되어 작아지고 변곡점(transition point)을 지나 연화 작용이 크게 된다.
 ㉢ 제3단계(가속 creep)
  ⓐ creep 속도가 점차 증가되어 파단에 이르는 단계
  ⓑ 경화 작용은 별로 증가되지 않고 연화 작용만이 크게 되어 변형 속도가 증가되면서 파단에 이르게 된다.
⑦ 천이 크리프 : 금속 재료를 creep 변형시켰을 때 초기 creep 변형 속도가 줄어드는 영역

213 Creep 현상에서 변형 경화가 항상 연화 작용보다 크게 되고 변형 속도는 감소되는 단계는?

㉮ 1차 Creep   ㉯ 2차 Creep
㉰ 3차 Creep   ㉱ 4차 Creep

214 재료에 일정한 응력을 가할 때 생기는 변형량의 시간적 변화를 크리프(creep)라고 하는데 변형 속도가 일정한 과정은?

㉮ 1차 크리프   ㉯ 2차 크리프
㉰ 3차 크리프   ㉱ 4차 크리프

215 Creep 현상에서 변형이 증가되면서 경화 작용이 진행되는 단계는?

㉮ 1차 크리프   ㉯ 2차 크리프
㉰ 3차 크리프   ㉱ 4차 크리프

정답   212. ㉮   213. ㉮   214. ㉯   215. ㉯

216. 크리프(creep) 속도가 점차 증가하는 단계는?
   ㉮ 제1단계   ㉯ 제2단계
   ㉰ 제3단계   ㉱ 제4단계

217. Creep 현상에서 경화 작용은 별로 증가되지 않고 연화 작용만이 크게 되어 변형 속도가 증가되면서 파단에 이르게 된 단계는?
   ㉮ 제1단계   ㉯ 제2단계
   ㉰ 제3단계   ㉱ 제4단계

218. 시간의 경과와 변형량을 측정하여 재료의 역학적 양을 결정하는 시험은?
   ㉮ 마모 시험   ㉯ 에릭슨 시험
   ㉰ 피로 시험   ㉱ 크리프 시험

219. 재료에 일정한 하중을 가하고 일정한 온도에서 긴 시간 동안 유지하면 시간이 경과함에 따라 변형량(strain)이 증가하는 현상은?
   ㉮ 비커즈 경도 시험
   ㉯ 충격 시험
   ㉰ 크리프(creep)
   ㉱ 자기 탐상법

   [해설] 재료에 일정한 응력을 가할 때 생기는 변형량의 시간적 변화를 크리프라 한다.

220. 어떤 재료가 어떤 온도에서 어떤 시간 후에 크리프 속도가 0(zero)이 되는 응력은 무엇인가?
   ㉮ 크리프 한도   ㉯ 크리프 현상
   ㉰ 크리프 조건   ㉱ 크리프율

221. 크리프(Creep)의 현상이 일어나기 쉬운 ① 조건(온도에 관련)과 잘 일어나는 ② 금속명으로 맞는 것은?
   ㉮ ① 높은 온도 ② 납
   ㉯ ① 낮은 온도 ② 구리
   ㉰ ① 높은 온도 ② 철
   ㉱ ① 낮은 온도 ② 알루미늄

   [해설]
   ① 조건 : 일반적으로 금속에서는 고온(강의 경우 300℃ 이상)에서 일어난다.
   ② 납(Pb)과 같이 융점이 낮은 재료에서는 실온에서 격렬한 크리프가 일어난다.
   ③ 고분자 재료에서도 비교적 낮은 온도에서 크리프를 일으킨다.

222. 크리프 곡선(Creep curve)의 설명으로 틀린 것은?
   ㉮ 파단 크리프는 크리프 속도가 점차 증가되는 최후의 단계이다.
   ㉯ 1단계 크리프에서는 변율이 점차 감소되는 단계이다.
   ㉰ 2단계 크리프는 속도가 대략 일정하게 진행된다.
   ㉱ 4단계 크리프는 변형 경화가 항상 연화 작용보다 크다.

   [해설]
   크리프 곡선 (Creep curve)
   ① 1단계(초기 크리프) : 초기 크리프에서 변율이 시간에 따라 감소하는 단계
   ② 2단계(정상 크리프) : 크리프 속도가 일정하게 진행되는 단계
   ③ 3단계(가속 크리프) : 변형 속도가 점차 증가하여 파단에 이르는 단계

[정답] 216. ㉰   217. ㉱   218. ㉱   219. ㉰   220. ㉮   221. ㉮   222. ㉱

223. 금속 박판 재료를 상·하 다이 사이에 삽입시키고 시험편에 펀치를 넣어 뒷면에 균열이 생길 때까지 가압하여 펀치 앞끝이 하형 다이의 시험편에 접하는 면에서 이동한 거리를 측정하여 소성 가공성을 평가하는 시험은?

㉮ 에릭센 시험
㉯ 슬라이딩 마모 시험
㉰ 응력 파단 시험
㉱ 굽힘 시험

해설
에릭센 시험 (Erichsen test, 커핑 시험)
① 재료의 연성을 알기 위한 시험이다.
② 강구로 시험편을 눌렀을 때 모자 모양으로 졸리어 균열이 갈 때 변형된 깊이(컵모양의 깊이)로 측정하여 에릭센값으로 한다.
③ 시험 범위 : 얇은 금속판, 0.1~0.2mm, 나비 70mm 이상의 띠 또는 판에 한한다.
※ 응력 파단 시험 → 고온에서 시험편에 일정한 하중을 가하여 놓고 파단에 이르기까지의 시간을 측정한다.

224. 재료의 연성을 측정하여 시험 범위는 0.1~0.2mm를 표준으로 하여 나비 70mm 이상의 띠 또는 판에 한하는 시험법은 무엇인가?

㉮ 크리프 시험   ㉯ 압축 시험
㉰ 에릭센 시험   ㉱ 마찰 시험

225. 다음은 에릭센 시험기에 대한 설명이다. 설명 중 잘못된 것은?

㉮ 펀치의 선단 변경은 10±0.05mm이다.
㉯ 다이스 내부의 시편에 접촉하는 면의 다듬질은 4S이다.
㉰ 제3호 시편은 직경 90mm±2mm의 원판형 시편이다.
㉱ 가압판의 내경은 55mm 정도이다.

226. 에릭센(Erichsen) 시험기에서는 핸들을 조작하여서 펀치로 시험판을 0.1mm/sec의 속도로 조용히 눌러 모자 모양을 만들어 나갈 때 시험판은 완곡하게 변형하면서 균열이 생긴다. 이때의 에릭센 값은 어느 것으로 정하는가?

㉮ 가하여진 에너지로 정한다.
㉯ 펀치의 선단(先端)이 이동한 거리로 정한다(변형된 길이).
㉰ 기계가 한 일의 양(量)으로 정한다.
㉱ 균열의 크기로 정한다.

227. 얇은 금속판의 연성을 측정하기 위하여 하는 시험은 다음 중 어느 것인가?

㉮ 크리프 시험   ㉯ 압축 시험
㉰ 에릭센 시험   ㉱ 마찰 시험

228. 에릭센 시험(Erichsen test)은 재료의 어떤 성질을 시험하기 위한 것인가?

㉮ 봉재 시편의 연신율 측정
㉯ 주철재의 가단성 시험
㉰ 판재의 연성을 측정
㉱ 각종 재료의 전단성을 측정

229. 동판, 알루미늄판 및 연성 판재를 가압 성형하여 변형 능력을 시험하는 시험은?

㉮ 크리프 시험   ㉯ 마모 시험
㉰ 압축 시험   ㉱ 에릭센 시험

정답 223. ㉮ 224. ㉰ 225. ㉱ 226. ㉯ 227. ㉰ 228. ㉰ 229. ㉱

230. 금속 재료의 히스테리시스 손실에 대한 설명 중 틀린 것은?
- ㉮ 자성 재료를 교류로서 자화할 때 발생하는 손실이다.
- ㉯ 히스테리시스 곡선이 둘러싸여 있는 면적에 해당된다.
- ㉰ 히스테리시스 곡선이 둘러싸여 있는 체적에 해당한다.
- ㉱ 보통 Wh로 표시하고 단위는 erg/cm² cycle이다.

해설

히스테리시스 손실(hysteresis loss)
① 강자성 재료를 교류로서 자화할 때, 발생하는 에너지 손실로서 히스테리시스 곡선이 둘러싸여 있는 면적에 해당한다.
② 보통 W_h로 표시하고 단위는 erg/cm² cycle이다.

231. 마모 시험에 영향을 비교적 많이 미치는 요인이 아닌 것은?
- ㉮ 미끄럼의 속도
- ㉯ 접촉 하중
- ㉰ 접촉면의 경도
- ㉱ 접촉면의 호환성

해설

마모 시험에 영향을 미치는 인자
① 미끄럼 속도, 접촉 하중, 재료의 종류 및 기계적 성질, 화학적 성질, 마찰면의 기하학적 형상, 하중이 가해지는 방법 등이 있다.
② 비교적 영향을 많이 끼치는 인자
  ㉠ 미끄럼의 속도와 접촉 하중
  ㉡ 접촉면의 경도
  ㉢ 접촉면의 조도
  ㉣ 분위기와 온도

232. 금속 재료의 마모에 대한 설명으로 맞지 않은 것은?
- ㉮ 마모량 검사는 마모시험 후 시험편의 무게를 측정할 수 있다.
- ㉯ 마모 시험은 크게 회전 마모와 미끄럼 마모로 구분할 수 있다.
- ㉰ 공기 중에서 마모 시험을 할 경우 접촉 압력이 증대되면 마모량도 반드시 증가한다.
- ㉱ 마모량은 마모 시험 초기에 증가한다.

233. 마모에 관한 다음 설명 중 맞는 것은?
- ㉮ 마찰 속도가 커지면 마멸량이 감소한다.
- ㉯ 일반적으로 마찰 압력이 증가하면 마모량도 증가한다.
- ㉰ 마찰 속도에는 무관하고 마찰 압력이 커지면 마모량이 증가한다.
- ㉱ 마찰 속도와 마찰 압력에는 무관하다.

234. 다음 어느 조건에서 마모가 가장 많이 일어나겠는가?
- ㉮ 표면 경도가 낮을 때
- ㉯ 접촉 압력이 작을 때
- ㉰ 윤활 상태일 때
- ㉱ 접촉면이 매끄러울 때

해설

마모가 일어나기 쉬운 조건
① 마모는 접촉 압력이 커질 때 또는 무윤활 상태일 때
② 접촉면에 돌기부가 있을 때, 경도가 낮을수록 잘 일어난다.

정답 230. ㉰ 231. ㉱ 232. ㉱ 233. ㉯ 234. ㉮

235 다음 중 마모 시험기의 형식이 아닌 것은?

㉮ 압축 마모
㉯ 왕복 슬라이드 마모
㉰ 회전 마모
㉱ 슬라이딩 마모

해설

마모 시험기의 분류(마모 방법에 따른 분류)
① 슬라이딩 마모 : 시험편의 마찰을 하는 상대가 광물질일 때(토목용, 농업용 기계 등)
② 슬라이딩 마모 : 시험편의 마찰을 하는 상대가 금속일 때(베어링, 브레이크 등)
③ 회전 마모 : 회전 마찰이 생기는 경우(롤러 베어링, 기어, 바퀴, 레일)
④ 왕복 슬라이딩 마모 : 왕복 운동에 의한 마찰의 모든 경우(실린더, 피스톤, 펌프 등)
⑤ 슬라이딩 마모 시험기의 종류

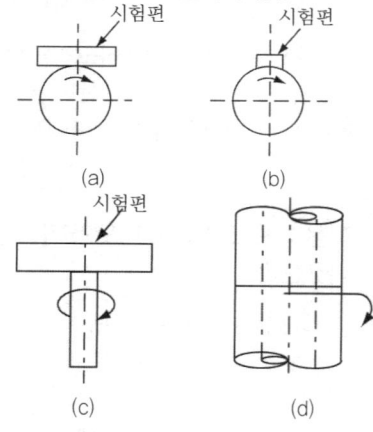

236 슬라이딩 마모 시험에서 마모량을 결정할 때 물질에 따라 결정되는 $Wns = a\mu^2 \dfrac{Wn}{Ws}$의 상수(a) 중 표준 조직에 해당되는 것은?

㉮ 14.4×10^{-3} mg ㉯ 12.5×10^{-3} mg
㉰ 10.4×10^{-3} mg ㉱ 1.9×10^{-3} mg

해설

마멸량의 계산

① 마멸량 계산식 : $Wns = a\mu^2 \dfrac{Wn}{Ws}$

※ Wn : 표면적[1cm²]당 마모량(시험편),
Ws : 표준 재료에 대한 마모량,
μ : 마찰 계수, n, s : 시편의 탄소량,
Wns : 두 개의 표준 재료 사이의 마모량,
a : 재료 상수

② 일반적인 상수(a)의 값

조직	상수(a) [mg]
압연	14.4×10^{-3}
표준	12.5×10^{-3}
소르바이트	10.5×10^{-3}
트루스타이트	6.3×10^{-3}
마르텐자이트	1.9×10^{-3}

③ 시험 조건에 따른 인자 : 움직임의 종류, 하중(Load), 미끄럼 속도(Velocity), 온도(Temperature), 시간(Duration)
④ 마모시험 장치 : 표면 특성, 표면 형상, 표면 성분
⑤ 측정 변수 : 마찰력, 마찰 계수, 진동, 소음, 온도 상승, 마모율, 접촉 조건

정답 235. ㉮ 236. ㉯

237 마모량의 직접적인 측정 방법이 아닌 것은?

㉮ 시편의 형태 변화로부터 구하는 방법
㉯ 시편의 질량 변화로 구하는 방법
㉰ 마모에 의해 손실된 재료의 부피로 구하는 방법
㉱ 마찰 시간에 따른 마모량을 구하는 방법

마모량 측정 방법
① 마모량의 측정 방법에는 직접적인 방법과 간접적인 방법이 있다.
② 직접적인 방법
  ㉠ 시편의 길이의 변화, 단면적의 변화, 부피의 변화와 같은 시편의 형태 변화로부터 구하는 방법
  ㉡ 시편의 질량 변화로 구하는 방법
  ㉢ 마모에 의해 손실된 재료의 부피로 구하는 방법
③ 상대적인 마모량의 측정 방법
  ㉠ 마찰 시간에 따른 마모량을 구하는 방법
  ㉡ 마찰 거리에 따른 마모량을 구하는 방법
  ㉢ 다음과 같은 마모 계수로 구하는 방법
    ⓐ $K = \dfrac{\text{마모부피}}{\text{하중} \cdot \text{거리}} \left(\text{마모계수} : \dfrac{mm^3}{N \cdot m}\right)$
    ⓑ $K' = \dfrac{\text{마모부피} \cdot \text{경도}}{\text{하중} \cdot \text{거리}}$
    (Archard's 마모계수)

정답 237. ㉱

제2장 금속조직 시험법 기출 및 예상문제

001 현미경 조직 시험을 할 때 가장 적당한 시편 채취 방법은?

㉮ 시험편의 크기는 지름이 5cm 이상으로 한다.
㉯ 결함이 발생하지 않은 부분에서 채취한다.
㉰ 냉간 압연 시편은 가공 방향에 수직하게 채취한다.
㉱ 채취 부분은 중앙부와 끝부분으로 한다.

현미경 시료 채취법
① 조직 시험의 시료는 중앙부와 끝부분으로부터 채취한다.
② 결함 검사를 위한 시료는 결함이 발생된 곳에서부터 가까운 부분을 취한다.
③ 단조 가공한 것은 가공 방향에 주의하고 종, 횡단면 모두 시험할 수 있게 한다.
④ 냉간 압연한 것은 시료의 표면이 가공 방향과 평행이 되게 한다.

002 금속 조직 시험을 위한 준비 순서로 적합한 것은?

㉮ 시편 채취 → Polishing → Grinding → Mounting → 부식
㉯ 시편 채취 → Mounting → Grinding → Polishing → 부식
㉰ 시편 채취 → Mounting → Polishin → Grinding → 부식
㉱ Mounting → 시편 채취 → Grinding → Polishing → 부식

003 현미경으로 금속의 조직을 관찰하기 위한 시료 준비의 순서는?

㉮ mounting(성형) → polishing(연마) → etching(부식) → cutting(절단)
㉯ cutting(절단) → polishing(연마) → etching(부식) → 성형(mounting)
㉰ cutting(절단) → mounting(성형) → polishing(연마) → etching(부식)
㉱ mounting(성형) → cutting(절단) → polishing(연마) → etching(부식)

시료 준비 순서
시험편 채취 → 시험편 마운팅(성형) → 시험편 연마 → 부식

004 ø3mm, 길이 3mm인 강선의 현미경 조직을 관찰하려고 한다. 수작업을 통하여 시료에 가하는 4가지 중요한 공정을 작업 단계별로 기술하였다. 틀린 것은? (단, 세척은 중요한 공정에 포함하지 않음)

㉮ 마운팅　　㉯ 그라인딩
㉰ 폴리싱　　㉱ 후처리

4가지 중요한 공정
① 마운팅(몰딩)
② 그라인딩(조연마)
③ 폴리싱(정연마 = 연마)
④ 에칭(부식)

정답　001. ㉱　002. ㉯　003. ㉰　004. ㉱

005 금속 재료의 현미경 시험용 시편의 연마 방법에 대한 설명 중 맞는 것은?

㉮ 연마지를 사용하여 손 연마를 할 경우, 세립의 것부터 차례로 연마한다.
㉯ 연마지에 의해 손연마를 할 경우는 조립의 것부터 차례로 연마하며, 한 방향으로만 계속 연마한다.
㉰ 연마지에 의해 손연마를 할 경우는 조립의 것부터 차례로 연마하며 매회 그 전의 연마지로 생긴 홈과 직각 방향으로 연마해야 한다.
㉱ 연질 재료를 연마 시에는 파라핀이 묻으면 결정 입자가 매립하므로 묻지 않도록 해야 한다.

006 쾌삭강에서 피절삭성을 양호하게 하기 위해서 첨가하는 금속 조직을 관찰하기 위한 시편의 연마 시 연마지 사용 방법으로 잘되어 있는 것은?

㉮ 100메쉬 → 600메쉬 → 1200메쉬 순으로 연마한다.
㉯ 1200메쉬 → 600메쉬 → 100메쉬 순으로 한다.
㉰ 100메쉬 → 1200메쉬 → 600메쉬 순으로 연마한다.
㉱ 메쉬에 관계없이 편리한 대로 사용해도 무방하다.

007 강의 현미경 조직 시험 과정에서 미세 연마(polishing)할 때 가장 많이 사용되는 연마제는?

㉮ 산화크롬 분말 ㉯ 이산화망간 분말
㉰ 규조토 분말   ㉱ 석회석 분말

008 황동의 현미경 조직 시험편을 연마하는 데 가장 좋은 연마는?

㉮ 산화 알루미늄 ㉯ 산화철
㉰ 산화크롬   ㉱ 산화구리

■ 해설

연마제

금 속	연 마 제
비철 및 합금	Al_2O_3, MgO
철강재	Fe_2O_3, Cr_2O_3, Al_2O_3
초경합금	다이아몬드, 페이스트

009 다음 연마제 중 경합금에만 사용할 수 있는 것은?

㉮ MgO ㉯ Fe_2O_3
㉰ Cr_2O_3 ㉱ $FeCO_3$

010 입자를 사용한 표면 가공법 1종인 버핑 연마기에 사용되는 버핑 연삭재에 속하지 않은 것은?

㉮ 에메리   ㉯ 알루미늄
㉰ 탄화규소   ㉱ 니켈크롬

011 다음에 전해 연마를 위한 각종 금속의 대표적인 전해액을 표시하였다. 틀리게 표시된 것은?

㉮ 철강 및 알루미늄 : 과염소산 20% + 무수초산 75% + 물 5%
㉯ 주석 : 과염소산 20% + 무수초산 80%
㉰ 동 및 동합금 : 정인산 50% + 50%
㉱ 니켈 : 과염소산 30% + 무수초산 70%

정답 005. ㉰ 006. ㉮ 007. ㉮ 008. ㉮ 009. ㉮ 010. ㉱ 011. ㉰

02. 재료의 결함 검사를 위한 구리 합금의 산세에서 산액의 주성분은?

㉮ 5% H_2SO_4수 ㉯ 25% NaOH액
㉰ 50% HNO_3수 ㉱ 40% HCl액

산세법

피검재	산액	액온(℃)	시간
일반강재	5%HCl용액 또는 5%H_2SO_4용액	상온 또는 50~60	20~30분
불수강	6~10%H_2SO_4 + 2~5%HCl용액	80~90	20~30분
Al합금	5% NaOH액 25% NaOH액	60~80 상온	2~3분 10분
Cu 합금	50% HNO_3용액	상온 또는 50~60	20~30분
일반강재, 비철합금류	인산	200	1~3초

03. 철강의 열처리를 한 후 미세 조직을 현미경으로 관찰하기 위해 부식을 행하였다. 부식 시약으로 알맞은 것은?

㉮ 크롬산 ㉯ 나이탈
㉰ 과황산 암모늄 ㉱ 질산 수은

현미경 부식액

재 료	부식액	
철강	나이탈 피크린산 알코올 용액	
동합금	염화제2철	과황산 암모늄
Ni 합금	질산초산	
Sn 합금	질산용액	나이탈
Pb 합금	질산용액	
Zn 합금	염산용액	
Al합금	수산화나트륨	불화물	크롬산
귀금속	왕 수	

04. 다음 중 철강 재료의 부식 용액으로서 가장 적합한 것은?

㉮ 염화 제2철5gr + 진한 염산 50cc + 물 100cc
㉯ 질산 50cc + 초산 50cc
㉰ 수산화나트륨 20gr + 물 100cc
㉱ 진한 질산 5cc + 알코올 100cc

철강의 부식제
① 질산 알코올 용액 : 진한 질산 5cc + 알코올 100cc
② 피크린산 알코올 용액 : 피크린산 5gr + 알코올 100cc
③ 나이탈 부식액(nital etchant) : 질산 3~5%의 알코올 용액

05. 철강의 부식제로 많이 사용되는 것은?

㉮ 염산 ㉯ 나이탈
㉰ 가성소다 ㉱ 카바이드

나이탈(nital)
① 강의 현미경 검출용으로 사용되는 부식액으로 질산 3~5%의 알코올 용액이다. 주로 열처리한 강과 합금강의 부식액에 사용한다.
② 피크랄(피크린산 3~5%의 알코올 용액)보다도 부식 작용이 강하다.
③ 트루스타이트, 소르바이트, 펄라이트, 마르텐자이트순으로 침식된다(시멘타이트는 침식되지 않음).
④ 2% 나이탈액 : 2% 진한 질산 알코올 용액
⑤ 1% 나이탈액 : 1% 진한 질산 알코올 용액 (풀림재에 적당하다.)

06. 철강의 마크로 부식에서의 부식 시간으로 적당한 것은?

㉮ 5초 ㉯ 45초
㉰ 2분 ㉱ 7분

정답 012. ㉰ 013. ㉯ 014. ㉱ 015. ㉯ 016. ㉮

017. 표준 조직의 강을 산으로 부식해 본 펄라이트의 현미경 조직의 색이 흑색이 되었다. 다음 페라이트와 시멘타이트를 구별하기 위하여 피크르산 용액으로 부식시키면 시멘타이트의 현미경 조직 색깔은?

㉮ 백색
㉯ 주황색
㉰ 청록색
㉱ 암갈색

018. 구리 및 구리 합금용 부식액으로 적당한 것은?

㉮ 염화 제2철 용액
㉯ 질산 용액
㉰ 염산 용액
㉱ 왕수

구리 및 구리 합금용 부식액
염화 제2철 용액 : 염화 제2철 용액 5gr, 진한 염산 50cc, 물 100cc

019. Ni과 그 합금의 부식액으로 적합한 것은?

㉮ 질산, 초산 용액
㉯ 피크린산 알코올 용액
㉰ 왕수
㉱ 수산화나트륨 용액

Ni과 그 합금의 부식액
질산 초산 용액 : 질산(70%)50cc, 초산(50%)50cc

020. 다음 중 현미경 배율을 높일 때 쓰이는 오일은?

㉮ 광물성 오일
㉯ 에멀션 오일
㉰ 콩기름
㉱ 피마자유

021. 금속 현미경 조직 시험에서 Zn 합금의 부식제로 알맞은 것은?

㉮ 염화 제2철 용액
㉯ 염산 용액
㉰ 질산 용액
㉱ 수산화나트륨 용액

Zn 합금의 부식제
염산 용액 : 염산 5cc, 물 100cc

022. Sn 합금 재료의 부식제로 적합한 것은?

㉮ 질산 2cc + 알코올 100cc
㉯ 염산 5cc + 물 100cc
㉰ 피크린산 5gr + 알코올 100cc
㉱ 수산화나트륨 20gr + 물 100cc

Sn 합금 재료의 부식제
질산 용액 및 나이탈 : 질산 2cc, 알코올 100cc

023. 금과 은 같은 귀금속을 부식하는데 사용되는 부식액은?

㉮ 염화 제2철
㉯ 왕수
㉰ 피크린산 알코올
㉱ 질산 용액

Au, Pt 등 귀금속의 부식제
① 왕수 : 진한 질산 1cc, 진한 염산 5cc, 물 6cc
② 불화수소산 10% 수용액

024. 금속 현미경에서 접안렌즈 ×15, 대물렌즈 ×40일 때 나타나는 배율은?

㉮ ×400
㉯ ×600
㉰ ×700
㉱ ×800

정답 017. ㉱ 018. ㉮ 019. ㉮ 020. ㉯ 021. ㉯ 022. ㉮ 023. ㉯ 024. ㉯

025 육안 또는 돋보기를 이용하여 현미경 검사에 비해 광범위하게 관찰할 수 있는 육안 조직 검사가 있다. 이 방법으로 판정할 수 없는 것은?
㉮ 가공 방법의 불량
㉯ 결정 입도
㉰ 내부 결함 유무
㉱ 조직, 성분의 불균일

현미경 검사
① 금속이나 합금의 화학 조성, 금속 조직을 구분한다.
② 결정 입도의 크기, 모양, 배열 상태 및 열처리 등의 기공을 검사한다.
③ 비금속 개재물의 종류, 형상, 크기, 분포 등을 검사한다.

026 현미경 조직 시험을 위하여 조직을 나타내게 하기 위한 방법 중 관련이 가장 적은 것은?
㉮ 화학적으로 표면을 부식시킨다.
㉯ 전기 화학적으로 표면을 부식시킨다.
㉰ 가열 산화하여 표면에 착색한다.
㉱ 연마에 의하여 경면을 만든다.

027 금속 현미경 검사 시 빛깔이나 산란광이 반사되어 대물렌즈의 분해 능력과 시야에 콘트라스를 저하시키지 않도록 하기 위한 것으로 가장 적합한 것은?
㉮ 변압기의 출력을 조절한다.
㉯ 미동 장치로 초점을 정확히 맞춘다.
㉰ 필터를 사용하여 밝기 조리개를 조절한다.
㉱ 조정 핸들을 사용하여 접안 렌즈를 맞춘다.

광원을 광축에 합치기 위해서 시야 조리개(field diaphragm)와 밝기 조리개를 최대로 조절한다.

028 금속 재료의 현미경 조직 시험에 있어서 결정 경계와 같이 부식이 심한 곳은 어떻게 보이는가?
㉮ 밝게 보인다. ㉯ 흐리게 보인다.
㉰ 검게 보인다. ㉱ 같다.

029 다음 현미경 검사법 중 금속 조직을 초고배율로 관찰할 수 있는 것은?
㉮ 보통 현미경   ㉯ 편광 현미경
㉰ 전자 현미경   ㉱ 암시야 현미경

현미경의 종류와 용도

종류	형식	피검면 준비	배율	특징	용도
보통금속 현미경	반사식	정마(精磨) 후 부식	<1000	일반검사용	조직 결정입도, 비금속 개재물, 결함 등의 검출
암시야 현미경			500	암시야 조명 음영이 명확	공극, 균열, 슬래그, 탄화물의 입체적 관찰
편광 현미경				조합프리즘으로 편광 조명	결정 발달 방향 관찰
위상차 현미경			300~500	위상차로 명암, 색의 차를 생기게 함	낮은 흠 요철, 탄화물, 펄라이트를 명확히 관찰
전자 현미경	투과식	정마 후 부식, 레플리커 작성 후 Al 증착	100,000	전자선을 전자렌즈로 확대함	조직을 최고배율로 관찰

030 금속 현미경으로 조직 검사 시 검경면을 입사 광선에 대하여 어떻게 놓아야 하는가?
㉮ 수평   ㉯ 평면
㉰ 수직   ㉱ 사각

025. ㉯ 026. ㉱ 027. ㉰ 028. ㉰ 029. ㉰ 030. ㉰

031. 현미경 조직 시편 제작 시 한쪽만 연마할 때 개재물에 의해 주변 금속을 마모시켜 국부적으로 생긴 혜성과 같은 흠을 무엇이라 하는가?
㉮ 국부 편석 ㉯ 코멧테일
㉰ 스테다이트 ㉱ 고스트라인

032. 전자 현미경 사용 시 금속은 전자를 흡수하는 힘이 크므로 실제로 금속 시편을 전자 현미경에 쓸 수 없고 원금속 시료면의 굴곡을 복제한 엷은 막을 쓰는데 이것을 무엇이라고 하는가?
㉮ 레플리카 ㉯ 에멀션
㉰ 슬립밴드 ㉱ 폴리싱

레플리카 (Replica)
① 전자를 투과시키지 않는 시편의 표면 구조를 관찰하기 위한 방법
② 얇은 필름으로 시편의 표면을 복사하여 관찰함으로써 간접적으로 시편의 표면 구조를 관찰한다.
③ 금속이나 합금의 석출물도 레플리카법으로 추출하여 관찰할 수 있다.
④ 종류 : 플라스틱 레플리카법, 탄소 레플리카법, 산화물 레플리카법, 아세틸셀룰로즈/탄소 레플리카법, 추출 레플리카법

033. 광학 현미경과 투과 전자 현미경의 기능상 가장 큰 차이점은?
㉮ 시료와 배율
㉯ 분해능과 심도
㉰ 파장과 렌즈
㉱ 성형성과 시편 재질

034. 합금의 상변화에 사용되는 현미경은?
㉮ 보통 금속 현미경
㉯ 편광 현미경
㉰ 고온 금속 현미경
㉱ 전자 현미경

035. 강제의 파면 검사에 대한 설명으로 잘못된 것은?
㉮ 파면을 목측 관찰한다.
㉯ 6배 정도까지의 확대경도 이용된다.
㉰ 내부 결함은 판별할 수 없다.
㉱ 파단은 냉간에서 행하는 일이 많다.

036. 매크로 편석의 검사 방법이 아닌 것은?
㉮ 설퍼프린트법 ㉯ 비트만 시험
㉰ 마이크로 시험 ㉱ 매크로 시험

매크로 시험법의 특징
① 육안 또는 10배 이내의 확대경을 사용하여 검사하는 방법으로 KS D 0210에 제정되어 있다.
② 균열, 기공, 편석 등의 결함 검사
③ 압연, 단조 등의 기계 가공에 의한 재료 상태 검사
④ 결정 입자의 크기, 형태 검사
⑤ 수지상 결정의 발달 방향과 크기 검사

037. 다음 매크로 시험(Macro test) 작업에 대한 설명 중 바르지 않은 것은?
㉮ 시험편을 가공하여 연마한다.
㉯ 최종 연마는 12~25μ까지 연마한다.
㉰ 가열 온도는 40~50℃ 범위로 가열한다.
㉱ 시험편은 부식액에 담그기 전에 같은 물의 온도로 예열한다.

031. ㉯ 032. ㉮ 033. ㉯ 034. ㉰ 035. ㉱ 036. ㉰ 037. ㉰

염산법은 75~80°C이다.

038 매크로(macro) 조직 검사 시 사용하는 염산의 가열 온도(°C) 범위는?
㉮ 35~40　　㉯ 45~50
㉰ 75~80　　㉱ 90~100

염산(1:2의 수용액)의 가열 온도 범위는 70~80°C, 30~60분 담금 후 수세 건조함

039 육안 검사와 관계가 없는 것은?
㉮ 조직의 분포 상태, 모양, 크기 등을 판정한다.
㉯ 배율 10배 이하의 확대경으로 검사한다.
㉰ 결정립의 크기가 0.1mm 이하의 것을 검사한다.
㉱ 매크로(macro) 검사라고도 한다.

040 매크로(Macro) 조직 검사는 몇 배 이내의 배율로 확대하여 시험하는가?
㉮ 30배 이상　　㉯ 10배 이내
㉰ 100배 이상　㉱ 100배 이내

041 다음 금속의 조직 검사 방법 중에서 육안 검사법은?
㉮ 비금속 개재물 검사
㉯ 응력 측정 시험
㉰ 매크로 검사법
㉱ 비틀림 검사

042 매크로 조직 검사법 중 파면(破面)검사의 목적으로 타당하지 않는 것은?
㉮ 파괴 원인 탐구
㉯ 열처리의 양부(良否)
㉰ 과열의 유무
㉱ 원자 배열의 형태

043 침탄 부품에 대한 파면의 조밀색으로 침탄 심도를 매크로(macro) 시험할 수 있는데, 모든 조건이 동일하고 표준하에서 침탄부(①)와 중심부(②)는 무슨 색깔을 띠는가?
㉮ ① 회색, ② 백색
㉯ ① 흑색, ② 회색
㉰ ① 백색, ② 녹색
㉱ ① 적색, ② 흑색

① 침탄부 : 회색(짙은 회색)
② 중심부 : 백색(조백색)

044 매크로 시험(Macro test)에서 기기를 사용하지 않고 직접 육안 관찰을 하여 알아낼 수 없는 것은?
㉮ 균열(crack) 기공 또는 편석 등의 금속 결함
㉯ 압연 및 단조 등의 기계 가공에 의한 재료의 상태
㉰ 결정 입자의 크기와 형태 수지상 결정의 발달 방향과 크기
㉱ 금속 조직의 원자 배열 상태

045 다음 중 강재의 파면검사에 적용하는 것이 아닌 것은?
㉮ 열처리의 적부　　㉯ 기계적 성질 파악
㉰ 탈탄, 침탄층　　　㉱ 내부 결함

038. ㉰　039. ㉰　040. ㉯　041. ㉰　042. ㉱　043. ㉮　044. ㉱　045. ㉯

046 다음 중 매크로 조직 검사법이 아닌 것은?
- ㉮ 산세법
- ㉯ 파면 검사법
- ㉰ 슾프법
- ㉱ 강산 부식법

해설
육안 검사법의 종류 : 산세법, 매크로 에칭(강산 부식법), 전해법, 분사법, 형광침투법

047 매크로(macro) 조직 시험법으로 알 수 없는 것은?
- ㉮ 편석
- ㉯ 열처리의 좋고 나쁜 상태
- ㉰ 금속의 내부 조직 상태
- ㉱ 성분(成分)

048 매크로 시험법에서 중심 부분 파열을 표시하는 기호는?
- ㉮ D
- ㉯ F
- ㉰ Lc
- ㉱ Sc

해설

구분	잉곳 패턴	중심부 다공질	중심부 편석	피트	파이프	모세 균열	개재물	주변흠
기호	I	Lc	Sc	T	P	H	N	W

049 매크로 시험법에서 나뭇가지 모양을 한 결정의 기호는 어느 것으로 나타내는가?
- ㉮ D
- ㉯ B
- ㉰ L
- ㉱ Sc

해설

기호	D	B	L	Sc
종류	수지상 결정	기포	다공질	중심부 편석

050 강의 매크로 조직 시험에서 단면 전체에 걸쳐 나타나는 조직이 아닌 것은?
- ㉮ 편석
- ㉯ 수지상 결정
- ㉰ 잉고트 패턴
- ㉱ 다공질

해설
① 중심부의 조직 : 편석, 다공질, 피트
② 기포 : 개재물, 파이프, 모세 균열, 중심부 파열, 주변흠

051 다음 사진에서 매크로(Macro) 검사에서 결함의 명칭은 무엇인가?

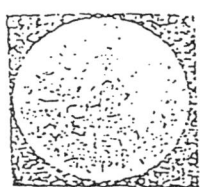

- ㉮ 기포
- ㉯ 주변흠
- ㉰ pipe
- ㉱ 편석

052 매크로 조직 검사에서 나타난 다음과 같은 결함을 무엇이라 하는가?

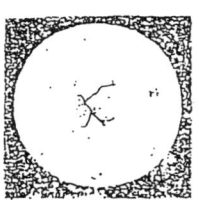

- ㉮ 기포
- ㉯ 주변 흠
- ㉰ pipe
- ㉱ 유황 편석

정답 046. ㉰ 047. ㉱ 048. ㉯ 049. ㉮ 050. ㉮ 051. ㉮ 052. ㉯

053 매크로(macro) 조직 검사에서 나타난 그림과 같은 결함의 명칭은 무엇인가?

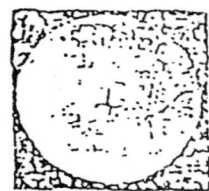

㉮ 기포 ㉯ 주변 흠
㉰ pipe ㉱ 유황 편석

054 철강 재료에 존재하는 황(S)의 분포 상태와 편석을 검사하는 방법은?

㉮ 설퍼 프린트법
㉯ 비금속 개재물 검사
㉰ 스니퍼법
㉱ 정량 조직 검사

설퍼 프린트법(sulfur print)
① 철강 재료에 존재하는 황(S)의 분포 상태와 편석을 검사하는 방법이다.
② 1~5%황산 수용액에 브로마이드(bromide) 인화지를 5분간 담금 후 수분을 제거한 다음 피검사체의 시험면에 밀착시키면 황화망간(MnS), 황화철(FeS), 황산(H_2SO_4)이 작용하여 황화수소(H_2S)를 발생시킨다.
③ 이 황화수소는 인화지의 브롬화은($AgBr_2$)에 작용하여 황화은(Ag_2S)을 만든다. 이 황화은에 의하여 인화지는 갈색으로 착색되는데 이 착색에 의하여 황의 양 및 분포 상태를 알 수 있다.

055 다음은 매크로 조직 시험에서 강재 단면 전체에 걸쳐서 또는 중심부에 부식이 단시간에 진행되어 해면상으로 나타난 것이다. 결함의 명칭은 무엇인가?

㉮ 기포 ㉯ 편석
㉰ 다공질 ㉱ 조직

056 다음의 강재 설퍼 프린트 시험 방법에 대한 설명 중 잘못된 것은?

㉮ 흠의 검출이나 ghost line 검출 등에는 사용할 수 없다.
㉯ 철강 중의 유화물과 황산이 반응하여 유화수소가 발생한다.
㉰ 유화수소가 브로마이드의 취화은과 작용하여 유화은을 생성한다.
㉱ 철강의 S가 많은 곳에 접한 인화지는 흑색으로 변한다.

057 설퍼 프린트 검사 방법을 설명한 것으로서 관계없는 것은?

㉮ 2~5% 황산수용액에 2~5분 동안 담근 후 검사한다.
㉯ 강재 안에 유황(S) 성분이 많으면 노란색을 나타낸다.
㉰ 인화지는 사진용 인화지를 사용하는데 종이가 얇은 것일수록 좋다.
㉱ 이 방법은 유황의 함유량을 정량적으로는 알 수 없으며 숙련이 되면 유황의 함유량을 대략 판정할 수 있다.

브로마이드(bromide) 인화지에 붙어 있는 취화은과 반응하여 황화은을 생성시켜 황(S)이 있는 부분을 흑색 또는 흑갈색으로 착색시킨다.

058. 강재의 설퍼 프린트 시험 방법에 대한 설명 중 틀린 것은?
㉮ 설퍼 프린트 시험용 인화지는 일반 사진용 인화지를 사용한다.
㉯ 인화지의 밀착 시간은 1~3분 정도이다.
㉰ 정착액에서 정착시킨 후 인화지는 흐르는 물에서 30분 이상 수세한다.
㉱ 철이나 탄소를 검출하는 방법이다.

059. 강재의 결정 조직 상태나 가공 방향 등을 검사하려면 어떤 시험법이 좋은가?
㉮ 초음파 탐상법   ㉯ 화학 분석법
㉰ 설퍼 프린트법   ㉱ 매크로 검사법

060. 다음 [보기]는 설퍼 프린트 검사법의 반응식이다. 검정색을 나타내는 화합물은?

[보기]
$MnS + H_2SO_4 \rightarrow MnSO_4 + H_2S$
$FeS + H_2SO_4 \rightarrow FeSO_4 + H_2S$
$2AgBr + H_2S \rightarrow Ag_2S + 2HBr$

㉮ AgBr   ㉯ Ag_2S
㉰ HBr   ㉱ H_2S

해설
브로마이드(bromide) : 브로마이드는 취화은을 감광제로 사용하는 사진용 인화지에 연예인, 가수 등이 그려져 있는 대형사진이다. 인화지에 붙어있는 취화은과 반응하여 황화은을 생성, 황(S)이 있는 부분을 흑색 또는 흑갈색으로 착색시킨다.

061. 강재의 설퍼 프린트에 대한 설명 중 틀린 것은?
㉮ 철강재 중에 FeS 또는 MnS로 존재하는 유황의 검출을 하기 위한 시험이다.
㉯ 이 시험은 현미경 사진에 의한 방법이다.
㉰ 원리는 유황에 산을 작용시켜서 검출하는 것이다.
㉱ 이 방법에서는 2% H_2SO_4 수용액을 사용한다.

062. 설퍼 프린트법은 강재 중의 황화물(FeS, MnS)과 황산이 반응해서 황화수소를 발생시키고, 이 황화수소가 인화지의 브롬화은과 작용해서 황화은을 만드는 방법이다. ( )안 부분을 화학식으로 작성하시오.

[보기]
$MnS + H_2SO_4 \rightarrow MnSO_4 + H_2S$
$FeS + H_2SO_4 \rightarrow FeSO_4 + H_2S$
$2AgBr + H_2S \rightarrow ($ $) + 2HBr$

㉮ Ag_2S ㉯ AgS
㉰ H_2S_3 ㉱ H_2Br

063. 설퍼 프린트 시험에 사용되는 황산수용액의 농도는?
㉮ 2% H_2SO_4 ㉯ 20% H_2SO_4
㉰ 35% H_2SO_4 ㉱ 40% H_2SO_4

해설
① 황산수용액(H_2SO_4) : 1~5%
② 황산나트륨 : 15~40%

064. 주강품의 설퍼 프린트 검사에서 S_N의 기호는?
㉮ 선상 편석   ㉯ 주상 편석
㉰ 정편석   ㉱ 점상 편석

065. 주강품의 설퍼 프린트 검사에서 S_L의 기호는 무엇을 뜻하는가?
㉮ 선상 편석   ㉯ 주상 편석
㉰ 정편석   ㉱ 점상 편석

066 강재의 설퍼 프린트 시험 방법에서 황화물의 분포 상황의 분류에 대한 설명이다. 틀린 것은?

㉮ 정편석은 황화물이 강재의 중심부로부터 외주부를 향해 증가하여 분포한 것
㉯ 역편석은 황화물이 강재의 외주부로부터 중심부를 향해 감소하여 분포한 것
㉰ 중심부 편석은 황화물이 강재의 중심부에 집중하여 분포한 것
㉱ 주상 편석은 중심부 편석이 주상을 이루어 나타난 것

설퍼 프린트에 의한 황편석의 분류

분류	기호	비 고
정편석	S_N	일반 강에서 보통 볼 수 있는 편석으로서 황이 강의 외주부로부터 중심부로 향해 증가하여 분포되고 외주부보다 중심부의 방향에 짙은 농도로 착색되어 나타나는 것을 말한다. ※ 림드강의 림드 부분은 특히 착색도가 낮다.
역편석	S_I	황이 강의 외주부로부터 중심부로 향하여 감소하여 분포되고 외주부보다 중심부의 방향으로 착색도가 낮게 된 것을 말한다.
중심부 편석	S_C	황이 강의 중심부에 집중되어 분포되며 특히 농도가 짙은 착색부가 나타난 것을 말한다.
점상 편석	S_D	황의 편석부가 짙은 농도로 착색된 점상으로 나타난 것을 말한다.
선상 편석	S_L	황의 편석부가 짙은 농도로 착색된 선상으로 나타난 것을 말한다.
주상 편석	S_{Co}	형강 등에서 볼 수 있는 편석으로 중심부 편석이 주상으로 나타난다.

067 설퍼 프린트(Sulfur print)에 의한 주상 편석을 표시하는 기호는 다음 중 어느 것인가?

㉮ Sco   ㉯ Sc
㉰ SN   ㉱ SL

068 매크로 시험에서 DT-Sc-N에서 Sc 표기는 무엇을 뜻하나?

㉮ 표면 편석   ㉯ 중심부 편석
㉰ 표피 편석   ㉱ 기포

069 강재의 설퍼 프린트 시험 시 황(S)이 강의 외주부로부터 중심부로 향하여 감소하여 분포되는 편석을 무엇이라 하는가?

㉮ 주상 편석   ㉯ 중심부 편석
㉰ 역편석   ㉱ 정편석

070 다음 결함의 명칭은 무엇인가?

㉮ 선상 편석   ㉯ 주상 편석
㉰ 정편석   ㉱ 점상 편석

071 설퍼 프린트에서 다음 사진의 결함(편석) 명칭은 무엇인가?

㉮ 선상 편석   ㉯ 주상 편석
㉰ 정편석   ㉱ 점상 편석

072 강괴의 외주부에 공정이나 불순물 등 저온 용해물이 응집된 상태를 무엇이라 하는가?

㉮ 편석   ㉯ 역편석
㉰ 고스트 라인 ㉱ 수지상 결정

073 강재의 설퍼 프린트 시험 결과에서 황(S)이 강재의 중심부에 집중되어 분포되며, 특히 농도가 짙은 착색부가 나타난 것은 어떤 편석을 말하는가?
㉮ 정편석   ㉯ 역편석
㉰ 중심부 편석   ㉱ 점상 편석

① 정편석   ② 역편석

③ 중심부 편석   ④ 점상 편석

⑤ 선상 편석
⑥ 주상 편석

074 시험 목적에 따라 시험편을 채취하는 방법이 다르다. 종단면 채취는 주로 무엇을 검사하는가?
㉮ 결정 입도 측정   ㉯ 비금속 개재물
㉰ 탈탄층   ㉱ 침탄 질화층

075 강의 비금속 개재물 중 B계 개재물과 관련이 깊은 것은?
㉮ 알루미나   ㉯ 황화물
㉰ 규산염   ㉱ 입상 산화물

076 비금속 개재물 검사의 설명이 아닌 것은?
㉮ 육안으로 관찰할 수 없다.
㉯ 철강중에 황화물계 개재물을 검사할 수 있다.
㉰ 알루미늄 산화물계의 개재물은 보통 회색으로 나타난다.
㉱ 헤인법을 주로 사용한다.

비금속 개재물
① 철강 재료중의 비금속 개재물은 첨가 원소 또는 제강 시 탈산제에 의해 형성된다.
② 종류 : 황화물계(A형)개재물, 알루미늄 산화물계(B형)개재물, 비금속 개재물(C형)
③ 비금속 개재물 검사는 육안으로 할 수 없으므로 보통 연마 상태에서 현미경으로 확대하여 관찰한다.
④ 비금속 개재물은 강재의 재질에 영향을 주고 가공 상태 또는 열처리 상태에 따라 형상이 변한다.

077 다음 중 비금속 개재물이 아닌 것은?
㉮ FeO   ㉯ CaO
㉰ MgO   ㉱ Co

비금속 개재물의 종류
① 비금속 개재물은 산화물, 규산물, 황화물, 내화물, 광재 같은 것이 금속 중에 개재하고 있는 것을 말한다.
② A계통 개재물 : 가공으로 점성 변화된 것(황화물, 규산염 등)
③ B계통 개재물 : 가공방향으로 집단을 형성하여 불연속적으로 입자 모양의 개재물이 정렬한 것(알루미나)
④ C계통 개재물 : 점성이 변치 않고 불규칙하게 분산하는 것(입자 모양의 산화물)

정답 073. ㉰   074. ㉯   075. ㉮   076. ㉱   077. ㉱

078. KS에서 정한 A계 개재물은?
㉮ 황화물, 알루미나 등의 구상 개재물
㉯ 불규칙한 입상으로서 모든 개재물
㉰ 규산염, 알루미나 등의 입상, 불연속적인 개재물
㉱ 황화물, 규산염 등의 가공 방향으로 점성 변형된 개재물

황화물을 A_1계, 규산염을 A_2계로 세분하기도 한다.

079. 가공 방향으로 집단을 이루며 입상의 개재물이 불연속으로 뭉쳐있는 것은 비금속 개재물의 분류상 어디에 속하는가?
㉮ A계 개재물   ㉯ B계 개재물
㉰ C계 개재물   ㉱ D계 개재물

알루미늄 산화물계 개재물 (B형 개재물)
① 알루미나 등과 같이 가공방향으로 집단을 이루며 길게 늘어선 입상이 불연속 개재물에 속한다.
② B형 개재물은 보통 회색으로 나타난다.
③ 압연 등에 의해 개개의 개재물은 변형을 받지 않으며 20% 불화수소 용액에 의해서도 부식되지 않는다.
④ 이 개재물은 쥐똥처럼 가공 방향으로 배열되어 나타난다.

080. 비금속 개재물 검사에서 알루미늄 산화물계 개재물에 해당되는 것은?
㉮ A형   ㉯ B형
㉰ C형   ㉱ D형

081. 점성 변형되지 않고 불규칙하게 분산된 비금속 개재물은?
㉮ A계 개재물   ㉯ B계 개재물
㉰ C계 개재물   ㉱ D계 개재물

① 가공에 따른 연성 변형이 없고 불규칙하게 분포된 입상의 개재물이다.
② 점성이 변형치 않고 불규칙하게 분산하는 것 (입자 모양의 산화물)

082. 비금속 개재물 검사와 맞지 않는 것은?
㉮ 황화물계 개재물(A형)
㉯ Al산화물계 개재물(B형)
㉰ 각종 비금속 개재물(C형)
㉱ 특수 개재물(D형)

083. 비금속 개재물 시험법 중 점산법에서 시야 수는 10, 시야 내의 유리판 위의 격자점 수는 400, 개재물의 격자점 수는 12일 때 청정도는?
㉮ 0.1%   ㉯ 0.2%
㉰ 0.3%   ㉱ 0.5%

강의 청정도(d) 판정
① 시야 내의 유리판 위의 총격자점 수, 시야 수 및 개재물이 점유한 격자점 중심의 수에 의해서 개재물이 점유하는 면적 백분율로 청정도를 판정한다.
② $d = \dfrac{n}{p \times f} \times 100$
※ n : f개의 시야에서 전 개재물이 점유한 격자점 중심의 수, f : 시야수, p : 시야 내의 유리판 위의 총격자점 수
③ $d = \dfrac{12}{400 \times 10} \times 100 = \dfrac{1,200}{4,000} = \dfrac{12}{40} = 0.3\%$
※ f : 10, p : 400, n : 12

정답 078. ㉱ 079. ㉯ 080. ㉯ 081. ㉰ 082. ㉱ 083. ㉰

084. 비금속 개재물 시험법 중 리니알 아날리시스법의 설명으로 옳은 것은?
㉮ 적선분비(積線分比)를 측정해서 비중을 구하는 방법이다.
㉯ 적선분비를 측정해서 용적비를 구하는 방법이다.
㉰ 개재물의 모양과 양을 표준도와 비교하는 비교법이다.
㉱ 접안 렌즈에 삽입한 핀트그래스에 의해 면적율을 측정하는 방법이다.

085. 금속 조직 내의 상의 양을 측정하는 방법이 아닌 것은?
㉮ 체적의 측정법 ㉯ 면적의 측정법
㉰ 직선의 측정법 ㉱ 점의 측정법

조직량 측정법
① 면적의 측정법 : 연마된 면에 나타나는 특정 상의 면적을 일일이 측정하는 방법
② 직선의 측정법 : 직선분율로 나타내는 측정법으로 조직 사진 위에 임의로 그은 직선이 측정하고자 하는 상과 교차하는 길이를 측정한 값을 직선의 전체 길이로 나눈 값으로 표시한다.
③ 점의 측정법 : 매우 미세한 망이 인쇄된 투명한 종이를 조직 사진 위에 놓고 측정코자 하는 상이 점유하는 면적 내에 있는 망의 교차점을 측정한 총 수를 망의 전체 교차점의 수로 나눈 값으로 표시한다.

086. 금속 조직 시험에서 정량 조직 검사법인 결정립 측정법이 아닌 것은?
㉮ 스프링법
㉯ 헤인법
㉰ 제퍼리스법
㉱ ASTM 결정립 측정법

결정 입도 측정법
① ASTM 결정 입도 측정법
  ㉠ 규칙적인 육각형 크기를 8가지로 구분한 접안렌즈를 사용하여 비교 측정하는 방법
  ㉡ 단위 면적당 결정 입도의 수를 측정방법이다.
  ㉢ 100배의 현미경 배율로 시험면 내의 결정립과 비슷할 때까지 표준 접안렌즈를 바꾸어 가며 관찰하고 평균 결정 입도를 산출한다.
    ※ ㉠ $n_a = 2^{(N-1)}$ ㉡ $\triangle n_a$: 100배의 배율로 1(in^2) 내의 결정립 수 ㉢ N : ASTM 입도 번호
② 제퍼리스(Jefferies)법
  ㉠ 단위 면적당 결정 입도의 수를 측정방법이다.
  ㉡ 크기를 아는 원을 적당한 배율로 확대한 조직 사진 위에 그린 후 그 원안에 들어 있는 결정립 수(n_i)와 원주가 교차하는 결정립 수(n_c)를 측정하여 계산한다.
  ㉢ 원안에 포함된 전체 결정립 수(n_{eq})는
    $$n_{eq} = n_i + \frac{1}{2}n_c$$
    ※ 1/2은 원주상에 있는 결정립의 반을 포함시키기 때문에 1/2을 곱한 것이다.
  ㉣ n_{eq}를 실질적인 원의 면적(A)으로 나누면 단위 면적당의 결정립 수는 $P_A = n_{eq}/A$ 이다.

087. 강의 오스테나이트 결정 입도 시험 방법의 종류에 대한 설명 중 잘못된 것은?

㉮ 침탄 입도 시험 방법과 열처리 입도 시험 방법이 있다.
㉯ 침탄 입도 시험 방법은 주로 고탄소 강재에 적용한다.
㉰ 서랭법, 2회 담금질법은 열처리 입도 시험 방법에 속한다.
㉱ 서랭법은 주로 탄소 함유량 중위 이상의 아공석강에 적용한다.

입도 시험 방법

종류		적용 강종
침탄입도시험방법		주로 침탄하여 사용하는 강종
열처리 입도 시험 방법	서 냉 법	주로 탄소함유량이 중간 이상의 아공석강, 다만 과공석강의 경우는 A_m 이상의 온도에서 입도를 측정하는 경우에 한한다.
	2회 담금질법	주로 탄소함유량이 중간 이상의 아공석강 및 공석강
	퀜칭 템퍼링	주로 기계구조용 탄소강 및 구조용합금강
	한쪽끝퀜칭법	주로 경화능이 작은 강종으로 탄소함유량이 중간 이상의 아공석강 및 공석강
	산 화 법	주로 기계구조용 탄소강 및 구조용 합금강
	고용화 열처리법	주로 오스테나이트 스테인리스강 및 오스테나이트계 내열강
	담금질법	주로 고속도 공구강 및 합금 공구강

① 침탄 입도 시험 방법 : 강에 소정의 침탄을 실시하였을 때의 입도 시험법
② 열처리 입도 시험 방법 : 강에 소정의 오스테나이트화 처리 또는 고용체화 열처리를 실시하였을 때의 입도 시험 방법으로 열처리는 최고 가열 온도에서의 입도 측정에 적용한다.
③ 담금질법 등은 KS D 0205의 방법에 의해 행한다.

088. 강의 오스테나이트 입도 번호와 결정 입자의 평균 단면적 mm^2의 관계가 옳은 것은?

㉮ N = -3, $1mm^2$
㉯ N = -3, $0.5mm^2$
㉰ N = -3, $0.025mm^2$
㉱ N = -3, $0.00195mm^2$

결정 입자의 크기

입도 번호(N)	단면적 $1mm^2$당 결정립수	결정립평균단면적 (mm^2)
-3	1	1
-2	2	0.5
-1	4	0.15
0	8	0.125
1	16	0.0625
2	32	0.0312
3	64	0.0156
4	128	0.00781
5	256	0.00390
6	512	0.00195
7	1024	0.00098
8	2048	0.00049
9	4096	0.000244
10	8192	0.000122

① 세립강 : 입도 번호 5 이상의 강을 세립강이라 한다.
② 조립강 : 입도 번호 5 미만인 강을 조립강이라 한다.
③ 세립강과 조립강의 판정은 지정하지 않는 한 원칙적으로 침탄 입도 시험 방법에 따름
④ 혼립 : 1시야 내에서 최대 빈도를 갖는 입도 번호의 입자로부터 대강 3 이상 다른 입도 번호의 시야가 존재하는 것이다.

정답 087. ㉯ 088. ㉮

089 강의 오스테나이트 결정 입도 시험에서 단면적 1mm²당의 결정립수가 1일 때 입도 번호는?

㉮ 1이다. ㉯ -3이다.
㉰ 0이다. ㉱ 10이다.

오스테나이트의 결정 입도
① 상온 가공 또는 열처리 후의 입도보다 고온에서 오스테나이트 결정 입도가 강의 여러 성질에 큰 영향을 미친다.
② 강의 용해 원료 또는 용해 방법에 따라서 이 입도는 변한다.
③ 오스테나이트의 결정 입도를 나타내려면 서랭법, 담금질법, 침탄법, 고온산화법이 있다.
④ ASTM의 표시법어서는 배율 100을 확대 $(25)^2$ 했을 때 즉 625mm²에서 입자의 수 1개를 입도 번호 1로 하고 있다.
⑤ 결정 입도의 수

입도번호 (N)	입수/mm² (n)	1입자의 평균단면적 (mm²)
-3	1	1
-2	2	0.5
-1	4	0.25
0	8	0.125
1	16	0.062
2	32	0.031
3	64	0.0156
4	128	0.0078
5	256	0.0039
6	512	0.00195
7	1024	0.00098
8	2048	0.00049
9	4096	0.000244
10	8192	0.000122
11	16324	0.000061
12	32648	0.000030

090 현미경 배율 100배에서 경계선에 걸쳐있는 결정립수가 22개이고 경계선 안에 있는 결정립수가 21개일 때 평적법(FGP) 입도 번호는? (단, 현미경 사진 넓이는 5000mm²임)

㉮ 1 ㉯ 2
㉰ 3 ㉱ 4

평적법 결정 입도 측정법
① 공식 : $X = \dfrac{W}{2} + Z$, $n = X \cdot \dfrac{M^2}{5000}$

$N = \dfrac{\log n}{0.301} - 3$

※ W : 경계선에 있는 결정립 수
 X : 넓이 5000mm² 안에 있는 결정립 수
 M : 현미경 배율, N : 입도 번호
 Z : 완전히 경계선 안에 있는 결정립 수
 n : 실제 넓이 1mm² 안에 있는 결정립 수

② W = 22, Z = 21, M = 100, $X = \dfrac{22}{2} + 21 = 32$

$n = \dfrac{32 \times 100^2}{5,000} = 640$이므로

③ $N = \dfrac{\log 64}{0.301} - 3 = \dfrac{1.806}{0.301} - 3 = 3$

∴ 입도 번호(N) : 3

④ 절단법에서 페라이트 결정 입도의 입도 번호 계산식

$n_M = 0.8 \times \left(\dfrac{l_1 \cdot l_2}{L_1 \cdot L_2}\right)$, $n = n_M \times M^2$,

$N = \dfrac{\log n}{0.301} - 3$

※ n_M : 현미경 배율 M배에서의 1mm² 안에 있는 결정 입자 수
 N : 페라이트 결정 입도 번호
 n : 실제 넓이 1mm² 안에 있는 결정 입자 수
 $L_1 \cdot L_2$: 서로 직각으로 만나는 선의 길이
 $l_1 \cdot l_2$: L_1(또는 L_2)에 의해 절단되는 결정 입자 수
 M : 현미경 배율

091. 강의 침탄 입도 시험 시 다음과 같은 수치를 얻었을 때 평균 입도 번호를 산출하시오.
(단, 산출식과 답은 소수점 이하까지 산출할 것)

각 시야에 있어서의 입도 번호	시야수
5	3
8	6
6	1

㉮ 3.9 ㉯ 4.9
㉰ 5.9 ㉱ 6.9

해설

평균 입도 번호

① $m = \dfrac{\Sigma a \cdot b}{\Sigma b}$

※ m : 평균 입도 번호
a : 각 시야에서의 입도 번호
b : 동일 입도 번호를 표시하는 시야수

② $m = \dfrac{\Sigma ab}{\Sigma b} = \dfrac{15+48+6}{10} = 6.9$

※ (5×3) = 15, (8×6) = 48, (6×1) = 6

092. 강의 페라이트 결정 입도 시험 방법 중 비교법에 관한 설명이다. 틀린 항은?

㉮ 현미경 배율은 100배로 하면 현미경 사진 또는 투영상의 크기는 지름 80mm의 원을 표준으로 한다.
㉯ 측정 입도가 입도 번호의 중간일 때는 저위의 입도 번호에 0.5를 가한 것을 입도 번호로 한다.
㉰ 1시야 내에 입도 번호가 약 3 이상 틀린 결정립이 20% 이상 혼합되었을 때는 각 입도 번호의 입도 면적 백분율을 목측으로 판정한다.
㉱ 시험편은 강의 가공 방향과 45°를 이루는 단면을 연마 사상하여 사용한다.

093. 시험면의 적당한 배율로 확대된 사진 위에 일정한 길이의 직선을 임의의 방향으로 긋고 그은 직선과 결정립이 만나는 점의 수를 측정하여 직선 단위당 교차점의 수로 결정립 수를 표시하는 결정 입도 측정법은?

㉮ 스프링법
㉯ 헤인법
㉰ ASTM 결정립 측정법
㉱ 제퍼리스법

해설

헤인법 (Heyn)

① 시험면의 적당한 배율로 확대된 사진 위에 일정한 길이의 직선을 임의의 방향으로 긋고 그은 직선과 결정립이 만나는 점의 수(결정립계와 직선의 교차점 수)를 측정하여 직선 단위당의 교차점의 수로 결정립 수를 표시하는 결정 입도 측정법

② $PL = \dfrac{\text{측정된 교차점의 수}}{\text{사진 위에서의 직선 길이} \div m}$

※ PL : 직선 단위당의 교차점의 수,
m : 조직 사진의 배율

③ 제퍼리스법

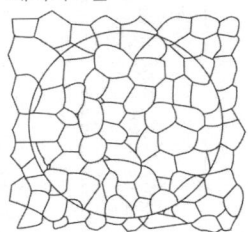

④ 헤인법

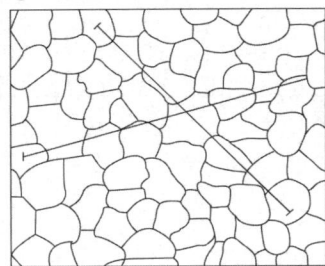

094. 페라이트(Ferrite) 결정 입도 시험법에서 비교법의 기호는?

㉮ FGC   ㉯ FGI
㉰ FGP   ㉱ FGM

해설

결정 입도 크기 측정법
① 비교법(FGC)
  ㉠ 현미경 배율은 원칙적으로 100배, 실제 시야는 지름 0.8mm의 원, 투상연 또는 사진 인화의 크기는 지름 80mm의 원으로 한다.
  ㉡ 현미경 배율이 100배에서 판정이 곤란할 경우는 50배 또는 200배의 배율로 하고 50배의 경우는 판 결정과의 입도 번호를 그 번호 저위로 하고 200배의 경우는 그 번호 고위로 한다.
  ㉢ 측정 입도가 입도 번호 중간일 경우는 저위의 입도 번호에 0.5를 더한 것으로 한다.
  ㉣ 혼립의 경우는 각 입도 번호의 입도 면적 백분율을 육안으로 판정한다.
  ㉤ 펄라이트 등이 다량으로 혼재하는 경우는 혼재하는 상태가 띠상 도는 입상의 것을 혼재 조직과 데라이트 결정립 부분의 면적 백분율을 육안으로 구하고 페라이트 결정립 부분은 표준 그림과 비교하여 입도 번호를 판정한다.
② 절단법(FGI)
  ㉠ 현미경 조직이 전신된 경우에 사용하므로 반드시 2개의 선분이 직교하도록 긋는다.
  ㉡ 2개의 선분이 일정한 길이에 의해서 절단되는 결정 입자수를 센다.
  ㉢ 선분 양끝에 있는 결정이 각각 일부분씩 절단될 때는 한쪽만 계산하고 절단되지 않는 결정 입자가 선분의 양쪽에 있을 때는 이것을 계산하지 않는다.
  ㉣ 한 선분으로 절단되는 결정 입자의 수는 적어도 10개 이상이 되게 현미경 배율을 선택하고, 모두 50개 이상이 될 때까지 여러 시야를 측정한다.
  ㉤ 펄라이트 등이 다량 혼재하는 경우는 점산법, 중량법, 직선법으로 혼재 조직과 페라이트 결정립과의 면적 백분율을 구한다.
  ㉥ 실제 넓이 1mm²당 결정립수로 환산하여 판정한다.
③ 평적법(FGP)
  ㉠ 현미경 배율은 100배, 현미경 시야의 투상 또는 현미경 사진의 넓이는 5000mm²의 원일 때에는 지름 80mm로 한다.
  ㉡ 현미경 시야 투상의 경우 평면 조정 나사를 움직여 원의 지름을 80mm로 맞춘다.
  ㉢ 결정 입자의 계산은 결정선과 만나는 결정 입자 수의 반과 완전히 경계선 안에 있는 결정 입자의 수를 합한 것으로 한다.

095. 열처리 입도 시험 방법의 담금질, 템퍼링법의 표시 기호는 어느 것인가?

㉮ Gc   ㉯ Gf
㉰ Gd   ㉱ Gh

해설

열처리 입도 시험 방법의 종류에 따른 기호

시험법	기 호
침탄입도시험법	Gc
서랭법	Gf
2회급랭법	Gd
담금질풀림법	Gh
한쪽끝급랭법	Gj
산화법	Go
급랭법	Gg
고용화처리법	Gs

096. α-단일상의 동 및 동 합금의 결정 입도 측정 방법이 아닌 것은?

㉮ 비교법   ㉯ 절단법
㉰ 평적법   ㉱ 감기시험법

해설

결정립 크기 측정
비교법(FGC), 절단법(FGI), 평적법(FGP)

정답 094. ㉮   095. ㉱   096. ㉱

097 다음 중 페라이트 결정 입도 시험법이 아닌 것은?
- ㉮ 연마법
- ㉯ 절단법
- ㉰ 비교법
- ㉱ 평적법

해설
① 비교법(FGC), 절단법(FGI), 평적법(FGP)
② 피검면의 기호 : 직각단면(V), 평행단면(P), 표면(S)

098 결정 입도 측정 및 판정 시 현미경의 배율은 100배로 하고, 실제 시야는 몇 mm의 원 또는 투상영으로 하는가?
- ㉮ 0.1
- ㉯ 0.4
- ㉰ 0.6
- ㉱ 0.8

해설
결정 입도 판정 및 측정 시 유의 사항
① 현미경으로 측정한 입도를 표준 그림과 비교하여 그에 상당하는 입도 번호를 판정한다.
② 현미경의 배율은 100배, 실제 시야는 0.8mm의 원, 투상영 또는 사진 인화의 크기는 80mm의 원으로 한다.
③ 측정한 입도가 입도 번호의 중간에 해당되면 저위의 입도 번호에 0.5를 더한다.
④ 현미경의 배율이 50배일 때는 판정 결과의 입도 번호를 2번호 저위로 하고 200배의 경우는 2번호 고위로 한다.
⑤ 혼립으로 존재할 경우는 큰 입도 부분과 작은 입도 부분의 면적 비율을 육안으로 판정한다.

099 불꽃 시험에서 특수강의 불꽃은 함유한 특수 원소의 종류에 의해서 변화한다. 다음 특수원소 중 탄소 파열을 저지하는 것은?
- ㉮ Cr
- ㉯ V
- ㉰ Mn
- ㉱ Si

100 탄소강의 탄소 함유량을 추정하기 위한 가장 간단한 방법은 다음 중 어느 것인가?
- ㉮ 피로 시험
- ㉯ 방사선 투과 시험
- ㉰ 불꽃 시험
- ㉱ 크리프 시험

해설
불꽃 시험 (spark test)
① 불꽃을 관찰할 때는 유선의 하나 하나를 관찰한다.
  ㉠ 뿌리 부분은 주로 C, Ni의 양을 추정한다.
  ㉡ 중앙부의 명암, 형태에 의해서 Ni, Cr, Mn, Si의 존재 유무 판정
  ㉢ 끝부분의 형태, 파열에 의해 Mn, Mo, W의 판정을 한다.
② 그라인더 불꽃에 가장 영향을 주는 원소는 C이며, 탄소에 의한 파열은 불꽃 시험의 기본이다.
③ 강 중의 탄소가 증가하면 불꽃 수가 많아지고 그 형태도 복잡해진다.
④ 불꽃 시험의 종류

종류	요령
그라인더 불꽃시험	회전 그라인더에 의해서 생기는 불꽃의 형태에 따라 피험재의 C%, 특수 원소 존재를 판정한다.
분말불꽃 시험	피검재의 세분을 전기로 또는 가스로 중에 넣어서 그때 생기는 불꽃의 색, 형태, 파열음을 관찰 청취하여 강질을 검사 판정한다.
매립시험	그라인더에서 비산하는 연삭분을 유리판 상에 삽입해서 그 크기, 색, 형상 등을 현미경으로 관찰해서 강종을 판정한다.
펠릿시험	그라인더에 의한 연삭분 중 구상화한 것을 펠릿이라 한다. 그 색, 형상은 강종에 따라 다르다. 이것에 의해서 판정한다.

정답 097. ㉮ 098. ㉱ 099. ㉱ 100. ㉰

101 특수강의 불꽃 시험에서 탄소열을 조장시키는 원소 3개를 보기에서 고르시오. (보기 : Cr, V, Mn, Si, Mo)

㉮ Cr, Mn, V   ㉯ Cr, Mn, Mo
㉰ Si, Mn, V   ㉱ Si, Mo, V

102 불꽃 시험에서 불꽃을 관찰할 때 뿌리, 중앙 및 끝의 각 부분에 걸쳐서 유선, 파열의 특징에 대하여 관찰한다. 다음 중 파열의 특징이 아닌 것은?

㉮ 모양   ㉯ 크기
㉰ 숫자   ㉱ 밝기

파열의 특징
① 파열 → 모양, 크기, 숫자, 꽃가루
② 불꽃의 구조

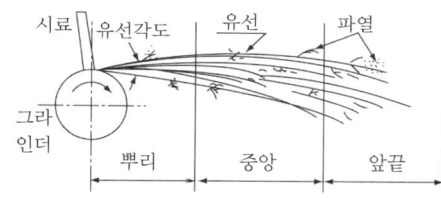

103 그라인더에 의한 불꽃 시험에서 탄소의 파열을 조장하는 원소는?

㉮ 규소   ㉯ 망간
㉰ 니켈   ㉱ 알루미늄

불꽃 관찰
① 뿌리 부분은 주로 C, Ni의 양을 추정한다.
② 중앙부의 명암, 형태에 의해서 Ni, Cr, Mn, Si의 존재 유무
③ 끝부분의 형태, 파열에 의해 Mn, Mo, W의 판정을 한다.

104 탄소강의 대략적인 화학 성분을 가장 간단하고 신속하게 식별하는 방법은?

㉮ X선 투과 시험법
㉯ 불꽃 시험법
㉰ 크리프 시험법
㉱ 음향 탐상 시험법

105 망간(Mn)은 불꽃 시험에서 탄소 파열을 조장시키는 원소이다. 망간을 함유했을 때 불꽃 시험 중 손의 느낌과 파열의 색깔은?

㉮ 경하고 오렌지색   ㉯ 연하고 백색
㉰ 경하고 적색   ㉱ 연하고 황색

106 강의 담금질성(Hardenablity) 측정에 이용하는 일반적인 시험법은?

㉮ 샤르피 충격 시험기(charpy impattester)
㉯ 만능 시험기(universal tester)
㉰ 조미니 시험기(jominy tester)
㉱ 에릭센 시험기(erichsen tester)

조미니 시험
① 경화능 시험이다.
② 시편 : 지름 1″, 길이 4″
③ 시험 중 첫 경도 측정 위치 : 수랭단으로부터 $\frac{1}{16}″$

107 펄라이트를 수백배의 고배율 현미경으로 관찰하면 어떻게 보이는가?

㉮ 검게만 보인다.
㉯ 명암의 침상으로 보인다.
㉰ 침상으로 보인다.
㉱ 다각형으로 보인다.

정답 101. ㉮ 102. ㉱ 103. ㉯ 104. ㉯ 105. ㉱ 106. ㉰ 107. ㉯

108. 전기 접점 부품이 갖추어야 할 성질 중 관계가 없는 것은?
㉮ 접촉 저항이 적어야 한다.
㉯ 고유 저항이 적어야 한다.
㉰ 열전도율이 적어야 한다.
㉱ 비중이 적어야 한다.

109. 시험 목적에 따라 횡단면으로 시험편을 채취하여야 하는 것은?
㉮ 비금속 개재물 상태 관찰
㉯ 섬유상의 가공 조직 상태 관찰
㉰ 결정 입도 상태 관찰
㉱ 압연 상태 관찰

해설
① 종단 방향 : 비금속 개재물 상태 관찰, 섬유상의 가공 조직 상태 관찰
② 양면 방향 : 압연 상태 관찰
③ 횡단 방향 : 결정 입도 상태 관찰

110. 원통 코일 스프링 시험에서 단위 체적당의 에너지를 산출하는 공식은?
㉮ $\dfrac{1}{18} \times \dfrac{\sigma^2}{E}$
㉯ $\dfrac{1}{16} \times \dfrac{\sigma^2}{E}$
㉰ $\dfrac{1}{4} \times \dfrac{r^2}{G}$
㉱ $\dfrac{1}{8} \times \dfrac{\sigma^2}{E}$

해설
스프링 시험에서 단위 체적당 에너지 산출 공식
① 판상(평판) 스프링 : $\dfrac{1}{18} \times \dfrac{\sigma^2}{E}$, $\dfrac{1}{16} \times \dfrac{\sigma^2}{E}$
② 코일 비틀림 스프링 : $\dfrac{1}{8} \times \dfrac{\sigma^2}{E}$
③ 원통 코일 스프링 : $\dfrac{1}{4} \times \dfrac{r^2}{G}$

111. 금속을 식별하는 방법 가운데 탄소강은 SAE(Society of Automative Engineers) 번호로서 분류하는데 SAE 4130의 강이 있다면 탄소의 함유량(%)은?
㉮ 30   ㉯ 3
㉰ 0.3   ㉱ 0.03

112. 심한 가공이나 주조하여 만든 Cu 합금, Mg 합금 제품은 사용 중 혹은 저장 중에 균열(cracking)이 생기는 일이 종종 있다. 이런 자연 균열(season cracking)을 검사하는 데 사용되는 검사법은?
㉮ 유중(油中) 시험법
㉯ 자기(Magnetic) 검사법
㉰ 아말감(Amalgam) 시험법
㉱ 가압(Breathing) 검사법

해설
아말감(Amalgam)법
① 자연 균열 발생 유무 검사를 하려면 잔유 응력을 측정하는데 그 판정법을 말한다.
② 아말감(수은기합금)법 : 수은을 사용하여 금과 은을 추출하는 방법을 말한다.
③ 심한 가공이나 주조하여 만든 Cu합금, Mg합금, 제품은 사용 중 혹은 저장 중에 균열이 생기는 일이 가끔 있다. 이것을 자연 균열(season cracking)이라 하며, 이 균열발생의 유무를 검사하려면 잔류 응력을 측정하면 된다. 이 판정법을 사용하는 화학적 검사 방법을 말한다.

정답 108. ㉰ 109. ㉰ 110. ㉰ 111. ㉰ 112. ㉰

113 지정 하중을 가하여 지정 변형이 생기는 것인지의 여부를 시험하는 것은?

㉮ 스프링 시험 ㉯ 탄성 시험
㉰ 인성 시험 ㉱ 압축 시험

스프링 시험
① 스프링은 진동을 완화시키기 위한 기구로서 완충 장치 및 전달의 매개 장치로 이용된다.
② 스프링의 종류
  ㉠ 형상에 따른 분류 : 판 스프링, 코일 스프링, 시트 스프링, 벌류트 스프링
  ㉡ 작용하는 힘의 방향에 따른 분류 : 압축 스프링, 인장 스프링, 비틀림 스프링
③ 스프링 시험에서의 하중 시험의 2가지
  ㉠ 스프링에 지정된 하중을 가하고 하중을 제거한 후 스프링의 원상 복귀 여부에 대한 시험(재질의 양부, 열처리 적정 여부, 강도 조사 등)
  ㉡ 스프링에 지정된 하중을 가하여 이에 따른 지정 변형이 생기는 것인지의 여부를 검사하는 시험(치수에 따라 결정되는 스프링의 강성을 결정)
④ 스프링에 변형이 생기는 2가지 원인
  ㉠ 세팅이 불충분하여 초기 변형이 남아 있는 경우
  ㉡ 이력 현상에 의한 변형이 남아 있는 경우

정답 113. ㉮

제 **4** 편

비파괴시험법

제1장 비파괴시험법의 개요
제2장 비파괴시험법
● 기출 및 예상문제

# 비파괴시험법의 개요

비파괴 시험법에는 방사선 투과시험(RT), 초음파 탐상시험(UT), 자기 탐상시험(MT), 침투 탐상시험(PT) 등이 있다.

1 비파괴 시험의 체계

① 적절한 크기, 강도 및 분포를 가진 에너지를 시험체의 시험 부위에 적용한다.
② 시험체에 존저하는 불연속이나 시험체 물성의 변화상태가 적용된 에너지와의 상호작용으로 시험에너지의 질(크기, 강도, 분포)이 변화한다.
③ 시험체와 상호작용을 한 후 시험 에너지의 질이 변화에 감응할 수 있는 적절한 감도를 가진 변환자를 시험 에너지의 측정에 사용한다.
④ 변환자에서 얻은 신호를 해석하고 평가하는 데 유용한 형태로 기록, 지시, 표시한다.
⑤ 측정자는 측정치를 근거로 결과를 해석하고 표시된 내용을 판정한다.
  ⊙ **기하학적 성질과 상태** : 치수, 즉 길이, 두께 곡률 등을 측정할 수 있으며 기공, 공극 균열, 라미네이션(lamination), 수축공과 같은 내부 불연속이나 결함을 찾아낸다.
  ⓒ **기계적 성질** : 시험체의 응력, 변형량, 탄성계수, 댐핑 특성, 경도, 소성변형 등의 간접적인 측정이 가능하다.
  ⓒ **열적 성질** : 열전도도, 열팽창 응력, 열수축 응력, 열구배 및 열전기적 성질을 결정한다.
  ⓔ **전기적, 자기적 성질** : 전기 전도도, 자기 투자율, 와전류의 분포와 손실, 자기 수축, 열전기적 또는 전자기적 성질의 측정이 가능하다. 이들에 대한 측정 결과는 재료의 조직, 경도, 응력, 열처리 및 다른 기계적 성질이나 물리적 성질과 상관성을 가진다.
  ⓜ **물리적 성질** : 시험체의 내부 조직, 입도, 배향, 조성, 밀도 또는 굴절지수나 마찰계수 등과 같은 다른 물리적 성질을 결정할 수 있다.

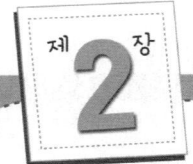 금속재료기능장

비파괴시험법

01 방사선 투과 시험(RT)

X선이나 γ선과 같은 높은 에너지를 가진 전자파 방사선을 피검체에 조사하였을 때 피검체의 내부 상태에 따라 투과하는 방사선의 양은 차이가 생기며, 이것을 필름으로 검출하여 얻은 방사선 투과사진이나 형광 스크린상의 결함 또는 내부 결함 등을 나타내어 관찰하는 시험방법이다.

주조품, 용접부의 결함 시험에 주로 적용되며, 다른 비파괴 검사 방법에 비해 특히 안전관리에 유의해야 한다.

1 방사선의 발생과 그 성질

방사선의 성질을 3가지로 나열할 수 있다.
① 방사선은 광속으로 직진하며 에너지 수준에 따라 진동수가 달라진다.
② 방사선은 물질을 투과하며 그것과 상호작용을 일으킨다.
③ 방사선은 생체세포를 파괴하거나 인관의 오관으로 감지할 수 없다.

2 방사선 투과 시험용 장비

먼저 X선을 발생시키기 위해서는 다음과 같은 조건을 갖추어야 한다.
① 열전자의 발생 선원이 있어야 한다.
② 열전자를 가속화시켜 주어야 한다.
③ 열전자의 충격을 받는 금속 표적이 있어야 한다.

X선관의 구조는 진공상태의 유리관 안에 양극과 음극의 두 전극으로 되어 있다. 양극은 표적과 구리로 된 전극봉으로 되어 있으며, 음극은 텅스텐으로 되어 있는 필라멘트와 접

속컵(fousing cup)으로 구성되어 있다. X선의 고유 여과성을 줄이기 위해 베릴륨(Be) 창이 개발되어 사용되고 있다.

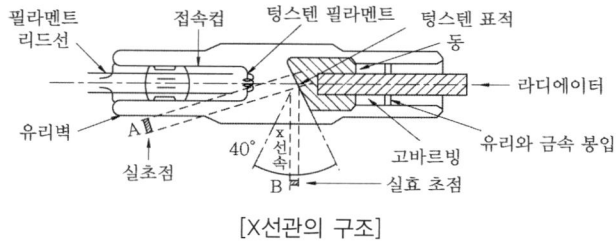

[X선관의 구조]

유리관 속이 진공이어야 하는 이유는 다음과 같다.
① 가속화된 열전자는 공기 중에서 이온화하여 에너지가 손실되므로 이를 방지하기 위함이다.
② 필라멘트의 산화 및 연소를 방지하기 위함이다.
③ 전극 간의 전기적 절연을 방지하기 위함이다.

양극에는 가속화된 열전자가 충돌할 수 있는 재질을 가진 텅스텐 표적이 있으며, 이 표적이 갖추어야 할 조건은 다음과 같다.
① 원자번호가 커야 한다.
② 용융점과 열전도성이 높아야 한다.
③ 낮은 증기압을 갖는 물질이어야 한다.

X선관은 고가품이므로 방사선 작업 시 듀티 사이클(duty cycle)에 유의해야 한다.

$$\text{duty cycle} = \frac{\text{사용시간}}{\text{사용시간} + \text{휴지기간}} \times 100$$

현재 사용되고 있는 방사선 동위 원소는 Co^{60}, Cs^{137}, Ir^{192}, Tm^{170}의 4종이 있다.

3 방사선 투과 사진용 재료

(1) X선 필름

두께 약 0.2mm의 투명한 불연성 초산 셀룰로오스, 폴리에스테르의 한 면 또는 양면에 유제를 도포한 것이 있다.

(2) 증감지

방사선 투과 사진 촬영에 사용되는 증감지는 다음과 같이 분류된다.

① 납 증감지 : 연박 증감지, 산화연 증감지가 있다.
② 형광 증감지 : 증감지를 사용하는 목적은 필름만을 사용하면 능률이 나쁘고, 장시간의 노출 또는 고전압의 X선이 요구되기 때문에 증감지를 필름 양측에 밀착시켜 방사선 에너지를 유효하게 하여 짧은 시간의 노출, 낮은 전압의 X선을 사용하여 작업 능률을 좋게 하기 위함이다.

(3) 카세트와 필름 홀더

X선 필름은 빛에도 감광되기 때문에 촬영 시 감광되지 않도록 빛을 차단 시켜 주고, 연박 증감지와 형광 증감지를 사용할 때 필름과 증감지의 접촉상태를 양호하게 하고 일정하게 하는 역할을 한다.

(4) 투과도계

투과도계는 방사선 투과 사진의 상질을 나타내는 척도로 촬영한 투과 사진의 대조와 선명도를 표시하는 기준이며 투과도계, 특 페니트로미터를 사용한다.

02 초음파 탐상 시험(UT)

초음파 탐상 시험(ultrasonic test)은 방사선 투과시험과 같이 피검사체의 내부 결함을 찾아내는 대표적인 검사방법이다.

1 초음파 탐상 시험의 분류

초음파를 이용한 검사법은 펄스반사법, 투과법, 공진법이 있다.

① 펄스 반사법
피검사체 내에 초음파의 펄스를 보내 그것이 결함에 부딪쳐 되돌아오는 반향음을 받아 결함의 상태를 파악하는 비파괴시험의 일종이다. 시험재에 초음파를 전달시키기 위하여 탐촉자를 시험재에 직접 접촉시키는 방법에는 직접 접촉법과 수침법이 있다.

② 수침법
탐촉자가 시험재 사이에 물을 채워서 초음파를 이 물의 층 또는 막을 통해서 전달하는 방법이다.

③ 직접 접촉법
탐촉자를 시험재에 직접 접촉시키는데 이때 탐촉자와 시험재 사이에 틈이 생겨서 공기가 들어가기 때문에 초음파가 잘 전달되지 않는다. 따라서 탐촉자와 시험재 사이의 공간을 없애기 위해서 탐상면에 액체를 바르는데, 이 액체를 접촉 매질이라 한다.

2 접촉 매질의 종류

기계유와 같은 광물유, 글리세린, 물유리가 있다.

3 탐촉자(probe)

수직 탐촉자, 경사각 탐촉자, 분할형 수직 탐촉자, 수직 탐촉자가 있다.

4 표준 시험편 및 대비 시험편

① 표준 시험편(STB : standard test block)
탐상기의 특성 시험 또는 감도 조정, 시간축의 측정 범위 조정에 사용된다.

② 대비 시험편(RB : reference block)
탐상기 감도의 표준 측정 범위의 조정에 사용된다.

03 자분 탐상 시험(MT)

자분 탐상 시험(magnetic particle test)은 상자성체의 시험 대상물에 자장을 걸어 주어 자성을 띠게 한 다음, 자분을 시험면의 표면에 뿌려 주고 불연속에서 외부로 누출되는 누설 자장에 의한 자분 무늬를 판독하여 결함의 크기 및 모양을 검출하는 비파괴 검사 방법의 하나이다.

1 자화방법

축통전법, 직각 통전법 및 플로트법은 전류를 직접 시험품에 흐르게 하고, 전류 관통법은 링상의 시험품 또는 구멍을 관통한 도체에 전류를 흐르게 하여 자화를 하며 직류 전류가 만드는 자장을 이용한다.

코일법, 극간법 및 자속 관통법은 코일에 흐르고 있는 전류에 의한 자장을 이용하나 특히 자속 관통법은 교류 자속에 의한 시험품에 유기되는 환상 전류의 자장을 이용하고 있다. 축 통전법, 직각 통전법, 전류 관통법 및 자속 관통법은 비교적 작은 시험품에 적용되고, 극간법 및 플로트법은 비교적 큰 모양의 시험품 부분 즉, 용접부 등의 탐상시험에 사용된다. 축통전법과 코일법에 의해서 환봉의 축방향 및 원주방향의 결함을 검출할 수 있다.

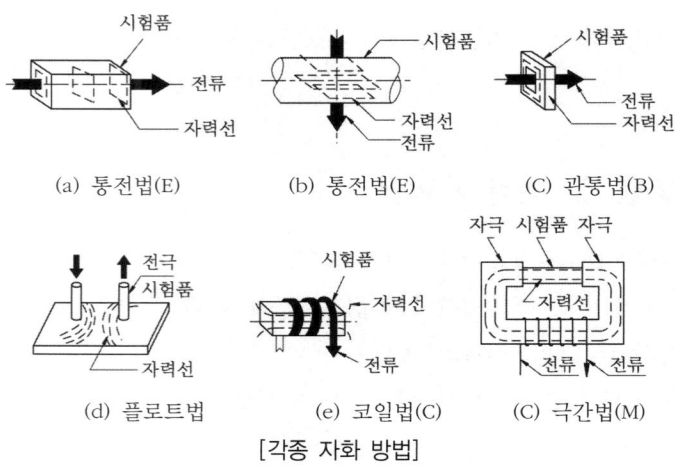

[각종 자화 방법]

04 침투 탐상 시험(PT)

침투 탐상 시험(penetrant test)은 고체이며 비기공성인 재료의 표면 균열, 랩(lap) 기공 등의 불연속을 검출한다. 주로 철강, 비철금속제품, 분말야금제품, 도자기류, 플라스틱 등에 적용하며, 표면으로 연결되지 않은 내부의 불연속은 검출할 수 없고 표면이 거칠면 만족할 만한 시험결과를 얻을 수 없다.

1 침투 탐상법의 기본 조작

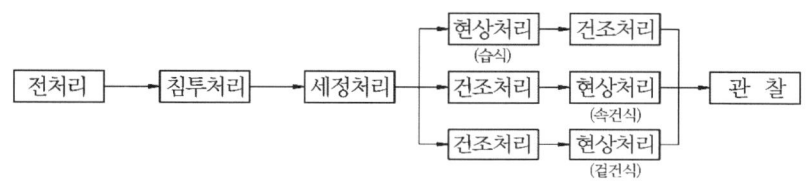

(a) 수세성 침투 탐상 사용법

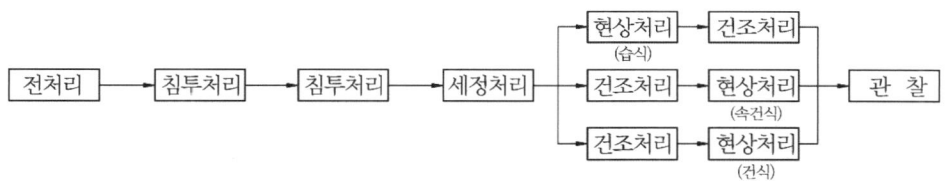

(b) 후유화성 침투 탐상 시험법

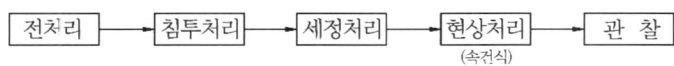

(c) 용제 제거성 탐상 시험법

[침투 탐상 처리 순서]

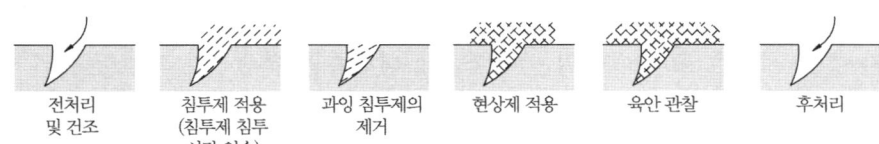

[탐상 절차의 6단계]

2 현상법의 종류

습식 현상법, 속건식 현상법, 건식 현상법, 무현상법이 있다.

3 침투 탐상 시험의 특징

① 시험품 표면에 벌어져 있는 홈이라도 검출이 안 될 경우가 있다.
② 철강재료, 비철금속재료, 도자기, 플라스틱 등의 표면 홈의 탐상이 가능하다.
③ 형상이 복잡한 시험품이라도 1회의 탐상조작으로 거의 전면을 탐상할 수 있다.
④ 원형상의 홈이라도 보기 쉬운 결함지시 모양을 나타내며, 여러 방향으로 생긴 홈이 공존해 있을 경우도 1회의 탐상조작으로 탐상할 수 있다.
⑤ 비교적 간단한 설비 및 장치로 탐상이 가능하다.
⑥ 탐상시험의 결과는 탐상을 실시하는 검사원의 기술에 좌우되기 쉽다.
⑦ 시험품의 표면 거칠기에 의해 시험 결과가 크게 영향을 받는다.
⑧ 다공질 재료의 탐상은 일반적으로 곤란하다.

05 와전류 탐상 시험(ET)

와전류 탐상 시험(eddy current test)은 금속재료를 고주파 자계 중에 놓았을 때 재료 중에 유기하는 와전류가 재료의 조성, 조직, 잔류 비틀림, 형상 치수 등에 민감하게 반응하는 점을 이용한 것이다. 이 시험으로 소재 속에 섞어 들어간 이재의 선별, 열처리 상태의 체크, 치수 변화, 홈 존재의 유무, 도막, 도금 두께의 측정 등을 할 수 있다.

전자 유도 시험은 도전성이 있는 시험품에 와전류를 발생시켜 그 와전류의 변화를 측정함으로써 시험품의 탐상시험, 재질시험, 형상치수 시험 등을 할 수 있으며, 와전류 전자 유도 시험이라고도 한다.

1 검사 코일의 분류

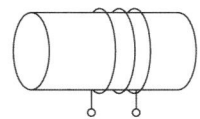 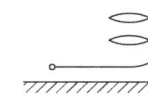 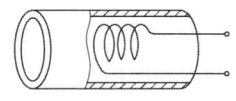

(a) 관통형 코일   (b) 프로브형 코일   (c) 내삽형 코일

[검사 코일의 분류]

① **관통형 코일**
 단면이 원형의 봉, 관 등의 바깥쪽에 동심을 감은 상태의 것이며 선, 봉, 관 등의 검사에 적용된다.
② **프로브형 코일**
 판, 잉곳, 봉 등의 부분적 검사에 적용된다.
③ **내삽형 코일**
 관, 구멍 등의 내면 검사에 사용된다.

2 와전류 탐상 시험의 적용과 특징

와전류 탐상 시험은 철강, 비철금속 및 흑연 등의 전도성 재료로 만들어진 제품에 모두 적용되나 유리, 돌, 합성수지 등의 비전도성 재료에는 적용되지 않으며, 다음과 같은 시험에 적용된다.

① **탐상시험** : 시험편 표면 또는 표면에서 가까운 결함 검출
② **재질시험** : 금속탐지, 금속의 종류, 성분 열처리 상태 등의 변화 검출
③ **치수시험** : 시험품의 치수, 피막의 두께, 부식상태 및 변위의 측정
④ **형상시험** : 시험품의 형상 변화의 판별

(1) 장점

① 시험 결과가 직접적으로 구해지므로 시험의 자동화를 할 수 있다.
② 비접촉 방법이므로 시험 속도가 빠르다.
③ 표면 결함의 검출에 적합하다.
④ 결함, 재질변화, 치수변화 등의 시험 적용 범위가 매우 넓다.

(2) 단점

① 형상이 단순한 것이 아니면 적용할 수 없다.
② 표면에서 깊은 위치의 내부 결함 검출이 불가능하다.
③ 시험 대상 이외의 재료적 요인이 잡음의 원인이 되기 쉽다.
④ 시험에 의해 얻은 지시로부터 직접 결함 종류를 판별하기 어렵다.

06 누설 검사(LT)

누설 검사(leak test)는 일명 누출시험이라고도 하며, 압력 용기 및 각종 부품 등의 관통 균열 여부를 검사하는 시험으로 가스와 기포형성 시험법, 할로겐다이오드 검출기에 의한 검사법(스니퍼법) 또는 후드에 의한 헬륨 질량 분광 시험법 등이 있다.

(1) 가스와 기포 형성 시험법(버블법)

가스와 기포 형성 시험은 검사해야 할 부분을 용액 중에 담그고 이것을 통해 가스가 지나감에 따라 거품을 일으키게 하며, 이 압력을 받아 도망가는 가스를 탐지하여 결함 부위를 검출하는 시험이다.

검사 가스는 일반적으로 공기를 사용하나 질소 또는 헬륨가스를 사용할 수도 있다. 이 시험법을 버블법이라고도 한다.

(2) 할로겐다이오드 검출기에 의한 검사(스니퍼법)

이 방법은 가열 백금 양극과 이온 수집관(음극)의 일반 원리를 이용한 검사법으로 할로겐 기체는 양극에서 이온화되어 음극에 수집된다. 이온 형성 속도에 비례하는 전류는 전류계에 나타나며 이것만 측정기구로 허용되고 있다.

(3) 헬륨 질량 분광 시험

이 장치는 근본적으로 간단한 휴대용 질량 분광기인데 소량의 헬륨에 민감하다. 누출 검사기의 감도가 높기 때문에 압력 차이가 있는 매우 작은 구멍을 통하여 헬륨의 흐름을 탐지할 수 있고 또 다른 기체 혼합물 중의 헬륨을 식별할 수 있으며, 누출의 위치나 존재 여부를 탐지할 수 있는 반정량적 방법이나 정량적 방법은 아니다.

(4) 헬륨 질량 분광 시험(후드법)

이 설비는 스니퍼법과 같이 미세 헬륨에 민감하고 휴대가 간편한 질량 분광기이다. 누출 검도계의 감도가 높기 때문에 압력차가 있는 매우 작은 구멍을 통하는 헬륨의 흐름을 탐지할 수 있고, 다른 기체 혼합물 중 헬륨의 존재 여부를 알 수 있다.

제4편 비파괴시험법 기출 및 예상문제

001 다음 중 비파괴 시험 체계에 의해 측정하고 평가할 수 있는 중요한 성질이 아닌 것은?

㉮ 기계적 성질 ㉯ 열적 성질
㉰ 전자기적 성질 ㉱ 화학적 성질

비파괴 시험에 의해 측정하고 평가할 수 있는 가장 중요한 성질
① 기하학적 성질과 상태
  ㉠ 치수, 즉 길이, 두께, 곡률 등을 측정할 수 있다.
  ㉡ 기공, 공극 균열, 라미네이션(lamination), 수축공과 같은 내부 불연속이나 결함을 찾아낸다.
② 기계적 성질
  시험체의 응력(stress), 변형량(strain), 탄성계수, 댐핑 특성, 경도, 소성 변형 등의 간접적인 측정이 가능하다.
③ 열적 성질
  열전도도, 열팽창 응력, 열수축 응력, 열구배 및 열전기적 성질을 결정한다.
④ 전기적, 자기적 성질
  ㉠ 전기 전도도, 자기 투자율, 와전류의 분포와 손실, 자기 수축, 열전기적 또는 전자기적 성질의 측정이 가능하다.
  ㉡ 이들에 대한 측정 결과는 재료의 조직, 경도, 응력, 열처리 및 다른 기계적 성질이나 물리적 성질과 상관성을 가진다.
⑤ 물리적 성질
  시험체 내부의 조직, 입도, 방향, 조성, 밀도 또는 굴절 지수나 마찰 계수 등과 같은 다른 물리적 성질을 결정할 수 있다.

002 다음 비파괴 검사법 중 아무 장치도 없이 하는 가장 빠른 방법은?

㉮ 육안 검사법
㉯ 방사선 투과 시험
㉰ 초음파 탐상 시험
㉱ 침투 탐상 시험

003 기본적인 비파괴 시험 체계의 5가지 기본 요소가 아닌 것은?

㉮ 송·수신 변환자 ㉯ 탐촉자
㉰ 입·출력 신호 ㉱ 시험체

기본적인 비파괴 시험 체계의 5가지 기본 요소
① 송·수신 변환자 ② 입·출력 에너지
③ 입·출력 신호 ④ 시험체
⑤ 데이터 지시

004 다음에 열거한 금속 재료의 결함 검사법 중 비파괴 검사가 아닌 것은?

㉮ 외관 시험
㉯ 자기 검사
㉰ 현미경 조직 검사
㉱ 액체 침투 탐상 검사

정답 001. ㉱ 002. ㉮ 003. ㉯ 004. ㉰

005 비파괴 시험으로 측정할 수 없는 것은?
㉮ 재료의 물리적 성질
㉯ 재료의 내부 결함
㉰ 전자기적 성질
㉱ 재료의 용접성

006 재료의 외부에 균열이 발생되었다. 가장 간단한 비파괴 검사법은 무엇인가?
㉮ 방사선 투과 시험
㉯ 초음파 탐상 시험
㉰ 육안 검사
㉱ 액체 침투 탐상 시험

007 비파괴 시험 중 가장 주의해야 할 점은 무엇인가?
㉮ 비파괴 시험 결과를 작정한다.
㉯ 표준 시험편에 시험하여 비교 시험한다.
㉰ 시험기의 결함을 알아둔다.
㉱ 시험의 결과만 중요시한다.

008 금속 재료 시험법 중 비파괴 시험법에 속하지 않는 것은?
㉮ 자력 결함 검사법   ㉯ 초음파 탐상법
㉰ 래핑 시험   ㉱ 형광 시험법

009 비파괴 검사에서 계조계의 용도는?
㉮ 농도차 측정   ㉯ 변형 측정
㉰ 기공 측정   ㉱ 편석 측정

010 탐상면에 기름 등을 바르는 주목적은 무엇인가?
㉮ 진동자의 소모를 방지하기 위하여
㉯ 진동자와 금속면 사이의 음의 전달을 좋게 하기 위하여
㉰ 진동자의 미동 시 감각을 좋게 하기 위하여
㉱ 진동자의 미끄럼을 좋게 하기 위하여

011 표층부의 정보를 얻기 위한 비파괴 시험이 아닌 것은?
㉮ 육안 검사   ㉯ 자분 탐상 시험
㉰ 침투 탐상 시험 ㉱ 초음파 탐상 시험

해설
① 표층부의 정보를 얻기 위한 비파괴 시험에는 육안 검사, 자분 탐상, 침투 탐상, 와류 탐상 시험이 있다.
② 내부의 정보를 얻기 위한 비파괴 시험에는 방사선 투과, 초음파 탐상법 등이 있다.

012 탐촉자를 이용하여 금속 재료의 결함의 소재나 위치 및 크기를 비파괴적으로 검사하는 시험을 무엇이라 하는가?
㉮ UT   ㉯ RT
㉰ MT   ㉱ PT

해설
비파괴 검사법의 종류
육안 검사법, 방사선 투과 검사(RT), 초음파 탐상 시험(UT), 자기 탐상 시험(MT), 침투 탐상 시험(PT), 와류 탐상 시험법, 누설 검사 등이 있다.

정답 005. ㉱ 006. ㉰ 007. ㉯ 008. ㉰ 009. ㉮ 010. ㉯ 011. ㉱ 012. ㉮

013. 금속 재료를 침투액에 침지시켰다가 끄집어내어 결함을 육안으로 시험하는 시험법은?
㉮ UT ㉯ RT
㉰ MT ㉱ PT

014. 다음 중 내부 결함의 검출을 위한 비파괴 시험법은 어느 것인가?
㉮ 자분 탐상법 ㉯ 침투 탐상법
㉰ 와류 탐상법 ㉱ 방사선 투과 시험

비파괴 검사법의 분류
① 표면 결함 검출을 위한 비파괴 검사법
  ㉠ 자분 탐상법
    표면 및 얕은 내부 결함 검출이 가능하고, 시험체가 강자성체일 때만 적용한다.
  ㉡ 침투 탐상법(liquid penetrant test)
    비금속, 금속 재료의 표면 결함 검출 방법으로 많이 사용된다.
  ㉢ 와류 탐상 시험(eddy current test)
    봉재나 관재의 자동 탐상에 이용된다.
② 내부 결함 검출을 위한 비파괴 검사법
  ㉠ 방사선 투과 시험(radiographic test)
    ⓐ 방사선의 조사 방향에 나란히 놓인 결함 검출에 용이하고, 결함의 종류 및 형상의 판별에 용이하다.
    ⓑ 라미네이션이나 기울어져 있는 균열 등은 검출되지 않는다.
  ㉡ 초음파 탐상 시험
    균열 등의 결함 검출 능력이 방사선보다 우수하나, 기공 같은 구상의 결함 검출은 곤란하다.
③ 기타 비파괴 검사법
  변형량 측정, 적외선 탐상 시험, 음향 방출 시험, 누설 시험 등이 있다.

015. 재료를 기름 속에 오래 동안 담금 후 상태를 보고 재료의 결함을 측정하는 시험법은?
㉮ 투과법 ㉯ 공진법
㉰ 유중 탐지법 ㉱ 타진법

016. 비금속 재료, 금속 재료의 표면 결함 검출에 많이 적용되는 비파괴 검사법은?
㉮ 자분 탐상법 ㉯ 침투 탐상법
㉰ 와류 탐상법 ㉱ 방사선 투과 시험

017. 다음 중 열처리 제품의 결함을 검사하는 방법 중 비파괴 검사에 속하지 않는 것은?
㉮ 방사선 투과 검사 ㉯ 자분 탐상법
㉰ 염색 침투법 ㉱ 인장 시험법

018. 다음 중 압연 제품에서 볼 수 있는 결함의 종류로서 압연의 경우가 아닌 것은?
㉮ 두장 터짐 ㉯ 개재물
㉰ 선상흠 ㉱ 열응력 터짐

압연 제품에서 볼 수 있는 결함의 종류
① 강판의 경우
  ㉠ 두장 터짐 ㉡ 개재물
  ㉢ 부풀음 ㉣ 세로 터짐
  ㉤ 가로 터짐 ㉥ 잔주름 터짐
  ㉦ 선상흠 ㉧ 벽돌흠
② 봉강재에서 볼 수 있는 결함
  ㉠ 세로 터짐 ㉡ 선상흠
  ㉢ 부러져 끼어 들어감
  ㉣ 소지흠 ㉤ 벽돌흠
  ㉥ 파이프흠 ㉦ 주름살
③ 강관에서 볼 수 있는 결함
  ㉠ 외면랩 ㉡ 가로 홈
  ㉢ 외형 굵음 ㉣ 세로 터짐
  ㉤ 열처리 터짐

정답 013. ㉱ 014. ㉱ 015. ㉰ 016. ㉯ 017. ㉱ 018. ㉱

019 강괴 속에서의 블로홀, 파이프, 슬래그 또는 내화물이 잔류되어 압착 불충분으로 발생된 선상 터짐 등의 결함은?
㉮ 두장 터짐 ㉯ 개재물
㉰ 부풀음 ㉱ 세로 터짐

두장 터짐
① 단면이 두장으로 터져나간 것
② 강괴 속에서의 블로홀, 파이프, 슬래그 또는 내화물이 잔류되어 압착 불충분으로 발생된 선상 터짐 등

020 강괴 또는 강판에 존재하고 있던 터짐이 남아서 압연 방향으로 나타난 선상의 터짐을 무엇이라 하는가?
㉮ 두장 터짐 ㉯ 개재물
㉰ 부풀음 ㉱ 세로 터짐

세로 터짐
① 강판의 경우 : 강괴 또는 강판에 존재하고 있던 터짐이 남아서 압연 방향으로 나타난 선상의 터짐
② 봉강에서 볼 수 있는 결함 : 비교적 깊은 선상으로 된 터짐이며 열변형이나 시효 및 재료 불량인데 특히 핀홀, 블로홀 등이 원인이 되어 발생한 것
③ 강판에서 볼 수 있는 결함 : 가열, 열처리, 가공 방법의 불량에 의해서 발생하는 것

021 세로 터짐과 같은 원인에 의해 가로 방향의 전광상으로 생긴 터짐은?
㉮ 개재물 ㉯ 가로 터짐
㉰ 두장 터짐 ㉱ 선상흠

022 단면에 불순물, 슬래그, 내화물이 존재하는 결함은?
㉮ 두장 터짐 ㉯ 개재물
㉰ 부풀음 ㉱ 세로 터짐

① 단면에 불순물, 슬래그, 내화물이 존재하는 것
② 조괴(造塊) 시의 슬래그와 내화물 밖의 불순물이 끼어 들어간 것

023 강괴에 존재하는 파이프, 블로홀이 압착되지 못해서 생긴 결함은?
㉮ 두장 터짐 ㉯ 개재물
㉰ 부풀음 ㉱ 세로 터짐

개재물
① 표면이 부풀어서 내부에 공동이 생긴 것이다.
② 강괴에 존재하는 파이프, 블로홀이 압착되지 못해서 생긴 결함

024 강괴에 스킨(skin) 블로홀이 많이 있거나 가열 조건이 부적당할 때 표면에 생기는 거북등상으로 보이는 터짐을 무엇이라 하는가?
㉮ 개재물 ㉯ 세로 터짐
㉰ 잔주름 터짐 ㉱ 선상흠

잔주름 터짐
① 강괴에 스킨(skin) 블로홀이 많이 있거나 가열 조건이 부적당할 때 또는 강 속에 구리와 같은 가열 취성이 생기기 쉬운 원소가 많이 함유될 경우 생긴다.
② 표면에 생기는 거북등상 또는 잔주름으로 보이는 터짐을 말한다.

정답 019. ㉮ 020. ㉱ 021. ㉯ 022. ㉯ 023. ㉯ 024. ㉰

025. 조괴 또는 가열 시에 벽돌 등을 재료에 부착시키거나 내부에 혼입되어서 생긴 흠을 무엇이라 하는가?
㉮ 선상흠 ㉯ 소지흠
㉰ 벽돌흠 ㉱ 주름살흠

026. 봉강에서 볼 수 있는 결함이 아닌 것은?
㉮ 세로 터짐 ㉯ 선상흠
㉰ 벽돌흠   ㉱ 외면 랩

봉강에서 볼 수 있는 결함
① 세로 터짐 : 비교적 깊은 선상으로 된 터짐이며 열변형이나 시효 및 재료 불량인데 특히 핀홀, 블로홀 등이 원인이 되어 발생한 것
② 선상흠 : 강괴 중에 잔류한 핀홀, 블로홀 및 표면이 거침이 원인이 되어 안변할 때 늘어나서 계속적인 직선상의 흠이 생긴 것
③ 부러져 끼어 들어간 것 : 압연 롤러의 조정이나 공형의 불량 및 가이드 조정 불량으로 부러진 것이 겹쳐서 발생한 것
④ 소지흠 : 압연 또는 인발에 의해 강괴 속에 개재물이 발생된 것
⑤ 벽돌흠 : 조괴 또는 가열 시에 벽돌 등을 재료의 표면에 부착하거나 내부에 혼입되어서 생긴 흠
⑥ 파이프흠 : 강괴의 파이프가 압연에 의해서 표면에 압연 방향으로 나타난 선상의 흠
⑦ 주름살 : 재질 또는 압연 방향의 부적당으로 생긴 자유 압축면에 발생한 흠

027. 다음 중 주조품에서 볼 수 있는 결함으로 재질 및 형상이 불량하여 응고 시 발생하는 수축 응력으로 발생하는 터짐은?
㉮ 핀홀   ㉯ 블로홀
㉰ 균열   ㉱ 채플릿

028. 강괴 표면층의 블로홀이 압연에 의해 압연방향으로 생긴 얕고 짧은 흠은?
㉮ 개재물   ㉯ 세로 터짐
㉰ 잔주름 터짐 ㉱ 선상흠

선상흠
① 강판의 경우 : 강괴 표면층의 블로홀이 압연에 의해 압연방향으로 생긴 얕고 짧은 흠
② 봉강에서 볼 수 있는 결함 : 강괴 중에 잔류한 핀 홀, 블로홀 및 표면의 거침이 원인이 되어 압연할 때 계속적인 직선상의 흠이 생긴 것

029. 강관에서 볼 수 있는 결함으로 열처리 불량에 의해 발생하는 흠은?
㉮ 외면랩 ㉯ 가로흠
㉰ 세로 터짐 ㉱ 열처리 터짐

강관에서 볼 수 있는 결함의 종류
① 외면 랩 : 재료 속에 불순물, 편석, 비금속 개재물 또는 강괴나 봉강 표면에 끼어 들어간 흠, 터짐 등이 있을 경우 구멍을 뚫을 때 발생하는 것
② 가로흠 : 재질로서 구리성분이 많거나 압연 조건이 불량할 경우, 과열 또는 냉간 가공도가 지나치게 심할 때 발생하는 것
③ 외형 굵힘 : 가공할 때 다이스의 형상 불량 또는 타고 나서 발생하는 굵힘
④ 세로 터짐 : 가열, 열처리, 가공법의 불량에 의해서 발생하는 것
⑤ 열처리 터짐 : 열처리 불량으로 발생하는 터짐

030. 주입 온도의 불량에 의해 주형 내에 용탕이 잘 들어가지 못하고 탕계 등의 결함이 발생하는 것은?
㉮ 핀홀   ㉯ 용탕 흐름의 불량
㉰ 균열   ㉱ 채플릿

031 주조품에서 볼 수 있는 결함 중 핀홀, 블로홀 등에 대한 설명으로 맞는 것은?

㉮ 용탕 중의 가스가 응고 시 방출되지 못하여 발생한다.
㉯ 표면 또는 내부에 생긴 둥근 구멍으로 직경이 2~3mm 이상의 것을 핀홀이라 한다.
㉰ 재질 및 형상이 불량하여 응고 시 발생하는 수축 응력으로 발생하는 터짐임
㉱ 채플릿 또는 냉각용 셸이 주물 속에 남아 있거나 부착된 것

핀홀, 블로홀
① 용탕 중의 가스가 응고 시 방출되지 못하여 발생한다.
② 표면 또는 내부에 생긴 둥근 구멍으로 직경이 2~3mm까지의 것을 핀홀, 그 이상의 것을 블로홀이라 한다.

032 다음 중 단조품에서 볼 수 있는 결함의 종류가 아닌 것은?

㉮ 비금속 개재물   ㉯ 모래흠
㉰ 파이프   ㉱ 세로 터짐

단조품에서 볼 수 있는 결함의 종류
비금속 개재물, 모래흠, 이물질 혼입, 파이프, 거북등 터짐, 구어 터짐, 연마 터짐, 백점, 주름살흠

033 다음 중 보수 검사에서 볼 수 있는 결함의 종류가 아닌 것은?

㉮ 피로 터짐   ㉯ 응력 부식 터짐
㉰ 기포 침식   ㉱ 라미네이션 터짐

보수 검사에서 볼 수 있는 결함의 종류
피로 터짐, 응력 부식 터짐, 기포 침식, 프리팅 부식, 열응력 터짐

034 다음은 단조품에서 볼 수 있는 결함에 대한 설명이다. 틀린 것은?

㉮ 비금속 개재물이란 제강 시에 정련 및 조괴 불량 등에 의해 황화물, 산화물의 비금속 개재물 또는 내화 재료가 혼입된 것을 말한다.
㉯ 모래흠이란 조괴 때 슬래그나 내화물 또는 개재물이 증대되어 잔류한 것이다.
㉰ 조괴 중의 부주의로 이물질이 혼입된 것을 이물질 혼입이라 한다.
㉱ 거북등상으로 미세하고 얕은 균열로 연마 시에 발생한 것을 구어 터짐이라 한다.

연마 터짐
거북등상으로 미세하고 얕은 균열로 연마 시에 발생한 것을 말한다.

035 다음 중 피로 터짐의 종류가 아닌 것은?

㉮ 접촉 응력 피로 터짐
㉯ 열응력 피로 터짐
㉰ 부식 피로 터짐
㉱ 기포 침식 피로 터짐

피로 터짐
① 사이클에서 파괴를 일으키기에 불충분한 응력을 되풀이해서 생긴 터짐
② 접촉 응력 피로 터짐, 열응력 피로 터짐, 부식 피로 터짐 등이 있다.

036 다음 중 용접부에서 볼 수 있는 결함이 아닌 것은?
㉮ 터짐 ㉯ 용착 불량
㉰ 블로홀 ㉱ 모래흠

용접부에서 볼 수 있는 결함
터짐, 용착 불량, 블로홀, 융합 불량, 언더컷

037 다음은 단조품에서 볼 수 있는 결함 및 원인에 대한 설명이다. 틀린 것은?
㉮ 파이프 - 조괴 때 압탕의 제거 불량, 주형 설계 불량 등에 의해 발생한다.
㉯ 거북등 터짐 - 소재 성분의 부적당, 소재 표면의 불량 등에 의해 생김
㉰ 연마 터짐 - 재질 불량, 담금질 조작 불량 등에 의해 나타난다.
㉱ 주름살흠 - 단조 작업 부적당, 가열 상태의 부적당으로 발생한다.

단조품의 결함
① 파이프 : 조괴 때 압탕의 제거 불량, 주형 설계 불량, 주조 조건의 불량에 의해서 발생한 파이프가 단착하지 못하고 남아 있는 것
② 거북등 터짐 : 단조강재의 표면에 거북등상으로 나타난 비교적 얕은 표면 흠이며, 소재 성분의 부적당, 소재 표면의 불량, 가열 온도 및 시간의 부적당으로 생김
③ 구어 터짐 : 형상은 비교적 간단하나 격렬한 것으로 재질 불량, 담금질 조작의 불량 등에 의해 발생한 것
④ 주름살흠 : 단조 작업, 단조 방안 등의 부적당, 가열 상태의 부적당으로 발생한 것

038 미소 진동을 일으키면서 마찰하는 표면의 미소 부분이 응착 별리를 되풀이하면서 분위기와 화학 반응을 일으켜 발생하는 결함은?
㉮ 피로 터짐 ㉯ 기포 침식
㉰ 프리팅 부식 ㉱ 열응력 터짐

프리팅 부식(fretting corrosion)
미소 진동을 일으키면서 마찰하는 표면의 미소 부분이 응착 별리(別離)를 되풀이하면서 분위기와 화학 반응을 일으켜서 발생되며, 일반적으로 작은 파편과 미세 분말이 함께 섞여서 공존한다.

039 다음 중 용착 금속에 발생하는 터짐이 아닌 것은?
㉮ 비드 터짐 ㉯ 크레이터 터짐
㉰ 루트 터짐 ㉱ 라미네이션 터짐

용접부의 결함 중 터짐
① 발생원인
  ㉠ 용착 금속의 인성 불량
  ㉡ 모재 또는 용접봉의 황 함유량 불량
  ㉢ 용접 조건 불량
  ㉣ 크레이터(crater) 처리 불량
  ㉤ 용착 금속 중의 수소 함유량 과다
② 용착 금속에 발생하는 터짐
  ㉠ 비드 터짐
  ㉡ 크레이터 터짐
  ㉢ 루트 터짐
  ㉣ 황 터짐
③ 열 영향부에 발생하는 터짐
  ㉠ 루트 터짐
  ㉡ 라미네이션 터짐

정답 036. ㉱ 037. ㉰ 038. ㉰ 039. ㉱

040 다음 중 기포 침식에 대한 설명으로 맞는 것은?

㉮ 부식 매체 중에 있는 금속 재료 표면에 높은 인장 응력이 정적으로 가해져서 생긴 터짐이다.
㉯ 액체 중에서 발생한 기포가 부서져 없어지면서 표면에 충격을 주어 발생한 침식으로 일종의 응력 부식이다.
㉰ 사이클에서 파괴를 일으키기에 불충분한 응력을 되풀이해서 생긴 터짐이다.
㉱ 금속 재료를 가열, 냉각 시킬 때 가열 냉각의 1사이클 또는 저 사이클의 열응력으로 발생하는 터짐이다.

 해설
① ㉮항 → 응력 부식 터짐
② ㉯항 → 기포 침식(cavitation erosion)
③ ㉰항 → 피로 터짐
④ ㉱항 → 열응력 터짐

041 콜드 셧(cold shut)은 어떤 제조과정에서 발생한 결함인가?

㉮ 도금   ㉯ 단조
㉰ 주조   ㉱ 절삭

042 판재의 선단 모서리부가 그림과 같이 터져 나타난 결함은?

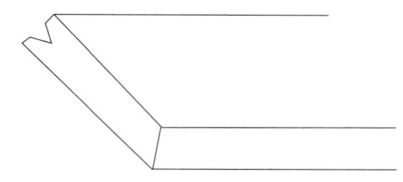

㉮ 균열   ㉯ 라미네이션
㉰ 핫 테어   ㉱ 콜드 셧

043 봉강에서 발견할 수 있는 결함은? (제조결함)

㉮ 용입 부족   ㉯ 랩
㉰ 기공   ㉱ 그라인딩 크랙

044 다음 중 용접 결함이 아닌 것은?

㉮ 용입 불량   ㉯ 기공
㉰ 슬래그 개재물 ㉱ 이음매

045 용융 금속 내에 잔존하는 가스(gas), 습분(moisture), 부적절한 세정, 또는 전열처리(preheating)의 불량 등에 의해서 나타나는 용접부 불연속으로 맞는 것은?

㉮ 드로스(dress) ㉯ 용입 부족
㉰ 기공   ㉱ 개재물 혼입

046 주물 조직 내부에 존재하는 기공을 측정하는 비파괴 시험 방법은?

㉮ 인장 시험
㉯ 자분 탐상 시험
㉰ 방사선 투과 시험법
㉱ 경도 시험

047 방사선 투과 사진은 암실에서 현상 작업을 한다. 작업 순서가 맞는 것은?

㉮ 현상 → 정착 → 정지 → 수세 → 건조
㉯ 현상 → 정지 → 수세 → 정착 → 건조
㉰ 현상 → 수세 → 정지 → 정착 → 건조
㉱ 현상 → 정지 → 정착 → 수세 → 건조

정답 040. ㉯ 041. ㉰ 042. ㉱ 043. ㉯ 044. ㉱ 045. ㉰ 046. ㉰ 047. ㉱

048. 우리나라에서 사용되는 방사선 투과 검사 시의 KS규격에는 몇 등급까지 분류되어 있는가?
- ㉮ 2~4등급
- ㉯ 2~6등급
- ㉰ 1~4등급
- ㉱ 1~8등급

049. 방사선 투과의 비파괴 시험에 사용되는 것 중 관련이 없는 것은?
- ㉮ 서베이 매타
- ㉯ 접촉 매질
- ㉰ 정지액
- ㉱ 증감지

050. 거리 3m에서 5mA에 2분의 노출 시간으로 얻어진 방사선 투과 시험 사진과 동일한 사진을 얻으려면 거리 3m에서 2mA의 조건일 때 필요한 노출 시간(분)은?
- ㉮ 1
- ㉯ 2.5
- ㉰ 5
- ㉱ 2

051. 방사선 투과의 비파괴 시험에서 납(Pb)을 사용하는 이유(용도)는 무엇인가?
- ㉮ 선량의 차폐
- ㉯ 선원의 크기
- ㉰ 필름 농도
- ㉱ 입사광의 강도

방사선량의 차폐(선량의 차폐)

052. 방사선 투과 검사를 수행하는데 있어 2-2T의 상질을 요구하는 경우 2.5인치 두께의 철 검사물에 사용되어야 할 ASTM 투과도계의 두께는 얼마인가?
- ㉮ 0.5인치
- ㉯ 2.5밀(mil)
- ㉰ 5밀(mil)
- ㉱ 50밀(mil)

053. 플랭크 상수 h, 진동수 v, 방사선 속도 c, 파장을 λ 라 할 때 방사선 에너지 E와의 공식을 옳게 나타낸 것은?
- ㉮ $\dfrac{c}{h \cdot \lambda} = E$
- ㉯ $\dfrac{\lambda \cdot c}{h} = E$
- ㉰ $\dfrac{v \cdot c}{\lambda} = E$
- ㉱ $\dfrac{h \cdot c}{\lambda} = E$

054. 다음 중 X선에서 사용되는 것은?
- ㉮ KVP
- ㉯ CRT
- ㉰ prod
- ㉱ echo

055. 방사선 투과 시험에서 X선의 투과력을 조절하는 것은?
- ㉮ 노출 시간
- ㉯ 관전압
- ㉰ 관전류
- ㉱ 비방사능

056. 다음 중 방사선 투과 필름의 현상 조건으로 가장 적합한 온도와 시간은?
- ㉮ 40℃, 3분
- ㉯ 35℃, 3분
- ㉰ 15℃, 5분
- ㉱ 20℃, 5분

057. 방사선 투과 사진의 두 지점의 농도차를 무엇이라고 하는가?
- ㉮ 불선명도
- ㉯ 투과 사진의 콘트라스트
- ㉰ 비방사능
- ㉱ 방사선량

정답 048. ㉰ 049. ㉯ 050. ㉰ 051. ㉮ 052. ㉯ 053. ㉱ 054. ㉮ 055. ㉯ 056. ㉱ 057. ㉯

058 방사선 투과 시험에서 일반적으로 사용되는 증감지는?
　㉮ 형광 증감지　㉯ 연박 증감지
　㉰ 알루미늄 증감지　㉱ 프라스틱 증감지

059 방사선 투과 시험 시 투과도계는 어떤 것을 측정하기 위해 사용되는가?
　㉮ 시험체 결함 크기
　㉯ 필름의 농도
　㉰ 필름 콘트라스트양
　㉱ 방사선 투과 사진의 질

060 다음 X선 사진에서 용입 부족에 의한 결함 부분은?

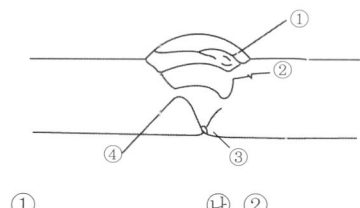

　㉮ ①　㉯ ②
　㉰ ③　㉱ ④

061 용접 부위를 촬영한 방사선 투과 필름에서 용융 부위와 모재의 경계면에 일정치 않은 폭을 가진 검은 선이 나타났다면 어느 것이겠는가?
　㉮ 비금속 개재물　㉯ 용입 부족
　㉰ 융합 부족　㉱ 언더 컷

062 감마 선원의 강도가 시간의 경과에 따라 감소되는 비율을 측정하기 위해 일반적으로 사용되는 용어는?
　㉮ 퀴리　㉯ 뢴트겐
　㉰ 반감기　㉱ MeV

063 물질의 X선 흡수량을 결정하는 가장 중요한 인자는?
　㉮ 시험체의 두께　㉯ 물질의 원자 번호
　㉰ 시험체의 농도　㉱ 물질의 탄성 계수

064 용접부 방사선 투과 시험 결과 루트비드 가운데에 연필로 그린 것과 같이 약 25mm의 직선 모양의 지시가 필름에 나타났다. 이 지시는 어느 것이라고 생각되는가?
　㉮ 융합 부족　㉯ 용입 부족
　㉰ 기공　㉱ 슬래그

065 용접품이 불완전하게 녹은 부분은 X – ray로 투과 검사할 때 사진의 원판에는 어떤 색으로 나타나겠는가?
　㉮ 진한 황색　㉯ 엷은 검정색
　㉰ 백색　㉱ 흑갈색

066 기체의 전리 작용을 이용한 수정사(quartz fiber) 도시미터(dosimeter)의 주요 목적은?
　㉮ 방사선 구역 내의 시간 측정
　㉯ 피사체에 흡수되는 방사선의 양 측정
　㉰ 월단위로 축적된 방사선 피폭량의 측정
　㉱ 짧은 시간 내의 개인의 피폭선량의 측정

정답 058. ㉯　059. ㉱　060. ㉰　061. ㉱　062. ㉰　063. ㉯　064. ㉱　065. ㉯　066. ㉱

067 촬영한 필름을 현상할 때 필요한 액은?
㉮ 빙초산, 현상액, 물, 염산
㉯ 현상액, 정지액, 정착액, 물
㉰ 현상액, 붕산, 정착액, 염화나트륨
㉱ 현상액, 정착액, 물, 유화제

068 형광 X선분석법은 시료에서 방출되는 X선의 무슨 차이를 이용하는 것인가?
㉮ 회절각   ㉯ 에너지
㉰ 강도   ㉱ 반사각

069 방사선이 방출되는 X선 관내의 적은 부분을 무엇이라고 하는가?
㉮ 조리개   ㉯ 초점
㉰ 집속통   ㉱ 음극

070 두께 20mm의 연강 내부(표면에서 10mm 깊이)의 결함을 검사하는 데 가장 적절한 비파괴 시험법이 아닌 것은?
㉮ X선   ㉯ γ-선
㉰ UT   ㉱ Mf

 해설
① 비파괴 시험 → x선 = γ선 = 초음파(UT)
② 마르텐자이트가 끝나는 선 → Mf

071 16Ci의 Ir^{192}의 r선원이 4번 감기 지났다면 몇 Cir к 남아 있는가?
㉮ 8Ci   ㉯ 4Ci
㉰ 2Ci   ㉱ 1Ci

072 X선에서 계조계의 용도가 아닌 것은?
㉮ 사진의 농도차
㉯ 방사선의 농도 조절
㉰ 농도차의 측정
㉱ 크리프 크기 측정

 해설
X선에서 계조계의 용도
사진의 농도차, 방사선(X선)의 농도 조절, 농도차 측정

073 시험부의 두께가 13mm인 알루미늄 시험편을 방사선 투과 시험하려고 한다. 다음 중 어떤 투과도계를 사용하는 것이 적합한가?
㉮ A04   ㉯ A06
㉰ A08   ㉱ A32

 해설
① A02 : 20mm 이하
② A04 : 10.0~64.0mm
③ A08 : 20.0~160.0mm
④ A16 : 64.0~320.0mm

074 강의 용접부의 결함을 찾기 위해 X선 투과 시험을 하고자 한다. 이때 증감지는 무엇을 위하여 사용하는가?
㉮ 투과 결과를 필름에 잘 나타나게 하기 위하여
㉯ 투과 결과를 인화지에 잘 나타나게 하기 위해서
㉰ 투과의 변형을 막기 위해서
㉱ 투과에 광선을 비추기 위해서

정답 067. ㉯ 068. ㉮ 069. ㉯ 070. ㉱ 071. ㉱ 072. ㉱ 073. ㉮ 074. ㉮

075. 납땜 또는 경납땜이 된 금속 접합부의 건전성을 검사하는데 가장 적합한 비파괴 검사 방법은?

㉮ 자분 탐상 검사
㉯ 와전류 탐상 검사
㉰ 초음파 탐상 검사
㉱ 방사선 투과 시험

076. 스테인리스강 밸브 내에 있는 플라스틱 제품의 동그란 링(Ring)의 상태를 파악하기 위한 비파괴 시험 방법은?

㉮ 액체 침투 탐상법
㉯ 중성자 방사선 투과 시험
㉰ 초음파 탐상 시험
㉱ 음향 계속 시험

077. 강의 T용접 시험편의 내부 결함 탐상은 어느 방법을 택하는 것이 좋은가?

㉮ 후유화성 침투   ㉯ 매크로
㉰ 방사선 투과   ㉱ 염색 침투

078. X선관에 부착된 창의 재질은?

㉮ Plastic   ㉯ 베릴륨(Be)
㉰ Glass   ㉱ 섬유

X선의 고유 여과성을 줄이기 위해 Be 창을 사용한다.

079. 방사선 투과 시험은 내부 결함을 2차원의 투영상으로 검출하는 방법으로 객관성이 우수하여 널리 이용된다. 그 적용 대상으로 가장 적합한 것은?

㉮ 용접부 검사
㉯ 단조품 결함 검사
㉰ 압연품 결함 검사
㉱ 부식 균열 검사

① 방사선 투과 시험은 압력 용기, 선체, 파이프라인 및 기타 구조물의 용접부 검사에 많이 이용되며 주조품 검사에도 적용된다.
② 부식 균열 검사, 피로 균열 등은 자분 탐상이나 침투 탐상 및 초음파 탐상법이 유용하다.

080. 다음 중 방사선의 성질이 아닌 것은?

㉮ 광속으로 직진하며 에너지 수준에 따라 진동수가 같다.
㉯ 물질을 투과하며 그것과 상호 작용을 일으킨다.
㉰ 생체 세포를 파괴한다.
㉱ 인간의 오관으로 감지할 수 없다.

081. 다음 방사선 중 파장이 가장 큰 것은?

㉮ 적외선   ㉯ 가시광선
㉰ 자외선   ㉱ X선

파장의 큰 순서
라디오파 → 적외선 → 가시광선 → 자외선 → X선 → 감마선

082 비파괴 검사 중 내부의 결함을 측정하기에 알맞은 것은?
㉮ 자분 탐상 ㉯ 와류 탐상
㉰ 액체 침투 탐상 ㉱ 방사선 투과 시험

083 방사선에 의해 가장 민감하게 장해를 일으키는 부분은?
㉮ 혈액 세포 ㉯ 피부
㉰ 관절 ㉱ 근육 신경 세포

해설
혈액 세포
피부, 관절, 근육 신경 세포 방사선 감도가 가장 낮은 세포

084 γ-선의 발생은 원자핵들 중에 양자수는 같고 질량수가 다른 것을 무엇이라 하는가?
㉮ 동위 원소 ㉯ 음극
㉰ 양극 ㉱ 중성자

해설
동위 원소(isotope)
① γ-선의 발생은 원자핵들 중에 양자수는 같고 질량수가 다른 것
② 방사선 동위 원소(RI) → 원자핵이 불안정하여 방사선을 방출하고 붕괴하는 것을 말한다.
※ 방사선 동위 원소의 원자는 자연적으로 붕괴되어 에너지 준위가 안정된 원자로 바뀌려고 할 때 γ-선이 발생한다.

085 다음 중 공업용 방사성 동위 원소가 아닌 것은?
㉮ Co ㉯ Cs
㉰ Mn ㉱ Ir

086 다음 방사선 동위 원소 γ-선 에너지가 가장 큰 것은?
㉮ ^{137}Cs ㉯ ^{60}Co
㉰ ^{192}Ir ㉱ ^{170}Tm

해설
방사선 동위 원소 γ-선 에너지

RI 종류	^{60}Co	^{137}Cs	^{192}Ir	^{170}Tm
γ-선 에너지	1.33	0.662	0.31, 0.47	0.084

087 방사선 투과 시험용 감마(γ)선원 중 반감기(방사능의 강도가 최초의 1/2이 되는데까지 걸리는 시간)가 가장 짧은 것은?
㉮ 60Co ㉯ 137Cs
㉰ 192Ir ㉱ 170Tm

088 X선을 발생시키기 위한 조건 중 틀린 것은?
㉮ 열전자의 발생 선원이 있어야 한다.
㉯ 열전자를 가속화시켜 주어야 한다.
㉰ 열전자의 충격을 받은 금속 표적(Target)이 있어야 한다.
㉱ X선관 전압이 100kvp 이하인 고전압 변압기 방식이어야 한다.

해설
X선을 발생시키기 위한 조건
① 열전자의 발생 선원이 있어야 한다.
② 열전자를 가속화시켜 주어야 한다.
③ 열전자의 충격을 받은 금속 표적(Target)이 있어야 한다.

정답 082. ㉱ 083. ㉮ 084. ㉮ 085. ㉰ 086. ㉯ 087. ㉰ 088. ㉱

089 방사선의 일반적인 성질로서 옳은 것은?
   ㉮ 전기 또는 자장에 영향을 받는다.
   ㉯ 빛의 속도보다 빠르다
   ㉰ 사진용 필름(film)을 감광시킨다.
   ㉱ 에너지 또는 파로 나타낼 수 없다.

090 표적이 갖추어야 할 조건으로 틀린 것은?
   ㉮ 원자 번호가 작아야 한다.
   ㉯ 용융점이 높아야 한다.
   ㉰ 열전도성이 높아야 한다.
   ㉱ 낮은 증기압을 갖는 물질이어야 한다.

   표적이 갖출 조건
   ① 원자 번호가 커야 한다.
   ② 용융점 및 열전도성이 높아야 한다.
   ③ 낮은 증기압을 갖는 물질이어야 한다.
   ④ 위의 특성을 만족시켜 주는 것
      ㉠ W, Pt, Au 등이 사용된다.
      ㉡ 구리 전극봉 안에 W를 넣은 표적이 가장 많이 사용된다.

091 다음은 X선관의 구조에 대한 설명이다. 틀린 것은?
   ㉮ 진공 상태의 유리관 안에 양극과 음극의 두 전극으로 구성되어 있다.
   ㉯ 양극은 표적과 구리로 된 전극봉으로 되어 있다.
   ㉰ 음극은 텅스텐으로 되어 있는 필라멘트와 집속 컵으로 되어 있다.
   ㉱ X선의 고유 여과성을 줄이기 위해 Fe창이 사용된다.

   X선의 고유 여과성을 줄이기 위해 Be창이 사용된다.

092 물체를 투과할 수 있는 능력이 가장 큰 방사선원은?
   ㉮ 코발트 60   ㉯ 250KVP X선
   ㉰ 20MeV 베타트론   ㉱ 이리듐 192

093 방사선의 성질에 대한 설명으로 틀린 것은?
   ㉮ 방사선은 광속으로 직진하며 에너지 수준에 따라 진동수가 달라진다.
   ㉯ 방사선의 물질을 투과하며 그것과 상호 작용을 일으킨다.
   ㉰ 방사선은 생체 세포를 파괴한다.
   ㉱ 인간의 오관으로 감지할 수 있다.

   방사선의 3가지 성질
   ① 방사선은 광속으로 직진하며 에너지 수준에 따라 진동수가 달라진다.
      ㉠ $E = h\nu$
         ※ E : 방사선 에너지, h : 플랑크의 상수, ν : 진동수이다.
      ㉡ $C = \lambda \nu$
         ※ C : 방사선의 속도, λ : 파장
      ㉢ $\dfrac{h \cdot c}{\lambda}$
   ② 방사선은 물질을 투과하며 그것과 상호 작용을 일으킨다.
      ㉠ $\ell x = \ell_0 \exp(-\mu x)$
         ※ ℓx : 두께 x를 투과한 방사선의 강도
         ℓ_0 : 입사 방사선의 강도
         x : 투과 두께, μ : 흡수 계수
      ㉡ 흡수 계수(μ)는 방사선 물질과의 상호 작용, 즉 광전 효과, 쌍전자 생성 등에 의해 정해진다.
      ㉢ 일반적으로 방사선의 파장이 길고 물질의 원자 번호가 높을수록 μ값은 커진다.
         $\mu = K\lambda^3 Z^3$
         ※ K : 비례 상수, Z : 물질의 원자 번호
   ③ 방사선은 생체 세포를 파괴하거나 인간의 오관으로 감지할 수 없다.

정답 089. ㉰ 090. ㉮ 091. ㉱ 092. ㉱ 093. ㉱

094. 방사선 투과 원리를 투명도에 따라 형성되는 그림자의 형태로 설명한 것 중 틀린 것은?

㉮ 그림자가 확대되고 찌그러진다.
㉯ 반 그림자가 생긴다.
㉰ 그림자가 어둡게 나타난다.
㉱ 그림자가 밝게 나타난다.

해설

투명도에 따라 형성되는 그림자의 형태로 본 방사선 투과 원리
① 그림자가 확대되고 찌그러진다.
  ㉠ 방사선이 평형하게 입사되지 않고 선원으로부터의 퍼져 나가므로 그림자는 확대되고 경우에 따라 찌그러진다.
  ㉡ 확대되는 정도를 나타내는 식 : $\frac{D_o}{D_i} = \frac{S_o}{S_i}$
② 반 그림자가 생긴다.
  ㉠ 반 그림자의 크기를 계산하는 식 :
    $Ug = \frac{F \cdot t}{D_o}$
    ※ Ug : 반 그림자의 크기
    Do : 시험편에서 필름까지의 거리
    t : 선원에서 시험편까지의 거리
    F : 선원의 크기
  ㉡ 선원이 하나의 점일 때는 반 그림자가 생기지 않는다.
  ㉢ 반 그림자가 커지면 본 그림자가 선명하게 식별되지 않는다.
  ㉣ 반 그림자가 작게 되도록 시험편에서 필름까지의 거리 등을 조절한다.
③ 그림자가 어둡게 나타난다.
  ㉠ 주위의 어둡기와 그림자의 어둡기의 차, 즉 명암도(Contrast)의 정도에 따라 식별도가 달라진다.
  ㉡ 필름 농도(density)(방사선 투과 사진의 어두운 정도, 즉 검게 변한 정도를 나타내기 위함)의 식 : $D = \log \frac{L_o}{L}$
    ※ L_o : 입사광의 강도, L : 투과광의 강도, D : 필름 농도

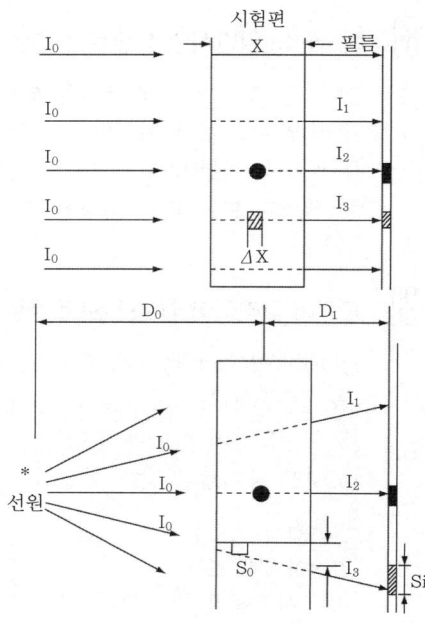

095. 다음 중 듀티 사이클로 맞는 것은?

㉮ duty cyce = $\frac{\text{사용 시간}}{\text{사용 시간} + \text{휴지 시간}} \times 100(\%)$

㉯ duty cyce = $\frac{\text{사용 시간} + \text{휴지 시간}}{\text{사용 시간}} \times 100(\%)$

㉰ duty cyce = $\frac{\text{사용 시간}}{\text{휴지 시간}} \times 100(\%)$

㉱ duty cyce = $\frac{\text{휴지 시간}}{\text{사용 시간}} \times 100(\%)$

해설

duty cyce = $\frac{\text{사용 시간}}{\text{사용 시간} + \text{휴지 시간}} \times 100(\%)$

정답 094. ㉱ 095. ㉮

096 현재 실용되고 있는 방사선 동위원소가 아닌 것은?

㉮ ^{60}Co ㉯ ^{137}Cs
㉰ ^{192}Ir ㉱ ^{170}Fe

현재 실용되고 있는 방사선 동위 원소
^{60}Co, ^{137}Cs, ^{192}Ir, ^{170}Tm

097 다음은 γ- 선의 차폐함 구조에 대한 설명이다. 틀린 것은?

㉮ 구조는 내부가 납 또는 우라늄(U-238)으로 되어 있다.
㉯ 선원의 위치를 가리키는 마이크로 스위치가 부착되어 있다.
㉰ 양끝 부분이 케이블을 조절한다.
㉱ γ -선 조사 방향을 조정하여 상질을 향상시킬 수 있는 선원 장치가 있다.

γ-선 조사 방향을 조정하여 필요한 부분에 방사선이 조사되어 상질의 향상과 불필요한 방사선의 조사를 방지한다. 방사선 안전 관리에 도움을 줄 수 있도록 원격 조절 장치가 부착되어 있다.

098 방사선투과 사진 촬영에 사용되는 증감지가 아닌 것은?

㉮ 연박 증감지(lead foil screen)
㉯ 형광 증감지
㉰ 산화연 증감지(lead oxid screen)
㉱ 우라늄 증감지

① 납 증감지(lead screen)
  ㉠ 연박 증감지
  ㉡ 산화연 증감지
② 형광 증감지(fluorescent screen)

099 다음 중 차폐함의 구조가 아닌 것은?

㉮ 저장틀 ㉯ 보호장치
㉰ 선원   ㉱ 표적

차폐함의 구조
백가이딩, 선원, 저장틀, 프린터 가이딩, 보호 장치

100 X선 장비와 γ-선 장비의 장·단점 비교가 잘못된 것은?

㉮ 전원 → 전원이 필요없다.
㉯ 이동성 → 이동성이 좋다.
㉰ 선명도 → 떨어진다.
㉱ 가격 → 비싸다.

X선 장비와 γ-선 장비의 장·단점 비교

종류 성질	X선 장비	γ-선 장비
전원	전원이 반드시 필요하다.	전원이 필요없다.
이동성	휴대가 용이치 않다.	대체로 이동성이 좋다.
가격	대체적으로 고가이다.	대체로 저렴하다.
조사방법	특별한 경우를 제외하고는 일정방향으로만 조사할 수 있다.	360° 또는 일정한 방향으로 조사 가능하다.
장비취급 및 보수	어렵다.	간단하다.
초점크기	γ-선 장비에 비해 다소 용이하다.	비교적 짧은 FFD로 촬영할 수 있다.
투과능력	적용전압에 따라 다르다.	사용는 방사선동위원소에 따라 다르다.
안전관리	γ-선에 비해 다소 용이하다.	X선에 비해 다소 떨어진다.
수명	고장이 없고 반영구적이다.	반감기가 짧은 동위원소는 자주 교체해야 한다.
선명도	좋다.	X선에 비해 다소 떨어진다.
작업성	작업 능률이 다소 떨어진다.	계속작업이 가능하다.

정답 096. ㉱ 097. ㉰ 098. ㉱ 099. ㉱ 100. ㉱

101 X선 필름의 선택 조건으로 맞지 않는 것은?

㉮ 시험할 시험물의 형상, 크기, 구조, 두께
㉯ 사용하는 방사선의 종류
㉰ X선 발생 장치의 사용 전압
㉱ 증감지의 선명도

X선 필름의 선택 조건
※ 좋은 상질의 방사선 투과 사진을 얻기 위한 필름의 선택 조건
① 시험할 시험물의 형상, 크기, 구조, 두께
② 사용하는 방사선의 종류
③ X선 발생 장치의 사용 전압
④ γ-선의 강도(Ci)
⑤ 시험이 단순한 것인지, 특수한 중요성을 가지고 있는 것인지의 여부
⑥ 요구되는 명암도, 선명도, 흑화도의 정도와 노출 시간
⑦ 필름 자체의 입자 크기에 따라 노출 시간이 달라짐을 고려한다.
※ 필름 입자가 작으면 노출 시간 및 현상 속도는 늦어지나 상질은 좋아진다.

102 다음 중 증감지를 사용하는 목적의 설명이 잘못된 것은?

㉮ 필름만을 사용하면 능률이 나쁘기 때문이다.
㉯ 증감지를 필름 양쪽에 밀착시켜 방사선 에너지를 유효하게 한다.
㉰ 짧은 시간의 노출을 할 수 있다.
㉱ 높은 전압의 X선을 사용하여 작업 능률을 좋게 하기 위함이다.

증감지의 사용 목적
필름만을 사용하면 능률이 나쁘고, 장시간의 노출과 고전압의 X선이 요구되기 때문에 증감지를 필름 양쪽에 밀착시켜 방사선 에너지를 유효하게 하여 ㉠ 짧은 시간의 노출, ㉡ 낮은 전압의 X선을 사용하여 작업 능률을 좋게 하기 위함이다.

103 필름과 필름 홀더 사이에 부착되어 있는 것은?

㉮ 인화지   ㉯ 차폐기
㉰ 증감지   ㉱ 투과도계

증감지와 필름의 배치도
필름 홀더 → 증감지(전면) → 필름 → 증감지(후면) → 필름 홀더

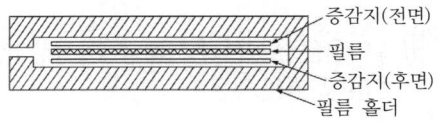

104 다음 설명 중 틀린 것은?

㉮ 필름 홀더는 마분지나 얇은 플라스틱으로 만들며 가격이 저렴하고 많은 양을 취급하기에 용이하다.
㉯ 카세트는 경질 고무, 플라스틱, Al 등으로 되어 있어 잘 구부릴 수 없다.
㉰ 카세트는 증감지와 필름의 접촉 상태가 나쁘다.
㉱ 진공 카세트는 접촉성이 가장 좋다.

카세트는 증감지와 필름의 접촉 상태가 좋다.

105 방사선 투과 사진의 상질을 나타내는 척도를 무엇이라 하는가?

㉮ 투과도계   ㉯ 카세트
㉰ 선명도   ㉱ 펄스

투과도계
① 방사선 투과 사진의 상질을 나타내는 척도이다.
② 촬영한 투과 사진의 대조와 선명도를 표시하는 기준이다.
③ 시험체와 같은 재질을 사용하는 것이 원칙이다.

정답 101. ㉱ 102. ㉱ 103. ㉰ 104. ㉰ 105. ㉮

106. 다음 중 유공형 투과도계의 종류가 아닌 것은?
  ㉮ ASTM
  ㉯ AFNOR
  ㉰ BWRA
  ㉱ DIN

  투과도계의 분류
  ① 철심형 투과도계
     ㉠ 일본의 JIS형
     ㉡ 독일의 DIN형
  ② 유공형 투과도계
     ㉠ 미국의 ASTM형(ASME형)
     ㉡ 프랑스의 AFNOR형
     ㉢ 미육군의 MIL형
     ㉣ 영국의 BWRA형
  ③ 유공형 투과도계는 시험체 두께의 2%에 해당하는 두께의 판에 소정의 구멍이 뚫려 있다.
  ④ 철심형도 2% 두께의 판에 철사의 직경이 등비 급수 또는 등차 급수로 변화한 일련의 철사를 플라스틱의 프레임에 부착한 구조로 되어 있다.

107. 선원 쪽에 투과도계를 놓을 수 없을 때에 어떻게 해야 하는가?
  ㉮ "F"자의 필름 마커(film marker)를 놓아 표시한다.
  ㉯ "2F"자의 필름 마커(film marker)를 놓아 표시한다.
  ㉰ "T"자의 필름 마커(film marker)를 놓아 표시한다.
  ㉱ "2-2T"자의 필름 마커(film marker)를 놓아 표시한다.

108. 다음은 투과도계에 대한 설명이다. 틀린 것은?
  ㉮ 투과도계 식별도는 KS 및 JIS의 경우 방사선 투과 사진상에 나타나는 철선의 수에 따라 결정된다.
  ㉯ ASTM 투과도계의 재질은 검사체의 재질과 동일해야 한다.
  ㉰ 투과도계의 4각의 외형 윤곽선은 방사선 사진의 명암도를 점검하는 데 사용한다.
  ㉱ 투과도계는 방사선 시험 시에 투과도계 방향과 직각되게 위치하도록 한다.

  ① 투과도계의 식별도 =
     $\dfrac{\text{시험부에 있어서 식별되는 투과도계의 최소선 지름(mm)}}{\text{투과 두께(mm)}} \times 100\,(\text{mm})$
  ② 투과도계는 방사선 투과 시험을 할 때에 선원 쪽의 시험면 위에 위치하도록 한다.

109. 2% 두께를 갖는 투과도계를 사용하여 2T 홀까지 윤곽이 잘 나타난다는 표시는?
  ㉮ 2T
  ㉯ 2-2T
  ㉰ 4-2T
  ㉱ 2-4T

  ① 2-2T는 2% 두께를 갖는 투과도계를 사용하여 2T홀까지 윤곽이 잘 나타난다.
  ② 2-4T는 2% 두께를 갖는 투과도계를 사용하여 4T홀까지 윤곽이 잘 나타난다.

110. 방사선 투과 사진의 선명도를 좌우하는 인자가 아닌 것은?
  ㉮ 기하학적 조건
  ㉯ 필름의 입도
  ㉰ 산란 방사선
  ㉱ 광전 효과

111. ASTM 투과도계의 식별도로 맞는 것은?
(단, α : 투과도계의 감도, T : 투과도계의 두께, h : 식별되는 구멍의 직경, X : 시험체의 두께)

㉮ $a = 100 \times \sqrt{\dfrac{Th}{2}}$

㉯ $a = 1000 \times \sqrt{\dfrac{2}{Th}}$

㉰ $a = 1000 \times \sqrt{Th \cdot 2}$

㉱ $a = 1000 \times \sqrt{Th+2}$

$a = 100 \times \sqrt{\dfrac{Th}{2}}$

※ a : 투과도계의 감도(senitivity),
  T : 투과도계의 두께(mm),
  h : 식별되는 구멍의 직경(mm),
  X : 시험체의 두께(mm)

112. 투과도계가 놓이는 위치와 검사 부위의 두께를 같게 하는 데 사용한 것은?

㉮ 계조계   ㉯ 심
㉰ 필름 마커   ㉱ 명암도

심을 사용하는 이유
투과도계가 놓이는 위치와 검사 부위의 두께를 같게 하는 데 목적이 있다.

113. ASME 규정에 필름 마커의 크기(mm)는 얼마를 기준으로 하는가?

㉮ 6.35   ㉯ 5.64
㉰ 4.78   ㉱ 2.35

ASME 규정에 필름 마커의 크기
필름 마커의 크기 → $\dfrac{1}{4}''$(6.35mm), 두께 → $\dfrac{1}{4}''$
(12.7mm) 이상

114. 방사선 투과 검사를 할 때 용접부에 투과도계를 놓을 수 없고 모재 위에 놓게 되는데 이때 용접부와 모재의 두께 차이만큼 보정하는 데 사용되는 것을 무엇이라 하는가?

㉮ 계조계   ㉯ 심
㉰ 필름 마커   ㉱ 투과도계

심(shim)
① 방사선 투과 검사를 할 때 용접부에 투과도계를 놓을 수 없고 모재 위에 놓게 되는데 이때 용접부와 모재의 두께 차이만큼 보정하는 데 사용되는 것을 심이라 한다.
② 심의 재질은 반드시 피검사체와 같은 재질이어야 한다.

115. 다음 중 필름 마커로 많이 사용되는 재질은?

㉮ 납   ㉯ 철
㉰ 구리   ㉱ W

필름 마커(film marker)
① 방사선을 흡수하는 재질을 사용하여 문자나 숫자를 표시할 수 있으면 된다.
② 일반적으로 필름 마커에 사용되는 것은 흡수계수가 큰 납(Pb)이 많이 사용된다.
③ 플라스틱에 조각하여 여기에 납을 흘려 넣은 것(X선용)과 납합금(Pb+Sb)을 주조하여 (γ선용) 사용한다.

116. 필름의 명암도에 영향을 주는 요인이 아닌 것은?

㉮ 필름의 종류   ㉯ 필름상의 농도
㉰ 현상 조건   ㉱ 방사선 에너지

방사선 에너지는 시험체의 명암도에 영향을 준다.

정답 111. ㉮ 112. ㉯ 113. ㉮ 114. ㉯ 115. ㉮ 116. ㉱

117. 방사선 투과 사진의 선명도 중 기하학적 조건이 아닌 것은?
- ㉮ 선원의 크기
- ㉯ F.O.D
- ㉰ S.F.D
- ㉱ 현상 조건

① 선명도
  ㉠ 기하학적 조건 : 선원의 크기, F.O.D, S.F.D, 증감지와 필름의 접촉, 시험체의 두께 차이
  ㉡ 필름의 입도 : 필름의 종류, 증감지의 종류, 방사선 에너지, 현상 조건
② 산란 방사선 : 방사선의 에너지, 내부 산란, 후방 산란, 측면 산란, 산란선 제거용, 스크린, 마스크, 콜리미터, 쇼트의 사용 여부
③ 명암도
  ㉠ 시험체의 명암도 : 시험체의 두께 차이, 시험체의 농도 차이, 방사선 에너지
  ㉡ 필름의 명암도 : 필름의 종류, 필름상의 농도, 현상 조건

118. 산란 방사선은 투과 사진의 상의 형상에 나쁜 영향을 주므로 산란 방사선의 정도를 약화시키는 등의 방지 대책을 강구해야 되는데 다음 중 방지 대책이 아닌 것은?
- ㉮ 후방 스크린의 사용
- ㉯ 마스크의 사용
- ㉰ 필터의 사용
- ㉱ 투과도계의 사용

방지 대책
① 후방 스크린의 사용
② 마스크의 사용
③ 필터의 사용
④ 콜리미터(collimeter), 조리개(diaphragm), 콘(cone)의 사용
⑤ 필름 후면의 납판 사용

119. 다음 촬영 조건 중 투과 사진의 상을 선명하게 하는 것이 아닌 것은?
- ㉮ 선원의 크기가 작을수록 선명하다.
- ㉯ 시험체와 선원 간의 거리가 멀수록 선명하다.
- ㉰ 시험체와 필름 간 거리가 가까울수록 선명하다.
- ㉱ 필름간의 배치가 수평에 가까울수록 선명하다.

선원과 시험체, 필름 간의 배치가 수직에 가까울수록 선명하다.

120. 불선명도의 크기는 무엇의 크기로 나타내는가?
- ㉮ 선원의 크기
- ㉯ 명암도의 크기
- ㉰ 필름의 크기
- ㉱ 콘의 크기

121. 다음 중 기하학적 불선명도를 나타내는 공식은? (단, Ug : 기하학적 불선명도, F : 선원의 크기, t : 시험체 - 필름 간 거리, D : 선원 - 시험체 간의 거리)
- ㉮ $Ug = \dfrac{F \cdot t}{D}$
- ㉯ $Ug = \dfrac{D}{F \cdot t}$
- ㉰ $Ug = \dfrac{F}{D \cdot t}$
- ㉱ $Ug = F \cdot t \times D$

117. ㉱ 118. ㉱ 119. ㉱ 120. ㉮ 121. ㉮

122 다음 설명 중 틀린 것은?

㉮ 명암도에 영향을 주는 요인은 시험체의 명암도와 필름의 명암도이다.
㉯ 시험체의 명암도에 영향을 주는 요인은 시험체의 두께차 등이다.
㉰ 필름의 명암도는 필름의 종류에 따라 주어진 에너지에 대한 농도차이다.
㉱ 필름의 종류 중에는 현상 속도가 빠른 필름은 입도가 좋다.

① 명암도에 영향을 주는 요인
  ㉠ 시험체의 명암도
  ㉡ 필름의 명암도
② 시험체의 명암도에 영향을 주는 요인
  ㉠ 시험체의 두께차
  ㉡ 시험체의 밀도차
  ㉢ 방사선 에너지의 종류
③ 필름의 명암도
  ㉠ 필름의 종류에 따라 주어진 에너지에 대한 농도 차이를 나타내는 필름 자체의 특성을 말한다.
  ㉡ 필름의 종류 중에는 현상 속도가 빠른 필름은 입도가 나쁘다.
  ㉢ 납 스크린과 방사선 에너지가 낮은 것이 투과 사진의 선명도가 좋다.

123 다음 중 암실 작업의 순서로 맞는 것은?

㉮ 현상 → 정지 → 정착 → 수세
㉯ 정지 → 현상 → 정착 → 수세
㉰ 현상 → 정착 → 정지 → 수세
㉱ 수세 → 정착 → 현상 → 정지

암실의 작업 순서
현상 → 정지 → 정착 → 수세 → 건조의 5단계로 나눈다.

124 양질의 투과 사진을 얻기 위한 중요한 조건이 아닌 것은?

㉮ X선, γ-선의 방향과 관련된 시험물의 배치
㉯ 투과도계
㉰ 시험체와 필름과의 상호 관계
㉱ 촬영 각도

양질의 투과사진을 얻기 위한 중요한 조건
① X선 또는 γ-선의 방향과 관련된 시험물의 배치
② 선원, 시험체와 필름의 상호 관계
③ 촬영 각도. 초점의 위치 촬영 배치에 따른 입사 방사선의 배열

125 양질의 투과 사진을 얻기 위한 유의 사항으로 거리가 먼 것은?

㉮ 튜브의 촬영 각도
㉯ 입사 방사선의 배열
㉰ 투과도계의 위치
㉱ 시험체의 종류에 따른 필름 마커

양질의 투과 사진을 얻기 위한 유의 사항
① 튜브의 촬영 각도
② 입사 방사선의 배열
③ 투과도계의 위치
④ F.F.D 또는 S.F.D
⑤ 열영향부까지 촬영할 수 있는 기준
⑥ 시험체의 종류에 따른 필름의 선택

정답 122. ㉱ 123. ㉮ 124. ㉯ 125. ㉱

126. 현상 온도는 몇 ℃에서 하는 것이 가장 좋은가?
㉮ 10   ㉯ 20
㉰ 30   ㉱ 40

현상은 20℃에서 5분간 현상하는 것이 이상적이다.

127. 다음 중 설명이 잘못된 것은?
㉮ 현상은 알칼리성 현상액 히드로퀴논(hydroquinone)을 사용한다.
㉯ 현상 도중에 분단 3~4회 정도 현상액을 교반해 주면 양호한 현상이 된다.
㉰ 정지의 목적은 현상 작용을 중지시켜 주어 필름의 흑화도를 적절히 맞추어 주고 필름에 묻은 현상액을 씻어 주거나 중화시켜 준다.
㉱ 정지 시간은 약 10~12분이 적당하다.

정지 시간은 약 1~3분이 적당하다.

128. 다음은 정착에 대한 설명이다. 틀린 것은?
㉮ 정착은 하이포산을 사용하여 현상되지 않는 부분의 은염을 제거시켜 영상을 영구적으로 남겨 주는 역할을 한다.
㉯ 정착 시간은 클리어링 시간의 약 2배인 10~15분 정도가 적당하다.
㉰ 클리어링 시간은 필름을 정착액 속에 담그어 두었을 때 현상되지 않는 필름의 은염막이 완전히 제거되는 시간을 말한다.
㉱ 정착은 현상 → 정지 → 수세 → 건조 다음에 실시한다.

129. 정착액을 완전히 씻어 주어 필름의 변질을 막아주기 위한 목적으로 행하는 것은?
㉮ 정지   ㉯ 수세
㉰ 건조   ㉱ 현상

수세의 목적
① 수세의 목적은 정착액을 완전히 씻어 주어 필름의 변질을 막는 것
② 방법은 흐르는 물에서 약 5분간 잘 씻어 주면 된다.

130. 강 용접부의 결함 판정 규격을 KS B 0845에 의한 분류 중 틀린 것은?
㉮ 제1종 결함   ㉯ 제2종 결함
㉰ 제3종 결함   ㉱ 제4종 결함

① 제1종 결함 : 기공 및 유사한 둥근 결함
② 제2종 결함 : 가는 슬래그 개입 및 유사한 결함
③ 제3종 결함 : 터짐 및 유사한 결함

131. 다음 중 결함의 길이로 판정하는 것은 어느 것인가?
㉮ 제1종 결함   ㉯ 제2종 결함
㉰ 제3종 결함   ㉱ 제4종 결함

제2종 결함
① 결함의 길이로 판정한다.
② 슬래그 혼입의 경우는 1×결함 길이로 한다.
③ 용입 부족, 융합 부족의 경우는 2×결함 길이로 판정한다.
④ 용입 부족 및 융합 부족의 결함인 경우는 1급이 될 수 없다.

정답 126. ㉯ 127. ㉱ 128. ㉱ 129. ㉯ 130. ㉱ 131. ㉯

132. 방사선 사용에 대한 규제 법 및 규칙의 근거가 아닌 것은?
   ㉮ 방사선 장해 방지법
   ㉯ 노동 안전 위생법
   ㉰ 전리 방사선 장해 방지 규칙
   ㉱ 노동법

133. 강판에 있는 라미네이션을 쉽게 찾아낼 수 있는 비파괴 시험법은? (내부에 존재하는 결함)
   ㉮ 초음파 탐상 시험
   ㉯ 누설 시험
   ㉰ 방사선 투과 시험
   ㉱ 와류 탐상 시험

134. 구형 탱크(spherical tank) 조립시 용접과 수압 시험을 실시한 후 수압으로 인한 용접 부위에 균열 발생 여부를 탐지하고자 할 때 가장 효과적인 비파괴 검사 방법은?
   ㉮ 방사선 투과 검사
   ㉯ 초음파 탐상 검사
   ㉰ 수침 탐상 검사
   ㉱ 자기 탐상 검사

135. 오실로스코프로 반사파의 크기, 형상 등으로 결함의 크기와 상태를 판정하는 검사법은 무엇인가?
   ㉮ X선 검사법   ㉯ 초음파 탐상법
   ㉰ 침투 탐상법   ㉱ 자력 결함 검사법

136. 시험 시야 내의 결함 점수로 판정하는 것은?
   ㉮ 제1종 결함   ㉯ 제2종 결함
   ㉰ 제3종 결함   ㉱ 제4종 결함

제1종 결함
① 시험 시야 내의 결함 점수로 판정한다.
② 시험 시야 내에 결함이 2개 이상일 경우는 결함 점수의 총합으로 한다.
③ 시험 시야의 경계에 걸치는 경우는 시야 밖의 부분도 포함해 측정한다.
④ 정해진 시험 시야에서만 등급 분류하는 것이 부적당할 때는 협정에 의해 용접선 방향으로 3배 정도 확대한 시야 내의 결함 점수의 총합을 구하고 그 $\frac{1}{3}$의 값을 결함 점수로 한다.
⑤ 제1종 결함의 등급 분류

모재두께(mm) 등급	10 이하	10 초과 ~25	25~ 50	50~ 100	100 초과
1급	1	2	4	5	6
2급	3	6	12	15	18
3급	6	12	24	30	36
4급	결함 점수가 3급보다 많은 것				

※ 결함의 긴 직경이 모재 두께의 $\frac{1}{2}$을 초과할 경우에는 4급으로 하고, 1급에 대해서는 시험 시야 내의 10개 이상의 결함이 있어서는 안된다.

⑥ 결함 점수의 기준

결함의 긴지름(mm)	점수
1.0 이하	1
1.0~2.0	2
2.0~3.0	3
3.0~4.0	6
4.0~6.0	10
6.0~8.0	15
8.0 초과	25

정답 132. ㉱ 133. ㉮ 134. ㉯ 135. ㉯ 136. ㉮

137 아래에 열거된 결함과 비파괴 검사 방법의 관계 중 결함 검출이 가능하게 가장 적절히 연결된 것은?

㉮ 기공 : 액체 침투 탐상 검사
㉯ 슬래그 혼입(용접부 내부) : 와전류 탐상 검사
㉰ 라미네이션 : 초음파 탐상 검사
㉱ 심, 랩 : 방사선 투과 검사

138 피검체의 내부 결함 검사에 사용되며 면상(面狀) 결함 검출에 우수한 비파괴 검사법은?

㉮ 초음파 탐상법 ㉯ 자분 탐상법
㉰ 방사선 탐상법 ㉱ 와류 탐상법

139 시편을 파괴하지 않고 재료 내부의 결함 유무를 알고자 할 때 가장 적당한 것은?

㉮ 자기 탐상법
㉯ 매크로 조직 검사법
㉰ 가압 검사법
㉱ 초음파 탐상법

140 초음파 탐상기의 주요 성능에 해당되지 않는 것은?

㉮ 증폭의 직선성 ㉯ 분해능
㉰ 시간축의 직선성 ㉱ 프로드

141 다음에 기술한 결함을 검출하는데 초음파 탐상 시험법으로 가장 찾기 어려운 것은?

㉮ 라미네이션 검출
㉯ 기공의 검출
㉰ 용입 부족의 검출
㉱ 균열의 검출

142 아래에 열거된 비파괴 시험법 중 시험재의 내부 결함의 표면으로부터의 깊이와 위치를 손쉽게 판별할 수 있는 시험법은?

㉮ 응력 시험(AE)
㉯ 초음파 탐상 시험(UT)
㉰ 자분 탐상 시험(MT)
㉱ 와전류 탐상 시험(ET)

143 초음파 탐상 시험으로 검출이 곤란한 결함은 어떤 것인가?

㉮ 재료의 내부에 라미네이션
㉯ 외부의 결함
㉰ 용접부의 결함
㉱ 내부의 기공 같은 작은 구상 결함

144 압연 판제(rolled plate)의 라미네이션(lamination) 결함 검사에 적합한 비파괴 검사 방법은?

㉮ 방사선 투과 시험
㉯ 와전류 탐상 검사
㉰ 초음파 탐상 시험
㉱ 자분 탐상 검사

145 금속 내부에 결함이 존재할 때 표면으로 부피의 깊이를 손쉽게 측정할 수 있는 방법은?

㉮ 초음파 탐상법
㉯ 침투 탐상법
㉰ 방사선 투과 시험법
㉱ 자분 탐상법

정답 → 137. ㉰ 138. ㉮ 139. ㉱ 140. ㉱ 141. ㉯ 142. ㉯ 143. ㉱ 144. ㉰ 145. ㉮

146. 초음파 탐상 검사의 장점으로 볼 수 없는 것은?
   ㉮ 투과력이 크다.
   ㉯ 자동화가 용이하다.
   ㉰ 두께 측정을 정확히 할 수 있다.
   ㉱ 복잡한 형상의 피사체에 적용이 용이하다.

147. 단조품의 내부 결함을 찾아내고자 한다. 다음 비파괴 시험법 중 어떠한 방법을 택하는 것이 가장 좋겠는가?
   ㉮ 초음파 탐상 시험
   ㉯ 자분 탐상 시험
   ㉰ 액체 침투 탐상 시험
   ㉱ 와전류 탐상 시험

148. 다음 중 초음파 탐상법에서 가장 많이 사용되는 것은?
   ㉮ 투과법   ㉯ 공진법
   ㉰ 펄스 반사법   ㉱ 반복법

원리적 측면으로 분류
① 투과법, 공진법, 펄스 반사법이 있다.
② 펄스 반사법이 공업적으로는 주로 이용된다.

149. 피검사체 내에 초음파의 펄스를 보내 그것이 결함에 부딪쳐 되돌아오는 반향음을 받아 결함의 상태를 파악하는 비파괴 시험의 일종은?
   ㉮ 투과법   ㉯ 공진법
   ㉰ 펄스 반사법   ㉱ 반복법

150. 다음 중 초음파 탐상법에 속하지 않는 것은?
   ㉮ 투과법   ㉯ 임펄스법
   ㉰ 공진법   ㉱ 여과법

151. 철강재에서 음속의 종파(m/sec)는 얼마인가?
   ㉮ 340   ㉯ 1500
   ㉰ 5900   ㉱ 3230

① 공기 중에서 음속 → 340m/sec
② 물에서의 음속 → 1500m/sec
③ 철강재에서 음속 → 종파 : 5900m/sec,
                    횡파 : 3230m/sec

152. 다음 중 전파 속도의 결정 요인이 아닌 것은?
   ㉮ 매질의 탄성률   ㉯ 밀도
   ㉰ 포아송 비   ㉱ 파장

전파의 속도는 매질의 탄성률, 밀도, 포아송 비에 의해 결정된다.

153. 다음 중 파장이란?
   ㉮ 음속을 진동수로 나눈 것이다.
   ㉯ 진동수를 파장으로 나눈 것이다.
   ㉰ 음속을 밀도로 나눈 것이다.
   ㉱ 밀도를 음속으로 나눈 것이다.

파장
① 음속을 진동수로 나눈 것이다.
② $\lambda = \dfrac{C}{f}$
   ※ C : 음속, f : 진동수, λ : 파장

154 다음은 파장에 대한 설명이다. 틀린 것은?
㉮ 초음파의 파장은 검출 가능한 결함의 크기를 지배한다.
㉯ 전파 능력은 파장에 의해 지배한다.
㉰ 파장이 짧으면 이에 비례하여 작은 결함의 검출이 가능하다.
㉱ 검사에서 파장의 조절은 음속에 의해 할 수 있다.

초음파의 파장
① 초음파의 파장은 검출 가능한 결함의 크기와 전파능력은 파장에 의해 지배된다.
② 파장이 짧으면 이에 비례하여 작은 결함의 검출이 가능하지만 전파 능력이 떨어져 두껍거나 거친 입자로 된 재료의 검사는 어렵다.
③ 검사에서 파장의 조절은 초음파를 발생시키는 진동자수를 조절함으로써 가능하다.

155 접촉 매질에 대한 설명으로 틀린 것은?
㉮ 탐촉자와 시험재 사이의 공간을 없애기 위해 탐상면에 액체를 바르는데 이 액체를 말한다.
㉯ 매끈한 표면에는 기계유와 같은 광물유 또는 물을 이용한다.
㉰ 거친 것에는 글리세린 또는 물유리를 사용한다.
㉱ 경사면과 수직면 등을 포함한 전자세로 탐상할 경우 적당한 분리사를 사용한다.

경사면과 수직면 등을 포함한 전자세로 탐상할 경우 적당한 점성이 필요하므로 합성풀 또는 그리스 등을 사용한다.

156 시험체에 초음파를 전달시키기 위하여 탐촉자를 시험체에 직접 접촉시키는 방법은?
㉮ 수침법 ㉯ 반사법
㉰ 탐촉자법 ㉱ 연속법

시험체에 초음파를 전달시키기 위하여 탐촉자를 시험체에 직접 접촉시키는 방법
직접 접촉법, 수침법의 2가지가 있다.

157 다음 설명 중 잘못된 것은?
㉮ 초음파는 결함이나 후면과 같은 불연속부에 충돌하면 반사한다.
㉯ 초음파가 경계면에 수평으로 입사 충돌하면 초음파의 일부는 투과된다.
㉰ ㉯항의 관계는 경계면에 접해 있는 두 매질의 음향 임피던스에 의해 결정된다.
㉱ 불연속부라는 것은 다른 매질의 두 물체가 접촉하고 있는 경계면을 말한다.

① 초음파는 결함이나 후면과 같은 불연속부에 충돌하면 반사한다.
② 초음파가 경계면에 수직으로 입사 충돌하면 초음파의 일부는 투과하고 나머지는 반사한다.
③ 그 관계는 경계면에 접해 있는 두 매질의 음향 임피던스에 의해 결정된다.
$Z = \rho \cdot C$
※ Z : 음향 임피던스, P : 초음파의 속도, ρ : 매질의 밀도
④ 불연속부라는 것은 다른 매질의 두 물체가 접촉하고 있는 경계면을 말한다.
⑤ 초음파는 매질로 전파해 가면서 산란하거나 에너지가 흡수되므로 점점 약해진다.
⑥ 거친 재료일 때는 산란이 더 많아져 음파의 전파 거리가 아주 짧아진다.

158. 초음파 감쇠량(dB)이란? (단, P0 : 초기의 음압, x : 전파의 거리, Px : 거리 x를 지난 후의 음압)

㉮ $10\log_{10}\left(\dfrac{P_o}{P_x}\right)$ ㉯ $10\log_{10}\left(\dfrac{P_x}{P_o}\right)$

㉰ $20\log_{10}\left(\dfrac{P_o}{P_x}\right)$ ㉱ $20\log_{10}\left(\dfrac{P_o}{P_x}\right)$

159. 브라운관의 탐상 도형에 있어서 결함 반사 파처럼 보이는 반사파를 무엇이라 하는가?

㉮ 송신 펄스 ㉯ 반복 주파수
㉰ 잔향 반사파 ㉱ 탐촉자

잔향 반사파 (고스트 반사파)
브라운관의 탐상 도형에 있어서 결함 반사파가 아니고, 결함 반사파처럼 보이는 반사파를 말한다.

160. 전기를 초음파로, 초음파를 전기로 바꾸는 진동자의 에너지 유지체(댐퍼), 접전 등에 의해 조립되어 있는 것은?

㉮ 펄스 ㉯ 잔향 반사파
㉰ 브라운관 ㉱ 탐촉자

161. 다음 중 탐상 목적에 따른 탐촉자의 분류가 아닌 것은?

㉮ 수직 탐촉자 ㉯ 경사각 탐촉자
㉰ 수침 탐촉자 ㉱ 수평 탐촉자

탐상 목적에 따른 탐촉자의 분류
① 수직 탐촉자
② 경사각 탐촉자
③ 수침 탐촉자
④ 분할형 수직 탐촉자

162. 피검사체 내에 초음파의 펄스를 보내 그것이 결함에 부딪쳐 되돌아오는 방향음을 받아 결함의 상태를 파악하는 비파괴시험은?

㉮ 투과법 ㉯ 공진법
㉰ 펄스 반사법 ㉱ 스니퍼법

163. 1초간의 송신 펄스의 발사 횟수를 무엇이라 하는가?

㉮ 반복 주파수 ㉯ 탐촉자
㉰ 검파 ㉱ 리젝션

① 1초간의 송신 펄스의 발사 횟수를 반복 주파수라고 한다.
② 펄스의 반복 주파수

항목 \ 펄스의 반복주파수	많을 때	적을 때
브라운관의 반사파 밝기	밝다.	어둡다.
자동 탐상 속도	빨리 된다.	빨리 되지 않는다.
잔향 반사파	생기기 쉽다.	생기지 않는다.

164. 다음 중 수직 탐촉자가 탐상이 곤란하거나 감도가 격감할 경우가 아닌 것은?

㉮ 시험재 표면에 도장이 되어 있을 때
㉯ 산화되어 있을 때
㉰ 면이 너무 미세할 때
㉱ 면이 심하게 거칠 때

165. 다음 중 표준 시험편의 표시는?

㉮ STB ㉯ RB
㉰ ISO ㉱ KS

정답 158. ㉰ 159. ㉰ 160. ㉱ 161. ㉱ 162. ㉰ 163. ㉮ 164. ㉰ 165. ㉮

166 표면 가까이의 결함 검지나 펄스 반사 방식의 두께 측정에 사용되는 탐촉자는?

㉮ 수직 탐촉자
㉯ 경사각 탐촉자
㉰ 수침 탐촉자
㉱ 분할형 수직 탐촉자

분할형 수직 탐촉자
① 수직 탐촉자의 변형으로 표면 가까이의 결함 검지나 펄스 반사 방식의 두께 측정에 사용된다.
② 진동자는 약간 경사지게 해서 송·수신의 초점이 탐상면에서 일정한 깊이에 만들어져 있으므로 초점 위치에 있는 결함에서의 반사파 높이가 최대가 되고, 그것에서 결함 위치가 가깝거나 멀어도 결함 반사파의 높이는 급격히 저하된다.

167 다음 그림은 어떤 탐촉자의 구조인가?

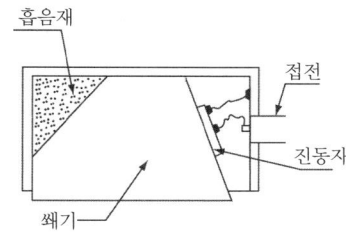

㉮ 수직 탐촉자
㉯ 경사각 탐촉자
㉰ 수침 탐촉자
㉱ 분할형 수직 탐촉자

168 1~MHz에서의 수직 탐촉자용으로 만들어진 시험편은?

㉮ STB-G
㉯ STB-A1
㉰ STB-N1
㉱ STB-A2

169 다음 그림은 어떤 탐촉자의 구조인가?

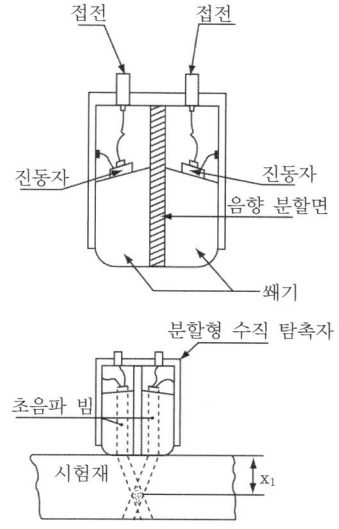

㉮ 수직 탐촉자
㉯ 경사각 탐촉자
㉰ 수침 탐촉자
㉱ 분할형 수직 탐촉자

170 다음 중 대비 시험편 표시는?

㉮ STB   ㉯ RB
㉰ ISO   ㉱ KS

대비 시험편
① RB(reference block)로 표시한다.
② 특정 시험편을 위한 시험편이다.
③ 탐상기 감도 조정의 표준 측정 범위의 조정 등에 사용된다.
④ 시험재와 같은 재질 또는 유사 재질의 것으로 제작하는 경우가 많다.

정답 166. ㉱ 167. ㉯ 168. ㉮ 169. ㉱ 170. ㉯

171 표준 시험편의 사용에 대한 설명 중 틀린 것은?

㉮ 탐상기의 특성 시험
㉯ 감도 조정
㉰ 시간축의 측정 범위 조정
㉱ 탐촉자 조정

표준 시험편
① STB(standard test block)로 표시한다.
② 재질, 형상, 치수 및 성능이 권위 있는 시험기관에 의해 검정된 시험편이다.
③ 탐상기의 특성 시험 또는 감도 조정, 시간축의 측정 범위 조정에 사용된다.

172 표준 시험편의 지름이 모두 2mm로 탐상면에서 표면 구멍까지의 거리가 다른 4종류로 구성되어 있는 STB-G는?

㉮ 단면 60mm각의 시험편
㉯ 단면 50mm각의 시험편
㉰ 단면 40mm각의 시험편
㉱ 단면 20mm각의 시험편

단면 60mm각의 STB-G 시험의 구성

시험편의 종류	V2	V3	V5	V8
시험편의 전길이 L(mm)	40	50	70	100
탐상면에서 표준구멍까지의 거리 ℓ (mm)	20	30	50	–

173 G형 감도 표준 시험편(STB-G)에 대한 설명으로 잘못된 것은?

㉮ 이 시험편은 1~MHz에서의 수직 탐촉자용으로 만들어진 시험편이다.
㉯ 탐상기의 감도 조정 외에 특성 시험 또는 탐촉자의 성능 시험에 사용된다.
㉰ 재질은 보통강으로 만들어졌다.
㉱ 시험편 저면의 중심부에 수직으로 구멍이 가공되어 있다.

① 재질은 베어링강으로 만들어져 있다.
② 단면 60mm각과 50mm각의 2종류로 구성되어 있다.

174 G형 감도 표준 시험편(STB-G)에서 V2란 무엇을 의미하는가?

㉮ 탐상면에서 2mm 떨어진 곳에 표준 구멍의 저면이 있다는 뜻이다.
㉯ 탐상면에서 2cm 떨어진 곳에 표준 구멍의 저면이 있다는 뜻이다.
㉰ 탐상면에서 지름이 2mm²의 표준 구멍의 저면이 있다는 뜻이다.
㉱ 탐상면에서 지름이 2cm²의 표준 구멍의 저면이 있다는 뜻이다.

G형 감도 표준 시험편(STB-G)에서 V의 의미
탐상면에서 표준 구멍까지의 거리를 cm로 표시했을 때의 숫자를 붙여서 V2, V3 등으로 표시한다.

정답 171. ㉱ 172. ㉮ 173. ㉰ 174. ㉯

175. 탐상면에서 표준 구멍까지의 거리는 일정하고 구멍지름이 다른 6개 시험편으로 구성된 STB-G는?

㉮ 단면 60mm각의 시험편
㉯ 단면 50mm각의 시험편
㉰ 단면 40mm각의 시험편
㉱ 단면 20mm각의 시험편

단면 50mm각의 STB-G 시험의 구성

시험편의 종류	표준구멍의 지름d(mm)	시험편의 종류	표준구멍의 지름d(mm)
V15-1	1.0	V15-2.8	2.8
V15-1.4	1.4	V15-4	4.0
V15-2	2.0	V15-5.6	5.6

176. 탐상면에서 표준 구멍까지의 거리가 150mm이고, 표준 구멍의 지름이 2mm임을 의미하는 것은?

㉮ V15-1
㉯ V15-2
㉰ V150-1
㉱ V150-2

V15-2라는 것은 탐상면에서 표준 구멍까지의 거리가 150mm이고, 표준 구멍의 지름이 2mm라는 것을 의미한다.

177. 단면 50각의 STB - G 감도 표준 시험편의 V15 - 2에서 15가 뜻하는 것은?

㉮ 탐상면에서 표준 구멍까지의 거리
㉯ 표준 구멍의 지름
㉰ 탐상하고자 하는 시험편의 구멍 지름
㉱ 시험편의 직경

① V 바로 다음의 숫자는 탐상면에서 표준 구멍까지의 거리이다.
② 하이픈 뒤의 숫자는 표준 구멍의 지름이다.

178. 재질은 용접 구조용 압연 강재인 SWS 41을 담금질-템퍼링 처리한 것을 사용하며 오스테나이트 결정 입도가 7이상인 것으로 사용한 것은?

㉮ STB-G
㉯ STB-A1
㉰ STB-N1
㉱ STB-A2

초음파 경사각 탐상용 A1형 표준 시험편 (STB-A1) KS B 0829
① 국제 용접 학회(IIW)의 권고로 모양을 만들었다.
② 재질은 용접 구조용 압연 강재인 SWS 41을 담금질-템퍼링 처리한 것을 사용하며 오스테나이트 결정 입도가 7 이상인 것으로 사용한다.

179. STB-A1 시험편은 초음파 탐상 장치의 조정에 주안을 둔 시험편으로 용도가 틀린 것은?

㉮ 측정 범위의 조정
㉯ 수직 탐촉자의 분해능 측정
㉰ 경사각 탐촉자의 입사각 측정
㉱ 수직 탐촉자의 굴절각 측정

STB-A1 시험편의 용도
① 측정 범위의 조정
② 수직 탐촉자의 분해능 측정
③ 경사각 탐촉자의 입사각 측정
④ 경사각 탐촉자의 굴절각 측정

180 STB-A1 시험편의 측정 범위의 조정으로 맞는 것은?

㉮ 25mm(두께), 100mm, 200mm는 수직법에 사용한다.
㉯ 91mm는 수직법에 사용한다.
㉰ 100mmR의 곡면을 사용해서 수직 탐촉자에 의한 종파의 측정 범위를 조정한다.
㉱ 경사각 탐촉자의 굴절각 측정은 굴절각 800까지는 50mm DEML 구멍에 의해 굴절각을 측정한다.

STB-A1 시험편의 측정 범위의 조정

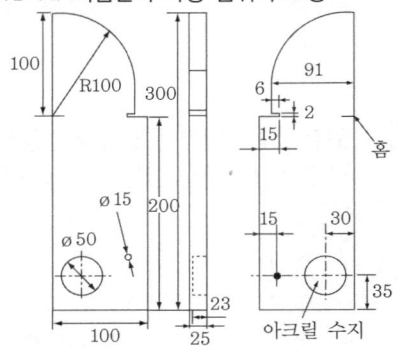

[STB-A1의 규격]

① 25mm(두께), 100mm, 200mm는 수직법에 사용한다.
② 91mm는 수직 탐촉자에 의한 횡파의 측정 범위 조정에 사용한다.
③ 100mmR의 곡면을 사용해서 경사각 탐촉자에 의한 횡파의 측정 범위를 조정한다.
④ 수직 탐촉자의 분해능 측정은 2mm의 홈에 의한 85mm와 91mm 및 100mm의 반사파에 의해 분해능의 양부를 검정하고, 100mmR의 곡면에 의해 경사각 탐촉자의 입사점을 측정한다.
⑤ 경사각 탐촉자의 굴절각 측정은 굴절각 35～70°까지는 50mm의 구멍에 의해, 굴절각 80°의 경우에는 1.5mm의 구멍에 의해 굴절각을 측정한다.

181 STB-N1의 시험편의 두께와 폭은 얼마의 것을 이용해서 측정 범위의 조정에도 사용할 수 있는가?

㉮ 두께 : 2.5mm, 폭 : 10mm
㉯ 두께 : 25mm, 폭 : 100mm
㉰ 두께 : 250mm, 폭 : 10mm
㉱ 두께 : 25cm, 폭 : 100cm

① STB-N1의 시험편은 두께 25mm, 폭 100mm인 것을 이용해서 측정 범위의 조정에도 사용할 수 있다.
② 이 시험편은 수침법 또는 갭(gap)법에서 사용하는 것이 원칙이다.
③ STB-G 시험편 외에 강판 전용의 시험편(STB-N1)을 사용하는 이유
　㉠ STB-G는 대상으로 하는 강판의 두께에 비교해서 탐상 거리가 크고,
　㉡ STB-G의 가장 작은 V₂ 시험편에서는 표준 구멍의 지름이 2mm로 되기 때문에 탐상 감도를 이것으로 정하면 탐상 감도가 너무 높아서 강판 검사에는 부적당하기 때문이다.

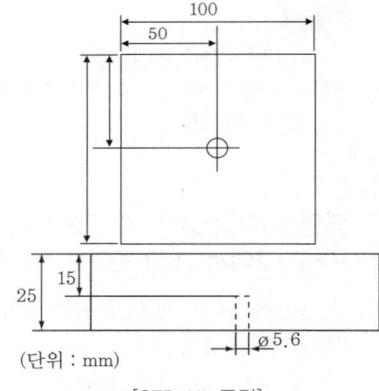

[STB-N1 규격]

정답 180. ㉮ 181. ㉯

182 초음파 탐상 시험에서 굴절각을 구할 때 사용하는 스넬의 법칙은?

㉮ $\sin\theta_2/\sin\theta_1$ ㉯ $\sin\theta_3/\sin\theta$
㉰ $\sin\theta/\sin\theta_2$ ㉱ $\sin\theta_2/\sin\theta_3$

스넬의 법칙
$$\frac{\sin\theta_2}{\sin\theta_1} = \frac{V_2}{V_1}$$

183 넓고 두꺼운 강판을 수직법으로 탐상할 때 탐상 감도를 조정하기 위한 시험편으로 두께 13mm에서부터 40mm의 강판을 탐상할 경우에 사용되는 시험편은?

㉮ STB-G ㉯ STB-A1
㉰ STB-N1 ㉱ STB-A2

강판 초음파 탐상용 N1형 감도 표준 시험편 (STB-N1) KS B 0828
① 넓고 두꺼운 강판을 수직법으로 탐상할 때 STB-G와 마찬가지로 탐상 감도를 조정하기 위한 시험편으로 두께 13mm에서부터 40mm의 강판을 탐상할 경우에 사용된다.
② 재료는 미세한 킬드 연강을 노멀라이징 처리한 것을 사용한다.

184 파의 진행 방향을 시험체의 표면에 수직으로 전달시켜 내부의 결함 상태를 탐상하는 방법으로 두께 측정의 원리를 이용한 방법은?

㉮ 수직 탐상법 ㉯ 수평 탐상법
㉰ 경사 탐상법 ㉱ 수침법

185 다음은 경사각 탐상법에 대한 설명이다. 틀린 것은?

㉮ 저면 반사파가 나타나지 않는다.
㉯ 탐상기의 스코프(scope)에 저면 반사파가 나타난다.
㉰ 용접부 속에 존재하는 내부 결함을 그 부위에서 떨어진 곳에 경사각 탐촉자를 주사하여 탐상한다.
㉱ 경사각의 탐촉자를 사용하여 탐상면에 대해 사각으로 초음파를 주사함으로써 탐촉자에게서 멀리 떨어져 있는 결함이나 불연속 점을 감지하는 방법이다.

경사각 탐상법
① 경사각 탐상법은 경사각의 탐촉자를 사용하여 탐상면에 대해 사각으로 초음파를 주사하함으로써 탐촉자에게서 멀리 떨어져 있는 결함이나 불연속 점을 감지하는 방법이다. 용접부나 복잡한 모양의 시험체에서 내부 결함을 탐상하는 데 적용된다.
② 경사법의 특징
  ㉠ 저면 반사파가 나타나지 않는다.
  ㉡ 탐상기의 스코프(scope)에 저면 반사파가 나타나지 않는다.
③ 용접부 속에 존재하는 내부 결함을 그 위에서 떨어진 곳에 경사각 탐촉자를 주사해 탐상한다.

186 경사각 탐촉자의 주사방법으로 방해 반사파가 많은 조잡한 용접부에 적합한 방법은?

㉮ 지그 재그 주사법
㉯ 가로 방향 주사법
㉰ 세로 방향 주사법
㉱ 상하 주사법

187 다음은 수직 탐상법에 대한 설명이다. 틀린 것은?

㉮ 표면에서 출발한 수직파가 결함의 불연속면에 반사되면 원래 저면에 반사되어 돌아오는 거리 및 시간보다 적게 된다.
㉯ 이것을 이용하여 결함의 크기와 깊이 및 종류를 알 수 있다.
㉰ 결함을 가장 검출하기 쉬운 방향은 결함 반사파 높이가 가장 낮고 결함의 투영 면적이 최소가 되는 방향이다.
㉱ 압연 판재의 결함은 판의 면에 평형하고 판 두께의 중앙 부근에 존재하는 경우가 많다.

해설

① 결함을 가장 검출하기 쉬운 방향은 결함 반사파 높이가 가장 높고 결함의 투영 면적이 최대가 되는 방향이다.
② 판의 표면으로부터 수직 탐상하는 방법이 가장 적합하다.
③ 수직 탐상에서 측정 범위 설정
　㉠ 저면 다중 반사파를 몇 번 나타내야 적당할 것인가에 있다.
　㉡ 일반적으로 저면 반사파가 2~5회 나타나도록 조정하면 좋다.
④ 수직 탐상법의 원리

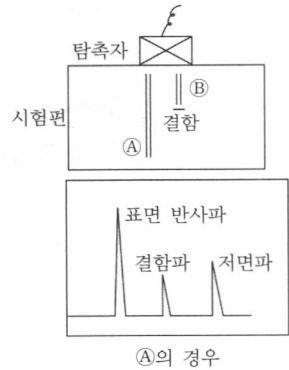

Ⓐ의 경우

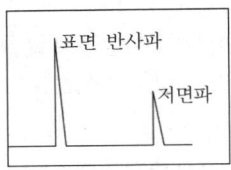

Ⓑ의 경우

⑤ 탐상 도형의 기본 기호
※ T : 송신파(pulse), F : 결함 반사파,
B : 저면 반사파, S : 표면 반사파,
W : 측면 반사파

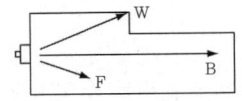

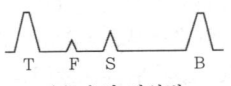

(a) 수직 탐상법

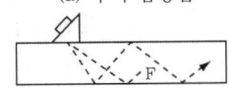

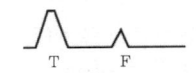

(b) 경사각 탐상법

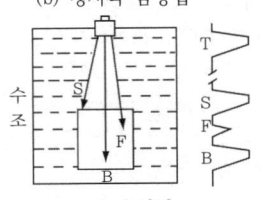

(c) 수침법

188 용접부의 결함 유무를 확인하는 가장 일반적인 방법인 경사각 탐촉자의 주사방법은?

㉮ 지그재그 주사법
㉯ 가로 방향 주사법
㉰ 세로 방향 주사법
㉱ 상하 주사법

정답 187. ㉰ 188. ㉮

189. 경사각 탐촉자의 주사 방법에 대한 설명으로 틀린 것은?

㉮ 세로 방향 주사법 - 지그재그 주사법보다 정확히 하기 위한 방법
㉯ 좌우·전후 주사법법 - 결함 위치를 추정할 때 사용하는 방법
㉰ 목돌림(진사) 주사법법 - 결함의 형상을 추정하기 위한 방법
㉱ 경사 평형 주사법법 - 탐촉자를 송·수신 따로 분리하여 주사하는 방법

경사각 탐촉자의 주사 방법

① 지그 재그 주사법 : 용접부의 결함 유무를 확인하는 가장 일반적인 방법

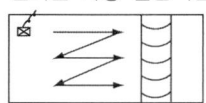

② 가로 방향 주사법 : 방해 반사파가 많은 조잡한 용접부에 적합한 방법

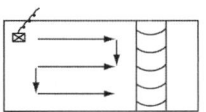

③ 세로 방향 주사법 : 지그재그 주사법보다 정확히 하기 위한 방법

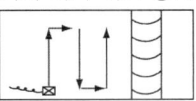

④ 좌우·전후 주사법 : 결함 위를 추정할 때 사용하는 방법

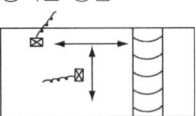

⑤ 목돌림(진사) 주사법 : 결함의 형상을 추정하기 위한 방법

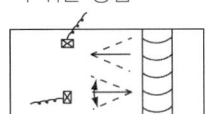

⑥ 경사 평형 주사법 : 결함 방향이 용접선을 가로지르는 방향의 결함 검출에 적합한 방법

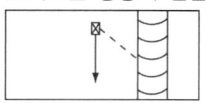

⑦ 탬던 주사법 : 탐촉자를 송·수신 따로 분리하여 주사하는 방법

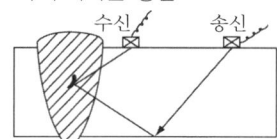

190. 판 두께가 40mm 이하의 굴절각은 얼마인가?

㉮ 20°　　㉯ 45°
㉰ 70°　　㉱ 90°

판두께(mm)	40 이하	40~60	60 초과
굴절각(°)	70	70 혹은 60	70, 45 병용 또는 60, 45 병용

191. 횡파 진동 방식으로 용접부 관재의 내부 결함을 측정하는 초음파 탐상법은?

㉮ 수직 탐상법　㉯ 사각 탐상법
㉰ 표면 파단 탐상법　㉱ 판파 탐상법

탐상법	결함측정
수직탐상법(종파)	주조재, 단조재
사각탐상법	용접부 내부결함
표면파단탐상법	표면 결함
판파탐상법	얇은 판

192. 다음 초음파 중 액체 내를 진행할 수 있는 것은?

㉮ 종파　　㉯ 횡파
㉰ 표면파　㉱ 판파

정답 189. ㉱ 190. ㉰ 191. ㉯ 192. ㉮

193. 초음파를 발생시키기 위해 탐촉자 내부에서 압전 효과를 가지는 물질은?
   ㉮ 흡수 물질   ㉯ 진동자
   ㉰ 합성 수지   ㉱ 접촉 비닐

194. 매질에서 초음파가 전파하는 형태가 다른 것은?
   ㉮ 소밀파   ㉯ 전단파
   ㉰ 압축파   ㉱ 종파

195. 초음파 탐상 시험에서 용접부 검사에 가장 많이 사용되는 것은?
   ㉮ 전류법   ㉯ 사각법
   ㉰ 표면파법   ㉱ 판파법

196. 같은 크기의 결함이 있는 경우 초음파 탐상 시험에서 가장 발견하기 쉬운 결함은?
   ㉮ 구형의 기공
   ㉯ 초음파 진행 방향과 직각의 넓이를 갖는 균열
   ㉰ 초음파 진행 방향과 평행인 균열
   ㉱ 이종 원소의 혼입 결함

197. 초음파 탐상 시험 시 분해능을 증가시키려면 어떤 주파수의 탐촉자가 필요한가?
   ㉮ 0.5MHz   ㉯ 1MHz
   ㉰ 2MHz   ㉱ 5MHz

198. 다음 초음파 탐상에서 가장 많이 사용되는 주파수(KHz)는?
   ㉮ 0.5~25   ㉯ 10~50
   ㉰ 100~400   ㉱ 50~100

199. 음향 임피던스(acoustic Impedance)가 서로 다른 두 재질의 경계면에 초음파를 입사시켰을 경우의 현상은?
   ㉮ 입사한 초음파 에너지가 모두 반사된다.
   ㉯ 입사한 초음파 에너지가 모두 흡수된다.
   ㉰ 일부는 투과되고 일부는 반사된다.
   ㉱ 모두 굴절된다.

200. 초음파의 근거리 음장을 최소화하고자 할 때 올바른 것은?
   ㉮ 탐촉자 직경을 크게 한다.
   ㉯ 대비 반사원의 크기를 감소한다.
   ㉰ 입사각을 증가시킨다.
   ㉱ 탐상 주파수를 증가한다.

201. 입자 운동 방향이 파의 진행 방향과 같을 때 매체로 진행하는 초음파의 형태는?
   ㉮ 종파   ㉯ 횡파
   ㉰ 램파   ㉱ 표면파

202. 자분 탐상에 의해서 검출할 수 있는 결함의 깊이는 어느 정도인가?
   ㉮ 표면과 표면 바로 밑 2mm 정도이다.
   ㉯ 표면과 표면 바로 밑 5mm 정도이다.
   ㉰ 시험편의 내부 결함을 검사할 수 있다.
   ㉱ 시험편의 표면 및 내부의 결함을 검출할 수 있다.

표면과 표면 바로 밑 5mm 정도이다.

203 물질에서의 초음파의 속도는 어느 것에 영향을 받는가?
㉮ 주파수 ㉯ 파장
㉰ 물질의 밀도 ㉱ 탐촉자의 크기

204 철강 재료의 선상 자분 모양 등급 분류에서 2종 1급에 해당되는 크기는?
㉮ 2mm 이하 ㉯ 5mm 이하
㉰ 25mm 이하 ㉱ 50mm 이하

205 열처리 제품의 표면에 발생된 미세 균열 검사 방법으로 가장 적합한 것은?
㉮ 자분 탐상 시험법
㉯ 방사선 투과 시험
㉰ 초음파 탐상 시험법
㉱ 발광 분광 분석법

206 철강 재료를 영구 자석의 양극 간에 놓고 자화시켜 철분을 뿌려 결함을 검출하는 방법은?
㉮ 침투 탐상 시험 ㉯ 자기 탐상 시험
㉰ 초음파 탐상 시험 ㉱ 방사선 탐상 시험

207 자분 탐상 시험에 관한 설명과 가장 거리가 먼 것은?
㉮ 자화 곡선 ㉯ 통전법
㉰ 탈자 ㉱ γ선

208 자성 재료에 이용되는 비파괴 시험법은?
㉮ 형광 검사법 ㉯ 자력 결함 검사법
㉰ 초단파 검사법 ㉱ X선 검사법

209 자분 탐상 시험으로 검사할 수 없는 것은?
㉮ 용접부의 결함 ㉯ 비금속 재료
㉰ 강자성 재료 ㉱ 얕은 균열 결함

210 다음 재료중 자분 탐상 시험을 적용하는 데 가장 적당한 것은?
㉮ SM45C ㉯ 놋쇠
㉰ 플라스틱 ㉱ ABS

211 자분의 특성에 해당되지 않는 사항은?
㉮ 자분의 색깔이 고와야 한다.
㉯ 자화력이 커야 한다.
㉰ 유동성이 커야 한다.
㉱ 식별성이 좋아야 한다.

212 시험재에 전류를 통하거나 자석을 이용하여 표면의 결함을 검출해내는 비파괴 시험법은?
㉮ 방사선 투과 시험(RT)
㉯ 초음파 탐상 시험(UT)
㉰ 자분 탐상 시험(MT)
㉱ 액체 침투 탐상 시험(PT)

213 철강 단조품의 표면 터짐을 검사하려고 한다. 가장 경제적이고, 검출 효과가 큰 시험 방법은?
㉮ 와전류 탐상 시험
㉯ 방사선 투과 시험(X-Ray)
㉰ 자분 탐상 시험
㉱ 방사선 투과 시험(γ-Ray)

정답 203. ㉰ 204. ㉯ 205. ㉮ 206. ㉯ 207. ㉱ 208. ㉯ 209. ㉯ 210. ㉮ 211. ㉮ 212. ㉰ 213. ㉰

214 강재의 표면 크랙 검출에 가장 많이 쓰이는 비파괴 시험법은?
㉮ 방사선 투과 ㉯ 수침법
㉰ 초음파 탐상 ㉱ 자기 탐상

215 자분 탐상할 때 제일 먼저 고려해야 할 사항은?
㉮ 검사품의 탄소 함유량
㉯ 통전 시간과 전압의 세기
㉰ 자속 밀도와 잔류자기
㉱ 자화 전류의 세기와 방향

216 자력 결함 검사법에 관계없는 사항은?
㉮ 자화 전류의 크기는 500~5000A가 널리 사용된다.
㉯ DC가 AC보다 표피 효과가 크다.
㉰ 통전 시간은 AC에서는 3~5초 정도이다.
㉱ 미세 철분을 경유에 첨가하여 사용한다.

217 철로 만든 제품의 표면 가까이에 있는 내부 불연속부(subsurface discontinuity) 검사에 가장 적합한 방법은? (단, 표면에서 5mm 깊이의 결함)
㉮ 자분 탐상 시험
㉯ 유화제 침투 탐상 시험
㉰ 파도 초음파 시험
㉱ 수세성 형광 탐상 시험

218 자력 결함 검사에서 교류를 사용하면 효과적이다. 그 이유는 무엇인가?
㉮ 질량 효과 ㉯ 표피 효과
㉰ 전류 효과 ㉱ 자속 효과

219 내부 불연속이 표면에 가까울수록 자분 탐상 검사에서 자분의 모양은?
㉮ 자분 모양은 더 희미하게 된다.
㉯ 특별한 현상이 없다.
㉰ 자분 모양은 더 명백하게 된다.
㉱ 누설 자장이 별로 뚜렷하지 않게 된다.

220 자분 탐상 검사를 수행하는 경우 자력선과 불연속이 이루는 각도에 의해 불연속지시가 나타나는 정도가 다르게 나타난다. 아래에 열거된 각도 중 결함부의 불연속지시가 가장 잘 나타나는 각도는 얼마인가?
㉮ 15° ㉯ 45°
㉰ 60° ㉱ 90°

221 자화 방법에 대한 설명으로 틀린 것은?
㉮ 시험품에 자장을 만들어 주는 방법을 자화 방법이라 한다.
㉯ 자화 방법은 크게 나누어 원형 자화와 선형 자화로 구분된다.
㉰ 자화에 사용되는 전류에는 교류와 정류한 직류가 사용된다.
㉱ 재료의 내부 결함을 검출하기가 쉽다.

> **해설**
> ① 자분 탐상 시험에서 재료의 내부 결함을 검출하기는 어렵다.
> ② 표면에 가까운 내부 결함의 검출은 교류에 비하여 직류를 사용하는 편이 좋은 결과를 얻을 때가 있다.
> ③ 자화 방법은 통전법, 관통법, 플로드법, 코일법, 극간법 등이 있다.

정답 214. ㉱ 215. ㉱ 216. ㉯ 217. ㉮ 218. ㉯ 219. ㉰ 220. ㉱ 221. ㉱

222 자분 탐상 전에 기름이나 그리스의 얇은 막을 제거하기 위하여 사용되는 방법과 거리가 먼 것은?
- ㉮ 용제로 세척한다.
- ㉯ 증기 세척법으로 세척한다.
- ㉰ 쇠솔로 표면을 솔질한다.
- ㉱ 분필이나 활석 가루를 뿌린 다음 건조된 천으로 닦아낸다.

223 자장의 세기에 해당되는 것은?
- ㉮ 항자력
- ㉯ 자성체
- ㉰ 자속 밀도
- ㉱ 자극

224 재료가 자화될 수 있는 최대 크기의 정도를 나타낸 것은?
- ㉮ 항자력
- ㉯ 보자력
- ㉰ 포화 자속 밀도
- ㉱ 자력선

225 자분 탐상 시험 시 시험품과 전극 사이에 끼워서 사용하는 도체 패드의 사용 목적은?
- ㉮ 시험품의 국부적 소손 방지용으로
- ㉯ 시험품의 전체 모양을 보기 위하여
- ㉰ 시험품의 반 자장을 방지하기 위하여
- ㉱ 시험품과 장비의 성능 시험을 위하여

226 자화력이 어느 정도 이상으로 증가하여도 자력이 증가하지 않는 점을 무엇이라 하는가?
- ㉮ 돌출부
- ㉯ 포화점
- ㉰ 잔류점
- ㉱ 잔여점

227 자분 탐상 시험 시 C형 표준 시험편의 자분 적용은?
- ㉮ 연속법으로 한다.
- ㉯ 잔류법으로 한다.
- ㉰ 코일법에 한한다.
- ㉱ 요크법일 때 한한다.

228 잔류법으로 검사할 수 있는 시험품으로 가장 적합한 것은?
- ㉮ 시험품이 저탄소강일 경우
- ㉯ 시험품의 모양이 원형일 경우
- ㉰ 시험품의 모양이 불규칙일 경우
- ㉱ 시험품이 높은 보자력을 가질 경우

229 요크(Yoke)법에 의해 유도되는 자장은?
- ㉮ 교류 자장
- ㉯ 선형 자장
- ㉰ 원형 자장
- ㉱ 회전 자장

230 전류를 직접 시험품에 흐르게 하는 자화 방법이 아닌 것은?
- ㉮ 축 통전법
- ㉯ 직각 통전법
- ㉰ 플로드법
- ㉱ 전류 관통법

231 링(ring)상의 시험품 또는 구멍을 관통한 도체에 전류를 흐르게 하여 직류 전류가 만드는 자장을 이용한 자화 방법은?
- ㉮ 축 통전법
- ㉯ 직각 통전법
- ㉰ 플로드법
- ㉱ 전류 관통법

정답 222. ㉰ 223. ㉰ 224. ㉯ 225. ㉮ 226. ㉯ 227. ㉮ 228. ㉱ 229. ㉯ 230. ㉱ 231. ㉱

232. 코일에 흐르고 있는 전류에 의한 자장을 이용하는 자화 방법이 아닌 것은?
㉮ 전류 관통법   ㉯ 코일법
㉰ 극간법   ㉱ 자속 관통법

233. 교류 자속에 의한 시험품에 유기되는 환상 전류의 자장을 이용하는 자화 방법은?
㉮ 전류 관통법   ㉯ 코일법
㉰ 극간법   ㉱ 자속 관통법

234. 다음 중 자분 탐상법이 아닌 것은?
㉮ 극간법   ㉯ 탈자법
㉰ 직각 통전법   ㉱ 축 통전법

235. 다음 중 비교적 큰 모양의 시험품 부분, 즉 용접부 등의 탐상 시험에 사용되는 자화 방법은?
㉮ 전류 관통법   ㉯ 코일법
㉰ 극간법   ㉱ 자속 관통법

비교적 큰 모양의 시험품 부분에 적용되는 법
극간법, 플로드법

236. 다음 중 비교적 작은 시험품에 적용되는 자화 방법이 아닌 것은?
㉮ 축 통전법   ㉯ 직각 통전법
㉰ 전류 통전법   ㉱ 극간법

비교적 작은 시험품에 적용되는 자화 방법
축 통전법, 직각 통전법, 전류 통전법, 자속 관통법

237. 자분 탐상 시험에서 코일에 흐르고 있는 전류에 의한 자장을 이용하는 법이 아닌 것은?
㉮ 코일법   ㉯ 극간법
㉰ 자속 관통법   ㉱ 플로트법

238. 환봉의 축 방향 및 원주 방향의 결함을 검출할 수 있는 방법은?
㉮ 축 통전법과 코일법
㉯ 축 통전법과 극간법
㉰ 전류 통전법과 직각 통전법
㉱ 코일법과 극간법

환봉의 축 방향 및 원주 방향의 결함을 검출할 수 있는 방법
축 통전법과 코일법

239. 자분 탐상 시험에서 자화 방법에 속하지 않는 것은?
㉮ 통전법   ㉯ 관통법
㉰ 코일법   ㉱ 형광법

자화 방법의 종류
자화 방법은 통전법, 관통법, 코일법, 플로트법, 극간법 등이 있다.

240. 다음 그림은 어느 자화 방법인가?

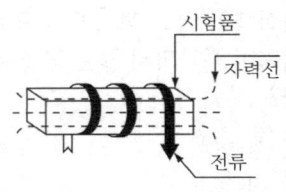

㉮ 통전법   ㉯ 관통법
㉰ 극간법   ㉱ 코일법

241 다음 그림 중 플로트법(prod)은 어느 것인가?

㉮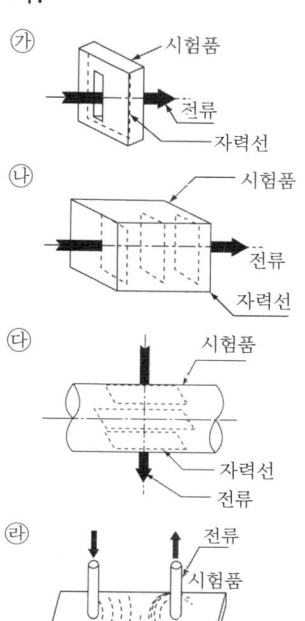
㉯
㉰
㉱

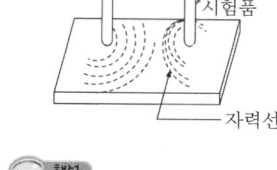

해설

각종 자화 방법
① 통전법(E)
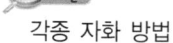
② 통전법(E)
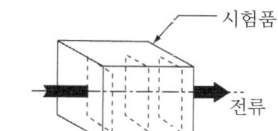

③ 관통법(B)
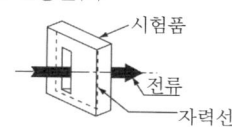
④ 플로트법
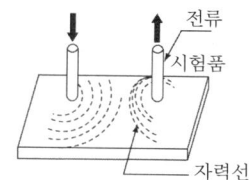
⑤ 코일법(C)
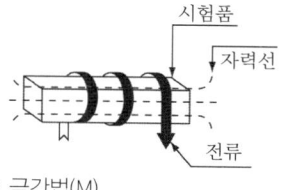
⑥ 극간법(M)
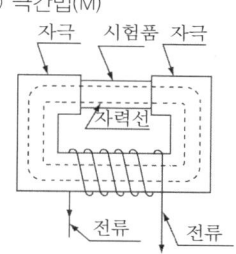

242 다음 그림은 어느 자화 방법인가?

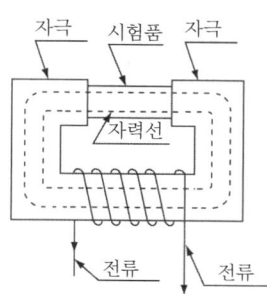

㉮ 통전법   ㉯ 관통법
㉰ 극간법   ㉱ 코일법

정답 241. ㉱   242. ㉰

243 자분 탐상에 사용되는 자분에 대한 설명으로 잘못된 것은?

㉮ 자석 가루 혹은 자성체의 분말 등을 사용한다.
㉯ 결함부를 명확하게 식별할 수 있는 자분 무늬를 형성시킬 수 있어야 한다.
㉰ 투자율이 낮고 보자력이 커야 한다.
㉱ 자분의 색깔이 검사면과 명암도가 뚜렷한 자분 무늬를 형성할 수 있어야 한다.

① 투자율이 높고 보자력이 작은 것이어야 한다.
② 사용 자분의 종류
   ㉠ 염색 자분
      ⓐ 건식 염색 자분
      ⓑ 습식 염색 자분
   ㉡ 형광 자분 : 습식 형광 자분

244 자분 탐상에 이용되는 표준 시험편으로 맞는 것은?

㉮ KS A형   ㉯ KS B형
㉰ KS C형   ㉱ KS D형

245 자분 탐상에 이용되는 표준 시험편으로서 여러 장치 전류 파형, 자분, 검사액, 조작 후의 기술에 대해서 동일 결함이 동일하게 나타나는 것을 보증할 목적으로 사용하는 표준 시험편은?

㉮ 블록형 표준 시험편
㉯ KS A형 표준 시험편
㉰ KS B형 표준 시험편
㉱ KS D형 표준 시험편

246 다음 자분 탐상 검사 장치에 대한 설명으로 잘못된 것은?

㉮ 장치에는 자화 장치, 자분 살포 장치, 자외선 조사 장치, 탈자기, 자기 계측기 등으로 구성되어 있다.
㉯ 자화 장치는 시험품에 필요한 자장을 걸어주어 자화시킬 수 있는 장치이다.
㉰ 자분 살포 장치는 검사면에 자분을 분산 적용시키기 위해 사용한다.
㉱ 자외선 조사 장치는 보통 파장이 100~150mm의 자외선을 조사시키는 것이다.

자분 탐상 검사 장치
① 자화 장치
  ㉠ 시험품에 필요한 자장을 걸어 주어 자화시킬 수 있는 장치이다.
  ㉡ 자화 전류를 발생시키는 자화 전원부와 자화 전류에 의해 시험품에 자장을 걸어주는 자화기기로 이루어져 있다.
② 자분 살포 장치
  ㉠ 검사면에 자분을 분산 적용시키기 위해 사용한다.
  ㉡ 습식과 건식의 2가지가 있다.
  ㉢ 수동으로 자분을 살포하는 자분 살포기와 동력을 사용하여 자분을 교반 및 분산시키는 장치가 있다.
③ 자외선 조사 장치(블랙 라이트, black light)는 보통 파장이 330~390μ인 자외선을 조사시킨 것이다.
④ 탈자기
  ㉠ 시험품을 자분 탐상 시험한 후 자장의 세기를 감쇄시키는 것이다.
  ㉡ 교류식과 직류식이 있다.
⑤ 자기 계측기
  ㉠ 자기 탐상 장치에서 검사품의 자기 특성, 자화의 정도 또는 탈자의 정도를 조사하기 위해 자속이나 자장을 측정하는 데 사용한다.
  ㉡ 자속계, 가우스 미터(gauss meter), 자력계(magnetic gate meter), 교류 자장 자속계 등이 있다.

정답 243. ㉰ 244. ㉮ 245. ㉮ 246. ㉱

247 재질, 형상이 다른 피시험편의 여러 가지 부분에 생긴 동일 형상의 결함에 대해 같은 정도의 자분 모양이 얻어지도록 자화 방법과 자화 전류를 정할 곳이 요구될 때 이를 위해 어떠한 장소에서도 자유로이 임의의 크기의 가상 결함을 만드는 데 사용되는 시험편은?

㉮ 블록형 표준 시험편
㉯ KS A형 표준 시험편
㉰ KS B형 표준 시험편
㉱ KS D형 표준 시험편

248 다음 중 자화 전류의 파형 종류에 따른 분류가 아닌 것은?

㉮ 직류 ㉯ 교류
㉰ 맥류 ㉱ 전자기류

파형 종류에 따른 자화 전류의 분류 : 직류, 교류, 맥류, 충격류

249 표피 효과에 의해서 검사품의 표면 주위만을 자화시키므로 자연히 표면 결함만을 검출할 수 있는 자화 전류는?

㉮ 직류 ㉯ 교류
㉰ 맥류 ㉱ 충격류

250 다음 중 전류 차단 시의 위상에 따라 검사품의 잔류 자속 밀도가 달라지므로 일반적으로 잔류법에는 쓰이지 않는 자화 전류는?

㉮ 직류 ㉯ 교류
㉰ 맥류 ㉱ 충격류

251 표면 결함 및 표면 주위의 내부 결함을 검출할 수 있는 전류는?

㉮ 직류 및 교류   ㉯ 직류 및 맥류
㉰ 맥류 및 충격류 ㉱ 교류 및 충격류

252 연속법 및 잔류법에 사용되는 자화 전류는?

㉮ 직류 및 교류   ㉯ 직류 및 맥류
㉰ 맥류 및 충격류 ㉱ 교류 및 충격류

253 다음 자화 방법 중 검사품 또는 검사하고자 하는 부위를 전자석 또는 영구자석의 2극 사이에 놓는 자화 방법은?

㉮ 축 통전법 ㉯ 코일법
㉰ 극간법   ㉱ 플로트법

자화 방법의 종류와 선정

자화 방법	부호	비 고
축통전법	EA	검사품의 측 방향으로 직접 전류를 흘린다.
직각 통전법	ER	검사품의 축에 직각 방향으로 직각 전류를 흘린다.
플로트법	P	검사품의 국부에 2개의 전극 1/4을 세워 전류를 흘린다.
전류 관통법	B	검사품의 구멍을 통한 도체에 전류를 흘린다.
코일법	C	검사품을 코일 내에 넣고 전류를 흘린다.
극간법(요크)	M	검사품 또는 검사하고자 하는 부위를 전자석 또는 영구자석의 2극 사이에 놓는다.
자속 관통법	I	검사품의 구멍을 통한 자성체에 교반 자성을 줌으로써, 검사품에 유도 전류를 흘린다.

254 잔류법에는 쓰이지 않는 자화 전류는?
㉮ 직류 ㉯ 교류
㉰ 맥류 ㉱ 충격류

해설) 교류에 의한 자화에서는 표피 효과에 의해 자화가 표층부에 한정되므로 반자장은 직류에 비하여 작다.

255 일반적으로 통전 시간이 짧고 통전 시간 내에 자분을 사용하기 어려우므로 연속법에 사용되지 않는 자화 전류는?
㉮ 직류 ㉯ 교류
㉰ 맥류 ㉱ 충격류

256 길이/직경(L/D)의 비와 코일의 감은 수를 알고, 코일법에 의한 자분탐상에 필요한 암페어의 수를 결정하는 조건이 아닌 것은?
㉮ 검사품은 2~15 사이의 L/D비를 가진다.
㉯ 자화될 검사품이나 검사할 부분의 길이가 457(18")을 넘지 않는다.
㉰ 검사품의 단면적은 코일을 감는 면적의 1/2 이하이다.
㉱ 검사품의 장축이 자장에 평형하도록 코일 내에 검사품을 놓는다.

해설)
① 검사품의 단면적은 코일을 감는 면적의 1/10 이하이다.
② 검사품은 코일 내의 중심에 두지 않고 코일의 안쪽 벽에 놓는다.

257 정확한 전류치를 계산하는 식은? (단, L : 검사품의 길이, T : 코일의 감은 수, D : 검사품의 직경)
㉮ $\dfrac{45,000D}{LT}$ ㉯ $\dfrac{LT}{45,000D}$
㉰ $\dfrac{45,000L}{DT}$ ㉱ $\dfrac{45,000T}{DL}$

해설)
$Amp = \dfrac{45,000}{\frac{L}{D}} \times \dfrac{1}{T}$ 또는 $\dfrac{45,000D}{LT}$

※ 45000 : 상수, L : 검사품의 길이,
　T : 코일의 감은 수, D : 검사품의 직경

258 자화 전류의 통전 시간은 자분의 적용 방법에 따라 다르나 일반적으로 얼마를 표준으로 하는가?
㉮ 1/4~1초 ㉯ 1~2초
㉰ 1/4~1분 ㉱ 1~2분

259 탈자 방법에 대한 설명으로 거리가 먼 것은?
㉮ 검사품에 주어질 자장의 방향을 교대로 반전시키면서 자장의 세기를 약하게 한다.
㉯ 이 방법은 교류 탈자와 맥류 탈자가 있다.
㉰ 탈자의 정도는 자속계를 이용하여 잔류 자속을 측정한다.
㉱ 간단한 방법은 철분이나 철핀을 흡착시켜 보는 방법도 있다.

해설) 방법에는 교류 탈자와 직류 탈자가 있다.

정답 → 254. ㉯ 255. ㉱ 256. ㉰ 257. ㉮ 258. ㉮ 259. ㉯

260 자분 탐상에서 탈자를 하여야 할 경우로 맞지 않는 것은?

㉮ 자분 탐상에서 재검사를 하고자 할 때 전회의 잔류자기가 검사품의 자화에 나쁜 영향을 끼칠 우려가 있을 경우
㉯ 검사품의 잔류 자기가 검사 이후 기계가공을 곤란하게 할 염려가 있을 경우
㉰ 검사품의 잔류 자기가 정밀도에 나쁜 영향을 끼칠 염려가 있을 경우
㉱ 검사품의 마찰 부분에 흡착되어 내마모성을 촉진시킬 염려가 있을 경우

① 검사품의 잔류 자기가 계측기의 작동에 나쁜 영향을 미칠 염려가 있을 경우
② 검사품의 마찰 부분 또는 그에 근접된 장소에 철분 등이 흡착되어 마모를 촉진시킬 염려가 있을 경우

261 면결함을 측정하는 데 적합한 시험은?

㉮ 응력 시험 ㉯ 방사선 투과
㉰ 초음파 탐상 ㉱ 침투 탐상

262 침투 탐상법에 대한 설명으로 틀린 것은?

㉮ 고체이며 비기공성인 재료의 표면 균열, 랩 기공 등의 불연속을 검출한다.
㉯ 주로 철강, 비철금속, 분말야금 제품, 도자기류, 플라스틱 등에 적용된다.
㉰ 표면으로 연결되지 않는 내부의 불연속 검출에 적합하다.
㉱ 표면이 거칠면 만족할 만한 시험결과를 얻을 수 없다.

표면으로 연결되지 않는 내부의 불연속은 검출할 수 없다.

263 침투 탐상 시험에 대한 설명 중 올바른 것은?

㉮ 모든 종류의 불연속 검출에 적용된다.
㉯ 피로 균열의 검출에는 부적당하다.
㉰ 강자성체의 표면 결함 검출보다 우수하다.
㉱ 미세한 표면 균열의 경우 방사선 투과 검사보다 우수하다.

264 침투제 성질로서 적당하지 않은 것은?

㉮ 화학적으로 안정하며, 균일하게 배합될 것
㉯ 휘발성이 있을 것
㉰ 가격이 쌀 것
㉱ 천천히 마를 것

265 표면까지 열린 결함만 검출할 수 있는 시험법은?

㉮ 방사선 투과 시험 ㉯ 응력 시험
㉰ 단조 시험 ㉱ 침투 탐상 시험

266 다음 불연속 중 침투 탐상법으로 검출할 수 없는 결함은?

㉮ 표면 기공
㉯ 표면 균열
㉰ 라미네이션(Lamination)
㉱ 언더 컷(Under Cut)

267 침투 탐상 시험 시 필요하지 않는 것은?

㉮ 유화제 ㉯ 탐촉자
㉰ 현상 분말 ㉱ 자외선 발생기

268. 침투 탐상법에서 현상액이 아닌 것은?
　㉮ Fe_2O_3　　㉯ $CaCO_3$
　㉰ $BaCO_3$　　㉱ MgO

해설
침투액
① 침투액으로는 형광 물질의 용액과 염료를 사용한다.
② 현상액은 $CaCO_3$, $BaCO_3$, MgO, Al_2O_3 등의 백색 분말의 현탁액을 사용한다.

269. 비파괴 검사 방법인 침투 탐상 검사로서 발견할 수 없는 결함은?
　㉮ 피로 균열　　㉯ 열처리 균열
　㉰ 단조 겹침　　㉱ 용입 불량

270. 침투 탐상 시험에 있어 건식, 수세성 습식, 비수세성 습식 등으로 구분되는 경우는?
　㉮ 유화제　　㉯ 세척제
　㉰ 현상제　　㉱ 침투제

271. 침투 탐상 시험의 현상 방법 분류 중 비현상법의 기호는?
　㉮ D　　㉯ W
　㉰ S　　㉱ N

272. 액체 침투 탐상 시험에서 현상제를 적용하는 목적은?
　㉮ 침투제의 침투력을 촉진하기 위해
　㉯ 남아있는 유화제를 흡수하기 위해
　㉰ 남아있는 침투제를 흡수하기 위해
　㉱ 시험편의 건조를 촉진하기 위해

273. 침투 탐상 절차의 6단계에 해당하지 않는 것은?
　㉮ 전처리　　㉯ 침투제 작용
　㉰ 현상제 작용　　㉱ 용입 작업

해설
탐상 절차의 6단계

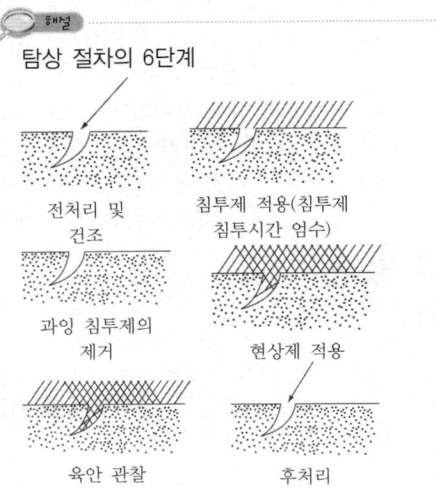

전처리 및 건조 / 침투제 적용(침투제 침투시간 엄수)
과잉 침투제의 제거 / 현상제 적용
육안 관찰 / 후처리

274. 침투 방법의 분류 중 형광 침투 탐상에서 수세성은?
　㉮ A_1　　㉯ A_2
　㉰ A_3　　㉱ A_4

해설
① 형광 침투 탐상
　수세성 : A_1, 후유화성 : A_2, 용제 저거성 : A_3
② 염색 침투 탐상
　B_1, B_2, B_3로 분류한다.

275. 다음 중 현상법의 종류가 아닌 것은?
　㉮ 습식 현상법　　㉯ 속습식 현상법
　㉰ 속건식 현상법　　㉱ 건식 현상법

해설
현상법의 4종류
습식 현상법, 건식 현상법, 속식 현상법, 무현상법

정답　268. ㉮　269. ㉱　270. ㉰　271. ㉱　272. ㉰　273. ㉱　274. ㉮　275. ㉯

276 다음 중 습식 현상법에 대한 설명 중 틀린 것은?

㉮ 백색 미분말의 현상제를 물에 분산시킨 습식 현상제를 사용하는 방법이다.
㉯ 시간 경과에 따라 결함 지시 모양이 퍼져서 크기와 형태가 변한다.
㉰ 이 방법은 소량의 시험품 탐상에 적합하다.
㉱ 수세성 형광 침투 탐상 시험에 사용되는 경우가 많다.

① 시험품을 현상저에 침지시키거나 분무기로 뿌리고 건조되면 시험품에 백색의 현상 피막을 만들어 이것이 흠 속의 침투액을 빨아 들여서 지시 모양을 만든다.
② 이 방법은 많은 양의 시험품 탐상에 적합하다.

277 결함 지시의 모양이 시간 경과에도 퍼지지 않고 선명한 상을 보여 주므로 근접한 흠의 검출에 적합한 현상법은?

㉮ 습식 현상법   ㉯ 건식 현상법
㉰ 속건식 현상법 ㉱ 무현상법

① 건조한 백색 미분말의 현상제를 그대로 사용하는 방법이다.
② 시험품을 현상제게 침지하든가 현상 장치 내에 시험품을 놓고 현상제를 송풍 산포하여 적용하면 현상제는 시험품 표면에 흡착되어 이것이 흠으로부터 빨아낸 침투액에 의해서 표면에 고정되어 지시 모양을 만든다.
③ 후유화성 형광 침투 탐상시험 또는 수세성 형광 침투 탐상 시험과 조합해서 적용할 때가 많다.
④ 염색 침투 탐상 검사에는 지시 모양의 식별성이 없어 적용할 수가 없다.

278 현상 조작이 매우 간단하여 형광 또는 염색의 용제 제거성 침투 탐상에 적용할 때가 많은 현상법의 종류는?

㉮ 습식 현상법   ㉯ 건식 현상법
㉰ 속건식 현상법 ㉱ 무현상법

① 백색 미분말의 현상제를 휘발성의 유기 용제에 분산시킨 속건식 현상제를 사용하는 방법이다.
② 이 방법도 습식 현상법과 같이 결함 지시 모양이 변하므로 주의한다.

279 세정처리 후에 현상제를 사용하지 않고 결함 지시 모양을 만드는 방법은?

㉮ 습식 현상법   ㉯ 건식 현상법
㉰ 속건식 현상법 ㉱ 무현상법

무현상법
① 형광 휘도가 높은 침투액을 사용하는 수세성 형광 침투 탐상 시험 또는 시험품에 되풀이 응력을 주어 결함 지시 모양을 검출하는 방법 등에 적용된다.
② 염색 침투 탐상 시험에는 적용할 수 없다.

280 침투 탐상 시험에서 시험 재료의 성능 측정에 사용되는 표준 시험편은?

㉮ 알루미늄 표준 시험편
㉯ 구리 표준 시험편
㉰ 철합금 표준 시험편
㉱ 납 표준 시험편

① 알루미늄 표준 시험편으로 시험 재료의 성능을 측정하며 세라믹, 판 유리 등이 이에 사용되는 시험편이다.
② 성능 시험으로는 침투제, 유화제, 현상제의 시험으로 구분된다.

정답 276. ㉰ 277. ㉯ 278. ㉰ 279. ㉱ 280. ㉮

281. 다음 중 침투 탐상 시험에서 침투제 시험이 아닌 것은?
㉮ 감도 시험
㉯ 수세능 시험
㉰ 건조능 시험
㉱ 건·습식 시험

① 침투제 시험 : 감도 시험, 수세능 시험, 건조능 시험, 형광 밝기 측정
② 현상제 시험 : 건식 및 습식 시험이 있다.

282. 침투 탐상 시험의 특징이 아닌 것은?
㉮ 시험품 표면에 벌어져 있는 흠이라도 검출이 안 될 경우가 있다.
㉯ 철강 재료, 비철금속 재료, 도자기, 플라스틱 등의 표면 흠의 탐상이 가능하다.
㉰ 다공질 재료의 탐상이 일반적으로 우수하다.
㉱ 비교적 간단한 설비 및 장치로 탐상이 가능하다.

① 형상이 복잡한 시험품이라도 1회의 탐상 조작으로 거의 전면 탐상할 수 있다.
② 원형상의 흠이라도 보기 쉬운 결함 지시 모양을 나타내며 여러 방향으로 생긴 흠이 공존해서 있을 경우도 1회의 탐상 조작으로 탐상할 수 있다.
③ 탐상 시험 결과는 탐상을 실시하는 검사원의 기술에 좌우되기 쉽다.
④ 시험품의 표면 거칠기에 의해 시험 결과가 크게 영향을 받는다.
⑤ 다공질 재료의 탐상은 일반적으로 곤란하다.

283. 형광 시험법으로 재료의 무엇을 검사할 수 있는가?
㉮ 편석
㉯ 표면 균열
㉰ 결정 입도
㉱ 내부 기공

284. 침투 탐상에서 결함 지시 모양의 종류가 아닌 것은?
㉮ 균열에 의해 나타나는 것
㉯ 선상에 의해 나타나는 것
㉰ 원형상으로 나타나는 것
㉱ 면적에 의해서 나타나는 것

침투 탐상의 결함 지시 모양
① 균열에 의해 나타나는 것 : 냉간 균열, 열간 균열, 피로 균열 등
② 선상에 의해 나타나는 것 : 랩, 라미네이션 등
③ 원형상으로 나타나는 것 : 기공, 수축공, 슬래그, 편석 등

285. 다음 염색 침투법에 비해 형광 침투법의 장점은?
㉮ 충분히 조명된 장소에서 검사할 수 있다.
㉯ 작은 불연속도 쉽게 검출한다.
㉰ 물과의 접촉이 곤란할 때 사용된다.
㉱ 불연속부위가 오염되어 감도가 떨어진다.

286. 형광 침투 탐상 시험과 염색 침투 탐상 시험의 가장 큰 차이점은 무엇인가?
㉮ 유화제의 사용 여부
㉯ 자외선 등의 사용 여부
㉰ 용제의 사용 여부
㉱ 후처리의 여부

287. 다음 액체 침투 탐상 검사 방법 중 극히 미세한 표면 결함 검사에 가장 적합한 것은?
㉮ 후유화성 비형광 액체 침투 탐상 검사
㉯ 용제 제거성 형광 액체 침투 탐상 검사
㉰ 수세성 형광 액체 침투 탐상 검사
㉱ 수세성 비형광 침투 탐상 검사

정답 281. ㉱ 282. ㉰ 283. ㉯ 284. ㉱ 285. ㉯ 286. ㉯ 287. ㉮

288 후유화성 침투 탐상으로 검사할 때 가장 중요시해야 할 시간은?
㉮ 세척 시간 ㉯ 정착 시간
㉰ 현상 시간 ㉱ 유화 시간

289 침투 탐상에서 가장 먼저 행하는 작업은?
㉮ 세척 ㉯ 침투
㉰ 전처리 ㉱ 현상

전처리 → 침투 → 세정

290 수세성 침투 탐상 검사에서 현상제를 습식으로 사용할 때의 올바르게 된 것은?
㉮ 검사 → 전처리 → 건조 → 침투제 적용 → 현상제 적용 → 침투제 제거
㉯ 전처리 → 검사 → 침투제 적용 → 건조 → 현상제 적용 → 침투제 제거
㉰ 전처리 → 침트제 적용 → 침투제 제거 → 현상제 적용 → 검사
㉱ 전처리 → 침트제 적용 → 침투제 제거 → 검사 → 현상

291 용제 제거성 탐상 시험법의 처리 순서로 맞는 것은?
㉮ 전처리 → 침투처리 → 세정처리 → 현상처리
㉯ 침투처리 → 전처리 → 세정처리 → 현상처리
㉰ 전처리 → 침투처리 → 현상처리 → 세정처리
㉱ 침투처리 → 전처리 → 현상처리 → 세정처리

292 알루미늄의 표면에 존재하는 미세 균열의 결함 검출에 적합한 시험 방법은?
㉮ 설퍼프린트법 ㉯ 수침 펄스 반사법
㉰ 감마레이 시험 ㉱ 침투 탐상

293 침투 탐상 시험에서 사용되는 일반적인 침투 시간은?
㉮ 5~10분 ㉯ 10~15분
㉰ 15~20분 ㉱ 20~25분

침투 시간은 5~10분이다.

294 모세관 현상을 이용한 침투 탐상법에서는 결함부의 침투액을 침투시킨 다음 과잉 침투액을 제거하고 현상제를 적용하여 결함 지시를 형성시킨다. 다음 중 그 특성에 해당되지 않는 것은?
㉮ 형광법, 염색법이 있다.
㉯ 미세 결함의 검출 능력이 우수하다.
㉰ 표면으로 열린 결함만 검출 가능하다.
㉱ 다공질 재료의 결함 검출에 적용한다.

모든 재료에 적용이 가능하지만 다공질 재료에는 적용이 곤란하다.

295 동일한 물질에서 표면파의 속도는 횡파 속도의 약 몇 배 정도 되는가?
㉮ 2배 ㉯ 1배
㉰ 0.9배 ㉱ 0.5배

정답 288. ㉱ 289. ㉰ 290. ㉰ 291. ㉮ 292. ㉱ 293. ㉮ 294. ㉱ 295. ㉰

296. 수침 수직법의 경우 2번째 시험재 표면 에코우(S2)가 첫 번째 밑면 에코우(B1)보다 처지도록 한다. 그러기 위해서 (   )물거리를 적어도 두께의 몇 배 이상으로 해야 하는가?
㉮ 1배 ㉯ 1/2배
㉰ 1/3배 ㉱ 1/4배

297. 와류 탐상 시험의 특징으로 옳지 않은 것은?
㉮ 고속 자동화로 능률이 좋은 시험이 가능하다.
㉯ 표면 결함에 대한 검출 감도가 우수하다.
㉰ 지시로 결함의 종류, 형상을 정확히 판별할 수 있다.
㉱ 고온 탐상도 가능하다.

298. 와류 탐상 시험의 특징이 아닌 것은?
㉮ 부도체에만 적용된다.
㉯ 높은 온도에서의 시험이 가능하다.
㉰ 표면 결함 검출이 용이하다.
㉱ 관, 선, 환봉 등에 대해 고속 자동화 시험이 가능하다.

도체에만 적용된다.

299. 와전류 탐상 시험을 일명 무엇이라 하는가?
㉮ 응력 시험 ㉯ 전자 유도 시험
㉰ 에릭센 시험 ㉱ 커플링 시험

300. 강관의 결함(균열 등) 탐상에 가장 적합한 것은?
㉮ 와류 탐상 ㉯ 초음파 탐상
㉰ X선 투과 ㉱ 설퍼프린트

301. 자기 검사를 할 수 없는 비자성 금속 재료 특히 오스테나이트계 스테인리스 강관의 결함검사에 쓰이는 비파괴 시험법은?
㉮ 초음파 검사 ㉯ 침투 검사
㉰ 자기 검사 ㉱ 와류 검사

302. 와류 탐상 검사 시 와류가 어떤 상태일 때 결함이 제일 잘 검출되는가?
㉮ 결함이 제일 큰 쪽에서 수직일 때
㉯ 결함이 제일 작은 쪽으로 수직일 때
㉰ 결함이 제일 큰 쪽에서 수평일 때
㉱ 결함이 제일 작은 쪽으로 수평일 때

303. 다음 물질 중 와류 탐상 시험을 할 수 없는 것은?
㉮ 알루미늄 ㉯ 구리
㉰ 철 ㉱ 도자기

304. 와전류 탐상 시험에 있어 전도도와 저항의 관계를 옳게 나타낸 식은?
㉮ 전도도×저항도 = 1
㉯ 전도도 ÷ 저항도 = 1
㉰ 전도도 = 저항도×1.2
㉱ 저항도 = 전도도×1.2

305 다음 와전류 탐상 시험에 부적합한 재료는?
㉮ 탄소강   ㉯ 황동
㉰ 구리   ㉱ 유리

306 와전류 탐상 시험을 할 때 침투 깊이를 결정하는 사항을 기술한 것 중 틀린 것은?
㉮ 주파수의 평방근에 반비례한다.
㉯ 전도도의 평방근에 반비례한다.
㉰ 투자율의 평방근에 반비례한다.
㉱ 유도 전압의 평방근에 반비례한다.

침투 깊이
$$\delta = \frac{1}{\sqrt{\pi f \mu \sigma}}$$
※ δ : 침투깊이, f : 주파수, μ : 투자율, σ : 전도율

307 와전류의 분포 및 전류의 크기 변화의 요인이 아닌 것은?
㉮ 코일의 형상 치수
㉯ 교류의 주파수
㉰ 도체와 코일 간의 거리
㉱ 재료의 조성

와전류의 분포 및 전류의 크기는 코일의 형상 치수, 교류의 주파수, 도체의 도전율, 투자율, 형상 치수, 도체와 코일과의 거리 및 표면의 터짐 등의 결함 유무에 따라 변화한다.

308 와전류 탐상 시험에서 검사 코일을 형상에 따라 분류한 것이 아닌 것은?
㉮ 외삽형 코일   ㉯ 내삽형 코일
㉰ 관통형 코일   ㉱ 프로브형 코일

309 도전성이 있는 시험품에 와전류를 발생시켜 그 와전류의 변화를 측정하여 시험품의 탐상 시험, 재질 시험, 치수 시험 등을 할 수 있는 것은?
㉮ 와전류 탐상 시험
㉯ 침투 탐상 시험
㉰ 비파괴 시험
㉱ 자분 탐상 시험

310 와류 탐상 시험에서 시험코일은 시험품의 형상 시험으로 목적에 따라서 여러 가지가 사용된다. 시험코일의 형상으로서 옳지 않은 것은?
㉮ 관통형 코일   ㉯ 프로브형 코일
㉰ 내삽형 코일   ㉱ 브리지형 코일

311 다음 중 와전류 탐상 조작 순서가 맞는 것은?
㉮ 시험품의 청소 → 탐상시험 장치의 예비운전 → 탐상시험 조건 설정 → 탐상시험
㉯ 시험품의 청소 → 탐상시험 조건 설정 → 탐상시험 장치의 예비운전 → 탐상시험
㉰ 시험품의 청소 → 탐상시험 → 탐상시험 조건 설정 → 탐상시험 장치의 예비운전
㉱ 탐상시험 → 시험품의 청소 → 탐상시험 조건 설정 → 탐상시험 장치의 예비운전

정답 305. ㉱ 306. ㉱ 307. ㉱ 308. ㉮ 309. ㉮ 310. ㉱ 311. ㉮

312. 단면이 원형의 봉, 관 등의 바깥쪽에 동심을 감은 상태의 코일로 선, 봉, 관 등의 검사에 적용되는 코일형은?

㉮ 관통형 코일
㉯ 프로브 코일
㉰ 내삽형 코일
㉱ 외삽형 코일

① 와전류에 사용되는 코일은 시험품의 형상, 시험의 목적에 따라 다르다.
② 프로브(probe)형 코일 : 판, 잉곳, 봉 등의 부분적 검사에 적용된다.
③ 내삽형 코일 : 관, 구멍 등의 내면 검상에 사용된다.

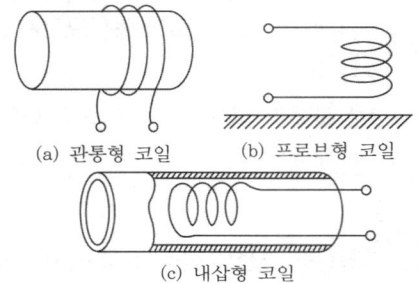

(a) 관통형 코일   (b) 프로브형 코일
(c) 내삽형 코일
[검사 코일의 분류]

313. 다음 중 와전류 탐상 시험에 속하지 않는 것은?

㉮ 탐상 시험
㉯ 재질 시험
㉰ 침투 시험
㉱ 형상 시험

와류 탐상 시험의 적용
① 탐상 시험 : 시험편 표면 또는 표면에서 가까운 결함 검출
② 재질 시험 : 금속 탐지, 금속의 종류, 성분 열처리 상태 등의 변화 검출
③ 치수 시험 : 시험품의 치수, 피막의 두께, 부식 상태 및 변위의 측정
④ 형상 시험 : 시험품의 형상 변화의 판별

314. 다음 중 탐상 시험 조건의 설정에 포함되지 않는 것은?

㉮ 주파수의 설정
㉯ 코일의 선택
㉰ 교류 자장의 조정
㉱ 평형 조정

탐상 시험 조건의 설정 : 주파수의 설정, 코일의 선택, 탐상 감도의 설정, 평형 조건, 위상각의 설정, 직류 자장의 조정

315. 다음 중 와전류 탐상 시험으로 할 수 없는 것은?

㉮ 철강 재료
㉯ 합성 수지
㉰ 전도성 재료인 비철금속
㉱ 흑연

와전류 탐상 시험은 철강 재료, 비철금속 및 흑연 등의 전도성 재료로 만들어진 제품 모두에 적용된다.

316. 다음 중 와전류 탐상 시험의 특징으로 틀린 것은?

㉮ 표면 결함의 검출에 적합하다.
㉯ 시험에 의해 얻은 지시로부터 직접 결함 종류를 판별하기가 쉽다.
㉰ 시험 결과가 직접적으로 구해지므로 시험의 자동화를 할 수 있다.
㉱ 결함, 재질 변화, 치수 변화 등 시험 범위가 매우 넓다.

비접촉적 방법이므로 시험 속도가 빠르다.

정답 → 312. ㉮ 313. ㉰ 314. ㉰ 315. ㉯ 316. ㉯

317 와전류 탐상 시험의 단점이 아닌 것은?
- ㉮ 형상이 단순한 것이 아니면 적용할 수가 없다.
- ㉯ 표면 결함의 검출은 가능하나 표면 바로 밑의 결함 검출이 불가능하다.
- ㉰ 시험 대상 이외의 재료적인 요인이 잡음의 원인이 되기 쉽다.
- ㉱ 시험에 의해 얻은 지시로부터 직접 결함 종류를 판별하기가 어렵다.

표면에서 깊은 위치의 내부 결함 검출이 불가능하다.

318 와류 탐상 검사의 장점이 아닌 것은?
- ㉮ 결함 크기, 재질 변화를 동시에 검사할 수 있다.
- ㉯ 표면 결함에 대한 검출 감도가 우수하다.
- ㉰ 비파괴 검사의 일종이다.
- ㉱ 강자성 금속에 적용이 용이하다.

와류 탐상 검사의 장점
① 시험 결과가 직접적으로 구해지므로 시험의 자동화를 할 수 있다.
② 비접촉 방법이므로 시험 속도가 빠르다.
③ 표면 결함의 검출에 적합하다.
④ 결함, 재질 변화, 치수 변화 등 시험 적용 범위가 넓다.

319 누설 시험과 관련이 가장 깊은 것은?
- ㉮ Injection
- ㉯ Annealing
- ㉰ Vacuum test
- ㉱ Coining

320 다음 중 누설 탐상 시험법은?
- ㉮ 헤인법
- ㉯ 스니퍼법
- ㉰ 제퍼리스법
- ㉱ 토마스법

누설 탐상 시험(Leak Test, LT)의 종류
① 가스와 기포 형성 시험법(버블법)
② 할로겐다이오드 검출기에 의한 검사법(스니퍼법)
③ 후드에 의한 헬륨 질량 분광 시험법(스니퍼법)

321 누설 탐상 검사에서 검사 압력(kg_f/cm^2)은 보통 얼마 정도인가?
- ㉮ 1.5
- ㉯ 2.5
- ㉰ 3.5
- ㉱ 4.5

검사 압력은 보통 $3.5 kg_f/cm^2$가 적용된다.

정답 317. ㉯ 318. ㉱ 319. ㉮ 320. ㉯ 321. ㉰

제 **5** 편

자동생산시스템

제1장 자동제어
제2장 CAD/CAM
제3장 유압장치

✹ 기출 및 예상문제

제1장 자동제어

금속재료기능장

01 자동제어의 개요

1 생산라인에서 제어용 컴퓨터를 도입하는 이유

① 생산량이 많으므로 품질, 회수율의 근소한 개선에 따른 큰 이익이 얻어진다.
② 공정이 복잡하고 품질 및 능률에 영향을 끼치는 요인이 많다.
③ 온라인 제어에 필요한 자동 제어 설비의 개발
④ 고도로 기계화된 설비이고, 컴퓨터와 접속이 용이하다.
⑤ 조업이 상당히 수식화되어 있어 컴퓨터에 의한 처리가 용이하다.

2 개요

① 컴퓨터의 활용에 의해 공정의 해석이 발전하고 컴퓨터의 적용 범위와 문제점이 명확하다.
② 컴퓨터가 적용되는 범위가 넓어짐과 동시에 컴퓨터의 분업이 이루어진다.
③ **사용 컴퓨터** : 대형 컴퓨터, 미니 컴퓨터 등

02 자동 제어의 기초

1 라인 자동 제어의 기초

피드백 제어, 시퀀스 제어

2 피드백 제어

① 공정의 제어량을 계측하여 목표값과 비교해서 편차가 없도록 조작한다.
② 피드백 루트의 각 요소에 동적특성을 고려한다.
③ 동적특성을 나타내는 양으로 중요한 것
　㉠ 시간 정수와 허비 시간(dead time)
　㉡ 시간 정수 : 공정의 시간적인 민감도
　㉢ 허비 시간 : 입력 변화가 생길 때부터 출력 변화가 나타나기까지의 시간
④ 좋은 제어 결과를 얻기 위한 조건
　㉠ 공정 동적특성이 제어하기 쉬운 형태일 것
　㉡ 동적특성에 맞는 제어 동작 조절계를 설치할 것
　㉢ 안전한 계측을 할 것
⑤ 설계시 동적특성을 예측하기 쉬우므로 허비시간, 이력 등의 작은 제어가 용이한 계측기를 설계
⑥ 공정을 고속으로 하기 위해서는 동적특성을 개선할 필요가 있다.
⑦ 사이리스터를 사용한 전동기 제어계, 유압압하 장치를 사용한다.
⑧ 계측기를 압연 라인의 불리한 조건에서 안정하게 작동시키기 위해 개선이 필요하다.

3 시퀀스 제어

① 간단한 시퀀스 제어 : 캠을 조합하여 기계적으로 제어
② 반도체 논리 소자(IC, TR)를 사용하면 신뢰성이 높고 복잡한 동작이 가능하다.

03 와이어드 로직

① 피드백 제어, 시퀀스 제어를 전용의 회로로 조립한 것
② 생산 라인의 와이어드 로직 장치
　㉠ CPC(card programmed control)
　㉡ APC(automatic preset control)

ⓒ AGC(automatic gage control)

ⓔ ACC(automatic combustion control)

③ 복잡한 조업 조건의 변화와 함께 소기의 성과를 얻기 위해서는 많은 회로가 필요한 단점이 있다.

④ 고속성을 필요로 하는 컴퓨터와 압연 기계의 접속 부분에 사용한다.

⑤ 판단 기능은 보다 유연성이 있는 컴퓨터가 맡도록 하는 분업화 방향

04 제어용 컴퓨터와 응용

1 제어용 컴퓨터 구성도

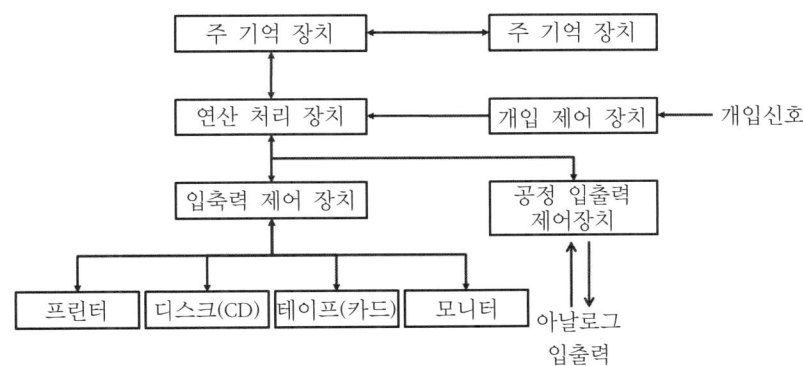

2 운전 가이드 및 자료 로깅

① 컴퓨터 제어를 할 때에 부수적으로 할 수 있는 항목 : 운전 가이드, 자료 로깅
② 운전 가이드
  ㉠ 컴퓨터에 입력된 정보를 사용하여 운전자가 압연 지시, 라인상의 진척 상황, 여러 가지 설정 항목을 표시
  ㉡ 표시 기기 : 숫자 표시판, CRT, 프린터, 램프, 버저 등
  ㉢ 표시 형식, 내용 : 운전자가 정확하고 신속하게 판독할 수 있어야 한다.

③ 자료 로깅
　㉠ 작업 보고, 생산 관리, 기술 해석 등의 목적으로 실시
　㉡ 컴퓨터에 입력된 정보를 프린터, 하드디스크 등의 장치를 통하여 기록한다.

금속재료기능장

제2장 CAD/CAM

01 CAD/CAM의 개요

1 CAD/CAM

① CAD/CAM은 컴퓨터를 이용한 설계제도 및 제작을 의미함
② CAM/CAM의 주기능은 제도 및 설계 작업, CNC 공작기계를 이용한 제품 가공 및 생산에 있다.
③ 생산 시스템, 로봇, 자동창고, 자동반송기기 등을 컴퓨터로 관리한다.
④ **궁극적 목표** : 공장 전체의 자동화, 무인화, FA(공장자동화)

2 CAD

컴퓨터로 제품의 제도, 설계, 해석 및 최적 설계 등의 작업

3 CAM

제품제조단계에 관련되는 기술로서 공정설계, 작업기술결정, 가공, 검사, 조립 등의 전 과정을 컴퓨터로 추진하는 기술

4 장점

설계 및 제조 시간 단축, 품질관리의 강화, 생산성 향상, 우수 품질의 제품을 대량 생산

5 CAD/CAM의 적용 범위

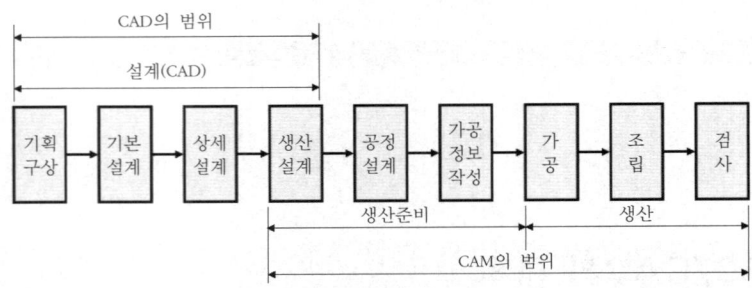

02 자동화와 CAD/CAM

1 자동화를 할 수 있는 생산 형태

4가지 생산체계에 CAD/CAM을 적용함으로써 가장 효율적인 생산체계를 할 수 있다.
① 연속적 공정의 흐름 : 화학플랜트나 정유공장과 같이 크기가 큰 생산품의 대량 생산이 이루어지는 형태
② 부품의 대량생산 : 자동차, 엔진블록 및 기계설비와 같이 한 가지 혹은 한정된 제품을 대량생산하는 형태
③ 일괄생산 : 책, 못 또는 산업용 기계와 같이 비슷한 종류의 크기가 작은 제품이나 부품을 한 번 이상 되풀이하여 생산하는 형태
④ 특수제품의 생산 : 항공기, 공작기계 및 기타 특수장비와 같이 다품종 소량생산으로 주문제작이나 고도의 기술을 요하는 제품의 생산 형태

03 CAD/CAM 주변기기

1 입력장치

① 키보드
  ㉠ 지령 및 데이터를 영문자와 숫자의 키를 눌러 입력할 수 있는 가장 기본적인 장치
  ㉡ 명령어를 입력하는 경우 치수, 텍스트는 물론 필요한 경우 각종 기능을 명령문으로 종합한 기능키를 지정하여 사용할 수 있다.

② 라이트 펜
  ㉠ 그래픽 스크린상에서 특정의 위치나 도형을 지정하거나 자유로운 스케치, 메뉴를 통한 명령어 선택이나 데이터 입력에 사용
  ㉡ 그래픽 스크린상에 접촉한 자리의 빛을 인식하는 장치로 광다이오드나 광트랜지스터 또는 광선 감지기를 사용한다.

③ 조이스틱
  ㉠ 영상 피드백의 원리에 의해 작동되는 커서를 이동시키기 위해 사용되는 장치
  ㉡ 3차원 작업에서 그립 스타일과 크기에 사용할 수 있다.
  ㉢ 3차원 디스플레이에서 사용하면 보다 좋은 효과를 얻을 수 있으나 정확한 위치 조정이 어렵다.

④ 마우스
  ㉠ 디스플레이 화면 중의 커서를 이동시켜 그래픽 디스플레이에 표시된 도형이나 스크린상의 메뉴를 일치시켜 버튼을 누르면 도형 데이터가 인식되거나 명령어가 입력된다.
  ㉡ 그래픽 좌표 입력도 가능하다.
  ㉢ 볼을 이용하는 기계식과 광학 센서를 이용한 광학식이 있다.

⑤ 트랙 볼
  ㉠ 임의의 방향으로 자유롭게 회전할 수 있는 베어링의 볼
  ㉡ 커서의 위치를 원하는 방향으로 이동시키기 위하여 적절한 방향으로 회전하여 사용한다.
  ㉢ 커서 움직임의 방향은 볼의 회전 정도에 좌우되며 커서의 속도는 볼에 의해 조정된다.

⑥ 태블릿
   ㉠ 좌표나 위치 정보의 입력장치로 사용한다.
   ㉡ 도형 입력상 여러 가지 기능에 대한 약속을 판에 정의해 두고 펜이나 푸시버튼으로 입력한다.

2 출력장치

① 디스플레이(CRT)
   ㉠ CAD/CAM 주변기기 중에서 중요한 역할
   ㉡ 랜덤 주사형, 스토리지형, 래스터형
② 프린터
   ㉠ 도면을 나타내는 기능
   ㉡ 잉크젯, 레이저, 도트 매트릭스, 라인 프린터
③ 플로터
   ㉠ 도면을 나타내는 기능
   ㉡ 펜 플로터와 정전형 플로터
④ 하드 카피 장치
   ㉠ CRT 화면에 나타난 영상을 그대로 복사하는 장치
   ㉡ 컴퓨터를 이용한 설계 작업 시 신속하게 변하는 중간중간의 결과를 관찰하기에 편리하다.
   ㉢ 플로터에 비해 해상도가 나쁘므로 최종도면의 출력에는 적합하지 않다.

유압장치

01 유압장치의 개요

1 유압장치의 특징

① 장점
  ㉠ 소형장치로 큰 힘(출력)이 발생한다.
  ㉡ 일정한 힘과 토크를 낼 수 있다.
  ㉢ 무단변속이 가능하고 원격제어가 가능함
  ㉣ 과부하에 대한 안전장치가 간단하고 정확하다.
  ㉤ 전기, 전자장치가 좋아 자동제어가 가능하다.
  ㉥ 정숙한 운전 및 열 방출성이 우수하다.
② 단점
  ㉠ 유온의 영향(점도의 변화)으로 속도의 변동이 있다.
  ㉡ 고압 사용으로 인한 위험성 및 배관이 어려움이 있다.
  ㉢ 이물질로 인한 오염에 민감하다.
  ㉣ 기름 누출 사고가 발생한다.

2 유압장치의 구성

① **유압펌프** : 유압 에너지의 발생원으로 오일을 공급하는 기능을 수행한다.
② **유압제어밸브** : 압력, 방향, 유량 제어 밸브 등으로 공급된 오일을 조절하는 기능을 수행한다.
③ **액추에이터** : 유압 에너지를 기계적 에너지로 변환하는 작동기로 유압실린더, 모터 등으로 구성
④ **기타 기기** : 오일 탱크, 오일 냉각기, 축압기, 여과기, 오일 가열기, 배관 등

02 유압 펌프의 종류

1 기어 펌프

① 외접식 기어펌프 : 펌프축이 회전되면 두 개의 외접기어가 케이싱상에서 맞물려 회전하면서 오일을 흡수하여 토출구 쪽으로 밀어내는 펌프
② 내접식 기어펌프 : 케이싱 안에 내치기어와 외치기어가 맞물려 회전함으로써 펌프 작업을 행하는 펌프
③ 트로코이드 펌프 : 트로코이드 곡선을 사용한 내접식 펌프

2 베인 펌프

① 단단(1단) 베인 펌프
  ㉠ 베인 펌프의 기본형태
  ㉡ 부시, 캠링, 로터 베인으로 카트리지가 구성
  ㉢ 축, 베어링에 편심하중이 걸리지 않으므로 수명이 길다.
② 2단 베인 펌프
  ㉠ 2개의 카트리지를 본체에 직렬로 연결한다.
  ㉡ 1단 베인 펌프에 비해 2배의 압력을 유지한다.
  ㉢ 부하배분 밸브가 부착되어 있다.
③ 이중 베인 펌프
  ㉠ 2개의 카트리지를 본체에 병렬로 연결한다.
  ㉡ 1개의 펌프를 가지고 2개의 유압원에 사용하고자할 때 사용한다.
  ㉢ 설비비가 경제적이다.
④ 복합 베인 펌프
  ㉠ 하나의 본체에 2개의 카트리지로 구성
  ㉡ 카트리지외 구성품 : 릴리프 밸브, 무부하 밸브, 체크 밸브가 같이 구성되어 있다.
  ㉢ 가변용량형 베인 펌프 : 로터의 회전 중심, 원형 캠링을 기계적으로 조절하여 1회전당 토크량을 조절할 수 있다.

3 피스톤 펌프

① 축방향 피스톤 펌프
　㉠ 사축식 피스톤 펌프 : 실린더 블록축과 구동축의 각도를 바꾸는 펌프
　㉡ 사관식 피스톤 펌프 : 실린더 블록축과 구동축을 동일축상에 배치하고 경사관의 각도를 바꾸어 피스톤의 행정을 조정하는 펌프
② 반지름 방향 피스톤 펌프 : 피스톤의 운동방향이 실린더 블록의 중심선에 직각인 평면 내에서 방사상으로 나열되어 있는 펌프

4 피스톤 펌프의 특징

① 다른 유압펌프에 비해 효율이 가장 우수하다.
② 고속, 고압의 유압장치에 적합하다.
③ 가변용량형 펌프에 많이 이용한다.
④ 구조가 복잡하고 가격이 고가이다.
⑤ 흡입능력이 가장 낮다.

03 유압제어 밸브

1 압력제어 밸브

① 릴리프 밸브
　㉠ 회노 내의 최고압력을 한정하는 밸브
　㉡ 실린더 내의 토크를 제한하여 과부하를 방지
　㉢ 종류 : 직동형, 파일럿형
② 감압밸브
　㉠ 주회로의 압력보다 저압으로 감압시켜 사용하는 밸브
　㉡ 출구 측 압력을 일정하게 유지할 수 있다.

③ 압력 시퀀스 밸브
  ㉠ 주회로에서 복수의 실린더를 순차적으로 작동시켜 주는 밸브
  ㉡ 응답성이 우수하여 저압용으로 많이 사용한다.
④ 카운터 밸런스 밸브
  ㉠ 회로의 일부에 배압을 발생시킬 경우 사용하는 밸브
  ㉡ 부하가 급격히 제거되어 관성에 의한 제어가 곤란할 때 사용한다.
  ㉢ 수직형 실린더의 자중 낙하를 방지한다.
⑤ 무부하 밸브
  ㉠ 유압장치의 작동 중 펌프의 송출량을 필요로 하지 않을 때 사용한다.
  ㉡ 펌프의 전유량을 직접 탱크로 돌려보내 펌프를 무부하로 하여 동력절감 및 유온상승 방지

종류	릴리프 밸브	감압 밸브	압력 시퀀스 밸브	카운터 밸런스 밸브	무부하 밸브
도시기호					

2 방향제어 밸브

① 체크 밸브 : 오일을 한 방향으로 흐르게 하여 반대방향으로 흐르는 것을 방지하는 밸브
② 파일럿 조작 체크 밸브 : 외부에서 파일럿 압력을 조작하여 역류가 가능하게 한 밸브
③ 감속 밸브 : 유압자동기의 운동 위치에 따라 캠 조작으로 회로를 개폐시키는 밸브
④ 셔틀 밸브 : 항상 고압 측의 유압만을 통과시키는 밸브
⑤ 방향전환 밸브 : 조작기를 통하여 밸브의 흐름 방향을 바꾸는 밸브
⑥ 전자 밸브 : 전자조작으로 유압의 방향을 전환시키는 밸브
⑦ 서보 밸브 : 입력 신호에 따라 높은 압력의 유량을 빠른 응답속도로 제어하는 밸브
⑧ 안내 밸브 : 포트를 통과하여 액추에이터로 흐르는 유압을 제어하는 밸브

종류	체크 밸브	파일럿 조작 체크 밸브	셔틀 밸브
도시기호			

종류	방향전환 밸브	전자전환 밸브	서보 밸브
도시기호			

3 유량제어 밸브

① **교축 밸브** : 작은 지름의 파이프에서 유량을 미세하게 조정하는 밸브로 부하 변동에 따른 유량을 정확하게 제어하기 곤란하다.

② **압력보상 유량제어 밸브** : 출구측의 유량이 회로의 압력변동에 영향을 받지 않고 일정하게 흐르도록 압력보상장치가 달린 밸브

③ **유량분류 밸브** : 2개의 실린더 작동을 동조시키고, 유량을 제어하고 분배하는 기능을 하는 밸브

종류	교축 밸브	유량제어 밸브	유량분류 밸브
도시기호			

제5편 자동생산시스템 기출 및 예상문제

001 자동화를 하는 중요한 이유가 아닌 것은?
㉮ 노무비의 감소
㉯ 노동력의 과잉
㉰ 노동력이 서비스 분야를 선호하는 경향
㉱ 원자재 비용의 상승

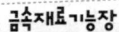
노동력의 부족은 노동력의 대체 수단으로 자동화의 개발을 촉진시키는 역할

002 자동화의 단점 중 틀린 것은?
㉮ 생산탄력성이 결여된다.
㉯ 제품의 품질을 균일하게 한다.
㉰ 자동화에 따른 비용이 많이 든다.
㉱ 설계, 설치, 운영 등에 높은 기술수준이 요구된다.

장점 : 제품의 품질을 균일하게 하는 것

003 생산현장에서 자동화로 얻어지는 효과로 틀린 것은?
㉮ 생산성의 향상
㉯ 노동인력의 증가
㉰ 노무비의 감소
㉱ 원자재 비용의 감소

노동력 부족으로 인한 자동화 실시

004 시간에 따라 예측할 수 없는 방법으로 공정의 변화가 발생하는 이유 중 틀린 것은?
㉮ 환경의 변화   ㉯ 원자재의 변화
㉰ 부분품의 마모   ㉱ 모델 계수의 변화

모델계수의 변화는 공정의 변화가 발생하는 이유이다.

005 공정의 변화에 의해 영향을 받는 기본적인 3가지 형태에 속하지 않는 것은?
㉮ 제한의 변화
㉯ 원자재의 변화
㉰ 모델계수의 변화
㉱ 모델의 구조적인 변화

원자재의 변화는 공정의 변화가 발생하는 이유이다.

006 자동제어의 필요성이 아닌 것은?
㉮ 노동조건 향상
㉯ 생산설비 수명연장
㉰ 생산속도 둔화
㉱ 품질 균일화

정답 001. ㉯ 002. ㉯ 003. ㉯ 004. ㉱ 005. ㉯ 006. ㉰

007 유압의 특징이 아닌 것은?
㉮ 작으면서 힘이 강하다.
㉯ 과부하 방지가 간단하고 정확하다.
㉰ 원격조작이 가능하다.
㉱ 진동이 많은 대신 작동이 원활하다.

해설
진동이 적고 작동이 원활하다.

008 동력원 기호 중 공기압 동력원 기호는?

㉮ 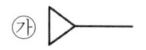   ㉯
㉰ 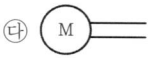   ㉱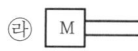

해설
㉮ 유압원 ㉰ 전동기 ㉱ 원동기

009 압력을 나타내는 단위 기호는?
㉮ N   ㉯ Pa
㉰ J   ㉱ W

해설
N : 힘, Pa : 압력, J : 에너지, 일, W : 일률

010 압력제어 밸브 중 유압기기의 폭발을 방지하는 릴리프 밸브의 종류가 아닌 것은?
㉮ 포핏타입
㉯ 가이드 피스톤 타입
㉰ 차동 피스톤 타입
㉱ 단동 피스톤 타입

011 공기의 압력에 대한 설명 중 옳은 것은?
㉮ 완전한 진공을 "0"으로 측정한 압력을 게이지 압력이라 한다.
㉯ 절대압력 = 대기압+게이지 압력이라 한다.
㉰ 대기압을 "0"으로 측정한 압력을 절대압력이라 한다.
㉱ 표준기압 1atm = 7600mmHg이다.

해설
① 절대압력 : 완전한 진공을 0으로 측정한 압력
② 게이지 압력 : 대기압을 0으로 측정한 압력
③ 진공압 : 대기압보다 낮은 압력을 부압(−).
④ 절대압력 = 대기압 + 게이지 압력

012 설정된 신호에 의하여 2차압을 제어하는 것에 속하는 것은?
㉮ 릴리프 밸브   ㉯ 감압 밸브
㉰ 전환 밸브   ㉱ 무부하 밸브

해설
설정된 신호에 의하여 2차압을 제어하는 것에는 무부하 밸브, 시퀀스 밸브, 카운터밸런스 밸브 등이 있다.

013 고압측과 자동적으로 접속되고 동시에 저압측 포트를 막아 항상 고압이 흐르도록 하는 밸브는?
㉮ 2압 밸브   ㉯ 감압 밸브
㉰ 셔틀 밸브   ㉱ 감속 밸브

해설
셔틀 밸브 : 공기압 회로를 구성할 때 2개소 이상의 방향으로 부터의 흐름을 1개소로 합칠 필요가 있을 때 사용한다.

014 압력제어 밸브는?
- ㉮ 시퀀스 밸브
- ㉯ 속도제어 밸브
- ㉰ 방향제어 밸브
- ㉱ 셔틀 밸브

압력제어 밸브 : 압력조절 밸브, 릴리프 밸브, 시퀀스 밸브, 무부하 밸브.

015 배압을 발생시키고자 할 때 사용하는 밸브이며, 부하가 급속하게 제거될 경우에 사용되는 밸브는?
- ㉮ 시퀀스 밸브
- ㉯ 카운터밸런스 밸브
- ㉰ 언로드 밸브
- ㉱ 릴리프 밸브

다른 방향의 흐름이 자유로 흐르도록 한 밸브

016 속도를 조절하는 유량 제어 밸브는?
- ㉮ 압력제어 밸브
- ㉯ 교축 밸브
- ㉰ 리듀싱 밸브
- ㉱ 언로딩 밸브

유압실린더나 유압모터 등 작동기의 운동속도를 제어하기 위하여 유량을 제어하는 밸브

017 압력제어 밸브가 아닌 것은?
- ㉮ 감압 밸브
- ㉯ 셔틀 밸브
- ㉰ 릴리프 밸브
- ㉱ 무부하 밸브

압력제어 밸브 : 릴리프 밸브, 감압 밸브, 무부하 밸브, 시퀀스 밸브, 카운터 밸런스 밸브 등

018 한 방향으로 흐름을 허용하고, 역류를 방지하는 밸브는?
- ㉮ 셔틀 밸브
- ㉯ 체크 밸브
- ㉰ 2압 밸브
- ㉱ 조합 밸브

체크밸브는 한쪽방향으로는 공기의 흐름을 완전히 차단 시키며 반대 방향으로는 적은 압력손실로 공기를 흐르게 한다.

019 전기신호에 의해 안내밸브를 움직이게 한 일종의 증폭기이며, 전기와 유압의 혼합형인 밸브는?
- ㉮ 서보 밸브
- ㉯ 교류 서보 밸브
- ㉰ 분사관식 서보기구
- ㉱ 직규 서보기구

서보 밸브 : 신호의 전송을 전기적으로 행함.

020 방향제어 밸브의 조작방법 중 인력조작 방식은?
- ㉮ 롤러 방식
- ㉯ 전자 방식
- ㉰ 공압 방식
- ㉱ 레버 방식

인력조작 방식 : 레버 방식, 페달 방식, 누름버튼 방식

021 유압기기 중 회전펌프가 아닌 것은?
- ㉮ 기어펌프
- ㉯ 나사펌프
- ㉰ 베인펌프
- ㉱ 직동왕복펌프

회전펌프에는 기어펌프, 나사펌프, 베인펌프가 있다.

정답 014. ㉮ 015. ㉯ 016. ㉯ 017. ㉯ 018. ㉯ 019. ㉮ 020. ㉱ 021. ㉱

022. 유압펌프의 종류가 아닌 것은?
   ㉮ 베인 펌프   ㉯ 기어 펌프
   ㉰ 터빈 펌프   ㉱ 플런저 펌프

   유압펌프 : 베인, 기어, 플런저 펌프

023. 유압 펌프의 흡입구에서 발생하는 캐비테이션(cavitation)을 방지하기 위한 방법이 아닌 것은?
   ㉮ 오일탱크의 오일점도는 800cSt(40,000 SSu)를 넘지 않도록 한다.
   ㉯ 흡입구의 양정을 1.5m 이상으로 한다.
   ㉰ 흡입관의 굵기는 유압펌프 본체의 연결구 크기와 같은 것을 사용한다.
   ㉱ 펌프의 운전속도는 규정 속도 이상으로 해서는 안 된다.

   유압펌프의 흡입저항이 크면 캐비테이션(cavitation)이 일어나기 쉽기 때문에 용적특성이 영향을 받아 유압기기가 불규칙적으로 운동하기 쉽다. 캐비테이션에 의하여 오일이 증발하여 유압펌프의 가압행정에서 오일을 급격히 압축하므로 오일의 손상을 빠르게 하거나 고온으로 되어 펌프를 파손시킬 위험이 있다. 흡입구 양정은 1m 이하로 한다.

024. 유압장치에 사용하는 작동유에 필요한 성질로 틀린 것은?
   ㉮ 압축률이 충분히 커야 한다.
   ㉯ 충분한 유동성이 있어야 한다.
   ㉰ 거품이 적어야 한다.
   ㉱ 시일재와의 적합성이 좋아야 한다.

   작동유는 압축률이 충분히 적고, 충분한 유동성이 있어야하며, 거품이 적고 시일재와의 적합성이 좋아야 한다.

025. 유압실린더의 지지형식에 따른 분류 중 고정형 실린더가 아닌 기호는?
   ㉮ 푸트형(LA)   ㉯ 헤드 플랜지형
   ㉰ 로드 플랜지형   ㉱ 클레비스형

   고정형 실린더에는 푸트형(LA) 플랜지형(FA, FC)등

026. 완전진공을 0으로 한 압력의 크기를 무엇이라고 하는가?
   ㉮ 절대 압력   ㉯ 게이지 압력
   ㉰ 대기압   ㉱ 공기압

   절대 압력은 완전진공을 0으로 한 압력의 크기이다.

027. 실린더의 장치방법에서 트러니언 형식이 아닌 것은?
   ㉮ 로드축   ㉯ 중간
   ㉰ 헤드측   ㉱ 축방향

   축방향은 푸트형이다.

028. 다음 동력 전달 방식 중 에너지 변환 효율이 좋은 순서로 옳은 것은?
   ㉮ 전기식 → 유압식 → 공압식
   ㉯ 전기식 → 공압식 → 유압식
   ㉰ 공압식 → 유압식 → 전기식
   ㉱ 유압식 → 전기식 → 공압식

   전기식 → 유압식 → 공압식

정답 022. ㉰ 023. ㉯ 024. ㉮ 025. ㉱ 026. ㉮ 027. ㉱ 028. ㉮

029 용적형 펌프 중 회전펌프는?
㉮ 피스톤펌프 ㉯ 웨어펌프
㉰ 기어펌프 ㉱ 축류펌프

해설
기어펌프는 구조가 간단하고 값이 저렴하므로 차량, 건설기계, 운반기계 등에 사용한다.

030 솔리드 모델 중 CSG 방식의 설명으로 틀린 것은?
㉮ 데이터 수정이 용이하다.
㉯ 투시도 작성이 용이하다.
㉰ 변화의 작성이 용이하다.
㉱ 모테카를로법으로 중량계산이 용이하다.

해설
CSG 방식은 데이터 수정이 용이하고, 투시도 작성이 곤란하며, 변화의 작성이 용이하고.

031 요동형 액추에이터의 기호는?

해설
요동형 액추에이터

032 다음 변환요소 중 전압을 변위로 전환시키는 장치는?
㉮ 광전 다이오드 ㉯ 전자석
㉰ 다이어프램 ㉱ 스프링

033 오일에 수분이 함유될 경우 금속에 녹이 슬고 유압기기를 상하게 하므로 수분의 관리가 중요하다. 수분의 허용한계는 몇 % 이하인가?
㉮ 0.05 ㉯ 0.2
㉰ 0.7 ㉱ 1.0

034 가변저항기를 의미하는 회로는?

035 전동기의 정, 역전회로 등에서 다른 계전기의 동시 동작을 금지하는 회로는?
㉮ 인터로그회로
㉯ 입력우선회로
㉰ 기동우선회로
㉱ 정지우선회로

036 다음 그림의 유압기호가 나타내는 것은?

㉮ 배관의 접속 ㉯ 작동 배관
㉰ 압력계 ㉱ 전동기

해설
유압도면에 사용되는 배관의 접속

정답 029. ㉰ 030. ㉯ 031. ㉯ 032. ㉯ 033. ㉯ 034. ㉰ 035. ㉮ 036. ㉮

037 출력암의 홈(슬라이더용 slit)안에서 회전 운동을 하는 크랭크 핀이 미끄러져감으로써 출력 레버를 움직이는 기구는?
㉮ 토글 ㉯ 레버슬라이더
㉰ 이송나사 ㉱ 제네바

해설
레커슬라이더(recer slider)란 출력 암으로 홈 안에서 회전운동을 하는 크랭크 핀(슬라이더화함)이 미끄러져 감으로써 출력 레버를 움직이는 기구이다.

038 자동화 시스템에서 사용되는 센서 중 옵터체커에 관한 설명 중 틀린 것은?
㉮ 다품종의 검출이 불가능하다.
㉯ 소형 대상물의 검출이 용이하다.
㉰ 기술자가 아니라도 구사할 수 있다.
㉱ 가격이 비교적 싸다.

해설
옵터체커는 다품종의 검출이 용이하고, 소형 대상물의 검출이 용이하며, 기술자가 아니라도 구사할 수 있고 가격이 저렴하다.

039 자동제어에서 오차를 자동으로 정정하게 하는 장치를 피드백 제어라고 한다. 이때 반드시 요구되는 장치는?
㉮ 응답속도를 빠르게 하는 장치
㉯ 구동장치
㉰ 안정도를 좋게 하는 장치
㉱ 입력과 출력을 비교하는 장치

해설
피드백 제어는 입력과 출력을 비교하는 장치가 필수적이다.

040 회전하는 암(arm)에 커넥팅 로드를 연결하여 로드의 출력 블록을 구동하는 기구는?
㉮ 래크 ㉯ 크랭크
㉰ 래칫 ㉱ 커넥팅 로드

해설
회전하는 암(arm)에 커넥팅 로드를 연결하여 로드의 출력 블록을 구동하는 기구를 크랭크라 한다.

041 전자릴레이를 사용한 시퀀스 제어의 특징 중 장점으로 틀린 것은?
㉮ 입력과 출력이 분리된다.
㉯ 동작상태의 확인이 용이하다.
㉰ 외형(control panel)을 소형화하는 데 적합하다.
㉱ 온도변화에 대한 사용이 무접점 릴레이보다 양호하다.

해설
전자릴레이 시퀀스 제어 : 외형 소형화에 한계성이 있다.

042 서모파일에 대한 설명 중 틀린 것은?
㉮ 광파장 대역 복사온도계
㉯ 응답속도가 1~5초
㉰ 측정 정밀도는 최대치의 ±1.0%
㉱ 측정온도 범위 200~1500℃에서만 가능하다.

해설
① 서모파일 : 광파장 대역 복사온도계, 응답속도 1~5초
② 측정정밀도 : 최대치의 ±1.0%
③ 측정온도 범위 : 0~200℃, 50~50℃, 200~1500℃

정답 037. ㉯ 038. ㉮ 039. ㉱ 040. ㉯ 041. ㉰ 042. ㉱

043 제어회로의 분류 중 전진 끝점에서 정지하여 중간 스타트 신호를 받아 복로 동작을 재개하는 분류번호는?

㉮ 1류 ㉯ 2류
㉰ 3류 ㉱ 4류

제어회로의 분류번호 3류는 전진 끝점에서 정지하여 중간 스타트 신호를 받아 복로동작을 재개하는 것이다.

044 질량, 속도, 힘을 전기계로 유출하는 경우 옳은 것은?

㉮ 질량 = 용량, 속도 = 전류, 힘 = 전압
㉯ 질량 = 저항, 속도 = 전류, 힘 = 전압
㉰ 질량 = 인덕턴스, 속도 = 전류, 힘 = 전압
㉱ 질량 = 임피던스, 속도 = 전류, 힘 = 전압

질량 = 저항, 속도 = 전류, 힘 = 전압

045 프로세스 제어(process control)에 속하지 않는 것은?

㉮ 온도 ㉯ 유량
㉰ 자세 ㉱ 압력

온도, 유량, 압력 : 프로세스 제어

046 전자회로에서 온도 보상용으로 주로 사용되는 소자는?

㉮ 제너다이오드   ㉯ 더어미스터
㉰ 근접 스위치   ㉱ 광전지

더어미스터 : 온도에 따라 저항값이 변하는 반도체이며 온도에 민감한 두 개의 단자를 갖고 있다.

047 산업용 로봇의 도입 동기로 볼 수 없는 것은?

㉮ 인간이 견디기에 어려운 작업경환 극복
㉯ 인간능력 이상의 기술과 정밀도가 요구되는 경우
㉰ 대량 생산의 필요성
㉱ 전문인력 대치로 인한 인건비에 의한 원가절감

전문인력 부족은 설비(기계)의 개선 및 자동화로 보완해야 한다.

048 공정설계(Process Engineering)를 가장 잘 표현한 것은?

㉮ 자재관리를 통한 효율적 재고의 활용을 하는 것
㉯ 원자재를 사용 가능한 제품으로 형상화하는 최적의 방안을 모색하는 것
㉰ 유사한 작업을 결합시켜 작업의 능률향상을 기대하는 것
㉱ 작업 시 효율적인 인원배치로 원가를 절감하는 것

공장설계 : 공장에서 원자재 관리부터 최종제품에 이르기까지 모든 일련의 과정을 효율적으로 순서 정연하게 결정하는 절차

049 경보표시 등의 표시 중 옳은 것은?

㉮ 전원표시 : 백색
㉯ 운전표시 : 백색
㉰ 전원표시 : 전색
㉱ 경보표시 : 백색

전원표시 색 : 백색(약호 wL.Pl)

정답 043. ㉰ 044. ㉯ 045. ㉰ 046. ㉯ 047. ㉱ 048. ㉯ 049. ㉮

050. 공장 자동화에 기하여 규모와 수준이 확장됨에 따라 F.A 공정제어장치의 논리를 프로그램 형태로 작성하여 컴퓨터로 구현한 방법으로 대표적인 것은?

㉮ Simulation
㉯ 전자제어용 고감도 센서
㉰ PLC 회로
㉱ 릴레이 자동제어 시스템

PLC(Program Logc Control) : 공정제어기기 및 장치의 논리를 프로그램 형태로 기억하여 제어할 수 있도록 한 방식

051. 다음 중 자동화방식 및 기구와 관련이 적은 것은?

㉮ 가공자동화 : NC 제어 및 Process 곡선 가공
㉯ 조립자동화 : 3차원 좌표 측정기 및 센서
㉰ 제품이송 : 벨트 컨베이어 장치
㉱ 설계의 자동화 : PLC

PLC : 설계능력이 없음(기계 기구의 동작제어용)

052. 전기서보의 특성이 아닌 것은?

㉮ 계산증폭이 용이하고 빠르다.
㉯ 기기 간의 신호결함이 곤란하다.
㉰ 고정도의 검출이 용이하다.
㉱ 고온, 고습의 환경에 약하다.

전기서보는 특성은 계산 증폭이 용이하고 빠르며 기기간의 신호결합이 용이하다. 고정도의 검출이 용이하고 고온고습의 환경에 약하다.

053. 설계의 일반적인 과정은 여섯 단계를 포함하는 반복적인 과정이다. 옳은 것은?

㉮ 요구인식 - 통합 - 문제정리 - 분석과 최적화 - 평가 - 표현
㉯ 문제정리 - 요구인식 - 통합 - 분석과 최적화 - 평가 - 표현
㉰ 요구인식 - 문제정리 - 통합 - 분석과 최적화 - 표현 - 평가
㉱ 요구인식 - 문제정리 - 통합 - 분석과 최적화 - 평가 - 표현

요구인식 – 문제정리 – 통합 – 분석과 최적화 – 평가 – 표현

054. 점도는 그 측정에 사용하는 점도계에 따라 표시방식이 다르다. 공업적 점도 표시방법이 아닌 것은?

㉮ 레드우드(초)   ㉯ 세이볼드(초)
㉰ SAE 표시(번호)   ㉱ 동점도(cSt)

점도계의 종류에 따라 과학적 점도 표시와 공업적 점도 표시가 있다. 공업적 점도 표시는 레드우드(초), 세이볼드(초), 잉글러(초), SEA 표시(번호)가 있음

055. 압축된 공기는 수분이 함유되어 제습장치가 필요하다. 제습장치가 아닌 것은?

㉮ 냉동식 에어 드라이어
㉯ 흡착식 에어 드라이어
㉰ 흡수식 에어 드라이어
㉱ 필터식 에어 드라이어

제습장치 : 압축공기 중에 포함된 수분을 제거하여 건조한 공기를 만드는 기기

정답 ▶ 050. ㉰ 051. ㉱ 052. ㉯ 053. ㉱ 054. ㉱ 055. ㉱

056. NC 시스템을 작은 로트에 적용할 때의 장점과 무관한 것은?
㉮ 리드 타임의 감소
㉯ 생산 융통성의 증가
㉰ 인적오류의 발생 증가
㉱ 재료의 기술적인 디자인 변화에 대응

NC는 사람의 실수 확률이 높은 복잡한 부품에 가장 이상적

057. 생형사의 회수사 공급라인 과정을 나열한 것 중 가장 올바른 순서는?
㉮ 미분제거 - 철편제거 - 분쇄 - 수분·온도조정 - 저장 - 공급
㉯ 분쇄 - 철편제거 - 미분제거 - 수분·온도조정 - 저장 - 공급
㉰ 수분·온도조정 - 미분제거 - 철편제거 - 분쇄 - 저장 - 공급
㉱ 철편제거 - 수분·온도조정 - 미분제거 - 분쇄 - 저장 - 공급

분쇄 – 철편제거 – 미분제거 – 수분, 온도조정 – 저장 – 공급

058. 압력제어 밸브 고장의 원인 중 압력이 너무 높거나 지나치게 낮을 때의 원인이 아닌 것은?
㉮ 스프링의 강도가 적절한 경우이다.
㉯ 조정핸들에 대한 압력설정이 적당하지 않다.
㉰ 니들 밸브가 정확하게 맞지 않다.
㉱ 밸런스 피스톤의 작동 불량이다.

㉮ 스프링의 강도가 약할 경우

059. 유압펌프의 고장 중 소음이 클 경우 원인과 대책으로 틀린 것은?
㉮ 흡입관이 가늘거나 막힘 : 흡입진공도를 200mmHg 이하로 한다.
㉯ 탱크 안에 기포가 있음 : 탱크 안의 오일을 새로운 것으로 교환한다.
㉰ 색션 필터의 막힘 또는 용량 부족 : 필터의 청소 또는 용량이 큰 것을 사용한다.
㉱ 베어링이 마모되어 있음 : 펌프를 수리하거나 축심이 맞는지 조사한다.

리턴 드레인의 탱크 안 배관을 조사해야 한다.

060. 오일탱크 구조의 필요한 조건 중 틀린 것은?
㉮ 이물질이 들어가지 않도록 밀폐되어 있을 것
㉯ 모터 펌프, 밸브 등을 설치 시 변형 및 진동에 대비하여 충격을 흡수할 수 있도록 연성과 늘어나는 성질을 지니고 있을 것
㉰ 탱크 안의 유면을 알아 볼 수 있도록 유면계가 설치되어 있을 것
㉱ 적당한 크기의 주유기가 있고 여과할 수 있도록 주유구에 철망이 붙어 있을 것

모터 펌프, 밸브 등의 유압기기를 설치하여도 변형 한다든가 진동하지 않는 강성을 지니고 있을 것

061. 유압밸브 중 압력제어 밸브가 아닌 것은?
㉮ 릴리프 밸브
㉯ 시퀀스 밸브
㉰ 교축 밸브
㉱ 언로드 밸브

정답 056. ㉰ 057. ㉯ 058. ㉮ 059. ㉯ 060. ㉯ 061. ㉰

062 유압회로 중에 어떠한 원인에 의해서 기름이 누출된다고 하여도 압력이 저하되지 않도록 누출된 만큼의 기름을 보급하는 작용을 하는 것은?
㉮ 레귤레이터 ㉯ 어큐뮬레이터
㉰ 제너레이터 ㉱ 보조 유압탱크

063 공장 자동화의 프로세스를 제어하는 방법에서 프로세스 컴퓨터와 PLC 간의 데이터 링크(Data Link)를 통하여 생산 정보의 종합적인 관리, 운반까지 행하는 토탈케어 시스템은?
㉮ 단독제어 시스템 ㉯ 집중제어 시스템
㉰ 분산제어 시스템 ㉱ 계층제어 시스템

064 유압회로의 구성 기구가 아닌 것은?
㉮ 압력제어 밸브 ㉯ 알터네이터
㉰ 유량제어 밸브 ㉱ 엑츄에이터

065 공장에서 사용되는 제어기기 중 마이컴의 응용 제품으로서 Relay, Timer, Counter, 무접점 Relay 등의 기능을 내장한 전자장치는?
㉮ 서멀 릴레이
㉯ 프로그래머블 으프 릴레이(도는 시퀀스)
㉰ 전자접촉기(커넥더)
㉱ 마이크로 스위치

066 시퀀스(Sequence) 회로 중 직렬 조건회로라고 하며 다수의 접점이 모두 직렬로 접속되는 회로는?
㉮ ON circuit ㉯ OFF circuit
㉰ AND circuit ㉱ OR circuit

067 정지된 유체 내의 모든 위치에서 방향에 관계없이 모든 방향으로 일정하게 압력을 전달하는 유압기기의 원리는?
㉮ 파스칼의 원리 ㉯ 베르누이 원리
㉰ 연속의 원리   ㉱ 뉴튼의 원리

068 다음의 기계 장치 중 옳지 않은 것은?
㉮ 동력으로 운전됨 : 동력차단
㉯ 회전 중 파괴될 위험이 있는 연마반의 숫돌 : 복개장치
㉰ 목공용 둥근 톱날판 : 급정지 장치
㉱ 동력으로 운전하는 절단기 : 칼날 또는 금형으로 인한 위험방지용 안전장치

069 Process의 유황을 검출할 수 있는 기기는?
㉮ Orifice ㉯ Control Valve
㉰ Shut Off Valve ㉱ 압력발신기

070 CAD 시스템의 효과로 볼 수 없는 것은?
㉮ 공정설계의 리드타임 증가
㉯ 설계해석의 최적화
㉰ 설계수정시간 단축
㉱ 설계의 정확성

정답 062. ㉯ 063. ㉱ 064. ㉯ 065. ㉯ 066. ㉰ 067. ㉮ 068. ㉰ 069. ㉮ 070. ㉮

071 PLC 프로그램 명령어 중 블록 간의 직렬접속을 표시하는 기호는?
㉮ PLS(펄스)
㉯ ORB(오어블록)
㉰ ANB(앤드블록)
㉱ MCR(마스터 컨트롤 리셋)

072 자동제어에 관한 장점 중 옳지 않은 것은?
㉮ 위험한 곳에 인간을 배치시켜야 할 일을 대신할 수 있다.
㉯ 다량생산 품질향상의 균일화를 꾀할 수 있다.
㉰ 인간보다 정확도와 정밀도가 증가함으로 기업의 이윤을 추구할 수 있다.
㉱ 소량 다품종 생산에만 적합하다.

073 예방보전의 기능에 해당하지 않는 것은?
㉮ 취급되어야 할 대상설비의 결정
㉯ 정비작업에서 점검시기의 결정
㉰ 대상설비 점검개소의 결정
㉱ 대상설비의 외주이용도 결정

074 유압도면에서 액체를 사용한 유압모터의 심볼은?

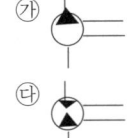
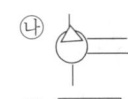

075 다음 중 검사항목에 의한 분류가 아닌 것은?
㉮ 자주검사   ㉯ 수량검사
㉰ 중량검사   ㉱ 성능검사

076 구조가 간단하고 성능이 좋아 많은 양의 기름을 수송하는 데 가장 적합한 유압펌프는?
㉮ 기어펌프   ㉯ 베인펌프
㉰ 로브펌프   ㉱ 피스톤펌프

077 생산보전(PM : Productive Maintenance)의 내용에 속하지 않는 것은?
㉮ 사후보관   ㉯ 안전보관
㉰ 예방보관   ㉱ 개량보관

정답 071. ㉰ 072. ㉱ 073. ㉱ 074. ㉰ 075. ㉮ 076. ㉯ 077. ㉯

제 6 편

공업경영

제1장 품질관리
제2장 생산관리
제3장 작업관리

✿ 기출 및 예상문제

금속재료기능장

품질관리

01 기초 통계 분석

1 중심 위치의 측도

① 산술평균 : $\bar{x} = \dfrac{x_1 + x_2 + \cdots + x_n}{n}$

② 중앙값 : 데이터를 크기순으로 나열할 때 가운데 위치한 값($\tilde{x}$)

③ 범위의 중앙값 : 데이터 중에서 최댓값($x_{\max}$)과 최솟값($x_{\min}$)의 평균

④ 최빈도수 : 반복되어 가장 많이 나타나는 측정치(M_0)

2 정규분포

① 정규분포의 정의
   ㉠ 평균을 중심으로 좌우대칭이며 분포의 형태가 평균(μ)과 분산(δ^2)에 의해서 결정
   ㉡ 가우스 분포라고 한다.

② 정규분포의 성질
   ㉠ 제품의 품질특성(계량치)의 분포는 일반적으로 정규분포에 근사
   ㉡ 정규화 : 정규분포의 변수(x)의 평균(μ)으로부터의 편차를 표준변차(σ) 단위로 바꾼 것
   ㉢ 평균(μ) 또는 표준편차(σ)가 다를 때 분포의 모습도 달라진다.
   ㉣ 정규분포에서는 평균, 중위수, 최빈수가 항상 일치한다.
   ㉤ 평균(μ)을 중심으로 좌우 대칭이다.
   ㉥ 평균은 중심의 위치를 나타내고 분산은 분포의 흩어진 정도를 나타낸다.
   ㉦ 곡선은 평균치 근처에서 높고, 양쪽으로 갈수록 낮아진다.

3 확률분포

① 이상확률분포의 종류 : 이항분포, 포아송분포, 초기화분포
② 연속확률분포의 종류 : 균등분포, 정규분포, t-분포, 지수분포

02 관리도

1 관리도의 종류

종류	데이터	의미 및 특징	분포
$\bar{x} - R$ 관리도 (평균치와 범위 관리도)	계량치	• 품질 특성의 평균을 관리할 목적으로 계량치에 가장 많이 사용	정규분포
x 관리도	계량치	• 데이터를 군으로 나누지 않고 개개의 측정치를 그대로 사용하여 공정을 관리	정규분포
$\tilde{x} - R$ 관리도 (중앙치와 범위 관리도)	계량치	• $\bar{x} - R$ 관리도의 $\bar{x}$ 대신에 $\tilde{x}$(Median)을 사용함으로써 보다 계산하는 시간과 노력을 줄일 수 있음 • 이상치(Outlier)의 영향을 배제할 수 있음	정규분포
P_n 관리도	계수치	• 공정을 불량계수에 의해서 관리할 때 사용	이항분포
P 관리도	계수치	• 불량을 탐지하거나 평균불량률을 추정하고 싶을 때 사용	포아송분포
c 관리도	계수치	• 일정 단위 중에 나타나는 결점의 수를 관리할 목적으로 사용	포아송분포
u 관리도	계수치	• 검사하는 Subgroup의 면적이나 길이 등이 일정하지 않은 경우에 나타나는 결점수를 관리할 목적으로 사용	포아송분포

2 u 관리도의 관리한계선

$$ULC/CLC = \bar{u} \pm 3\sqrt{\frac{\bar{u}}{u}}$$

03 품질관리

1 통계적 품질관리(SQC)

① 제품의 생산 과정에 한정하여 공정의 이상 유무를 판단하기 위해 통계적인 관리와 기법을 적용하는 방법
② 소비자가 원하는 제품을 가장 경제적으로 생산할 수 있는 통계학적 관리법

2 종합적 품질 관리(TQC)

① 제품 설계, 생산 기술, 제조, 검사, 유통 기구, 마케팅 활동 등 품질에 영향을 줄 수 있는 모든 활동을 전사적으로 종합 관리하는 방법
② 전사적 품질 관리

3 ABC 분석기법

① 판매량(volume)별 구분으로서 사용량이 많고 소비품목이 큰 중요 상품을 선택하여 ABC 등급으로 부여한 후 등급에 따라 이를 관리하는 기법
② 자금의 회전을 원활히 하기 위한 ICS(Inventroy control system) 기법

생산 관리

01 생산 관리의 개요

1 생산 관리
① 협의의 생산 관리 : 제조활동 또는 작업수행 활동을 대상으로 한 활동
② 광의의 생산 관리 : 기업경영에 있어서 모든 생산적 활동

2 생산 요소
① 3요소 : Men, Machine, Material
② 5요소 : Men, Machine, Material, Method, Management
③ 7요소 : Men, Machine, Material, Method, Management, Market, Money

3 생산 시스템
① 구성 : 투입(Input) → 변화(Processor) → 산출(Output)
② 공통 성질 : 집합성, 관련성, 목적 추구성, 환경 적응성

4 생산 합리화
① 목표 : 좋은 물건을(품질), 값싸게(원가), 빠른 생산으로(납기)
② 원칙
  ㉠ 표준화 : 제품과 관련하여 정해진 각종 기준의 규격으로 대량 생산하여 불량률 감소, 비용 절감, 생산성 향상

　　ⓒ 단순화 : 작업 절차에서 불필요한 부분을 제거하여 간소화, 제품의 품질 향상, 생산 기간 단축
　　ⓒ 전문화 : 작업 특성과 제조 과정에 따라 생산 활동을 분업화, 근로자의 전문성 및 숙련도 제고, 능률 향상

5 수요 예측

① 시장에서 요구하는 제품이나 서비스의 양적, 시간적, 질적, 장소에 대한 미래의 수요를 평가, 추정하는 과정
② 분류
　㉠ 정성적 방법 : 시장조사법, 델파이법, 위원회에 의한 예측법, 자료 유출법
　㉡ 인과형 예측법 : 회귀모델, 계량경제모델
　㉢ 시계열 분석법 : 최소 자승법, 이동 평균법, 지수 평활법

02 생산 계획

1 생산 계획의 단계

① 기본 계획(준비 계획)
② 실행 계획(제조 계획)
③ 실시 계획(작업 계획)

2 공수 계획

① 공수 계획 : 공정(직장)별 또는 기계별로 작업부하가 균등히 걸리도록 작업량을 할당하기 위한 것
② 공수의 단위 : 인일(Man day-개략적), 인시(Man hour), 인분(Man minute)

③ 공수 체감 곡선식 : $Y = AX^B$
- X : 단위당 평균 생산 시간
- A : 최초제품의 생산 소요시간
- B : 경사율

④ 누계 공수 계산식 : $\int_0^{X_n} Y dx = \dfrac{AX_n^{B+1}}{B+1}$

03 생산 방식

1 제품 시장의 특성에 따른 종류

① 주문 생산
- ㉠ 고객의 주문에 따라 특정한 제품을 생산하는 방식
- ㉡ 대형 선박, 고층 빌딩 등

② 계획 생산
- ㉠ 일반 대중을 대상으로 일반적 상품을 연속적으로 생산하는 방식
- ㉡ TV, 자동차, 오디오 등

2 공정 관리의 특성에 따른 분류

① 연속 생산
- ㉠ 단일 제품 또는 소품종 제품을 연속적으로 생산하는 방식
- ㉡ 전자제품, 시멘트

② 로트(Lot) 생산
- ㉠ 동일 제품 또는 부품을 일정한 수량만 생산하는 방식
- ㉡ 로트 수 : 일정한 제조횟수를 표시하는 개념(예정 생산목표량을 몇 회로 분할 생산하는 것인가)
- ㉢ 로트의 크기 : 예정 생산목표량을 로트수로 나눈 것
- ㉣ 로트의 종류 : 제조명령 로트, 가공 로트, 이동 로트

04 공정 관리

1 공정 관리 순서

공정 계획 ⇨ 일정 계획 ⇨ 작업 분해 ⇨ 진행 관리

① 공정 계획 : 작업의 진행 순서와 방법, 장소, 작업 시간 등을 결정하고 할당한다.
② 일정 계획 : 작업 공정의 구체적인 시기를 확정한다.
③ 작업 분배 : 작업자나 기계에 구체적인 작업을 할당하여 생산할 것을 지시한다.
④ 진행 관리 : 작업 상황을 통제하며 진도를 관리한다.

2 워크 팩터

① 측정법
  ㉠ PTS법 : 인간이 행하는 모든 작업의 구성을 기본동작으로 분해하여 그 동작의 설정과 조건에 따라 미리 정해진 시간치를 적용하는 방법
  ㉡ MTM법 : 인간이 행하는 작업을 몇 개의 기본동작으로 분석하여 그 기본동작간의 관계나 그것에 필요한 시간치를 밝히는 방법
② 워크 팩터의 시간단위 : 1WFU = 0.006초 = 0.0001분 = 0.0000007시

3 공정분석 기호

① 작업(Operation) : ○
② 운반(Transportation) : ⇨
③ 검사(Inspection) : □
④ 지연(Delay) : D
⑤ 저장(Storage) : ▽

4 ECRS의 원칙

① 배제(Elominate)
② 결합(Combine)
③ 재배치(Rearrange)
④ 간소화(Simplify)

5 공정도 개선 원칙

① 재료취급의 원칙
② 레이아웃의 원칙
③ 동작경제의 원칙

6 작업 분배 방법

① 분산적 작업 분배 방법
② 집중식 작업 분배 방법

7 진도 관리

① 업무 단계 : 진도조사 → 진도편성 → 진도수정 → 지연조사 → 지연예방대책 → 회복확인
② 조사 방법 : 전표 이용법, 구두 연락법, 직시법, 기계적 방법

8 공정 관리 기법

① 간트 차트(Gantt Chart)
   ㉠ 막대 길이로서 시간의 장단을 표시하는 도표
   ㉡ 공정 진행 관리에 널리 사용

② PERT 기법
   ㉠ 경영관리자가 사업 목적을 달성하기 위해 수행하는 기본계획, 세부계획, 통계기능에 도움을 줄 수 있는 수직 기법
   ㉡ 계획 공정도를 중심으로 한 종합적인 관리 기법
   ㉢ 합리적인 계획으로 실패를 줄이며 성공하는 방법
③ CPM 기법
   ㉠ 각 활동의 소요일수 대 비용의 관계를 조사하여 최소비용으로 공사 계획이 수행될 수 있도록 최적의 공기를 구하는 방법
   ㉡ 비용을 극소화하여 이윤을 극대화하는 방법
④ 3점 견적법
   ㉠ 낙관 시간치
   ㉡ 정상 시간치
   ㉢ 비관 시간치
   ㉣ 기대 시간치
⑤ Come-Up 시스템
   ㉠ 각 제품의 제조명령에 대하여 1공정 1전표를 완료예정일 순으로 전표를 정리하여 지연작업을 조사하는 방법
   ㉡ 제품수가 많고, 공정의 길이가 일정하지 않은 경우에 사용
⑥ 설비 열화형의 종류
   ㉠ 물리적 열화
   ㉡ 기능적 열화
   ㉢ 기술적 열화
   ㉣ 화폐적 열화
⑦ 설비 보전의 종류
   ㉠ 보전 예방
   ㉡ 예방 보전
   ㉢ 개량 보전
   ㉣ 사후 보전
⑧ 보전 조직의 종류
   ㉠ 집중 보전
   ㉡ 지역 보전
   ㉢ 부분 보전
   ㉣ 절충 보전

제3장 작업 관리

금속재료기능장

01 작업 관리의 개요

1 작업 관리의 정의

작업관리란 방법연구와 작업측정을 주 대상으로 인간이 관여하는 작업을 전반적으로 검토하고 작업의 경제성과 효율성에 미치는 모든 요인을 체계적으로 조사하여 최적 작업 시스템을 지향하는 것

2 표준시간

① **표준시간** : 작업에 적성이 있고 숙련된 작업자가 양호한 작업 환경 소정의 작업조건, 필요한 여유 및 소정의 작업에 미리 정해진 방법에 따라 수행한 시간
② 주작업 시간과 준비시간의 합
③ 표준시간 = 정미시간×(1 + 여유율) → 외경법

$$표준시간 = \frac{정미시간 \times 1}{1 - 여유율} → 내경법$$

3 레이팅

정상 페이스와 관측대상작업의 페이스를 비교 판단하여 관측시간치를 정상페이스의 시간치로 수정하는 것

4 여유시간

$$여유율(\%) = \frac{여유시간}{정미시간} \times 100 \rightarrow 외경법$$

$$여유율(\%) = (\frac{여유시간}{정미시간 + 여유시간}) \times 100 \rightarrow 내경법$$

5 시간 연구법의 측정단위 순서

공정 > 단위작업 > 요소작업 > 동작작업

02 작업 측정

1 작업 측정의 의의

작업 측정은 측정 대상 작업을 구성단위(요소작업)로 분할하여 시간을 척도로서 측정하고 평가 및 설계, 개선하는 것

2 스톱워치법의 관측방법

① 계속법
② 반복법
③ 순환법

3 워크 샘플링

① 워크 샘플링은 사람이나 기계의 가동상태 및 작업의 종류 등을 순간적으로 관측하고 반복된 관측으로 각 관측항목의 시간구성이나 그 추이상황을 통계적으로 추측하는 방법

② 통계적 추론을 이용하기 위하여 사람과 기계의 움직임을 순간적으로 관측하여 측정하는 방법
③ 통계적 기법을 이용한다.

4 표준자료법

동일 종류에 포함되는 과업의 작업내용을 정상요소와 변수요소로 분류하여 사전 작업 측정에 의한 변동요인과 시간치와의 관계를 해석하고 시간공식 또는 시간자료를 작성하여 개별 작업 시간을 설정할 때마다 측정하지 않고 작성된 자료를 활용하여 표준시간을 구하는 방법

5 동작 연구

① 동작 연구의 목적 : 작업에 포함되어 있는 인간의 신체동작과 눈의 움직임을 분석함으로써 불필요한 동작을 배제 및 최적의 방법 설정한다.
② 종류
　　㉠ 양수분석 작업
　　㉡ 서블리그 분석
　　㉢ 동시동작 분석

6 가치 공학

기능분석과 기능평가를 체계적으로 하여 고객의 요구를 실현하는 방법

7 유동 작업

① 각 공정의 작업 시간이 균일하고, 작업공간들의 공정 순서대로 배치되어 있고, 시간적, 공간적 조건을 만족시키는 것
② **분류 기준** : 만족시키는 정도, 분업적 조건, 운반적 조건
③ **종류** : 완전 유동작업, 불완전 유동작업

④ 편성 순서
  ㉠ 피치타임의 결정
  ㉡ 유동작업화를 위한 공정 분석(단순공정분석)
  ㉢ 작업분석 및 시간 측정
  ㉣ 작업내용의 분할, 합성(라인 밸런스)

8 레이아웃

① 플랜트 레이아웃 : 가장 경제적인 일련의 물적 생산 시스템으로 유동을 설계, 확립하는 것
② 배치의 원칙
  ㉠ 총합의 원칙
  ㉡ 단거리 원칙
  ㉢ 유동의 원칙
  ㉣ 일체의 원칙

제6편 공업경영 기출 및 예상문제

001 더미 활동(Dumy activity)에 대한 설명 중 가장 적합한 것은?
㉮ 가장 긴 작업 시간이 예상되는 공정을 말한다.
㉯ 공정의 시작에서 그 단계에 이르는 공정별 소요시간들 중 가장 큰 값이다.
㉰ 실제활동은 아니며, 활동의 선행조건을 네트워크에 명확히 표현하기 위한 활동이다.
㉱ 각 활동별 소요시간이 베타분포를 따른다고 가정할 때의 활동이다.

002 생산보전(PM : Productive Maintenance)의 내용에 속하지 않는 것은?
㉮ 사후보관   ㉯ 안전보관
㉰ 예방보관   ㉱ 개량보관

003 어떤 측정법으로 동일 시료를 무한 횟수 측정하였을 때 데이터 분포의 평균치와 참값과의 차를 무엇이라 하는가?
㉮ 신뢰성   ㉯ 정확성
㉰ 정밀도   ㉱ 오차

004 관리한계선을 구할 때 이항분포를 이용하여 관리선을 구하는 관리도는?
㉮ Pn 관리도   ㉯ U 관리도
㉰ X-R 관리도   ㉱ X 관리도

005 로트수가 10이고, 준비작업 시간이 20분이며, 로트별 정미작업 시간이 60분이라면 1로트당 작업 시간(분)은?
㉮ 90   ㉯ 62
㉰ 26   ㉱ 13

006 다음 중 로트별 검사에 대한 AQL 지표형 샘플링 검사 방식은 어느 것인가?
㉮ KS A ISO 2859-0
㉯ KS A ISO 2859-1
㉰ KS A ISO 2859-2
㉱ KS A ISO 2859-3

007 로트(Rot)수를 가장 올바르게 정의한 것은?
㉮ 1회 생산수량을 의미한다.
㉯ 일정한 제조횟수를 표시하는 개념이다.
㉰ 생산목표량을 기계대수로 나눈 것이다.
㉱ 생산목표량을 공정수로 나눈 것이다.

정답 001. ㉰ 002. ㉯ 003. ㉯ 004. ㉮ 005. ㉯ 006. ㉯ 007. ㉯

008 다음 중에서 작업자에 대한 심리적 영향을 가장 많이 주는 작업측정의 기법은?
㉮ PTS법
㉯ 워크 샘플링법
㉰ WF법
㉱ 스톱워치법

009 미리 정해진 일정 단위 중에 포함된 부적합(결점)수에 의거해 공정을 관리할 때 사용하는 관리도는?
㉮ p 관리도 ㉯ np 관리도
㉰ c 관리도 ㉱ u 관리도

010 단순지수평활법을 이용하여 금월의 수요를 예측하려고 한다면 이때 필요한 자료는 무엇인가?
㉮ 일정기간의 평균값, 가중값, 지수평활계수
㉯ 추세선, 최소자승법, 매개변수
㉰ 전월의 예측치와 실제치, 지수평활계수
㉱ 추세변동, 순환변동, 우연변동

011 다음의 데이터를 보고 편차 제곱합(S)을 구하면? (단, 소숫점 3자리까지 구하시오)

[Data]
18.8, 19.1, 18.8, 18.2, 18.4, 18.3, 19.0, 18.6, 19.2

㉮ 0.338 ㉯ 1.029
㉰ 0.114 ㉱ 1.014

012 다음 중 계량치 관리도는 어느 것인가?
㉮ R 관리도   ㉯ nP 관리도
㉰ C 관리도   ㉱ U 관리도

013 다음 데이터로부터 통계량을 계산한 것 중 틀린 것은?

[Data]
21.5, 23.7, 24.3, 27.2, 29.1

㉮ 중앙값(Me) = 24.3
㉯ 제곱합(S) = 7.59
㉰ 시료분산(s^2) = 8.988
㉱ 범위(R) = 7.6

014 도수분포에서 도수가 최대인 곳의 대표치를 말하는 것은?
㉮ 중위수   ㉯ 비대칭도
㉰ 모드(Mode) ㉱ 첨도

015 여력을 나타내는 식으로 가장 올바른 것은?
㉮ 여력 = 1일 실동시간×1개월 실동시간 ×가동대수
㉯ 여력 = (능력 - 부하)×$\frac{1}{100}$
㉰ 여력 = $\frac{(능력 - 부하)}{능력}$×100
㉱ 여력 = $\frac{(능력 - 부하)}{부하}$×100

정답 008. ㉱ 009. ㉰ 010. ㉰ 011. ㉯ 012. ㉮ 013. ㉯ 014. ㉰ 015. ㉰

016 공정 도시기호 중 공정계열의 일부를 생략할 경우에 사용되는 보조 도시기호는?

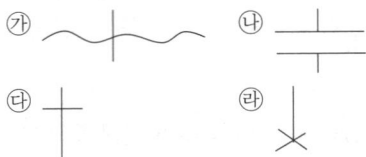

017 사내 표준화의 요건 중 틀린 것은?
㉮ 실내가능성이 있는 내용일 것
㉯ 기록내용이 구체적이며 객관적일 것
㉰ 기여도가 작은 것부터 실행할 것
㉱ 작업표준에는 수단 및 행동을 직접 지시할 것

018 국가 표준 규격에 속하지 않는 것은?
㉮ KS   ㉯ JIS
㉰ DIN   ㉱ SAE

019 국제 규격 표준에 속하지 않는 것은?
㉮ IEC   ㉯ ISO
㉰ IBWM ㉱ NEMA

020 KS 제정의 4가지 원칙이 아닌 것은?
㉮ 공업 규격의 통일성 유지
㉯ 공업표준 조사심의 규정의 민주적 운영
㉰ 공업표준의 주관적 타당성 및 합리성 유지
㉱ 공업표준의 공중성 유지

021 품질 코스트 종류에 속하지 않는 것은?
㉮ 예방 코스트   ㉯ 평가 코스트
㉰ 실패 코스트   ㉱ 제품 코스트

022 평가 코스트에 속하지 않는 것은?
㉮ 수입검사 코스트
㉯ 시험 코스트
㉰ 공정검사 코스트
㉱ QC사무 코스트

023 계수치 데이터에 속하지 않는 것은?
㉮ 불량개수   ㉯ 결점수
㉰ 홈의 수   ㉱ 온도

024 제품의 유용성을 정하는 성질 또는 제품이 그 사용목적을 수행하기 위한 여러 가지 품질특성의 집합체는?
㉮ 품질   ㉯ 품질관리
㉰ 품질보증   ㉱ 품질설계

025 품질의 종류가 아닌 것은?
㉮ 시장품질   ㉯ 설계품질
㉰ 제조품질   ㉱ 가치품질

026 사내 표준화 효과가 아닌 것은?
㉮ 생산능률의 증진과 생산비의 저하
㉯ 품질의 향상 및 균일화
㉰ 표준원가 및 표준작업공수의 산정
㉱ 사용소비의 절약화

정답 016. ㉯ 017. ㉰ 018. ㉱ 019. ㉱ 020. ㉰ 021. ㉱ 022. ㉱ 023. ㉱ 024. ㉮ 025. ㉱ 026. ㉱

027 품질 관리의 기능을 수행하는 절차는?
   ㉮ 품질설계 → 공정관리 → 품질보증 → 품질조사
   ㉯ 품질설계 → 공정관리 → 품질조사 → 품질보증
   ㉰ 품질관리 → 공정설계 → 품질보증 → 품질조사
   ㉱ 품질설계 → 품질보증 → 공정관리 → 품질조사

028 품질관리의 업무에 속하지 않는 것은?
   ㉮ 신제품 관리   ㉯ 원가관리
   ㉰ 제품관리   ㉱ 특별공정조사

029 수입자재관리 항목에 속하지 않는 것은?
   ㉮ 공정계획   ㉯ 자재구입
   ㉰ 자재의 수입검사 ㉱ 제품발송

030 사내표준화의 추진 순서는?
   ㉮ 계획 → 운영 → 조치 → 평가
   ㉯ 계획 → 운영 → 평가 → 조치
   ㉰ 계획 → 평가 → 운영 → 조치
   ㉱ 운영 → 계획 → 평가 → 조치

031 샘플링 대상물의 낱개로 세어 볼 수 없는 경우를 무엇이라 하는가?
   ㉮ 단위체   ㉯ 집합체
   ㉰ 집단   ㉱ 시료

032 샘플단위의 크기 조건에 속하지 않는 것은?
   ㉮ 샘플링 목적   ㉯ 비용
   ㉰ 시험방법   ㉱ 샘플기술

033 모집단의 참값과 측정 데이터의 차를 무엇이라 하는가?
   ㉮ 오차   ㉯ 신뢰성
   ㉰ 정밀도   ㉱ 정확성

034 동일 모집단에서 동일시료를 무한회수 측정하였을 때 평균치의 값과 참값과의 차를 무엇이라 하는가?
   ㉮ 오차   ㉯ 신뢰성
   ㉰ 정밀도   ㉱ 정확성

035 동일 모집단에서 동일시료를 무한회수 측정하였을 때 데이터 분포의 폭의 크기를 무엇이라 하는가?
   ㉮ 오차   ㉯ 신뢰성
   ㉰ 정밀도   ㉱ 정확성

036 샘플링 방법에 속하지 않는 것은?
   ㉮ 랜덤 샘플링   ㉯ 지그재그 샘플링
   ㉰ 층별 샘플링   ㉱ 집락 샘플링

037 랜덤 샘플링 방법에 속하지 않는 것은?
   ㉮ 단순 랜덤 샘플링
   ㉯ 2단계 샘플링
   ㉰ 계통 샘플링
   ㉱ 지그재그 샘플링

정답 027. ㉰ 028. ㉯ 029. ㉱ 030. ㉯ 031. ㉯ 032. ㉱ 033. ㉮ 034. ㉱ 035. ㉰ 036. ㉯ 037. ㉱

038. 제품의 불량이나 결점 등의 데이터를 그 내용이나 원인별로 분류하여 발생상황의 크기 차례로 놓아 기둥모양으로 나타낸 것은?
㉮ 파레토도 ㉯ 체크 사이트
㉰ 특성 요인도 ㉱ 히스토그램

039. 도수분포의 수량적 표시방법에 속하지 않는 것은?
㉮ 중심적 경향 ㉯ 흩어짐 또는 산포
㉰ 편차의 정도 ㉱ 분포의 모양

040. 시료의 어떤 특성을 측정하여 얻는 측정치의 함수를 무엇이라 하는가?
㉮ 모수 ㉯ 통계량
㉰ 모집단 ㉱ 시료

041. 시료가 취하여진 모집단에 대한 값을 무엇이라 하는가?
㉮ 모수 ㉯ 통계량
㉰ 모집단 ㉱ 시료

042. 공정이나 로트의 집합체를 무엇이라 하는가?
㉮ 모수 ㉯ 통계량
㉰ 모집단 ㉱ 시료

043. 샘플링 대상물을 낱개로 세어 볼 수 있는 경우를 무엇이라 하는가?
㉮ 단위체 ㉯ 집합체
㉰ 집단 ㉱ 시료

044. 샘플링 합법화에서 목적의 명확화에 속하지 않는 것은?
㉮ 모집단의 명확화
㉯ 판정기준의 명확화
㉰ 행동기준의 명확화
㉱ 표준편차의 명확화

045. C 관리도에 속하지 않는 것은?
㉮ 에나멜 1m당 결점수
㉯ 한 대 중 불량 납땜수
㉰ 유리 $1m^2$당 결점수
㉱ 직물의 얼룩

046. U 관리도에 속하지 않는 것은?
㉮ 에나멜 동선의 핀홀수
㉯ 직물의 얼룩
㉰ 유리 결점수
㉱ 철사의 인장강도

047. 관리도의 점이 한쪽으로 올라가거나 내려가는 상태를 무엇이라 하는가?
㉮ 런 ㉯ 경향
㉰ 주기 ㉱ 플로트

048. 관리도의 점이 중심선 한쪽에 연속해서 나타나는 점을 무엇이라 하는가?
㉮ 런 ㉯ 경향
㉰ 주기 ㉱ 플로트

049 관리도의 점이 주기적으로 상하로 변동하여 파형을 나타내는 것을 무엇이라 하는가?

㉮ 런 ㉯ 경향
㉰ 주기 ㉱ 플로트

050 관리도의 점이 관리한계를 벗어나지 않는 기준에 속하지 않는 것은?

㉮ 연속 25점 모두가 관리 한계 안에 있다.
㉯ 연속 35점 중 관리한계를 벗어나는 점이 1개 이내에 있다.
㉰ 연속 45점 중 관리한계를 벗어나는 점이 2개 이내에 있다.
㉱ 연속 100점 중 관리한계를 벗어나는 점이 2개 이내에 있다.

051 런의 길이가 이상이 있다 판단하여 조치를 해야 할 점은?

㉮ 3점 ㉯ 5점
㉰ 5~6점 ㉱ 7점 이상

052 런의 길이가 몇 점일 경우 공정을 주의해서 살펴야 하는가?

㉮ 3점 ㉯ 5점
㉰ 5~6점 ㉱ 7점 이상

053 작업개선의 원칙 중 맞는 것은?

㉮ 배제→ 결합→ 재배치→ 간소화
㉯ 제거→ 결합→ 분해→ 간소화
㉰ 배제→ 운반→ 검사→ 조치
㉱ 제거→ 경합→ 검사→ 운반

054 관리도의 점이 관리한계(2~3σ)에 나타나면 공정에 이상원인이 있다고 판단 할 수 없는 것은?

㉮ 연속된 3점 중 2점 이상
㉯ 연속된 7점 중 3점 이상
㉰ 연속된 10점 중 3점 이상
㉱ 연속된 10점 중 4점 이상

055 제조 공정의 품질특성이 시간이나 수량에 따라서 어느 정도 주기적으로 변할 때 샘플링 하는 방법은?

㉮ 랜덤 샘플링 ㉯ 2단계 샘플링
㉰ 층별 샘플링 ㉱ 집락 샘플링

056 모 집단으로부터 시간적 또는 공간적으로 일정한 간격을 두고 샘플링하는 방법은?

㉮ 랜덤 샘플링 ㉯ 계통 샘플링
㉰ 층별 샘플링 ㉱ 집락 샘플링

057 계수치 관리도 중 이항분포를 사용하는 것은?

㉮ Pn 관리도 ㉯ u 관리도
㉰ C 관리도 ㉱ X 관리도

058 X-R 관리도에 속하지 않는 것은?

㉮ 축의 완성지름
㉯ 아스피린 순도
㉰ 전구의 소비전력
㉱ 알코올 농도

정답 049. ㉰ 050. ㉯ 051. ㉱ 052. ㉰ 053. ㉮ 054. ㉰ 055. ㉰ 056. ㉯ 057. ㉮ 058. ㉱

059 x 관리도에 속하지 않는 것은?
  ㉮ 철사의 인장강도
  ㉯ 화학 분석치
  ㉰ 1일 소비 전력량
  ㉱ 반응공정의 수확률

060 Pn 관리도에 속하지 않는 것은?
  ㉮ 전구 꼭지쇠의 불량개수
  ㉯ 나사길이 불량
  ㉰ 전화기의 겉보기 불량개수
  ㉱ 화학분석치

061 품질관리의 실시효과로 볼 수 없는 것은?
  ㉮ 생산량이 늘어나고 합리적인 생산계획을 수립할 수 있다.
  ㉯ 품질에 대한 책임을 각자가 인식하게 되어 작업의욕이 저하된다.
  ㉰ 사내 각 부문에서 하는 일이 원활하게 진행되고 사외에 대한 신용을 높인다.
  ㉱ 불량품이 감소하여 수율이 향상되고, 제품의 원가가 절감된다.

062 다음 중 품질보증의 개념으로 옳지 않은 것은?
  ㉮ 소비자와 생산자와의 하나의 약속이며 계약이다.
  ㉯ 품질보증은 품질관리의 핵심이고 감사의 기능이다.
  ㉰ 품질이 소정의 수준에 있음을 보증하는 것이다.
  ㉱ 품질관리를 기업에 침투시키려는 하나의 방책이다.

063 다음 중 품질보증의 뜻에 가장 적합한 것은?
  ㉮ 품질특성을 조사하여 합부판정을 내리는 것
  ㉯ 보증된 수주능력을 갖고 있음을 선전하는 것
  ㉰ 품질이 소정의 수준에 있음을 보증하는 것
  ㉱ 품질이 규격에 적합한지를 분석하는 것

064 다음 내용 중 품질보증에 대한 참뜻을 설명한 것으로 옳지 않은 것은?
  ㉮ 품질이 소정의 수준에 있음을 보증하는 것이다.
  ㉯ 품질기준에 일치시키기 위하여 품질의 세부요소를 관리하는 기능이다.
  ㉰ 제품에 대한 소비자와의 하나의 약속이며 계약이다.
  ㉱ 소비자에게 제품이 만족스럽고 신뢰할 수 있으며 경제적임을 보증하는 것이다.

065 제품의 생산과정에서 발생되는 불량개수나 불량에 의한 손실금액을 세로축에 두고 불량개수 또는 불량손실금액이 많은 항목을 차례로 가로축에 두어 작성된 그래프를 무엇이라 하는가?
  ㉮ 파레토도   ㉯ 특성 요인도
  ㉰ 산점도   ㉱ 공정 능력도

066 표준이 유지되도록 관리하기 위하여 이용되는 것은?
  ㉮ 특성 요인도
  ㉯ 단순화, 전문화
  ㉰ 관리도, 샘플링 검사, 히스토그램
  ㉱ 특성 요인도, 파레토도

정답 059. ㉮ 060. ㉱ 061. ㉯ 062. ㉱ 063. ㉰ 064. ㉯ 065. ㉮ 066. ㉰

067. 다음 중 품질관리의 기능이라 할 수 없는 것은?
㉮ 품질의 설계 ㉯ 공정의 관리
㉰ 품질의 개발 ㉱ 품질의 보증

068. 품질관리기능은 품질을 중요시하는 관점과 제품 책임, 피드백의 유지등으로 W.E.Deming은 4가지의 기능 사이클을 설명하고 있다. 여기에 속하지 않는 것은?
㉮ 공정의 관리 ㉯ 표준의 설정
㉰ 품질보증 ㉱ 품질조사

069. 소비자의 요구품질과 공장의 제조능력을 고려하여 경제적으로 균형화시킨 품질 시방은?
㉮ 균형품질 ㉯ 제조품질
㉰ 시장품질 ㉱ 설계품질

070. 품질관리기능의 사이클 중 옳지 않은 것은?
㉮ P ㉯ D
㉰ O ㉱ A

071. TQC의 4가지 업무는?
㉮ 신제품관리, 수입자재관리, 제품관리, 특별공정조사
㉯ 품질보증, 검사, 품질감사, 품질계획
㉰ 품질보증, 품질감사, 품질계획, 교육훈련
㉱ 품질보증, 검사, 품질계획, 교육훈련

072. 다음의 각 설명 중에서 옳지 못한 것은?
㉮ 품질특성은 치수, 온도, 압력 등과 같이 그 샘플의 성질을 규정하는 요소 또는 그 품질을 평가할 때 지표가 되는 요소를 말한다.
㉯ 시장품질은 소비자가 요구하는 품질로서 설계나 판매정책에 반영되는 품질이다.
㉰ 통계적 품질관리는 가장 유용하고, 더욱 시장성이 있는 제품을 가장 경제적으로 생산하기 위하여, 생산의 모든 단계에 통계적 원리와 수법을 응용하는 일이다.
㉱ 품질목표는 현재의 기술로 관리하면 도달할 수 있는 공정에 주어지는 품질의 수준이다.

073. 관리도에서 3σ 관리한계선을 사용할 경우 샘플의 크기 n을 증가시키면 어떠한 효과가 기대되는가?
㉮ 제1종 과오를 범할 위험이 줄어든다.
㉯ 제2종 과오를 범할 위험이 줄어든다.
㉰ 제1종 및 제2종 과오를 범할 위험이 모두 줄어든다.
㉱ 위험에는 관계가 없다.

074. 관리도에 찍은 점이 관리한계선 외에 나가면 취해야 할 조치로 가장 옳은 것은?
㉮ 공정을 변경한다.
㉯ 규격을 변경한다.
㉰ 원인을 조사하고 이상원인을 제거한다.
㉱ 불량품이 나오므로 전수선별한다.

정답 067. ㉰ 068. ㉯ 069. ㉱ 070. ㉰ 071. ㉮ 072. ㉱ 073. ㉯ 074. ㉰

075 다음 중 이산형 확률분포는?
- ㉮ t분포
- ㉯ 기하(geometric)
- ㉰ 정규분포
- ㉱ 포아송(poisson) 분포

076 다음의 사항 중 틀린 것은?
- ㉮ 누적분포함수(또는 확률분포함수)는 증가함수이다.
- ㉯ 정규분포의 확률밀도함수는 대칭함수이다.
- ㉰ 포아송 확률밀도함수는 이산(discrete) 함수이다.
- ㉱ 우측으로부터 연속인 함수는 확률밀도함수이다.

077 다음 중 검사를 하는 방법에 의한 분류에 해당되는 검사는?
- ㉮ 파괴검사
- ㉯ 관능검사
- ㉰ 관리 샘플링 검사
- ㉱ 순회검사

078 샘플링 단위에서 인크리멘트가 길이의 개념일 때를 무엇이라 하는가?
- ㉮ 시장
- ㉯ 시편
- ㉰ 단위체
- ㉱ 집합체

079 다음 중 샘플링 검사가 적합하지 않은 경우는?
- ㉮ 파괴검사의 경우
- ㉯ 어느 정도 불량품이 섞여도 허용되는 경우
- ㉰ 검사비용이 많이 드는 경우
- ㉱ 치명적인 결점을 포함하고 있는 제품의 경우

080 파레토 그림을 그리는 방법이 틀린 것은?
- ㉮ 분류항목이 많이 있을 경우 파레토도의 가로축이 길 경우 적은 항목은 몇 개 모아서 기타로 일괄하여 오른편 끝에 그린다.
- ㉯ 데이터의 누적수를 막대 그래프로 그린다.
- ㉰ 파레토도의 세로축은 불량개수, 결점수 등을 나타낼 뿐만 아니라 손실금액을 나타내는 수도 있다.
- ㉱ 불량항목이 많은 것부터 왼쪽에서 오른쪽으로 항목을 정한다.

081 다음 관리도의 설명 중 옳은 것은?
- ㉮ 관리도는 작업표준을 작성할 때까지의 수단이며, 작업표준이 완성되면 관리도를 그릴 필요가 없다.
- ㉯ 관리도는 표준화가 되어 있지 않는 공정에는 사용할 수 없다.
- ㉰ 작업표준을 만들어 두면 관리도는 그릴 필요가 없다.
- ㉱ 관리도는 과거의 데이터 해석에도 사용된다.

082 관리도에서 관리상태라고 할 수 있는 것은?
- ㉮ 연속된 10점 중 2점 이상이 $2\sigma \sim 3\sigma$ 사이에 나타날 때
- ㉯ 연속된 7점이 중심선 한쪽에 나타날 때
- ㉰ 점이 주기적으로 상하로 변동하여 파형을 나타낼 때
- ㉱ 연속된 14점 중 12점 이상이 중심선 한쪽에 나타날 때

정답 075. ㉱ 076. ㉱ 077. ㉮ 078. ㉮ 079. ㉱ 080. ㉯ 081. ㉱ 082. ㉮

083 T.Q.C에서 가장 핵심적인 계층은?
- ㉮ 최고경영층
- ㉯ 중간관리층
- ㉰ 작업감독자
- ㉱ 일선작업자

084 관리도에서 공정이 관리상태에 있다고 판단할 수 있는 경우는?
- ㉮ 연속 25점 중 1점이 관리한계를 벗어날 경우
- ㉯ 연속 100점 중 한계를 벗어나는 점이 2점 이내일 경우
- ㉰ 연속 35점 중 한계를 벗어나는 점이 2점 이내일 경우
- ㉱ 연속 6점이 중심선 한쪽에 있을 경우

085 모집단의 특성에 일정 간격마다 주기적으로 변동이 있고 이것이 샘플링 간격과 일치할 때 치우침이 생긴다. 이때 행하여야 할 샘플링은?
- ㉮ 단순 랜덤 샘플링
- ㉯ 계통 샘플링
- ㉰ 지그재그 샘플링
- ㉱ 층별 샘플링

086 어떤 측정법으로 동일시료를 무한회수 측정하였을 때 얻어진 데이터는 반드시 흩어지는데 그 데이터의 분포의 폭의 크기를 무엇이라 하는가?
- ㉮ 오차(error)
- ㉯ 신뢰성(reliability)
- ㉰ 정밀도(precision)
- ㉱ 정확성(accuracy)

087 다음 어느 경우가 샘플링 검사보다 전수검사가 유리한가?
- ㉮ 생산자에게 품질향상의 자극을 주고 싶은 경우
- ㉯ 고가인 물품
- ㉰ 검사항목이 많은 경우
- ㉱ 검사비용을 적게 하는 것이 이익이 되는 경우

088 다음 중 샘플링 검사를 할 수 있는 것은?
- ㉮ 작은 나사
- ㉯ 자동차의 브레이크
- ㉰ 고압용기
- ㉱ 등산용 로프

089 다음 중 샘플링 검사의 순서로 맞는 것은?

① 검사특성에 웨이트를 정해 둔다.
② 검사단위의 품질기준과 측정방법을 정한다.
③ 샘플을 뽑는다.
④ 샘플링 검사방식을 정한다.

- ㉮ ④ → ② → ① → ③
- ㉯ ④ → ① → ② → ③
- ㉰ ② → ① → ④ → ③
- ㉱ ② → ④ → ① → ③

090 공장에 있어서의 샘플링 검사의 목적분류에 속하지 않는 것은?
- ㉮ 공장관리를 위해
- ㉯ 검사를 위해
- ㉰ 검사를 위해
- ㉱ 공정단축을 위해

정답 083. ㉯ 084. ㉯ 085. ㉰ 086. ㉮ 087. ㉯ 088. ㉮ 089. ㉰ 090. ㉱

091 샘플링 검사의 실시 조건이 아닌 것은?
㉮ 제품이 로트로서 처리될 수 있을 것
㉯ 합격 로트 중에는 불량품이 허용되지 않을 것
㉰ 시료를 랜덤으로 샘플링할 수 있을 것
㉱ 품질기준이 명확할 것

092 ISO와 TQC의 차이점으로 틀린 것은?
㉮ ISO 9000은 시스템 구축이 주체이다.
㉯ TQC는 품질 시스템 구축 후 품질 개선이 주체이다.
㉰ ISO 9000은 정해진 요건만 충족되면 되고 TQC는 나름대로 좋은 시스템을 구축하여 성과를 높이는 방법이다.
㉱ ISO 9000과 TQC는 모두 철저한 수비의 품질관리다.

093 다음 중 샘플링 검사가 유리하지 않은 경우는?
㉮ 다수, 다량의 것으로 어느 정도의 불량품의 혼입이 허용될 때
㉯ 검사항목이 많을 때
㉰ 검사의 정밀도를 불완전한 전수검사에 비해 좋게 하고자 할 때
㉱ 검사비용에 비해 얻어지는 효과가 크다고 생각될 때

094 15톤을 적재하는 5화차에서 각 화차로부터 3인크리멘트씩 랜덤 샘플링한다. 이러한 샘플링 방법은?
㉮ 2단계 샘플링   ㉯ 취락 샘플링
㉰ 층별 샘플링   ㉱ 유의 샘플링

095 층별이란 다음 중 어느 것인가?
㉮ 데이터를 측정 순서대로 바로 잡아 쓰는 일
㉯ 관리도의 종별을 나누는 일
㉰ 측정치를 요인별로 나누는 일
㉱ 군(群)의 크기를 바꾸는 일

096 제1종 과오란 다음 중 어느 것인가?
㉮ 잘못된 통계적 수법을 쓴 과오
㉯ 귀무가설이 옳은데도 이를 버리는 과오
㉰ 계산을 잘못한 과오
㉱ 귀무가설이 옳지 않은데도 옳다고 하는 과오

097 ISO 9001과 9002의 차이점은 무엇으로 대별되는가?
㉮ 경영책임   ㉯ 품질 시스템
㉰ 계약검토   ㉱ 설계관리

098 공급자가 ISO를 잘 지키고 있다는 것을 증명할 수 있는 증거자료의 역할을 하는 것은?
㉮ 내부 품질검사   ㉯ 품질 시스템
㉰ 품질 기록관리   ㉱ 공정관리

099 ISO 9000 시스템에서 사내의 교육·훈련 대상자는 누구인가?
㉮ 모두   ㉯ 최고 경영자
㉰ 품질 책임자   ㉱ 품질 기사

정답 091. ㉯ 092. ㉱ 093. ㉱ 094. ㉰ 095. ㉰ 096. ㉯ 097. ㉱ 098. ㉰ 099. ㉮

100. 표준화 효과와 상이한 것은?
㉮ 호환성　㉯ 대량생산
㉰ 생산비 저하　㉱ 설비 전문화

101. 다음 중 물적 표준화와 관계가 있는 것은?
㉮ 형　㉯ 생산
㉰ 경리　㉱ 작업방법

102. 다음 중 관리 표준화와 관계가 먼 것은?
㉮ 생산　㉯ 재무
㉰ 품질　㉱ 기술연구

103. 다음 중 방법 표준화와 관계가 먼 것은?
㉮ 기술연구　㉯ 사무처리
㉰ 작업환경　㉱ 작업방법

104. 다음 중 전문화와 관계가 있는 것은?
㉮ 분업　㉯ 교육훈련 용이
㉰ 책임전가　㉱ 부품의 호환성

105. 다음 중 전문화에 효과가 관계가 먼 것은?
㉮ 생산능력 증대　㉯ 업무책임 감소
㉰ 기계공구 감소　㉱ 설비의 특수화

106. 시스템의 구성과 관계가 먼 것은?
㉮ 산출　㉯ 경계선
㉰ 변환과정　㉱ 투입

107. 다음 중 시스템의 경계에서 발생하는 것은?
㉮ 환경　㉯ 시스템
㉰ 상관관계　㉱ 미지상자

108. 다음 중 시스템의 공통적 성질과 관계가 먼 것은?
㉮ 목적 추구성　㉯ 환경 적용성
㉰ 집합성　㉱ 상관성

109. 다음 중 생산계획 시 실행계획에 해당하는 것은?
㉮ 준비 계획　㉯ 제조 계획
㉰ 작업 계획　㉱ 선행생산 계획

110. 다음 중 생산계획에서 How에 해당하는 것은?
㉮ 자재 계획　㉯ 대일정 계획
㉰ 인원 계획　㉱ 공수 계획

111. 다음 중 인간노동의 생산성 향상과 관계가 먼 것은?
㉮ 원가절감　㉯ 작업방법
㉰ 고용의 안정성　㉱ 노동조합 참여

112. 경제성 향상과 관계가 있는 것은?
㉮ 불량 감소　㉯ 원가 절감
㉰ 구매가의 상승　㉱ 납기의 확실화

정답 100. ㉱　101. ㉮　102. ㉰　103. ㉮　104. ㉮　105. ㉰　106. ㉯　107. ㉰　108. ㉱　109. ㉯　110. ㉱　111. ㉮　112. ㉯

113 생산합리화의 기본목표와 관계가 먼 것은?
㉮ 생산의 신속화 ㉯ 품질의 균일화
㉰ 생산의 등기화 ㉱ 원가 유지

114 다음 중 원가의 유지와 관계 있는 것은?
㉮ 상품가치 향상 ㉯ 납기의 확실화
㉰ 능률저하 방지 ㉱ 생산의 신속화

115 생산관리의 일반원칙이 아닌 것은?
㉮ 표준화 ㉯ 단순화
㉰ 전문화 ㉱ 규격화

116 단순화의 효과와 관계가 먼 것은?
㉮ 납기 단축 ㉯ 호환성 증가
㉰ 재료 감소 ㉱ 재고관리 용이

117 다음 중 표준화의 목적에 해당하는 것은?
㉮ 낭비 배제 ㉯ 능률저하 방지
㉰ 원가 절감 ㉱ 불량 감소

118 표준화의 3가지 분류방법과 거리가 먼 것은?
㉮ 관리 표준화 ㉯ 물적 표준화
㉰ 방법 표준화 ㉱ 규격 표준화

119 다음 중 생산의 5M과 관계가 없는 것은?
㉮ 기계 설비 ㉯ 관리
㉰ 방법 ㉱ 자금

120 설비의 구식화에 의한 열화는?
㉮ 상대적 열화 ㉯ 기술적 열화
㉰ 경제적 열화 ㉱ 절대적 열화

121 설비가 노후하여 갱신이 요구되는 열화는?
㉮ 기능적 열화 ㉯ 물리적 열화
㉰ 절대적 열화 ㉱ 화폐적 열화

122 Lot의 크기에 따라 증가하는 비용은?
㉮ 기타경비 ㉯ 준비비
㉰ 원가비 ㉱ 고정비

123 ABC 분석을 무엇이라 하는가?
㉮ 종합관리 ㉯ 효율관리
㉰ 중점관리 ㉱ 성과관리

124 보전에 대한 경제성을 고려한 설비관리 방식은?
㉮ 예방보전 ㉯ 개량보전
㉰ 보전예방 ㉱ 생산보전

125 설비의 성능 열화 현상과 관계가 먼 것은?
㉮ 마모 ㉯ 구식
㉰ 파손 ㉱ 오손

126 설비보전 과정의 내용과 관계가 먼 것은?
㉮ 설치 ㉯ 보전
㉰ 운전 ㉱ 폐시

정답 113. ㉰ 114. ㉰ 115. ㉱ 116. ㉯ 117. ㉮ 118. ㉱ 119. ㉱ 120. ㉮ 121. ㉰ 122. ㉮ 123. ㉰ 124. ㉱ 125. ㉯ 126. ㉮

127 생산관리의 목표에 속하지 않는 것은?
㉮ 적질의 품질제조
㉯ 적지에 제조
㉰ 싸게 제조
㉱ 많은 양의 제품을 제조

128 설비열화에 의한 부품교체 시 교체방식을 결정할 때 비용과 관계가 가장 먼 것은?
㉮ 부품비   ㉯ 교체 비용
㉰ 잔존가치   ㉱ 휴지손실비

129 설비 열화 현상 중 기능저하형에 해당하지 않는 것은?
㉮ 전기 단선   ㉯ 전해
㉰ 반응탑   ㉱ 펌프류

130 설비 보전의 직접기능 중 일상보전에 해당하지 않는 것은?
㉮ 윤활   ㉯ 청소
㉰ 조정   ㉱ 분해

131 다음 중 생산계획에서 What에 해당하는 것은?
㉮ 대일정 계획   ㉯ 일정 계획
㉰ 자재 계획   ㉱ 공정 계획

132 다음 중 생산계획에서 When에 해당하는 것은?
㉮ 대일정 계획   ㉯ 일정 계획
㉰ 배치 계획   ㉱ 설비 계획

133 생산 계획과 통제의 기능에 대응되는 내용과 관계가 먼 것은?
㉮ 공수 계획 - 여력관리
㉯ 일정 계획 - 진도관리
㉰ 절차 계획 - 작업지도
㉱ 공정 계획 - 배치관리

134 보편적으로 많이 사용되는 공수의 단위는?
㉮ Man-minute   ㉯ Man-Day
㉰ Man-Sec   ㉱ Man-Hour

135 생산보전과 관계가 없는 것은?
㉮ 개량보전   ㉯ 사후보전
㉰ 보전예방   ㉱ 사전보전

136 쉽고, 빨리, 싸게 잘 보전할 수 있는 설비의 선택은 어디에 해당하는가?
㉮ 보전예방   ㉯ 예방보전
㉰ 개량보전   ㉱ 사후보전

137 설비사용 중 윤활, 청소, 조정, 교체 등을 행하는 방법은?
㉮ 보전예방   ㉯ 예방보전
㉰ 개량보전   ㉱ 사후보전

138 설비사용 중 보전성 향상을 위하여 계획공사, 수리 보전의 작업방법, 기기, 재료의 선택 등을 행하는 것은?
㉮ 사후보전   ㉯ 개량보전
㉰ 예방보전   ㉱ 보전예방

정답 127. ㉱ 128. ㉰ 129. ㉮ 130. ㉱ 131. ㉰ 132. ㉯ 133. ㉱ 134. ㉱ 135. ㉱ 136. ㉮ 137. ㉯ 138. ㉰

139. 설비의 경제성 향상을 위하여 개량비와 열화손실 및 보전비의 합이 최소가 되도록 하는 것은?
㉮ 사후보전　㉯ 예방보전
㉰ 보전예방　㉱ 개량보전

140. 보전비와 열화손실 시의 합이 최소가 되도록 하는 설비보전은?
㉮ 예방보전　㉯ 보전예방
㉰ 사후보전　㉱ 개량조건

141. 설비제작비와 보전비 및 열화손실비의 합이 최소가 되도록 하는 보전은?
㉮ 예방보전　㉯ 보전예방
㉰ 개량보전　㉱ 사후보전

142. 설비예방보전의 실제활동에 해당되지 않는 것은?
㉮ 예방보전 검사　㉯ 일상보전
㉰ 개량보전　㉱ 예방수리

143. 기능저하형 열화와 관계가 있는 것은?
㉮ 기술적 열화　㉯ 화폐적 열화
㉰ 물리적 열화　㉱ 상대적 열화

144. 일정에 관한 계획과 관련이 많은 생산 방식은?
㉮ 주문생산　㉯ 계획생산
㉰ Lot생산　㉱ 연속생산

145. 합리적인 공수계획을 수립하기 위한 조건이 아닌 것은?
㉮ 부하와 능력의 균형화를 기할 것
㉯ 일정별의 부하 변동을 방지할 것
㉰ 적합 배치의 단순화를 기할 것
㉱ 부하와 능력에 여유를 줄 것

146. 부하란?
㉮ 최대 작업량　㉯ 최소 작업량
㉰ 할당된 작업량　㉱ 평균 작업량

147. 일정의 구성 현상이 아닌 것은?
㉮ 가공　㉯ 검사
㉰ Lot 대기, 정체　㉱ 여유

148. 일정 계획 수립에 필요한 사항이 아닌 것은?
㉮ 생산기간을 아는 것
㉯ 일정을 수립하는 것
㉰ 납기를 고려하는 것
㉱ 일정표를 작성하는 것

149. 공정 대기란?
㉮ 가공　㉯ 정체
㉰ 일정　㉱ 검사

150. 재료의 원단위를 산정하는 식은?
㉮ 원재료 투입량 / 제품 소비량×100
㉯ 원재료 투입량 / 제품 생산량×100
㉰ 제품 생산량 / 재료 투입량×100
㉱ 재료 투입량 / 제품 생산량×100

정답 139. ㉱　140. ㉮　141. ㉯　142. ㉰　143. ㉰　144. ㉮　145. ㉰　146. ㉰　147. ㉱　148. ㉯　149. ㉯　150. ㉯

151. 작업 분배 시 고려해야 할 사항이 아닌 것은?
㉮ 능력 이상의 작업을 할당치 말 것
㉯ 기술적인 문제의 발생
㉰ 불량품에 대한 조치
㉱ 원가에 대한 관리

152. 다음 중 협의의 생산관리의 뜻은?
㉮ 제조활동   ㉯ 구매관리
㉰ 작업관리   ㉱ 변화과정

153. ABC분석은 1951년 누구에 의해 제창된 재고관리 기법인가?
㉮ Morrow   ㉯ Arrow
㉰ Deckie   ㉱ Terborgh

154. 설비의 성능 열화원인과 관계가 먼 것은?
㉮ 사용에 의한 열화
㉯ 경제적 열화
㉰ 재해에 의한 열화
㉱ 자연 열화

155. 고객이 요구하는 3가지 조건이 아닌 것은?
㉮ 원가   ㉯ 품질
㉰ 가격   ㉱ 납기

156. 고장이 없는 설비나 조기 수리가 가능한 설비의 설계 및 선택 시 적용하는 설비 보전 방식은?
㉮ 사후보전   ㉯ 예방보전
㉰ 개량보전   ㉱ 보전예방

157. 설비가 어느 기간을 지나면 고정 정지는 없어도 생산량, 수율, 정도 등의 성능이다 전력 중기 등의 효율이 감소하는 열화현상은?
㉮ 기능저하형   ㉯ 기능정지형
㉰ 기능수축형   ㉱ 기능단축형

158. 설비보전조직의 기본형에 해당하지 않는 것은?
㉮ 집중보전   ㉯ 지역보전
㉰ 절충보전   ㉱ 분산보전

159. 납기를 준수하기 위한 요건이 아닌 것은?
㉮ 재고를 충분히 가질 것
㉯ 충분한 능력을 가질 것
㉰ 준수 가능한 납기를 결정할 것
㉱ 통제 능력 및 생산의 여력을 가질 것

160. 제조 Lot란?
㉮ 1회 제조 수량을 말한다.
㉯ 시간당의 제조 수량을 말한다.
㉰ 일정한 제조량을 말한다.
㉱ 제조횟수를 표시하는 개념이다.

161. Lot의 크기란?
㉮ 예정생산 목표량 / Lot수
㉯ Lot수 / 예정생산회수
㉰ 제조 Lot수 / Lot수
㉱ Lot수

정답 151. ㉱ 152. ㉮ 153. ㉰ 154. ㉯ 155. ㉮ 156. ㉱ 157. ㉮ 158. ㉱ 159. ㉮ 160. ㉮ 161. ㉮

162 생산계획의 절차 중 가장 중심이 되는 것은?
- ㉮ 수량
- ㉯ 납기
- ㉰ 원가
- ㉱ 품질

163 흐름 작업을 편성하는 공정계열 중 최종공정에서 완성품이 나오는 시간간격을 무엇이라고 하는가?
- ㉮ 정미시간
- ㉯ 표준시간
- ㉰ 통제시간
- ㉱ 피치타임

164 시간측정방법에서 간접법에 속하지 않는 것은?
- ㉮ VTR 분석
- ㉯ PTS법
- ㉰ 표준자료법
- ㉱ 경험견적법

165 그 작업에 적성이 있고, 숙련된 작업자가 양호한 작업 환경, 소정의 작업조건, 필요한 여유 및 수정의 작업에 미리 정해진 방법에 따라 수행한 시간을 무엇이라고 하는가?
- ㉮ 작업 시간
- ㉯ 표준시간
- ㉰ 정미시간
- ㉱ 여유시간

166 최소의 피로로서 최대의 효과를 얻기 위한 법칙은?
- ㉮ 만족감의 법칙
- ㉯ 총합의 법칙
- ㉰ 동작경제의 원칙
- ㉱ 융통성의 원칙

167 ECRS의 원칙이 아닌 것은?
- ㉮ 배제
- ㉯ 결합
- ㉰ 교환
- ㉱ 안전

168 다음은 표준시간의 구성을 나타낸 것인데 옳은 것은?
- ㉮ 정미시간 + 표준시간
- ㉯ 정미시간 + 준비시간
- ㉰ 여유시간 + 정미시간
- ㉱ 주작업 시간 + 준비작업 시간

169 다음 중 정미시간의 구성이 틀린 것은?
- ㉮ 주요시간 + 부수시간
- ㉯ 가공시간 + 중간시간
- ㉰ 실동시간 + 수대기시간
- ㉱ 주요시간 + 중간시간

170 PTS법이란?
- ㉮ 기본동작에 소요되는 시간에 미리 작성된 시간차를 적용하여 개개의 작업 시간을 합산하는 방법이다.
- ㉯ 작업측정에 통계적 기법을 사용한다.
- ㉰ 컴퓨터를 이용하여 작업측정을 하는 방법이다.
- ㉱ Planning-training & system의 약자이다.

171 작업구분을 큰 작업에서 작은 작업의 순서로 옳게 나열한 것은?
- ㉮ 공정 → 작업 → 요소작업 → 단위작업 → 동작 → 동작요소
- ㉯ 작업 → 공정 → 단위작업 → 동작요소 → 요소작업 → 동작
- ㉰ 작업 → 공정 → 단위작업 → 요소작업 → 동작 → 동작요소
- ㉱ 작업 → 동작 → 공정 → 요소작업 → 단위작업 → 동작요소

정답 162. ㉮ 163. ㉱ 164. ㉮ 165. ㉯ 166. ㉰ 167. ㉱ 168. ㉱ 169. ㉱ 170. ㉮ 171. ㉰

172 개선의 일반적인 4가지 목표가 아닌 것은?
   ㉮ 공정의 단축   ㉯ 피로의 경감
   ㉰ 품질의 향상   ㉱ 경비의 절감

173 생산능률을 높이기 위한 3S와 직접 관계가 없는 것은?
   ㉮ 단순화   ㉯ 표준화
   ㉰ 전문화   ㉱ 계수화

174 두 사람 이상의 작업자가 협동하면서 하는 작업분석은?
   ㉮ 제품 공정 분석   ㉯ 조작업 분석
   ㉰ 작업자 공정 분석 ㉱ 동작 분석

175 재료가 출고되어서부터 제품으로 출하되기까지의 공정계열을 체계적으로 도표를 작성하여 분석하는 방법은?
   ㉮ 공정 분석   ㉯ 작업 분석
   ㉰ 동작 분석   ㉱ Therblig 분석

176 공정분석에서 사용되는 주된 분석기법이 아닌 것은?
   ㉮ 사무 공정 분석   ㉯ 작업자 공정 분석
   ㉰ 제품 공정 분석   ㉱ 동작 공정 분석

177 다음 중 동작분석의 종류가 아닌 것은?
   ㉮ 양손작업 분석
   ㉯ 서블리그(Therblig) 분석
   ㉰ 동시동작 분석
   ㉱ 제품 공정 분석

178 피로의 원인에 속하지 않는 것은?
   ㉮ 육체적 조건
   ㉯ 개인적 차이에 의한 조건
   ㉰ 정신적 조건
   ㉱ 작업환경

179 다음 중 작업 시스템에 속하지 않는 것은?
   ㉮ 작업공정   ㉯ 사람
   ㉰ 제품   ㉱ 설계

180 생산 시스템에서 산출되는 제품 또는 서비스(service)의 가치, 즉 생산 활동의 성과에 포함되지 않는 것은?
   ㉮ 제품 또는 서비스의 질
   ㉯ 판매
   ㉰ 생산량(생산기간)
   ㉱ 원가

181 다음 중 표준자료법의 결정단위가 아닌 것은?
   ㉮ 요소작업   ㉯ 동작단위
   ㉰ 공정단위   ㉱ 제품단위

182 다음 중 방법연구에 속하지 않는 것은?
   ㉮ 연합작전분석   ㉯ 동작분석
   ㉰ 표준자료법   ㉱ 공정분석

183 생산공정을 위한 활동의 기본적 요소로 볼 수 없는 것은?
   ㉮ 운반   ㉯ 정체
   ㉰ 공정   ㉱ 가공

정답 172. ㉮ 173. ㉱ 174. ㉯ 175. ㉮ 176. ㉱ 177. ㉱ 178. ㉯ 179. ㉱ 180. ㉯ 181. ㉯ 182. ㉰ 183. ㉰

184 다음 중 가장 큰 작업구분 단위는?
㉮ 단위작업   ㉯ 공정
㉰ 요소작업   ㉱ 서블리그

185 시간연구법의 측정단위로서 가장 작은 단위는?
㉮ 공정   ㉯ 단위작업
㉰ 요소작업   ㉱ 동작요소

186 작업측정의 기법으로 볼 수 없는 것은?
㉮ 의견법   ㉯ 시간연구법
㉰ PTS법   ㉱ 워크샘플링법

187 작업 시간 측정기법이 아닌 것은?
㉮ 시간연구법   ㉯ PTS법
㉰ 동작연구법   ㉱ 워크샘플링법

188 공정목적을 형성하는 개개의 단위로 보통 1분 이상의 길이를 가진 작업은?
㉮ 요소작업   ㉯ 단위작업
㉰ 동작요소   ㉱ 운동

189 다음 피로의 발생원인이 아닌 것은?
㉮ 작업강도에 의한 피로
㉯ 환경에 의한 피로
㉰ 육체적 근무노동에 의한 피로
㉱ 장기간 휴식에 의한 피로

190 다음 중 작업자에게 부여된 본 목적의 작업을 무엇이라고 하는가?
㉮ 작업여유   ㉯ 부대작업
㉰ 주체작업   ㉱ 준비작업

191 다음 중 일반여유에 속하지 않는 것은?
㉮ 용무여유   ㉯ 피로여유
㉰ 장려여유   ㉱ 작업여유

192 피로의 원인은 일이 요구하는 육체적 정신적 조건 및 작업환경에 있다. 다음 중에서 육체적 조건에 속하지 않는 것은?
㉮ 작업의 단조도
㉯ 육체적 노력
㉰ 작업자세
㉱ 특수한 작업복이나 장구

193 한 사람의 작업자가 여러 기계를 담당할 때 어떠한 기계에 문제가 발생하여 작업자가 조치해 주기를 기다리는 시간을 무엇이라고 하는가?
㉮ 관리여유   ㉯ 기계간섭여유
㉰ 장려여유   ㉱ 기계간섭시간

194 다음 중 작업속도에 가장 영향을 미치는 요소는?
㉮ 작업의 착실성   ㉯ 작업조건
㉰ 노력도   ㉱ 숙련도

정답 184. ㉯ 185. ㉱ 186. ㉮ 187. ㉰ 188. ㉯ 189. ㉱ 190. ㉰ 191. ㉰ 192. ㉮ 193. ㉯ 194. ㉱

195. 다음 중 작업측정의 목적이 아닌 것은?
   ㉮ 작업 시스템 개선
   ㉯ 작업 시스템의 설계
   ㉰ 과업관리
   ㉱ 재고관리

196. 작업측정의 관측대상 결정 및 층별화가 아닌 것은?
   ㉮ 기계   ㉯ 사람
   ㉰ 제품   ㉱ 공정

197. 스톱워치 측정방법의 1DM은?
   ㉮ 1/1000분   ㉯ 1/100분
   ㉰ 1/100초   ㉱ 1/1000시간

198. 정상속도와 관측대상속도를 비교 판단하여 시간 값을 정상속도의 값으로 수정한 것은?
   ㉮ 레이팅   ㉯ 표준시간
   ㉰ 준비시간   ㉱ 정미시간

199. 보통 정도의 기능 및 보통 정도의 노력으로 작업을 할 때, 시간치로 하는 것은?
   ㉮ 낭비시간   ㉯ 정미시간
   ㉰ 공정시간   ㉱ 검사 시간

200. 다음 중 대상 작업의 기본적 내용으로서 규칙적, 주기적으로 반복되는 작업 부분의 시간은?
   ㉮ 준비시간   ㉯ 단위당시간
   ㉰ 정미시간   ㉱ 여유시간

201. 통계적 추론을 이용하기 위하여 사람과 기계의 움직임을 순간적으로 관측하여 작업량을 측정하는 방법은?
   ㉮ 표준시간   ㉯ 워크 샘플링
   ㉰ 필름분석   ㉱ PTS법

202. 워크 샘플링의 장점 중 틀린 것은?
   ㉮ 비반복적 작업에 유용하다.
   ㉯ 작업분석에 유용하다.
   ㉰ 적용하기에 용이하다.
   ㉱ 적은 표본수로도 가능하다.

203. Work Factor법의 사용 신체부위가 아닌 것은?
   ㉮ 손가락   ㉯ 몸통
   ㉰ 허리   ㉱ 앞팔선회

204. Ready Work Factor법의 시간단위는?
   ㉮ 0.001분   ㉯ 0.0001시간
   ㉰ 0.0001분   ㉱ 0.00036초

205. MTM법의 시간단위는?
   ㉮ 0.0001시간   ㉯ 0.00001시간
   ㉰ 0.001시간   ㉱ 0.1시간

206. 원재료 및 부품이 공정에 투입되는 점 및 모든 작업과 검사의 계열을 표현한 도표는?
   ㉮ 작업공정도   ㉯ 흐름공정도
   ㉰ 서블리그   ㉱ 공정도

정답 195. ㉱ 196. ㉱ 197. ㉯ 198. ㉮ 199. ㉯ 200. ㉰ 201. ㉯ 202. ㉯ 203. ㉰ 204. ㉮ 205. ㉯ 206. ㉮

207 동일종류에 속하는 과업의 작업내용을 정수, 변수요소로 분류하여 작업 측정 요인과 시간치와의 관계를 해석하여 표준시간을 구하는 방법은?

㉮ VTR 분석　　㉯ PTS법
㉰ 표준자료법　　㉱ 경험견적법

208 대상 공정에 포함되어 있는 모든 작업, 운반, 검사, 지연 및 저장의 계열을 기호로 표시하고 분석에 필요한 소요시간, 이동거리 등을 나타낸 것은?

㉮ 서블리그　　㉯ 작업공정도
㉰ 흐름공정도　　㉱ 공정도

209 다음 중 공정분석기호 표시의 연결이 잘못된 것은?

㉮ 작업 : ○　　㉯ 운반 : ⇨
㉰ 검사 : □　　㉱ 보관 : D

210 흐름공정도로 검토하는 사항 중 틀린 것은?

㉮ 공정배치
㉯ 정체 및 수대기 상황
㉰ 재료취급
㉱ 원가문제

211 표준시간의 옳은 계산식은?

㉮ 정상시간 × 여유율
㉯ 정상시간 × (1+여유율)
㉰ 평균시간 × 평정계수
㉱ 시간 × 여유율

212 한 사람의 작업자가 동시에 여러 기계를 담당하는 시간은?

㉮ 기계간섭시간　　㉯ 기계간섭여유
㉰ 장려여유　　㉱ 관리여유

213 인간이 행하는 모든 작업을 그것을 구성하는 기본동작으로 분해하여 기본동작에 대해 그 동작의 성질과 조건에 따라 미리 정해진 시간치를 적용하는 수법은?

㉮ 표준자료법　　㉯ PTS법
㉰ VTR법　　㉱ 경험 견적법

214 다음 작업측정기법 중 분석치에 따른 영향이 없는 곳은?

㉮ 시간 연구법　　㉯ PTS법
㉰ 워크 샘플링법　　㉱ 실적기록법

215 과거 측정했던 시간치를 이용하는 방법 중 틀린 것은?

㉮ PTS법　　㉯ 가동분석법
㉰ 표준자료법　　㉱ 경험견적법

216 Work Factor법의 시간단위는?

㉮ 0.0001분　　㉯ 0.0001시간
㉰ 0.001초　　㉱ 3600초

217 Work Factor법의 주요변수가 아닌 것은?

㉮ 이동거리　　㉯ 사용 신체부위
㉰ 인위적 조건　　㉱ 취급용량 및 저항

정답 207. ㉰　208. ㉰　209. ㉱　210. ㉱　211. ㉯　212. ㉮　213. ㉯　214. ㉯　215. ㉯　216. ㉮　217. ㉱

218 작업연구의 기능이라고 볼 수 없는 것은?
㉮ 자재의 적정 재고량 결정
㉯ 표준시간의 결정
㉰ 생산성의 결정
㉱ 작업표준의 결정

219 건물, 기계설비, 작업역에 대한 layout을 개괄적으로 표현하고 물체 또는 인간의 이동경로를 표시한 도표는?
㉮ 작업공정도 ㉯ 흐름공정도
㉰ Flow diagram ㉱ string diagram

220 다음 중 [부하 < 능력]일 때의 상황은?
㉮ 기계나 작업원을 늘려야 한다.
㉯ 기계나 작업원을 쉬게 한다.
㉰ 외주를 해야 한다.
㉱ 공정대기가 발생한다.

221 생산 라인의 평형분석(line balancing)에서 애로 공정(bottleneck)이란?
㉮ 가장 작은 부하량을 가진 공정
㉯ 가장 큰 여력이 있는 공정
㉰ 가장 작은 애로가 존재하는 공정
㉱ 가장 큰 작업량을 가진 공정

222 스톱 워치를 사용하는 데 있어서 가장 일반적인 방법이 아닌 것은?
㉮ 계속법 ㉯ 반복법
㉰ 순환법 ㉱ 절충법

223 작업분석에 있어서 요소작업에 대해 효과적인 개선활동을 위한 원리 중 ECRS에 대한 내용으로 틀린 것은?
㉮ E : Eliminate(제거)
㉯ C : Combine(결합)
㉰ R : Repair(보수)
㉱ S : Simplify(단순화)

224 공정도 개선원칙의 적용이 아닌 것은?
㉮ 재료취급의 원칙 ㉯ 레이아웃의 원칙
㉰ 동작경제의 원칙 ㉱ 동작분석의 원칙

225 연합작업분석의 종류에 속하지 않는 것은?
㉮ 인간 - 기계분석표
㉯ 조작업 분석표
㉰ 조 - 기계분석표
㉱ 조 - 인간분석표

226 작업방법연구에 이용하는 도표가 아닌 것은?
㉮ 활동분석도표(activity chart)
㉯ 인간 - 기계분석도표(man - machine chart)
㉰ 작업분석도표(operation chart)
㉱ 흐름공정도표(flow process chart)

227 작업과 관련된 인간의 신체동작과 눈의 움직임을 분석하여 불필요한 동작을 제거하고 가장 합리적인 작업방법을 연구하는 기법은?
㉮ 공작분석 ㉯ 동작연구
㉰ 표준자료법 ㉱ 연합작업분석

정답 218. ㉮ 219. ㉱ 220. ㉯ 221. ㉱ 222. ㉱ 223. ㉰ 224. ㉱ 225. ㉱ 226. ㉱ 227. ㉯

228 동작연구 수법에 속하지 않는 것은?
㉮ 양수작업 분석   ㉯ 미동작 분석
㉰ 동시동작 분석   ㉱ 공정 분석

229 배치(layout)의 원칙에 속하지 않는 것은?
㉮ 총합의 원칙
㉯ 유동의 원칙
㉰ 융통성의 원칙
㉱ 물류와 재고의 원칙

제 **7** 편

부 록

1. 원소기호표
2. 금속재료기능장 2차 실기 필답형 예상문제
3. 금속재료기능장 1차 필기 시행문제

부록

1. 원소기호표

원자번호	원소기호	원 소	원 자 량	녹는점(m.p.)	끓는점(b.p.)	비 중(d)
1	H	수 소	1.0079	−259.14℃	−252.9℃	0.08987gr/ℓ
2	He	헬 륨	4.0026	−272.2℃(26atm)	−268.9℃	0.1785gr/ℓ
3	Li	리 튬	6.94	180.54℃	1347℃	0.534
4	Be	베 릴 륨	9.01218	1280℃	2970℃	1.85
5	B	붕 소	10.81	2300℃	2550℃	1.73(비결정성)
6	C	탄 소	12.011	3550℃(비결정성)	4827℃(비결정성)	1.8~2.1(비결정성)
7	N	질 소	14.0067	−209.86℃	−195.8℃	1.2507gr/ℓ
8	O	산 소	15.9994	−218.4℃	−182.96℃	1.4289gr/ℓ (0℃)
9	F	불 소	18.998	−219.62℃	−188℃	1.696gr/ℓ (0℃)
10	Ne	네 온	20.17	−248.67℃	−246.0℃	0.90gr/ℓ
11	Na	나 트 륨	22.9898	97.90℃	877.50℃	0.971(20℃)
12	Mg	마그네슘	24.305	650℃	1100℃	1.741
13	Al	알루미늄	26.98154	660.4℃	2467℃	2.70(20℃)
14	Si	규 소	28.085	1414℃	2335℃	2.33(18℃)
15	P	인	30.973	44.1℃(황린)	280.5℃(황린)	1.82(황린, α)
16	S	황	32.06	112.8℃(α)	444.7℃	2.07(α)
17	Cl	염 소	35.45	−100.98℃	−34.6℃	3.214gr/ℓ (0℃)
18	Ar	아 르 곤	39.94	−189.2℃	−185.7℃	1.7834gr/ℓ
19	K	칼 륨	39.0983	63.5℃	774℃	0.86(20℃)
20	Ca	칼 슘	40.08	850℃	1440℃	1.55
21	Sc	스 카 듐	44.9559	1539℃	2727℃	2.992
22	Ti	티 탄	47.9	1675℃	3260℃	4.50(20℃)
23	V	바 나 듐	50.9415	1890℃	3380℃	5.98(18℃)
24	Cr	크 롬	51.996	1890℃	2482℃	7.188(20℃)
25	Mg	마그네슘	24.305	650℃	1100℃	1.741
26	Fe	철	55.84	1535℃	2750℃	7.86(20℃)
27	Co	코 발 트	58.9332	1494℃	3100℃	8.9(20℃)
28	Ni	니 켈	58.7	1455℃	2732℃	8.845(25℃)
29	Cu	구 리	63.549	1083℃	2595℃	8.92(20℃)
30	Zn	아 연	65.38	419.6℃	907℃	7.14(20℃)
31	Ga	갈 륨	69.72	29.78℃	2403℃	5.913(20℃)
32	Ge	게르마늄	72.59	958.5℃	2700℃	5.325(25℃)

금속재료기능장

원자번호	원소기호	원소	원자량	녹는점(m.p.)	끓는점(b.p.)	비중(d)
33	As	비소	74.9216	817℃(28atm)	613℃(승화)	5.73(회색)
34	Se	셀렌	78.96	144℃(결정)	684.8℃	4.4(결정)
35	Br	브롬	79.904	-7.2℃	58.8℃	3.10(25℃)
36	Kr	크립톤	83.3	-156.6℃	-152.3℃	3.74gr/ℓ (0℃)
37	Rb	루비듐	85.4678	38.89℃	688℃	1.53(20℃)
38	Sr	스트론튬	87.62	769℃	1384℃	2.6(20℃)
39	Y	이트륨	88.9059	1495℃	2927℃	4.45
40	Zr	지르코늄	91.22	1852℃	3578℃	6.52(25℃)
41	Nb	니오브	92.9064	2468℃	3300℃	8.56(25℃)
42	Mo	몰리브덴	95.94	2610℃	5560℃	10.23
43	Tc	테크네튬	97	2200℃	5030℃	11.5
44	Ru	루테늄	101.17	2250℃	3900℃	12.41(20℃)
45	Rh	로듐	102.9055	1963℃	3727℃	12.41(20℃)
46	Pd	팔라듐	106.4	1555℃	3167℃	12.03
47	Ag	은	107.868	961.9℃	2212℃	10.49(20℃)
48	Cd	카드륨	112.41	321.1℃	765℃	8.642
49	In	이듐	114.82	156.63℃	2000℃	7.31(20℃)
50	Sn	주석	118.69	231.97℃	2270℃	5.80(α 20℃)
51	Sb	안티몬	121.75	630.7℃	1635℃	6.69(20℃)
52	Te	텔루르	127.6	449.8℃	1390℃	6.24(비결정성, α)
53	I	요오드	126.904	113.6℃	184.4℃	4.93(25℃)
54	Xe	크세논	131.3	-111.9℃	-107.1℃	5.85gr/ℓ (0℃)
55	Cs	세슘	132.9054	28.5℃	690℃	1.873(20℃)
56	Ba	바륨	137.33	725℃	1140℃	3.5
57	La	란탄	138.9055	920℃	3469℃	6.19(α)
58	Ce	세륨	140.12	795℃	3468℃	6.7(α)
59	Pr	프라세오디뮴	140.9077	935℃	3127℃	6.78
60	Nd	네오디뮴	144.24	1024℃	3027℃	6.78
61	Pm	프로메튬	147	1080℃	2730℃	7.2
62	Sm	사마륨	150.4	1072℃	1900℃	7.586
63	Eu	유로퓸	151.96	826℃	1439℃	5.259
64	Gd	가돌리늄	157.2	1312℃	3000℃	7.948(α)
65	Tb	테르븀	158.9254	1356℃	2800℃	8.272
66	Dy	디스프로슘	162.5	1407℃	2600℃	8.56
67	Ho	홀뮴	164.93	1461℃	2600℃	8.803
68	Er	에르븀	167.26	1522℃	2510℃	9.051
69	Tm	툴륨	168.9342	1545℃	1727℃	9.332
70	Yb	이테르븀	173.04	824℃	1427℃	6.977(α)

원자번호	원소기호	원소	원 자 량	녹는점(m.p.)	끓는점(b.p.)	비 중(d)
71	Lu	루테튬	174.97	1652℃	3327℃	9.872
72	Hf	하프늄	178.49	2150℃	5400℃	13.31(20℃)
73	Ta	탄탈	180.947	2996℃	5425℃	16.64(20℃)
74	W	텅스텐	183.8	3387℃	5927℃	19.3(0℃)
75	Re	레늄	186.207	3180℃	5627℃	21.02(20℃)
76	Os	오스뮴	1902	2700℃	5500℃	22.57
77	Ir	이리듐	192.2	2447℃	4527℃	22.42(17℃)
78	Pt	백금	195.09	1772℃	3827℃	21.45
79	Au	금	196.9665	1064℃	2966℃	19.3(20℃)
80	Hg	수은	200.59	-38.86℃	356.66℃	13.558(15℃)
81	Tl	탈륨	204.3	302.6℃	1457℃	11.85(0℃)
82	Pb	납	207.2	327.5℃	1744℃	11.3437(16℃)
83	Bi	비스무트	208.9804	271.44℃	1560℃	9.80(20℃)
84	Po	폴로늄	209	254℃	962℃	9.32(α)
85	At	아스타틴	210			
86	Rn	라돈	222	-71℃	-61.8℃	9.73gr/ℓ (0℃)
87	Fr	프랑슘	223			
88	Ra	라듐	226.03	700℃	1140℃	5
89	Ac	악티늄	227.03	1050℃	3200℃	10.07
90	Th	토륨	232.0381	약1800℃	3000℃	11.5
91	Pa	프로악티늄	231.0359	1230℃	1600℃	15.37(계산치)
92	U	우라늄	238.029	1133℃	3818℃	19.050(α)
93	Np	넵투늄	237.0482	640℃		20.45(α 20℃)
94	Pu	플루토늄	244	639.5℃	3235℃	19.816
95	Am	아메리슘	243	850℃	2600℃	13.7
96	Cm	퀴륨	247	1350℃		13.51
97	Bk	버클륨	247			
98	Cf	칼리포르늄	251			
99	Es	아인시타이늄	254			
100	Fm	페르뮴	257			
101	Md	멘델레븀	258			
102	No	노벨륨	259			
103	Lr	로렌슘	260			
104	Rf	러더포듐	104			
105	Db	더브늄	105			
106	Sg	시보귬				
107	Bh	보륨				
108	Hs	하슘	265			
109	Mt	마이트러늄	268			

부록 2

금속재료기능장 2차
실기 필답형 예상문제

부록 2. 금속재료기능장 2차 실기 필답형 예상문제

001 원자 반경의 크기가 적어 침입형 고용체를 형성할 수 있는 원자명 3가지를 쓰시오.

정답
H, B, C, N, O

002 금속의 결함 중 점결함의 종류 3가지를 쓰시오.

정답
원자공공, 복공공, 격자간 원자, 치환형 불순물원자, 침입형 불순물원자

003 각 금속침투법에 사용되는 금속명은?

정답
세라다이징 : Zn, 보로나이징 : B,
실리코나이징 : Si, 카로라이징 : Al,
크로마이징 : Cr

004 표면경화열처리의 기호의 명칭이 서로 맞는 것끼리 연결하시오.

① Al • • ⓐ 실리코나이징
② Si • • ⓑ 세라다이징
③ B •   • ⓒ 보론나이징
④ Zn • • ⓓ 카로라이징

정답
①-ⓓ, ②-ⓐ, ③-ⓒ, ④-ⓑ

005 조직의 경도가 큰 것부터 낮은 것을 보기에서 고르시오.

① 마르텐자이트
② 트루스타이트
③ 소르바이트
④ 시멘타이트
⑤ 페라이트
⑥ 펄라이트

정답
④-①-②-③-⑥-⑤

006 다음 보기에서 경도가 큰 순서로 쓰시오.

[보기]
Cementite, Ferrite, Pearlite, Martensite, Sorbite, Troostite

정답
Cementite 〉 Martensite 〉 Troostite 〉 Sorbite 〉 Pearlite 〉 Ferrite

007 냉간 가공한 탄소강을 200℃ 근처로 가열하면 결정의 모양이나 방향은 변하지 않고 기계적 물리적 성질만 변화한다. 이 현상은?

정답
회복

008 담금질 직후 상태로 돌아가는 것을 무엇이라고 하는가?

정답 복원

009 강선재 sorbite 조직의 처리는?

정답 파텐팅 처리

010 강재를 블루잉할 때 200~250℃ 온도에서 가열하였다면 무엇이 증가하는가?

정답 탄성한계

011 접종처리 용어를 설명하시오.

정답 결정의 핵을 형성하기 위해서 합금 등을 첨가하여 조직이나 성질을 개선하는 것

012 접종처리에 대해서 쓰시오.

정답
① 융체에 진동을 준다.
② 작은 시험편을 핵의 종자가 되도록 첨가

013 주철의 접종이란?

정답 흑연의 핵을 미세화하고 균일하게 분포하기 위해 Fe-Si, Ca-Si 분말을 첨가하여 흑연의 생성을 촉진하는 방법

014 재료시험의 시험보고서 내용에 포함되어야 하는 항목 3가지를 쓰시오.

정답
① 시험기 명칭, 형식, 용량
② 시험편 재질, 치수
③ 시험값

015 시편의 표점거리 100mm, 지름 16mm, 최대하중 5,000kg$_f$ 일 때 연신율은? (단, 늘어난 길이 $\triangle L$은 20mm이다.)

정답
$$\frac{L-L_0}{L_0} = \frac{20}{100} \times 100 = 20\%$$

016 연신율된 길이가 20mm이고 표점거리는 100mm이다. 연신율을 구하시오.

정답
$$\frac{l'-l}{l} \times 100 = \frac{20}{100} = 20\%$$

017 다음 ( )에 맞는 답을 쓰시오.

1) ( ) = $\dfrac{최대하중}{시험편\ 단면적}$

2) ( ) = $\dfrac{상부항복하중}{시험편\ 단면적}$

3) ( ) = $\dfrac{시험편\ 단면적 - 파단후의\ 단면적}{시험편\ 단면적} \times 100$

정답 1) 인장강도, 2) 항복강도 3) 단면수축률

018 그림에서 연신율이 최고인 부분과 이유를 쓰시오.

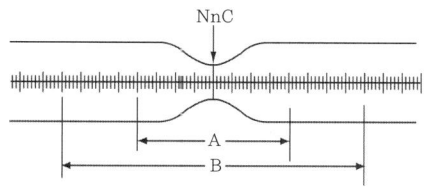

정답

연신율이 최고인 부분은 C이다.
이유 : C부분에서 최고연율은 C부분 응력 집중으로 C부분에서 연신이 잘 된다.

019 인장시험하여 그림과 같이 연신하였다. C (→) 부분으로 연신된 부분을 무엇이라 하는가?

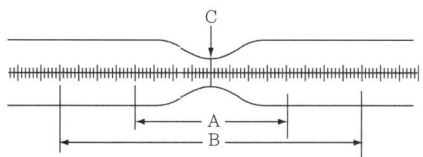

정답

넥킹(Necking) 또는 국부 연신

020 탄소강(0.32%C)을 고온으로 가열하면서 기계적 성질을 나타낸 선도이다. ①, ②, ③ 번호가 나타내는 것은 무엇인가?

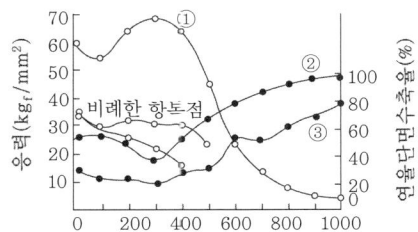

정답

① 인장강도 ② 단면수축률 ③ 연신율

021 다음 그림은 인장시험하여 단면변화와 연신변화를 표시하였다. ㉮와 ㉯를 쓰시오.

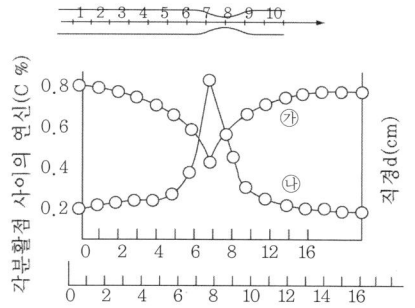

정답

㉮ 직경변화 = 단면변화 = 단면수축률
㉯ 구간연신 = 연신변화 = 연신율 = 신율

022 다음 그림은 구조용 합금강의 템퍼링에 따른 기계적 성질 변화이다. ①, ②, ③에 맞는 답을 쓰시오.

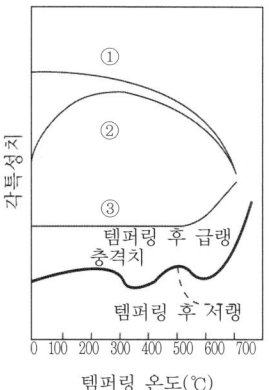

정답

① 인장강도 ② 내력 ③ 신율

023 인장, 표점거리가 증가함에 따라 나타나는 기계적 성질은?

정답

① 연신율 – 감소
② 단면수축률 – 변화 없음

024 주철재의 압축시험편의 크기가 d = 1cm, h = 2cm일 때 압축하중 : 5500kgf을 가하여 파단각 θ = 59.6°로 되었다면 이때의 실제 전단저항 fc와 압축강도 σc를 계산하여라.

정답

$\sigma c = P/A = \dfrac{5500}{\dfrac{\pi}{4}(10)^2} = 70.06 kg_f/mm^2$

전단저항 fc는 파단각 59.6°에서

$fc = \dfrac{1}{2}\sigma c$

$\tan\theta = \dfrac{1}{2} \times 70.06 \times \tan 59.6°$

$= \dfrac{70.06 \times 1.7}{2} = 59.55 = 60 kg_f/mm^2$

025 압축강도와 전단저항을 구하시오.

$P : 5500 kg_f, \ d : 2cm, \ h : 3cm$
$\theta = 59.60$

정답

압축강도(σ_c) = P/A

$\dfrac{5500}{\dfrac{\pi}{4}(10)^2} = 1,751 kg_f/cm^2$

전단저항(f_c) = $\dfrac{1}{2}\sigma_c \tan\theta$

$\dfrac{1}{2} \times 1,751 \times 1.7 = \dfrac{2,967.7}{2} = 1,488 kg_f/cm^2$

026 전단저항에 대하여 설명하시오.

정답

외력이 단면에 따라 작용하고 이것과 인접한 면에 대하여 미끄러지게 하면 이 면에 평행하게 외력에 저항하는 힘이 생기는 데 이를 전단력이라 한다.

027 응력-압축시험에서 그림의 ①, ②, ③에 대해 어떤 관계식이 성립하는지 설명하시오.

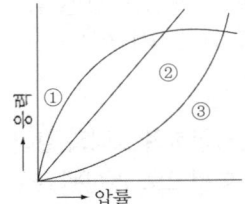

정답

①의 경우 : m > 1
②의 경우 : m = 1
③의 경우 : m < 1

028 SCM 440 강을 1시간 동안 뜨임 처리한 후 뜨임 온도에 따른 충격값의 변화를 그리시오.

정답

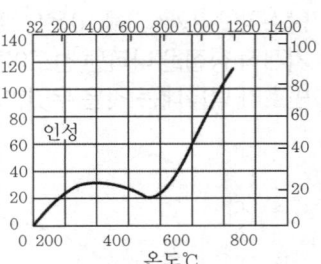

029 충격에너지, 충격값의 공식을 쓰시오.

정답
① 충격에너지
$$E = WR(\cos\beta - \cos\alpha)$$
② 충격값
$$U = \frac{E}{A_0} = \frac{WR(\cos\beta - \cos\alpha)}{A_0}$$

030 HRB, C 스케일의 압입자, 기준하중, 시험하중을 표로 그리고 해당 답을 쓰시오.

스케일	압입자	기준하중	시험하중
B	1/16″ 강구	10kg$_f$	100kg$_f$
C	120° 다이아몬드원뿔	10kg$_f$	150kg$_f$

031 경도시험(HRC)의 조작에 의한 시험순서를 쓰시오.

정답
① 시험면이 받침대와 평행하도록 놓는다.
② 초하중 10kg$_f$을 가한다.
③ 다이얼을 돌려 0점을 맞춘다.
④ 시험하중 150kg$_f$을 가한다.
⑤ 철강은 15초, 비철금속은 30초의 하중유지 시간을 준다.
⑥ 하중레버를 앞으로 당겨 하중을 신속히 제거하고 다이얼 게이지에 나타난 경도값을 정확히 기록한다.

032 하중이 3000kg$_f$ 강구 지름이 10mm이고 압흔의 직경이 3.2mm일 때 브리넬 경도를 구하시오.

정답
$$\frac{2 \times 300}{\pi \times 10(10 - \sqrt{10^2 - 3.2^2})} = 363$$

033 다음은 쇼어 경도기를 도시한 것이다. 각 부의 명칭을 쓰시오.

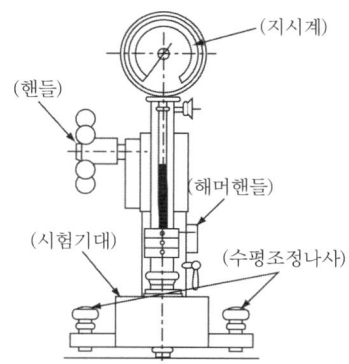

034 다음은 쇼어 경도시험기의 종류이다. (가), (나), (다)의 형식을 쓰시오.

(가)　　　　　(나)

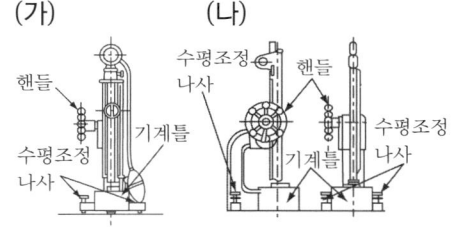

(다)

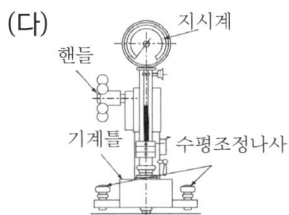

정답
(가) C형 (나) SS형 (다) D형

035 피로시험 S-N곡선 중에 연강의 피로한도와 Al의 피로한도는 얼마인가?

정답
① 연강의 피로한도 : 약 27kg$_f$/mm^2
② Al의 피로한도 : 약 15kg$_f$/mm^2

036 피로시험곡선에서 S와 N의 뜻은?

정답
① S = 응력 ② N = 반복횟수

037 피로시험의 S-N곡선에서 피로한도를 나타내는 선은 어느 것인가?

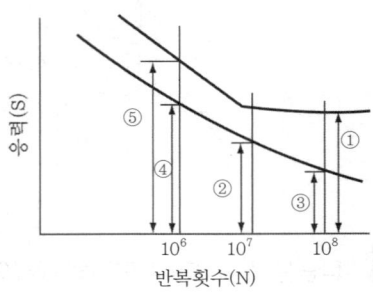

정답
①

038 일정한 온도, 하중이 가해지면 점점 늘어나는 현상은?

정답
크리프 현상

039 크리프 시험에서 다음과 같은 크리프곡선의 단계를 설명하시오.

정답
- 1단계 : 초기 크리프에서 변형률이 점차 감소되는 단계(초기 크리프 또는 감속 크리프)
- 2단계 : 크리프 속도가 대략 일정하게 진행되는 단계(정상 크리프)
- 3단계 : 크리프 속도가 점차 증가하여 파단에 이르는 단계(가속 크리프)

040 크리프 현상을 3단계로 분류하시오.

정답
① 제1기 크리프 : 초기 크리프(천이 크리프 : 감속 크리프)
② 제2기 크리프 : 정상 크리프
③ 제3기 크리프 : 가속 크리프

041 아래와 같이 크리프 시험을 하였다. 각 단계를 설명하시오.

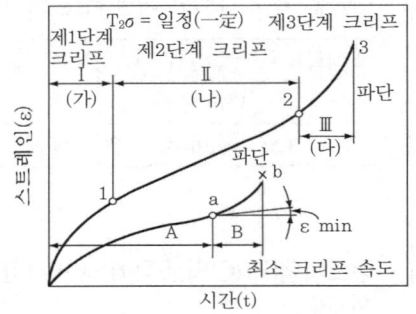

정답
① 제1단계 : 감속 크리프
② 제2단계 : 정상 크리프
③ 제3단계 : 가속 크리프

042 재료의 연성을 알기 위한 시험으로 구리판, 알루미늄판 및 기타 연성판재를 가압 성형하여 변형 능력을 시험하는 방법은?

정답
커핑시험

043 재료의 연성을 검사할 수 있는 것은?

정답
에릭센 시험(커핑시험)

044 일정속도 가열 냉각 시 온도와 시간과의 관계 곡선으로 금속 변태점 측정법은?

정답
열분석법

045 마찰압력과 마모량의 관계의 그림이다. P₁, P₂는 각각 무슨 압력인가?

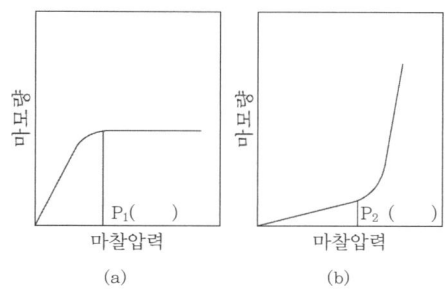

정답
P₁ : 포화 압력, P₂ : 임계 압력

046 브라그 X선 회절법에서 $n\lambda = 2d\sin\theta$ 에서 d와 λ의 뜻을 쓰시오.

정답
d : 면간거리, λ : 파장

047 결정입도 시험방법 3가지를 쓰시오.

정답
① ASTM결정립 측정법(비교법)
② 해인법(절단법)
③ 제프리즈법(평적법)

048 가단주철의 페라이트 입도 측정방법 3가지는?

정답
비교법, 평적법, 절단법

049 스테인리스강 및 내열강의 마크로 조직검사 방법은?

정답
① 염산법 ② 왕수법

050 강의 Austenite 결정입도 시험에서 표의 판정 결과로부터 평균 입도번호를 구하시오.

각 시야에서의 입도번호(a)	시야수(b)	a×b
8	1	8
6.5	2	13
7	4	28
7.5	2	15
합계	9	64

정답
$$n = \frac{\Sigma a \cdot b}{\Sigma b} = \frac{64}{9} = 7.1$$

051 페라이트 결정입도 시험의 종합 판정법이다. 평균입도 번호는? (산출식과 답을 쓰시오.)

입도번호	시야수
5	3
8	6
6	1

정답
(5×3)+(8×6)+(6×1)/10 = 6.9

052 비금속 개재물 등 현미경 조직 검사면을 채취할 때 검사면의 방향은?

정답
① 종단면

053 다음과 같이 개재물을 검사하였을 때 검출되는 개재물의 수는 몇 개인가?

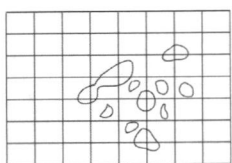

★정답★
개재물의 수 : 5개

054 현미경 조직검사에 비금속 개재물, 섬유상의 가공조직, 열처리 경화층의 분포상태를 관찰하기 위하여 시편의 어떤 면을 채취하는가?

★정답★
종단면

055 금속현미경 조직관찰을 순서대로 나열하시오.

[보기]
절단, 마운팅, 거친연마, 정밀연마, 광택연마, 부식, 세척

★정답★
절단 – 마운팅 – 거친연마 – 정밀연마 – 광택연마 – 부식 – 세척

056 강재 중에 편석된 불순물의 분출상태와 황의 분포 상태 및 흠을 간단히 검출하는 방법은?

★정답★
설퍼프린트법

057 빈칸에 알맞은 답을 보기에서 고르시오.

[보기]
1~5% 황산, 5, 1~3

철강 재료 중에 황의 분포상태를 검사하기 위해 (   )수용액을 브로마이드인화지에 (   )분간 담근 후 수분을 제거한다. 이것을 피검재의 시험편에 (   )분간 밀착한다.

★정답★
1~5%황산, 5, 1~3

058 다음은 설퍼프린트법을 나타내었다. (   ) 안에 알맞은 내용을 보기에서 골라 넣으시오.

[보기]
① 1~3 ② 5~10 ③ 40~50
④ 질산 ⑤ 황산 ⑥ 티오황산 나트륨

인화지를 1~5% (㉮) 수용액에 담근 다음 시험편 파검면대에 밀착하여 (㉯)분을 표준으로 떼어낸다. 이것을 수세 후 사진용 15~40% (㉰) 수용액 중에 (㉱)분간 담가서 30분 이상으로 흐르는 물에 수세 후 건조시킨 인화지에 암흑색 또는 갈색으로 변하는 정도로 황화물의 분포 상태를 판정한다.

★정답★
㉮ 황산, ㉯ 1~3, ㉰ 티오황산나트륨
㉱ 5~10

059 황의 분포를 알아보는 설퍼프린트법 기호를 쓰시오.

★정답★
① 정편석 : S_N, ② 역편석 : S_I
③ 중심부편석 : S_C, ④ 주상편석 : S_{CO}

060 ( )안에 맞는 답을 쓰시오.

> 설퍼 프린트법(sulfur print)은 강재 중의 황의 분포상태를 검출하는 데 사용하는 방법이다. 3% 황산(H_2SO_4) 수용액에 사진용 브로마이드 감광지를 2분 동안 담근 다음, 수분을 닦고 검사할 면에 눌러 붙이면 철장중의 황화물과 황산이 반응하여 황화수소(H_2S)가 생긴다. 이 황화수소가 브로마이드의 (①)과 반응하여 (②)을 생성한다.

정답

① 브롬화은 또는 취화은($AgBr_2$)
② 황화은(AgS)

〈참고〉
$MnS + H_2SO_4 = MnSO_4 + H_2S$
$AgBr_2 + H_2S = AgS + 2HBr$

061 설퍼프린트법에서 SN-SD 기호의 뜻은?

정답

① S_N : 정편석, ② S_D : 점상편석

062 매크로 조직 검사로 검출할 수 있는 것은?

정답

① 중심부 편석
② 중심부 피트
③ 다공질

063 설퍼프린트법을 이용하여 검출할 수 있는 성분과 반응식을 쓰시오.

정답

검출 : S
반응식 : $MnS + H_2SO_4 \rightarrow MnSO_4 + H_2S$
$FeS + H_2SO_4 \rightarrow FeSO_4 + H_2S$
$2AgBr + H_2S \rightarrow Ag_2S + 2HBr$

064 철강재료 중에 존재하는 S의 분포상태를 검사하는 설퍼프린트의 황의 편석을 분류하시오.

정답

정편석 : S_N 역편석 : S_I 주상편석 : S_{CO}(S_C : 중심부편석, S_D : 점상편석, S_L : 선상편석)

065 설퍼프린트법에서 황의 정편석 기호를 쓰시오.

정답

S_N

066 매크로검사 시험에서 중심부편석 기호를 쓰시오.

정답

S_C

067 설퍼프린트법의 황 편석 분류이다. ( ) 안의 기호를 쓰시오.

> 정편석 : (①) 역편석 : (②)
> 주상편석 : (③) 중심부 편석 : (④)

정답

① S_N ② S_I ③ S_{CO} ④ S_C

068 다음은 매크로 조직 시험검사에서 나타난 결함이다. 결함의 명칭은 무엇인가?

정답

중심부 파열

069 침탄경도측정 방법을 나열하였다. 각각의 측정 방법을 보기에서 골라 기입하시오.

[보기]
① 경사측정법 ② 직각측정법
③ 테이퍼연삭법 ④ 계단연삭법

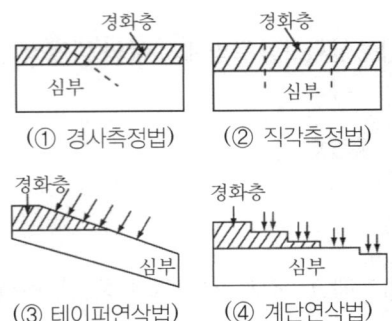

070 다음 그림은 회주철 ㉮와 ㉯를 현미경 배율 150배로 측정하였다. ㉮와 ㉯ 중 어느 것이 인장강도가 크며 이유는 무엇인가?

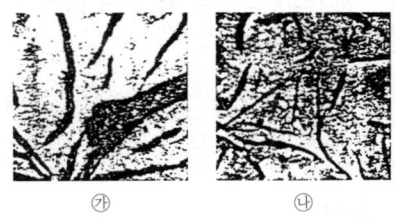

정답
인장강도가 큰 것 : ㉯
이유 : 흑연의 길이가 크면 인장강도가 낮으며 흑연의 길이가 짧으면 인장강도가 크다.

071 매크로 시험에서 DT-Sc-N의 표시기호에 대한 의미를 쓰시오.

정답
① DT : 수지상 결정 및 피트
② Sc : 중심부 편석
③ N : 비금속 개재물

072 비금속개재물 시험에서 가공방향으로 집단을 이루어 불연속적으로 입상의 개재물을 (㉮)계 개재물, 알루미나 산화물(㉯)계 개재물, Nb-Ti-Zr의 탄질화물을 (㉰)계 개재물이라 한다.

정답
㉮ B ㉯ B_1 ㉰ B_2

073 다음 그림의 비금속 개제물을 A, B, C계로 분류하시오.

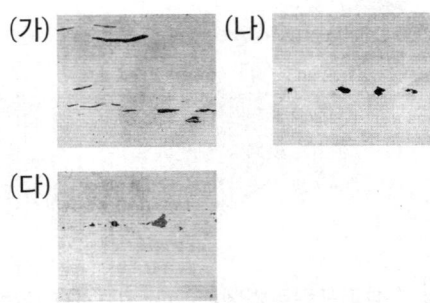

정답
(가) A계 (나) B계 (다) C계

074 FGC-V4.5(10)에 대한 표시기호의 뜻은?

정답
비교법으로 직각 단면에서 10시야의 종합판정에 의한 결과 입도번호가 4.5임을 나타낸다.

075 침탄경화층의 표시기호 중 CD-H1.0-E1.5에 대한 기호의 뜻을 쓰시오.

정답
① 1.0 : 시험하중 $1kg_f$
② 1.5 : 유효경화층의 깊이 1.5mm

076 철강 부식제로 쓰이는 용액은?

정답
① 질산 알코올(나이탈)
② 피크린산 알코올(피크랄)

077 강의 페라이트와 펄라이트를 구분하는데 쓰는 부식액은?

정답
피크린산

078 나이탈의 용액을 쓰시오.

정답
질산 + 알코올

079 청동, 황동 등 구리합금의 부식액으로 적당한 것을 쓰시오.

정답
염화 제2철 용액

080 연합금의 부식액은?

정답
염산용액(염산 5cc + 물100cc)

081 다음 재료별(철강 및 주철, 니켈합금, 구리합금, 알루미늄합금) 부식액을 쓰시오.

정답
① 철강 및 주철 : 5ccHNO₃ + 95cc 알코올 또는 5gr피크린산 + 100cc 알코올
② Ni합금 : 5ccHNO₃ + 50cc 초산
③ Cu합금 : 5grFeC₃ + 50ccHCl + 100ccH₂O
④ Al합금 : 1grNaCH + 99ccH₂O

082 다음 재료별(철강 및 주철, 니켈합금, 구리합금, 알루미늄합금) 부식액을 쓰시오.

정답
• 철(피크랄 : 피크린산 5gr+알코올 100cc, 나이탈 : 진한질산 5c+알코올 100cc)
• Al합금(수산화나트륨액 : 수산나트륨 20gr+물 100cc)
• Cu합금(염화제2철용액 : 염화제2철 5gr 진한 염산 50cc+물 100cc)
• Ni합금(질산초산용액 질산 50cc+초산 50cc)

083 열처리 후 소재의 미세 조직을 관찰하는 부식액과 해당 합금을 맞게 연결하시오.

㉮ 1gr NaOH + 99cc H₂O → Al합금
㉯ 50cc HNO₃ + 50cc 초산 → Ni합금
㉰ 5gr FeCl₃ + 50cc HCl + 100cc H₂O → Cu합금
㉱ 5cc NHO₃ + 95cc 알코올 → 철강 및 주철

084 금속현미경 검사에서 니켈합금, 철강과 주철, 구리, 합금, Al합금의 재료별 부식액은?

정답
① 니켈합금 - 질산 초산용액(질산(70%) 50cc + 초산(50%) 50cc)
② 철강과 주철 - 질산 알코올 용액 (진한질산 5cc + 알코올 100cc), 피크린산 알코올 용액 (피크린산 5gr + 알코올 100cc)
③ 구리합금 - 염화 제2철 용액 (염화 제2철 5gr + 진한 염산 50cc + 물 100cc)
④ Al합금 - 수산화나트륨 용액 (수산화나트륨 20gr + 물 100cc)

085 비파괴 시험의 종류를 쓰시오.

정답
침투탐상법, 자분탐상법, 누설검사법, 와전류탐상법, 방사선검사법

086 다음 결함의 발생 원인을 쓰시오.
1) 소지흠(봉강에서 볼 수 있는 결함)
2) 주포(주조품에서 볼 수 있는 결함)
3) 블로홀(용접부에서 볼 수 있는 결함)

정답
1) 압연 또는 인발에 의해 강괴 속에 개재물이 발생된 것
2) 채플릿 또는 냉각용 셸이 주물 속에 남아있거나 부착된 것
3) 용접봉의 건조불량, 기름이나 도료 등의 제거 불량, 용접 중의 용착금속과 외부공기와의 차단 불량 등에 의해 발생되는 것

087 열처리 제품의 표면 결함에 대하여 유효한 탐상법 2가지를 쓰시오.

정답
침투 탐상법(PT), 자분탐상법(MT)

088 내부결함검사와 외부결함검사의 종류를 쓰시오.

정답
① 내부결함검사(2개) : 방사선투과검사, 초음파탐상시험
② 외부결함검사(3개) : 자분탐상시험, 침투탐상시험, 와류탐상시험

089 다음 물음에 맞는 비파괴검사법 2가지를 쓰시오.
1) 외부검사
2) 내부검사

정답
1) 침투탐상법, 형광검사법, 자분탐상시험
2) 방사선비파괴검사, 초음파비파괴검사

090 비파괴 시험 시 방사선 동위 원소에서 γ선중 에너지와 투과력이 가장 큰 원소는?

정답
① 에너지 : Co ② 투과력 : Co

091 X선을 발생시키기 위해 갖추어야 할 조건 3가지를 쓰시오.

정답
① 열전자의 발생 전원이 있어야 한다.
② 열전자를 가속화시켜 주어야 한다.
③ 열전자의 충격을 받는 금속의 표적(target)이 있어야 한다.

092 산란 방사선의 종류 3가지를 쓰시오.

정답
① 내부산란 방사선
② 후방산란 방사선
③ 측면산란 방사선

093 투과도계를 설명하시오.

정답
방사선과 사진의 상질을 비교 판단 또는 방사선 사진의 기준이 되는 척도로 나타내는 것

094 용접부 X선 투과시험 위치를 도시한 그림에서 ( )은 무엇인가?

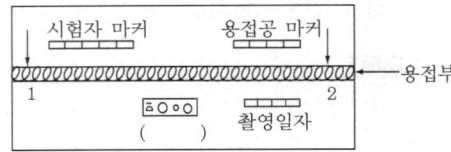

정답
투과도계

095 듀티사이클 공식을 쓰시오.

정답

$$\frac{사용기간}{사용시간+휴지시간} \times 100$$

096 진동자란?

정답

탐촉자 내부에서 압점효과를 가지는 물질

097 초음파 탐상시험에서 초음파란 가청음파 (가) kHz 이상을 말하며, 탐상으로는 반사식, (나), 공진식이 있다.

정답

(가) 20 (나) 투과식

098 강 내부의 결함을 탐상하고자 한다. 그림과 같은 방법은 어떤 방법인가? (구체적 방법을 기입)

정답

초음파 탐상방법(UT), 탐촉자(45, 69, 70도)

099 접촉매질이란?

정답

탐촉자와 시험재 사이의 공간을 없애기 위해서 탐상면에 액체를 바름(매끈한 표면에는 기계유와 같은 광물유 또는 물을 이용, 표면이 거친 것에 대해서는 글리세린 또는 물 유리를 사용)

100 침투탐상은 시험편의 어느 곳을 검사하는가?

정답

표면결함검사

101 초음파 탐상시험에서 전파속도를 결정하는 요인 3가지를 쓰시오.

정답

① 매질의 탄성률 ② 밀도
③ 포아송비 ④ 결정입도

102 다음 그림은 어떠한 시험(기)인가?

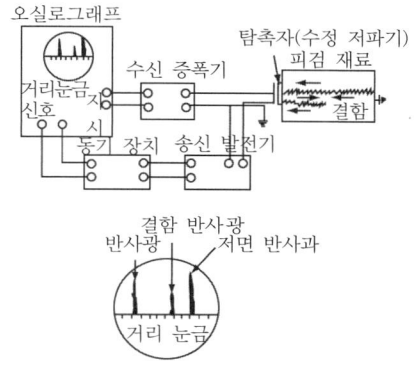

정답

초음파탐상시험(기)

103 초음파의 종류이다. ( ) 안에 맞는 답을 쓰시오.

1) 수직탐상 및 두께측정에 이용 : (①)
2) 경사각 탐상시험에 이용 : (②)
3) 표면탐상에 이용 : (③)
4) 얇은 판재에 적용 : (④)

정답

1) 종파 2) 횡파 3) 표면파 4) 판파

104 자분탐상 검사액은?

정답

① 염색자분 : 건식염색자분, 습식염색자분
② 형광자분 : 습식형광자분

105 그림은 어느 시험에서 판별하는가?

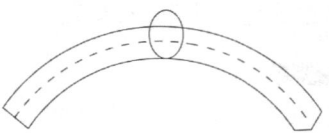

정답

사각 초음파시험

106 초음파 탐상에서 초음파의 종류와 관계 있는 것끼리 연결하시오.

정답

① 얇은 것 ································ 편파
② 표면 탐상시험에서 이용 ·········· 표면파
③ 수직 탐상 및 두께 측정에 이용 ···· 종파
④ 경사각 탐상시험에서 이용 ········· 횡파

107 펄스반사 초음파 탐상시험의 화면을 그리시오.

정답

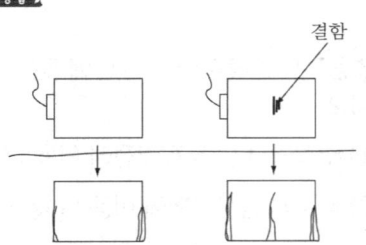

108 자분탐상법이란?

정답

상자성체의 시험 대상물에 자장을 걸어주어 자성을 띠게 한 다음 자분을 시험편의 표면에 뿌려주고 불연속에서 외부로 유출되는 누설자장에 의한 자분 무늬를 판독하여 결함의 크기 및 모양을 검출하는 것

109 다음 그림과 같은 결함을 검사하는 데 이용되는 검사법은?

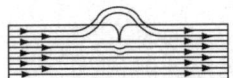

정답

자분탐상법

110 퍼말로이의 열처리 방법을 쓰시오.

정답

1000℃ 풀림 노냉, 600℃에서 공랭처리

111 고체이며 비기공성인 재료의 표면 균열, 랩(lap) 기공 등의 불연속을 검출하고 주로 철강, 비철 금속 제품, 분말야금 제품 등에 적용하며 표면으로 연결되지 않은 내부의 불연속은 검사할 수 없으며, 표면이 거칠면 만족할 만한 시험 결과를 얻을 수 없는 검사법을 쓰시오.

정답

침투탐상시험

112 비자성 재료의 표면 미세 균열을 측정하는 비파괴 검사법은?

정답

형광 탐사법

113 파이프 비파괴 시험에 적합한 시험법은?

정답

와전류탐상시험법(ET)

114 침투 탐상방법의 6단계이다. ( ) 안을 채우시오.

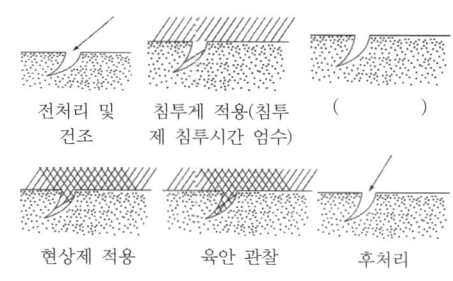

전처리 및 건조 / 침투제 적용(침투제 침투시간 엄수) / (　　　) / 현상제 적용 / 육안 관찰 / 후처리

정답 과잉침투제의 제거

115 침투탐상의 순서 표시이다. A, B, C 작업명칭을 쓰시오.

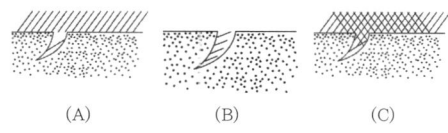

(A)　　(B)　　(C)

정답 A : (침투) B : (세정) C : (현상)

116 누설탐상기의 명칭을 쓰시오.

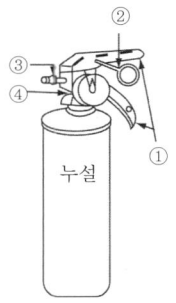

정답
① : 레버 ② : 안전핀 ③ : 충진, 분사구
④ : 게이지(권고충전압력 : 35kg/cm^2)

117 와전류 탐상시험에서는 무슨 효과를 이용한 시험인가?

정답 표피효과

118 철강 표면에 전반적으로 붉은색을 띠는 현상으로 열처리에 의하여 생기고 산화제2철이 산세공정에서 완전히 제거되지 않고 잔존하는 결함은?

정답 스머트

119 AE법이란?

정답 음파방출시험법(음향방사시험법)

120 보통의 비파괴 시험은 이미 발생 형성되어 있는 결함을 검출하는 방법이나 (　　)은 재료가 불안정한 상태에서 결함이 발생·형성될 때에 생기는 소리를 검출하는 방법이므로 (　　)을 적용할 수 있는 방법은 결함이 발생·형성하는 과정에 한정된다. 괄호 안에 들어갈 공통적인 시험법을 쓰시오.

정답 AE법(음향방출시험법)

121 발생유무를 검사하려면 잔류응력을 측정하면 된다. 이 판정법으로 사용하는 화학적 검사방법은 무엇인가?

정답 아말감법

122. 재료 내부에서 전위, 균열 등의 결함이 생기거나 질량의 급격한 변위가 생기면 에너지 해방과 함께 탄성파가 발생한다. 이 진동을 포착하고 해석하여 재료 내부의 동적 거동을 파악하고 결함의 성질과 상태를 평가하는 시험법은?

정답
AE법(음향방출시험법)

123. 심한 가공이나 주조하여 만든 Cu합금 Mg합금제품을 사용 중 혹은 저장 중에 균열이 생기는 일이 있다. 이를 자연균열이라 한다. 그렇다면 균열 발생의 유무를 검사하기 위해 잔류응력을 확인하는 화학적 방법은 무엇인가?

정답
아말감법

124. 금속재료 감별법에서 그림과 같은 원리를 이용한 방법의 명칭을 쓰시오.

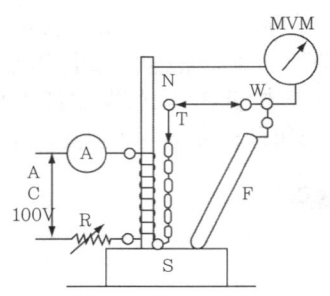

정답
접촉 열기전력법

125. 다음 그림은 전해 연마의 원리도이다. 연마할 시편은 어느 곳에 부착하는가?

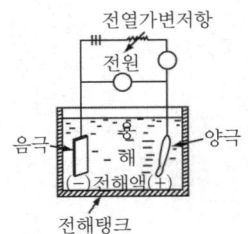

정답
음극

126. 줄 작업을 하였다. 조치사항을 ( ) 안에 쓰시오.

재질	file test	조치사항
저	미끄러짐	(①)
저	미끄러지 않음	(②)
고	미끄러짐	(③)
고	미끄러지 않음	OK

정답
① 재담금질
② Sub-Zero 처리
③ 표면 탈탄층 제거

127. 합금강의 불꽃의 모양을 보고 특징에 맞는 성분을 쓰시오.

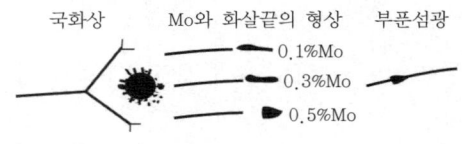

정답
Cr, Mo, Ni

128. 금속의 재질을 판별하는 방법 4가지를 쓰시오.

정답
① 불꽃시험법
② 시약반응법
③ 접촉열기전력법
④ 조직시험법

129. 강의 불꽃시험에서 탄소파열을 조정시키는 특수원소를 쓰시오.

정답
Mn, Cr, V

130. 불꽃시험 시 유선 등에 의한 성분, 파열 저지성분은?

정답
W, Si, Mo

131. 불꽃의 유선의 색, 수, 모양, 크기, 길이 등을 유리판 사이에 놓고 관찰하는 불꽃시험은?

정답
매립시험

132. 불꽃시험은 표와 같다. 알맞게 짝지으시오.

불꽃폭발이 적다.	①
불꽃폭발이 많다.	②
불꽃폭발이 적어진다.	③

㉮ 탈탄부분, ㉯ 침탄부분, ㉰ 질화부분

정답
① - ㉮, ② - ㉯, ③ - ㉰

133. 불꽃시험 그림 2개중 탄소량이 높은 것은 어느 것이며, 그 이유는?

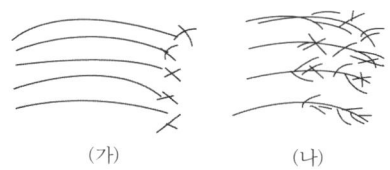

(가)   (나)

정답
(나), 탄소 함유량이 높을수록 불꽃의 파열 수가 증가한다.

134. 불꽃의 구조이다. 각부 명칭을 쓰시오.

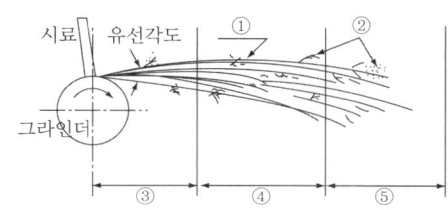

정답
① 유선 ② 파열 ③ 뿌리
④ 중앙 ⑤ 앞끝(선단)

135. 열처리 작업 시 고려해야 할 사항 3가지를 쓰시오.

정답
가열 시간, 가열온도, 가열속도, 균일한 가열, 산화방지, 탈탄방지

136. 용접품의 열처리 중 가스화염으로 150~200℃로 가열한 다음 수랭함으로써 용접선 방향의 인장응력을 감소, 제거하는 열처리는?

정답
저온응력 완화법

137 열처리 변형은 열처리 작업 중 3단계로 나타난다. (가)와 (나)에 해당하는 답을 쓰시오.

(가) → 보열 → (나)

정답
(가) 가열
(나) 냉각

138 냉각방법에 따른 열처리 방법은?

정답
① 공랭 : 노멀라이징
② 노냉 : 풀림
③ 급랭(수랭) 또는 유랭 : 담금질

139 열처리 냉각의 3가지 형태를 쓰시오.

정답
① 연속 냉각
② 2단 냉각
③ 항온 냉각

140 강을 담금질할 때 정체된 물속에서의 냉각방법이다. I(A-B), II(B-C), III(C-D)단계의 명칭을 쓰시오.

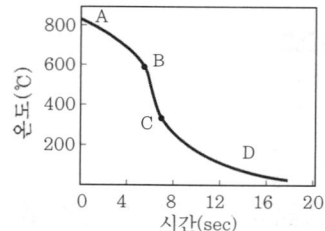

정답
I : 증기막 단계 II : 비등단계 III : 대류단계

141 대표적인 냉각방법 3가지를 쓰시오.

정답
연속냉각, 계단냉각, 항온냉각

142 물과 기름 담금질의 냉각속도 비교와 담금질 후의 경도를 비교하시오.

정답
① 냉각속도는 물이 기름보다 크다.
② 담금질 후의 경도는 물이 기름보다 크다.

143 공석강의 냉각곡선이다. 각 냉각곡선의 냉각방법을 쓰시오.

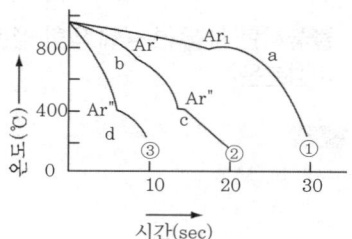

정답
① 서랭(노냉) ② 공랭(유랭) ③ 수랭

144 공석강의 열적 변태 그림이다. ①, ②, ③의 조직명을 쓰시오.

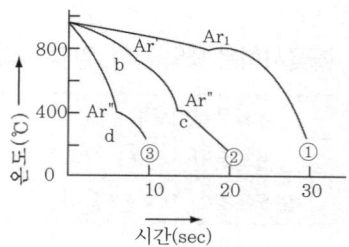

정답
① 펄라이트
② 마르텐자이트+펄라이트
③ 마르텐자이트

145 다음 곡선은 임계구역 이상의 온도로부터 여러 가지 속도로 담금질하고 냉각곡선에서 나타나는 정지 점의 일반적인 성질을 나타낸 것이다. 곡선을 보고 물음에 답하시오.

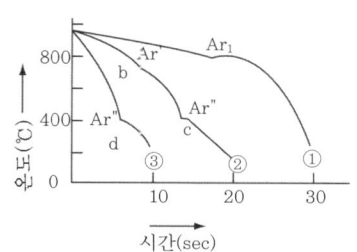

1) 다음 각 온도에서 냉각수에 해당하는 곡선을 기호로 쓰시오.
㉮ 100℃　㉯ 80℃　㉰ 20℃

정답

㉮ - ①, ㉯ - ②, ㉰ - ③

2) 각 냉각 곡선에 따른 조직을 쓰시오.

정답

① 펄라이트
② 마르텐자이트 + 펄라이트(마르텐자이트 + 트루스타이트)
③ 마르텐자이트

146 그림과 같이 냉각할 때 냉각속도가 빠른 순서와 그 비율을 쓰시오.

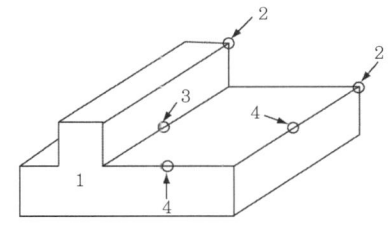

정답

순서 : 2 - 4 - 1 - 3
비율 : 7 - 3 - 1 - 1/3

147 다음 그림은 냉각방법의 요령을 도시한 것이다. ( ) 속에 들어갈 열처리는?

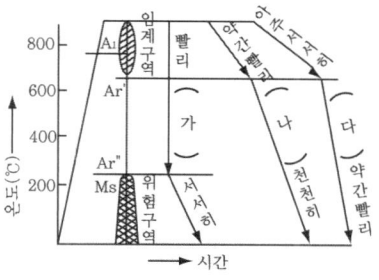

정답

(가) 담금질 (나) 노멀라이징 (다) 어닐링

148 다음은 열처리 종류에 따른 냉각방법의 요령을 도식한 것이다. ( )속을 채우시오.

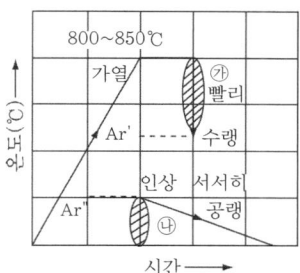

정답

㉮ 임계구역
㉯ 위험구역

149 강의 결정립자를 미세화하고 조직을 표준화하는 열처리를 무엇이라 하는가?

정답

불림(노멀라이징)

150. 다음 그림은 냉각법의 형태를 그림으로 도시한 것이다. 그림에서 1,2,3,4는 무슨 냉각인가?

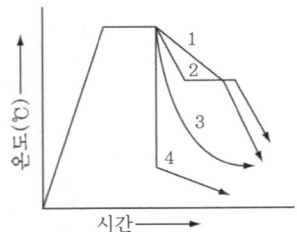

* 정답 *
1. 계단냉각(이단냉각) 2. 항온냉각
3. 연속냉각   4. 계단냉각

151. 다음 그림과 같은 열처리 냉각곡선에서 변태점은?

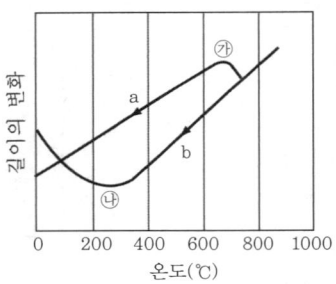

* 정답 *
㉮ Ar′, ㉯ Ar″

152. 탄소강을 열처리하기 전에 단조한 제품의 조직을 미세화하고 균일하게 하기 위한 열처리 방법은?

* 정답 *
불림(노멀라이징)

153. 다음 열분수에 의한 냉각 곡선에서 초정 정출 구간의 구역은?

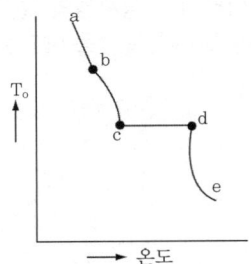

* 정답 *
b − c

154. 주철의 흑연모양이다. 각 흑연의 종류를 쓰시오.

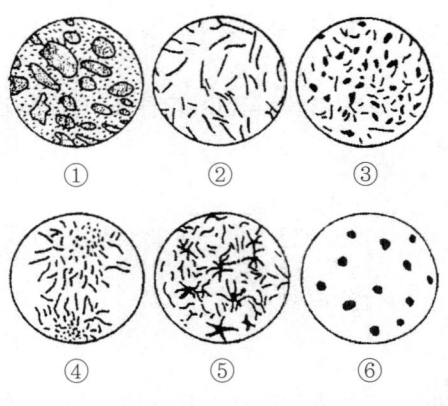

* 정답 *
① 공정상흑연 ② 편상흑연   ③ 괴상흑연
④ 장미상흑연 ⑤ 국화상흑연 ⑥ 구상흑연

155. 질량효과의 뜻을 쓰시오.

* 정답 *
열처리 제품의 부피 차이가 있으면 열처리 할 때 급랭부와 서랭부가 생겨서 부분적으로 재질이 변하는 정도를 말함

156 냉간가공으로 조대화된 조직을 미세화하고 강의 성질을 개선하며, 가공의 불균일로 인한 조직의 부분적 차이 및 내부응력을 제거해서 균일한 상태로 하고 저탄소강의 피삭성을 증가시켜 다듬질 면을 양호하게 할 목적으로 하는 열처리는?

정답
노멀라이징

157 노멀라이징의 목적을 쓰시오.

정답
① 냉간 가공으로 조대화된 조직을 미세화
② 강의 성질을 개선
③ 가공의 불균일로 인한 조직의 부분적 차이 및 내부 응력을 제거
④ 저탄소강의 피삭성을 증가시켜 다듬질면을 양호하게 함

158 크기가 다른 두 제품을 같은 방법으로 냉각하여도 그 재질이 서로 다르게 나오는 현상을 무엇이라 하는가?

정답
질량효과

159 질량효과가 작으면 담금질 효과는 어떤가?

정답
크다.

160 조미니 시험법은 무엇을 시험하는 것인가?

정답
경화능 시험

161 강의 경화능 결정 인자를 쓰시오.

정답
합금원소, 탄소 함유량

162 경화능 표시법 SAC법에 의한 경화능 표시 SAC63-52-42를 설명하시오.

정답
S : 1 inch 지름의 원봉을 수중 소입 시 얻어지는 표면경도 분포 면적
A : 경도 분포 면적
C : 중심부 경도
SAC63-52-42 = 표면경도 HRC 63 : 경도 분포 면적 52(HRC 인치 면적), 중심부 경도 HRC 42

163 SM45C의 최대 담금질 경도(HRC) 범위를 구하시오.

정답
최대 담금질 경도 = 30 + 50×C%
= 30 + 50×0.45 = 52.5

164 SM50C의 최대 담금질 경도(HRC) 범위를 구하시오.

정답
최대 담금질 경도 = 30 + 50×C%
= 30 + 50×0.5 = 55

165 가열된 강재 중 냉각수에서 인상하는 시점은?

정답
Ms점

166 강재를 냉각수(또는 유) 중에서 인상하는 시점은 고온 조직인 오스테나이트가 마르텐자이트로 변태하는 어떤 점을 통과하는 직후인가?

정답
Ms점

167 마르텐자이트 경도가 큰 이유 3가지를 쓰시오.

정답
① 내부응력
② 결정립 미세화
③ C 원자에 의한 격자 강화

168 연강 담금질 경도 부족의 원인 3가지를 쓰시오.

정답
① 침탄량이 부족
② 온도가 너무 높다
③ 냉각속도가 느릴 경우
④ 잔류 오스테나이트 존재

169 철강재료를 담금질할 때 잔류 오스테나이트가 많이 생기는 경우 4가지를 쓰시오.

정답
① 기름에 담금질 할 때
② 고탄소강을 담금질 할 때
③ 함금원소의 양이 많을 때
④ 조대한 조직을 담금질할 때

170 재료로 열처리하였다. 열처리 결함으로 산화결함이 발생되는 이유 3가지를 쓰시오.

정답
① 가열장치 ② 가열방법 ③ 사용연료

171 산화, 탈탄 방지대책을 쓰시오.

정답
① 분위기 가열
② 스테인리스 팩에 의한 가열
③ 산화, 탈탄 방지제의 도포
④ 염욕에서 가열

172 담금질 경화로 생긴 취성을 제거하고 페라이트 속에 적당한 평균간격을 가지고 탄화물을 분산하는 상태를 만들어 강도와 인성을 향상시키는 목적에 사용되는 열처리 방법은?

정답
템퍼링

173 경도는 다소 저하되더라도 인성을 향상시키는 열처리는?

정답
뜨임(tempering)

174 담금질 후 400~650℃에서 뜨임한 것으로 주로 강재의 인성을 향상시키기 위한 열처리는?

정답
고온뜨임

175 50℃ 이하의 온도에서 연강의 충격값이 급속히 감소하는 현상은?

정답
저온취성

176. 뜨임 취성방지 원소는?

정답
Mo

177. 철강에 함유된 S는 유화철(FeS)로 되어 인장강도, 신율, 충격치를 감소시키는 현상을 무엇이라 하는가?

정답
적열취성(고온취성)

178. 뜨임 균열과 방지 대책을 쓰시오.

정답
① 균열
  ㉠ 탈탄층이 있는 경우
  ㉡ 담금질이 끝나지 않은 것을 템퍼링할 때
② 방지대책 : 급속가열, 급랭을 피한다.

179. 템퍼링으로 인하여 생기는 변형 2가지를 쓰시오.

정답
① 치수변화
② 형상변화

180. 지름이 25mm의 게이지로 STS 3제품을 기름 담금질했더니 다음날 다음과 같은 균열이 발생하였다. 이 균열을 방지하기 위한 방법은?

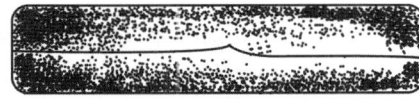

정답
균열 : 시효균열
방지방법 : 저온뜨임(100℃ 열수소려) 게이지강 150~180℃ 소려

181. 담금질 후 뜨임처리 한 것이다. ( )에 맞는 조직과 온도를 쓰시오.

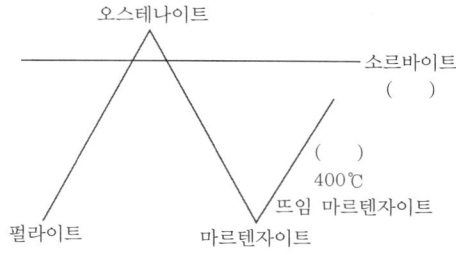

정답
조직 : 트루스타이트
온도 : 생성온도 400℃, 생성완료 온도 600℃

182. 퀜칭 후 템퍼링에 대한 조직변화이다. 변화과정을 빈칸에 조직명을 쓰시오.

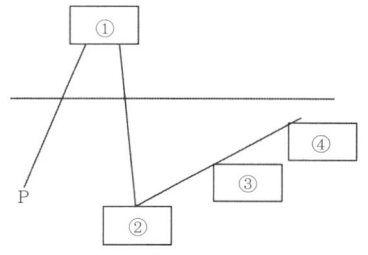

정답
① 오스테나이트 ② 마르텐자이트
③ 트루스타이트 ④ 소르바이트

183. 심랭처리의 뜻을 쓰시오.

정답
경화된 고탄소강이나 합금강의 잔류 오스테나이트를 완전히 마르텐자이트로 변태시키기 위해서 저온욕(약 -80℃)에 담그는 열처리

184 다음 그림은 강의 냉각에 따른 조직변화이다. (가), (나), (다), (라)에 맞는 내용을 채우시오.

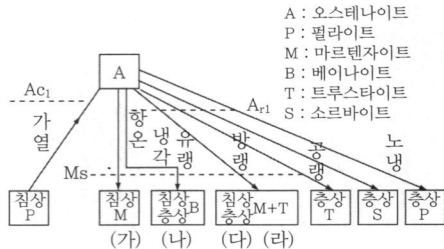

정답

(가) 마르텐자이트   (나) 베이나이트
(다) 트루사이트   (라) 소르바이트

185 다음 뜨임의 종류와 관련된 것을 서로 연결하시오.

① 반복 뜨임 •   • ⓐ 점성, 내마모성 향상
② 스냅 뜨임 •   • ⓑ 스프링강의 뜨임
③ 소르바이트 뜨임 •   • ⓒ 시효경화
④ 블루잉 •   • ⓓ 2차 경화

정답

① - ⓓ, ② - ⓐ, ③ - ⓑ, ④ - ⓒ

186 강재를 1시간 이내에 Mf점 이하 온도의 냉각제로 냉각하여 잔류 오스테나이트를 5% 이내로 감소시키는 처리를 무엇이라 하는가?

정답

심랭처리 또는 영하처리

187 경화된 재료의 잔류 Austenite를 Martensite로 변태 처리하는 열처리는?

정답

심랭처리

188 STD61강을 1,050℃로 가열한 후 공랭하여 HRC61을 얻었다. 이 제품을 500℃로 템퍼링하였더니 그림과 같은 경도분포를 나타내었다. 이러한 현상을 무엇이라 하는가?

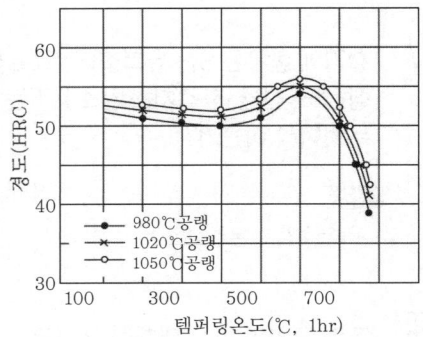

정답

2차 뜨임경화

189 심랭처리의 목적을 쓰시오.

정답

① 잔류 오스테나이트를 마르텐자이트화
② 공구강의 경도증가 및 성능 향상
③ 조직을 안정
④ 시효에 의한 형상과 치수변화를 방지
⑤ 우수한 기계적 성질을 부여한다.

190 담금질하여 마르텐자이트 중에 잔류 오스테나이트를 제거하는 열처리는?

정답

서브제로 처리(심랭처리)

191 잔류 오스테나이트를 마르텐자이트화 하는 처리는?

정답

심랭처리

192 공석 탄소강의 템퍼링에 의한 길이 변화이다. ( ) 안에 맞는 답을 쓰시오.

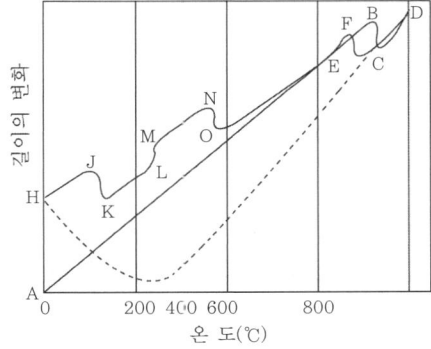

제1단계 마르텐자이트 : ε탄화물 석출에 의한 수축
제2단계 잔류 오스테나이트 : 저탄소 마르텐자이트에 의한 팽창
제3단계 저탄소 마르텐자이트 : Fe_3C 석출에 의한 수축

1) JK : (   )   2) ML : (   )
3) NO : (   )

정답

1) 수축   2) 팽창
3) 수축

193 탄소공구강 조직을 균일하게 하기 위해서 0℃ 이하로 하는 처리는?

정답

심랭처리

194 용도별 구분하여 Sub-zero 처리가 가장 필요한 공구강은?

정답

게이지 용강

195 심랭처리 균열 방지 3가지를 쓰시오.

정답

① 담금질하기 전에 탈탄층을 제거하여 탈탄을 방지한다.
② 심랭처리하기 전에 100~300℃에서 템퍼링을 행한다.
③ 심랭처리 온도로부터의 승온을 수중에서 행한다.

196 0℃ 이하의 온도, 즉 심랭(sub-zero) 온도에서 냉각 시키는 조작을 심랭처리라고 한다. 심랭처리를 하는 주목적을 설명하시오.

정답

열처리에 의해 경화된 강 중의 잔류 오스트나이트를 마르텐자이트화 하는데 목적이 있다(경도 증가).

197 공구강의 경도 증가 및 성능향상을 할 수 있고 gauge 또는 bearing 등의 정밀기계부품 조직을 안정하게 하고 aging(시효)에 의한 형상 및 치수의 변화를 방지하기 위하여 0℃ 이하 온도에서 냉각 시키는 열처리 방법은?

정답

심랭처리 = 서브제로 처리

198 심랭처리를 하면 냉각속도가 낮아 균열이 일어나기 쉽다. 그 원인 3가지를 쓰시오.

정답

① 강재에 탈탄층 존재
② 강재가 거친 상태
③ 담금질 온도가 높을 때
④ 온도 불균일

199. 담금질 시 물(수랭) 담금질과 기름(유랭) 담금질은 냉각속도에 따라 경도가 다르다. 어느 것이 경도가 큰지 이유를 설명하시오.

정답
물(수랭) 담금질이 기름(유랭) 담금질보다 경도가 크다. 이유는 물(수랭) 담금질이 기름(유랭) 담금질 보다 냉각속도가 빠르기 때문이다.

200. 0.2% 탄소강의 표준상태에서 페라이트와 펄라이트양의 공식을 쓰고 구하시오.

정답
초석 페라이트양 $= \dfrac{0.8-0.2}{0.8-0.025} \times 100 = 79\%$

펄라이트+페라이트 $= 100$
$P = 100 - 79 = 21\%$

〈참고〉
펄라이트 중의 시멘타이트양은(펄라이트 중의 α–Fe)
$FP = 21 \times \dfrac{6.67-0.8}{6.67-0.025} = 18\%$
$CP = 21 - 18 = 3\%$(펄라이트 중의 Fe_3C)

201. 0.3%의 탄소량을 함유한 탄소강의 경우 페라이트의양과 펄라이트의 양을 구하시오. (단, 공석점의 탄소량은 0.8%이다.)

정답
페라이트 양 : $\dfrac{0.8-0.3}{0.8-0.03} \times 100 = 64.9\%$
펄라이트 양 : $100 - 65 = 35\%$

202. 탄소함량 0.45%일 때 페라이트의 양과 펄라이트의 양을 산출하시오.

정답
페라이트 양 : $\dfrac{0.8-0.45}{0.8-0.03} \times 100 = 45\%$
펄라이트 양 : $100 - 45 = 55\%$

203. 탄소강의 현미경 조직을 중량법에 의해 측정한 결과 페라이트 10%, 펄라이트 90%였다. 이 재료의 탄소함유량은? (탄소함유량은 페라이트 0.01wt, 펄라이트 0.8wt)

정답
$\dfrac{10}{100} \times 0.01 + \dfrac{90}{100} \times 0.8 = 0.72\%$

204. 다음그림은 탄소량에 따른 조직 변화이다. 탄소량이 적은 것부터 큰 순서로 고르시오.

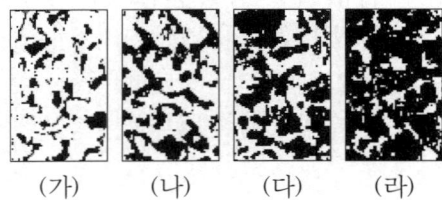

(가)   (나)   (다)   (라)

정답
(가) → (나) → (다) → (라)

205. 다음 조직에서 흰색부분이 차지하는 조직은?

정답
잔류 오스테나이트

206 그림과 같은 18-8스테인리스강에서 나타나는 조직은 무엇인가?

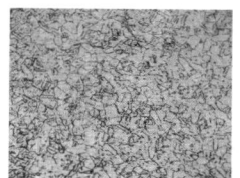

정답

오스테나이트

207 0.4%의 탄소량을 함유한 탄소강의 조직에서 검은색 조직은 무엇인가?

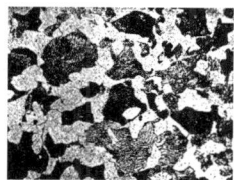

정답

검은색 : 펄라이트

208 0.4% C강을 950℃에서 1시간 노냉한 조직을 670배로 확대한 조직사진이다. 사진에서 흰 부분과 검정 부분의 조직은 무엇인가?

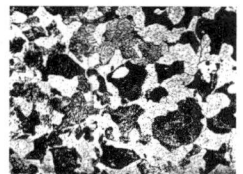

정답

흰 부분 : ferrite, 검정 부분 : pearlite

209 그림 0.8%C의 탄소강을 820℃에서 수랭하고 580℃에서 뜨임하였을 때 나타나는 조직은?

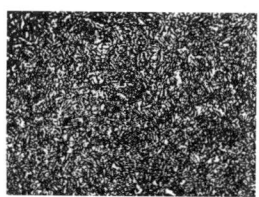

정답

조직명 : 소르바이트

210 하부 베이나이트 조직에서 흰 부분의 조직명은 무엇인가?

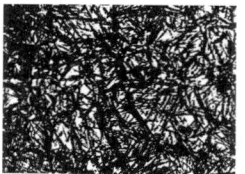

정답

마르텐자이트와 잔류 오스테나이트

211 다음 사진은 (가), (나) 두 종류의 아공석강을 나이탈부식액을 사용해 본 현미경 조직이다. 탄소함유량이 더 많은 시험편은 (가), (나) 중 어느 것이며 이유는 무엇인가?

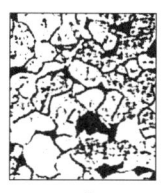

(가)   (나)

정답

(나), 아공석강의 탄소함량이 높을수록 펄라이트 조직량이 증가

212 조성이 C(1.16%), Si(0.24), Mn(0.46%), P(0.013%), S(0.017%)인 과공석강을 1,100℃에서 30분간 항온 유지한 후 공랭하였다. 이때 다음 물음에 답하시오.

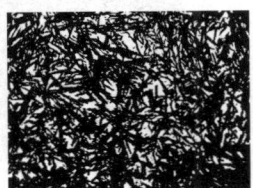

1) 침상모양의 검은색을 띠고 있는 부분은 어떤 조직인가?
2) 변태되지 못한 흰 부분은 어떤 조직인가?

정답
1) 마르텐자이트 2) 잔류 오스테나이트

213 알루미늄 합금의 열처리에 의한 조직변화를 그림에서 고르시오.

1) α고용체 :
2) 고용한도 :
3) 제2상의 석출 :

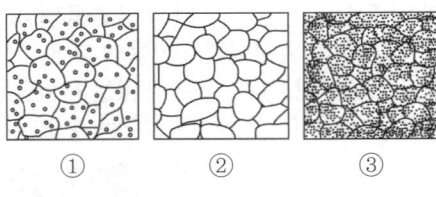

정답
1) ① 2) ② 3) ③

214 탄소강의 조직과 열처리의 관계도를 나타낸 그림이다. (가), (나), (다)에 맞는 조직명은 무엇인가?

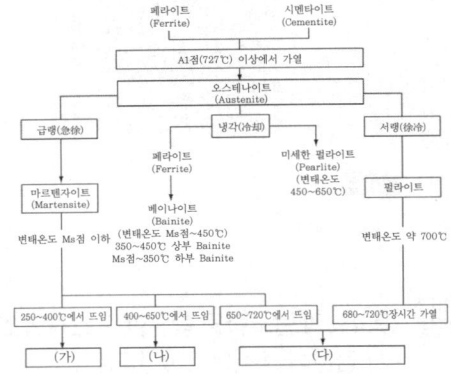

정답
(가) 트루스타이트 (나) 소르바이트
(다) 구상시멘타이트

215 백주철의 현미경 조직이다. 하얀 부분과 검정 부분을 구분하여 조직명을 쓰시오.

1) 하얀 부분
2) 검정 부분

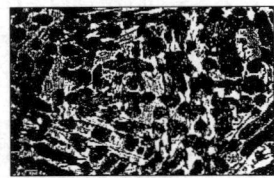

정답
1) 시멘타이트 2) 펄라이트

216 냉간 가공한 재결정열처리의 곡선이다. 명칭을 쓰시오.

1) T_2 : 초기재결정조직
2) T_4 : 재결정완료조직
3) T_5 : 부분적 결정립 성장
4) T_6 : 결정립의 성장

정답

1) 초기재결정조직
2) 재결정완료조직
3) 부분적 결정립 성장
4) 결정립의 성장

〈참고〉
T_1 : 변형된 재료
T_3 : 재결정의 중간단계

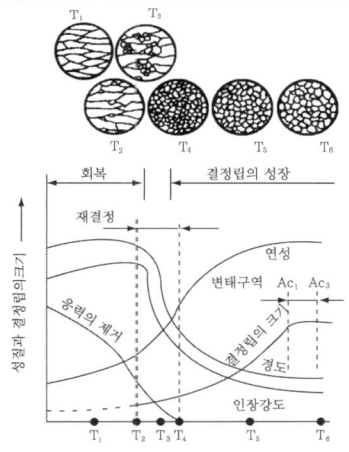

217 현미경 조직사진을 보고, 조직명을 쓰시오.

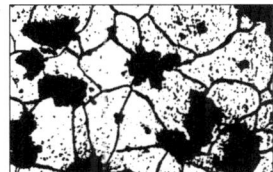

정답

흑심가단주철

218 C 0.9% 750℃ 1시간 서랭한 조직으로 백색은 페라이트 조직이다. 구상부분은 무슨 조직인가?

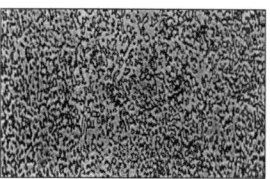

정답

시멘타이트

219 STS3를 840℃에서 유랭처리하여 180℃에서 템퍼링하였다. 바탕은 뜨임 마르텐자이트 조직이다. 백색 부분의 조직명과 원소명을 쓰시오.

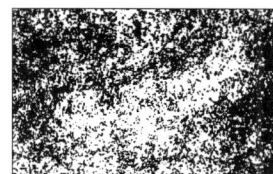

정답

백립 : 탄화물, 원소 : C

220 다음 그림은 주철 조직에서 흑연의 여러 가지 모양이다. 이름(흑연모양)을 쓰시오.

1) 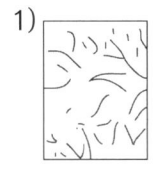 2) 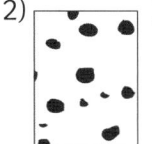 3)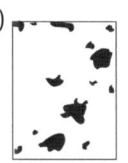

정답

1) 편상흑연 2) 구상흑연 3) 괴상흑연

221 주조 직전에 Mg 0.2%를 첨가한 구상흑연 주철로 구조직과 하얀부분의 바탕조직은 무엇인가? (단, 부식액 : 3% 나이탈 7~8초)

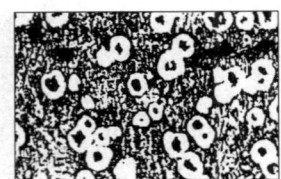

★정답★

바탕은 페라이트나 펄라이트며, 구상은 흑연이며 이 주위에 둥글고 흰 부분이 페라이트이다.

222 1.2%C 탄소강 현미경 관찰이다. 다음이 나타내는 K점에서 조직명을 쓰시오.

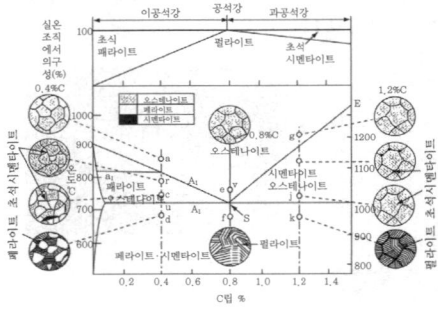

★정답★

망상 시멘타이트

223 화염경화 열처리의 특징 3가지를 쓰시오.

★정답★

① 부품의 크기나 형상에 제한이 없다.
② 국부적인 담금질이 가능하다.
③ 담금질 변형이 적다.
④ 설비비가 싸다.

224 3.51%의 GC10주철조직의 기지조직은 무엇인가?

★정답★

펄라이트(pearlite) 또는 페라이트

225 펄라이트의 생성과정을 그림으로 그리고 제시 그림의 앞부분이 의미하는 것은 무엇인가?

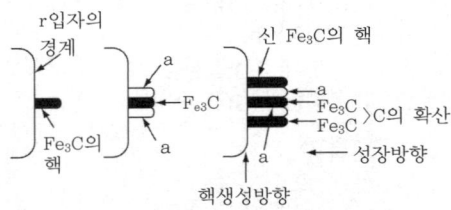

★정답★

펄라이트 생성, 층상 펄라이트

226 오스테나이트 입계에서 펄라이트가 생성되는 과정을 나타내었다. 성장과정 순서를 표시하시오.

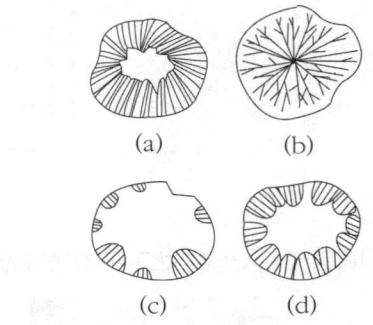

★정답★

순서 : (c) → (d) → (a) → (b)

227 화염담금질 중 강의 경도는 대략 탄소(C%)에 의해 계산되는데 기계구조용 탄소강 SM 45C의 화염담금질경도(HRC)를 산출하시오.

정답

C%×100+15 = 0.45×100+15 = 60

228 산소-아세틸렌 비에 따른 화염의 종류를 쓰시오.

산소-아세틸렌 비	화염
1.7 이상	①
1.0~1.6	②
1.0 이하	③

정답

① 산화염
② 중성염
③ 환원염

229 산소-아세틸렌 비에 따른 화염의 종류를 쓰시오.

정답

① 산화염 - 1.7 이상
② 중성염 - 1.0~1.6
③ 환원염 - 1.0 이하

230 고탄소강을 구상화 풀림하는 목적을 쓰시오.

정답

담금질 효과의 균일화, 경도 증가, 강인성 증가, 담금질 변형감소, 망상 시멘타이트를 구상화시켜 기계 가공성을 좋게 한다.

231 탄소강에서 완전풀림을 했을 때 얻을 수 있는 조직을 쓰시오.
1) 아공석강
2) 공석강
3) 과공석강

정답

1) Ferrite + Pearlite
2) Pearlite
3) Pearlite + Cementite

232 과공석강의 담금질 온도를 결정하는 데 있어 A_{cm}선과 A_1점의 중간온도에서 초석 Fe_3C가 혼합된 조직으로 담금질하는 이유는 무엇인가?

정답

과공석강에서 담금질 균열을 방지하기 위하여

233 소형 공구의 시멘타이트 구상화 열처리 방법 중 같은 방법으로 수회 반복하는 열처리 과정을 곡선으로 그리시오.

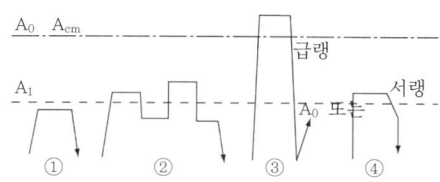

정답

②

234 고탄소강의 망상조직을 구상화 열처리방법으로 A_{cm}, A_{c3} 이상으로 가열 냉각하는 방법이 있다. 이 방법을 그림으로 그리시오.

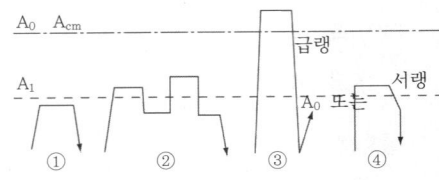

정답

③

235 고탄소강은 망목상 조직으로 되고 연화가 불충분하다. 이것을 방지하려면 A_{cm}선 또는 A_{c3}점 이상의 온도에서 가열하고 탄화물을 (①) 속에 고용시킨 후 급랭하고 (②)하면 좋다. ( ) 안을 채우시오.

정답

① 오스테나이트 ② 구상화 어닐링

236 중탄소강의 열처리하였다. 어떤 열처리 방법인가?

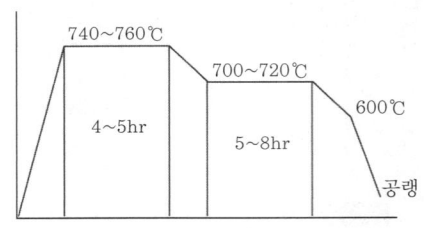

정답

구상화 풀림

237 탄소공구강이나 2종의 합금원소를 함유한 저합금강의 연화곡선 그림이다. 어떤 열처리 풀림 곡선인가?

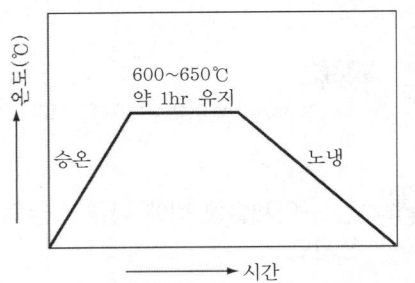

정답

재결정 풀림

238 풀림 열처리에서 연화부족의 원인 3가지를 쓰시오.

정답

① 풀림온도 저하 ② 풀림시간 불충분
③ 냉각 부적당 ④ 구상화 풀림 부적당

239 다음 열처리 곡선을 보고 열처리 종류를 쓰시오.

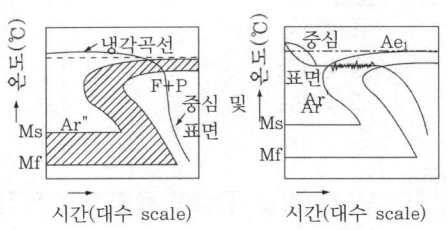

정답

보통 풀림, 항온 풀림

240 풀림 시 연화부족의 방지대책을 쓰시오.

> **정답**
>
> A_{cm}선 또는 A_{c3}점 이상의 온도에서 가열하고 탄화물을 오스테나이트 속에 고용시킨 후 급랭하고 구상화 어닐링을 하면 좋다. 단, 이러한 급랭 상태에서는 균열이 생기는 일이 많으므로 도중에서 서랭하든지 즉시 어닐링을 처리하는 것이 좋다.

241 SCM440 강재를 구상화 어닐링 조직을 관찰하기 위해 4% 피크린산에 부식시켰다. 표면부가 부식되지 않는 이유는?

> **정답**
>
> 재료불량 = 연마불량 = 열처리 온도 불균일

242 탄소강을 600~650℃에서 5~6시간 유지한 다음 노냉을 한다. 또한 저합금강과 구조용 강 뿐만 아니라 고속도강과 같은 합금원소를 많이 함유한 공구강에서 풀림 시간을 단축시키기 위해 이용된다. 이러한 풀림을 무엇이라 하며, 풀림 곡선을 그림으로 나타내시오.

> **정답**
>
> 항온풀림
>
>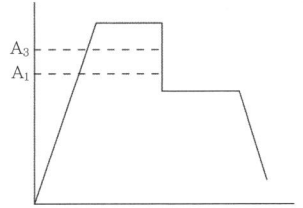

243 금속재료를 일정온도에서 일정시간 유지 후 냉각 시킨 조작이며 주조, 단조, 기계, 냉간 가공 및 용접 후에 처리하는 열처리 방법은?

> **정답**
>
> 응력제거풀림

244 용접품(탄소강)의 응력제거 풀림 열처리 방법을 쓰시오.

> **정답**
>
> 가열온도 = 550~700℃, 서랭

245 다음 그림은 강을 풀림 했을 때 탄소함유량과 경도관계를 설명한 것이다. 구상풀림했을 때 (a)곡선 표시는 무엇이고, 또한 HB 100일 때 인장강도는 얼마인가?

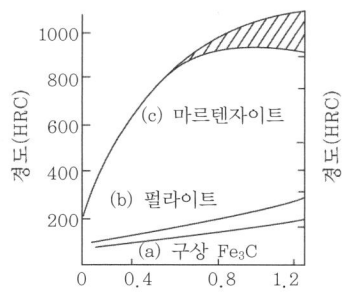

> **정답**
>
> (a) 구상시멘타이트(구상 Fe_3C)
> 인장강도 $36kg_f/mm^2$
>
> 풀이 : 인장강도 (σB) = 0.36HB

246 TTT곡선 중 S곡선이 변할 수 있는 요소 3가지를 쓰시오.

> **정답**
>
> 성분, 조성, 가공도, 가열온도

247 강을 오스테나이트 상대로부터 A_1 변태점 이하의 항온 중에 담금질한 그대로 유지했을 때 나타나는 변태를 무엇이라 하는가?

> **정답**
> 항온변태

248 Austenite 항온담금질은 어떤 변태를 이용한 것인가?

> **정답**
> 항온변태 또는 베이나이트 변태

249 항온변태(베이나이트 변태)의 뜻을 쓰시오.

> **정답**
> 강을 오스테나이트 상태에서 A_1 변태점 이하 항온 담금질을 그대로 유지할 때 나타나는 변태

250 S곡선에서 임계 냉각 속도를 그리시오.

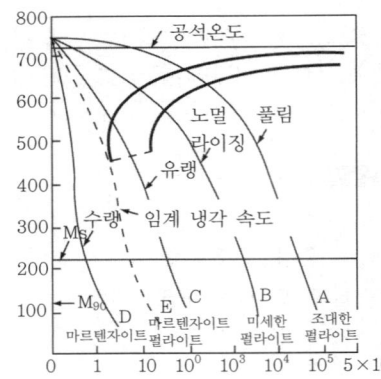

251 항온풀림과 완전풀림의 그림을 그리시오.

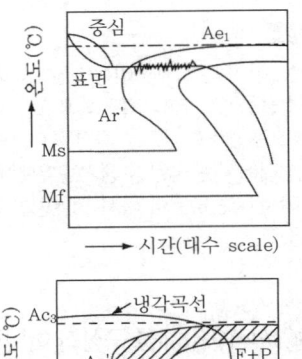

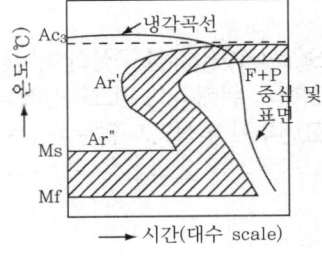

252 항온열처리 곡선에서 (a), (b), (c)의 조직을 쓰시오.

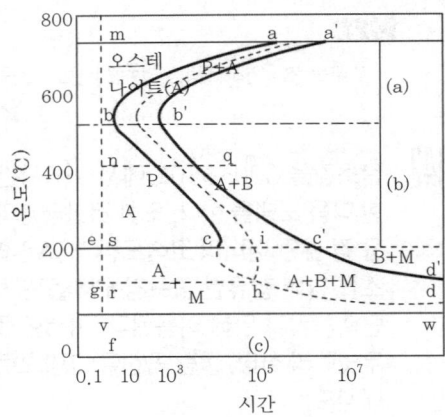

> **정답**
> (a) 펄라이트 (b) 베이나이트
> (c) 마르텐자이트

253 항온변태곡선을 보고 나타나는 (가), (나)의 조직은 무엇인가?

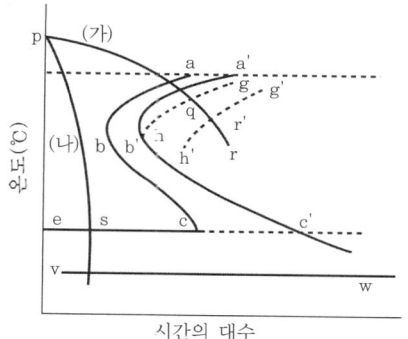

★정답★

(가) 층상 펄라이트 (나) 마르텐자이트

254 강재를 가열하여 오스테나이트 조직으로 만든 다음 일정한 온도에서 일정한 시간을 유지하여 변태를 나타내는 그림과 같은 곡선을 무엇이라고 하는가?

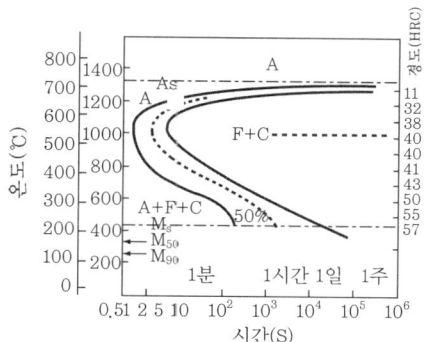

★정답★

항온변태 또는 TTT곡선, TTT(Temperature, Time, Transformtmation), 항온변태 냉각곡선, S곡선

255 Ar'과 Ar" 사이의 온도로 유지한 열욕에 담금질하고 과랭각의 오스테나이트 변태가 끝날 때까지 항온으로 유지해 주는 방법으로 베이나이트 조직을 얻는 열처리는 무슨 열처리인가?

★정답★

오스템퍼링

256 다음과 같은 경로의 항온열처리 방법이 무엇인지 쓰고 그림으로 그리시오.

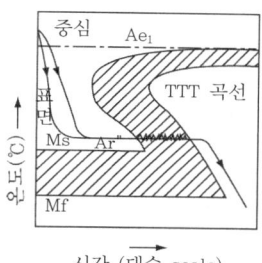

★정답★

오스탬퍼링

257 마템퍼링 곡선을 그리고 조직을 쓰시오.

★정답★

베이나이트 + 베이나이트

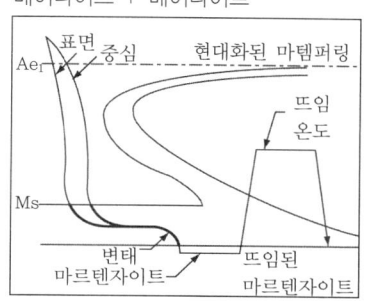

258 Quenching(담금질) 후 Tempering(뜨임)의 작업을 피하기 위해 한 번의 조작으로 소요의 경도를 얻는 담금질 법은 무엇인가?

정답
Austempering

259 Ms와 Mf 사이에서 항온처리하여 잔류 오스테나이트의 마르텐자이트화로 인하여 경도는 그다지 떨어지지 않으며, 충격값이 높은 조직을 얻을 수 있는 특수 열처리 방법을 무엇이라고 하는가?

정답
Martempering

260 마템퍼링이란?

정답
Ms와 Mf 구역 내에서 행하여지는 처리로 경도는 떨어지지 않고 충격값을 높일 수 있는 항온처리

261 다음 그림은 무슨 열처리 방법인가?

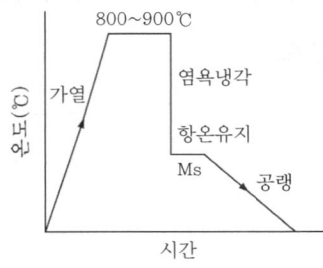

정답
마퀜칭

262 마퀜칭 열처리 곡선을 그리시오.

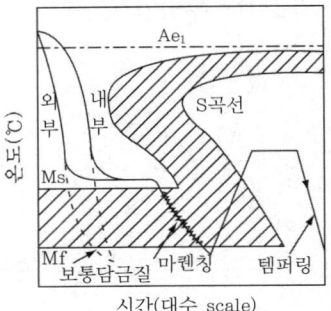

263 열처리 중 오스포밍의 뜻을 쓰시오.

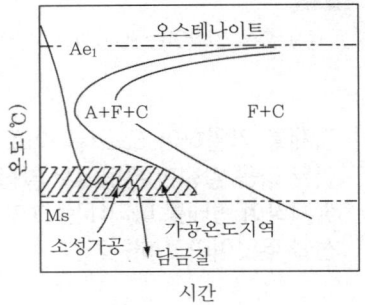

정답
오스테나이트화 온도로부터 S곡선의 베이(bay) 구역을 무사히 지날 수 있도록 급랭하고 시편의 내외부를 동일 온도에 도달되도록 소성 가공을 하여 공랭, 수랭, 유랭하여 마르텐자이트 변태를 일으키게 하는 처리

264 오스테나이트 강의 재결정 온도 이하 Ms점 이상의 온도범위에서 소성 가공을 한 후 담금질 하는 조작은 무엇인가?

정답
오스포밍

265 탄소 0.7%의 탄소강을 880℃에서 ⓐ : 수랭, ⓑ : 290℃ 염욕 속에 15분 유지 후 수랭, ⓒ : 400℃에서 염욕 속에 15분 유지 후 수랭하였다. 과정에서 얻어지는 조직명을 쓰시오.

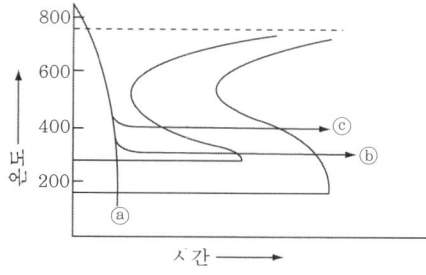

정답

ⓐ 마르텐자이트(Martensite)
ⓑ 하부 베이나이트(하부 bainite)
 = 트루스타이트(troostite)
ⓒ 상부 베이나이트(상부 bainite)
 = 소르바이트(sorbite)

266 하부 베이나이트 조직 중 흰 부분은?

정답

마르텐자이트 또는 잔류 오스테나이트

267 광휘 열처리에서 탄소 농도 측정 방법을 쓰시오.

정답

① 직접 분석한다.
② 전기 저항을 이용한다.
③ CO_2와 H_2O의 측정에 의해 구한다.

〈참고〉
• 측정기구는 오르사트 분석기
• 노점분석기(듀컵외), 적외선 CO_2 분석기

268 광휘 가스의 종류는?

정답

① 중성 – N_2, Ar
② 산화성 – H_2O, CO_2
③ 환원성 – H_2, CO, $CH_4 \cdots C_4H_{10}$

269 보호 분위기 또는 진공 중에서 풀림하는 방법으로서 표면의 고온산화 및 탈탄을 방지하고 재료 표면을 깨끗하게 유지하는 열처리 방법을 무엇이라고 하는가?

정답

광휘열처리(불활성가스법, 진공열처리, 환원성 가스법, 용융염욕법)

270 철강을 산화시키지 않고 가열하는 방법 3가지를 쓰시오.

정답

① 숯이나 주철 칩 또는 침탄제 등에 묻어 가열하는 방법
② 산화나 탈탄 방지제를 도포하여 가열하는 방법
③ 보호 분위기 속에서 가열하는 방법

271 열처리 제품에서 탈탄은 경도 불량뿐만 아니라 담금질 균열과 담금질 변형에도 악영향을 미친다. 산화, 탈탄 방지 대책 3가지를 쓰시오.

정답

① 분위기 가열
② 스테인리스 팩(pack)에 의한 가열
③ 산화, 탈탄 방지제의 도포
④ 염욕에서 가열

272 진공가열 중 기대 효과를 3가지 쓰시오.

정답
① 산화를 방지하여 열처리 전과 같은 깨끗한 표면 상태를 유지한다.
② 표면에 부착된 절삭유나 방청유 등의 탈지작용을 한다.
③ 표면의 탈가스 작용을 한다.

273 진공로 발열체를 쓰시오.

정답
① 고진공 - 금속발열체(Mo, Ta, W)
② 생산용 고온진공 - 흑연발열체
③ 생산용 저온진공 - 니크롬 발열체

274 진공가열 중 강의 표면에 일어나는 여러 가지 기대효과를 3가지 쓰시오.

정답
① 산화 방지
② 표면 탈가스 작용
③ 산화물 제거
④ 탈지 청정화 작용
⑤ 가스, 원소의 침입을 방지

275 고진공에 필요한 실험로의 발열체는 (①), 생산용 진공열처리로의 발열체는 (②), 저온용로의 발열체는 (③)이다. 괄호 안에 맞는 답을 쓰시오.

정답
① 금속 발열체(Mo, Ta, W)
② 흑연 발열체
③ 니크롬 발열체

276 고온염욕은 1300℃의 고온에서 사용되기 때문에 필연적으로 증발, 휘산되는 양이 많고 열화되기 쉽다. 이를 방지하기 위해 첨가하는 첨가제는 무엇인가?

정답
첨가제 : 붕사($Na_2B_4O_7$)

277 염욕 중에 함유된 유해 불순물인 황산근의 제거를 위해 구상흑연주철 조각을 금망에 넣어 염욕에 침적 약 1시간 동안 유지했을 때 구상 흑연주철의 C와 Na_2SO_4가 반응한다. 다음 ( )를 채우시오.

$Na_2SO_4 + C = (①) + (②) + (③)$

정답
① CO ② SO_2 ③ Na_2O

278 고주파 유효 경화층을 얻기 위한 주파수는? (단, fm : 최저 주파수 δ : 유효경화 깊이)

정답
$fm = 5 \times 10^4 / \delta^2$

279 고주파 주파수가 낮은 것(또는 높은 것)부터 나열하시오.

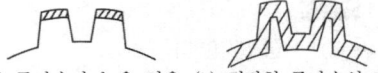
(a) 주파수가 높은 경우 (b) 적당한 주파수의 경우

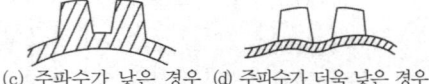
(c) 주파수가 낮은 경우 (d) 주파수가 더욱 낮은 경우

280 고주파 담금질법 중 냉각하는 시기를 늦게 하여 변형균열방지 목적을 위한 처리는?

정답
delay quenching(지체 담금질법)

281 담금질의 결함인 경도부족과 경도얼룩이 생기는 원인 3가지를 쓰시오.

정답
① 재료가 부적당하다.
② 냉각이 부적당하다.
③ 고주파 발진기의 Power 부족에 의한 가열 온도가 부족하다.

282 공업적으로 널리 사용되고 있는 고주파 전류 발생장치의 종류를 쓰시오.

정답
① 전동기에 의하여 발전기를 작동시켜 고주파 전류를 얻는 장치 : 전동 발전식(MG식)
② 공업용의 대형 진공관과 콘덴서, 코일에 의하여 발진회로를 형성하는 방식 : 진공관식(전자관식 : VT식)
③ 사이리스터를 사용하여 저주파 전원으로부터 고주파를 얻는 변환장치 : 사이리스터 인버터(사이리스터 주파수 변환기)

283 다음 그림을 보고 고주파 열처리에서 발생되는 응력과 균열상태를 쓰시오.

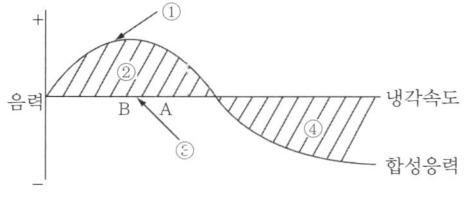

정답
① 열응력   ② 균열발생
③ 변태응력 ④ 균열발생 없음

284 담금질에 의한 표면 경화의 예이다. 고주파 담금질이 보통 담금질보다 경도가 높게 나타나는 이유는?

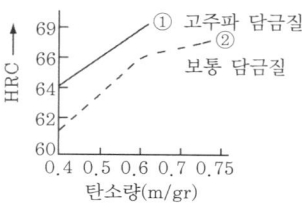

정답
주파열에 의한 급열, 급랭으로 잔류응력이 존재하기 때문

285 고주파 전력을 이용하여 피가열물을 가열하는 방법이다. ( )안에 맞는 유도가열 종류를 쓰시오.

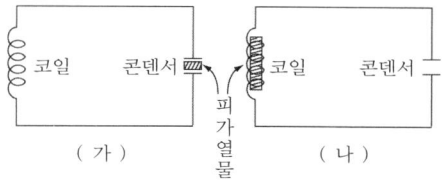

정답
(가) 전계유도가열 (나) 자계유도가열

286 과공석강의 수중 담금질 조직은?

정답
마르텐자이트

287 1290℃ 담금질한 후 570℃에서 두 번 뜨임한 조직의 바탕조직은?

정답
마르텐자이트

288 다음은 고주파 열처리를 하였다. 설비명과 기능에 대해서 쓰시오.

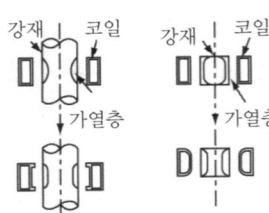

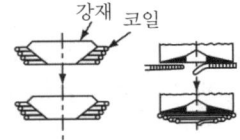

정답
① 설비 : 고주파 전류를 통하는 인덕터
② 기능 : 재료를 가열하는 코일

289 고주파 열처리에서 소입품에 따른 주파수 선정방법은 어떻게 하는 것이 좋은지 보기 중에서 골라 ( ) 안에 쓰시오.

[보기]
고주파, 저주파

제품	주파수 선정
작은 부품	①
큰 부품	②
얇은 경화층을 얻으려면	③
깊은 경화층을 얻으려면	④

정답
① 고주파 ② 저주파
③ 고주파 ④ 저주파

290 고망간강을 수인처리 한 후 얻어지는 조직은?

정답
오스테나이트

291 고망간강(해드필드강)을 급랭하여 오스테나이트 조직으로 하고 강인하고 인성을 부여하며 내마모용 재료를 만드는 법을 무엇이라 하는가?

정답
수인법

292 18-8 스테인리스 강을 1100℃에서 수랭한 조직이다. 조직명은?

정답
오스테나이트(Austenite)

293 스테인리스강(STS304)을 1100℃에서 30분 유지한 후 수랭하여 연화시킨 조직이다. 무슨 조직인가?

정답
오스테나이트

294 시효경화처리에 대한 순서를 쓰시오.

정답
과포화고용체 → (GP Ⅰ zone) → (GP Ⅱ zone) → θ' → θ

295 시효경화처리에서 ( ) 안에 맞는 답은?

> 과포화고용체 → (GP Ⅰ Zone) → (GP Ⅱ Zone) → ( ) → ( )

정답

θ', θ

296 저탄소강을 냉간 가공하여 상온에서 방치하든가 100~200℃에서 저온소둔하면 시간이 경과함에 따라 경화되어 취약하게 되는 것을 무엇이라 하는가?

정답

시효경화

297 용체화 처리에 대해 설명하시오.

정답

고용체까지 가열 후 급랭 고용체 상태를 상온까지 유지하는 처리로서 18%Cr-8%Ni강의 기본 열처리, 냉간가공, 용접에 대한 잔류 응력제거

298 고Cr-Ni계 스테인리스강은 오스테나이트 조직이고 비자성체이다. 내식성, 내산성을 우수하게 하기위한 처리는?

정답

용체화 처리

299 고속도강 W, Mo, 고C-고V계의 용도에 맞게 넣으시오.

정답

W계 : 고온경도가 높다.
Mo계 : 인성이 있고, 저온담금질이 가능하다.
고C-고V계 : 경도가 높고, 내마모성이 좋다.

300 고속도강 담금질 후 약 550℃ 근방에서 뜨임한 것이 담금질 직후의 경도보다 높아지는 경우가 있다. 무슨 현상인가?

정답

2차 뜨임경화

301 고속도강의 3단계 가열방법을 쓰시오.

정답

1단계 : 500~600℃ 노 내에서 서서히 가열
2단계 : 900~950℃ 노 중 균일하게 가열
3단계 : 1250~1300℃ 고온 염욕에서 급속 가열

302 SKH55 고속도강의 담금질 온도와 템퍼링 온도는 몇 도가 적당한가? (HRC64 이상)

정답

담금질 온도 : 1200~1250℃
템퍼링 온도 : 540~580℃

303 스테인리스강의 입계부식을 방지하기 위하여 첨가하는 원소를 2가지 쓰시오.

정답

Ti, Nb

304 18-8 스테인리스강을 용체화 처리했을 때 얻어지는 효과 2가지를 쓰시오.

정답

내부응력 제거, 인성 증가, 크롬 탄화물 제거, 재결정, 연성 회복, 내식성 증가

305 스테인리스강의 조직에 따른 구분을 하시오.

정답
마르텐자이트계, 페라이트계, 오스테나이트계, 석출경화계

306 고Cr-Ni계 스테인리스강은 내식성, 내산성이 우수하며 오스테나이트 조직이고 비자성체이다. 그러나 약 400℃ 정도에서는 탄화물이 결정립계에 석출하기 쉽다. 이러한 현상을 무엇이라 하는가?

정답
입계부식(intergranular corrosion)

307 파텐팅에 대하여 설명하시오.

정답
오스테나이트화 한 후, 미리 Ar_1점 이하의 적당한 온도(주로 약 500℃)로 유지한 용융염 또는 용융염 중에서 급랭하고 다시 상온까지 공랭하는 조작이다.

308 탄소를 거의 함유하지 않으므로 담금질에 의해 경화되지 않으며 기존의 강과는 다른 초고장력강이다. 탄소량이 매우 적은 마르텐자이트 기지를 시효처리하여 생긴 금속간화합물의 석출에 의해 경화되는 강은 무엇인가?

정답
조질형 고장력강 : Si-Mn계의 SM50C
조질형 고장력강 : Si-Mn계의 HT 50, HT 80, HT 100

309 화염 커튼 가연성 가스는?

정답
도시 가스, 메탄, 프로판, 부탄 등

310 분위기로에 열처리 재료를 장입 또는 꺼낼 때 노 내부로 공기가 들어가 노의 분위기 가스의 교란이나 폭발을 방지하기 위하여 장입구 또는 취출구에 가연성 가스를 연소시켜 불꽃을 막는 것을 무엇이라 하는가?

정답
화염 커튼

311 금속재료의 표면에 강이나 주철의 작은입자(ϕ 0.5~1.0mm)들을 고속으로 분사시켜 표면층을 가공경화에 의하여 경도를 높이는 방법은 무엇인가?

정답
숏 피닝(Shot peening)

312 물리적 표면경화의 뜻과 종류는?

정답
① 물리적 표면경화 : 금속의 화학조성의 변화 없이 표층은 경화시키고 내부는 강인성을 유지토록 하는 처리
② 종류 : 고주파 경화, 화염경화, 전해 담금질방전 경화, 물리 증착법(CVD)

313 표면경화 열처리 방법 중 물리적인 방법 3가지를 쓰시오.

정답
고주파 경화, 화염경화, 전해 담금질, 방전경화, 물리 증착법

314 고온용 염욕에서 염이 고온에서 증발되는 것과 변질되는 것을 방지하기 위하여 무엇을 첨가하는가?

정답
KF, MgF_2, NaF, BaF_2, CaF_2

315 노점 분석하는 측정기구 3가지를 쓰시오.

정답
① 노점컵(dew cup) ② 안개상자
③ 염화리튬 ④ 냉경면

316 수중기를 함유한 공기의 온도를 일정압력으로 유지하면 수중기가 압축하는데 이 온도를 무엇이라고 하는가?

정답
노점 또는 이슬점

317 그림은 노점 분석기의 조점 컵 구조를 나타낸 것이다. ⓐ의 명칭을 쓰시오.

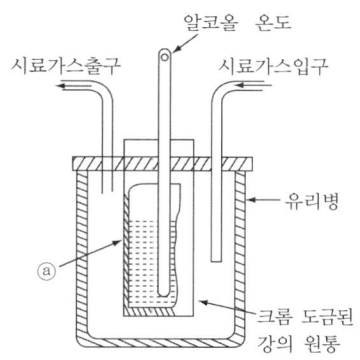

정답
드라이 아이스+알코올

318 분위기 열처리에 사용되는 중성 가스는?

정답
질소(N_2), 건조수소(dry H_2)

319 분위기 열처리 시 중성 가스는?

정답
질소

320 고체침탄법의 침탄 반응식을 쓰시오.

정답
① $C + O_2 \rightarrow CO_2$
② $C + CO_2 \rightarrow 2CO$
③ $2CO \rightarrow C + CO_2$

321 침탄성 염욕의 구비조건 3가지를 쓰시오.

정답
① 침탄성이 강해야 한다.
② 염욕의 점성이 가급적 적어야 한다.
③ 흡수성이 될 수 있는 한 적어야 한다.

322 침탄재료의 구비조건 3가지를 쓰시오.

정답
① 저탄소강이어야 한다.
② 고온에서 장시간 가열 시 결정립자의 성장이 적어야 한다.
③ 경화층의 경도는 높아야 한다.
④ 표면결함이 없어야 한다.

323 발열형가스 변성약도에 대한 그림이다. (가), (나), (다), (라), (마)에 맞는 명칭을 쓰시오.

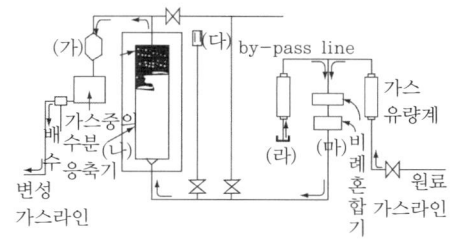

정답
(가) 여과기 (나) 연소로
(다) 점화버너 (라) 공기여과기
(마) 가스혼합기

324 침탄부품에 대한 파면의 조직색으로 침탄 심도를 매크로 시험할 수 있다. 모든 조건이 동일하면 표준하에서 침탄부와 중심부는 무슨 색깔을 띠는가?

정답
침탄부 = 회색, 중심부 = 백색

325 열처리로의 열처리 흐름을 계통도로 나타내었다. 각 번호에 알맞는 답을 쓰시오.

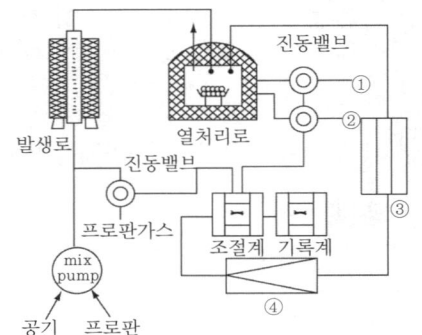

정답
① 가스(프로판가스) ② 공기
③ CO_2 분석기 ④ 증폭기

326 다음은 가스 침탄의 처리 공정도이다. 사용되는 노의 명칭을 쓰시오.

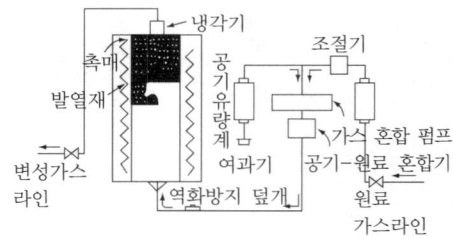

정답
변성로(프로판 가스로) = 흡열 변성로 = 발열 변성로 = 흡열성가스변성로

327 프로판가스에 의한 침탄로의 공정도이다. ( ) 안에 들어갈 단어는 무엇인가?

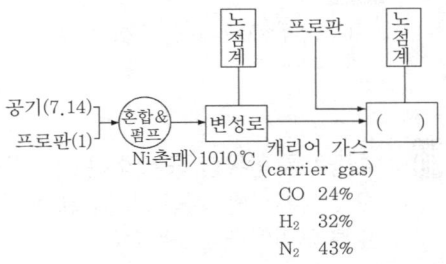

정답
침탄로(가스 침탄로)

328 고체침탄에서 $CO+CO_2$와 Fe 또는 산화철의 평행 상태에서 e점이 727℃, 0.77%의 공석점 f는 912℃의 A_3점에 해당될 때 침탄이 일어나는 구역을 표기하시오.

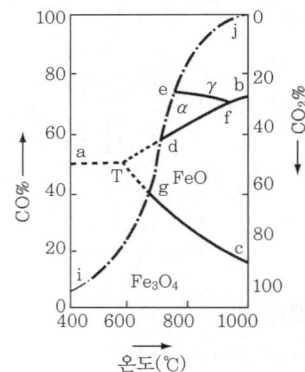

정답
j - e - f - b

329 다음 그림은 강재의 침탄반응을 표시한 그림이다. (가)에 그 반응식을 쓰시오.

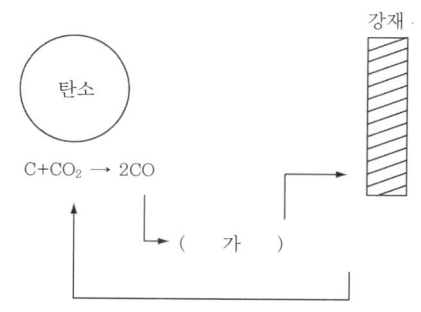

정답

$2CO \rightarrow C+CO_2$

330 가스침탄의 처리공정 예이다. B, C에 맞는 열처리 공정을 쓰시오.

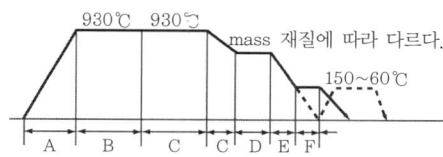

정답

B : 침탄 C : 확산

331 가스 침탄의 그림이다. 각 구간을 설명하시오.

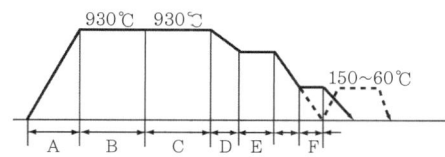

정답

A : 승온구간   B : 침탄구간
C : 확산구간   D : 온도강하
E : 담금질 유지구간
F : 담금질 유지 후 60~80℃ 유랭한 후 150~180℃ 저온뜨임 처리구간)

332 4시간에 상수는 0.635일 때 침탄깊이를 구하시오.

정답

$CD(mm) = K\ temp\ \sqrt{Time(hr)}$
$0.635 \sqrt{4} = 1.27mm$

333 Tt : 7시간, C : 0.8%, Co : 1.15%, Ci : 0.25% 일 때 침탄시간 Tc를 구하시오.

단, Tt : 침탄시간 및 + 확산
　　Tc : 침탄 소요 시간
　　C : 목표 표면 탄소 농도(%)
　　Co : 침탄 시 탄소 농도(%)
　　Ci : 소재 자체의 탄소 농도(%)

정답

$7\left(\dfrac{0.8-0.25}{1.15-0.25}\right)^2 = 2.6$ 시간

334 Harris 침탄공식의 계산식은?

정답

$Tc = Tt \left(\dfrac{C-Ci}{Co-Ci}\right)^2$

Tt = 침탄시간 + 확산
Tc = 침탄소요시간
C : 목표 표면 탄소농도(%)
Co : 침탄시 탄소농도(%)
Ci : 소재 자체의 탄소농도(%)

335 침탄 담금질에서 경도 부족의 원인 3가지를 쓰시오.

정답

① 침탄량이 부족할 때
② 담금질 온도가 너무 낮을 때
③ 탈탄이 되었을 때
④ 담금질의 냉각 속도가 느릴 때
⑤ 잔류 오스테나이트가 많을 때

336 과잉침탄의 방지책을 3가지 쓰시오.

정답
① 완화 침탄제 사용
② 침탄 후 확산처리
③ 1,2차 담금질

337 연강을 침탄 후 담금질하였는데 경도가 부족하였다. 부족한 이유 3가지를 쓰시오.

정답
① 침탄량이 부족할 때
② 담금질 온도가 너무 낮을 때
③ 탈탄되었을 때

338 아래 그림은 무슨 노인가?

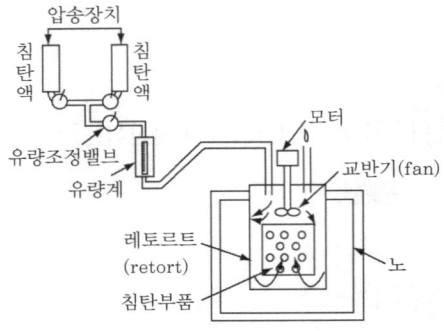

정답
가스 침탄로(적하식 침탄로)

339 표면경화 열처리에서 침탄박리가 생기는 요인 3가지를 쓰시오.

정답
① 과잉 침탄이 생겨서 C%가 너무 많을 때
② 원 재료가 너무 연할 때
③ 반복 침탄을 할 때

340 염욕 침탄질화 처리 중 침탄질화 방지법은?

정답
도포법, 진흙, 전기도금, 완화제 도포법, 붕사 사용, 침탄방지제

341 탈탄방지책 3가지를 쓰시오.

정답
① 금속 표면에 탈탄방지제를 도포한다.
② 표면금속의 도금, 피복을 한다.
③ 고온, 장시간 가열을 피한다.

342 공구강 담금질 가열 시 산화 탈탄 방지 대책 3가지를 쓰시오.

정답
① 분위기 가열
② 산화 탈탄방지제 도포
③ 염욕에서 가열
④ 스테인리스 팩에 의한 가열

343 탈탄의 방지 대책 3가지를 쓰시오.

정답
① 염욕 및 금속욕 가열을 한다.
② 분위기 가스 및 진공가열
③ 중성 분말제 속에서 가열한다.

344 액체침탄법 중 철강재료 표면에 탄소와 질소를 동시에 침입 확산하는 열처리는 무엇인가?

정답
침탄 질화법 또는 청화법

345 철강 560℃ 이상의 온도에서 산화시키면 산화피막이 생긴다. 반응식을 완성하시오.

1) $2Fe+O_2 \rightarrow 2FeO$

2) $3Fe+2O_2 \rightarrow Fe_3O_4$

3) $4Fe+3O_2 \rightarrow 2Fe_2O_3$

346 질화처리 열처리 사이클이다. ( ) 안을 채우시오.

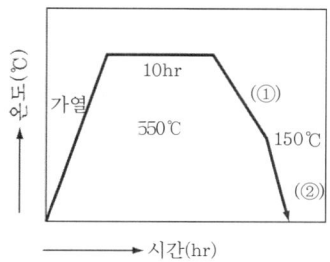

🔸정답🔸

① 노냉 ② 공랭

347 탄소강을 침탄하기 전 구리, 니켈, 알루미늄의 도금 및 내화점토에 산화철 10%, 붕사 1%를 혼합하여 규산나트륨에 반죽하여 1~2mm 두께로 바른 부분이 있다. 이 부분은 어떤 목적을 위한 것인가?

🔸정답🔸

침탄 방지

348 침탄질화 방지책을 쓰시오.

🔸정답🔸

염욕에서 침탄을 방지하려면
① Al_2O_3, SiO_2, Na_2SO_3의 혼합물을 도포하는 방법
② Zn-Cu, Ni, Cr 등의 전기도금
③ Al 용융분사를 이용하는 방법

349 침탄처리, 탈탄처리, 광휘열처리에서 탄소 농도를 신속히 연속 측정할 수 있는 방법 3가지를 쓰시오.

🔸정답🔸

① 직접 분석한다.
② 전기저항을 이용한다.
③ CO_2를 측정하여 구한다.
④ H_2O를 측정하여 구한다.

350 염화리튬식 노점분석기이다. ( )에 알맞은 답을 쓰시오.

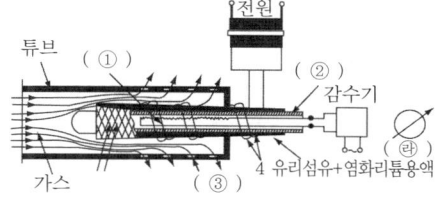

🔸정답🔸

① 측온저항체   ② 자기절연체
③ 파라티늄 전극 ④ 검출기

351 분위기 열처리중 산성가스의 산화반응에서 수증기(H_2O) 제거 방법은?

🔸정답🔸

냉동법, 건조법, 변성법

352 분위기 가스에 수분이 함유된 것을 0℃ 이하로 하여 수분을 제거하는 방법을 무엇이라 하는가?

🔸정답🔸

동결법 또는 냉동법

353 다음 그림은 무슨 시험에 사용하는 시험기인가?

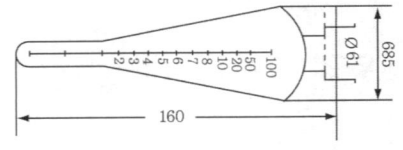

정답

시험기명 : 자분 농도측정계

354 봉입 발열체의 그림을 보고 (가), (나), (다), (라)의 명칭을 쓰시오.

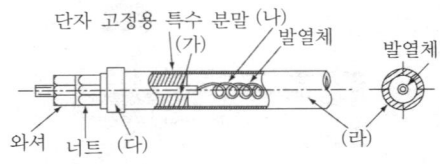

정답

(가) 단자　　(나) 절연특수분말
(다) 단자 고정 절연 애자
(라) 발열체 보호관

355 질소(N_2)와 수소(H_2)를 사용하여 글로방전으로 이온을 질소의 표면에 침투시켜 경도를 높이는 열처리는?

정답

이온 질화

356 금속의 산화 스케일을 방지하기 위한 방법 2가지를 쓰시오.

정답

실리콘 유, 금속 피막제, 세라믹 피막제

357 암모니아 가스가 500℃일 때의 반응식을 쓰시오.

정답

$2NH_3 \rightarrow 3H_2 + 2N$ 또는 $NH_3 \rightarrow 3H + N$

358 질화용 강은 탄소강에 특수원소가 첨가되어야 질화 효과가 있다. 다음 어느 원소에 가장 영향을 주는가?

1) 표면경도를 높인다.
2) 질화층을 깊게한다.
3) 중심부의 경도저하 방지 및 뜨임취성 억제효과

정답

1) Al　2) Cr　3) Mo

359 침탄법, 질화법을 비교 설명하시오.

번호	내용	침탄법	질화법	구분
1	경도	㉮	①	낮다, 높다로 기입
2	침탄 후 열처리	㉯	②	필요하다, 필요없다로 기입
3	침탄처리 시간	㉰	③	짧다, 길다로 기입
4	경화에 의한변형	㉱	④	생긴다, 안 생긴다로 기입

정답

㉮ 낮다.　　① 높다.
㉯ 필요하다.　② 필요없다.
㉰ 짧다.　　③ 장시간 걸린다(또는 길다).
㉱ 생긴다.　　④ 안 생긴다.

360 분위기 열처리 시 변성가스 속에 CO_2, H_2O, CH_4 등의 유해성분을 변화 정제시키기 위한 촉매법의 가스종류 2가지를 쓰시오.

정답
① 목탄 촉매법 : AC가스
② 니켈 촉매법 : DX가스, NX가스, RX가스

361 다음 재료로 열처리하였다. 열처리 결함으로 산화결함이 발생되는 이유 3가지를 쓰시오.

정답
① 가열장치 ② 가열방법 ③ 사용연료

362 열처리 균열 원인 3가지를 쓰시오.

정답
① 담금질 온도가 너무 높을 경우
② 담금질 가열이 불균일할 경우
③ 소재의 탈탄이 현저한 경우
④ 소재와 냉각재가 부적당할 경우

363 담금질 변형 방지법의 3가지를 쓰시오.

정답
① 미리 변형을 예측하여 반대방향으로 변형시켜 놓는다.
② 프레스 담금질, 롤러 담금질을 행한다.
③ 프레스 템퍼링을 한다.

364 탈탄의 방지 대책 3가지를 쓰시오.

정답
① 염욕 및 금속욕 가열을 한다.
② 분위기 가스 및 진공가열
③ 중성 분말제 속에서 가열한다.
④ 탈탄 방지제를 도포한다.
⑤ 표면에 금속 도금, 피복을 한다.
⑥ 고온, 장시간 가열을 피한다.

365 담금질 시 발생하는 결함 3가지를 쓰시오.

정답
① 담금질 균열
② 담금질 변형
③ 경도 불균일
④ 담금질 경도 부족
⑤ 연화점

366 1종 연삭균열과 2종 연삭균열을 스케치하시오.

정답
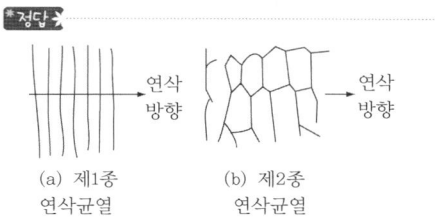
(a) 제1종 연삭균열   (b) 제2종 연삭균열

367 열처리 제품에서 탈탄은 경도 불량뿐만 아니라 담금질 균열과 담금질 변형에도 악영향을 미친다. 산화, 탈탄 방지 대책 3가지를 쓰시오.

정답
① 분위기 가열
② 스테인리스 팩(pack)에 의한 가열
③ 산화, 탈탄 방지제의 도포
④ 염욕에서 가열

368 탄소 함유량 0.8%, 탄소강을 723℃ 이하로 서랭하고 그 온도 직하에서 장시간 유지하면 오스테나이트가 2개의 다른 고상인 페라이트와 시멘타이트로 변화한다. 이러한 변태를 무슨 변태라 하는가?

정답
확산변태

369 그림을 보고 응력을 쓰시오.

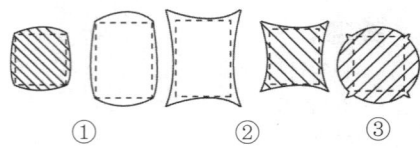

정답
① (열응력)
② (변태응력)
③ (열응력 + 변태응력)

370 다음의 그림은 담금질 전이다. 이것을 800회 담금질 하면 어떻게 변하는지 그림으로 도시하시오.

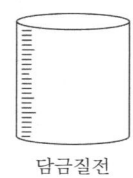
담금질전

정답

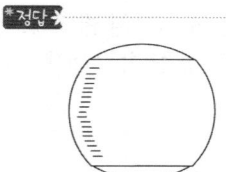
800회 담금질 후

371 그림과 같이 냉각한 시험편은 상온에서 어떠한 상태로 변형이 남는다. 변형된 시편 모양을 그리시오.

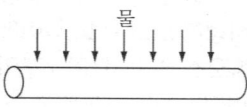

정답

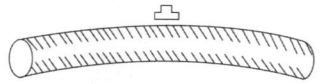
(c) 전체가 냉각되면 빨리 냉각된 쪽이 ⌒로 된다.

372 각종 혼합가스에 의한 철의 산화속도 정수와 온도 관계를 나타내었다. ①, ②곡선에 나타나는 가스는 무엇인가?

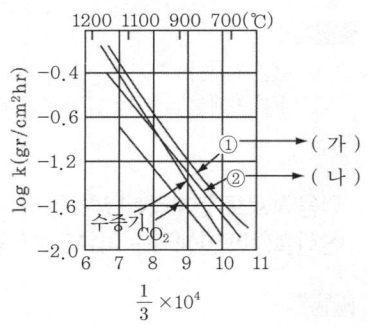

정답
(가) 산소 (나) 공기

373 주철성장 방지법 3가지를 쓰시오.

정답
① 흑연을 미세하게 하여 조직을 치밀하게 한다.
② C, Si양을 저하시킨다(특히 산화하기 쉬운 Si 양을 저하시킨다).
③ Cr, Mn, Mo, V등을 첨가하여 Pearlite의 분해를 막는다.
④ 구상흑연 성장을 적게 한다.

374 구상화 주철의 1, 2단계 흑연화 풀림조직은?

정답
제1단 흑연화 풀림 : Fe_3C 흑연화(시멘타이트)
제2단 흑연화 풀림 : Pearite 흑연화(페라이트)

375 구상흑연주철 제조에 사용되는 구상화제의 종류를 3가지 쓰시오.

정답
Mg, Ce, Ca-Si

376 구상흑연주철에서 나타나는 불즈아이(Bull's eye) 조직이란 무엇인가?

정답

바탕은 페라이트나 펄라이트이며, 구상흑연 주위에 둥글고 흰 부분이 페라이트이다. 이것은 펄라이트 중에 시멘타이트(Fe_3C)가 분해되고 흑연이 집합하여 구상되기 때문이다.

377 흑심가단주철의 반응식에서 뜨임탄소를 나타내는 식의 ( )를 완성하시오.

$Fe_3C = (가) + (나)$

정답

(가) 3Fe (나) C

378 저탄소, 저규소의 백주철을 풀림상자 속에서 열처리하여 시멘타이트를 분해시켜 흑연을 입상으로 석출시킨 것이다. 백주철을 800~1,000℃로 20~50시간 가열하는 주철은?

정답

흑심가단주철

379 연속로를 사용하여 흑심 가단주철의 열처리 곡선을 그리시오.

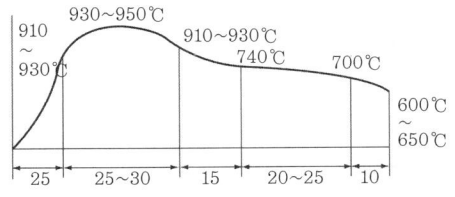

380 백선 주물의 시멘타이트를 분해하여 흑연화하고 가단성을 부여할 목적으로 한 열처리 사이클은 어떠한 열처리인가?

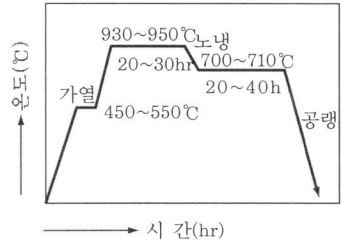

정답

흑심가단주철

381 흑심가단주철의 열처리 사이클이다. (a), (b), (c)는 각 어떠한 경우 열처리 곡선 그래프인가?

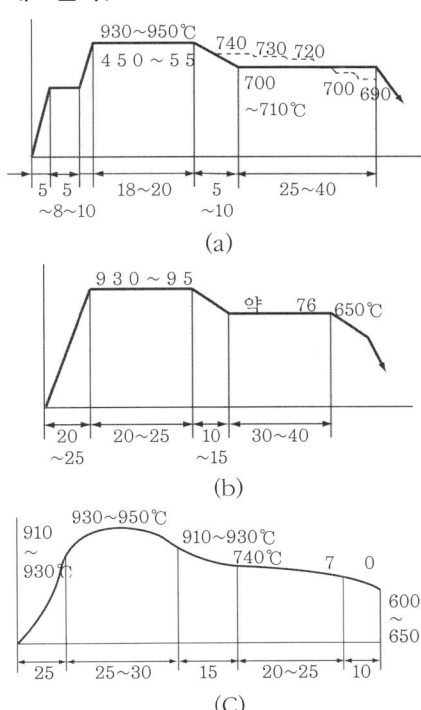

정답

(a) 소형로의 경우(예비어닐링 채택)
(b) 대형로의 경우
(C) 연속로의 경우(터널로의 경우)

382 깁스의 3성분 농도 표시에서 Xa : Xb : Xc = 4 : 4 : 2일 때 x점의 농도 표시는?

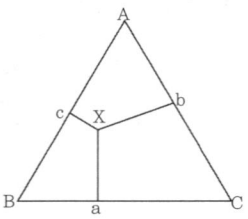

정답
Xa : Xb : Xc = 40 : 40 : 20

383 STD11의 열처리 곡선을 그리시오.

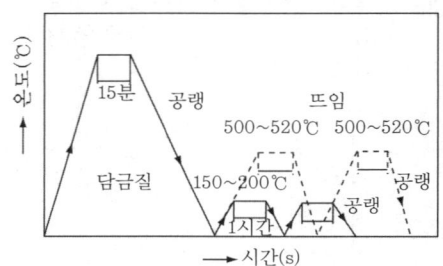

정답
HRC 62 : 저온뜨임, HRC 58 : 고온뜨임

384 STS 공구강은 변형방지를 위해 예열 및 담금질성이 있어 저온 열욕 담금질이 적당하다. STS3 공구강의 담금질 곡선을 그리시오.

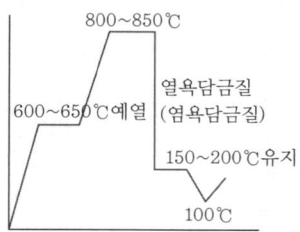

385 주조용 마그네슘 열처리 사이클을 도시하시오.

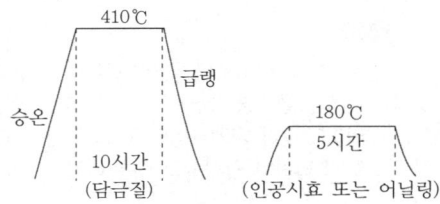

386 Al합금의 인공시효의 열처리 순서이다. ( )에 답을 쓰시오.

정답
소재가열 → (용체화 처리) → 급랭 → (과포화고용체) → (석출)

387 알루미늄의 열처리 기호이다. F, O, H, W를 설명하시오.

정답
F : 제조한 그대로 상태
O : 풀림상태
H : 냉간가공으로 가공경화 된 상태
W : 용체화 상태

388 알루미늄 합금의 열처리 기호를 보기에서 고르시오.

[보기]
W, O, F, H

정답
㉮ F : 제조한 그대로의 상태
㉯ O : 풀림상태
㉰ H : 냉간가공으로 가공경화된 상태
㉱ W : 용체화 처리상태

389 주조용 Al합금 열처리 기호 중 T4의 뜻은 무엇인가?

정답

담금질 후 상온시효가 끝난 것

390 다음 그림은 마그네슘 열처리 사이클이다. ①, ②는 무슨 공정인가?

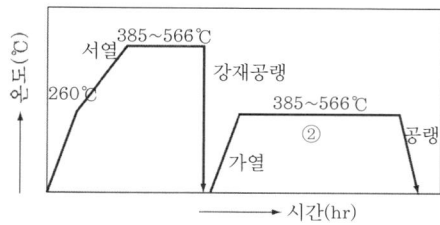

정답

① 용체화 처리 ② 시효처리

391 가열로의 분류를 쓰시오.

정답

① 열원에 따른 분류 : 전기로, 가스로, 중유로 및 경유로
② 용도에 따른 분류 : 일반 열처리로, 고체 침탄로, 염욕로, 가스 침탄로 또는 분위기 열처리로, 고주파 가열장치, 화염 경화 처리 장치
③ 구조에 따른 분류 : 상형로, 원통로, 회전로 연속로, 배치로, 세이커 하스, 회전레토르트로, 회전로 상로, 콘베이어로, 푸셔로, 대차로 등

392 열처리 가열장치 중 열원에 따른 열처리 가열 장치를 쓰시오.

정답

가스로, 전기로, 중유로 및 경유로

393 열처리로에 사용되는 내화재료 3가지를 쓰시오.

정답

① 산성 내화재
② 중성 내화재
③ 염기성 내화재

394 열전쌍 온도계는 어떤 방식에 의해 온도를 측정할 수 있는가?

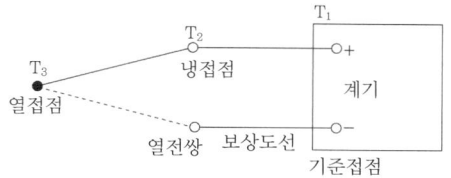

정답

열기전력

395 열기전력을 이용하여 사용하는 온도계는?

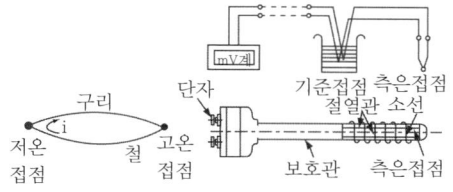

정답

열전대 온도계

396 자동온도 제어 방식의 자동온도 제어기를 쓰시오.

정답

온·오프(ON-OFF)식 온도 제어장치, 비례제어식 온도 제어장치, 프로그램 제어식 온도 제어장치, 정치제어식 온도 제어장치

397 다음 그림은 어떠한 자동온도제어 장치인가?

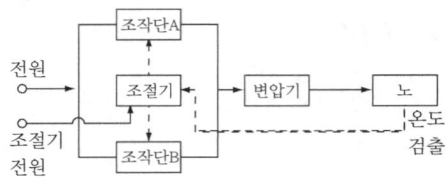

★정답★
비례 제어식 온도제어 장치

398 자동온도 제어장치의 종류 중 정치 제어식이다. 빈칸에 명칭을 쓰시오.

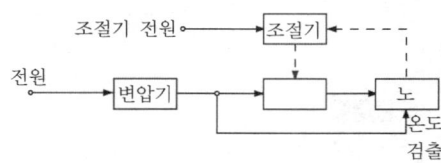

★정답★
조작단 (조작부, 조작기)

399 단일 제어계에서는 대체로 온도의 검출에 시간의 차가 크므로 양호한 온도제어를 필요로 하는 경우에 사용되는 제어계로 2차 제어라고 하는 온도제어장치가 있다. 그림은 어떤 온도제어장치인가?

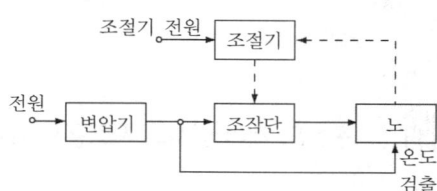

★정답★
정치제어계

400 Fe-C상태도에 대한 그림이다. 어떤 반응인가?

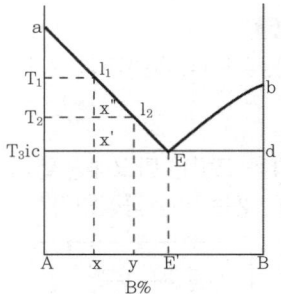

★정답★
S : 공정반응

401 다음 ( ) 안에 맞는 답을 넣으시오.

A_2변태 ⇌	A_3변태 ⇌	A_4변태
(①)	910℃	1400℃
B.C.C.	(②)	B.C.C
α-Fe	γ-Fe	(③)

★정답★
① 768℃ ② FCC ③ δ-Fe

402 철의 동소변태에 관한 것으로 빈칸에 적당한 내용을 쓰시오.

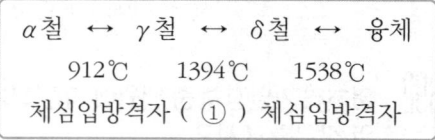

★정답★
① 면심입방격자

403 다음 핵생성 시의 자유에너지 변화곡선을 보고 r과 G의 명칭을 쓰시오.

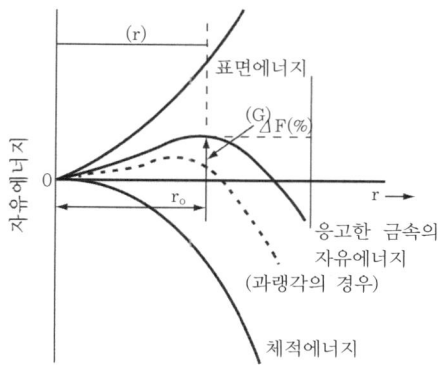

정답

r : 체적자유에너지
G : 자유에너지

404 강을 가열할 때 적절한 분위기가 이루어지지 않으면 산화나 탈탄된다. 산화된 강에서 나타나는 현상 2가지를 쓰시오.

정답

① 담금질 경화가 불충분
② 담금질 균열 및 변형

405 Fe-C 상태도에서 포정반응 아래서 얻어지는 조직은 (가)이고, 공석반응 후 조직은 (나), (다)이다. 이 조직은 (라)라 부르며 공정반응 후 얻을 수 있는 조직은 (마), (바)이다.

정답

(가) 오스테나이트   (나) 페라이트
(다) 시멘타이트   (라) 펄라이트
(마) 오스테나이트   (바) 시멘타이트

406 가열로에 열처리 재료의 장입방법에 따라 가열 상태가 다르게 되는데 다음 그림 중 어떤 상태가 가장 양호한 장입방법인지 기호를 쓰시오.

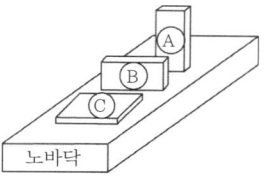

정답

양호한 장입법 : B

407 그림과 같이 장시간 물을 흘렸더니 화살표와 같이 부식이 되었다. 이것을 무슨 부식이라고 하는가?

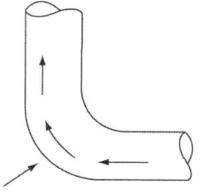

정답

에로죤 부식

408 분위기 가스로의 안전사항을 쓰시오.

정답

① 공기, 연료가스, 노기가스 및 물의 압력 이상에 대비한 압력 스위치
② 연소 감시 장치
③ 상한, 하한 온도계

409 플렌지를 부착한 제품으로 열처리하였더니 플렌지 이음 부분에 그림과 같이 균열이 생겼다. 원인과 대책을 쓰시오.

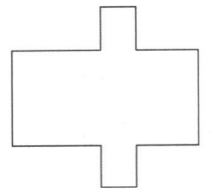 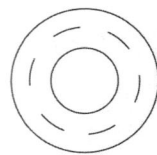

★정답★
- 원인 : 냉각속도에 따른 차이 = 질량효과 = 플렌지가 먼저 냉각하고 두꺼운 봉이 늦게 냉각하므로 이음 부분에 응력 집중이 생기기 때문이다.
- 대책 : 이음부 직각 부위를 라운딩하게 설계 = 담금질 후 뜨임처리 = 두꺼운 부분은 먼저 냉각하고 얇은 부분은 늦게 냉각 = 두께 차를 줄여준다.

410 전해 방전을 이용하는 전해 담금질에 있어서 전압과 전류의 관계를 3단계로 나타낸 전해가열 특성 곡선의 그림이다. 각 구간에 대하여 설명하시오.

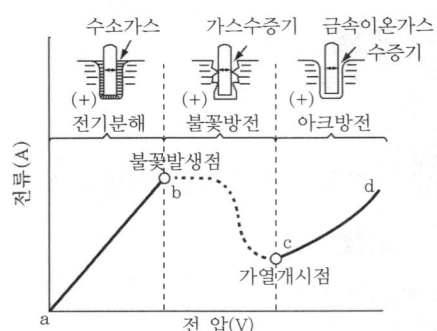

★정답★
① a – b : 전기분해
② b – c : 불꽃방전(spark 방전)
③ c – d : 아크방전

411 가연성 분위기 가스를 취급하는 경우 폭발의 위험을 방지하기 위해서 작업자가 지켜야 할 사항 2가지를 쓰시오.

★정답★
① 가연성 가스와 불연성 가스의 차이
② 노기를 치환할 경우 일어날 수 있는 여러 가지 현상
③ 각종 노기를 치환할 경우의 안전한 취급방법
④ 노 내에 공기가 남아 있고 노온이 착화 온도 이하이면 가연성 가스를 노 내에 송입했을 때 폭발의 위험이 있다.
⑤ 노기가 착화온도 700℃ 이상이면 이들 가연성 가스는 안전하게 노 내에 송입하여 가열할 수 있다.

412 강의 냉각 변태곡선이란 무엇인가?

★정답★
강을 담금질할 때의 현상

413 물체의 휘도와 표준 휘도를 가진 백열전구의 필라멘트 휘도를 일치시켜 그때 전구에 흐르는 전류의 측정값을 읽어 온도를 측정하는 방법은?

★정답★
광고온계

414 템퍼 균열은 특히 어느 재료에 잘 발생하는가?

★정답★
Ni-Cr강

415 Cr강의 열처리 조직에서 Ⅱ, Ⅲ번의 조직을 쓰시오.

★정답★
Ⅱ : ferrite + α 복탄화물 + β 복탄화물
Ⅲ : ferrite + β 복탄화물 + γ + 복탄화물

416 심랭처리의 작업 목적 5가지를 쓰시오.

정답
① 잔류 오스테나이트 → 마르텐자이트화
② 강의 시효변형을 방지하기 위하여
③ 강을 강인하게 만들기 위하여(주목적)
④ 치수 변형 방지 및 침탄층의 경화
⑤ 공구강의 경도 증대, 성능 향상, 절삭성 향상, 조직 안정
⑥ 스테인리스 강의 기계적 성질 개선 및 담금질 한강 조직 안정화
⑦ 게이지강의 자연시효 및 경도를 증대시키기 위함이다.

417 sub-zero 처리 시 나타나는 불량 중 균열 방지 대책을 쓰시오.

정답
① 2단 또는 3단으로 단계적 냉각
② 담금질을 균일하게 처리
③ 저온뜨임 후 심랭처리
④ 탈탄층 제거

418 심랭처리의 균열은 급랭에 기인하는 것이 많다. 균열의 원인을 쓰시오.

정답
① 표면 다듬질이 거칠 때
② 담금질 온도가 너무 높을 때
③ 내부응력 분포가 균일하지 못할 때
④ 산화 및 탈탄되었을 때
⑤ 심랭처리 온도가 불균일하거나 정확치 않을 때

419 심랭처리시 냉각제 3가지를 쓰시오.

정답
① 알코올+드라이아이스
② 액화질소
③ 액화헬륨

420 고주파 담금질 균열의 원인 4가지를 쓰시오.

정답
① 재료불량
② 담금질 가열 온도의 과대
③ 냉각 방법의 부적당
④ 자연균열

421 고주파 경화열처리를 하는 목적을 쓰시오.

정답
① 재료표면을 신속하게 가열하여 경화할 수 있다.
② 표면의 산화, 탈탄을 방지한다.
③ 과열현상이 일어나지 않아 결정립자의 조대화가 일어나지 않는다.

422 고주파 담금질의 특징 5가지를 쓰시오.

정답
① 급열, 급랭으로 작업 시간이 짧고 부분가열이므로 타부분에 영향이 없다.
② 직접가열로 열효율이 좋고, 표면은 최고의 경도가 되고 내마모성, 내피로강도가 향상된다.
③ 양산의 작업화가 용이하며 균일 담금질이 가능하고 단시간 가열로 스케일 등의 유해 작용이 없다.
④ 입자가 미세하여 탈탄이 적다.
⑤ 국부열을 받으므로 열 영향에 의한 변형이 적다.

423 경화능과 경화능의 측정방법을 설명하시오.

정답
① 경화능 : 경화될 수 있는 능력. 즉, 담금질 경화층 깊이
② 경화능 측정방법
  ㉠ 조미니 시험법 : 가장 많이 사용 HV550 지점까지 조직은 마르텐자이트 50% + 펄라이트 50%
  ㉡ SAC법 : 표면경도, 중심경도의 경화변화 곡선
  ㉢ PF법 : 담금질 경화능 깊이

424 광휘 열처리에 사용하는 환원성 가스 3가지를 쓰시오.

정답

① H_2, NH_4
② $3H_2+N_2$
③ 침탄성가스(CO, C_2H, CH_4, C_4H)

425 침탄층의 경도 부족 이유를 쓰시오.

정답

① 침탄량이 부족할 때
② 담금질 온도가 너무 낮을 때
③ 탈탄이 되었을 때
④ 냉각속도가 느릴 때
⑤ 잔류 오스테나이트양이 많을 때(소입온도가 높을 때)

426 침탄·질화처리의 화학식을 쓰시오.

정답

① $2NaCN+O_2 = 2NaCNO$
② $4NaCNO = 2NaCN+NaCO_3+(CO)+N_2$

427 과잉침탄에 대한 대책 2가지를 쓰시오.

정답

① 완화 침탄제를 이용한다.
② 침탄 후 확산처리를 한다.
③ 1, 2차 담금질을 행한다.

428 Carbon Potential 계산법에 대하여 쓰시오.

정답

① 화학반응식의 작성이 가능할 것
② Gibb's free energy와 평형상태의 관계일 것
③ 표준 자유도와 평형 상수와의 관계
④ 활동도(activity)의 개념

429 강의 표면경화를 위한 가스침탄은 많은 양을 침탄시킬 때 쓰인다. 이것의 장점 4가지를 쓰시오.

정답

① 대량생산에 적합
② 침탄농도의 조절이 용이
③ 침탄층의 확산 조절이 용이
④ 온도조절을 임의로 조절이 가능
⑤ 설비 및 조작이 간단함

430 침탄경화의 공정도를 쓰시오.

정답

소재 → 불림 → 연화풀림 → 기계가공 → 풀림 → 침탄처리 → 침탄 → 기계가공 → 1차 담금질 → 2차 담금질 → 뜨임 → 마무리 → 검사

431 강의 액체침탄법의 화학반응식을 쓰시오.

정답

① $2NaCN + O_2 \rightarrow 2Na(CN)O$
② $4Na(CN)O \rightarrow 2NaCN + NaCO_3 + CO + N_2\uparrow$ (질화)
③ $2CO + 3Fe \rightarrow CO_2 + FeC$(침탄)

432 고속도강에서 3단계 담금질 방법을 설명하시오.

정답

① 기본조성은 W(18%)-Cr(4%)-V(1%)이고, 0.7~0.9%의 탄소를 함유한다.
② 담금질 방법
  ㉠ 제1단계 : 500~600℃ 노 중에서 서열
  ㉡ 제2단계 : 900~950℃ 노 중에서 균일한 온도가 되도록 유지
  ㉢ 제3단계 : 1250~1300℃ 노중에서 급속 가열 후 유 중에 급랭
  ㉣ 500~600℃로 뜨임하는 데 뜨임온도 400℃ 부근에서는 경도가 저하되나 500~600℃ 부근에서는 제2차 경화가 생겨 경도가 현저하게 증가되는 특성이 있다.

433 탄소공구강의 시간담금질 중 수랭, 심랭, 공랭을 해도 깨지는 경우가 많다. 그 원인을 쓰시오.

정답
① 열처리 전처리를 않음(구상화 풀림)
② 모서리 급변
③ 탈탄 및 산화
④ 담금질 온도 높음

434 고속도강의 특징 및 열처리 방법 쓰시오.

정답
① 조성 → 대표 : 18(W) + 4(Cr) + 1(V)
② 특징
  ㉠ 자경성이 있다.
  ㉡ 500~600℃에서도 경도저하가 없다.
  ㉢ 담금질 온도 → 1250~1350℃
  ㉣ 뜨임온도 → 600℃

435 구조용강을 구상화 풀림하는 이유를 쓰시오.

정답
① 소성가공성 향상
② 펄라이트 층상조직 용이
③ 절삭가공성 향상
④ 인성 향상

436 고탄소강을 구상화 풀림하는 목적을 쓰시오.

정답
① 절삭성 향상
② 인성 증가
③ 가공성 증가
④ 담금질 균열 방지
⑤ 공구수명 연장

437 오스테나이트의 입자가 조대화될수록 경화능에 미치는 영향을 쓰시오.

정답
① 담금질 경화능이 좋음
② 담금질 시 변형 및 균열이 생기기 쉽다.
③ 담금질 시 내부응력이 크다.
④ 담금질 후 잔류 오스테나이트가 많다.

438 철강재료를 담금질할 때 잔류 오스테나이트가 많이 생기는 이유를 쓰시오.

정답
① 물보다 기름에 담금질할 때
② 고탄소강을 담금질할 때
③ 합금원소의 양이 많을 때
④ 조대조직을 담금질할 때
⑤ 담금질 온도가 높을 때

439 철강재료를 담금질 할 때 잔류 오스테나이트가 생기는 이유를 3가지를 쓰시오.

정답
① 탄소의 양이 많을 때
② 담금질 온도가 너무 높을 때
③ 합금원소의 양이 많을 때
④ 냉각 속도가 느릴 때

440 표면경화 열처리에서 침탄 담금질 중 박리가 생기는 원인을 쓰시오.

정답
① 과잉침탄으로 국부적 탄소량의 증가
② 원재료가 너무 연할 때
③ 반복 침탄을 했을 때

441 표면경화에 대하여 설명하시오.

정답

표면은 경화시키고 심부는 강인성을 유지하게 하는 처리이다.

442 매크로 테스트의 특징에 대하여 쓰시오.

정답

① 균열·기공·편석 등의 금속결함
② 압연·단조 등의 기계가공에 의한 재료상태
③ 결정립자의 크기 및 형태
④ 수지상 결정의 발달 방향과 크기

443 뜨임 취성의 발생 원인에 대하여 설명하시오.

정답

① 담금질·뜨임 후 나타나는 취성
② 저온뜨임취성 : 250~300℃ 부근에서 충격값이 저하되는 현상
  ㉠ 제1차뜨임취성 : 담금질한 강을 500℃ 부근의 온도로 뜨임하면 시간이 길어짐에 따라 충격치가 저하
  ㉡ 제2차뜨임취성 : 담금질한 강을 525~600℃의 온도 범위에서 가열한 후 공랭시키면 충격값이 저하

444 백심가단주철 탈탄반응에 대하여 쓰시오.

정답

$O_2 + C = CO_2$, $Fe_3C + CO_2 = 3Fe + 2CO$
흑심가단주철 탈탄반응 : $Fe_3C = 3Fe + C$

445 주철의 성장방지 대책에 대하여 쓰시오.

정답

① 흑연을 미세화하여 조직을 치밀화
② C, Si양을 저하
③ 편상흑연을 구상흑연화시킨다.
④ 펄라이트 중의 Fe_3C 분해를 막는다(탄화물안정화원소 Cr, Mn, Mo, V 첨가).

446 베어링강의 균열원인에 대하여 설명하시오.

정답

담금질에 의한 변태응력. 열응력에 의한 잔류응력이 발생되어 균열의 원인이 된다.
담금질 온도가 너무 높으면 잔류응력이 커지기 때문에 기계적 성질이 나빠진다.
– 담금질 810~840℃(유·수랭), 뜨임 150~180℃(공랭)

447 자분탐상에서 원형자장을 이용하는 방법의 종류를 쓰시오.

정답

① 축통전법 ② 직각통전법 ③ 전류관통법

448 철강을 산화시키지 않고 가열하는 방법을 쓰시오.

정답

① 숯이나 주철칩(chip) 또는 침탄제 등에 묻어 가열하는 방법
② 산화나 탈탄방지제를 도포하여 가열하는 방법
③ 보호 분위기 가스 속에서 가열하는 방법
④ 중성 염욕이나 연욕 중에 가열하는 방법
⑤ 진공 중에 가열하는 방법

449 저온뜨임의 장점을 쓰시오.

정답

① 담금질에 의한 응력제거
② 치수변형 방지
③ 내마모성 향상
④ 연마균열 방지

450 손톱깎이에 크롬을 도금 후 150℃에서 1~2시간 가열하는 이유는?

정답

수소취성 방지

451 초음파 탐상시험에서 탐촉자 종류를 쓰시오.

> *정답*
> ① 수직 탐촉자   ② 분할형 수직탐촉자
> ③ 사각 탐촉자   ④ 가변각 탐촉자
> ⑤ 2분할 탐촉자

452 템퍼균열은 특히 어느 재료에서 잘 발생하는가?

> *정답*
> Ms점과 Mf점이 낮은 고합금강 또는 고속도강

453 초음파 탐상시험에서 접촉매질을 사용하는 이유를 쓰시오.

> *정답*
> ① 탐촉자와 시험저 표면 사이의 공기를 제거
> ② 불균일한 표면을 평평하게 함
> ③ 탐촉자와 시편 사이의 적절한 음파 통로를 만듦

454 방사선 탐상시험에 사용되는 투과도계의 용도를 쓰시오.

> *정답*
> 방사선 투과사진의 상질을 나타내는 척도로서 촬영한 투과사진의 대조와 선명도를 표시하는 기준

455 고주파 열처리 스타인 메츠 공식을 쓰시오.

> *정답*
> $d = 5.03 \times 10^3 \sqrt{\rho/m \cdot f}$
> (d = 투과깊이(m), ρ = 고유저항($\mu\Omega \cdot cm$),
> f = 주파수(Hz/sec), μ = 투자율)

456 스테인리스강의 종류를 열거하고 그들의 중요성과 현미경 조직을 설명하시오.

> *정답*
>
> | | Ferrite형 | Martensite형 | Austenite형 | 석출경화형 |
> |---|---|---|---|---|
> | 성분 | 저탄소 고크롬 0.2 이하, 12~18% Cr | C 0.15~0.3% Cr 13% | Cr 18% ~Ni 8% | pH형 스테인리스강 |
> | 조직 | Ferrite | Matensite | Austenite | Austenite+ Martensite |
> | 특징 | 단조, 압연가능하고 용접성이 좋다. 담금질 경화가 안 된다. | 담금질에 의해 경화되고, 자경성을 갖고 있으며 용접성 나쁘다. | 냉간가공에 의해 경화되고 열처리에 의해 경화되지 않는다. 내식성 비자성체 좋다. | 온도상승에 따라 강도는 저하되지 않으며 내식성을 가지고 있다. |

457 담금질 냉각에 사용되는 물탱크의 준비 및 물 관리를 설명하시오.

> *정답*
> ① 담금질 액으로서 물을 차게 하며 온도는 5~30℃ 유지
> ② 교반장치가 설계되어야 한다.
> ③ 유입구와 배출구 설치

458 화염경화법의 장점과 단점을 쓰시오.

> *정답*
> 장점
> ① 국부적 가열(열처리)이 쉽다.
> ② 보통담금질, 침탄법보다 변형이 적다.
> ③ 크기에 관계없이 열처리 가능
> ④ 작업이 간단
> ⑤ 설비비 저렴
> 단점
> ① 열처리 온도 조절이 어렵다.
> ② 과열되기 쉽다.
> ③ 가장자리와 끝자리에 연화대가 생긴다.

459 그을음에 대하여 설명하시오.

정답

변성로나 침탄로 등의 침탄성 분위기 가스로부터 유리된 탄소가 노 내의 분위기 속에 분해하여 열처리 가공재료, 촉매, 노의 외부 등에 부착하는 현상

460 노점에 대하여 설명하시오.

정답

수분을 함유하고 있는 분위기 가스를 냉각 시키면 어떤 온도에서 수분이 응축되어 미세한 물방울들이 생기게 되는 현상

461 담금질 과정에서 Austenite가 Martensite로 변태할 때 응력에 의하여 변형이 발생하기 쉽다. 원인에 대하여 쓰시오.

정답

① 열응력은 냉각속도가 빠른 부분에 압축응력을, 느린 부분에 인장응력을 발생
② 변태응력은 냉각속도가 빠른 부분에 인장응력을, 느린 부분에 압축응력을 발생
③ 이 열응력과 변태응력의 발생에 의하여 내부응력이 강의 항복점을 넘으면 변형이 발생하고 인장 응력이 강의 인장강도보다 커지면 균열(crack)이 발생

462 각종 온도계의 종류와 특징을 설명하시오.

정답

① 열전쌍온도계 : 열기전력 이용
② 저항식온도계 : 온도 저항이 변하는 것을 이용
③ 광온도계 : 고온체의 적색방사선을 이용
④ 방사온도계 : 물체에 발생하는 적외선 방사에너지 이용
⑤ 팽창 온도계 : 수은·액체를 가열 팽창압력을 이용
⑥ 압력 온도계 : 물체가 온도에 비례하여 팽창하는 것을 이용

463 변태점 측정법의 종류를 들고 설명하시오.

정답

① 시차열분석법 : 열의 흡수·방출이 열분석곡선에 나타나지 않을 때
② 열분석법 : 온도가 시간의 변화에 따라서 상승하지 않고 평평한 곡선이 된다(열에 대한 변태점을 추구하는 방법).
③ 열팽창법 : 금속은 온도변화에 따라 팽창·수축하나 이 변화는 항상 일정하지 않으며 변태점에서는 곡선의 방향이 급격히 변한 것을 이용
④ 전기저항법 : 금속의 전기저항은 온도의 상승과 더불어 증가하지만 변태점에서는 급속히 변화하는 것을 이용
⑤ 자기분석법 : 자력계를 사용하여 각 온도의 자기 강도 곡선을 변태점으로 구한다.

464 Austempering 작업을 할 경우 얻을 수 있는 조직을 쓰시오.

정답

베이나이트

465 고주파 담금질에서 담금질 균열원인 4가지를 쓰시오.

정답

① 재료의 불량
② 냉각방법의 부적당
③ 자연균열
④ 연삭균열
⑤ 담금질 가열온도가 높아서

466 알루미늄의 열처리 기호를 쓰시오.

정답

① T_4 : 담금질 후 상온시효
② T_5 : 담금질 없이 인공시효
③ T_6 : 담금질 후 인공시효

467 염욕 열처리 시 탈탄 방지대책을 쓰시오.

정답
① 탈탄방지제 도포
② 가열분위기 조성
③ 탈탄층 제거

468 철강을 산화시키지 않고 가열시키는 첨가제를 쓰시오.

정답
Al, Si, Cr 첨가

469 마르텐자이트 조직이 경도가 큰 이유를 쓰시오.

정답
① 결정의 미세화
② 급랭으로 인한 내부 응력
③ 탄소원자에 의한 Fe 격자의 강화

470 저온뜨임의 장점을 쓰시오.

정답
① 담금질에 의한 응력 제거
② 치수변형 방지
③ 연마균열 방지
④ 내마모성 향상

471 초음파 탐상시험에서 주의해야 할 사항을 쓰시오.

정답
① 수동탐상의 경우 숙련된 기술자가 요구된다.
② 광범위한 기술적 지식이 요구된다.
③ 표면이 매우 거칠거나 모양이 불규칙한 것 반사면이 평형하지 않은 부품 등은 탐상이 곤란하다.
④ 표면직하의 얇은 결함은 검출이 어렵다.
⑤ 접촉매질이 필요하다.
⑥ 표준시험편 또는 대비 시험편이 요구된다.

472 초음파 탐상검사란?

정답
재료의 표면 또는 내부에 존재하는 불연속부를 검출하기 위해 초음파를 재료에 전달시켜 검사하는 방법(공진법, 투과법, 펄스반사법)

473 SPS(스프링강)의 열처리방법을 쓰시오.

정답
① 담금질 온도 : 830~860℃, 유랭
② 템퍼링 온도 : 450~570℃
  SPS3 : 490~ 540℃
  SPS6 : 470~540℃
  SPS9 : 510~ 590℃

474 백점에 대해서 설명하시오.

정답
① 강재의 다듬질 표면에 생긴 미세한 균열이며 파면은 백색의 반점으로 나타남
② Ni-Cr 강에 현저하게 나타나며 그 원인은 강재에 흡수된 수소가스와 불순물의 응집, 내부 변형의 담재 등에 의해 발생된다.

475 가스침탄의 특징에 대하여 쓰시오.

정답
① 대량생산에 적합하다.
② 침탄 농도의 조절이 쉽다.
③ 직접 담금질이 가능하다.
④ 침탄층의 확산조절이 용이하다.
⑤ 온도조절을 임의로 조절 가능하다.
⑥ 설비 및 조작이 간단하다.

476 S곡선에 영향을 주는 인자를 설명하시오.

정답

① 오스테나이트 상태의 가열온도가 높으면 높을수록 오스테나이트 결정립은 조대해지며 S곡선은 우측으로 이동(최고 가열온도)
② 첨가원소
  ㉠ S곡선 우측이동원소 - C, Mn, Ni, Cr, Mo, V, W, B
  ㉡ S곡선 좌측이동원소 - Ti, Al
③ 편석
  강 중의 첨가원소로 인하여 편석이 존재하면 변태 개시는 비편석으로 시작하여 변태가 끝나는 것은 편석된 부분이 된다.
④ 응력의 영향
  강이 오스테나이트 상태에서 외부로부터 응력을 받으면 응력이 커지면 된다. 그러므로 변태시간은 짧아져서 S곡선의 변태 개시선은 좌측으로 이동하고 Ms선은 위로 이동

477 항온변태냉각곡선(TTT)과 연속냉각변태곡선(CCT)의 차이점을 쓰시오.

정답

① 항온변태냉각곡선 : 과랭오스테나이트 온도에서 변태를 나타내는 곡선 그 결과 그림으로 나타내면 S자형을 나타내므로 S곡선이라고도 한다.
② 연속냉각변태곡선 : 오스테나이트 상태로부터 여러 가지 냉각속도로 상온까지 냉각 시키는 조작

478 강의 표면결함을 검출하는 데 필요한 비파괴검사 시험법을 쓰시오.

정답

① 자분탐상시험
② 침투탐상시험
③ 와전류탐상시험

479 0.9% 탄소강을 인발 가공하여 강선을 제조하여 탄성한계 및 인장강도를 상승시킴과 조직은 소르바이트 조직을 얻을 목적으로 처리하는 열처리 방법의 명칭을 들고 열처리방법을 설명하시오.

정답

파텐팅 처리 : Ac_3점 또는 Ac_m점 직사의 온도에서 가열하여 강을 균일한 오스테나이트 상태로 만든 후 400~520℃의 용융염욕 또는 Pb욕 중에 침적한 후 적당한 시간을 유지시켜 상온까지 냉각 시키는 방법

480 다음과 같이 SKH2를 아래의 조건과 같이 열처리한 조직이다. 조직 내용을 설명하시오.

정답

① 1100℃에서 유랭 : 담금질 온도가 낮아 소입 효과가 불완전하고 미용해 탄화물의 양이 많다. 기지는 마르텐자이트와 오스테나이트
② 1260℃에서 유랭 : 담금질 온도는 적정하고 탄화물(백색)은 아주 잘 오스테나이트에 고용하고 미용해 탄화물의 대부분 결정립계 면상에 남아있다. 이것은 탄화물의 게재에 의하여 결정립의 조대화를 저지시킴
③ 1300℃에서 유랭 : 탄화물은 현저히 기본에 고용하여 미용해(백색)의 것도 적다. 기지는 마르텐자이트와 오스테나이트 이지만 탄화물의고 용량이 증가하면 결정립은 조대화

481 자분탐상하면 제품에 자화가 발생하는 데 탈자를 해야 하는 필요성에 대해서 설명하시오.

정답

① 잔류자장이 나침판이나 측정계기에 영향을 미치는 경우
② 회전제품에 잔류자장이 쇳가루를 끌어당김으로서 과도한 마모나 회전을 방해하는 경우
③ 표면처리 시 분이 표면에 붙어 페인팅이나 도금 등을 방해 할 우려가 있을 때
④ 전기 Arc 용접 중 강한 자장이 작용부위로부터 Arc를 이탈시킬 우려가 있을 때
⑤ 자장에 의해 부품이 사용 중 영향을 받을 경우

482 침투탐상검사의 순서를 쓰시오.

정답

전처리 → 침투처리 → 세척처리 → 현상처리 → 관찰 → 후처리 → 시험결과의 기록

483 열처리용 가열로에 사용하는 내화재 종류를 열거하고 주성분을 쓰시오.

정답

① 산성내화재 : SiO_2
② 중성내화재 : MgO, Cr_2O_3
③ 염기성내화재 : Al_2O_3

484 철강 표면에 직접유화철(FeS)을 생성시키는 방법으로서 주로 마찰저항을 적게 하며 윤활성, 내피로성, 내식성을 향상시키는 열처리 방법을 쓰시오.

정답

침화처리법

485 Martempering 시 Mf점 바로 위에 염욕에서 등온처리하는 이유를 설명하시오.

정답

오스테나이트 일부는 마르텐자이트가 되고 일부는 베이나이트 혼합조직이 되어 경도는 그다지 떨어지지 않고 충격값이 높은 조직을 얻을 수 있다.

486 금속재료의 경도시험에서 정적인 하중으로 압입자에 의해 시험하는 경도시험의 종류를 쓰시오.

정답

브리넬, 로크웰, 비커스, 누프, 마이어 경도시험기

487 연성파괴와 취성파괴를 비교 설명하시오.

정답

① 연성파괴 : 섬유모양으로 전단파괴하여 희미하게 빛이 나지 않는 파면 금속이 하중을 받아서 충분한 소성변형을 일으킨 후에 파단하면 결정이 미끄럼 변형의 영향을 받아서 가늘고 길게 늘어나며 파면이 미세한 회색이 된다.
② 취성파괴 : 많은 결정립자가 벽개파괴 또는 입계파괴하여 빛이 나는 파면 구조용강재 또는 용접부위가 적은 충격하중 또는 노치의 응력집중 때문에 파괴되는 현상

488 구상화 풀림에 대하여 설명하시오.

정답

① 목적
  ㉠ 담금질 효과 균일화
  ㉡ 담금질 변형 감소
  ㉢ 담금질 후의 경도 및 강인성 증가
  ㉣ 기계가공성 향상
② 방법
  ㉠ A_1점 직하 650~700℃의 온도범위에서 가열 유지 후 냉각
  ㉡ A_1점을 경계로 직상·직하의 온도 간에서 냉각·가열을 반복
  ㉢ A_1점 이상 A_{cm}점 이하의 온도에서 가열한 후 A_1점 이하까지 서랭

489 강재 표면에 탈탄부분이 있으면 내부의 고탄소 부분에 잔류 오스테나이트가 많기 때문에 심랭처리 과정에서 균열이 생기기 쉽다. 그 대책 3가지를 쓰시오.

정답

① 담금질 전에 탈탄층을 제거하여 탈탄방지
② 심랭처리 전에 100~300℃에서 템퍼링
③ 심랭처리 온도로부터 승온을 수중에서 행한다.

490 주철에서 Ni의 효과를 쓰시오.

정답
① 흑연화를 촉진시켜 chill을 감소
② 내마모성 증가 → martensite 주철
③ 내열·내식성 향상 → austenite 주철
④ 두께 감소를 적게 해서 균일주물을 만든다.

491 퀜칭균열과 연마균열의 판별방법을 쓰시오.

정답
① 퀜칭균열
  ㉠ 파면이 백색 바탕이고 붉은 녹이 있다.
  ㉡ 파면이 검고, 산화되었으면 담금질 전의 균열
  ㉢ 간단하고 날카롭다.
  ㉣ 단면에는 −자형, +자형
  ㉤ 2면각 또는 3면각의 가장자리 부분
② 연마균열
  ㉠ 균열의 크기가 미세하고 얇게 나타나며 연마방향과 직각의 평행선
  ㉡ 심한 연마 균열 − 지갑상이며 깊이는 0.1mm 정도

492 강을 기름에 퀜칭 하였을 때 마르텐자이트의 결정립계에 대단히 부식하기 쉬운 구상 또는 결정상의 조직이 나타난다. 이 조직의 명칭을 쓰시오.

정답
결정상 트루스타이트(마르텐자이트+미세펄라이트)

493 퀜칭균열은 퀜칭공정 중 어느 과정에서 발생하는가?

정답
① 200℃ 이하로 냉각되었을 때
② 담금질 액(물 또는 기름)에서 꺼낸 후
③ 담금질한 이튿날

494 마템퍼링은 오스테나이트로 가열된 재료를 Ms-Mf점 직상의 염욕에 항온유지 시킨다. 이 열처리법의 주목적을 쓰시오.

정답
① 일부는 마르텐자이트가 되고 일부는 베이나이트의 혼합조직
② 잔류 오스테나이트의 베이나이트화로 인하여 경도는 그다지 떨어지지 않고 충격값이 높은 조직을 얻을 수 있다.

495 템퍼균열은 특히 어떤 재료에서 잘 발생하는가?

정답
Ms점과 Mf점이 낮은 고합금강 또는 고속도강

496 초음파 탐상시험에서 접촉매질을 사용하는 이유를 쓰시오.

정답
① 탐촉자와 시험체 표면 사이의 공기를 제거
② 불균일한 표면을 평평하게 함
③ 탐촉자와 시편사이의 적절한 음파통로를 만듦

497 강의 경화능시험 중 조미니 시험방법에 대하여 쓰시오.

정답
① 조미니 시험편의 치수(규격) : φ 25×100mm
② 분무관 : 12±1mm
③ 주유 분수고 : 65±10mm
④ 가열 시간 : 5초
⑤ 가열 유지시간 : 소정의 담금질 온도에서 30±5분간 유지
⑥ 냉각제로 물을 사용할 경우의 조건 : 수온 5~30℃

498 방사선 탐상시험에 사용되는 투과도계의 용도를 쓰시오.

정답

투과도계는 방사선 투과사진의 상질을 나타내는 척도로서 촬영한 투과시험의 대조와 선명도를 표시하는 기준

499 930℃에서 5시간 동안 표준상태에서 가스 침탄할 경우 최대 침탄경화층 깊이는 얼마인가를 계산하시오. (단, 930℃에서의 k = 0.625이다.)

정답

침탄깊이(D) = $k\sqrt{t}$ = $0.625\sqrt{5}$ = 1.40mm

500 완전소둔과 항온소둔을 TTT곡선으로 비교 설명하시오.

정답

① 완전소둔 – 일반적인 풀림 : 아공석강 A_{3-1}점보다 30~50℃ 높게 하고 공석강, 과공석강은 A_1점보다 30~50℃ 높게
② 항온소둔 : 풀림온도로 가열한 강재를 S곡선의 코(nose) 또는 이것보다 약간 높은 온도부근에서 항온 유지 시켜 변태 완료 후 공랭 처리

501 질화처리 강재용 SACM은 합금원소로서 Al과 Cr을 함유하고 있다. 이들 원소들의 역할과 영향을 설명하시오.

정답

① Al : 질화강도를 얻기 위함
② Cr : 질화층 깊이 증가
③ Mo : 장시간 처리에 의한 취성방지

502 강의 퀜칭 시 냉각과정에서 오스테나이트에서 마르텐자이트로 변태할 때 열응력과 변태응력이 미치는 영향을 설명하시오.

정답

① 열응력 : 금속은 온도의 고저에 따라서 응력이 변화한다. 온도상승에서 팽창, 온도하강에서는 수축하여 그 결과로서 고온부에서는 압축응력이 저온부에는 인장응력이 발생한다. 열수축에 의한 이 같은 기구에 의해서 생긴 내부응력을 말한다.
② 변태응력 : 표면은 인장, 중심부는 압축응력이 잔류하는 현상

503 포아송 비를 설명하시오.

정답

① 탄성구역에서의 변형은 세로방향에 연신이 생기면 가로방향에는 수축이 생기는 현상

$v = \dfrac{-\varepsilon'}{\varepsilon}$ 포아송 비

$= \dfrac{가로방향의\ 변형량}{세로방향의\ 변형량}$

② 금속의 경우 포아송 비는 : 0.2~0.4

504 크리프 현상을 설명하시오.

정답

재료에 어떤 일정한 하중을 가하고 어떤 온도에서 장시간 동안 유지하면 시간이 경과함에 따라 스트레인이 증가하는 현상

505 와류탐상시험에서 시험코일은 관통시험 코일, 내삽형 코일, 표면형 코일(프로브 코일) 등 3종류가 있다. 이 중에서 판, 강괴, 환봉 등의 표면을 시험할 때 가장 적합한 코일은?

정답

표면형 코일(프로브형)

506 침투탐상의 장점을 쓰시오.

정답
① 시험방법이 가장 간단하다.
② 고도의 숙련이 요구되지 않는다.
③ 제품의 크기, 형상 등에 크게 구애를 받지 않는다.
④ 국부적 시험이 가능하다.
⑤ 미세한 균열의 탐상가능하다.
⑥ 판독이 비교적 쉽다.
⑦ 철, 비철, 플라스틱 및 세라믹 등 거의 모든 제품에 적용한다.

507 초음파 탐상 시험용 진동자의 재질 3가지를 쓰시오.

정답
① 수정 ② 세라믹 ③ 황산리튬

508 초음파 탐상시험에서 탐촉자의 형태를 쓰시오.

정답
① 수직탐촉자형
② 사각탐촉자형
③ 더블탐촉자형
④ PAINT BRUSH형

509 탈탄이 원인이 되어 생기는 결함을 쓰시오.

정답
① 담금질 경도 부족
② 담금질 왜곡·균열 : 탈탄층의 Ms점이 내부 비탈탄부의 Ms점보다 높고 또 변태 생성물이 적기 때문에 표면에 인장응력이 발생하여 변형·균열의 원인이 된다.
③ 기계적 강도 특히 내피로강도를 현저히 저하시킨다.

510 탈탄의 방지대책 5가지를 쓰시오.

정답
① 염욕 및 금속욕 가열
② 분위기 가스 속에서 가열
③ 중성 분말제 속에서 가열
④ 탈탄 방지제 도포
⑤ 표면에 금속도금·피복
⑥ 고온·장시간 가열을 피한다.

511 담금질 경도 부족현상 5가지를 쓰시오.

정답
① 담금질 가열온도가 너무 낮아서 오스테나이트, 페라이트, 2상구역에서 담금질한 경우
② 담금질했을 때의 냉각속도가 임계냉각속도보다 느려서 페라이트가 석출된 경우
③ 담금질 개시 온도가 낮아진 경우
④ 표면 스케일 부착에 의한 냉각속도 부족
⑤ 탈탄층은 담금질 경도 부족
⑥ 이제의 혼입
⑦ 잔류 오스테나이트로 인한 경도 부족

512 열처리 작업에 필요한 염욕제의 구비조건 4가지를 쓰시오.

정답
① 순도가 높고, 유해 불순물이 적을 것
② 흡수성이 적을 것
③ 점성 및 휘발성이 적어야 한다.
④ 용해가 쉽고, 유해가스 발생이 적을 것
⑤ 구입이 용이하고 경제적일 것

513 마퀜칭에 대하여 설명하시오.

정답
강재를 Ms점(Ar") 직상의 염욕 중에 담금질하고 담금질한 시편의 내외가 같은 온도로 될 때까지 항온 유지시키고 인상하여 공랭 시켜 Ar" 변태를 서서히 진행시킨 것. 이 방법으로 하면 담금질 균열이나 변형이 생기지 않는다.

514 고탄소 강재를 담금질 작업 시 균열이 발생하는 원인을 쓰시오.

① 과열
② 과랭
③ 탈탄
④ 담금질 후 즉시 뜨임을 하지 않았을 때
⑤ 형상이 나쁠 때
⑥ 표면 거칠기가 심할 때

515 철강을 가열할 때 적당한 분위기가 이루어지지 않아 탈탄이 생겼을 때의 문제점 3가지를 쓰시오.

① 경도 저하(담금질 경화 불충분)
② 담금질 균열 및 변형
③ 내피로성 저하, 강재의 표면 불량
④ 강재의 표면 불량

516 열처리할 때 발생하는 탈탄현상의 방지대책 세 가지를 쓰시오.

① 수분 제거
② 탈탄방지제 도포
③ 가열 분위기 조성
④ 가열 시간 제한
⑤ 탈탄층 제거

517 강재를 담금질한 후 표면에 발생하는 결함으로 연점(soft point)이 발생하는 이유를 쓰시오.

① 탈탄
② 담금질 온도 불균일
③ 냉각 불균일
④ 불순물 혼입
⑤ 경화능 부족

518 강의 담금질 시 얼룩(soft spot)의 방지책 3가지를 쓰시오.

① 탈탄을 방지하거나 탈탄부분을 제거한 후 담금질할 것
② 적절한 온도분포 가열온도 및 가열 시간을 채용한다.
③ 균일한 냉각이 되도록 냉각제를 충분히 교반하거나 분수 담금질한다.
④ 강재의 경화능과 냉각제의 냉각능을 고려하여 적당한 강재를 선택한다.

519 염욕제를 분류하시오.

① 저온용 염욕제(150~550℃) : 아질산소다(NaO₃, 280℃), 아질산가리(KNO₂, 290℃), 질산소다(NaO₃, 310℃), 질산가리(KNO₃, 336℃)
② 중온용 염욕제(550~1000℃) : 염화바륨(BaCl₂, 930℃), 염화소다(NaCl, 803℃), 염화칼슘(CaCl₂, 777℃), 염화가리(KCl, 775℃), 황산소다(NaCO₃, 856℃), 붕사(Na₃B₂O₇, 748℃)
③ 고온용 염욕제(1100~1350℃) : 염화바륨을 주성분으로 한 타염류를 적당량 혼합한다.

염욕제의 용도
① 저온용 : 뜨임, 마퀜칭, 마템퍼 등 항온 열처리용으로 비철 열처리, 시효, 색처리에 이용
② 중온용 : 강의 담금질, 가열, 고속도강의 마퀜칭, 예열, 뜨임, 오스템퍼링
③ 고온용 : 고속도강의 담금질, 18-8강의 수인처리, 다이스강의 담금질 가열용

520 염욕처리 할 때 발생되는 탈탄현상의 방지대책 4가지를 쓰시오.

① 탈탄방지제 도포
② 가열온도 및 분위기 조절
③ 도금 실시
④ 탈탄층의 기계적 성질 제거

521 열처리용 치구에 필요한 조건을 4가지 쓰시오.

정답
① 내식성 재료일 것
② 변형에 대한 충분한 경도를 유지할 것
③ 제작이 용이할 것
④ 치구의 겸용성이 있을 것

522 백점은 응력의 작용에 의해 발생하는 데 이 응력이 발생하는 주원인 2가지를 쓰시오.

정답
① H_2 가스와 불순물의 응집
② 내부 변형의 잠재

523 금속두께 0.01~0.1μm 정도의 미립자를 수% 정도 분산시켜 입자 자체가 아니고, 물체 본체 자체의 변형저항을 올려 고온에서의 강도 및 크리프 특성을 살린 재료를 무엇이라 하며 어떤 용도로 활용하는가?

정답
① 재료명 : 표면경화강
② 용도 : 피로한계 향상, 표면경화, 스케일 제거

524 침탄강의 구비조건 5가지를 쓰시오.

정답
① 저탄소강이어야 한다(C%가 0.15%가 적당함).
② 고온, 장시간 가열 시에도 결정립의 성장이 없어야 한다.
③ 침탄층은 내마모성, 내피로성이 우수해야 한다.
④ 강재를 주조할 때 강의 내부에 기공 또는 균열 등의 결함이 없어야 한다.
⑤ 담금질 시 강의 연화가 없어야 한다.

525 재료의 압축시험에서 $24mm^2$였던 단면이 $28mm^2$으로 변형되었다. 단면 변화율을 구하시오. (소수점 둘째자리에서 반올림하시오.)

정답
계산식 = $A_1 - A_0 / A_0 \times 100$
= $28 - 24 / 24 \times 100$
= $4/24 \times 100 = 16.6\% ≒ 17\%$

526 초음파 탐상시험에서 탐촉자와 시험재 사이의 공기층을 제거하는데 사용하는 것이다. 이것의 명칭과 종류 3가지를 쓰시오.

정답
① 명칭 : 접촉매질
② 종류 : ㉠ 글리세린 ㉡ 물유리 ㉢ 광물유

527 매크로시험에서 d(60)×400 = 0.34%를 설명하시오.

정답
① 60 : 시야수가 60
② 400 : 현미경 배율이 400배
③ 0.34 : 청정도가 0.34%

528 프로판가스의 불완전연소 반응식을 쓰시오.

정답
반응식 : $C_3H_8 + 3/2 O_2 \rightarrow 3CO + 3H_2$

529 침탄처리에서 1, 2차 담금질의 목적을 쓰시오.

정답
① 1차 담금질 : 중심부 미세화
② 1, 2차 담금질 : 표면경화

530. 오스테나이트 스테인리스강은 입계부식으로 취약해지는데 입계부식이 되는 원인과 대책을 쓰시오.

① 입계부식 원인 : 결정립계 부근의 Cr원자가 C 원자와 결합해서 탄화물(Cr_4C)을 형성하므로 결정립계 부근의 조직은 Cr 12% 이하의 Cr 농도가 되어 그 부분이 결정립의 내부조직에 비하여 양극으로 작용해서 부식을 일으킴
② 방지대책
　㉠ 고온으로 가열한 후 Cr 탄화물을 오스테나이트 조직 중에 용체화하여 급랭한다.
　㉡ 탄소량을 감소시켜 Cr_4C 탄화물의 발생을 저지시킨다. 다 Ti, V, Nb 등을 첨가하여 Cr_4C 대신 TiC, V_4C_3, NbC 등의 탄화물을 발생시켜 Cr의 탄화물을 감소시킨다.

531. 두랄루민과 Y합금의 조성을 쓰시오.

① 두랄루민 : Al(4%) – Cu(0.5%) – Mg(0.5%) – Mn
② Y합금 : Al(4%) – Cu(2%) – Ni(1.5%) – Mg

532. 열전대 기전력의 측정방법 2가지를 쓰시오.

① 비교법 ② 정점법

533. 화염커튼의 설치목적을 쓰시오.

분위기로에 열처리 제품을 장입 또는 취출 시에 노 내부로 외부공기가 들어가 노의 분위기 교란이나, 폭발을 방지하기 위하여 노의 장입구 또는 취출구에 가연성가스를 연소시켜 불꽃의 막을 만드는 것

534. DT-Sc-N의 설명하시오.

DT : 주상편석의 피트, Sc : 중심부편석, N : 개재물

535. 방사선 투과시험 시 투과사진의 상질을 평가 또는 선명도를 표시하는 것으로 시험체와 같은 재질의 것을 원칙으로 시험체 표면에 붙여서 동시에 촬영하는 게이지는?

투과도계

536. 형상기억합금의 효과와 실용되는 재료를 쓰시오.

① 형상기억합금 효과 : 처음에 주어진 특정 모양의 것을 인장하거나 소성변형된 것이 가열에 의하여 원래의 모양으로 돌아가는 현상
② 실용합금
　㉠ 니티놀(Ti-Ni)
　㉡ Au-Cd
　㉢ Cu-Al-Ni
　㉣ In-Tl
　㉤ Cu-Zn

537. Austenite에서 Martensite로 변할 때 열응력과 냉각속도의 관계는?

열응력은 냉각속도가 부분에 인장응력이 발생하고 느린 부분에 압축응력이 발생

538. 결정입도 시험법 3가지를 쓰시오.

① 비교법 ② 절단법 ③ 평적법

539 경화능에 영향을 주는 인자 3가지를 쓰시오.

정답
① 강의 조성　② 결정립 크기
③ 질량효과　④ 냉각능

540 크로마이징(Chromazing)방법과 효과를 쓰시오.

정답
① 방법
　㉠ 크롬 표면층을 만드는 방법
　㉡ Cr 분말을 제품 중에 묻고 환원성 또는 중성 분위기 중 1000~1400℃에서 가열하여 Cr을 침투시킨다.
② 효과 : 내식성과 내열성을 동시에 만족시키고 내마모성을 향상시킨다.

541 분위기 열처리의 프로그램 설정 5가지를 쓰시오.

정답
① 침탄 가공재료 확인
② 침탄 가공품 품질 확인
③ 가공품 구분 확인
④ 가열설비, 냉각설비, 가공방법, 탄소포텐셜, 담금질, 뜨임
⑤ 가공 후처리

542 담금질 냉각에 사용되는 물탱크의 준비 및 물 관리 3가지를 쓰시오.

정답
① 물의 온도가 일정하게 유지되게 관리한다.
② 냉각액이 염수일 때에는 냉각 장치에 부식상태를 확인한다.
③ 교반기를 사용하여 물을 순환시킨다.

부록 3 금속재료기능장 1차 필기 시행문제

- **기출복원 문제란?**
  2018년 64회부터 반영되는 CBT시행에 따라 저자께서 수검자들의 도움으로 최대한 유형에 가깝게 복원한 문제입니다.
  앞으로도 높은 적중률을 위해 노력하겠습니다.

2007년도 금속재료기능장 시행문제

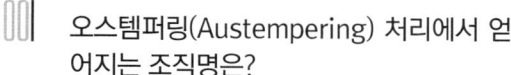

(2007. 3. 25)

001 오스템퍼링(Austempering) 처리에서 얻어지는 조직명은?
㉮ 소르바이트 ㉯ 트루스타이트
㉰ 베이나이트 ㉱ 마르텐자이트

002 침탄 담금질의 결함으로 박리가 생기는 원인을 설명한 것 중 틀린 것은?
㉮ 원재료가 너무 연할 때
㉯ 확산풀림을 할 때
㉰ 반복 침탄을 할 때
㉱ 과잉 침탄이 생겨 국부적으로 탄소 함유량이 너무 많을 때

003 인장시험편의 반지름 5mm, 표점거리 50mm, 최대하중이 1570kg$_f$일 때 이 재료의 인장강도는 약 몇 kg$_f$/mm^{2}인가?
㉮ 10 ㉯ 15
㉰ 20 ㉱ 30

004 합금 재료의 응고과정에서 국부적인 농도차를 일으키는 현상은?
㉮ 편정 ㉯ 편석
㉰ 포정 ㉱ 공정

005 강철의 결정입도번호(ASTM grain size No)가 7일 경우 100배의 배율에서 1평방인치당 현미경 사진 내에 들어 있는 결정 입자수는?
㉮ 8   ㉯ 16
㉰ 64 ㉱ 82

006 구상화 처리 후에 나타나는 페이딩(fading)현상이란?
㉮ 용탕의 방치시간이 길어지면 흑연의 구상화 효과가 현저하게 많이 나타나는 현상
㉯ 용탕의 방치시간이 길어지면 흑연의 구상화 효과가 없어지는 현상
㉰ 흑연의 형상을 더욱 구상으로 만들기 위한 현상
㉱ 흑연의 형상을 판상으로 만들기 위한 현상

007 황동의 기계적 성질 중 인장강도가 최대가 되는 Zn 함유량(%)은?
㉮ 30 ㉯ 40
㉰ 50 ㉱ 60

008 쾌삭강(free cutting steel)에서 피삭성을 향상시키는 데 가장 효과적인 원소는?
㉮ Zn ㉯ Pb
㉰ Si ㉱ Sn

정답 001. ㉰ 002. ㉯ 003. ㉰ 004. ㉯ 005. ㉰ 006. ㉯ 007. ㉯ 008. ㉯

009. Fe-C 평형 상태도에서 Curie Point란?
㉮ A₂ 자기 변태선이며, 약 768℃이다.
㉯ A₃ 시멘타이트의 자기 변태선이며, 약 210℃이다.
㉰ A₄ 자기 변태선이며, 약 723℃이다.
㉱ A₅ 변태선이며, 약 910℃이다.

010. 그림에서 빗금친 면의 밀러지수(miller indices)는?

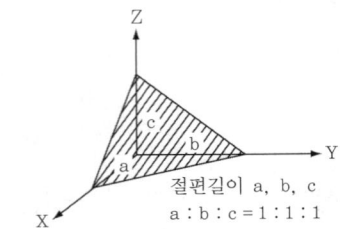

㉮ (100) ㉯ (010)
㉰ (001) ㉱ (111)

011. 스테다이트(steadite)의 3원 공정조직 성분으로 틀린 것은?
㉮ Fe₃P   ㉯ Fe₃C
㉰ α-Fe   ㉱ Pearlite

012. 문쯔 메탈(Muntz metal)에 주석(Sn)을 소량 첨가한 합금으로 용접봉, 밸브 등으로 사용하는 합금은?
㉮ 애드미럴티 포금(Admiralty gun metal)
㉯ 라우탈(Lautal)
㉰ 네이벌 브라스(Naval brass)
㉱ 레드 브라스(Red brass)

013. 탄소강의 원소 중 고스트 라인(Ghost line)이라 하며 강재파괴의 원인이 되고 상온취성을 일으키는 원소는?
㉮ Si   ㉯ P
㉰ Mn   ㉱ S

014. 다음 중 강자성체에 속하지 않는 것은?
㉮ Cr   ㉯ Fe
㉰ Ni   ㉱ Co

015. 그림은 KS B 0816에 의한 침투탐상시험용 B형 비교시험편의 단면확대 그림이다. ①-②-③을 옳게 나타낸 것은?

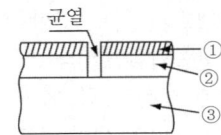

㉮ ① 알루미늄합금판 - ② 니켈 도금층 - ③ 크롬 도금층
㉯ ① 알루미늄합금판 - ② 크롬 도금층 - ③ 니켈 도금층
㉰ ① 동합금판 - ② 니켈 도금층 - ③ 크롬 도금층
㉱ ① 동합금판 - ② 크롬 도금층 - ③ 니켈 도금층

016. 다음 중 방사선 투과검사에서 사용되지 않는 것은?
㉮ 투과도계   ㉯ 탐촉자
㉰ 증감지   ㉱ 납 차폐체

017 자분탐상법 중 시험체 표면 2점에만 전류를 흐르게 하여 대형품의 부분탐상 또는 복잡한 형상의 탐상에 적합하나 압착을 충분히 하지 않으면 스파크를 일으켜 시험품에 손상을 줄 수도 있는 탐상방법은?
㉮ 코일법
㉯ 자속관통법
㉰ 축 통전법
㉱ 프로드법

018 X선 튜브의 관전압을 높이면 어떻게 되는가?
㉮ X선의 파장은 길어지고 투과력은 증가한다.
㉯ X선의 파장은 짧아지고 투과력은 증가한다.
㉰ X선의 파장은 짧아지고 투과력은 저하한다.
㉱ X선의 파장은 길어지고 투과력은 저하한다.

019 방사선 측정용 기구 중 피폭선량 측정 기구로 틀린 것은?
㉮ Film badge
㉯ Pocket dosimeter
㉰ Muffle tester
㉱ Survey meter

020 선량당량은 단위로 Sv(Sievert)를 사용한다. 1 Sv는 몇 rem인가?
㉮ 1
㉯ 10
㉰ 100
㉱ 1000

021 다음 중 감전방지의 유의사항으로 틀린 것은?
㉮ 전격 방지기를 사용하지 말 것
㉯ 신체, 의복 등에 물기가 없도록 할 것
㉰ 홀더, 케이블, 용접기의 절연과 접속을 완전히 할 것
㉱ 절연이 좋은 장갑과 신발 및 작업복을 사용할 것

022 침투탐상검사의 일반적인 검사 절차로 옳은 것은?
㉮ 전처리 → 유화 → 침투 → 세척 → 현상 → 관찰 → 후처리 → 건조
㉯ 전처리 → 침투 → 유화 → 세척 → 건조 → 현상 → 관찰 → 후처리
㉰ 전처리 → 현상 → 후처리 → 세척 → 유화 → 건조 → 관찰 → 침투
㉱ 전처리 → 건조 → 유화 → 관찰 → 현상 → 침투 → 세척 → 후처리

023 담금질 시 급랭으로 인한 변형의 원인으로 틀린 것은?
㉮ 냉각의 불균일
㉯ 조직의 표준화
㉰ 열응력과 변태응력의 중복
㉱ 잔류응력의 발생

024 인공시효의 경우 시효의 진행에 따라서 한번 최고값에 이른 경도가 다시 저하하여 오히려 연화하는 것은?
㉮ 상온시효
㉯ 시효경화
㉰ 과시효
㉱ 저온시효

정답 017. ㉱ 018. ㉯ 019. ㉰ 020. ㉰ 021. ㉮ 022. ㉯ 023. ㉯ 024. ㉰

025. 철 표면에 알루미늄(Al)을 침투시키는 방법은?
㉮ 세라다이징 ㉯ 칼로라이징
㉰ 보로나이징 ㉱ 크로마이징

026. "임계전단응력 $\tau = \dfrac{F}{A}\cos\phi \cdot \cos\lambda$"에서 Schmid 인자는?
㉮ $\cos\phi \cdot \cos\lambda$ ㉯ F/A
㉰ F ㉱ A

027. 다음 중 설퍼 프린트(Sulphur print) 검사란?
㉮ 철강 재료 중의 산화망간(MnO)의 분포 상태를 알아보는 검사법
㉯ 철강 재료 중의 황의 편석 및 그 분포상태를 알아보는 검사법
㉰ 구리 및 알루미늄 결정조직 상태를 알아보는 검사법
㉱ 구리 및 알루미늄 합금에서의 입간부식이나 방향성을 알아보는 검사법

028. 다음 결정계 중 정방정계(Tetragonal system)는?
㉮ a = b = c, $\alpha = \beta = \gamma = 90°$
㉯ a = b ≠ c, $\alpha = \beta = \gamma = 90°$
㉰ a ≠ b ≠ c, $\alpha = \beta = \gamma = 90°$
㉱ a ≠ b ≠ c, $\alpha \neq \beta \neq \gamma \neq 90°$

029. 합금강 열처리 시 뜨임취성을 방지하기 위해 첨가되는 원소로 가장 효과적인 것은?
㉮ Cr ㉯ Ni
㉰ Mo ㉱ V

030. 열처리 시 염욕제가 갖추어야 할 조건으로 틀린 것은?
㉮ 유동성이 좋고 피막이 열처리 후 용이하게 떨어져야 한다.
㉯ 용해가 용이해야 한다.
㉰ 흡습성이 커야 한다.
㉱ 유해가스 발생량이 적어야 한다.

031. 금속의 변태점 측정방법이 아닌 것은?
㉮ 열 분석법 ㉯ 전류 측정법
㉰ 전기 저항법 ㉱ 열 팽창법

032. 다음 중 와전류탐상시험에 대한 설명으로 옳은 것은?
㉮ 형상이 복잡하여도 적용이 용이하다.
㉯ 내부의 깊은 위치에 있는 결함도 검출이 용이하다.
㉰ 비접촉식 방법으로 시험 속도가 빠르다.
㉱ 재료적 요인에 의해 잡음이 전혀 발생되지 않는다.

033. 870℃에서 4시간 동안 가스침탄을 할 경우 이론상 침탄 깊이는 약 몇 mm인가? (단, 870℃에서 온도에 따른 확산정수값은 0.457이다.)
㉮ 0.642 ㉯ 0.763
㉰ 0.812 ㉱ 0.914

034. 양백(german silver, nickel silver)은 어떤 합금 원소로 되어 있는가?
㉮ Cu-Al-Mg ㉯ Cu-Ni-Sn
㉰ Cu-Mg-Zn ㉱ Cu-Zn-Ni

035. 로기에 이용되는 흡열형 변성가스의 설명으로 틀린 것은?
- ㉮ 니켈촉매를 통해 원료가스에 공기를 가하여 열 또는 산화 분해한 가스이다.
- ㉯ 흡열형 변성가스에는 DX, NX, HNX 등이 있다.
- ㉰ 원료가스에 공기가 많으면 탄산가스와 수증기가 많게 된다.
- ㉱ 원료가스에 공기가 부족하면 그을음을 만들어 촉매 작용을 방해 한다.

036. 컴퓨터를 이용한 자동제도 방식을 뜻하는 것은?
- ㉮ CAM
- ㉯ NC
- ㉰ CNC
- ㉱ CAD

037. 베르누이(bernoulli)의 정리에서 $\frac{V^2}{2g}$ 의 항은? (단, V는 유체의 속도, g는 중력가속도이다.)
- ㉮ 속도수두
- ㉯ 압력수두
- ㉰ 위치수두
- ㉱ 전수두

038. 유압펌프 중 용적형 펌프가 아닌 것은?
- ㉮ 기어펌프
- ㉯ 피스톤펌프
- ㉰ 베인펌프
- ㉱ 원심펌프

039. 다음 중 강의 경화능을 측정하는 시험법은?
- ㉮ 조미니 시험법
- ㉯ X-RAY 시험법
- ㉰ 크리프 시험법
- ㉱ 커핑 시험법

040. 주철의 성질을 설명한 것 중 틀린 것은?
- ㉮ 수축 : 수축에 의해 내부 응력이 생기고 이 때문에 균열과 수축 구멍 등의 결함이 생긴다.
- ㉯ 피삭성 : 흑연의 윤활작용과 절삭 칩이 쉽게 파쇄되어 주철의 절삭성은 좋으며, 절삭유를 사용하지 않는다.
- ㉰ 유동성 : 주철은 C, Si, P, Mn 등의 함유량이 많을수록 유동성이 좋아지나 S는 유동성을 나쁘게 한다.
- ㉱ 내열성 : 상온에서 400℃까지는 내열성을 가지지 못하나 400℃ 이상에서는 내열성이 좋아진다.

041. 방사선투과시험에 사용되는 계조계의 용도는?
- ㉮ 투과사진의 두께 측정
- ㉯ 필름의 밀도 측정
- ㉰ 투과사진의 농도 측정
- ㉱ 광원에 대한 불선명도 측정

042. 다음 중 철강 부식액으로 옳은 것은?
- ㉮ 수산화나트륨 용액
- ㉯ 질산 용액
- ㉰ 피크랄 용액
- ㉱ 염산 용액

043. 다음 중 Ni-Fe 합금이 아닌 것은?
- ㉮ 니칼로이
- ㉯ 퍼말로이
- ㉰ 플래티나이트
- ㉱ 켈밋

정답 035. ㉯ 036. ㉱ 037. ㉮ 038. ㉱ 039. ㉮ 040. ㉱ 041. ㉰ 042. ㉯ 043. ㉱

044 다음 중 인장시험기의 물림부의 구비조건으로 틀린 것은?

㉮ 시험 중 시험편은 시험기 작동 중심선상에 있어야 한다.
㉯ 인장하중과 편심하중이 가해져야 한다.
㉰ 취급이 편리해야 한다.
㉱ 시험편에 심한 변형을 주어서는 안 된다.

045 다음 중 로크웰 경도시험에서 사용되는 다이아몬드 압입자의 원추각 각도로 옳은 것은?

㉮ 110° ㉯ 120°
㉰ 136° ㉱ 146°

046 다음 사진은 현미경을 통하여 얻은 조직사진이다. 조직명은 무엇인가? (단, 0.02%로 고온으로 가열해서 담금질해도 경화되지 않으며, α-Fe이다.)

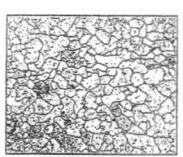

㉮ 펄라이트 조직
㉯ 페라이트 조직
㉰ 스테인리스강 조직
㉱ 시멘타이트조직

047 다음 중 강을 담금질했을 때 용적변화가 가장 큰 조직은?

㉮ 마르텐자이트 ㉯ 펄라이트
㉰ 오스테나이트 ㉱ 트루스타이트

048 담금질 작업 시 냉각단계의 순서로 옳은 것은?

㉮ 대류단계 → 비등단계 → 증기막단계
㉯ 증기막단계 → 비등단계 → 대류단계
㉰ 비등단계 → 증기막단계 → 대류단계
㉱ 대류단계 → 증기막단계 → 비등단계

049 초음파탐상시험에서 용접선에 대하여 초음파 빔의 방향을 변화시키기 위하여 탐촉자의 입사점을 중심으로 탐촉자를 회전시키는 주사방법은?

㉮ 지그재그 주사법 ㉯ 목돌림 주사법
㉰ 경사 평행 주사법 ㉱ 직선 주사법

050 다음 중 금속판재의 연성을 알기 위한 시험방법은?

㉮ 충격 시험   ㉯ 인장 시험
㉰ 에릭센 시험 ㉱ 스프링 시험

051 스텔라이트(Stellite) 합금을 설명한 것 중 틀린 것은?

㉮ Co-Ir-Zn-Cr계 단조합금으로서 성분은 40~67% Co, 20~27% Ir, 0~20% Zn, 1.5~2.5% Cr, 0.5~1% C로 구성된다.
㉯ 미국의 Haynes stellite사가 절삭공구용으로 개발한 것으로서 경도는 주조한 그대로가 HRC 약 60~64이다.
㉰ 형다이 등에 사용되는 외에 자동차엔진용 배기밸브의 용착봉, 일반 밸브류의 Seat 부위에 이용된다.
㉱ Cr 함량이 많아서 고온부식에 강하고 내열피로성, 부식 등 사용조건이 가혹한 부품에 사용된다.

정답 044. ㉯ 045. ㉰ 046. ㉯ 047. ㉮ 048. ㉯ 049. ㉯ 050. ㉰ 051. ㉮

052. 가스질화법에 의하여 질소(N)를 강 중에 확산시킨 질화강의 성질을 설명한 것 중 옳은 것은?

㉮ 질화온도가 높으면 질화깊이는 커지나 경도는 낮아진다.
㉯ 질화한 것은 인장강도, 항복점이 낮아진다.
㉰ 연신, 단면수축률, 충격치는 높아진다.
㉱ 피로한도는 저하한다.

053. 다음 중 Al합금을 개량처리하여 강화시킨 합금은?

㉮ 실루민   ㉯ 엘린바
㉰ 콘스탄탄 ㉱ 모넬메탈

054. 다음 중 탈산의 정도에 따라 분류되는 강의 종류가 아닌 것은?

㉮ 킬드강   ㉯ 캡드강
㉰ 림드강   ㉱ 세미림드강

055. 다음 중 절차계획에서 다루어지는 주요한 내용으로 가장 관계가 먼 것은?

㉮ 각 작업의 소요시간
㉯ 각 작업의 실시 순서
㉰ 각 작업에 필요한 기계와 공구
㉱ 각 작업의 부하와 능력의 조정

056. u 관리도의 관리상한선과 관리하한선을 구하는 식으로 옳은 것은?

㉮ $\bar{u} \pm 3\sqrt{\bar{u}}$ ㉯ $\bar{u} \pm \sqrt{\bar{u}}$
㉰ $\bar{u} \pm 3\sqrt{\bar{u}/n}$ ㉱ $\bar{u} \pm \sqrt{n \cdot \bar{u}}$

057. 그림과 같은 계획공정도(Network)에서 주공정으로 옳은 것은? (단, 화살표 밑의 숫자는 활동시간단위 : 주을 나타낸다.)

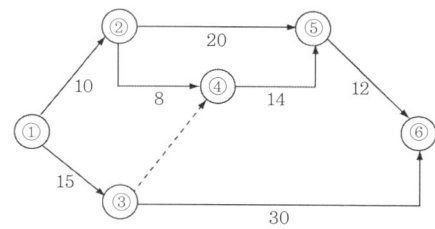

㉮ ①-②-⑤-⑥   ㉯ ①-②-④-⑤-⑥
㉰ ①-③-④-⑤-⑥   ㉱ ①-③-⑥

058. 작업자가 장소를 이동하면서 작업을 수행하는 경우에 그 과정을 가공, 검사, 운반, 저장 등의 기호를 사용하여 분석하는 것을 무엇이라 하는가?

㉮ 작업자 연합작업분석
㉯ 작업자 동작분석
㉰ 작업자 미세분석
㉱ 작업자 공정분석

059. 모집단을 몇 개의 층으로 나누고 각 층으로부터 각각 랜덤하게 시료를 뽑는 샘플링 방법은?

㉮ 층별 샘플링   ㉯ 2단계 샘플링
㉰ 계통 샘플링   ㉱ 단순 샘플링

060. 다음 중 관리의 사이클을 가장 올바르게 표시한 것은? (단, A : 조처, C : 검토, D : 실행, P : 계획)

㉮ P→C→A→D   ㉯ P→A→C→D
㉰ A→D→C→P   ㉱ P→D→C→A

정답 052. ㉮ 053. ㉮ 054. ㉱ 055. ㉱ 056. ㉰ 057. ㉱ 058. ㉱ 059. ㉮ 060. ㉱

부록 3. 2007년도 금속재료기능장 시행문제

(2007. 7. 15)

001 다음 중 Al합금의 질별 기호에서 T6란 어떠한 열처리인가?
㉮ 고온가공에서 냉각 후 자연시효한 것
㉯ 담금질 후 안정화 처리하여 자연시효한 것
㉰ 용체화처리 후 인공시효 경화처리한 것
㉱ 고용화처리 후 다시 냉간가공한 것

002 탄소의 함량이 0.42~0.48%인 SM45C 재질의 담금질(quenching) 온도(℃)로 가장 적당한 것은?
㉮ 약 100~150   ㉯ 약 450~500
㉰ 약 820~870   ㉱ 약 1050~1100

003 노 내 분위기 가스 중 환원성 가스로 옳은 것은?
㉮ CO_2 ㉯ NH_3
㉰ N_2 ㉱ O_2

004 자분탐상시험에 대한 설명 중 옳은 것은?
㉮ 오스테나이트강의 시험에 좋다.
㉯ 자속과 평행한 방향의 균열은 검출하기 쉽다.
㉰ A형 표준시험편은 인공 홈이 있는 면이 시험면에 잘 밀착되도록 붙인다.
㉱ 자분분산 농도는 10kgf의 검사액 중에 분산되어 있는 자분의 밀도를 말한다.

005 다음 소결한 복합합금 중 초경합금이 아닌 것은?
㉮ Widia   ㉯ Tangaloy
㉰ Carboloy ㉱ Platinite

006 다음 중 Ni합금이 아닌 것은?
㉮ Inconel   ㉯ Permalloy
㉰ Elinvar   ㉱ Gilding metal

007 방사선투과 검사 시 노출인자를 구하는 식으로 옳은 것은? (단, l : 관전류[mA] 또는 선원의 강도[Bq], t : 노출 시간[s], d : 선원·필름사이의 거리[m])
㉮ $E = \dfrac{l-t}{d^2}$ ㉯ $E = \dfrac{l-t}{d}$
㉰ $E = \dfrac{(l \cdot t)^2}{d}$ ㉱ $E = \dfrac{l \cdot t}{d^2}$

008 용접 내부의 블로우홀(blow hole)을 검출하는 데 이어서 가장 적합한 비파괴시험법은?
㉮ PT   ㉯ LT
㉰ ET   ㉱ RT

【정답】 001. ㉰ 002. ㉰ 003. ㉯ 004. ㉰ 005. ㉱ 006. ㉱ 007. ㉱ 008. ㉱

009. 초음파탐상검사에서 사용되는 탐촉자 중 위상 배열 탐촉자에 대한 설명으로 옳은 것은?

㉮ 액체에서 사용할 수 있도록 특별히 설계된 종파 탐촉자이다.
㉯ 자기유도 효과로부터 전기적 진동을 음파에너지로 바꾸거나 그 역으로 바꿀 수 있는 탐촉자이다.
㉰ 집속빔이나 초점을 만드는 특별한 장치에 의해 초음파 빔이 집속되는 탐촉자이다.
㉱ 각각 다른 진폭으로 독자적으로 작동할 수 있는 여러 개의 요소 진동자로 구성되어 다양한 빔의 각도와 집속거리를 가질 수 있는 탐촉자이다.

010. 고주파 열처리 작업 중 조업안전에 대한 설명으로 틀린 것은?

㉮ 전원투입은 순서를 정확히 지킨다.
㉯ 보안설비의 작동을 규정된 방법에 따라 확인한다.
㉰ 전원부 및 발진부는 작업 중 접근하여 점검한다.
㉱ 보수 및 점검시는 반드시 전원스위치를 끊고 작업한다.

011. 염욕 열처리 작업 시 주의해야 할 사항으로 틀린 것은?

㉮ 홀더는 완전한 것을 사용할 것
㉯ 염(Salt) 주변에 물을 뿌려가면서 작업할 것
㉰ 반드시 소정의 보호구를 착용할 것
㉱ 배기용 팬은 사용 전 충분히 점검할 것

012. 비파괴시험의 안전관리 사항으로 틀린 것은?

㉮ X선 조사실 주위에 다른 사람들이 접근하지 못하도록 통제한다.
㉯ X선 장치는 고전압이 작동되므로 감전에 주의한다.
㉰ 자분탐상 시험 시 자외선 등에 의한 빛은 발생되지 않으므로 보호안경은 착용하지 않아도 된다.
㉱ 침투탐상 시험 시 휘발성 가스 또는 유기 용제를 취급할 때 피부 및 기타 인체에 손상이 없도록 주의한다.

013. 고속도 공구강의 담금질 온도(℃)의 범위로 가장 옳은 것은?

㉮ 약 110 ~ 120
㉯ 약 750 ~ 850
㉰ 약 900 ~ 1000
㉱ 약 1200 ~ 1350

014. 저탄소강을 침탄하여 침탄층의 경도를 측정하고자 할 때 사용하는 가장 적합한 경도계는?

㉮ 브리넬 경도계
㉯ 비커스 경도계
㉰ 마이어 경도계
㉱ 쇼어 경도계

015. 오스테나이트 상태에서 Ar'과 Ar'' 사이에 유지된 염욕에 담금질하여 과랭 오스테나이트가 염욕 중에서 항온변태가 종료할 때까지 항온 유지시키고, 공기 중으로 냉각하는 열처리 방법은?

㉮ 오스템퍼링(Austempering)
㉯ 마퀜칭(Marquenching)
㉰ 항온뜨임(Isothermal tempering)
㉱ 타임퀜칭(Time quenching)

정답 009. ㉱ 010. ㉰ 011. ㉯ 012. ㉰ 013. ㉱ 014. ㉯ 015. ㉮

016. 침투탐상검사에 사용되는 현상제가 갖추어야 할 특성으로 틀린 것은?

㉮ 흡수력이 큰 재료일 것
㉯ 점성이 클 것
㉰ 미세한 입자 모양을 갖출 것
㉱ 형광 침투제를 사용할 경우 비형광일 것

017. 약 0.77% 탄소강을 일정온도에서 오스테나이트화한 후 약 300℃의 염욕에서 담금질하여 15분 유지한 다음 수랭 하였을 때 나타나는 조직으로 옳은 것은?

㉮ 페라이트
㉯ 시멘타이트
㉰ 하부 베이나이트
㉱ 잔류 오스테나이트

018. 재료의 결함검사 중 데시벨(dB)이 사용되는 비파괴시험으로 옳은 것은?

㉮ UT ㉯ RT
㉰ PT ㉱ LT

019. 순철에서 나타나는 동소체와 그에 따른 결정격자를 올바르게 나타낸 것은?

㉮ α-Fe : FCC   ㉯ γ-Fe : FCC
㉰ δ-Fe : FCC   ㉱ ε-Fe : FCC

020. 다음의 실용 황동 중 문쯔 메탈(Muntz metal)의 조성으로 옳은 것은?

㉮ 60% Cu - 40% Zn 합금
㉯ 80% Cu - 20% Zn 합금
㉰ 90% Cu - 10% Zn 합금
㉱ 95% Cu - 5% Zn 합금

021. 침투탐상검사법의 특징으로 틀린 것은?

㉮ 표면의 미세한 결함도 쉽게 검출할 수 있다.
㉯ 표면이 거친 시험체나 다공성 재료는 검사가 어렵다.
㉰ 결함의 깊이, 내부의 모양 및 크기를 알 수 있다.
㉱ 금속 및 비금속에 관계없이 거의 모든 재료의 표면에 적용할 수 있다.

022. 실루민(Silumin)의 개량처리에 사용되는 것이 아닌 것은?

㉮ 나트륨
㉯ 플루오르화 알칼리
㉰ 마그네슘
㉱ 수산화나트륨

023. 주철의 ASTM 기준 형태에서 미세한 공정상 흑연이 나타나는 형태로 냉각속도가 아주 빠르고 규소가 많이 함유된 형은?

㉮ A형 ㉯ C형
㉰ D형 ㉱ E형

024. 강을 분류할 때 공석강의 탄소함량은 약 몇 %인가?

㉮ 0.025 ㉯ 0.8
㉰ 2.1   ㉱ 4.5

025. 강 중에 포함되어 쾌삭성을 높이기 위한 첨가 원소가 아닌 것은?

㉮ S   ㉯ Pb
㉰ Se ㉱ Cr

정답 016. ㉯ 017. ㉰ 018. ㉮ 019. ㉯ 020. ㉮ 021. ㉰ 022. ㉰ 023. ㉰ 024. ㉯ 025. ㉱

026. 현미경 배율 100배에서 강의 페라이트 결정립의 수를 측정한 결과 1평방인치 ($25.4mm^2$) 중에 256개였을 때 페라이트 결정입도 번호는?
㉮ 1 ㉯ 5
㉰ 7 ㉱ 9

027. 다음 중 질화법에 대한 설명으로 틀린 것은?
㉮ 가스 질화는 500~550℃의 온도범위에서 처리하여 열 변형이 적다.
㉯ 질화용강은 질화 전에 조질 열처리를 해야 한다.
㉰ 질화처리한 강은 인장강도 및 항복강도는 낮고, 충격값은 높아진다.
㉱ 가스 질화처리는 다른 질화처리에 비하여 처리시간이 비교적 길다.

028. 고속도 공구강의 대표적인 18-4-1형의 조성으로 옳은 것은?
㉮ Cr 18% - W 4% - V 1%
㉯ W 18% - V 4% - Cr 1%
㉰ W 18% - Cr 4% - V 1%
㉱ V 18% - W 4% - Cr 1%

029. 직경 25mm의 봉재를 A3 + 30℃ 까지 가열한 후 수랭을 실시할 때 냉각의 3단계 순서로 옳은 것은?
㉮ 비등단계 - 증기막단계 - 대류단계
㉯ 증기막단계 - 비등단계 - 대류단계
㉰ 비등단계 - 대류단계 - 증기막단계
㉱ 대류단계 - 증기막단계 - 비등단계

030. 알루미늄 및 알루미늄 합금의 현미경 조직 검사용 부식액으로 옳은 것은?
㉮ 질산 알코올 용액
㉯ 피크린산 알코올 용액
㉰ 염화 제2철 용액
㉱ 수산화나트륨 용액

031. 다음 중 금속계 복합재료가 아닌 것은?
㉮ 섬유 강화 금속 ㉯ 분산 강화 금속
㉰ 입자 강화 금속 ㉱ 석출 강화 금속

032. 같은 크기의 결함이 존재할 경우, 초음파탐상시험에 의하여 찾아내기 가장 쉬운 결함은?
㉮ 이종 물질의 혼입
㉯ 재료 표면의 미세 결함
㉰ 초음파 진행방향에 평행인 결함
㉱ 초음파 진행방향에 수직인 결함

033. 공학적 설계를 지원하기 위한 컴퓨터 지원 설계(CAD) 시스템을 사용하는 중요한 이유가 아닌 것은?
㉮ 공정계획의 단순화
㉯ 생산 데이터베이스의 생성
㉰ 설계의 생산성 증가
㉱ 설계의 질 향상

034. 다음 용적형 펌프 중 회전펌프가 아닌 것은?
㉮ 기어펌프 ㉯ 원심펌프
㉰ 나사펌프 ㉱ 베인펌프

정답 026. ㉱ 027. ㉰ 028. ㉰ 029. ㉯ 030. ㉱ 031. ㉱ 032. ㉱ 033. ㉮ 034. ㉯

035 되먹임 제어에서 서보기구의 구성방식 중 높은 정밀도를 얻을 수 있으며, 출력의 일부를 입력 방향으로 피드백(feedback)을 행하는 방식은?

㉮ 개방회로방식(open loop system)
㉯ 폐쇄회로방식(closed loop system)
㉰ 반폐쇄회로방식(semi-closed loop system)
㉱ 하이브리드서보방식(hybrid servo system)

036 다음 중 CNC 머시닝센터의 특징으로 틀린 것은?

㉮ 소형 부품은 1회에 여러 개 고정하여 연속 작업을 할 수 있다.
㉯ 형상이 복잡하고 다양한 제품에 대한 가공에는 어려움이 많다.
㉰ 한 사람이 여러 대를 가동할 수 있어 인력이 적게 소요된다.
㉱ 컴퓨터에 내장된 NC로 메모리(Memory) 작업을 할 수 있다.

037 다음 중 내력을 구하는 방법이 아닌 것은?

㉮ 오프셋법   ㉯ 영구연신율법
㉰ 전체연신율법 ㉱ 파단연신율법

038 그림은 고주파담금질에서 주파수에 따른 기어의 경화층 변화를 나타낸 것이다. 다음 중 적당한 주파수의 경우를 나타낸 것은?

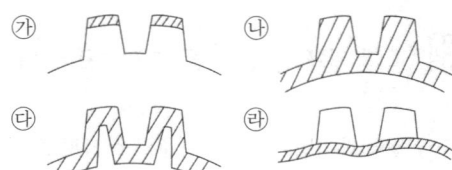

039 다음 중 순철의 변태에 대한 설명으로 옳은 것은?

㉮ $[\alpha] \rightleftarrows [\gamma]$ 변태이다.
㉯ 자기변태를 설명한 것이다.
㉰ 변태는 1400℃에서 일어난다.
㉱ 변태 완료 후 펄라이트 조직이 얻어진다.

040 다음 중 두랄루민에 대한 설명으로 가장 관계가 먼 것은?

㉮ 고강도 알루미늄 합금이다.
㉯ 시효경화 효과가 없다.
㉰ 내열 고강도용으로도 사용된다.
㉱ 대표적인 합금계는 Al - Cu - Mg이다.

041 다음 중 강의 담금질성을 시험하는 방법은?

㉮ 조미니(Jominy) 시험법
㉯ 크리프(Creep) 시험법
㉰ 후겐 베르거형 시험법
㉱ 마르텐스 시험법

042 황이 강의 외주부로부터 중심부로 향하여 증가하여 분포되고 외주부보다 중심부의 방향에 짙은 농도로 착색되는 편석은?

㉮ 정편석   ㉯ 역편석
㉰ 점상편석   ㉱ 선상편석

043 응력을 완전히 제거하였을 때 재료에 영구변형을 남기지 않는 최대 응력은?

㉮ 상부 항복점 ㉯ 하부 항복점
㉰ 탄성한계   ㉱ 파단응력

정답 035. ㉯ 036. ㉯ 037. ㉱ 038. ㉯ 039. ㉮ 040. ㉯ 041. ㉮ 042. ㉮ 043. ㉰

044 다음 중 확산이 빠른 것부터 나열된 것은?
㉮ 표면확산 〉 격자확산 〉 입계확산
㉯ 표면확산 〉 입계확산 〉 격자확산
㉰ 격자확산 〉 입계확산 〉 표면확산
㉱ 입계확산 〉 표면확산 〉 격자확산

045 안전업무 분담 중 경영자의 의무가 아닌 것은?
㉮ 근로조건 개선을 통한 작업환경조성
㉯ 산재예방을 위한 기준준수
㉰ 근로자의 안전 보건을 유지
㉱ 산업안전 보건 정책의 수립

046 다음 중 베인 펌프에 대한 설명으로 옳은 것은?
㉮ 펌프 출력에 비해 형상 치수가 크다.
㉯ 기어, 피스톤 펌프에 비해 토출압력의 맥동이 적다.
㉰ 베인의 마모에 의한 압력 저하가 발생한다.
㉱ 수명이 짧고, 단시간의 안정된 성능을 발휘한다.

047 다음 중 강의 담금질성을 증가시키는 원소로 옳은 것은?
㉮ V   ㉯ Co
㉰ W   ㉱ Mn

048 침투탐상시험에서 후유화제법의 유화제 적용시점은 언제인가?
㉮ 수세 작업 후
㉯ 침투시간이 경과된 후
㉰ 침투제 적용하기 전
㉱ 현상시간이 경과된 후

049 비틀림 모멘트를 측정하는 방법이 아닌 것은?
㉮ 펜듀럼식   ㉯ 탄성식
㉰ 레버식   ㉱ 진동식

050 인장시험에서 응력과 변형률이 서로 비례한다는 것은 어떤 법칙인가?
㉮ 후크의 법칙   ㉯ 파스칼의 법칙
㉰ 브레밍 법칙   ㉱ 관성의 법칙

051 서브제로(Sub Zero) 처리에 대한 설명으로 틀린 것은?
㉮ 공구에서 경도 부족의 원인이 되는 잔류 스테나이트를 0℃ 이하의 온도로 냉각하여 마르텐자이트로 변태시키는 심랭처리 열처리이다.
㉯ 잔류 오스테나이트는 불안정하기 때문에 마르텐자이트화하여 팽창 및 변형을 일으키는 경년변화를 방지하기 위한 영하처리 방법이다.
㉰ 오스테나이트화한 후 기름 중에 급랭하여 마르텐자이트화시키며 경화된 조직을 갖기 위한 열처리 방법이다.
㉱ 잔류 오스테나이트가 많은 담금질한 강을 상온에서 장시간 방치하면 마르텐자이트화가 잘 진행되지 못하므로 0℃ 이하의 온도로 낮추어야 하며, 냉각제로서 액체질소, 액체산소, 드라이아이스 등이 사용되는 열처리이다.

052 다음 중 C-Si의 함량에 따른 주철의 조직분포도를 나타내는 것은?
㉮ 바우싱거 분포도   ㉯ 경도 분포도
㉰ 마우러 조직도   ㉱ 개재물 분포도

정답 044. ㉯ 045. ㉱ 046. ㉯ 047. ㉱ 048. ㉯ 049. ㉱ 050. ㉮ 051. ㉰ 052. ㉰

053 해수용 복수기용관, 유정관재료, 각종화학 공업용 장치로 사용되는 2상계 스테인리스 강에 대한 설명으로 틀린 것은?

㉮ 800~850℃에서 시그마 상이 석출하므로 열처리 후에 700~900℃는 가능한 한 급랭하고, 응력제거 열처리도 이 온도 범위에서는 피하도록 한다.
㉯ Ferrite계에 비하면 인성과 용접부의 내식성은 좋지 않으나 시공성은 좋다.
㉰ Ferrite계만큼 응력부식균열에 강하지는 않으나 오스테나이트계보다 저항성이 높다.
㉱ 오스테나이트계에 비하여 강도가 높다.

054 연간 소요량 4000개인 어떤 부품의 발주비용은 매회 200원이며, 부품단가는 100원, 연간 재고유지비율이 10%일 때 F.W.Harris식에 의한 경제적 주문량은 얼마인가?

㉮ 40개/회 ㉯ 400개/회
㉰ 1000개/회 ㉱ 1300개/회

055 제품공정 분석표(Product Process Chart) 작성시 가공시간 기입법으로 가장 올바른 것은?

㉮ $\dfrac{1개당\ 가공시간 \times 1로트의\ 수량}{1로트의\ 총가공시간}$

㉯ $\dfrac{1로트의\ 가공시간}{1로트의\ 총가공시간 \times 1로트의\ 수량}$

㉰ $\dfrac{1개당\ 가공시간 \times 1로트의\ 총가공시간}{1로트의\ 수량}$

㉱ $\dfrac{1로트의\ 총가공시간}{1개당\ 가공시간 \times 1로트의\ 수량}$

056 다음 중 X선 회절법으로 알 수 없는 것은?

㉮ 결정의 면간거리 ㉯ 단위격자의 모양
㉰ 슬립의 변형량 ㉱ 원자반경

057 이항분포(Binomial distribution)의 특징으로 가장 옳은 것은?

㉮ P = 0일 때는 평균치에 대하여 좌·우 대칭이다.
㉯ P ≤ 0.1이고, nP = 0.1 ~ 10일 때는 포아송 분포에 근사한다.
㉰ 부적합품의 출현 개수에 대한 표준편차는 D(x) = nP이다.
㉱ P ≤ 0.5이고, nP ≥ 5일 때는 포아송 분포에 근사한다.

058 다음 중 검사를 판정의 대상에 의한 분류가 아닌 것은?

㉮ 관리 샘플링 검사
㉯ 로트별 샘플링 검사
㉰ 전수검사
㉱ 출하검사

059 "무결점 운동"이라고 불리는 것으로 품질 개선을 위한 동기부여 프로그램은 어느 것인가?

㉮ TQC ㉯ ZD
㉰ MIL-STD ㉱ ISO

060 M 타입의 자동차 또는 LCD TV를 조립, 완성한 후 부적합수(결점수)를 점검한 데이터에는 어떤 관리도를 사용하는가?

㉮ P관리도 ㉯ nP관리도
㉰ c관리도 ㉱ $\overline{X}$-R 관리도

정답 053. ㉯ 054. ㉯ 055. ㉮ 056. ㉰ 057. ㉯ 058. ㉱ 059. ㉯ 060. ㉰

부록 3. 2008년도 금속재료기능장 시행문제

(2008. 3. 30)

001 금속이 응고될 때 불순물이 최종적으로 모이는 곳은?
㉮ 결정립계   ㉯ 결정의 모서리
㉰ 금속의 표면   ㉱ 결정립의 중심부

002 다음 중 흑연의 형상 중 A형의 특징이 아닌 것은?
㉮ 자유로 발달한 조대한 초정흑연(kish graphite)이 혼합된 조직이다.
㉯ 탄소가 3% 이하의 아공정 주철에 잘 나타난다.
㉰ 기계적 성질이 다른 형에 비해 가장 우수하다.
㉱ 균일분포의 편상 흑연조직이다.

003 단면적 40mm²인 환봉을 인장시험 한 그래프이다. 점에서의 단면적은 34mm², 점에서의 단면적은 28mm²이었을 때 인장강도(kgf/mm²)는?

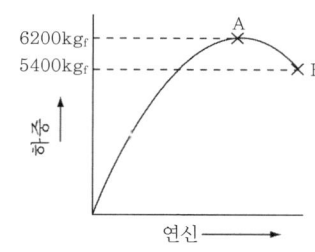

㉮ 135   ㉯ 155
㉰ 182   ㉱ 221

004 [그림]과 같은 신호-흐름선도의 선형 방정식은?

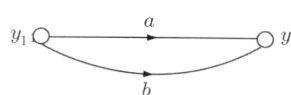

㉮ $y_2 = (a+b)y_1$ ㉯ $y_2 = a \cdot b \cdot y_1$
㉰ $y_2 = \dfrac{a}{b}y_1$ ㉱ $y_2 = \dfrac{1}{ab}y_1$

005 다음 중 고속도강을 담금질하고 뜨임을 반복하는 이유로 가장 옳은 것은?
㉮ 담금질 온도가 높으므로
㉯ 결정립을 조대화하기 위하여
㉰ 2차 경화를 없애기 위하여
㉱ 잔류 오스테나이트를 없애기 위하여

006 18-8 스테인리스강(Cv = 5890m/s, Cs = 3100m/s)의 경사각 탐상을 위해 굴절각 70°의 종파경사각 탐촉자를 설계했다. 이때 나타나는 횡파의 굴절각은 약 몇 도인가?
㉮ 10°   ㉯ 25°
㉰ 30°   ㉱ 45°

007 자동제어 시스템에서 연속제어에 속하지 않는 것은?
㉮ 비례제어   ㉯ 다점제어
㉰ 적분제어   ㉱ 미분제어

정답 001. ㉮ 002. ㉮ 003. ㉯ 004. ㉮ 005. ㉱ 006. ㉰ 007. ㉯

008. 강에 특수원소를 첨가할 때의 영향을 설명한 것으로 틀린 것은?
㉮ Al을 첨가하여 결정립 성장을 억제시킨다.
㉯ Cr을 첨가하여 내산화성 및 내식성을 증가시킨다.
㉰ B를 미량 첨가하여 담금질성을 저하시킨다.
㉱ Mo를 첨가하여 뜨임취성을 방지한다.

009. 다음 중 방사선 방호의 3원칙과 관계가 먼 것은?
㉮ 방사선 선원과 사람과의 사이에 차폐물을 둔다.
㉯ 방사선 선원과 사람사이의 거리를 멀리 한다.
㉰ 방사선 방호용 측정기를 사용한다.
㉱ 방사선을 받는 시간을 줄인다.

010. 크리프 시험에서 크리프 곡선의 3단계 구분 중 제 2단계의 진행상황으로 옳은 것은?
㉮ 크리프 속도가 대략 일정하게 진행되는 정상 크리프 단계
㉯ 크리프 속도가 점차 증가되어 파단에 이르는 가속 크리프 단계
㉰ 초기 크리프에서 변형률이 점차 감소되는 단계
㉱ 크리프 속도가 불규칙하게 진행되는 단계

011. 원자의 배열은 변하지 않고 강자성에서 상자성으로 자성이 변하는 경우 즉, 상(相)의 변화가 아니고 에너지적 변화인 것을 무엇이라 하는가?
㉮ 자기변태 ㉯ 동소변태
㉰ 포정반응 ㉱ 편정반응

012. 다음 중 Al 또는 Al합금을 부식시키기 위한 부식액으로 옳은 것은?
㉮ 피크린산알코올 용액
㉯ 수산화나트륨 용액
㉰ 질산아세트산 용액
㉱ 염화 제2철 용액

013. Sm^25C의 강이 공석점 직하에서 펄라이트의 조직양은 약 얼마(%)인가? (단, 공석점의 탄소 유량은 0.85% 이다.)
㉮ 17   ㉯ 29
㉰ 37   ㉱ 49

014. 탄소강에 존재하는 원소가 기계적 성질에 미치는 영향을 설명한 것 중 틀린 것은?
㉮ Mn : 강 중에서 0.2~0.4% 정도로 억제하여 공구강의 담금질 파열을 방지한다.
㉯ Si : Ferrite 중에 고용해서 경도, 탄성한계, 인장응력을 높이며 연신율, 충격치를 감소시킨다.
㉰ P : Fe_3P 화합물을 만들어 입자를 조대화시키고 상온에서 충격치를 감소시켜 상온취성의 원인이 된다.
㉱ S : 극소량이 강 중에 고용하여 인장강도, 탄성한계를 높이고 내식성을 증가시키며, 0.35% 정도이면 고탄소강에서도 유효하다.

015. 서로 다른 2종의 금속을 조합시켜 열기전력의 발생을 이용한 열전쌍온도계 중 크로멜-알루멜의 최고 사용온도는 약 몇 도(℃)인가?
㉮ 350   ㉯ 500
㉰ 800   ㉱ 1200

정답 008. ㉰ 009. ㉰ 010. ㉮ 011. ㉮ 012. ㉯ 013. ㉯ 014. ㉱ 015. ㉱

016 두께가 50mm인 강 용접부를 초음파 탐상 시 [그림]과 같이 CRT 화면에 결함 지시파가 나타났다. 이때 나타난 결함은 탐상면으로부터 얼마 깊이에 존재하는 결함인가?
(단, 탐촉자의 굴절각은 60°이고 CRT 화면에서 시간축은 100mm로 보정되어 있다.)

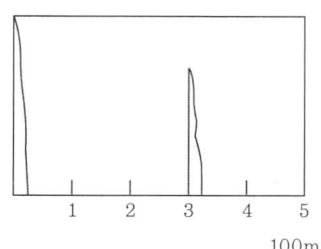

㉮ 10mm ㉯ 20mm
㉰ 30mm ㉱ 40mm

017 강의 내열성 및 스케일(scale)성을 향상시키기 위하여 강의 표면에 Al을 침투시키는 표면경화법은?

㉮ 크로마이징(chromizing)
㉯ 실리코나이징(siliconizing)
㉰ 칼로라이징(calorizing)
㉱ 세라다이징(sheradizing)

018 담금질에서 나타나는 조직의 경도와 강도가 높은 순서에서 낮은 순서로 옳은 것은?

㉮ 오스테나이트 > 트루스타이트 > 마르텐자이트
㉯ 트루스타이트 > 마르텐자이트 > 오스테나이트
㉰ 마르텐자이트 > 트루스타이트 > 오스테나이트
㉱ 마르텐자이트 > 오스테나이트 > 트루스타이트

019 용접구조용강은 용접에 의하여 구조물을 제작하므로 강도와 용접성이 필수이다. 이러한 용접구조용강에 대한 설명으로 옳은 것은?

㉮ 용접구조용강은 Mg과 W에 의해 강도를 확보한다.
㉯ 용접구조용강은 비조질강과 조질강으로 구분한다.
㉰ 용접성을 보증하는 성분규정인 탄소당량의 값이 클수록 용접이 용이하므로 가능한 큰 값으로 한다.
㉱ 용접 열영향부는 저온균열 감수성에 민감하여 급열 급랭하면 경화 후 취화균열이 발생할 수 있으므로 판두께가 크고 용접 입열이 작으면 주의해야 한다.

020 다음 중 에릭센 시험(Erichsen Test)의 목적으로 옳은 것은?

㉮ 연성(ductility)   ㉯ 인성(toughness)
㉰ 취성(shortness) ㉱ 강성(stiffness)

021 자분탐상시험의 특징을 설명한 것 중 틀린 것은?

㉮ 철강재료 등 강자성체의 표면층 검출에 효과적이다.
㉯ 자화방향과 직각인 방향의 결함검출에 효과적이다.
㉰ 오스테나이트계 스테인리스강 등의 비자성 재료에 효과적이다.
㉱ 표면상의 결함위치, 길이는 알 수 있으나 내부결함의 검출에는 용이하지 않다.

정답 016. ㉰ 017. ㉰ 018. ㉰ 019. ㉱ 020. ㉮ 021. ㉰

022. Sub-Zero 처리를 실시함으로 얻어지는 장점이 아닌 것은?
㉮ 시효변형을 방지한다.
㉯ 담금질 경도를 감소시킨다.
㉰ 내마모성, 내피로성이 향상된다.
㉱ 담금질한 강의 조직을 안정화시킨다.

023. 비정질금속(Amorphus Metal)을 제조하는 방법 중 금속가스를 이용한 방법이 아닌 것은?
㉮ 진공증착법   ㉯ 이온도금법
㉰ 스퍼터링법   ㉱ 전해 무전해법

024. 다음 재료의 파단면 중 고연성 재료에서 볼 수 있는 파단의 형태는?

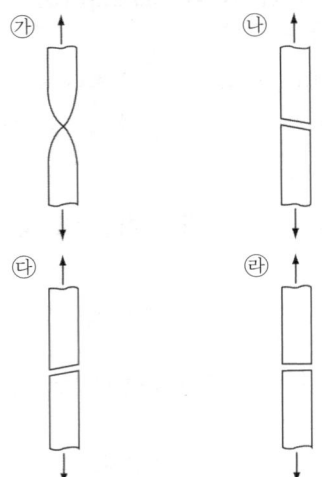

025. Cu-Be계 합금의 용체화처리 및 시효처리의 분위기로 가장 적당한 것은?
㉮ 불활성 분위기
㉯ 산화성 분위기
㉰ 환원성 분위기
㉱ 산화-환원 분위기(산화와 환원의 반복)

026. 다음 중 안전점검의 가장 주된 목적은?
㉮ 위험을 사전에 발견하여 개선하는 데 있다.
㉯ 법 및 기준에 적합 여부를 점검하는 데 있다.
㉰ 안전사고의 통계율을 점검하는 데 있다.
㉱ 장비의 설계를 하기 위함이다.

027. 운반이 편리하고 시료면에 압흔이 거의 남지 않으며, 시료대에 올려지지 않는 대형의 시료에 적용할 수 있는 경도시험법은?
㉮ 브리넬 경도시험   ㉯ 로크웰 경도시험
㉰ 비커스 경도시험   ㉱ 쇼어 경도시험

028. 다음 강 중에서 탈산도가 가장 좋은 것은?
㉮ 림드강   ㉯ 킬드강
㉰ 세미킬드강   ㉱ 캡드강

029. 초음파탐상시험의 접촉매질에 관한 설명으로 틀린 것은?
㉮ 물유리와 글리세린은 음향 임피던스가 작으므로 전달 특성이 좋다.
㉯ 페이스트(Paste)는 경사면에서의 접촉매질로 적합하다.
㉰ 물은 접촉매질로 사용할 수 있다.
㉱ 그리스를 접촉매질로 사용할 수 있다.

030. 침투탐상시험에서 과세척을 방지하여 미세하게 갈라지고 폭이 넓거나 얕은 결함의 검출에 가장 적합한 시험은?
㉮ 화학적 결함침투탐상시험
㉯ 매용성 수세침투탐상시험
㉰ 후유화성 형광침투탐상시험
㉱ 물리적 세척침투탐상시험

031. 스테인리스강의 10% 옥살산 부식시험에 대한 설명으로 틀린 것은?
㉮ 시험편의 예민화 처리는 극저 탄소 강종 및 안정화 강종에는 실시하지 않는다.
㉯ 시험편을 부식하여 현미경 검사를 하는 면은 압연 또는 단조품일 때에는 가공 방향에 직각의 단면으로 한다.
㉰ 몰리브덴을 함유한 경우 단상조직이 나타나기 어려우므로 10% 옥살산 대신에 10% 과황산 암모늄을 사용할 수 있다.
㉱ 시험판의 부식면을 음극으로 하여 옥살산 부식용액 중에 부식면적 $1cm^2$당 전류를 1A로 조정하여 90초간 부식한다.

032. 인장시험에 관한 다음 설명 중 틀린 것은?
㉮ 상부항복점(Upper Yield Point)은 항복 개시 후의 초대 응력이다.
㉯ 비례한도는 Hook의 법칙이 성립하는 응력값을 갖는다.
㉰ 인장강도(Tensile Strength)는 최대인장 하중을 처음 단면적으로 나눈 값이다.
㉱ 단면수축률은 파단부 최소 단면적과 처음 단면적과의 차를 처음 단면적으로 나눈 값에 대한 백분율이다.

033. 와전류탐상시험에서 코일의 임피던스에 영향을 미치는 인자와 가장 거리가 먼 것은?
㉮ 시험체의 투자율   ㉯ 시험체의 전도율
㉰ 시험주파수   ㉱ 잔류응력

034. 다음 중 무기성 분진에 의한 잔폐증으로 옳은 것은?
㉮ 석면 폐증   ㉯ 연초 폐증
㉰ 설탕 폐증   ㉱ 농부 폐증

035. 침투탐상검사에서 침투시간에 대한 설명 중 틀린 것은?
㉮ 침투시간은 침투액을 적용한 후 잉여 침투액을 세척처리하거나 유화처리한 후까지를 말한다.
㉯ 피로균열, 연마균열 등 폭이 좁은 결함은 기준 침투시간보다 길게 한다.
㉰ 침투제 종류, 시험체 재질, 예상결함의 종류와 크기 등을 고려하여 선정한다.
㉱ 정확한 침투시간을 결정하기 위해 대비시험편을 이용하기도 한다.

036. 자분탐상검사에서 시험체에 직접 전극을 접촉시켜 통전함으로써 자계를 만드는 방식이 아닌 것은?
㉮ 축통전법   ㉯ 프로드법
㉰ 코일법   ㉱ 직각통전법

037. 다음 중 가장 높은 경도를 나타내는 조직은?
㉮ Ferrite   ㉯ Pearlite
㉰ Cementite   ㉱ Austenite

038. 다음 중 베어링강의 경우 소킹(soaking) 처리를 하는 주목적은?
㉮ 내부응력의 제거를 위하여
㉯ 망상 시멘타이트의 구상화를 위하여
㉰ 조직의 미세화와 표준화를 위하여
㉱ 강재의 거대 탄화물을 소멸시키거나 띠 모양의 편석을 경감시키기 위하여

정답 031. ㉮ 032. ㉮ 033. ㉱ 034. ㉮ 035. ㉮ 036. ㉰ 037. ㉰ 038. ㉱

039 쾌삭강(free-cutting steel)에 첨가하여 피삭성을 좋게 하는 특수 원소는?
㉮ W ㉯ Cu
㉰ S ㉱ Fe

040 철강재료를 고온가열하면 표면부는 노 내의 분위기와 반응하여 산화 및 탈탄을 일으킬 수 있다. 이때 산화와 탈탄에 대한 설명으로 틀린 것은?
㉮ 분위기에 수분이 함유되면 탈탄의 위험성이 높다.
㉯ 탈탄된 부품은 열처리 후 담금질 경도가 불충분하다.
㉰ 중성분위기나 진공분위기는 산화와 탈탄 방지에 유효하다.
㉱ 탈탄은 재료의 피로강도 등 기계적 성질에 영향을 미치지 않는다.

041 피로시험에서 구할 수 있는 재료의 특성이 아닌 것은?
㉮ 비례한도 ㉯ S-N곡선
㉰ 피로한도 ㉱ 피로강도

042 열전대에 사용되는 재료가 갖는 특성으로 틀린 것은?
㉮ 제작이 쉽고 호환성이 있어야 한다.
㉯ 히스테리시스 차가 커야 한다.
㉰ 열기전력이 크고 안정성이 있어야 한다.
㉱ 내열, 내식성이 뛰어나고 고온에서도 기계적 강도가 커야 한다.

043 방사선투과검사에서 시험체 표면에 밀착하여 필름과 함께 촬영한 후에 촬영된 필름의 상질을 평가하는 부속기기는?
㉮ 표준시험편 ㉯ 투과도계
㉰ 대비시험편 ㉱ 필름관찰기

044 다음 중 매크로 시험에서 육안관찰 할 수 없는 것은?
㉮ 균열, 기공, 편석 등의 결함
㉯ 페라이트, 펄라이트 등의 금속 내부 조직
㉰ 재료의 압연, 단조 등의 가공상태
㉱ 수지상 결정의 분포상태

045 Ni + Cu계 합금에 대한 설명으로 옳은 것은?
㉮ 60~70% Ni합금을 모넬메탈이라 한다.
㉯ 전기저항은 약 55% Ni에서 최소가 된다.
㉰ 60~70% Ni에서 강도, 경도가 최소가 된다.
㉱ 부분고용체형인 편정형 평형상태도를 갖는다.

046 CAD 작업 시 원을 그릴 때의 방법으로 틀린 것은?
㉮ 중심점과 반지름값에 의한 방법
㉯ 3점 지정에 의한 방법
㉰ 2개의 접선과 반지름값에 의한 방법
㉱ 시작점과 중심점에 의한 방법

정답 039. ㉰ 040. ㉱ 041. ㉮ 042. ㉯ 043. ㉯ 044. ㉯ 045. ㉮ 046. ㉱

047. 형상기억합금 중 오스테나이트의 형상과 더불어 마르텐자이트상이 변형되었을 때의 형상도 기억하는 형상기억 효과의 종류는?
㉮ 일방향 형상기억
㉯ 가역 형상기억
㉰ 전방위 형상기억
㉱ 변태탄성 형상기억

048. 펄라이트의 생성에 따른 석출 기구를 설명한 것 중 틀린 것은?
㉮ 생성된 시멘타이트와 α-Fe는 입계로부터 오스테나이트 방향으로 성장하며 확산한다.
㉯ Fe_3C의 주위에 α-Fe가 생성된다.
㉰ γ-Fe 입계에 Fe_3C의 핵이 생성된다.
㉱ α-Fe 이 생긴 입계에 새로운 δ-F가 생성된다.

049. 오스테나이트 상태로부터 Ms 이상인 어느 온도의 염욕으로 담금질하여 과랭 오스테나이트가 변태완료하기까지 항온유지하고 공기 중에서 냉각하는 열처리는?
㉮ 오스템퍼링(austempering)
㉯ 마퀜칭(marquenching)
㉰ 마템퍼링(martempering)
㉱ 오스포밍(ausfcrming)

050. 강과 비슷한 강인성을 가지는 구상흑연주철을 제조할 때 사용되는 구상화제로서 가장 적합한 것은?
㉮ Ba ㉯ Al
㉰ Mg ㉱ Zn

051. 다음 중 주철의 성장 방지대책이 아닌 것은?
㉮ 흑연을 미세화시킨다.
㉯ C, Si양을 적게 한다.
㉰ 구상흑연을 편상화시킨다.
㉱ 탄화물 안정 원소인 Cr, Mn 등을 첨가시킨다.

052. [보기]에서 재해 발생 시 긴급조치 순서로 가장 적절한 것은?

[보기]
① 재해자의 구출
② 관계자에게 통보
③ 현장보존
④ 기계의 정지
⑤ 재해자의 응급조치
⑥ 2차 재해의 방지

㉮ ① → ② → ③ → ④ → ⑤ → ⑥
㉯ ③ → ① → ② → ④ → ⑤ → ⑥
㉰ ④ → ① → ⑤ → ② → ⑥ → ③
㉱ ⑥ → ⑤ → ④ → ③ → ② → ①

053. 침입형 고용체(Interstitial Solid Solution)를 형성하는 원소가 아닌 것은?
㉮ C ㉯ N
㉰ B ㉱ W

054. 로젠하우젠, 뷜러식 등의 장치로 반복 응력에 의해 재료가 파괴에 이르는 것을 시험하는 것은?
㉮ 피로시험 ㉯ 주형제작시험
㉰ 경도시험 ㉱ 주물용해시험

정답 047. ㉯ 048. ㉱ 049. ㉮ 050. ㉰ 051. ㉰ 052. ㉰ 053. ㉱ 054. ㉮

055. 다음 중 데이터를 그 내용이나 원인 등 분류 항목별로 나누어 크기의 순서대로 나열하여 나타낸 그림을 무엇이라 하는가?
㉮ 히스토그램(histogram)
㉯ 파레토도(pareto diagram)
㉰ 특성요인도(causes and effects diagram)
㉱ 체크시트(check sheet)

056. 일정 통제를 할 때 1일당 그 작업을 단축하는데 소요되는 비용의 증가를 의미하는 것은?
㉮ 비용구배(Cost slope)
㉯ 정상소요시간(Normal duration time)
㉰ 비용견적(Cost estimation)
㉱ 총비용(Total cost)

057. 모든 작업을 기본동작으로 분해하고, 각 기본 동작에 대하여 성질과 조건에 따라 미리 정해 놓은 시간치를 적용하여 정미시간을 산정하는 방법은?
㉮ PTS법   ㉯ WS법
㉰ 스톱워치법 ㉱ 실적자료법

058. 로트로부터 시료를 샘플링해서 조사하고, 그 결과를 로트의 판정기준과 대조하여 그 로트의 합격, 불합격을 판정하는 검사를 무엇이라 하는가?
㉮ 샘플링 검사 ㉯ 전수검사
㉰ 공정검사   ㉱ 품질검사

059. 일반적으로 품질코스트 가운데 가장 큰 비율을 차지하는 코스트는?
㉮ 평가코스트   ㉯ 실패코스트
㉰ 예방코스트   ㉱ 검사코스트

060. c 관리도에서 k=20인 군의 총부적합(결정)수 합계는 58이었다. 이 관리도의 UCL, LCL을 구하면 약 얼마인가?
㉮ UCL = 6.92, LCL = 0
㉯ UCL = 4.90, LCL = 고려하지 않음
㉰ UCL = 6.92, LCL = 고려하지 않음
㉱ UCL = 8.01, LCL = 고려하지 않음

정답 055. ㉯ 056. ㉮ 057. ㉮ 058. ㉮ 059. ㉯ 060. ㉱

부록 3. 2008년도 금속재료기능장 시행문제

(2008. 7. 13)

001. 표면은 내마멸성이 좋으며 중심부는 연하고 인성이 있는 기계부품을 제작하기 위하여 금속의 표면에 탄소를 확산시켜 고탄소층으로 만드는 조작은?
㉮ 질화
㉯ 침탄
㉰ 담금질
㉱ 시멘테이션

002. 다음 중 시효변형에 대한 설명으로 틀린 것은?
㉮ 담금질유의 온도가 높으면 시효변형이 커진다.
㉯ 템퍼링 온도가 낮을수록, 템퍼링 시간이 짧을수록 시효변형이 작아진다.
㉰ 마퀜칭 후 심랭처리와 템퍼링을 반복하면 시효 변형을 작게 할 수 있다.
㉱ 담금질 후 심랭처리한 것은 템퍼링 후 심랭 처리한 것에 비해 시효변형에 대한 수축 속도가 크다.

003. 탄소공구강의 탄화물을 균일하게 구상화 시키는 목적으로 옳은 것은?
㉮ 절삭능 및 내구력을 증대시키기 위하여
㉯ 조직의 조대화 및 취성의 증가를 위하여
㉰ 시효변형 및 점성의 증가를 위하여
㉱ 메짐 및 연성을 주기 위하여

004. 담금질 후처리로서 심랭처리(sub-zero treatment)가 반드시 필요한 이유로 옳은 것은?
㉮ 경화된 강 중의 잔류응력을 증가시키기 위하여
㉯ 경화된 강의 시효경년 변화를 일으키기 위하여
㉰ 경화된 강 중의 잔류 오스테나이트를 마르텐자이트화하기 위하여
㉱ 침탄 열처리 시 침탄 부분의 잔류 오스테나이트를 증가시키기 위하여

005. 철강재료의 현미경 조직시험에 주로 사용되는 부식제는?
㉮ 왕수
㉯ 염화제이철 용액
㉰ 수산화나트륨 용액
㉱ 질산알코올 용액

006. 단강품의 결함 중 Ni, Cr, Mo 등을 포함한 특수강의 파단면에 발생되는 미세균열로 파면은 은백색을 띠고 주로 강 중에 수소함량이 높았을 때 생기는 결함은?
㉮ 단조터짐(forging burst)
㉯ 백점(white spot)
㉰ 2차 파이프(secondary pipe)
㉱ 편석(segregation)

정답 001. ㉯ 002. ㉯ 003. ㉮ 004. ㉰ 005. ㉱ 006. ㉯

007 Fe-C 상태도에서 γ-Fe과 Fe_3C의 공정조직은?
㉮ Pearlite ㉯ Austenite
㉰ Ledeburite ㉱ Dendrite

008 순철의 Ac_3 변태에서 결정구조가 변화할 때(BCC→FCC) 격자상수는 어떻게 변화되는가?
㉮ 커진다.
㉯ 작아진다.
㉰ 변화하지 않는다.
㉱ 가열속도에 따라 달라진다.

009 다음 특수강 중 2차 경화(Secondary hardening)가 현저하게 발생하는 강재는?
㉮ 스테인리스강 ㉯ 고속도강
㉰ 스프링강 ㉱ 알루미늄 합금강

010 탄소강 및 Ni-Cr 강의 템퍼취성(temper brittleness)을 방지하기 위한 방법으로 옳은 것은?
㉮ 800℃ 이상에서 뜨임한 후 급랭시키거나, W를 소량 첨가한다.
㉯ 700℃ 이상에서 뜨임한 후 급랭시키거나, Sn을 소량 첨가한다.
㉰ 575℃ 이상에서 뜨임한 후 급랭시키거나, Mo를 소량 첨가한다.
㉱ 200℃ 이상에서 뜨임한 후 급랭시키거나, Al을 소량 첨가한다.

011 주조용 알루미늄 합금으로 공정형이며, 나트륨에 의한 개량 처리 효과가 가장 좋은 합금은?
㉮ Al-Co ㉯ Al-Si
㉰ Al-Sn ㉱ Al-Hg

012 금속과 비철금속에 대한 설명으로 옳은 것은?
㉮ 황동은 Cu와 Sn의 합금이다.
㉯ 순철은 탄소함유량이 높고, 연성이 작으나 취성이 크다.
㉰ 불변강은 선팽창계수나 탄성률이 급속히 변화하는 특징을 갖는 강이다.
㉱ 주철이 주물로 널리 사용되는 것은 주조성이 좋고, 제조방법에 따라 상당한 강도를 갖기 때문이다.

013 금속의 회복과 재결정 현상의 설명으로 틀린 것은?
㉮ 완전풀림 상태에서 금속을 냉간가공하면 전위밀도는 $10^{11} \sim 10^{12}/cm^2$ 정도까지 증가한다.
㉯ 회복단계는 결정립 모양이나 방향에 변화를 일으키지 않는다.
㉰ 재결정 성장의 구동력은 결정립계의 계면 에너지의 감소이다.
㉱ 회복과정에서 서브경계(Sub boundary)가 형성되면 강도는 감소된다.

014 비파괴시험에 사용되는 -192Ir는 어떤 방사선을 이용하는가?
㉮ 알파(α)선 ㉯ 델타(δ)선
㉰ 감마(γ)선 ㉱ 엑스(X)선

정답 007. ㉰ 008. ㉮ 009. ㉯ 010. ㉰ 011. ㉯ 012. ㉱ 013. ㉱ 014. ㉰

05 용융 금속을 물속에 급랭하여 응고시키면 결정 조직은 어떻게 되는가?

㉮ 핵 생성수가 적어져서 조대한 조직이 된다.
㉯ 핵 생성수가 적어져서 미세한 수지상조직이 된다.
㉰ 핵 생성수가 많아져서 미세한 결정립이 된다.
㉱ 핵 생성수가 많아져서 조대한 수지상 조직이 된다.

06 자분탐상시험 후 반드시 탈자시켜야 하는 경우가 아닌 것은?

㉮ 시험체가 마찰부분에 사용되어 마모가 증가될 우려가 있는 경우
㉯ 시험체가 퀴리점 이상으로 열처리되어 자성이 상실될 수 있는 경우
㉰ 시험체의 잔류자속이 계측장치에 영향을 미칠 우려가 있는 경우
㉱ 시험체의 잔류자속이 기계가공을 곤란하게 할 경우

07 방사선 투과시험에서 양극에 사용되는 표적(target)의 특성으로 틀린 것은?

㉮ 원자번호가 커야 한다.
㉯ 용융점이 높아야 한다.
㉰ 열전도성이 높아야 한다.
㉱ 높은 증기압을 갖는 물질이어야 한다.

08 침투탐상시험에서 침투 지시 모양의 분류 중 독립침투 지시 모양이 아닌 것은?

㉮ 갈라짐에 의한 침투지시 모양
㉯ 정방형의 침투지시 모양
㉰ 선상 침투지시 모양
㉱ 원형상 침투지시 모양

09 산업재해의 원인 중 교육적 원인에 해당하지 않는 것은?

㉮ 안전지식의 부족
㉯ 작업지시가 적당하지 못함
㉰ 안전수칙을 잘못 알고 있음
㉱ 작업방법에 관한 교육이 충분하지 못함

20 포켓 도시미터를 패용하고 작업할 경우 작업자가 지켜야 할 내용 중 잘못된 것은?

㉮ 방사선 작업 시 항상 휴대하여야 한다.
㉯ 작업이 끝난 다음에 눈금을 기록해야 한다.
㉰ 눈금이 없어졌을 때 안전관리자에게 통보하고 작업을 계속한다.
㉱ 작업을 시작하기 전에 충전시켜야 하며 그때의 눈금을 기록해야 한다.

21 다음 중 재해 예방의 4원칙에 해당되지 않는 것은?

㉮ 예방가능의 원칙   ㉯ 손실우연의 원칙
㉰ 원인연계의 원칙   ㉱ 분석평가의 원칙

22 다음 중 설퍼프린트 시험에 대한 설명으로 틀린 것은?

㉮ 반응식은 MnS + H_2SO_4 → $MnSO_4$ + H_2S 이다.
㉯ 정편석의 기호는 Si, 주상편석의 기호는 SD로 나타낸다.
㉰ 황전사라고도 하며 강재 중 황의 편석 및 그 분포상태를 검출하는 것이다.
㉱ 철강 중의 황화물과 황산이 반응하여 황화수소를 발생시키고 이것이 브로마이드 인화지의 브롬화은과 반응하여 황이 착색된다.

정답 015. ㉰ 016. ㉯ 017. ㉱ 018. ㉯ 019. ㉯ 020. ㉰ 021. ㉱ 022. ㉯

023 후유화성 형광침투탐상시험-습식현상의 탐상 순서로 옳은 것은?

㉮ 전처리 → 유화처리 → 침투처리 → 세척처리 → 건조처리 → 현상처리 → 관찰 → 후처리
㉯ 전처리 → 침투처리 → 유화처리 → 세척처리 → 현상처리 → 건조처리 → 관찰 → 후처리
㉰ 전처리 → 유화처리 → 침투처리 → 세척처리 → 현상처리 → 관찰 → 건조처리 → 후처리
㉱ 전처리 → 침투처리 → 세척처리 → 유화처리 → 현상처리 → 건조처리 → 관찰 → 후처리

024 방사선 투과 시험에서 노출 인자(E)를 구하는 식으로 옳은 것은? (단, l 은 관전류 또는 감마선원의 강도, t 는 노출시간, d 는 선원과 필름사이의 거리이다.)

㉮ $E = \dfrac{d^2}{l \cdot t}$　㉯ $E = \dfrac{l \cdot t}{d^2}$
㉰ $E = \dfrac{d^2 \cdot t}{l}$　㉱ $E = \dfrac{l}{d^2 \cdot t}$

025 다음 중 취성파괴에 관한 설명으로 틀린 것은?

㉮ 변형속도가 작을수록 취성파괴가 잘 일어난다.
㉯ 온도가 낮을수록 취성파괴가 잘 일어난다.
㉰ 소성변형이 거의 없는 재료에서 취성파괴가 일어난다.
㉱ 3축 인장응력의 조건이 되는 경우 취성파괴가 일어난다.

026 시험체 내부의 면상(面狀)결함의 검출 능력이 가장 우수한 것은?

㉮ 형광침투검사
㉯ 초음파탐상검사
㉰ 자분탐상검사
㉱ 전자유도시험검사

027 한국산업규격에서 정한 강재의 재질 판별법인 불꽃시험에 대한 설명으로 틀린 것은?

㉮ 0.2% 탄소강의 불꽃길이가 500mm 정도 되게 압력을 가한다.
㉯ 시험하는 시험편에 탈탄층, 질화층 및 침탄층 등은 없어야 한다.
㉰ 시험은 항상 동일한 기구를 사용하고 동일한 조건하에서 한다.
㉱ 고합금강에서는 주로 파열의 숫자에 의하여 강종을 구분한다.

028 비조질 고장력강에서 높은 강도와 가공성을 갖는 요인으로 틀린 것은?

㉮ 제어압연에 의한 강인화
㉯ 합금원소 첨가에 의한 고용 강화
㉰ 미량의 합금첨가에 의한 질량효과의 증대
㉱ 미량의 합금첨가에 의한 결정립의 미세화

029 탄소강을 급랭하여 얻는 마르텐자이트가 강화되는 이유가 아닌 것은?

㉮ 결정의 미세화에 의해
㉯ 가공성의 향상에 의해
㉰ 급랭으로 인한 내부 응력에 의해
㉱ 탄소원자에 의한 Fe 격자의 강화에 의해

정답　023. ㉯　024. ㉯　025. ㉮　026. ㉯　027. ㉱　028. ㉰　029. ㉯

030 다음 중 비정질 합금의 특성으로 틀린 것은?
- ㉮ 균질한 재료이고, 결정 이방성이 없다.
- ㉯ 구조적으로는 장거리의 규칙성이 없다.
- ㉰ 강도가 낮고 연성이 커서 가공경화를 잘 일으킨다.
- ㉱ 열에는 약하며 고온에서는 결정화하여 전혀 다른 재료가 되어 버린다.

031 다음 중 강의 담금질 경화능 시험법에 해당하는 것은?
- ㉮ 조미니시험
- ㉯ 에릭센시험
- ㉰ 파텐팅법
- ㉱ 그로스만법

032 주철재 압축시험편의 크기가 지름 1cm, 높이 2cm일 때 압축 시험결과 압축강도가 70.06kg$_f$/mm^{2}의 결과를 얻었다면, 이 재료에 가해진 최대하중은 약 몇 kg$_f$인가?
- ㉮ 5500
- ㉯ 5900
- ㉰ 6200
- ㉱ 6500

033 대면각 136도의 정사각형 다이아몬드 압입자로 시험편에 피라미드형 압입자국을 만들어 경도를 측정하는 시험법은?
- ㉮ 브리넬(Brinell) 경도시험
- ㉯ 로크웰(Rockwell) 경도시험
- ㉰ 비커즈(Vickers) 경도시험
- ㉱ 쇼어(Shore) 경도시험

034 주철에서 흑연을 구상화하는 데 사용되는 합금원소는?
- ㉮ Mn
- ㉯ Mg
- ㉰ Cr
- ㉱ Co

035 탄성구역에서 변형은 세로방향에 연신이 생기면 가로방향에는 수축이 생기고 가로 세로 치수변화의 비는 그 재료의 고유한 값으로 나타내는 것은?
- ㉮ Poisson's ratio
- ㉯ Shear strain
- ㉰ Young's modulus
- ㉱ Modulus of rigidity

036 순금속에서 액상과 고상이 공존하는 경우 자유도는 얼마인가? (단, 압력은 대기압으로 일정하다.)
- ㉮ 0
- ㉯ 1
- ㉰ 2
- ㉱ 3

037 한국산업규격에 의한 스테인리스 강재 중 석출 경화계에 속하는 것은?
- ㉮ STS 202
- ㉯ STS 316
- ㉰ STS 403
- ㉱ STS 630

038 다음 중 금속초미립자에 대한 설명으로 틀린 것은?
- ㉮ 용융점이 금속덩어리보다 낮다.
- ㉯ 활성이 강하여 여러 가지 화학반응을 일으킨다.
- ㉰ Fe계 합금 초미립자는 금속덩어리보다 자성이 약하다.
- ㉱ 저온에서 열저항이 매우 작아 열의 양도체이다.

정답 030. ㉰ 031. ㉮ 032. ㉮ 033. ㉰ 034. ㉯ 035. ㉮ 036. ㉮ 037. ㉱ 038. ㉰

039. 그림과 같이 면심입방격자(FCC)로 된 A 원자와 B 원자의 규칙격자 원자배열에서 A와 B의 조성을 나타내는 것은?

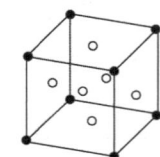

A원자 ●, B원자 ○

㉮ AB　　　　　㉯ AB₃
㉰ A₃B　　　　 ㉱ A₃B₃

040. 다음 중 릴레이 제어와 비교한 PLC 제어에 대한 설명으로 옳은 것은?

㉮ 시스템의 특성은 독립된 제어장치이다.
㉯ 기계적 접촉이 없으므로 신뢰성이 높다.
㉰ 컴퓨터와 호환성이 없다.
㉱ 소형화하기가 나쁘다.

041. 다음 중 탈탄의 방지책으로 틀린 것은?

㉮ 염욕 속에서 가열한다.
㉯ 탈탄 방지제를 도포한다.
㉰ 고온에서 장시간 가열한다.
㉱ 분위기 가스 또는 진공에서 가열한다.

042. 가열온도 870℃에서 부품을 담금질하였을 경우의 냉각 과정에서 대류 단계의 냉각 속도가 가장 빠른 것은? (단, 교반은 없는 것으로 가정한다.)

㉮ 52℃의 담금질유　　㉯ 204℃의 염욕
㉰ 24℃의 물　　　　　㉱ 28℃의 공기

043. 다음 중 고주파 경화법에 대한 설명으로 틀린 것은?

㉮ 국부적인 경화에 사용할 수 있다.
㉯ 고주파 경화시킬 수 있는 강종이 제한적이다.
㉰ 경화층의 깊이는 주파수가 클수록 깊게 경화시킬 수 있다.
㉱ 표피효과에 의해서 표면만 급속 가열되어 표면만을 경화시킬 수 있다.

044. 인장시험 곡선에서 루더스 밴드(Lüders band)가 나타나는 곳은?

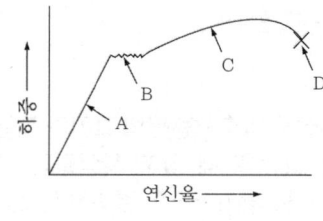

㉮ A　　　　　㉯ B
㉰ C　　　　　㉱ D

045. 피로시험 후 그림과 같은 피로파단면을 얻었을 때 초기 크랙이 시작되는 부위는?

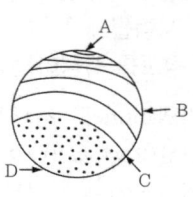

㉮ A　　　　　㉯ B
㉰ C　　　　　㉱ D

046 다음 중 황동의 자연균열(Season Cracking)의 방지 대책으로 옳은 것은?

㉮ Zn 30% 이하의 α 황동을 사용한다.
㉯ 황동 표면에 산화물 피막을 형성시킨다.
㉰ 0.1~0.5%의 As 또는 Sb, 1% 정도의 Sn을 첨가한다.
㉱ 도료 및 Zn을 도금하거나 응력제거 풀림을 한다.

047 방사선 외부피폭 방어 3대 원칙에 해당하지 않는 것은?

㉮ 시간
㉯ 투과
㉰ 거리
㉱ 차폐

048 다음 중 정적시험(Static test) 방법이 아닌 것은?

㉮ 압축시험
㉯ 전단시험
㉰ 인장시험
㉱ 충격시험

049 현미경으로 금속조직을 검사할 때의 작업순서로 옳은 것은?

㉮ 시편 채취 → 마운팅 → 폴리싱 → 부식 → 관찰
㉯ 시편 채취 → 폴리싱 → 마운팅 → 부식 → 관찰
㉰ 시편 채취 → 부식 → 마운팅 → 폴리싱 → 관찰
㉱ 시편 채취 → 마운팅 → 부식 → 폴리싱 → 관찰

050 두께 10mm, 폭 30mm, 길이 200mm의 강재를 지점간 거리가 80mm인 받침대 위에 놓고 3점 굽힘시험할 때 굽힘 하중이 1500kgf 이었다면 강재의 굽힘강도는 몇 kgf/mm² 인가?

㉮ 45
㉯ 50
㉰ 55
㉱ 60

051 다음 중 펄라이트 가단주철의 제조방법이 아닌 것은?

㉮ 합금첨가에 의한 방법
㉯ 열처리 곡선의 변화에 의한 방법
㉰ 흑심가단주철의 재열처리에 의한 방법
㉱ 구상흑연주철의 열처리에 의한 방법

052 다음 중 쾌삭강에 대한 설명으로 옳은 것은?

㉮ 황(S) 복합쾌삭강은 칼슘을 동시에 첨가한 초쾌삭강이다.
㉯ 연(Pb) 쾌삭강은 Fe 중에 고용하여 Chip Breaker작용과 윤활제작용을 하며 열처리에 의한 재질개선은 할 수 없다.
㉰ 황(S) 쾌삭강은 MnS의 형태를 분산시켜 Chip Breaker작용과 피삭성을 향상시킨 강으로 저탄소강보다 약 2배의 절삭 속도를 낼 수 있다.
㉱ 칼슘(Ca) 쾌삭강은 쾌삭성을 갖게 되면 기계적 성질이 저하되며, 칼슘계 개재물이 공구의 절삭면에 용착되어 공구를 빨리 마모시킨다.

정답 046. ㉱ 047. ㉯ 048. ㉱ 049. ㉮ 050. ㉱ 051. ㉱ 052. ㉰

053 다음 중 분위기로의 흡열형 가스의 촉매제 역할을 하는 것은?
㉮ Si   ㉯ Cr
㉰ Sn   ㉱ Ni

054 Auto CAD에서 그립의 색상 및 크기 등을 지정하는 명령어는?
㉮ LWT   ㉯ ZOOM
㉰ LIMITS   ㉱ DDGRIPS

055 공정에서 만성적으로 존재하는 것은 아니고 산발적으로 발생하며, 품질의 변동에 크게 영향을 끼치는 요주의 원인으로 우발적 원인을 무엇이라 하는가?
㉮ 우연원인
㉯ 이상원인
㉰ 불가피 원인
㉱ 억제할 수 없는 원인

056 계수 규준형 1회 샘플링 검사(KS A 3102)에 관한 설명 중 가장 거리가 먼 내용은?
㉮ 검사에 제출된 로트의 제조공정에 관한 사전 정보가 없어도 샘플링 검사를 적용할 수 있다.
㉯ 생산자 측과 구매자 측이 요구하는 품질보호를 동시에 만족시키도록 샘플링 검사방식을 선정한다.
㉰ 파괴검사의 경우와 같이 전수검사가 불가능한 때에는 사용할 수 없다.
㉱ 1회만의 거래 시에도 사용할 수 있다.

057 어떤 공장에서 작업을 하는 데 있어서 소요되는 기간과 비용이 다음 [표]와 같을 때 비용구배는 얼마인가? (단, 활동시간의 단위는 일(日)로 계산한다.)

정상 작업		특급 작업	
기간	비용	기간	비용
15일	150만원	10일	200만원

㉮ 50,000원   ㉯ 100,000원
㉰ 200,000원   ㉱ 300,000원

058 방법시간측정법(MTM : Method Time Measurement)에서 사용되는 1 TMU(Time Measurement Unit)는 몇 시간인가?
㉮ $\frac{1}{100000}$ 시간   ㉯ $\frac{1}{10000}$ 시간
㉰ $\frac{6}{10000}$ 시간   ㉱ $\frac{36}{1000}$ 시간

059 품질특성을 나타내는 데이터 중 계수치 데이터에 속하는 것은?
㉮ 무게   ㉯ 길이
㉰ 인장강도   ㉱ 부적합품의 수

060 다음 중 품질관리시스템에 있어서 4M에 해당하지 않는 것은?
㉮ Man   ㉯ Machine
㉰ Material   ㉱ Money

정답 053. ㉱ 054. ㉱ 055. ㉯ 056. ㉰ 057. ㉯ 058. ㉮ 059. ㉱ 060. ㉱

부록 3. 2009년도 금속재료기능장 시행문제

(2009. 3. 29)

001 18-8 스테인리스 강이나 헤드필드강의 기지 조직은?
㉮ 페라이트 ㉯ 펄라이트
㉰ 마텐자이트 ㉱ 오스테나이트

002 브리넬 경도시험에서 경도를 구하는 식으로 틀린 것은? (단, P: 하중, A: 압흔의 표면적, d: 압흔의 평균 지름, D: 강구의 지름, t: 압흔의 깊이이다.)
㉮ $HB = \dfrac{P}{A}$
㉯ $HB = \dfrac{P}{\pi D t}$
㉰ $HB = \dfrac{P}{\pi d \sqrt{D t}}$
㉱ $HB = \dfrac{2P}{\pi D(D - \sqrt{D^2 - d^2})}$

003 와류탐상시험에 대한 설명으로 옳은 것은?
㉮ 시험체에 비접촉으로 탐상이 가능하다.
㉯ 고온 부위의 시험체에는 탐상이 불가능하다.
㉰ 표면에서 깊은 위치에 내부 결함 검출이 가능하다.
㉱ 복잡한 형상을 갖는 시험체의 전면 탐상에 적합하다.

004 내열합금인 인코넬(inconel) 600의 주된 금속은?
㉮ Mo ㉯ Ag
㉰ Ni ㉱ Si

005 구리 및 구리 합금의 열처리에 대한 설명으로 틀린 것은?
㉮ $\alpha + \beta$ 황동은 재결정 풀림과 담금질 열처리를 한다.
㉯ α황동은 700~730℃ 온도에서 재결정 풀림을 한다.
㉰ 황동의 제품은 300℃에서 1시간 풀림하여 내부응력을 방지한다.
㉱ 상온 가공한 황동 제품은 시기균열을 방지하기 위해 고온 풀림을 한다.

006 게이지용 강이 갖추어야 할 조건으로 틀린 것은?
㉮ 팽창 계수가 보통 강보다 커야 한다.
㉯ HRC 55 이상의 경도를 갖추어야 한다.
㉰ 시간이 지남에 따라 치수변화가 없어야 한다.
㉱ 담금질에 의하여 변형이나 담금질 균열이 없어야 한다.

정답 001. ㉱ 002. ㉰ 003. ㉮ 004. ㉰ 005. ㉱ 006. ㉮

007. 7-3황동에 Sn을 1% 첨가한 것으로 전연성이 좋아 관 또는 판을 만들어 증발기, 열교환기 등에 사용되는 합금은?
㉮ 톰백
㉯ 포금
㉰ 문쯔메탈
㉱ 애드미럴티 합금

008. Fe-C 평형상태도에 대한 설명으로 옳은 것은?
㉮ 공석점은 약 4.3%C를 포함하는 점이다.
㉯ A_2 변태점을 시멘타이트의 자기변태점이라 한다.
㉰ A_3변태점의 온도는 약 1400℃이다.
㉱ 공석반응, 공정반응, 포정반응이 있다.

009. 액상침투탐상시험(Liquid Penetrant Test, PT)은 표면에 침투액을 발라서 홈 속에 침투시킨 후에 여분의 침투액을 닦아내고 현상제를 뿌려서 눈으로 홈을 검출하는 방법이다. 이에 대한 설명으로 틀린 것은?
㉮ 침투액의 종류에 따라서 형광침투탐상시험과 염색침투탐상시험으로 분류할 수 있다.
㉯ 내부에 공중이 있는 경우라도 그 홈이 표면에까지 미치는 경우 검출이 가능하고, 표면이 거칠어도 검출 능력이 우수하다.
㉰ 타 비파괴 시험에 비하여 간단하며, 전원이나 수도가 없는 곳에서도 시험이 용이한 작업성을 보인다.
㉱ 금속, 스테인리스강과 같은 재료의 종류에 적용이 가능하고, 복잡한 형상도 시험이 가능하며 1회의 탐상으로 표면탐상이 가능하다.

010. 다음 중 철강 열처리 후 잔류 오스테나이트 유무를 측정하기 위한 가장 적합한 시험법은?
㉮ 충격시험
㉯ 에릭션시험
㉰ X선 회절시험
㉱ 담금질성 시험

011. 결정입도 측정법에 있어 시험면을 적당한 배율로 확대한 사진 위에 일정길이의 직선을 임의방향으로 긋고 이 직선과 결정립이 만나는 점의 수를 측정하여 단위길이당 교차점의 수를 표시하는 방법은?
㉮ 비교법
㉯ 제퍼리스법
㉰ 헤인법
㉱ 조직량 측정법

012. 다음 중 유접점 시퀀스에 대한 설명으로 틀린 것은?
㉮ 동작 상태의 확인이 쉽다.
㉯ 개폐 부하의 용량이 크다.
㉰ 입력과 출력을 분리시킬 수 없다.
㉱ 전기적 노이즈에 대하여 안정적이다.

013. 고주파 열처리에서 주파수, 강재의 비저항, 강재의 투자율 등이 경화 깊이에 미치는 영향에 대한 설명으로 옳은 것은?
㉮ 주파수가 낮으면 경화 깊이는 깊게 된다.
㉯ 강재의 투자율이 크면 경화 깊이는 깊게 된다.
㉰ 강재의 비저항이 낮을수록 침투 깊이는 깊게 된다.
㉱ 주파수, 강재의 비저항, 강재의 투자율과는 관계없다.

014 규칙-불규칙 변태에 대한 설명으로 옳은 것은?

㉮ 규칙도가 0인 상태는 완전한 규칙 배열 상태이다.
㉯ 규칙도가 1인 상태는 완전한 불규칙 배열 상태이다.
㉰ 규칙격자를 만드는 합금은 고온이 되면 원자의 이동으로 불규칙한 배열이 된다.
㉱ 규칙격자는 일반적으로 경도·강도는 작아지나 연성은 좋아진다.

015 고속도 공구강에 대한 설명으로 틀린 것은?

㉮ 고온강도, 내마모성, 인성이 우수하다.
㉯ W를 첨가한 경우 W6C 화합물에 의해 내마모성이 증가한다.
㉰ Mo를 첨가하면 미세한 탄화물이 구상화되어 내마모성이 증가한다.
㉱ V이 많이 첨가되는 경우 탄화물 형성에 의해 연삭공정이 많은 곳에 사용하기 쉽다.

016 다음 그림은 어떤 하중을 가하고 어떤 온도 하에서 시험한 그래프이다. 이 시험 방법은 무엇인가?

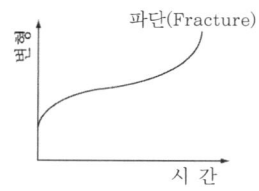

㉮ 굴곡시험(bend test)
㉯ 인장시험(tensile test)
㉰ 크리프시험(creep test)
㉱ 피로시험(fatique test)

017 그림에 사선으로 표시된 면의 밀러지수는?
(단, a는 격자정수이다.)

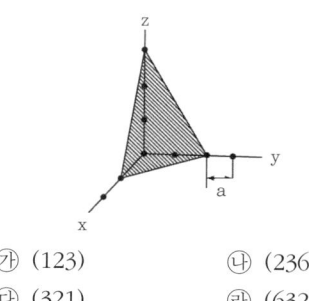

㉮ (123) ㉯ (236)
㉰ (321) ㉱ (632)

018 폐회로 시스템(closed loop control system) 응용의 예로 볼 수 없는 것은?

㉮ 배의 조타장치
㉯ 자동온도 조절 오븐
㉰ 에어컨디셔너 시스템
㉱ 자동음료 판매기

019 담금질성 및 담금질 효과에 대한 설명으로 틀린 것은?

㉮ 담금질성은 강중의 탄소량에 따라 변화하지 않는다.
㉯ 재료의 크기에 따라 담금질 효과의 차이가 큰 것을 질량효과라 한다.
㉰ 강의 담금질성을 판단하는 방법에는 임계 냉각 속도를 사용하는 방법이 있다.
㉱ 강에 Ni, Cr 등의 원소를 첨가하면 치수가 큰 것일지라도 담금질이 잘된다.

020 보자력이 작고, 외부 자기장의 변화에도 크게 자화되는 특성을 가진 연질 자성 재료는?

㉮ 샌더스트 자석   ㉯ 희토류계 자석
㉰ 알니코 자석   ㉱ 페라이트 자석

정답 014. ㉰ 015. ㉱ 016. ㉰ 017. ㉱ 018. ㉱ 019. ㉮ 020. ㉮

021. 다음 중 매크로 검사법이 아닌 것은?
  ㉮ 파면검사
  ㉯ 육안조직검사
  ㉰ 설퍼프린트법
  ㉱ 전자현미경조직검사

022. 직장 중심의 교육훈련기법(OJT : On The Job Training)의 특징이 아닌 것은?
  ㉮ 개개인에게 적합한 지도훈련이 가능하다.
  ㉯ 훈련에 필요한 업무의 계속성이 끊어지지 않는다.
  ㉰ 교육을 통한 훈련효과에 의해 상호 신뢰 이해도가 높아진다.
  ㉱ 전문가를 강사로 초청할 수 있다.

023. 자분탐상시험에서 자화된 시험체에 다른 강자성체가 접촉했을 때 자분을 적용하게 되면 접촉된 부분에 자분이 집적되는 의사 지시 모양은?
  ㉮ 자극 지시   ㉯ 자기펜 흔적
  ㉰ 재질경계 지시 ㉱ 단면 급변지시

024. Al-Cu계 합금에서 과포화고용체의 석출과정을 순서대로 나열한 것은?
  ㉮ 과포화 고용체 → GP(Ⅰ) → 중간상 → GP(Ⅱ) → θ-CuAl₂
  ㉯ 과포화 고용체 → GP(Ⅰ) → GP(Ⅱ) → 중간상 → θ-CuAl₂
  ㉰ 과포화 고용체 → GP(Ⅱ) → GP(Ⅰ) → θ-CuAl₂ → 중간상
  ㉱ 과포화 고용체 → GP(Ⅱ) → GP(Ⅰ) → 중간상 → θ-CuAl₂

025. 불스 아이(bull's eye) 조직과 관련이 있는 주철은?
  ㉮ 백심 가단 주철
  ㉯ 구상 흑연 주철
  ㉰ 펄라이트 가단 주철
  ㉱ 흑심 가단 주철

026. 생체리듬과 피로에 대한 설명으로 옳은 것은?
  ㉮ 혈액의 수분은 주간에는 증가한다.
  ㉯ 체온 및 혈압은 주간에는 증가한다.
  ㉰ 야간에는 소화분비액이 양호하고, 체중이 감소한다.
  ㉱ 야간에는 말초운동기능이 양호하고, 피로의 자각증상이 감소한다.

027. 두께 10mm, 폭 30mm, 길이 20mm의 강재를 지점간 거리가 70mm인 받침대 위에 놓고 3점 굽힘시험할 때 굽힘 하중이 1600kg_f이었다면 강재의 굽힘강도는 몇 kg_f/mm²인가?
  ㉮ 56   ㉯ 66
  ㉰ 76   ㉱ 86

028. 과랭 오스테나이트 상태에서는 소성가공을 가한 다음 냉각 중에 마텐자이트화하는 방법으로 고장력강을 제조할 때 결정립의 미세화를 위한 제어압연과 초강인강 제조에 이용되는 열처리 방법은?
  ㉮ 파텐팅   ㉯ 마템퍼링
  ㉰ 오스포밍   ㉱ 오스템퍼링

정답 021. ㉱ 022. ㉱ 023. ㉯ 024. ㉯ 025. ㉯ 026. ㉯ 027. ㉮ 028. ㉰

029. 시험편의 직경이 1cm, 높이가 2cm인 주철재를 압축시험한 결과 최대하중이 5500 kg_f이었을 때 압축 응력은 약 몇 n/cm^2인가?

㉮ 7002.8 ㉯ 8002.8
㉰ 68628 ㉱ 88628

030. 티타늄(Ti) 금속의 특성을 설명한 것으로 틀린 것은?

㉮ 내력/인장강도의 비가 1에 가깝다.
㉯ 면심입방정 금속이므로 소성변형에 제약이 없다.
㉰ 연신재에서는 집합조직(섬유조직)에 따른 이방성이 나타난다.
㉱ 상온에서 30℃ 근방의 온도구역에서 강도의 저하가 명백히 나타난다.

031. 뜨임 균열의 방지 대책에 대한 설명으로 옳은 것은?

㉮ 제품에 가열을 가급적 빨리한다.
㉯ 제품에 잔류응력을 잔류시킨다.
㉰ 결정립계에 추성을 나타내는 원소를 집중시킨다.
㉱ 고속도강은 뜨임을 하기 전에 탈탄층을 제거하고 뜨임을 한 후에 서랭하거나 유랭시킨다.

032. 초음파 탐상시험에서 A1형 표준 시험편의 주된 사용 목적으로 가장 거리가 먼 것은?

㉮ 탐상 감도를 조정한다.
㉯ 측정 범위를 조정한다.
㉰ 브라운관의 휘도, 각도를 조정한다.
㉱ 경사각 탐촉자의 입사점 및 굴절각을 측정한다.

033. 광휘 가열용 가스발생기 중 HYEN형에 대한 설명으로 옳은 것은?

㉮ 공기와 프로판가스를 가열하여 가열용 보호가스를 얻는 장치
㉯ 공기와 목탄을 가열하여 가열용 보호가스를 얻는 장치
㉰ 탄화수소가 촉매를 통해서 CO_2, H_2로 분해하여 중성가스 분위기를 얻는 장치
㉱ 공기와 목탄을 가열하여 중성가스를 얻는 장치

034. 스테인리스강의 대표 강종으로서 식품 설비, 일반 화학설비, 배관파이프 등에 사용되는 것으노 내식성, 내열성이 우수하며, 저온 강도 및 기계적성질이 양호하고 열처리로도 경화되지 않는 자성이 없는 재질은?

㉮ STS410 ㉯ STS304
㉰ STS630 ㉱ STS420J2

035. 다음 중 투과사진의 콘트라스트를 평가하기 위한 게이지는?

㉮ 계조계 ㉯ 투과도계
㉰ 필름마커 ㉱ 필름배지

036. 청동의 성질을 설명한 것 중 틀린 것은?

㉮ 일반적으로 대기 중에 내식성이 우수하다.
㉯ 경도는 30% Sn이 첨가되었을 때 최소가 된다.
㉰ 인장강도는 17~18% Sn이 첨가되었을 때 최대가 된다.
㉱ 비중은 순동이나 20% Sn이 첨가된 경우도 거의 변화가 없다.

정답 029. ㉰ 030. ㉯ 031. ㉱ 032. ㉰ 033. ㉰ 034. ㉯ 035. ㉮ 036. ㉯

037. 담금질한 강을 깨끗이 닦고 산화성분위기에서 뜨임하면 뜨임온도에 따른 뜨임색(Temper Color)이 나타난다. 이때 탄소강의 뜨임색과 온도가 옳게 짝지어진 것은?
㉮ 황색 - 약 320℃
㉯ 자색 - 약 400℃
㉰ 갈색 - 약 240℃
㉱ 담청색 - 약 220℃

038. 담금질성을 개선시키는 원소로 영향력이 큰 것부터 작은 순서로 옳은 것은?
㉮ B>Mo>P>Cr>Cu
㉯ Mn>B>Cu>Cr>P
㉰ Cu>Ni>Mo>Si>B
㉱ Cu>Ni>Si>Cr>P

039. 비커스 경도시험에 대한 설명으로 틀린 것은?
㉮ 다이아몬드 콘의 압입자의 각도는 136°이다.
㉯ 비커스 경도는 기호 HRC로 표시한다.
㉰ 일반적인 시험은 10~35℃ 정도에서 수행한다.
㉱ 시험 후에 시험편 뒷면에 변형이 있어서는 안 된다.

040. 침투탐상검사에서 불연속부 내에 들어 있는 침투액이 표면으로 나와 지시 모양을 형성하는 작용을 무엇이라 하는가?
㉮ 흡출(Bleed out)
㉯ 모세관 현상(Capillarity)
㉰ 표면 장력(Surface tension)
㉱ 적심성(Wettabillity)

041. 방사선 투과사진의 감도 중 선명도에 영향을 주는 요인이 아닌 것은?
㉮ 산란방사선
㉯ 필름의 입상성
㉰ 고유 불선명도
㉱ 필름의 명암도

042. 다음 중 비정질 합금에 대한 설명으로 옳은 것은?
㉮ 전기저항이 낮고 그 온도의 조성은 크다.
㉯ 가공경화를 일으키며 결정이방성이 있다.
㉰ 고온에서 결정화하여 전혀 다른 재료가 된다.
㉱ 제조방법 중 기체 급랭법에는 단롤법, 쌍롤법, 분무법 등이 있다.

043. CAD 시스템에서 3차원 모델링 방법 중 솔리드 모델링의 특징을 설명한 것 중 옳은 것은?
㉮ 간섭 체크가 용이하다.
㉯ 물리적 성질 등의 계산이 불가능하다.
㉰ 형상을 절단한 단면도의 작성이 불가능하다.
㉱ 이동, 회전 등을 할 수 없어 형상 파악이 어렵다.

044. 침탄 경화 열처리에서 고체 침탄법에 대한 설명으로 옳은 것은?
㉮ 표면에는 망상 탄화물이 생성되기 쉽다.
㉯ 가열이 균일하여 침탄층도 매우 균일하다.
㉰ 침탄 후 1차 담금질의 목적은 표면 침탄층의 경화이다.
㉱ 침탄 후 2차 담금질의 목적은 중심부의 결정립 미세화이다.

정답 037. ㉰ 038. ㉮ 039. ㉯ 040. ㉮ 041. ㉱ 042. ㉰ 043. ㉮ 044. ㉮

045. 다음 중 배빗 메탈(Babbit metal)이란 어떤 합금인가?

㉮ 텅스텐계 베어링 합금이다.
㉯ 주석을 주성분으로 하고 구리, 안티몬을 첨가한 주석계 화이트메탈이다.
㉰ 아연을 주성분으로 하고 구리, 주석을 첨가한 아연계 화이트메탈이다.
㉱ 주석 5~20%, 안티몬 10~20%이며 나머지가 납으로 된 납계 화이트메탈이다.

046. 마텐자이트(martensite) 변태의 특징을 설명한 것 중 옳은 것은?

㉮ 마텐자이트는 고용체의 단일상이다.
㉯ 마텐자이트 변태는 확산 변태이다.
㉰ 마텐자이트 변태를 하면 표면기복이 없다.
㉱ 펄라이트와 마텐자이트 사이에 일정한 방위관계가 있다.

047. 방사선이 시험체에 조사될 때 시험체 내를 통과하면서 흡수, 산란 등이 발생한다. 이러한 방사선과 물질과의 상호작용에 해당되지 않는 것은?

㉮ 광전 효과   ㉯ 콤프턴 산란
㉰ 표피 효과   ㉱ 전자 쌍생성

048. 침투탐상시험에서 침투액의 적용 방법 중 분무법에 대한 설명으로 틀린 것은?

㉮ 구조물의 부분탐상에 효과적이다.
㉯ 용제 제거성 침투탐상에 주로 적용한다.
㉰ 인체의 흡입을 방지하기 위해 환기시설을 구비해야 한다.
㉱ 침투액의 소모가 적고, 시험 부위 이외에 분산하여 세척성이 우수하다.

049. 흑연의 형상에 따라 주철을 분류할 때 흑연의 형상이 없는 것은?

㉮ 회주철   ㉯ 백주철
㉰ 가단주철   ㉱ 구상흑연주철

050. 압력 용기용 강판의 초음파탐상시험에서 수직 탐촉자에 의한 결함의 종류 표시와 결함의 환산에 대한 설명으로 옳은 것은?

㉮ 가벼운 결함의 경우 ×결함으로 표시한다.
㉯ 큰 결함의 경우 △결함으로 표시한다.
㉰ ○결함 2개의 경우 △결함 1개로 표시한다.
㉱ ×결함 2개의 경우 △결함 1개로 표시한다.

051. 고주파 담금질법의 장점을 설명한 것 중 틀린 것은?

㉮ 직접 가열하므로 열효율이 높다.
㉯ 처리시간이 짧아 산화 및 탈탄이 없다.
㉰ 강의 표면은 경도가 높고 내마모성이 향상된다.
㉱ 고탄소강이나 특수강 등에 많이 사용한다.

052. 침투탐상시험에서 FD-N의 검사절차로 옳은 것은?

㉮ 전처리 → 예비세척처리 → 침투처리 → 건조처리 → 유화처리 → 관찰 → 후처리
㉯ 전처리 → 침투처리 → 예비세척처리 → 유화처리 → 건조처리 → 관찰 → 후처리
㉰ 전처리 → 예비세척처리 → 침투처리 → 유화처리 → 관찰 → 건조 처리 → 후처리
㉱ 전처리 → 예비세척처리 → 침투처리 → 유화처리 → 건조처리 → 관찰 → 후처리

정답 045. ㉯ 046. ㉮ 047. ㉰ 048. ㉱ 049. ㉯ 050. ㉰ 051. ㉱ 052. ㉯

053. 음향방출시험 중 ASNT AE 평가등급에 대하여 옳게 나타낸 것은?

㉮ N/A : 평가 불가
㉯ inSig : 미소결함 존재
㉰ B : 양호
㉱ C : 즉시 추적 검사

054. 용융점이 약 970℃로서 사용온도 범위가 1000~1350℃인 염욕제의 주성분은?

㉮ $BaCl_2$ ㉯ NaCl
㉰ CaC_2 ㉱ $NaNO_3$

055. 다음 중 반즈(Ralph M. Barnes)가 제시한 동작경제의 원칙에 해당되지 않는 것은?

㉮ 표준작업의 원칙
㉯ 신체의 사용에 관한 원칙
㉰ 작업장의 배치에 관한 원칙
㉱ 공구 및 설비의 디자인에 관한 원칙

056. 다음 중 계수치 관리도가 아닌 것은?

㉮ c 관리도   ㉯ p 관리도
㉰ u 관리도   ㉱ x 관리도

057. 품질관리 기능의 사이클을 표현한 것으로 옳은 것은?

㉮ 품질개선 → 품질설계 → 품질보증 → 공정관리
㉯ 품질설계 → 공정관리 → 품질보증 → 품질개선
㉰ 품질개선 → 품질보증 → 품질설계 → 공정관리
㉱ 품질설계 → 품질개선 → 공정관리 → 품질보증

058. 다음 검사의 종류 중 검사공정에 의한 분류에 해당되지 않는 것은?

㉮ 수입검사   ㉯ 출하검사
㉰ 출장검사   ㉱ 공정검사

059. 다음 [표]는 A자동차 영업소의 월별 판매실적을 나타낸 것이다. 5개월 단순이동평균법으로 6월의 수요를 예측하면 몇 대인가?

(단위 : 대)

월	1	2	3	4	5
판매량	100	110	120	130	140

㉮ 120   ㉯ 130
㉰ 140   ㉱ 150

060. 부적합품률이 1%인 모집단에서 5개의 시료를 랜덤하게 샘플링할 때, 부적합품수가 1개일 확률은 약 얼마인가? (단, 이항분포를 이용하여 계산한다.)

㉮ 0.048   ㉯ 0.058
㉰ 0.48   ㉱ 0.58

부록 3. 2009년도 금속재료기능장 시행문제

(2009. 7. 12)

001 진공열처리는 진공 중에서 제품을 열처리 하는 것이다. 다음 중 1atm과 다른 것은?

㉮ 760Torr ㉯ 2.1lb/ft²
㉰ 760mmHg ㉱ 1.01×10^5pa

002 압축된 가스가 급격한 단열 팽창을 하면 안개가 생기는 원리를 응용한 것으로 냉각제가 필요 없는 노점 분석기는?

㉮ 노점 컵 ㉯ 냉각면법
㉰ 안개상자 ㉱ 오르자트 분석기

003 질화 처리에서 질화 경도의 향상에 가장 효과적인 원소는?

㉮ W ㉯ Mg
㉰ Ni ㉱ Al

004 공구강을 열처리할 때 고려하여야 할 사항으로 틀린 것은?

㉮ 담금질한 공구강은 반드시 3회 이상 노멀라이징 처리한다.
㉯ 게이지용으로 사용되는 제품은 심랭처리를 하여 시효변화를 줄이도록 한다.
㉰ 담금질하기 전에 탄화물을 구상화하기 위한 풀림을 해야 한다.
㉱ 공구강의 성능은 담금질이 좌우하기 때문에 시간담금질 또는 마퀜칭을 한다.

005 A_3 또는 A_{cm} 선보다 30~50℃ 높은 온도로 가열하여 일정한 시간을 유지한 후 오스테나이트 조직으로 한 다음 공기 중에서 냉각시켜 균일하고 표준화된 조직을 얻는 열처리 방법은?

㉮ 어닐링 ㉯ 퀜칭
㉰ 노멀라이징 ㉱ 템퍼링

006 구리합금에서 일어나는 시즌 균열(Season cracking)의 방지대책으로 틀린 것은?

㉮ Zn 도금을 한다.
㉯ 응력제거 어닐링을 한다.
㉰ 암모니아 분위기에서 가열한다.
㉱ Sn, Si 등을 첨가한다.

007 현미경 조직시험에 사용되는 Al 및 Al합금의 부식제와 Ni 및 Ni합금의 부식제가 옳게 연결된 것은?

㉮ Al 및 Al합금의 부식제 : 왕수, Ni 및 Ni 합금의 부식제 : 나이탈 용액
㉯ Al 및 Al합금의 부식제 : 염화제 2철 용액, Ni 및 Ni 합금의 부식제 : 피크린산 알코올 용액
㉰ Al 및 Al합금의 부식제 : 수산화나트륨, Ni 및 Ni 합금의 부식제 : 질산 아세트산 용액
㉱ Al 및 Al합금의 부식제 : 질산 용액, Ni 및 Ni 합금의 부식제 : 염산 용액

정답 001. ㉯ 002. ㉰ 003. ㉱ 004. ㉮ 005. ㉰ 006. ㉰ 007. ㉰

008. 다음 합금 중 초경합금이 아닌 것은?
㉮ 위디아　㉯ 탕갈로이
㉰ 카볼로이　㉱ 플래티나이트

009. Si는 주철에서 가장 중요한 성분 중의 하나이다. 이때 Fe-C계에 Si를 첨가하였을 때 상태도의 변화를 설명한 것으로 옳은 것은?
㉮ 공정온도는 Si 증가에 따라 낮아진다.
㉯ 공석온도는 Si 증가에 따라 낮아진다.
㉰ 공정점은 Si 증가에 따라 저탄소 측으로 이동한다.
㉱ 오스테나이트에 대한 C 용해도는 Si 증가에 따라 증가한다.

010. 단강품 중심부의 단면을 보면 주조 시에 발생한 미세기공이 완전히 압착되지 않고 남아있는 다공성 기공이 있다. 이러한 결함을 찾아낼 수 있는 최적의 비파괴시험법은?
㉮ 누설탐상시험　㉯ 침투탐상시험
㉰ 초음파탐상시험　㉱ 자분탐상시험

011. LED(Light Emitting Diode) 재료의 특징을 설명한 것 중 틀린 것은?
㉮ 수명이 길다.
㉯ 발열하지 않는다.
㉰ On, Off 속도가 초당 10만회 정도로 빠르다.
㉱ 노란에서 적색의 각종 발광을 하므로 소비전력이 매우 크다.

012. 고체금속에서 극히 저온인 경우 100% 규칙성을 나타낸다고 한다. 이때의 규칙도(degree of order)는?
㉮ 0　㉯ 0.5
㉰ 1　㉱ ∞

013. 탄소강의 원소 중 고스트 라인(ghost line)을 형성하여 강재파괴의 원인이 되고, 상온취성을 일으키는 원소는?
㉮ Si　㉯ P
㉰ Mn　㉱ S

014. 자분탐상시험에서 시험체에 전극을 접촉시켜 통전함에 따라 자속을 발생시키는 방식이 아닌 것은?
㉮ 축통전법　㉯ 프로드법
㉰ 직각통전법　㉱ 전류관통법

015. 용접부의 결함을 검사할 때 주로 많이 사용되는 비파괴검사법은?
㉮ 방사선투과시험　㉯ 설퍼프린트법
㉰ 음향방출시험　㉱ 와전류탐상시험

016. X선 투과검사법으로 재료의 결함을 검사함에 있어 고려하여야 할 인자로서 가장 거리가 먼 것은?
㉮ 금속의 두께
㉯ X선의 파장
㉰ 투과하는 물체의 밀도
㉱ 물체의 색깔

정답 008. ㉱　009. ㉰　010. ㉰　011. ㉱　012. ㉰　013. ㉯　014. ㉱　015. ㉮　016. ㉱

017. 다른 비파괴검사법과 비교한 음향방출검사법의 특성이 아닌 것은?

㉮ 응력이 필요하다.
㉯ 수신기만 접근하면 된다.
㉰ 결함의 활동성을 검지한다.
㉱ 시험결과의 재현이 가능하다.

018. SKH51의 경도값을 HRC64 이상을 요구할 때 담금질 및 뜨임의 온도로 옳은 것은?

㉮ 담금질온도 : 500~550℃,
   뜨임온도 : 300~350℃
㉯ 담금질온도 : 800~850℃,
   뜨임온도 : 100~150℃
㉰ 담금질온도 : 1200~1240℃,
   뜨임온도 : 540~570℃
㉱ 담금질온도 : 1300~1340℃,
   뜨임온도 : 580~620℃

019. 약 0.77% 탄소강을 일정온도에서 오스테나이트화한 후 약 300℃의 염욕에서 담금질하여 15분간 유지한 다음 수랭하였을 때 나타나는 조직으로 옳은 것은?

㉮ 페라이트
㉯ 시멘타이트
㉰ 하부 베이나이트
㉱ 잔류 오스테나이트

020. A3 점의 변태를 강하시키고 A4 점의 변태를 상승시켜 공석변태를 일으키는 원소는?

㉮ Ni, Mn, W   ㉯ Cr, Mo, V
㉰ C, N, Cu   ㉱ V, Ta, Zr

021. 다음의 상태도를 보고 x조성의 액상(L)이 온도 T_1 인 H에 도달하였을 때 처음으로 정출하는 고용체로 옳은 것은?

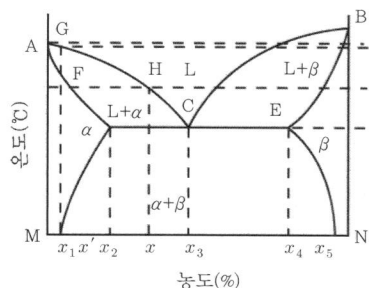

㉮ α 고용체   ㉯ L+α 고용체
㉰ α+β 고용체   ㉱ L+β 고용체

022. 탄소강의 열처리 시 나타나는 조직 중 용적변화가 가장 큰 조직은?

㉮ 오스테나이트   ㉯ 페라이트
㉰ 펄라이트   ㉱ 마텐자이트

023. Ba 금속의 x, y, z 축 절편의 길이가 1, 2, 3 일 때 면의 밀러지수는?

㉮ (1, 2, 3)   ㉯ (2, 3, 6)
㉰ (6, 3, 2)   ㉱ (8, 3, 2)

024. 합금주철에서 첨가되는 원소에 대한 영향을 설명한 것 중 틀린 것은?

㉮ Ni은 흑연화를 돕고 탄화물의 생성을 저지하여 chill 방지에 효과적이다.
㉯ Mo는 주철의 인장강도 및 경도를 증가시키고 인성을 증가시키는 합금원소이다.
㉰ Si는 주철 중의 Fe_3C 분해를 방해하여 백선화하는 원소이다.
㉱ V은 가장 강력한 흑연화 방해원소이며, 복잡한 탄화물을 만든다.

025. 내식성 알루미늄 합금에서 알루미늄에 다른 원소를 소량 첨가하였을 때 내식성은 거의 악화시키지 않고 강도를 개선하는 원소가 아닌 것은?
㉮ Cu
㉯ Mn
㉰ Si
㉱ Mg

026. 운반 작업장에서 사용하는 리프트(lift)용 와이어로프의 안전 기준에 대한 설명으로 틀린 것은?
㉮ 로프가 꼬이지 않을 것
㉯ 현저한 변형, 마모 부식 등이 없을 것
㉰ 소선의 수가 25% 이상 절단되지 않을 것
㉱ 지름의 감소가 공칭지름의 7%를 초과하지 않을 것

027. 다음 구리 및 구리합금에 대한 설명으로 틀린 것은?
㉮ 구리에 아연이 25%를 넘으면 β 상이 나오므로 경도와 강도가 급증한다.
㉯ 구리의 비중은 약 8.9 정도이며, 결정격자는 조밀육방 격자를 갖는다.
㉰ 구리 + 주석 합금을 청동이라 하며, 구리 + 아연 합금을 황동이라 한다.
㉱ 7 : 3 황동에 2% Fe과 소량의 Sn, Al합금을 두라나 메탈(durana metal)이라고 한다.

028. 제어시스템의 최종작업 목표가 아닌 것은?
㉮ 공정상태의 확인
㉯ 처리된 결과에 기초한 공정작업
㉰ 간헐적 작업지시
㉱ 공정상태에 따른 자료의 분석처리

029. 열처리로의 온도 제어 장치에서 온-오프의 시간비를 편차에 비례하도록 하여 온도를 제어하는 장치명은?
㉮ 온-오프식 온도 제어 장치
㉯ 비례 제어식 온도 제어 장치
㉰ 정치 제어식 온도 제어 장치
㉱ 프로그램 제어식 온도 제어 장치

030. 신호 처리 방식에 의한 제어계의 분류 중 실제시간과 관계된 신호에 의해서 제어가 행해지는 것은?
㉮ 동기 제어계
㉯ 비동기 제어계
㉰ 논리 제어계
㉱ 시퀀스 제어계

031. 다음 중 경도시험에 대한 설명으로 틀린 것은?
㉮ 기호 HB는 브리넬 경도를 나타낸다.
㉯ 쇼어 경도계는 5mm, 10mm의 지름을 갖는 압입자를 사용하며 시험하중은 3000kg$_f$이다.
㉰ 로크웰 경도시험은 120° 다이아몬드 원추 또는 구형이 강구 압입체를 사용한다.
㉱ 비커즈 경도는 꼭지각 136° 다이아몬드 4각추 압입자를 사용한다.

032. 철강에 합금원소를 첨가하면 일반적으로 나타나는 효과가 아닌 것은?
㉮ 소성가공의 개선
㉯ 결정립의 조대화에 따른 강인성 향상
㉰ 합금원소에 의한 기지의 고용강화
㉱ 변태속도의 변화에 따른 열처리효과 향상

033. 다음 중 크리프에 대한 설명으로 틀린 것은?

㉮ 크리프 한도란 어떤 시간 후에 크리프가 정지하는 최대 응력이다.
㉯ 어떤 재료에 크리프가 생기는 요인은 온도, 하중, 시간이다.
㉰ 크리프 한도란 일정온도에서 어떤 시간 후에 크리프 속도가 1이 되는 응력이다.
㉱ 철강 및 경합금 등은 약 250℃ 이상의 온도가 되었을 때 크리프 현상이 나타난다.

034. 준안정 오스테나이트 영역에서 성형 가공한다는 의미로 인장강도 $300kg_f/mm^2$ 급의 고강인성의 강을 얻는 열처리 방법은?

㉮ 마퀜칭 ㉯ 오스포밍
㉰ 마템퍼링 ㉱ 오스템퍼링

035. 회주철에서 "Fe + Fe_3C + Fe_3P"의 3원 공정조직을 무엇이라고 하는가?

㉮ 스테다이트 ㉯ 스텔라이트
㉰ 불스아이 ㉱ 트루스타이트

036. 피로시험에서 응력집중(stress concentration)에 대한 설명으로 옳은 것은?

㉮ 형상계수 α는 1보다 작다.
㉯ 응력집중은 노치 형상에 민감하지 않고 재료의 종류에 따라 민감하다.
㉰ 노치민감계수(η)의 식은 $\dfrac{\beta-1}{\alpha-1}$으로 표현된다.
㉱ 노치에 민감한 재료일수록 0에, 노치에 둔한 재료일수록 1에 접근한다.

037. [그림]과 같이 시료의 온도 θ와 변태하지 않는 중성체의 온도 θ'와의 온도차($\theta - \theta'$)의 관계를 구해서 변태점을 측정하는 방법은?

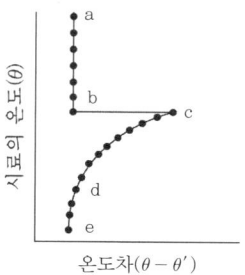

㉮ X선분석법 ㉯ 시차열분석법
㉰ 전기저항법 ㉱ 열팽창법

038. 강의 경화능시험 방법(한쪽 끝 퀜칭 방법)에서 일반적으로 퀜칭 단으로부터 취해진 처음 여덟 개의 측정점 거리를 측정하는 방법으로 옳은 것은?

㉮ 5-10-15-20-25-30-35-40-45인 5mm 간격으로 측정한다.
㉯ 0-4-8-12-16-20-24-28인 4mm 간격으로 측정한다.
㉰ 1-4-7-10-13-16-19-21인 3mm 간격으로 측정한다.
㉱ 1.5-3-5-7-9-11-13-15인 5mm 간격으로 측정한다.

039. 판재를 원판으로 뽑기 위해 하중 $9400kg_f$을 가했을 때 전단응력은 약 몇 kg_f/cm^2인가? (단, 직경(d) = 30mm, 판재의 두께(t) = 2.8mm이다.)

㉮ 2562 ㉯ 3562
㉰ 4562 ㉱ 5562

정답 033. ㉰ 034. ㉯ 035. ㉮ 036. ㉰ 037. ㉯ 038. ㉱ 039. ㉯

040. 그림과 같이 면심입방격자(FCC)로 된 A원자와 B원자의 규칙격자 원자배열에서 A와 B의 조성을 나타내는 것은?

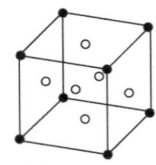

A원자 ○, B원자 ●

㉮ AB ㉯ A_2B
㉰ A_3B ㉱ AB_3

041. 다음 중 단면수축률의 계산식으로 옳은 것은?

㉮ $\dfrac{원단면적-파단부\ 단면적}{원단면적}\times 100\%$

㉯ $\dfrac{원단면적-파단부\ 단면적}{파단\ 단면적}\times 100\%$

㉰ $\dfrac{원단면적-연신된\ 길이}{원단면적}\times 100\%$

㉱ $\dfrac{원단면적-연신된\ 길이}{연신된\ 길이}\times 100\%$

042. 현상 처리되지 않은 필름이 저준위의 방사선에 조사되거나 습도나 온도가 높은 곳에 장시간 방치될 경우 나타나는 결과는?

㉮ 뿌연 안개상이 나타난다.
㉯ 녹색 반점이 생긴다.
㉰ 백색 반점이 생긴다.
㉱ 정전기 표시가 나타난다.

043. 다음 중 Cu – Pb계로 고속, 고하중에 적합한 베어링용 합금의 명칭으로 옳은 것은?

㉮ 크로멜 ㉯ 켈밋
㉰ 슈퍼인바 ㉱ 백 메탈

044. 마텐자이트 변태에 관한 설명으로 틀린 것은?

㉮ 펄라이트나 베이나이트 변태와 같이 확산을 수반한다.
㉯ 마텐자이트 변태를 하면 표면기복이 생긴다.
㉰ 마텐자이트 조직은 모체인 오스테나이트 조성과 동일하다.
㉱ 오스테나이트와 마텐자이트 사이에는 일정한 방위관계가 있다.

045. 피로시험에 대한 설명 중 틀린 것은?

㉮ 지름이 크면 피로한도는 커진다.
㉯ 노치가 있는 시험편의 피로한도는 작다.
㉰ 표면이 거친 것이 고운 것보다 피로한도가 작아진다.
㉱ 노치가 없을 때와 있을 때의 피로한도 비를 노치계수라 한다.

046. Fick의 확산 제2법칙에 대한 설명으로 틀린 것은? (단, D는 확산계수이며, 정수이다.)

㉮ $\dfrac{dc}{dt}=D\dfrac{d^2c}{dx^2}$ 으로 표시된다.

㉯ $J=-D\dfrac{dc}{dx}$ 으로 표현된다.

㉰ 용질원자의 농도가 시간에 따라 변하는 관계를 나타낸다.

㉱ 확산에서의 물질의 흐름이 시간에 따라 변화하지 않는 상태를 정상 상태라 하며 $\dfrac{dc}{dt}$는 0이다.

정답 040. ㉱ 041. ㉮ 042. ㉮ 043. ㉯ 044. ㉮ 045. ㉮ 046. ㉯

047 오스테나이트계 스테인리스강을 500~800℃로 가열하면 부식되기 쉬워 입계부식이 발생한다. 이러한 부식을 방지하기 위한 대책으로 틀린 것은?

㉮ 탄소량을 0.03% 이하로 유지한다.
㉯ 1000~1150℃로 가열하여 탄화물을 고용시킨 후 급랭하는 고용화 열처리를 한다.
㉰ C와의 친화력이 Cr보다 큰 Ti, Nb 또는 Ta을 첨가해서 안정화시킨다.
㉱ 입계부식에 대한 감수성을 야기시키는 특정온도와 시간에서 예민화 열처리를 실행하여 입계와 입내를 활성태=부동태 전지가 형성되게 한다.

048 분말야금의 특징을 설명한 것 중 틀린 것은?

㉮ 절삭공정을 생략할 수 있다.
㉯ 다공질의 금속재료를 만들 수 있다.
㉰ 제조과정에서 용융점까지의 온도로 올려야 제조가 가능하다.
㉱ 분말야금 제품으로는 filter나 함유베어링 등이 있다.

049 와전류탐상검사의 특징을 설명한 것 중 틀린 것은?

㉮ 도체에만 적용이 가능하다.
㉯ 시험체에 비접촉으로 탐상이 가능하다.
㉰ 시험체의 표층부에 있는 결함 검출을 대상으로 한다.
㉱ 고온 부위의 시험체에는 탐상이 불가능하고, 후처리가 필요하다.

050 용접품의 열처리로 널리 사용되는 응력제거 풀림의 처리 목적으로 틀린 것은?

㉮ 잔류응력을 제거한다.
㉯ 구조물의 치수가 안정화된다.
㉰ 열영향부의 연성을 감소시킨다.
㉱ 취성, 피로강도, 내식성을 개선할 수 있다.

051 티타늄(Ti)과 티타늄 합금(Ti - 6Al - 4V 합금)에 대한 설명으로 틀린 것은?

㉮ 티타늄의 비중은 약 4.45이고, 융점은 약 1680℃이다.
㉯ 티타늄은 도전율이 낮은 특성을 갖는다.
㉰ 소성변형에 대한 제약이 없어 내력/인장강도의 비가 0(zero)에 가깝다.
㉱ 티타늄은 육방정 금속이며, 300℃ 부근의 온도구역에서 강도의 저하가 명백히 나타난다.

052 다음 중 고용체 강화에 대한 설명으로 틀린 것은?

㉮ 용매원자와 용질원자 사이의 원자 크기의 차이가 적을수록 강화효과는 커진다.
㉯ 일반적으로 용매원자의 격자에 용질원자가 고용되면 순금속보다 강한 합금이 되는 것이 고용체 강화이다.
㉰ 용질원자에 의한 응력장과 가동 전위의 응력장이 상호 작용을 하여 재료를 강화하는 방법이다.
㉱ Cu-Ni합금에서 구리의 강도는 60% Ni가 첨가될 때까지 증가되는 반면 니켈은 40% Cu가 첨가될 때 고용체 강화가 된다.

정답 047. ㉱ 048. ㉰ 049. ㉱ 050. ㉰ 051. ㉰ 052. ㉮

053. 유압펌프의 흡입구에서 캐비테이션을 방지하기 위한 방법으로 틀린 것은?
㉮ 흡입구의 양정을 1m 이하로 한다.
㉯ 펌프의 운전속도에는 규정 속도 이상으로 해서는 안 된다.
㉰ 오일탱크의 오일점도는 800cst를 넘지 않도록 한다.
㉱ 흡입관의 굵기는 유압 펌프 본체의 연결구 크기와 다른 것을 사용한다.

054. 시퀀스 제어 중 순서 제어가 확정된 검출 결과를 종합하여 제어명령의 실행을 결정하는 제어는?
㉮ 조건 제어   ㉯ 시한 제어
㉰ 순서 제어   ㉱ 프로세스 제어

055. $\bar{x}$ 관리도에서 관리상한이 22.15, 관리하한이 6.85, $\bar{R}$ = 7.5일 때 시료 군의 크기 (n)는 얼마인가? (단, n = 2일 때 A_2 = 1.88, n = 3일 때 A_2 = 1.02, n = 4일 때 A_2 = 0.73, n = 5일 때 A_2 = 0.58이다.)
㉮ 2   ㉯ 3
㉰ 4   ㉱ 5

056. 200개 들이 상자가 15개 있다. 각 상자로부터 제품을 랜덤하게 10개씩 샘플링할 경우, 이러한 샘플링 방법을 무엇이라 하는가?
㉮ 계통 샘플링   ㉯ 취락 샘플링
㉰ 층별 샘플링   ㉱ 2단계 샘플링

057. 어떤 측정법으로 동일 시료를 무한횟수 측정하였을 때 데이터 분포의 평균치와 모집단 참값과의 차를 무엇이라 하는가?
㉮ 편차   ㉯ 신뢰성
㉰ 정확성   ㉱ 정밀도

058. 다음 중 신제품에 대한 수요예측방법으로 가장 적절한 것은?
㉮ 시장조사법   ㉯ 이동평균법
㉰ 지수평활법   ㉱ 최소자승법

059. ASME(American Society of Mechanical Engineers)에서 정의하고 있는 제품공정 분석표에 사용되는 기호 중 "저장(Storage)"을 표현한 것은?
㉮ ○   ㉯ D
㉰ □   ㉱ ▽

060. 다음 중 사내표준을 작성할 때 갖추어야 할 요건으로 옳지 않은 것은?
㉮ 내용이 구체적이고 주관적일 것
㉯ 장기적 방침 및 체계하에서 추진할 것
㉰ 작업표준에는 수단 및 행동을 직접 제시할 것
㉱ 당사자에게 의견을 말하는 기회를 부여하는 절차로 정할 것

정답 053. ㉱ 054. ㉮ 055. ㉯ 056. ㉰ 057. ㉰ 058. ㉮ 059. ㉱ 060. ㉮

부록 3. 2010년도 금속재료기능장 시행문제

(2010. 3. 28)

001. 0.8%C 강을 오스테나이트 구역으로 가열한 후 항온 열처리할 때 변태속도가 가장 빠른 부분의 온도는?
   - ㉮ 650℃ 부근
   - ㉯ 550℃ 부근
   - ㉰ 450℃ 부근
   - ㉱ 300℃ 부근

002. 비커즈 경도 시험에 대한 설명으로 옳은 것은?
   - ㉮ 비커즈 경도가 250인 경우 HRC_250으로 표기한다.
   - ㉯ 꼭지각이 120°의 다이아몬드 압입자를 사용한다.
   - ㉰ 다이아몬드 피라미드의 중심축과 누르개 부착축 사이의 각도는 0.3°보다 작아야 한다.
   - ㉱ 기준편의 시험면과 기준편을 받치는 면의 평면도 편차가 최대 0.055mm를 넘어서는 안 된다.

003. 다음 중 고망간강에 대한 설명으로 옳은 것은?
   - ㉮ 기지 조직은 시멘타이트이다.
   - ㉯ 열전도성이 좋고 팽창계수가 작아 열변형을 일으키지 않는다.
   - ㉰ 항복점은 낮으나 인장강도는 높게 되어 파괴에 대해서는 높은 인성을 나타낸다.
   - ㉱ 0.9~1.4% C, 10~15% Mg이 주성분이며, 용도에 따라 Cr, Ni, Mo 등을 첨가한다.

004. 다음 중 크리프 시험에 대한 설명으로 틀린 것은?
   - ㉮ 어떤 시간 후에 크리프가 정하는 최대응력을 크리프 한도라 한다.
   - ㉯ 크리프 3단계 중 1단계는 가속 크리프라 하며, 변율이 점차 증가되는 단계이다.
   - ㉰ 철강 및 경합금 등은 250℃ 이상의 온도가 되어야 크리프 현상이 일어난다.
   - ㉱ 재료에 어떤 하중을 가하고 어떤 온도에서 긴 시간 동안 유지하면 시간의 경과에 따라 스트레인이 증가되는 현상이다.

005. 마텐자이트(martensite) 조직의 경도가 높은 원인이 아닌 것은?
   - ㉮ 급랭에 의한 내부응력 때문이다.
   - ㉯ 조직의 미세화 때문이다.
   - ㉰ 탄소 원자에 의한 ferrite 격자의 강화 때문이다.
   - ㉱ 탄소 원자의 확산 변태 때문이다.

006. 침탄 담금질 시 경도 부족현상이 발생하는 경우가 아닌 것은?
   - ㉮ 침탄량이 부족할 때
   - ㉯ 담금질 온도가 높을 때
   - ㉰ 탈탄이 되었을 때
   - ㉱ 담금질의 냉각속도가 느릴 때

정답 001. ㉯   002. ㉰   003. ㉰   004. ㉯   005. ㉱   006. ㉯

007 스테인리스강의 열처리에 관한 설명이 틀린 것은?

㉮ 페라이트계 스테인리스강의 풀림처리는 700~900℃ 가열한 후 공랭 한다.
㉯ 마텐자이트계 스테인리스강의 완전풀림 처리는 850~900℃ 이고, 냉각속도는 30℃/hr 이하로 한다.
㉰ 오스테나이트계 스테인리스강의 용체화처리는 900~950℃가 적당하며, 유지시간은 두께 25mm당 2시간 정도이다.
㉱ 오스테나이트계 스테인리스강의 내식성 감소는 800~900℃의 온도에서 2~4시간 유지 후 수랭 또는 공랭으노 내식성을 향상시킨다.

008 초음파의 감쇠가 현저할 것으로 판단되는 피검물을 초음파탐상 검사를 하고자 할 때 어느 탐촉자를 사용하여 검사하는 것이 최적인가?

㉮ 1MHz ㉯ 5MHz
㉰ 10MHz ㉱ 100MHz

009 와전류탐상검사에서 시험코일을 시험체에 대한 적용 방법에 따라 분류할 때 이에 해당되지 않는 것은?

㉮ 관통형 코일 ㉯ 내삽형 코일
㉰ 침투형 코일 ㉱ 표면형 코일

010 탄소가 2.10%, 규소가 0.30% 함유된 주철의 탄소당량(%)은? (단, P%는 무시한다.)

㉮ 1.2 ㉯ 2.2
㉰ 3.2 ㉱ 4.2

011 다음 중 비파괴검사를 실시하는 목적이 아닌 것은?

㉮ 제조 원가의 절감을 위하여
㉯ 제조 공정의 개선을 위하여
㉰ 제품에 대한 신뢰성 향상을 도모하기 위하여
㉱ 제품을 분해 파괴하여 내부결함을 검사하기 위하여

012 방사선 투과 시험 시 촬영배치 순서가 맞는 것은?

㉮ 선원 → 투과도계 → 시편 → 필름
㉯ 선원 → 시편 → 투과도계 → 필름
㉰ 선원 → 필름 → 투과도계 → 시편
㉱ 선원 → 시편 → 필름 → 투과도계

013 용제 제거성 염색 침투탐상 검사의 순서로 옳은 것은?

㉮ 전처리 → 후처리 → 침투처리 → 현상처리 → 관찰 → 제거처리
㉯ 전처리 → 제거처리 → 관찰 → 현상처리 → 침투처리 → 후처리
㉰ 전처리 → 침투처리 → 제거처리 → 현상처리 → 관찰 → 후처리
㉱ 전처리 → 침투처리 → 제거처리 → 후처리 → 관찰 → 현상처리

014 전류관통법을 이용하여 건식 및 습식, 형광 및 비형광 등의 자분탐상검사에 대한 종합적인 성능과 감도의 평가 및 비교에 사용되는 시험편은?

㉮ 링 시험편 ㉯ 팔각 시험편
㉰ A형 표준시험편 ㉱ B형 표준시험편

정답 007. ㉰ 008. ㉮ 009. ㉰ 010. ㉯ 011. ㉱ 012. ㉮ 013. ㉰ 014. ㉮

015. 금속 조직 시험을 하기 전에 시험편의 준비 순서로 옳은 것은?

㉮ 마운팅 → 시험편 채취 → 폴리싱 → 부식 → 세척
㉯ 마운팅 → 시험편 채취 → 부식 → 세척 → 폴리싱
㉰ 시험편 채취 → 폴리싱 → 마운팅 → 세척 → 부식
㉱ 시험편 채취 → 마운팅 → 폴리싱 → 세척 → 부식

016. Fe-C 상태도에서 나타나는 기호와 이에 따른 명칭이 틀린 것은?

㉮ α : 페라이트
㉯ Fe_3C : 시멘타이트
㉰ $\alpha+Fe_3C$: 펄라이트
㉱ $\gamma + Fe_3C$: 위드만스텐텐

017. 초음파탐상시험법에서 탐촉자의 주파수 선택에 관한 설명 중 틀린 것은?

㉮ 탐촉자의 주파수가 높을수록 보다 작은 결함을 검출할 수 있다.
㉯ 검사체의 입자가 크거나 흡수가 크면 높은 주파수를 사용한다.
㉰ 분해능을 높이기 위해서는 높은 주파수를 사용한다.
㉱ 입자가 미세한 단조품의 탐상주파수는 2~6MHz 범위가 적당하다.

018. 다음 중 형상기억 합금의 종류가 아닌 것은?

㉮ Al-Cu-Mg합금   ㉯ Ti-Ni 합금
㉰ Cu-Al-Ni 합금   ㉱ Cu-Zn-Al합금

019. 무인 반송차(Automatic Guided Vehicle)의 특징을 설명한 것 중 틀린 것은?

㉮ 정지 정밀도를 확보할 수 있다.
㉯ 레이아웃의 자유도가 작다.
㉰ 자기 진간과 컴퓨터 교신이 가능하다.
㉱ 충돌, 추돌 회피 등 자기제어가 가능하다.

020. 탄소강, 특수강 및 각종 공구강 등의 담금질을 목적으로 제조된 2원계 혼합염(중성염)의 성분 중 사용온도가 700~1000℃인 것으로 가장 적합한 것은?

㉮ KNO_3 - $NaNO_2$
㉯ $BaCl_2$ - KCl
㉰ $NaNO_3$ - KNO_3
㉱ $KaCNO$ - KCl - Na_2CO_3

021. 강에서 인(P) 및 황(S) 편석을 육안으로 확인하기 위한 가장 적당한 부식액은?

㉮ 헨(heyn) 부식액
㉯ 아들러(adler) 부식액
㉰ 프라이(fry) 부식액
㉱ 빌레라(villela) 부식액

022. 최대하중이 4690kgf이고 인장시험편의 지름이 14mm일 때의 인장강도는 약 몇 kgf/mm²인가?

㉮ 25   ㉯ 30
㉰ 35   ㉱ 40

정답 015. ㉱ 016. ㉱ 017. ㉯ 018. ㉮ 019. ㉯ 020. ㉯ 021. ㉮ 022. ㉯

023 동 및 동합금에 대한 설명으로 틀린 것은?
- ㉮ 구리와 아연의 평형상태도에서는 6개의 상이 나타난다.
- ㉯ 구리의 밀도는 약 7.8정도이며, 용융점은 약 670℃ 정도이다.
- ㉰ 구리에 아연이 고용한 α상의 결정구조는 면심입방격자이다.
- ㉱ 연수(軟水)에서 CO_2, 산소의 용해량이 많아지면 부식률이 높아진다.

024 다음 중 정적 시험 방법에 해당되지 않는 것은?
- ㉮ 인장시험
- ㉯ 전단시험
- ㉰ 비틀림시험
- ㉱ 피로시험

025 쾌삭강(free cutting steel)에서 피삭성을 향상시키는 데 가장 효과적인 원소는?
- ㉮ Zn
- ㉯ Pb
- ㉰ Si
- ㉱ Sn

026 다음 중 침탄강이 갖추어야 할 조건으로 옳은 것은?
- ㉮ 강재는 고탄소강이어야 한다.
- ㉯ 침탄할 때 고온에서 장시간 가열하여 결정립자가 성장하여야 한다.
- ㉰ 강재의 주조 시 재료 내부에 기공 또는 균열 등이 없어야 한다.
- ㉱ 경화 층의 경도는 낮고, 마모성과 피로성이 우수해야 한다.

027 자분탐상 검사방법 중 완전 가공제품의 표면검사에 부적합한 것은?
- ㉮ 코일법
- ㉯ 극간법
- ㉰ 프로드법
- ㉱ 축 통전법

028 구리 및 구리 합금의 열처리에 대한 설명으로 틀린 것은?
- ㉮ $\alpha + \beta$ 황동을 재결정 풀림과 담금질 열처리를 한다.
- ㉯ α 황동은 700~730℃ 온도에서 재결정 풀림을 한다.
- ㉰ 순동은 재결정 풀림을 하고, 재결정 온도는 약 270℃이다.
- ㉱ 상온 가공한 황동 제품은 시기균열을 방지하기 위해 고온 풀림을 한다.

029 굽힘강도 시험기 시험편 단면이 장방형일 때 $Z = \dfrac{bt^2}{6}$를 사용하여 응력을 구하는 식으로 옳은 것은? (단, P : 굽힘강도, L : 지점 간의 거리, Z : 단면계수, b : 시험편의 폭, t : 시험편의 두께)
- ㉮ $\dfrac{6bt^2}{4PL}$
- ㉯ $\dfrac{6b}{4PLt^2}$
- ㉰ $\dfrac{PL}{24bt^2}$
- ㉱ $\dfrac{6PL}{4bt^2}$

030 공장 자동화의 형태가 아닌 것은?
- ㉮ 고정 자동화
- ㉯ 유연 자동화
- ㉰ 프로그램 가능 자동화
- ㉱ 이동 자동화

정답 023. ㉯ 024. ㉱ 025. ㉯ 026. ㉰ 027. ㉰ 028. ㉱ 029. ㉱ 030. ㉱

031. 다음 중 비틀림 시험에 대한 설명으로 옳은 것은?
㉮ 비틀림 시험의 주목적은 재료에 대한 강성계수와 비틀림 강도 측정에 있다.
㉯ 비교적 가는 선재의 비틀림 시험에서는 응력을 측정하여 시험 결과를 얻는다.
㉰ 비틀림 시험편은 양단을 고정하기 쉽게 시험부분보다 얇게 만든다.
㉱ 비틀림 각도 측정법은 펜듈럼식, 탄성식, 레버식이 있다.

032. 심랭처리시 시효 변형과 잔류 오스테나이트에 대한 설명 중 틀린 것은?
㉮ 탄소함유량이 많으면 잔류 오스테나이트양이 많아진다.
㉯ 물 담금질한 것은 기름 담금질한 것보다 잔류 오스테나이트양이 많다.
㉰ 담금질 온도가 높으면 잔류 오스테나이트량이 많아진다.
㉱ 담금질한 후 바로 심랭처리한 것보다 150℃ 부근에서 뜨임을 행한 후 심랭처리하고 다시 뜨임하면 시효 변형이 적다.

033. 공기 압축기 중 스크루식 압축기의 특징으로 틀린 것은?
㉮ 맥동이 있으며, 큰 공기 탱크가 필요하다.
㉯ 고속회전이 가능하고 진동이 적다.
㉰ 저주파 소음이 적고 소음제거가 용이하다.
㉱ 섭동 부분이 적으므로 무급유가 가능하다.

034. 유압 에너지를 직선왕복 운동으로 변화하는 기기는?
㉮ 유압회로모터   ㉯ 유압실린더
㉰ 유압밸브   ㉱ 베인펌프

035. 금속 시험편의 연마용지(샌드페이퍼)는 실리콘 카바이드로 되어 있다. 다음 중 가장 표면이 고운 연마지는?
㉮ #200   ㉯ #400
㉰ #600   ㉱ #800

036. 강 용접 이음부의 방사선 투과 시험방법(KS B 0845)에 의거하여 맞대기 용접 이음부에 방사선비파괴검사를 하였다. 모재의 두께가 11mm이고 상질을 A급으로 규정할 때 규격에 적합하지 않은 것은?
㉮ 투과사진의 농도가 1.0이 측정되었다.
㉯ 투과사진에 15형 계조계가 사용되었다.
㉰ 투과사진의 계조계 값이 0.062가 나왔다.
㉱ 투과사진의 투과도계 식별 최소 선지름이 0.25가 보였다.

037. 알루미늄 및 그 합금의 질별 기호와 기호에 대한 설명이 옳게 짝지어진 것은?
㉮ W : 용체화 처리한 것
㉯ O : 가공 경화만 한 것
㉰ H_1 : 고온 가공에서 냉각 후 자연 시효 시킨 것
㉱ T_1 : 가공 경화 후 안정화 처리한 것

038. 다음 중 주철에 대한 설명으로 틀린 것은?
㉮ 주철의 비중은 C와 Si 등이 많을수록 높아진다.
㉯ 전탄소란 흑연 + 화합탄소이다.
㉰ 주철의 투자율을 크게 하기 위해서는 화합 탄소를 적게 해야 한다.
㉱ 흑연의 양이 적어 탄소와 화합 탄소로 이루어진 경우 단면이 흰색을 띤 주철을 백주철이라고 한다.

정답 031. ㉮ 032. ㉯ 033. ㉮ 034. ㉯ 035. ㉱ 036. ㉰ 037. ㉮ 038. ㉮

039. 다음 중 금속초미립자에 대한 설명으로 틀린 것은?

㉮ 용융점이 금속덩어리보다 낮다.
㉯ 활성이 강하여 여러 가지 화학반응을 일으킨다.
㉰ Fe계 합금 초미립자는 금속덩어리보다 자성이 강하다.
㉱ 저온에서 열저항이 매우 커 열의 부도체이다.

040. 다음 중 연천인률의 공식으로 옳은 것은?

㉮ $\dfrac{\text{연 사상자수}}{\text{연 평균 근로자수}} \times 1000$

㉯ $\dfrac{\text{근로손실일수}}{\text{연 근로시간수}} \times 1000$

㉰ $\dfrac{\text{재해발생건수}}{\text{연 근로시간수}} \times 10^6$

㉱ $\dfrac{\text{총근로손실일수}}{\text{연 평균 근로자수}} \times 10^6$

041. 그림은 재료에 따른 응력-변형곡선이다. A, B의 그림과 합금명이 바르게 연결된 것은?

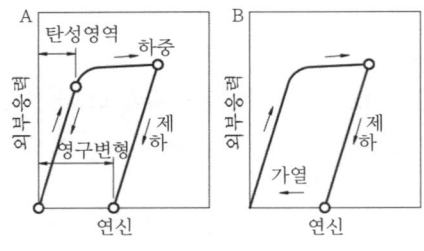

㉮ A : 보통금속재료, B : 형상기억합금
㉯ A : 형상기억합금, B : 초탄성재료
㉰ A : 초탄성합금, B : 보통금속재료
㉱ A : 보통금속재료, B : 초탄성합금

042. 일반적으로 원자가가 2가인 금속산화물을 주성분으로 하는 내화재로 마그네시아와 산화크롬의 양자를 성분으로 하는 내화재는?

㉮ 산성 내화재 ㉯ 중성 내화재
㉰ 염기성 내화재 ㉱ 호기성 내화재

043. Ni 46%-Fe의 합금으로 열팽창계수 및 내식성에 있어서 백금의 대용이 되며 전구봉입성 등에 사용되는 것은?

㉮ 문쯔메탈(Muntz metal)
㉯ 플래티나이트(Platinite)
㉰ 모넬메탈(Monel metal)
㉱ 콘스탄탄(Constantan)

044. 가스질화법에 대한 설명으로 틀린 것은?

㉮ 철과 질소의 화합물은 Fe_2N, Fe_3N, Fe_4N 등이 있다.
㉯ 암모니아 가스는 순도가 높고 조성변동이 적으며 질화대상 재료에 침식 등이 없어야 한다.
㉰ 질화용강은 질소와 친화력이 강한 Cr, Al, Mo, V 등이 함유된 것을 사용한다.
㉱ 질화품은 고경도, 내마모성이 우수하므로 전처리로 열처리가 필요 없다.

045. 다음 중 철강에 사용되는 확산 피복 금속 중 질산, 염산, 묽은 황산에 대한 내식성이 가장 우수한 것은?

㉮ S ㉯ P
㉰ Si ㉱ Pb

정답 039. ㉱ 040. ㉮ 041. ㉮ 042. ㉰ 043. ㉯ 044. ㉱ 045. ㉰

046 퀜칭을 잘 하였는데도 경화가 되지 않았다면 그 이유로 적절하지 않은 경우는?
㉮ 불꽃시험을 행하지 않는 경우
㉯ 급랭이 불충분한 경우
㉰ 처리품의 표면이 탈탄되어 있는 경우
㉱ 오스테나이트화 온도가 불충분한 경우

047 0.3% 탄소강이 상온에서 초석 페라이트(α)와 펄라이트(P)의 양은 약 몇 %인가? (단, 공석점은 0.80% C, α의 고용한도는 0.025% C이다.)
㉮ α = 77, P = 23
㉯ α = 23, P = 77
㉰ α = 65, P = 38
㉱ α = 35, P = 65

048 다음 중 감전방지를 위한 유의사항으로 틀린 것은?
㉮ 전격 방지기를 사용하지 말 것
㉯ 신체, 의복 등에 물기가 없도록 할 것
㉰ 홀더, 케이블, 용접기의 절연과 접속을 완전히 할 것
㉱ 절연이 좋은 장갑과 신발 및 작업복을 사용할 것

049 다음 중 내력을 구하는 방법이 아닌 것은?
㉮ 오프셋법
㉯ 영구연신율법
㉰ 전체연신율법
㉱ 파단연신율법

050 열처리의 냉각 방법의 3형태가 아닌 것은?
㉮ 연속 냉각
㉯ 2단 냉각
㉰ 변태 냉각
㉱ 항온 냉각

051 다음 중 고용체 강화에 대한 설명으로 틀린 것은?
㉮ 일반적으로 용매원자의 격자에 용질원자가 고용되면 순금속보다 강한 합금이 된다.
㉯ 용매원자와 용질원자사이의 원자 크기 차이가 작을수록 강화효과는 커진다.
㉰ 일반적으로 용매원자의 격자에 용질원자가 고용되면 순금속보다 강한 합금이 되는 것이 고용체 강화이다.
㉱ Cu-Ni합금에서 구리의 강도는 60% Ni이 첨가될 때까지 증가되는 반면 니켈의 강도는 40% Cu가 첨가될 때 고용체 강화가 된다.

052 다음 중 탄소강에서 Mn의 영향으로 옳은 것은?
㉮ 고온에서 결정립 성장을 억제시킨다.
㉯ 연신율과 충격값을 감소시킨다.
㉰ 실온에서 충격치를 저하시켜 상온 취성의 원인이 된다.
㉱ 강재 압연 시 균열의 원인이 된다.

053 편상 또는 구상흑연을 함유하며 Cr을 적당히 첨가하여 내모성이 좋고 해수 중 공식이나 극간부식 등의 국부부식이 좋아 발전소나 제철소, 화학장치의 Pump Casing Impeller, Pipe 등에 많이 사용되는 것은?
㉮ Ni-resist
㉯ Duriron
㉰ Al 주철
㉱ Nitensiliron

정답 046. ㉮ 047. ㉰ 048. ㉮ 049. ㉱ 050. ㉰ 051. ㉯ 052. ㉮ 053. ㉮

054. 입자분산 강화금속(PSM)의 제조방법으로 틀린 것은?
㉮ 후드법
㉯ 열분해법
㉰ 표면산화법
㉱ 용융체포화법

055. 다음 중 통계량의 기호에 속하지 않는 것은?
㉮ σ
㉯ R
㉰ s
㉱ $\bar{x}$

056. 계수 규준형 샘플링 검사의 OC 검사에서 좋은 로트를 합격시키는 확률을 뜻하는 것은? (단, α는 제1종과오, β는 제2종과오이다.)
㉮ α
㉯ β
㉰ $1-\alpha$
㉱ $1-\beta$

057. u 관리도의 관리한계선을 구하는 식으로 옳은 것은?
㉮ $\bar{u} \pm \sqrt{\bar{u}}$
㉯ $\bar{u} \pm 3\sqrt{\bar{u}}$
㉰ $\bar{u} \pm 3\sqrt{n\bar{u}}$
㉱ $\bar{u} \pm 3\sqrt{\dfrac{\bar{u}}{n}}$

058. 예방보전(Preventive Maintenance)의 효과로 보기에 가장 거리가 먼 것은?
㉮ 기계의 수리비용이 감소한다.
㉯ 생산시스템의 신뢰도가 향상된다.
㉰ 고장으로 인한 중단시간이 감소한다.
㉱ 예비기계를 보유해야 할 필요성이 증가한다.

059. 다음 중 인위적 조절이 필요한 상황에 사용될 수 있는 워크팩터(Work Factor)의 기호가 아닌 것은?
㉮ D
㉯ K
㉰ P
㉱ S

060. 어떤 회사의 매출액이 80,000원, 고정비가 15,000원, 변동비가 40,000원일 때 손익분기점 매출액은 얼마인가?
㉮ 25000원
㉯ 30000원
㉰ 40000원
㉱ 55000원

정답 054. ㉮ 055. ㉮ 056. ㉰ 057. ㉱ 058. ㉱ 059. ㉯ 060. ㉯

부록 3. 2010년도 금속재료기능장 시행문제

(2010. 7. 11)

001 금속 간 화합물인 Fe_3C에서 Fe와 C의 원자비(%)는?

㉮ Fe : 25%, C : 75%
㉯ Fe : 30%, C : 70%
㉰ Fe : 70%, C : 30%
㉱ Fe : 75%, C : 25%

002 황동의 가공재를 상온에서 방치하거나 시간의 경과에 따라 경도 등 제성질이 악화되는 현상을 무엇이라 하는가?

㉮ 자연균열   ㉯ 고온탈아연
㉰ 탈아연부식 ㉱ 경년변화

003 방사선 투과 사진의 어두운 정도는 필름 농도(density)로 나타낸다. 이에 대한 투과농도(D)의 식으로 옳은 것은? (단, L은 필름을 투과한 후의 빛의 강도, L_0는 필름에 입사한 빛의 강도이다.)

㉮ $D = \log_{10}\left(\dfrac{L_0}{L}\right)$
㉯ $D = \log_{10}\left(\dfrac{L}{L_0}\right)$
㉰ $\dfrac{L}{L_0}$
㉱ $\dfrac{L_0}{L}$

004 다음 중 탄소함유량이 가장 많은 조직은?

㉮ 시멘타이트   ㉯ 페라이트
㉰ 오스테나이트 ㉱ 펄라이트

005 열전쌍으로 사용되는 재료의 특징을 설명한 것 중 틀린 것은?

㉮ 히스테리시스 차가 커야 한다.
㉯ 제작이 수월하고 호환성이 있어야 한다.
㉰ 열기전력이 크고 안정성이 있어야 한다.
㉱ 내열, 내식성이 좋으며, 고온에서도 기계적 강도가 커야 한다.

006 크리프 시험에서 크리프곡선의 3단계 구분 중 제2단계의 진행상황으로 옳은 것은?

㉮ 크리프 속도가 대략 일정하게 진행되는 정상 크리프단계
㉯ 크리프 속도가 점차 증가되어 파단에 이르는 가속 크리프단계
㉰ 초기 크리프에서 변형률이 점차 감소되는 단계
㉱ 크리프 속도가 불규칙하게 진행되는 단계

007 열처리 결함 중에는 담금질 시 발생하는 균열과 변형이 가장 많다. 이때 담금질 균열 및 변형 방지 방법으로 틀린 것은?

㉮ 축물에는 면취를 한다.
㉯ Ms~Mf 범위에서는 될수록 서랭한다.
㉰ 구멍을 뚫어 부품의 각부가 균일하게 냉각되도록 한다.
㉱ 냉각 시 온도를 불균일하게 하고 될수록 변태가 동시에 일어나지 않게 한다.

정답 001. ㉱ 002. ㉱ 003. ㉮ 004. ㉮ 005. ㉮ 006. ㉮ 007. ㉱

008. 공석강을 A_3 변태점 이상의 온도로 가열해서 충분히 유지한 다음 A_1점 이하의 온도로 미리 가열되어 있는 염욕 속에 투입하여 오스테나이트로부터 펄라이트 항온변태 과정을 표시한 것이다. a ~ b 사이에서 일어나는 변태는?

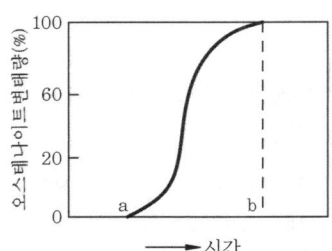

㉮ 100% 오스테나이트
㉯ 오스테나이트와 펄라이트 공존
㉰ 오스테나이트에서 펄라이트 개시
㉱ 오스테나이트에서 펄라이트 완료

009. 뜨임취성을 방지하기 위한 대책으로 틀린 것은?

㉮ 고온 뜨임 후 급랭한다.
㉯ P, Sb, N 등을 가능한 감소시킨다.
㉰ 오스테나이트 결정립을 조대화시킨다.
㉱ 뜨임할 때에는 되도록 완전한 마텐자이트로 한다.

010. 다음 중 1000~1350℃에서 사용되는 고온용 염욕제는?

㉮ NaOH   ㉯ NaCl
㉰ BaCl₂   ㉱ CaCl₂

011. 다음 중 방사성 동위원소가 아닌 것은?

㉮ Cs   ㉯ Nd
㉰ Co   ㉱ Ir

012. 가스질화법에 의하여 질소(N)를 강 중에 확산시킨 질화강의 성질을 설명한 것 중 옳은 것은?

㉮ 질화온도가 높으면 질화깊이는 커지나 경도는 낮아진다.
㉯ 질화한 것은 인장강도, 항복점이 낮아진다.
㉰ 연신율, 단면수축률, 충격치는 높아진다.
㉱ 피로한도는 저하된다.

013. 철-탄소 평형상태도에서 자기변태점 1가지와 동소변태점 2가지에 해당하는 명칭과 그에 따른 온도로 옳은 것은?

㉮ 자기변태점 : A_2 = 768℃
   동소변태점 : A_3 = 910℃, A_4 = 1400℃
㉯ 자기변태점 : A_3 = 768℃
   동소변태점 : A_2 = 870℃, A_1 = 1400℃
㉰ 자기변태점 : A_1 = 726℃
   동소변태점 : A_2 = 910℃, A_3 = 1250℃
㉱ 자기변태점 : A_3 = 726℃
   동소변태점 : A_2 = 870℃, A_1 = 1250℃

014. 스텔라이트(Stellite) 합금을 설명한 것 중 틀린 것은?

㉮ Co-Ir-Zn-Cr계 단조합금으로서 성분은 40~67% Co, 20~27% Ir, 0~20% Zn, 1.5~2.5% Cr, 0.5~1% C로 구성된다.
㉯ 미국의 Haynes stellite사가 절삭공구용으로 개발한 것으로서 경도는 주조한 그대로가 HRC 약 60~64%이다.
㉰ 형상 등에 사용되는 외에 자동차엔진용 배기 밸브의 용착봉, 일반 밸브류의 Seat 부위에 이용된다.
㉱ Cr 함량이 많아서 고온부식에 강하고 내열피로성, 부식 등 사용조건이 가혹한 부품에 사용된다.

정답 008. ㉯ 009. ㉰ 010. ㉰ 011. ㉯ 012. ㉮ 013. ㉮ 014. ㉮

015. 분말로 소결된 합금을 압분하는 이유로 틀린 것은?
㉮ 치밀화
㉯ 균질화
㉰ 피복
㉱ 연화

016. Ni-Cu 합금으로 고온에 강하고 내식성, 내마모성이 우수한 것을 monel metal이라고 한다. 이 중 Si를 4% 첨가하여 강도를 증가시키고 열처리 시에 석출경화를 일으키게 한 것은?
㉮ R monel
㉯ K monel
㉰ KR monel
㉱ S monel

017. 로크웰 경도시험기 및 비커즈 경도시험기의 압입자의 각도는 각각 얼마인가?
㉮ 로크웰 경도시험기 : 136도, 비커즈 경도시험기 : 120도
㉯ 로크웰 경도시험기 : 120도, 비커즈 경도시험기 : 136도
㉰ 로크웰 경도시험기 : 140도, 비커즈 경도시험기 : 136도
㉱ 로크웰 경도시험기 : 136도, 비커즈 경도시험기 : 140도

018. 고주파 열처리 작업 중 조업안전에 대한 설명으로 틀린 것은?
㉮ 전원투입은 순서를 정확히 지킨다.
㉯ 보안설비의 작동을 규정된 방법에 따라 확인한다.
㉰ 전원부 및 발진부는 작업 중 접근하여 점검한다.
㉱ 보수 및 점검시 반드시 전원스위치를 끊고 작업한다.

019. 구리는 FCC 결정구조를 가지며, 단위격자의 격자상수는 0.465mm일 때 면간거리 d220은 약 몇 mm인가?
㉮ 0.10
㉯ 0.16
㉰ 0.25
㉱ 0.36

020. 공압기의 압력제어 밸브 중 시스템 내의 압력이 최대 허용압력을 초과하는 것을 방지하는 밸브는?
㉮ 릴리프 밸브
㉯ 감압 밸브
㉰ 시퀀스 밸브
㉱ 언로드 밸브

021. 염욕의 구비조건을 설명한 것 중 옳은 것은?
㉮ 염욕의 점성이 작아야 한다.
㉯ 증발 및 휘발성이 커야 한다.
㉰ 염욕의 순도가 낮아야 한다.
㉱ 흡습성 및 조해성이 커야한다.

022. 다음 중 복합재료에 관한 설명으로 틀린 것은?
㉮ 복합재료에는 클래드재료, 섬유강화 재료, 분산강화재료 등이 있다.
㉯ 복합재료는 일반적으로 비강도와 비탄성률이 낮아 항공기 부품이나 소재 경량화 재료에 활용되고 있다.
㉰ 복합재료의 개념을 바탕으로 한 실용화되고 있는 재료는 자동차 타이어, 입자분산강화 합금 등이 있다.
㉱ 어떤 목적과 특성을 얻기 위하여 2종 또는 그 이상의 다른 재료를 서로 합하여 하나의 재료로 만든 것을 복합재료라 한다.

정답 015. ㉱ 016. ㉱ 017. ㉯ 018. ㉰ 019. ㉯ 020. ㉮ 021. ㉮ 022. ㉯

023 비정질금속(Amorphous Metal)을 제조하는 방법 중 금속가스를 이용한 방법이 아닌 것은?
㉮ 진공증착법   ㉯ 이온도금법
㉰ 스퍼터링법   ㉱ 전해·무전해법

024 현미경으로 금속조직을 검사할 때의 작업 순서로 옳은 것은?
㉮ 시편채취 → 폴리싱 → 마운팅 → 부식 → 관찰
㉯ 시편채취 → 마운팅 → 폴리싱 → 부식 → 관찰
㉰ 시편채취 → 부식 → 폴리싱 → 마운팅 → 관찰
㉱ 시편채취 → 마운팅 → 부식 → 폴리싱 → 관찰

025 CAD 작업 시 원을 그릴 때의 방법으로 틀린 것은?
㉮ 3점 지정에 의한 방법
㉯ 중심점과 반지름값에 의한 방법
㉰ 2개의 접선과 반지름값에 의한 방법
㉱ 시작점과 중심점에 의한 방법

026 강의 5대 불순물 원소로 옳은 것은?
㉮ Mn, Na, Mo, Zn, Al
㉯ C, Si, P, Mn, S
㉰ Si, Mn, Cu, Mg, Sn
㉱ P, Al, Ag, Au, Co

027 "임계전단응력 $\pi = \dfrac{F}{A}\cos\phi \cdot \cos\lambda$"에서 Schmid 인자에 해당되는 것은?
㉮ $\cos\phi \cdot \cos\lambda$ ㉯ $\dfrac{F}{A}$
㉰ F ㉱ A

028 고망간강의 특징을 설명한 것 중 틀린 것은?
㉮ 해드필드강이라 하며, 마텐자이트 조직을 갖는다.
㉯ 1050℃ 부근에서 급랭하는 수인법의 열처리를 한다.
㉰ 열전도성이 나쁘고 팽창계수도 커서 열변형을 일으키기 쉽다.
㉱ 광석, 암석의 파쇄기 등 심한 충격과 마모를 받는 부품에 이용된다.

029 분위기 열처리 방법에 대한 설명으로 틀린 것은?
㉮ 탈탄 방지제를 도포하여 가열하는 방법
㉯ 공기 중이나 산화성 분위기에서 가열하는 방법
㉰ 중성 염욕이나 연욕 중에서 가열하는 방법
㉱ 숯이나 주철칩 또는 침탄제 등에 묻어서 가열하는 방법

030 다음 중 두랄루민에 대한 설명으로 가장 거리가 먼 것은?
㉮ 고강도 알루미늄 합금이다.
㉯ 시효경화 효과가 없다.
㉰ 내열 고강도용으로도 사용된다.
㉱ 대표적인 합금계는 Al - Cu - Mg계이다.

★정답★ 023. ㉱ 024. ㉯ 025. ㉱ 026. ㉯ 027. ㉮ 028. ㉮ 029. ㉯ 030. ㉯

031. 온도 제어 장치에서 온(on)-오프(off)의 시간 비를 편차에 비례하도록 하여 온도를 제어하는 온도 제어장치의 명칭은?
㉮ 프로그램 제어식 온도 제어 장치
㉯ 비례 제어식 온도 제어 장치
㉰ 정치 제어식 온도 제어 장치
㉱ 버프저항 제어식 온도 제어 장치

032. 표면에 균열이 있는 강자성체의 시험체를 검사하려 할 때 표면균열의 검출감도가 가장 높은 검사법은?
㉮ 방사선투과검사 ㉯ 초음파탐상검사
㉰ 수침응력탐상검사 ㉱ 자분탐상검사

033. 가공용 Al합금을 크게 고강도 합금계와 내식성 합금계로 나눌 수 있다. 이 중 내식성 합금계에 해당되지 않는 것은?
㉮ Al-Mn계   ㉯ Al-Cu-Mg계
㉰ Al-Mn-Mg계 ㉱ Al-Mg-Si계

034. 다음 중 마레이징강에 대한 설명으로 틀린 것은?
㉮ 마레이징강은 탄소가 많기 때문에 담금질 열처리에 의해 경화된다.
㉯ 50% 냉간가공 후 용체화 처리하면 강도가 더욱 높아진다.
㉰ 시효처리로 금속 간화합물의 석출에 의해 경화된다.
㉱ 강화에 의한 마텐자이트는 비교적 연성이 크다.

035. 판재를 원판으로 뽑기 위해 하중 9400kg을 가했을 때의 전단응력 [kg$_f$/cm^2]은 약 얼마인가? (단, 원판의 직경(d)은 30mm, 판재의 두께(t)는 2.7mm이다.)
㉮ 2694   ㉯ 3194
㉰ 3694   ㉱ 4194

036. 재료에 대한 강성계수(G)를 측정하는 시험법은?
㉮ 인장시험   ㉯ 비틀림시험
㉰ 크리프시험 ㉱ 피로시험

037. 철강재료에서 황(S)의 분포상태를 검사하는 방법은?
㉮ 조직량측정법
㉯ 설퍼프린트법
㉰ 매크로검사법
㉱ 현미경조직검사법

038. 강에 특수원소를 첨가할 때의 영향을 설명한 것으로 틀린 것은?
㉮ Al을 첨가하면 결정립 성장을 억제시킨다.
㉯ Cr을 첨가하면 내산화성 및 내식성을 증가시킨다.
㉰ B를 미량 첨가하면 담금질성을 저하시킨다.
㉱ Mo를 첨가하면 뜨임취성을 방지한다.

039. 자분탐상검사법에서 선형자계를 형성하는 자계법은?
㉮ 코일법   ㉯ 축 통전법
㉰ 프로드법 ㉱ 전류 관통법

정답 031. ㉯ 032. ㉱ 033. ㉯ 034. ㉮ 035. ㉰ 036. ㉯ 037. ㉯ 038. ㉰ 039. ㉮

2010년 시행문제(2010. 7. 11)

040. 무산소 구리(Cu)의 재결정 온도는 약 몇 ℃인가?
㉮ -5
㉯ 100
㉰ 200
㉱ 380

041. 불꽃시험 시 강종 판별기준으로 옳지 않은 것은?
㉮ 불꽃의 형태
㉯ 유선의 길이
㉰ 선명도
㉱ 불꽃의 수

042. 제어하고자 하는 대상의 물리량과 목표로 하는 값을 끊임없이 비교하여 그 차를 될 수 있는 대로 작게 하여 목표치에 접근시키는 방법은?
㉮ 시퀀스 제어
㉯ 수치 제어
㉰ 피드백 제어
㉱ 원방 제어

043. 주철의 열처리에 대한 설명으로 틀린 것은?
㉮ 미하나이트 주철의 담금질은 약 600℃에서 예열한 후 860~870℃에서 20분 정도 가열 후 유랭한다.
㉯ 구상화주철의 노멀라이징처리는 900℃ 부근에서 가열한 후 공랭 한다.
㉰ 구상화주철은 austempering처리를 통하여 기지(matrix)를 베이나이트 조직으로 얻을 수 있다.
㉱ 구상화주철은 고주파작업 시 경도가 높아 미세균열이 발생하므로 고주파열처리는 적용하지 않는다.

044. 기포누설시험 중 가압법에 관한 설명으로 틀린 것은?
㉮ 압력유지시간은 최소한 15분간 유지한다.
㉯ 시험압력은 설계압력의 10%를 초과하지 않는 범위에서 시험한다.
㉰ 조도 측정은 30초 이상 측정하며, 작은 불연속을 검출하기 위한 조도는 500lx 이상이다.
㉱ 사용되는 발포액은 액상세제 : 글리세린 : 물 = 1 : 1 : 4.5의 비율로 혼합하여 사용한다.

045. 매크로 조직의 종류 및 기호가 올바르게 짝지어진 것은?
㉮ 다공질 - H
㉯ 수지상정 - L
㉰ 모세균열 - Lc
㉱ 중심부 피트 - Tc

046. 구조용 합금강(SNC236)에서 고온 템퍼링한 후 급랭하는 방법을 채택하는 가장 큰 이유로 옳은 것은?
㉮ 부식 방지를 하기 위해서
㉯ 경도를 향상시키기 위해서
㉰ 고온 뜨임취성을 방지하기 위해서
㉱ 합금탄화물 석출효과를 높이기 위해서

047. 다음 중 특수강이 탄소강에 비해 풀림에 의한 연화가 곤란한 이유로 가장 큰 원인은?
㉮ 강중에 페라이트가 특수원소를 고용하므로
㉯ 탄화물이 결정립계에 석출하기 때문에
㉰ 뜨임취성을 갖기 때문에
㉱ 질량효과가 크기 때문에

정답 040. ㉰ 041. ㉱ 042. ㉰ 043. ㉱ 044. ㉯ 045. ㉱ 046. ㉰ 047. ㉮

048. KS B 0845에 의거한 강 용접부의 방사선 투과시험에서 2종 결함으로 분류되지 않는 것은?

㉮ 용입 불량
㉯ 융합 불량
㉰ 언더컷
㉱ 가늘고 긴 슬래그 혼입

049. 평균 근로자 수가 100명이 있는 직장에서 1년 동안에 8명의 재해자를 냈을 때 연천 인율은 얼마인가?

㉮ 70
㉯ 75
㉰ 80
㉱ 85

050. 탄소강과 합금강의 뜨임 시 300℃ 부근에서 최저 충격에너지를 나타내는 현상을 무엇이라 하는가?

㉮ 저온 메짐
㉯ 청열 메짐
㉰ 고온 메짐
㉱ 복합 메짐

051. 다음 중 일반적인 재결정에 대한 설명으로 틀린 것은?

㉮ 재결정이 일어나는 데 필요한 금속의 최소한의 변형량이 있어야 한다.
㉯ 변형도가 작을수록 재결정 온도는 높아진다.
㉰ 재결정 온도가 증가함에 따라 재결정 완료에 필요한 시간은 증가한다.
㉱ 금속의 순도가 증가함에 따라 재결정 온도는 감소한다.

052. 산업재해에 대한 정의로 옳은 것은?

㉮ 인명의 피해 없이 물적인 피해만을 수반할 경우
㉯ 통제를 벗어난 에너지의 광란으로 인하여 입은 인명과 재산 피해의 경우
㉰ 인명 피해만을 초래하는 경우
㉱ 고의성이 없는 어떤 불안전한 행동이나 조건이 선행됨으로써 작업 능률을 저하시키며, 직접 또는 간접적으로 인명이나 재산의 손실을 가져올 수 있는 경우

053. Ti의 기계적 성질에 대한 설명으로 틀린 것은?

㉮ 내력/인장강도의 비가 0(zero)에 가깝다.
㉯ 육방정 금속이므로 소성변형에 제약이 많다.
㉰ 연신재에서는 그 집합조직에 따른 이방성이 나타난다.
㉱ 상온에서 300℃ 근방의 온도 구역에서 강도의 저하가 명백히 나타난다.

054. 와전류탐상을 할 때 와전류가 얼마만큼 깊게 내부에서 흐르는가를 침투 깊이라 한다. 표준 침투 깊이에 해당하는 곳을 설명한 것 중 옳은 것은?

㉮ 와전류의 밀도가 표면치에 약 37%로 저하하는 깊이
㉯ 와전류의 투자율이 표면치에 약 41%로 저하하는 깊이
㉰ 와전류의 전도율이 표면치에 약 50%로 저하하는 깊이
㉱ 사용하는 프로브의 주파수가 표면치에 약 52Hz가 저하하는 깊이

정답 048. ㉰ 049. ㉰ 050. ㉯ 051. ㉰ 052. ㉯ 053. ㉮ 054. ㉮

055. 다음 중 브레인스토밍(Brainstorming)과 가장 관계가 깊은 것은?
㉮ 파레토도 ㉯ 히스토그램
㉰ 회귀분석 ㉱ 특성요인도

056. 로트의 크기 30, 부적합품률이 10%인 로트에서 시료의 크기를 5로 하여 랜덤 샘플링할 때, 시료 중 부적합품수가 1개 이상일 확률은 약 얼마인가? (단, 초기하분포를 이용하여 계산한다.)
㉮ 0.3695 ㉯ 0.4335
㉰ 0.5665 ㉱ 0.6305

057. 작업개선을 위한 공정분석에 포함되지 않는 것은?
㉮ 제품공정분석 ㉯ 사무공정분석
㉰ 직장공정분석 ㉱ 작업자공정분석

058. 과거의 자료를 수리적으로 분석하여 일정한 경향을 도출한 후 가까운 장래의 매출액, 생산량 등을 예측하는 방법을 무엇이라 하는가?
㉮ 델파이법 ㉯ 전문가패널법
㉰ 시장조사법 ㉱ 시계열분석법

059. 관리도에서 점이 관리한계 내에 있으나 중심선 한쪽에 연속해서 나타나는 점의 배열 현상을 무엇이라 하는가?
㉮ 연 ㉯ 경향
㉰ 산포 ㉱ 주기

060. 로트의 크기가 시료의 크기에 비해 10배 이상 클 때, 시료의 크기와 합격판정개수를 일정하게 하고, 로트의 크기를 증가시키면 검사특성곡선의 모양 변화에 대한 설명으로 가장 적절한 것은?
㉮ 무한대로 커진다.
㉯ 거의 변화하지 않는다.
㉰ 검사특성곡선의 기울기가 완만해진다.
㉱ 검사특성곡선의 기울기 경사가 급해진다.

정답 055. ㉱ 056. ㉯ 057. ㉰ 058. ㉱ 059. ㉮ 060. ㉯

부록 3. 2011년도 금속재료기능장 시행문제

(2011. 4. 17)

001 와류탐상시험의 특징을 설명한 것 중 틀린 것은?
- ㉮ 도체에만 적용된다.
- ㉯ 상온에서만 시험이 가능하다.
- ㉰ 내부결함의 검출이 곤란하다.
- ㉱ 결함의 종류, 형상, 치수를 정확하게 판별하기 어렵다.

002 동일한 조건하에서 다음 중 냉각능이 가장 빠른 것은?
- ㉮ 물
- ㉯ 기름
- ㉰ 공기
- ㉱ 노내

003 페라이트계 스테인리스강에서 가공에 의한 경화를 제거하고 인성을 부여하기 위한 열처리는?
- ㉮ 풀림
- ㉯ 불림
- ㉰ 뜨임
- ㉱ 담금질

004 칠드주물에서 칠(Chill)의 깊이를 증가시키는 원소는?
- ㉮ Mn
- ㉯ Al
- ㉰ C
- ㉱ Si

005 금속재료에 응력을 반복해서 가하면 그 응력이 1회에 가하여 파괴되는 응력보다 훨씬 작아도 그 재료가 파괴될 수 있는 현상은?
- ㉮ 취성파괴
- ㉯ 피로파괴
- ㉰ 전성파괴
- ㉱ 응력부식파괴

006 철강에 인성을 부여하고 비틀림이나 균열을 방지하기 위한 열처리로서 오스템퍼링(Austempering)을 실시하였을 때 나타나는 조직명은?
- ㉮ 마텐자이트(martensite)
- ㉯ 시멘타이트(cementite)
- ㉰ 페라이트(ferrite)
- ㉱ 베이나이트(bainite)

007 강재의 초음파탐상 시 결함들의 크기, 형태 및 위치가 동일하게 존재한다고 가정할 때, 이들 결함반사파 중 반사파의 크기가 가장 크게 나타나는 것은?
- ㉮ 기공
- ㉯ 슬래그 혼입
- ㉰ 텅스텐 혼입
- ㉱ 모두 동일하게 나타난다.

정답 001. ㉯ 002. ㉮ 003. ㉮ 004. ㉮ 005. ㉯ 006. ㉱ 007. ㉮

008 염욕(salt bath)제의 구비조건 중 틀린 것은?
㉮ 흡습성이 커야 한다.
㉯ 점성이 작아야 한다.
㉰ 불순물이 적어야 한다.
㉱ 용해가 쉽고 조해성이 작아야 한다.

009 고용체에 대한 설명 중 틀린 것은?
㉮ 다른 요소가 동일하다면 금속은 낮은 원자가를 갖는 금속보다는 높은 원자가를 갖는 금속에 더 많이 용해된다.
㉯ 두 원자 간의 반지름 차이가 대략 15% 미만일 경우에는 상당한 양의 용질원자가 치환형 고용체로 수용될 수 있다.
㉰ 많은 고용도를 갖기 위해서는 두 원자종의 금속이 같은 결정구조를 가지고 있어야 한다.
㉱ 두 원소 간의 전기 음성도 차가 크면 클수록 치환형 고용체보다는 금속 간 화합물을 형성하기가 어렵다.

010 초음파비파괴검사에 사용되는 탐촉자의 선정기준으로 틀린 것은?
㉮ 결함위치의 측정 정밀도를 높이기 위해서는 고주파수를 사용한다.
㉯ 결정립계에서 산란 등에 의한 임상 에코가 나타나는 것은 저주파수를 사용한다.
㉰ 결함의 위치를 정확히 측정하기 위해서 지향성이 예리하도록 진동차 지수는 작은 것을 사용한다.
㉱ 초음파가 결함에 수직으로 부딪히게 가능한 한 짧은 빔거리로 탐상할 수 있는 굴절각을 사용한다.

011 내마모성이 우수한 고망간강으로 오스테나이트 조직을 갖는 강은?
㉮ 듀콜 강   ㉯ 헤드필드 강
㉰ 림드 강   ㉱ 마그네트 강

012 로의 온도 제어 장치에서 온-오프(on-off)의 시간비를 편차에 비례하도록 제어하는 온도 제어 장치의 명칭은?
㉮ 정치식 제어
㉯ 비례식 제어
㉰ 프로그램식 제어
㉱ 온-오프(on-off)식 제어

013 결정입도 측정법에 있어 시험면을 적당한 배율로 확대한 사진 위에 일정 길이의 직선을 임의방향으로 긋고 이 직선과 결정립이 만나는 점의 수를 측정하여 단위 길이당 교차점의 수를 표시하는 방법은?
㉮ 비교법   ㉯ 제퍼리스법
㉰ 헤인법   ㉱ 조직량 측정법

014 로크웰 경도시험에 있어 1/16인치 강구를 사용하고 시험 하중이 100 kg_f의 일정하중을 적용할 때의 스케일은?
㉮ A scale   ㉯ B scale
㉰ C scale   ㉱ D scale

015 담금질 처리 시 연점(soft spot)이 생기는 것을 방지하는 대책으로 틀린 것은?
㉮ 노내 온도 분포를 고르게 한다.
㉯ 가열 온도 및 가열 시간을 적절하게 한다.
㉰ 냉각제를 충분히 교반한 후에 담금질한다.
㉱ 탈탄 부분을 제거하기 전에 담금질한다.

정답 008. ㉮ 009. ㉱ 010. ㉰ 011. ㉯ 012. ㉯ 013. ㉰ 014. ㉯ 015. ㉱

016. 자동차의 경량화 재료 활용을 위해 HSLA 강의 결점 보강을 위한 재료는?
㉮ 파인세라믹스
㉯ DP강(복합조직강)
㉰ 두랄루민
㉱ 베릴륨합금

017. 방사선투과사진의 명암도에 영향을 주는 요소가 아닌 것은?
㉮ 필름의 종류
㉯ 현상액의 강도
㉰ 산란방사선
㉱ 스크린-필름의 접촉상태

018. 취성재료의 균열 전파에 필요한 임계 응력의 크기(σ_c)를 구하는 식은? (단, E = 탄성에너지, γ_s = 비표면 에너지, a = 내부 균열 길이의 1/2이다.)
㉮ $\sigma_c = (\frac{2E\gamma_s}{\pi \cdot a})^{\frac{1}{3}}$
㉯ $\sigma_c = (\frac{2E\gamma_s}{\pi \cdot a})^2$
㉰ $\sigma_c = (\frac{2E\gamma_s}{\pi \cdot a})^{\frac{1}{2}}$
㉱ $\sigma_c = (\frac{2a\gamma_s}{\pi \cdot E})^{\frac{1}{2}}$

019. 가스질화법에서 암모니아 가스가 고온으로 가열될 때 분해과정을 나타낸 식으로 옳은 것은?
㉮ $3HN_2 \leftrightarrows N_2 + 3H_2$
㉯ $2HN_3 \leftrightarrows N_2 + 3H_2$
㉰ $2HN_3 \leftrightarrows N_3 + 2H_3$
㉱ $3HN_2 \leftrightarrows N_3 + 2H_3$

020. 운반 작업장에서 사용하는 리프트(Lift)용 와이어로프의 안전 기준에 대한 설명으로 틀린 것은?
㉮ 로프가 꼬이지 않을 것
㉯ 현저한 변형, 마모 부식 등이 없을 것
㉰ 소선의 수가 25% 이상 절단 되지 않을 것
㉱ 지름의 감소가 공칭지름의 7%를 초과하지 않을 것

021. 산업재해의 원인 중 교육적 원인에 해당되지 않는 것은?
㉮ 안전지식의 부족
㉯ 안전수칙이 제정되어 있지 않음
㉰ 안전수칙을 잘못 알고 있음
㉱ 경험, 훈련 등이 서투름

022. 강철의 결정입도번호(ASTM grain size No)가 8일 경우 100배의 배율에서 1평방 인치당 현미경 사진 내에 들어있는 결정입자수는?
㉮ 8
㉯ 16
㉰ 64
㉱ 128

023. 다음 중 Al합금을 개량 처리하여 강화시킨 합금은?
㉮ 실루민   ㉯ 엘린바
㉰ 콘스탄탄 ㉱ 모넬메탈

024. 동합금 중에서 강도와 경도가 가장 높은 석출 경화형 구리합금은?
㉮ 연 청동   ㉯ 인 청동
㉰ 베릴륨 청동 ㉱ 알루미늄 청동

정답 016. ㉯ 017. ㉱ 018. ㉰ 019. ㉯ 020. ㉰ 021. ㉯ 022. ㉱ 023. ㉮ 024. ㉰

025 사고예방대책 제5단계의 "시정책의 적용"에서 3E와 관계가 없는 것은?
㉮ 재정(Economics)
㉯ 기술(Engineering)
㉰ 교육(Education)
㉱ 독려(Enforcement)

026 어닐링(annealing) 열처리에서 황(s) 함량이 높은 쾌삭강이나 압연조직의 입계에 나타나는 황화물의 편석을 미세하게 분포시키기 위한 열처리는?
㉮ 확산 어닐링
㉯ 연화 어닐링
㉰ 응력제거 어닐링
㉱ 재결정 어닐링

027 금속의 재결정에 대한 설명으로 틀린 것은?
㉮ 금속의 순도가 높을수록 재결정 진행이 방해된다.
㉯ 가공전 결정립이 작을수록 재결정 완료 후의 결정립은 작다.
㉰ 재결정 처리온도가 높을수록 재결정이 빨리 진해된다.
㉱ 변형량이 많을수록 재결정이 빨리 진행된다.

028 설퍼프린트 시험에 관한 내용이 틀린 것은?
㉮ 이 시험은 강 중에 있는 S의 편석이나 분포상태를 알 수 있는 시험이다.
㉯ 인화지를 5~10% 질산수용액에 10~20분 담근 인화지를 사용한다.
㉰ $MnS + H_2SO_4 \rightarrow MnSO_4 + H_2S$와 같은 반응식을 나타낸다.
㉱ 피검면을 재차 시험할 때는 0.5mm 이상 연삭 후 시험한다.

029 CAD 시스템에서 3차원 모델링 방법 중 솔리드 모델링의 특징을 설명한 것으로 옳은 것은?
㉮ 은선의 제거가 가능하다.
㉯ 물리적 성질 등의 계산이 불가능하다.
㉰ 형상을 절단한 단면도 작성이 불가능하다.
㉱ 이동, 회전 등을 할 수 없어 형상 파악이 어렵다.

030 금속이 응고될 때 불순물이 최종적으로 모이는 곳은?
㉮ 결정립계
㉯ 결정의 모서리
㉰ 금속의 표면
㉱ 결정립의 중심부

031 다이캐스팅용 아연합금의 입간부식을 억제하는 원소는?
㉮ Cu
㉯ Sn
㉰ Cd
㉱ Pb

032 열전대의 종류와 그 성분, 상용온도 범위에 대한 설명이 틀린 것은?
㉮ R type은 (+)87Rh - 13Pt, (-)Pt이며, 상용온도는 약 1400℃이다.
㉯ K type은 (+)90ni - 10Cr, (-)94Ni, 3Al, 1Si, 2Mn이며, 상용 온도는 약 1000℃이다.
㉰ J type은 (+)Fe, (-)55Cu-45Ni이며, 상용온도는 약 600℃이다.
㉱ T type은 (+)Cu, (-)55Cu-45Ni이며, 상용온도는 약 300℃이다.

정답: 025. ㉮ 026. ㉮ 027. ㉮ 028. ㉯ 029. ㉮ 030. ㉮ 031. ㉮ 032. ㉮

033 판재를 원판으로 뽑기 위해 하중 9400kgf를 가했을 때 전단응력은 약 몇 kgf/cm²인가? (단, 직경(d) = 30mm, 판재의 두께(t) = 2.8mm이다.)
㉮ 2562　㉯ 3562
㉰ 4562　㉱ 5562

034 Ni 및 Al의 주된 슬립면은?
㉮ {100}　㉯ {110}
㉰ {111}　㉱ {211}

035 탄소강에 함유된 원소의 영향을 설명한 것 중 틀린 것은?
㉮ 탄소는 강의 경도를 향상시키는 데 가장 효과적이며, Fe, Cr, Mo, V 등의 원소와 결합하여 강도 및 경도를 향상시킨다.
㉯ 황은 강의 유동성을 해치고 Mn의 양이 부족하면 FeS화합물을 이루어 고온에서 약한 적열취성의 원인이 된다.
㉰ 인은 강 속에 비교적 균일하게 분포되어 있으며 입계에서 Fe₃P의 화합물을 만들어 충격저항을 향상시킨다.
㉱ 망간은 강 내에 함유된 황과 결합하여 MnS 비금속 개재물을 만들어 결정립계에 형성되는 취약하고 저융점 화합물인 FeS의 형성을 억제시킨다.

036 자분탐상검사의 방법 중 시험체의 구멍을 통과시킨 도체에 전류를 흘려보내어 자화키며 탐상하는 검사 방법은?
㉮ 극간법　㉯ 축 통전법
㉰ 자속 관통법　㉱ 전류 관통법

037 주조경질합금으로 주조한 상태로 사용하는 스텔라이트(stellite)의 주성분이 아닌 것은?
㉮ W　㉯ V
㉰ Co　㉱ Cr

038 물체의 위치, 방향, 자세 등을 제어량으로 하는 분야에 사용되는 서보(servo) 기구의 특징이 아닌 것은?
㉮ 원격 제어보다는 주로 근거리 제어에 쓰인다.
㉯ 목표치가 광범위하게 변화할 수 있다.
㉰ 피드백(feedback) 제어이다.
㉱ 제어량이 기계적 변위이다.

039 표면경화에서 침탄 담금질의 결함인 담금질 경도부족의 원인으로 틀린 것은?
㉮ 침탄량이 부족할 때
㉯ 담금질 온도가 너무 낮을 때
㉰ 잔류 오스테나이트가 많을 때
㉱ 담금질 냉각속도가 빠를 때

040 마그네슘(Mg)에 대한 설명으로 틀린 것은?
㉮ 내알칼리성은 극히 나쁘나 내산성은 강하다.
㉯ 소성가공성이 낮아 상온변형이 곤란하다.
㉰ 감쇠능이 주철보다 커서 소음방지 구조 재료로 사용된다.
㉱ Fe를 함유할 때 내식성이 극히 나쁘며, Mn 첨가로 Fe 유해 작용을 방지할 수 있다.

정답 033. ㉯ 034. ㉰ 035. ㉰ 036. ㉱ 037. ㉯ 038. ㉮ 039. ㉱ 040. ㉮

041 탄소강에서 탄소량의 증가에 따라 감소하지 않는 것은?
㉮ 비열 ㉯ 비중
㉰ 열전도율 ㉱ 열팽창계수

042 강도/중량비가 높고 내식성이 좋으며 항공기의 기체재료 등으로 사용되는 금속으로 비중이 약 4.5이며, 조밀육방격자의 금속은?
㉮ Cu ㉯ Ni
㉰ Ti ㉱ Fe

043 다음 중 비정질 합금의 특성으로 틀린 것은?
㉮ 결정이방성이 없다.
㉯ 구조적으로는 장거리의 규칙성이 없다.
㉰ 강도가 낮고 연성이 커서 가공경화를 잘 일으킨다.
㉱ 고온으로 가열하면 결정화가 일어난다.

044 고주파 담금질로 인한 균열의 발생 및 대책에 관한 설명 중 틀린 것은?
㉮ 탄소강 0.4% 이상 함유 시 균열이 발생하기 쉬우며 탄소 함유량이 많으면 탄화물을 구상화 처리한다.
㉯ 균열을 방지하기 위해서는 예열을 하지 않고 계속적으로 전기를 통하면서 가열 후 풀림처리 한다.
㉰ 분무에 의한 담금질로 냉간 얼룩을 줄이며 담금질 후 즉시 저온뜨임을 한다.
㉱ 고주파 담금질 한 후 그대로 방치하면 자연균열이 발생하므로 저온뜨임을 한다.

045 담금질 균열의 발생 방지 방법 중 틀린 것은?
㉮ 담금질 직후에 뜨임을 한다.
㉯ 모서리의 예리한 부분은 둥글게 설계한다.
㉰ 비금속 개재물 및 편석이 적은 재료를 선택한다.
㉱ 항온변태 곡선의 코(nose)까지 서랭하고 Ms점 이하에서 급랭한다.

046 인장시험을 함으로써 알아볼 수 있는 재료의 물리적 성질이 아닌 것은?
㉮ 인장강도 ㉯ 단면수축률
㉰ 연신율 ㉱ 흡수에너지

047 그림과 같이 면심입방격자(FCC)로 된 A 원자와 B 원자의 규칙격자 원자배열에서 A와 B의 조성을 나타내는 것은?

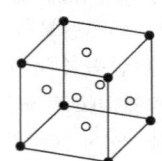

A원자 ○, B원자 ●

㉮ AB ㉯ AB_3
㉰ A_3B ㉱ A_3B_3

048 담금질(quenching)한 후 현미경조직 시험에서 표면층에 백색으로 나타나는 탈탄된 표면부근의 조직 명칭은?
㉮ 페라이트(Ferrite)
㉯ 시멘타이트(Cementite)
㉰ 마텐자이트(Martensite)
㉱ 소르바이트(Sorbite)

정답 041. ㉮ 042. ㉰ 043. ㉰ 044. ㉯ 045. ㉱ 046. ㉱ 047. ㉯ 048. ㉮

049 현미경시험으로 소재를 검사하는 목적이 아닌 것은?

㉮ 전위와 석출물을 관찰하기 위해
㉯ 화학성분과 기계적 성질을 관찰하기 위해
㉰ 결정립의 크기를 확인하기 위해
㉱ 핀홀 및 수축공 등의 미세 결함을 검출하기 위해

050 담금질경도 깊이가 강의 화학성분에 따라 크게 영향이 있는 성질을 담금질성(hardenability)라고 하는데 이 담금질성에 영향이 가장 큰 화학성분(%)은?

㉮ C ㉯ Mo
㉰ Mn ㉱ Cr

051 제품을 가열하여 표면에 알루미늄을 피복 및 확산시켜 합금 피복층을 얻는 금속침투법은?

㉮ Sherardizing ㉯ Chromizing
㉰ Boronizing ㉱ Calorizing

052 그림과 같은 제품에서 냉각 속도가 가장 빠른 부분은?

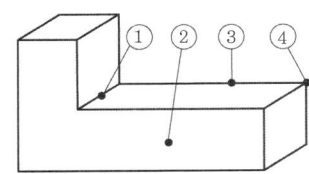

㉮ ① ㉯ ②
㉰ ③ ㉱ ④

053 연강(저탄소강)의 기계적 성질을 각 온도 범위에서 측정할 경우 청열취성이 나타날 가능성이 있는 온도(℃) 범위는?

㉮ 100~200 ㉯ 200~300
㉰ 300~400 ㉱ 400~500

054 비커즈 경도계의 다이아몬드 피라미드의 꼭지 대면각은 몇 도인가?

㉮ 120° ㉯ 136°
㉰ 148° ㉱ 150°

055 Ralph M. Barnes 교수가 제시한 동작 경제의 원칙 중 작업장 배치에 관한 원칙(Arrangement of the workplace)에 해당되지 않는 것은?

㉮ 가급적이면 낙하식 운반방법을 이용한다.
㉯ 모든 공구나 재료는 지정된 위치에 있도록 한다.
㉰ 충분한 조명을 하여 작업자가 잘 볼 수 있도록 한다.
㉱ 가급적 용이하고 자연스런 리듬을 타고 일할 수 있도록 작업을 구성하여야 한다.

056 다음 중 계량값 관리도에 해당되는 것은?

㉮ c 관리도 ㉯ nP 관리도
㉰ R 관리도 ㉱ u 관리도

057 다음 검사의 종류 중 검사 공정에 의한 분류에 해당되지 않는 것은?

㉮ 수입검사 ㉯ 출하검사
㉰ 출장검사 ㉱ 공정검사

정답 049. ㉯ 050. ㉮ 051. ㉱ 052. ㉱ 053. ㉯ 054. ㉯ 055. ㉱ 056. ㉰ 057. ㉰

058 품질코스트(quality cost)를 예방코스트, 실패코스트, 평가코스트로 분류할 때, 다음 중 실패코스트(failure cost)에 속하는 것이 아닌 것은?

㉮ 시험 코스트
㉯ 불량대책 코스트
㉰ 재가공 코스트
㉱ 설계변경 코스트

059 그림과 같은 계획공정도(Network)에 주공정은? (단, 화살표 아래의 숫자는 활동시간을 나타낸 것이다.)

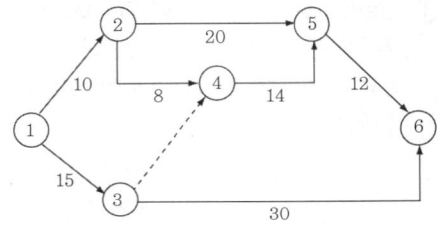

㉮ ①-③-⑥
㉯ ①-②-⑤-⑥
㉰ ①-②-④-⑤-⑥
㉱ ①-③-④-⑤-⑥

060 로트 크기 1000, 부적합품률이 15%인 로트에서 5개의 랜덤 시료 중에서 발견된 부적합 품수가 1개일 확률은 이항분포로 계산하면 약 얼마인가?

㉮ 0.1648
㉯ 0.3915
㉰ 0.6085
㉱ 0.8352

부록 3. 2011년도 금속재료기능장 시행문제

(2011. 7. 31)

001 다음 중 금속계 복합재료가 아닌 것은?
㉮ 섬유 강화 금속 ㉯ 분산 강화 금속
㉰ 입자 강화 금속 ㉱ 석출 강화 금속

002 그림과 같이 면심입방격자(FCC)로 된 A 원자와 B 원자의 규칙격자 원자배열에서 A와 B의 조성을 나타내는 것은?

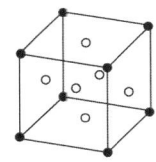

A원자 o, B원자 ●

㉮ AB ㉯ A_2B
㉰ A_3B ㉱ AB_3

003 고속, 고 하중에 적합한 베어링용으로 사용하는 Cu - Pb계 합금은?
㉮ 크로멜(Chromel)
㉯ 켈멧(Kelmet)
㉰ 슈퍼인바(Super invar)
㉱ 백 메탈(Back metal)

004 탄소의 함량이 0.42~0.48%인 SM45C 재질의 담금질(quenching) 온도(℃)로 가장 적당한 것은?
㉮ 약 100~150 ㉯ 약 450~500
㉰ 약 820~870 ㉱ 약 1050~1100

005 강재를 열처리하여 경화시킬 때 균열과 변형을 일으키지 않는 가장 적합한 작업법은?
㉮ Ar' 구역을 서랭하고, Ar" 구역을 급랭한다.
㉯ Ar' 구역과 Ar" 구역을 급랭한 다음 뜨임처리한다.
㉰ Ar' 구역을 급랭하고, Ar" 구역은 서랭한다.
㉱ Ar' 구역 항온변태 시킨 후 Ar"구역을 급랭한다.

006 매크로(Macro) 조직검사는 몇 배 이내의 배율로 확대하여 시험하는가?
㉮ 10배 ㉯ 50배
㉰ 100배 ㉱ 200배

007 섬유강화금속 2차 가공에 대한 설명으로 틀린 것은?
㉮ 섬유의 손상이나 배향이 흐트러지지 않도록 가공재나 소재를 취급해야 한다.
㉯ 섬유와 기지의 탄성, 소성변형률 및 열팽창률이 비슷하기 때문에 가공 작업이 쉽다.
㉰ 가열을 수반하는 가공에서는 섬유와 기지(matrix) 사이의 계면반응에 의한 특성열화에 유의한다.
㉱ 일반적으로 섬유는 단단하고 기지는 부드러우므로 절삭성의 차이에 유의한다.

정답 001. ㉱ 002. ㉱ 003. ㉯ 004. ㉰ 005. ㉰ 006. ㉮ 007. ㉯

008 자분탐상시험에서 원형 자장을 발생시키지 않는 검사법은?
㉮ 코일법   ㉯ 프로드법
㉰ 축 통전법 ㉱ 전류 관통법

009 다이캐스팅용 Al합금으로 요구되는 성질 중 틀린 것은?
㉮ 유동성이 좋을 것
㉯ 열간취성이 적을 것
㉰ 금형에 대한 점착성이 좋을 것
㉱ 응고수축에 대한 용탕 보급성이 좋을 것

010 순철의 동소변태와 관계가 없는 것은?
㉮ 체적의 변화   ㉯ 격자상수의 변화
㉰ 자성의 변화   ㉱ 결정구조의 변화

011 탄소강 중에서 망간(Mn)의 영향이 아닌 것은?
㉮ 담금질 효과를 증대시킨다.
㉯ 고온에서 결정립 성장을 증대시킨다.
㉰ 강도, 경도, 인성을 증대시킨다.
㉱ 점성을 증가시키고, 고온 가공성을 향상시킨다.

012 시편을 화학적 방법으로 특수한 조직성분만을 뽑아내서 용해시키고 다른 상들은 약하게 부식시키는 것으로 각 성분의 크기 형상 및 입체적인 배열을 확인할 수 있는 부식방법은?
㉮ 가열 부식   ㉯ 전해 부식
㉰ Wipe 부식   ㉱ Deep 부식

013 탄소강 중 원소의 영향을 설명한 것으로 틀린 것은?
㉮ Cu는 보통 0.3% 이하로 제한되고, 부식에 대한 저항성을 증가시킨다.
㉯ N_2는 제강할 때 핀 홀(pin hole)을 만들며, 백점의 원인이 된다.
㉰ Mn의 일부는 페라이트에 고용되고, 일부는 황과 결합하여 MnS로 존재한다.
㉱ Si는 페라이트 중에 고용되어 강의 인장강도, 탄성한계 등은 감소시키나 단접성을 좋게 한다.

014 오스테나이트계 스테인리스강 용접부 탐상시 초음파의 감쇠원인이 아닌 것은?
㉮ 결정립의 크기   ㉯ 탄화물의 석출
㉰ 마이크로 균열   ㉱ 낮은 검사 주파수

015 흑체로부터의 복사선 중에서 가시광선만을 이용하는 온도계로 보통 적색 단색광을 이용하는 것은?
㉮ 광고온계   ㉯ 방사 온도계
㉰ 팽창 온도계   ㉱ 열전쌍 온도계

016 부식에 의해 강재 단면 전체 또는 중심부에 육안으로 볼 수 있는 크기로 점상의 구멍이 생긴 것의 매크로 조직 명칭은?
㉮ 파이프(pipe)
㉯ 피트(pit)
㉰ 기포(blow hole)
㉱ 다공질(looseness)

정답 008. ㉮ 009. ㉰ 010. ㉰ 011. ㉯ 012. ㉱ 013. ㉯ 014. ㉯ 015. ㉮ 016. ㉯

017. [표]를 이용하여 입도 번호를 계산한 값은?

시야에서의 입도번호(a)	시야의 수(b)
6.5	5
7	3
7.5	2

㉮ 3.9 ㉯ 4.9
㉰ 5.9 ㉱ 6.9

018. 설퍼 프린트(sulfur print)법은 어느 원소의 분포상태를 알기 위한 시험인가?

㉮ P ㉯ S
㉰ Cu ㉱ Mo

019. [보기]에서 재해 발생 시 긴급조치 순서로 가장 적절한 것은?

[보기]
① 재해자의 구출
② 관계자에게 통보
③ 현장보존
④ 기계의 정지
⑤ 재해자의 응급조치
⑥ 2차 재해의 방지

㉮ ① → ② → ③ → ④ → ⑤ → ⑥
㉯ ③ → ① → ② → ④ → ⑤ → ⑥
㉰ ④ → ① → ⑤ → ② → ⑥ → ③
㉱ ⑥ → ⑤ → ④ → ③ → ② → ①

020. 무확산 변태 조직으로 경도가 가장 높은 것은?

㉮ 펄라이트 ㉯ 페라이트
㉰ 마텐자이트 ㉱ 오스테나이트

021. 현재 사용되고 있는 스테인리스강 4가지 종류에 해당되지 않는 것은?

㉮ 페라이트계 스테인리스강
㉯ 펄라이트계 스테인리스강
㉰ 마텐자이트계 스테인리스강
㉱ 석출경화계 스테인리스강

022. 강재 표면에 얇은 황화층을 형성하는 방법으로 마찰저항을 작게 하여 윤활성을 향상시키는 처리법은?

㉮ 침탄법 ㉯ 질화법
㉰ 침황법 ㉱ 크로마이징법

023. 굽힘강도 시험 시 시험편 단면이 장방형일 때 $Z=\dfrac{bt^2}{6}$를 사용하여 응력을 구하는 식으로 옳은 것은? (단, P : 굽힘강도, L : 지점 간의 거리, A : 단면계수, b : 시험편의 폭, t : 시험편의 두께)

㉮ $\dfrac{6PL}{bt^2}$ ㉯ $\dfrac{4bt^2}{6PL}$
㉰ $\dfrac{6PL}{4bt^2}$ ㉱ $\dfrac{6PL}{bt^2}$

024. 초음파탐상시험에서 탐촉자 재료 중 수신 효율이 가장 우수한 것은?

㉮ 수정 ㉯ 황산리튬
㉰ 타이타늄산 바륨 ㉱ 니오비움산 납

정답 017. ㉱ 018. ㉯ 019. ㉰ 020. ㉰ 021. ㉯ 022. ㉰ 023. ㉰ 024. ㉯

025. 고탄소 고크롬강을 심랭처리 했을 때 균열이 발생하는 원인이 아닌 것은?
㉮ 담금질 온도가 높은 경우
㉯ 표면에 탈탄층이 있는 경우
㉰ 탄화물이 미세한 경우
㉱ 잔류 오스테나이트가 많은 경우

026. 전기 회로 중에서 OR회로에 대한 설명으로 옳은 것은?
㉮ 입력이 여러 개 있을 때 그 입력 접점의 신호 어느 하나만 들어오면 출력 측이 동작하게 되는 회로
㉯ 입력이 여러 개 있을 때 그 여러 개의 입력 접점신호가 모두 들어와야만 출력이 나타나는 회로
㉰ 입력 측에 전압이 가해지면 바로 출력 측에 신호가 나타나지 않고, 일정시간이 지나야 출력신호가 나타나는 회로
㉱ 어떤 전기적인 기기를 사용할 때 잘못된 조작으로 인해 발생하는 기계의 파손이나 작업자의 위험을 방지하고자 할 때 사용되는 회로

027. 열처리 시 발생하는 변형에 대한 설명이 틀린 것은?
㉮ 변형을 적게 하기 위하여 마템퍼링을 실시한다.
㉯ 변형을 적게 하기 위하여 오스템퍼링을 실시한다.
㉰ 물담금질 → 기름담금질 → 공기담금질의 순서로 변형이 적어진다.
㉱ 균일한 냉각을 하기 위해서는 축이 긴 물건은 수평으로 매달아 담금질하면 변형이 적다.

028. 시퀀스 제어계에서 제어시키고자 하는 장치 혹은 기기를 무엇이라 하는가?
㉮ 제어대상   ㉯ 제어명령
㉰ 조작부   ㉱ 검출부

029. 처음에 주어진 특정 모양의 것이 인장 등으로 소성변형된 다음에도 가열에 의하여 원래의 모양으로 돌아가는 현상을 이용한 합금은?
㉮ 수소저장합금   ㉯ 초내열합금
㉰ 형상기억합금   ㉱ 고강도합금

030. 마텐자이트 변태에 대한 설명 중 틀린 것은?
㉮ 원자의 확산을 수반하지 않는 변태이다.
㉯ 팽창을 수반하여 이로 인해 담금질 균열이 발생한다.
㉰ 냉각속도를 빨리해서 변태를 저지할 수 있다.
㉱ 마텐자이트 변태는 강을 담금질할 때 생기며 경도가 높다.

031. 불스아이(Bull's eye) 조직이 나타나는 주철은?
㉮ 칠드주철   ㉯ 고급주철
㉰ 가단주철   ㉱ 구상흑연주철

032. 철강재의 피로수명(피로한도)에 대한 설명으로 틀린 것은?
㉮ 인장강도 증가에 따라 증가한다.
㉯ 결정립이 미세한 편이 높다.
㉰ 표면이 거칠면 연마한 것보다 낮아진다.
㉱ 강재 중의 개재물은 피로한도를 높게 한다.

정답 025. ㉯ 026. ㉮ 027. ㉱ 028. ㉮ 029. ㉰ 030. ㉰ 031. ㉯ 032. ㉱

033. 강의 오스테나이트구역 확대형 원소끼리 묶여진 것은?
㉮ W, Cr, Mo, Co ㉯ Si, Cr, H, V
㉰ Cr, Mg, V, C   ㉱ C, N, Cu, Au

034. 로크웰 경도 측정 시 C 스케일로 측정하기에 가장 적합한 재료와 압입자의 각도는?
㉮ 재료 : 동합금, 압입자의 각도 : 136°
㉯ 재료 : 연강, 압입자의 각도 : 120°
㉰ 재료 : 알루미늄, 합금 압입자의 각도 : 136°
㉱ 재료 : 경화시킨 고탄소강 압입자의 각도 : 120°

035. 침투탐상시험법에서 현상방법에 따른 명칭과 기호가 옳게 짝지어진 것은?
㉮ 건식 현상법 - E
㉯ 무현상법 - D
㉰ 속건식 현상법 - S
㉱ 특수 현상법 - N

036. 강에 대한 인(P)의 설명으로 틀린 것은?
㉮ 상온취성의 원인이 된다.
㉯ 입자의 조대화를 촉진시킨다.
㉰ 탄소량이 증가할수록 인(P)의 나쁜점은 감소한다.
㉱ Fe_3P는 MnS 또는 MnO와 집합하여 ghost line을 형성하여 강의 파괴 원인이 된다.

037. 일반적으로 원자가가 4가인 산화물을 주성분으로 하는 내화재로 규산을 다량으로 함유하는 것은?
㉮ 중성 내화재   ㉯ 산성 내화재
㉰ 염기성 내화재 ㉱ 호기성 내화재

038. 고속도 공구강(SKH51)이 경도 HRC63 이상의 값을 갖기 위한 담금질 온도(℃) 및 뜨임온도(℃)로 옳은 것은?
㉮ 담금질 온도 : 780~850, 뜨임온도 : 200~270
㉯ 담금질 온도 : 1000~1050, 뜨임온도 : 450~500
㉰ 담금질 온도 : 1200~1240, 뜨임온도 : 540~570
㉱ 담금질 온도 : 1300~1360, 뜨임온도 : 600~650

039. 시편의 직경이 14mm이고, 표점거리가 50mm인 시편에 하중 20톤을 가했을 때 이 재료에 생긴 응력(kg_f/mm^2)은 약 얼마인가?
㉮ 130   ㉯ 140
㉰ 150   ㉱ 160

040. 열간가공의 특징으로 틀린 것은?
㉮ 강괴 중의 기공이 압착된다.
㉯ 재결정 온도 이하에서 가공하는 방법이다.
㉰ 가공 전의 가열과 가공 중의 고온유지로 편석이 경감된다.
㉱ 비금속개재물이 가공방향으로 늘어나 섬유상조직이 된다.

정답 033. ㉱ 034. ㉱ 035. ㉰ 036. ㉰ 037. ㉯ 038. ㉰ 039. ㉮ 040. ㉯

041 SM45C의 강이 공석점 직하에서 펄라이트의 조직량(%)은 약 얼마인가?
㉮ 29 ㉯ 53
㉰ 69 ㉱ 73

042 강철 봉을 수랭하는 경우 냉각의 3단계가 나타난다. 이때 2단계에 대한 설명으로 옳은 것은?
㉮ 강철봉과 물의 접촉이 없는 구간으로 냉각속도와는 전혀 관계가 없다.
㉯ 가열된 강재의 표면에 증기막이 생겨 열전도율이 작아져서 강의 냉각은 비교적 늦다.
㉰ 수증기의 발생이 없는 대류단계이며, 강의 온도와 물의 온도 차가 적어지므로 냉각속도는 늦어진다.
㉱ 강 표면에서 심한 비등이 일어나고, 강 표면이 직접 물과 접촉하므로 전도와 대류에 의해 열이 방출되어 급속히 냉각된다.

043 황동의 종류와 그에 따른 설명으로 틀린 것은?
㉮ 네이벌 황동 : 6-4황동에 Sn을 첨가한 합금으로 용접봉, 밸브 등에 사용된다.
㉯ 니켈 황동 : 7-3황동에 Ni를 첨가한 합금으로 양은 또는 양백이라고도 불리는 합금이다.
㉰ 애드미럴티 황동 : 5-5황동에 Sn을 첨가한 합금으로 전연성이 좋아 선박부품 등의 주물에 사용된다.
㉱ 두라나 메탈 : 7-3황동에 2% Fe와 소량의 Sn, Al을 넣은 것으로 주조재 및 가공재로 사용된다.

044 반자성체에 해당하는 금속으로 같은 극이 생겨서 서로 반발하는 금속은?
㉮ Fe ㉯ Mn
㉰ Au ㉱ Al

045 알루미늄 합금 중에서 개량 처리(modified treatment)를 해야만 좋은 기계적 성질을 얻을 수 있는 합금계는?
㉮ Al - C ㉯ Al - Si
㉰ Al - Cu ㉱ Al - Co - Mn

046 전기 용접 작업 시 감전방지를 위한 유의사항으로 틀린 것은?
㉮ 전격 방지기를 사용하지 말 것
㉯ 신체, 의복 등에 물기가 없도록 할 것
㉰ 홀더, 케이블, 용접기의 절연과 접속을 완전히 할 것
㉱ 절연이 좋은 장갑과 신발 및 작업복을 사용할 것

047 온도측정용으로 사용되는 열전대 재료 중 가장 높은 온도를 검출할 수 있는 것은?
㉮ S(PR : Pt·Rh - Pt)
㉯ J(JC : Fe - constantan)
㉰ K(CA : Chromel - alumel)
㉱ T(CC : Cu - constantan)

048 니켈 - 크롬강에서 담금질 및 뜨임 후 나타나는 뜨임 취성을 방지하기 위하여 첨가하는 합금 원소로 가장 적합한 것은?
㉮ Mo ㉯ Si
㉰ Mn ㉱ Cu

정답 041. ㉯ 042. ㉱ 043. ㉰ 044. ㉰ 045. ㉯ 046. ㉮ 047. ㉮ 048. ㉮

049 비파괴검사 시험법 중에서 내부 결함 검출에 주로 사용되며, 면상의 결함 검출 능력이 우수한 시험법은?
㉮ 방사선투과시험 ㉯ 침투탐상시험
㉰ 와전류탐상시험 ㉱ 초음파탐상시험

050 뜨임 균열의 방지대책에 대한 설명으로 옳은 것은?
㉮ 제품에 가열을 가급적 빨리한다.
㉯ 제품에 잔류응력을 잔류시킨다.
㉰ Cr, Mo, V 등의 합금원소를 첨가한다.
㉱ 고속도강과 같은 경우에는 뜨임을 하기 전에 탈탄층을 남게 하여 뜨임 후 수랭한다.

051 한국산업표준(KS B 0805)에서 [보기]의 표기에 대한 설명으로 틀린 것은?

[보기]
600HBW 1/30/20

㉮ 1은 1mm 지름의 누르개를 의미한다.
㉯ 600은 브리넬 경도값을 의미한다.
㉰ W는 초경 합금구를 의미한다.
㉱ 30은 10kgf의 시험하중으로 30초 동안 누른 것을 의미한다.

052 시험체를 가압 또는 감압하여 일정한 시간이 지난 후 압력변화를 계측하여 누설검사하는 방법은?
㉮ 기포 누설검사
㉯ 암모니아 누설검사
㉰ 방치법에 의한 누설검사
㉱ 전위차에 의한 누설검사

053 주철을 흑연의 형상에 따라 분류 할때 괴상 흑연을 갖는 주철은?
㉮ 회주철   ㉯ 가단주철
㉰ 백주철   ㉱ 구상흑연주철

054 마그네슘 및 그 합금에 대한 설명으로 틀린 것은?
㉮ 마그네슘의 융점은 약 650℃ 정도이다.
㉯ 마그네슘의 비중은 약 1.74 정도이다.
㉰ 엘렉트론은 Mg-Al에 Zn과 Mn을 첨가한 합금이다.
㉱ 마그네슘합금은 고온에서 잘 산화가 되지 않으며, 탈가스처리가 필요하지 않다.

055 어떠한 측정법으로 동일 시료를 무한회 측정하였을 때 데이터 분포의 평균치와 참값과의 차를 무엇이라 하는가?
㉮ 재현성   ㉯ 안정성
㉰ 반복성   ㉱ 정확성

056 도수분포표를 작성하는 목적으로 볼 수 없는 것은?
㉮ 로트의 분포를 알고 싶을 때
㉯ 로트의 평균치와 표준편차를 알고 싶을 때
㉰ 규격과 비교하여 부적합품률을 알고 싶을 때
㉱ 주요 품질항목 중 개선의 우선순위를 알고 싶을 때

정답 049. ㉱ 050. ㉰ 051. ㉱ 052. ㉰ 053. ㉯ 054. ㉱ 055. ㉱ 056. ㉱

057 관리도에서 측정한 값을 차례로 타점했을 때 점이 순차적으로 상승하거나 하강하는 것을 무엇이라 하는가?
㉮ 연(run)   ㉯ 주기(cycle)
㉰ 경향(trend)   ㉱ 산포(dispersion)

058 정상 소요기간이 5일이고, 이때의 비용이 20,000원이다. 특급 소요기간이 3일이고, 이때의 비용이 30,000원이라면 비용구배는 얼마인가?
㉮ 4,000원/일   ㉯ 5000원/일
㉰ 7,000원/일   ㉱ 10,000원/일

059 "무결점 운동"으로 불리는 것으로 미국의 항공사인 마틴사에서 시작된 품질개선을 위한 동기부여 프로그램은 무엇인가?
㉮ ZD   ㉯ 6 시그마
㉰ TPM   ㉱ ISO 9001

060 컨베이어 작업과 같이 단조로운 작업은 작업자에게 무력감과 구속감을 주고 생산량에 대한 책임감을 저하시키는 등 폐단이 있다. 다음 중 이러한 단조로운 작업의 결함을 제거하기 위해 채택되는 직무설계방법으로서 가장 거리가 먼 것은?
㉮ 자율경영팀 활동을 권장한다.
㉯ 하나의 연속작업 시간을 길게 한다.
㉰ 작업자 스스로가 직무를 설계하도록 한다.
㉱ 직무확대, 직무충실화 등의 방법을 활용한다.

정답 057. ㉰ 058. ㉯ 059. ㉮ 060. ㉯

2012년도 금속재료기능장 시행문제

(2012. 4. 8)

001 인장시험에서 시험 전 표점거리가 50mm 인 시험편이 시험 후 절단된 표점거리가 60mm라면 연신율은 몇 %인가?

㉮ 10 ㉯ 15
㉰ 20 ㉱ 25

002 퀜칭을 잘 하였는데도 경화가 되지 않았다면 그 이유로 적절하지 않은 것은?

㉮ 불꽃시험을 행하지 않는 경우
㉯ 급랭이 불충분한 경우
㉰ 처리품의 표면이 탈탄되어 있는 경우
㉱ 오스테나이트화 온도가 불충분한 경우

003 열전쌍으로 사용되는 재료 중 T type(CC)의 (+) 부위와 (-) 부위의 금속성분으로 옳은 것은?

㉮ (+) : Pt , (-) : Pt + Rh
㉯ (+) : Fe , (-) : Cu + Cr
㉰ (+) : Cu , (-) : Cu + Ni
㉱ (+) : Ni + Cr, (-) : Cu + Ni

004 금속현미경조직 시험편의 연마제로 사용할 수 없는 것은?

㉮ Cr_2O_3 ㉯ Al_2O_3
㉰ MgO ㉱ NaCN

005 현미경으로 금속조직을 검사할 때의 작업순서로 옳은 것은?

㉮ 시편 채취 → 폴리싱 → 마운팅 → 부식 → 관찰
㉯ 시편 채취 → 마운팅 → 폴리싱 → 부식 → 관찰
㉰ 시편 채취 → 부식 → 폴리싱 → 마운팅 → 관찰
㉱ 시편 채취 → 마운팅 → 부식 → 폴리싱 → 관찰

006 베릴륨 청동의 인장강도가 150kg$_f$/mm^2 이고, HV 320 ~ 400 정도로 제조하기 위한 열처리 방법으로 옳은 것은?

㉮ 760~780℃로부터 물 담금질하고 310~330℃로 2시간 템퍼링한다.
㉯ 760~780℃로부터 기름 담금질하고 550~600℃로 1시간 템퍼링한다.
㉰ 950~1020℃로부터 물 담금질하고 310~330℃로 2시간 템퍼링한다.
㉱ 950~1020℃로부터 기름 담금질하고 550~600℃로 1시간 템퍼링한다.

007 기계구조용 합금강재인 SCM440 재료를 퀜칭 처리하기 위하여 가열할 때 가장 적합한 온도 범위(℃)는?

㉮ 750~800 ㉯ 830~880
㉰ 1000~1050 ㉱ 1150~1200

정답 001. ㉰ 002. ㉮ 003. ㉰ 004. ㉱ 005. ㉯ 006. ㉮ 007. ㉯

008. 다음 연속냉각곡선 중 트루스타이트(Troostite) 조직을 얻을 수 있는 것은?

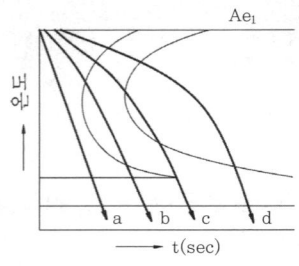

㉮ a   ㉯ b
㉰ c   ㉱ d

009. 고속도 공구강에 대한 설명으로 틀린 것은?

㉮ Mo계 고속도 공구강은 W계보다 인성이 우수하다.
㉯ W계 고속도공구강의 대표적인 주요성분은 18(W)-4(Cr)-1(v)이다.
㉰ Mo계에서 V는 C와 결합하여 매우 경한 MC형 탄화물을 형성하여 내마모성을 높인다.
㉱ 고속도 공구강 중의 Co는 C와 결합하여 W6C 탄화물을 형성하고 내마모성을 높인다.

010. 다음 중 구리 및 구리합금에 대한 설명으로 틀린 것은?

㉮ 구리에 아연이 35%를 넘으면 β 상이 나오므로 경도와 강도가 급격히 감소한다.
㉯ 구리의 비중은 약 8.9 정도이며, 결정격자는 면심입방격자를 갖는다.
㉰ Cu + Sn 합금을 청동이라 하며, Cu + Zn 합금을 황동이라 한다.
㉱ 7 : 3 황동에 2%Fe와 소량의 Sn, Al합금을 두라나 메탈(durana metal)이라 한다.

011. 로크웰 경도시험기 및 비커즈 경도시험기의 압입자 각도는 각각 얼마인가?

㉮ 로크웰 경도시험기 : 136도, 비커즈 경도 시험기 : 120도
㉯ 로크웰 경도시험기 : 120도, 비커즈 경도 시험기 : 136도
㉰ 로크웰 경도시험기 : 140도, 비커즈 경도 시험기 : 136도
㉱ 로크웰 경도시험기 : 136도, 비커즈 경도 시험기 : 140도

012. 고온에서 사용하는 구조용 재료를 선정하여 가공하고자 할 때 내열 특성 외에 우선적으로 고려해야 할 사항은?

㉮ 경도   ㉯ 항복비
㉰ 크리프 강도   ㉱ 상온 인장강도

013. 냉각제를 720~550℃ 기준으로 하여 사용할 때 냉각속도가 빠른 것부터 순서대로 나열된 것은?

㉮ 물 〉 10% NaOH 〉 10% 식염수 〉 기계유
㉯ 물 〉 기계유 〉 10% 식염수 〉 10% NaOH
㉰ 10% NaOH 〉 10% 식염수 〉 물 〉 기계유
㉱ 10% 식염수 〉 10% NaOH 〉 물 〉 기계유

014. 경도시험은 외부하중에 대한 변형저항의 정도를 측정하는 것이다. 탄성변형에 대한 저항정도 즉, 튀어 오르는 높이로 경도를 측정하는 시험법은?

㉮ 쇼어 경도   ㉯ 로크웰 경도
㉰ 비커즈 경도   ㉱ 브리넬 경도

정답 008. ㉰ 009. ㉱ 010. ㉮ 011. ㉯ 012. ㉰ 013. ㉰ 014. ㉮

015 담금질처리의 전처리 작업에 대한 설명으로 틀린 것은?

㉮ 제품 표면에 부착된 불순물 및 녹을 제거 한다.
㉯ 변형방지에 필요한 지그를 제작하여 사용한다.
㉰ 제품의 불필요한 구멍은 찰흙 등으로 막는다.
㉱ 고탄소강을 수랭시 취성이 나타나므로 표면을 탈탄시킨다.

016 탄소함유량에 대한 철강재료 분류로 틀린 것은?

㉮ 순철은 탄소의 함량이 약 0.025% 이하이다.
㉯ 주철은 탄소의 함량이 약 2.1~6.67%이다.
㉰ 탄소강은 탄소의 함량이 약 0.025~2.0%이다.
㉱ 공석강은 탄소의 함량이 약 0.4% 이다.

017 여러 종류의 비파괴검사의 특성에 대한 설명 중 틀린 것은?

㉮ 초음파 탐상검사는 초음파를 이용하여 구조물의 두께, 결함의 위치, 재료의 기계적 성질을 검출하는 방법이다.
㉯ 자분탐상검사는 시험체를 자화시켜 Cu, Al 등 상자성체의 표면 및 표면직하의 결함을 검출하는 방법이다.
㉰ 방사선투과검사는 방사선 투과량에 따른 불연속부의 감광정도로 불연속의 크기 및 위치를 검출하는 방법이다.
㉱ 음향방출검사는 재료가 파괴되는 과정에서의 미세한 결함의 응력파를 검출하여 결함의 유무 및 위치를 검출하는 방법이다.

018 그라인더를 이용하여 강의 성분 또는 강종을 간단하게 확인하는 시험법은?

㉮ 자석시험 ㉯ 현미경시험
㉰ 불꽃시험 ㉱ 분광분석시험

019 연삭 및 연삭 균열에 대한 설명으로 틀린 것은?

㉮ 잔류 오스테나이트가 연삭 균열 발생을 조장한다.
㉯ 저합금강, 고탄소강, 고속도강의 순서로 피연삭상이 좋아진다.
㉰ 연삭균열은 가벼운 연삭균열(1종), 무거운 연삭균열(2종)로 나눌 수 있다.
㉱ 강재의 강도가 크고 굳은 탄화물을 많이 포함하고, 열전도율이 적을수록 연삭열이 발생하기 쉽다.

020 주철의 조직에 가장 크게 영향을 미치는 원소는?

㉮ C, Si ㉯ Cu, S
㉰ P, Zn ㉱ Si, Ni

021 형상기억합금 중 오스테나이트의 형상과 더불어 마텐자이트상이 변형되었을 때의 형상도 기억하는 형상기억효과의 종류는?

㉮ 일방향 형상기억
㉯ 가역 형상 기억
㉰ 전방위 형상기억
㉱ 변태탄성 형상기억

정답 015. ㉱ 016. ㉱ 017. ㉯ 018. ㉰ 019. ㉯ 020. ㉮ 021. ㉯

022. 철강재료를 DV C-S의 방법으로 침투탐상 검사를 하려고 할 때 DV C-S의 의미는?
㉮ 수세성 형광침투액과 무현상법의 조합으로 검사한다.
㉯ 용제 제거성 염색침투액과 속건식 현상제를 조합하여 검사한다.
㉰ 용제 제거성 이원성 염색침투액과 속건식 현상제를 조합하여 검사한다.
㉱ 후유화성 형광침투액과 물 베이스 유화제 및 건식 현상제를 조합하여 검사한다.

023. 알루미늄, 마그네슘 및 그 합금의 질별 기호 중 용체화 처리한 것의 기호로 옳은 것은?
㉮ H
㉯ W
㉰ T
㉱ O

024. 재료를 냉간 또는 열간가공하기 위하여 회전하는 롤러(Roller) 사이에 소재를 통과시켜 성형하는 방법은?
㉮ 인발가공
㉯ 압출가공
㉰ 프레스가공
㉱ 압연가공

025. 고온용 염욕제이며, 단일염으로 사용되는 것은?
㉮ KCl
㉯ NaCl
㉰ $NaNO_3$
㉱ $BaCl_2$

026. 가는 백금 또는 니켈의 금속선을 내열 전열물에 감아 붙여 여기에 일정한 전압을 흘려 이때 금속선에 흐르는 전류의 세기를 측정하는 온도계는?
㉮ 광고온계
㉯ 방사 온도계
㉰ 열전 온도계
㉱ 저항 온도계

027. 재료가 압축력을 받을 때 재료 내부에 일어나는 임계 분해 전단 응력은 내부면 경사각이 얼마일 때 최대가 되는가?
㉮ 30°
㉯ 45°
㉰ 60°
㉱ 75°

028. Ni강이나 쾌삭강에서는 망상으로 석출한 유화물 때문에 적열 취성이 나타나 이를 방지하기 위해 1100~1150°C에서 적당한 시간을 유지한 후 서랭하는 처리는?
㉮ 연화 풀림
㉯ 확산 풀림
㉰ 항온 풀림
㉱ 재결정 풀림

029. 문쯔 메탈(Muntz metal)에 Sn을 소량 첨가한 합금으로 판·봉으로 가공되어 복수기판, 용접봉 등으로 사용하는 합금은?
㉮ 라우탈(Lautal)
㉯ 레드 브라스(Red brass)
㉰ 네이벌 브라스(Naval brass)
㉱ 애드미럴티 포금(Admiralty gun metal)

030. Al 및 Al합금의 특징을 설명한 것 중 옳은 것은?
㉮ 하이드로날륨은 Al에 Si를 첨가한 합금이다.
㉯ 표면에 발생한 산화피막에 의해 내식성이 향상된다.
㉰ Si, Fe, Cu, Ti, Mn 등을 첨가하면 도전율이 상승한다.
㉱ Cu, Mg, Si, Zn, Ni 등의 원소를 넣어 합금한 고강도 Al은 순 Al보다 기계적 성질이 떨어진다.

정답 022. ㉰ 023. ㉯ 024. ㉱ 025. ㉱ 026. ㉱ 027. ㉯ 028. ㉯ 029. ㉱ 030. ㉯

031 강의 열처리에 있어 뜨임 취성을 방지하기 위한 대책이 아닌 것은?

㉮ 고온에서의 뜨임 후 서랭한다.
㉯ P, Sb, N 등을 가능한 한 감소시킨다.
㉰ 오스테나이트 결정립을 미세화한다.
㉱ 퀜칭 시 되도록 완전한 마텐자이트로 한다.

032 누설검사법 중 대형 용기나 저장조 검사에 이용되지만 누설위치의 측정에는 적합하지 않은 검사법은?

㉮ 기포누설시험
㉯ 헬륨누설시험
㉰ 할로겐누설시험
㉱ 압력변화누설시험

033 마텐자이트(Martensite) 변태를 설명한 것 중 틀린 것은?

㉮ 마텐자이트 변태를 하면 표면기복이 생긴다.
㉯ 마텐자이트는 단일상이 아닌 금속 간 화합물이다.
㉰ Ms점에서 마텐자이트 변태를 개시하여 Mf에서 완료한다.
㉱ 오스테나이트에서 마텐자이트로 변태하는 무확산 변태이다.

034 반도체용 전극 재료의 선택 조건으로 틀린 것은?

㉮ 비저항이 클 것
㉯ 산화분위기에서 내식성이 클 것
㉰ SiO_2와 밀착성이 우수할 것
㉱ 금속 규화물의 용융점이 웨이퍼 처리 온도보다 높을 것

035 와전류 탐상 시험의 특징을 설명한 것 중 옳은 것은?

㉮ 탐상 및 재질검사 등 복수 데이터를 동시에 얻을 수 있다.
㉯ 결함의 종류, 형상, 치수를 정확하게 판별하는 것이 가능하다.
㉰ 복잡한 형상을 갖는 시험체의 전면(全面) 탐사에 대한 능률이 좋다.
㉱ 지시를 전기적 신호로 얻으므로 그 결과를 결함크기의 추정, 품질관리에 쉽게 이용할 수 없다.

036 단강품의 결함 중 Ni, Cr, Mo 등을 포함한 특수강의 파단면에 발생되는 미세균열로서 파면은 은백색을 띠고 주로 강 중에 수소함량이 높았을 때 생기는 결함은?

㉮ 단조 터짐(forging burst)
㉯ 백점(white spot)
㉰ 2차 파이프(secondary pipe)
㉱ 편석(segregation)

037 결정입도 측정 시 일정한 길이의 직선을 임의로 긋고 직선과 만나는 결정립의 수를 측정하여 직선 단위 길이당 교차점수로 표시하는 방법은?

㉮ 헤인법
㉯ 면적 측정법
㉰ 제프리스법
㉱ ASTM 결정입도 측정법

정답 031. ㉮ 032. ㉱ 033. ㉯ 034. ㉮ 035. ㉮ 036. ㉯ 037. ㉮

038 염욕의 열화 방지대책으로 옳은 것은?
㉮ 1000℃ 이하 염욕 열처리 시 80% Mg - 20% Al을 혼합하여 사용한다.
㉯ 1000℃ 이하 염욕 열처리 시 20% Mg - 80% Al을 혼합하여 사용한다.
㉰ 1000℃ 이상 고온 염욕시는 $CaSi_2$를 첨가하여 사용한다.
㉱ 1000℃ 이상 고온 염욕시는 NaCl을 첨가하여 사용한다.

039 상대적으로 경한 입자나 미세돌기와의 접촉에 의해 표면으로부터 마모입자가 이탈되는 현상으로 끝이 파인 흠들이 나타나는 마모는?
㉮ 응착마모
㉯ 피로마모
㉰ 부식마모
㉱ 연삭마모

040 두께 10mm, 폭 30mm, 길이 200mm의 강재를 지점 간 거리가 80mm인 받침대 위에 놓고 3점 굽힘시험 할 때 굽힘 하중이 1600kg$_f$이었다면 강재의 굽힘강도는 몇 kg$_f$/mm^{2}인가?
㉮ 54
㉯ 60
㉰ 64
㉱ 70

041 Ni-Cu합금으로 고온에서 강하고 내식성, 내마모성이 우수한 것을 모넬 메탈이라고 한다. 이 중 Si를 4% 첨가하여 강도를 증가시키고, 열처리 시에 석출경화를 일으키게 한 것은?
㉮ R monel
㉯ K monel
㉰ KR monel
㉱ S monel

042 주요성분이 Ni - Fe계 합금이 아닌 것은?
㉮ 켈멧(kelmet)
㉯ 퍼말로이(Permalloy)
㉰ 니칼로이(Nicalloy)
㉱ 플래티나이트(Platinite)

043 방사선 투과 검사 시 기하학적 불선명도가 발생하게 된다. 기하학적 불선명도에 가장 크게 영향을 미치는 것으로 짝지어진 것은?
㉮ 초점의 색상 - 피검물의 두께
㉯ 필름의 종류 - 피검물의 형상
㉰ 초점의 크기 - 피검물의 두께
㉱ 필름의 종류 - 초점의 크기

044 음향방출시험 중 ASNT AE 평가등급에 대하여 옳게 나타낸 것은?
㉮ B : 양호
㉯ C : 즉시 추적 검사
㉰ E : 위험한 결함 존재
㉱ inSig : 미소결함 존재

045 합금 주철에서 흑연화를 촉진하는 원소가 아닌 것은?
㉮ Ti
㉯ Cu
㉰ V
㉱ Al

046 현미경 조직 시험에서 시험재료의 금속과 부식제의 연결이 틀린 것은?
㉮ 철강 - 질산 알코올 용액
㉯ Al - 왕수
㉰ Cu - 염화 제2철 용액
㉱ Ni - 질산 아세트산 용액

047 철강의 충격특성에 대한 설명 중 틀린 것은?
㉮ 결정립이 미세해지면 천이온도가 낮아진다.
㉯ 탄소량이 증가하면 천이온도가 낮아진다.
㉰ 킬드강의 천이온도는 림드강보다 낮다.
㉱ Mo은 저합금강의 충격값을 증가시킨다.

048 강의 경화능에 대한 설명 중 틀린 것은?
㉮ 마텐자이트를 얻기 쉬운 성질이다.
㉯ 담금질로 경화하기 쉬운 정도이다.
㉰ 임계냉각속도가 작을수록 경화시키기 쉽다.
㉱ 합금원소에 대해 크게 영향을 받으나 탄소의 양과는 무관하다.

049 Cu 금속분말을 X선 회절법을 이용하여 분석할 때 회절이 일어날 수 있는 면지수는?
㉮ {121}   ㉯ {111}
㉰ {211}   ㉱ {310}

050 로트에서 랜덤하게 시료를 추출하여 검사한 후 그 결과에 따라 로트의 합격, 불합격을 판정하는 검사방법을 무엇이라 하는가?
㉮ 자주검사   ㉯ 간접검사
㉰ 전수검사   ㉱ 샘플링 검사

051 다음 중 계량값 관리도만으로 짝지어진 것은?
㉮ c 관리도, u 관리도
㉯ x- R5 관리도, P 관리도
㉰ x- R 관리도, nP 관리도
㉱ Me-R 관리도, x- R 관리도

052 관리 사이클의 순서를 가장 적절하게 표시한 것은? (단, A는 조치(Act), C는 체크(Check), D는 실시(Do), P는 계획(Plan)이다.)
㉮ P → D → C → A   ㉯ A → D → C → P
㉰ P → A → C → D   ㉱ P → C → A → D

053 다음과 같은 [데이터]에서 5개월 이동평균법에 의하여 8월의 수요를 예측한 값은 얼마인가?

월	1	2	3	4	5	6	7
판매실적	100	90	110	100	115	110	100

㉮ 103   ㉯ 105
㉰ 107   ㉱ 109

054 여유시간이 5분, 정미시간이 40분일 경우 내경법으로 여유율을 구하면 약 몇 %인가?
㉮ 6.33   ㉯ 9.05
㉰ 11.11   ㉱ 12.50

055 다음 중 모집단의 중심적 경향을 나타낸 측도에 해당하는 것은?
㉮ 범위(Range)
㉯ 최빈값(Mode)
㉰ 분산(Variance)
㉱ 변동계수(Coefficient of variation)

056 화재의 종류에 따른 색상표시가 옳게 짝지어진 것은?
㉮ 일반화재 : 황색   ㉯ 유류화재 : 백색
㉰ 전기화재 : 청색   ㉱ 금속화재 : 녹색

정답   047. ㉯   048. ㉱   049. ㉯   050. ㉱   051. ㉱   052. ㉮   053. ㉰   054. ㉰   055. ㉯   056. ㉰

057. 안전관리조직 편성의 목적과 거리가 먼 것은?
㉮ 조직적인 사고예방활동을 할 수 있다.
㉯ 조직계층 간의 유대가 약화된다.
㉰ 기업의 손실을 근본적으로 방지할 수 있다.
㉱ 조직 계층 간 신속한 정보처리를 할 수 있다.

058. 유압회로 중 속도제어 회로에 해당되지 않는 것은?
㉮ 로킹 회로
㉯ 미터 아웃 회로
㉰ 블리드 오프 회로
㉱ 카운터 밸런스 회로

059. 전달 방식 중 에너지 변환 효율이 좋은 순서대로 나열된 것은?
㉮ 전기식 - 유압식 - 공압식
㉯ 전기식 - 공압식 - 유압식
㉰ 공압식 - 유압식 - 전기식
㉱ 유압식 - 전기식 - 공압식

060. 한 방향으로 흐름을 허용하고 역류를 방지하는 밸브는?
㉮ 셔틀 밸브   ㉯ 체크 밸브
㉰ 2압 밸브   ㉱ 조합 밸브

정답 057. ㉯ 058. ㉮ 059. ㉮ 060. ㉯

부록 3. 2012년도 금속재료기능장 시행문제

(2012. 7. 22)

001 금속초미립자에 대한 설명 중 틀린 것은?
㉮ 용융점이 금속덩어리보다 낮다.
㉯ 활성이 강하여 여러 가지 화학반응을 일으킨다.
㉰ Fe계 합금 초미립자는 금속덩어리보다 자성이 강하다.
㉱ 저온에서 열저항이 매우 커 열의 부도체이다.

002 Cr강이나 Cr-Mo 강과 같이 고체 침탄법에 의한 침탄 처리를 하여도 탄소의 확산이 느려 표면에 집중되어 있는 경우, 침탄층의 탄소를 내부로 확산시킬 목적으로 행하는 열처리 방법은?
㉮ 구상화풀림   ㉯ 확산풀림
㉰ 템퍼링   ㉱ 퀜칭

003 고체금속에서 극히 저온인 경우 100% 규칙성을 나타낸다고 한다. 이때의 규칙도는?
㉮ 0   ㉯ 0.5
㉰ 1   ㉱ ∞

004 매트로 조직의 종류 중 강괴의 응고 과정에서 성분의 편차에 따라 중심부에 농도차가 나타난 것의 기호표시로 옳은 것은?
㉮ T   ㉯ Tc
㉰ Sc   ㉱ Lc

005 가열온도 870℃에서 부품을 담금질하였을 경우의 냉각과정에서 대류 단계의 냉각속도가 가장 빠른 것은? (단, 교반은 없는 것으로 간주한다.)
㉮ 28℃의 공기   ㉯ 204℃의 염욕
㉰ 24℃의 물   ㉱ 52℃의 담금질유

006 다음 TTT 등온 변태도에서 미세펄라이트 변태구간은?

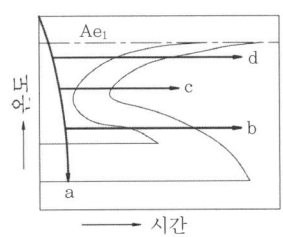

㉮ a   ㉯ b
㉰ c   ㉱ d

정답 001. ㉱   002. ㉯   003. ㉰   004. ㉯   005. ㉰   006. ㉰

007 경도시험을 이용한 측정과 관계가 가장 먼 것은?
㉮ 탈탄층의 측정
㉯ 재료 인성의 측정
㉰ 질량의 측정
㉱ 표면경화층의 측정

008 2개 이상의 물체가 접촉하여 상대 운동을 할 때 그 면이 감소되는 현상을 측정하여 내마멸성을 알아보기 위한 시험법은?
㉮ 인장시험   ㉯ 마모시험
㉰ 커핑시험   ㉱ 크리프시험

009 재료의 기계적 성질 및 가공과 재결정과의 관계를 설명한 것 중 옳은 것은?
㉮ 재결정은 전위에 직접적인 영향을 미친다.
㉯ 가공도가 클수록 축척된 변형에너지는 작아진다.
㉰ 가공도가 클수록 재결정은 고온에서 일어난다.
㉱ 일반적으로 재료의 강도, 내부응력 등은 재결정단계에서는 감소되지 않는다.

010 조밀육방격자 금속의 단위격자소속원자수와 배위수는 각각 얼마인가?
㉮ 단위격자소속원자수 : 2, 배위수 : 8
㉯ 단위격자소속원자수 : 2, 배위수 : 12
㉰ 단위격자소속원자수 : 4, 배위수 : 8
㉱ 단위격자소속원자수 : 4, 배위수 : 12

011 철강재료의 현미경 조직시험에 주로 사용되는 부식제는?
㉮ 왕수
㉯ 염화제2철 용액
㉰ 수산화나트륨 용액
㉱ 질산알코올

012 오스테나이트계 스테인리스강의 공식(pitting)을 방지하기 위한 대책으로 옳은 것은?
㉮ 할로겐 이온의 농도를 높게 한다.
㉯ 질산염, 크롬산염등의 부동태화제는 피한다.
㉰ 재료중에 Ni, Cr, Mo 성분을 많게 한다.
㉱ 액을 유동시켜 균일한 알칼리성 용액으로 하고 산소농담전지를 형성시킨다.

013 뜨임 균열의 대책을 설명한 것 중 틀린 것은?
㉮ 가능한 한 가열을 빨리한다.
㉯ 잔류응력을 제거한다.
㉰ M_s, M_f점이 낮은 고합금강 등은 2번 뜨임한다.
㉱ 결정입계에 취성을 나타내는 화학성분을 감소시킨다.

014 전자강판에 요구되는 특성을 설명한 것 중 틀린 것은?
㉮ 철손이 적어야한다.
㉯ 자화에 의한 치수 변화가 적어야 한다.
㉰ 사용 중에 자기적 성질의 변화가 적어야 한다.
㉱ 박판을 적층하여 사용할 때 층간저항이 낮아야 한다.

[정답] 007. ㉯ 008. ㉯ 009. ㉮ 010. ㉯ 011. ㉱ 012. ㉰ 013. ㉮ 014. ㉱

05. 전기 저항식 온도계에 관한 설명 중 틀린 것은?
   ㉮ 700℃ 이하의 온도 측정용에 적합하다.
   ㉯ 측온 저항체로서 납선, 주석선, 아연선 등이 적합하다.
   ㉰ 금속의 전기 저항은 1℃ 상승하면 약 0.3~0.6% 증가한다.
   ㉱ 온도상승에 따라 금속의 전기 저항이 증가하는 현상을 이용한 것이다.

06. 담금질한 공석강의 냉각 곡선에서 시편을 100℃의 물속에 넣었을 때 ③과 같은 곡선을 나타낼 때의 조직은?

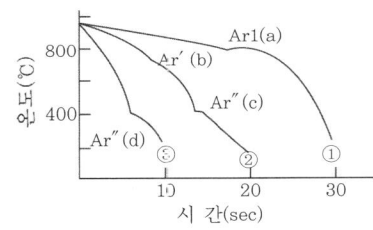

   ㉮ 페라이트
   ㉯ 펄라이트
   ㉰ 마텐자이트
   ㉱ 시멘타이트

07. 담금질 작업 시 냉각단계의 순서로 옳은 것은?
   ㉮ 증기막단계 → 대류단계 → 비등단계
   ㉯ 증기막단계 → 비등단계 → 대류단계
   ㉰ 비등단계 → 증기막단계 → 대류단계
   ㉱ 대류단계 → 증기막단계 → 비등단계

08. 와전류탐상검사에서 동일한 시험체의 두 부분을 서로 비교하는 코일의 배열방법은?
   ㉮ 자기 비교형   ㉯ 단일 비교형
   ㉰ 상호 비교형   ㉱ 절대 비교형

09. 백주철을 열처리로에 넣어 가열하여 탈탄 또는 흑연화 방법으로 제조한 주철은?
   ㉮ 회주철   ㉯ 합금주철
   ㉰ 칠드주철   ㉱ 가단주철

20. 영구자석을 사용한 극간형(yoke type) 자분탐상시험법의 주된 장점으로 옳은 것은?
   ㉮ 자력이 수시로 바뀐다.
   ㉯ 탈자가 요구되지 않는다.
   ㉰ 어떤 시험체에도 적용이 용이하다.
   ㉱ 전력(electric power)이 요구되지 않는다.

21. 현미경으로 금속조직을 검사할 때의 작업 순서로 옳은 것은?
   ㉮ 시편채취 → 마운팅 → 폴리싱 → 부식 → 관찰
   ㉯ 시편채취 → 폴리싱 → 마운팅 → 부식 → 관찰
   ㉰ 시편채취 → 부식 → 마운팅 → 폴리싱 → 관찰
   ㉱ 시편채취 → 마운팅 → 부식 → 폴리싱 → 관찰

22. 티타늄(Ti) 금속의 특성을 설명한 것으로 틀린 것은?
   ㉮ 내력/인장강도의 비가 1에 가깝다.
   ㉯ 조밀육방정 금속으로 소성변형에 제약이 많다.
   ㉰ 연신재에서는 집합조직(섬유조직)에 따른 이방성을 나타내지 않는다.
   ㉱ 상온에서 300℃ 근방의 온도구역에서 강도의 저하가 명백히 나타난다.

정답 015. ㉯ 016. ㉰ 017. ㉯ 018. ㉮ 019. ㉱ 020. ㉱ 021. ㉮ 022. ㉰

023. 잔류 오스테나이트에 대한 설명 중 옳은 것은?
㉮ 탄소강에서 탄소함유량과 잔류 오스테나이트 함유량은 비례관계에 있다.
㉯ 잔류 오스테나이트는 근본적으로 오스테나이트와 결정구조가 다르다.
㉰ 퀜칭시 냉각속도를 지연시킬수록 잔류 오스테나이트의 생성량은 감소한다.
㉱ 니켈, 망간 등의 원소를 첨가하면 잔류 오스테나이트의 생성량은 감소한다.

024. 확산의 속도가 빠른 순서로 나열된 것은?
㉮ 표면확산 > 입계확산 > 격자확산
㉯ 표면확산 > 격자확산 > 입계확산
㉰ 격자확산 > 표면확산 > 입계확산
㉱ 입계확산 > 격자확산 > 표면확산

025. 초음파탐상 시 장비 보정할 때 기준감도를 전 스크린 높이의 40%에 맞추었는데 다른 검사원이 탐상장비를 조작하여 기준감도를 60%에 맞추어지도록 조정하였다면 이는 원래의 기준감도에서 약 몇 dB 증폭시킨 것인가?
㉮ 1.5 ㉯ 3.5
㉰ 5.5 ㉱ 7.5

026. Al-Si합금에서 초정 Si를 미세화시키는 처리는?
㉮ 용체화 처리 ㉯ 개량 처리
㉰ 시효경화 처리 ㉱ 분산강화 처리

027. 후유화성 형광 침투탐상검사로 제품을 검사할 때의 특징이 아닌 것은?
㉮ 비교적 폭이 넓고 얕은 결함의 검출에 알맞다.
㉯ 정확하게 유화처리하면 과세척될 염려가 적다.
㉰ 다른 일반적인 침투탐상방법에 비하여 쉽고 간편하다.
㉱ 탐상조작이 일반적인 침투탐상방법에 비하여 쉽고 간편하다.

028. 내열강에서 내식성 향상과 내식성 향상을 위한 보조용도로 사용하는 합금 성분이 아닌 것은?
㉮ Si ㉯ Mo
㉰ Al ㉱ Cr

029. 강의 담금질 시 위험구역의 범위는?
㉮ M_s~M_f 구간
㉯ Ar'~M_f 구간
㉰ Ar'~Ar'' 구간
㉱ 오스테나이트화 온도~A' 구간

030. 금속재료 인장 시험방법(KS B 0802)에서 인장시험을 수행할 때 내력을 구하는 방법이 아닌 것은?
㉮ 오프셋법
㉯ 영구 연신율법
㉰ 전체 연신율법
㉱ 스트레인 게이지법

031. 열처리 결함 중에는 담금질 시 발생하는 균열과 변형이 가장 많다. 이때 담금질 균열 및 변형방지 방법으로 틀린 것은?

㉮ 축물에는 면취를 한다.
㉯ $M_s \sim M_f$ 범위에서는 가능한 한 서랭한다.
㉰ 구멍을 뚫어 부품의 각부가 균일하게 냉각되도록 한다.
㉱ 냉각 시 온도를 불균일하게 하고 될수록 변태가 동시에 일어나지 않게 한다.

032. 구리판, 알루미늄판 및 기타 연성의 판재를 가압 성형하여 재료의 변형능력 즉, 연성을 알기 위한 시험방법은?

㉮ 항절 시험   ㉯ 굽힘 시험
㉰ 크리프 시험 ㉱ 에릭센 시험

033. 고스트 라인(Ghost line)에 대한 설명으로 틀린 것은?

㉮ 강의 파괴 원인이 된다.
㉯ P의 불순물에 의한 결함이다.
㉰ 수축에 의한 결함이다.
㉱ Fe_3P는 MnS, MnO_2 등과 집합하여 형성한다.

034. 다음 합금 중 초경합금이 아닌 것은?

㉮ 위디아(Widia)
㉯ 탕갈로이(Tangaloy)
㉰ 카볼로이(Carboloy)
㉱ 플래티나이트(Platinite)

035. 고주파 담금질 경화법의 특징을 설명한 것 중 틀린 것은?

㉮ 직접 가열하므로 열효율이 높다.
㉯ 열처리 불량이 적고 변형 보정이 필요하지 않다.
㉰ 표면층에 거시적인 높은 인장잔류응력이 존재한다.
㉱ 각종 축류, 치차, 핀류 등의 열처리에 널리 사용되고 있다.

036. 두랄루민의 시효에 대한 설명으로 틀린 것은?

㉮ 일반적으로 상온 시효한 것이 인공 시효한 것보다 내식성이 크다.
㉯ 상온시효 시간이 길어도 기니어프리스턴 존(G.P zone) 형성 이외에 다른 변태는 일어나지 않는다.
㉰ 인공시효에 의해 기계적 강도가 향상되고 단상조직이 되므로 내식성이 향상된다.
㉱ 시효 온도를 높게 하면 시효 속도는 빨라지나 몇 시간 후에 얻어지는 기계적 성질에는 거의 변화가 없다.

037. 뜨임취성을 방지하기 위한 대책으로 틀린 것은?

㉮ 고온 뜨임 후 노냉한다.
㉯ P, Sb, N 등을 가능한 감소시킨다.
㉰ 오스테나이트 결정립을 미세화시킨다.
㉱ 뜨임할 때에는 되도록 완전한 마텐자이트로 한다.

정답 031. ㉱ 032. ㉱ 033. ㉰ 034. ㉱ 035. ㉰ 036. ㉰ 037. ㉮

038. 열처리로를 열원, 용도, 구조에 따라 분류할 때 구조에 따른 분류에 해당되지 않는 것은?
㉮ 배치로
㉯ 회전로
㉰ 상형로
㉱ 진공로

039. 합금원소가 주철에 미치는 영향을 설명한 것 중 틀린 것은?
㉮ Cr은 Fe_3C를 안정화하는 강력한 원소이다.
㉯ Mo는 탄화물을 생성하는 원소로서 흑연화를 저지한다.
㉰ V는 강력한 흑연화 방해원소이며 복잡한 탄화물을 만든다.
㉱ Cu는 오스테나이트에 고용되어 불안정화하고 흑연화를 저지한다.

040. S곡선에 영향을 주는 요소 중 오스테나이트에서 외부로부터 응력을 받게 되는 경우를 설명한 것으로 옳은 것은?
㉮ 변태시간이 짧아져서 S곡선의 변태 개시선은 좌측으로 이동하고 Ms선의 온도는 위로 이동한다.
㉯ 변태시간이 짧아져서 S곡선의 변태 개시선은 우측으로 이동하고 Ms선의 온도는 아래로 이동한다.
㉰ 변태시간이 길어져서 S곡선의 변태 개시선은 좌측으로 이동하고 Ms선의 온도는 아래로 이동한다.
㉱ 변태시간이 길어져서 S곡선의 변태 개시선은 우측으로 이동하고 Ms선의 온도는 위로 이동한다.

041. 전자기적 성질을 이용한 비파괴시험 방법이 아닌 것은?
㉮ 초음파탐상시험
㉯ 전자유도시험
㉰ 통전법에 의한 자분탐상시험
㉱ 리모트 필드(remote field) 와류탐상시험

042. 각종 피로에 대한 설명으로 옳은 것은?
㉮ 지름이 크면 피로한도는 크다.
㉯ 노치가 없는 시험편의 피로한도는 크다.
㉰ 표면이 거친 것이 고운 것보다 피로한도가 커진다.
㉱ 시험편이 산, 알칼리 등에 부식되면 피로한도가 커진다.

043. 금속의 응고과정에서 고상의 자유에너지 변화에 대한 설명으로 틀린 것은? (단, r_0는 임계핵의 반지름, r은 고상의 반지름, E_V는 체적 자유에너지, E_S는 계면 자유 에너지이다.)
㉮ r_0 이하 크기의 고상입자를 엠브리오(embryo)라 한다.
㉯ r_0 이상 크기의 고상을 결정의 핵(nucleus)이라 한다.
㉰ $r < r_0$인 경우에는 반지름이 증가함에 따라 자유에너지는 감소한다.
㉱ 고상의 전체 자유에너지의 변화는 $E = E_s - E_V$로 표시된다.

044. 불꽃시험에서 탄소파열을 조장하는 원소는?
㉮ Ni
㉯ Mo
㉰ Si
㉱ Mn

정답 038. ㉱ 039. ㉱ 040. ㉮ 041. ㉮ 042. ㉯ 043. ㉰ 044. ㉱

045 강재의 열간가공에 의한 성질변화로 틀린 것은?

㉮ 강괴 중의 기포 등이 압착된다.
㉯ 주조조직이 제거되고 결정립이 조대화 된다.
㉰ 가공 중 고온유지로 편석이 경감된다.
㉱ 비금속개재물이 가공방향으로 늘어나 섬유상조직이 된다.

046 방사선투과시험에서 노출인자를 구하는 식으로 옳은 것은? (단, E : 노출인자, I : 관전류 또는 감마 선원의 강도, t : 노출시간, d : 선원·필름 사이의 거리이다.)

㉮ $E = \dfrac{I \cdot t}{d^2}$ ㉯ $E = \dfrac{I \cdot t}{d}$
㉰ $E = \dfrac{d \cdot t}{I^2}$ ㉱ $E = \dfrac{d \cdot t}{I}$

047 지름이 10mm, 시편길이가 160mm, 표점거리가 50mm인 인장 시편에 6000kgf을 걸었더니 표점길이가 51.2mm로 변화하였을 때의 응력과 변형률은 각각 약 얼마인가?

㉮ 응력 : 38.2kgf/mm², 변형률 : 0.4%
㉯ 응력 : 38.2kgf/mm², 변형률 : 0.2%
㉰ 응력 : 76.4kgf/mm², 변형률 : 2.4%
㉱ 응력 : 76.4kgf/mm², 변형률 : 1.2%

048 강의 표면 경화법에서 화학적과 물리적 방법으로 나눌 때 물리적 방법에 해당하는 것은?

㉮ 고체침탄법   ㉯ 전해경화법
㉰ 질화처리법   ㉱ 침유처리법

049 강 중에 포함되어 쾌삭성을 높이기 위한 첨가 원소가 아닌 것은?

㉮ S   ㉯ Pb
㉰ Se   ㉱ Cr

050 축의 완성지름, 철사의 인장강도, 아스피린 순도와 같은 데이터를 관리하는 가장 대표적인 관리도는?

㉮ c 관리도   ㉯ nP 관리도
㉰ u 관리도   ㉱ $\bar{x}$-R 관리도

051 로트의 크기가 시료의 크기에 비해 10배 이상 클 때, 시료의 크기와 합격판정개수를 일정하게 하고 로트의 크기를 증가 시킬 경우 검사특성곡선의 모양 변화에 대한 설명으로 가장 적절한 것은?

㉮ 무한대로 커진다.
㉯ 별로 영향을 미치지 않는다.
㉰ 샘플링 검사의 판별 능력이 매우 좋아진다.
㉱ 검사특성곡선의 기울기 경사가 급해진다.

052 다음 중 샘플링 검사보다 전수검사를 실시하는 것이 유리한 경우는?

㉮ 검사항목이 많은 경우
㉯ 파괴검사를 해야 하는 경우
㉰ 품질특성치가 치명적인 결점을 포함하는 경우
㉱ 다수 다량의 것으로 어느 정도 부적합품이 섞여도 괜찮을 경우

정답 045. ㉯   046. ㉮   047. ㉰   048. ㉯   049. ㉱   050. ㉱   051. ㉯   052. ㉰

053. 소비자가 요구하는 품질로서 설계와 판매 정책에 반영되는 품질을 의미 하는 것은?
- ㉮ 시장품질
- ㉯ 설계품질
- ㉰ 제조품질
- ㉱ 규격품질

054. 작업 시간 측정방법 중 직접측정법은?
- ㉮ PTS법
- ㉯ 경험견적법
- ㉰ 표준자료법
- ㉱ 스톱워치법

055. 준비 작업 시간 100분, 개당 정밀작업 시간 15분, 로트 크기 20일 때 1개당 소요작업 시간은 얼마인가? (단, 여유시간은 없다고 가정한다.)
- ㉮ 15분
- ㉯ 20분
- ㉰ 35분
- ㉱ 45분

056. 안전교육의 방법 중 토의법을 적용하는 경우가 아닌 것은?
- ㉮ 수업의 초기 단계에 적용한다.
- ㉯ 팀워크를 필요로 하는 경우에 적용한다.
- ㉰ 알고 있는 지식을 심화하기 위해 적용한다.
- ㉱ 어떠한 자료에 대해 보다 명료한 생각을 갖게 하는 경우에 적용한다.

057. 다음 중 안전점검의 가장 주된 목적은?
- ㉮ 위험을 사전에 발견하여 개선하는 데 있다.
- ㉯ 법 및 기준에 적합여부를 점검하는 데 있다.
- ㉰ 안전사고의 통계율을 점검하는 데 있다.
- ㉱ 장비의 설계를 하기 위함이다.

058. 다음 중 유연생산시스템(FMS)에 대한 설명으로 틀린 것은?
- ㉮ 새로운 공작물의 생산 준비 기간이 길어진다.
- ㉯ 기계의 이용률이 높아지고 임금이 절약된다.
- ㉰ 생산 기술자가 적극적으로 참여한다.
- ㉱ 생산 기간과 납기가 단축된다.

059. 다음 중 고압장치에 대한 설명으로 틀린 것은?
- ㉮ 인화의 위험이 없다.
- ㉯ 에너지 축적이 용이하다.
- ㉰ 압축공기의 에너지를 쉽게 얻을 수 있다.
- ㉱ 정확한 위치결정 및 중간정지가 가능하다.

060. 유압의 제일 기본 원리인 파스칼(Pascal)의 원리에 대한 설명 중 틀린 것은?
- ㉮ 액체의 압력은 수평으로 작용한다.
- ㉯ 액체의 압력은 각 면에 직각으로 작용한다.
- ㉰ 각점의 압력은 모든 방향에 동일하게 작용한다.
- ㉱ 밀폐된 용기 내 액체에 가해진 압력은 동일한 크기로 각부에 전달된다.

정답 053. ㉮ 054. ㉱ 055. ㉯ 056. ㉮ 057. ㉮ 058. ㉮ 059. ㉱ 060. ㉮

부록 3. 2013년도 금속재료기능장 시행문제

(2013. 4. 14)

001 자분탐상검사에서 자화방법에 따른 부호가 옳게 짝지어진 것은?
㉮ 프로드법 - EA ㉯ 직각통전법 - ER
㉰ 전류관통법 - I ㉱ 자속관통법 - M

002 굽힘 시험에서 최대 응력을 나타내는 식은? (단, P: 빔의 중점에서 작용하는 집중하중, L: 지지점 간의 거리, Z: 단면계수이다.)
㉮ $\dfrac{PL}{4Z}$ ㉯ $\dfrac{4P}{ZL}$
㉰ $\dfrac{4Z}{PL}$ ㉱ $\dfrac{4L}{PZ}$

003 열간 압연을 한 강 중 탄소량이 0.6% 이하인 기계 구조용 탄소강을 절삭 가공이 쉽도록 하기 위한 열처리는?
㉮ 뜨임 ㉯ 담금질
㉰ 완전풀림 ㉱ 노멀라이징

004 Fe-C 평형상태도에서 냉각 중 일어나는 오스테나이트(γ) → 페라이트(α)+시멘타이트(Fe_3C) 반응으로 생기는 조직은?
㉮ 소르바이트 ㉯ 펄라이트
㉰ 마텐자이트 ㉱ 레데뷰라이트

005 강에서 인(P) 및 황(S) 편석을 육안으로 확인하기 위한 가장 적당한 부식액은?
㉮ 헨(heyn) 부식액
㉯ 아들러(adler) 부식액
㉰ 프라이(fry) 부식액
㉱ 빌레라(villela) 부식액

006 KS D 3731에 따른 내열강 즉, 산화 또는 가스 침식에 잘 견디는 성질과 우수한 기계적 성질이 요구되는 내열강의 조직이 아닌 것은?
㉮ 페라이트계 ㉯ 마텐자이트계
㉰ 석출경화계 ㉱ 오스테나이트계

007 탄소강에 비한 합금강의 장점을 설명한 것 중 틀린 것은?
㉮ 담금질성이 좋아 대형부품도 깊이 경화하다.
㉯ 유랭으로는 경화하나 공랭으로는 경화되지 않으므로 유기응력이 크다.
㉰ 합금원소는 Fe_3C에 고용하거나 특수탄화물을 형성하여 경도를 높인다.
㉱ 특수 탄화물은 오스테나이트화 온도에서 고용속도가 작기 때문에 오스테나이트 결정립의 조대화를 방지한다.

정답 001. ㉯ 002. ㉮ 003. ㉰ 004. ㉯ 005. ㉮ 006. ㉰ 007. ㉯

008 금속 조직 시험을 하기 전에 시험편의 준비 순서로 옳은 것은?
㉮ 마운팅 → 시험편 채취 → 폴리싱 → 부식 → 세척
㉯ 마운팅 → 시험편 채취 → 부식 → 세척 → 폴리싱
㉰ 시험편 채취 → 폴리싱 → 마운팅 → 세척 → 부식
㉱ 시험편 채취 → 마운팅 → 폴리싱 → 세척 → 부식

009 초소성 합금에 대한 설명으로 틀린 것은?
㉮ 재료에 변태가 없어야 한다.
㉯ 재료의 결정입자가 10μm 이하이어야 한다.
㉰ 한 번의 열사이클로도 상당한 초소성 변형이 발생되어야 한다.
㉱ 초소성은 재료가 고체 상태에서 낮은 응력에 의해서 거대 변형을 나타내는 현상이다.

010 LED(Light emitting diode) 재료의 특징을 설명한 것 중 틀린 것은?
㉮ 수명이 길다.
㉯ 발열하지 않는다.
㉰ On, Off 속도가 초당 10만회정도로 빠르다.
㉱ 노란에서 적색의 각종 발광을 하므로 소비전력이 매우 크다.

011 피로시험의 S-N 곡선에서 S와 N의 의미는?
㉮ 응력과 변형관계
㉯ 응력과 반복횟수
㉰ 소성과 반복횟수
㉱ 반복횟수와 시험 시간

012 Bragg's X-Ray 회절법에서 X선 입사각이 30°일 때 원자 간 거리는? (단, 회절상수(n) = 1, 파장(λ) = 10^{-8}cm이다.)
㉮ 1×10^{-8}cm
㉯ $\sqrt{\frac{1}{2}} \times 10^{-8}$cm
㉰ $\sqrt{\frac{3}{2}} \times 10^{-8}$cm
㉱ 4×10^{-8}cm

013 다음 중 형상기억 합금의 종류가 아닌 것은?
㉮ A-Cu-Mg합금
㉯ Ti-Ni 합금
㉰ Cu-Al-Ni 합금
㉱ Cu-Zn-Al합금

014 열처리의 냉각 방법의 3형태가 아닌 것은?
㉮ 연속 냉각   ㉯ 2단 냉각
㉰ 변태 냉각   ㉱ 항온 냉각

015 다음 중 Ni합금이 아닌 것은?
㉮ 인코넬(Inconel)
㉯ 엘린바(Elinvar)
㉰ 퍼말로이(Permalloy)
㉱ 길딩 메탈(Gilding metal)

정답 008. ㉱ 009. ㉮ 010. ㉱ 011. ㉯ 012. ㉮ 013. ㉮ 014. ㉰ 015. ㉱

016. 강에서 베이나이트(Bainite)에 관한 설명으로 옳은 것은?
㉮ 베이나이트는 오스테나이트와 시멘타이트의 혼합물이다.
㉯ 상부 베이나이트와 하부 베이나이트는 서로 같은 방법으로 생성한다.
㉰ 고온에서 베이나이트는 침상 또는 래스(lath) 형태의 페라이트와 래스 사이에 석출되는 시멘타이트로 된다.
㉱ 약 350℃의 온도에서 베이나이트의 조직은 판상에서 래스 모양으로 변하고 탄화물의 분산은 조대해진다.

017. 길딩 메탈(Gilding metal)은 코이닝(coining)하기 쉬워 화폐, 메달 등에 적용되는 실용 황동으로 사용된다. 그 성분비가 옳은 것은?
㉮ 95%Cu + 5%Zn
㉯ 80%Cu + 20%Zn
㉰ 70%Cu + 30%Zn
㉱ 60%Cu + 40%Zn

018. 강을 담금질할 때 발생하는 변형을 방지하기 위한 방법들에 대한 설명 중 틀린 것은?
㉮ 오스템퍼링이나 마템퍼링을 실시한다.
㉯ 잔류 오스테나이트 생성량이 많게 퀜칭한다.
㉰ 수랭 → 유랭 → 공랭 순서로 변형이 적어진다.
㉱ 길이가 긴 제품은 수직으로 매달아 퀜칭하거나 수직으로 회전시키면 좋다.

019. 회주철의 열처리에 대한 설명으로 틀린 것은?
㉮ 단면이 불균일한 주물의 경우 두꺼운 단면이 담금질욕에 먼저 들어가도록 한다.
㉯ 담금질 후 대개 변태 영역 이하의 온도에서 25mm의 단면 두께마다 약 1시간 뜨임한다.
㉰ 흑연화 풀림의 목적은 펄라이트와 흑연을 덩어리 상태의 탄화물로 바꾸는 것이다.
㉱ 노멀라이징은 기계적 성질을 개선하고 흑연화 등의 다른 열처리에 의해 변화된 주조 상태의 성질을 회복하기 위해 실시한다.

020. 비커스 경도시험에 대한 설명 중 틀린 것은?
㉮ 비커스 경도시험의 표시기호는 HV를 사용한다.
㉯ 압흔의 대각선 길이는 시험기에 부착되어 있는 현미경으로 측정한다.
㉰ 하중의 대소가 있더라도 그 값이 변하지 않기 때문에 정확한 결과를 얻는다.
㉱ 얇은 제품, 표면경화재료, 용접부분의 경도 측정에는 사용할 수 없다.

021. 철강재료를 DVC-S의 방법으로 침투탐상검사를 하려고 할 때 DVC-S의 의미는?
㉮ 수세성 형광침투액과 무현상법의 조합으로 검사한다.
㉯ 용제제거성 염색침투액과 속건식현상제를 조합하여 검사한다.
㉰ 용제제거성 이원성 염색침투액과 속건식현상제를 조합하여 검사한다.
㉱ 후유화성 형광침투액과 물 베이스 유화제 및 건식 현상제를 조합하여 검사한다.

정답 016. ㉰ 017. ㉮ 018. ㉯ 019. ㉰ 020. ㉱ 021. ㉰

022. 로크웰경도시험기의 검증과 교정에서 전체 힘 F에 대한 허용차는 몇 %인가?
㉮ ±1.0   ㉯ ±2.0
㉰ ±3.0   ㉱ ±4.0

023. 소결 초경질 공구강에 해당되지 않는 것은?
㉮ 미디아(midia)
㉯ 카볼로이(Carboloy)
㉰ 스텔라이트(stellite)
㉱ 탕갈로이(tungalloy)

024. 다음 중 매크로 시험에서 육안 관찰할 수 없는 것은?
㉮ 수지상 결정의 분포상태
㉯ 균열, 기공, 편석 등의 결함
㉰ 재료의 압연, 단조 등의 가공상태
㉱ 페라이트, 펄라이트 등의 금속 내부 조직

025. 7-3 황동에 Sn을 1% 첨가한 것으로 전연성이 좋아 관 또는 판을 만들어 증발기, 열교환기 등에 사용되는 합금은?
㉮ 톰백   ㉯ 포금
㉰ 문쯔 메탈   ㉱ 애드미럴티 합금

026. 자기탐상시험법에 대한 설명으로 틀린 것은?
㉮ 표면 균열을 검사하는 데 적합한 방법이다.
㉯ 모든 금속에 적용할 수 있으므로 적용범위가 넓다.
㉰ 결함 모양이 표면에 직접 나타나므로 육안으로 관찰 가능하다.
㉱ 작업이 신속하고 간단하므로 자동화가 가능하고 검사 비용이 비교적 저렴하다.

027. 판재를 원판으로 뽑기 위해 하중 $9000kg_f$를 가했을 때 전단응력은 약 몇 kg_f/cm^2인가? (단, 직경(d) = 30mm, 판재의 두께(t) = 2.8mm이다.)
㉮ 2410   ㉯ 2560
㉰ 3410   ㉱ 3560

028. 고망간강(hadfield steel)에 대한 설명으로 옳은 것은?
㉮ 고온에서 서랭하면 M_3C가 석출하여 취약해진다.
㉯ 소성 변형 중 가공경화성이 없으며, 항복점이 높다.
㉰ 열전도성이 좋고 팽창계수가 작아 열변형을 일으키지 않는다.
㉱ 1050℃ 부근에서 급랭하여 마텐자이트 단상으로 하는 수인법을 이용한다.

029. 피복하고자 하는 부품을 가열하여 그 표면에 타금속을 확산 침투시켜 강의 표면을 경화하는 방법은?
㉮ 금속침투법   ㉯ 방전경화법
㉰ 화염경화법   ㉱ 고주파담금질

정답 022. ㉮ 023. ㉰ 024. ㉱ 025. ㉱ 026. ㉯ 027. ㉰ 028. ㉮ 029. ㉮

030 분말로 소결된 합금을 압분하는 이유로 틀린 것은?
㉮ 혼합
㉯ 균질화
㉰ 치밀화
㉱ 연화

031 오스테나이트계 스테인리스강의 특징이 아닌 것은?
㉮ 입계부식이 생기기 쉽다.
㉯ 강자성이며 인성이 풍부하다.
㉰ 결정구조는 면심입방격자이다.
㉱ 내산, 내식성이 13% Cr계보다 우수하다.

032 대물렌즈의 배율이 M40 이고, 접안렌즈의 배율이 WP10일 때 현미경의 총 배율은?
㉮ 100배
㉯ 200배
㉰ 300배
㉱ 400배

033 탄소공구강의 기호로 옳은 것은?
㉮ STS
㉯ SKH
㉰ STC
㉱ STD

034 상의 계면(interface)에 대한 설명 중 옳은 것은?
㉮ 계면에너지가 작은 면의 성장속도는 빠르다.
㉯ 원자 간 결합에너지가 클수록 계면에너지는 작다.
㉰ 정합 계면을 가진 석출물은 성장하면서 정합성을 상실할 수 있다.
㉱ 두 상의 결정구조, 조성 또는 방위가 다른 경우도 계면에서 두 상 사이에 변형을 일으키지 않는 원자 대응이 이루어지더라도 정합계면을 이루지 않는다.

035 평행부의 지름이 14mm인 인장시험편을 사용하여 인장 시험을 한 결과, 항복점의 하중이 4320kg$_f$, 최대 하중이 6590kg$_f$이었을 때 인장강도 값은 약 몇 kg$_f$/mm^2 인가?
㉮ 11.8
㉯ 21.4
㉰ 42.8
㉱ 85.6

036 열처리로의 자동온도제어 장치의 순서로 옳은 것은?
㉮ 검출 → 비교 → 판단 → 조작
㉯ 검출 → 비교 → 조작 → 판단
㉰ 비교 → 검출 → 판단 → 조작
㉱ 비교 → 검출 → 조작 → 판단

037 다음 중 고온 금속현미경으로 관찰할 수 없는 것은?
㉮ 금속 용해와 응고 현상
㉯ 성분 조성과 합금의 변화
㉰ 소성 변형과 파단 현상
㉱ 결정입자의 성장과 상의 변화

038 무산화열처리에 사용되는 흡열형 가스의 주성분은?
㉮ CO
㉯ CO_2
㉰ O_2
㉱ CH_4

039 열처리 냉각제의 특성을 옳게 설명한 것은?
㉮ 소금물은 물보다 냉각능력이 크다.
㉯ 물은 강하게 교반하면 냉각이 지연된다.
㉰ 물은 40℃ 이상으로 하여 냉각하면 더욱 냉각능력이 향상된다.
㉱ 기름은 물보다 냉각능력이 우수하므로 담금질 시 변형에 주의해야 한다.

정답 030. ㉱ 031. ㉯ 032. ㉱ 033. ㉰ 034. ㉰ 035. ㉰ 036. ㉮ 037. ㉯ 038. ㉮ 039. ㉮

040. 시효변형에 관한 설명으로 틀린 것은?
㉮ Cr, W, Mn 등의 첨가는 시효변형을 줄인다.
㉯ 시효변형은 뜨임온도가 높을수록 크다.
㉰ 보통 시효 변형이 적으면 강도가 낮아진다.
㉱ 저온에서의 장시간 뜨임이 고온에서의 짧은 시간 뜨임보다 시효변형이 적다.

041. 담금질한 강제품의 표면에 연삭 후 미세 균열이 발생하였을 때의 원인과 대책으로 틀린 것은?
㉮ 제1종 연삭 균열을 방지하기 위해 담금질한 후 120~180℃에서 뜨임 후 연삭한다.
㉯ 제2종 균열을 방지하기 위해 담금질한 후 300℃에서 뜨임 후 연삭한다.
㉰ 담금질 조직이 연삭작업으로 인하여 부분뜨임이 되면 연마 균열의 주요 원인이 된다.
㉱ 담금질한 후 연삭 시 입도가 작고 야무지며 눈막음이 잘된 숫돌로 연삭하여 균열을 방지할 수 있다.

042. 방사선의 성질 중 아주 높은 에너지의 X선의 광양자가 원자핵 근처의 강한 전장을 통과할 때, 광양자가 소멸하고 그 대신에 음전자와 양전자가 생성되는 현상은?
㉮ 톰슨 산란
㉯ 광전 효과
㉰ 콤프턴 산란
㉱ 전자상 생성

043. 비파괴 검사법 중 암모니아, 할로겐, 헬륨 등의 기체를 이용하는 검사법은?
㉮ 누설검사법
㉯ 음향방출법
㉰ 침투탐상법
㉱ 육안검사법

044. 강재 단면의 중심부에 부식이 단시간에 진행하여 해면상으로 나타나는 매크로 조직의 기호는?
㉮ P
㉯ Lc
㉰ Sc
㉱ Tc

045. 열처리 작업 내용을 설명한 것 중 틀린 것은?
㉮ 불균일한 냉각이 이루어지면 경도가 불균일해진다.
㉯ 가늘고 긴 부품은 옆으로 눕혀 담금질하면 휨이 발생한다.
㉰ M_s점 이하에서 서랭하면 급격한 균열(crack)이 발생한다.
㉱ 뜨임(tempering)을 하지 않고 연마하면 연마균열이 발생하기 쉽다.

046. 상온에서 금속의 전성, 연성이 풍부한 Ni, Cu, Ag 등의 결정구조는?
㉮ 정방격자
㉯ 면심입방격자
㉰ 조밀육방격자
㉱ 체심입방격자

047. 다음 중 항온 열처리법이 아닌 것은?
㉮ 마퀜칭
㉯ 마템퍼링
㉰ 오스템퍼링
㉱ 침탄질화법

정답 040. ㉯ 041. ㉱ 042. ㉱ 043. ㉮ 044. ㉯ 045. ㉰ 046. ㉯ 047. ㉱

048. 염욕로(salt bath furnace)의 특징을 설명한 것 중 틀린 것은?
㉮ 산화 및 탈탄 등을 방지할 수 있다.
㉯ 열전도도에 의하므로 가열속도가 느리다.
㉰ 소량 다품종 부품의 열처리에 적합하다.
㉱ 대류가 잘되어 균일한 온도 분포를 유지할 수 있다.

049. 초음파탐상시험으로 검출이 어려운 결함은?
㉮ 라미네이션
㉯ 내부균열
㉰ 용접부 내부결함
㉱ 표면에 있는 미세구상결함

050. 다음 중 브레인스토밍(Brainstorming)과 가장 관계가 깊은 것은?
㉮ 파레토도
㉯ 히스토그램
㉰ 회귀분석
㉱ 특성요인도

051. 검사의 분류 방법 중 검사가 행해지는 공정에 의한 분류에 속하는 것은?
㉮ 관리 샘플링 검사
㉯ 로트별 샘플링 검사
㉰ 전수검사
㉱ 출하검사

052. 공정 중에 발생하는 모든 작업, 검사, 운반, 저장, 정체 등이 도식화 된 것이며 또한 분석에 필요하다고 생각되는 소요시간, 운반거리 등의 정보가 기재된 것은?
㉮ 작업분석(Operation Analysis)
㉯ 다중활동분석표(Multiple Activity Chart)
㉰ 사무공정분석(Form Process Chart)
㉱ 유통공정도(Flow Process Chart)

053. 부적합수 관리도를 작성하기 위해 $\Sigma c = 559$, $\Sigma n = 222$를 구하였다. 시료의 크기가 부분군마다 일정하지 않기 때문에 u 관리도를 사용하기로 하였다. n=10일 경우 u 관리도의 UCL값은 약 얼마인가?
㉮ 4.023
㉯ 2.518
㉰ 0.502
㉱ 0.252

054. 단계여유(slack)의 표시로 옳은 것은? (단, TE는 가장 이른 예정일, TL은 가장 늦은 예정일, TF는 총 여유시간, FF는 자유여유시간이다.)
㉮ TE-TL
㉯ TL-TE
㉰ FF-TF
㉱ TE-TF

055. 테일러(F.W. Taylor)에 의해 처음 도입된 방법으로 작업 시간을 직접 관측하여 표준시간을 설정하는 표준시간 설정기법은?
㉮ PTS법
㉯ 실적자료법
㉰ 표준자료법
㉱ 스톱워치법

정답 048. ㉯ 049. ㉱ 050. ㉱ 051. ㉱ 052. ㉱ 053. ㉮ 054. ㉯ 055. ㉱

056. 안전교육 등을 하기 위한 동기유발의 방법 중 내적 동기 유발에 해당되는 것은?
㉮ 경쟁심을 이용할 것
㉯ 적절한 상과 벌에 의해 학습의욕을 환기시킬 것
㉰ 학습자의 요구수준에 맞는 적절한 교재를 제시할 것
㉱ 학습의 결과를 알게 하고 만족감이나 성공감을 갖게 할 것

057. 안전작업을 하기 위해 보호구 사용 시 유의사항으로 옳은 것은?
㉮ 방전용 보호장갑은 고무 플라스틱의 재료를 사용한다.
㉯ 드릴링 작업 시에는 항상 목장갑을 착용하도록 한다.
㉰ 화기를 사용하는 작업장에서는 방염성, 가연성 작업복을 사용한다.
㉱ 작업복은 연령, 성별, 크기에 관계없이 항상 통일되어야 한다.

058. 시간에 따라 예측할 수 없는 방법으로 공정변화가 일어나는 기본적인 이유 중 틀린 것은?
㉮ 환경의 변화   ㉯ 제한의 변화
㉰ 부분품의 고장 ㉱ 원자재의 변화

059. 유연자동화(flexible automation)의 특징이 아닌 것은?
㉮ 배치 생산에 가장 적합한 방식이다.
㉯ 제품설계 변화를 처리할 수 있는 유연성이 있다.
㉰ 다양한 제품 조합에 대한 연속생산을 한다.
㉱ 특별히 주문제작되는 시스템에 대한 높은 투자비가 든다.

060. 다음 중 전원 차단 시 내용이 지워지는 메모리는?
㉮ RAM   ㉯ ROM
㉰ EPROM   ㉱ EAROM

정답 056. ㉰ 057. ㉮ 058. ㉯ 059. ㉮ 060. ㉮

2013년도 금속재료기능장 시행문제

(2013. 7. 16)

001 기름 담금질(oil quenching)에서 열유와 냉유로 구분할 때 넝유 담금질하기 가장 좋은 기름의 온도(℃) 범위는?

㉮ 5~15
㉯ 20~40
㉰ 60~80
㉱ 120~140

002 현미경 조작시험에 사용되는 Al 및 Al합금의 부식제와 Ni 및 Ni합금의 부식제가 옳게 연결된 것은?

㉮ Al 및 Al합금의 부식제 : 왕수
   Ni 및 Ni 합금의 부식제 : 나이탈 용액
㉯ Al 및 Al합금의 부식제 : 염화제 2철 용액
   Ni 및 Ni 합금의 부식제 : 피크린산 알코올 용액
㉰ Al 및 Al합금의 부식제 : 수산화나트륨 용액
   Ni 및 Ni 합금의 부식제 : 질산 아세트산 용액
㉱ Al 및 Al합금의 부식제 : 질산 용액
   Ni 및 Ni 합금의 부식제 : 염산 용액

003 뜨임취성을 방지하는 원소로 옳은 것은?

㉮ Ni   ㉯ Mo
㉰ Cu   ㉱ Cr

004 구리 및 구리 합금에 대한 설명으로 틀린 것은?

㉮ 황동은 Cu-Zn계 합금이다.
㉯ Kelmet은 Cu-Pb계 합금이다.
㉰ 인청동은 탄성과 내식성 및 내마모성이 크다.
㉱ Naval brass는 7-3 황동에 Sn을 소량 첨가한 합금이다.

005 다음 중 고망간강에 대한 설명으로 옳은 것은?

㉮ 기지 조직은 시멘타이트이다.
㉯ 기지 조직을 단상으로 만들기 위해 수인 처리를 한다.
㉰ 열전도성이 우수하고 팽창계수가 작아 열변형을 일으키지 않는다.
㉱ 0.9~1.4% C, 10~15% Mg이 주성분이며, 용도에 따라 Cr, Ni, Mo 등을 첨가한다.

006 주위의 온도 변화에 따라 선팽창 계수나 탄성률 등의 특정한 성질이 변화하지 않는 강은?

㉮ 불변강
㉯ 쾌삭강
㉰ 베어링강
㉱ 스프링강

정답 001. ㉰ 002. ㉰ 003. ㉯ 004. ㉱ 005. ㉯ 006. ㉮

007. 주철재의 압축 시험편의 직경이 1cm, 높이가 2cm인 시험편을 압축하중 5500kgf를 가하여 파단각 θ=59.6°가 되었을 때 압축강도는 약 몇 kgf/mm²인가?
㉮ 60
㉯ 65
㉰ 70
㉱ 75

008. 초음파탐상 시험용 탐촉자의 진동자 재질 중 수신효율이 가장 좋고 수용성이며 74℃ 이하의 온도에서 사용되는 탐촉자의 재료는?
㉮ 수정
㉯ 지르콘
㉰ 황산리튬
㉱ 타이타늄산 바륨

009. 그림은 어떤 재료를 인장시험으로 항복구역까지 소성 변형시킨 후 하중을 제거했을 때 응력변형곡선을 나타낸 것이다. 관련된 적정한 재료는?

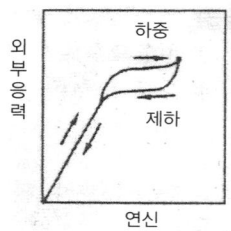

㉮ 초소성 합금
㉯ 수소저장 합금
㉰ 초탄성 합금
㉱ 초초두랄루민 합금

010. 비파괴검사의 주목적이라고 볼 수 없는 것은?
㉮ 신뢰성 향상
㉯ 최상의 품질 확보
㉰ 제조공정의 개선
㉱ 제조원가의 절감

011. 설퍼 프린트(Sulphur print) 시험이란?
㉮ 구리 및 알루미늄 결정조직 상태를 알아보는 검사법이다.
㉯ 철강 재료 중의 황의 편석 및 그 분포상태를 알아보는 검사법이다.
㉰ 철강 재료 중의 산화망간(MnO)의 분포 상태를 알아보는 검사법이다.
㉱ 구리 및 알루미늄 합금에서의 입계부식이나 방향성을 알아보는 검사법이다.

012. 흑연의 형상에 따라 주철을 분류할 때 괴상 흑연을 갖는 주철은?
㉮ 회주철
㉯ 백주철
㉰ 가단주철
㉱ 구상흑연주철

013. 탄소강에서 P의 영향으로 틀린 것은?
㉮ 상온에서 취성을 일으킨다.
㉯ 경도 및 강도를 증가시킨다.
㉰ 결정립을 조대화한다.
㉱ 연신율을 증가시킨다.

014. 쾌삭강에서 가공속도, 정도(精度), 칩처리성 등을 향상시켜 절삭작업의 능률화를 위해 첨가하는 원소는?
㉮ Si
㉯ Li
㉰ Cr
㉱ S

정답 007. ㉰ 008. ㉰ 009. ㉰ 010. ㉯ 011. ㉯ 012. ㉰ 013. ㉱ 014. ㉱

015. 탄소강의 열처리 조직 변화에 관한 설명으로 틀린 것은?

㉮ 순철은 약 1538℃에서 용해하여 냉각시키면 δ → γ → α의 순으로 변한다.
㉯ 오스테나이트가 페라이트로 변하는 선이 A_3이며 시멘타이트가 석출하는 선은 A_{cm}다.
㉰ 공석강을 만드는 점은 0.8% 탄소를 함유하며, 약 723℃ 부근에서 나타난다.
㉱ 노안에서 냉각 시 소르바이트, 공기 중에서 냉각 시는 마텐자이트 조직이 된다.

016. 다음 중 1000~1350℃에서 사용되는 고온용 염욕제는?

㉮ NaOH
㉯ NaCl
㉰ $BaCl_2$
㉱ $CaCl_2$

017. 방사선원으로 이용되는 동위원소에서 철판의 적용 두께가 가장 두꺼운 동위원소는?

㉮ Th-170
㉯ Ir-192
㉰ CS-137
㉱ Co-60

018. 침투탐상검사에 사용되는 탐상제의 관리방법에 대한 설명 중 틀린 것은?

㉮ 습식 및 속건식 현상제는 소정의 농도를 유지하여야 한다.
㉯ 용제 제거성 침투액, 세척액 및 속건식 현상제는 밀폐된 용기에 보관하여야 한다.
㉰ 기준 탐상제 및 사용하지 않는 탐상제는 공기 중의 열암소에 보관하여야 한다.
㉱ 탐상제를 개방형의 장치에서 사용할 때는 먼지, 불순물의 혼입, 탐상제의 비산을 방지하도록 처리하여야 한다.

019. 프레스 뜨임 작업 시 유의해야 할 사항으로 틀린 것은?

㉮ 300℃ 부근에서 발생하는 취성에 주의해야 한다.
㉯ 담금질한 재료는 대부분 경하고 취약하므로 반드시 뜨임 처리를 한다.
㉰ 뜨임작업의 경우 담금질 작업이 끝나 완전히 식은 후 2~3일 정도 공기 중에 두었다가 실시한다.
㉱ 만약 제품의 온도가 100℃ 이상의 경우에 뜨임하는 경우 깨질 염려가 있다.

020. 강재 단면의 중심부에 부식이 단시간에 진행하여 해면상으로 나타나는 매크로 조직의 기호는?

㉮ Dc
㉯ Tc
㉰ Sc
㉱ Lc

021. 다음 중 비정질 합금의 특성으로 틀린 것은?

㉮ 결정이방성이 없다.
㉯ 구조적으로는 장거리의 규칙성이 없다.
㉰ 열에 강하여 고온에서는 결정화하지 않는다.
㉱ 강도가 높고 연성도 크나 가공경화는 일으키지 않는다.

022. 강의 담금질 시 부품에서 국부적으로 담금질이 되지 않는 연점(soft spot)이 생기는 원인으로 틀린 것은?

㉮ 냉각이 불균일한 경우
㉯ 표면 탈탄부가 발생한 경우
㉰ 담금질 온도가 불균일한 경우

정답 015. ㉱ 016. ㉰ 017. ㉱ 018. ㉰ 019. ㉰ 020. ㉱ 021. ㉰ 022. ㉱

㉣ 염욕 및 금속욕에서 가열한 경우

023 뜨임 균열의 대책을 설명한 것 중 틀린 것은?
㉮ 잔류응력을 제거한다.
㉯ 가능한 한 가열을 급격히 한다.
㉰ M_s 점, M_f 점이 낮은 고합금강은 2번의 뜨임을 실시한다.
㉱ 고속도강의 경우 뜨임을 하기 전에 탈탄층을 제거하고 뜨임을 실시한 후 서랭하거나 유랭을 실시한다.

024 분말야금의 특징을 설명한 것 중 틀린 것은?
㉮ 절삭공정을 생략할 수 있다.
㉯ 다공질 금속재료를 만들 수 있다.
㉰ 분말야금 제품으로는 filter나 함유베어링 등이 있다.
㉱ 제조과정에서 용융점까지의 온도로 올려야 제조가 가능하다.

025 금속침투법(cementation) 중 강재 표면에 알루미늄(aluminum)을 침투시키는 방법은?
㉮ 칼로라이징(calorizing)
㉯ 크로마이징(chromizing)
㉰ 실리코나이징(siliconizing)
㉱ 보로나이징(boronizing)

026 충격시험에 관한 사항으로 틀린 것은?
㉮ 시험편 노치의 반지름이 작을수록 응력의 집중이 크다.
㉯ 시험편의 노치 깊이가 일정하면 노치반지름이 작은 것이 빨리 절단된다.
㉰ 시험편 치수를 같게 하고, 노치 반지름이 동일하면 노치 깊이가 깊을수록 충격값은 감소한다.
㉱ 시험편의 노치 깊이가 일정하면 노치 반지름이 작아져도 흡수에너지는 일정하다.

027 조미니 시험의 결과 'JHV 450-10'라고 표시되어 있을 때의 설명으로 옳은 것은?
㉮ 퀜칭단으로부터 450mm 떨어진 지점의 경도값이 45HV이다.
㉯ 퀜칭단으로부터 450mm 떨어진 지점의 경도값이 10HV이다.
㉰ 퀜칭단으로부터 10mm 떨어진 지점의 경도값이 450HV이다.
㉱ 퀜칭단으로부터 10mm 떨어진 지점의 경도값이 45HV이다.

028 금속의 변태점을 측정하는 방법으로 틀린 것은?
㉮ 열 분석법   ㉯ 열 팽창법
㉰ 전기저항법   ㉱ 형광검사법

029 마텐자이트(martensite) 변태의 특징을 설명한 것 중 옳은 것은?
㉮ 마텐자이트는 고용체의 단일상이다.
㉯ 마텐자이트 변태는 확산 변태이다.
㉰ 마텐자이트 변태를 하면 표면 기복이 없어진다.
㉱ 펄라이트와 마텐자이트 사이에 일정한 방위관계가 있다.

030 서브 제로 처리에 관한 설명으로 틀린 것은?
㉮ 드라이아이스, 액체질소 등의 냉매를 사용한다.
㉯ 게이지용강, 베어링강 및 스테인리스강도 심랭처리한다.
㉰ 잔류 마텐자이트는 연화를 수반하지 않고 오스테나이트로 변화하게 한다.
㉱ 부품에 균열이 발생할 염려가 있을 때

정답 023. ㉯ 024. ㉱ 025. ㉮ 026. ㉱ 027. ㉰ 028. ㉱ 029. ㉮ 030. ㉰

100~130℃로 저온 뜨임 후 심랭처리한다.

031 사용 중인 금형에 압흔(흔적)을 남기지 않고 경도 측정하는 것으로 부적당한 것은?
㉮ 쇼어 경도계를 사용한다.
㉯ 브리넬 경도계를 사용한다.
㉰ 에코팁 경도계를 사용한다.
㉱ 초음파 경도계를 사용한다.

032 800Cu-20Zn 합금으로 전연성이 좋고 색깔이 금에 가까우므로 금박의 대용으로 사용되는 합금은?
㉮ 톰백
㉯ 포금
㉰ 문쯔메탈
㉱ 모넬메탈

033 침황처리의 설명으로 틀린 것은?
㉮ 침황층은 내마모성 및 내소착성을 향상시킨다.
㉯ 침황처리에는 액체법, 기체법, 고체법이 있다.
㉰ 염욕에서의 침황 처리할 때 환원성 염에는 NaCN, KCN 등이 있다.
㉱ 강재 표면에 황화층을 매우 두껍게하여 마찰저항을 크게하는 것이 목적이다.

034 Si는 주철에서 가장 중요한 성분 중의 하나이다. 이 때 Fe-C계에 Si를 첨가하였을 때 상태도의 변화를 설명한 것으로 옳은 것은?
㉮ 공정온도는 Si 증가에 따라 낮아진다.
㉯ 공석온도는 Si 증가에 따라 낮아진다.
㉰ 공정점은 Si 증가에 따라 저탄소측으로 이동한다.
㉱ 오스테나이트에 대한 C 용해도는 Si 증가에 따라 증가한다.

035 크리프 곡선 및 크리프시험에 대한 설명으로 틀린 것은?
㉮ 1단계 크리프는 변율이 점차 증가되는 단계이다.
㉯ 2단계 크리프는 변형 속도가 대략 일정하게 진행된다.
㉰ 3단계 크리프는 변형 속도가 점차 증가하여 파단에 이르는 단계이다.
㉱ 시험편에 일정한 하중을 가하였을 때 시간 경과에 따른 변형량 측정곡선이다.

036 공석점 직하에서 0.4% C 탄소강의 펄라이트의 조직량(%)은?
㉮ 47   ㉯ 53
㉰ 57   ㉱ 63

037 열간가공과 냉간가공을 나눌 때, 열간가공의 특징이 아닌 것은?
㉮ 강괴 중의 기공이 압착된다.
㉯ 전위밀도가 증가하여 강도가 커진다.
㉰ 가공 전의 가열과 가공 중의 고온유지로 편석이 경감된다.
㉱ 비금속개재물이 가공방향으로 늘어나 섬유상조직이 된다.

038 온도 측정 장치 중 가장 높은 온도를 측정할 수 있는 열전쌍의 종류와 기호로 옳은 것은?
㉮ R형(PR)
㉯ J형(IC)
㉰ T형(CC)
㉱ K형(CA)

039. 용융점이 높은 금속의 순서로 나열된 것은?
㉮ W > Zn > Cu > Al > Fe
㉯ W > Cu > Fe > Al > Zn
㉰ W > Cu > Fe > Zn > Al
㉱ W > Fe > Cu > Al > Zn

040. 누설검사법 중 가열양극 할로겐법의 장점이 아닌 것은?
㉮ 사용이 간편하고, 휴대용이다.
㉯ 대기압하에서 작업할 수 있다.
㉰ 기름에 막혀 있는 누설을 검출할 수 있다.
㉱ 모든 추적 가스에 응답이 가능하다.

041. 전자기유도 원리인 와전류탐상검사에서 와전류와 자장에 관한 설명으로 틀린 것은?
㉮ 와전류란 교류 자장에 의한 전도체 안에 유도된 원형의 전류이다.
㉯ 시험 코일 안에 전도체를 위치시키면 코일의 자장이 전도체에 전류를 유도한다.
㉰ 전도체 안의 와전류는 시험 코일에서 발생하는 자장과 동일한 방향의 약한 자장을 만든다.
㉱ 시험 코일이 결함 위를 통과할 때 와전류에 의해 발생하는 자장의 변화가 와전류 흐름을 변화시킨다.

042. 다음 중 고용체 강화에 대한 설명으로 틀린 것은?
㉮ 용매원자와 용질원자사이의 원자 크기 차이가 작을수록 강화효과는 커진다.
㉯ 일반적으로 용매원자의 격자에 용질원자가 고용되면 순금속보다 강한 합금이 되는 것이 고용체강화이다.
㉰ 용질원자에 의한 응력장은 가동 전위의 응력장과 상호작용을 하여 전위의 이동을 방해함으로 재료의 강화를 가져오는 것이 고용체강화이다.
㉱ Cu-Ni 합금에서 구리의 강도는 60%Ni이 첨가될 때 까지 증가되는 반면 니켈의 강도는 40%Cu가 첨가될 때 고용체 강화가 된다.

043. 강의 오스템퍼링(Austempering) 처리에서 얻어지는 조직명은?
㉮ 베이나이트   ㉯ 투루스타이트
㉰ 소르바이트   ㉱ 마텐자이트

044. Al-Si합금인 실루민(silumin)의 결정립 미세화와 강도를 증가시키기 위한 처리는?
㉮ 담금질   ㉯ 개량 처리
㉰ 안정화 처리   ㉱ 석출경화 처리

045. 강의 오스테나이트 결정입도 시험 방법 중 교차점의 수를 세는 방법에 대한 설명으로 틀린 것은?
㉮ 측정선이 결정입계에 접할 때는 하나의 교차점으로 계산한다.
㉯ 측정선의 끝이 정확하게 하나의 결정입계에 닿을 때는 교차점의 수를 두 개로 계산한다.
㉰ 교차점이 우연히 3개의 결정립이 만나는 곳에 일치할 때는 1.5개의 교차점으로 계산한다.
㉱ 불규칙한 형상을 갖는 결정립의 경우, 측정선이 두 개의 다른 지점에서 같은 결정립을 양분할 때는 두 개의 교차점으로 계산한다.

정답 039. ㉱ 040. ㉱ 041. ㉰ 042. ㉮ 043. ㉮ 044. ㉯ 045. ㉯

046. 불꽃시험에서 불꽃가지가 거의 없고 가늘고 긴 검붉은 불꽃이 생기는 강종은?
㉮ STC3
㉯ SKH51
㉰ SM45C
㉱ STS3

047. 재료에 대한 강성계수(G)를 측정하는 시험법은?
㉮ 인장시험
㉯ 비틀림시험
㉰ 경도시험
㉱ 피로시험

048. 주철의 성장 방지대책으로 틀린 것은?
㉮ 흑연을 미세화한다.
㉯ C, Si양을 적게 한다.
㉰ 구상흑연을 편상화한다.
㉱ 탄화물 안정원소인 Cr, Mn 등을 첨가한다.

049. 탄소강에서 탄소량의 증가에 따라 증가하는 것은?
㉮ 비중
㉯ 전기저항
㉰ 열전도도
㉱ 열팽창계수

050. 작업방법 개선의 기본 4원칙을 표현한 것은?
㉮ 층별 - 랜덤 - 재배열 - 표준화
㉯ 배제 - 결합 - 랜덤 - 표준화
㉰ 층별 - 랜덤 - 표준화 - 단순화
㉱ 배제 - 결합 - 재배열 - 단순화

051. 모집단으로부터 공간적, 시간적으로 간격을 일정하게 하여 샘플링하는 방식은?
㉮ 단순랜덤샘플링(simple random sampling)
㉯ 2단계샘플링(two-stage sampling)
㉰ 취락샘플링(cluster sampling)
㉱ 계통샘플링(systematic sampling)

052. 이항분포(Binomial distribution)의 특징에 대한 설명으로 옳은 것은?
㉮ $P = 0.01$일 때는 평균치에 대하여 좌·우 대칭이다.
㉯ $P \leq 0.1$ 이고, $nP = 0.1 \sim 10$일 때는 포아송 분포에 근사한다.
㉰ 부적합품의 출현 개수에 대한 표준편차는 $D(x) = nP$이다.
㉱ $P \leq 0.5$ 이고, $nP \leq 5$일 때는 정규 분포에 근사한다.

053. 제품공정도를 작성할 때 사용되는 요소(명칭)가 아닌 것은?
㉮ 가공
㉯ 검사
㉰ 정체
㉱ 여유

054. c 관리도에서 k = 20인 군의 총 부적합수 합계는 58이었다. 이 관리도의 UCL, LCL을 계산하면 약 얼마인가?
㉮ UCL = 2.90, LCL = 고려하지 않음
㉯ UCL = 5.90, LCL = 고려하지 않음
㉰ UCL = 6.92, LCL = 고려하지 않음
㉱ UCL = 8.01, LCL = 고려하지 않음

정답 046. ㉯ 047. ㉯ 048. ㉰ 049. ㉯ 050. ㉱ 051. ㉱ 052. ㉯ 053. ㉱ 054. ㉱

055. 예방보전(Preventive Maintenance)의 효과가 아닌 것은?
㉮ 기계의 수리비용이 감소한다.
㉯ 생산시스템의 신뢰도가 향상된다.
㉰ 고장으로 인한 중단시간이 감소한다.
㉱ 잦은 정비로 인해 제조원단위가 증가한다.

056. 교육 방법 중 OJT(On The Job Training)의 특징이 아닌 것은?
㉮ 상호신뢰 및 이해도가 높아진다.
㉯ 직장의 설정에 맞게 실제적 훈련이 가능하다.
㉰ 훈련에만 전념할 수 있으며, 전문가를 강사로 초빙 가능하다.
㉱ 개인에게 적절한 지도훈련이 가능하다.

057. 사고예방 대책의 기본 원리 5단계에 속하지 않는 것은?
㉮ 조직
㉯ 분석 평가
㉰ 원가 절감
㉱ 사실의 발견

058. 읽고 쓰기가 가능한 메모리 형태의 표시로 맞는 것은?
㉮ CLO
㉯ RAM
㉰ PLM
㉱ EEROM

059. 실린더의 지름이 한정되어 있으나 큰 힘을 필요로 하는 곳에 사용하기 위해 두 개의 복동 실린더가 한 개의 실린더 형태로 조립되어 있는 실린더는?
㉮ 충격 실린더
㉯ 양로드 실린더
㉰ 탠덤 실린더
㉱ 텔레스코프 실린더

060. 제어와 자동제어 중 자동제어 시스템을 선택할 경우에 해당되는 것은?
㉮ 외란변수에 의한 영향이 작을 때
㉯ 외란변수에 변화가 아주 작을 때
㉰ 여러 개의 외란변수가 존재할 때
㉱ 특징을 확실히 알고 있는 하나의 외란변수만 존재할 때

정답 055. ㉱ 056. ㉰ 057. ㉰ 058. ㉯ 059. ㉰ 060. ㉰

부록 3. 2014년도 금속재료기능장 시행문제

(2014. 4. 6)

001 한국산업표준에서 정한 강재의 재질 판별법인 불꽃시험에 대한 설명으로 틀린 것은?

① 0.2% 탄소강의 불꽃길이가 500mm 정도 되게 압력을 가한다.
② 시험하는 시험편에 탈탄층, 질화층 및 침탄층 등은 없어야 한다.
③ 시험은 항상 동일한 기구를 사용하고 동일한 조건하에서 한다.
④ 고합금강에서는 주로 파일의 숫자에 의하여 강종을 구분한다.

002 Al 주철에 대한 설명으로 틀린 것은?

① Al은 강한 백선화 촉진원소이며, 주철의 백선화를 조장한다.
② 인장강도는 Al 4%에서 최대치를 나타낸다.
③ 가열 냉각에 의한 성장도 감소하므로 내열주물로 우수한 성질을 나타낸다.
④ 경도는 Al 2%까지는 Al 증가에 따라 저하하고 그 이상이 되면 증가한다.

003 다음 중 잔류 오스테나이트가 증가하는 경우가 아닌 것은?

① 탄소함유량이 많으면 잔류 오스테나이트가 많아진다.
② Ms 온도가 낮아지면 잔류 오스테나이트가 증가한다.
③ 담금질 온도가 높으면 잔류 오스테나이트가 많아진다.
④ 기름 담금질한 것보다 물 담금질한 것이 잔류 오스테나이트가 많아진다.

004 금속의 응고 시 과랭(super cooling)의 정도가 커지면 결정립은 어떻게 되는가?

① 결정립이 조대해진다.
② 결정립이 미세해진다.
③ 결정립의 크기에 변화가 없다.
④ 결정립이 작아졌다가 다시 커진다.

005 마텐자이트(martensite) 변태에 대한 설명으로 틀린 것은?

① 표면에 기복이 생긴다.
② C 와 N을 침입형으로 고용한 BCC 또는 BCT 구조이다.
③ 펄라이트 변태와 같이 원자의 장거리 확산에 의해서 일어난다.
④ 원자 하나 하나가 움직이는 것이 아니라 전체가 협동적으로 움직인다.

006 구조용 합금강에서 고온 템퍼링한 후 급랭하는 방법을 채택하는 가장 큰 이유는?

① 부식을 방지하기 위해서
② 경도를 향상시키기 위해서
③ 합금탄화물 석출효과를 높이기 위해서
④ 고온 뜨임취성을 방지하기 위해서

정답 001. ④ 002. ① 003. ④ 004. ② 005. ③ 006. ④

007. 체심입방격자와 면심입방격자의 충전율로 옳은 것은?
① 체심입방격자 : 68%, 면심입방격자 : 74%
② 체심입방격자 : 74%, 면심입방격자 : 68%
③ 체심입방격자 : 74%, 면심입방격자 : 74%
④ 체심입방격자 : 85%, 면심입방격자 : 68%

008. 염욕 열처리 작업 시 주의해야 할 사항으로 틀린 것은?
① 홀더는 완전한 것을 사용할 것
② 염(Salt) 주변에 물을 뿌려가면서 작업할 것
③ 반드시 소정의 보호구를 착용할 것
④ 배기용 팬을 사용하기 전 충분히 점검할 것

009. 비조질 고장력강을 만들기 위한 방법이 아닌 것은?
① 제어압연에 의하여 강인화
② 미량 합금첨가에 의한 방법 중 침입형 고용원소를 첨가하여 강화
③ 페라이트 미립화 처리와 탄질화물에 의한 석출강화
④ Nb, V, Ti 등의 첨가에 의한 결정립의 미세화

010. 침탄 온도 927℃로 저탄소강에 4.5시간 침탄할 때 생성되는 침탄층의 깊이는 약 몇 mm인가? (단, 927℃일 때 확산 정수값은 0.645이며, Harris의 방정식을 이용한다.)
① 1.37 ② 2.90
③ 3.37 ④ 4.90

011. U형 노치의 충격시험편에 해머의 무게 30kg$_f$, 팔의 길이가 80cm인 샤르피 충격시험기를 가지고 충격시험한 결과 α의 각도가 88도, β의 각도가 77도 였을 때의 충격에너지는 약 몇 kg·m인가? (단, α는 해머를 올렸을 때의 각도, β는 시험편 파괴 시 해머가 올라간 각도이다.)
① 1.28 ② 2.56
③ 3.28 ④ 4.56

012. 매크로 조직검사에서 중심부 다공질(Lc)의 조직 설명으로 옳은 것은?
① 강재 단면의 중심부에 부식이 단시간에 진행하여 해면상으로 나타난 것
② 강괴의 응고 과정에서 성분의 편차에 따라서 중심부에 농도차가 나타난 것
③ 부식에 의하여 강재 단면의 중심 부분에 육안으로 볼 수 있는 크기의 점 모양의 구멍이 생긴 것
④ 부적당한 단조 작업 또는 압연 작업으로 인하여 중심부에 파열이 생긴 것

013. 석출경화성이 있으며, 구리 합금 중 강도와 경도가 가장 높은 것은?
① Cu-Si 청동 ② Cu-Mn 청동
③ Cu-Be 청동 ④ Cu-Pb 청동

정답 007. ① 008. ② 009. ② 010. ① 011. ④ 012. ① 013. ③

014. 분위기 열처리에서 흡열형 가스는 원료 가스에 공기를 혼합한 후 외부에서 가열되는 레토르트 내의 어떤 금속의 촉매에 의해 분해되어 가스를 변성시키는가?

① Cr
② Ni
③ Al
④ Mg

015. 두께 10mm, 폭 28mm, 길이 200mm의 강재를 지점 간 거리가 70mm인 받침대 위에 놓고 3점 굽힘시험 할 때 굽힘하중이 1600kgf이었다면 강재의 굽힘강도는 몇 kgf/mm²인가?

① 60
② 70
③ 80
④ 90

016. 0.2% 탄소강의 상온에서 초석 페라이트(α)와 펄라이트(P)의 양은 약 몇 % 인가? (단, 공석점은 0.80%C, α의 고용한도는 0.025%C 로 한다.)

① α = 34, P = 66
② α = 66, P = 34
③ α = 23, P = 77
④ α = 77, P = 25

017. 탄소강 중에 탄소량이 증가함에 따른 물리적 성질의 변화에 대한 설명으로 옳은 것은?

① 비중이 증가한다.
② 전기적 저항이 증가한다.
③ 열팽창계수가 증가한다.
④ 열전도도가 증가한다.

018. 산화와 탈탄을 방지하기 위한 가장 적합한 열처리 방법은?

① 염욕처리 시 수분을 첨가한다.
② 진공 분위기에서 열처리한다.
③ 표면을 시멘타이트로 한다.
④ 산화물이 형성되도록 한다.

019. 모세관 현상을 이용하여 결함을 탐상하는 방법은?

① 방사선투과검사(RT)
② 초음파탐상검사(UT)
③ 침투탐상검사(PT)
④ 자분탐상검사(MT)

020. 흡수한 산소를 인으로 탈산하고 고온에서 산소를 0.01% 이하로 하여 수소취성이 없고 산소를 흡수하지 않으며 용접성이 좋아 가스관, 열교환관, 중유버너용관 등으로 사용되는 동은?

① 전기동
② 정련동
③ 탈산동
④ 무산소동

021. 다음 중 구상흑연 주철에 대한 설명으로 옳은 것은?

① 주조상태에서 흑연이 구상으로 정출한다.
② 인장강도는 20kgf/mm² 이하이다.
③ 피로한도는 회주철에 비해 1.5~2.0배 낮다.
④ 구상흑연주철의 기지 조직은 페라이트만 존재한다.

014. ② 015. ① 016. ④ 017. ② 018. ② 019. ③ 020. ③ 021. ①

022. 자분탐상검사에서 시험체의 결함부에 자분이 흡착되어 생긴 결함 자분모양의 길이가 나비의 3배 이상일 때의 지시를 무엇이라 하는가?
① 선형 흠
② 독립한 선상의 자분모양
③ 원형 평면 흠
④ 원형상 결함 자분모양

023. 방사선을 투과시킨 필름을 현상처리한 후, 필름의 유제(乳劑)막 중에 환원되지 않고 남아 있는 할로겐화, 은염(銀鹽)을 제거하고, 현상된 은입자를 영구적인 상으로 만들기 위한 과정은?
① 정지   ② 제거 처리
③ 정착   ④ 세척 처리

024. 초음파탐상시험 원리에 해당되지 않는 것은?
① 펄스반사법   ② 투과법
③ 공명식   ④ 공진법

025. 수소저장용 합금에 대한 설명으로 틀린 것은?
① 수소 저장합금에 흡장되는 것은 N이고, 합금 표면에서는 분자상이므로 화학반응에 이용한다.
② 금속수소화물은 $1cm^3$당 10^{22}개의 수소원자를 포함한다.
③ 금속수소화물로 수소를 저장하면 1000 기압의 고압수소가스 밀도와 같다.
④ 저장된 수소는 필요에 따라 금속수소화물에서 방출시켜 이용한다.

026. 열전대의 재료 중 백금 + 백금·로듐 합금의 최고 사용 온도 1600℃에서 몇 시간 정도의 가열 내구도를 가지는가?
① 5   ② 10
③ 75   ④ 25

027. 용질원자가 용매원자에 고용되는 정도를 결정하는 요소를 설명한 것 중 틀린 것은?
① 두 원자 간의 반지름 차이가 ±15% 미만일 경우 상당한 양의 용질원자가 치환형으로 고용될 수 있다.
② 많은 고용도를 갖기 위해서는 두 원종의 금속이 같은 결정구조를 가지고 있어야 한다.
③ 두 원소 간의 전기 음성도차가 크면 클수록 치환형 고용체보다 금속 간 화합물을 형성하기 쉽다.
④ 다른 요소가 동일하다면 높은 원자가를 갖는 금속보다는 낮은 원자가를 갖는 금속에 더 많이 용해된다.

028. 강을 변태점 온도 이상에서 가열 유지한 후 공랭시켜 표준조직을 만들기 위한 열처리는?
① 노멀라이징(normalizing)
② 어닐링(annealing)
③ 템퍼링(tempering)
④ 담금질(quenching)

029. 침투탐상시험의 특징을 설명한 것 중 틀린 것은?

① 비교적 간단한 설비, 장치로 탐상이 가능하다.
② 다공질 재료의 탐상에 아주 좋다.
③ 금속, 비금속 관계없이 거의 모든 재료에 적용할 수 있다.
④ 탐상 시험의 결과는 탐상을 실시하는 검사원의 기술에 좌우되기 쉽다.

030. 그림과 같은 상태도에서 X 합금의 조성을 냉각하였을 때 상온조직으로 맞는 것은?

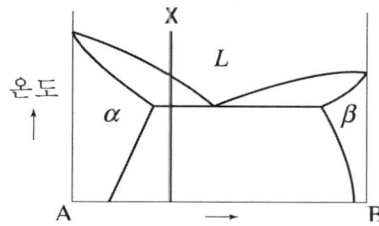

① A + L
② 초정L + 공정(A+B)
③ 초정α + 공정(A+L)
④ 초정α + 공정(α + β)

031. 고융점 재료의 특성을 설명한 것 중 틀린 것은?

① 고온강도가 크고, 증기압이 낮다.
② W, Mo 은 열팽창계수가 높고, 열전도율과 탄성률은 낮다.
③ 5족, 6족 원소로서 약 2460~3420℃의 융점을 갖는다.
④ Ta, Nb는 습식부식에 대한 내식성이 우수하다.

032. 오스테나이트 영역에서 Ma와 Mf 사이에서 항온 처리를 행하는 등온 변태 처리 방법으로 오스테나이트 일부는 마텐자이트가 되고, 일부는 베이나이트 조직이 되며 충격값이 큰 조직을 얻는 열처리 방법은?

① 마템퍼링(martempering)
② 마퀜칭(marquenching)
③ 오스포밍(ausforming)
④ 오스템퍼링(austempering)

033. 다음 중 연성 - 취성 천이 온도 범위가 가장 높은 것은?

① 림드강
② 오스테나이트 스테인리스강판
③ Al-Killed 강판
④ 저온용 고장력강판

034. 탄소강에 비하여 합금강의 장점에 대한 설명으로 틀린 것은?

① 담금질성이 좋아 대형부품도 깊이 경화하고, 이것을 뜨임하면 균질의 조직이 되어 강인성이 얻어진다.
② 담금질성이 좋으므로 유랭 또는 공랭해도 경화하므로 잔류응력이 적고 인성이 높다.
③ 특수탄화물은 오스테나이트화 온도에서의 고용속도가 높아 미용해 탄화물은 오스테나이트 결정립의 조대화를 방지하여 조대한 마텐자이트가 얻어져 인성이 높아진다.
④ 합금원소는 Fe₃C에 고용하거나 특수탄화물을 형성하여 경도를 높이고 내마모성이 좋아진다.

035. 다음 중 와전류탐상시험에 대한 설명으로 옳은 것은?
① 비접촉으로 시험할 수 있다.
② 어떤 재료에도 관계없이 모두 적용할 수 있다.
③ 표면에서 깊은 위치의 흠 검출도 가능하다.
④ 시험결과의 흠 지시로부터 직접 흠의 종류를 판별할 수 있다.

036. 인장시험에서 표점거리 50mm의 시험편을 시험한 후 표점거리가 60mm가 되었다면 이때의 연신율(%)은?
① 16.7 ② 20
③ 33.4 ④ 40

037. 방사선 투과검사 시 노출인자(E)를 구하는 식으로 옳은 것은?
(단, I : 관전류[mA] 또는 선원의 강도(Bq),
t : 노출 시간[S],
d : 선원·필름사이의 거리[m])

① $\dfrac{I+t}{d^2}$ ② $\dfrac{I-t^2}{d}$
③ $\dfrac{I \cdot t}{d^2}$ ④ $\dfrac{(I \cdot t)^2}{d}$

038. 저망간강, Ni-Cr강을 525~600℃ 범위에서 가열한 후 공랭하였을 때 나타나는 현상은?
① 피로강도가 증가한다.
② 연신율이 증가한다.
③ 취성이 나타난다.
④ 단면수축률이 증가한다.

039. 자분탐상 검사법 중 시험체의 구멍에 관통봉(도체)을 통과시키고 전류를 통하여 자화시키는 자화방법으로 원형자계를 형성하는 방법은?
① 코일법   ② 극간법
③ 전류 관통법 ④ 자속 관통법

040. 노의 온도 제어 장치에서 온-오프(on-off)의 시간비를 편차에 비례하도록 제어하는 온도 제어 장치의 명칭은?
① 정치식 제어
② 비례식 제어
③ 프로그램식 제어
④ 온-오프(on-off)식 제어

041. 다음 중 주철명과 그에 따른 특징을 설명한 것으로 틀린 것은?
① 가단주철은 백주철을 열처리로에 넣어 가열해서 탈탄 또는 흑연화 방법으로 제조한 주철이다.
② 미하나이트 주철은 고급주철이라 하며, 측면이 조대하고 기지가 페라이트 조직으로 되어 있다.
③ 합금주철은 합금강의 경우와 같이 주철에 특수원소를 첨가하여 내식성, 내마멸성, 내충격성 등을 좋게 한 주철이다.
④ 회주철은 보통주철이라고 하며, 펄라이트 바탕 조직에 검고 연한 흑연이 주철의 파단면에서 회색으로 보이는 주철이다.

정답 035. ① 036. ② 037. ③ 038. ③ 039. ③ 040. ② 041. ②

042 심랭처리에 의하여 오스테나이트가 마텐자이트로 변하면 그 팽창으로 인하여 주위에 강한 인장응력을 만들어 균열이 발생한다. 이와 같이 심랭처리에 의한 균열을 방지할 수 있는 방법 중 틀린 것은?

① 담금질 전에 탈탄층을 제거하고 탈탄을 방지한다.
② 심랭처리 전에 약 100℃에서 뜨임을 한다.
③ 심랭처리 전 담금질 온도를 높게 처리한다.
④ 심랭처리 온도로부터의 승온을 수중에서 행한다.

043 실루민을 Na 혹은 NaF로 개량처리하는 주목적은?

① 공석점 부근에서의 Si 결정을 미세화하기 위하여
② 공정점 부근에서의 Si 결정을 미세화하기 위하여
③ 공석점 부근에서의 Fe 결정을 미세화하기 위하여
④ 공정점 부근에서의 Fe 결정을 미세화하기 위하여

044 다음 중 소성변형에 대한 설명으로 틀린 것은?

① 소성변형하기 쉬운 성질을 가소성이라 한다.
② 소성가공법에는 프레스, 압연, 인발 등이 있다.
③ 재료에 외력을 가했다가 외력을 제거하면 원상태로 되돌아오는 것을 말한다.
④ 가공으로 생긴 내부응력을 적당히 남게 하여 기계적 성질을 향상시킨다.

045 철강재료의 특성 향상을 위하여 첨가하는 원소에 관한 설명으로 틀린 것은?

① Ni를 첨가하면 인성이 증가한다.
② Cr을 첨가하면 내식성과 경도가 증가한다.
③ Si를 첨가하면 전기적 특성이 개선된다.
④ Mo를 첨가하면 뜨임취성이 일어난다.

046 강재를 RX 가스 50%와 암모니아 가스 50%를 혼합하여 분위기 하에서 570℃로 처리하는 무공해 방법으로 내피로성, 내마모성 등을 얻을 수 있으며, 특히 어떠한 강종에도 질화 처리할 수 있는 질화법은?

① 이온질화   ② 고주파질화
③ 염욕질화   ④ 가스연질화

047 로크웰 경도계를 이용하여 경도값을 구할 때 가장 연한재료에 적용되는 스케일로 볼 압입자를 사용하는 것은?

① A   ② C
③ D   ④ H

048 비정질금속(Amorphous Metal)을 제조하는 방법 중 금속 가스를 이용한 방법이 아닌 것은?

① 진공증착법   ② 이온도금법
③ 스퍼터링법   ④ 전해·무전해법

049 화학조성을 변화시켜 경화하는 표면경화법이 아닌 것은?

① 침탄   ② 질화
③ 칼로라이징   ④ 고주파 경화법

정답 042. ③ 043. ② 044. ③ 045. ④ 046. ④ 047. ④ 048. ④ 049. ④

050. 다음 [표]를 참조하여 5개월 단순이동평균법으로 7월의 수요를 예측하면 몇 개인가?

[단위 : 개]

월	1	2	3	4	5	6
실적	48	50	53	60	64	68

① 55
② 57
③ 58
④ 59

051. 전수검사와 샘플링 검사에 관한 설명으로 가장 올바른 것은?

① 파괴검사의 경우에는 전수검사를 적용한다.
② 전수검사가 일반적으로 샘플링 검사보다 품질향상에 자극을 더 준다.
③ 검사항목이 많을 경우 전수검사보다 샘플링 검사가 유리하다.
④ 샘플링 검사는 부적합품이 섞여 들어가서는 안 되는 경우에 적용한다.

052. 다음 중 반즈(Ralph M. Barnes)가 제시한 동작경제원칙에 해당되지 않는 것은?

① 표준작업의 원칙
② 신체의 사용에 관한 원칙
③ 작업장의 배치에 관한 원칙
④ 공구 및 설비의 디자인에 관한 원칙

053. 다음 중 두 관리도가 모두 포아송 분포를 따르는 것은?

① $\bar{x}$ 관리도, R 관리도
② c 관리도, u 관리도
③ np 관리도, p 관리도
④ c 관리도, p 관리도

054. 근래 인간공학이 여러 분야에서 크게 기여하고 있다. 다음 중 어느 단계에서 인간공학적 지식이 고려됨으로써 업에 가장 큰 이익을 줄 수 있는가?

① 제품의 개발단계
② 제품의 구매단계
③ 제품의 사용단계
④ 작업자의 채용단계

055. 도수분포표에서 도수가 최대인 계급의 대푯값을 정확히 표현한 통계량은?

① 중위수
② 시료평균
③ 최빈수
④ 미드-레인지(Mid-range)

056. 공업용 고압가스 용기와 색상 기준의 연결이 틀린 것은?

① 산소 - 녹색
② 질소 - 자색
③ 아세틸렌 - 황색
④ 수소 - 주황색

057. 참모형 안전조직의 특징이 아닌 것은?

① 안전을 전담하는 부서가 있다.
② 100명 이하의 기업에 적합하다.
③ 생산 부분은 안전에 대한 책임과 권한이 없다.
④ 생산라인과의 견해 차이로 안전지시가 용이하지 않으며, 안전과 생산을 별개로 취급하기 쉽다.

정답 ➔ 050. ④ 051. ③ 052. ① 053. ② 054. ① 055. ③ 056. ② 057. ②

058 공정의 변화에 의해 영향을 받는 기본적인 3가지 형태에 해당되지 않는 것은?
① 제한의 변화
② 원자재의 변화
③ 모델계수의 변화
④ 모델의 구조적인 변화

059 시퀀스 제어의 요소 중 회로를 개폐하여 시퀀스 회로의 상태를 결정하는 기구는?
① 입력기구   ② 출력기구
③ 보조기구   ④ 접점기구

060 자동화를 하여 얻어지는 효과가 아닌 것은?
① 생산성이 향상된다.
② 원자재 비용이 감소된다.
③ 노무비가 감소된다.
④ 노동인력이 많아진다.

부록 3. 2014년도 금속재료기능장 시행문제

(2014. 7. 20)

001 담금질 균열의 발생 방지 방법 중 틀린 것은?
① 담금질 직후에 뜨임을 한다.
② 모서리의 예리한 부분은 둥글게 설계한다.
③ 비금속 개재물 및 편석이 적은 재료를 선택한다.
④ 항온변태 곡선의 코(nose)까지 서랭하고 Ms점 이하에서 급랭한다.

002 스테인리스강의 응력부식균열에 대한 방지대책을 설명한 것 중 틀린 것은?
① 고 Ni의 재료를 사용한다.
② 내부응력은 열처리하여 제거한다.
③ 사용 환경 중의 염화물 또는 알칼리를 존재시킨다.
④ 압축응력에 효과적인 쇼트피닝을 실시한다.

003 피로시험에 관한 설명으로 옳은 것은?
① 지름이 크면 피로 한도는 커진다.
② 노치가 있는 시험편의 피로 한도는 크다.
③ 표면이 거친 것이 고운 것보다 피로 한도가 커진다.
④ 노치가 없을 때와 있을 때의 피로한도비를 노치 계수라 한다.

004 자분탐상시험에서 자화 전류의 종류와 특징을 설명한 것 중 옳은 것은?
① 교류는 원칙적으로 잔류법에 한한다.
② 충격전류는 일반적으로 통전시간이 길다.
③ 직류 및 맥류는 연속법과 잔류법 양쪽 다 사용할 수 있다.
④ 교류는 표피 효과로 인하여 내부 결함을 검출 대상으로 하는 경우에 사용한다.

005 마텐자이트(martensite)의 경도가 큰 이유와 관계없는 것은?
① 결정립의 미세화
② 급랭으로 인한 내부응력
③ 탄소원자에 의한 Fe 격자의 강화
④ 펄라이트와 Fe_3C의 기계적 혼합

006 베릴륨 청동의 인장강도가 $150kg_f/mm^2$이고, HV 320~400 정도로 제조하기 위한 열처리 방법으로 옳은 것은?
① 760~780℃로부터 물 담금질하고 310~330℃로 2시간 템퍼링 한다.
② 760~780℃로부터 기름 담금질하고 550~600℃로 1시간 템퍼링 한다.
③ 950~1020℃로부터 물 담금질하고 310~330℃로 2시간 템퍼링 한다.
④ 950~1020℃로부터 기름 담금질하고 550~600℃로 1시간 템퍼링 한다.

정답 001. ④ 002. ③ 003. ④ 004. ③ 005. ④ 006. ①

007 WC, TiC, TaC 등의 금속 탄화물을 Co로 소결한 소결 초경 합금이 아닌 것은?

① 미디아(midia)
② 켈멧(kelmet)
③ 카보로이(carbcloy)
④ 탕갈로이(tungalloy)

008 마텐자이트(martensite) 변태의 특징을 설명한 것 중 틀린 것은?

① 마텐자이트는 고용체의 단일상이다.
② 마텐자이트 변태는 무확산 변태이다.
③ 마텐자이트 변태를 하면 표면기복이 없어진다.
④ 마텐자이트 변태는 협동적 원자 운동에 의한 변태이다.

009 초점과 필름 사이의 거리 60mm, 관전압 200KVP, 관전류 5mA 및 노출시간 3분의 조건으로 촬영하였다. 동일한 조건하에서 초점과 필름 사이의 거리를 70mm로 바꾸었을 때 노출시간(분)은?

① 2.08   ② 3.08
③ 4.08   ④ 5.08

010 공구강에서 열처리하지 않아도 경도가 좋아 주조한 그대로 사용하며 충격과 진동에 잘 견디는 공구강은?

① Ni-Cr강
② W계 고속도강
③ 위디아(widia)
④ 스텔라이트(stellite)

011 실용 황동 중 문쯔 메탈(Muntz metal)의 조성으로 옳은 것은?

① 60% Cu - 40% Zn 합금
② 80% Cu - 20% Zn 합금
③ 90% Cu - 10% Zn 합금
④ 95% Cu - 5% Zn 합금

012 LED(Light emitting diode) 재료의 특징을 설명한 것 중 옳은 것은?

① 수명이 짧다.
② 발열하지 않는다.
③ On, Off 속도가 매우 느리다.
④ 노란색만 발광하므로 소비전력이 매우 크다.

013 결정입도 측정법에 있어 시험면을 적당한 배율로 확대한 사진 위에 일정길이의 직선을 임의방향으로 긋고 이 직선과 결정립이 만나는 점의 수를 측정하여 단위 길이당 교차점의 수를 표시하는 방법은?

① 비교법   ② 제퍼리스법
③ 헤인법   ④ 조직량 측정법

014 강철봉을 수랭하는 경우 냉각의 3단계가 나타난다. 이때 2단계에 대한 설명으로 옳은 것은?

① 강철봉과 물의 접촉이 없는 구간으로 냉각속도와는 전혀 관계가 없다.
② 가열된 강재의 표면에 증기막이 생겨 열전도율이 작아져서 강의 냉각은 비교적 늦다.
③ 수증기의 발생이 없는 대류단계이며, 강의 온도와 물의 온도 차가 적어지므로 냉각속도는 늦어진다.
④ 강 표면에서 심한 비등이 일어나고, 강 표면이 직접 물과 접촉하므로 전도와 대류에 의해 열이 방출되어 급속히 냉각된다.

정답 007. ② 008. ③ 009. ③ 010. ④ 011. ① 012. ② 013. ③ 014. ④

05 온도측정용으로 사용되는 열전대 재료 중 가장 높은 온도를 검출할 수 있는 것은?
① S(PR : Pt·Rh-Pt)
② J(IC : Fe-constantan)
③ K(CA : chromel-alumel)
④ T(CC : Cu-constantan)

06 길딩 메탈(Gilding metal)은 코이닝(coining)하기 쉬워 화폐, 메달 등에 적용되는 실용 황동으로 사용된다. 그 성분비가 옳은 것은?
① 95%Cu - 5%Zn
② 80%Cu - 20%Zn
③ 70%Cu - 30%Zn
④ 50%Cu - 50%Zn

07 철강재료를 고온가열하면 표면부는 노 내의 분위기와 반응하여 산화 및 탈탄을 일으킬 수 있다. 이 때 산화와 탈탄에 대한 설명으로 틀린 것은?
① 분위기에 수분이 함유되면 탈탄의 위험성이 높다.
② 탈탄된 부품은 열처리 후 담금질 경도가 불충분하다.
③ 중성 분위기나 진공 분위기는 산화와 탈탄 방지에 유효하다.
④ 탈탄은 재료의 피로강도 등 기계적 성질에 영향을 미치지 않는다.

08 상온에서 열전도율이 가장 큰 금속은?
① Mo ② Al
③ Ag ④ Fe

09 다음 중 매크로 검사법이 아닌 것은?
① 파면검사
② 육안조직검사
③ 설퍼프린트법
④ 전자현미경조직검사

20 다음 중 담금질(Quenching) 균열의 방지책으로 합당하지 않은 것은?
① 시간 담금질을 채용한다.
② 결정입자 성장 및 열응력을 증대시킨다.
③ 가능한 한 수랭은 피하고 유랭한다.
④ 냉각 시 온도의 불균일을 적게 하고 가능한 한 변태도 동시에 일어나게 한다.

21 다음 중 쾌삭강에 대한 설명으로 옳은 것은?
① 황(S) 복합쾌삭강은 칼슘을 동시에 첨가한 초쾌삭강이다.
② 연(Pb) 쾌삭강은 Fe 중에 고용하여 Chip Breaker 작용과 윤활제 작용을 하며 열처리에 의한 재질 개선은 할 수 없다.
③ 황(S) 쾌삭강은 MnS의 형태로 분산시켜 Chip Breaker 작용과 피삭성을 향상시킨 강으로 저탄소강보다 약 2배의 절삭 속도를 낼 수 있다.
④ 칼슘(Ca) 쾌삭강은 쾌삭성을 갖게 되면 기계적 성질이 저하되며, 칼슘계 개재물이 공구의 절삭면에 용착되어 공구를 빨리 마모시킨다.

정답 015. ① 016. ① 017. ④ 018. ③ 019. ④ 020. ② 021. ③

022. 다음 중 비파괴검사를 실시하는 목적이 아닌 것은?

① 제조원가의 절감을 위하여
② 제조공정의 개선을 위하여
③ 제품에 대한 신뢰성 향상을 도모하기 위하여
④ 제품을 분해 파괴하여 내부결함을 검사하기 위하여

023. 고속도 공구강에 대한 설명으로 틀린 것은?

① 고온강도, 내마모성, 인성이 우수하다.
② W를 첨가할 경우 W_6C 화합물에 의해 내마모성이 증가한다.
③ Mo를 첨가하면 미세한 탄화물이 구상화되어 내마모성이 증가한다.
④ V가 많이 첨가되는 경우 탄화물 형성에 의해 연삭공정이 많은 곳에 사용하기 쉽다.

024. 동일한 조건하에서 다음 중 냉각능이 가장 빠른 것은?

① 물　　　　② 기름
③ 공기　　　④ 노 내

025. Bragg의 X-ray 회절식이 옳은 것은?
(단, d = 면간거리, λ = X-Ray 파장, n = 회절상수)

① $d = n\lambda \cos\theta$
② $n\lambda = 2d\sin\theta$
③ $\sin\theta = 2d/n\lambda$
④ $\lambda = d\cos\theta$

026. 초소성을 얻기 위한 조직의 조건으로 옳은 것은?

① 재료에 변태가 없어야 한다.
② 모상 입계는 저경각인 편이 좋다.
③ 모상 입계가 인장 분리하기 쉬워야 한다.
④ 제2상의 강도는 원칙적으로 모상과 같은 정도인 것이 좋다.

027. 양백(german silver, nickel silver)은 어떤 합금 원소로 구성되어 있는가?

① Cu - Al - Mg
② Cu - Ni - Sn
③ Cu - Mg - Zn
④ Cu - Zn - Ni

028. 온도제어 장치 중 자동온도제어 장치의 순서로 옳은 것은?

① 판단 → 조작 → 검출 → 비교
② 판단 → 비교 → 검출 → 조작
③ 검출 → 판단 → 조작 → 비교
④ 검출 → 비교 → 판단 → 조작

029. 심랭 처리(sub-zero treatment) 시 발생하는 각종 응력 및 균열의 방지대책으로 가장 적당한 것은?

① 심랭 처리 후 물속에 투입하는 급속 해동법은 피한다.
② 심랭 처리 온도에서 승온 할 때는 공기 해동을 시킨다.
③ 심랭 처리 전에 100℃ 정도에서 가벼운 뜨임을 한다.
④ 가급적 대형 부품이나 두께가 두꺼운 부품만을 처리한다.

정답 022. ④　023. ④　024. ①　025. ②　026. ④　027. ④　028. ④　029. ③

030. 금속재료의 기계적 시험에서 S-N곡선은 어떠한 종류의 시험에서 얻어진 것인가?
① 충격시험　② 경도시험
③ 섬프시험　④ 피로시험

031. 최대하중이 5000kg$_f$일 때 인장강도가 32.5kg$_f$/mm^{2}이었다면 시험편 평행부의 지름은 약 몇 mm 인가?
① 5　② 11
③ 14　④ 20

032. 열처리 조직 중 경도가 가장 높은 것은?
① 페라이트　② 펄라이트
③ 소르바이트　④ 오스테나이트

033. 방사선 투과검사를 할 때 작업자의 안전을 위하여 공간의 방사선 선량률을 측정하기 위한 기기는?
① 필름배지　② 포켓 도시미터
③ 알람모니터　④ 서베이미터

034. 뜨임 균열의 방지대책에 대한 설명으로 옳은 것은?
① 제품에 가열을 가급적 빨리한다.
② 제품에 잔류응력을 잔류시킨다.
③ Cr, Mo, V 등의 합금원소를 첨가한다.
④ 고속도강과 같은 경우에는 뜨임을 하기 전에 탈탄층을 남게 하여 뜨임 후 수랭한다.

035. 저탄소강을 침탄하여 침탄층의 경도를 측정하고자 할 때 사용하는 가장 적합한 경도계는?
① 쇼어 경도계　② 비커스 경도계
③ 마이어 경도계　④ 브리넬 경도계

036. 구상흑연주철 제조 시 흑연 구상화제로 사용하지 않는 것은?
① Mg　② Cr
③ Ca　④ Ce

037. 누설검사에 대한 설명으로 틀린 것은?
① 정확한 교정수단이 없다.
② 발포액의 특성에 좌우되지 않는다.
③ 프로브나 스니퍼가 필요하지 않다.
④ 지시의 관찰이 용이하고, 누설위치의 판별이 빠르다.

038. 강의 담금질 경화능 시험법에 해당하는 것은?
① 조미니 시험　② 에릭슨 시험
③ 파텐팅법　④ 그로스만법

039. 초음파 탐상시험을 하려고 할 때 기름 등의 접촉 매질을 사용하는 가장 큰 이유는?
① 시험체의 표면결함을 쉽게 확인하기 위하여
② 초음파를 효과 좋게 시험체에 전달시키기 위하여
③ 탐촉자를 접촉시킬 때 시험체 표면에 흠을 주어 초음파 전달을 원활하게 하기 위하여
④ 시험체와 탐촉자와의 마찰을 크게 하여 탐촉자의 전달을 원활하게 하기 위하여

정답　030. ④　031. ③　032. ③　033. ④　034. ③　035. ②　036. ②　037. ②　038. ①　039. ②

040 열처리 로(furnace)의 균일한 온도분포 유지를 위한 설명으로 틀린 것은?

① 전열식은 연소식보다 열원배치상 제어가 쉽다.
② 가열방식은 직접가열보다 간접가열이 효과적이다.
③ 노 내 가스의 흐름은 정지상태보다 팬(fan)교반이 유리하다.
④ 승온과 유지시간이 짧을수록 온도분포를 균일하게 한다.

041 강의 오스테나이트 결정입도 시험 방법 중 교차점의 수를 세는 방법에 대한 설명으로 옳은 것은?

① 측정선이 결정입계에 접할 때는 교차점의 수는 1/2로 계산한다.
② 측정선의 끝이 정확하게 하나의 결정입계에 닿을 때는 교차점의 수를 2개로 계산한다.
③ 교차점이 우연히 3개의 결정립이 만나는 곳에 일치할 때는 1.5개의 교차점으로 계산한다.
④ 불규칙한 형상을 갖는 결정립의 경우, 측정선이 2개의 다른 지점에서 같은 결정립을 양분할 때는 1개의 교차점으로 계산한다.

042 순철에 대한 설명 중 틀린 것은?

① 탄소강보다 융점이 높다.
② 기계구조용 재료로 부적합하다.
③ 전기용 재료에 많이 사용하고 있다.
④ 순철은 탄소 함량이 0.85% 이하이다.

043 용접부의 열영향 영역 확인을 위한 가장 적당한 부식액은?

① 헨(heyn) 부식액
② 아들러(adler) 부식액
③ 프라이(fry) 부식액
④ 빌레라(villela) 부식액

044 냉간 가공한 탄소강의 담금질 영향을 완전히 없애기 위하여 오스테나이트로 가열한 다음 서랭처리하여 성분의 균일화, 잔류응력의 제거 또는 연화를 이루는 열처리로 아공석강에서는 Ferrite와 층상 Pearlite의 혼합조직이 되고 과공석강에서는 층상 Pearlite와 초석 Ferrite가 되는 열처리법은?

① 노멀라이징(Normalizing)
② 완전풀림(Full Annealing)
③ 중간풀림(Process Annealing)
④ 응력제거풀림(Stress Relief Annealing)

045 다음 그림에서 P 조성합금 중의 C 성분의 양은?

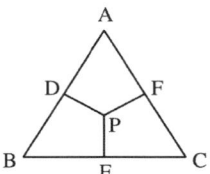

① $\overline{PF}$
② $\overline{PE}$
③ $\overline{PD}$
④ $\overline{BE}$

046 인장시험에 관한 다음 설명 중 틀린 것은?

① 상부항복점(Upper Yield Point)은 항복 개시 후의 최대 응력이다.
② 비례한도는 Hook의 법칙이 성립하는 응력값을 갖는다.
③ 인장강도(Tensile Strength)는 최대인장 하중을 처음 단면적으로 나눈 값이다.
④ 단면수축률은 파단부 최소 단면적과 처음 단면적과의 차를 처음 단면적으로 나눈 값에 대한 백분율이다.

047 금속 시멘테이션에서 Zn을 침투시키는 방법은?

① 칼로라이징   ② 세라다이징
③ 크로마이징   ④ 보로나이징

048 알루미늄 합금의 현미경 조직 부식액으로 적당한 것은?

① 수산화나트륨용액
② 염화제2철용액
③ 질산알코올용액
④ 피크린산용액

049 고망간강(hadfield steel)에 관한 설명으로 틀린 것은?

① 열전도성이 나쁘고 팽창계수가 커서 열변형을 일으킨다.
② 고온에서 서랭하면 결정립계가 M_3C를 석출하여 취약해진다.
③ 항복점은 낮으나 인장강도는 높아 파괴에 대하여 높은 인성을 갖는다.
④ 소성변형 중 적층결함, 쌍정 등에 의하여 가공경화성이 거의 없어진다.

050 np 관리도에서 시료군마다 시료수(n)는 100이고, 시료군의 수(k)는 20, $\sum np$ =77이다. 이때 np 관리도의 관리상한선 (UCL)을 구하면 약 얼마인가?

① 8.94   ② 3.85
③ 5.77   ④ 9.62

051 그림의 OC곡선을 보고 가장 올바른 내용을 나타낸 것은?

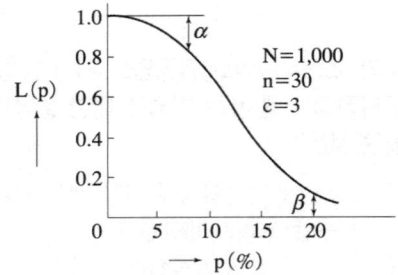

① α : 소비자 위험
② L(P) : 로트가 합격할 확률
③ β : 생산자 위험
④ 부적합품률 : 0.03

052 미국의 마틴 마리에타사(Martin Marietta Corp.)에서 시작된 품질개선을 위한 동기부여 프로그램으로 모든 작업자가 무결점을 목표로 설정하고, 처음부터 작업을 올바르게 수행함으로써 품질비용을 줄이기 위한 프로그램은 무엇인가?

① TPM 활동
② 6 시그마 운동
③ ZD 운동
④ ISO 9001 인증

정답 046. ① 047. ② 048. ① 049. ④ 050. ④ 051. ② 052. ③

053. MTM(Method Time Measurement)법에서 사용되는 1 TMU(Time Measurement Unit)는 몇 시간인가?

① $\frac{1}{100000}$
② $\frac{1}{10000}$
③ $\frac{6}{10000}$
④ $\frac{36}{1000}$

054. 일정 통제를 할 때 1일당 그 작업을 단축하는데 소요되는 비용의 증가를 의미하는 것은?

① 정상소요시간(Normal duration time)
② 비용견적(Cost estimation)
③ 비용구배(Cost slope)
④ 총비용(Total cost)

055. 다음 중 단속생산 시스템과 비교한 연속생산 시스템의 특징으로 옳은 것은?

① 단위당 생산원가가 낮다.
② 다품종 소량생산에 적합하다.
③ 생산방식은 주문생산방식이다.
④ 생산설비는 범용설비를 사용한다.

056. 고압가스용기를 취급 또는 운반 시 잘못된 것은?

① 운반용 기구를 사용한다.
② 반드시 캡을 씌워서 운반한다.
③ 지면 바닥에 쓰러뜨려 조심스럽게 굴려서 운반한다.
④ 트럭으로 운반 시에는 로프 등으로 단단히 묶는다.

057. 산업현장에서 발생한 재해를 조사하는 목적에 해당하지 않는 것은?

① 재해의 원인규명
② 재해방지 대책수립
③ 관계자의 책임 추궁
④ 동종재해 발생 방지

058. 다음 중 공장 작업 공정에서 레이아웃의 기본조건이 아닌 것은?

① 운반의 합리성을 고려한다.
② 재료 및 제품의 연속적 이동을 고려한다.
③ 미래의 변경에 대한 융통성을 부여한다.
④ 공간 이용 시 입체화는 고려하지 않는다.

059. 시간에 따라 예측할 수 없는 방법으로 공정의 변화가 발생하는 이유 중 틀린 것은?

① 환경의 변화
② 원자재의 변화
③ 부분품의 마모
④ 모델 계수의 변화

060. 자동제어에서 계측 – 목표값과 비교 – 판단 – 조작 – 계측과 같이 결과로부터 원인의 수정으로 순환해서 끊임없이 동작하는 것은?

① 출력
② 응답
③ 시퀀스
④ 피드백

정답 053. ① 054. ③ 055. ① 056. ③ 057. ③ 058. ④ 059. ④ 060. ④

부록 3. 2015년도 금속재료기능장 시행문제

(2015. 4. 4)

001 광휘열처리에서 사용하는 중성 가스는?
① O_2 ② Ar
③ CH_4 ④ CO

002 금속 중에 0.01~0.1㎛ 정도의 미립자를 수 % 정도 분산시켜, 고온에서의 탄성률, 강도 및 크리프 특성을 강화하기 위하여 개발된 재료는?
① FRM   ② FRS
③ PSM   ④ GFRP

003 주철에서 스테다이트(steadite)의 3원 공정조직 성분이 아닌 것은?
① Fe   ② Fe_3C
③ Fe_3P ④ FeS

004 심랭처리에 대한 설명 중 틀린 것은?
① 심랭처리제는 액체질소, 드라이아이스 등을 사용한다.
② 퀜칭된 강의 마텐자이트 조직에 연성을 부여할 목적으로 처리한다.
③ 퀜칭된 강을 0℃ 이하의 적당한 온도로 냉각시키는 방법이다.
④ 게이지나 베어링 등의 정밀부품에는 심냉처리를 실시한다.

005 염욕의 구비조건을 설명한 것 중 옳은 것은?
① 염욕의 점성이 작아야 한다.
② 증발 및 휘발성이 커야 한다.
③ 염욕의 순도가 낮아야 한다.
④ 흡습성 및 조해성이 커야 한다.

006 다음 재료의 파단면 중 고연성재료에서 볼 수 있는 파단의 형태는?

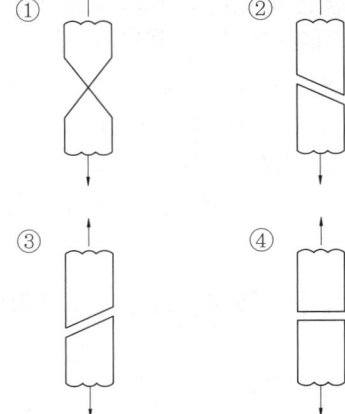

007 내식성 알루미늄 합금에서 알루미늄에 다른 원소를 소량 첨가하였을 때 내식성을 거의 약화시키지 않고 강도를 개선하는 원소가 아닌 것은?
① Cu   ② Mn
③ Si   ④ Mg

정답 001. ②   002. ③   003. ④   004. ②   005. ①   006. ①   007. ①

008. [그림]과 같이 면심입방격자(FCC)로 된 A 원자와 B 원자의 규칙격자 원자배열에서 A와 B의 조성을 나타내는 것은?

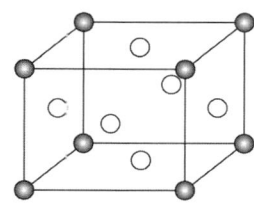

A원자 ●   B원자 ○

① AB_2 ② A_4B
③ A_3B ④ AB_3

009. 재료에 일정한 응력을 가하고 어떤 온도에서 긴 시간 동안 유지할 때 시간의 경과에 따라 스트레인이 증가하는 현상은?

① 피로   ② 시효
③ 크리프   ④ 압축

010. 그림과 같은 제품에서 냉각 속도가 가장 빠른 부분은?

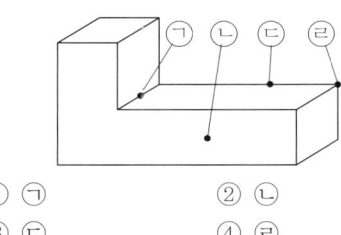

① ㄱ   ② ㄴ
③ ㄷ   ④ ㄹ

011. 다음 중 뜨임 균열을 방지하기 위한 대책으로 틀린 것은?

① 담금질한 강을 급속하게 가열한다.
② 응력이 집중되는 부분은 열처리상 알맞게 설계한다.
③ 고속도강의 경우에는 뜨임을 하기 전에 탈탄층을 제거한다.
④ M_s 점, M_f 점이 낮은 고합금강은 균열을 방지하기 위해 2번 뜨임한다.

012. Cu-Pb계 합금으로 열전도율이나 용융온도가 높고 고하중, 고속도운전에 잘 견디므로 항공기, 자동차 등의 베어링에 사용되는 것은?

① 인바   ② 켈밋
③ 플래티나이트   ④ 하이드로날륨

013. 열전대 중 가장 높은 온도를 측정할 수 있는 것은?

① 철 - 콘스탄탄
② 크로멜 - 알루멜
③ 백금 - 백금·로듐
④ 텅스텐 - 콘스탄탄

014. 규칙 - 불규칙 변태에 대한 설명으로 옳은 것은?

① 규칙도가 0인 상태는 완전한 규칙 배열 상태이다.
② 규칙도가 1인 상태는 완전한 불규칙 배열 상태이다.
③ 규칙격자는 일반적으로 경도·강도는 작아지나 연성은 좋아진다.
④ 규칙격자를 만드는 합금은 고온이 되면 원자의 이동으로 불규칙한 배열이 된다.

015. 다음 재료 중 자화될 수 없는 것은?

① Fe   ② Au
③ Co   ④ Ni

정답 008. ④ 009. ③ 010. ④ 011. ① 012. ② 013. ③ 014. ④ 015. ②

016. 충격시험에서 노치(notch) 반지름의 영향을 설명한 것으로 옳은 것은?
① 노치 반지름의 영향과 관계가 없다.
② 노치 반지름이 클수록 빨리 절단된다.
③ 노치 반지름이 클수록 응력이 집중된다.
④ 노치 반지름이 작을수록 흡수 에너지가 적게 된다.

017. 쾌삭강을 제조하기 위하여 첨가하는 원소가 아닌 것은?
① S
② C
③ Ca
④ Pb

018. 탄소공구강의 탄화물을 균일하게 구상화시키는 목적으로 옳은 것은?
① 절삭능 및 내구력을 증대시키기 위하여
② 조직의 조대화 및 취성의 증가를 위하여
③ 시효변형 및 점성의 증가를 위하여
④ 취성 및 연성을 주기 위하여

019. 두 종류의 금속선 양단을 접합하고 온도차에 의해 양 접합점에서 온도차를 부여하여 발생하는 열기전력을 이용하여 온도를 측정하는 온도계는?
① 광고온계
② 방사 온도계
③ 열전 온도계
④ 저항 온도계

020. 오스테나이트계 스테인리스강 용접부를 초음파 비파괴검사 할 때 횡파의 사각 탐상이 곤란한 이유는?
① 결정립이 커서 감쇠가 크기 때문
② 재질의 특성상 결함면이 평활하지 않기 때문
③ 초음파 빔이 퍼져 지연 에코가 발생하기 때문
④ 음향임피던스가 낮아 높은 주파수를 사용해야 하기 때문

021. 보통주철의 물리적 성질에 대한 설명으로 옳은 것은?
① 비중은 C와 Si가 많을수록 커진다.
② 용융점은 C와 Si가 많을수록 높아진다.
③ 유리탄소를 균일하게 분포시키면 투자율이 높아진다.
④ 내식성 주철은 염산, 질산 등의 산에는 강하지만 알칼리에는 약하다.

022. 금속산화물을 주성분으로 하는 내화재로 마그네시아와 같은 내화재는?
① 중성 내화재
② 산성 내화재
③ 염기성 내화재
④ 호기성 내화재

023. 합금 재료의 응고과정에서 용질원소가 균일하게 분포하지 않고 국부적으로 농도 차이가 생기는 현상은?
① 편정
② 편석
③ 포정
④ 공정

정답 016. ④ 017. ② 018. ① 019. ③ 020. ① 021. ③ 022. ③ 023. ②

024. 황동의 가공재를 상온에 방치하거나 저온 풀림 경화시킨 스프링재가 사용 도중 시간의 경과에 따라 경도 등 여러 가지 성질이 악화되는 현상은?
① 경년변화
② 자연균열
③ 고온 탈아연
④ 탈아연 부식

025. 격자결함 중 크로디온(crowdion) 결함에 대한 설명으로 옳은 것은?
① 가장 조밀한 방위에 1개의 원자가 여분으로 들어가 있어 일렬의 결함으로 존재하는 상태
② 원자와 원자의 틈 사이에 원자 하나가 침입하여 존재하는 상태
③ 규칙적으로 배열된 격자점에 원자가 비어있는 상태
④ 공공과 격자간 원자가 한 쌍으로 존재하는 상태

026. 표면경화에서 침탄 담금질의 결함인 담금질 경도 부족의 원인으로 틀린 것은?
① 침탄량이 부족할 때
② 담금질 온도가 너무 낮을 때
③ 잔류 오스테나이트가 많을 때
④ 담금질 냉각속도가 빠를 때

027. 탄소강 및 Ni-Cr강의 뜨임 취성(temper brittleness)을 방지하기 위한 방법으로 옳은 것은?
① 800℃ 이상에서 뜨임한 후 급랭시키거나, W를 소량 첨가한다.
② 700℃ 이상에서 뜨임한 후 급랭시키거나, Sn을 소량 첨가한다.
③ 575℃ 이상에서 뜨임한 후 급랭시키거나, Mo를 소량 첨가한다.
④ 200℃ 이상에서 뜨임한 후 급랭시키거나, Al을 소량 첨가한다.

028. 철강재료를 소성가공한 후 가열하게 되면, 가공경화 상태가 원래의 상태로 회복된다. 이때 성질 및 조직 변화의 순서를 바르게 표현한 것은?
① 내부응력 제거 → 재결정 → 결정립 성장 → 연화
② 내부응력 제거 → 연화 → 재결정 → 결정립 성장
③ 연화 → 재결정 → 내부응력 제거 → 결정립성장
④ 연화 → 재결정 → 결정립 성장 → 내부응력 제거

029. 용제 제거성 염색침투탐상의 기본절차로 옳은 것은?
① 전처리 → 침투처리 → 현상처리 → 제거처리 → 후처리 → 관찰
② 전처리 → 침투처리 → 제거처리 → 현상처리 → 관찰 → 후처리
③ 전처리 → 제거처리 → 침투처리 → 현상처리 → 관찰 → 후처리
④ 전처리 → 현상처리 → 제거처리 → 침투처리 → 관찰 → 후처리

030. 압축시험에서 전단 저항력을 구하는 식으로 옳은 것은? (단, σ_c는 압축응력이며, θ는 시험편의 전단파단 각도이다.)
① $\frac{\sigma_c}{2} \times \sin\theta$
② $\frac{2}{\sigma_c} \times \sin\theta$
③ $\frac{2}{\sigma_c} \times \tan\theta$
④ $\frac{\sigma_c}{2} \times \tan\theta$

정답 024. ① 025. ① 026. ④ 027. ③ 028. ② 029. ② 030. ④

031. 다음 중 내력을 구하는 방법이 아닌 것은?
① 오프셋법
② 영구연신율법
③ 전체연신율법
④ 파단연신율법

032. 마텐자이트(martensite) 조직의 경도가 높은 원인이 아닌 것은?
① 조직의 미세화 때문이다.
② 탄소 원자의 확산 변태 때문이다.
③ 급랭에 의한 내부응력 때문이다.
④ 탄소 원자에 의한 페라이트 격자의 강화 때문이다.

033. Ni-Cu 합금계가 아닌 것은?
① 백동(Cupronickel)
② 문쯔메탈(Muntz metal)
③ 모넬메탈(Monel metal)
④ 콘스탄탄(Constantan)

034. Fe-C 평형 상태도에서 큐리점(Curie Point)이란?
① A_1변태선이며, 약 723℃이다.
② A_3변태선이며, 약 910℃이다.
③ A_4변태선이며, 약 1400℃이다.
④ 순철의 자기 변태점으로 약 768℃이다.

035. 열처리 시 발생하는 변형에 대한 설명이 틀린 것은?
① 변형을 적게 하기 위하여 마템퍼링을 실시한다.
② 변형을 적게 하기 위하여 오스템퍼링을 실시한다.
③ 변형량의 크기는 물담금질>기름담금질>공기담금질 순서이다.
④ 균일한 냉각을 하기 위해서는 축이 긴 물건은 수평으로 매달아 담금질하면 변형이 적다.

036. 그림 중 냉각속도 ⓐ로 냉각시켰을 때 최종적으로 나타나는 현미경 조직은?

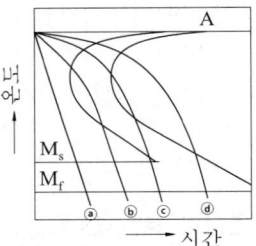

① 마텐자이트   ② 펄라이트
③ 오스테나이트 ④ 트루스타이트

037. 황동의 평형상태도에서 α상의 결정구조는?
① BCC   ② FCC
③ HCP   ④ BCT

정답 031. ④ 032. ② 033. ② 034. ④ 035. ④ 036. ① 037. ②

038. 다음 중 알루미늄 부식액으로 가장 적합한 것은?
① 왕수
② 질산 용액
③ 피크랄 용액
④ 수산화나트륨 용액

039. 침탄용강이 구비해야 할 조건으로 틀린 것은?
① 고탄소강이어야 한다.
② 표면에 결함이 없어야 한다.
③ 침탄시 고온에서 장시간 견디어야 한다.
④ 고온 가열 시 결정입자가 성장하지 않아야 한다.

040. 금속 시험편의 연마에 사용하는 연마용지(샌드페이퍼)로 표면이 가장 고운 것은?
① #200
② #400
③ #600
④ #800

041. 다음 중 비틀림 시험에 대한 설명으로 옳은 것은?
① 비틀림 시험의 주목적은 재료에 대한 강성계수와 비틀림 강도 측정에 있다.
② 비교적 가는 선재의 비틀림 시험에서는 응력을 측정하여 시험 결과를 얻는다.
③ 비틀림 시험편은 양단을 고정하기 쉽게 시험부분보다 얇게 만든다.
④ 비틀림 각도 측정법은 펜듈럼식, 탄성식, 레버식이 있다.

042. 누설검사에서 층상흐름에 대한 설명으로 옳은 것은?
① 누설물은 누설하는 기체 점성에 비례한다.
② 층상흐름은 누설에 걸리는 압력차의 제곱에 반비례한다.
③ 층상흐름 누설을 측정할 때 시험하는 감도는 누설에 걸리는 압력을 올리면 좋다.
④ 층상흐름은 누설률이 $10^7 \sim 10^{10}$Pa·m³/s인 범위에서 발생한다.

043. 2.25MHz 탐촉자로 강(steel)을 음속 5900m/s로 초음파가 전파할 때 파장은 약 얼마(mm)인가?
① 0.9
② 1.8
③ 2.6
④ 3.4

044. 비정질 합금의 일반적인 특성으로 옳은 것은?
① 결정이방성이 있다.
② 구조적으로는 장거리의 규칙성이 있다.
③ 열에 강하여 고온에서는 결정화하지 않는다.
④ 강도가 높고 연성도 크나 가공경화는 일으키지 않는다.

정답 038. ④ 039. ① 040. ④ 041. ① 042. ③ 043. ③ 044. ④

045. 표면경화 열처리인 고체 침탄법에 대한 설명으로 틀린 것은?
① 고체 침탄법은 확산을 이용한 침탄법이다.
② 고체 침탄제의 촉진제로는 탄산바륨을 사용한다.
③ 과잉 침탄은 온도가 낮을수록 심하게 일어난다.
④ 침탄한 것은 표면은 고탄소이고, 심부는 저탄소인 2중 조직을 갖는다.

046. 방사선이 시험체에 조사될 때 시험체 내를 통과하면서 흡수, 산란 등이 발생한다. 이러한 방사선과 물질과의 상호작용에 해당되지 않는 것은?
① 광전 효과   ② 콤프턴 산란
③ 표피 효과   ④ 전자쌍 생성

047. 부식에 의해 강재 단면 전체 또는 중심부에 육안으로 볼 수 있는 크기로 점상의 구멍이 생긴 것의 매크로 조직 명칭은?
① 파이프(pipe)
② 피트(pit)
③ 기포(blow hole)
④ 다공질(looseness)

048. 브리넬 경도시험에 관한 설명으로 옳은 것은?
① 시험 하중의 유지시간은 2~8초이다.
② 누르개가 강구인 경우에는 HBW로 표기한다.
③ 누르개가 초경합금인 경우에는 HBS로 표기한다.
④ 직접 검증을 하는 주기는 간접 검증을 12개월 이상 하지 않는 경우이다.

049. 주철재료의 용해 주조 시 행하는 접종(Inoculation)의 목적이 아닌 것은?
① 칠(Chill)화 방지
② 흑연형상의 개량
③ 기계적 성질 향상
④ 공정 셀(Cell) 수의 감소

050. 어떤 공장에서 작업을 하는 데 있어서 소요되는 기간과 비용이 다음 표와 같을 때 비용구배는? (단, 활동시간의 단위는 일(日)로 계산한다.)

정상작업		특급작업	
기간	비용	기간	비용
15일	150만원	10일	200만원

① 50,000원   ② 100,000원
③ 200,000원   ④ 500,000원

051. 품질특성을 나타내는 데이터 중 계수치 데이터에 속하는 것은?
① 무게   ② 길이
③ 인장강도   ④ 부적합품률

052. 모든 작업을 기본동작으로 분해하고, 각 기본동작에 대하여 성질과 조건에 따라 미리 정해 놓은 시간치를 적용하여 정미시간을 산정하는 방법은?
① PTS법
② Work Sampling법
③ 스톱워치법
④ 실적자료법

정답 045. ③ 046. ③ 047. ② 048. ④ 049. ④ 050. ② 051. ④ 052. ①

053. 생산보전(PM:productive maintenance)의 내용에 속하지 않는 것은?
① 보전예방
② 안전보전
③ 예방보전
④ 개량보전

054. 200개 들이 상자가 15개 있을 때 각 상자로부터 제품을 랜덤하게 10개씩 샘플링할 경우, 이러한 샘플링 방법을 무엇이라 하는가?
① 층별 샘플링
② 계통 샘플링
③ 취락 샘플링
④ 2단계 샘플링

055. 관리도에서 측정한 값을 차례로 타점했을 때 점이 순차적으로 상승하거나 하강하는 것을 무엇이라 하는가?
① 연(Run)
② 주기(cycle)
③ 경향(Trend)
④ 산포(dispersion)

056. 사고예방원리 5단계 중 제4단계에 해당되는 것은?
① 조직
② 평가 분석
③ 사실의 발견
④ 시정책의 선정

057. 안전에 대한 관심과 이해가 인식되고 유지됨으로써 얻을 수 있는 것이 아닌 것은?
① 이직률이 감소한다.
② 직장의 신뢰도를 높여준다.
③ 고유기술이 축적되어 품질이 향상된다.
④ 기업의 투자경비를 증가시킬 수 있다.

058. 생산 현장에서 자동제어를 사용함으로써 얻을 수 있는 이점이 아닌 것은?
① 품질을 균일화할 수 있다.
② 생산량을 증대할 수 있다.
③ 생산품의 용도가 다양해진다.
④ 작업환경을 향상시킬 수 있다.

059. 유압의 제일 기본 원리인 파스칼(Pascal)의 원리에 대한 설명 중 틀린 것은?
① 액체의 압력은 수평으로 작용한다.
② 액체의 압력은 각면에 직각으로 작용한다.
③ 각 점의 압력은 모든 방향에 동일하게 작용한다.
④ 밀폐된 용기 내 액체에 가해진 압력은 동일한 크기로 각부에 전달된다.

060. 사람의 감각기관과 센서를 비교했을 때 센서에서 사람의 신경에 해당되는 것은?
① 수신장치
② 트랜스 듀서
③ 신호전송기
④ 정보처리장치

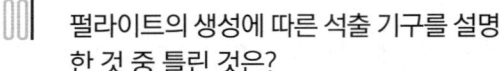

부록 3. 2015년도 금속재료기능장 시행문제

(2015. 7. 19)

001 펄라이트의 생성에 따른 석출 기구를 설명한 것 중 틀린 것은?
① Fe_3C의 주위에 α-Fe이 생성된다.
② γ-Fe 입계에 Fe_3C의 핵이 생성된다.
③ α-Fe이 생긴 입계에 새로운 δ-Fe이 생성된다.
④ 생성된 시멘타이트와 α-Fe은 입계로부터 오스테나이트 방향으로 성장하며 확산한다.

002 연삭 및 연삭 균열에 대한 설명으로 틀린 것은?
① 잔류 오스테나이트가 연삭 균열 발생을 조장한다.
② 저합금강, 고탄소강, 고속도강의 순서로 피연삭성이 좋아진다.
③ 연삭 균열은 가벼운 연삭균열(1종), 무거운 연삭 균열(2종)로 나눌 수 있다.
④ 강재의 강도가 크고 굳은 탄화물을 많이 포함하고, 열전도율이 적을수록 연삭열이 발생하기 쉽다.

003 0.2% 탄소강이 상온에서 초석 페라이트(α)와 펄라이트(P)의 양은 약 몇 %인가?
(단, 공석점은 0.80%C, α의 고용한도는 0.025%C 이다.)
① α = 23, P = 77
② α = 35, P = 65
③ α = 65, P = 35
④ α = 77, P = 23

004 강에서 베이나이트(Bainite)에 관한 설명으로 옳은 것은?
① 베이나이트는 오스테나이트와 레데뷰라이트의 혼합물이다.
② 상부 베이나이트와 하부 베이나이트는 서로 같은 방법으로 생성한다.
③ 고온에서 베이나이트는 침상 또는 래스(lath) 형태의 페라이트와 래스 사이에 석출되는 시멘타이트로 된다.
④ 약 350℃의 온도에서 베이나이트의 조직은 판상에서 래스 모양으로 변하고 탄화물의 분산은 조대해진다.

정답 001. ③ 002. ② 003. ④ 004. ③

005 금속의 응고과정에서 고상의 자유에너지 변화에 대한 설명으로 틀린 것은? (단, r_0는 임계핵의 반지름, r은 고상의 반지름, E_v는 체적 자유에너지, E_s는 계면 자유에너지이다.)

① r_0 이하 크기의 고상입자를 엠브리오(embryo)라 한다.
② r_0 이상 크기의 고상을 결정의 핵(nucleus)이라 한다.
③ $r < r_0$ 인 경우에는 반지름이 증가함에 따라 자유에너지는 감소한다.
④ 고상의 전체 자유에너지의 변화는 $E = E_s - E_v$ 로 표현된다.

006 로크웰 경도시험기의 검증과 교정에서 전체 힘 F에 대한 허용차는 몇 %인가?

① ±1.0 ② ±2.0
③ ±3.0 ④ ±4.0

007 충격시험시 노치(notch)의 영향을 옳게 설명한 것은?

① 노치(notch)의 반지름이 작을수록 응력집중이 크다.
② 노치(notch)의 깊이가 동일할 경우, 반지름이 큰 것이 응력집중이 커서 빨리 절단된다.
③ 시편의 치수가 같고, 노치의 형상과 반지름을 동일하게 하면 노치(notch)의 깊이가 깊을수록 충격치는 증가한다.
④ 노치(notch)의 반지름에 대한 영향은 파단될 때 변형이 생기는 재료에서는 효과가 작고 변형이 생기지 않는 재료에서는 반지름의 영향이 크다.

008 금속의 재결정에 대한 설명으로 틀린 것은?

① 변형량이 많을수록 재결정이 빨리 진행된다.
② 가공 전 결정립이 작을수록 재결정 완료 후의 결정립은 작다.
③ 금속의 순도가 높을수록 재결정 진행이 방해된다.
④ 재결정 처리온도가 높을수록 재결정이 빨리 진행된다.

009 고망간강의 특징에 관한 설명으로 틀린 것은?

① 해드필드강이라 하며, 마텐자이트 조직을 갖는다.
② 1050℃ 부근에서 급랭하는 수인법의 열처리를 한다.
③ 열전도성이 나쁘고 팽창계수도 커서 열변형을 일으키기 쉽다.
④ 광석·암석의 파쇄기 등 심한 충격과 마모를 받는 부품에 이용된다.

010 담금질을 잘하였는데도 경화가 되지 않은 이유로 틀린 것은?

① 급랭이 불충분한 경우
② 불꽃시험을 행하지 않는 경우
③ 처리품의 표면이 탈탄되어 있는 경우
④ 오스테나이트화 온도가 불충분한 경우

011 현미경 조직 시험에서 시험재료의 금속과 부식제의 연결이 틀린 것은?

① Al – 피크린산 용액
② 철강 – 질산 알코올 용액
③ Cu – 염화제2철 용액
④ Ni – 질산 아세트산 용액

정답 005. ③ 006. ① 007. ① 008. ③ 009. ① 010. ② 011. ①

02. 고주파 경화 열처리의 특징을 설명한 것으로 옳은 것은?
① 피로 강도가 떨어진다.
② 표면 산화와 탈탄이 적게 일어난다.
③ 주파수가 클수록 경화 깊이가 커진다.
④ 어떠한 형상이나 강종이든 경화할 수 있다.

03. 자분탐상시험에서 시험의 구멍에 관통봉(도체)을 통과시키고 전류를 통하여 자화시키는 자화방법으로 원형 자계를 형성하는 방식은?
① 코일법
② 극간법
③ 전류 관통법
④ 자속 관통법

04. 피로시험의 S - N곡선에서 S와 N의 의미는?
① 응력과 변형
② 응력과 반복횟수
③ 반복횟수와 변형
④ 반복횟수와 시험시간

05. 주요 성분이 Ni - Fe계 합금이 아닌 것은?
① 켈멧(Kelmet)
② 퍼말로이(Permalloy)
③ 니칼로이(Nicalloy)
④ 플래티나이트(Platinite)

06. Fe-C 상태도에서 나타나는 기호와 이에 따른 명칭이 틀린 것은?
① α : 페라이트
② Fe_3C : 위드만스테텐
③ α + Fe_3C : 펄라이트
④ γ + Fe_3C : 레데뷰라이트

07. 금속의 일반적 특성이 아닌 것은?
① 금속적 광택이 없다.
② 연성 및 전성이 좋다.
③ 열과 전기의 양도체이다.
④ 고체상태에서 결정구조를 갖는다.

08. 다음의 합금 중 초경합금이 아닌 것은?
① 위디아(Widia)
② 탕갈로이(Tungaloy)
③ 카볼로이(Carboloy)
④ 플래티나이트(Platinite)

09. 결정입도 측정 시 일정한 길이의 직선을 임의로 긋고 직선과 만나는 결정립의 수를 측정하여 직선 단위 길이당 교차점수로 표시하는 방법은?
① 헤인법
② 면적 측정법
③ 제프리스법
④ ASTM 결정입도 측정법

20. 다음 중 정적 시험 방법에 해당되지 않는 것은?
① 인장시험
② 전단시험
③ 피로시험
④ 비틀림시험

정답 012. ② 013. ③ 014. ② 015. ① 016. ② 017. ① 018. ④ 019. ① 020. ③

021 현미경으로 금속조직을 검사할 때의 작업 순서로 옳은 것은?

① 시편 채취 → 마운팅 → 폴리싱 → 부식 → 관찰
② 시편 채취 → 폴리싱 → 마운팅 → 부식 → 관찰
③ 시편 채취 → 부식 → 마운팅 → 폴리싱 → 관찰
④ 시편 채취 → 마운팅 → 부식 → 폴리싱 → 관찰

022 시험체를 가압 또는 감압하여 일정한 시간이 지난 후 압력변화를 계측하여 누설검사 하는 방법은?

① 기포 누설검사
② 암모니아 누설검사
③ 방치법에 의한 누설검사
④ 전위차에 의한 누설검사

023 와전류탐상검사에서 시험코일을 시험체에 대한 적용 방법에 따라 분류할 때 이에 해당되지 않는 것은?

① 관통형 코일   ② 내삽형 코일
③ 침투형 코일   ④ 표면형 코일

024 방사선 투과시험 시 촬영배치 순서가 옳은 것은?

① 선원 → 투과도계 → 시편 → 필름
② 시편 → 선원 → 투과도계 → 필름
③ 선원 → 필름 → 투과도계 → 시편
④ 선원 → 시편 → 필름 → 투과도계

025 방사선 투과검사에서 시험체 표면에 밀착하여 필름과 함께 촬영한 후에 촬영된 필름의 상질을 평가하는 부속기기는?

① 투과도계   ② 표준시험편
③ 대비시험편   ④ 필름관찰기

026 강 중에 포함되어 쾌삭성을 높이기 위한 첨가 원소는?

① Mn   ② Cu
③ Se   ④ Cr

027 서로 다른 2종의 금속을 조합시켜 열기전력의 발생을 이용한 열전쌍온도계 중 크로멜-알로멜의 최고 사용 온도는 약 몇 도(℃)인가?

① 350   ② 500
③ 800   ④ 1200

028 강의 경화능시험 방법(한쪽 끝 퀜칭 방법)에서 일반적으로 퀜칭단으로부터 취해진 처음 여덟 개의 측정점 거리를 측정하는 방법으로 옳은 것은?

① 5-7-9-11-13-15-17-19인 2mm 간격으로 측정한다.
② 1-2-3-4-5-6-7-8으로 측정하고 이후에는 3mm 간격으로 측정한다.
③ 1.5-3-5-7-9-11-13-15으로 측정하고 이후에는 5mm 간격으로 측정한다.
④ 0-4-8-12-16-20-24-28으로 측정하고 이후에는 10mm 간격으로 측정한다.

정답 021. ① 022. ③ 023. ③ 024. ① 025. ① 026. ③ 027. ④ 028. ③

029. 통상 담금질에 의하여 경화되지 않으며 극저탄소계 마텐자이트를 시효석출에 의하여 강인화시킨 강은?
① 초강인강 ② 스프링용강
③ 베어링용강 ④ 마레이징강

030. 고체금속에서 극히 저온인 경우 100% 규칙성을 나타낼 때, 규칙도(degree of order)는?
① 0 ② 0.5
③ 1 ④ ∞(무한대)

031. 탄소강에서 탄소량의 증가에 따라 증가하는 것은?
① 비중 ② 전기저항
③ 열전도도 ④ 열팽창계수

032. 특수강에서 2차 경화(Secondary hardening)가 현저하게 발생하는 강재는?
① 고속도강
② 스프링강
③ 스테인리스강
④ 알루미늄 합금강

033. 다음 중 탈탄의 방지대책이 아닌 것은?
① 염욕 속에서 가열한다.
② 탈탄 방지제를 도포한다.
③ 고온에서 장시간 가열한다.
④ 분위기 가스 또는 진공에서 가열한다.

034. "임계전단응력 $\tau = \dfrac{F}{A} \cos\phi \cdot \cos\lambda$ "에서 Schmid 인자에 해당되는 것은?
① F ② A
③ F/A ④ $\cos\phi \cdot \cos\lambda$

035. 매크로(Macro) 조직검사는 몇 배 이내의 배율로 확대하여 시험하는가?
① 10배 ② 50배
③ 100배 ④ 200배

036. 강에 특수원소를 첨가할 때의 영향을 설명한 것으로 틀린 것은?
① Mo를 첨가하면 뜨임취성을 방지한다.
② B를 미량 첨가하면 담금질성을 저하시킨다.
③ Al을 첨가하면 결정립 성장을 억제시킨다.
④ Cr을 첨가하면 내산화성 및 내식성을 증가시킨다.

037. 파텐팅(patenting) 처리한 스프링강의 조직은?
① 오스테나이트 ② 마텐자이트
③ 소르바이트 ④ 페라이트

정답 029. ④ 030. ③ 031. ② 032. ① 033. ③ 034. ④ 035. ① 036. ② 037. ③

038 재료의 기계적 성질, 가공 및 재결정과의 관계를 설명한 것으로 옳은 것은?

① 재결정은 전위에 직접적인 영향을 미친다.
② 가공도가 클수록 축적된 변형에너지는 작아진다.
③ 가공도가 클수록 재결정은 고온에서 일어난다.
④ 일반적으로 재료의 강도, 내부응력 등은 재결정단계에서는 감소되지 않는다.

039 스텔라이트(Stellite) 합금을 설명한 것 중 틀린 것은?

① Co-Ir-Zn-Cr계 단조합금으로서 성분은 40~67% Co, 20~27% Ir, 0~20% Zn, 1.5~2.5% Cr, 0.5~1% C로 구성된다.
② 미국의 Haynes stellite사가 절삭공구용으로 개발한 것으로서 경도는 주조한 그대로가 HRC 약 60~64이다.
③ 형다이 등에 사용되는 외에 자동차엔진용 배기 밸브의 용착봉, 일반 밸브류의 Seat 부위에 이용된다.
④ Cr 함량이 많아서 고온부식에 강하고 내열피로성, 부식 등 사용조건이 가혹한 부품에 사용된다.

040 금속재료를 침투탐상 시험할 때 침투제의 황과 염소, 불소이온의 함량을 규제해야 할 금속이 아닌 것은?

① Ni합금
② Ti합금
③ Sn합금
④ 오스테나이트계 스테인리스강

041 철강재의 피로수명(피로한도)에 대한 설명으로 틀린 것은?

① 결정립이 조대한 편이 피로한도가 높다.
② 강재 중의 개재물은 피로한도를 낮게 한다.
③ 인장강도의 증가에 따라 피로한도가 증가한다.
④ 표면이 거칠면 연마한 것보다 피로한도가 낮아진다.

042 연강(저탄소강)의 기계적 성질을 각 온도 범위에서 측정할 경우 청열취성이 나타날 가능성이 높은 온도(℃) 범위는?

① 50~150
② 200~300
③ 350~450
④ 500~600

043 온도 제어 장치에서 온(On)-오프(Off)의 시간 비를 편차에 비례하도록 하여 온도를 제어하는 온도 제어 장치의 명칭은?

① 정치 제어식 온도 제어 장치
② 비례 제어식 온도 제어 장치
③ 프로그램 제어식 온도 제어 장치
④ 버프저항 제어식 온도 제어 장치

044 취성파괴에 관한 설명으로 틀린 것은?

① 온도가 낮을수록 취성파괴가 잘 일어난다.
② 변형속도가 작을수록 취성파괴가 잘 일어난다.
③ 소성변형이 거의 없는 재료에서 취성파괴가 일어난다.
④ 3축 인장응력의 조건이 되는 경우 취성파괴가 일어난다.

정답   038. ①   039. ①   040. ③   041. ①   042. ②   043. ②   044. ②

045 동일한 조건에서 냉각제의 냉각능이 가장 우수한 것은?
① 물 ② 공기
③ 기름 ④ 염수

046 직경 25mm 의 봉재를 A_3+ 30℃까지 가열한 후 수랭을 실시할 때 냉각의 3단계 순서로 옳은 것은?
① 비등단계 - 증기막단계 - 대류단계
② 증기막단계 - 비등단계 - 대류단계
③ 비등단계 - 대류단계 - 증기막단계
④ 대류단계 - 증기막단계 - 비등단계

047 알루미늄 합금 중에서 개량 처리(modified treatment)를 해야만 좋은 기계적 성질을 얻을 수 있는 합금계는?
① Al-C계 ② Al-Si계
③ Al-Cu계 ④ Al-Co-Mn계

048 전자강판에 요구되는 특성을 설명한 것 중 틀린 것은?
① 철손이 적어야 한다.
② 자화에 의한 치수 변화가 적어야 한다.
③ 사용 중에 자기적 성질의 변화가 적어야 한다.
④ 박판을 적층하여 사용할 때 층간저항이 낮아야 한다.

049 열처리 작업 내용에 관한 설명으로 틀린 것은?
① 불균일한 냉각이 이루어지면 경도가 불균일해진다.
② 가늘고 긴 부품은 옆으로 눕혀 담금질하면 휨이 발생한다.
③ Ms점 이하에서 서랭하면 급격한 균열(crack)이 발생한다.
④ 뜨임(tempering)을 하지 않고 연마하면 연마균열이 발생하기 쉽다.

050 ASME(American Society of Mechanical Engineers)에서 정의하고 있는 제품공정 분석표에 사용되는 기호 중 "저장(Storage)"을 표현한 것은?
① ○ ② □
③ ▽ ④ ⇨

051 TPM 활동 체제 구축을 위한 5가지 기둥과 가장 거리가 먼 것은?
① 설비초기관리체제 구축 활동
② 설비효율화의 개별개선 활동
③ 운전과 보전의 스킬업 훈련 활동
④ 설비 경제성 검토를 위한 설비투자분석 활동

052 미리 정해진 일정단위 중에 포함된 부적합수에 의거하여 공정을 관리할 때 사용되는 관리도는?
① c 관리도 ② P 관리도
③ X 관리도 ④ nP 관리도

정답 045. ④ 046. ② 047. ② 048. ④ 049. ③ 050. ③ 051. ④ 052. ①

053. 로트에서 랜덤하게 시료를 추출하여 검사한 후 그 결과에 따라 로트의 합격, 불합격을 판정하는 검사방법을 무엇이라 하는가?
① 자주검사 ② 간접검사
③ 전수검사 ④ 샘플링 검사

054. 도수분포표에서 알 수 있는 정보로 가장 거리가 먼 것은?
① 로트 분포의 모양
② 100단위당 부적합 수
③ 로트의 평균 및 표준편차
④ 규격과의 비교를 통한 부적합품률의 추정

055. 자전거를 셀 방식으로 생산하는 공장에서 자전거 1대당 소요공수가 14.5H이며, 1일 8H, 월 25일 작업을 한다면 작업자 1명당 월 생산 가능 대수는 몇 대인가? (단, 작업자의 생산종합효율은 80%이다.)
① 10 ② 11
③ 13 ④ 14

056. 작업자의 신체 기능과 작업 중 긴장감을 저하시켜 불안전한 행동을 일으키는 것은?
① 피로 ② 경험 부족
③ 의욕의 결여 ④ 지식의 부족

057. 안전모의 종류와 용도가 잘못 연결된 것은?
① A : 물체의 낙하 또는 비래가 있는 장소
② B : 추락에 의한 위험이 있는 장소
③ AB : 물체의 낙하 또는 비래 및 추락의 위험이 있는 장소
④ BE : 물체의 낙하 또는 비래 및 추락에 의한 위험과 감전에 의한 위험이 있는 장소

058. 전기 계전기(릴레이)의 기능 중 코일부와 접점이 전기적으로 절연되어 있기 때문에 각각 다른 성질의 신호를 취급할 수 있는 기능은?
① 변환기능 ② 전달기능
③ 증폭기능 ④ 연산기능

059. 피드백 제어계 중 물체의 위치, 방위, 자세 등의 기계적 변위를 제어량으로 해서 임의의 변화에 추종하도록 구성된 제어계는?
① 서보 기구(Servo Mechanism)
② 프로세스 제어(Process Control)
③ 자동 조정(Automatic Regulation)
④ 프로그램 제어(Program Control)

060. 작동유 중에 수분이 흡입되었을 때의 영향을 설명한 것 중 옳은 것은?
① 캐비테이션이 발생한다.
② 작동유의 윤활성을 돕는다.
③ 작동유의 방청성을 좋게 한다.
④ 작동유의 산화 및 열화를 방지한다.

정답 053. ④ 054. ② 055. ② 056. ① 057. ④ 058. ① 059. ① 060. ①

부록 3. 2016년도 금속재료기능장 시행문제

(2016. 7. 10)

001 자기 탐상 시험에서 선형자계를 형성하는 시험법은?

① 코일법
② 프로드법
③ 축 통전법
④ 직류 관통법

002 용융점이 높은 금속의 순서로 나열된 것은?

① W 〉 Zn 〉 Cu 〉 Al 〉 Fe
② W 〉 Cu 〉 Fe 〉 Al 〉 Zn
③ W 〉 Cu 〉 Fe 〉 Zn 〉 Al
④ W 〉 Fe 〉 Cu 〉 Al 〉 Zn

003 온도 측정 장치 중 가장 높은 온도를 측정할 수 있는 열전쌍의 종류 기호로 옳은 것은?

① R형(PR)   ② J형(IC)
③ T형(CC)   ④ K형(CA)

004 흑심가단 주철에서 제1단계 흑연화 즉, 유리시멘타이트의 분해가 일어나는 유지 온도(℃)는?

① 380 ~ 520   ② 680 ~ 720
③ 850 ~ 950   ④ 1050 ~ 1250

005 그림에서 사선으로 표시된 면의 밀러지수는? (단, a는 격자정수이다.)

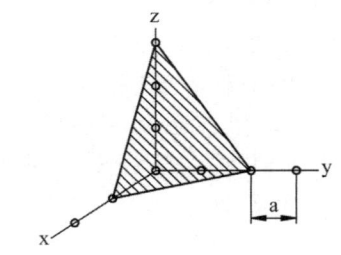

① (123)   ② (236)
③ (321)   ④ (632)

006 칠드주물에서 칠(Chill)의 깊이를 증가시키는 원소는?

① Mn   ② Al
③ C   ④ Si

007 열간가공과 냉간가공을 나눌 때 열간가공의 특징이 아닌 것은?

① 강괴 중의 기공이 압착된다.
② 재결정 온도 이상에서의 가공작업을 말한다.
③ 가공 전의 가열과 가공 중의 고온유지로 편석이 증가한다.
④ 비금속개재물이 가공방향으로 늘어나 섬유상 조직이 된다.

정답 → 001. ①　002. ④　003. ①　004. ③　005. ④　006. ①　007. ③

008 고용점 재료의 특성을 설명한 것 중 틀린 것은?

① 증기압이 낮다.
② 고온강도가 크다.
③ W, Mo는 열전도율과 탄성률이 낮다.
④ Ta, Nb는 습식부식에 대한 내식성이 우수하다.

009 담금질성을 개선시키는 원소로 영향력이 큰 것부터 작은 순서로 옳은 것은?

① Mn 〉 B 〉 Cu 〉 Cr 〉 P
② B 〉 Mo 〉 P 〉 Cr 〉 Cu
③ Cu 〉 Ni 〉 Mo 〉 Si 〉 B
④ Cu 〉 Ni 〉 Si 〉 Cr 〉 P

010 충격시험은 재료의 어떠한 성질을 알기 위한 시험인가?

① 경도
② 인장강도
③ 굽힘강도
④ 인성과 취성

011 분말로 소결된 합금을 압분하는 이유로 틀린 것은?

① 혼합
② 연화
③ 균질화
④ 치밀화

012 시편을 화학적 방법으로 특수한 조직성분만을 뽑아내서 용해시키고 다른 상들은 약하게 부식시키는 것으로 각 성분의 크기, 형상 및 입체적인 배열을 확인할 수 있는 부식 방법은?

① 가열 부식
② 전해 부식
③ Wipe 부식
④ Depp 부식

013 46%Ni – Fe의 합금으로 열팽창계수 및 내식성에 있어서 백금의 대용이 되며 전구 봉입선 등에 사용되는 것은?

① 문쯔메탈(Muntz metal)
② 플래티나이트(Platinite)
③ 모넬메탈(Monel metal)
④ 콘스탄탄(Constantan)

014 다음 [표]를 이용하여 입도번호를 계산한 값은?

각 시야에서의 입도번호(a)	시야의 수(b)
6.5	5
7	3
7.5	2

① 3.9
② 4.9
③ 5.9
④ 6.9

015 다음 중 크리프에 대한 설명으로 틀린 것은?

① 크리프 한도란 어떤 시간 후에 크리프가 정지하는 최대 응력이다.
② 어떤 재료에 크리프가 생기는 요인은 온도, 하중, 시간이다.
③ 크리프 한도란 일정온도에서 어떤 시간 후에 크리프 속도가 1이 되는 응력이다.
④ 철강 및 경합금 등은 약 250℃ 이상의 온도가 되었을 때 크리프 현상이 나타난다.

016 강의 표면 경화법에서 화학적과 물리적 방법으로 나눌 때 물리적 방법에 해당되는 것은?

① 고체침탄법
② 전해경화법
③ 질화처리법
④ 침유처리법

정답 008. ③ 009. ② 010. ④ 011. ② 012. ④ 013. ② 014. ④ 015. ③ 016. ②

017. 지분탐상검사에 사용하는 자분이 갖추어야 할 자기 특성이 아닌 것은?
① 높은 투자율
② 낮은 전류자기
③ 높은 보자력
④ 낮은 자기저항

018. 뜨임 균열의 대책을 설명한 것 중 틀린 것은?
① 가능한 가열을 급격히 한다.
② 응력이 집중되는 부분은 열처리상 알맞게 설계한다.
③ M_s, M_f점이 낮은 고합금강은 2번의 뜨임을 실시한다.
④ 고속도강의 경우 뜨임을 하기 전에 탈탄층을 제거하고 뜨임을 실시한 후 서랭하거나 유랭을 실시한다.

019. Bragg's X – Ray 회절법에서 X-선 입사각이 30°일 때 원자간 거리는? (단, 회절상수(n)=1, 파장(λ)=10^{-8}cm이다.)
① 1×10^{-8}cm
② 4×10^{-8}cm
③ $\sqrt{\frac{1}{2}} \times 10^{-8}$cm
④ $\sqrt{\frac{3}{2}} \times 10^{-8}$cm

020. 오스테나이트 영역에서 M_s와 M_f 사이에서 항온 처리를 행하는 등온 변태 처리 방법으로 오스테나이트 일부는 마텐자이트가 되고, 일부는 베이나이트 조직이 되며 충격값이 큰 조직을 얻는 열처리 방법은?
① 마템퍼링(martempering)
② 마퀜칭(marquenching)
③ 오스포밍(ausforming)
④ 오스템퍼링(austempring)

021. 기름 담금질(oil quenching)에서 열유와 냉유로 구분할 때 열유 담금질의 가장 좋은 기름의 온도(℃) 범위는?
① 5 ~ 15
② 20 ~ 40
③ 60 ~ 80
④ 120 ~ 140

022. 탄소강에서 탄소량의 증가에 따라서 감소되는 것이 아닌 것은?
① 용융점
② 열팽창률
③ 탄성계수
④ 전기저항

023. 단강품의 결함 중 Ni, Cr, Mo 등을 포함한 특수강의 파단면에 발생되는 미세균열로서 파면은 은백색을 띠고 주로 강 중에 수소함량이 높았을 때 생기는 결함은?
① 편석(segregation)
② 백점(white spot)
③ 단조터짐(forging burst)
④ 2차 파이프(secondary pipe)

024. 정적인 하중으로 파괴를 일으키는 응력보다 훨씬 낮은 응력으로 반복하여 하중을 가하면 결국은 재료가 파괴되는 시험법은?
① 커핑시험
② 피로시험
③ 비틀림시험
④ 크리프시험

025. 황동의 기계적 성질 중 인장강도가 최대가 되는 Zn 함유량은 약 몇 %인가?
① 30
② 40
③ 50
④ 60

정답 017. ③ 018. ① 019. ① 020. ① 021. ④ 022. ④ 023. ② 024. ② 025. ②

026. 반도체용 전극 재료의 선택 조건으로 틀린 것은?
① 비저항이 클 것
② Al과 밀착성이 좋을 것
③ SiO_2와 밀착성 우수할 것
④ 산화분위기에서 내식성이 클 것

027. 18-8 스테인리스강을 1100℃에서 30분간 유지한 후 물에서 냉각한 조직명은?
① 페라이트 ② 마텐자이트
③ 시멘타이트 ④ 오스테나이트

028. KS B 0845에 의거한 강 용접부의 방사선 투과시험에서 2종 결함으로 분류되지 않는 것은?
① 언더컷
② 용입 불량
③ 융합 불량
④ 가늘고 긴 슬래그 혼입

029. 금속의 표면에 스텔라이트, 초경합금 등의 특수금속을 융착시켜 표면 경화층을 만드는 방법은?
① 파텐팅 ② 크로마이징
③ 금속침투법 ④ 하드페이싱

030. 순철의 동소변태와 관계가 없는 것은?
① 체적의 변화
② 자성의 변화
③ 격자상수의 변화
④ 결정구조의 변화

031. 다음 강 중에서 탈산도가 가장 좋은 것은?
① 림드강 ② 킬드강
③ 캡트강 ④ 세미킬드강

032. 누설검사법 중 대형 용기나 저장조 검사에 이용되지만 누설위치의 측정에는 적합하지 않은 검사법은?
① 기포누설시험
② 헬륨누설시험
③ 할로겐누설시험
④ 압력변화누설시험

033. 심랭처리 시 시효 변형과 잔류 오스테나이트에 대한 설명 중 틀린 것은?
① 탄소함유량이 많으면 잔류 오스테나이트양이 많아진다.
② 물 담금질한 것은 기름 담금질한 것보다 잔류 오스테나이트양이 많다.
③ 담금질 온도가 높으면 잔류 오스테나이트양이 많아진다.
④ 담금질한 후 바로 심랭처리한 것보다 150℃ 부근에서 뜨임을 행한 후 심랭처리하고 다시 뜨임하면 시효 변형이 적다.

034. 매크로 시험에서 육안 관찰할 수 없는 것은?
① 균열 기공 등의 결함
② 수지상 결정의 분포상태
③ 재료의 압연, 단조 등의 가공상태
④ 페라이트, 펄라이트 등의 금속 내부 조직

정답 026. ① 027. ④ 028. ① 029. ④ 030. ② 031. ② 032. ④ 033. ② 034. ④

035. 염욕 열처리 작업 시 주의해야 할 사항으로 틀린 것은?
① 홀더는 완전한 것을 사용할 것
② 반드시 소정의 보호구를 착용할 것
③ 염 주변에 물을 뿌려가면서 작업할 것
④ 배기용 팬을 사용하기 전 충분히 점검할 것

036. 다음 중 설퍼 프린트 시험에 대한 설명으로 틀린 것은?
① 반응식은 $MnS+H_2SO_4 \rightarrow MnSO_4+H_2S$ 이다.
② 정편석의 기호는 S_I, 주상편석의 기호는 S_D로 표기한다.
③ 황전사라고도 하며, 강재 중 황의 편석 및 그 분포상태를 검출하는 것이다.
④ 철강 중의 황화물과 황산이 반응하여 황화수소를 발생시키고, 이것이 브로마이드 인화지의 브롬화은과 반응하여 황이 착색된다.

037. 다음 TTT 등온 변태도에서 미세펄라이트 변태구간은?

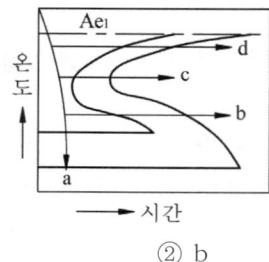

① a   ② b
③ c   ④ d

038. 다음 중 와류탐상시험에 대한 설명으로 옳은 것은?
① 비접촉으로 시험할 수 있다.
② 표면에서 깊은 위치의 내부 흠 검출도 가능하다.
③ 어떤 재료에도 관계없이 모두 적용할 수 있다.
④ 시험결과의 흠 지시로부터 직접 흠의 종류를 판별할 수 있다.

039. 단강품 중심부의 단면을 보면 주조 시에 발생한 미세기공이 완전히 압착되지 않고 남아있는 다공성 기공이 있다. 이러한 결함을 찾아낼 수 있는 최적의 비파괴시험법은?
① 누설탐상시험
② 침투탐상시험
③ 초음파탐상시험
④ 자분탐상시험

040. 굽힘 시험에서 최대 응력을 나타내는 식은? (단, P : 빔의 중점에서 작용하는 집중하중, L : 지지점 간의 거리, Z : 단면계수이다.)
① $\dfrac{PL}{4Z}$ ② $\dfrac{4P}{ZL}$
③ $\dfrac{4Z}{PL}$ ④ $\dfrac{ZL}{4P}$

041. 강의 담금질 시 부품에서 국부적으로 담금질이 되지 않는 연점(soft spot)이 생기는 원인으로 틀린 것은?
① 냉각이 불균일한 경우
② 표면 탈탄부가 발생한 경우
③ 담금질 온도가 불균일한 경우
④ 염욕 및 금속욕에서 가열한 경우

042. 열처리 설비 및 노재에 대한 설명으로 틀린 것은?

① 연속로에는 푸셔로가 있다.
② 내화재는 융점 및 연화점이 높아야 한다.
③ 염기성 내화재의 주성분은 규산(SiO_2)이다.
④ 진공열처리로에 고온용인 흑연발열체가 사용된다.

043. 강의 탄소량 대한 M_s와 M_f의 온도에 관한 설명으로 옳은 것은?

① 탄소량이 많을수록 M_s와 M_f의 온도는 높아진다.
② 탄소량이 많을수록 M_s와 M_f의 온도는 낮아진다.
③ 탄소량이 많을수록 M_s의 온도는 높아지고 M_f의 온도는 낮아진다.
④ 탄소량이 많을수록 M_s의 온도는 낮아지고 M_f의 온도는 높아진다.

044. 인장시험 곡선에서 루더스밴드(Luders band)가 나타나는 곳은?

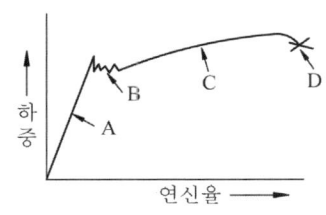

① A
② B
③ C
④ D

045. 확산의 속도가 빠른 순서로 나열된 것은?

① 표면확산 > 입계확산 > 격자확산
② 표면확산 > 격자확산 > 입계확산
③ 격자확산 > 표면확산 > 입계확산
④ 입계확산 > 격자확산 > 표면확산

046. 비커스 경도시험에 대한 설명으로 틀린 것은?

① 비커스 경도는 기호 HRC로 표시한다.
② 다이아몬드 콘의 압입자 대면 각도는 136°이다.
③ 일반적인 시험은 10~35℃ 정도에서 수행한다.
④ 시험 후에 시험편 뒷면에 변형이 있어서는 안 된다.

047. 열처리 표면 결함 중 박리가 발생하는 원인이 아닌 것은?

① 반복 침탄을 하는 경우
② 원재료가 너무 연한 경우
③ 완화 침탄제를 이용하는 경우
④ 과잉침탄이 생겨 C%가 너무 많은 경우

048. 가공용 Al 합금을 크게 고강도 합금계와 내식성 합금계로 나눌 수 있다. 이 중 내식성 합금계에 해당되지 않는 것은?

① Al - Mn계
② Al - Cu - Mg계
③ Al - Mg - Si계
④ Al - Mn - Mg계

정답 042. ③ 043. ② 044. ② 045. ① 046. ① 047. ③ 048. ②

049. 금속이 응고될 때 불순물이 최종적으로 모이는 곳은?
① 결정립계
② 결정의 모서리
③ 금속의 표면
④ 결정립의 중심부

050. 이항분포(binomial distribution)에서 매회 A가 일어나는 확률이 일정한 값 P일 때, n회의 독립시행 중 사상 A가 x회 일어날 확률 $P(x)$를 구하는 식은? (단, N은 로트의 크기, n은 시료의 크기, P는 로트의 모부적합품률이다.)
① $P(\dot{x}) = \dfrac{n!}{x!(n-x)!}$
② $P(x) = e^{-x} \cdot \dfrac{(nP)^x}{x!}$
③ $P(x) = \dfrac{\binom{NP}{x}\binom{N-NP}{n-x}}{\binom{N}{x}}$
④ $P(x) = \binom{n}{x} P^x (1-P)^{n-x}$

051. 표준시간 설정 시 미리 정해진 표를 활용하여 작업자의 동작에 대해 시간을 산정하는 시간연구법에 해당되는 것은?
① PTS법
② 스톱워치법
③ 워크샘플링법
④ 실적자료법

052. 다음은 관리도의 사용 절차를 나타낸 것이다. 관리도의 사용 절차를 순서대로 나열한 것은?

> ㉠ 관리하여야 할 항목의 선정
> ㉡ 관리도의 선정
> ㉢ 관리하려는 제품이나 종류 선정
> ㉣ 시료를 채취하고 측정하여 관리도를 작성

① ㉠ → ㉡ → ㉢ → ㉣
② ㉠ → ㉢ → ㉣ → ㉡
③ ㉢ → ㉠ → ㉡ → ㉣
④ ㉢ → ㉣ → ㉠ → ㉡

053. 다음 표는 어느 자동차 영업소의 월별 판매실적을 나타낸 것이다. 5개월 단순이동평균법으로 6월의 수요를 예측하면 몇 대인가?

월	1월	2월	3월	4월	5월
판매량	100대	110대	120대	130대	140대

① 120대
② 130대
③ 140대
④ 150대

054. 다음 내용은 설비보전조직에 대한 설명이다. 어떤 조직의 형태에 대한 설명인가?

> 보전작업자는 조직상 각 제조부문의 감독자 밑에 둔다.
> • 단점 : 생산우선에 의한 보전작업 경시, 보전기술 향상의 곤란성
> • 장점 : 운전자와 일체감 및 현장감독의 용이성

① 집중보전
② 지역보전
③ 부문보전
④ 절충보전

정답   049. ①   050. ④   051. ①   052. ③   053. ①   054. ③

055 샘플링에 관한 설명으로 틀린 것은?
① 취락 샘플링에서는 취락 간의 차는 작게, 취락 내의 차는 크게 한다.
② 제조공정의 품질특성에 주기적인 변동이 있는 경우 계통 샘플링을 적용하는 것이 좋다.
③ 시간적 또는 공간적으로 일정 간격을 두고 샘플링 하는 방법을 계통 샘플링이라고 한다.
④ 모집단을 몇 개의 층을 나누어 각 층마다 랜덤하게 시료를 추출하는 것을 층별 샘플링이라고 한다.

056 안전관리 활동은 안전관리 조건이 충족될 때, 4개의 각 단계에 따라 진행된다. 안전관리의 4-사이클 중에서 실시(do) 다음에 해야 할 단계는?
① 검토(Check)
② 계획(Plan)
③ 준비(Prepare)
④ 설계(Design)

057 다량의 고열물체를 취급하는 장소나 매우 뜨거운 장소에 필요한 사항이 아닌 것은?
① 체온을 급격히 내릴 수 있는 시설을 마련한다.
② 출입이 금지된 장소에 사업주의 허락 없이 출입해서는 아니 된다.
③ 근로자가 작업 중 땀을 많이 흘리게 되는 장소에 소금과 깨끗한 음료수를 비치한다.
④ 작업 중 근로자의 작업복이 심하게 젖게 되는 작업장에는 탈의시설, 목욕시설, 세탁시설 및 작업복을 말릴 수 있는 시설을 설치한다.

058 근접 센서에 대한 설명으로 틀린 것은?
① 산업 자동화에 적합하다.
② 수명이 길고, 신뢰성이 높다.
③ 접촉 감지 동작으로 기계적 마모가 심하다.
④ 무접점 반도체 소자로 빠른 동작 특징을 갖는다.

059 정보자동화에서 MRP(material requirement planning)란 어떤 의미인가?
① 분산 처리량
② 근거리 통신망
③ 환형 구조 설계
④ 자재 소요량 계획

060 제어 시스템에서 동기 제어계(synchronous control system)를 옳게 설명한 것은?
① 실제의 시간과 관계된 신호에 의하여 제어가 이루어지는 것
② 시간과는 관계없이 입력신호의 변화에 의해서만 제어가 이루어지는 것
③ 제어프로그램에 의해 미리 결정된 순서대로 신호가 출력되어 제어되는 것
④ 요구되는 입력조건이 만족되면 그에 상응하는 신호가 출력되어 제어되는 것

정답 055. ② 056. ① 057. ① 058. ③ 059. ④ 060. ①

부록 3. 2017년도 금속재료기능장 시행문제

(2017. 3. 5)

001 저탄소강을 침탄하여 침탄층의 경도를 측정하고자 할 때 사용하는 가장 적합한 경도계는?
① 쇼어 경도계　② 비커스 경도계
③ 마이어 경도계　④ 브리넬 경도계

002 인장시험에서 나타나는 현상 중 틀린 것은?
① 인장시험 시 연신상태는 시편의 각 부분에 따라 다르다.
② 인장응력은 외측에서 최소가 되고 중심에 대하여 증가한다.
③ 후크의 법칙에 의하여 응력과 변형량의 비는 탄성 한계 내에서는 일정값이 된다.
④ 항복점이 뚜렷하지 않은 재료는 0.2%의 영구 변형이 생기는 응력을 항복강도 또는 내력으로 한다.

003 그림과 같이 면심입장격자(FCC)로 된 A 원자와 B 원자의 규칙격자 원자배열에서 A와 B의 조성을 나타내는 것은?

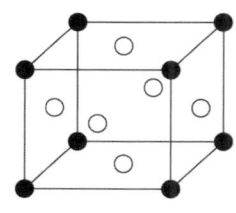

A 원자 ●　　B 원자 ○

① AB　　② AB_3
③ A_3B　　④ A_3B_3

004 금속침투법(cementation) 중 강재 표면에 B를 침투시키는 방법은?
① 보로나이징(boronizing)
② 크로마이징(chromzing)
③ 실리코나이징(siliconizing)
④ 칼로라이징(calorizing)

005 황동가공재를 상온에 방치하거나 사용 중 시간의 경과에 따라 경도 등 여러 성질이 연화되는 현상은?
① 저온풀림경화　② 경년변화
③ 자연균열　　　④ 시효경화

006 강의 오스테나이트 결정입도 시험방법 중 교차점의 수를 세는 방법에 대한 설명으로 옳은 것은?
① 측정선이 결정입계에 접할 때는 2개의 교차점으로 계산한다.
② 측정선의 끝이 정확하게 하나의 결정입계에 닿을 때는 교차점의 수를 1/2개로 계산한다.
③ 교차점이 우연히 3개의 결정립이 만나는 곳에 일치할 때는 3개의 교차점으로 계산한다.
④ 불규칙한 형상을 갖는 결정립의 경우, 측정선이 2개의 다른 지점에서 같은 결정립을 양분할 때는 1개의 교차점으로 계산한다.

정답　001. ②　002. ②　003. ②　004. ①　005. ②　006. ②

007 금속의 응고 시 과랭(super cooling)의 정도가 커지면 결정립은 어떻게 되는가?
① 결정립이 조대해진다.
② 결정립이 미세해진다.
③ 결정립의 크기에 변화가 없다.
④ 결정립이 미세해졌다 다시 조대화된다.

008 와류탐상시험에 대한 설명으로 옳은 것은?
① 시험체에 비접촉으로 탐상이 가능하다.
② 고온 부위의 시험체에는 탐상이 불가능하다.
③ 표면에서 깊은 위치에 내부 결함 검출이 가능하다.
④ 복잡한 형상을 갖는 시험체의 전면 탐상에 적합하다.

009 심랭 처리(sub-zero treatment) 시 발생하는 각종 응력 및 균열의 방지대책으로 가장 적당한 것은?
① 심랭 처리 후 물속에 투입하는 급속 해동법은 피한다.
② 심랭 처리 온도에서 승온할 때는 공기 해동시킨다.
③ 심랭 처리 전 100℃ 정도에서 가벼운 뜨임을 한다.
④ 가급적 대형 부품이나 두께가 두꺼운 부품만을 처리한다.

010 확산에 의한 표면경화법이 아닌 것은?
① 침탄법   ② 질화법
③ 칼로라이징   ④ 고주파 경화법

011 금속 고체 내의 격자 결함에서 면결함이 아닌 것은?
① 공공(vacancy)
② 적층결함(stacking fault)
③ 결정립계(grain boundary)
④ 쌍정립계(twin boundary)

012 처음에 주어진 특정 모양의 것이 인장 등으로 소성 변형된 다음에도 가열에 의하여 원래의 모양으로 돌아가는 현상을 이용한 합금은?
① 수소저장합금   ② 초내열합금
③ 형상기억합금   ④ 고강도합금

013 설퍼프린트 시험에 관한 내용으로 틀린 것은?
① 이 시험은 강 중에 있는 S의 편석이나 분포상태를 알 수 있는 시험이다.
② 인화지를 10~20% 질산 수용액에 30분 이상 담근 인화지를 사용한다.
③ $MnS + H_2SO_4 \rightarrow MnSO_4 + H_2S$와 같은 반응식을 나타낸다.
④ $2AgBr + H_2S \rightarrow Ag_2S + 2HBr$와 같은 반응식을 나타낸다.

정답   007. ②   008. ①   009. ③   010. ④   011. ①   012. ③   013. ②

014 쾌삭강에 대한 설명으로 옳은 것은?

① 황(S) 복합쾌삭강은 S쾌삭강에 Mg를 동시에 첨가하여 쾌삭강을 더욱 향상시킨 초쾌삭광이다.
② 연(Pb) 쾌삭강은 Fe 중에 고용하여 Chip Breaker작용과 윤활제 작용을 하며 열처리에 의한 재질개선은 할 수 없다.
③ 황(S) 쾌삭강은 MnS형태로 분산시켜 Chip Breaker 작용과 피삭성을 향상시킨 강으로 저탄소강보다 약 2배의 절삭속도를 낼 수 있다.
④ 칼슘(Ca) 쾌삭강은 쾌삭강을 갖게 되면 기계적 성질이 저하되며, 칼슘계 개재물이 공구의 절삭면에 용착되어 공구를 빨리 마모시킨다.

015 다이캐스팅용 아연합금의 입간부식을 억제하는 원소는?

① Mg ② Sn
③ Cd ④ Pb

016 열간금형공구강(STD61)을 HRC 50 이상의 경도를 얻기 위해 실시해야 하는 담금질, 뜨임 온도 및 냉각방법으로 옳은 것은?

① 담금질 : 800~850℃ 수랭, 뜨임 : 220~320℃ 유랭
② 담금질 : 850~990℃ 공랭, 뜨임 : 300~450℃ 유랭
③ 담금질 : 1000~1050℃ 공랭, 뜨임 : 550~650℃ 공랭
④ 담금질 : 1100~1200℃ 수랭, 뜨임 : 650~700℃ 공랭

017 충격시험에 대한 설명으로 틀린 것은?(단, E : 충격흡수에너지, Ao : 노치부 단면적, W : 해머의 무게(kg), R : 해머의 회전축 중심에서부터 해머의 중심까지의 거리(m), α : 해머를 올렸을 때의 각도, β : 시험편 파괴 후 해머가 올라간 각도이다.)

① 충격값을 구하는 식은 $\frac{E}{Ao}$ 이다.
② 저온 및 고온 충격시험이 가능하다.
③ 충격시험은 충격인성을 알 수 있는 시험 방법이다.
④ 충격흡수에너지(E)를 구하는 식은 WR$(\cos\alpha - \cos\beta)$ 이다.

018 진공열처리는 진공 중에서 제품을 열처리하는 것이다. 다음 중 1atm 과 다른 것은?

① 760Torr ② 2.1 1b/ft^2
③ 760mmHg ④ 1.01×10^5Pa

019 그라인더를 이용하여 강의 성분 또는 강종을 간단하게 확인하는 시험법은?

① 자석시험 ② 불꽃시험
③ 현미경시험 ④ 분광분석시험

020 분말야금의 특징을 설명한 것 중 틀린 것은?

① 절삭공정을 생략할 수 있다.
② 다공질의 금속재료를 만들 수 있다.
③ 분말야금 제품으로 필터나 함유베어링 등이 있다.
④ 제조과정에서 용융점까지의 온도로 올려야 제조가 가능하다.

정답 014. ③ 015. ① 016. ③ 017. ④ 018. ② 019. ② 020. ④

021 항온 열처리와 관계가 없는 것은?
① IT 곡선
② CCT 곡선
③ TTT 곡선
④ 오스템퍼링

022 구리판, 알루미늄판 및 기타 연성의 판재를 가압 성형 하여 재료의 변형능력 즉, 연성을 알기 위한 시험방법은?
① 항절 시험
② 굽힘 시험
③ 크리프 시험
④ 에릭센 시험

023 주철의 일반적인 특성을 설명한 것 중 옳은 것은?
① 흑연편이 클수록 자기 감응도가 나빠진다.
② 주철의 비중은 C와 Si 등이 많을수록 커진다.
③ 주철은 인장강도가 압축강도의 3~4배 정도 된다.
④ 주철은 S의 함유량이 많을수록 유동성이 좋아진다.

024 초음파 탐상시험을 하려고 할 때 기름 등의 접촉 매질을 사용하는 가장 큰 이유는?
① 시험체의 표면결함을 쉽게 확인하기 위하여
② 초음파를 효과 좋게 시험체에 전달시키기 위하여
③ 탐촉자를 접촉시킬 때 시험체 표면에 흠을 주어 초음파 전달을 원활하게 하기 위하여
④ 시험체와 탐촉자와의 마찰을 크게 하여 탐촉자의 전달을 원활하게 하기 위하여

025 금속의 변태점을 측정하는 방법이 아닌 것은?
① 열 분석법
② 열 팽창법
③ 전기저항법
④ 형광검사법

026 침투탐상검사 표시방법에서 염색침투액과 용제 제거에 의한 방법 및 속건식 현상제를 사용할 때의 기호 표시로 옳은 것은?
① VA-D
② FC-A
③ VC-S
④ FA-W

027 피로시험에 관한 설명으로 옳은 것은?
① 지름이 크면 피로 한도는 커진다.
② 노치가 있는 시험편의 피로 한도는 크다.
③ 표면이 거친 것이 고운 것보다 피로 한도가 커진다.
④ 노치가 없을 때와 있을 때의 피로한도 비를 노치 계수라 한다.

028 열전대용으로 사용되는 Ni-Cr 계 합금의 특징으로 틀린 것은?
① 전기저항이 대단히 적다.
② 내식성이 크고 산화도가 적다.
③ Fe 및 Cu에 대한 열전 효과가 크다.
④ 내열성이 크고 고온에서 경도 및 강도의 저하가 적다.

정답 021. ② 022. ④ 023. ① 024. ② 025. ④ 026. ③ 027. ④ 028. ①

029. 강철봉을 수랭하는 경우 냉각의 3단계가 나타난다. 2단계에 대한 설명으로 옳은 것은?

① 강철봉과 물의 접촉이 없는 구간으로 냉각속도와는 전혀 관계가 없다.
② 가열된 강재의 표면에 증기막이 생겨 열전도율이 작아져서 강의 냉각은 비교적 늦다.
③ 수증기의 발생이 없는 대류단계이며, 강의 온도와 물의 온도 차가 적어지므로 냉각 속도는 늦어진다.
④ 강 표면에서 심한 비등이 일어나고, 강 표면이 직접 물과 접촉하므로 전도와 대류에 의해 열이 방출되어 급속히 냉각된다.

030. 결정입도 측정법에 있어 시험면을 적당한 배율로 확대한 사진 위에 일정 길이의 직선을 임의방향으로 긋고, 이 직선과 결정립이 만나는 점의 수를 측정하여 단위 길이당 교차점의 수를 표시하는 방법은?

① 헤인법　　② 비교법
③ 제퍼리스법　④ 조직량 측정법

031. 비파괴 검사 시 음향방출시험법의 표기로 옳은 것은?

① RT　　② UT
③ MT　　④ AET

032. 마그네슘 및 그 합금에 대한 설명으로 틀린 것은?

① 마그네슘의 융점은 약 650℃ 정도이다.
② 마그네슘의 비중은 약 1.74 정도이다.
③ 엘렉트론은 Mg-Al에 Zn과 Mn을 첨가한 합금이다.
④ 마그네슘합금은 고온에서 잘 산화가 되지 않으며, 탈가스 처리가 필요하지 않다.

033. 체심입방격자와 면심입방격자의 충전율로 옳은 것은?

① 체심입방격자 : 68%, 면심입방격자 : 74%
② 체심입방격자 : 74%, 면심입방격자 : 68%
③ 체심입방격자 : 74%, 면심입방격자 : 74%
④ 체심입방격자 : 85%, 면심입방격자 : 68%

034. 재료에 대한 강성계수(G)를 측정하기에 가장 좋은 시험법은?

① 커핑 시험　② 마모 시험
③ 피로 시험　④ 비틀림 시험

035. 염욕로(salt bath furnace)의 특징을 설명한 것 중 틀린 것은?

① 산화 및 탈탄 등을 방지할 수 있다.
② 열전도도가 낮아 가열속도가 느리다.
③ 소량 다품종 부품의 열처리에 적합하다.
④ 대류가 잘되어 균일한 온도 분포를 유지할 수 있다.

정답　029. ④　030. ①　031. ④　032. ④　033. ①　034. ④　035. ②

036. 질화처리에서 질화 경도의 향상에 가장 효과적인 원소는?
① W
② Mg
③ Ni
④ Al

037. 금속 조직 시험을 하기 전에 시험편의 준비 순서로 옳은 것은?
① 마운팅 → 시험편 채취 → 폴리싱 → 부식 → 관찰
② 마운팅 → 시험편 채취 → 부식 → 관찰 → 폴리싱
③ 시험편 채취 → 폴리싱 → 마운팅 → 관찰 → 부식
④ 시험편 채취 → 마운팅 → 폴리싱 → 부식 → 관찰

038. Al – Si 합금에서 초정 Si를 미세화시키는 처리는?
① 용체화 처리
② 개량 처리
③ 시효경화 처리
④ 분산강화 처리

039. 열처리 노(furnace)의 균일한 온도분포 유지를 위한 설명으로 틀린 것은?
① 전열식은 연소식보다 열원 배치상 제어가 쉽다.
② 가열방식은 직접가열보다 간접가열이 효과적이다.
③ 노 내 가스의 흐름은 정지상태보다 팬(fan) 교반이 유리하다.
④ 승온과 유지 시간을 가능한 짧게 하여 온도분포를 균일하게 한다.

040. 자분탐상 검사법 중 시험체의 구멍에 관통봉(도체)을 통과시키고 전류를 통하여 자화시키는 자화방법으로 원형자계를 형성하는 방법은?
① 코일법
② 극간법
③ 전류 관통법
④ 자속 관통법

041. 구조물을 제작하고자 할 때 부식을 방생시키지 않는 재료 선정에 대한 설명으로 틀린 것은?
① 갈바닉(Galvanic) 계열에서 서로 가까운 재료를 선정한다.
② 대양극 소음극으로 설계(예: Bolt나 Nut)를 하거나, 이것이 불가하면 절연을 실시한다.
③ 집중적인 공식 부식을 억제하기 위하여 페인트를 음극(Noble Metal)에 실시한다.
④ 갈바닉(Galvanic)부식의 가장 위험한 조건은 소양극(小陽極) – 대음극(大陰極)보다 소음극(小陰極) – 대양극(大陽極)이다.

042. 열처리 냉각제의 특성을 옳게 설명한 것은?
① 소금물은 물보다 냉각능력이 크다.
② 물은 강하게 교반하면 냉각이 지연된다.
③ 물은 40℃ 이상으로 하여 냉각하면 더욱 냉각능력이 향상된다.
④ 기름은 물보다 냉각능력이 우수하므로 담금질 시 변형에 주의해야 한다.

정답 036. ④ 037. ④ 038. ② 039. ④ 040. ③ 041. ④ 042. ①

043. 철강 재료의 특성 향상을 위하여 첨가하는 원소에 관한 일반적인 설명으로 옳은 것은?
① Ni를 첨가하면 전기자적 성능을 개선한다.
② Cr을 첨가하면 내식성과 경도가 증가한다.
③ Si를 첨가하면 뜨임취성을 방지한다.
④ Ti를 첨가하면 오스테나이트 결정입자 성장을 촉진한다.

044. 탄소강 중에 탄소량이 증가함에 따라 물리적 성질의 변화에 대한 설명으로 옳은 것은?
① 비중이 증가한다.
② 전기적 저항이 증가한다.
③ 열팽창계수가 증가한다.
④ 연전도도가 증가한다.

045. 열간 압연을 한 강 중 탄소량이 0.6% 이하인 기계 구조용 탄소강을 절삭 가공이 쉽도록 하기 위한 열처리는?
① 뜨임
② 담금질
③ 완전풀림
④ 노멀라이징

046. 방사선의 성질 중 아주 높은 에너지의 X선의 광양자가 원자핵 근처의 강한 전장을 통과할 때, 광양자가 소멸하고 그 대신에 음전자와 양전자가 생성되는 현상은?
① 톰슨 산란
② 광전 효과
③ 콤프턴 산란
④ 전자쌍 생성

047. 담금질 균열의 발생 방지 방법 중 틀린 것은?
① 담금질 직후에 뜨임을 한다.
② 모서리의 예리한 부분은 둥글게 설계한다.
③ 비금속 개재물 및 편석이 적은 재료를 선택한다.
④ 항온변태 곡선의 코(nose)까지 서랭하고 Ms점 이하에서 급랭한다.

048. 고망간강에 대한 설명으로 옳은 것은?
① 기지 조직은 시멘타이트이다.
② 가공경화성과 파괴에 대한 인성은 매우 작다.
③ 기지 조직을 단상으로 만들기 위해 수인 처리를 한다.
④ 열전도성이 우수하고 팽창계수가 작아 열변형을 일으키지 않는다.

049. 초소성을 얻기 위한 조직의 조건 및 원칙으로 옳은 것은?
① 재료에 변태가 없어야 한다.
② 모상 입계는 저경각인 편이 좋다.
③ 모상 입계가 인장 분리하기 쉬워야 한다.
④ 제2상의 강도는 원칙적으로 모상과 같은 정도인 것이 좋다.

050. 검사의 종류 중 검사공정에 의한 분류에 해당되지 않는 것은?
① 수입검사
② 출하검사
③ 출장검사
④ 공정검사

정답 043. ② 044. ② 045. ③ 046. ④ 047. ④ 048. ③ 049. ④ 050. ③

051. 설비보전조직 중 지역보전(area maintenance)의 장·단점에 해당하지 않는 것은?

① 현장 왕복 시간이 증가한다.
② 조업요원과 지역보전요원과의 관계가 밀접해진다.
③ 보전요원이 현장에 있으므로 생산 본위가 되며 생산의욕을 가진다.
④ 같은 사람이 같은 설비를 담당하므로 설비를 잘 알며 충분한 서비스를 할 수 있다.

052. 3σ 법의 $\overline{X}$ 관리도에서 공정이 관리상태에 있는데도 불구하고 관리상태가 아니라고 판정하는 제1종 과오는 약 몇 %인가?

① 0.27
② 0.54
③ 1.0
④ 1.2

053. 워크 샘플링에 관한 설명 중 틀린 것은?

① 워크 샘플링은 일명 스냅리딩(Snap Reading)이라 불린다.
② 워크 샘플링은 스톱워치를 사용하여 관측대상을 순간적으로 관측하는 것이다.
③ 워크 샘플링은 영국의 통계학자 L.H.C Tippet이 가동률 조사를 위해 창안한 것이다.
④ 워크 샘플링은 사람의 상태나 기계의 가동상태 및 작업의 종류 등을 순간적으로 관측하는 것이다.

054. 부적합품률이 20%인 공정에서 생산되는 제품을 매 시간 10개씩 샘플링 검사하여 공정을 관리하려고 한다. 이때 측정되는 시료의 부적합품 수에 대한 기댓값과 분산은 약 얼마인가?

① 기댓값 : 1.6, 분산 : 1.3
② 기댓값 : 1.6, 분산 : 1.6
③ 기댓값 : 2.0, 분산 : 1.3
④ 기댓값 : 2.0, 분산 : 1.6

055. 설비배치 및 개선의 목적을 설명한 내용으로 가장 관계가 먼 것은?

① 재공품의 증가
② 설비투자 최소화
③ 이동거리의 감소
④ 작업자 부하 평준화

056. 사업주가 상시 분진 작업에 관련된 업무에 근로자를 종사하도록 하는 경우 알려야 하는 사항이 아닌 것은?

① 작업장 및 개인위생 관리
② 분진의 입자크기와 연소범위
③ 호흡용 보호구의 사용 방법
④ 분진의 발산 방지와 작업장의 환기 방법

057. 위험 예지훈련에서 활용하는 브레인스토밍(Brain Storming)의 4원칙이 아닌 것은?

① 비판 금지
② 대량 발언
③ 수정발언 금지
④ 자유분방한 발언

정답 051. ① 052. ① 053. ② 054. ④ 055. ① 056. ② 057. ③

058 자동제어계의 요소에 일정 진폭으로 사인파상으로 변화하는 입력을 넣고, 이에 대한 출력의 진폭과 위상의 편차를 조사함으로써 요소의 성질을 알 수 있는 방법은?

① 상태공간법
② 위상평면법
③ 주파수응답법
④ 공정속도분석법

059 시스템의 출력을 입력단에 되돌려 기준입력과 비교하여 그 오차가 감소되도록 동작시키는 방식은?

① 플랜트(Plant)
② 서보 시스템(Servo system)
③ 개루프 제어(Open loop control)
④ 되먹임 제어(Feedback control)

060 전기 회로 중 AND회로에 대한 설명으로 옳은 것은?

① 입력이 여러 개 있을 때, 입력 접점의 신호 어느 하나만 들어오면 출력 측이 동작하게 되는 회로
② 입력이 여러 개 있을 때, 여러 개의 입력 접점 신호가 모두 들어와야만 출력이 나타나는 회로
③ 입력 측에 전압이 가해지면 바로 출력 측에 신호가 나타나지 않고, 일정시간이 지나야 출력 신호가 나타나는 회로
④ 출력과 입력이 서로 반대되는 회로로 입력이 ON 이면 출력은 OFF, 입력이 OFF 이면 출력은 ON이 되는 부정회로

정답 058. ③ 059. ④ 060. ②

2018년도 금속재료기능장 시행문제

(2018. 3. 31)

001 금속의 결정계 중에서 축길이가 서로 같고 (a = b = c), 축각이 모두 90°($\alpha = \beta = \gamma$ = 90°)인 결정계는?

① 입방정계(Cubic system)
② 사방정계(Orthorhombic system)
③ 정방정계(Tetragonal system)
④ 육방정계(Hexagonal system)

002 금속초미립자에 대한 설명으로 틀린 것은?

① 용융점이 금속덩어리보다 낮다.
② 저온에서 열저항이 매우 커서 열에 부도체이다.
③ 활성이 강하여 여러 가지 화학반응을 일으킨다.
④ Fe계 합금 초미립자는 금속덩어리보다 자성이 강하다.

003 황동의 가공재를 상온에서 방치하거나 시간의 경과에 따라 경도 등이 악화되는 현상은?

① 경년변화
② 열간균열
③ 고온탈아연
④ 탈아연부식

004 46% Ni-Fe의 합금으로 열팽창계수 및 내식성에 있어서 백금의 대용이 되며 전구 봉입선 등에 사용되는 것은?

① 문쯔메탈(Muntz metal)
② 플래티나이트(Platinite)
③ 모넬메탈(Monel metal)
④ 콘스탄탄(Constantan)

005 편정(monotectic)을 나타내는 반응식으로 옳은 것은? (단, L 및 L_1은 액상, α 및 β는 고상이다.)

① L + α ⇆ β
② L ⇆ L_1 + α
③ α ⇆ L_1 + β
④ L ⇆ α + β

006 주조용 알루미늄 합금으로 금속나트륨에 의한 개량 처리 효과가 가장 우수한 합금은?

① Al-Si
② Al-Co
③ Al-Sn
④ Al-Mg

정답 001. ① 002. ② 003. ① 004. ② 005. ② 006. ①

007. Al 및 Al합금의 특징을 설명한 것 중 옳은 것은?
① 하이드로날륨은 Al-Zn계 합금이다.
② 표면에 발생한 산화피막에 의해 내식성이 향상된다.
③ Si, Fe, Cu, Ti, Mn 등을 첨가하면 도전율이 좋아진다.
④ Cu, Mg, Si, Zn, Ni 등의 원소를 넣어 합금한 고강도 Al은 순Al보다 기계적 성질이 떨어진다.

008. 자동차의 경량화 재료 활용을 위해 HSLA강의 결점 보강을 위한 재료는?
① 두랄루민
② 베릴륨합금
③ 파인세라믹스
④ DP강(복합조직강)

009. 오스테나이트계 스테인리스강의 공식(pitting)을 방지하기 위한 대책으로 옳은 것은?
① 할로겐 이온의 농도를 높게 한다.
② 질산염, 크롬산염의 부동태화제는 피한다.
③ 재료 중에 Ni, Cr, Mo 성분을 많게 한다.
④ 액을 유동시켜 균일한 알칼리성 용액으로 하고 산소 농담전지를 형성시킨다.

010. 주철을 흑연의 형상에 따라 분류할 때 편상흑연을 갖는 주철은?
① 회주철   ② 백주철
③ 가단주철 ④ 구상흑연주철

011. 철강 중에 첨가되어 탄화물을 형성하기 가장 어려운 것은?
① Ni   ② W
③ Ti   ④ Mo

012. 고Mn강에 대한 설명으로 틀린 것은?
① 열처리로 수인처리를 한다.
② 오스테나이트 조직을 갖는다.
③ 가공경화성이 거의 없다.
④ 열전도성이 나쁘고, 팽창계수가 크다.

013. 구리 및 구리합금에 대한 설명으로 틀린 것은?
① 비자성체이며, 전기전도율은 Ag 다음으로 높다.
② 구리의 비중은 약 6.5 정도이며, 용융점은 약 670℃ 정도이다.
③ 구리에 아연이 고용한 α 상의 결정구조는 면심입방격자이다.
④ 연수(軟水)에서 CO_2, 산소의 용해량이 많아지면 부식률이 높아진다.

014. 결정입도 측정법에 있어 시험면을 적당한 배율로 확대한 사진 위에 일정 길이의 직선을 임의의 방향으로 긋고 이 직선과 결정립이 만나는 점의 수를 측정하여 단위길이당 교차점의 수를 표시하는 방법은?
① 헤인법
② 제퍼리스법
③ 조직량 측정법
④ ASTM 결정립도 측정법

정답 007. ② 008. ④ 009. ③ 010. ① 011. ① 012. ③ 013. ② 014. ①

015. 알루미늄 및 알루미늄 합금의 현미경 조직 검사용 부식액으로 옳은 것은?

① 질산 알코올 용액
② 피크린산 알코올 용액
③ 염화제2철 용액
④ 수산화나트튬 용액

016. 설퍼 프린트(sulfur print)법은 어느 원소의 분포상태를 알기 위한 시험인가?

① P
② S
③ Cu
④ Mo

017. 한국산업표준(KS B 0508)에서 [보기]의 표기에 대한 설명으로 틀린 것은?

[보기]
600HBW 1/30/20

① 1은 1mm 지름의 누르개를 의미한다.
② 600은 브리넬 경도값을 의미한다.
③ W는 초경 합금구를 의미한다.
④ 30은 30초 동안 시험하중을 가한 경우를 의미한다.

018. 굽힘시험은 재로의 어느 성질을 알기 위하여 하는가?

① 소성가공의 적정성 여부
② 충격강도의 여부
③ 압축강도의 여부
④ 인장강도의 여부

019. 철강재의 피로수명(피로한도)에 대한 설명으로 틀린 것은?

① 결정립이 조대한 편이 피로한도가 높다.
② 강재 중의 개재물은 피로한도를 낮게 한다.
③ 인장강도의 증가에 따라 피로한도가 증가한다.
④ 표면이 거칠면 연마한 것보다 피로한도가 낮아진다.

020. 누설검사법 중 가열양극 할로겐법의 장점이 아닌 것은?

① 사용이 간편하고 휴대용이다.
② 대기압하에서 작업할 수 있다.
③ 기름에 막혀 있는 누설을 검출할 수 있다.
④ 모든 추적 가스에 응답이 가능하다.

021. 수세성 형광침투탐상 처리 단계로 옳은 것은?

① 전처리 → 건조처리 → 현상처리 → 침투처리 → 세척처리 → 관찰 → 후처리
② 전처리 → 건조처리 → 세척처리 → 침투처리 → 현상처리 → 관찰 → 후처리
③ 전처리 → 침투처리 → 세척처리 → 건조처리 → 현상처리 → 관찰 → 후처리
④ 전처리 → 현상처리 → 세척처리 → 침투처리 → 건조처리 → 관찰 → 후처리

정답 015. ④ 016. ② 017. ④ 018. ① 019. ① 020. ④ 021. ③

022. 초음파 비파괴검사로 폭이 좁은 시험체 또는 시험체 표면의 주변부에 탐촉자가 닿게 되었을 때 건전부 에코와 다른 에코가 나타났다. 이러한 에코를 무엇이라 하는가?
① 지연 에코 ② 임상 에코
③ 저면 에코 ④ 고스트 에코

023. KS D 0213에 규정된 자분탐상시험에서 그림과 같은 자화방법을 무엇이라 하는가?

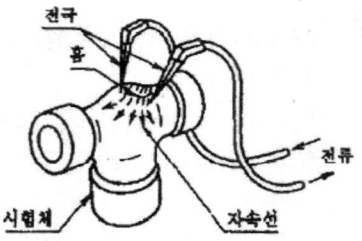

① 극간법 ② 축통전법
③ 전류관통법 ④ 프로드법

024. 강의 경화능시험 방법(한쪽 끝 퀜칭 방법)에서 일반적으로 퀜칭단으로부터 취해진 처음 여덟 개의 측정점 거리를 측정하는 방법으로 옳은 것은?
① 5-7-9-11-13-15-17-19인 2mm 간격으로 측정한다.
② 1-2-3-4-5-6-7-8로 측정하고 이후에는 3mm 간격으로 측정한다.
③ 1.5-3-5-7-9-11-13-15로 측정하고 이후에는 5mm 간격으로 측정한다.
④ 0-4-8-12-16-20-24-28로 측정하고 이후에는 10mm 간격으로 측정한다.

025. 현미경으로 금속조직을 검사할 때의 작업 순서로 옳은 것은?
① 시편 채취 → 마운팅 → 폴리싱 → 부식 → 관찰
② 시편 채취 → 폴리싱 → 마운팅 → 부식 → 관찰
③ 시편 채취 → 부식 → 마운팅 → 폴리싱 → 관찰
④ 시편 채취 → 마운팅 → 부식 → 폴리싱 → 관찰

026. 비틀림 시험에 대한 설명으로 옳은 것은?
① 비틀림 시험의 주목적은 재료에 대한 강성계수와 비틀림 강도 측정에 있다.
② 비교적 가는 선재의 비틀림 시험에서는 응력을 측정하여 시험 결과를 얻는다.
③ 비틀림 시험편은 양단을 고정하기 쉽게 시험부보다 얇게 만든다.
④ 비틀림 각도 측정법은 펜듀럼식, 탄성식, 레버식이 있다.

027. 재료의 기계적 성질, 가공 및 재결정과의 관계를 설명한 것 중 옳은 것은?
① 재결정은 전위에 직접적인 영향을 미친다.
② 가공도가 클수록 축적된 변형에너지는 작아진다.
③ 가공도가 클수록 재결정은 고온에서 일어난다.
④ 일반적으로 재료의 강도, 내부응력 등은 재결정단계에서는 감소되지 않는다.

정답 022. ① 023. ④ 024. ③ 025. ① 026. ① 027. ①

028. 다음 중 피로시험 결과에 영향을 주는 요인이 아닌 것은?
① 시편 형상
② 가공 방법
③ 표면 색깔
④ 열처리 상태

029. 방사선 투과사진의 질을 점검하고 촬영한 사진이 요구하는 기준을 만족하는지를 판단하는 기준이 되는 투과도계의 설치위치로 가장 알맞은 장소는?
① 필름과 증감지 사이
② 서베이미터의 표면에 부착
③ 시험체의 표면에 부착
④ 검사원과 방사선원 사이

030. 와전류탐상검사의 특징을 설명한 것 중 틀린 것은?
① 도체에만 적용이 가능하다.
② 시험체에 비접촉으로 탐상이 가능하다.
③ 시험체의 표층부에 있는 결함 검출을 대상으로 한다.
④ 고온 부위의 시험체에는 탐상이 불가능하고 후처리가 필요하다.

031. 매크로(Macro) 조직검사는 몇 배 이내의 배율로 확대하여 시험하는가?
① 10배
② 100배
③ 200배
④ 500배

032. 강의 열처리에 있어 뜨임 취성을 방지하기 위한 대책으로 틀린 것은?
① 고온에서의 뜨임 후 급랭한다.
② 오스테나이트 결정립을 조대화한다.
③ P, Sb, N 등을 가능한 한 감소시킨다.
④ 담금질 시 가능한 완전한 마텐자이트로 한다.

033. 화염 담금질법의 특징을 설명한 것 중 틀린 것은?
① 물리적 표면 경화법에 해당된다.
② 국부 담금질이 불가능하다.
③ 담금질 변형이 비교적 적다.
④ 가열온도 조절이 어렵다.

034. 분위기 가스 열처리의 변성로(RX 가스발생장치)에서 발생하는 가스를 관리하는 측정기로 틀린 것은?
① Dew Cup식
② Alnor 측정기
③ Flow meter 측정기
④ CO_2 분석기

035. 그림과 같은 항온 열처리 방법은?

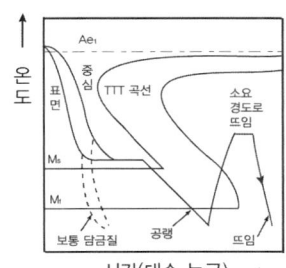

① 마퀜칭
② 마템퍼링
③ 오스포밍
④ 오스템퍼링

036. 합금강 열처리 시 뜨임취성을 방지하기 위해 첨가되는 원소로 가장 효과적인 것은?
① V
② Ni
③ Mo
④ Cr

037. 보통 500~950℃에서 사용되며, 강재의 담금질이나 고속도강의 마퀜칭, 예열 및 뜨임용에 사용되는 염욕은?
① 저온용 염욕
② 중온용 염욕
③ 고온용 염욕
④ 표면 경화처리용 염욕

038. 침탄 담금질 시 경도 부족 현상이 발생하는 경우가 아닌 것은?
① 탈탄이 되었을 때
② 침탄량이 부족할 때
③ 담금질 온도가 너무 낮을 때
④ 담금질 냉각속도가 빠를 때

039. 침탄법과 질화법의 비교 설명으로 틀린 것은?
① 침탄층의 경고는 질화층보다 낮다.
② 경화에 의한 변형은 질화법이 적다.
③ 침탄 및 질화 처리 후에는 열처리가 모두 필요하지 않다.
④ 침탄법은 침탄 후 수정이 가능하나 질화법은 불가능하다.

040. 담금질처리의 전처리 작업에 대한 설명으로 틀린 것은?
① 제품표면에 부착된 불순물 및 녹을 제거한다.
② 제품의 불필요한 구멍은 찰흙 등으로 메운다.
③ 변형방지에 필요한 지그를 제작하여 사용한다.
④ 고탄소강을 수랭 시 취성이 나타나므로 표면을 탈탄시킨다.

041. 확산을 이용한 열처리 방법이 아닌 것은?
① 침탄법
② 연질화법
③ 세라다이징
④ 서브제로 처리법

042. 탄소 공구강 강재(STC 105)를 열처리하여 HRC 61 이상의 경도를 얻고자 할 때의 퀜칭, 템퍼링 온도 및 냉각방법으로 옳은 것은?
① 퀜칭 : 650~670℃ 수랭,
   템퍼링 : 300~320℃ 수랭
② 퀜칭 : 770~790℃ 수랭,
   템퍼링 : 170~190℃ 수랭
③ 퀜칭 : 850~870℃ 수랭,
   템퍼링 : 450~470℃ 수랭
④ 퀜칭 : 1050~1070℃ 수랭,
   템퍼링 : 600~620℃ 수랭

043. 물질 1kg을 온도 1K(켈빈) 높이는 데 필요한 열량을 kJ/kg·K으로 표시하는 것은?
① 비열
② 비점
③ 잠열
④ 응고열

정답 036. ③ 037. ② 038. ④ 039. ③ 040. ④ 041. ④ 042. ② 043. ①

044 피아노선재의 파텐팅 처리는 A_3 또는 A_{cm} 점 직상의 온도로 가열하여 500℃ 전후로 등온 변태시키는 열처리방법으로 이때 나타나는 조직의 명칭은?

① 마텐자이트 ② 시멘타이트
③ 소르바이트 ④ 레데부라이트

045 강재를 열처리하여 경화시킬 때 균열과 변형을 일으키지 않는 가장 적합한 작업법은?

① Ar' 구역과 Ar" 구역에서는 급랭한다.
② Ar' 구역과 Ar" 구역에서는 서랭한다.
③ Ar' 구역에서 급랭하고, Ar" 구역은 서랭한다.
④ Ar' 구역에서 서랭하고, Ar" 구역은 급랭한다.

046 Fe-C 평형상태도에서 자기변태점과 동소변태점에 해당하는 명칭과 그에 따른 온도로 옳은 것은?

① 자기변태점 : A_1 = 723℃,
   동소변태점 : A_2 = 768℃, A_3 = 910℃
② 자기변태점 : A_2 = 768℃,
   동소변태점 : A_3 = 910℃, A_4 = 1400℃
③ 자기변태점 : A_3 = 910℃,
   동소변태점 : A_4 = 1400℃, A_0 = 210℃
④ 자기변태점 : A_4 = 1400℃,
   동소변태점 : A_0 = 210℃, A_1 = 723℃

047 고탄소 고크롬강을 심랭처리 했을 때 균열이 발생하는 원인이 아닌 것은?

① 담금질 온도가 높은 경우
② 표면에 탈탄층이 있는 경우
③ 탄화물이 미세한 경우
④ 잔류오스테나이트가 많은 경우

048 냉각제의 냉각능이 가장 큰 경우는?

① 강재에 물을 분사시킬 때
② 정지된 기름 속에서 강재를 흔들 때
③ 정지상태의 물속에서 강재를 흔들 때
④ 정지상태의 소금물에 강재가 정지상태로 있을 때

049 일반적으로 강을 담금질하였을 경우, 잔류 오스테나이트가 많아지는 이유가 아닌 것은?

① 탄소량이 적은 경우보다 많은 경우
② 담금질 온도가 저온보다 고온인 경우
③ 담금질 냉각이 수랭보다 유랭한 경우
④ M_s~M_f 구간에서의 냉각을 서랭보다 급랭한 경우

050 국제 표준화의 의의를 지적한 설명 중 직접적인 효과로 보기 어려운 것은?

① 국제간 규격통일로 상호 이익도모
② KS 표시품 수출 시 상대국에서 품질인증
③ 개발도상국에 대한 기술개발의 촉진을 유도
④ 국가 간의 규격상이로 인한 무역장벽의 제거

051 직물, 금속, 유리 등의 일정 단위 중 나타나는 흠의 수, 핀홀 수 등 부적합수에 관한 관리도를 작성하려면 가장 적합한 관리도는?

① c 관리도 ② np 관리도
③ p 관리도 ④ $\overline{X} - R$ 관리도

정답 044. ③ 045. ③ 046. ② 047. ③ 048. ① 049. ④ 050. ② 051. ①

052. 어떤 회사의 매출액이 8,000원, 고정비가 15,000원, 변동비가 40,000원일 때 손익분기점 매출액은 얼마인가?
① 25000원
② 30000원
③ 40000원
④ 55000원

053. 전수검사와 샘플링 검사에 관한 설명으로 맞는 것은?
① 파괴검사의 경우에는 전수검사를 적용한다.
② 검사항목이 많을 경우 전수검사보다 샘플링검사가 유리하다.
③ 샘플링 검사는 부적합품이 섞여 들어가서는 안되는 경우에 적용한다.
④ 생산자에게 품질향상의 자극을 주고 싶을 경우 전수검사가 샘플링 검사보다 더 효과적이다.

054. Ralph M. Barnes 교수가 제시한 동작경제의 원칙 중 작업장 배치에 관한 원칙(Arrangement of the workplace)에 해당되지 않는 것은?
① 가급적이면 낙하식 운반방법을 이용한다.
② 모든 공구나 재료는 지정된 위치에 있도록 한다.
③ 적절한 조명을 하여 작업자가 잘 보면서 작업할 수 있도록 한다.
④ 가급적 용이하고 자연스러운 리듬을 타고 일할 수 있도록 작업을 구성하여야 한다.

055. 다음 데이터의 제곱합(sum of squares)은 약 얼마인가?

[데이터]
18.8 19.1 18.8 18.2 18.4
18.3 19.0 18.6 19.2

① 0.129
② 0.338
③ 0.359
④ 1.029

056. 산업안전보건기준에 관한 규칙 중 허가대상유해물질을 제거하거나 사용하는 작업장에서는 보기 쉬운 장소에 해당내용을 게시하도록 하고 있다. 게시되는 내용이 아닌 것은?
① 인가대상 유해물질의 성분
② 인체에 미치는 영향
③ 취급상의 주의사항
④ 응급처치와 긴급 방재 요령

057. 사업장의 무재해 운동의 기대효과가 아닌 것은?
① 원가 상승
② 기업의 번영
③ 생산성 향상
④ 노사화합 형성

058. 자동화를 하여 얻어지는 효과가 아닌 것은?
① 생산성이 향상된다.
② 원자재 비용이 감소된다.
③ 노무비가 감소된다.
④ 노동인력이 많아진다.

정답 052. ② 053. ② 054. ④ 055. ④ 056. ① 057. ① 058. ④

059 공정의 변화에 의해 영향을 받는 기본적인 3가지 형태에 해당되지 않는 것은?

① 제한의 변화
② 원자재의 변화
③ 모델계수의 변화
④ 모델의 구조적인 변화

060 프로세스 모델(Process model)을 작성하는 방법 중 실적 데이터를 분류해서 활용하는 패턴(Pattern)법에 대한 설명으로 틀린 것은?

① Modeling이 쉽다.
② 실용화가 빠르다.
③ 식이 단순하고 계산이 쉽다.
④ Data file이 작아진다.

정답 059. ② 060. ④

부록 3. 금속재료기능장 CBT 시험 문제

001 0.8%C 강을 오스테나이트 구역으로 가열한 후 항온 열처리할 때 변태속도가 가장 빠른 부분의 온도는?

① 650℃ 부근 ② 550℃ 부근
③ 450℃ 부근 ④ 300℃ 부근

002 비커즈 경도 시험에 대한 설명으로 옳은 것은?

① 비커즈 경도가 250인 경우 HRC250으로 표기한다.
② 꼭지각이 120°의 다이아몬드 압입자를 사용한다.
③ 다이아몬드 피라미드의 중심축과 누르개 부착축 사이의 각도는 0.3°보다 작아야 한다.
④ 기준편의 시험면과 기준편을 받치는 면의 평면도 편차가 최대 0.055mm 를 넘어서는 안 된다.

003 페라이트계 스테인리스강에서 가공에 의한 경화를 제거하고 인성을 부여하기 위한 열처리는?

① 풀림 ② 불림
③ 뜨임 ④ 담금질

004 칠드주물에서 칠(Chill)의 깊이를 증가시키는 원소는?

① Mn ② Al
③ C   ④ Si

005 강재를 열처리하여 경화시킬 때 균열과 변형을 일으키지 않는 가장 적합한 작업법은?

① Ar' 구역을 서랭하고, Ar" 구역을 급랭한다.
② Ar' 구역과 Ar" 구역을 급랭한 다음 뜨임처리한다.
③ Ar' 구역을 급랭하고, Ar" 구역은 서랭한다.
④ Ar' 구역 항온변태 시킨 후 Ar"구역을 급랭한다.

006 매크로(Macro) 조직검사는 몇 배 이내의 배율로 확대하여 시험하는가?

① 10배   ② 50배
③ 100배 ④ 200배

007 기계구조용 합금강재인 SCM440 재료를 퀜칭 처리하기 위하여 가열할 때 가장 적합한 온도 범위(℃)는?

① 750~800   ② 830~880
③ 1000~1050 ④ 1150~1200

정답 001. ② 002. ③ 003. ① 004. ① 005. ③ 006. ① 007. ②

008 다음 연속냉각곡선 중 트루스타이트(Troostite) 조직이 얻어질 수 있는 것은?

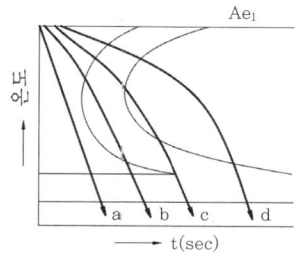

① a ② b
③ c ④ d

009 재료의 기계적 성질 및 가공과 재결정과의 관계를 설명한 것 중 옳은 것은?

① 재결정은 전위어 직접적인 영향을 미친다.
② 가공도가 클수록 축척된 변형에너지는 작아진다.
③ 가공도가 클수록 재결정은 고온에서 일어난다.
④ 일반적으로 재료의 강도, 내부응력 등은 재결정단계에서는 감소되지 않는다.

010 조밀육방격자 금속의 단위격자소속원자수와 배위수는 각각 얼마인가?

① 단위격자소속원자수 : 2, 배위수 : 8
② 단위격자소속원자수 : 2, 배위수 : 12
③ 단위격자소속원자수 : 4, 배위수 : 8
④ 단위격자소속원자수 : 4, 배위수 : 12

011 U형 노치의 충격시험편에 해머의 무게 30kgf, 팔의 길이가 80cm인 샤르피 충격시험기를 가지고 충격시험한 결과 α의 각도가 88도, β의 각도가 77도 였을 때의 충격에너지는 약 몇 kg·m인가? (단, α는 해머를 올렸을 때의 각도, β는 시험편 파괴 시 해머가 올라간 각도이다.)

① 1.28 ② 2.56
③ 3.28 ④ 4.56

012 매크로 조직검사에서 중심부 다공질(Lc)의 조직 설명으로 옳은 것은?

① 강재 단면의 중심부에 부식이 단시간에 진행하여 해면상으로 나타난 것
② 강괴의 응고 과정에서 성분의 편차에 따라서 중심부에 농도차가 나타난 것
③ 부식에 의하여 강재 단면의 중심 부분에 육안으로 볼 수 있는 크기의 점 모양의 구멍이 생긴 것
④ 부적당한 단조 작업 또는 압연 작업으로 인하여 중심부에 파열이 생긴 것

013 결정입도 측정법에 있어 시험면을 적당한 배율로 확대한 사진 위에 일정길이의 직선을 임의방향으로 긋고 이 직선과 결정립이 만나는 점의 수를 측정하여 단위 길이당 교차점의 수를 표시하는 방법은?

① 비교법 ② 제퍼리스법
③ 헤인법 ④ 조직량 측정법

정답 008. ③ 009. ① 010. ② 011. ④ 012. ① 013. ③

014. 강철봉을 수냉하는 경우 냉각의 3단계가 나타난다. 이때 2단계에 대한 설명으로 옳은 것은?

① 강철봉과 물의 접촉이 없는 구간으로 냉각속도와는 전혀 관계가 없다.
② 가열된 강재의 표면에 증기막이 생겨 열전도율이 작아져서 강의 냉각은 비교적 늦다.
③ 수증기의 발생이 없는 대류단계이며, 강의 온도와 물의 온도 차가 적어지므로 냉각속도는 늦어진다.
④ 강 표면에서 심한 비등이 일어나고, 강 표면이 직접 물과 접촉하므로 전도와 대류에 의해 열이 방출되어 급속히 냉각된다.

015. 다음 재료 중 자화될 수 없는 것은?

① Fe
② Au
③ Co
④ Ni

016. 충격시험에서 노치(notch) 반지름의 영향을 설명한 것으로 옳은 것은?

① 노치 반지름의 영향과 관계가 없다.
② 노치 반지름이 클수록 빨리 절단된다.
③ 노치 반지름이 클수록 응력이 집중된다.
④ 노치 반지름이 작을수록 흡수 에너지가 적게 된다.

017. 금속의 일반적 특성이 아닌 것은?

① 금속적 광택이 없다.
② 연성 및 전성이 좋다.
③ 열과 전기의 양도체이다.
④ 고체상태에서 결정구조를 갖는다.

018. 다음의 합금 중 초경합금이 아닌 것은?

① 위디아(Widia)
② 탕갈로이(Tangaloy)
③ 카볼로이(Carboloy)
④ 플래티나이트(Platinite)

019. Bragg's X - Ray 회절법에서 X - 선 입사각이 30°일 때 원자간 거리는? (단, 회절상수(n)=1, 파장(λ)=10^{-8}cm이다.)

① 1×10^{-8}cm
② 4×10^{-8}cm
③ $\sqrt{\dfrac{1}{2}} \times 10^{-8}$cm
④ $\sqrt{\dfrac{3}{2}} \times 10^{-8}$cm

020. 오스테나이트 영역에서 M_s와 M_f 사이에서 항온 처리를 행하는 등온 변태 처리 방법으로 오스테나이트 일부는 마텐자이트가 되고, 일부는 베이나이트 조직이 되며 충격값이 큰 조직을 얻는 열처리 방법은?

① 마템퍼링(martempering)
② 마퀜칭(marquenching)
③ 오스포밍(ausforming)
④ 오스템퍼링(austempring)

021. 항온 열처리와 관계가 없는 것은?

① IT 곡선
② CCT 곡선
③ TTT 곡선
④ 오스템퍼링

022. 구리판, 알루미늄판 및 기타 연성의 판재를 가압 성형 하여 재료의 변형능력 즉, 연성을 알기 위한 시험방법은?

① 항절시험
② 굽힘시험
③ 크리프시험
④ 에릭센시험

023 동 및 동합금에 대한 설명으로 틀린 것은?
① 구리와 아연의 평형상태도에서는 6개의 상이 나타난다.
② 구리의 밀도는 약 7.8정도이며, 용융점은 약 670℃ 정도이다.
③ 구리에 아연이 고용한 α상의 결정구조는 면심입방격자이다.
④ 연수(軟水)에서 CO_2, 산소의 용해량이 많아지면 부식률이 높아진다.

024 다음 중 정적 시험 방법에 해당되지 않는 것은?
① 인장시험   ② 전단시험
③ 비틀림시험 ④ 피로시험

025 사고예방대책 제5단계의 "시정책의 적용"에서 3E와 관계가 없는 것은?
① 재정(Economics)
② 기술(Engineering)
③ 교육(Education)
④ 독려(Enforcement)

026 어닐링(annealing) 열처리에서 황(s) 함량이 높은 쾌삭강이나 압연조직의 입계에 나타나는 황화물의 편석을 미세하게 분포시키기 위한 열처리는?
① 확산 어닐링   ② 연화 어닐링
③ 응력제거 어닐링 ④ 재결정 어닐링

027 열처리시 발생하는 변형에 대한 설명이 틀린 것은?
① 변형을 적게 하기 위하여 마템퍼링을 실시한다.
② 변형을 적게 하기 위하여 오스템퍼링을 실시한다.
③ 물담금질 → 기름담금질 → 공기담금질의 순서로 변형이 적어진다.
④ 균일한 냉각을 하기 위해서는 축이 긴 물건은 수평으로 매달아 담금질하면 변형이 적다.

028 시퀀스 제어계에서 제어시키고자 하는 장치 혹은 기기를 무엇이라 하는가?
① 제어대상   ② 제어명령
③ 조작부   ④ 검출부

029 문쯔 메탈(Muntz metal)에 Sn을 소량 첨가한 합금으로 판·봉으로 가공되어 복수기판, 용접봉 등으로 사용하는 합금은?
① 라우탈(Lautal)
② 레드 브라스(Red brass)
③ 네이벌 브라스(Naval brass)
④ 에드미럴티 포금(Admiralty gun metal)

정답 023. ② 024. ④ 025. ① 026. ① 027. ④ 028. ① 029. ③

030. Al 및 Al 합금의 특징을 설명한 것 중 옳은 것은?

① 하이드로날륨은 Al 에 Si을 첨가한 합금이다.
② 표면에 발생한 산화피막에 의해 내식성이 향상된다.
③ Si, Fe, Cu, Ti, Mn 등을 첨가하면 도전율이 상승한다.
④ Cu, Mg, Si, Zn, Ni 등의 원소를 넣어 합금한 고강도 Al은 순 Al보다 기계적 성질이 떨어진다.

031. 열처리 결함 중에는 담금질시 발생하는 균열과 변형이 가장 많다. 이때 담금질 균열 및 변형방지 방법으로 틀린 것은?

① 축물에는 면취를 한다.
② $M_s \sim M_f$ 범위에서는 가능한 한 서냉한다.
③ 구멍을 뚫어 부품의 각부가 균일하게 냉각 되도록 한다.
④ 냉각시 온도를 불균일하게 하고 될수록 변태가 동시에 일어나지 않게 한다.

032. 구리판, 알루미늄판 및 기타 연성의 판재를 가압 성형하여 재료의 변형능력 즉, 연성을 알기 위한 시험방법은?

① 항절시험   ② 굽힘시험
③ 크리프시험 ④ 에릭센시험

033. 탄소공구강의 기호로 옳은 것은?

① STS   ② SKH
③ STC   ④ STD

034. 상의 계면(interface)에 대한 설명 중 옳은 것은?

① 계면에너지가 작은 면의 성장속도는 빠르다.
② 원자간 결합에너지가 클수록 계면에너지는 작다.
③ 정합 계면을 가진 석출물은 성장하면서 정합성을 상실할 수 있다.
④ 두 상의 결정구조, 조성 또는 방위가 다른 경우도 계면에서 두 상 사이에 변형을 일으키지 않는 원자 대응이 이루어지더라도 정합계면을 이루지 않는다.

035. 다음 중 와전류탐상시험에 대한 설명으로 옳은 것은?

① 비접촉으로 시험할 수 있다.
② 어떤 재료에도 관계없이 모두 적용할 수 있다.
③ 표면에서 깊은 위치의 흠 검출도 가능하다.
④ 시험결과의 흠 지시로부터 직접 흠의 종류를 판별할 수 있다.

036. 인장시험에서 표점거리 50mm 의 시험편을 시험한 후 표점거리가 60mm 가 되었다면 이 때 연신율(%)은?

① 16.7   ② 20
③ 33.4   ④ 40

037. 누설검사에 대한 설명으로 틀린 것은?

① 정확한 교정수단이 없다.
② 발포액의 특성에 좌우되지 않는다.
③ 프로브나 스니퍼가 필요하지 않다.
④ 지시의 관찰이 용이하고, 누설위치의 판별이 빠르다.

정답 030. ② 031. ④ 032. ④ 033. ③ 034. ③ 035. ① 036. ② 037. ②

038. 강의 담금질 경화능 시험법에 해당하는 것은?
① 조미니시험 ② 에릭슨시험
③ 파텐팅법 ④ 그로스만법

039. 침탄용강이 구비해야 할 조건으로 틀린 것은?
① 고탄소강이어야 한다.
② 표면에 결함이 없어야 한다.
③ 침탄시 고온에서 장시간 견디어야 한다.
④ 고온 가열시 결정입자가 성장하지 않아야 한다.

040. 금속 시험편의 연마에 사용하는 연마용지(샌드페이퍼)로 표면이 가장 고운 것은?
① #200 ② #400
③ #600 ④ #800

041. 철강재의 피로수명(피로한도)에 대한 설명으로 틀린 것은?
① 결정립이 조대한 편이 피로한도가 높다.
② 강재 중의 개재물은 피로한도를 낮게 한다.
③ 인장강도의 증가에 따라 피로한도가 증가한다.
④ 표면이 거칠면 연마한 것보다 피로한도가 낮아진다.

042. 연강(저탄소강)의 기계적 성질을 각 온도 범위에서 측정할 경우 청열취성이 나타날 가능성이 높은 온도(℃) 범위는?
① 50 ~ 150 ② 200 ~ 300
③ 350 ~ 450 ④ 500 ~ 600

043. 물질 1kg을 온도 1K(켈빈) 높이는데 필요한 열량을 kJ/kg·K으로 표시하는 것은?
① 비열 ② 비점
③ 잠열 ④ 응고열

044. 피아노선재의 파텐팅 처리는 A_3 또는 A_{cm} 점 직상의 온도로 가열하여 500℃ 전후로 등온 변태시키는 열처리방법으로 이때 나타나는 조직의 명칭은?
① 마텐자이트 ② 시멘타이트
③ 소르바이트 ④ 레데부라이트

045. 열간 압연을 한 강 중 탄소량이 0.6% 이하인 기계 구조용 탄소강을 절삭 가공이 쉽도록 하기 위한 열처리는?
① 뜨임 ② 담금질
③ 완전풀림 ④ 노멀라이징

046. 방사선의 성질 중 아주 높은 에너지의 X선의 광양자가 원자핵 근처의 강한 전장을 통과할 때, 광양자가 소멸하고 그 대신에 음전자와 양전자가 생성되는 현상은?
① 톰슨 산란 ② 광전 효과
③ 콤프톤 산란 ④ 전자쌍 생성

047. 0.3% 탄소강이 상온에서 초석 페라이트(α)와 펄라이트(P)의 양은 약 몇 % 인가? (단, 공석점은 0.80%C, α의 고용한도는 0.025%C이다.)
① $\alpha = 77$, P = 23 ② $\alpha = 23$, P = 77
③ $\alpha = 65$, P = 38 ④ $\alpha = 35$, P = 65

정답 ▶ 038. ① 039. ① 040. ④ 041. ① 042. ② 043. ① 044. ③ 045. ③ 046. ④ 047. ③

048. 다음 중 감전방지를 위한 유의사항으로 틀린 것은?
① 전격 방지기를 사용하지 말 것
② 신체, 의복 등에 물기가 없도록 할 것
③ 홀더, 케이블, 용접기의 절연과 접속을 완전히 할 것
④ 절연이 좋은 장갑과 신발 및 작업복을 사용할 것

049. 비파괴검사 시험법 중에서 내부 결함 검출에 주로 사용되며, 면상의 결함 검출 능력이 우수한 시험법은?
① 방사선투과시험
② 침투탐상시험
③ 와전류탐상시험
④ 초음파탐상시험

050. 뜨임 균열의 방지대책에 대한 설명으로 옳은 것은?
① 제품에 가열을 가급적 빨리한다.
② 제품에 잔류응력을 잔류시킨다.
③ Cr, Mo, V 등의 합금원소를 첨가한다.
④ 고속도강과 같은 경우에는 뜨임을 하기 전에 탈탄층을 남게 하여 뜨임후 수냉한다.

051. 다음 중 계량값 관리도만으로 짝지어진 것은?
① c 관리도, u 관리도
② x- R5 관리도, P 관리도
③ x- R 관리도, nP 관리도
④ Me-R 관리도, x- R 관리도

052. 관리 사이클의 순서를 가장 적절하게 표시한 것은? (단, A는 조치(Act), C는 체크(Check), D는 실시(Do), P는 계획(Plan)이다.)
① P → D → C → A
② A → D → C → P
③ P → A → C → D
④ P → C → A → D

053. 소비자가 요구하는 품질로서 설계와 판매정책에 반영되는 품질을 의미 하는 것은?
① 시장품질
② 설계품질
③ 제조품질
④ 규격품질

054. 작업시간 측정방법 중 직접측정법은?
① PTS법
② 경험 견적법
③ 표준 자료법
④ 스톱 워치법

055. 다음 데이터의 제곱합(sum of squares)은 약 얼마인가?

[데이터]
| 18.8 | 19.1 | 18.8 | 18.2 | 18.4 |
| 18.3 | 19.0 | 18.6 | 19.2 | |

① 0.129
② 0.338
③ 0.359
④ 1.029

정답 048. ① 049. ④ 050. ③ 051. ④ 052. ① 053. ① 054. ④ 055. ④

056. 산업안전보건기준에 관한 규칙 중 허가대상유해물질을 제거하거나 사용하는 작업장에서는 보기 쉬운 장소에 해당내용을 게시하도록 하고 있다. 게시되는 내용이 아닌 것은?

① 인가대상 유해물질의 성분
② 인체에 미치는 영향
③ 취급상의 주의사항
④ 응급처치와 긴급 방재 요령

057. 참모형 안전조직의 특징이 아닌 것은?

① 안전을 전담하는 부서가 있다.
② 100명 이하의 기업에 적합하다.
③ 생산 부분은 안전에 대한 책임과 권한이 없다.
④ 생산라인과의 견해 차이로 안전지시가 용이하지 않으며, 안전과 생산을 별개로 취급하기 쉽다.

058. 다음 중 공장 작업 공정에서 레이아웃의 기본조건이 아닌 것은?

① 운반의 합리성을 고려한다.
② 재료 및 제품의 연속적 이동을 고려한다.
③ 미래의 변경에 대한 융통성을 부여한다.
④ 공간 이용시 입체화는 고려하지 않는다.

059. 시간에 따라 예측할 수 없는 방법으로 공정의 변화가 발생하는 이유 중 틀린 것은?

① 환경의 변화
② 원자재의 변화
③ 부분품의 마모
④ 모델 계수의 변화

060. 작동유 중에 수분이 흡입되었을 때의 영향을 설명한 것 중 옳은 것은?

① 캐비테이션이 발생한다.
② 작동유의 윤활성을 돕는다.
③ 작동유의 방청성을 좋게 한다.
④ 작동유의 산화 및 열화를 방지한다.

정답 056. ① 057. ② 058. ④ 059. ④ 060. ①

금속재료기능장 필기 & 실기

초   판   인쇄 | 2013년 1월 25일
초   판   발행 | 2013년 1월 30일
개정 9판   발행 | 2024년 1월 5일
개정 10판   발행 | 2025년 1월 20일

지은이 | 공학박사 조수연 · 이동철
발행인 | 조규백
발행처 | 도서출판 구민사
         (07293) 서울특별시 영등포구 문래북로 116, 604호(문래동 3가 46, 트리플렉스)
전화 (02) 701-7421
팩스 (02) 3273-9642
홈페이지 www.kuhminsa.co.kr

신고번호 | 제2012-000055호 (1980년 2월 4일)
I S B N | 979-11-6875-482-9   13500

값 42,000원

※ 낙장 및 파본은 구입하신 서점에서 바꿔드립니다.
※ 본서를 허락없이 부분 또는 전부를 무단복제, 게재행위는 저작권법에 저촉됩니다.